SEMPER APERTUS   BAND V

SEMPER APERTUS

Sechshundert Jahre
Ruprecht-Karls-Universität Heidelberg
1386–1986

Festschrift in sechs Bänden

Im Auftrag des Rector magnificus
Prof. Dr. Gisbert Freiherr zu Putlitz
bearbeitet von Wilhelm Doerr

SEMPER APERTUS

Sechshundert Jahre
Ruprecht-Karls-Universität Heidelberg
1386–1986

Festschrift in sechs Bänden

Band I

MITTELALTER UND FRÜHE NEUZEIT
1386–1803

Herausgegeben von Wilhelm Doerr
in Zusammenarbeit mit
Otto Haxel · Karlheinz Misera
Hans Querner · Heinrich Schipperges
Gottfried Seebaß · Eike Wolgast

Springer-Verlag Berlin
Heidelberg GmbH

Prof. Dr. med. Dr. med. vet. h. c.
Dr. med. h. c. mult. Dr. E. h.
Wilhelm Doerr

Ludolf-Krehl-Straße 46
6900 Heidelberg

Prof. Dr. rer. nat. Dr. Ing. E. h.
Otto Haxel

Scheffelstraße 4
6900 Heidelberg

Prof. Dr. iur. Karlheinz Misera

Büchertstraße 12
6902 Sandhausen

Prof. Dr. rer. nat. Gisbert Frh. zu Putlitz

Jettaweg 1 b
6900 Heidelberg

Prof. Dr. rer. nat. Hans Querner

Haus Nr. 2
3139 Laase

Prof. Dr. med. Dr. phil. Dr. med. h. c.
Heinrich Schipperges

Schriesheimer Straße 59
6901 Dossenheim

Prof. Dr. theol. Gottfried Seebaß

Langgewann 53
6900 Heidelberg

Prof. Dr. phil. Eike Wolgast

Dossenheimer Landstraße 92
6900 Heidelberg

Mit 32 Textabbildungen

ISBN 978-3-642-70478-9   ISBN 978-3-642-70477-2 (eBook)
DOI 10.1007/978-3-642-70477-2

© Springer-Verlag Berlin Heidelberg 1985
Ursprünglich erchienen bei Springer-Verlag Berlin Heidelberg New York 1985
Softcover reprint of the hardcover 1st edition 1985

Inhaltsübersicht

Inhaltsübersicht Band VI

Abkürzungen und Maßangaben

Archive, Ämter, Bibliotheken

BBA Badisches Bezirksbauamt Heidelberg
BVA Bauverwaltungsamt Heidelberg
GBA Grundbuchamt Heidelberg
GLA Generallandesarchiv Karlsruhe
LDA Landesdenkmalamt Karlsruhe
LSA Liegenschaftsamt Heidelberg
StA Stadtarchiv Heidelberg

StPA Stadtplanungsamt Heidelberg
StVA Stadtvermessungsamt Heidelberg
UA Universitätsarchiv Heidelberg
UB Universitätsbibliothek Heidelberg
UBA Universitätsbauamt Heidelberg
ZUV Zentrale Universitätsverwaltung
     Heidelberg

Schriftquellen, Literatur

Ab. Adreßbücher der Stadt Heidelberg, Stadtarchiv Heidelberg, 1816 und 1839 ff.
Ctrb. Contractenbücher der Stadt Heidelberg, I(1698)–XI(1802) Stadtarchiv Heidelberg, XII(1802)–XIV(1809) Grundbuchamt Heidelberg
Gb. Grundbücher der Stadt Heidelberg, Grundbuchamt Heidelberg, 15/1810 ff.
Lgb. Lagerbücher der Stadt Heidelberg, 1770 ff. Stadtarchiv Heidelberg, 1889 ff. Stadtvermessungsamt Heidelberg
NA Neues Archiv für die Geschichte der Stadt Heidelberg und der rheinischen Pfalz, 15 Bde, Heidelberg 1890–1930
Thesaurus Palatinus
> ›Thesaurus Palatinus continens insigniores inscriptiones et praecipua monumenta sepulchralia tam antiqua quam nova, tam publica quam privata Palatinatus electoralis collectus a me Johanne Francisco S.R.I. de Wickenburg‹, 2 Bde, 1751 (Geheimes Hausarchiv München, HS 317[1])

Alte Stadtansichten

Münster 1550
> Stadtansicht von Heidelberg, Holzschnitt, in: Sebastian Münster, Cosmographey oder Beschreibung aller Länder, Nachdruck München 1977 nach der Ausgabe Basel 1588 (Basel [1]1550)
Merian 1620
> Große Stadtansicht von Matthäus Merian, Kupferstich, Exemplar im Kurpfälzischen Museum Heidelberg
Kraus 1683
> Panorama von Heidelberg von Ulrich Kraus, Radierung, Exemplar im Kurpfälzischen Museum Heidelberg
De la Rocque 1758
> Der Heidelberger Universitätsplatz von Süden von Barthélemy de la Rocque, Kupferstich, Exemplar im Kurpfälzischen Museum Heidelberg

Walpergen 1763
  Große Stadtansicht von Peter Friedrich von Walpergen, Federzeichnung, Kurpfälzisches
  Museum Heidelberg
Hengstenberg 1830
  Plan der Stadt Heidelberg von F. Hengstenberg nach F. Wernig und F. L. Hoffmeister,
  Lithographie, Exemplar in der Universitätsbibliothek Heidelberg

Maßangaben

Vor 1827 gelten in Heidelberg folgende Maße:

1 Rute (= Feldrute = 16 Werkschuh) = 4,464 m
1 Schuh (= Werkschuh = 12 Zoll = 144 Linien) = 0,279 m
    (1 Schuh = 1 ›bekleideter‹ Fuß)
    (nach: Karl Christ, Die pfälzer und rheinischen Maaße, in: NA, Bd. 2, 1893, S. 194 ff.)

Nach 1827 gelten in Heidelberg folgende Maße:

1 Rute (= 10 Fuß = 100 Zoll = 1000 Linien) = 3 m
    (nach: Richard Klimpert, Lexikon der Münzen, Maße, Gewichte, Zählarten und
    Zeitgrößen aller Länder der Erde, Graz 1972)

PETER ANSELM RIEDL

Einführung

Als ich vor vier Jahren den Vorschlag machte, den Gebäuden der Universität Heidelberg einen eigenen Band der geplanten Jubiläums-Festschrift zu widmen, war ich mir sehr wohl der Schwierigkeiten eines solchen Unternehmens bewußt. Das Kunsthistorische Institut war seit einem Jahrzehnt in denkmalpflegerische Vorhaben der Universität involviert und hatte sich in den ›Veröffentlichungen zur Heidelberger Altstadt‹ mehrfach über universitätseigene oder universitätsgenutzte Bauten geäußert. Welches Ausmaß das Festschriftprojekt annehmen würde, war seinerzeit freilich nicht abzusehen. Schon das Ergebnis der allerersten Arbeitsphase war entmutigend, war doch die Liste der als darstellungswürdig registrierten Bauten so umfangreich, daß eine einigermaßen angemessene Behandlung die mobilisierbaren Kräfte zu überfordern drohte. Die Menge der Objekte und die Breite des Forschungsinteresses schienen einen kaum realisierbaren Aufwand zu verlangen. Zwei Wege boten sich an, um dennoch zum Ziel zu kommen: die Verteilung der Aufgaben auf viele Schultern und die abstufende Selektion der Gegenstände.

Die Arbeitsteilung war möglich, weil sich zahlreiche Studenten (die inzwischen ihr Doktor- oder Magisterexamen abgelegt haben oder kurz vor dem Studienabschluß stehen) dem Unternehmen mit kaum erwartbarer Energie verschrieben. Und die Selektion war nötig, weil der unterschiedliche historische und ästhetische Rang der Gebäude einer gleichmäßigen Berücksichtigung entgegenstand. Das heißt nun nicht, daß eine Auswahl getroffen worden wäre, die schon in nächster Zukunft anfechtbar sein könnte! Vielmehr wurden alle auch nur einigermaßen beachtenswerte Gebäude erfaßt, die Akzente dabei allerdings verschieden gesetzt. Selbstverständlich galt den vorbarocken und barocken Bauwerken besondere Aufmerksamkeit, kaum geringere aber den in Heidelberg so zahlreichen Bauten aus der Epoche des Historismus. Daß die zur Fünfhundertjahrfeier geschaffene Ausstattung der Aula der Alten Universität oder die Universitätsbibliothek heute bereits in ähnlichem Maße kunstgeschichtswürdig sind wie Bauwerke und Ausstattungen des 18. Jahrhunderts, ja daß ein Gebäude wie die Neue Universität in den Kreis der untersuchenswerten Kunstdenkmäler aufgerückt ist, beweist nicht nur die Ausweitung des wissenschaftlichen Erkundungsfeldes, sondern verpflichtet auch dazu, Objekte in die Betrachtung einzubeziehen, die im Augenblick noch kaum der Beachtung wert scheinen.

Das Prinzip, nur Bauten zu erfassen, die sich tatsächlich in Universitätsbesitz befinden, wurde um der speziellen Bedeutung der Objekte willen in vier Fällen durchbrochen: Das ehemalige Großherzogliche Palais, Sitz der Akademie der

1

Wissenschaften, und das von der Universität genutzte, aber der von-Portheim-Stiftung gehörende Haus ›Zum Riesen‹ mußten schon im Hinblick auf die engen architekturgeschichtlichen Beziehungen zu anderen Gebäuden mitbehandelt werden; die Landessternwarte auf dem Königstuhl und die Orthopädische Klinik in Schlierbach wurden als seit ihrer Gründung eng mit der Universität verbundene und architektonisch interessante Anlagen einbezogen. Verzichtet wurde auf eine Diskussion der vor der Zerstörung Heidelbergs im Orleansschen Krieg existierenden Universitätsgebäude; sie hätte, da weder größere Grabungen möglich waren, noch neue Schriftquellen erschlossen werden konnten, kaum weiterführende Ergebnisse gebracht. Was den Klinikbereich angeht, war die Bearbeitung zum Teil eine Rechnung mit Unbekannten: Bald nach Erscheinen dieses Bandes werden sich, bedingt durch den Auszug mehrerer Kliniken in das Neuenheimer Feld, die Nutzungsverhältnisse – und möglicherweise auch die Besitzverhältnisse – in Bergheim auf eine noch nicht prognostizierbare Weise verändern. Es bleibt zu hoffen, daß unseren Erkenntnissen dann zumindest in denkmalpflegerischer Hinsicht eine Wirkung beschieden sein wird. Aus Zeitgründen konnten zwei neuerdings in den Besitz der Universität gelangte Gebäude nicht mehr katalogisiert werden: das von Professor Georg Poensgen gestiftete Haus Unter der Schanz 1 und das Haus Hauptstraße 242; über sie werden zu gegebener Zeit eigene Untersuchungen erscheinen.

Zur Methode sind einige Anmerkungen zu machen. Nach Prüfung mehrerer in Frage kommender Modelle der Materialordnung schien uns eine Sequenz am sinnvollsten, die den historischen und den topographischen Gegebenheiten gleichermaßen gerecht zu werden vermag. Ausgehend von der Keimregion in der Altstadt, nämlich dem Bereich um den Universitätsplatz, wird der Radius in immer größeren Schritten erweitert: über das Marstallgebäude und den Karlsplatzbereich hin zum Bereich Akademiestraße, weiter nach Bergheim und schließlich nach Neuenheim (die topographische Ausbreitung der Universität läßt sich gleichsam als akzelerierendes Ansetzen von Jahresringen verstehen). Eine Übersicht über die bauliche Entfaltung der Universität seit 1803 leitet den Band ein, ein Beitrag über die künstlerische Ausstattung in den letzten Jahrzehnten schließt ihn ab.

Die einzelnen Beiträge, die zum guten Teil Konzentrate umfänglicherer Untersuchungen sind, halten sich an bestimmte Darlegungsprinzipien, suchen aber das Schematische zu meiden. Und zwar weniger, um den individuellen Ansatz zu betonen, als um der Unterschiedlichkeit der Gegenstände willen. Im Regelfall sind die Artikel dreigegliedert: Einem Abschnitt über die Geschichte folgt die Beschreibung; am Ende steht jeweils das, was man ›Künstlerische Würdigung‹ nennen könnte, was aber schon deshalb die bescheidenere Überschrift ›Kunstgeschichtliche Bemerkungen‹ trägt, weil uns an der Verdeutlichung der Relativität unseres Urteils liegt. Die Ausführlichkeit der einzelnen Abschnitte divergiert naturgemäß; in einzelnen Fällen gebieten die historischen oder morphologischen Sachverhalte eingehende Erörterungen, in anderen kann es – oder muß es, etwa aus puren Quantitätsgründen – bei kurzen Charakterisierungen sein Bewenden haben. Nebengebäude im Alt-Klinikum oder im Neuenheimer Feld können oft nur pauschal erwähnt werden. Nicht immer ist die dreigliedrige Darstellung angezeigt: dann etwa, wenn Baugeschichte und Deskription sinnvollerweise ineinander verflochten werden (wie bei der Neuen Universität) oder wenn es um die Erläuterung ganzer Gebäudeensembles geht (wie bei den Bauten des Bereiches Akademiestraße oder des Neuenheimer Feldes). Selbstverständlich war auch in solchen Fällen größtmögliche Übersichtlichkeit die Bearbeitungsmaxime. Vorgängerbauten werden, wenn überhaupt, summarisch behandelt.

Die Bedingtheit eines jeden historischen und ästhetischen Urteils darf nach meiner Überzeugung nicht zu jener Enthaltsamkeit verleiten, wie sie sich im Zeitalter eines schier bedingungslosen Vergangenheits- und Gegenwartskonsums hier und dort einzubürgern droht. Wir haben uns vor Bewertungen, gerade auch zeitgenössischer Architektur, nicht gescheut, haben aber immer die Umstände, unter denen Planer und Baumeister zu arbeiten hatten, und die Gebundenheit unseres eigenen Einschätzungsvermögens im Auge zu behalten versucht. Manche Lösung, die wir in Frage stellen oder verwerfen, mag in einigen Jahrzehnten als akzeptabel oder gar vorbildlich gelten. Dieses Risiko des kritisierenden Historikers zu bejahen, scheint nicht nur ein Gebot der Vernunft, sondern auch der Ehrlichkeit.

Ein Wort ist über die Rollenverteilung von Bearbeitern und Herausgeber zu sagen. Die Arbeit des Herausgebers konnte sich in diesem Fall nicht darauf beschränken, Beiträge zu sammeln, zu sichten und mit einführenden Bemerkungen auszustatten. Vielmehr war ein Anleiten und Begleiten vonnöten, das sich in einer großen Zahl von gemeinsamen Sitzungen, Bau- und Baustellenbesichtigungen, Diskussionen mit Architekten, Denkmalpflegern und Restauratoren, Photographieraktionen und Einzelbesprechungen mit den Bearbeitern zu bewähren hatte. Ob es mir gelungen ist, dieser Aufgabe gerecht zu werden, vermag ich nicht zu beurteilen. Es war jedenfalls schön, zu erleben, wie mit der Dauer und den Schwierigkeiten des Unternehmens bei etlichen der Beteiligten die wissenschaftliche Neugier und die Bereitschaft zum persönlichen Engagement wuchsen. Besonders eindrucksvoll war der Einsatz des Teams, das mir während der letzten Jahre zur Seite stand: Barbara Auer, Dieter Griesbach, Annette Krämer, Mechthild Maisant und Christiane Prestel, allesamt inzwischen vorzügliche Kenner der Heidelberger Kunstgeschichte, haben keine Mühe gescheut, um das Unternehmen voranzubringen; viele Initiativen gingen von ihnen aus. Mein Kollege Klaus Güthlein war als kritischer Ratgeber in architekturgeschichtlichen und -terminologischen Fragen tätig. Und Ingeborg Klinger hat ihr photographisches Können in einem die Dienstpflichten weit übersteigendem Maße zur Verfügung gestellt. Die - in einigen Fällen eingreifende - Redaktion der Texte wurde von mir besorgt. Die Verantwortung für die Korrektheit der Recherchen bleibt bei den Autoren. Bei den umfänglichen Korrekturarbeiten bewährte sich Monika Butzek als kompetente Helferin; für organisatorischen Beistand, auch in kritischen Momenten des Unternehmens, verdienen Felicitas Edward, Susanne Pfleger und Dorothee Höfert Dank.

Über den Ertrag des Vorhabens müssen andere befinden. Ich kann nur sagen, daß in einem von mir nicht erwarteten Ausmaß historische Daten ermittelt und kunsthistorische Zusammenhänge geklärt werden konnten. Was mir ebenso wichtig erscheint, ist das Faktum, daß Ergebnisse bereits in der Vorbereitungsphase auf die denkmalpflegerische Praxis zurückwirken konnten, etwa bei der Renovierung der Alten Universität oder der Sanierung im Bereich Augustinergasse/Schulgasse. Wenn zu den späteren Wirkungen unserer Bemühungen der pfleglichere Umgang mit der Heidelberger Architektur des Historismus gehören sollte, dann wäre mir das eine besondere Genugtuung.

Viele Personen und Institutionen haben uns ihre Hilfe gewährt. Dank gebührt zunächst dem Rektorat und der Universitätsverwaltung, die uns Sondermittel für Wissenschaftliche Hilfskräfte und für Photomaterial bereitgestellt und manche Wege geebnet haben. Für außerordentliche Kooperationsbereitschaft ist dem Universitätsarchiv – insonderheit seinem Leiter Herrn Dr. Hermann Weisert und Frau Elisabeth Hunerlach – zu danken, der Universitätsbibliothek – besonders Herrn Direktor Dr. Elmar Mittler und Herrn Michael Stanske von der Handschriftenabteilung – und dem Universitätsbauamt mit seinem Leiter Herrn Heinz Kropp, Frau Hildegard Yavuz und den Herren Kurt Welle, Herbert Nöllgen, Michael Buck, Dieter Homes, Paul Hofmann, Wolfgang Handreck und Martin Machner. Auf seiten der Stadt sind mehrere Ämter dankbar zu nennen: das Stadtarchiv – und hier namentlich Herr Josef Tauber –, das Bauverwaltungsamt, das Stadtplanungsamt, das Stadtvermessungsamt und das Grundbuchamt. Geduldig und wirksam haben uns das Staatliche Liegenschaftsamt Heidelberg, das Generallandesarchiv Karlsruhe, das Landesdenkmalamt Baden-Württemberg, Außenstelle Karlsruhe, das Erzbischöfliche Bauamt Heidelberg und das Kurpfälzische Museum Heidelberg – zu nennen ist vor allem Frau Dr. Sigrid Wechssler – unterstützt. Unser Dank gilt weiter der Verwaltung der Josefine und Eduard von Portheim-Stiftung, der Direktion der Bezirkssparkasse Heidelberg, Frau Renate Gruber, Darmstadt, Frau Dr. Dorothea Michel, Herrn Prof. Lothar Götz, Herrn Dr. Claus Möllenhoff, Herrn Eberhard Schöll, Herrn Ing. Achim Sendelbach und Herrn Hubert Vögele, alle Heidelberg. Unsere Arbeit möchte nicht zuletzt den vielen Kolleginnen und Kollegen dienen, die uns bereitwillig Zugang zu ihren Instituten und Kliniken gewährt haben.

Heidelberg, im August 1985   *Peter Anselm Riedl*

ANNETTE KRÄMER

Die bauliche Entwicklung der Universität seit 1803

Die Jahre der Reorganisation (1803–1808)

Der folgende Überblick ist der baulichen Entwicklung der Universität Heidelberg innerhalb eines begrenzten Zeitraums gewidmet; er beginnt mit der Reorganisation der Hochschule durch die neue, nunmehr badische Regierung im Jahre 1803 und endet 1972, dem Jahr, in welchem von seiten der Universität endgültig in den Verbleib der Geisteswissenschaften in der Altstadt eingewilligt wird. Mit dieser Einwilligung wird, zumindest vorläufig, eine seit 1804 immer wieder aufflammende Debatte beendet, die aus einer für die Planungsentscheidungen wesentlichen Grunddisposition der Heidelberger Universitätsbauten resultiert: Diese Bauten bilden weder einen räumlichen Zusammenhang, noch sind sie auf ein Zentrum bezogen; vielmehr sind sie – mehr oder weniger konsequent – nach Fakultäten geordnet innerhalb der Heidelberger Gemarkungsgrenzen verteilt.

Faltpläne 1 und 2

Mit der Wiedereröffnung der Universität 1803 beginnt die räumliche ›Zersplitterung‹; es bilden sich zunächst zwei Zentren entsprechend der allgemeinen Wissenschaftsentwicklung. Theologische, Juristische und Philosophische Fakultät bleiben in ihrem angestammten Quartier, der Kernaltstadt, dort in der Alten Universität. Die sich seit etwa 1800 in Fächer aufgliedernden empirischen Naturwissenschaften und die – an der Universität ebenfalls neue – klinische Medizin wandern in das Dominikanerkloster in der damals noch wenig besiedelten ›Vorstadt‹, in das heutige Universitätsquartier zwischen Hauptstraße, Brunnengasse und Untere Neckarstraße. In den Jahren der Reorganisation der Universität zwischen 1803 und 1808 beziehen sich alle Planungen der Karlsruher Regierung auf die Umnutzung vorhandener, um 1800 aufgehobener Klosterbauten in der Stadt.

Zum Zeitpunkt des als Beginn der Reorganisation der Universität Heidelberg durch die badische Regierung fixierbaren Datums – des 13. Organisationsedikts vom 13.5. 1803[1] – besitzt die durch Mißwirtschaft und Kriegsverluste bankrotte[2] Hohe Schule drei Gebäude: die heutige Alte Universität (Domus Wilhelmiana), ein aus dem 16. Jahrhundert stammendes Anatomiegebäude Ecke Sandgasse/ Plöck[3], das sogenannte Kameralschulgebäude (Palais Weimar)[4] in der hinteren Hauptstraße sowie den Botanischen Garten in der Plöck, an der Stelle des heutigen Friedrich-Ebert-Platzes[5]. Im 13. Organisationsedikt (Artikel 51) und in dem ein knappes Jahr später ergehenden Edikt vom 25.4. 1804 (Artikel 15)[6], das die vorläufige Organisation der Universität regelt, werden aber bereits detailliert die dringend erforderlichen ›wissenschaftlichen Hilfsanstalten‹ benannt, die neu eingerichtet werden sollen. Vordringlich handelt es sich um die Einrichtung einer

39

>ärztlichen praktischen Unterrichtsanstalt‹, einer neuen Anatomie, eines Geburtshilfeinstituts, eines chemischen Laboratoriums sowie eines botanischen Gartens für die Medizinische Fakultät und neue Räumlichkeiten für die Universitätsbibliothek, welche sich völlig ungeordnet in der Alten Universität befindet.

1, 2   Für die Einrichtungen der Medizin wird von der Fakultät unter der Leitung des Professors Franz Anton Mai seit 1797[7] das Kloster der Dominikaner in der vorderen Hauptstraße gewünscht, das 1801 aufgehoben wird und in den Besitz der katholischen Kirchenkommission in Bruchsal gelangt[8]. Während bis Frühjahr 1804 die badischen Stellen den sofortigen Ankauf des Klosters für die Medizinische Fakultät befürworten[9], kommt es im April 1804, nicht zuletzt veranlaßt durch den hohen Kaufpreis des Klosters und wegen der weiten Entfernung von dem Universitätsgebäude, zu einer erneuten Prüfung des Planes durch den Kurator Johann Baptist Josef Karl Hofer[10]. Hofer zieht zu allen Überlegungen in den Jahren 1804/05 den Karlsruher Regierungsarchitekten Friedrich Weinbrenner[11] heran.

Weinbrenner begutachtet anläßlich einer Anwesenheit in Heidelberg im Mai 1804 alle der katholischen Kirchenkommission gehörenden Bauten aufgehobener Klöster der Stadt auf ihre Verwendbarkeit für Universitätszwecke[12]. Für die medizinischen Anstalten rät er zum Ankauf des Karmeliterklosters am Friesenberg, das in besserem baulichem Zustand ist als das Dominikanerkloster und näher bei der Alten Universität liegt. Dennoch erwirbt die badische Oberkuratel am 26.7.1804 das Dominikanerkloster für 12000 Gulden[13], da dieses sowohl weiterhin von der Medizinischen Fakultät bevorzugt wird als auch vom Leiter der Kurfürstlichen Sanitätskommission[14].

Der sofort begonnene Umbau des Klosters dauert bis in den Sommer 1805. In dem dreigeschossigen Klostertrakt werden das chemische Laboratorium, die Gebäranstalt mit der ihr angeschlossenen, von Mannheim verlegten Hebammenschule, Wohnungen für die Bediensteten sowie die neue Poliklinik eingerichtet.[15] Nach Amtsantritt des neuen Anatomen, Professor Fidelis Ackermann, wird im Juli 1805 auch die Klosterkirche in die Umbaumaßnahmen einbezogen und dort die Anatomie eingerichtet.[16] Der Garten des Klosters und der Grund eines eigens angekauften und abgebrochenen Wohnhauses werden zu einem botanischen Garten mit Orangeriehaus und zwei Treibhäusern umgebaut. Die Kosten des von Werkmeister Schaefer geleiteten Umbaus überschreiten mit 14830 Gulden die ursprünglich angesetzten 8000 Gulden bei weitem. Das alte Anatomiehaus in der Plöck wird 1806 als Wohnhaus an den Dichter Johann Heinrich Voß verkauft[17], nachdem der Plan, es in ein Macerationshaus für die Anatomie zu wandeln, am Widerstand der Anwohner gescheitert ist[18].

Die seit 1805[19] von den Medizinern gewünschte stationäre Klinik für Innere Medizin (mit zwanzig Betten) wird zum Wintersemester 1815 unter Leitung des neuberufenen Johann Wilhelm Conradi eingerichtet.[20] Sie ist zugleich städtisches Krankenhaus und wird von der Stadt finanziell unterstützt.[21] Für diese Klinik wird das Dominikanerkloster neu aufgeteilt und umgebaut[22], nachdem mehrere andere Bauten der Stadt wegen des noch immer schlechten Zustandes des Klosters auf ihre Tauglichkeit geprüft und aufgrund zu hoher Kosten ausgeschieden worden sind[23].

1817 wird auf Wunsch der Universität die Einrichtung eines eigenen chirurgischen Lehrstuhls sowie einer Chirurgischen Klinik zugesagt; zu ihrem Leiter beruft man Maximilian Josef Chelius.[24] Der Betrieb dieser Klinik mit zwölf Betten wird am 31.3. 1818 in Karlsruhe genehmigt und am 1. Mai im Dominikanerkloster aufgenommen; dies wird allerdings als Provisorium angesehen, da zu diesem Zeitpunkt bereits über den Umzug der nunmehr drei Kliniken in die städtische Kaserne im Marstallhof verhandelt wird.[25]

Noch in die Reorganisationsjahre (1804–1808) gehören mehrere, hauptsächlich von Kurator Hofer und Friedrich Weinbrenner verfolgte Planungen, die Gebäude der Jesuiten (Kolleg, Kirche, Seminarium Carolinum und Gymnasium) für die Universität – vor allem zur Unterbringung der Bibliothek – zu erwerben. Das umfangreichste dieser Vorhaben, im Mai 1804 von Weinbrenner vorgetragen, sieht die Verlegung der gesamten geisteswissenschaftlichen Fakultäten in das Kolleg vor, die Abgabe der Alten Universität an badische Verwaltungen sowie (zur Unterbringung des im Kolleg befindlichen Militärs) die Erbauung einer der Stadt gehörenden Kaserne im Marstallhof.[26] Zwar wird 1806 bis 1808 die Kaserne erstellt[27], doch zerschlagen sich die übrigen das Kolleg direkt oder indirekt betreffenden Vorhaben endgültig 1808[28]. Die Verwaltung der Gesamtuniversität (mit Ausnahme der Kasse) und die Hörsäle der Geisteswissenschaften bleiben bis zum Beginn unseres Jahrhunderts in der Alten Universität. Die Bibliothek, die seit 1803 rasch angewachsen ist, wird erst 1827 aus dem Hauptgebäude in einen Jesuitenbau verlegt: in das ehemalige Gymnasium an der Augustinergasse.[29] Im Oktober 1804 hatte ein Privatmann in Konkurrenz zur Universität das Gebäude erworben, das nun von dessen Erbinnen an die Stadt Heidelberg verkauft wird. Diese kauft das Gebäude, um es der Universität zur Unterbringung der Bibliothek zu schenken.

203, 204

88

Die Bauten der Naturwissenschaften und der Medizin in der Vorstadt und der Altstadt

Die erste ›Wanderung‹ der Universität in das Gebiet des Dominikanerklosters in der Vorstadt bildet den Beginn der Ausprägung eines naturwissenschaftlichen Zentrums, wie es sich in der zweiten Hälfte des 19. Jahrhunderts ausformt. Der vorhandene Grund wird neu bebaut und über die Hauptstraße hinweg verbunden mit dem Gelände, dessen südliche Begrenzung der heutige Friedrich-Ebert-Platz und dessen Westgrenze die Akademiestraße sind. Den äußeren Siedlungspunkt am Rand der heutigen Altstadt stellt von 1835 bis 1874 der Botanische Garten westlich der heutigen Sophienstraße dar. Als ›Reste‹ dieses Grundbesitzes der Universität bleiben bis zum Umzug in das Neuenheimer Feld in den sechziger Jahren unseres Jahrhunderts das Botanische Institut (erbaut um 1840, erweitert 1907/08) sowie das Zoologische Institut (erbaut 1894). Die klinische Medizin zieht zunächst 1818 zurück in den Kernaltstadtbereich: zuerst in die Kaserne (den ›Weinbrennerbau‹) im Marstallhof, dann 1844 zusätzlich in das Seminarium Carolinum an der Seminarstraße.

Schon 1815 hat man im Hinblick auf die Einrichtung der ersten stationären

Klinik die vom Militär verlassene, der Stadt Heidelberg gehörende Kaserne im Marstallhof geprüft, jedoch aus finanziellen Gründen vom Plan einer Übernahme Abstand genommen.[30] Da die von Stadt und Universität getragenen Kliniken aber sehr erfolgreich arbeiten[31], wird im Sommer 1818 die Vergrößerung in den drei Stockwerken des Weinbrennerbaus für die drei Kliniken vollzogen. Am 26.6. 1818 genehmigt das Ministerium des Innern den Vertrag über die Abtretung des Weinbrennerbaus, der im Besitz der Stadt bleibt, doch während der Benutzung durch die Universität von dieser finanziert werden muß.[32] Die Umbauten erfolgen nach Wünschen von Conradi und Chelius.[33] Der Einzug der drei Kliniken findet noch im Sommer 1818 statt. Man ist der Ansicht, mit dem ›Akademischen Hospital‹ Kliniken zu besitzen, ›wie sie auf keiner Universität Deutschlands, höchstens allenfalls Berlin ausgenommen, existieren‹[34]. 1825 wird der gemischte Status des Akademischen Hospitals, das zugleich öffentliches Krankenhaus und städtisches Armenspital ist, in neuen Statuten festgelegt; es wird dem Innenministerium unter Ausschaltung von Universität und Kuratorium unterstellt, die Aufsicht übt eine ›Hospital-Ökonomie-Commission‹ aus.[35] Der erste ›Neubau‹ für die Universität Heidelberg seit 1803 ist die Aufstockung und Verlängerung des Westflügels im Marstallhof, der 1829/30 für die Gebäranstalt auf Drängen von deren Leiter, Franz Karl Nägele, angekauft wird.[36] Die freistehenden Räume im Weinbrennerbau bezieht nach einem neuerlichen Umbau die Chirurgie.

Die Mittel für den Umbau der Kaserne gewinnt das Ministerium 1818 durch den öffentlich ausgeschriebenen Verkauf des Kameralschulgebäudes.[37] Die dort seit 1804 untergebrachten naturwissenschaftlichen Einrichtungen, die der Philosophischen Fakultät angehören (mathematische Modellensammlung, botanische Sammlung, physikalisches Mineralienkabinett sowie chemisches Laboratorium), ziehen nach einem Umbau vor allem für die Chemie in die freiwerdenden drei Flügel des Dominikanerklosters. In diesem sind, bis zur Verlegung des Botanischen Gartens an die Sophienstraße und dem dortigen Neubau für Botanik nach 1834, alle Einrichtungen der Universität vereinigt, die zur naturwissenschaftlichen Medizin (Anatomie, Botanik) und den heutigen Naturwissenschaften zählen. Bis zum Neubau der Anatomie auf dem Gelände hinter dem Kloster in den Jahren nach 1846 wird die räumliche Bedrängung dieser wachsenden ›Institute‹ immer spürbarer; seit 1835 wird sowohl vom damaligen Kurator Karl Friedrich Nebenius als auch von den betroffenen Professoren der Wunsch nach Erweiterungsmöglichkeiten vorgetragen.[38] Eine solche Möglichkeit ergibt sich durch den seit 1835 feststehenden künftigen Auszug der Irrenklinik aus dem Seminarium Carolinum (1833 von der Regierung erworben).[39] Die Irrenklinik ist seit 1827 in dem Jesuitenbau etabliert und der Universität ›beigeordnet‹.[40] Der vom Kurator und der Medizinischen Fakultät im November 1835 entworfene Plan sieht vor, die Medizinische und Chirurgische Klinik sowie eine kleine psychiatrische Abteilung im Seminarium Carolinum unterzubringen.[41] Man wünscht weiterhin die Verlegung der zoologischen Sammlung und des Modellenkabinetts aus dem Dominikanerkloster, ohne allerdings anzugeben, in welches Gebäude. Der dadurch freiwerdende Platz soll der Chemie angewiesen werden. Sollten jedoch alle Institute im Dominikanerkloster bleiben müssen, so solle ein Anbau für die Chemie erstellt werden, der aber ›das Gebäude verunstalten würde‹.

Erst im Januar 1842 steht allerdings der Umzug der Irrenklinik für den Herbst des Jahres fest.[42] Das Ergebnis der darauf folgenden Planungen der Medizinischen Fakultät und der Karlsruher Regierung ist die Verlegung von Innerer Medizin und Chirurgie in die Seminarstraße. Das Seminarium Carolinum wird für diese Zwecke bis Herbst 1843 umgebaut, doch erst im Frühjahr 1844 bezogen, da mit der Neuberufung des Internisten Karl Pfeufer die Einrichtung einer zweiten Medizinischen Klinik verbunden ist.[43] Die Gebäranstalt zieht aus dem Westflügel des Marstallhofes (der an den Zoll verkauft wird) zurück in den ihr nun gänzlich von der Stadt zur Verfügung gestellten Weinbrennerbau.[44] Die naturwissenschaftlich-medizinischen Institute und die Naturwissenschaften bleiben im Dominikanerkloster, doch steht seit November 1843 fest, daß direkt anschließend an den Umzug der Kliniken ein Neubau für die Anatomie erstellt werden wird.[45]

Der erste vollständige Neubau ist der Bau der Anatomie (im Obergeschoß siedelt die Zoologie) im Garten des Dominikanerklosters zwischen 1846 und 1849.[46] Eng verbunden mit diesem Bau und den ihn begleitenden, größeren Plänen für einen naturwissenschaftlichen Neubau an der Hauptstraße (an der Stelle des Dominikanerklosters) ist der Name des seit Frühjahr 1845 tätigen Kurators Josef Alexander Dahmen. Bereits im Sommer 1845 verknüpft Dahmen das Projekt für die Anatomie mit einem weiteren, das nach der Bewilligung des ersten Neubaus vorgelegt werden soll: nach Abriß des Dominikanerklosters ›mit Benutzung des Materials auf den schönen, keinen Kreuzer kostenden Platz neue Gebäude in der Hauptstraße aufzuführen‹. Diese sollen vordringlich die Chemie aufnehmen, für welche deren Leiter Leopold Gmelin einen Neubau fordert, und an dieser Stelle entstehen, weil Dahmen ›großen Wert‹ auf die räumliche Nähe der neuen Institute legt.[47] Auf Forderung des Engeren Senats zeichnet denn auch Heinrich Hübsch anläßlich der Planungen für die Anatomie im Februar 1847 ein Projekt für einen naturwissenschaftlichen Neubau anstelle des Dominikanerklosters, das von der Regierung zunächst sofort mit 10 000 Gulden in das der zweiten Kammer vorgelegte Budget aufgenommen, dann aber aus finanziellen Gründen zurückgestellt wird.[48] Erst nach 1860 entsteht, in einer Neubearbeitung der Hübsch-Pläne, der Bau für die Naturwissenschaften: der Friedrichsbau, zurückverlegt aus der alten Flucht des Klosters an der Hauptstraße.[49]

Der bereits der Universität gehörende Bauplatz hinter dem Kloster bzw. an dessen Stelle wird gewählt, nachdem der Plan, das direkt gegenüberliegende Haus ›Zum Riesen‹ (Hauptstraße 52) zu erwerben, gescheitert ist.[50] Dieses Haus sollte zusammen mit seinem großen Gartengrundstück gekauft werden, das bis an das 1835 an die Stadt abgetretene ehemalige Arboretum der Universität (heute Plöck/Friedrich-Ebert-Platz) heranreichte. Es befindet sich im Besitz der katholischen Kirchenkommission in Bruchsal.

Haus und Garten des ›Riesen‹ werden dann seit 1850 ›in Stücken‹ von der Universität angemietet oder vom Unterländer Studienfonds für die Universität angekauft und teilweise neu bebaut. 1850 mietet die Stadt Heidelberg, im Tausch für das von ihr zur Einquartierung kurzzeitig benötigte Dominikanerkloster, das Haus ›Zum Riesen‹ für das Physikalische und Mathematische Institut; seit 1852 bis 1860 ist die Universität, die auch das Kloster wieder benutzt, Träger des Mietvertrages mit der Kirchenkommission.[51] 1860 von der Universität geräumt, wird

291

289

302

287

1873 das Gebäude vom Unterländer Studienfonds doch erworben. Der 1919 erfolgte Verkauf des Hauses an die private von-Portheim-Stiftung ändert bis heute nichts an dessen Nutzung durch die Universität.[52] Ein Teil des Gartens des ›Riesen‹, zur Akademiestraße und Plöck gelegen, wird 1855 für das Chemische Institut überbaut.[53] 1874 erwirbt man schließlich den Rest des Gartens für ein eigenes Gebäude für die Physiologie.[54] Zwei östlich angrenzende Grundstücke, auf denen Bauten für die organische Chemie (1890/92) und für chemische Übungen (1899/1900) errichtet werden, vervollständigen im letzten Jahrzehnt des 19.Jahrhunderts das naturwissenschaftliche Zentrum zwischen Unterer Neckarstraße und Friedrich-Ebert-Platz.[55]

305

311, 312
307, 308

Zu diesem Zentrum hinzuzuzählen ist auch das Areal des seit 1834 bestehenden Botanischen Gartens zwischen Sophienstraße, heutiger Friedrich-Ebert-Anlage, Rohrbacherstraße und Bismarckplatz. Dieses Gelände, 1835 von der Stadt im Tausch gegen das Arboretum erlangt, geht in einem Vertrag von 1874 zum größten Teil wieder in städtischen Besitz zurück und wird zu Bauplätzen für ein neues Wohnviertel parzelliert.[56] Ein kleiner nördlicher Streifen bleibt der Botanik erhalten, es befindet sich hier, zum Bismarckplatz gelegen, das Botanische Institut der Universität. Einen der Bauplätze im südlichen Teil (Ecke Plöck/Sophienstraße) erwirbt man 1893/94 für den Neubau der Zoologie, die zuvor in drei Gebäuden (Anatomie, Friedrichsbau und ›Haus zum Riesen‹) untergebracht ist.[57] Sowohl das Botanische Institut (geräumt 1955) als auch das Zoologische Institut (geräumt 1964) bleiben wie die übrigen naturwissenschaftlichen Institute bis zum Umzug in die Neubauten im Neuenheimer Feld in ihren alten Gebäuden.[58]

457

Der Universität nur ›verbunden‹ und bis über den Ersten Weltkrieg als ›Landesanstalt‹ unabhängig, wird 1898 die neue Sternwarte auf dem Königstuhl in Betrieb genommen.[59] Die Verlegung derselben, die zuerst in Mannheim, dann seit 1880 in Karlsruhe ihr Institut hatte, war seit Mitte der siebziger Jahre Wunsch der Philosophischen Fakultät. Erst nach der Begründung der Mathematisch-Naturwissenschaftlichen Fakultät (1890) und aufgrund des Hinzukommens von privaten Spenden ist jedoch die Karlsruher Budgetkommission 1894 ebenso wie die Stadt Heidelberg bereit, den Neubau zu genehmigen.

540, 546

Das Klinikviertel in Bergheim

Das dritte große Zentrum der Universität entsteht zwischen 1869 und 1922 im Stadtteil Bergheim zwischen Neckar, Thibautstraße, Mühlstraße und Bergheimer Straße: das heutige Alt-Klinikum. Hierhin ziehen die klassischen medizinischen Fächer Innere Medizin, Geburtshilfe und Chirurgie aus der Altstadt und hier werden die neuen medizinischen Spezialfächer in neuen Kliniken eingerichtet. Seit 1879 wird dieses ›Klinikviertel‹ im Westen begrenzt von dem neuen Botanischen Garten der Universität. Dieser weicht kurz vor dem Ersten Weltkrieg für die letzte Klinik, die neu in Bergheim errichtet wird: die jetzige Universitätsklinik für Innere Medizin, die Ludolf-Krehl-Klinik, (ausgeführt 1919–1922).[60]

402, 405

Die Unterbringung der Kliniken im Seminarium Carolinum erweist sich bald nach dem Einzug 1844 als problematisch; so entsteht 1845 ein Streit des Direktors der Medizinischen Klinik, Friedrich August Puchelt, mit dem Gemeinderat darüber, daß das Akademische Hospital die Aufnahme von Blatternkranken verweigert, um Epidemien im Krankenhaus zu vermeiden. Bereits in diesem Jahr wird vom Senat der Universität beim Ministerium der Antrag auf die Errichtung eines gesonderten Blatternhospitals gestellt[61], dem jedoch erst 1856 durch den Bau eines Pockenhauses, das wegen der ›Enge des Raumes‹ vom Hauptgebäude nur durch einen Hof getrennt ist, entsprochen wird[62]. 1852 gerät die zuvor aufblühende Medizinische Fakultät durch den Weggang der Professoren Friedrich Jacob Henle (Anatomie) und Karl Pfeufer (Innere Medizin) in eine Krise, die 1853 sogar in der badischen Kammer verhandelt wird.[63] Die – im Vergleich zu anderen Universitäten nunmehr auffällige – schlechte Unterbringung der Kliniken zu verbessern, ist eines der Mittel, mit welchen die bleibenden Klinikdirektoren, Maximilian Josef Chelius und Karl Ewald Hasse, 1853 glauben, ›daß dem Unterrichte ein erforderliches Material und der nötige Spielraum gegeben werden‹[64]. Sie fordern und erreichen die Zuweisung des Nebengebäudes des Seminarium Carolinum (1855), welches beim Wegzug der Irrenklinik dem Amtsrevisorat zugewiesen wurde. Im selben Jahr, 1855, werden auch neue Statuten für die Kliniken verfaßt, die nunmehr zu einem ›Akademischen Krankenhaus‹ fusioniert werden[65]; durch diese Statuten tritt der universitäre Charakter des Krankenhauses stärker in den Vordergrund, die städtische Einflußnahme wird zurückgedrängt.[66] Dennoch bleibt die Unabhängigkeit der Klinikverwaltung von akademischen Behörden erhalten: Das Akademische Krankenhaus untersteht der ›Krankenhauskommission‹ und diese direkt dem Innenministerium.

132

131

Im Auftrag dieser Krankenhauskommission legt im Juni 1865 der neue Ordinarius für Chirurgie, Otto Weber, eine gedruckte Denkschrift mit dem Titel ›Das Akademische Krankenhaus in Heidelberg, seine Mängel und die Bedürfnisse eines Neubaus‹ vor[67], auf welche im Juli desselben Jahres bereits von Karlsruhe aus geantwortet wird, daß die ›Erbauung eines neuen Krankenhauses als ein dringendes Bedürfnis erscheine‹[68]. Die ›Vorarbeit‹ für diese rasche Reaktion hatte der 1858 berufene Ordinarius für Innere Medizin und mehrjährige Direktor des Hospitals an der Seminarstraße sowie Mitglied der Krankenhauskommission Professor Nikolaus Friedreich geleistet. Dieser hatte zwischen 1858 und 1865 nicht nur über die Kommission mehrmals die Mißstände der Klinik in der Innenstadt nach Karlsruhe gemeldet, sondern auch bereits einen Antrag auf einen Neubau einbringen lassen, der jedoch scheiterte.[69]

Mit der Berufung Webers, der den 1864 zurückgetretenen Chelius ablöst, welcher fast fünfzig Jahre lang die Chirurgie in Heidelberg vertrat, und dem gleichzeitigen Angebot eines passenden Bauplatzes mit ausreichender Wasserversorgung auf zur Bebauung freigegebenen Äckern zwischen Neckar und Bergheimer Straße sind die Voraussetzungen geschaffen für ein großes Projekt im Sinne der modernen Medizin, die sich zunehmend der ›Hospitalkrankheiten‹, d. h. der Hygiene, annimmt.[70] Die Denkschrift Webers kann schon konstatieren, daß ›die ersten Schritte zum Neubau bereits gethan, indem ein Bauplatz – vorbehaltlich der Billigung durch die beiden badischen Kammern – von der Krankenhauskommission ausgemacht und vom Ministerium des Innern erworben wurde‹[71]. Dieser Bauplatz verfügt, anders als das alte Gebäude in der Seminarstraße und ein zuvor geprüftes Gelände am südlichen Gaisberghang, über die von Friedreich und Weber als ›dringendste Erfordernisse eines Krankenhauses‹ bezeichneten Qualitäten ›Luft, Licht und Wasser‹, aber auch relative Nähe zur Alten Universität und zu den Instituten der naturwissenschaftlichen Medizin.[72] Über das bereits gekaufte Areal hinaus sollen noch weitere, benachbarte Bauplätze unmittelbar erworben werden.[73] Der Neubau wird in der Schrift detailliert beschrieben.[74] Zum ersten Mal in der Baugeschichte der Universität seit 1803 wird ein ›Bauplan‹[75] erstellt, bis zu dessen Ausführung ›noch eine Reihe von Jahren vergehen‹ wird[76] und der mehrere Häuser umfaßt: neben dem Haupthaus mit Chirurgie, Medizinischer Klinik und Verwaltung eine gesonderte Klinik für Augenheilkunde, ein ›pathologisch-anatomisches Institut‹, ein Absonderungshaus sowie Nebenbauten. Mit der Aufnahme der Augenklinik in den Bauplan wird der – in praxi schon weitgehend vollzogene – Spezialisierung der Medizin Rechnung getragen, indem nicht länger der chirurgische Ordinarius die Ophthalmologie mitvertritt und eine zuvor nur als private Klinik (seit 1862 im Haus Hauptstraße 35) bestehende Einrichtung in das Akademische Krankenhaus aufgenommen wird.[77]

Obwohl die Planbearbeitung für die Neubauten schon im Frühjahr 1866 beginnt, verzögert sich der Umzug, bedingt durch eine vollständige Planänderung 1868 und den Deutsch-Französischen Krieg 1870/71, bis zum Oktober 1876; die Augenklinik wird 1878 eingeweiht.[78] Die Medizinische Klinik hat zu diesem Zeitpunkt insgesamt 168 Betten, die Chirurgie 122, die Augenklinik 72.[79] In schneller Folge wird das immer wieder vergrößerte Terrain in den folgenden dreißig Jahren mit den Erweiterungen der ursprünglichen Kliniken und neuen Spezialkliniken überbaut, die nach und nach dem Akademischen Krankenhaus angeschlossen werden. 1878 bezieht man die, schon bei Weber[80] dringend gewünschte, Psychiatrische Klinik, die auf einem direkt westlich angrenzenden Bauplatz erstellt wird.[81] 1884 ist der seit 1861 dringlich geforderte Neubau für die Frauenklinik fertiggestellt, der mit Hilfe der Stadt Heidelberg zustande kommt.[82]

1891 wird der Neubau des Hygiene-Instituts Ecke Voßstraße/Thibautstraße in Betrieb genommen.[83] 1903 ist der gegenüberliegende Bau für die Ohrenklinik vollendet, in dem seit 1908 auch die Laryngologie untergebracht ist.[84] Beide Fächer bestehen bereits seit 1870 und haben zuvor Räume in den ›größeren‹ Kliniken mitbenutzt oder waren in angemieteten Häusern an der Bergheimer Straße Nr. 20/22 untergebracht. Für die 1895 der Universität angeschlossene Zahnheilkunde werden 1904 die Wohnhäuser Bergheimer Straße 22 und 24 angekauft und umgebaut.[85] 1904 bis 1906 schließlich entsteht ein Bau für die Medizinische Poliklinik.[86]

Ebenfalls auf Bauplätzen im Klinikviertel, jedoch nicht als Teile der Universität, sondern als selbstverwaltete Stiftungen, werden im gleichen Zeitraum zwei Kliniken erstellt, die erst nach dem Ersten Weltkrieg den staatlichen Einrichtungen einverleibt werden: die 1885 fertiggestellte Kinderklinik, die sogenannte ›Luisenheilanstalt‹[87], sowie die 1906 eröffnete, heute nach ihrem Gründer benannte Czerny-Klinik für Krebsleiden[88]. Vor und nach dem Ersten Weltkrieg werden die Klinikbauten bis 1927/28 durch den Ankauf der Häuser Bergheimer Straße 44, 46, 50 und 54 ergänzt.[89]

Die Ankäufe und Neubauten im Klinikviertel seit 1900 dienen in erster Linie der Behebung aktueller Raumnot. Trotzdem geschehen sie spätestens seit diesem Jahr nach Planungen, die vom Ministerium der Justiz, des Kultus und Unterrichts ausgehen und die der nicht mehr adäquaten Unterbringung, vor allem der Medizinischen Klinik, im Generellen Rechnung tragen. Vorgesehen ist die schrittweise, grundlegende Umgestaltung der Kliniken, vom Ministerium 1911 so beschrieben[90]: ›Nachdem sich das Ministerium davon überzeugt hatte, daß eine Verlegung des akademischen Krankenhauses ohne einen für den Staat unerschwinglichen Aufwand nicht mehr möglich sei, wurden seit dem Jahre 1900 nach einem wohlerwogenen Plane alle Plätze an der Hospital- und Voßstraße in unseren Besitz genommen und die Möglichkeit gegeben, vom Stadtrat die Genehmigung zum Abschluß der Hospitalstraße gegen die Bergheimerstraße und der Voßstraße gegen die Hospitalstraße und dadurch die Fernhaltung jeden störenden Verkehrs von der Mehrzahl der Krankenpavillons zu erlangen. An den Plan der baulichen Weiterentwicklung des akademischen Krankenhauses konnte erst herangetreten werden, nachdem die Direktionen aller Hauptkliniken in den letzten Jahren neu besetzt waren.‹

In der Folge sucht man in Zusammenarbeit mit den Klinikdirektoren und vor allem der Stadt Heidelberg, auf deren finanzielle Unterstützung der Staat angewiesen ist, nach einem ›Gesamtprojekt‹. Seit Juli 1910, in welchem ein Ruf der Universität Leipzig an den Direktor der Medizinischen Klinik, Ludolf Krehl, ergeht, steht fest, daß als erster Schritt der Neubau einer Klinik für Innere Medizin auf dem angrenzenden Gelände des Botanischen Gartens realisiert werden soll.[91] *458*
Der Botanische Garten sowie die Psychiatrische Klinik sollen auf ein Gelände auf der nördlichen Neckarseite verlegt werden – Teil einer Planung für die Gesamtuniversität, die das Ministerium im April 1912 (siehe unten) der zweiten Kammer des badischen Landtages vorlegt.[92] Die Gebäude der bestehenden Medizinischen Klinik sollen teilweise abgerissen, teilweise an andere Kliniken überwiesen werden, das Gelände der Psychiatrischen Klinik für Neubauten zur Verfügung stehen.[93]

Der neue Klinikvertrag des Staates Baden mit der Stadt Heidelberg, der die Beteiligung der Stadt nicht nur an den Baukosten für die neue Medizinische Klinik, sondern auch an den laufenden Betriebskosten des gesamten Akademischen Krankenhauses vorsieht, wird im August 1912 abgeschlossen.[94] Die Verlegung des Botanischen Gartens nach Neuenheim wird 1913 vollzogen, die noch vor *459, 460*
dem Ersten Weltkrieg ausgearbeiteten Pläne für die Fünfflügelanlage der Krehl- *399*
Klinik werden jedoch zurückgestellt. Die neue Medizinische Klinik entsteht zwi- *402, 405*
schen 1919 und 1922 in um zwei Flügel reduzierter Ausführung.[95]

Die Gebäude der Geisteswissenschaften vor 1911

Das alte Zentrum der Universität in der Nähe der Alten Universität wird in der ersten Hälfte des 19. Jahrhunderts nur durch die Übernahme des ehemaligen Jesuitengymnasiums an der Augustinergasse für die Bibliothek vergrößert. Die auch räumliche Ausdehnung der geisteswissenschaftlichen Fächer im weiteren Sinn (Theologische, Juristische und Philosophische Fakultät sowie die Anfänge der Wirtschafts- und Sozialwissenschaften) erfolgt, analog zur Ausbildung von spezialisierten Seminaren und Instituten mit Bibliotheken und Arbeitsräumen, erst seit den siebziger Jahren des vergangenen Jahrhunderts. Das geisteswissenschaftliche Zentrum entsteht in gewollter Nähe zum Vorlesungs- und Verwaltungsbau, der Alten Universität, durch schrittweisen Ankauf von Wohnhäusern am Universitätsplatz, den 1901 erfolgten Ankauf des ›Musäumsgebäudes‹ an dessen Südrand und den Bau der derzeitigen Universitätsbibliothek nach 1903, bei gleichzeitiger Umwandlung des alten Jesuitenbaus in ein Seminarienhaus.

Die erste Planung zur Unterbringung eines geisteswissenschaftlichen Seminars fällt in die Jahre zwischen 1837 und 1844. Anläßlich der Einrichtung des der Universität zunächst ›beigeordneten‹ Evangelisch-Protestantischen Prediger-Seminares prüft man hintereinander Räumlichkeiten in der Alten Universität, das Seminarium Carolinum, den Weinbrennerbau im Marstallhof und das sogenannte Bettingersche Haus im Kalten Thal beim Kornmarkt, ein weiteres Privathaus an der Hauptstraße, das Simonsche Haus an der Grabengasse gegenüber der Alten Universität und einen Bauplatz neben der Peterskirche auf ihre Eignung zur Unterbringung des Instituts in ›eigenen‹ Räumen.[96] Der Ankauf eines Hauses kommt jedoch nicht zustande. Ostern 1855 siedelt das zuvor schon in gemieteten Räumen untergebrachte Seminar in das Dominikanerkloster um, wo es bis zu dessen Abriß 1861 bleibt. Danach erhält es vier – wieder gemietete – Räume im Wohnhaus seines Direktors an der heutigen Friedrich-Ebert-Anlage.[97] Obwohl seit 1868 der Universität einverleibt, erhält das Institut, nun gespalten in ein Wissenschaftlich-Theologisches Seminar und ein Praktisch-Theologisches Seminar, *93* erst 1895 eigene Räumlichkeiten in den Häusern Schulgasse 2 und Augustinergasse 13, die beide dem Unterländer Studienfonds gehören.

Das Theologische Seminar mag, weil erstes Seminar der ›Geisteswissenschaften‹ mit eigenen Räumen, hier paradigmatisch gesehen werden: Vor 1870 werden die langsam aufkommenden Raumwünsche der Geisteswissenschaftler von Regierungsseite wenig berücksichtigt, vor allem im Vergleich zu den Anträgen der Naturwissenschaften. Die Unzufriedenheit innerhalb der Philosophischen Fakultät, zu der zu jener Zeit noch ein Großteil der ›bevorzugten‹ Naturwissenschaften gehört, entlädt sich nicht zuletzt während des Streites um die Bau- und Ökonomiekommission 1871, der zu deren Auflösung führt: ›Im Hintergrunde die Interessen der Naturwissenschaft, deren Vertreter im Fett sitzen, und denen die Ökonomische Commission dient‹[98]. Die Unterbringung der Seminare der Theologischen, Juristischen und Philosophischen Fakultät, die in zwei Hauptphasen zwischen 1865 und 1875 sowie 1890 und 1910 entstehen, erfolgt anfänglich in Wohnhäusern am Universitätsplatz, die der Unterländer Studienfonds schrittwei-*92* se erwirbt[99]: Augustinergasse 7 (1868), Augustinergasse 9 (gemietet seit Mitte der *93* achtziger Jahre, gekauft 1911), Schulgasse 2 (gekauft 1881) und Schulgasse 6 (1888). Das zuletzt erworbene Haus dieses Quartiers, die Augustinergasse 11 *55* (1912), wird bis zu seinem Abbruch 1932 nicht universitär genutzt, denn seit 1893 wird das Quartier im Süden als Baugrund für einen Neubau der Universitätsbibliothek gesehen: Zum Zeitpunkt der Komplettierung des Quartiers von der Alten Universität bis zur Seminarstraße denkt man schon an den Abbruch aller alten Wohnhäuser und die Errichtung eines Hörsaalneubaues an deren Stelle.[100]

Ausschlaggebend für diese Ankäufe ist ihre Nähe zu den zentralen Einrichtungen der Universität, die vor allem die geisteswissenschaftlichen Fakultäten benutzen: das Hauptgebäude mit den Hörsälen (Alte Universität) und die Universitätsbibliothek (Jesuitengymnasium). Auch diese beiden Einrichtungen entsprechen bereits zu Beginn der achtziger Jahre nicht mehr den zeitgemäßen Anforderungen. So beantragt die Universität zu ihrem Jubiläum 1886 einen neuen Hauptbau, der aber nicht erstellt wird; vielmehr wird die Alte Universität historistisch ausge-*44, 49* baut.[101] Der Neubauantrag für eine Universitätsbibliothek datiert in das Jahr 1874.[102] Bald zwanzig Jahre später verhandelt dann die erste Kammer der badischen Landstände das Problem, um festzustellen, daß die ›dringend notwendige Erweiterung‹ nur durch einen völligen Neubau an der Stelle des Jesuitengymnasiums und der drei Wohnhäuser Augustinergasse 11 und 13 sowie Schulgasse 6 erfolgen könne.[103] Als Übergangslösung soll für die Bibliothek das alte Gymnasiumsgebäude (Seminarstraße 1) angemietet werden. Eine Denkschrift desselben Jahres, unterschrieben von allen Professoren der Universität und gerichtet an das zuständige Ministerium der Justiz, des Kultus und des Unterrichts, bezeichnet die Bewilligung des Neubaues als ›dringendstes Universitätsbedürfnis‹, da mit dem Einzug von Teilen der Bibliothek in den Hexenturm und das alte Gymnasium ab Ostern 1894 die Bibliothek auf vier Häuser verteilt ist.[104] Als im November 1897 der Bibliotheksdirektor dem Ministerium ein Bauprogramm übersendet, das im Benehmen mit dem künftigen Architekten, dem Karlsruher Professor Josef Durm, erstellt wurde, ist eine der fünf Forderungen an den Neubau die Nähe zur Alten Universität.[105]

Dieser Wunsch scheint Ende 1898 erfüllbar, als die private ›Musäumsgesellschaft‹ ihr großes Haus am südlichen Ludwigsplatz (heute: Universitätsplatz) mit *3* Garten bis zur Seminarstraße zum Verkauf anbietet: Der Neubau der Bibliothek soll in das Budget 1900/01 eingerückt und entweder auf dem Areal des Musäums oder aber auf Gelände ›an der Peterskirche‹ verwirklicht werden.[106]

Der Plan der Regierung, das Musäum zu erwerben, scheitert zunächst an der Stadt Heidelberg; diese kauft 1899 das Haus, um dort einen städtischen Saalbau einzurichten.[107] Im Garten soll ein großer Saal erstellt werden, der mit dem Hauptgebäude verbunden ist. Der Kauf des Hauses gehört in eine längerfristige Konzeption der Stadt. Seit 1894 waren Pläne spruchreif, die den neuen Saalbau am östlichen Ludwigsplatz vorsahen, also anstelle der universitär genutzten Häuser. Ein solcher vollständiger Neubau hätte jedoch die Erbauung der dritten Nekkarbrücke durch die Stadt, die ›in der Nähe des neuen botanischen Gartens‹ (d.h. östlich der Mittermaierstraße) entstehen soll, aus finanziellen Gründen lange verzögert. Die Entwicklung des Bergheimer Viertels aber hat um 1900 Vorrang in den Stadtbauplanungen.

Bereits im Oktober 1901 beginnen dann doch die Arbeiten für einen neuen Saalbau auf dem Jubiläumsplatz am Neckar, die heutige Stadthalle. Das Musäum geht am 1.9.1901 in staatlichen Besitz über.[108] Dieser Übergang bezeichnet den Zeitpunkt, an dem die Unterbringung der geisteswissenschaftlichen Institute, aber auch die Schaffung neuer Hörsäle außerhalb der zu klein gewordenen Alten Universität in Angriff genommen wird. 1901 soll auf dem Gelände des Musäums nicht länger die Bibliothek gebaut werden. Die Arbeiten für diese beginnen noch im selben Jahr auf dem Gelände an der Peterskirche zwischen Grabengasse, Plöck und Sandgasse, das der Staat mit Unterstützung der Stadt gekauft hat.[109] Nunmehr soll das Musäum nach Fertigstellung der Stadthalle in ein ›Kollegienhaus‹, d.h. ein Gebäude vor allem mit Hörsälen und einigen Instituten, umgebaut werden.[110] Im Oktober 1905 ist die neue Universitätsbibliothek bezugsreif.[111] Das freiwerdende Jesuitengymnasium wird bis Pfingsten 1907 zu einem ›Seminarienhaus‹ für die Geisteswissenschaften umgewandelt[112], 1904 erfolgt der Umbau des Musäums zum ›Neuen Kollegienhaus‹ der Universität[113]. Das alte Schulhaus an der Seminarstraße wird wieder städtisch, nämlich für die Oberrealschule, genutzt. 1911 bezeichnet der Kultusminister die so entstandene, sehr heterogene Bautengruppe um den Universitätsplatz als die ›Hauptgebäude der Universität‹, die beschriebenen Maßnahmen der Jahre 1901 bis 1907 als Teile in ›einem großen Plan für den weiteren Ausbau der Universität‹: ›Es ist insbesondere auch die Möglichkeit geschaffen worden, den weiteren Ausbau der Universitätshauptgebäude im Zentrum der Stadt am Ludwigsplatz nach Maßgabe der verfügbaren Mittel weiter zu fördern‹.[114] Der Ankauf bzw. Neubau um den Ludwigsplatz herum ist faktisch auch als erste ministerielle Entscheidung für den künftigen Ort des geisteswissenschaftlichen Zentrums zu sehen: Sowohl für den Neubau der Bibliothek als auch für Institutsbauten ist seit den neunziger Jahren des 19. Jahrhunderts mehrfach der vierflügelige Marstallhof am Neckar von der Universität in Vorschlag gebracht und geprüft worden, dessen eines Hauptgebäude, der Weinbrennerbau, seit dem Auszug der Frauenklinik (1884) von der Stadt Heidelberg für die Gewerbeschule genutzt wird.[115]

Die Planungen, Bauten und Ankäufe bis 1945

Spätestens seit 1900 sind die Einrichtungen der Naturwissenschaften an Hauptstraße und Akademiestraße überaltert und nicht mehr konkurrenzfähig mit anderen deutschen Universitäten; das gleiche gilt in verschärfter Form für die Kliniken in Bergheim. Auch die zentralen Gebäude am Ludwigsplatz werden 1910 als ungenügend empfunden. Die seit der zweiten Hälfte des 19. Jahrhunderts immer rascher sich vollziehende Wandlung der Wissenschaften und ihre steigenden Anforderungen an Baulichkeiten führen Universität und Regierung zu der Einsicht, daß eine langfristige Planung unverzichtbar sei, die die speziellen topografischen Bedingtheiten der Universitätsstadt Heidelberg und die daraus erwachsenden Schwierigkeiten der Verbindung der Universitätsteile untereinander ebenso berücksichtigt wie den (möglichst lärmfreien) Anschluß aller Teile an den modernen Verkehr.

Dies wird in mehreren Denkschriften seit 1911 zum Ausdruck gebracht. Die Ausdehnung der Universität kann, aufgrund der Topografie und der engen Bebauung in Kernaltstadt, Vorstadt und Bergheim sowie der Bebauungspläne der Stadt Heidelberg für die heutigen Stadtteile Weststadt und Neuenheim, nur auf der nördlichen Neckarseite, mit relativer Nähe zum Bergheimer Viertel, erreicht werden. 1913 bezieht die Universität zum ersten Mal ein Gebäude auf der nördlichen Neckarseite: das neue Physikalische und Radiologische Institut am Philosophenweg. Zu diesem Zeitpunkt ist der badische Staat aber bereits im Besitz eines großen Geländes, ebenfalls auf der nördlichen Neckarseite, jedoch abgelegen von jeder Wohnbebauung auf eigens dafür freigegebenen ehemaligen Feldern zwischen Neckar, heutiger Berliner Straße und verlängerter Mönchhofstraße.

Die Planungen vor dem Ersten Weltkrieg sehen die Verlegung aller Institute *9* der Naturwissenschaften und der naturwissenschaftlichen Medizin auf dieses Areal vor, ausgeführt wird nur die Verlegung des Botanischen Gartens aus Bergheim. Der Bau der Chirurgischen Klinik in diesem Bereich in den Jahren nach *477, 479* 1933 markiert den Wendepunkt in den Überlegungen, wie das Neuenheimer Feld zu nutzen sei: Seit diesem Zeitpunkt verfolgt man den Plan der ›campusmäßigen‹ *13, 14, 15* Zusammenführung von Naturwissenschaften, naturwissenschaftlicher und klinischer Medizin sowie der Sportanlagen unter Aufgabe der alten Baulichkeiten in der Vorstadt und Bergheim. Zur Ausführung auf nach Norden wesentlich vergrößertem Gelände und in je zeitgemäßer Form kommt diese Großanlage aber erst seit dem Beginn der fünfziger Jahre.

In der Altstadt wird Mitte der zwanziger Jahre die Raumnot der Geisteswissenschaften erneut zum Anlaß für eine Erweiterung der Universität. Man erwirbt 1926 den Weinbrennerbau für Seminare und ist damit im Besitz eines weiteren *204* Universitätsquartiers, da auch andere Gebäude des Marstallhofes für die Mensa *209* und die Turnhalle genutzt werden. 1929 bis 1936 wird am südlichen Universitätsplatz die Neue Universität errichtet, die nicht nur die Fläche des Musäums ein- *67* nimmt, sondern auch das vorhandene Quartier nach Süden bis zur Seminarstraße verlängert.

Seit 1920 ist die (von der Universität unabhängige) Akademie der Wissenschaf- *230* ten (gegründet 1909) im Haus Karlstraße 4, dem ehemaligen Großherzoglichen Palais, untergebracht. 1927 werden an der hinteren Hauptstraße die Räumlichkeiten des Palais Weimar (Hauptstraße 235) für die Staats- und Wirtschaftswissenschaften angemietet und im gegenüberliegenden Haus Buhl (Hauptstraße *270* 234) die Zeitungswissenschaften etabliert.

Die Denkschriften von 1911 und 1912. Nachkriegsbauten

Die Unzufriedenheit der Universität mit ihren Baulichkeiten wird im Frühjahr 1911 in einem spektakulären Schritt an die Öffentlichkeit getragen: Unter dem Prorektorat Professor Hans von Schuberts werden von allen Institutsdirektoren seit Oktober 1910 Berichte über ihre Räume und Verbesserungswünsche zusammengetragen, diese mit Zahlen von anderen Universitäten, u.a. Freiburg, ergänzt und in einer Denkschrift des Engeren Senats und der Institutsdirektoren ›Über den baulichen Zustand der Universität Heidelberg‹ (in der ersten Fassung: ›baulicher Notstand‹) dem Staatsministerium und dem Großherzog vorgelegt[116]. Die Denkschrift, deren Einleitung sich betont gegen den eigentlichen Wunsch des Staatsministeriums richtet, nämlich möglichst sparsame Vorschläge für das kommende Budget einzureichen, teilt sich in einen ›Bericht‹, in welchem detailliert die Mißstände der einzelnen Gebäude genannt und teilweise auch Vorschläge zu deren Beseitigung unterbreitet werden, und einen Teil ›Folgerungen‹. Erstmalig (und in der Folge beibehalten) sind dabei die Universitätsgebäude nach ihrer Lage und Funktion in drei Gruppen eingeteilt: ›Die Gruppe der Hauptgebäude am Ludwigsplatz‹, ›Die Gruppe der mathematisch-naturwissenschaftlichen Institute‹ und die ›Gruppe der medizinischen Institute‹, zu der auch Physiologie, Anatomie und Pharmakologie gezählt werden, obwohl sie in der Vorstadt untergebracht sind. Der Engere Senat kommt in den ›Folgerungen‹ zu diesen Resultaten: ›Die Summe der schreienden Notstände und damit der unabweisbaren, durchaus notwendigen Hülfen erstreckt sich nach unserer allgemeinen Überzeugung über alle Gruppen und Disziplinen des Universitätskörpers und ist so groß, daß man schon deshalb berechtigt ist von einem kritischen Moment in der Geschichte unserer Universität zu sprechen. Für die drei am Ludwigsplatz konzentrierten Fakultäten sind neue Auditorien erforderlich; für einige Seminarien ist hier unbedingt Raum zu schaffen; die Verwaltung muß sich ausdehnen können; eine neue Heizung ist in beiden Kollegienhäusern anzulegen. Bei den naturwissenschaftlich-mathematischen Fächern hat die Chemie mindestens Hörsaal und Nebenräume nötig, die Geologie muß anderswo untergebracht werden. Die Mathematik bedarf mindestens ein größeres Auditorium, die Mineralogie Arbeits- und Sammlungsräume. Das botanische Institut muß sich erweitern und sein Herbarium aufstellen, das zoologische seine Sammlung an sich nehmen können. In der theoretischen Medizin verlangt die Physiologie gebieterisch einen größeren Hörsaal, die Anatomie und Pharmakologie heischen Neubauten. In der praktischen Medizin sind die Innere und die Hautklinik neu zu erstellen, die chirurgische hat ein zentrales Operationshaus, die Frauenklinik zum mindesten eine andere Geburtsstation, andere Räume für die Schwangeren, andere septische und konservative Abteilungen, die Irrenklinik für eine unruhige Abteilung einen weitgehenden Ausbau, die Augenklinik einen Aufbau, die Pathologie einen Aufbau und Anbau nötig. Alle diese Bauten sind ohne jede Übertreibung als unaufschiebbar zu bezeichnen, um so mehr, als man stets mit dem langen Weg rechnen muß, der von dem Entschluß der Ausführung bis zu seiner technischen Vollendung zurückzulegen ist‹.[117]

Selbst Abhilfe in diesen ›schreienden Notständen‹ wird jedoch nur als ›halbe Arbeit‹ bezeichnet: ›Nur da, wo Neubauten einträten, würde es möglich sein, die modernen Forschungen korrekt durchzuführen, völlig auch nur da, wo die Gebundenheit an eine alte Grundfläche nicht beengend wirkt. In vielen Fällen würde der Eindruck des Notbehelfs, des Rückständigen, im Ganzen der des Zersplitterten nicht weichen.‹ Um keine Gelder in eine ›besonders kostspielige Ausbesserungsperiode‹ zu stecken, sondern sogleich an die ›Gesamtreorganisation‹ zu gehen, fordert der Senat eine Baupolitik, zu der er in ›erster Linie die Aufstellung eines generellen Bauprogramms unter grundsätzlicher Aufgabe des bisherigen Systems der Einzelbesserungen‹ zählt.[118] Die Dringlichkeit dieses Programms ergibt sich, laut der Denkschrift, vor allem auch aus der ›Baulage der Stadt Heidelberg‹, deren hauptsächliche Entwicklung in den westlichen Teilen Neuenheims und in Bergheim erwartet wird.[119]

Das Bauprogramm soll in zwei Pläne aufgespalten werden: einen für den ›Zentralkomplex‹, den anderen für die naturwissenschaftlichen und medizinischen Institute. Entsprechend den beiden Plänen sollen die Gruppen auch lokal zusammengefaßt werden. Man schreibt: ›Für den Zentralkomplex würde sich die doppelte Möglichkeit ergeben, entweder erstens einen Plan für den Ludwigsplatz mit dem Ziel zu entwerfen, daß die drei Seiten, an denen die Universität Anwohner ist, völlig in den Besitz derselben übergehen, der Platz also zum Hof oder Garten derselben wird, mit subsidiärer Heranziehung der im nahen Marstall dem Staat bereits gehörenden Bauten für Institutszwecke, etwa wie längst projektiert, für das Institut für Altertum und Kunst – oder zweitens einen Plan für den Ausbau des Marstalls zu einem monumentalen Universitätszentralbau zu entwerfen mit subsidiärer Verwendung der bisherigen Gebäude am Ludwigsplatz zu Seminar- und Verwaltungszwecken. Bei dem letzteren Plan wäre allerdings auf das Sorgfältigste zu prüfen, ob nicht das Städtebild Heidelbergs und besonders der Blick auf das Schloß eine Einbuße erleiden würde. Für die beiden anderen Fakultäten ließe sich ernsthaft nur an eine Konzentration am unteren Neckar, wo in der Nähe der projektierten dritten Brücke die Neuenheimer Seite noch freien Spielraum läßt, denken. Auch hier wären zwei Möglichkeiten gegeben.‹[120]

Die erste Möglichkeit, ›Politik im Großen‹ genannt, sieht die Verlegung aller Kliniken ›in gemessenen Abständen‹ ins Neuenheimer Feld vor, das Bergheimer Klinikviertel soll mit den Neubauten für die Naturwissenschaften und die theoretische Medizin überbaut werden. Eine wichtige Rolle spielt bei diesem Plan, wie bei allen folgenden, die Nähe der Neubauten zu den Brücken: der bereits bestehenden Friedrichsbrücke (heute: Theodor-Heuss-Brücke) und der projektierten ›dritten‹ Neckarbrücke (heute: Ernst-Walz-Brücke). Im genannten Plan z. B. sollen die naturwissenschaftlichen Institute nahe an die Friedrichsbrücke gerückt werden, um die Verbindung zum gerade im Bau befindlichen, bis heute vom Rest der Universität abgespaltenen, Physikalischen Institut am Philosophenweg (bezogen 1913) zu gewährleisten[121], die Kliniken aber sollen nur dann aufs ›rechte‹ Neckarufer übersiedeln, wenn die Stadt Heidelberg die dritte Brücke baut[122].

Diese völlige Umstrukturierung wird aber bereits in der Denkschrift als ›radikaler‹ Plan bezeichnet: Es wird alternativ vorgeschlagen, die Naturwissenschaften nach Neuenheim zu verlegen, die Kliniken in Bergheim zu belassen und nur die Psychiatrie – wie von der Stadt gewünscht – und den Botanischen Garten übersiedeln zu lassen, damit auch in Bergheim Baugelände frei wird. Dieses Baugelände soll sodann in einem ersten Schritt für eine neue Klinik für Innere Medizin Verwendung finden[123]. Der Ankauf des Terrains in Neuenheim wird als ›sofort‹ notwendige Maßnahme dringlich beantragt, denn nur durch dessen Verfügbarkeit könne ›eine moderne Entwicklung der Heidelberger Universität‹ sich vollziehen.

Deutlich wird in diesen Ausführungen der Vorrang der Naturwissenschaften, weil direkt, mit der Verfügbarmachung des Weinbrennerbaus, nur Maßnahmen in der Altstadt gewünscht werden, ›die sich für keine Gestalt der späteren Gesamterneuerung als hinderlich‹ erweisen.[124] Die Bauten in der Vorstadt sollen sämtlich verkauft werden.[125]

In der Antwort des Ministeriums vom Mai 1911 heißt es lapidar: ›Die uns Ende des letzten Sommers überreichte Denkschrift über den baulichen Zustand der Universität Heidelberg hat uns weder in der Schilderung der Mißstände noch in den Vorschlägen zu ihrer Beseitigung Neues gebracht.‹[126] Auf den folgenden Seiten werden denn auch die Ankäufe sowohl in der Altstadt als auch in Bergheim,

die seit 1900 getätigt wurden, als Teile einer künftigen Gesamtkonzeption gewer-
5 tet. So sollen der Ausbau der Geisteswissenschaften am (wohl östlichen, d. V.)
Ludwigsplatz erfolgen, die Kliniken im Bergheimer Gelände neu errichtet werden, die Naturwissenschaften, der Botanische Garten und die Psychiatrie nach
Neuenheim gelangen. Projekte hierfür, die wohl auch der Denkschrift der Universität zugrunde lagen und die der bautechnische Referent Professor Otto Warth
und die Großherzogliche Bauinspektion Heidelberg erstellt haben, datieren zurück ins Jahr 1910 (13. 8./5. 11.) und werden bereits mit der Stadt Heidelberg verhandelt, vor allem in Hinsicht auf den Neubau der Ludolf-Krehl-Klinik (siehe
oben).

Im Mai 1911 ist das Ministerium mit den Geländeankäufen im Neuenheimer
Feld befaßt, bis Juli dieses Jahres erwirbt das Domänenärar den größten Teil eines nahezu zwanzig Hektar großen Geländes nahe dem neuen städtischen Zen-
tralfriedhof, begrenzt von der verlängerten Mönchhofstraße (heute: Tiergartenstraße) im Norden, Gleisen der OEG-Güterlinie im Westen, mit östlicher Grenze
etwa auf halber Strecke zur heutigen Berliner Straße und im Süden endend etwa
bei der heutigen Kirschnerstraße.[127] Am 26. April 1912 legt Minister Böhm für
das Ministerium des Kultus und Unterrichts der zweiten Kammer der badischen
Landstände eine ›Denkschrift über die künftige bauliche Entwicklung der badischen Hochschulen‹ vor, die im Juli auch von der ersten Kammer verhandelt
wird.[128] Die Behandlung dieser Denkschrift durch die Kammern – die ihr zustimmen, aber mit Rücksicht auf etatrechtliche Konsequenzen das förmliche Einverständnis verweigern – bildet einen vorläufigen Höhepunkt in den seit 1910 vor
allem von dem Heidelberger Professor Ernst Troeltsch in der ersten Kammer
angeregten Debatten über die Heidelberger Baufrage.[129]

6-9 Der Inhalt der Denkschrift, in deren Anhang fünf Lagepläne Professor Warths
eingebunden sind, ist eine Zusammenfassung der Planungen der vorangegange-
nen Jahre: Die Bauten werden in die drei bekannten Gruppen aufgeteilt und in
den Plänen durch vier Farben als ›bestehende‹, ›abzubrechende‹, ›außer Betrieb
zu setzende‹ und ›Neu‹-Bauten markiert.[130] Die Bauten in der Kernaltstadt sind
sämtlich als ›bestehende‹ bezeichnet; die ›bauliche Erneuerung‹ durch ›geräumige Neubauten‹ an Schulgasse, Augustinergasse und anstelle des Neuen Kollegienhauses wird, obwohl notwendig, hinter die ›dringenderen Bedürfnisse der
anderen Fakultäten‹ zurückgestellt.[131] Alle naturwissenschaftlichen Bauten der
Vorstadt einschließlich der Zoologie und Botanik an der Sophienstraße sollen
›außer Betrieb gesetzt‹, d. h. verkauft werden.[132] In den Plan des Bergheimer Viertels sind der Neubau der Medizinischen Klinik, mehrerer kleinerer Ergänzungsbauten sowie eines Pharmakologischen Institutes an der Thibaut-Straße ebenso
eingezeichnet wie die als ›abzubrechend‹ gekennzeichneten Gebäude der Psychiatrie und der Gewächshausanlage im Botanischen Garten. Das Gelände der
Psychiatrie soll als ›Reservegelände, eventuell Anatomie‹ genutzt werden.[133] Das
letzte Blatt zeigt die Verteilung des Neuenheimer Areals[134]: Im nordwestlichen
Viertel liegt der Botanische Garten, im östlich angrenzenden Viertel befinden
sich, ›frei‹ im Gelände verteilt, die Gebäude für Mineralogie/Geologie, Zoologie
und Chemie, im südwestlichen Viertel liegen die Bauten der Psychiatrie, davon
abgerückt östlich die Betriebsgebäude. Ein ›Reservegelände‹ trennt letztere wie-

derum von den an die östliche Grundstücksgrenze gerückten Bauten für Physiologie und Anatomie. Die Straßenzüge im neuen Areal liegen noch nicht fest, auch soll – abgesehen von der bevorstehenden Verlegung des Botanischen Gartens, dessen Gelände für den Bau der Ludolf-Krehl-Klinik benötigt wird, und der darauf folgenden Verlegung der Psychiatrie – noch keine Reihenfolge für die Ausführung der Institutsbauten aufgestellt werden.[135]

Die Verlegung des Botanischen Gartens geschieht, wie gesagt, noch 1913, die Ludolf-Krehl-Klinik wird 1919 bis 1922 erbaut. Es handelt sich um die ersten Aufgaben des neuen Leiters des Badischen Bezirksbauamtes, Ludwig Schmieder, der in den folgenden zwanzig Jahren das universitäre Bauen bestimmt. Im gleichen Jahr 1922 eröffnet man in Schlierbach die Orthopädische Klinik, eine private Stiftung, die der Universität beigeordnet ist. Die Einrichtung geht zurück auf einen Spendenaufruf an die ›deutsche Industrie und das deutsche Kapital‹ im Kriegsjahr 1917.[136] Sie soll ›Unfall- und Kriegsorthopädie, Prothesenkunde und Arbeitstherapie treiben‹[137] und damit Forderungen erfüllen, die aus der Unzahl der Kriegsverstümmelungen resultieren. Unterstützt vom Großherzog und geleitet von dem Ministerium des Kultus und Unterrichts können bereits im Januar 1918 die Satzung der ›als selbständiges Rechtssubjekt errichteten Stiftung‹ erlassen und das Kuratorium für den Neubau bestellt werden.[138] Ebenfalls um Kriegsfolgen, nämlich die Verarmung der Studenten, abzumildern, ergeht 1919 ein Spendenaufruf zur Einrichtung einer ersten Mensa. Diese wird 1923 zusammen mit einer Turn- und Fechthalle im umgebauten Zeughaus des Marstallhofes in Betrieb genommen.[139] 1920 wird im ehemaligen Großherzoglichen Palais am Karlsplatz die 1909 als Stiftung gegründete, von der Universität unabhängige, Akademie der Wissenschaften eingerichtet, in deren Nutzung das Haus sich befindet.[140] Hierhin wird auch das Theologische Seminar der Universität teilweise (bis 1976) verlegt.

555

213
230

Die Planungen zwischen 1925 und 1927. Die Neue Universität

Der Verwirklichung der größeren Vorkriegsvorhaben tritt man erst seit 1925 wieder näher. Im Januar dieses Jahres unterbreitet Ludwig Schmieder dem Ministerium im Zusammenhang mit einem von der Baupolizei verlangten, größeren Umbau des Kollegienhauses ein Projekt für einen Erweiterungsbau mit Auditorium Maximum im Garten des alten Gebäudes und längs der Grabengasse.[141] Im Juli des Jahres besichtigt der Haushaltsausschuß des Landtages die Universität, und es entstehen Entwürfe für den gleichzeitigen Umbau im Innern des Kollegienhauses und dessen Erweiterung.[142] Diese Entwürfe finden im September des Jahres Eingang in eine zweite Denkschrift der Universität, die der Rektor Karl Hampe den ›für die Unterrichtsverwaltung entscheidenden Stellen‹ vorlegt.[143] Ziel der ›Denkschrift über die Mißstände vornehmlich baulicher Art‹ ist es, ›den Finger auf die Wunde zu legen‹. Hampe schreibt: ›Es handelt sich nicht, wie noch 1911, um die Darlegung großzügiger Reformpläne, die im heutigen Deutschland nicht zu verwirklichen sein würden. Wohl aber müssen die Schäden offen und ohne Verschleierung aufgedeckt werden, die bei weiterer Vernachlässigung dem ganzen Bau unserer Ruperto Carola Einsturz drohen‹.[144] Auch in dieser Denkschrift

3

werden wieder die drei Gruppen aufgeführt. Bei den Bauten der Medizinischen und der Naturwissenschaftlich-Mathematischen Fakultät stellen die Berichte der Direktoren die dramatische Verschlimmerung der bereits 1911 geschilderten Zustände (mit Ausnahme der erwähnten Neubauten) fest.[145] Für die Medizin wird die Wunschlösung, nämlich die Verlegung der Kliniken und Institute aus dem Bergheimer Viertel, als wenig realistisch angesehen. Kein einziger Neubau wird gefordert, sondern Verbesserungen an den bestehenden, unzulänglichen Einrichtungen: ›Flickwerk‹[146]. Auch die Naturwissenschaftler schildern zwar die baulichen Zustände als ›katastrophal‹[147], hoffen aber höchstens auf Resultate aus schwebenden Berufungsverhandlungen.

Konkrete Vorschläge werden hingegen, nach Aufzählung der Mängel, für die Gruppe der Zentralgebäude und der geisteswissenschaftlichen Seminare gemacht.[148] Diese Verschiebung des Gewichts gegenüber den Vorkriegsplanungen von 1912 ist im Zusammenhang mit dem bevorstehenden Umbau des als ungenügend beschriebenen Kollegienhauses zu sehen sowie im bevorstehenden Freiwerden des Weinbrennerbaus.[149] Die Universität fordert den Ankauf dieses Gebäudes, dessen Abgabe die Stadt bereits 1922 zugesichert hat[150], nach dem Auszug der Gewerbeschule für Seminare, dazu ein neues Hauptgebäude: ›Glücklicherweise fehlt es am Ludwigsplatz nicht an Baugelände und an der Möglichkeit, mit verhältnismäßig geringen Kosten diesen Mißständen Abhilfe zu schaffen. Denn das Neue Kollegienhaus ist ja in erheblichem Maße anbaufähig, und zwar zunächst mit Seitenflügeln und Quergebäude auf Universitätsgelände, das nicht erst erworben zu werden braucht. Der dafür zu entwerfende Plan hätte aber für später die Gewinnung und Bebauung des gesamten Baublocks um den Hexenturm bis zur Seminarstraße für Universitätszwecke ins Auge zu fassen‹.[151] Der für 1926/27 gewünschte erste Bauabschnitt dieser Erweiterung – ein Seitenflügel an der Grabengasse – scheitert im Dezember 1925 am Veto des Finanzministeriums und wird von Karlsruhe in weite Ferne gerückt.[152]

Am 18.5.1926 ergreift das Ministerium des Kultus und Unterrichts dennoch wieder eine weitreichende Initiative.[153] In Schreiben, die gleichzeitig dem Bezirksbauamt und dem Engeren Senat zugehen, hält der Referent Adam Remmele den Zeitpunkt für gekommen, an dem die Diskussion der Jahre 1912 und 1925 ›erneut aufzunehmen und an die Aufstellung eines neuen Programms über die künftige bauliche Entwicklung der Universität Heidelberg heranzutreten‹ sei. Ausgehend von den dringendsten Bauaufgaben, der Erweiterung des Kollegienhauses und der Erweiterung und Umgestaltung der Pathologie, soll die gesamte Planung der Denkschrift von 1912 erneut geprüft werden. Das Bezirksbauamt soll in diesem Zusammenhang den Wert der Bauten der Naturwissenschaften in der Vorstadt für den möglichen Verkauf bei einer vollständigen Verlegung der Institute schätzen, um die zu erwartenden Zuschüsse zu den Neubauten erfassen zu können, und auch die Eignung des Neuenheimer Geländes überprüfen. Veränderungen in der Vorkriegsplanung ergeben sich für das Ministerium insofern, als die Psychiatrische Klinik einen Anbau erhalten hat und nicht mehr verlegt werden soll, dafür aber ein Teil des Neuenheimer Geländes für universitäre Sportanlagen verwendet wurde.

Remmele wünscht auch, daß noch einmal festgestellt werde, ›ob noch anderes

Gelände in Betracht kommen kann (etwa das Gelände, das durch die Verlegung des Hauptbahnhofs frei werden wird)‹. Wichtigste Bedingung der Verlegung nach Neuenheim sei allerdings der bereits 1912 zugesicherte Bau der dritten Brücke und eine Straßenbahnanbindung durch die Stadt Heidelberg. Das genannte Gelände, zwischen heutigem Adenauerplatz, Bahnhofstraße, Poststraße und Römerkreis gelegen, ist ein Bebauungsgebiet der Stadt Heidelberg[154], weswegen im Juni 1926 Anfragen zu beiden Problemen an diese ergehen[155]. Schon im August liegt ein städtisches Vorprojekt für die dritte Brücke vor, da der Oberbürgermeister wie der Stadtrat die Verlegung der Institute nach Neuenheim wünschen[156]; das innerstädtische Baugebiet halten sie für ›zu klein‹ für die Universitätsbauten.

Im Winter und Frühjahr 1926/27 verfolgt das Ministerium die Entwicklung eines Gesamtplanes mit vier Schwerpunkten: Ludwigsplatz, Weinbrennerbau, Klinikum und Verlegung der Naturwissenschaften. Für alle Schwerpunkte entwickelt Schmieder nach den Wünschen der betroffenen Fakultäten Einzelkonzeptionen. So fragt Remmele im November bei der Akademischen Krankenhauskommission an, ob diese die, wenn auch teilweise, Verlegung der Kliniken zusätzlich zu den Neubauten für Naturwissenschaften wünsche.[157] Die Verlegungen hätten durch die Zusage der Stadt, die Brücke an der Mittermaierstraße zu errichten, ›eine festere Gestalt‹ bekommen. Im Dezember des Jahres bewirbt man sich um den Weinbrennerbau[158], im Januar 1927 beschließt das Ministerium diesen aus Mitteln des Unterländer Studienfonds für die Philosophische Fakultät zu kaufen[159]. Zu diesem Zeitpunkt hat sich die Medizinische Fakultät für den Verbleib in Bergheim entschieden.[160] Noch im Januar besichtigt Kultusminister Leers die Bauten der Universität.[161] Am 13.1. 1927 legt Schmieder dem Rektor Friedrich Panzer ein Projekt für einen Hörsaalneubau am östlichen Ludwigsplatz vor.[162] Im Februar des Jahres schließlich sprechen sich der Rektor und der Engere Senat gegen einen Vorschlag der Mathematisch-Naturwissenschaftlichen Fakultät aus, welche in die Planung auch die künftige Verlegung der Geisteswissenschaften nach Bergheim oder auf das gegenüberliegende Neuenheimer Ufer einbeziehen will.[163] Panzer befürwortet aber die ›Sicherung von Gelände‹.

Die Planung für die Naturwissenschaften auf dem Neuenheimer Areal legt Schmieder am 27.2. 1927 vor.[164] Er schreibt: ›Zur Unterbringung der Naturwissenschaften reicht die östliche Hälfte des Geländes, während der südliche, hinter dem Botanischen Garten liegende Teil zweckmäßiger Weise für Turn- und Sportanlagen verwendet wird.‹ Der Hauptzugang soll über eine neue Straße erfolgen. Diese wird gemeinsam mit der Brücke entstehen und Dossenheim mit dem zukünftigen Bahnhof der Stadt Heidelberg in der Verlängerung der Mittermaierstraße verbinden. Vom Haupteingang im Osten des Geländes gelangt man auf den gemeinsamen Vorplatz aller Institute, die sich um einen Vorhof und einen Haupthof (etwa 80 × 150 m groß) mit Umgang gruppieren. Den Vorhof der Anlage umschließen die jeweils zweistöckigen Gebäude von Mineralogie und Geologie, in der Mitte des Ostflügels werden die Gebäude von einer Vorhalle getrennt. Eine ähnliche Gruppierung sollen die Bauten für Physiologie und Zoologie/Mathematik im Westen bilden. Vom Umgang des Haupthofes aus erreicht man die ›angeschlossenen‹ Hörsäle aller Institute sowie die Mensa und die Lesehalle.

Das vom Umgang abgerückte Chemische Institut ist von dessen Nordseite, das gegenüberliegende Anatomische Institut vom südlichen Umgang aus erreichbar. Das Botanische Institut soll, entsprechend den Vorkriegsplänen, an der verlängerten Mönchhofstraße nahe dem Garten entstehen. An Sportanlagen sieht Schmieder ein Leichtathletikstadion mit Übungsfeld, Tennisplätzen, Ballspielfeldern, Schießstand und Schwimmbad vor.

Sowohl die Pläne für den Ludwigsplatz und für Neuenheim als auch eine neue Konzeption für das Bergheimer Klinikviertel finden Eingang in eine Denkschrift des Rektors Panzer ›über den Ausbau der Universität Heidelberg‹, die dieser am 4.3. 1927 dem Engeren Senat unterbreitet.[165] Zunächst wird für ›Bezirk I‹ (Zentralgebäude und Geisteswissenschaften) festgestellt, daß die Einrichtungen in der Altstadt bleiben sollen und nicht ›die gesamte Universität in den Westen unserer Stadt auf einem in sich geschlossenen Gelände zu beiden Seiten des Neckars vereinigt‹ werden soll.[166] Gegen die Verlegung sprechen die Kosten, die eine schnelle Durchführung verzögern müßten, und das Bestehen der ›neuen Universitätsbibliothek‹ am Ludwigsplatz. Entscheidender sind jedoch ›geistige Gründe‹, die mit dem ›romantischen Schimmer ... der Lage der Universitätsgebäude im Innern der alten Stadt am Berghange unter den Trümmern des Schlosses‹ benannt werden[167]. Man fordert deshalb in diesem Bezirk den Neubau für Hörsäle am östlichen Ludwigsplatz. Während der Bauzeit sollen einzelne Seminare, die in den abzubrechenden Häusern untergebracht sind, in die ›Gewerbeschule oder dem, was an ihrer Stelle etwa erscheinen möchte‹ ziehen.[168] Im ›II. Felde‹, den naturwissenschaftlichen Bauten, wird Schmieders Plan vom Februar zugrundegelegt.[169]

Für die Kliniken werden in Bergheim, das wegen der Nähe zur ›Verkehrsmitte‹, dem Bahnhof, bevorzugt wird, zwei Konzepte diskutiert.[170] Das erste, anschließend an die Denkschrift von 1912, aber verworfen von der Medizinischen
10, 11 Fakultät, sieht Neubauten auf dem ›bisherigen Gelände des akademischen Krankenhauses‹ vor. Das zweite Projekt, von Panzer breit dargestellt, bezieht Geländeankäufe in Bergheim ein: zum einen das Gelände zwischen der Ludolf-Krehl-Klinik und der Mittermaierstraße, zum anderen den Streifen bis zum Neckar im westlichen Bergheim hinter den Kliniken. Auf dem freien Baugrund sollen zunächst zwei ›klinische Institute‹ (Pathologie und Chirurgie) gebaut werden, danach auf freigelegtem Terrain Ergänzungsbauten für die bestehenden Kliniken. Dieser Plan hat nach Meinung der Universität den Vorzug, den momentanen Anforderungen zu genügen, ›ohne einer künftigen Entwicklung im Wege zu stehen‹.

Ein Bericht vom 15.3. 1927, betitelt ›Denkschrift über die künftige bauliche Entwicklung der Universität Heidelberg‹, faßt die Ergebnisse dieser ersten Planphase aus der Sicht des Ministeriums des Kultus und Unterrichts zusammen.[171] Am Ludwigsplatz soll in zwei Bauabschnitten der Hörsaalneubau entstehen (Baubeginn 1928/29). Die naturwissenschaftlichen Institute sollen nach Neuenheim verlegt werden, Schmieders Projekt wird zur Grundlage gemacht. Alle Bauten sollen auf einmal erstellt werden, doch erst nach dem Neubau am Lud-
10 wigsplatz und nach einem Neubau für die Chirurgie sowie von zwei Flügeln für die Ludolf-Krehl-Klinik. Die Sanierung der Kliniken soll anhand der Pläne von
8, 9 1912, das heißt durch Verlegung der Psychiatrie und durch Abbruch bestehender

Bauten, auf dem vorhandenen Gelände ohne neue Grundstückskäufe vorgenommen werden. Für 1928/29 werden deshalb ein Neubau für die Psychiatrie und die Flügelbauten der Medizinischen Klinik ebenso gefordert wie der Neubau für die Pathologie an dem 1912 vorgesehenen Platz (Ecke Voßstraße/Thibautstraße).

Wenige Wochen später, am 4. April, macht der Referent des Ministeriums für Kultus und Unterricht, Victor Schwoerer, in einem Gutachten dann ›einige programmatische Bemerkungen‹ zur baulichen Entwicklung, die das ›Wunsch‹-Programm von Universität und Ministerium entscheidend ändern, dadurch, daß die Reihenfolge der Dringlichkeit umgestellt wird.[172] In der Altstadt sollen bis 1936/37 keine Neubauten realisiert, vielmehr sollen zuerst die Kliniken erstellt und in einem Zeitraum von drei bis vier Jahren die Bauten der Naturwissenschaften errichtet werden.

Die Universität hält trotz dieser ministeriellen Einwände an den Vorstellungen der Denkschrift von Rektor Panzer fest.[173] Sie erreicht in Besprechungen mit dem Minister[174], in einer Landtagsdebatte (11.5. 1927)[175] und anläßlich einer Besichtigung der Gebäude durch den Haushaltsausschuß[176] bis Juli 1927, daß der Hörsaalneubau und ein Anbau an das Kollegienhaus sofort weitergeplant werden[177]. Dafür wird die vorgesehene Erweiterung des Weinbrennerbaues zurückgestellt.[178] Das im Juli gekaufte Haus wird im Oktober von der Gewerbeschule geräumt.[179] Bis Ende des Jahres 1927 bearbeitet Schmieder die Pläne für einen Hörsaalneubau am östlichen Ludwigsplatz. Die Pläne bis zu diesem Zeitpunkt sehen immer die Erhaltung des Kollegienhauses vor. Danach wird durch die Spende des amerikanischen Botschafters Jacob Gould Schurman für einen Hörsaalbau eine völlig neue Planung notwendig, die zum Bau der Neuen Universität (1929–1936) durch Karl Gruber und zum Abriß des Musäumsgebäudes am südlichen Platzrand führt.[180] *67*

Zusätzliche Räumlichkeiten erhalten die Geisteswissenschaften 1927 im Palais Weimar (ehemalige Kameralschule) an der hinteren Hauptstraße (Nr. 234).[181] Das 1818 von der Universität versteigerte Haus wird seit diesem Zeitpunkt für die Staats- und Wirtschaftswissenschaften wieder genutzt. Auch das gegenüberliegende Haus Buhl, ein ehemaliges Wohnhaus, das der Universität vermacht wurde, nimmt ein Seminar auf: das der Universität angeschlossene Institut für Zeitungswissenschaften.[182] Zusammen mit der Akademie der Wissenschaften am Karlsplatz bilden diese Häuser das erste ›Nebenzentrum‹ der Geisteswissenschaften in der östlichen Altstadt. *270*

Im Oktober 1927 werden die Neubaupläne für Bergheim und Neuenheim der Öffentlichkeit in der Presse vorgestellt und für beschlußreif erklärt.[183] Unklar ist aber noch die Finanzierung der auf minimal 13,5 Millionen Mark geschätzten Vorhaben: Die Bausumme für die Universitätsbauten soll zwischen der Stadt Heidelberg und dem Staat ›wie in Freiburg‹ aufgeteilt werden, die Verhandlungen sind nicht abgeschlossen. Die Aufteilung der Baukosten und Beteiligung an der Planung betrifft, da nach dem Klinikvertrag von 1912 die Stadt am Akademischen Krankenhaus teilhat, vor allem die Neubauten für die Kliniken, aber auch die von der Stadt seit jenem Jahr gewünschte Bebauung des Neuenheimer Feldes, für welche man 1927/28 die dritte, die ›Ernst-Walz-Brücke‹, errichtet und wo südöstlich des staatlichen Baugebietes seit 1928 das universitätsunabhängige

Kaiser-Wilhelm-Forschungsinstitut (heute: Max-Planck-Institut für Medizinische Grundlagenforschung) in Neckarnähe entsteht.

Die Verhandlungen über die Finanzierung fallen zusammen mit der seit 1927 immer spürbarer werdenden wirtschaftlichen Depression. Die Neubauten für die Naturwissenschaften und die Verlegung der Psychiatrie werden unausführbar. Im Jahre 1929 erscheint eine neue Denkschrift der Mathematisch-Naturwissenschaftlichen Fakultät über den Zustand ihrer Institute.[184] In der Einleitung heißt es: ›Das Land Baden hat durch seine drei Hochschulen eine finanzielle Last zu tragen, wie kein anderes der deutschen Länder. Konnte es schon in Zeiten wirtschaftlicher Blüte nur mit äußerster Anstrengung diese Kulturaufgabe lösen, so ist dies heute angesichts der trostlosen Finanzlage unmöglich‹.[185] Weitergeplant wird aber für Bergheim. 1927/28 untersucht Schmieder die Möglichkeit, ›der Raumnot der chirurgischen Klinik durch Erweiterungsneubauten‹ abzuhelfen, dem ›stellen sich aber auf dem schon dicht bebauten Klinikgelände unüberwindliche Schwierigkeiten entgegen‹.[186] Auch der Wunsch der Universität, den Geländestreifen an der heutigen Vangerowstraße bis zum Neckar von der Stadt Heidelberg zu erhalten, scheitert, da diese seit 1927 auf dem Gebiet das Radiumsolbad mit Thermalbad bauen läßt und damit einen eigenen Plan verfolgt, der 1925 zunächst ad acta gelegt worden war.[187] Der im Jahre 1929 vorgelegte Plan für eine Chirurgie muß sich deshalb auf das vorhandene Gelände beschränken.[188] Schmieder konzipiert nach dem Muster neuer amerikanischer Kliniken einen Hochhausneubau mit neun Stockwerken.[189] Als Bauplatz wird das Terrain der Pavillons der alten Medizinischen Klinik im Ostteil Bergheims vorgeschlagen. Für den Verbleib in Bergheim spricht vor allem die völlige Isolierung der Chirurgie auf dem Neuenheimer Gelände, für welche auch alle Betriebsbauten notwendig wären. Schmieder schreibt später über das Vorhaben, das auch den reibungslosen Ablauf des normalen Klinikalltags während der Bauzeit garantiert hätte: ›In ähnlicher Weise wäre es möglich gewesen, durch Einfügung einer Reihe von Hochbauten das gesamte Gelände zu gesunden‹.[190] Die Finanzierung des Baues ist zu diesem Zeitpunkt völlig ungewiß. Das Hochhaus scheitert an Einwänden des Heidelberger Stadtrates im Juli 1929.[191] Im Oktober wird noch einmal die Verlegung nach Neuenheim diskutiert, die den Wünschen der Stadt und deren Oberbürgermeister Carl Neinhaus entspräche.[192] Die Medizinische Fakultät will dem nur zustimmen, wenn alle medizinischen Einrichtungen betroffen wären. Diese Vorstellung ist jedoch in Anbetracht der wirtschaftlichen Lage Badens ausgeschlossen. Ende des Jahres 1929 werden alle Planungen für eine neue Chirurgie zurückgestellt.

12

Der Generalbebauungsplan von 1932/33 und die Chirurgische Klinik

Die Wiederaufnahme der Pläne hängt zusammen mit der Emeritierung des Chirurgen Professor Eugen Enderlen im Jahre 1933. Diesem war bei seinem Amtsantritt 1918 ein Krankenhausneubau zugesagt worden, der aus den genannten Gründen nicht zustande kam. Als das Ministerium einen Nachfolger sucht, findet es keinen Chirurgen, der bereit ist, unter den gegebenen Umständen zu arbeiten.[193] Im September erteilt es deshalb Schmieder den Auftrag, Vorschläge für ei-

nen Neubau zu unterbreiten. Diese sollen Teil eines ›Generalbebauungsplanes‹ *13*
für das Neuenheimer Gelände werden, den Schmieder gleichzeitig erstellt. Den
Generalbebauungsplan legt er im folgenden Monat, dem Oktober 1932, in einer
ersten Fassung vor.[194] Im Hinblick auf die Bauten für die Naturwissenschaften ist
der Plan eine Bearbeitung seiner Gedanken von 1927. Neu hinzu kommen die
Bauten für die Kliniken, weswegen das seit 1912 vorhandene Gelände nicht mehr
ausreicht: ›Eine auch nur flüchtige Prüfung ergibt, daß dieses Gelände für den
gedachten Zweck zu klein ist‹[195]. Schmieder verneint die Vergrößerung des Terrains nach Norden, weil die begrenzende Mönchhofstraße immer ein ›Hauptzugang‹ Neuenheims bleiben werde. Im Westen ergebe eine Erweiterung ebenfalls
ein durch die OEG-Güterlinie getrenntes Gesamtgebiet. Im Osten biete ›die beabsichtigte Verlängerung des Zuges der Ernst-Walz-Brücke zu einer Umgehungsstraße Halt, da eine solche Hauptverkehrsader Straßenlärm (Fernverkehr, Straßenbahn usw.) zur Folge hat‹. Das zu erwerbende ›fiskalische Gelände‹ soll
deshalb nur bis auf die Tiefe eines als Schallschutz gedachten Baublockes an diese Straße herangeschoben werden. Die größte Erweiterungsmöglichkeit aber bestehe im Süden, wo man bis zur natürlichen Grenze des Neckars bauen könne.
Das dort zunächst überflüssige Gelände gewähre ›reichlich Platz ..., dem Geplanten in künftigen Jahrzehnten Bauten eingliedern zu können‹.[196]

Der Architekt glaubt, daß sich die Verteilung der Bauflächen für die beiden Fakultäten ›von selbst‹ ergebe. Die Südlage sei die ›gesundheitlich beste Raumlage‹
und komme den Kliniken zu, der Raum zwischen Botanischem Garten, Mönchhofstraße und heutiger Berliner Straße den naturwissenschaftlichen Instituten.
›Für beide wurde gleichmäßig der Grundsatz durchgeführt, eine solche Anordnung zu treffen, die möglichst wenige oder keine Bindung aus architektonischen
Gründen erfordert, weil die Bebauung sich doch über eine so lange Zeit erstrek-
ken wird, daß auch eine gewollte Bindung durch Änderungen des Geschmackes
sowohl als durch den Wechsel der für den Betrieb erforderlich erachteten Grund-
sätze zerrissen würde‹.[197] Die Aneinanderreihung der Bauten erfolge ›im Hinblick auf den Verkehr und den Betrieb‹. Die Kliniken liegen auf einer Bogenlinie
parallel zum Lauf des Neckars. Nordwestlich des Kaiser-Wilhelm-Institutes am
Brückenkopf wird sich die Chirurgische Klinik befinden, es folgen die Medizinische Klinik (mit Poliklinik und Absonderungshaus), die Frauenklinik, die Augenklinik sowie die Hals-Nasen-Ohrenklinik. Abgerückt von dieser Gruppe soll
jenseits des Bahngleises die Psychiatrie erstellt werden. Vor allen Kliniken liegt
südlich bis zum Neckar ein Gartengebiet von fünfzig Meter Tiefe. Der Hauptzugang erfolgt über einen Torbau in der Verlängerung der Ladenburger Straße, in
dem die Verwaltung, die Apotheke und Ärztezimmer vorgesehen sind. Von diesem Bau aus verläuft bis zur Psychiatrischen Klinik ein Zufahrtsweg im Abstand
von etwa sechzig Metern zu den Gebäuden; von diesem Weg führen Abzweige jeweils in der Gebäudemitte zur Einzelklinik.

Im Gegensatz zu seiner einleitenden Bemerkung macht sich Schmieder Gedanken über die Gestalt der Kliniken: ›Die Bauten sollen vier bis sechs Stockwerke erhalten und durch Baumassen, die sich zwischen die hohen Südwände einfü-
gen, zu einer eindrucksvollen Gebäudeflucht werden‹.[198] Sie sind ›so gegliedert,
daß von diesen Haupteingängen nach Süden zu nur Krankenräume liegen sol-

len, während nach Norden Flügel oder Verbindungsgänge abzweigen, in denen alle der Forschung und Behandlung der Kranken dienenden Räume untergebracht sind. Am Nordende dieser Bauteile liegen jeweils die Hörsäle, die die Studenten auf kürzesten Fußwegen von dem allgemeinen Zufahrtswege erreichen‹.[199] Nördlich des Hauptweges sollen im Osten zwei große ›Baustellen‹ für zukünftige Gebäude reserviert werden, ›eine für das Hygienische und das Pathologische Institut und eine zweite für irgendwelche Spezialkliniken‹. Anschließend an das freie Gelände sollen Betriebsbauten sowie zwei Klinikkapellen entstehen. Auch am westlichen Rand des gewünschten Geländes sollen hinter dem Gebäude der Psychiatrie Betriebsbauten erstellt werden. Die Verbindung der Kliniken untereinander und mit den Betriebsbauten soll auf unterirdischen Transportwegen geschaffen werden.

›Die Bauten der naturwissenschaftlichen Fakultät sind nicht wie die der medizinischen an einem langen (laufenden) Band aufgereiht, sondern um einen weiteren Hof gruppiert‹.[200] Den Rasenplatz, den Schmieder auch als Reservegelände ansieht, soll eine gedeckte Wandelhalle umgeben. Der Hauptzugang zu der Anlage erfolgt über einen Torbau in der Verlängerung der Schröderstraße. Schmieder vergrößert die Pläne von 1927 entscheidend: Es sollen nicht länger zweistöckige, sondern aus Gründen der ›Wirtschaftlichkeit‹ drei- bis vierstöckige Bauten entstehen, die alle etwa gleich groß sind.[201] Den Torbau mit Pförtner, Durchgang und ›Läden für verschiedenen Bedarf‹ im Erdgeschoß und Sammlungen in den darüberliegenden Geschossen flankieren südlich ein zum Hof gerichteter Bau für Mineralogisches und Geologisches Institut, nördlich ein gleicher für Mathematik und Zoologie. An der Mitte des zentralen Hofes liegen im Norden das Physikalisch-Chemische und das Chemische Institut, aufgeteilt in drei Gebäude: einen mittleren Bau mit großem Hörsaal, Bibliothek und Direktion sowie zwei Seitenbauten mit den Laboratorien. Im Süden gegenüber den Bauten für die Chemie soll das Anatomische Institut angesiedelt werden. An der Nordwestecke nahe beim Botanischen Garten soll der Bau für das Pharmakologische und das Botanische Institut entstehen, an der Südwestecke das Physiologische Institut. ›Reservegelände‹ befindet sich jeweils zwischen den Bauten. ›Dem Torbau gegenüber steht an der Schmalseite des großen Platzes das dem studentischen Leben gewidmete Studentenhaus mit Mensa, Schwimmhalle, Gymnastiksälen, Leseräumen und dergleichen.‹ Sportanlagen sollen schließlich auf einem der Stadt Heidelberg gehörenden, angrenzenden Gelände, dem Kriegerfriedhof, geschaffen werden.[202] Die Verbindung zu den anderen Universitätsteilen in der Altstadt, der Vorstadt und in Bergheim soll ein Motorbootverkehr mit Anlandungsstelle westlich des Kaiser-Wilhelm-Instituts übernehmen.

Die Finanzierung selbst des ersten dieser Bauten, der Chirurgischen Klinik, kann der badische Staat 1932 nicht übernehmen und stellt deshalb mehrere Anträge auf Reichsmittel, den letzten auf ein Darlehen aus dem ›Sofort-Programm für die Arbeitsbeschaffung‹ am 11. 1. 1933.[203] Zu diesem Zeitpunkt ist auch der Standort des gewünschten Neubaus wieder fraglich, doch bestehen sowohl die Stadt Heidelberg als auch die Medizinische Fakultät auf der Errichtung in Neuenheim. Bis zum März 1933 haben sich der Staat Baden und die Stadt Heidelberg darauf geeinigt, noch im Frühjahr den Bau dort zu beginnen. Er soll mit Mitteln aus dem Arbeitsbeschaffungsprogramm und einer Zwei-Fünftel-Beteiligung der Stadt finanziert werden.[204] Das Projekt der neuen Chirurgischen Klinik wird auch nach der Machtergreifung durch die Nationalsozialisten im März 1933 direkt weiterbetrieben. ›Hauptakteure‹ der Beschaffung von Darlehen der ›Oeffa‹ (Deutsche Gesellschaft für öffentliche Arbeiten Berlin) sind Oberbürgermeister Neinhaus und der neue Kultusminister Wacker, der bereits im April in Heidelberg die Neubaupläne bespricht. Im August steht fest, daß die Oeffa für den ersten Bauabschnitt 1,2 Millionen Reichsmark zur Verfügung stellt, im November ist Baubeginn.[205] Bis zu diesem Datum liegt der Generalbebauungsplan in seiner endgültigen Form vor. Schmieder schreibt: ›Der Entwurf wurde zunächst im Plan und dann nach grundsätzlicher Genehmigung durch das Ministerium wie durch die Stadt Heidelberg auch im Modell festgelegt‹.[206] Die Stadt ist zu einem Sechstel an den Baukosten beteiligt und verpflichtet, das zusätzliche Gelände kostenlos zur Verfügung zu stellen. Auch an den laufenden Kosten wird sie sich beteiligen. Die Verpflichtungen werden am 14. 12. 1934 und 2. 4. 1935 in einem Klinikvertrag festgehalten.[207]

13-15

Das Gelände wird auf fünfundvierzig Hektar erweitert.[208] Es ist kleiner, als von Schmieder im Oktober 1932 gewünscht, da es im Westen vor dem Bahngleis endet. Der endgültige Plan ist entsprechend dieser Gebietsverkleinerung abgeändert, zeigt darüber hinaus aber auch viel ›Zeitgeschmack‹. Die Psychiatrische Klinik entfällt ebenso wie eine Hautklinik. Augenklinik und Hals-Nasen-Ohrenklinik werden in einem Komplex zusammengefaßt. Medizinische und Frauenklinik ›tauschen‹ die Standorte, weil nun nach der Chirurgie zuerst eine neue Frauenklinik gebaut werden soll. Die vier verbleibenden Krankenhäuser sollen nach dem Schema erstellt werden, das bis heute die Chirurgie zeigt.[209] Die Bauteile gliedern sich nach ihren Funktionen und bilden einen Doppel-T-förmigen Grundriß. Der ›Krankenbau‹ mit den Zimmern und Sälen liegt jeweils nach Süden, alle der Behandlung der Kranken und dem Studium und Unterricht zugedachten Räume im ›Behandlungsbau‹, der sich nördlich parallel erstreckt. Beide verbindet ›als Steg des doppelten T ein kurzes Zwischenstück‹ mit allen übrigen Funktionen einer Klinik. Alle Bauten sollen gleich hoch werden (fünf Stockwerke im Hauptteil) und Walmdächer tragen, Flachdächer zeigen nur die niedrigeren Verbindungstrakte. Die Konzeption soll auch von späteren, bauausführenden Architekten als ›bindend‹ betrachtet werden.

477, 479

Die Betriebsbauten liegen rechtwinklig zu den Kliniken, jeweils zwei in einer Achse bis an die nördliche Grenze des Klinikbereiches und ›trennen‹ die vier Komplexe voneinander. Am nördlichen Rand des Bezirkes liegen, parallel zu den Kliniken, vier medizinische Institute; zunächst sollen hier ein Institut für Pathologie und ein Hygiene-Institut gebaut werden. Vom Botanischen Garten und dem Gebiet der Naturwissenschaften im Nordosten ist der Bereich durch eine geradedurchlaufende Straße getrennt.

Das Gelände der Naturwissenschaften ist gegenüber 1932 verkleinert; die westliche Hälfte nehmen die akademischen Sportanlagen ein.[210] Um den Arkadenhof (70 × 120 m) entsteht im Abstand von 25 m eine dichte Blockbebauung. Der Torbau entfällt, man betritt die Anlage über eine Säulenhalle im Osten, die zur ›Ehrenhalle‹ für gefallene Studenten werden soll. Die Aufteilung der Institute

13, 15

hat sich seit 1932 nur insofern geändert, als nun das Botanische Institut mit dem Zoologischen Institut zusammengefaßt werden soll: Für das eine ist die Nähe zum Botanischen Garten, für das andere der neueingerichtete Tiergarten der Stadt Heidelberg wichtig. Im Wechsel werden dafür in einem östlichen Bau die Mathematik und das Pharmakologische Institut vereint. Die Dächer aller Gebäude sollen in Form und Neigung denen der Kliniken angeglichen werden.

Die Chirurgische Klinik wird 1939 kurz vor Kriegsausbruch bezogen.[211] 1936 wird zum fünfhundertfünfzigsten Jubiläum der Generalbebauungsplan in einer Broschüre der nationalsozialistischen Universität vorgestellt.[212] Darin schreiben der Architekt, Kultusminister Wacker, Oberbürgermeister Carl Neinhaus und Rektor Wilhelm Groh. Der Generalbebauungsplan wird 1936 ebenso wie die gerade fertiggestellte Neue Universität zum Propagandamittel. Die Verlegung der Kliniken ist auch in einige der vielen Pläne zur ›Neugestaltung Heidelbergs‹ einbezogen, die unter Oberbürgermeister Neinhaus in Heidelberg und Albert Speer in Berlin gezeichnet werden.[213] Diese Pläne entstehen seit Mitte der dreißiger Jahre bis 1943.

18 Für die weitere Bebauung des Neuenheimer Feldes wird 1950 eine erste, gegenüber den Vorkriegsplänen völlig veränderte Konzeption vorgelegt.[214] Diese bildet den Beginn der neueren, komplexen Planungsgeschichte, welcher in diesem Band ein eigener Beitrag gilt.[215]

Die Geisteswissenschaften in der Altstadt (1941-1972)

Nach dem Zweiten Weltkrieg stehen die Raumwünsche der Geisteswissenschaften zunächst hinter denen der Naturwissenschaften zurück; einzige Erweiterung
121 ist gleich nach Wiedereröffnung der Universität der Zugewinn des Seminarium Carolinum für ein Studentenwohnheim. Doch spielt man schon 1952 mit dem Gedanken, auch die Geisteswissenschaften in fernerer Zukunft in das Neuenheimer Feld zu verlegen. 1956 wird zum ersten Mal der Beschluß gefaßt, unter bestimmten Bedingungen in der Altstadt zu verbleiben. Die Bedingungen betreffen vordringlich die Stadt Heidelberg, fordern sie doch von dieser zum einen eine Neustrukturierung des Straßenverkehrs, um das Universitätsgebiet zu beruhigen, zum anderen die Bereitstellung von großräumigen Bauflächen innerhalb der Altstadt, und zwar in den an die vorhandenen Bauten angrenzenden Bereichen. Die lange Verhandlungsphase bis 1972, in deren Verlauf nach einer Gesamtplanung für die Geisteswissenschaften gesucht wird, ist geprägt von einem allmählichen Prozeß des Umdenkens: Hängen Universität und Planung lange Zeit eher einer planerischen Wunschvorstellung an, die sich an der sogenannten ›Charta von Athen‹ orientiert und zur Entflechtung von gewachsenen Strukturen und der Bildung von homogenen Zentren tendiert, was im konkreten Fall eine Fülle von Abbrüchen und Neubauten bedeutet hätte, so wird schließlich ein Modell verwirklicht, das für die Altstadtbereiche die Nutzung historischer Bauten in den Vordergrund stellt. Umbau und Umnutzung bestehender Gebäude aus dem Besitz des Landes und der Stadt werden ergänzt von wenigen Neubauten (vor allem
163, 164 dem Seminargebäude am Universitätsplatz). Die Universität ist heute wie eh und

je auf drei Bereiche der Altstadt verteilt: a) den alten Bereich der Naturwissenschaften zwischen Unterer Neckarstraße und Plöck/Friedrich-Ebert-Platz, ergänzt von Gebäuden an der Friedrich-Ebert-Anlage; b) den Bereich zwischen Marstallhof, Universitätsplatz, Seminarstraße und Kettengasse; sowie c) einen Bereich an der hinteren Hauptstraße mit ihren Seitengassen und am Karlsplatz.

Im selben Jahr, in dem Berlin alle Baumaßnahmen für die Universität verbietet, zeichnet Schmieders Nachfolger im Badischen Bezirksbauamt, Karl Kölmel, 1941 einen Lageplan zu den ›Erweiterungsmöglichkeiten und Zielen des Geländeerwerbs im Altstadtgebiet‹.[216] Ein Vergleich mit dem gleichzeitig erstellten Bestandsplan zeigt, daß die Bauten in der Vorstadt (nach Errichtung der Institute in Neuenheim) entfallen sollen. Die zentralen Einrichtungen und die Geisteswissenschaften werden zwischen Peterskirche und Marstall konzentriert. Zum Bestand kommt eine großzügige Erweiterung der Bibliothek zwischen Graben- und Sandgasse, der Marstallhof wird nach Süden durch mehrere Neubauten ergänzt. Eingeplant sind auch die landeseigenen Justizgebäude an der Seminarstraße: Landgericht (Seminarstraße 3) und Amtsgericht (Seminarstraße 4), außerdem das Seminarium Carolinum (›jetziges Wehrbezirkskommando‹). Auf dem Gebiet zwischen Augustinergasse und Schulgasse soll am östlichen Universitätsplatz ein dreiflügeliges ›Haus des Rechts‹ entstehen. Im Osten der Altstadt ist der Ankauf aller Häuser am südlichen Karlsplatz gewünscht.

Karl Kölmel ist nach dem Krieg bei der Staatlichen Hochbauverwaltung in Karlsruhe weiterhin mit den Gebäuden der Universität Heidelberg befaßt. Er erläutert 1952 den zwei Jahre zuvor erstellten Generalbebauungsplan für Neuenheim, in den (nördlich des Vorkriegsgeländes) ein ›Reservegelände für geisteswissenschaftliche Institute‹ eingetragen ist[217]: ›Dieses Gelände ist groß genug gewählt, um in einer späteren Entwicklung auch die Baubedürfnisse der Geisteswissenschaften in einer Neuordnung erfüllen zu können; freilich ein Fernziel, dem die Universität zustrebt, an dem sie festhalten und dessen Verwirklichung sie schrittweise betreiben muß‹.[218] Von diesem Ziel ist die Universität aber weit entfernt. Außer dem Seminarium Carolinum an der Seminarstraße, dessen Umbau in ein Studentenwohnheim im gleichen Jahr abgeschlossen wird, haben die Geisteswissenschaften seit Kriegsende und Wiedereröffnung der Universität keinen Raum gewonnen, die Studentenzahlen sind hingegen nach dem Kriege hochgeschnellt.[219] Kölmel selbst stellt dennoch Bauten für die Naturwissenschaften und für Krankenanstalten an Dringlichkeit vor die der Geisteswissenschaften.[220] Die ersten Neubauten, die 1953 dem Kultusministerium vorgeschlagen werden, sind bescheidene Vorhaben zur Entlastung bestehender Einrichtungen, ein Ökumenisches Institut für die Theologische Fakultät auf universitätseigenem Grund am Eselspfad und ein Erweiterungsbau für das Juristische Seminar am Marsiliusplatz. Außerdem wünscht die Philosophische Fakultät den Ankauf des Westflügels im Marstall für das Dolmetscher-Institut.[221]

Erst im Juni 1954 ergreift die Universität eine weitgehende Initiative, indem sie auf Anregung von Kölmel Richtlinien für ein Memorandum erarbeitet.[222] Der Große Senat fordert darin die beschleunigte Realisierung des Neuenheimer Projekts, um mittelfristig die Raumbedürfnisse der Geisteswissenschaften in den alten Gebäuden der Naturwissenschaften decken zu können. Obwohl der Senat

16

17

18

262

91

einstweilen keine Möglichkeit sieht, auch die Geisteswissenschaften zu verlegen, wünscht er doch zur Erfüllung der Langzeitpläne die Reservierung von Baugelände für diese in Neuenheim. Diese Richtlinien finden Eingang in eine ›Denkschrift über die Raumverhältnisse und Bauvorhaben der Universität‹[223], die noch im gleichen Jahr vorgelegt wird.

Hintergrund der programmatischen Äußerungen vom Juni 1954 ist der von der Philosophischen Fakultät dringend gewünschte Seminarneubau, dessen Erstellung im Marstallhof im Drei-Jahres-Plan der universitären Etatkommission von 1954 aufgeführt ist und für den bereits im folgenden Staatshaushalt 1955 eine halbe Million DM eingesetzt wird, versehen mit einem Sperrvermerk ›Raumprogramm für gesamte geisteswissenschaftliche Einrichtungen‹.[224] Anläßlich dieses ersten größeren Nachkriegsprojektes stellte sich im April und Mai des Jahres von neuem die Frage des generellen Standortes für die Geisteswissenschaften. Diese wurde auch öffentlich diskutiert, wobei der Heidelberger Oberbürgermeister Neinhaus den Verbleib der Universität in der Altstadt forderte. Gleichzeitig mit der Erarbeitung des Memorandums zur Verlegung führt die Universität deshalb 1954 auch Verhandlungen mit der Stadtverwaltung ›im Hinblick auf eine etwaige Ausdehnung der geisteswissenschaftlichen Institute in der Altstadt‹[225]. Im Juni und Juli treffen Rektor Wolfgang Kunkel und der Oberbürgermeister mehrere Male zusammen, um die ›Bauplatzprobleme‹ zu klären. Während der Rektor die Universitätsmeinung äußert, nach der keine Neubaumittel mehr in der Altstadt investiert werden sollen, vielmehr die älteren Universitätsbauten umgenutzt werden und von anderen historischen Bauten, so dem Landgericht, ergänzt werden sollen, will Neinhaus prüfen lassen, ›in welcher Weise der Universität Bauplätze für Neubauten der geisteswissenschaftlichen Fächer zur Verfügung gestellt werden könnten‹[226]. Diese Prüfung erfolgt im Rahmen der Erstellung eines Flächennutzungsplanes für die gesamte Stadtgemeinde Heidelberg. Dort werden erstmalig als Argumentationsgrundlage Raumbedarfszahlen für die Universität erhoben.[227]

Im April 1956 legt das ›Büro Flächennutzungsplan‹ dem mit dem Bauvorhaben im Marstallhof befaßten Klinikbaubüro den ›Raumbedarf und Vorschlag für Neuordnung der Universitätsbauten Altstadt‹ vor.[228] Der Plan sieht eine Kombination von Neubauten und Umnutzung bestehender Bauten vor. Alle geisteswissenschaftlichen Einrichtungen sollen in einem Zentrum zwischen Peterskirche und Marstall untergebracht werden. Am östlichen Universitätsplatz soll für das Musikwissenschaftliche Seminar und einen Konzertsaal nach Abbruch der alten Häuser ein kleiner Neubau entstehen, die Universitätsbibliothek soll einen Anbau an Graben- und Sandgasse erhalten. Für die Verwaltung sollen Räume in der Alten Universität durch Anbau längs der Hauptstraße bis zur Augustinergasse geschaffen werden. Das Zentrum der Unterbringung von Seminaren aber wird verlagert zum Marstallgebiet. Im Marstallhof soll der bereits geplante Neubau für Seminare neben dem Weinbrennerbau entstehen sowie ein neuer Westflügel. Östlich des Marstallhofes auf einem großen Gelände zwischen Marstallstraße und Großer Mantelgasse soll ein weiterer, großer Bau für Institute erstellt werden. Dieses Gelände liegt im Sanierungsgebiet der Stadt Heidelberg. Im ›Alten Rathaus‹ am Marktplatz, für das in der Planung der Stadtbaudirektion 1955 Ersatz auf dem ehemaligen Bahnhofsgelände vorgesehen ist, will man die Port-heim-Stiftung mit ihren Sammlungen sowie das Alfred-Weber-Institut für Wirt-schaftswissenschaften unterbringen. Am Karlsplatz sollen die theologischen In-stitute in der Akademie der Wissenschaften (Karlstraße 4) und im gegenüberlie-genden Landratsamt (Palais Boisserée) zusammengeführt werden, da sie noch immer verteilt sind auf das Akademiegebäude und die Häuser an Augustiner- und Schulgasse. An der hinteren Hauptstraße soll das Haus Buhl Studenten-wohnheim bleiben, das Palais Weimar zu einem solchen gemacht werden. Dort ist zu dieser Zeit auch das Ökumenische Institut im Bau.

Um die Arbeitsbedingungen für die Universität zu verbessern, schlägt der im Sommer 1956 fertiggestellte Flächennutzungsplan vor, die Hauptstraße zur Fuß-gängerzone ohne Straßenbahn zu machen und den gesamten Verkehr über zwei neue Hauptadern ›am südlichen und auch am nördlichen Rand der historischen Stadt‹ zu leiten und diese an zwei Stellen durch ›Querriegel‹ miteinander zu ver-binden.[229] Einer der beiden Querriegel soll im Gebiet der alten Universitätsbau-ten in der Vorstadt verlaufen. Die Universität auf diese Weise in der Altstadt zu halten, ist eines der Ziele des abbruchorientierten Sanierungsprogrammes im Flä-chennutzungsplan: ›Um- und Ausbau der ›historischen Stadt‹ und der an ihrer Westseite anschließenden ›Vorstadt‹ zur zentralen Geschäfts-, Verwaltungs- und Universitätsstadt‹.[230] Auch der Finanzminister des Landes Baden-Württemberg geht in einer Besprechung der Bauprojekte der Universität Ende August von dem dauernden Verbleiben der Geisteswissenschaften in der Altstadt aus.[231]

In dieser Situation formuliert am 15.12. 1956 der Große Senat auf Anregung des dringend raumbedürftigen Alfred-Weber-Institutes und anhand der Pläne des Flächennutzungsplanes ›eine bindende Entscheidung darüber, ob auch die geisteswissenschaftlichen Fakultäten in die Bauplanung auf dem Neuenheimer Feld einbezogen werden sollen‹.[232] Man beschließt, die ›räumliche Trennung‹ der Geisteswissenschaften, die durch eine Verwirklichung der Pläne manifest werde, ›in Kauf zu nehmen‹. Hauptgrund der Entscheidung ist, daß ›die in der Altstadt vorhandene bauliche Substanz der Universität so wertvoll ist, daß auf sie nicht verzichtet werden kann‹. Zudem erfordere ihr Ersatz in Neuenheim Jahr-zehnte und verzögere dadurch die Universitätsentwicklung. Der Beschluß ist aber an die Erfüllung bestimmter Bedingungen geknüpft. Zum einen fordert man gute Verkehrsverbindungen zwischen allen Universitätsteilen und die Bereitstel-lung ›ausreichender und geeigneter‹ Flächen für eine etwaige spätere ›Auswei-tung‹ im Neuenheimer Feld. Zum anderen sollen in der Altstadt ›großräumige Bauflächen‹ zur Verfügung gestellt und eine ›Verkehrsplanung‹ mit dem Ziel der Lärmminderung durchgeführt werden. Der Verbleibensbeschluß wird in einem Appell ›an alle Behörden in Land und Stadt‹ von der Erfüllung dieser Bedingun-gen abhängig gemacht und in der Folge Grundlage aller universitären Forderun-gen. In derselben Sitzung richtet der Große Senat das Gremium einer ›Akademi-schen Baukommission‹ ein, deren Aufgabe zunächst ist, noch einmal den Raumbedarf der Fakultäten in der Altstadt zu ermitteln.[233]

Bis Februar 1957 liegen die Zahlen der Institute vor.[234] Man geht auf Universi-tätsseite und im Klinikbaubüro nun davon aus, daß etwa 9400 qm Nutzfläche und ein Hörsaalgebäude dringend benötigt werden. Als im Oktober des Jahres dann die Planungen für den Kollegienhausneubau im Marstallhof unter Mitarbeit der Technischen Direktion der Stadt wieder aufgenommen werden, wird dessen Nutzfläche aufgrund der Bedarfsrechnung auf 6000 qm gegenüber ursprünglich 2600 qm in der Berechnung von 1956 heraufgesetzt.[235] Die weitere Planung des Neubaues und die Erstellung des dafür notwendigen Gesamtplanes für die Geisteswissenschaften übernimmt das 1957 eingerichtete Universitätsbauamt Heidelberg. Es legt im Sommer 1958 Projekte für einen fünfgeschossigen Bau im Marstall vor, welche auf empörte Ablehnung im städtischen Bauausschuß, bei der Denkmalpflege, bei der Bevölkerung und beim Regierungspräsidenten stoßen und zu einer Gutachteranhörung führen.[236] Ende des Jahres steht fest, daß die Raumbedürfnisse der Universität Vorrang vor der Bewahrung des Stadtbildes erhalten, der Weinbrennerbau abgebrochen und an seiner Stelle ein ›modernes‹ Gebäude errichtet wird. Der Neubau soll Teil eines künftigen Gesamtlageplanentwurfs des Universitätsbauamtes sein, der einen ›Durchbruch, von Universitätsgebäuden flankiert, vom Universitätsplatz bis zum Neckar‹ vorsieht.[237]

209, 210

Der Streit um das Neue Kollegienhaus, der die Universität wieder erwägen läßt, den Verbleibensbeschluß zu revidieren, endet im April 1959 mit einem Kompromißvorschlag der Universität, die auf ein Stockwerk an Höhe verzichten will, dafür aber ein Baugelände hinter dem Kurpfälzischen Museum und die städtische Heuscheuer neben dem Marstall verlangt.[238] Weitere Räume sollen der Universität langfristig durch die Abtretung des Helmholtz-Gymnasiums, das heißt des ehemaligen Jesuitenkollegs an der Kettengasse, zukommen, für dessen Neubau in Rohrbach das Land Zuschüsse gewähren will. Zur Klärung der Fragen des Neubaues im Marstallhof und des weiteren Ausbaues der Universität bildet man eine paritätisch mit allen Interessenvertretern besetzte ›Marstallbaukommission‹. Bis September 1959 ist das Raumprogramm für den Neubau im Marstall aufgestellt, doch wird der Baubeginn vom Finanzministerium vom Vorliegen des Raumprogrammes aller geisteswissenschaftlichen Fakultäten abhängig gemacht.[239] Die Ausarbeitung des Programms übernimmt das Universitätsbauamt ab Ende Oktober 1959.[240] Die Institute werden aufgefordert, in einem ersten Schritt nur ihre Wünsche anhand von Formularen des Bauamtes zu äußern. Die Realisierungsmöglichkeiten und Standortfragen sollen in einem zweiten Schritt von dem Amt geklärt werden. Am 29. 6. 1960 kündigt das Universitätsbauamt anläßlich der dritten Sitzung der Marstallbaukommission an, daß die ausgewerteten Zahlen in eine Denkschrift ›Die Universität Heidelberg in der Altstadt‹ eingehen werden.[241] Diese liegt im November 1961 in einer von der Oberfinanzdirektion Karlsruhe genehmigten Fassung vor.

217
107

Die Studie, die auch zwischenzeitlich ergangene Empfehlungen des Wissenschaftsrates verarbeitet, entwirft auf der Grundlage von Studentenzahlen, die bis 1990 hochgerechnet werden, ›eine über einen längeren Zeitraum reichende Planung‹.[242] Ziele sind die Beseitigung der aktuellen Raumnot und die längerfristige ›Wiederherstellung des räumlichen Zusammenhangs der Fakultäten‹. Während der aktuelle Raumbedarf in den kommenden Jahren zunächst durch Umnutzung älterer Gebäude gedeckt werden soll, denkt man längerfristig an ein Neubauprogramm. Mittelfristig sollen die Fakultäten in den freiwerdenden Behördenbauten des Finanzamtes am Friedrich-Ebert-Platz und des Landratsamtes am Karlsplatz

20, 21

244

34

sowie im Helmholtz-Gymnasium untergebracht werden. Dies soll der bisherigen ›Zwangslage‹ abhelfen, in der ›jedes freiwerdende, zum Kauf oder zur Anmietung angebotene Gebäude ohne Rücksicht auf seine Lage im Stadtgebiet‹ übernommen wurde. Es soll späterhin der ›Grundgedanke‹ verwirklicht werden, zwi- *21* schen dem Marstallhof und der Seminarstraße ›eine zusammenhängende Universitätszone‹ zu schaffen. Hierbei wird auch an das Amtsgericht und das *131* Landgericht gedacht, da diese beiden Institutionen wie das Finanzamt neue Ge- *114* bäude auf dem ehemaligen Gleisgelände an der Kurfürstenanlage erhalten sollen. Ein fünfgeschossiger Neubau für die Juristische Fakultät soll auf dem Areal des Landgerichts und des Helmholtz-Gymnasiums zu Kettengasse und Seminar- *114, 107* straße hin entstehen, viergeschossige Bauten zwischen Heuscheuer, Marstallstraße, Hauptstraße und Mantelgasse. Zwischen Marstallhof und Hauptstraße will man ein Hörsaalgebäude aufführen. Das gesamte Universitätsgebiet soll Fußgängerzone werden. Ein Nebenzentrum soll für die Theologische Fakultät um den Karlsplatz herum eingerichtet werden. Parkflächen, die zu schaffen die Universität verordnungsgemäß verpflichtet ist, kann das Bauamt allerdings nur auf dem Gelände Akademiestraße/Brunnengasse ausweisen, das nach dem Auszug der Naturwissenschaften freigelegt und mit zweistöckigen Parkhäusern überbaut werden soll.

In einem Anhörungsverfahren erreicht das Amt noch 1961 die Änderung des 1957 beschlossenen Flächennutzungsplanes gemäß diesen Vorstellungen.[243] 1962 wird der Kompromißentwurf für den Neubau im Marstallhof vom Stadtrat genehmigt und seit 1963 ausgeführt, gleichzeitig erfolgt der innere Umbau der Heu- *217, 218* scheuer zu einem Hörsaalbau.[244] Ebenfalls 1962 schließt das Land Baden-Württemberg mit der Stadt Heidelberg einen Generalvertrag für die Dauer von fünf Jahren, in welchem Landesmittel für die Abtretung des Helmholtz-Gymnasiums und dessen Neubau sowie Zuschüsse für eine Straße mit Tunnel zwischen Adenauerplatz und Karlstor zugesagt werden. Die Straße soll vorrangig der Verkehrsberuhigung in der Altstadt dienen.[245] In einem weiteren Anhörungsverfahren des gleichen Jahres zum Flächennutzungsplan wünscht die Universität dann erstmals die Beibehaltung des Geländes in der Vorstadt, vor allem, um in den vorhandenen Häusern die lange Bauzeit, die für den zentralen Bereich angesetzt wird, überbrücken zu können. Die Stadt möchte aber weiterhin das Gebiet von der Uferstraße ab für den Straßen-›Querriegel‹ verwenden.[246]

Am 24.9.1962 kann die Akademische Baukommission feststellen, daß ihr ein Grundstück im Gebiet Plankengasse/Kisselgasse von der Stadt für die Theologi- *250, 252* sche Fakultät versprochen ist, obwohl für diesen Teil der Altstadt ein Bebauungsplanaufstellungsbeschluß mit Veränderungssperre gilt.[247] Im selben Stadtbereich liegt das Gelände der Herrenmühle, welche im Dezember 1962 für die Universität angekauft wird, obwohl man wegen ihrer Lage außerhalb des Hauptinteressengebietes Bedenken hat.[248] Die Grundstückskäufe tätigt das Staatliche Liegenschaftsamt für die Universität, die zwischen 1960 und 1964 im Altstadtbereich 3,3 ha größtenteils bebauter Fläche in ihren Besitz bringt, um die Neubauphase vorzubereiten.

Bereits Ende 1962 zeichnet sich ab, daß die in der Denkschrift 1961 geforderten Grundstücke im Marstallbereich nur sehr schwer zu erwerben sind, wohinge-

gen im Gebiet Grabengasse/Sandgasse viel Gelände gekauft werden konnte. Seit November 1962 ist der Stuttgarter Architekt Professor Rolf Gutbrod mit einem
22-25 Gutachten für das Universitätsbauamt betraut, in welchem die Eignung des Geländes nördlich der Universitätsbibliothek für ein Hörsaalzentrum geprüft wird. Das Amt ist zu diesem Zeitpunkt mit den Vorarbeiten für einen Bebauungsplan für den zentralen Bereich der Universität beschäftigt, den es im Mai 1963 von der Stadtverwaltung fordert. Diese beauftragt daraufhin auf Wunsch des Bauamtes Professor Gutbrod mit einem Vorentwurf.[249] Gutbrod legt im März 1963 einen ersten Entwurf vor, in welchem schon die Mehrzahl der Neubauten südlich der Hauptstraße liegt mit einem Hörsaalzentrum für 2000 Hörer zwischen Graben- und Sandgasse.[250] Im April 1964 wird der Architekt, dessen Arbeit vom Universitätsbauamt unterstützt wird, vom Heidelberger Stadtrat beauftragt, den Bebauungsplan für den Bereich zwischen Kettengasse, Seminarstraße, Sandgasse und Marstallhof aufzustellen.[251] Am 28.12. 1964 übermittelt ihm dann das Universitätsbauamt die endgültigen Bedarfszahlen, die dem Plan zugrunde gelegt werden sollen.[252] Er soll 23500 qm Nutzfläche neu schaffen, dazu 5600 Hörsaalplätze (zusammen mit dem Altbestand wären das in der Altstadt 58700 qm gewesen). Zusätzlich müssen 1500 Autostellplätze geplant werden, von denen 1964 ein Teil als Tiefgarage angesetzt wird.

Das Nebenzentrum am Karlsplatz gehört nicht in den von Gutbrod bearbeiteten Bereich. Für dieses entwickelt das Universitätsbauamt zusammen mit der Theologischen Fakultät und der Stadtverwaltung 1964 ein Konzept, das die wei-
230 tere Nutzung der Akademie der Wissenschaften und des 1962 erworbenen Hau-
225, 244 ses Karlstraße 2 sowie ab etwa 1970 des gegenüberliegenden Landratsamtes vorsieht.[253] Diese Gebäudegruppe soll durch Neubauten - ›eine zusammenhängende Bebauung von der Plankengasse bis zum Karlsplatz‹ - sowie Bauten auf den Grundstücken der Häuser Karlstraße 6 bis 14 ergänzt werden.

Ende 1965 entzündet sich von neuem ein öffentlicher Streit, als der erste Bau-
214 abschnitt des Neuen Kollegienhauses fertiggestellt ist. Die Flachdachlösung ruft wieder Proteste von allen Seiten hervor, die Marstallbaukommission tagt erneut. Der Streit führt zur ersten kritischeren Stellungnahme der Stadtverwaltung dem universitären Bauen gegenüber. Am 22.3. 1966 schreibt diese an das Universitätsbauamt: ›Aus Sorge um die weitere bauliche Entwicklung in der Altstadt halten wir weitere Genehmigungen für Bauvorhaben der Universität im Altstadtbereich nur noch im Rahmen des Bebauungsplanes für möglich und sind der Auffassung, daß hierbei weitere Flachdächer nicht mehr vertretbar sind‹.[254]
23-27 Der Bebauungsplanentwurf liegt den städtischen Gremien zu diesem Zeitpunkt allerdings bereits seit etwa einem Monat vor.[255] Der vorgegebene Bereich wird von Gutbrod in diesem Plan nach Südosten und im Westen erheblich erweitert; schon 1964 stand fest, daß der Architekt auch Grundstücke von der Sandgasse bis zur Theaterstraße miteinbeziehen will, seit 1965 ist in die Planung sogar das Gelände des Gefängnisses am Faulen Pelz aufgenommen. Den Flächenbedarf hat Gutbrod auf nahezu 70000 qm heraufgesetzt. Sein Plan sieht vor, die gesamt hinzukommende Nutzfläche durch Neubauten zu gewinnen. Drei Hörsaalgebäude sollen zwischen Graben- und Sandgasse entstehen, drei Institutsbauten an der westlichen Sandgasse. Neue Gebäude sind auch auf den Arealen der städ-

tischen Ebert- und Liselotteschule westlich der Sandgasse vorgesehen. An der Seminarstraße sollen Amtsgericht, Landgericht und Helmholtz-Gymnasium durch
Neubauten ersetzt werden. Diese Gruppe soll von weiteren Neubauten, darunter
einem Parkhaus mit 230 Plätzen am Oberen Faulen Pelz anstelle des Gefängnisses ergänzt werden.

Am 28.3. 1966 schränkt der Leiter des Staatlichen Liegenschaftsamtes der
Stadt gegenüber die Gutbrod-Planung schon ein, indem er darauf hinweist, daß
ein Großteil der Neubauten auf Grundstücken errichtet werden solle, die nicht
dem Staat gehören, außerdem das Land kaum die Mittel aufbringen könne, um
die städtischen Schulen zu ersetzen.[256] Der ›Idealplan‹ für die Universität scheitert zwei Tage später unter spektakulären Umständen, da der Bauausschuß der
Stadt die Genehmigung für diesen Bebauungsplan öffentlich verweigert.[257] Die
folgenden Monate dienen der Neuorientierung in der Planung sowohl der Universität als auch der Stadt. Am 9. Mai merkt die Stadtverwaltung nach nochmali-
ger, eingehender Prüfung der Pläne an, daß die Nutzfläche des Gutbrod-Planes
nur zu Lasten von geplanten ›Parkierungswerken‹ und durch die Erweiterung
des Geländes bis zur Theaterstraße, unter Einbeziehung der Städtischen Schulen
also, gewonnen werden konnte.[258] Die Stadt fordert deshalb eine klare Stellungnahme der staatlichen Stellen zur Realisierbarkeit der Planungsideen. Sie will
wissen, ob der Plan der ›innerbetrieblichen Funktionsordnung‹ der Universität
gemäß sei und deren Raumansprüche erfülle. Darüber hinaus solle geklärt werden, wo die Parkplätze entstehen sollen; zudem erwarte man eine formelle Aussage zur Konzeption der Universität für das theologische Nebenzentrum am
Karlsplatz. Die letzte Frage der Stadt zielt auf den ›Grundgedanken‹ aller Gesamtpläne seit 1956: ›Ist die Unterbringung der Geisteswissenschaften mit den
zentralen Einrichtungen der Universität in dem Altstadtgebiet zwischen Karlstor
und Brunnengasse/Akademiestraße unter Verzicht auf eine wie im vorliegenden
Bebauungsplanentwurf ausgewiesene Konzentration im Universitätsbereich
möglich?‹ In der Folge überprüfen Akademische Baukommission, Rektorat,
Universitätsbauamt und Staatliches Liegenschaftsamt noch einmal die Unterbringungsmöglichkeiten und den realen Bedarf an Nutzfläche. Bis November
1966 weiß man, daß, bei Zugrundelegung der Zahlen von 1964, der Gutbrod-Plan
1000 Hörsaalplätze zu wenig ausweist, den Bedarf an sonstiger Nettonutzfläche
aber um 8100 qm überschreitet.[259] Obwohl mehrere Entwürfe entstehen, kommt
es nicht zu einer formellen Antwort an die Stadt.[260]

Dies erklärt sich daraus, daß von staatlicher Seite wegen des Scheiterns größerer Neubaupläne in der Altstadt erneut die Verlegung nach Neuenheim als Alternative zu einem Drei-Zonen-Konzept, wie es die Stadtverwaltung angedeutet
hatte, geprüft wird. Ende 1967 legt das Staatliche Liegenschaftsamt eine Kosten-
aufstellung für beide Standorte vor, aus der hervorgeht, daß der Verbleib in der
Altstadt (geleistete Investitionen plus zukünftige) billiger ist als die stufenweise
Verlegung nach Neuenheim, darüber hinaus die vorhandenen Gebäude im Wert
von 200 Millionen DM kaum anders als universitär nutzbar wären.[261] Dieser
Meinung schließt sich im Januar 1968 das Finanzministerium an.[262] Trotzdem beschließt der Große Senat der Universität Ende November 1967 in einer außerordentlichen Sitzung die stufenweise Verlegung der Geisteswissenschaften mit dem

Endziel einer Gesamtverlegung nach Neuenheim, um ein Ein-Zonen-Konzept beizubehalten.[263] Obwohl dieser Beschluß Bestärkung findet in einer Entschließung der Akademischen Baukommission von 1968, keine größeren Neubauten mehr in der Altstadt vorzusehen, wird das Drei-Zonen-Konzept im Rahmen eines ›Gesamtbelegungsplanes‹ des Universitätsbauamtes und des Staatlichen Liegenschaftsamtes seit 1968 faktisch festgeschrieben und durch die gleichzeitig eingeleiteten Bauvorhaben umgesetzt. 1967 bereits erwirbt das Land von der Stadt das Grundstück an der Plankengasse/Kisselgasse und werden die Planungen für den dortigen Neubau für die Theologie aufgenommen.[264] Der Bau wird seit Beginn der siebziger Jahre ausgeführt. Für die beiden anderen Zonen um den Universitätsplatz und in der Vorstadt werden bis Frühjahr 1968 neue Bedarfszahlen ermittelt. Grundlage ist das bevorstehende Freiwerden der Behördenbauten und des Helmholtz-Gymnasiums. Im April des Jahres meldet das Universitätsbauamt der Oberfinanzdirektion, daß die Erhebungen ergeben haben, daß bis 1975 unter Einbeziehung der alten Bauten in der Vorstadt und bei Schaffung eines Zentrums für Seminar- und Übungsräume (anstelle des noch bei Gutbrod vordringlichen Hörsaalzentrums) sowie einer ›reinen Eßmensa‹ ohne Küche nahezu der gesamte Bedarf in der Altstadt gedeckt werden könne.[265] Die Behördenbauten im Bereich Kettengasse/Seminarstraße sollen nicht mehr abgerissen werden, sondern direkt weitergenutzt werden. Sie werden seit Ende 1968 an die Universität übergeben und in den folgenden Jahren für Seminare umgebaut. Eine Änderung zu dem im April 1968 vorgeschlagenen Belegungsplan ergibt sich insofern, als am Karlsplatz außer den Theologen vor allem auch das Germanistische Seminar im ehemaligen Landratsamt unterkommt. Die Bauten der Naturwissenschaften in der Vorstadt werden bis 1975 von diesen geräumt und sukzessive neu verteilt.

Im Oktober 1968 unterstützt das Staatliche Liegenschaftsamt diese Planung gegenüber der Oberfinanzdirektion.[266] Es stellt sich damit gegen die Universität, die im August des Jahres gegen die zukünftige Verwendung der Häuser in der Vorstadt beim Kultusministerium protestiert hatte. Das Staatliche Liegenschaftsamt faßt seine Argumentation dahingehend zusammen, daß es geboten erscheine, ›vor weiteren Planungen‹ zunächst eine kurzfristig durchführbare ›vertretbare‹ Lösung für die Altstadt zu finden. Man habe ›schon immer‹ die Meinung vertreten, ›daß im Rahmen des Realisierbaren zunächst an einen Neubau für die Medizinischen Institute herangegangen werden soll‹. Schwierigkeiten bereitet 1968 vor allem die Unterbringung des Alfred-Weber-Institutes, das selbst zurück in die Altstadt möchte, während das Rektorat einen Neubau in Neuenheim vorschlägt. Der vom Institut bevorzugte Standort ist das Seminarium Carolinum. Als Ausweichquartier für das dort untergebrachte Studentenwohnheim Collegium Academicum, das einem Kuratorium untersteht, werden Neubauten auf dem Gelände der Herrenmühle vorgeschlagen.

Alle diese ›bescheideneren‹ Planungen passen auch zum Konzept des neuen Heidelberger Oberbürgermeisters, Reinhold Zundel, der davon ausgeht, daß ›mehr Universität als bisher in der Altstadt der Tod der Altstadt ist – weniger Universität in der Altstadt aber erst recht der Tod der Stadt‹.[267] Am 12. 12. 1968 werden die zugleich vorgelegten Gesamtpläne für Neuenheim und die Altstadt auf einer Sitzung der erweiterten Akademischen Baukommission erörtert und der

Öffentlichkeit vorgestellt.[268] Die Universität erklärt anläßlich dieser Sitzung ihr Konzept, keine größeren Neubauten in der Altstadt mehr zu wollen, für vereinbar mit der realitätsgerechten Lösung des Drei-Zonen-Konzeptes: Wo der Raum in der Altstadt nicht ausreichen sollte, sollen Parallelinstitute für die ›Massenfächer‹ im Neuenheimer Feld errichtet werden. Bis Anfang 1969 zeichnet sich dann die Möglichkeit ab, auf dem Gebiet Grabengasse/Sandgasse einen Neubau für die wirtschaftswissenschaftlichen Fächer und die Mensa zu errichten.[269] Die Planung für das heutige Seminargebäude, das im Rahmen des Baubetreuungsprogrammes des Bundes entstehen soll, und die einen weiteren Bau an der Plöck nach sich zieht, mobilisiert 1970 noch einmal die Universität gegen den Verbleib in der Altstadt. Am 1.6. 1970 tritt der Große Senat zu einer Sondersitzung zusammen, um eine ›Revision‹ der bisherigen Planung zu diskutieren.[270] Man beschließt nach dem Vortrag des Leiters des Universitätsbauamtes, ›den Verwaltungsrat zu ersuchen, unverzüglich eine außerordentliche Planungskommission einzusetzen, die möglichst bis zum Jahresende entscheidungsreife Planungsalternativen über den Standort der geisteswissenschaftlichen Fächer ausarbeiten soll‹. Die Planungskommission wird am 11.6. 1970 zwar eingesetzt, doch sind sowohl die Oberfinanzdirektion als auch die Universität zu diesem Zeitpunkt schon vom Finanzministerium angewiesen, die ›vorgesehenen Baumaßnahmen ohne Verzögerung fortzusetzen‹.[271] Ebenfalls 1970 wird ein erster Globalvertrag mit der Stadt wegen der Stellplatzfrage geschlossen.[272] Zu Teilen zahlt das Land Ablösesummen, zu Teilen stellt es in einer Tiefgarage unter dem Neubau Grabengasse/ Sandgasse und in dem neuen Parkhaus an der Plöck selbst Parkplätze zur Verfügung. Am 2. Oktober 1972 schreibt der Rektor Rolf Rendtorff dem Kultusministerium, daß die universitäre Planungskommission vom Verbleib der Geisteswissenschaften in der Altstadt ausgeht.[273]

163, 164

Schlußbemerkungen

›Betrachtet man die Universitätsstädte, ich meine die Städte, die eben nur Universitätsstädte sind, die Städte, die Jahrhunderte hindurch den geistigen Mittelpunkt ihres Landes bildeten, auf ihre Stellung hin, die sie in der Kunst einnehmen – ich weiß nicht, ob diese Prüfung schon einmal vorgenommen wurde –, die Kunsternte wird eine geringe sein. In den Kunstzentren andererseits wird man keine Universität finden, oder man wird so gewichtige andere Ursachen der Kunstblüte nachweisen können, daß die zufällig noch vorhandene Universität außer Betracht bleibt‹, schreibt 1903 Fritz Hirsch im Vorwort zu seinem Buch über die Universitätsbauten in Heidelberg.[274] Auch dieser Überblick kann nicht eine ›Kunsternte‹ einfahren, sondern nur die Entwicklung einer Großinstitution nachvollziehen. Die Entfaltung der Heidelberger Universität bedeutet seit dem Reorganisationsbeschluß ständige Vergrößerung. Wie aus dem Dargelegten hervorgeht, wird dabei mit Ausnahme des jetzigen Citybereiches um den Bismarckplatz kein Siedlungspunkt beim Auszug der ersten universitären Nutzer aufgegeben, obwohl dies öfter geplant ist, vor allem, um eine größere Konzentration der Universitätsbauten zu erreichen. Vom Prinzip her ist die gewaltige Vermehrung der Bauten verbunden mit der Entwicklung der spezialisierten Einzelwissenschaften im 19. und 20. Jahrhundert und den daraus erwachsenden Raumbedürfnissen einer immer größeren Zahl von Einzelinstituten und Kliniken.

Analog zur Entfaltung der Wissenschaften selbst entstehen auch die Bauten oft in Abhängigkeit von der Person einzelner Wissenschaftler. Diese haben vor allem im 19. Jahrhundert oft als einzige Einblick in die modernen ›Sacheinrichtungen‹ ihres Faches, zu welchen auch die Baulichkeiten gehören. Zudem ›binden‹ sie eine wachsende Zahl von Studenten an sich, für welche in der Folge Arbeitsräume erforderlich werden. Detaillierte Raumprogramme, die zur Grundlage der von Architekten gezeichneten Baupläne werden, stammen oft von den Professoren selbst. Die baulichen Möglichkeiten sind deshalb auch seit der Reorganisation einer der Hauptverhandlungspunkte der Wissenschaftler mit der Ministerialbürokratie bei Berufungsverhandlungen. Eine große Zahl von Bauten entsteht infolge einer Neuberufung oder um einen Wissenschaftler in Heidelberg zu halten (man hat dies als ›Direktorial-Prinzip‹ bezeichnet).[275] Dieses System der Bauplanung verweist deutlich auf die z. B. in Denkschriften immer wieder beschworene Konkurrenzsituation der Heidelberger Universität nicht nur zur anderen badischen Hohen Schule in Freiburg, sondern auch zu den anderen deutschen Universitäten. Es entwickelt sich auf dem Hintergrund stets knapper Finanzen: Der im Verhältnis kleine badische Staat unterhält mit Freiburg und Heidelberg zunächst zwei, nach der Gründung der Technischen Hochschule Karlsruhe drei Universitäten. Finanzknappheit und ›Direktorial-Prinzip‹ bedingen die bauliche Entwicklung während des gesamten 19. Jahrhunderts. Sie führen zu einer Vielzahl von ›Tagesentscheidungen‹ und ›Palliativmitteln‹. Dem wird spätestens seit dem Erwerb des Baugrundes für die Kliniken in Bergheim 1865 immer wieder die Notwendigkeit einer langfristigen Planung des universitären Bauens entgegengestellt. Eine solche langfristige, das heißt auf Jahrzehnte hinaus ausführbare Planung sollte für die Universität und ihre staatlichen Träger ›unbeschränktes‹ Wachstum gewährleisten. ›Unbeschränkt‹ von Rücksichtnahmen auf den oft schwierigen Kauf von Bauland, das günstig zu bestehenden Instituten liegt, vom bisweilen von Jahr zu Jahr schwankenden wirtschaftlichen Vermögen des Staates sowie nicht zuletzt von den Folgeerscheinungen des Stadtwachstums, vor allem den Problemen, die durch den wachsenden Verkehr entstehen: Lärmbelästigung und Parkplatznot. Ein Baugrund, der gute Voraussetzungen für eine derart langfristige Planung bietet, ist seit 1911 das Neuenheimer Feld. Dem Auszug aller Fakultäten in diese Region stand freilich nicht nur die enge Verbundenheit der Institute mit der Altstadt im Wege, sondern auch die Einsicht in die finanzielle Untragbarkeit und in die Gefahren für die gewachsene Struktur der Stadt Heidelberg.

Das Wachstum der Universität Heidelberg erfolgt innerhalb der Grenzen einer historischen Stadt, die während des untersuchten Zeitraumes selbst beständig expandiert. Bereits 1811 bemerkt ein Autor[276], daß die Universität ein gewichtiger Faktor auch des Stadtwachstums ist, obwohl zu diesem Zeitpunkt außer dem Ankauf des Dominikanerklosters noch keine reale Ausbreitung der Hochschule stattgefunden hat. Die vielfältige Unterstützung, die die Stadt der Universität im Laufe der Jahre im baulichen Sektor gewährt, geht vielmehr eher einher mit einem ›Feedback‹-Effekt des universitären Bauens auf das wirtschaftliche Vermögen der Stadt. Dieser drückt sich bis zum Ende des Ersten Weltkrieges auch in direkten Steuereinnahmen aus, später nur noch indirekt in den Bundes- und Landesmitteln, die für die Universitätsbauten zur Verfügung gestellt und in die dringend sanierungsbedürftige Altstadt investiert werden. Bedeutender als durch diese direkten Zuwendungen ist die Universität für die Stadt hingegen noch immer als Anziehungsfaktor, sowohl hinsichtlich der Wohnstadt Heidelberg als auch, was den Fremdenverkehrsort und das Klinik- und Wissenschaftszentrum angeht. Die stetige Vergrößerung der Universität, die deren ›Attraktivität‹ steigerte, war deshalb immer auch ein Anliegen der Stadtgemeinde Heidelberg. Diesem Interesse steht jedoch vor allem im 20. Jahrhundert dasjenige nach eigener Entwicklungsmöglichkeit teilweise entgegen: So soll die Universität zwar in der Altstadt verbleiben, doch gleichzeitig deren Struktur nicht durch ihre notwendigen Neubauten über Gebühr verändern. In Bergheim wiederum stehen die Kliniken der Verlagerung des Stadtmittelpunktes, der sich um den dort entstandenen Verkehrsknotenpunkt am Bismarckplatz entwickeln soll, ›im Wege‹; die Kliniken selbst leiden unter dem Verkehr und haben auch räumlich keine Entwicklungsmöglichkeit. Die Stadtverwaltung befördert deshalb zugleich die Verlegung der Universität nach Neuenheim und den Verbleib der Geisteswissenschaften in der Altstadt – eine für die Universität lange Zeit problematische, weil ›einschränkende‹ Lösung.

Anmerkungen

1 Eduard Winkelmann: Urkundenbuch der Universität Heidelberg, Heidelberg 1886, 1. Band, Urkunden, Nr. 284

2 Vgl. z. B. Richard August Keller: Geschichte der Universität Heidelberg im ersten Jahrzehnt nach der Reorganisation durch Karl Friedrich (1803–1813), Heidelberg 1913, S. 1 ff.

3 Vgl. Adolph Zopf: Das erste Anatomiehaus in der Plöck, in: Ruperto-Carola, Bd. 40, 1966, S. 267 ff.

4 Im Jahre 1784 hatte Kurfürst Karl-Theodor die ›Staatswirtschaftliche Schule‹, die seit 1774 unter dem Namen der kameralhohen Schule in Kaiserslautern bestand, nach Heidelberg verlegt. Er schenkte der Schule, die u. a. eine Bibliothek, ein Naturalienkabinett und eine Sammlung physikalischer Apparate und Modelle besaß und damit wissenschaftlich im Verhältnis zur Heidelberger Universität fortgeschritten war, den ehemaligen Adelshof in der Hauptstraße. Das rechtliche und tatsächliche Verhältnis der Kameralschule – und damit des Gebäudes – zur Universität

Heidelberg war kompliziert: Obwohl Teil der Philosophischen Fakultät, war sie nicht inkorporiert, sondern ›beigeordnet‹, d. h. unabhängig in verfassungsmäßiger, finanzieller und wissenschaftlicher Hinsicht. Der Botanische Garten und das in einem neuen Anbau eingerichtete chemische Laboratorium sind von daher vor ihrer wirklichen Einverleibung 1804 im eigentlichen Sinne nicht als Teile der Universität anzusehen, sondern als – besser ausgestattete – Konkurrenz. Vgl. auch: Richard August Keller, a. a. O., S. 29 ff.; Fritz Hirsch: Von den Universitätsgebäuden in Heidelberg, Ein Beitrag zur Baugeschichte der Stadt, Heidelberg 1903, S. 121

5 Vgl. hierzu S. 476 f.

6 E. Winkelmann, a. a. O., Nr. 285. Autor dieses Edikts war der zuerst von Juni bis November 1803 für die Universität tätige enge Berater des Kurfürsten Freiherr Georg Ludwig von Edelsheim.

7 E. Winkelmann, a. a. O., 2. Band, Regesten, Nr. 2465, Nr. 2507, Nr. 2590; Werner Goth: Zur Geschichte der Klinik in Hei-

delberg im 19.Jahrhundert, Diss., Heidelberg 1982, S.43ff. und S.237ff.

8 Vgl. Eberhard Stübler: Geschichte der medizinischen Fakultät der Universität Heidelberg 1386-1925, Heidelberg 1926, S.197

9 Ebd., S.197f., E.Winkelmann, a.a.O., 2.Band, Nr.2616

10 E.Stübler, a.a.O., S.198. Hofer, seit November 1803 mit der Universität Heidelberg befaßt, hatte im Februar 1804 offiziell das Kuratoramt angetreten, das er bis Ende 1806 ausübte. Vgl. Hermann Weisert: Die Verfassung der Universität Heidelberg im 19.Jahrhundert, Teil 1, in: Ruperto-Carola, 49, 1971, S.70ff.

11 Friedrich Weinbrenner (1766-1826) arbeitete seit 1797 für die badische Regierung in Karlsruhe

12 GLA: 205/44 und W.Goth, a.a.O., S.46

13 W.Goth, a.a.O., S.48ff.

14 E.Stübler, a.a.O., S.198f.

15 Ebd., S.199

16 Vgl. Ludwig Merz: Zwischen Ziegelgasse und Brunnengasse, Das Theatrum Anatomicum, in: Ruperto-Carola, Bd.29, 1961, S.169ff.

17 Vgl. Adolph Zopf, a.a.O., S.267ff.

18 E.Stübler, a.a.O., S.207f.

19 Ebd., S.210f., W.Goth, a.a.O., S.64f. und S.135

20 E.Stübler, a.a.O., S.213, Conradi schreibt über diese Klinik: ›Übrigens ist das Local so ansehnlich, daß mehr als dreimal so viel Kranke darin aufgenommen werden können, und daß also der Erweiterung, wenn sie die Localverhältnisse je erfordern sollten, von dieser Seite keine Hindernisse im Wege stehen würden.‹ Vgl.: Intelligenzblatt VIII, 1815, Beilage des Heidelberger Journals, S.70

21 E.Stübler, a.a.O., S.213. Die Bedingungen des Vertrages waren aber bereits 1811 in den Grundzügen ausgehandelt worden. Vgl. W.Goth, a.a.O., S.135

22 Die Pläne im Generallandesarchiv Karlsruhe sind veröffentlicht bei Goth, a.a.O., S.70ff. Die Grundrisse zur Neuverteilung sind jedoch dort nicht richtig ausgewertet. Die drei Flügel des Klosters werden zwar 1815 nach den bereits 1812 gezeichneten Plänen verteilt, doch dürften alle Eintragungen, die die Trennung durch Mauern und die Türeinbrüche, vielleicht sogar die Raumverteilung selbst betreffen, erst nach

dem Streit zwischen Conradi und Nägele 1815 gemacht worden sein

23 W.Goth, a.a.O., S.66

24 Ebd., S.77

25 UA: IV, 3c, Nr.188. Vgl. Heinrich Schipperges, Heinrich Krebs: Heidelberger Chirurgie, 1818-1968, Heidelberg/New York 1968, S.131

26 GLA: 205/44, 204/1235

27 Vgl. S.248f.

28 GLA: 204/1235

29 Sigrid Gensichen: Das Quartier Augustinergasse / Schulgasse / Merianstraße / Seminarstraße in Heidelberg, Heidelberg 1983 (Kunsthistorisches Institut der Universität Heidelberg, Veröffentlichungen zur Heidelberger Altstadt, hrsg. von Peter Anselm Riedl, Heft 15), S.36ff., vgl. auch S.121f.

30 W.Goth, a.a.O., S.66

31 Die Anzahl der Betten in der Medizinischen Klinik war rasch auf achtundzwanzig heraufgesetzt worden, dazu kamen seit Mai 1818 im Dominikanerkloster zwölf Betten für die Chirurgie. Vgl. Goth, a.a.O., S.75

32 Ebd., S.136

33 Die Pläne sind veröffentlicht in den folgenden Publikationen: Maximilian Chelius: Über die Errichtung der chirurgischen und ophthalmologischen Klinik in Heidelberg, Heidelberg 1819; Johann Conradi: Die Errichtung der Medizinischen Klinik im Akademischen Hospitale zu Heidelberg, Heidelberg 1820

34 E.Stübler, a.a.O., S.217

35 W.Goth, a.a.O., S.87, Reinhard Riese: Die Hochschule auf dem Wege zum wissenschaftlichen Großbetrieb, Die Universität Heidelberg und das badische Hochschulwesen 1860-1914, Stuttgart 1977, S.226

36 E.Stübler, a.a.O., S.219

37 F.Hirsch, a.a.O., S.122

38 GLA: 204/2814

39 StA: 244,1. E.Stübler, a.a.O., S.227

40 GLA: 204/2814

41 GLA: 204/2814. Das Protokoll vom 19.11.1835 hält fest: ›Den beiden Herren Direktoren bleiben die näheren Vorschläge über die Aufteilung der Räume und die zu treffenden inneren Einrichtungen vorbehalten. Die Baupläne und Kostenüberschläge über die erforderlichen Veränderungen würden unter ihrer Leitung durch

den Baumeister zu fertigen und der Ökonomiekommission zuzustellen sein.‹ Vgl. S. 164

42 W. Goth, a. a. O., S. 110 ff.

43 Ebd., S. 120

44 E. Stübler, a. a. O., S. 291

45 Vgl. den Brief des Physikers Professor Jolly an den Anatomen Henle vom 14. 11. 1843, in: W. Goth, a. a. O., S. 123 ff.

46 Vgl. S. 337 ff.

47 UA: IX, 13, Nr. 88 a

48 E. Stübler, a. a. O., S. 295

49 Vgl. S. 329 f.

50 UA: IX, 13, Nr. 88 a

51 UA: G = II (Nr. 92/1)

52 Vgl. S. 345 ff.

53 GLA: 235/3113; 233/33509

54 Vgl. S. 357 ff.

55 R. Riese, a. a. O., S. 218 ff. und S. 351 ff.

56 UA: A-410 (IX, 13, Nr. 62 a); StA: 280,6

57 Vgl. auch Manfred Lüdicke: Das zoologische Museum in Heidelberg, in: Ruperto Carola, Bd. 37, 1965, S. 196 ff., und Otto Bütschli: Zoologie, vergleichende Anatomie und die zoologische Sammlung an der Universität Heidelberg seit 1800, Heidelberg 1886

58 M. Lüdicke, a. a. O., S. 178. Zum Botanischen Institut vgl. S. 479 f.

59 Vgl. R. Riese, a. a. O., S. 251 ff.

60 UA: A-410 (IX, 13, Nr. 62 a)

61 GLA: 235/606

62 Otto Weber: Das akademische Krankenhaus in Heidelberg, seine Mängel und die Bedürfnisse eines Neubaus, Heidelberg 1865; E. Stübler, a. a. O., S. 299. Vgl. auch S. 178 ff.

63 Vgl. W. Goth, a. a. O., S. 185 und 212 f.

64 GLA: 235/5293

65 Ebd.

66 R. Riese, a. a. O., S. 226 f.

67 Otto Weber, a. a. O.

68 Vgl. S. 382 ff.

69 W. Goth, a. a. O., S. 222

70 O. Weber, a. a. O., S. 3 f.

71 Ebd., S. 9

72 Ebd., S. 12

73 Ebd., S. 13

74 Ebd., S. 13 f.

75 Ebd., S. 15

76 Ebd., S. 10

77 Ebd., S. 14 f. Vgl. auch R. Riese, a. a. O., S. 231 ff.

78 Vgl. Franz Knauff: Das neue Academische Krankenhaus in Heidelberg. Im Auf-

trage der academischen Krankenhaus-Commission beschrieben, München 1879

79 Ebd., S. XII

80 O. Weber, a. a. O., S. 10 f., Anm.

81 R. Riese, a. a. O., S. 240. Vgl. im folgenden vor allem S. 389 ff.

82 StA: 244,1. Vgl. Fritz Hirsch, Alfons von Rosthorn: Die Universitätsfrauenklinik in Heidelberg, Heidelberg 1904, S. 9 ff. und E. Stübler, a. a. O., S. 292

83 E. Stübler, a. a. O., S. 299

84 Ebd., S. 301

85 Vgl. S. 401 f.

86 E. Stübler, a. a. O., S. 298

87 Ebd., S. 293 und 299 f.

88 R. Riese, a. a. O., S. 257 ff.

89 Ludwig Schmieder: Ruperto Carola, Die Universität Heidelberg, Düsseldorf 1931, S. 35

90 UA: A-410 (IX, 13, Nr. 62 a)

91 Denkschrift über die künftige bauliche Entwicklung der badischen Hochschulen, vorgelegt vom Minister des Kultus und Unterrichts an das Präsidium der hohen zweiten Kammer der Landstände. Beilage zum Protokoll der 54. öffentlichen Sitzung der zweiten Kammer vom 26. April 1912

92 UA: A-410 (IX, 13, Nr. 62 a); StA: 244,1

83 UA: A-410 (IX, 13, Nr. 62 a)

94 StA: 244,1. Vgl. R. Riese, a. a. O., S. 228 f.

95 L. Schmieder: Die neue Medizinische Klinik der Universität Heidelberg, in: Zeitschrift fürs Bauwesen, 1923, S. 227 ff. Vgl. auch S. 432 ff.

96 Hermann Weisert: Verfassung der Universität im 19. Jahrhundert, Teil IX, in: Ruperto Carola, Bd. 58/59, 1976/77, S. 33 ff.

97 Ebd., S. 37

98 Vgl. R. Riese, a. a. O., S. 75 f. und S. 75, Anm. 39, sowie H. Weisert: Verfassung der Universität Heidelberg im 19. Jahrhundert, Teil V, in: Ruperto Carola, Bd. 52, 1973, S. 16 ff.

99 Vgl. Denkschrift 1912, a. a. O., S. 1 und S. 93 ff. sowie S. 122 ff.

100 UA: K-Ia, (421/1), B 5149/3 (IX, 13, Nr. 39). Denkschrift 1912 a. a. O., S. 3. Eine erste Planskizze für einen Hörsaalneubau an dieser Stelle datiert ins Jahr 1911

101 Vgl. S. 54 f.

102 Sigrid Gensichen, a. a. O., S. 55

103 UA: K-Ia, (421/1). Vgl. S. 93 ff.

104 UA: K-Ia (421/1)

105 Ebd.

106 Ebd.

107 Ebd.

108 UA: IX, 13, Nr. 163 a.; StA: Uraltaktei 72,3

109 Vgl. S. 184 ff.

110 GLA: 235/3080

111 Vgl. S. 184 ff.

112 S. Gensichen, a. a. O., S. 45

113 GLA: 235/3080

114 UA: A-410 (IX, 13, Nr. 62 a)

115 GLA: 235/3762

116 GLA: 235/3053

117 UA: A-410 (IX, 13, Nr. 63), zitiert nach Denkschrift 1911, S. 25

118 Ebd., S. 26

119 Ebd., S. 26

120 Ebd., S. 26 f.

121 Vgl. S. 446 ff.

122 UA: A-410 (IX, 13, Nr. 63), Denkschrift 1911, S. 27

123 Ebd., S. 27

124 Ebd.

125 Ebd., S. 28

126 UA: A-410 (IX, 13, Nr. 62 a)

127 UA: A-160 (I, 3, Nr. 260)

128 Denkschrift 1912, a. a. O., S. 1 f.

129 Vgl. R. Riese, a. a. O., S. 278 ff.

130 Denkschrift 1912, a. a. O., Blatt 2, Legende

131 Ebd., S. 1 f. und Blatt 1. Die ›Zurücksetzung‹ der Zentralgebäude wird kurz vor Kriegsausbruch noch einmal, im Zusammenhang mit den baulichen Mißständen, in den Landständen besprochen. Während dieser Debatte taucht erstmals der Gedanke auf, alle Gebäude des Kollegienhaus-›Blockes‹ (also das Schulhaus, den Hexenturm und die Alte Post) für die Universität anzukaufen und dann ein gesamtes Areal beanspruchendes ›großes, neues‹ Gebäude zu errichten. Dieser Gedanke wird jedoch ›in absehbarer Zeit‹ für nur dann durchführbar gehalten, wenn sich ›der oder die Stifter‹ finden lassen. GLA: 235/29803

132 Denkschrift 1912, a. a. O., S. 2

133 Ebd., Blatt 3

134 Ebd., Blatt 4

135 Ebd., S. 3

136 o. V.: Denkschrift über die Gründung einer orthopädischen Anstalt der Universität Heidelberg o. J.

137 Ebd., S. 4

138 Ebd., S. 6 ff. Der Orthopädie in Schlierbach wird 1930 das Badische Landeskrüppelheim (vorher in der Rohrbacherstraße) angeschlossen, das einen eigenen Bau, das ›Wielandheim‹ erhält. Der Betrieb einer orthopädischen Poliklinik findet in Bergheim statt

139 L. Schmieder: Das ehemalige Kurfürstliche Zeughaus in Heidelberg und sein Umbau zu Speisehalle, Turnhalle und Fechträumen für Studenten der Universität, Heidelberg o. J., Vgl. S. 243 f.

140 R. Riese, a. a. O., S. 242 ff. Vgl. auch S. 281 ff.

141 UA: B 5149/3 (IX, 13, Nr. 69)

142 GLA: 237/41998; UA: B 5149/3 (IX, 13, Nr. 69)

143 UA: B 5010/1 (IX, 13, Nr. 60), ›Denkschrift über die Mißstände, vornehmlich baulicher Art, an der Heidelberger Universität und ihren einzelnen Instituten‹ Heidelberg 1925

144 Ebd., S. 3

145 Ebd., S. 18 ff.

146 Ebd., S. 26

147 Ebd., S. 28

148 Ebd., S. 7 ff.

149 Ebd., S. 8 f.

150 StA: 296/4

151 UA: B 5010/1 (IX, 13, Nr. 60) Denkschrift 1925, S. 7

152 GLA: 235/3782; UA: B 5149/3 (IX, 13, Nr. 69)

153 UA: B 5010/3 (IX, 13, Nr. 151)

154 Vgl. zu den Bebauungsplänen für das alte Bahnhofsgebiet: Meinhold Lurz: Erweiterung und Neugestaltung der Heidelberger Stadtmitte (Neue Hefte zur Stadtentwicklung und Stadtgeschichte, Heft 1/1978), Heidelberg 1978, S. 5 ff.

155 StA: 303,3

156 Ebd.

157 UA: B 5010/3 (IX, 13, Nr. 151)

158 GLA: 235/3054

159 StA: 317/13

160 UA: B 5010/3 (IX, 13, Nr. 151)

161 UA: B 5010/4 (IX, 13, Nr. 153)

162 GLA: 235/3782

163 UA: B 5010/3 (IX, 13, Nr. 151)

164 Ebd.

165 UA: B 5010/4 (IX, 13, Nr. 153), ›Denkschrift über den Ausbau der Universität Heidelberg 1927‹

166–171 Ebd.

172 UA: B 5010/3 (IX, 13, Nr. 151)

173 Ebd.

174 UBA: Spezialakte ›Kollegienhaus 1926 bis 1945‹

175 GLA: 237/41998

176 Ebd.

177 GLA: 235/3782

178 UA: B 5010/3 (IX, 13, Nr. 151)

179 StA: 317/13

180 Vgl. zu den Planungen Schmieders und zum Bau der Neuen Universität, S. 79 ff.

181 UA: B 5010/3 (IX, 13, Nr. 151)

182 L. Schmieder: Ruperto Carola, a. a. O., S. 52

183 Heidelberger Neueste Nachrichten, vom 26. Oktober 1927

184 Vgl. ›Denkschrift über den Zustand der mathematisch-naturwissenschaftlichen Institute an der Universität Heidelberg‹, Heidelberg 1929

185 Ebd., S. 1

186 L. Schmieder: Der Generalbebauungsplan für die Kliniken und Naturwissenschaftlichen Institute der Universität Heidelberg, in: Zentralblatt der Bauverwaltung, 58. Jg., Heft 10, 1938, S. 248

187 Vgl. zum Radiumsolbad: Kai Budde: Der Architekt Franz Sales Kuhn (1864–1938), Veröffentlichungen zur Heidelberger Altstadt, hrsg. von P. A. Riedl, Heft 18, Heidelberg 1983, S. 136 f.

188 L. Schmieder, Der Generalbebauungsplan ..., a. a. O., S. 248

189 Der Plan wird am 27. Juli 1929 in der Presse kommentierend vorgestellt: ›Der Neubauplan für die Chirurgische Klinik‹, in: Heidelberger Neueste Nachrichten, vom 27. Juli 1929. Schmieder veröffentlicht das Modell für die Klinik 1931. Vgl. L. Schmieder, Ruperto Carola ..., a. a. O., S. 41

190 L. Schmieder: Der Generalbebauungsplan ..., a. a. O., S. 248

191 Heidelberger Neueste Nachrichten vom 27.7.1929

192 Vgl. S. 499 f.

193 Vgl. H. Schipperges, H. Krebs, a. a. O., S. 147

194 UBA: Akte ›Generalbebauungsplan‹. ›Generalbebauungsplan für die neuen Institute der med. u. naturwissenschaftl. Fakultät der Universität Heidelberg. Erläuterungsbericht‹

195 Ebd., S. 1

196 Ebd., S. 2 f.

197 Ebd., S. 3

198 Ebd.

199 Ebd., S. 4

200 Ebd., S. 5

201 Ebd., S. 6

202 Ebd., S. 7

203 Vgl. S. 500 f.

204 Ebd., S. 501

205 Vgl. o. V.: ›Der Bebauungsplan für die neuen Kliniken und Naturwissenschaftlichen Institute der Universität Heidelberg‹, Heidelberg 1936

206 Ebd.

207 UA: B 5011/24 a

208 L. Schmieder, Der Generalbebauungsplan ..., a. a. O., S. 248

209 Ebd., S. 250 ff.

210 Ebd., S. 254 ff.

211 Vgl. S. 502

212 Vgl. Der Bebauungsplan ..., a. a. O.

213 Vgl. M. Lurz, a. a. O., S. 8 ff.

214 UA: B 5011/24 a. Vgl. Karl Kölmel: Die Raumnot der Universität Heidelberg und der Generalbebauungsplan 1950, in: Ruperto Carola, Bd. 7/8, 1952, S. 142 ff.

215 Vgl. S. 514 ff.

216 Der Lageplan befindet sich im Universitätsbauamt

217 Karl Kölmel, a. a. O., S. 145 ff.

218 Ebd., S. 145

219 UA: B 5011/24 a. Vgl. S. 167 f.

220 UA: B 5011/24 a

221 Ebd.

222 Ebd.

223 Wolfgang Kunkel: Denkschrift über die Raumverhältnisse und Bauvorhaben der Universität Heidelberg, Heidelberg 1954

224 UA: B 5011/24 a. Vgl. Peter Schmidt: Stadtplanung als Interaktionsproblem. Zum Verhältnis von Fachplanung und lokaler Querschnittsplanung am Beispiel der Beziehungen zwischen Hochschulplanung und Sanierungspolitik in Heidelberg (Sozialwissenschaftliche Studien zur Stadt- und Regionalpolitik, Bd. 19), Königstein-Ts. 1981, S. 47. Das im folgenden verwendete Material wurde für ein von der Stiftung Volkswagenwerk gefördertes Projekt zu Beginn der siebziger Jahre erhoben. Vgl. ebd., S. 8

225 UA: B 5011/24 a

226 Ebd.

227 UBA: Akte ›Denkschrift 1960‹. Vgl. Wilhelm Wortmann: Der Flächennutzungsplan für die Stadt Heidelberg, in: Ruperto Carola, Bd. 24, 1958, S. 195 ff.

228 UBA: Akte ›Denkschrift 1960‹

229 W. Wortmann, a. a. O., S. 208

230 Ebd., S. 202

231 GLA: 235/29784

232 UBA: Akte ›Denkschrift 1960‹
233 P. Schmidt, a. a. O., S. 40
234 UBA: Akte ›Denkschrift 1960‹
235 P. Schmidt, a. a. O., S. 48 f. Vgl. S. 251
236 P. Schmidt, a. a. O., S. 50 ff.
237 Ebd., S. 102
238 Ebd., S. 58 ff. Rhein-Neckar-Zeitung vom 16. 4. 1959
239 P. Schmidt, a. a. O., S. 63
240 UBA: Akte ›Denkschrift 1960‹
241 Ebd.
242 UBA: Akte ›Denkschrift 1960‹. ›Die Universität Heidelberg in der Altstadt‹, Heidelberg 1961
243 P. Schmidt, a. a. O., S. 144
244 Vgl. S. 253 f. und S. 257 f.
245 P. Schmidt, a. a. O., S. 66
246 Ebd., S. 152
247 Ebd., S. 157
248 Ebd., S. 162
249 Ebd., S. 123 f.
250 UBA: Akte ›Altstadtbelegungsplanung 1970/75‹
251 P. Schmidt, a. a. O., S. 113
252 UBA: Akte ›Zentrale Einrichtungen/ Parkplätze‹
253 UBA: Akte ›Altstadtbelegungsplanung 1970/75‹
254 P. Schmidt, a. a. O., S. 69
255 Ebd., S. 175
256 Ebd., S. 208

257 Ebd., S. 175
258 UBA: Akte ›Zentrale Einrichtungen/ Parkplätze‹
259 Ebd.
260 Ebd.
261 P. Schmidt, a. a. O., S. 210
262 Ebd., S. 211
263 Ebd., S. 214
264 Vgl. S. 304 ff.
265 UBA: Akte ›Altstadtbelegungsplanung 1970/75‹
266 UBA: Akte ›Zentrale Einrichtungen/ Parkplätze‹
267 Vgl. Ruprecht-Karl-Universität Heidelberg Information Nr. 1, Januar 1969: Aus der Arbeit der Akademischen Baukommission der Universität, S. 5
268 Ebd.
269 UBA: Akte ›Zentrale Einrichtungen/ Parkplätze‹
270 Wolff-Dietrich Webler: Der neue Große Senat, in: Ruperto Carola, Bd. 49, 1971, S. 46
271 P. Schmidt, a. a. O., S. 216 f.
272 Ebd., S. 225
273 Ebd., S. 217
274 F. Hirsch, a. a. O., S. V
275 R. Riese, a. a. O., S. 193 ff.
276 Aloys Schreiber: Heidelberg und seine Umgebung, literarisch und topographisch beschrieben, Heidelberg 1811

Literatur

Denkschrift über die künftige bauliche Entwicklung der badischen Hochschulen, vorgelegt vom Minister des Kultus und Unterrichts an das Präsidium der hohen zweiten Kammer der Landstände. Beilage zum Protokoll der 54. öffentlichen Sitzung der 2. Kammer vom 26. April 1912, Karlsruhe 1912

Gensichen, Sigrid: Das Quartier Augustinergasse/Schulgasse/Merianstraße/Seminarstraße in Heidelberg, Veröffentlichungen zur Heidelberger Altstadt, hrsg. von P. A. Riedl, Heft 15, Heidelberg 1983

Goth, Werner: Zur Geschichte der Klinik in Heidelberg im 19. Jahrhundert, Diss., Heidelberg 1982

Hirsch, Fritz: Von den Universitätsgebäuden in Heidelberg, Ein Beitrag zur Baugeschichte der Stadt, Heidelberg 1903

Keller, Richard August: Geschichte der Universität Heidelberg im ersten Jahrzehnt nach der Reorganisation durch Karl Friedrich, 1803–1813, Heidelberg 1913

Knauff, Franz: Das neue Academische Krankenhaus in Heidelberg. Im Auftrage der academischen Krankenhaus-Commission beschrieben, München 1879

Kölmel, Karl: Die Raumnot der Universität Heidelberg und der Generalbebauungsplan 1950, in: Ruperto Carola, Bd. 7/8, 1952, S. 142 ff.

o. V.: Denkschrift über den Zustand der mathematisch-naturwissenschaftlichen Institute an der Universität Heidelberg, Heidelberg 1929

o. V.: Der Bebauungsplan für die neuen Kliniken und Naturwissenschaftlichen Institute der Universität Heidelberg, Heidelberg 1936

Riese, Reinhard: Die Hochschule auf dem Wege zum wissenschaftlichen Großbetrieb. Die Universität Heidelberg und das badische Hochschulwesen 1860–1914, Stuttgart 1977

Ruprecht-Karl-Universität Heidelberg: Information Nr. 1, Aus der Arbeit der Akademischen Baukommission der Universität, Januar 1969

Schipperges, Heinrich; Krebs Heinrich: Heidelberger Chirurgie, 1818–1968, Heidelberg/New York 1968

Schmidt, Peter: Stadtplanung als Interaktionsproblem. Zum Verhältnis von Fachplanung und lokaler Querschnittsplanung am Beispiel der Beziehungen zwischen Hochschulplanung und Sanierungspolitik in Heidelberg, Königsstein/Ts. 1981

Schmieder, Ludwig: Das ehemalige Kurfürstliche Zeughaus in Heidelberg und sein Umbau zu Speisehalle, Turnhalle und Fechträumen für die Studenten der Universität, in: Die akademische Speisehalle zu Heidelberg, Heidelberg o.J.

Schmieder, Ludwig: Die neue Medizinische Klinik der Universität Heidelberg, in: Zeitschrift für Bauwesen, 73., 1923, Heft 10–12, S. 227 ff.

Schmieder, Ludwig: Ruperto Carola, Die Universität Heidelberg, Heidelberg 1931

Schmieder, Ludwig: Der Generalbebauungsplan für die Kliniken und Naturwissenschaftlichen Institute der Universität Heidelberg, in: Zentralblatt der Bauverwaltung, 58. Jg., Heft 10, 1938, S. 247 ff.

Stübler, Eberhard: Geschichte der medizinischen Fakultät der Universität Heidelberg 1386–1925, Heidelberg 1926

Weber, Otto: Das akademische Krankenhaus in Heidelberg, seine Mängel und die Bedürfnisse eines Neubaus, Heidelberg 1865

Weisert, Hermann: Verfassung der Universität im 19. Jahrhundert, Teil I–IX, in: Ruperto Carola, Bd. 49 (1971) – Bd. 58/59 (1976/77)

Winkelmann, Eduard: Urkundenbuch der Universität Heidelberg, 2 Bde, Heidelberg 1886

Wortmann, Wilhelm: Der Flächennutzungsplan für die Stadt Heidelberg, in: Ruperto Carola, Bd. 24, 1958, S. 195 ff.

Die Alte Universität

Grabengasse 1

Der Barockbau der Alten Universität, der heute Sitz des Rektorats, der Universitätspressestelle und weiterer Dienststellen ist und der den Senatssaal, die Alte Aula und Ausstellungsräume enthält, nimmt die Nordostseite des Universitätsplatzes ein. Beide Trakte des zweiflügeligen Winkelhakenbaues fungieren als Platzwände: der entlang der Grabengasse errichtete Westflügel als Ostwand des kleineren nördlichen Platzteiles, der die Fluchtlinie der Merianstraße aufnehmende Südflügel als Nordwand des großen südlichen Platzbereiches. Die Ostwand des Südflügels der Alten Universität grenzt an die Augustinergasse.

Geschichte

Vorgängerbauten. Das Gelände ›am Graben‹[1] hat eine jahrhundertelange, bis in die Gründungszeit der Hochschule zurückreichende Tradition universitärer Nutzung[2]. Bereits im Jahre 1396 wird – ungefähr an der Stelle des Westflügels der heutigen Alten Universität – das Dionysianum, eine Burse für bedürftige Studenten, begründet. Den Grundstock für die dem hl. Dionysius geweihte Armenburse bildet eine Schenkung des Mainzer Klerikers und Lehrers des kanonischen Rechts Gerlach von Homburg[3]. Jener bestimmt sein neben dem Mitteltorturm, dem Augustinerkloster gegenüber stehendes Wohnhaus ›zu einer freien Wohnung für diejenigen Jünglinge, welche der Himmel mehr mit Talenten als mit Glücksgütern begünstigt hat‹[4].

In den Jahren 1588 bis 1591 läßt der Administrator Johann Casimir das mittlerweile baufällig gewordene Dionysianum durch einen Neubau ersetzen, der nach seinem Stifter den Namen Casimirianum erhält.[5] Anders als im Falle des Dionysianums sind wir über das Äußere des Neubaues recht gut unterrichtet. Die Stadtansichten von Merian (1620) und Kraus (1685) vermitteln ein anschauliches Bild von der repräsentativen Renaissancearchitektur des Casimirianums: Südlich des Mitteltorturmes ist das großdimensionierte, dreigeschossige Gebäude mit seiner Viererreihe von Zwerchgiebeln an der West- und Ostseite und einem in die Mittelachse der Ostseite eingestellten, die Firstlinie überragenden Treppenturm zu erkennen. Das hart an der Stadtmauer stehende Gebäude ist offenbar von einer entlang der Ostfassade verlaufenden Gasse, dem ›Casimiriansgäßlein‹, her zugänglich.[6] An das 1693 zerstörte Casimirianum erinnert heute nur noch eine im Treppenhaus der Alten Universität angebrachte Inschrifttafel.[7]

Der Bau der Alten Universität. Die Eroberung und Zerstörung Heidelbergs durch französische Truppen in der Nacht vom 22. zum 23. Mai 1693 setzt eine stadthistorische Zäsur.[8] Erst die Schließung des Friedens von Rijswijk im Jahre 1697 leitet eine allmähliche Normalisierung der Lage in der Kurpfalz ein: Im Frühjahr 1700 kehren die Professoren nach einem mehrjährigen Exil in Frankfurt und Weinheim nach Heidelberg zurück. Da der gesamte mittelalterliche Hausbesitz der Universität dem Stadtbrand von 1693 zum Opfer gefallen ist,[9] sieht sich der Senat veranlaßt, den raschen Wiederaufbau der Universitätsgebäude zu betreiben. Ende Februar 1701 schickt man drei Grundrisse und Kostenvoranschläge zu einem Auditorienneubau, ›allwo der Casimiriansbau vormals gestanden‹, nach Düsseldorf, wo Kurfürst Johann Wilhelm residiert.[10] Da sich der zunächst mit der Ausarbeitung der Planung beauftragte Oberfeldmesser Franz Adam Sartorius als unzuverlässig erweist, werden zusätzlich Universitätssyndikus Cloeter und ein ›frembder Baumeister aus Speyer‹ aufgefordert, Vorschläge zum geplanten Neubau einzureichen.[11] Während man in Heidelberg zur Jahreswende 1700/01 in der Hoffnung auf einen baldigen Baubeginn mit der Räumung des Bauplatzes anfängt,[12] läßt die kurfürstliche Entscheidung auf sich warten. Die unvollständig erhaltenen Quellen zeichnen ein widersprüchliches Bild der weiteren Entwicklung. Trotz der kurfürstlichen Approbation des (doch noch gelieferten) Sartoriusschen Grundrisses, von der die Universität erst mit Verspätung erfährt, werden in Heidelberg unerklärlicherweise keine weiteren Schritte unternommen.[13]

In der mangelhaften Koordinierung zwischen Kurfürst und Universität, der akuten Geldknappheit des Universitätsfiskus und der sich mit Ausbruch des Spanischen Erbfolgekrieges (1701–14) erneut verschärfenden politischen Situation dürften die Ursachen für die langjährige Verzögerung des Baubeginns zu sehen sein.[14] Indessen beginnt man im Sommer des Jahres 1701, ein ehemaliges Ordinarienhaus Ecke Hauptstraße/Augustinergasse (heute Hauptstr. 136) als provisorisches Universitätsgebäude herzurichten.[15] Es sollen noch eine Reihe von Jahren verstreichen, bis am 24. Juni 1712 ›in festo S. Joannis baptistae mit denen dabey gewöhnlichen ceremonien‹ der Grundstein zum Neubau gelegt werden kann.[16] Die offizielle Bauleitung hat zunächst, vom Juli 1712 bis zum Oktober 1713, der damalige amtierende Rektor Melchior Kirchner S.J., vom November 1713 an der Jurist Johann Bartholomäus Busch inne.[17] Die eigentliche Bauausführung obliegt dem Heidelberger Werkmeister Johann Adam Breunig.[18]

Von Anfang an erweist sich die Baufinanzierung als äußerst problematisch. Da man für den Neubau der Universität – im Unterschied zu den zur gleichen Zeit entstehenden Bauten der Jesuiten – keine finanzielle Unterstützung des Kurfürsten erhält,[19] ist man ausschließlich auf die beschränkten Mittel des Universitätsfiskus angewiesen. Die bei weitem nicht ausreichenden Einkünfte der Universität müssen durch Rückgriff auf andere Finanzierungsmittel aufgestockt werden: durch den Verkauf der nicht mehr benötigten Universitätsgrundstücke[20], die Aufnahme von zinspflichtigen Darlehen[21] und die Besteuerung der linksrheinischen Universitätsuntertanen[22]. Eine gegen Mitte des 18. Jahrhunderts erstellte Auflistung der Baukosten gibt Aufschluß über Höhe und Verwendung der Baugelder, die sich auf insgesamt 14900 Gulden belaufen.[23]

Zunächst schreitet der Neubau zügig voran: vom Juli 1712 bis zum Oktober 1713 werden rund 5600 Gulden für Abbruch-, Steinhauer- und Zimmermannsarbeiten ausgezahlt.[24] In den folgenden Monaten wird stetig am Bau weitergearbeitet; pro Monat wird durchschnittlich ein Betrag in Höhe von 500 Gulden für Baumaterial und Handwerkerlöhne ausgeschüttet. Eineinhalb Jahre nach der Grundsteinlegung kann am 23. Dezember 1713 das Richtfest begangen werden.[25] Im Frühjahr des Jahres 1714 ist man mit Dacharbeiten beschäftigt, wie Lieferbescheinigungen über Dachbalken und Schiefersteine belegen.[26] Bei der Durchsicht der weiteren Bauabrechnungen ist zu beobachten, daß ab September 1714 die Bauarbeiten, vermutlich bedingt durch die Geldknappheit des Universitätsfiskus, zum Erliegen kommen.[27] Daher sieht sich die Universität in den Jahren 1715 ff. veranlaßt, weitere Universitätsgrundstücke zu veräußern sowie ihren linksrheinischen Untertanen eine erste (von insgesamt drei) Sondersteuern aufzuerlegen.[28] Die auf diese Weise freiwerdenden Gelder ermöglichen die Fortsetzung der Bauarbeiten, die inzwischen so weit fortgeschritten sind, daß mit der Ausstattung des Innern begonnen werden kann. Am 13. März 1715 unterbreitet der Mannheimer Stukkateur Johann Battista Clerici der Universität das Angebot, ›die arbeith deß großen Sahls (d. h. der Aula) nechstens pro 450 fl. verferdigen und mit guter arbeith [zu] versehen.‹[29] Wann genau der Neubau bezugsfertig ist, läßt sich nicht mehr feststellen, da weder Bauakten noch Senatsprotokolle aus dem fraglichen Zeitraum erhalten sind. Vermutlich findet der Umzug jedoch im Frühjahr/Sommer des Jahres 1716 statt.[30]

Zu diesem Zeitpunkt ist allerdings erst ein Teil der Alten Universität fertiggestellt, wie aus einem Eintrag in den Senatsprotokollen mit Datum vom 21. April 1724 hervorgeht. Man beschließt im Senat: ›... aus viel erheblichen Ursachen den Rest des Universitäts baues auszuführen, und vollends zur endtschaft zu bringen. Weilen aber die darzu erförderlichen mittel meisthenteils abgehen, auch sonsten kein fundus, woher solche aufgebracht werdten könten vorhandten, und dahero, zu beförderung dieses höchst nothwendig vorhabendten bauweßens ... daß von denen Universitäts underthanen gleich wie vorhin, also auch jtzt hinwieder umb ein leidentlich und erklecklicher Beytrag beschehe‹[31]. Drei Jahre später wird eine dritte und offenbar letzte Sondersteuer, da man nun ›völlig im bauweßen begrieffen‹ sei, erhoben.[32]

Aus dem oben Gesagten ergibt sich, daß das Gebäude der Alten Universität in zwei Bauphasen errichtet wurde: Zunächst entstand in einem ersten Bauabschnitt, der etwa 1716/17 abgeschlossen gewesen sein dürfte, der Flügel entlang der Grabengasse einschließlich der ›widterkehrung‹[33] und des im Südflügel gelegenen Treppenhauses; dann wurde in einem zweiten Abschnitt von 1724 bis 1727/28 der bereits vorhandene Ansatz des Südflügels bis an die Augustinergasse fortgeführt. Es stellt sich die Frage, wieviele Achsen des Südflügels östlich des Treppenhauses bereits während des ersten Bauabschnittes errichtet wurden. Eine Untersuchung des noch originalen Dachstuhles erweist sich als aufschlußreich: Bei der sonst einheitlichen Abfolge der Dachbinder zeigt sich bei einer Fensterachse östlich des Treppenhauses eine Irregularität in der Anordnung. Ein an Stelle der sonst durchgängig einfachen Binder eingefügter Doppelbinder ist nur durch die dort verlaufende Baunaht sinnvoll zu erklären. Hieraus ergibt sich, daß

38

während des zweiten Bauabschnittes der Südflügel um fünf Fensterachsen bis an die Augustinergasse verlängert wurde. Einen Eindruck vom Aussehen der Alten Universität um die Mitte des 18. Jahrhunderts vermittelt eine Abbildung im Thesaurus Palatinus aus dem Jahre 1751: Bis auf den noch fehlenden Dachreiter und die breite, die beiden Portale verbindende Treppe vor der Westfassade bietet der Bau bereits das uns vertraute Bild. *29*

Im August/September 1747 ordnet der Senat die Renovierung der Innenräume und den Anstrich der Fassaden an.[34] Ein von Tünchermeister Jacob Keller erstellter Kostenvoranschlag gibt Auskunft über die Art der Fassadenbehandlung: Alle Hausteinteile sollen einen dreifachen Ölfarbenanstrich erhalten, während für die Wandflächen ein Verputz vorgesehen ist. Da dem Kostenvoranschlag eine detaillierte Materialliste beigefügt ist, läßt sich die barocke Farbgebung der Fassaden annähernd rekonstruieren. Genannt werden: ›3 cent Bleyweiß‹, ›3 mith Kalch zum weißen‹, ›4 cent rothe farbe‹ und ›15 Pfund Englisch roth‹.[35] Die in einer Nachforderung Kellers beklagte ›rauhe der steine‹ könnte darauf hinweisen, daß es sich um den ersten Fassadenanstrich überhaupt handelte, was in Anbetracht der schwierigen Baufinanzierung, die sich besonders gegen Ende der Bauzeit bemerkbar machte, durchaus denkbar erscheint.[36] Mit der Fertigstellung des nach seinem Stifter, dem Kurfürsten Johann Wilhelm, Domus Wilhelmiana genannten neuen Auditoriengebäudes ist die Bautätigkeit der Universität zu einem vorläufigen Abschluß gekommen.

Erhaltungsmaßnahmen zwischen 1770 und 1885. Gegen Ende des 18. Jahrhunderts werden erneut Baumaßnahmen, diesmal zur Vervollständigung und Verbesserung der Innenausstattung, erforderlich: dazu zählen der Einbau eines neuen Kamins im südwestlichen Gebäudeteil 1773 und die Verlegung der Bibliothek in den Jahren 1785/86.

Die Theologische und Philosophische Fakultät beantragen am 1. Mai 1771 den Einbau eines Kamins zur Beheizung ihrer westlich des Treppenhauses gelegenen Auditorien.[37] Bislang ist nur der östliche Teil des Südflügels, in dem die Verwaltungsräume untergebracht sind, zu beheizen. Als zwei Jahre später, am 29. Juni 1773 die Oberkuratel die auf 345 Gulden veranschlagten Baukosten genehmigt, kann der Kaminbau nach Plänen des als Gutachter hinzugezogenen Mannheimer Architekten Franz Wilhelm Rabaliatti in Angriff genommen werden. Entgegen früheren Plänen empfiehlt Rabaliatti, den Schornstein in der Nordostecke des südwestlichen Eckzimmers aufzuführen, ›weilen jene (d. h. die Kamine) weniger Raum einnehmen, das Haus in nichts beschweren undt alle Feuergefahr entfernen.‹[38]

Bereits im Juni des Jahres 1773 wird die unbefriedigende Unterbringung der Bibliothek im zweiten Obergeschoß des Südflügels beklagt. Um Abhilfe zu schaffen, schlägt der Senat die Verlegung der Bibliothek in die besser zugänglichen und geräumigeren Räume im Erdgeschoß des Westflügels vor, die als Auditorien für Reformierte Theologie und Philosophie benutzt werden.[39] Es vergeht aber noch eine Reihe von Jahren, ehe sich am 15. Juni 1785 die Oberkuratel mit den Vorschlägen des Senats hinsichtlich der Bibliotheksverlegung einverstanden erklärt. Der mit der Leitung und Planung des Umbaues beauftragte Administrationsrat und Professor Johann Andreas von Traitteur verpflichtet sich, die Bauarbeiten bis Ende Oktober 1785 fertigzustellen.[40] Entgegen einer schon im Jahre 1781 ausgearbeiteten Planung, die die Vereinigung der beiden Auditorien zu einem einzigen, großen Bibliothekssaal vorsah,[41] richtet Traitteur zunächst nur den nördlichen Raum als Bibliothekssaal ein. Schon kurz darauf erweist sich jedoch das neu installierte Bibliothekszimmer als zu klein, so daß auch der benachbarte Raum umgebaut wird.[42] Beide Säle erhalten die gleiche, im Louis-Seize-Stil gehaltene Ausstattung: ›... die Füllungen an denen fenstern und jene an beiden Thüren mit gestemter Lamberie und eingeleimten Pfeifen auch roseten mit schnüren und beschläg, ... auf die sechs vorsprung an denen schränk die aufsätz mit medaillons und urnen wie im anderen büchersaal zu machen, nicht weniger die geländer an denen 3 stiegen mit eisernen stangen und Lorbeergehäng von eichenholz zu verziren. Die beide alte Stubenthüren mit pfeifen und roseten einzufassen ... endlich samtliche büchergestell auf der inneren seite mit leimfarb auf der äußeren aber so wie die Lamberie an fenster und Thüren auf nemliche arth wie die bereits hergestellte mit silberfärbige ohlfarb wohl anzustreichen, die aufsatz und stiegengeländer aber gremenser weiß und einem lackfirnis zu fassen ...‹[43]

Im Zuge der Bibliothekseinrichtung übernimmt Traitteur 1786 die Ausführung einiger weiterer Umbauten: im Anschluß an die Einrichtung des ersten Bibliothekssaales die Herstellung eines Lesezimmers, das man durch Einziehen einer Querwand vom Gang zwischen den beiden Bibliothekszimmern abteilt. Ferner läßt Traitteur einen Verbindungsgang zum 1784 erworbenen ›Coblizischen‹ Haus (Augustinergasse 2) errichten. Ebenfalls im Sommer des Jahres 1786 nimmt man die Einrichtung dreier ›modelen Zimmern und communication mit dem Naturalien Cabinet‹ vor.[44] Hierbei dürfte es sich um die auf dem Schaeferschen Grundriß von 1804 als ›Physicalisches Cabinet‹ bezeichneten Räume handeln.

Die noch vor Beginn der Vierhundertjahrfeier der Universität im Jahre 1786 fertiggestellten Bibliotheksräume reichen bereits zu Beginn des 19. Jahrhunderts nicht mehr zur Aufnahme des stark angewachsenen Bücherbestandes aus. Auch durch die Hinzunahme weiterer Räume im Erdgeschoß kann nur kurzfristig Abhilfe geschaffen werden.[45] Da sich im Universitätsgebäude selbst keine Möglichkeit zur weiteren Vergrößerung der Bibliothek bietet, nimmt die Universität das Angebot der Stadt Heidelberg bereitwillig an, das Gebäude Augustinergasse 15 (ehemaliges Jesuitengymnasium) zur Unterbringung der Universitätsbibliothek zu übernehmen.[46]

Bereits 1786 müssen von Traitteur Restaurierungsarbeiten in der Aula angeordnet werden: ›die ganze Deck in Aula, wo die Gesims schadhaft und losgefallen waren, sind mit Gyps ausgebessert worden ... Alle Vertäfelung in Aula mußte 4mal gestrichen werden, weil das rußige Holzwerk immer wieder zum Vorschein gekommen.‹[47]

Der Senat faßt am 5. Juli 1827 den Beschluß, das Angebot des Stadtrates, der Universität Uhr und Glocken des abgebrochenen Mitteltorturmes zu überlassen, anzunehmen. Da an die Schenkung die Bedingung geknüpft ist, die Uhr gut sichtbar anzubringen, entschließt man sich zur Errichtung eines Dachreiters auf dem Westflügel des Universitätsgebäudes. Ein Entwurf des Universitätsbaumeisters Wundt wird unter ›mannigfacher Verkürzung des Plans‹ vom Stadtbaumeister ausgeführt. Außer dem Uhrwerk werden auch die beiden Glocken und die Zifferblätter des Mitteltorturmes wiederverwendet.[48] Der als Säule eines Hängebockes freischwebend über dem Dachbodengebälk konstruierte Dachreiter ist bereits Bestandteil des Ausführungsplanes der Domus Wilhelmiana gewesen, wie ein Kostenvoranschlag über Zimmermannsarbeit zeigt: ›Eychenholz zu dem Thürnlein von 12 schuh allweg auf 8 Eck‹[49].

Im Juli 1829 werden erneut Ausbesserungsarbeiten am Wand- und Deckenstuck der Aula erforderlich. Da auch die Deckengemälde in Mitleidenschaft gezogen sind, wird ein Heidelberger Maler namens Schmidt, unter der Anleitung von Prof. Jakob Wilhelm Roux[50], beauftragt, die Deckengemälde zu ›reparieren‹: ›Demnach stellt derselbe die Stukatur der Decken und Wände des Saales nebst dem Gesimse und den Leisten unter der Decke der Loge mit einem feinen Kreideüberstrich weiß her und streicht die innere Seite der Sitze und den Kathedar mit guter weißer Leimfarbe an, malt die ebenen Teile der Decke, was nicht Gesimse und Gemälde ist, die Wände der Aula, die Decke und Wände der Loge und der Gallerie unter derselben mit der im wesentlichen bereits bestimmten hellgrünlichen Leimfarbe, überzieht die Gallerie der Loge mit Leinen, überklebt dieses mit Papier, streicht solches mit der genannten Leimfarbe an und malt eine Guirlande in jedes der drei Felder. Für diese genannte Arbeit erhält derselbe nach ihrer Vollendung und Approbirung die Summe von 150 fl.‹[51] Ebenfalls im Juli 1829 wird der Fassadenanstrich des ›Universitätshauptgebäudes‹ erneuert. Die Wandflächen werden mit ›Wasserfarben‹ gestrichen, alle Hausteinteile erhalten einen Ölfarbenanstrich, wobei die Fenstergewände zusätzlich ›gesandelt‹ werden.[52] *37*

Einen Wendepunkt in der Geschichte der Universität Heidelberg markiert das von Großherzog Karl Friedrich am 13. Mai 1803 erlassene 13. Organisationsedikt, durch das Verfassung und Finanzierungssystem der Hochschule von Grund auf erneuert werden. Mit der Reform von 1803 setzt, abgesehen von einem durch die Freiheitskriege von 1813/15 verursachten Rückgang, ein fast kontinuierlicher Anstieg der Studentenzahlen ein, was für das gesamte 19. Jahrhundert eine große Raumnot zur Folge hat[53]. Man ist immer wieder bemüht, die vorhandenen Auditorien möglichst effektiv zu belegen oder durch kleinere Umbaumaßnahmen (wie Anbringung von Galerien, Einziehen von Zwischenwänden und Änderungen am Gestühl) die räumlichen Gegebenheiten dem wechselnden Bedarf anzupassen.

Im März 1825 wird erstmals über die nicht ausreichende Zahl von Hörsälen geklagt.[54] Gegen Ende des Jahres erweist es sich als unumgänglich, die Aula zu Vorlesungszwecken zu verwenden. Der Senat stimmt nur unter der Bedingung zu, daß ›nur bekannte Studenten den Einlaß erhalten ... die Büste (d.h. jene Karl Friedrichs) zugedeckt wird. Der Rauch der Lichter [würde] nichts mehr verderben, da die Wände schon schmutzig genug [seien]‹[55]. Nach Auszug der Universitätsbibliothek im Juli 1829 verbessert sich die räumliche Situation vorübergehend. Eine von Baumeister Philipp Reichard in den Jahren 1845/47 unter Hinzuziehung des Karlsruher Architekten Heinrich Hübsch als Gutachter entwickelte Planung zur Gewinnung zusätzlicher Raumkapazitäten wird nicht realisiert, da die in Baden und der Pfalz mit der Märzrevolution von 1848 ausbrechenden schweren Unruhen die Ausführung größerer Bauvorhaben verhindern.[56] Die besondere politische Situation jener Jahre hat zur Folge, daß aufgrund der zurückgegangenen Studentenzahlen keine zusätzlichen Auditorien benötigt werden.[57] Bereits Mitte der sechziger Jahre hat die Studentenfrequenz wieder den Stand von vor 1848 erreicht.[58] Infolgedessen reichen die vorhandenen Hörsäle nicht mehr aus. Da insbesondere ein Mangel an kleineren Auditorien herrscht, schlägt die Bezirksbauinspektion am 11. August 1864 vor, das in der Mitte des Westflügels gelegene Auditorium Nr. 9 durch einen von Tür zu Tür verlaufenden Quergang zu halbieren.[59] Auf diese Weise kommt zu beiden Seiten des Ganges je ein Raum mit drei Fensterachsen zum Universitätsplatz bzw. zum Hof zu liegen. Die mit einem Kostenaufwand von 1500 Gulden fertiggestellten neuen Räume sind am 1. Juni 1867 bezugsfertig.[60]

Im Mai 1876 wird ein bislang fehlendes Amtszimmer für den Prorektor durch Abteilen des östlichen, neben dem Senatszimmer im ersten Obergeschoß des Südflügels gelegenen Gangendes geschaffen. Die für die Umbaumaßnahmen veranschlagten Kosten in Höhe von 630 Mark werden am 19. Juni 1876 vom Ministerium des Innern genehmigt.[61]

Baumaßnahmen für das Universitätsjubiläum von 1886. Die Raumkapazität des barocken Auditoriengebäudes entspricht Mitte des 19. Jahrhunderts weniger denn je den Anforderungen des Universitätsbetriebes. Der wiederholt seitens der Universität geäußerte Wunsch nach einem neuen Hörsaalgebäude ist wegen der begrenzten Mittel des badischen Staatshaushaltes nicht zu verwirklichen.[62] Stattdessen wird beschlossen, das ›Universitätshauptgebäude‹ in Hinblick auf die 1886 bevorstehende Fünfhundertjahrfeier einer umfassenden Renovierung im Innern und Äußern zu unterziehen, wobei ›die in Aussicht genommenen Reparaturen sich auf Nothwendiges beschränken und von Herstellungen luxuriöser Art abgesehen werden soll.‹ Die auf 160 000 Mark veranschlagten Umbau- und Renovierungskosten werden am 8. März 1884 von der Ständekammer bewilligt und mit einer ersten Rate in Höhe von 100 000 Mark in den außerordentlichen Etat von 1884/85 übernommen.[63]

Aufgrund einer schon Ende Februar 1884 beim Ministerium der Justiz, des Kultus und des Unterrichts eingereichten ›Planskizze‹, wird die Planung und Leitung des Aula-Umbaues dem Baudirektionsmitglied Oberbaurat Professor Josef Durm übertragen.[64] Im Februar 1885 sind die Vorbereitungen so weit fortgeschritten, daß Durm, gleichzeitig mit den mittlerweile ausgearbeiteten Werkzeichnungen, Vorschläge hinsichtlich der seiner Meinung nach für die künstlerische Ausschmückung der Aula geeigneten Künstler beim Ministerium einreichen kann;[65] er empfiehlt den Karlsruher Bildhauer Friedrich Moest[66] für die von der Stadt Heidelberg in Auftrag gegebene Büste Großherzog Friedrichs, für die beiden Bronzeplastiken Adolf Heer,[67] für die Medaillonsporträts den Karlsruher Maler Ernst Schurth[68] und für die Deckengemälde Rudolf Gleichauf[69]. Bei den beiden letztgenannten Künstlern handle es sich um ›gut bewährte Kräfte, die um kein zu hohes Honorar eine solide Arbeit liefern werden.‹ Desweiteren empfehle er, ›wenn es die Mittel erlauben ... für das größere Stiftungsbilde Herrn Professor Keller [als] wohl die geeignetste Kraft.‹[70] Da sich das Kultusministerium mit den

47, 48

Vorschlägen Durms einverstanden erklärt, können am 23. März 1885 die von Durm in Aussicht genommenen Künstler unter Vertrag genommen werden.[71] Nach Beendigung einiger Reparaturen am Dach des ›Universitätshauptgebäudes‹ kann Mitte Juli 1885 die Renovierung der Innenräume in Angriff genommen werden. Zunächst wird im Westflügel eine Heißwasserheizung installiert, anschließend werden alle Hörsäle, Gänge und das Treppenhaus neu verputzt. Letztere erhalten außerdem einen neuen Bodenbelag aus ›Metlacher Plättchen‹ bzw. schwarzem Marmor.[72] Das Treppenhaus wird auf allen Stockwerken durch ›Abschlußbögen‹ von den angrenzenden Räumlichkeiten optisch abgesetzt. Noch vor Ende der Sommerferien wird die barocke Ausstattung der Aula entfernt; dabei werden die Stuckdekorationen der Wände ganz, die der Decke nur im Bereich der besonders vortretenden Teile abgeschlagen. Vom Februar 1886 bis zum Beginn der Jubiläumsfeierlichkeiten ist man mit Umbauarbeiten in der Aula beschäftigt. Die von der Firma Ziegler und Weber gelieferten Einzelelemente der Aulaeinrichtung (Kassettendecke, Wandvertäfelung, Galerien, Gestühl etc.)[73] sowie die Gemälde und Plastiken müssen innerhalb dieses Zeitraums montiert werden.[74]

38

Außer der im Mittelpunkt der Durmschen Umbauplanung stehenden Aula ist der Eingangs- und Treppenhausbereich Gegenstand größerer baulicher Eingriffe. Im März 1885 teilt Durm der Bezirksbauinspektion mit, daß er neben einer Neuverkleidung des Uhrturms mit ›einer passenden Zinkdekoration‹, auch ›parterre ein anständiges Vestibül ... durch Ausbrechen der einen Gangwand und Neuaufführen einer tragfähigen Querwand bei dem Zimmer des Universitätsamtmannes‹ auszuführen beabsichtige. Das Vestibül soll neben einer Kassettendecke eine Wandvertäfelung mit Pilasterschmuck und umlaufendem Lambris erhalten. Als zusätzliche Wanddekoration sind ›zwischen den Pilastern, über Kämpferhöhe eingesetzte Stucktafeln, Schilde von Eichenkränzen umgeben, angenommen, welche Bildhauer Fritz Müller in Carlsruhe um die Summe von 800 Mark fix und fertig am Platze herstellen wird‹, vorgesehen. Je zwei deckenhohe Säulen aus ›Nassauischem Marmor‹ an der Ost- und Westwand des Vestibüls nehmen in ihrer Mitte Anschlagtafeln auf.[75] Bei dieser Gelegenheit werden auch die Eingangstüren durch neue ersetzt.[76] Ferner versieht Durm den bereits 1864 angelegten Gang im Erdgeschoß des Westflügels mit einer von Pilastern gerahmten Oberlichtzone.[77] Mit einem Neuanstrich der Fassaden – die Hausteingliederungen mit Ölfarbe, die Putzflächen mit Kalkfarbe – kommen die Renovierungsarbeiten im ›Universitätshauptgebäude‹ zu ihrem Abschluß.[78] Eine am 15. September 1886 von Josef Durm erstellte Schlußabrechnung der Renovierungskosten beläuft sich auf runde 162 000 Mark.[79] Noch im Herbst desselben Jahres wird das Senatszimmer renoviert, kurz darauf – im Frühjahr 1887 – auch das Prorektorzimmer, das zudem mit neuen Möbeln ausgestattet wird.[80]

49

Baumaßnahmen zwischen 1893 und 1984. Erst im August 1893 werden wieder Bauarbeiten größeren Umfangs erforderlich: Die nicht mehr die Sicherheitsbestimmungen erfüllenden alten Kamine im Südflügel müssen abgebrochen und durch ›russische‹ Kamine ersetzt werden.[81] Im Mai des darauffolgenden Jahres wird in einer Fensternische des Prorektorzimmers ein feuersicherer Schrank zur

Aufbewahrung der Universitätsinsignien eingebaut.[82] 1898 werden der Anstrich der Hoffassaden erneuert und ein Teil der Innenräume instandgesetzt.[83] Im Herbst des Jahres 1907 zeigen sich Risse im Mauerwerk und an den Fenstergewänden, die, wie eine Untersuchung ergibt, auf eine Senkung der südöstlichen Gebäudeecke zurückzuführen sind.[84] Man stellt fest, daß in geringer Entfernung von der Fundamentsohle des Hauptpfeilers ein alter, mittlerweile undicht gewordener Kanal vorbeizieht. Der durch das austretende Wasser erweichte Baugrund wird durch Einziehen einer Eisenstützenkonstruktion und Ausbetonieren der in unmittelbarer Nähe der Fundamente der Alten Universität entdeckten, vom Augustinerkloster stammenden Gewölbeüberreste stabilisiert. Die durch die Senkung der südöstlichen Gebäudeecke entstandenen Schäden am Putz und an den Hausteinteilen machen eine Renovierung der Fassaden notwendig.[85] Laut Erlaß des Kultusministeriums sollen ab 1. Januar 1910 das ›Universitätshauptgebäude‹ und das ›Universitätsseitengebäude‹ (Karzergebäude) gemeinsam unter der Bezeichnung ›Universitätsgebäude‹ geführt werden.[86] Die schon für 1914 geplante Installation einer elektrischen Beleuchtungsanlage kann infolge des Kriegsausbruches erst im Oktober des Jahres 1919 – zunächst nur im Erdgeschoß und einem Teil der Räume im ersten Obergeschoß – ausgeführt werden.[87] Am 24. September 1924 erteilt das Ministerium die Genehmigung, die elektrische Beleuchtung auch auf die Aula auszudehnen.[88] Noch während des Krieges, im August 1916, wird in die nordöstliche Ecke des Senatszimmers ein Bücherschrank im Stil der gegenüberstehenden Ofennische eingestellt und der Stuck der Zimmerdecke erneuert.[89]

Ende der zwanziger Jahre wird erneut die Frage diskutiert, inwiefern die Raumsituation der Hochschule, die ›als einzige in Deutschland, ihren Hauptsitz noch heute in ihrem alten, schon Anfang des 18. Jahrhunderts errichteten Gebäude hat‹, verbessert werden könnte.[90] Das ›Universitätshauptgebäude‹, dessen Räume sowohl von der Universitätsverwaltung wie für die Vorlesungen der Theologischen, der Juristischen und der Philosophischen Fakultät genutzt werden, genügt in keiner Weise mehr den Anforderungen eines modernen Lehrbetriebs. Man ist sich jedoch darin einig, daß die vom Kultusministerium entwickelte Idee einer Verlegung des Universitätszentrums auf das nördliche Neckarufer abzulehnen sei.[91]

Im August 1926 wird die historistische Dachreiterverkleidung – da ›diese Form nichts mit dem Gebäude gemein habe‹ – entfernt und die Konstruktion wie vor 1886 wieder verschiefert.[92] Am 10. Dezember 1928 ergeht der amtliche Bescheid, daß das bisherige ›Universitätshauptgebäude‹ in ›Alte Universität‹ umzubenennen sei.[93] Auf Antrag der Universität vom 12. August 1929 sollen die beim Abbruch des ›Neuen Kollegiengebäudes‹ freigewordenen ›Solnhofener- und Kunststeinplatten‹ für einen neuen Fußbodenbelag in der Eingangshalle und den Gängen des Erdgeschosses verwendet werden.[94] Im Dezember des Jahres 1930 genehmigt das Finanzministerium, daß sowohl die Kosten für eine neue Zentralheizung als auch die Ausgaben für eine Telefoneinrichtung aus Mitteln der Schurman-Spende vorfinanziert werden. Wie die Universitätskasse am 17. Juni 1932 mitteilt, bleibt ein Restbetrag von 13 468,08 Reichsmark aus der Schurman-Spende zu bestreiten.[95] Die in den folgenden Jahren ausgeführten Baumaßnahmen beschränken sich auf die Verbesserung der Sanitäranlagen und kleinere Instandsetzungsarbeiten.

Durch Verfügung der Militärregierung vom 9. April 1946 wird die über die Alte Universität angeordnete Treuhänderschaft mit Wirkung vom 18. April aufgehoben.[96] Bei einer ›Umgestaltung‹ des Vorraumes im Erdgeschoß im Juli 1954 wird vermutlich die historistische Wanddekoration Durms entfernt. Bei dieser Gelegenheit erhalten die beiden Türen der Südwand die den Türrahmen des Südflügels nachgebildeten ›barocken‹ Ohrengewände und der östliche der beiden Rundbögen beim Treppenhaus wird mit einem hölzernen Gewändeprofil verkleidet.[97] 1961 werden Vorbereitungen zu einem Neubau im Hof getroffen. Der nach rein funktionalen Kriterien gestaltete Anbau nimmt im Erdgeschoß Sanitäreinrichtungen, in den beiden Obergeschossen eine Garderobe und Büroräume auf.[98] Mit der Verlegung des Studentensekretariates 1966/67 vom zweiten Obergeschoß in den nordwestlichen Saal des Erdgeschosses (bisheriger Hörsaal 4) wird die Hörsaalkapazität im ehemaligen ›Universitätshauptgebäude‹ weiter reduziert, um schließlich völlig aufgegeben zu werden.[99] Ende der sechziger und Anfang der siebziger Jahre finden im Zuge der ›Studentenbewegung‹ in Heidelberg zahlreiche Demonstrationen statt, die sich nicht zuletzt gegen die die ›altehrwürdige‹ Ruperto-Carola architektonisch repräsentierende Alte Universität richten. Am 7. Februar 1973 werden die Räume des Rektorats von Studenten besetzt.[100] Im Januar 1976 entschließt man sich, die im ersten Obergeschoß gelegenen Verwaltungsräume durch eine zusätzliche Tür vom Treppenhaus abzutrennen.[101]

Die durch den Umzug der Universitätsverwaltung in das ehemalige Seminarium Carolinum (Seminarstraße 2) freigewordenen Räume werden einer neuen Verwendung zugeführt. So wird der zuvor mit dem Studentensekretariat belegte Raum zu einem Senatssitzungssaal umgestaltet. Das Erdgeschoß des Südflügels, das künftig für Ausstellungen genutzt werden soll, wird umfassend renoviert. Die dem Treppenaufgang gegenüberliegenden Fensternischen werden im Erdgeschoß und im ersten Obergeschoß wieder geöffnet. Um die historische Raumsituation soweit als möglich wiederherzustellen, werden nachträglich eingezogene Trennwände entfernt, was besonders im zweiten Obergeschoß des Südflügels zu größeren Umbauarbeiten führt. Indem dort sämtliche Behelfswände beseitigt werden, rekonstruiert man eine einbündige Raumdisposition mit einem auf der Nordseite bis an die östliche Außenwand durchgeführten Gang und vier südlich anliegenden Zimmern mittlerer Größe. Um die originale Fassung der Wände und Türgewände festzustellen, wird für das Erdgeschoß und für die Rektoratsräume eine Befunderhebung durch den Restaurator durchgeführt. Diese bildet zum Beispiel die Grundlage für den Neuanstrich des Senatssaales und die Behandlung der Türgewände und -blätter. Durchgreifend wird die Aula renoviert: Die Holzverkleidung wird gereinigt, das (bereits einmal unsachgemäß erneuerte) Parkett wird durch Langdielen aus Eichenholz ersetzt. Die Durmsche Bestuhlung wird nach einem erhaltenen Stuhlfragment (aus praktischen Gründen leicht abgewandelt) rekonstruiert. Die Wiederherstellung der historistischen Beleuchtungskörper in Wandarmpendel- und in Kandelaberform ist vorgesehen. Das Zimmer des Rektors wird nach Befund instandgesetzt. Die vom Universitätsbauamt geplanten und betreuten Maßnahmen sind 1985 abgeschlossen.[102]

Beschreibung

30 *Äußeres.* Die beiden leicht stumpfwinklig aneinanderstoßenden Trakte der Alten Universität stehen traufenständig zum seinerseits winkelhakenförmig ausgebilde-
39 ten Universitätsplatz. Der mit Ausnahme der nördlichen Schmalseite freistehende,[103] dreigeschossige Bau ist zwischen dem profilierten Sockel und dem Kranzgesims ausschließlich vertikal gegliedert: zum einen durch die die Fassaden rahmende Kolossalordnung putzlisenenhinterlegter korinthischer Pilaster, zum anderen durch das Motiv flacher Putzblenden, welche die jeweils übereinanderliegenden Fenster zusammenfassen.

Die Westfassade umfaßt dreizehn Fensterachsen. Die fünfte und die neunte, denen jeweils ein Säulenädikulaportal zugeordnet ist, sind deutlich breiter als die anderen Achsen; daraus resultiert eine ebenso einfache wie wirkungsvolle Rhythmisierung der schon durch die beiden Eingänge als Hauptfassade ausge-
40 wiesenen Westwand. Die Rahmungen der beiden Portale sind identisch geformt: Korinthische Dreiviertelsäulen tragen ein verkröpftes Gebälk, das von einem Segmentbogen überspannt wird; die Spandrillen zwischen dem Rundbogengewände der Tür und dem Gebälk sind mit Akanthusornament gefüllt. Jede der beiden Portalöffnungen enthält eine zweiflügelige Eichentür mit verglastem Oberlicht.

Die portallose Südfassade ist durch zwei zusätzliche Kolossalpilaster zwischen der vierten und fünften sowie achten und neunten von insgesamt zwölf Fensterachsen gegliedert; im Gleichtakt folgen also drei, jeweils vier Achsen umfassende Wandfelder aufeinander. Die auf die Augustinergasse stoßende östliche Schmalseite zählt vier Fensterachsen. Der vierten, nördlichsten ist ein Ädikulaportal zugeordnet, das formal den Portalen der Westfassade entspricht; der Eingang ist heute bis auf halbe Höhe zugesetzt, die obere Zone dient als Fenster. Da es an der Ostfassade keine Differenzierung der Achsbreite gibt, überschneidet das Portal mit seinem Gebälk sowohl die benachbarte Putzblende als auch den nördlichen Eckpilaster.

Die Fenster, deren Höhe sich geschoßweise verringert, besitzen sämtlich Ohrengewände mit geradem Sturz, deren Profilierung erst oberhalb eines hochrechteckigen Sockelstücks ansetzt. Das Teilungs- und Sprossenmuster der Fenster entspricht dem ursprünglichen Zustand: Die vierflügeligen Erdgeschoßfenster haben jeweils zehn Glasfelder, die zweiflügeligen Fenster des ersten und des zweiten Obergeschosses acht. Die Erdgeschoßfenster sind mit Gittern gesichert. Die Hofseiten des Gebäudes - der Westflügel zählt hier neun, der Südflügel acht Fensterachsen - weisen eine den Platzfassaden analoge Wandgliederung und Fensterausbildung auf.

Das äußere Erscheinungsbild der Alten Universität wird ganz entscheidend durch das wellig geschweifte, verschieferte Welsche Dach geprägt. An der Ostseite des Südflügels ist es gewalmt, an der Nordseite des Westflügels endet es lotrecht mit einem Brandgiebel. Ein kraftvoll profiliertes, über den Gebälkstücken der Kolossalpilaster verkröpftes Kranzgesims artikuliert energisch den Dachansatz. Für die Belichtung des Dachstuhles sorgen zwei Zeilen versetzt angeordneter, hochovaler Lukarnen. Über dem First des Westflügels erhebt sich ein vierekkiger, schieferverkleideter Uhrturm mit Welscher Haube und Knauf; auf allen vier Seiten ist oberhalb schmaler, doppelter Schallöffnungen ein Zifferblatt angebracht.

Die heutige farbige Fassung der Fassaden sucht die ursprüngliche barocke zu kopieren[104]: Die Wandflächen sind in einem hellen Grau gestrichen, die Putzblenden in einem gebrochenen Weiß. Alle Hausteingliederungen (d. h. Sockel, Pilaster, Kranzgesims, Portal- und Fensterrahmungen) sind englischrot gefaßt. Die Pilasterkapitelle sowie die Kapitelle und Akanthusornamente der Portale sind vergoldet.

Hofseitig sind dem Südflügel zwei Anbauten sowie das zum Karzergebäude (Augustinergasse 2) führende Treppenhaus angeschlossen. Den aus der besonderen Grundrißdisposition resultierenden Winkel füllt ein moderner dreigeschossiger, flachgedeckter Anbau; die Fenster seiner fünf Achsen sind im Erdgeschoß querrechteckig, in den Obergeschossen quadratisch. Nach Osten folgt ein ebenfalls dreigeschossiger, schlichter Trakt, dessen einzig freistehende Außenwand, nämlich die nördliche, mit unprofiliert gerahmten Fenstern ausgestattet ist.

Inneres. Die beiden Flügel der Alten Universität sind unterschiedlich disponiert: Ursprünglich nahm der Westflügel im Erdgeschoß eine Reihe von Räumen auf, welche seine ganze Tiefe beanspruchten, in den beiden Obergeschossen die Aula nebst Vorräumen und je ein Auditorium; der einbündige Ostflügel das Treppenhaus und mehrere platzseitig gelegene Räume in jedem Geschoß. Diese Distribution ist heute infolge der Unterteilungs- und Ausbaumaßnahmen nur noch bedingt gültig. Immerhin hat sich die innere Gliederung in wesentlichen Zügen erhalten, so daß sich die jüngste Renovierung mit Erfolg um eine klärende Sicherung des historischen Bestandes bemühen konnte.

Heute betritt man durch das südliche der beiden Westportale die (in dieser Dimension erst 1886 geschaffene) Eingangshalle. Von dieser führen rechts zwei Türen mit in Holz imitierten Ohrengewänden zu zwei südlich angrenzenden Zimmern. Schräg gegenüber und links von der Eingangstür öffnen sich Gänge, die das Treppenhaus und die Räume des Südflügels bzw. den Nordteil des Westflügels erschließen. Der links abzweigende, in den Architekturformen (Türen, Oberlicht mit Gesims- und Pilastergliederung) vom 19. Jahrhundert geprägte Gang, zu dessen Seiten kleinere Zimmer liegen, führt zum am Nordende des Westflügels situierten Senatssaal. Hier hat sich die einzige aus dem 18. Jahrhundert stammende Stuckdecke des Gebäudes sichtbar erhalten. Der Senatssaal umfaßt vier Fensterachsen. In der Mitte der dem Eingang gegenüberliegenden, fensterlosen Wand steigt ein Kaminschacht auf, der ehedem zur Beheizung der Aula diente. Oberhalb eines flachen Kehlgesimses leitet eine Voute zum seinerseits durch ein Profil abgegrenzten Deckenspiegel über. In den Ecken der Voute und eingangsseitig auch in Voutemitte sitzen kartuschenähnliche Ornamentfelder. Die Kehlenmitte der Ost- und Westseite ist jeweils mit Akanthusrosetten im Louis-Seize-Stil dekoriert.[105] Die Voutefächen zwischen den Ornamenten sind körnig strukturiert. Den Deckenspiegel schmückt ein von feinen Profilen gesäumter Rundstab, der eine markante Ornamentfigur mit Einschwingungen an den Seiten und dreiviertelkreisförmigen Ausbuchtungen in den Diagonalen beschreibt.

32

33–35

42

Von der Eingangshalle aus gelangt man durch einen Rundbogen in den Süd-flügel. Ein Gang führt, am Treppenhaus vorbei, zu drei großen, als Ausstellungs-säle dienenden Räumen. Früher war der Gang durch das heute zweckentfremde-te Portal an der Augustinergasse betretbar. Im Erdgeschoß des Südflügels haben sich die Sandsteingewände aus der Erbauungszeit erhalten; ihr Profil setzt über einem Sockelstück an und ist oben zu Ohren ausgekröpft. Von den ursprünglich acht hofseitigen Fensternischen des Südflügels sind drei zugesetzt; die beiden westlichen, den Treppenläufen gegenüberliegenden Nischen wurden erst neuer-dings wieder geöffnet. Die nordseitigen Türen des Ganges führen zu den Anbau-ten im Hof und zur Treppe, die den Südflügel mit dem Karzergebäude verbindet.

41   Das Treppenhaus, in allen Geschossen zu den anschließenden Fluren hin durch Bogenstellungen abgeteilt, setzt mit einer dreiteiligen Arkatur an. Der östli-che Bogen ist im Erdgeschoß bis zum Scheitel vermauert. Eine Tür unterhalb des ersten Treppenpodests führt zu den drei niedrigen, gewölbten Räumen des ›Alten Karzers‹.[106] Die Treppe steigt um einen rechteckigen Schacht zweiläufig, mit Wendepodest auf halber Höhe und die Fenster überschneidend, auf. Die Dek-kengewölbe der Treppenläufe, steigende Tonnen, ruhen schachtseitig auf toska-nischen Pfeilern, die miteinander durch rundbogig geöffnete Wandstücke ver-bunden sind, sowie auf Konsolen gleicher Ordnung. Der Übergang zu den Tonnen der Wendepodeste wird durch Stichkappen hergestellt, deren östliche je-weils mit der korrespondierenden Stichkappe der Fensterseite eine Kreuzgrat-konfiguration bildet. Die Baluster des schachtseitigen Geländers sind bis zum er-sten Obergeschoß prismatisch, weiter oben rund. Der Boden der Eingangshalle und der Gänge im Erdgeschoß sowie die Treppenstufen bis zum ersten Oberge-schoß sind mit Solnhofener Platten (die aus dem alten ›Musäum‹ stammen) be-legt.

Im ersten Obergeschoß führt. rechts vom Treppenflur eine Tür mit reich profi-liertem, barockem Sandsteingewände zu den Rektoratsräumen.[107] Der Gang ist durch eine Zwischenwand in zwei Vorräume aufgeteilt. Vom ersten Vorraum aus betritt man durch eine Tür mit barockem Ohrengewände einen zwei Fensterach-sen breiten Raum mit einem die Nordostecke schräg füllenden Kamin, der vom Vorraum aus durch eine Kamintür beheizbar war. Vom zweiten Vorraum aus er-reicht man das Sekretariat und durch dieses das – als Eckraum jeweils zwei Fen-sterachsen zum Universitätsplatz und zwei zur Augustinergasse hin umfassende –

43   Zimmer des Rektors. Der Raum hat annähernd quadratischen Grundriß, die Ek-ken nach Norden hin sind abgeschrägt. Die glatte Hohlkehle über dem Kehlge-sims wiederholt allseits das Motiv der Diagonalbrechung. Dieser Zustand geht allerdings auf die Renovierung der Zimmer im Jahre 1916 zurück; vorher war der Stuckrahmen rechteckig. In die nordwestliche Zimmerecke ist schräg eine Ka-minwand eingezogen, deren Ofennische mit Stukkaturen geschmückt ist.[108] Die halbzylindrische Nische, deren Halbkuppel eine Muschel füllt, wird von einem Giebel mit ornamental-bewegtem Umriß bekrönt. Den die Nische flankierenden, als zweischichtige Stützen interpretierten Wandstreifen sind Bandelwerkorna-mente aufgelegt. Zum Zierrepertoire der Giebelzone zählen ein Blütenkörbchen, Zweige, Blütengehänge und Puttenköpfe. Die untere Wandzone und die Fenster-laibungen sind mit einer dunkelbraun gestrichenen Holzvertäfelung überzogen;

geschweifte Füllungen beleben den Lambris. Ein übereck in die nordöstliche Zimmerecke eingefügter Wandschrank kopiert die Ornamentik der Ofennische.

Westlich vom Treppenflur des ersten Obergeschosses liegt ein Foyer, von dem durch drei Türen die Aula betreten werden kann; an der Südseite führen zwei Türen zu angrenzenden Räumen. Vom ersten Obergeschoß an sind die Stufen der Treppe mit schwarzem Marmor verkleidet, der – gleich dem im zweiten Obergeschoß zum Teil noch erhaltenen Bodenbelag aus farbigen ›Metlacher Plättchen‹ – der historistischen Ausstattung zugehört. Die Raumaufteilung des zweiten Obergeschosses des Südflügels entspricht weitgehend der des ersten: Südlich des bis zur Außenwand durchgeführten Ganges liegen vier unterschiedlich große Räume. Im zweiten Obergeschoß des Westflügels kommt man vom Treppenflur in einen Raum, der nach 1886 als Bestandteil der Empore der Aula fungierte und der heute als Vorraum der Empore und einiger anderer im Westen und Süden anschließender Zimmer dient.

Aula. Die regelmäßige Fassadengliederung des Westflügels läßt keinen Rückschluß auf die dahinterliegende, zwei Geschosse übergreifende Aula zu. Sie nimmt die gesamte Flügellänge über eine Länge von neun Fensterachsen ein. Aus dieser Disposition resultiert der längsrechteckige Grundriß des Raumes mit einer fensterlosen Schmalseite im Norden, den in zwei Zeilen durchfensterten Längsseiten im Osten und im Westen sowie der wiederum fensterlosen südlichen Schmalseite, die zugleich die Eingangsseite ist.

36, 44–46

Wände und Decke des Raumes sind mit einer eichenholzfarbigen Holzverschalung ausgestattet. Eine von Hermenpfeilern mit reichen Kopfstücken getragene, an der Eingangsseite und den Längsseiten entlanggeführte Galerie bewirkt eine deutliche Horizontalgliederung. Das sich über jedem Hermenpfeiler verkröpfende Gebälk setzt sich aus fasziertem Architrav, einem mit plastischen Lorbeergirlanden geschmückten Fries und einem kräftig profilierten Kranzgesims zusammen. Über dem Gebälk unterteilen Holzpfosten im Stützenrhythmus ein schmiedeeisernes Brüstungsgitter; der Vorderseite jedes Pfostens ist eine umgedrehte Volute aufgelegt, die optisch zur Gebälkverkröpfung hin vermittelt. In der Mitte jedes Brüstungsfeldes sitzt eine Rechtecktafel mit dem Namen eines berühmten Heidelberger Gelehrten.

Vor der mittleren Fensterachse verbreitert sich die Galerie jeweils zu einem von Volutenkonsolen getragenen Balkon. Zur Aufnahme der zusätzlichen Last ist die Hermenpfeilerstellung verdoppelt. Im Balkonbereich ist das Brüstungsgitter mit einer Inschrifttafel (›SEMPER APERTUS‹), einer Wappenkartusche und zwei gegensinnigen Rundgrisaillen mit dem Kopf der Pallas Athene geschmückt. Das dem Balkon zugeordnete Fenster zeichnet sich gegenüber den anderen durch eine aufwendigere Rahmung aus. Wird ansonsten jedes der rechteckigen Obergeschoßfenster von einem Paar toskanischer Pilaster flankiert und ist das zwischen den Pilastern verbleibende schmale Wandfeld mit einem goldfarbenen Groteskenornament überzogen, so ist dem rundbogig schließenden Fenster der Mittelachse eine reiche Ädikulaeinfassung zugedacht. Auch die seitlichen Panneaux sind durch Felderung, Facettierung der Mittelfüllung und teilweise Ornamentierung hervorgehoben.

Anders als die rechteckig eingeschalten Laibungen der oberen Fenster sind die Fensternischen der unteren Zone korbbogig ummantelt. Das mittlere, unter dem Balkon gelegene Fenster besitzt jeweils ein üppigeres Gewände und zudem ein Ziergitter. Im übrigen sind unten die Wände brusthoch vertäfelt und darüber mit ornamentaler Malerei auf weinrotem Grund geschmückt.

Während die Längsgalerien nordseitig zwischen der ersten und zweiten Fensterachse rechtwinklig schließen, sind sie an der südlichen Eingangsseite durch eine konsolengestützte Quergalerie verbunden, die einer tiefen, von einer dreiteiligen Arkatur unterstützten Empore vorgelegt ist. Durch die Mittelarkade betritt man, vom Hauptportal her kommend, die Saalmitte; die beiden Seitenarkaden sind zur Aula hin durch Balustraden separiert, welche zugleich Estraden abgrenzen. Die der südlichsten Fensterachse zugeordnete Empore ist insofern als ein eigener Raumabschnitt ausgewiesen, als sie mit einer an den Flanken situierten Stützenkonstruktion den südlichen, abschließenden Transversalunterzug der Saalhauptdecke unterfängt, der zwischen den beiden eingangsseitigen Fensterachsen verläuft. Das Hauptgeschoß des Saales wird außer durch die große zweiflügelige Mitteltür durch zwei seitliche einflügelige Türen erschlossen, die zu den bestuhlten, zum Mittelgang hin durch Brüstungswände abgetrennten Estraden führen. Auf Emporenhöhe ist der mittlere Bereich der Eingangswand nachträglich verschalt und mit einer modernen Tür ausgestattet; von den beiden Seitentüren ist die westliche nicht mehr benutzbar.

Die der Eingangswand gegenüberliegende Aulastirnwand repräsentiert mit ihrer architektonischen, plastischen und malerischen Dekoration den Höhepunkt der Ausstattung. Die Holzkonstruktion ist mittels viertelzylindrischer Wandstükke, in denen unten Blindtüren, oben (mit den Fenstern der nördlichsten Achse kommunizierende) Fensteröffnungen sitzen, an die Längswände angekoppelt; dabei ist die Unregelmäßigkeit des nichtorthogonalen Gebäudegrundrisses korrigiert. Die Wandgliederung läßt sich als modifiziertes Triumphbogenmotiv beschreiben: ein breiter lünettenförmiger Mittelteil wird von zwei schmäleren, pylonartigen Seitenrisaliten flankiert. Mittel- und Seitenteile, die auf einem gemeinsamen Sockel aufsitzen, werden durch ein über die gesamte Wandbreite verlaufendes, das Traggebälk der Galerien fortsetzendes Gesims in zwei Geschosse unterteilt.

Unten in der Mittelachse dominiert eine Ädikulanische mit der Büste Friedrichs I. von Baden.[110] Das überlebensgroße, von Friedrich Moest geschaffene Marmorbildnis zeigt den Großherzog – den ›Rector magnificentissimus‹ der Heidelberger Universität – in strenger, den Realismus der Wiedergabe überhöhender Frontalität. Der die Stockwerkteilung durchbrechende Ädikulagiebel über der Büste ist als eine von Akroterien begleitete Muschel gebildet, die in ihrer Mitte eine auf einem Kissen ruhende Krone birgt. Zu seiten der Ädikula füllen die beiden querrechteckigen Gemälde Ernst Schurths die von der Wandgliederung (Sockelstreifen mit Groteskenwerk, Pilaster, Gebälk) zugewiesenen Felder.[111] Gezeigt sind Portraitmedaillons Ruprechts I. (rechts) und Karl Friedrichs (links), von Lorbeerkränzen umwunden und von Putten eskortiert. Das Untergeschoß der Seitenrisalite nimmt jeweils ein quadratisches, reich gerahmtes Lüftungsgitter auf.

Oben stellen sich die Seitenrisalite als ein Paar großer Nischenädikulen dar, die, was Gebälk- und Giebelausbildung angeht, den Fensterrahmungen über den Balkonen der Längsseite entsprechen. Die in den Nischen stehenden, als antikisierende weibliche Gewandfiguren aufgefaßten Bronzen Adolf Heers sind gemäß ihren Attributen Tuba beziehungsweise Kranz und Fackel als Allegorie der Fama und als Genius der Scientia zu deuten.[112] Die Wandfläche zwischen den Ädikulen wird von dem - weiter unten zu beschreibenden - großen Lünettengemälde Ferdinand Kellers und von zwei Zwickelbildern mit Putten, die als Viktorien fungieren, eingenommen.[113] Über dem Zenit der Lünette prangt eine Kartusche mit dem Reichsadler, der zugleich die Aufgabe zufällt, Bildrahmen und Deckenansatz optisch zu verklammern.

Die Wandgliederung der Aula endet oben mit einem faszierten Architrav und einem mit Früchtefestons, Schrifttafeln mit Namen Heidelberger Professoren[114] und über der Quergalerie mit einer Inschrift versehenen Fries. Über diesem Fries leitet ein Gesims zu einem durch Querstege in quadratische Felder mit rundschildartigen Zierscheiben unterteilten Soffittenstreifen über. Nach innen schließen sich ein weiteres Profil und darüber eine grün gefaßte, ornamentierte Kehle an, in die sich in größeren Abständen Voluten schmiegen. Es folgt die Kassettendecke mit orthogonal strukturiertem Rahmenwerk und diagonal verfugten Füllungen. Ihr malerischer Schmuck sind die vier Tondi Rudolf Gleichaufs, die längsaxial in quadratische Rahmenfelder eingelassen sind; vier Allegorien repräsentieren die Fakultäten der Theologie, der Jurisprudenz, der Medizin und der *47, 48* Philosophie.[115]

Die Bestuhlung der Aula besteht zum einen aus einem mobilen Gestühl in der Saalmitte, zum anderen aus fest montierten Estradenbänken, die jeweils in einer zweistufigen Doppelreihe vor den Hermenpfeilern der Längsgalerien aufgestellt und zur Saalmitte hin durch eine Brüstung abgeschirmt sind. Dieses feste Gestühl schließt sich vor der Aulastirnwand zu einem Halbkreis, der die auf einem Podest stehende Redekanzel umgibt.

Das Lünettenbild ›Einzug der Pallas Athene in die Stadt Ruprechts I.‹[116] Ferdinand *Farb-* Kellers Gemälde vergegenwärtigt die Stiftung der Universität Heidelberg im Jah- *tafel I* re 1386 durch Ruprecht I. Das sich 1886 zum fünfhundertsten Mal jährende Ereignis wird von Keller - allegorisch verschlüsselt - wirkungsvoll ›in Szene gesetzt‹. Die zu beiden Seiten schräg in den Bildraum vorstoßenden steinernen Schranken lenken den Blick auf das sich wie auf einer Bühne vollziehende Geschehen. Man erblickt dort den von links nach rechts vorbeiziehenden Triumphzug Pallas Athenes, der Schutzgöttin der Weisheit und der Künste. Mit den Attributen Helm, Ägis und Speer sowie dem Purpurmantel des Triumphators ausgezeichnet, fährt sie auf einer prächtigen, von Schimmeln gezogenen Biga daher. Ein sich aus der Bildfläche herauswendender geflügelter Genius geleitet das Gespann mit einem Griff an das Geschirr der tänzelnden Pferde. Dem Gefährt schreiten einige, in mittelalterlicher Tracht gekleidete, junge Männer voraus, die Banner mit sich tragen: die schwarz-weiß-rote Fahne des Deutschen Reiches und die hellblaue des badischen Herrscherhauses. Hinter dem Wagen der Göttin folgen in würdevoller Ordnung weitere Männer, die links aus dem Hintergrund hervortreten. In die zeitgenössische Tracht ihres Jahrhunderts gekleidet, sind sie ohne Ausnahme als bestimmte historische Persönlichkeiten zu deuten, die auf die eine oder andere Weise mit der Universität Heidelberg verbunden waren: In der vordersten Reihe – gleich hinter der Biga Pallas Athenes – erblickt man Johann von Dalberg[117] im Bischofsornat, Marsilius von Inghen[118], den ersten Rektor der Universität, und neben ihm das Haupt Philipp Melanchthons[119]. In einer zweiten Reihe sind der aus dem Bild herausblickende Hugo Donellus[120] in pelzbesetztem Mantel und weißer Halskrause, Rudolf Agricola[121] mit seiner auffälligen Kopfbedeckung und der sich umwendende Sebastian Münster[122] in einer dunklen Schaube mit Pelzkragen zu erkennen. Zwischen Agricola und Münster blickt Samuel Pufendorf[123] mit seiner Allongeperücke hervor. Dicht auf Hugo Donellus folgen zwei weitere, im Stil des 16. Jahrhunderts gekleidete Männer, von denen der hart am Bildrand stehende als Thomas Erastus[124] und sein Nebenmann vermutlich als Zacharias Ursinus[125] zu deuten sind. Hinter diesen beiden sind eben noch die Häupter des im Profil wiedergegebenen Friedrich Christoph Schlosser[126] und des Juristen Anton Friedrich J. Thibaut[127] zu erkennen. Bei den beiden etwas abseits der Gruppe, wohl noch auf der Thronestrade stehenden Personen dürfte es sich um den Chirurgen und Augenarzt Maximilian J. Chelius[128] und den Chemiker Leopold Gmelin[129] handeln. Die beiden links hinter dem Thron stehenden männlichen Assistenzfiguren sind damit beschäftigt, dem unter ihnen vorbeiziehenden Triumphzug Lorbeerkränze zuzuwerfen. Offenbar nahm jener seinen Anfang am links im Hintergrund sichtbaren Triumphbogen, um am Thron Ruprechts I. vorbei feierlichen Einzug in die Stadt Heidelberg zu halten. Das säulenbesetzte und baldachingeschmückte Thronpostament des Pfalzgrafen ist genau in der Mittelachse angeordnet. Ruprecht I. weist, streng frontal ausgerichtet, mit der ausgestreckten Rechten auf das Geschehen unter sich, während er mit der Linken ein großes Schwert vor sich aufstützt. Die hinter ihm stehende jugendliche Frauengestalt, die durch die Mauerkrone als Stadtgöttin Heidelbergs ausgezeichnet ist, hält mit ausgestrecktem Arm den Vorbeiziehenden einen Lorbeerkranz entgegen. Topographische Verweise auf den Ort des Geschehens stellen die Schloßruine rechts im Hintergrund und der zentral im Vordergrund angeordnete, auf einem Delphin reitende Knabe dar, der aufgrund der Attribute eines Schilfkranzes und eines Weinglases von Michael Koch als Personifikation des Neckars gedeutet wird.[130]

Kunstgeschichtliche Bemerkungen

31 Lange Zeit, nämlich bis zur Errichtung des ›Musäums‹ im Jahre 1828, beherrschte die Alte Universität als einziger Großbau das Bild des Universitätsplatzes. Das ehemalige Universitätshauptgebäude ist auch heute noch – nach zahlreichen Eingriffen in die umgebende Bausubstanz – eine wichtige Platzdominante. Die bei aller Schlichtheit monumentale Architektur steht in wirksamem Kontrast zu der Bebauung entlang der den Platzraum begrenzenden Straßenzüge und zur konkurrierenden Masse der Neuen Universität. Die markante Farbgebung der Fassaden und die eigenwillige Form des Welschen Daches betonen den Eigen-

charakter des Gebäudes. Indem der Winkelhakenbau auf das Eckgrundstück Hauptstraße 126/128 und auf den Verlauf der Merianstraße Bezug nimmt, ordnet er sich der Quartierstruktur ein, behauptet aber zugleich als ein in den Platzraum vorstoßendes Gebilde eine ebenso exponierte wie repräsentative Position. Alte Universität und Universitätsplatz sind korrelierende Ergebnisse ein und derselben städtebaulichen Planung. Die These, daß der Markusplatz in Venedig mit seinem zweiteiligen Grundriß für Heidelberg vorbildlich gewesen sein könnte (wobei eine Rolle spielt, daß der damalige kurfürstliche Oberbaudirektor Graf Matteo Alberti gebürtiger Venezianer war), ist interessant, angesichts der so unterschiedlichen städtebaulichen Bedingungen aber nicht unproblematisch.[131]

Der Name des planentwerfenden Architekten der Alten Universität, also des ersten zentralen Universitätsgebäudes in Heidelberg, ist nicht überliefert. Wie sich anhand der Bauakten rekonstruieren läßt, gehen der Grundsteinlegung der Domus Wilhelmiana am 24. Juni 1712 zwei Planungsphasen voraus: eine erste um 1700/01 und eine zweite, der dann die Ausführung folgt, im Jahre 1712. Da sich weder Pläne noch Verträge erhalten haben, ist die Frage nach dem Architekten nicht eindeutig zu beantworten. Beim Studium der unvollständig erhaltenen Quellen ergeben sich Hinweise auf drei Persönlichkeiten, die als Planverfasser in Betracht kommen: der Jesuit und Universitätsprofessor Melchior Kirchner, der kurfürstliche Oberfeldmesser Franz Adam Sartorius und der Baumeister Johann Adam Breunig.

Melchior Kirchner S. J., Professor für Theologie und Rektor im Jahre der Grundsteinlegung, hatte vom Juni 1712 bis zum Oktober 1713 die offizielle Bauaufsicht inne. Zwar wird er als ›Mathematum olim Professore publ. & Architectonicae apprime gnaro‹ bezeichnet,[132] eigentliche Anhaltspunkte für eine Zuschreibung der Alten Universität an Kirchner gibt es jedoch nicht. Die Bedeutung von Franz Adam Sartorius scheint sich auf die erste Planung von 1700/01 zu beschränken. In seiner Funktion als Oberfeldmesser und Leiter des 1699 eingerichteten kurfürstlichen Bauamtes, dem Johann Adam Breunig als Werkmeister und der Bildhauer Charrasky als Bauschreiber unterstanden, war Sartorius in den Jahren um 1700 an den ersten Wiederaufbaumaßnahmen beteiligt.[133] Sein im Sommer des Jahres 1701 approbierter Grundriß für einen Auditorienneubau ›am Graben‹ blieb aus unbekannten Gründen unausgeführt. Da sich der Sartoriussche Plan nicht rekonstruieren läßt, muß offenbleiben, ob und – wenn ja – inwieweit der approbierte Entwurf von 1700/01 im Ausführungsplan von 1712 berücksichtigt wurde. Nicht übersehen werden darf der Umstand, daß Johann Adam Breunig, der seit 1712 die örtliche Bauleitung ausübte, in der fraglichen Zeit gemeinsam mit Sartorius dem kurfürstlichen Bauamt angehört hatte und daher die Pläne seines Vorgesetzten gekannt haben dürfte. Wie Kirchner scheidet aber auch Sartorius bei näherer Betrachtung sehr wahrscheinlich als möglicher Architekt aus: Sartorius' Anwesenheit in Heidelberg ist nur bis 1708 belegt; im Zusammenhang mit dem Neubau von 1712 wird sein Name nicht mehr genannt.[134]

Was den Heidelberger Baumeister Johann Adam Breunig betrifft, so erscheint sein Name auf einigen von ihm quittierten Baurechnungen, was den Schluß erlaubt, daß Breunig die örtliche Bauleitung bzw. die praktische Bauaufsicht innehatte.[135] Ein urkundlicher Beleg dafür, daß er auch für den Planentwurf verantwörtlich war, war bisher nicht aufzufinden. So bleibt für eine genauere Klärung der Autorschaftsfrage nur der Weg der Stilkritik.

Ähnliche Stilmerkmale wie an der Alten Universität lassen sich an einigen anderen Heidelberger Barockbauten beobachten; zu nennen sind: in unmittelbarer Nähe des Universitätsgebäudes das ehemalige Jesuitenkolleg (1703 ff., vgl. S. 138 ff.) und das ehemalige Jesuitengymnasium (1715 ff., vgl. S. 113 ff.), weiter das Palais Morass (heute Kurpfälzisches Museum) und das Haus ›Zum Riesen‹ (1707 ff., vgl. S. 323 ff.). Ihnen allen sind bestimmte Stilelemente, in mehr oder minder reiner Ausprägung, gemeinsam. Die Fassade des blockhaft geschlossenen Baukörpers ist jeweils vorwiegend vertikal gegliedert: zum einen durch senkrechte Putzstreifen, welche die übereinanderliegenden Fenster verbinden, zum anderen durch kolossale Eckpilaster (bei der Alten Universität und dem ehemaligen Jesuitengymnasium korinthischer Ordnung, beim ehemaligen Jesuitenkolleg dorischer Ordnung). Die Horizontalen des Sockels und des kräftig profilierten, über den Eckpilastern verkröpften Kranzgesimses konterkarieren die Vertikalakzente und verleihen durch ihre Rahmenqualität der Fassade eine klare, festgefügte Struktur. Mit Ausnahme der reicher gestalteten Portalrahmungen (bei denen es sich zumeist um Säulenädikulen handelt) und der Kapitelle der Kolossalpilaster ist auf jeden weiteren Architekturdekor verzichtet. Bei aller Einfachheit der eingesetzten Gliederungsmittel geht von den genannten Bauten die Wirkung schlichter Monumentalität aus. Während beim Palais Morass und beim Haus ›Zum Riesen‹ eine reichere Ausformung bei prinzipiell gleichem Formenschatz zu beobachten ist (Hervorhebung der mittleren Fassadenachse, üppigere Portale), läßt sich eine auffallende Verwandtschaft zwischen der Alten Universität und dem Jesuitengymnasium feststellen. Übereinstimmungen gibt es in der Fassadendisposition und bei Details der Gliederung (Profilierung der Fenstergewände, korinthische Kapitelle und Eckpilaster). Beachtenswert ist außerdem die Ähnlichkeit des Erdgeschoßgrundrisses des (zunächst erbauten) Westflügels der Alten Universität mit dem Erdgeschoßgrundriß des Jesuitengymnasiums. Eine derart enge Verwandtschaft – und das gilt mit Einschränkungen auch für die anderen zitierten Bauten – läßt sich sinnvoll nur mit der Autorschaft ein und desselben Architekten erklären. In keinem Fall ist freilich der Planverfasser urkundlich überliefert, doch ist bei der Mehrzahl im Zusammenhang mit der Ausführung der Name Breunig im Spiel.

Die für die Heidelberger Bautengruppe charakteristischen Stilmerkmale verweisen auf Analogien im mainfränkischen Bereich, genauer: bei Antonio Petrini (vermutlich 1625–1701, tätig hauptsächlich in Würzburg).[136] Wenn Petrini insgesamt auch zu einer reicheren Fassadengliederung und -dekoration neigt, so finden sich in seinem Oeuvre doch auch Beispiele für eine zurückhaltende Gestaltung. In Heidelberg bilden – was angesichts der schwierigen Finanzlage in den Jahren des Wiederaufbaus der Kurpfalz verständlich ist – schlichte Fassadenlösungen die Regel (eine Ausnahme ist das Palais Morass).

Die stilkritischen Erkenntnisse lassen sich historisch untermauern: In den Jahren 1688/89 hielt sich Antonio Petrini in der Kurpfalz auf, um als künstlerischer Berater am Wiederaufbau mitzuwirken. Wie einem Schreiben der Hofkammer zu entnehmen ist, wurde ihm für diese Zeit ein einheimischer Werkmeister zur Unterstützung zugeteilt: ›und weilen der Maurermeister Adam Breunig under dem berühmten Baumeister Wachter von dem Bauwesen gute Wissenschaft erlangt, auch bereits in dergleichen Verrichtung so erwiesen, daß darzu genugsam capabel zu seyn erachtet wird ...‹[137]. Die Rede ist also vom obenerwähnten Johann Adam Breunig![138]

Alles das legt nahe, in Breunig nicht nur den ausführenden, sondern auch den planentwerfenden Architekten der Alten Universität zu sehen.

Zeugnis der Neuausstattung der Alten Universität zum Jubiläum von 1886 ist heute im wesentlichen die Aula. Weder die Türflügel der Westportale noch die vereinzelt im Gebäude erhaltenen Gliederungs- und Dekorationselemente geben ansonsten mehr eine Vorstellung von Eigenart und Fülle der Umgestaltung durch Josef Durm (1837–1919).[139] Dafür präsentiert sich die Aula als ein weitgehend intaktes historistisches Ensemble – das bedeutendste in Heidelberg und eines der interessantesten seiner Art in Deutschland.

Durm, zum Zeitpunkt der Beauftragung der wohl prominenteste badische Architekt, wurde in der Selbstsicherheit, mit der er das alte Ambiente der barocken Aula durch etwas gänzlich Neues ersetzte, durch die ihm übertragenen Kompetenzen bestärkt. Er hatte Entscheidungsfreiheit im Hinblick auf die Form der Umgestaltung und auf die Wahl der zu beteiligenden Künstler. Obgleich der finanzielle Rahmen zu gewissen Kompromissen zwang (so sind keineswegs alle Holzelemente aus massiver Eiche, vielmehr aus entsprechend lackiertem oder gebeiztem Weichholz), wußte Durm ein Ganzes zu schaffen, an dem Architektur und bildende Künste im Zeichen der Leitidee teilhaben, die ruhmreiche fünfhundertjährige Geschichte der Universität Heidelberg zu repräsentieren.

Durm – der auch die große provisorische Festhalle am Neckarufer, die Vorgängerin der heutigen Stadthalle, zu gestalten hatte – verfährt in der Aula bei aller Zitierfreude bemerkenswert originell: Er kombiniert die von Renaissance, Manierismus und Frühbarock bereitgestellten Elemente, prägt neue Varianten und weiß formalen Reichtum mit einer gewissen Großzügigkeit zu verbinden. Der eminente Kenner des historischen Stilrepertoires beweist nicht nur Phantasie, sondern auch Organisationsvermögen, indem er die Vielfalt an überschaubare Strukturen zu binden und den figurativen – also ikonographisch vorrangig wichtigen – Ausstattungsbestandteilen wirkungsvolle Orte innerhalb des Gesamtzusammenhanges zuzuweisen versteht. Die Frontwand, Bühne für die gefeierten Personen, Ereignisse und Tugenden, läßt der Malerei und Plastik Vorrang. Das Lünettenbild Ferdinand Kellers, den anderen Gemälden der Aula qualitativ weit überlegen und trotz der Anleihen bei historischen Vorbildern ein bemerkenswertes Produkt malerischer Inszenierungs- und stofflicher Differenzierungskunst, setzt Mythos und Historie in eine Allegorie um, wie sie in dieser Form seit dem 16. Jahrhundert entwickelt wurde und zum letzten Mal dem späten Historismus als Ausdrucksmittel zur Verfügung stand.

Anmerkungen

1 Die Bezeichnung ›Grabengasse‹ oder ›am Graben‹ rührt vom bis etwa 1700 dort verlaufenden Stadtgraben her. Vgl. Herbert Derwein: Die Flurnamen von Heidelberg, Heidelberg 1940, S. 145, Nr. 260, Anm. 2

2 Bis zum Orleanschen Krieg sind die verschiedenen universitären Einrichtungen auf verstreut liegende Einzelgebäude verteilt. Seit dem Beginn des 15. Jahrhunderts läßt sich die Tendenz einer Verlagerung des Universitätszentrums in die Gegend des Augustinerklosters beobachten. Vgl. die detaillierte Beschreibung zur Lage der einzelnen Universitätsgebäude bei Hermann Brunn: Wirtschaftsgeschichte der Universität Heidelberg von 1558 bis zum Ende des 17. Jahrhunderts, Diss. Heidelberg (masch.-schriftl.) 1950, S. 43-61 und S. 48 (Lageplan)

3 Carolus Ludovicus Tolner: Codex Diplomaticus Palatinus, Frankfurt/Main 1711, S. 365

4 Friedrich Peter Wundt: Geschichte und Beschreibung der Stadt Heidelberg nach 1693, Mannheim 1805, S. 85

5 Ebd. S. 86 f.

6 Vgl. Karl Christ und Albert Mays: Verzeichnis der Inwöhner der Churfürstlichen Stadt Heidelberg. Anno 1588 im May, in: Neues Archiv für die Geschichte der Stadt Heidelberg und der rheinischen Pfalz, Bd. I, 1890, S. 155

7 Publiziert bei Gerhard Hinz (Hrsg.): Die Geschichte der Universität Heidelberg, in: Ruperto-Carola. Sonderband: Aus der Geschichte der Universität Heidelberg und ihrer Fakultäten, Heidelberg 1961, S. 20 f.
Des weiteren scheinen der nördliche Keller und die unter dem ersten Treppenpodest liegenden ›alten‹ Karzerräume vom Vorgängerbau Casimirianum herzurühren.

8 Hermann Weisert: Zur Geschichte der Universität Heidelberg 1688-1715, Teil I, in: Ruperto-Carola 60, Heidelberg 1977, S. 45-50

9 Vgl. ›Specification des von der Universität im Pfälzischen Kriege erlittenen Schadens.‹ Abgedruckt bei Eduard Winkelmann (Hrsg.): Urkundenbuch zur Geschichte der Universität Heidelberg, Bd. 1, Heidelberg 1886, S. 396 f. und GLA: 205/926 (Abschrift). Zur Lage der einzel-

nen Universitätshäuser vgl. Brunn, a. a. O., S. 43-61 und S. 48

10 UA: IX, 13, Nr. 10; GLA: 204/149, pag. 27-35. Vgl. Jörg Gamer: Matteo Alberti, Düsseldorf 1978, S. 44. Gamer identifiziert den ›frembden Baumeister aus Speyer‹ mit Johann Jakob Rischer

11 In seiner Funktion als Oberfeldmesser und Leiter des Kurfürstlichen Bauamtes, dem Johann Adam Breunig als Werkmeister und der Bildhauer Charasky als Bauschreiber unterstehen, ist Franz Adam Sartorius in den Jahren um 1700 maßgeblich an den Vorbereitungen zum Wiederaufbau beteiligt. Näheres über seine Lebensdaten ist bislang nicht zu ermitteln gewesen. Vgl. Karl Lohmeyer: Johann Adam Breunig. Ein Heidelberger Meister des Barocks, Heidelberg 1911, S. 3. Dr. Johann Cloeter steht seit 1675 abwechselnd als Bibliothekar, Syndikus und Provisor Fisci in Diensten der Universität Heidelberg. Vgl. Weisert I, a. a. O., S. 49

12 UA: I, 3, Nr. 64/1700-05 fol. 35

13 UA: IX, 5, Nr. 5 b (A-401); GLA: 204/149, pag. 53-54

14 UA: IX, 5, Nr. 5 b (A-401) - Schreiben vom 18. Februar 1701 und Weisert I, a. a. O., S. 63

15 UA: I, 3, Nr. 64/1700-05, fol. 83, und Hermann Weisert: Zur Geschichte der Universität Heidelberg, 1688-1715, Teil II, in: Ruperto Carola, Heft 62/63, Jg. 31, 1979, S. 42-43

16 UA: IX, 5, Nr. 2 a, und Fritz Hirsch: Von den Universitätsgebäuden in Heidelberg, Heidelberg 1903, S. 56 f.

17 UA: IX, 13, Nr. 11, und Hirsch, a. a. O., S. 59

18 s. unten S. 65 ff.

19 Vgl. Sigrid Gensichen: Das Quartier Augustinergasse/Schulgasse/Merianstraße/Seminarstraße in Heidelberg, Veröffentlichungen des Kunsthistorischen Instituts der Universität Heidelberg zur Heidelberger Altstadt, hrsg. von Peter Anselm Riedl, Nr. 15, Heidelberg 1983, S. 29

20 Vgl. Gerhard Merkel: Wirtschaftsgeschichte der Universität Heidelberg im 18. Jahrhundert, Stuttgart 1973, S. 292 f. und 296; Hirsch, a. a. O., S. 50-54. Hirsch referiert die einzelnen, 1704 einsetzenden Grundstücksverkäufe

21 UA: IX, 2, Nr. 45 und 119 sowie IX, 13, Nr. 59. Ein nicht geringer Teil der Baukosten wird über Kapitalaufnahmen finanziert

22 UA: IX, 13, Nr. 10. Vgl. dazu auch Merkel, a. a. O., S. 296 Anm. 114

23 UA: IX, 13, Nr. 9, 11, 12 b (A-457); Weisert II, a. a. O., S. 45-46. Es ist unklar, ob es sich um eine Zwischenbilanz oder eine Endabrechnung der Baukosten handelt, da die letzten beiden der insgesamt sechs Abrechnungszeiträume, auf die sich die 14900 Gulden verteilen, undatiert sind

24 UA: IX, 13, Nr. 11

25 UA: IX, 13, Nr. 14, fol. 175

26 Ebd. fol. 139 und UA: IX, 13, Nr. 12 b

27 UA: IX, 13, Nr. 12 b

28 UA: IX, 13, Nr. 9; IX, 5, Nr. 2 und Nr. 5 b. Verkauf der Universitätsgrundstücke, insbesondere des ›Universitätshauses‹ (heute Hauptstraße 136) für 5500 Gulden am 9. März 1715. Am 25. Mai 1716 Versteigerung des Restgrundstückes der ehemaligen ›Bursch‹ für 2610 Gulden. UA: IX, 13, Nr. 10. Besteuerung der Universitätsuntertanen in den linksrheinischen Orten St. Lambrecht, Schauernheim und den drei Dörfern des Zellertals in den Jahren 1715, 1724 und 1727

29 UA: IX, 13, Nr. 9; Hirsch, a. a. O., S. 62. Die barocke Stuckdecke ist unter der 1886 angebrachten Kassettendecke Durms weitgehend erhalten geblieben. Eine zeitgenössische Photographie der Decke ist bei Adolf von Oechelhaeuser: Die Kunstdenkmäler des Amtsbezirks Heidelberg (Die Kunstdenkmäler des Großherzogtums Baden VIII, 2), Tübingen 1913, S. 239, Abb. 155, und Hirsch, a. a. O., S. 82 Abb. 6 abgebildet

30 Weisert II, a. a. O., S. 46; UA: I, 3, Nr. 195, fol. 64. Das Gebäude ist offenbar im November 1715 noch nicht winterfest gewesen, weshalb der Umzug frühestens für das Frühjahr 1716 anzunehmen ist

31 UA: IX, 13, Nr. 10

32 Ebd.; UA: IX, 2, Nr. 45

33 ›Wiederkehrung‹ bezeichnet das winklige Aufeinandertreffen zweier Dachflächen

34 UA: IX, 13, Nr. 25 und Nr. 25 a (A-447)

35 Hirsch, a. a. O., S. 67-68

36 UA: IX, 13, Nr. 25. Nachforderung Tünchermeisters Jacob Keller vom 17. Juni 1748

37 UA: IX, 13, Nr. 33 a

38 Ebd.; UA: IX, 13, Nr. 33

39 UA: IX, 13, Nr. 33 und Nr. 36; IV, 2, Nr. 60 (A-447)

40 UA: IX, 13, Nr. 36 (A-447)

41 Ebd.; GLA: G/Heidelberg Nr. 2 und 3. Grundrisse zur Bibliotheksverlegung von 1781

42 UA: IX, 13, Nr. 36

43 Ebd. Kostenvoranschlag vom 13. Juli 1786 für die Einrichtung des zweiten Bibliothekzimmers

44 Ebd.

45 Peter Classen und Eike Wolgast: Kleine Geschichte der Universität Heidelberg, Heidelberg 1983, S. 25-26; Hirsch, a. a. O., S. 96

46 Vgl. Gensichen, a. a. O., S. 34 f.

47 UA: IX, 13, Nr. 36

48 UA: G-II-79/6; Hirsch, a. a. O., S. 72 f., dort auch Abb. 5

49 UA: IX, 13, Nr. 12 b

50 Jakob Wilhelm Roux (1775-1831) war als Maler, Zeichner und Radierer tätig. Während seines Aufenthaltes in Heidelberg, wo er eine Professur an der Universität innehatte, entstanden vorwiegend Landschaftsbilder und Bildnisse. Vgl. Thieme-Becker (29), S. 122

51 UA: G-II-79/5; Hirsch, a. a. O., S. 85 f.

52 UA: G-II-79/5. Unter ›sandeln‹ versteht man eine Technik, bei der auf eine noch feuchte Ölschicht feiner Sand gestreut wird, so daß der behandelte Gegenstand aus Naturstein zu bestehen scheint. Vgl. Peter Anselm Riedl: Die Heidelberger Jesuitenkirche und die Hallenkirchen des 17. und 18. Jahrhunderts in Süddeutschland. Ein Beitrag zur Geschichte der deutschen Baukunst, Heidelberg 1956, S. 54

53 Classen/Wolgast, a. a. O., S. 35 f.; Paul Hintzelmann (Hrsg.): Almanach der Universität Heidelberg für das Jahr 1888, Heidelberg 1888², S. 60

54 UA: G-II-79/1

55 UA: G-II-79/4

56 UA: G-II-79/3

57 Ebd.

58 Hintzelmann, a. a. O., S. 60

59 UA: G-II-79/3

60 UBA: Grabengasse 1, Bd. 1

61 GLA: 235/351

62 UBA: Grabengasse 1, Bd. 1, GLA: 235/351

63 GLA: 235/351

64 UBA: Grabengasse 1, Bd. 1. Josef Durm

(1837–1919): Studium an der Technischen Hochschule in Karlsruhe, ab 1868 Professur für Architektur in Karlsruhe, 1877 Ernennung zum Baurat, 1883 zum Oberbaurat der Baudirektion. Vgl. auch Thieme-Becker (10), S. 218–219

65 GLA: 235/351

66 Thieme-Becker (25), S. 15

67 Ebd. (16), S. 229

68 Ebd. (30), S. 344

69 Ebd. (14), S. 248–249

70 Vgl. Michael Koch: Ferdinand Keller, Karlsruhe 1978; Thieme-Becker (20), S. 97–100

71 GLA: 235/351

72 Der Marmorbelag ist bei der zum Speicher führenden Treppe im zweiten Obergeschoß erhalten

73 Die Namen der übrigen an der Renovierung von 1885/86 beteiligten Firmen sind bei Josef Durm: Das Universitätshauptgebäude, in: Ruperto-Carola. Illustrierte Fest-Chronik der V. Säcular-Feier der Universität Heidelberg 1886, Heidelberg 1886, S. 72, genannt

74 GLA: 235/351

75 GLA: 235/351

76 GLA: 235/351

77 UBA: Grabengasse 1, Fasz. 1

78 GLA: 235/351

79 GLA: 235/3078

80 GLA: 424 e/140

81 Ebd.

82 Ebd.

83 GLA: 235/3078

84 Ebd.; BVA: Grabengasse 1–3, Akten-Nr. 8148

85 GLA: 235/3078

86 Ebd.

87 GLA: 235/29797

88 Ebd.

89 UBA: Plansammlung. Bei den jüngsten Renovierungsarbeiten im Rektorzimmer entdeckte man in der Nische hinter dem ›Wandschrank‹ Reste eines Stuckgesimses, sowie darunter eine fragmentarisch erhaltene Inschrift mit der Jahreszahl ›1712‹

90 GLA: 235/29797 – ›Denkschrift über die Mißstände vornehmlich baulicher Art, an der Heidelberger Universität und ihren einzelnen Instituten‹

91 Ebd.; GLA: 235/3054 – ›Denkschrift über die künftige bauliche Entwicklung der Universität Heidelberg (11. Mai 1927)‹

92–94 GLA: 235/29797

95 GLA: 235/3794

96 GLA: 235/29797

97 Akten über die Umbaumaßnahme vom Juli 1954 waren nicht auffindbar, aufschlußreich sind jedoch einige in der Plansammlung des Universitätsbauamtes Heidelberg aufbewahrte Entwurfs- und Profilzeichnungen

98 UBA: 2090-1; Pläne im BVA: Grabengasse 1–3, Akten-Nr. 8148

99 UBA: 2090-1

100 Ebd.

101 Ebd. Bei dem Türgewände handelt es sich um eine ehemalige Außentür des abgerissenen Gebäudes Sandgasse 11, die in zweiter Verwendung als Zugang zum Verwaltungstrakt dient. Vgl. Heidelberger Tageblatt vom 10. Januar 1976; Peter Anselm Riedl und Jürgen Julier: Der Baublock Grabengasse/Sandgasse, Veröffentlichungen des Kunsthistorischen Instituts der Universität Heidelberg zur Heidelberger Altstadt, Nr. 2, Heidelberg 1969, S. 11–12. Dort wird für die Fenster- und Türgestelle im Erdgeschoß der Fassade eine Entstehungszeit um 1750 angenommen

102 UBA: 2090-1

103 Die nördliche Giebelwand der Alten Universität grenzt an das Nachbargebäude Hauptstraße 126/128

104 Vgl. oben S. 51

105 Der Stil des Deckenstucks weist auf eine Entstehungszeit um 1715 hin. Die deutlich Louis-Seize-Formen zeigenden Akanthusrosetten sind möglicherweise im Zusammenhang mit der Bibliothekseinrichtung von 1785/86 eingefügt worden.

106 Zu den ›alten Karzern‹ vgl. Durm, a. a. O., S. 72

107 Vgl. Anm. 103

108 Die Ofennische im Rektorzimmer ist stilistisch in die zwanziger Jahre des 18. Jahrhunderts, also in die Erbauungszeit der Alten Universität zu setzen. Eine ähnliche Nische ist im Obergeschoß des Schwetzinger Schlosses erhalten. Vgl. Kurt Martin: Die Kunstdenkmäler des Amtsbezirks Mannheim. Stadt Schwetzingen, in: Die Kunstdenkmäler Badens, Bd. 10, 2. Abtl., Karlsruhe 1933, S. 83 Abb. 65

109 Durch die westliche der beiden Türen gelangt man in einen Winkel, in dem Reste des barocken Kehlgesimses erhalten sind

110 Friedrich Moest schuf die Büste Großherzogs Friedrich I. von Baden (1826-1907). Vgl. Anm. 66 und oben S. 54

111 Die Medaillonporträts stammen von dem Karlsruher Maler Ernst Schurth. Vgl. Anm. 68

112 Vgl. Anm. 67

113 Vgl. Anm. 70 und unten S. 63

114 Die Namen der auf den Schrifttafeln genannten Professoren, sowie die vom damaligen Prorektor Ernst Immanuel Bekker (Professor für Römisches Recht von 1874 bis 1908) verfaßte Friesinschrift sind bei Durm, a. a. O., S. 72 genannt

115 Vgl. Anm. 69

116 Die Gründung der Universität Heidelberg. Ferdinand Keller. 1886. Öl auf Leinwand. 270 × 500 cm

117 Johann von Dalberg (1445-1503), Kanzler und Geheimer Rat am Hof Kurfürst Philips des Aufrichtigen (1476-1508), später Bischof zu Worms. Vertreter des Frühhumanismus in Heidelberg, dem die Einrichtung des ersten Lehrstuhls für griechische Sprache in Heidelberg zu verdanken ist

118 Marsilius von Inghen, Magister Artium der Pariser Universität, auch dort schon Rektor. Auf die Abfassung der Gründungsstatuten der Heidelberger Universität nahm er maßgeblichen Einfluß

119 Philipp Melanchthon (1497-1560), Reformator und Humanist. Lehnte 1546 einen Ruf nach Heidelberg ab, kam aber 1557 der Einladung Ottheinrichs nach, an der Neufassung der Statuten mitzuwirken. Nach einem Kupferstich Albrecht Dürers von 1526. Akademie der bildenden Künste, Wien

120 Hugo Donellus (1527-1591), Calvinist französischer Abstammung. Lehrte von 1572-1579 an der Heidelberger Universität Römisches Recht

121 Rudolf Agricola kam durch Johann von Dalberg nach Heidelberg, wo er von 1484 bis zu seinem Tod 1485 an der Universität wirkte

122 Sebastian Münster (1489-1552), Theologe und Kosmograph, lehrte zunächst an der Universität Heidelberg (1524-27), dann an der Universität Basel. Verfasser der Cosmographia Universalis

123 Samuel Pufendorf, von 1661 bis 1668 Professor der Philologie und des Natur- und Völkerrechts. Vgl. Hermann Weisert: Geschichte der Universität Heidelberg, Heidelberg 1983, Abb. S. 8/9. Später schwedischer und brandenburgischer Hofhistoriograph

124 Thomas Erastus (1558-1580), Professor der Medizin. Nach einem in der Universität aufbewahrten Holzschnitt

125 Zacharias Ursinus (1561-1578), Professor der Theologie. Ursinus verfaßte gemeinsam mit Caspar Olevianus den ›Heidelberger Katechismus‹ von 1563

126 Friedrich Christoph Schlosser (1819-1861), der in Heidelberg Geschichte lehrte, wurde u. a. durch seine erstmals 1823 erschienene Publikation ›Geschichte des 18. Jahrhunderts‹ bekannt

127 Anton Friedrich Justus Thibaut (1772-1840), Professor für Römisches Recht. Keller benutzte als Vorlage die in der Universitätsbibliothek aufbewahrte Lithographie von Roux/Strixner

128 Maximilian Joseph Chelius (1818-1864) setzte sich für die Verbesserung des Unterrichts in den Fächern Chirurgie und Augenheilkunde ein

129 Leopold Gmelin (1817-1851), Ordinarius für Chemie; Gmelin verfaßte zusammen mit dem Mediziner Friedrich Tiedemann eine grundlegende Arbeit über die Funktion der Verdauungsorgane

130 Michael Koch, a. a. O., S. 27

131 Jörg Gamer: Das barocke Heidelberg. Wiederaufbau nach der Zerstörung 1689/93, in: Der Heidelberger Portländer 3, Heidelberg 1971, S. 13; ders.: Alberti 1978, a. a. O., S. 134-135. Vgl. Riedl/Julier, a. a. O., S. 16

132 Hirsch, a. a. O., S. 59

133 Vgl. Anm. 11; Thieme-Becker, (29), S. 480

134 Jörg Gamer, Alberti 1978, a. a. O., S. 44

135 UA: IX, 13, Nr. 11, 12a, 12b (24. 8. 1712), 14 (A-457)

136 Albrecht Braun: Antonio Petrini. Der Würzburger Baumeister des Barock und sein Werk, Wien 1934; Heinrich Gropp: Petrini in der Pfalz, in: Neues Archiv für die Geschichte der Stadt Heidelberg und der rheinischen Pfalz, Bd. XIII, Heidelberg 1928, S. 121 ff.

137 Gropp, a. a. O., S. 129; Riedl, a. a. O., S. 80

138 Zu Breunigs Biographie vgl. Riedl, a. a. O., S. 81 ff.

139 Vgl. Anm. 64

Literatur

Brunn, Hermann: Wirtschaftsgeschichte der Universität Heidelberg von 1588 bis zum Ende des 17. Jahrhunderts, Diss. (maschinenschriftl.), Heidelberg 1950

Classen, Peter und Wolgast, Eike: Kleine Geschichte der Universität Heidelberg, Heidelberg 1983

Derwein, Herbert: Die Flurnamen von Heidelberg, Heidelberg 1940

Durm, Josef: Das Universitätshauptgebäude, in: Ruperto-Carola. Illustrirte Fest-Chronik der V. Säcular-Feier der Universität Heidelberg 1886, Heidelberg 1886, S. 70 ff.

Gamer, Jörg: Matteo Alberti, Düsseldorf 1978

Gensichen, Sigrid: Das Quartier Augustinergasse/Schulgasse/Merianstraße/Seminarstraße in Heidelberg, Veröffentlichungen des Kunsthistorischen Instituts der Universität Heidelberg zur Heidelberger Altstadt, hrsg. von P. A. Riedl, Nr. 15, Heidelberg 1983

Gropp, Heinrich: Petrini in der Pfalz, in: Neues Archiv für die Geschichte der Stadt Heidelberg und der rheinischen Pfalz, Bd. XIII, Heidelberg 1928, S. 121 ff.

Hintzelmann, Paul (Hrsg.): Almanach für die Universität Heidelberg für das Jahr 1888, Heidelberg 1888

Hirsch, Fritz: Von den Universitätsgebäuden in Heidelberg. Ein Beitrag zur Baugeschichte der Stadt, Heidelberg 1903

Koch, Michael: Ferdinand Keller, Karlsruhe 1978

Lohmeyer, Karl: Adam Breunig. Ein Heidelberger Meister des Barocks, Heidelberg 1911

Ders.: Das barocke Heidelberg und seine Meister, Heidelberg 1927

Merkel, Gerhard: Wirtschaftsgeschichte der Universität Heidelberg im 18. Jahrhundert, Stuttgart 1973

Oechelhaeuser, Adolf von: Die Kunstdenkmäler des Amtsbezirks Heidelberg (Die Kunstdenkmäler des Großherzogtums Baden VIII, 2), Tübingen 1913

Riedl, Peter Anselm: Die Heidelberger Jesuitenkirche und die Hallenkirchen des 17. und 18. Jahrhunderts in Süddeutschland, Heidelberg 1956

Weisert, Hermann: Zur Geschichte der Universität Heidelberg 1688–1715, Teil I und II, in: Ruperto-Carola 60, 1977, S. 45 ff. und 62/63, 1979, S. 31 ff.

Winkelmann, Eduard: Urkundenbuch zur Geschichte der Stadt Heidelberg, 2 Bde., Heidelberg 1886

Wundt, Friedrich Peter: Geschichte und Beschreibung der Stadt Heidelberg nach 1693, Mannheim 1805

Ders.: Beiträge zur Geschichte der Heidelberger Universität, Frankental 1786

Das Karzergebäude

Augustinergasse 2

Geschichte

Eine Bebauung des Grundstückes Augustinergasse 2 ist seit der zweiten Hälfte des 16. Jahrhunderts urkundlich belegt. Am 3. Dezember 1579 verkaufen die Erben Johann Jordans an Laurenz Zinkgref ›Haus und Gertlein in der Augustinergasse in Heidelberg am Kirchhofe e. s. Universität (d. h. das spätere ›Universitätshaus‹, heute Hauptstraße 136), a. s. und hinten Kloster Kirchhof und Häuser ... um 850 fl.‹[1] In der Folgezeit ist Zinkgref bemüht, seinen Besitz durch Ankauf einiger kleinerer, angrenzender Grundstücke zu vergrößern.[2] Bis zu Beginn des 18. Jahrhunderts bleibt das Anwesen Augustinergasse 2 im Familienbesitz der Zinkgrefs. Am 24. Oktober 1714 erwirbt der Sattlermeister Ernst Coblitz von den Gebrüdern Zinkgref einen ›hausplatz so beforcht ein- und andererseiths die löbl. Universität hinden auf daß Casimirian gäßlein ahn Johann Christoph Schröder schneider und ahn des Metzger Wolfgang berger vornen aber auff gedachte gaß stossend‹ für 800 Gulden.[3] Die Formulierung ›Hausplatz‹ und die vergleichsweise niedrige Kaufsumme in Höhe von 800 Gulden lassen vermuten, daß es sich um ein noch nicht wieder bebautes Grundstück handelt. Über Beginn und Vollendung des von Coblitz errichteten, barocken Neubaus fehlen die archivalischen Nachrichten.

Im Juli 1733 entsteht zwischen der Universität und Ernst Coblitz ein Rechtsstreit um die Bebauung des hinteren, am ›Casimiriansgäßlein‹ gelegenen Grundstücksteils. Die Universität fühlt sich durch eine von Coblitz dicht hinter dem Westflügel des Universitätsgebäudes errichtete Mauer erheblich gestört. Da die Rede von ›vergremsten‹ Fenstergestellen ist, handelt es sich vermutlich um ein als Stallung dienendes Hintergebäude. Auf seiten der Universität argumentiert man, daß ›dieser Platz ... vorhin schon alß solcher gedachter Coblitz noch nicht gewesen, in dem großen Universitäts bau riss eingetragen, und mit vorbehalt der befriedigung des vormahligen proprietary Zinngraffs, von des abgelebten seiner Churfürstl. dhd. höchst seelgten andenkens (d. h. Johann Wilhelm, der Stifter der ›Domus Wilhelmiana‹) gdgst approbirt worden, solcher auch zu erbauung mehrerer Universitäts auditorien, und gefängnissen so forth zum Hof wegen des annoch hinein zu leiten seyenden brunnens und anderer ohnumbgänglicher erfördernissen mehr nach dem genommenen augenschein, ohnentbehrlich ...‹, und man daher dem jetzigen Besitzer Coblitz den hinteren Teil seines Grundstücks abkaufen möchte.[4] Den sich über die folgenden Monate hinziehenden Verhandlungen ist zu entnehmen, daß im Sommer/Herbst des Jahres 1733 das ›Vorder-

50 haus‹ an der Augustinergasse bereits bewohnt wird, also wohl weitgehend fertiggestellt sein muß.[5] Ein im Universitätsarchiv Heidelberg aufbewahrter Plan aus dem Jahre 1736 (›Grundriß über den ... Universitätisch undt Coblitzischen hauß Platz zu Heydelberg‹[6]) bezeichnet das Wohnhaus als ›so schon unter dem Dach stehet‹ und einen westlich angrenzenden Gebäudeteil als ›new angefangen zu Bauen auf die alte Fundamenta‹. Offenbar verlaufen die Bemühungen der Universität, in den Besitz des hinteren Grundstücksteils zu gelangen, ergebnislos, da im Katasterplan von 1770f. der Verlauf der Grundstücksgrenzen unverändert eingetragen ist.[7] Das Interesse der Universität an dem Nachbargrundstück bleibt jedoch bestehen. 1773 zieht man im Senat in Erwägung, das ›Coblitzische‹ Haus zu erwerben, ›um darein den Pedell zu logiren und dessen jetzige Zimmer zu aptiren, nicht weniger um Auditorien in das Coblitzische Haus zu verlegen‹[8] Am 16. Dezember 1784 kann die Universität schließlich das betreffende Grundstück für 2555 Gulden ersteigern.[9]

Im Sommer 1786 wird im Zuge größerer Umbauarbeiten im Universitätshauptgebäude mit dem Bau eines Verbindungsganges zum neuerworbenen ›Seitengebäude‹ begonnen. In der Schlußabrechnung des mit der Bauleitung beauftragten Geistlichen Administrationsrates von Traitteur werden für ›die Herstellung des Communications Ganges in das Coblizische Haus und die reparation des Hauptgebäudes‹ Kosten in Höhe von 800 Gulden angeführt.[10] Der im Erdgeschoß aus Stein, im Obergeschoß in Fachwerk errichtete Verbindungsgang enthält neben zwei steinernen Treppen auf jedem Geschoß einen Abtritt. Ferner wird das Fenster eines neu eingerichteten Karzers auf halbe Höhe zugesetzt und mit Eisenstangen vergittert.[11] Dieser war notwendig geworden, da der alte Karzer nicht mehr ausreichend war.

Ein erstes Karzergebäude war Mitte des 16. Jahrhunderts in der Südwestecke des zum Burschbereich gehörenden Lindenplatzes errichtet worden.[12] Zuvor waren die zu Arreststrafen verurteilten Studenten in die städtischen Gefängnisse im Brückenturm und im Hexenturm eingeliefert worden.[13] Zu dem Karzerhäuschen auf dem Lindenplatz traten mit der Erbauung des Casimirianums 1588-91 drei weitere Karzer, die möglicherweise mit denen unter dem Treppenpodest in der Alten Universität identisch sind. Die alten Karzerräume entsprachen in den siebziger Jahren des 18. Jahrhunderts jedoch nicht mehr den hygienischen Anforderungen. Daher entwickelte man 1775, 1777 und 1778, noch vor Erwerb des ›Coblitzischen‹ Gebäudes, verschiedene Projekte zu einem Karzerneubau im Universitätshof.[14] Keine der vom Senat eingereichten Planungen sollte jedoch, mit Hinweis auf die nicht zur Verfügung stehenden finanziellen Mittel, die Genehmigung der Oberkuratel erhalten.[15]

Der Schaefersche Plan von 1804 gibt Aufschluß über die Nutzung der Innenräume des ehemals Coblitzschen Hauses zu Beginn des 19. Jahrhunderts.[16] Das Erdgeschoß dient mit einem an der Augustinergasse gelegenen Wohnzimmer einschließlich eines Alkovens und einer auf den Hof hinausgehenden Küche als Wohnung des Universitätspedells. Die Räume des Obergeschosses werden als ›Winter Senat Zimmer‹ genutzt. Die Karzerräume sind zu jenem Zeitpunkt noch nicht im ›Neben Haus‹, sondern in einem westlich des Treppenhauses gelegenen Anbau untergebracht. In den Jahren 1805-07 wird zur Einrichtung einer zusätzlichen Wohnung für den zweiten Pedell eine Anzahl von Plänen ausgearbeitet.[17] Aus Kostengründen gelangt keiner der Entwürfe zur Ausführung. Am 1. September 1812 bittet der damalige Oberpedell Krings um Überlassung des Wintersenatszimmers als Schlafzimmer. Zu diesem Zweck wird an der Stelle des bisherigen Alkovens eine neue Treppe eingebaut, da die Räume des Obergeschosses zuvor nur über eine außerhalb des Hauses gelegene Treppe zu erreichen waren, welche, da sie an den Karzern vorbeiführt, bei ›Tag und Nacht‹ verschlossen ist.[18] In den folgenden Jahren erweisen sich die beiden vorhandenen Karzer als immer weniger ausreichend, so daß zeitweise das Wohnzimmer des Oberpedells als Karzer dienen muß. Um Abhilfe zu schaffen, wird Werkmeister Heller beauftragt, eine Planung für fünf neue Karzer, einschließlich eines besonders gesicherten ›Criminalcarcers‹, zu entwickeln. Am 9. April 1820 legt Heller einen Grundriß und 51 einen Kostenvoranschlag über 3000 Gulden vor.[19] Darin ist vorgesehen, im Hof einen neuen zweigeschossigen Anbau zu errichten. Der südwestliche, mit ›d‹ bezeichnete Raum ist zum ›Criminal-carcer‹ bestimmt. Das Projekt Hellers wird, vermutlich wegen der zu hohen Kosten, nicht realisiert. Da ab 1823 fünf, statt wie zuvor nur zwei, Karzer zur Verfügung stehen, muß noch vor diesem Jahr der Ausbau des Dachstuhls zu einer Mansarde erfolgt sein.[20] Ein immer noch fehlender 52 ›Criminal-carcer‹ kann auch in der Folgezeit mangels finanzieller Mittel nicht eingerichtet werden.[21]

Im Zuge der 1885/86 im ›Universitätshauptgebäude‹ vorgenommenen Renovierungsarbeiten sind auch für das Karzergebäude Umbaumaßnahmen vorgesehen. Davon ist insbesondere das nicht mehr den Sicherheitsbestimmungen entsprechende, da zum Großteil aus Holz erbaute, Treppenhaus betroffen.[22] Man entscheidet sich für einen massiven, in Stein aufgeführten Neubau der Treppenanlage, wobei das erste Obergeschoß des bereits vorhandenen Anbaues erneuert und um ein weiteres Geschoß aufgestockt werden soll. Die so gewonnenen Räume sind zu zwei zusätzlichen Karzerräumen bestimmt. Eine westlich des aufgestockten Anbaues projektierte neue Abortanlage macht die Versetzung der dort stehenden Holzremise in die nordöstliche Hofecke erforderlich.[23] Das auf 8200 Mark veranschlagte Projekt wird am 15. Februar 1885 vom Ministerium mit der Auflage genehmigt, daß der erhöhte Anbau den First des Karzergebäudes nicht überragen dürfe.[24] Ferner wird am 5. März 1885 der Einbau eines ›russischen‹ Kamins beschlossen.[25] Um die Wandmalereien des Karzers nicht zu gefährden, wird vorgeschrieben, den neuen Kamin innerhalb des alten Schachtes hochzuführen. Für die beiden mittlerweile fertiggestellten neuen Karzer werden folgende Einrichtungsgegenstände angeschafft: zwei eiserne Bettgestelle, Seegrasmatratzen, zwei Tische, zwei Stühle, zwei Nachttöpfe und zwei Spucknäpfe.[26] Die 1886 neu eingerichteten Karzer sollten nicht mehr lange benötigt werden. Im Jahre 1908 wird im Justizministerium die Frage aufgegriffen, inwieweit das Verbüßen von Karzerstrafen als noch zeitgemäß anzusehen sei, ›weil die Frage des Kollegienbesuches ... Schwierigkeiten bereite, andererseits der Karzer nicht nur bei Massendelikten infolge der Raumbeschränktheit gänzlich versage, sondern überhaupt als eine oft verhöhnte und ins Burleske gezogene, daher zu Strafzwecken wenig geeignete Einrichtung sich darstelle.‹[27]

Mit dem 1. August 1968 beginnen durchgreifende Renovierungsarbeiten im

Karzergebäude.[28] Das Universitätsbauamt Heidelberg und das Amt für Denkmalpflege in Karlsruhe kommen überein, in den historischen Karzerräumen auf
eine elektrische Beleuchtung zu verzichten. Die Instandsetzung des Äußeren umfaßt die Neueindeckung des Daches und die Ausführung eines neuen Fassaden-
anstrichs: Die Putzflächen der Fassade werden in einem gelbweißen Farbton gehalten, die Hausteingliederungen hingegen werden freigelegt und lediglich
lasierend überstrichen.

Erneute Instandsetzungsmaßnahmen werden im März 1983 für notwendig befunden: die Sicherung und Restaurierung der Malereien und, wo erforderlich,
die Anbringung von Glasscheiben, da das ›in seiner Art einmalige kulturge-
schichtliche Ambiente‹ dringend wirksamer geschützt werden muß.[29]

Beschreibung

53 Das zur Augustinergasse traufenständige Gebäude ist allseitig freistehend. Die
Fassade des zweigeschossigen Hauses ist nicht achsensymmetrisch angelegt: die
Tordurchfahrt sitzt in der dritten und vierten von insgesamt vier Fensterachsen.
Die Sandsteinquaderung des Erdgeschosses setzt ohne Wandsockel direkt über
dem Straßenniveau an. Bei den in der ersten und zweiten Fensterachse eingesetzten Rundbogenfenstern scheint es sich um nachträglich verkleinerte Arkaden zu
handeln, da in der Verlängerung der Fensterlaibungen eine durchgehende Baunaht in der Quaderung zu erkennen ist. Die Rundbogenfenster sind im unteren
Bereich zwölfteilig, im oberen Bereich radial versproßt. Das rundbogige Torge-
wände setzt auf wuchtigen Prellsteinen auf. Über jeder der drei rundbogigen Öffnungen des Erdgeschosses ist ein flacher Schlußstein angeordnet, der sich mit
dem darüber verlaufenden, einfachen Gurtgesims verkröpft.

Oberhalb des Gurtgesimses verspringt die nördliche Hauswand, wodurch die
Fenster des Obergeschosses gegenüber den Achsen der Erdgeschoßfenster nach
Süden verschoben sind. Genutete Ecklisenen rahmen vier dicht nebeneinander
liegende Sprossenfenster in profilierten Ohrengewänden, deren Sturz eingekröpft
ist. Zwischen den beiden mittleren Fenstern wurde, offenbar nachträglich, eine
Rundnische eingefügt, in der eine Bischofsfigur aus Sandstein aufgestellt ist; das
brennende Herz in der Rechten und die zu Füßen plazierte Knabengestalt weisen
die Gestalt als hl. Augustinus aus.[30] Das über dem profilierten Traufgesims folgende Dachgeschoß ist als Mansarde mit drei hochrechteckigen, vergitterten
Fenstern ausgebaut.

Die beiden südlichen Achsen der Hofseite sind durch die benachbarten Anbauten am Südflügel der Alten Universität verdeckt. Im Erdgeschoß wird das
Gewände der rundbogigen Tordurchfahrt auf beiden Seiten beschnitten: zum einen durch eine zum Nachbargrundstück (Hauptstraße 136) gehörende Stützmauer, zum anderen durch den dem dreigeschossigen Treppenhaus vorgeblendeten
Korbbogen. Ein südlich der Durchfahrt angeordnetes Fenster mit schlichtem,
unprofiliertem Gewände kommt dabei unter dem Durchgang zum Treppenhaus
zu liegen. Die beiden Fenster des Obergeschosses haben ebenfalls unprofilierte
Gewände.

Die Raumaufteilung des nur teilweise unterkellerten Erdgeschosses[31] wird durch die Anwendung des bei Heidelberger Bürgerhäusern häufig anzutreffenden Tordurchfahrtprinzips bestimmt. Der südöstlich der Durchfahrt mit ihren beiden korrespondierenden Portalen anliegende Eckraum umfaßt die beiden Fensterachsen der Fassade. An ihn schließen sich drei kleinere Räume an, die auf den Hof bzw. auf die Traugasse hinausgehen. Sämtliche Zimmer sind untereinander und mit der Durchfahrt verbunden. Das Obergeschoß, in das man über den bereits erwähnten, außerhalb des Gebäudes gelegenen Treppenhausanbau gelangt, beherbergt die Hausmeisterwohnung, deren Zimmer um einen Mittelflur gruppiert sind. Im südlichen der beiden auf die Augustinergasse hinausgehenden Zimmern ist eine Stuckdecke aus der Erbauungszeit des Hauses erhalten (die zwischen der glatten Hohlkehle und dem profilierten Deckenspiegelrahmen verbleibenden Flächen sind mit Bandelwerk ausstuckiert, welches über den einspringenden Ecken des Deckenspiegels zu gespitzten Ovalformen ausgezogen ist). In der Dachmansarde sind fünf der insgesamt sechs Karzerräume untergebracht. Der sechste Karzer befindet sich auf demselben Stockwerk im westlich vom Treppenhaus gelegenen Anbau.

54

Kunstgeschichtliche Bemerkungen

Das Karzergebäude ist Teil einer sich im nördlichen Abschnitt der Augustinergasse geschlossen darbietenden barocken Bebauung. Das im Zuge des Wiederaufbaus in den dreißiger Jahren des 18. Jahrhunderts errichtete Gebäude ist als kombiniertes Wohn-Geschäftshaus konzipiert. Im Innern hat sich, mit Ausnahme des in der ersten Hälfte des 19. Jahrhunderts vorgenommenen Dachausbaues, die barocke Raumdisposition erhalten. Hinter den nachträglich halb zugesetzten Arkaden des Erdgeschosses befand sich wohl ursprünglich die Werkstatt des Bauherrn, eines Sattlermeisters. Für den Haustyp mit hohen, rundbogigen Erdgeschoßfenstern, die Oechelhaeuser als Schaufenster der dahinterliegenden Läden oder Werkstätten deutet,[32] findet sich im Bereich Universitätsplatz und Marktplatz, den barocken Geschäftszentren der Stadt, eine Anzahl weiterer Beispiele.[33]

Der Besitzerwechsel von 1784 hatte für das Gebäude einen grundlegenden Funktionswandel zur Folge. Das barocke Wohnhaus diente zunächst als Verwaltungsgebäude bzw. als Dienstwohnung des Universitätspedells. Mit der Einrichtung der Karzerräume im Dachgeschoß, die im folgenden von ihren ›Insassen‹ mit den allseits bekannten Malereien ausgeschmückt wurden, erhielt das Gebäude Augustinergasse 2 die Bedeutung eines in seiner Art einmaligen kultur- und universitätshistorischen Denkmals, das unter den Sehenswürdigkeiten Heidelbergs eine besondere Stellung einnimmt.

Anmerkungen

1 StA: Gatterer No. 2918
2 StA: Gatterer No. 2924, 3126
3 Ctrb. II, S. 1841 und 1838

4 GLA: 204/2947
5 Ebd.
6 UA: IX, 13, Nr. 57 (386, 35 PE)

7 StA: Katasterplan von 1770 ff., Abschnitt 9: Der westliche Teil des Grundstücks Nr. 7 ist als ›frei‹, also als nicht überbaut bezeichnet

8 UA: IX, 13, Nr. 33

9 Ctrb. IX, S. 133; GLA: 205-746. Vgl. Gerhard Merkel: Wirtschaftsgeschichte der Universität Heidelberg im 18. Jahrhundert, Stuttgart 1973, S. 309 f.

10 UA: IX, 13, Nr. 36. ›Lt. ratification vom 1. Juni 1786‹

11 Ebd. und Fritz Hirsch: Von den Universitätsgebäuden in Heidelberg, Heidelberg 1903, S. 92

12 Peter Classen und Eike Wolgast: Kleine Geschichte der Universität Heidelberg, Heidelberg 1983, S. 10

13 Adolf von Oechelhaeuser: Die Kunstdenkmäler des Amtsbezirks Heidelberg (Die Kunstdenkmäler des Großherzogtums Baden VIII, 2), Tübingen 1913, S. 243

14 Hirsch, a. a. O., S. 92-93; Merkel, a. a. O., S. 309 f.; UA: IX, 13, Nr. 32 und Nr. 59 e (A-447)

15 Ebd.

16 GLA: G/Heidelberg 101 (Plan) und UA: IX, 13, Nr. 46

17 GLA: 205/52 (Akten 1805). Auf zwei im Faszikel enthaltenen Grundrissen ist vorgesehen, Treppenhaus und Eingang in den Winkel zwischen Haupt- und Seitengebäude zu verlegen. Die auf diese Weise überflüssig gewordene Torfahrt wird zur Straße und zum Hof hin zugesetzt und durch Einziehen einer Querwand in zwei Zimmer unterteilt

18 UA: G-II-79/4

19 GLA: 235/644

20 GLA: 205/66

21 GLA: 205/66

22 GLA: 235/3777; UBA: Fasz. 1

23 GLA: 235/3777

24 GLA: 422/817

25 GLA: 235/3777

26 UBA: Grabengasse 1, Fasz. 1

27 GLA: 235/3777

28 Im folgenden referiert aus: UBA: 2091-1

29 Prof. Dr. P. A. Riedl, Kunsthistorisches Institut der Universität Heidelberg, während einer Begehung des Karzers am 11. März 1983

30 Der leicht beschädigte Rand der inneren Fenstergewände zeigt, daß die Figurennische erst nachträglich eingefügt worden ist. Aber auch die Nische und die Skulptur scheinen ursprünglich nicht zusammengehört zu haben: die zu geringe Höhe der Figur ist durch einen zusätzlichen Sockel ausgeglichen. Aus den Quellen ergeben sich weder über den Zeitpunkt der Nischeneinfügung noch über die Herkunft und Entstehungszeit der Bischofsfigur Anhaltspunkte. Stilistische Kriterien wie Körperproportionen und Gewandbehandlung lassen an eine Entstehung der Augustinus-Figur zu Beginn des 18. Jahrhunderts denken. Vgl. Oechelhaeuser, a. a. O., S. 336 f. und Abb. 227

31 Lage und Beschaffenheit des Kellers deuten darauf hin, daß es sich um den Keller des mittelalterlichen Vorgängerbaues handelt

32 Oechelhaeuser, a. a. O., S. 245

33 Sigrid Gensichen: Das Quartier Augustinergasse/Schulgasse/Merianstraße/Seminarstraße in Heidelberg, Veröffentlichungen des Kunsthistorischen Instituts der Universität Heidelberg zur Heidelberger Altstadt, hrsg. von P. A. Riedl, Nr. 15, Heidelberg 1983, S. 55 und S. 50 f. Beschreibung und Baugeschichte zu dem Gebäude Schulgasse 2, das ebenfalls nachträglich zugesetzte Erdgeschoßarkaden aufweist

DIETER GRIESBACH, ANNETTE KRÄMER
UND MECHTHILD MAISANT

Die Neue Universität

Grabengasse 3–5

Die Neue Universität[1] besteht aus dem Hauptgebäude an der Südseite des Universitätsplatzes, das die Aula und die Mehrzahl der Hörsäle beherbergt, dem Westflügel an der Grabengasse, in dem sich Auditorium Maximum, das Institut für Fränkisch-Pfälzische Geschichte und Landeskunde und das Sprachwissenschaftliche Seminar befinden, dem Südflügel an der Seminarstraße, der ganz dem Historischen Seminar zur Verfügung steht, und dem Haus Augustinergasse 13 am Marsiliusplatz, in dem ein Teil des Philosophischen Seminars untergebracht ist.

Baugeschichte, Beschreibung der Pläne und des ausgeführten Baus

Die Situation nach 1901

Die Vorgeschichte zum Bau der Neuen Universität datiert zurück bis zum Jahr 1901. In diesem Jahr erwirbt das Großherzogtum Baden von der Stadt Heidelberg das ›Musäumsgebäude‹[2], das dann in den Jahren 1903/04 zum Hörsaalgebäude umgebaut wird.[3] Das ›Neue Kollegienhaus‹, seit 1906 so genannt, umfaßt außer dem Hauptbau mit Fassade zum Ludwigsplatz noch einen Ostflügel längs der Augustinergasse. Obwohl die durch den Umbau gewonnenen Räume den Zwecken der Universität nie ganz gerecht werden, nimmt der Gedanke der Universitätserweiterung durch einen Neubau im Zentrum der Altstadt erst 1925 konkrete Gestalt an, als Ludwig Schmieder, leitender Architekt des für die Universitätsbauten zuständigen Badischen Bezirksbauamtes Heidelberg, ein umfassendes Erweiterungsprojekt plant[4], das noch im selben Jahr dem Kultusministerium als Forderung der Universität unterbreitet wird.[5] Interessant ist dieses Projekt, das die Erweiterung des Kollegienhauses durch einen westlichen Flügel an der Grabengasse, durch die Aufstockung und Verlängerung des bestehenden Ostflügels und durch einen beide Flügel verbindenden Querbau im Süden vorsieht, weil hier bereits der später für den Wettbewerb zur Neuen Universität bedeutende Gedanke des ›umbauten Hofes‹ entwickelt wird.[6]

Parallel zu diesen Vorschlägen, die das Kultusministerium während des ganzen Jahres 1926 weiter verfolgt[7], befaßt sich die Universität unter dem Rektorat Panzers 1926/27 mit der Konzeption eines anderen Projektes, in dessen Zentrum der Neubau eines Universitätshauptgebäudes mit Hörsälen am östlichen Ludwigsplatz steht[8]. Schmieder fertigt auch hierfür die Pläne, Grundlage der Denkschrift[9], die die Universität dem Kultusministerium im März 1927 vorlegt. Darin

55

56, 57

58

werden ein dreigeschossiger, L-förmiger Neubau am östlichen Ludwigsplatz zwischen Merianstraße, Schulgasse, Kirchgäßchen und Augustinergasse und die Erweiterung des Kollegienhauses durch einen Westflügel an der Grabengasse gefordert. Obwohl im September 1927, nach einer Landtagsdebatte über die vorliegenden Pläne und nach einer Besichtigung der vorhandenen Räumlichkeiten durch den Haushaltsausschuß, wobei die Dringlichkeit eines Neubaus festgestellt wird[10], das von Schmieder ausgearbeitete Bauprogramm vom Kultusministerium genehmigt wird[11], ist Ende 1927 ein Beginn der Bauarbeiten nicht abzusehen.[12]

Die Situation ändert sich, als am 5. Januar 1928 der amerikanische Botschafter in Berlin, Jacob Gould Schurman, bekanntgibt, daß er in Amerika 400000 Dollar sammeln und diese als Spende für den Bau einer ›University Hall‹ in Heidelberg zur Verfügung stellen wolle.[13] Doch ist er nicht einverstanden mit den Plänen von Universität und Kultusministerium, beide Bauten – den Neubau am Ludwigsplatz und den Westflügel – aus der Spende zu finanzieren, sondern möchte die Gesamtsumme in einen Bau investiert sehen.[14] Diese Bedingung Schurmans verändert die Situation für die Universität grundlegend, ist diese doch davon ausgegangen, auch den Westflügel aus der Spende bestreiten zu können[15], den sie vor allem während der Bauzeit dringend benötigen würde, um hier die durch den Abriß der Häuser an Augustinergasse (7 und 9) und Schulgasse (2 und 4) obdachlos werdenden Institute unterzubringen. Hinzu kommt, daß sich im Februar und März 1928 die Bedenken gegen einen Hörsaalneubau an der Augustinergasse verstärken. Das Kultusministerium knüpft an die Bereitstellung von Geldern für einen von der Universität und der Stadt gewünschten Wettbewerb[16] die Bedingung, den vorgesehenen Bauplatz noch einmal zu prüfen, und beauftragt selbst den Architekten Oberbaurat Hermann Billing, ein Gutachten über alle bisher diskutierten Bauplätze anzufertigen.[17] In diesem spricht sich Billing dann entschieden gegen einen Neubau am östlichen Ludwigsplatz aus, da hier aus Rücksicht auf das Gesamtbild der Platzanlage nicht sehr hoch gebaut werden könne. Als Alternative empfiehlt er den Abriß des Kollegienhauses und die Erstellung eines Gebäudekomplexes zwischen Schulgasse, Seminarstraße, Grabengasse und Ludwigsplatz bzw. Kirchgäßchen.[18] Während diese Vorschläge nicht die unbedingte Zustimmung der Universität finden, da sie weder den vom Stifter geforderten sogenannten Amerikabau als eigenständiges Bauglied erscheinen lassen noch Raumersatz während der Bauzeit anbieten, dient eine ebenfalls nicht unumstrittene, reduzierte Fassung dieser Entwürfe, in der als Bauplatz nur das Gelände des Kollegienhauses und des Gartens vorgesehen ist, als Vorgabe für den geplanten Wettbewerb, der offen unter den deutschen Architekten veranstaltet werden soll. Universität und Kultusministerium sind übereingekommen, ›1. die Gesamtidee der Gruppierung der Bauten um den Ludwigsplatz und 2. den sogenannten Amerikabau‹ auszuschreiben.[19]

Der Wettbewerb zur Neuen Universität

Am 31.3. 1928 trifft sich zum ersten Mal das mit Vertretern der Universität, der Stadt Heidelberg, des Kultusministeriums und bekannten Architekten besetzte Preisgericht des Wettbewerbs, das laut den Bestimmungen des Verbandes deutscher Architekten- und Ingenieurvereine auch das Bauprogramm für die Ausschreibung endgültig erstellen muß.[20] Erneut wird anhand von vier Vorschlägen der Standort des Neubaus erörtert. Zur Diskussion stehen ein Neubau am östlichen Ludwigsplatz zwischen Augustinergasse, Merianstraße, Schulgasse und Seminarienhaus, ein Baukomplex zwischen Ludwigsplatz, Augustinergasse, Seminarstraße und Grabengasse, der zwei Innenhöfe einschließt und in dem das Kollegienhaus mit Ostflügel erhalten ist, die Alte Post (Grabengasse 5), der Hexenturm und die Oberrealschule (Seminarstraße 1) hingegen abgerissen sind, ein Neubau in der Straßenzeile der westlichen Grabengasse (10-18) und das Projekt Billings, ein Neubau anstelle des Kollegienhauses.[21] Aber erst ein in der zweiten Sitzung des Preisgerichts Ende April gemachter fünfter Vorschlag, das sogenannte Bestelmeyer-Projekt, findet spontan die Zustimmung der Preisrichter.[22] Der Architekt German Bestelmeyer hat hier eigene Überlegungen, die sich aus der ersten Zusammenkunft des Preisgerichts ergeben haben, in ein Bauprogramm übersetzt, dessen Kerngedanke in der Erhaltung der bestehenden Bauten und deren Ergänzung durch Neubauten auf dem Areal Ludwigsplatz / Schulgasse / Seminarstraße / Grabengasse liegt. Längs der Grabengasse ist ein westlich an das Kollegienhaus stoßender Flügel vorgesehen, der bei Alter Post und Hexenturm endet, die ihrerseits durch einen weiteren Flügel an der Seminarstraße eng in den Komplex einbezogen werden. Die Oberrealschule ist abgebrochen. Im Norden wird die Bautengruppe durch einen Neubau anstelle der Häuser Augustinergasse 11 und 13 und Schulgasse 6 vervollständigt, der – vielleicht als Torbau zum Kollegienhaus – die Augustinergasse überspannt und an das Seminarienhaus anschließt. Nach Beendigung dieser Baumaßnahmen ist der Abriß des Ostflügels des Kollegienhauses geplant.

Nachdem Schmieder auf der Grundlage des Bestelmeyer-Projekts das Wettbewerbsprogramm ausgearbeitet hat[23], werden am 12.7. 1928 die Wettbewerbsbedingungen an zwölf ausgewählte Architekten verschickt[24], an Esch (Mannheim), Fahrenkamp (Düsseldorf), Freese (Karlsruhe), Großmann (Mühlheim/Ruhr), Rüster (Berlin), Sattler (München), R. Schmidt (Freiburg), Schmitthenner (Stuttgart), von Teuffel (Karlsruhe), Läuger (Karlsruhe), Gruber (Danzig) und Kuhn (Heidelberg).[25] Vorgegeben sind Anzahl und Größe der zu schaffenden Hörsäle, Plätze (1160) und Dienstzimmer. Die Höhe der Baukosten einschließlich baufester Einrichtung ist mit 1,6 Millionen RM festgeschrieben. Als Unterlagen erhalten die Teilnehmer einen Lageplan des Baugeländes, Ansichten der bestehenden Gebäude sowie ein Modell, das die alten Häuser enthält. Gefordert werden das ergänzte Modell, sämtliche Grundrisse, Ansichten, Längs- und Querschnitte der neuen Bauten, ein Erläuterungsbericht und ein Kostenvoranschlag. Das Kultusministerium behält sich die Verwendung der preisgekrönten Entwürfe ebenso vor wie die Wahl des Architekten, doch soll möglichst einer der Preisträger mit der Ausführung betraut werden. Abgabetermin ist der 20.10. 1928.[26]

Entschieden wird der Wettbewerb am 9. und 10. November 1928.[27] Gewinner ist Professor Karl Gruber, den zweiten und dritten Platz nehmen Professor Hans Freese und Architekt Franz Kuhn ein. Eine lobende Erwähnung erhält das Projekt Professor Paul Schmitthenners, das durch den wettbewerbswidrigen Abriß der Alten Post außer Konkurrenz geriet. Grubers Entwurf[28] sieht die Bildung eines großen Gebäudekomplexes vor, dessen Komponenten um einen geschlossenen Innenhof gruppiert sind. Im Norden ist das Kollegienhaus durch ein um die Ecke Ludwigsplatz/Schulgasse herumgeführtes, dreigeschossiges Hörsaalgebäude mit dem Seminarienhaus verbunden. Dieser Bau, in Höhe, Breite und äußerer Gestaltung dem Kollegienhaus angeglichen, bleibt an der Verbindungsstelle zum Seminarienhaus deutlich unter dessen Höhe. Die Verbindung zwischen Kollegienhaus und Alter Post entlang der Grabengasse wird durch einen niedrigen, flach gedeckten Zwischenbau und daran anschließend durch einen zweigeschossigen Flügel mit Sockelgeschoß und Mansarddach geschaffen, der nur wenig niedriger ist als Kollegienhaus und Alte Post. In diesem Flügel sind Hörsäle und ein Institut untergebracht. Im Süden sind Alte Post und Seminarienhaus ebenfalls durch einen zweigeschossigen Bau verbunden, der wegen des von Nord nach Süd ansteigenden Geländes kein Sockelgeschoß zur Seminarstraße hin aufweist. Dieser Flügel tritt mit seinen Fluchten leicht hinter die begrenzenden, barocken Bauten zurück. Seine Form entspricht der des Flügels an der Grabengasse, beide orientieren sich in der Fassadengestaltung an Alter Post und Seminarienhaus. Am Außenbau erscheinen die neuen Flügel als eigenständige Baukörper, voneinander getrennt durch die Alte Post, im Inneren aber sind sie durch einen Gang zwischen Alter Post und Hexenturm verbunden. Dienen die Neubauten vor allem dem Vorlesungsbetrieb, so wird das Kollegienhaus zum Hauptgebäude mit repräsentativer Funktion: Sein großer Saal wird zur Aula. Eine Durchfahrt in den Hof befindet sich in dem niedrigen Zwischenbau an der Grabengasse, weitere Zugänge zu den beiden Flügeln in der Alten Post und an der Seminarstraße. Letzterem entspricht eine Tür im Hof. Die Verbindung von Kollegienhaus und neuem Hörsaalgebäude schafft Gruber auf der Hofseite, indem er in den Neubau und die östlichen Seitenteile des Kollegienhauses eine offene Wandelhalle ins Erdgeschoß legt.

Das Preisgericht, das vor allem von der ›klaren und guten Gesamtdisposition‹ und von der ›besonders schönen Hofwirkung‹[29] des Gruberschen Entwurfes überzeugt ist, macht diesen zur Grundlage für die Ausführungsplanung, setzt aber, da der Entwurf als ungenügend in entscheidenden Punkten empfunden wird, zugleich Richtlinien, die aus anderen Entwürfen des Wettbewerbs übernommen werden. So soll das Auditorium Maximum in einem Bau in der Nordostecke des Bauplatzes untergebracht werden, der etwa zehn Meter hinter das Kollegienhaus zurückspringt. Zwischen beiden Gebäuden soll ein Durchgang in die Augustinergasse führen. Der Südflügel soll niedriger und schmaler werden, aber zweigeschossig bleiben, der Westflügel hingegen eine größere Breite und drei Vollgeschosse erhalten. Dort sollen auch die mittelgroßen Hörsäle konzentriert werden. Am 17. 11. 1928 erhält Gruber die weitere Planung und Bauausführung anhand seines Entwurfs und dieser Richtlinien übertragen.[30]

Die Planung und Ausführung des Hauptgebäudes und des Westflügels

Eine völlige Änderung des Vorhabens erzwingt dann wieder der Geldgeber, als ihm die Pläne vorgelegt werden.[31] Botschafter Schurman ist mit dem Wettbewerbsentwurf Grubers keineswegs einverstanden, was nach seinen Auflagen vom Februar des Jahres auch zu erwarten war. Am 16.12. 1928, einen Tag, nachdem das Kultusministerium die offizielle Genehmigung zum Bau der ›Neuen Universität‹[32] nach den Wettbewerbsplänen Grubers erteilt hat[33], läßt Schurman die Verantwortlichen von Kultusministerium, Stadt und Universität offiziell wissen, daß er schwerwiegende Bedenken gegen diese Pläne hege[34], vor allem gegen die Kombination von bestehenden Bauten und ›Auffüllbauten‹. Er fordert erneut, daß die Spende nur für einen einzigen, repräsentativen Neubau verwendet werde, und bindet deren Übergabe und gleichzeitige Erhöhung um 100 000 Dollar an die Erfüllung dieser Bedingung durch die Universität und den badischen Staat. In der Festrede, die er anläßlich seiner Ernennung zum Ehrenbürger der Stadt Heidelberg am 17.12. 1928, dem sogenannten ›Schurmantag‹, hält, gibt er die Änderung des Bauprogramms, die den Abriß des Neuen Kollegienhauses und einen Neubau an dessen Stelle beinhaltet, bereits öffentlich bekannt.[35] Weiter kündigt er die Übergabe der Spende von 503 000 Dollar an, aus der auf Wunsch der Stifter, hauptsächlich Deutsch-Amerikaner, 403 000 Dollar für die ›Errichtung eines repräsentativen Hörsaalgebäudes‹[36] bestimmt sind und 100 000 Dollar als besonderer Fonds der Universität zur freien Verfügung gestellt werden, sofern man sie nicht für den Neubau benötigt.

Die Planungen bis zum Ausführungsentwurf

Gruber wird, zunächst vorläufig und inoffiziell, mit der Anfertigung neuer Pläne beauftragt.[37] Diese sollen den – von der Jesuitenkirche bis zur Grabengasse reichenden – geforderten Neubau am Universitätsplatz[38], einen Flügel an der Grabengasse bis zur Alten Post und an diese anschließend einen Flügel an der Seminarstraße bis zum Seminarienhaus, unter Abbruch der Oberrealschule, beinhalten. Obwohl Anfang Januar 1929 von Rektor Heinsheimer angewiesen, den Südflügel in der Planung zunächst nicht zu berücksichtigen, hält Gruber in den eine Woche später eingereichten Plänen an seinem Konzept der Umbauung des gesamten Gevierts in einem Zug fest, einer ›ihm liebgewordenen räumlichen Idee‹.[39] So findet dieses Projekt, in der Gesamtkonzeption seinem Wettbewerbsentwurf sehr ähnlich[40], nicht die Zustimmung Heinsheimers. In einem internen Schreiben an den Kultusminister vom 23.1. 1929 schließt er es aus, Gruber aufgrund der vorliegenden Vorschläge mit der endgültigen Planfertigung zu beauftragen; er ist der Meinung, daß es am sinnvollsten sei, die vier Preisträger – Gruber, Freese, Kuhn und Schmitthenner – zur Einreichung neuer Entwürfe aufzufordern. Heinsheimer möchte, daß etwas völlig Neues entstehe, ein ›reichlich nützbarer Hochbau am Universitätsplatz‹, und befürwortet eine ›kräftige Annäherung an moderne Bauformen‹. Dennoch wird, nach Vermittlung von Kultusminister Leers, Gruber Anfang Februar 1929 wieder mit der Ausarbeitung von Plänen beauftragt, allerdings mit der Verpflichtung, gänzlich neue zu liefern.[41]

Hierfür erhält er von Heinsheimer am 7. 2. 1929 eindeutige Direktiven: ›Zentrale Aufgabe‹ sei ein totaler Neubau mit möglichst vielen, mindestens sechzehn, Hörsälen, wobei die Aula weniger wichtig und eventuell in einem Nebenflügel unterzubringen sei. Die Neue Universität als zukünftiges Hauptgebäude müsse vierstöckig, als ›beherrschendes, weithin sichtbares Gebäude‹ entstehen. Die Frage, ob sich die Alte Universität neben dem Neubau wird behaupten können, sei gegenüber den ›Notwendigkeiten und Möglichkeiten einer neuen Zeit‹ weniger wichtig. Der Südflügel sei aus der Planung zu streichen, der Innenhof solle jedoch soweit als möglich erhalten bleiben, um eine eventuelle spätere Bebauung nicht auszuschließen. Dennoch könne, wenn nötig, der Aulaflügel in den Hof gebaut werden, da die ›Hoffrage nur sekundär, die Neubaufrage primär‹ sei. Der Verbindungsbau zwischen Hauptgebäude und Seminarienhaus müsse nach außen als selbständiger Baukörper erscheinen, während innen vielleicht eine Verbindung mit dem Seminarienhaus zu schaffen sei, indem dessen Nordwand durchbrochen würde. Im übrigen solle das Seminarienhaus jedoch unangetastet bleiben. Für den gesamten Neubau müsse die Spende ausreichen. Heinsheimer schließt: ›... es muß etwas entstehen, was auf Jahrhunderte hinaus unserer Universität aufs beste dient und in jedem Sinne den Meister lobt!‹[42]

Aufgrund der ersten Entwürfe, die Gruber hierauf noch im Februar 1929 der Universität und der Baukommission[43] vorlegt, wird er endlich am 2. März vertragsmäßig mit der künstlerischen und technischen Leitung der Ausführung der Neuen Universität beauftragt.[44] Ende April liegt die gesamte Planung für den Hauptbau, den Flügel an der Grabengasse und den Winkelbau zwischen Hauptbau und Seminarienhaus vor.[45] Kritik an diesen Plänen übt vor allem der neue Oberbürgermeister der Stadt Heidelberg, Carl Neinhaus. Ihm mißfallen die ›zu große Masse des Hauptgebäudes‹[46] und die ›unbefriedigende Ausgestaltung der Rückseite des Innenhofes‹, den Gruber mit zwischen Alter Post, Oberrealschule und Seminarienhaus eingefügten Mauern abschließen will. Er fordert, nach einer privaten Besprechung der Pläne Grubers mit Bonatz, aufgrund der genannten ›städtebaulichen‹ Bedenken die Einsetzung eines Sachverständigen-Gremiums. Eine dadurch eintretende zeitliche Verzögerung müsse bei der ›Lösung einer Bauaufgabe, die das städtebauliche Gesicht des Universitätsplatzes vielleicht für Jahrhunderte bestimmt‹, hingenommen werden.[47] Um in jedem Fall eine der Stadt mißfallende Lösung zu verhindern, erklärt er, daß der für das Projekt Grubers benötigte südliche Teil der Augustinergasse der Universität erst dann übereignet werde, wenn eine städtebaulich befriedigende Lösung vorliegt.[48] Nachdem Oberregierungsrat Weißmann, der für den Neubau zuständige Referent des Kultusministeriums, vergeblich versucht hat, Neinhaus für die Pläne Grubers zu gewinnen, wird schließlich am 15. Mai anläßlich einer erneuten Besprechung der gegensätzlichen Standpunkte, an der Neinhaus, Weißmann und der bautechnische Referent des Kultusministeriums, Caesar, teilnehmen, die Einberufung einer Sachverständigen-Kommission in der Zusammensetzung Poelzig, Bonatz und Caesar beschlossen.[49] Am 27. Mai 1929 liegt das Gutachten der Sachverständigen vor, das zur neuen Grundlage der weiteren Planbearbeitung wird. Der Grundgedanke Grubers, den Universitätsplatz an der Südseite durch einen einheitlichen Bau abzuschließen und zwischen Hauptbau und Jesuitenkirche einen neuen kleinen Platz zu schaffen, wird von den Sachverständigen akzeptiert, ebenso die zu keinen städtebaulichen Bedenken Anlaß gebende projektierte Höhe des Hauptgebäudes. Sie schlagen vor, um dem Wunsch der Stadt, die Augustinergasse freizuhalten, entgegenzukommen, das Hauptgebäude auf der Ostseite um etwa sechs Meter zu verkürzen, seine Nordflucht bis etwa zur Südflucht der Augustinergasse 9 vorzurücken und den Winkelbau ganz aus der Planung zu streichen. Der von der Stadt gewünschte Südflügel soll sofort gebaut werden, um Ersatz für die wegfallenden Räume zu schaffen. In diesem Rahmen könne dann auch der ›unerträgliche Realschulbau‹ beseitigt werden. Der Abstand zwischen Seminarienhaus und Südflügel soll etwa sieben Meter betragen, der Übergang von der nur als Fußgängerweg weiter existierenden Augustinergasse zur Seminarstraße über eine Freitreppe erfolgen. Der Hexenturm sei als wertvolles Baudenkmal zu erhalten. Neinhaus, von dieser Lösung beeindruckt, erklärt, sich dafür einsetzen zu wollen, daß die Mittel für den Südflügel bis zur Höchstgrenze von 200 000 RM aus städtischen oder sonstigen Mitteln als zinsloses Darlehen zur Verfügung gestellt werden, ein Vorhaben, das an heftigem Widerstand im Stadtrat scheitert.[50]

Mitte Juni liegen Grubers erste, auf der Grundlage des Gutachtens erstellte Pläne, einschließlich der Kostenberechnung in Höhe von 1 995 000 RM für den ersten Bauabschnitt und 500 000 RM für den Südflügel, den zuständigen Stellen vor. Auf deren Grundlage wird beschlossen, noch 1929 mit der Erstellung des Hauptbaues und auch des Westflügels bis zur Alten Post zu beginnen, zunächst unabhängig von der Lösung des Südflügelproblems, die wiederum abhängig ist von dem Erwerb der Alten Post und der Oberrealschule und beider Abbruch. Entgegen früheren Planungen ist das Hauptgebäude um drei Meter nach Norden versetzt, um eine Verlängerung des Flügels an der Grabengasse und einen größeren Abstand zu Seminarienhaus und Hexenturm zu erreichen. Der beabsichtigte Südflügel hält vom Seminarienhaus einen Abstand von ungefähr acht Metern, so daß dieses als eigenständiges Gebäude erhalten bleibt. Der so entstehende Durchgang fordert aber den Abbruch der Alten Post, die nur erhalten werden könnte, wenn der Südflügel sich als einheitlicher niedriger Verbindungsbau zwischen Post und Seminarienhaus erstreckte. In die aus drei verschiedenen Gebäuden – Hauptbau, Seminarienhaus, Winkelbau an Grabengasse und Seminarstraße – bestehende Baugruppe ist der Hexenturm, ›mit seiner monumentalen Bogenarchitektur ein wertvolles Baudenkmal‹, einbezogen. In ihm ist eine provisorische Treppe geplant, über die das Auditorium Maximum im Westflügel auch von der Südseite zu erreichen ist. Östlich des Hauptgebäudes führt ein etwa vier Meter breiter Durchgang in den Universitätshof und zu dem später so genannten Marsiliusplatz.[51] Dieser soll entstehen, indem die Universität die Häuser Augustinergasse 11 und 13 und Schulgasse 6 – um deren Erwerb sie sich bemüht und die mit Vertrag vom 4. 4. 1930 schließlich in ihren Besitz übergehen – nach Fertigstellung des Neubaus einschließlich des Südflügels abreißen läßt und das Gelände der Stadt Heidelberg lastenfrei übergibt, wozu die Universität sich bereits im Juli 1929 bereit erklärt.[52] Wiederum beanstandet die Stadt an diesen Plänen die ›zu große Baumasse am Universitätsplatz‹, vor allem aber verlangt sie die feste Zusage, daß der Südflügel gebaut und sie angemessen für die Abtretung der Oberrealschule entschädigt wird.[53] Erst nach Erhalt der gewünschten Garantie gibt der

Stadtrat am 3.7. 1929 seine Zustimmung, beschließt die Aufhebung des benötigten Teils der Augustinergasse und die unentgeltliche Abtretung eines drei Meter breiten Streifens Universitätsplatz an das Land.[54] Daraufhin reicht das Kultusministerium nach den schließlich doch noch ›architektonisch und wirkungsmäßig bedeutenden‹ Plänen beim Bezirksbauamt Heidelberg das Baugesuch ein, da der Neubau zum Sommersemester 1931 bereits bezugsfertig sein soll.[55] Unter heftiger Kritik erteilt der Bezirksrat am 22. Juli schließlich die baupolizeiliche Genehmigung. Das Bezirksbauamt, als lokale Behörde verantwortlich für den Baubescheid, will ihn in diesem Fall aufgrund eigenen Urteils nicht erteilen, da der ›Plan zum Universitätsbau ... ein kümmerlicher, niemanden befriedigender, das Städtebild zerstörender Kompromiß‹ sei.[56] Doch angesichts der Genehmigungen des Staatsministeriums, des Landständischen Ausschusses, des Stifters und des Kultusministers, leitet man das Baugesuch an die Kunstkommission des Bezirksrats weiter, die sich ebenfalls einstimmig dagegen entscheidet. Nachdem Weißmann jedoch ›nochmals‹ für Grubers Projekt ›gefochten‹ hat[57], gibt auch der Bezirksrat seine Zustimmung zu den Plänen mit der Begründung: ›... er sei bereit, dem Anspruch des zeitgenössischen Architekten auf einen eigenen Baustil zu genügen und dafür auch ein Opfer an historischer Entwicklung zu bringen‹.[58]

Die Pläne für Hauptbau und Westflügel und die Ausführung

Da die im folgenden zu besprechenden Pläne weitgehend realisiert wurden, ist deren Beschreibung zugleich eine Beschreibung der real existierenden Architektur. Aus diesem Grund kann auch auf Abbildungen des ausgeführten Gebäudes verwiesen werden.

Grubers Pläne[59] sehen ein längsrechteckiges Hörsaalgebäude mit Aula am Universitätsplatz und einen Flügel an der Grabengasse bis zur Alten Post vor, in dem Kunsthistorisches Institut und Auditorium Maximum untergebracht werden sollen. Gefordert waren außerdem dreizehn Hörsäle kleinerer und mittlerer

67 Größe von 60 bis 180 Sitzplätzen und ein Hörsaal für 250 Personen.[60] Das Hauptgebäude ist drei- bzw. viergeschossig und schließt mit einem betont flachen, weit überhängenden Walmdach ab. Der Haupteingang – in der Mitte der dreigeschossigen Fassade am Universitätsplatz – führt in den zentralen Raum des Erdge-

61, 70 schosses, eine im rechten Winkel zum Eingang liegende Halle. Ihr westliches Ende wird in der gesamten Breite von dem Haupttreppenhaus eingenommen, das bis zur Aula im zweiten Obergeschoß führt. An die Halle angrenzend liegen zum Marsiliusplatz, zum Universitätsplatz und zur Grabengasse vier Hörsäle und die nötigen Verkehrsräume, u.a. zwei weitere Treppenhäuser jeweils in der Südost- und der Südwestecke des Baues, die beide bis in ein drittes Obergeschoß führen. Zum Hof hin ist der geschlossenen Halle ein ihrer Länge entsprechender, halb so breiter, offener Wandelgang vorgelegt, dessen westliches Ende, südlich des Haupttreppenhauses im Inneren gelegen, als Vorraum in den Bau integriert ist. Von diesem Vorraum aus gelangt man südlich in den Verbindungsbau zum Westflügel, westlich in das in der Südwestecke gelegene, kleinere der beiden Nebentreppenhäuser und nördlich in das Haupttreppenhaus. Alle Räume, bis auf den Hörsaal an der Grabengasse, sind von der Halle aus direkt betretbar. Im ersten

Obergeschoß mündet die Haupttreppe in einen nach Süden liegenden Vorraum, *62*
durch den man wiederum in den Westflügel und in das südwestlich gelegene
Treppenhaus gelangt. Die insgesamt sieben Hörsäle, je einer zur Grabengasse
und zum Marsiliusplatz, drei zum Universitätsplatz und zwei zum Hof hin gelegen, sind wieder bis auf den hinter der Haupttreppe direkt über einen in der Mitte
liegenden Flur zugänglich, der entsprechend dem westlichen Vorraum vor dem
östlichen Treppenhaus zu einer ›Flurhalle‹ erweitert ist. Im zweiten Obergeschoß *63*
gelangt man durch einen Vorraum, der die ganze Breite des Baues einnimmt, in
die sich über zwei Geschosse erstreckende Aula, die hinter den vier östlichen
Fensterachsen des Mittelteiles liegt. Wie im Erdgeschoß und ersten Obergeschoß *68*
liegen auch hier am Marsiliusplatz, hinter der Aula, ein ›Kleiner Saal‹, ehemals
Senatssaal, heute Musiksaal, und hinter der Haupttreppe ein weiterer Hörsaal. *69*
Im dritten Obergeschoß, das nur über die beiden Nebentreppenhäuser zu erreichen ist, liegt über dem ›Kleinen Saal‹ eine sich zur Aula hin öffnende Empore
und über der östlichen Hälfte des Vorraumes die westliche Empore der Aula, die
nur wenig in diese hereinragt, davor ein Flur, von dem aus man zwei kleinere
Räume, zur Grabengasse gelegen, betritt. Außerdem befindet sich im Keller u. a.
ein geräumiger Erfrischungsraum.

Von der Innenaufteilung her gliedert sich der Hauptbau am Universitätsplatz
in drei Teile: einen Mittelteil, bestimmt durch die Länge der Erdgeschoßhalle einschließlich des Haupttreppenhauses, und zwei Seitenteile, einen Ost- und einen
Westteil.[61] Während die beiden Seitenteile eigene Treppenhäuser haben und sich
in der Grundrißgestaltung der einzelnen Geschosse kaum voneinander unterscheiden, sind die Grundrisse des teilweise dreigeschossigen Mittelteiles, der
Funktion der einzelnen Geschosse entsprechend, sehr unterschiedlich.

Aus der Innenaufteilung resultiert die unterschiedliche Gestaltung der vier
Fassaden. Die Hauptfassade am Universitätsplatz wird im Erdgeschoß und im
ersten Obergeschoß geprägt durch mehrteilige, horizontal aufeinanderfolgende,
durch schmale Mauerflächen voneinander getrennte Fenstereinheiten, deren
Reihung im Erdgeschoß durch das Hauptportal unterbrochen wird. Hierzu kon-
trastiert die Behandlung der beiden Aulageschosse, die durch sechs hohe und
schmale Fenster zu einem Geschoß zusammengefaßt werden, wobei nur die vier
östlichen Fenster die Aula direkt belichten, die beiden westlichen Empore und
Flur des dritten Obergeschosses und den darunterliegenden Vorraum im zweiten
Obergeschoß. Die beiden Seitenteile weisen in den zwei oberen Geschossen im
Gegensatz zur Hoffassade keine Befensterung auf, wodurch der Eindruck der
Dreigeschossigkeit entsteht. Der Nordfassade entsprechen an der Hoffassade die *72*
sechs hohen Fenster und die sechsteiligen Fenstereinheiten des ersten Obergeschosses, wobei in der westlichen Achse des Mittelteiles, bedingt durch den Anschluß des Verbindungsbaues zum Westflügel, eine der sechsteiligen Fensteröffnungen ganz entfällt und das darüber liegende Fenster kleiner ausgebildet ist. Im
Erdgeschoß liegt der den Fensterachsen entsprechend durch Pfeiler unterteilte,
offene Wandelgang. In den beiden Seitenteilen sitzen die Fenster der Nebentreppenhäuser. Ostfassade und Westfassade, den dahinter liegenden Räumen entsprechend gestaltet, unterscheiden sich in Zusammensetzung und Größe der
Fenstereinheiten. Alle Fenster des ersten Obergeschosses sitzen auf einem Ge-

sims auf, das den ganzen Bau umzieht und die Horizontale betont. Abweichungen gibt es bei dem unteren Fenster des südöstlichen Treppenhauses an der Ostfassade – hier verkröpft sich das Gesims um den oberen Teil des Fensters – und bei dem zweiten Fenster des südwestlichen Treppenhauses an der Südfassade, wo es das Fenster durchquert. Um trotz der unterschiedlichen Fensterformate, die aus der speziellen Belichtung der einzelnen Räume resultieren, eine einheitliche Gliederung der Fassaden zu erreichen, verwendet Gruber immer gleiche Elemente, die er zu breiteren oder schmäleren, niedrigeren oder höheren, durch Steinpfosten und Sprossen gegliederten Öffnungen zusammensetzt.[62]

64 Der Westflügel, der sich bis zur Alten Post erstreckt, ist mit dem Hauptbau durch einen schmalen, dreigeschossigen Zwischenbau verbunden, der an der Grabengasse hinter den Fluchten von Hauptbau und Westflügel liegt und in dessen Erdgeschoß sich eine Durchfahrt in den Hof befindet. An die nördliche, dem Treppenhaus und der Treppenhalle vorbehaltene Achse des insgesamt aus acht Achsen bestehenden Flügels, schließen die einzelnen Räume an: im Erdgeschoß die des Kunsthistorischen Instituts, das auch über einen am südlichen Ende des Flügels liegenden Eingang an der Grabengasse zu betreten ist[63], im ersten Obergeschoß ein Hörsaal und das Auditorium Maximum, das die gesamte Breite des Flügels einnimmt und sich über die fünf südlichen Achsen erstreckt[64], im zweiten Obergeschoß ein weiterer Hörsaal, zwei Fakultätszimmer und ein zusätzliches kleines Treppenhaus, das in den Dachraum führt. Die Befensterung des Erdgeschosses besteht auch hier, zur Grabengasse und zum Hof hin, aus aneinandergereihten, mehrteiligen Fenstereinheiten. Die beiden Obergeschosse weisen in den fünf südlichen Achsen, in denen das Auditorium Maximum liegt, eine die Geschosse zusammenfassende, identische Befensterung auf: zweigeteilte, hohe, vom Hauptbau übernommene, jedoch der Größe des Flügels entsprechend reduzierte Fenster. In der Gestaltung der drei nördlichen Achsen unterscheiden sich Grabengassen- und Hoffassade, den dahinterliegenden Räumen Rechnung tragend. Über dem Verbindungsbau befindet sich ein Satteldach, das in das Walmdach des Westflügels einschneidet. In diesem sitzen zum Hof und zur Grabengasse in regelmäßigen Abständen fünf Gaupen, entsprechend dem Hauptbau mit seinen jeweils fünf Gaupen an den Längs- und je einer an den Schmalseiten.

In einem die vorliegenden Pläne positiv bewertenden Artikel des Heidelberger Tageblatts vom 19.10.1929[65] kommt Gruber selbst zu Wort: Die Planung sähe aufgrund der ungeklärten Situation an der Seminarstraße ein ›zusammengesetztes Hauptgebäude‹ am Universitätsplatz und einen Flügel an der Grabengasse vor, der nach Abbruch von Post und Oberrealschule als Winkelbau weitergeführt werde, wodurch man die Grundidee des Wettbewerbs, die Gestaltung eines ›architektonisch wirkungsvollen Hofraums‹ verwirklichen könne. Die Augustinergasse werde in einer Breite von etwa vier Metern überbaut, der Niveauunterschied zwischen Universitätsplatz und Seminarstraße durch zwei Treppen ausgeglichen. Durch den Wegfall von Post und Kollegienhaus könne dann ›die Masse des Neuen ... allein herrschen und sich nach ihren eigenen Wesensgesetzen bilden‹. Durchlaufende Fenstergruppen sollen für den Rhythmus der Fassadengliederung den Maßstab abgeben. Die Lösung, die Aula im obersten Stockwerk des Hauptbaues unterzubringen, mache nicht nur jede weitere Überbauung des schönen Hofraumes im Süden unnötig, die Fassade des Hauptbaues erhalte außerdem durch den starken Kontrast der steilen hohen Fenster zu den breit gelagerten Hörsaalfenstern einen starken architektonischen Ausdruck. ›Die Baumasse des neuen Hauptbaues wird stark dominieren, das darf sie und soll sie, vor ihr und hinter ihr liegen große Platzräume.‹ Der Universitätsplatz soll dem Neubau angepaßt werden, indem er ›nach Art italienischer Stadtplätze‹ mit einem ›Belag aus großen Steinplatten‹ versehen wird, die ihn ›mit der Fassade zu einem räumlichen Ganzen zusammenschließen‹ werden. Das Hauptgebäude soll einen Verputz ›in freundlicher Farbe bei sparsamster Verwendung von Werksteinen, einem badischen Muschelkalkmaterial von großer Schönheit‹, erhalten, der plastische Schmuck auf ein zulässiges Maß beschränkt werden.[66]

Nach Genehmigung der Pläne wird am 30. Juli bei dem Architekten Emil Gutmann in Karlsruhe das Baubüro eingerichtet.[67] Am 7. 8. 1929 erteilt das Bezirksbauamt die Zustimmung zum Abbruch des Neuen Kollegienhauses[68], mit dem sofort begonnen wird.[69] Von jetzt an gehen die Bauarbeiten am Universitätsplatz und an der Grabengasse zügig voran. Anfang Oktober werden die Pläne Grubers zur Raumaufteilung des Westflügels von der Baukommission gebilligt und sein Kostenvoranschlag von insgesamt 2 000 400 RM besprochen.[70] Am 31. Oktober wird er in Höhe von 1 800 000 RM, exklusive Architektenhonorar und Kosten der Bauleitung, genehmigt.[71] Am 15. Januar kann endlich in einem feierlichen Festakt der Grundstein gelegt werden[72], und Anfang des Sommers 1930 ist der Rohbau soweit fertig, daß am 9. Juli ein privat ausgerichtetes Richtfest stattfindet, das sich zum öffentlichen Skandal entwickelt.[73] Elf Monate später, am 9. 6. 1931, werden Hauptbau und Westflügel feierlich eingeweiht. In einer Sonderbeilage der ›Heidelberger Neuesten Nachrichten‹ zu dem auch in der überregionalen Presse mit großem Interesse verfolgten Ereignis erhält Gruber die Möglichkeit, sein Werk zu verteidigen[74]: Die endgültige Gestalt des Neubaus habe sich aus zwei Gegebenheiten, dem Bauprogramm und der Örtlichkeit der Baustelle, ergeben. Aula und Auditorium Maximum hätten besondere Anforderungen an Kleiderablagen und Treppen gestellt, die hierin Platz findenden Menschenmengen nach weitläufigen Wandelhallen und Korridoren verlangt. Entscheidenden Einfluß auf die Gestaltung des Baues aber habe vor allem das mit großer Entschiedenheit betonte Verlangen der Universität nach einem konzentrierten Hörsaalgebäude am Universitätsplatz ausgeübt. Die Hörsäle, die er in seinen ersten Projekten im Südflügel untergebracht habe, sollten nun ebenfalls in das Hauptgebäude, da im Sommer 1929 der Bau des Südflügels nicht abzusehen war. So sei der mächtige Baukörper am Universitätsplatz, dem ›geistigen Forum Heidelbergs‹, entstanden. Die Konzentrierung der Hörsäle in diesem Gebäude sei auch für die formale Gestaltung von entscheidender Bedeutung gewesen. Die zweckmäßige Belichtung der zum Universitätsplatz liegenden Hörsäle habe es unmöglich gemacht, einen Fensterrhythmus aufzugreifen, wie ihn z. B. die Alte Universität aufweise. Auch habe die Aula hohe, schmale Fenster erfordert, die dem fertigen Bau das Pathos gäben, das ihn von anderen Schulgebäuden unterscheide, und ihm den Charakter einer einräumigen, mittelalterlichen Halle verliehen, der auch mit dem, vom Stifter häufig gebrauchten Begriff ›University Hall‹ gemeint sei. Da die barocke Architektur der Alten Universität und der den Universitätsplatz umgebenden Bürgerhäuser nicht den Maßstab für diesen Neubau abgeben konnte[75], habe er sich dazu entschlossen, den Bau nach ›seinem eigenen Wesen‹ zu bilden und jedem Raum seine ihm eigens angepaßte Lichtführung zu geben. Die Anpassung des Neuen an das Alte sei durch den räumlichen Zusammenhang der Platzräume, durch die Form der Baukörper und durch die am Neubau verwendeten Materialien und Farben erfolgt. Der Baukörper der Universität solle mächtig wirken und als Kernbau der Universitätsstadt alles andere überragen. Mit dem hohen Dach der Jesuitenkirche zusammen bilde er einen das Gewirr der Dächer der Altstadt gliedernden Raum, ähnlich wie die Terrasse des Hortus Palatinus mit der Schloßterrasse, die Alte Brücke mit der Heiliggeistkirche zusammen das Stadtbild räumlich gliederten. Der graue Muschelkalk der Fenster stelle mit dem hellen Putz der Flächen, dem noch die Patina fehle, die Farbenharmonie dar, die der Altstadt entspräche. Abschließend weist Gruber darauf hin, daß der Bau, so wie er da stände, ein Torso sei. Drei Viertel des Bauprogramms seien zwar verwirklicht, die städtebauliche Wirkung jedoch erst zur Hälfte erreicht. Sie fordere noch die Schließung des Hofes durch den Südflügel und die Schaffung der vor dem Seminarienhaus geplanten Horizontallagerung der Augustinergasse mit zwei Treppenanlagen zur Seminarstraße und zum Marsiliusplatz. Nach ihrer Fertigstellung werde die Universität aus drei Gebäuden bestehen: dem Hauptbau, einem den Hexenturm umschließenden Winkelbau und dem Seminarienhaus. An der Ostseite des Hauptbaues entstehe nach Abbruch der Häuser Augustinergasse 11 und 13 ein kleiner Platz, der von Chor und Turm der Jesuitenkirche wirkungsvoll beherrscht werde. So entständen drei Platzräume. Vom monumentalen Universitätsplatz könne man durch einen Schwibbogen den Marsiliusplatz betreten, von hier aus über eine Treppe die Terrasse vor dem Seminarienhaus, von der aus man auf die höher gelegene Seminarstraße gelange. Eine Stützmauer und eine Allee geschnittener Linden werde diesen Fußgängerdurchgang von dem mit alten Bäumen bewachsenen Universitätshof abgrenzen. Der Hexenturm solle erhalten werden. Mit seinen mehrgeschossigen, monumentalen Bogenöffnungen nach dem Hof, eingerahmt von alten Bäumen, sei er ein wirkungsvolles Architekturbild, dessen Schönheit sich dem Betrachter nach Öffnung der Arkaden erschließen werde.

Der plastische Schmuck bis 1932

›Wenn die strenge und ernste Haltung des gesamten Baues der ›Neuen Universität‹ auch auf Zierat verzichtet, so sind doch die bedeutsamen Stellen des Gebäudes durch kostbaren Schmuck betont, das Portal und die Rückwand hinter dem Rednerpult in der Aula.‹[76] Schon im August 1929, ein knappes halbes Jahr vor der Grundsteinlegung, ist Gruber mit der Planung von Inschrift, Portalschmuck und Stifterehrung beschäftigt. Über den beiden Öffnungen des Portals gedenkt er, Wappentier, Reichsadler und Greif in ›strenger Stilisierung‹ anzubringen.[77] Doch Engerer Senat und Bauhütte beschließen im Mai 1930, nur die Inschrift ›Dem lebendigen Geist‹ über das Portal zu setzen[78], ein Spruch Friedrich Gundolfs, den die Universität aus siebenundzwanzig eingegangenen Vorschlägen auswählte[79]. Da damit wiederum Gruber nicht einverstanden ist und die Baukommission einen weiteren Vorschlag von ihm, zusätzlich zur Inschrift einen Bronzeadler anzubringen, ablehnt, wird er beauftragt, sich wegen der Anbringung der Inschrift und wegen eines Reliefs an den badischen Bildhauer Karl Albiker, seit 1919 Professor an der Akademie in Dresden, zu wenden.[80] Im Dezember 1930 liegen Vorschlag und Modell Albikers zur Fassadengestaltung vor. Er will eine sitzende Athena anbringen, da er eine stehende Figur in künstlerischer Hinsicht für unpassend hält, ›wenn der Maßstab zwischen Architektur, Figur und Mensch nicht zur Unmöglichkeit werden soll‹. Er hätte, bestünde die Möglichkeit für eine stehende Figur, ›mit größerer Freude unter Bezugnahme auf die Inschrift das ... weit dankbarer erscheinende Symbol einer nackten Jünglingsgestalt mit Fackel für die Darstellung gewählt‹. Erst durch den Zwang, daß nur eine sitzende Figur untergebracht werden könne, sei er auf ›eine weibliche Gewandfigur und damit die Minerva als Symbol‹ gekommen. Die Gewandpartie zwischen den Knien der Figur habe er nach bester Möglichkeit so geordnet, daß jede üble Deutung ausgeschlossen sei. Obwohl die Baukommission an der Behauptung, eine stehende Figur sei ästhetisch unmöglich, zweifelt, stimmt sie dennoch der Idee zu und beauftragt Albiker mit der Ausführung und Vergoldung der Plastik (für 12000 RM) und der Anfertigung der Inschrift in Bronzebuchstaben (für 250 RM).[81] Rechtzeitig zur Einweihung sind Inschrift und Athena angebracht und in der Wandvertäfelung der Aula, hinter dem Rednerpult, das Siegel der Universität von 1386 als Intarsie aus Zinn und Ebenholz eingelassen, deren Gestaltung auf einen Vorschlag Grubers vom Dezember 1930 zurückgeht.[82] Außerdem bringt man eine Gedenktafel zu Ehren der Stifter im ersten Obergeschoß an der Wand gegenüber des Treppenhauses an.[83] Schurman, den Vermittler der Spende, ehrt man zusätzlich durch eine schon im März 1929 geschaffene Bronzebüste des Bildhauers Christoph Voll[84], die vor der Stiftertafel aufgestellt wird.

59

Die Planung und Ausführung des Südflügels

Seit Juni 1929 verhandeln Ministerium und Universität mit der Stadt auch über die Fragen, die mit dem von den Gutachtern im Mai 1929 geforderten Bau des Südflügels zusammenhängen. Hierbei erweist es sich vor allem als sehr schwierig, eine Übereinstimmung mit der Stadt in bezug auf die Übergabe der Alten Post und der Oberrealschule zu erzielen, obwohl die Stadt selbst die Ausführung des Südflügels zur Bedingung ihrer Zustimmung zu den Plänen Grubers für Hauptbau und Westflügel gemacht hat. Was die Alte Post betrifft, die laut Gruber ›weg muß‹[85], wenn der Südflügel gebaut werden soll, gelingt es dem Unterländer Studienfonds nach fortwährenden Verhandlungen im November 1930, das gesamte Gelände mit dem Hexenturm von der Stadt zu erwerben.[86] Die komplizierten Verhandlungen um die Oberrealschule – Streitpunkt ist hier vor allem, nachdem ab April 1931 die Finanzierung als gesichert gilt, die Unterbringung der Oberrealschulklassen während der Bauzeit und darüber hinaus – enden dagegen erst in einem Vertrag vom 23.2.1932[87], mit dem die Oberrealschule in den Besitz des Landes übergeht. Nachdem Gruber schon im November und Dezember 1931[88] und im Februar 1932[89] Vorschläge zum Südflügel vorgelegt hat, reicht er am 14.3. 1932[90] die Pläne ein, die zur Grundlage für die Baubewilligung durch den Land-

tag werden[91] und – leicht abgeändert – am 7. 4. 1932 dem Bezirksbauamt zur baupolizeilichen Genehmigung vorliegen[92].

65   Diese Pläne sehen einen dreigeschossigen Südflügel vor, der um die Ecke Se-
minarstraße/Grabengasse herumgeführt ist und mit einem Treppenhaus, betretbar über den Eingang an der Grabengasse, an den Westflügel anschließt. Der Hexenturm, in dessen drei oberen Geschossen die Vermauerung der Turmarkaden
entfernt ist, ist in den Neubau miteinbezogen. Sein Erdgeschoß dient als Haupteingang und Verteilungsraum in die beiden Flügel. Erstes und zweites Obergeschoß sind über kleine Zwischentreppen vom westlichen Treppenhaus aus zu erreichen.[93] Südwestlich hinter dem Hexenturm liegt ein kleiner, annähernd
quadratischer Lichthof, der zur Belichtung der in der Ecke Grabengasse/Semi-
narstraße liegenden Räume dient. Ebenso hoch wie der Westflügel, ist der Südflügel von geringerer Tiefe als dieser. An der Seminarstraße liegt er hinter den alten Baufluchten von Alter Post und Oberrealschule, womit Gruber ein
Einschneiden des nach Osten abgewalmten Daches in den Eckpilaster des Seminarienhauses vermeiden will. An der Ostseite endet der Südflügel nicht rechtwinklig, da seine Flucht parallel zu der des Seminarienhauses verläuft. Über vier Eingänge, an Grabengasse, Seminarstraße, Augustinergasse und im Hexenturm gelegen, sind die drei Treppenhäuser zu erreichen, die in die einzelnen Geschosse
führen: die Haupttreppe – eine südlich des Hexenturms gelegene Wendeltreppe –
mit einem Vorraum zur Seminarstraße, die bereits oben genannte Treppe an der
Grabengasse und die Treppe am östlichen Ende des Flügels, die jedoch im ersten
61   Obergeschoß endet. In den zum Innenhof liegenden sechs Räumen des Erdgeschosses, das nur zum Hof hin als Vollgeschoß erscheint, an den Straßenseiten
hingegen, als Ausgleich der großen Niveauunterschiede sowohl in der Nord-Süd-
als auch der West-Ost-Richtung als Sockelgeschoß ausgebildet ist, ist die Philosophische Fakultät untergebracht, der große L-förmige Raum in der Ecke Graben-
gasse/Seminarstraße dient der Aufstellung der Gipse des Kunsthistorischen In-
62   stituts. Im ersten Obergeschoß befinden sich die Räume des Historischen Seminars: am östlichen Ende des Flügels der Hörsaal, direkt über die dort liegende
Treppe zu erreichen, entlang der Seminarstraße, bis eine Fensterachse vor der
Grabengasse, die Bibliothek und über diese zugänglich zum Hof hin drei Dozentenzimmer. Ein viertes gewinnt Gruber, indem er vom langgestreckten Übungsraum, Ecke Grabengasse/Seminarstraße, das nördliche Drittel abtrennt. Der
63   Hörsaal des Geographischen Instituts, dem das zweite Obergeschoß zur Verfügung steht, liegt westlich der Wendeltreppe an der Seminarstraße, zu der hin noch
drei weitere Arbeitsräume liegen. Bibliothek sowie Dozentenzimmer sind an der
Hofseite untergebracht. Die zwei zur Grabengasse gelegenen Räume gehören
zum Historischen Seminar und sind nur über das westliche Treppenhaus zu betreten.

66   Bei der Gestaltung des Südflügels hat Gruber das Prinzip der gegenüberliegenden Fenster aufgegeben. Zum Hof hin wird das Erdgeschoß durch große vierteil-
lige Fenster belichtet, dem Erdgeschoß des Westflügels entsprechend, für die Belichtung der beiden Obergeschosse sorgt eine dichte Folge zweiteiliger Fenster,
deren Breite den Fenstern des Auditorium Maximum angeglichen ist. An Seminarstraße und Grabengasse sitzen im Sockelgeschoß kleine zweiteilige, in den

beiden Obergeschossen dreiteilige Fenstereinheiten, die so verteilt sind, daß ›der Fensterrhythmus ganz gleichmäßig um die Ecke Grabengasse/Seminarstraße herumläuft‹[94]. Dem entspricht auch die Dachgestaltung des Südflügels mit sechs Gaupen zur Seminarstraße und einer zur Grabengasse, die die fünf Gaupen des Westflügels ergänzt.

Am 18.4. 1932 wird mit dem gleichzeitigen Abriß von Alter Post und Oberrealschule begonnen. Nachdem die Stadt Heidelberg ihre Zustimmung zum Bau des Südflügels erteilt hat, ergeht Anfang Mai der Baubescheid des Bezirksamtes an das Kultusministerium, so daß im Sommer 1932 die Fundierungsarbeiten[95] beginnen können und im November der Rohbau bereits fertig ist.[96] Zum Wintersemester 1933/34 wird der Südflügel in Betrieb genommen.[97]

Das Kriegerdenkmal im Hexenturm

Bereits im Sommer 1933 wird ein anläßlich der Einweihung des Südflügels vom Kultusministerium gestiftetes[98] Kriegerdenkmal im ersten Obergeschoß des Hexenturms angelegt.[99] Nach einem Entwurf Grubers werden die Namen der Gefallenen in Stein gemeißelt an den Wänden angebracht und ergänzt durch ›ein großes ernstes Kreuz, als mattes Fresko in gebrochenem Schwarz auf den Putzton der Wand gemalt‹ und durch ›haltbare Buchsbaumkränze‹.[100] Die veränderten politischen Verhältnisse kommen insofern zum Tragen, als dem Entwurf Grubers die Inschrift ›Deutschland soll leben auch wenn wir sterben müssen‹[101] hinzugefügt wird. Am 9.11. 1933 findet eine erste Feier am Ehrenmal statt: eine nationalsozialistische Kundgebung anläßlich des zehnten Jahrestages des Putschversuches von Adolf Hitler in München. Im Rahmen dieser Feier, die von einem kulthaften Zeremoniell begleitet wird, hält u.a. der Kanzler der Universität, Professor Stein, in SS-Uniform eine Rede, in der er das Gedenken an die ›Toten unserer Bewegung‹ propagiert und diese zu ›Helden‹ stilisiert.[102] Die Gefallenenehrung heißt denn infolgedessen auch ›Heldenehrung‹. Ende 1938 lebt die Diskussion um das Denkmal noch einmal auf. Rektor Schmitthenner[103] will auf Antrag des Studentenführers vom Kultusministerium die Erlaubnis erreichen, die jüdischen Namen von der Gefallenen-Tafel im Hexenturm zu entfernen, eine Maßnahme, die mit ›Rücksicht auf die Ehre der deutschen Toten‹ unterblieben, aber ›anläßlich des Kampfes des Weltjudentums gegen das Dritte Reich‹ jetzt dringlich sei.[104]

Der Marsiliusplatz und die Augustinergasse 13

In einem letzten Bauabschnitt werden das heutige Haus Augustinergasse 13 gebaut und der Marsiliusplatz geschaffen, ein dritter ›Platzraum‹[105] neben Universitätsplatz und -innenhof. Zu Beginn der Planung, im August 1930, denkt Gruber zunächst daran, die Schulgasse 6, ›ein hübsches altes Barockhaus‹, zu erhalten[106], ein Vorhaben, dem die Stadt, an die das freigelegte Gelände nach Abbruch der Häuser Augustinergasse 11 und 13 und Schulgasse 6 übergeben werden soll[107], im Februar 1932 vertragsmäßig zustimmt.[108]

Einen ausführlichen Bericht über die Gestaltung des Marsiliusplatzes schickt

Gruber am 9.6. 1932 zusammen mit vorläufigen Plänen an das Kultusministerium.[109] Hier verweist er auf die drei wichtigen architektonischen Aufgaben, die sein Marsiliusplatzprojekt zu erfüllen habe: Erstens sei die Ostfassade des Universitätsgebäudes räumlich zu fassen, was durch eine Verlängerung des schon vorhandenen Anbaus des Hauses Schulgasse 6 geschehe. Zweitens übernehme die durch diesen Anbau entstehende südliche Platzwand des Marsiliusplatzes die Gliederung und den Fensterrhythmus der Barockfassade der Schulgasse 6, wobei die Fenstergewände und das Portal der Alten Post verwendet werden sollen. Als dritten und wichtigsten Punkt führt Gruber die Bedeutung des Baues für die Raumwirkung des Universitätsinnenhofes an. Er schließe das ›einzig übrig gebliebene Loch im Platzraum in der Nordostecke des Hofraumes‹ und biete die Möglichkeit, ›in der letzten Stunde doch noch den Grundgedanken, der mich von Anfang an leitete, den des gesammelter Geistesarbeit dienenden, von der Außenwelt abgeschlossenen Universitätshofes‹ zu verwirklichen. Ende des Jahres 1932 liegen dem Kultusministerium die endgültigen Pläne vor. Wie vorgesehen ist das zweigeschossige Haus Schulgasse 6 in seinem Äußeren weitgehend erhalten. Die Fassade an der Schulgasse, mit einem Rundbogenportal in den zwei südlichen Fensterachsen und einem Zwerchhaus in der Mitte des Daches, bleibt völlig un-
74 berührt. Die ebenfalls zweigeschossige Platzfassade besteht aus der Nordwand des alten Hauses und dem geplanten Anbau in einer Länge von 24,5 m. Die Fenstergewände und das in der Mitte liegende Portal mit Oberlicht stammen von der barocken Fassade der Alten Post. An der Südseite des Anbaus, der einfache moderne Formen aufweist, befindet sich ein weiterer Eingang mit Oberlicht.[110] Die geschätzten Kosten in Höhe von 39 000 RM, rund das Doppelte der veranschlagten Summe, veranlassen das Kultusministerium, das Bauvorhaben noch einmal zu prüfen, wobei von dem damit beauftragten Baureferenten des Kultusministeriums, Hirsch, festgestellt wird, daß die Baudimensionen der Schulgasse 6 ›eine wirklich befriedigende Verbesserung des Grundrisses‹ nicht zulassen.[111] Die entstandene Ratlosigkeit über das weitere Vorgehen am Marsiliusplatz wird überraschend dadurch geklärt, daß am 7.1. 1933 während einer Baukommissionssitzung Professor Hoops erscheint und mitteilt, er habe soeben aus Amerika ein ›Kabel‹ erhalten, worin ein ›Nichtgenanntseinwollender‹ der Universität für einen Neubau am Marsiliusplatz 20 000 RM zur Verfügung stellt.[112] Daraufhin wird sofort beschlossen, anstelle des Hauses Schulgasse 6 unter Beibehaltung der Fassade einen Neubau mit geringer Dachneigung auszuführen.

Ende Januar reicht Gruber aber Pläne für einen völligen Neubau unter Wegfall der alten Fassade beim Kultusministerium ein.[113] Er begründet diese Änderung mit der Notwendigkeit, das Erdgeschoß höher zu legen, wodurch die hier vorgesehenen Hausmeisterwohnungen trockener und gesünder würden. Der wieder zweigeschossige Winkelbau ist ›sachlicher‹ gestaltet. Schmucklose Fenster und Portale gliedern die Fassaden. Durch eine neue Fensteranordnung will Gruber eine der Nutzung angemessene Beleuchtung der Räume erzielen, die durch den barocken Fensterrhythmus gestört worden wäre. Am Marsiliusplatz ist das Portal aus der Mitte nach Osten verschoben, im Hof liegt die Tür in der Mitte der Westfassade. An der Schulgasse gibt es keinen Eingang. Im höher dimensionierten ersten Obergeschoß sind – unter Abänderung des Raumprogramms, nach dem diese Räume für das Institut für Zeitungswesen bestimmt waren – Zimmer des Deutschen und Philosophischen Seminars untergebracht. Ein Durchbruch mit einer kleinen Treppenanlage im ersten Obergeschoß ermöglicht den direkten Zugang ins Seminarienhaus. Obwohl bereits am 1.2. 1933 feststeht, daß der unbekannte Spender einen dreistöckigen Neubau an der Schulgasse wünscht, um Räume für das Philosophische Seminar zu schaffen, setzt Gruber, der nur zwei Geschosse an dieser Stelle städtebaulich für vertretbar hält, durch, daß am 2.5. 1933 der Baubescheid für den zweigeschossigen Neubau erteilt wird.[114]

Die weitere Planungsgeschichte des Baues ist ein Beispiel der Selbstauslieferung der Heidelberger Universität an die Nationalsozialisten auch in der Professorenschaft. Ohne Schwierigkeit wird der erfolgte Baubescheid wenig später ausgesetzt und beschlossen, den Neubau um ein Geschoß zu erhöhen. Die Erhöhung dient der Unterbringung der neuinstallierten ›Lehrstätten‹ für Volkskunde und Frühgeschichte, so daß mit dem neuen Raumprogramm an einem Ort die für die herrschende Ideologie der ›Volksgemeinschaft‹ wichtigen Institute konzentriert werden.[115] Bereits am 22.7. 1933 legt die Bauleitung die abgeänderten Pläne dem nunmehr ebenfalls nationalsozialistischen Kultusministerium vor.[116] Abgesehen von dem zusätzlichen Geschoß sind sie identisch mit den vorausgegangenen. Einen Monat später wird der Baubescheid erteilt.[117] Da das alte Gebäude an der Schulgasse bereits im Mai des Jahres abgebrochen worden ist, wird jetzt ohne weitere Verzögerung auf dem freigelegten Gelände zwischen Augustinergasse[118] und Schulgasse das bezeichnenderweise so genannte ›Deutsche Haus‹ errichtet. Das Richtfest findet am 3.11. 1933 statt.[119] Im Zuge dieser Baumaßnahme erhält auch der Marsiliusplatz seine Pflasterung. Am 18.4. 1934 ist der ›Erweiterungsbau des Seminarienhauses‹ soweit fertiggestellt, daß der Einzug erfolgen kann.[120]

75

73

Der plastische Schmuck 1933–1945

Die Machtübernahme durch die Nationalsozialisten am 30.1. 1933 bringt auch die Diskussion um Inschrift und Fassadenschmuck der Neuen Universität wieder in Gang. Im April und Mai des Jahres führt der Heidelberger Verleger der Zeitschrift ›Greifenland‹, Max Dufner-Greif, einen Briefwechsel mit dem Kultusministerium, in dem er sich gegen die bestehende Inschrift Gundolfs ausspricht: ›Der Name Gundolf ist mit Gumbels in peinlicher Erinnerung verflochten.‹ Unter Hinweis auf einen Vortrag von Universitätsprofessor Dr. Hermann Güntert[121] schlägt er die Fassung ›Dem lebendigen deutschen Geist‹ vor. Obwohl das Ministerium diese Idee begrüßt[122], wird sie erst drei Jahre später im Zusammenhang mit den Vorbereitungen für die 550-Jahrfeier der Universität in der kürzeren Version ›Dem deutschen Geist‹ verwirklicht, was Wünschen der örtlichen NSDAP entspricht.

Auch für Gruber scheint nun die Zeit gereift, seine bereits am 30.9. 1930[123] geäußerte Idee eines Bronzeadlers an der Hauptfassade noch einmal vorzubringen. Am 22.1. 1934 schreibt er dem von den Nationalsozialisten eingesetzten Rektor Groh, in seinem (Grubers) Auftrag habe Professor Schließler schon mit Professor Himmel ›über verschiedene Möglichkeiten der plastischen Ausschmückung der

Universität gesprochen‹.[124] Probleme ergäben sich alleine bei der ›würdigen Wiederaufstellung‹ der Albikerschen Athena an anderem Ort, da sich Albiker gegen eine Anbringung an der Hoffassade ausgesprochen habe.[125] Eine Lösung im Sinne Grubers wird jedoch vorläufig noch nicht gefunden, da sich das Kultusministerium zunächst gegen die vorgeschlagenen Änderungen wendet. Ein Aktenvermerk vom 4. 7. 1934[126] gibt Auskunft über den Standpunkt des nationalsozialistischen Ministeriums: Danach sei aus Universitätskreisen angeregt worden, die Athena durch ein Hoheitszeichen der NSDAP zu ersetzen, und Gruber habe Schließler beauftragt, ein Modell anzufertigen. Die Anbringung eines Hoheitszeichens am Schurmanbau komme jedoch nicht in Frage, ein Auftrag sei nicht erteilt worden und die in dieser Richtung bereits unternommenen Schritte seien rückgängig zu machen. Gruber, der umgehend über diese Entscheidung des Ministeriums informiert wird, verlangt daraufhin eine klärende Aussprache mit dem Minister. Am 22. 11. 1934[127] richtet er ein Schreiben an das Rektorat, in dem er sich beschwert, daß man den Entwurf Schließlers nicht einmal besichtigt habe und diese ›rein künstlerische Frage allzusehr unter dem politischen Gesichtspunkt‹ betrachte. Der geplante Adler sei kein Hoheitszeichen und falle unter keinen der über Anbringung von Hoheitszeichen gegebenen Erlasse. Am 29. 12. 1934 erklärt sich das Ministerium damit einverstanden, die Athena an der Hoffassade und an der Hauptfassade einen ›Adler oder Greif‹ anzubringen. Schließler erhält offiziell den Auftrag zu einem Entwurf[128] und wird auf Drängen Grubers am 15. 4. 1935 mit der Ausführung des Adlers beauftragt, der bis zu 18 000 RM kosten darf.[129] Ein knappes Jahr später ist der Adler im Guß fertig und wird im Mai 1936, einen Monat vor der ›reichswichtigen‹ 550-Jahrfeier der Universität (27. 6.–1. 7. 1936)[130], zu der auch endlich der Universitätsplatz gepflastert

71 wird[131], mit der Inschrift ›Dem deutschen Geist‹ über dem Hauptportal befestigt. Die Athena wird am östlichen Seitenteil der Hoffassade in Erdgeschoßhöhe angebracht.[132]

Ebenfalls im Hinblick auf die 550-Jahrfeier erfolgt bereits im Mai 1935 der Auftrag des Kultusministeriums an den Bildhauer Fritz Hofmann von der Badischen Landeskunstschule Karlsruhe, einen ›Kriegerkopf‹ zu fertigen, der über dem ›Eingang zur Heldenehrung in der Grabengasse‹, gleichzeitig der Eingang zu dem im Sommer 1933 eingerichteten ›Kriegswissenschaftlichen Institut‹, angebracht werden soll.[133] Als Modell für Hofmanns überdimensionalen Kriegerkopf aus Muschelkalkmaterial dient Hans Fehrle, Sohn des Heidelberger Volkskundlers und Ministerialrats Eugen Fehrle.[134] Am 24. 9. 1935 wird der Kopf über den Eingang an der Grabengasse gesetzt. In einer Würdigung meint die nationalsozialistische Tageszeitung ›Volksgemeinschaft‹, Hofmanns Soldat sei ›ein echtes Kunstwerk unserer Zeit, einfach, hart und wuchtig‹.[135] Die Absicht des Kultusministeriums, auch eine Portalplastik für den Eingang an der Seminarstraße anfertigen zu lassen, wird nicht verwirklicht.

Auch im Inneren des Gebäudes nehmen die Nationalsozialisten Veränderungen an der künstlerischen Ausstattung vor. Im Herbst 1938 empfiehlt Prorektor Stein, in Vertretung von Rektor Schmitthenner, die Stiftertafel entfernen zu lassen, da sich unter den Stiftern eine Reihe von Juden befänden, ›die zweifellos zu den Hetzern gegen Deutschland gehören‹. Auch sei der Name Schurman des besonderen Gedenkens nicht mehr wert.[136] Nachdem sich das Kultusministerium mit der Entfernung der Stiftertafel einverstanden erklärt hat, bietet sich Rektor Schmitthenner im Sommer 1939 die Gelegenheit, diese durch eine Hitler-Büste des unter den Nationalsozialisten zu Ruhm und Ehre gelangten Bildhauers Arno Breker zu ersetzen.[137] In Zusammenarbeit mit dem Kunsthistoriker Professor Hubert Schrade[138] kommt das Bezirksbauamt jedoch zu einer anderen Lösung. Anläßlich der Stiftungsfeier am 22. 11. 1940[139] wird die seit dem Jubiläum von 1936 in der Aula befindliche Hitler-Büste durch die Plastik Brekers ersetzt, da man die bisherige Büste als zu klein für diesen Raum hält. Sie habe ›keinerlei maßstäbliche Beziehung‹ zu dessen Größe. Im Tausch wird sie deshalb an der für die Brekersche Büste vorgesehenen Stelle in der Halle des ersten Obergeschosses aufgestellt, wo die Schurman-Büste von Christoph Voll entfernt wird. An die Stelle der Stiftertafel tritt als Hintergrund der Hitler-Büste ein Wandbehang nach einem Entwurf von Mitgliedern der Badischen Hochschule für Bildende Künste in Karlsruhe.[140] Ob die ›Führerworte‹, die nach den Wünschen Schmitthenners die Wandfläche auf beiden Seiten der Büste zieren sollen, noch angebracht werden, läßt sich nicht mehr feststellen. Einer der zahlreichen bezeichnenden Vorschläge, die von den Dekanen der Fakultäten hierzu eingereicht werden, lautet: ›Im ewigen Kampf ist die Menschheit groß geworden – im ewigen Frieden geht sie zugrunde.‹[141]

Die Beschlagnahme und der Brand der Neuen Universität

Nachdem das Deutsche Reich ›im Kampf zugrunde gegangen‹ und die Stadt Heidelberg von der amerikanischen Armee eingenommen ist, werden die Gebäude der Universität am 31.3. 1945 von der Besatzungsmacht beschlagnahmt.

Im Zuge erster Entnazifizierungsmaßnahmen beschließt der Engere Senat am 27.7. 1945, die Portalinschrift ›Dem deutschen Geist‹ zu entfernen und, nach Fürsprache von Karl Jaspers, den ursprünglichen Schriftzug wieder anzubringen. Außerdem sollen die ›Gebertafel‹ so bald wie möglich reinstalliert und der Kriegerkopf über dem Eingang an der Grabengasse in den Hexenturm verbracht werden, wo er im Rahmen des Krieger-Ehrenmals Verwendung finden kann.[142] Über die Zukunft des Adlers ist man sich nicht im klaren. Erst der eindeutige Befehl der amerikanischen Militärregierung, den Adler von der Hauptfassade entfernen zu lassen, führt zu dem Entschluß, ›im Zuge der Wiederherstellung der früheren Zustände‹ auch die Athena an die alte Stelle zurückzubringen, obwohl man allgemein damit unzufrieden ist.[143] Im November 1945 wird der Adler entfernt, das Bronzematerial in den folgenden Jahren an verschiedene Universitätsinstitute verteilt.[144] So präsentiert sich die Neue Universität schon kurz nach Ende des Krieges weitgehend wieder in dem Zustand, in dem sie sich vor der Machtübernahme durch die Nationalsozialisten befand.[145]

Aufgrund der Beschlagnahme ist die Neue Universität für den Lehrbetrieb zunächst gesperrt und den deutschen Stellen der Zugang in das Gebäude völlig verwehrt. Erst nach ständigem Drängen der Universität stehen schließlich im Wintersemester 1947/48 fast der gesamte Südflügel, das Auditorium Maximum und fünf weitere Räume im östlichen Teil des Erdgeschosses und ersten Obergeschosses des Hauptgebäudes wieder für den Lehrbetrieb zur Verfügung.[146] Der westliche Teil und das gesamte zweite und dritte Obergeschoß des Hauptbaues sind weiterhin beschlagnahmt.[147] Ein Brand, der am 16.6. 1948 durch einen Kurzschluß in den Bühnenaufbauten der zum ›States Theater‹ umfunktionierten Aula ausbricht[148], macht alle Hoffnungen zunichte, die Neue Universität in Kürze wieder ganz für den Lehrbetrieb nutzen zu können. Bei dem Großfeuer brennen die Aula und die anschließenden östlichen Räume vollständig aus, die Holzteile der Dachkonstruktion werden völlig zerstört. Der westliche Teil des Hauptgebäudes wird in den beiden oberen Geschossen ebenfalls schwer beschädigt, während die Räume in den unteren Geschossen vor allem durch Löschwasser in Mitleidenschaft gezogen werden.[149] Der Gebäudeschaden beläuft sich auf geschätzte 800 000 bis 1 000 000 DM.

Die Verhandlungen um die Wiederherstellung, für die die Amerikaner verantwortlich sind[150], dauern mehrere Jahre. Gegen ihr Vorhaben, nach dem keine sofortige Erneuerung, sondern nur ein Notdach geplant ist, das im Juli/August 1948 auch aufgeschlagen wird, wendet sich Oberregierungsrat Kölmel vom Finanzministerium Karlsruhe, auf dessen Drängen am 27.10. 1948 Gruber ›als Schöpfer des Bauwerks‹ mit der planerischen Gestaltung des Wiederaufbaus beauftragt wird.[151] Was die äußere Gestaltung des Gebäudes betrifft, so beabsichtigt Gruber, die in der Öffentlichkeit laut gewordene Kritik an dem ehemaligen Dach, dem ›weitüberstehenden Schlapphut‹[152], zu berücksichtigen. Er will die Aufschieblinge weglassen, wodurch mehr von der Dachfläche sichtbar werde, durch Bekrönungen der Firstenden dem Dach einen vertikalen Akzent verleihen und die Anzahl der Dachgaupen von fünf auf sechs erhöhen. Im Inneren plant er, die Stirnwand der Aula neu zu gestalten, indem er den hohen Teil der Täfelung hinter dem Professorengestühl auch seitlich herumführt und so eine ›chorartige Verengung‹ erreicht, die, wie er in seinem Erläuterungsbericht meint, bei dem sehr weit gespannten Raum der Aula ›raumbergend‹ wirke. Über dem Zugang ins Senatszimmer will er eine Holzempore aufstellen, die eine Orgel aufnehmen soll. Diese unsymmetrische Anordnung der Orgel, wie ein ›Möbel‹ in den Raum gestellt, werde der Aula ihre ›etwas starre Kälte‹ nehmen.[153] Grubers Vorschläge, die bei den Kunsthistorikern August Grisebach und Walter Paatz Unterstützung finden, werden auch von der überwiegenden Zahl der Sachverständigen gebilligt. Nach Beginn der Arbeiten im Herbst 1950 sind nach Ende des ersten Bauabschnitts Weihnachten 1950 das Dach, die Aula und ein Teil ihrer Innenausstattung wiederhergestellt, die Emporenöffnung in der Stirnwand ist im Vergleich zu früher verbreitert. Die Firstbekrönungen, die, als Wetterfahnen ausgebildet, die Wappentiere von Kurpfalz und Baden zeigen, werden erst nach dem entschiedenen Insistieren Grubers im Mai 1951 dem Dach aufgesetzt.[154] Im August 1951 wird der zweite Bauabschnitt abgenommen. Das Professorengestühl ist wie vorgesehen verändert, in der Mitte der Aulastirnwand eine Kopie des Universitätssiegels von 1386, in Zinn geschnitten und auf einer Ebenholzplatte montiert, angebracht. Neben Mobiliar und anderen Ausstattungsgegenständen für den Senats- und den Musiksaal fehlen in der Hauptsache noch die Orgel[155] und das Emporengestühl. Am 11.9. 1951 übergeben die Amerikaner die wiederhergestellten Aulageschosse an die Universität.[156] Mit der Auflösung der Dienststelle des

Universitätsoffiziers im Mai 1952[157] dürfte die Neue Universität wieder völlig für den Lehrbetrieb zur Verfügung gestanden haben.

Die baulichen Veränderungen seit 1959

Ende der fünfziger Jahre, 1959 und 1960, wird das erste Mal seit Inbetriebnahme der Südflügel renoviert und sein Dachgeschoß für das Geographische Institut ausgebaut. Als Verbindung zwischen zweitem Ober- und Dachgeschoß wird zwischen Haupttreppe und Lichthof eine Wendeltreppe eingefügt.[158] 1962 wird nach Auszug der Philosophischen Fakultät und der Studentenbücherei, die sich seit der Rückgabe im westlichen Teil des Erdgeschosses befindet, mit den Umbauarbeiten im Erdgeschoß und ersten Obergeschoß für das Historische Seminar begonnen. In deren Verlauf wird die Tür an der Seminarstraße beseitigt und durch ein Fenster ersetzt, der Eingang zum Seminar in das Erdgeschoß verlegt. Über den Hexenturm betritt man nun den ehemaligen, jetzt in das Seminar integrierten Vorraum des Eingangs an der Seminarstraße, von dem aus eine Treppe ins erste Obergeschoß führt. Hier ist der ehemalige Eingangsbereich durch eine Wand vom Haupttreppenhaus abgetrennt. Anstelle des Eingangs an der Seminarstraße wird im Treppenhaus an der Grabengasse eine neue Tür durchgebrochen, die sowohl dem Historischen Seminar wie auch dem Geographischen Institut als Eingang dient. Diese Tür liegt um eine Achse nach Süden versetzt neben dem ursprünglichen Eingang, der auf Wunsch von Professor Klaus Lankheit ungefähr zwei Jahre zuvor zugemauert wurde, um das Kunsthistorische Institut um den dahinterliegenden Vorraum zu erweitern. Am östlichen Ende wird das Historische Seminar ebenfalls durch eine Trennwand von dem dortigen Treppenhaus abgeschlossen.[159]

Trotz dieser Erweiterungsmaßnahmen bleiben die Raumverhältnisse in West- und Südflügel beengt. 1968 beginnt dann die Planung für die Neuordnung und teilweise Ausgliederung der Institute. Danach kommt es zunächst dazu, daß das Kunsthistorische Institut 1974 in das Gebäude Seminarstraße 4 umzieht. Die frei werdenden Räume im Westflügel werden nach erfolgter Renovierung im Sommer 1975 an das Institut für Fränkisch-Pfälzische Geschichte und Landeskunde und an das Sprachwissenschaftliche Seminar übergeben.[160] Nach dem Umzug des Geographischen Instituts in einen Neubau im Neuenheimer Feld Ende 1977 steht der Südflügel völlig den Historikern zur Verfügung. Der erste Bauabschnitt (westlicher Teil) der notwendigen, noch andauernden Umbauarbeiten wird 1982/83 fertiggestellt.

Das Hauptgebäude wird im Sommer 1978 einer gründlichen Renovierung unterzogen, in deren Verlauf das Professorengestühl in der Aula entfernt wird und die im Kellergeschoß untergebrachte Cafeteria in das neue Seminargebäude an der Grabengasse umzieht.[161] Im Anschluß daran werden die beiden oberen Geschosse des Westflügels modernisiert, wobei Auditorium Maximum und Hörsaal 12 u. a. neue Fenster, neue Lüftungsanlagen und neue Beleuchtungskörper erhalten. In diesem Zusammenhang wird auch der schon lange geforderte Aufzug für Behinderte eingebaut. Im April 1981 sind die Bauarbeiten am Westflügel beendet.[162]

Kunstgeschichtliche Bemerkungen

Der Bau der Neuen Universität entstand in der Spätphase der Weimarer Republik, einer wirtschaftlichen und politischen Krisensituation. Das Zustandekommen der heutigen Gesamtanlage ist als mittelbare Folge dieser Situation zu betrachten: Schlechte Auftragslage und Massenarbeitslosigkeit in Heidelberg führten dazu, daß sich die bewerbenden Firmen gegenseitig unterboten, was die Baukosten für den Staat wesentlich verringerte und den Bau des Südflügels erst ermöglichte. Die politische Krise manifestierte sich in Land und Stadt und auch auf universitärer Ebene im Erstarken der Nationalsozialisten, denen teilweise unfreiwillig von konservativen, nationaldeutschen Kräften der Weg bereitet wurde. Während der Baujahre wechselte die Regierungsgewalt im badischen Kultusministerium, das die Verantwortung für den Neubau trug, von den Sozialdemokraten (1925–1931) zum konservativen Zentrum (Juni 1931–März 1933). Im Mai 1933 war die gleichschaltende Machtübernahme durch die Nationalsozialisten vollzogen.[163]

Erschreckend deutlich wurde die Ende der zwanziger Jahre bereits wirksame politische Ausrichtung in den zahlreichen Reden zur Spendenübergabe, Grundsteinlegung und Einweihung des neuen Universitätsgebäudes. Während Schurman und einige liberalere Kräfte den Bau als Zeichen internationaler Völkerverständigung interpretierten, betonten weite Kreise der Dozenten- und Studentenschaft das nationaldeutsche Moment. Rechte antiamerikanische Assistenten der Universität kritisierten die amerikanische Spende, da Amerika zu dem Feindbund gehöre, der Deutschlands Niederlage 1918 bewirkt habe.[164]

Die Umbruchsituation im ideologischen Bereich fand auch architekturhistorisch eine Parallele. Während bis in die späten zwanziger Jahre hinein die Vertreter des ›Neuen Bauens‹ – Gropius, Mies van der Rohe, Le Corbusier, May, Taut, Wagner – mit ihren Bauten und Theorien die fortschrittliche Architektur Deutschlands vertraten und eine gewisse Vorrangstellung behaupteten, schließlich mit dem 1926 gegründeten ›Ring‹ eine eigene Organisation bildeten, traten am Ende des Jahrzehnts immer mehr die in Baustil wie Weltanschauung konservativen Architekten in den Vordergrund. Aggressiv gingen deren Wortführer, Alexander von Senger und Paul Schultze-Naumburg, gegen den angeblichen ›Bolschewismus‹, ›geldgierigen Kapitalismus‹ bzw. ›Mammonismus‹ vor, die sich ihrer Meinung nach in der modernen Architektur ausdrückten. In Schultze-Naumburgs Buch ›Das Gesicht des deutschen Hauses‹ (München 1929) kamen hierzu noch die Gesichtspunkte ›Rasse‹ und ›Nation‹, wobei Schultze-Naumburg das Ideal des deutschen Hauses in seinen eigenen Bauten und in denen Tessenows und Schmitthenners verwirklicht sah. Als Gegengewicht zum ›Ring‹ bildeten die konservativen Architekten 1928 den ›Block‹, dessen Manifest[165] neben Schmitthenner, Bonatz und Schultze-Naumburg u. a. auch der für die Neue Universität wichtige Bestelmeyer unterzeichnete. Die Ziele des ›Blocks‹ und die Häuser, die in seinem Stil entstanden, fanden die weitgehende Zustimmung der ohnehin nicht mehr allzu zahlreichen Bauherren: Viele der modernen Architekten (Gropius, Taut, May u. a.) emigrierten auch deshalb, weil sie in Deutschland keine Aufträge erhielten.[166]

Die Diskussion um eine ›nationale Architektur‹, von Konservativ-Nationalen und deren verstiegenen Idealen geprägt, war bereits mehrere Jahre alt und von ›nationaler Bedeutung‹, als sich die Nationalsozialisten um 1930 erstmals des Architekturstreits annahmen und dann die Argumente der Konservativen gegen die Vertreter des ›Neuen Bauens‹ für die eigene Propaganda verwerteten. Die Grenzen zwischen dem ›Block‹ und z. B. dem ›Kampfbund für die deutsche Kultur‹ (gegründet 1929) verwischten sich, da bereits 1930 Schultze-Naumburg so gut wie Schmitthenner einer der Unterorganisationen von diesem, dem ›Kampfbund deutscher Architekten und Ingenieure‹, angehörten.

Dennoch sollte die wesentliche Differenz zwischen deutschnationaler und nationalsozialistischer Sichtweise – gerade auch was die historische Einordnung der Neuen Universität und ihres Architekten Gruber betrifft – klar gesehen werden: In der Nazipropaganda wurde das ›Neue Bauen‹ nicht länger als Symbol nationaler und kultureller Dekadenz begriffen, sondern als deren Ursache, die Architektur als ›Werkzeug‹ der verhaßten Republik.

Im Wettbewerb um die Neue Universität schlug sich die extreme Polarisierung, die 1928 unter den deutschen Architekten bestand, kaum nieder. Der Grund hierfür lag in der Zusammensetzung des Preisgerichts, benannt von Universität und Staat, in dem neben den ohnehin schon eher konservativ gesinnten Mitgliedern der Universität und des Ministeriums fast ausschließlich Vertreter einer zu diesem Zeitpunkt bereits als konservativ einzuschätzenden Architektur saßen, so Bestelmeyer, Billing, Bonatz, Tessenow und Haupt. Unter dieser Vorbedingung wird klar, daß Architekten des ›Neuen Bauens‹ in Heidelberg von Beginn an keine Chance hatten.[167] Eine zusätzliche, auf die nationalen Ideale des Preisgerichts zurückverweisende Begründung für das zwangsläufige Scheitern einer modernen Lösung liefert der Karlsruher Ministerialrat Fritz Hirsch, der in Kenntnis der Hintergründe beschreibt, wie Wettbewerb und Programm zustande kamen[168]: Die Mitglieder des Preisgerichts seien von Bestelmeyers Vorschlag deswegen so spontan überzeugt gewesen, weil sie glaubten, auf diesem Wege entstände ein zweiter Heidelberger Schloßhof, ein sogenannter ›Amerika-Hof‹. Dabei seien sie zu der Auffassung gelangt, ein solcher Hof könne nicht zeichnerisch entworfen, sondern nur ›geknetet‹ werden, weswegen die Modelle notwendig geworden seien. ›Da aber die Fertigung und Versendung von einigen hundert Modellen untunlich erschien, hat sich zwangsläufig die öffentliche Konkurrenz in eine beschränkte verwandelt.‹ Hirsch berichtet weiter, daß zwar die ›Forderung des geschlossenen Architekturhofes‹ nicht in das schriftlich fixierte Programm aufgenommen worden sei, daß aber bei der Preisvergabe ›doch die überwiegende Mehrzahl der Preisrichter bewußt und unbewußt die schönste Lösung des Amerika-Hofes gesucht‹ habe. Da ›die Vertreter der modernen Richtung, Architekt Esch, Mannheim, und Professor Fahrenkamp, Düsseldorf‹ bewußt auf die ›romantische‹ Hoflösung verzichtet hätten, seien sie bei der Preisvergabe von vornherein chancenlos geblieben, und auch der ›außerordentlich klare Entwurf‹ Großmanns, Mühlheim/Ruhr, mit dem nach der Grabengasse hin orientierten Ehrenhof sei zur Erfolglosigkeit verurteilt gewesen. Wie die meisten der zeitgenössischen Kritiker[169] hält auch Hirsch das Projekt Schmitthenners für das beste, welches aber durch den wettbewerbswidrigen Abriß der Alten Post außer Konkurrenz geriet und deshalb vom Preisgericht nur lobend erwähnt wurde. Die schon von Schmitthenner in seinem Entwurf vorgegebene Durchführung der Augustinergasse durch den Innenhof wurde dann später in das Sachverständigen-Gutachten aufgenommen, auf dessen Grundlage Gruber die Ausführungspläne erarbeitete. Hirsch betrachtet die Entscheidung des Preisgerichts zugunsten von Grubers Entwurf als die einzig mögliche, ›da weder derjenige von Professor Freese, Karlsruhe, mit dem auffallenden, aber weder durch bauliche noch innere Bedürfnisse bedingten Rundbau, noch der von Architekt Kuhn, Heidelberg, als zwar einwandfreie, aber nicht genialische Lösung besonders eingenommen haben‹. Grubers Entwurf könne als vollkommene Erfüllung des Wettbewerbs gelten, ohne daß ›eine wirkliche Erlösung der Gefühle‹ aufkomme, ›da das eigentliche Ergebnis des Wettbewerbes die Erkenntnis von der Unzweckmäßigkeit des Programmes gewesen ist‹.

Diese Erkenntnis und der Einspruch des Stifters führten dann auch dazu, daß Gruber als Gewinner des Wettbewerbes damit beauftragt wurde, ein völlig neues Hauptgebäude zu konzipieren, das als beherrschender, weithin sichtbarer Bau die Präsenz der Universität in der Altstadt deutlich machen sollte. Die ›Hoffrage‹ wurde jetzt als sekundär abgetan. Gruber, dem jedoch die Idee des gesammelter Geistesarbeit dienenden Universitätshofes immer gegenwärtig blieb, entwarf ein monumentales Gebäude am Universitätsplatz, dessen Fassaden fast ausschließlich von Fenster- und Portalöffnungen gegliedert werden. Die streng symmetrisch gestaltete, repräsentative Hauptfassade wird bestimmt durch den Kontrast der querrechteckigen, die Horizontale betonenden Fenster der unteren Geschosse und der die Vertikale betonenden schmalen, hochrechteckigen Fenster der Aula. Dabei wird die Vertikalgliederung zusätzlich durch die beiden Regenfallrohre und die später hinzugekommenen Wetterfahnen betont. Eine verwandte Methode der Gestaltung läßt sich gleichzeitig bei den Bauten Schmitthenners feststellen, der ebenfalls großen Wert auf Symmetrie durch Fenstereinteilung legte und – zumindest was das Wohnhaus betrifft – ›biedermeierlich zurückhaltend und schlicht‹ baute, in bewußtem Gegensatz zu moderner Architektur.[170]

Das Abrücken von seinem historisierenden Wettbewerbsentwurf begründete Gruber zur Einweihung des Hauptbaus mit dem Wunsch des Stifters nach einem einheitlichen Gebäude und der Forderung der Universität nach einem konzentrierten Hörsaalbau, wobei gerade letztere ›für die formale Gestaltung des Bauwerkes von entscheidender Bedeutung‹ gewesen sei. Er habe den Bau nach ›seinem eigenen Wesen‹ gebildet, zeitgemäß, da ein barockisierender Fensterrhythmus eine zweckgemäße Beleuchtung der nach dem Universitätsplatz gelegenen Hörsäle nicht zugelassen habe. Das ›Pathos‹, das er dem Bau durch die hohen Aulafenster gegeben habe, resultiere aus dem Wunsch des Stifters nach einer ›University Hall‹, d. h. einem Raum mit dem Charakter einer einräumigen mittelalterlichen Halle.[171] Der ›Gedanke‹ der Hauptfassade sei ›Festtag über dem Alltag‹. Gruber ordnet sich und seinen Bau in die aktuelle Diskussion ein: ›Der Bau ist zwar sachlich, aber nicht im Sinne der modernen Architektur. Ich wäre auch nicht traditionslos genug, um hier eine ganz moderne, eckige Kiste mit flachem Dach hineinzustellen; aber andererseits mußte ich mir sagen, daß hier unmöglich ein den Barockbauten ähnliches Gebäude stehen konnte.‹[172]

Hauptsächlich beeinflußt von seinem Lehrer Friedrich Ostendorf, dessen Assistent und Bauführer er auch gewesen ist, stand Gruber[173] als direkter Schüler Carl Schaefers und Josef Durms in der langen Tradition der historisierenden Karlsruher Schule der Architektur, deren späte Vertreter offensichtlich alle den Konservativen zuzurechnen sind – auch Schmitthenner war z. B. Schäfer-Schüler. Gruber orientierte sich in seinen Bauten jedoch weniger an dem von Ostendorf propagierten ›Haus um 1700‹[174], sondern wandte sich als Baumeister und Theoretiker dem deutschen Mittelalter zu. Seine Auffassung des Mittelalters in der Architektur verrät dabei vor allem eine religiös und philosophisch geprägte national-konservative Weltanschauung, ein definiertes Architektenethos. So in einem Vortrag, den er 1947 vor der Sektion Architektur auf dem Internationalen Kongreß für Ingenieurausbildung (IKIA) in Darmstadt hielt.[175] Hier setzt er dem aus ›zügelloser Freiheit‹ resultierenden Stadtbild der Neuzeit das Ideal der mittelalterlichen Stadt entgegen, die mit ihren, in ›gebundener Freiheit‹ entstandenen, ›typisch gebildeten‹ Bürgerhäusern eine ›Ordnung‹ im geistigen Sinne darstelle. Diese Ordnung – den Begriff leitet er von dem ordo-Gedanken des Thomas von Aquin her – lasse sich auch auf das Gesellschaftliche übertragen und manifestiere sich in der beherrschenden Bedeutung der Kirchen im Stadtbild. Den Beginn einer schlechten Ordnung, einer ›Ordnung aus der Macht‹, sieht er mit Hinweis auf Machiavelli bereits in der Renaissance, wo der ›aus eigener Machtbefugnis lebende Mensch ... auf den Plan‹ tritt. Aus diesen Überlegungen heraus kommt er zu einer radikalen Ablehnung moderner Wohnarchitektur, wie sie beispielsweise Le Corbusier vertritt: ›Überall wo Massenmietshäuser mit großer Stockwerkszahl gebaut werden, treibt der Teufel sein Spiel. Es ist der Rausch der Technik, der Glaube an den Fortschritt durch die selbstherrliche Technik, welche die Menschen in der ganzen Welt dazu verführt, die konstruktiven Möglichkeiten moderner Konstruktion in solcher Weise zu mißbrauchen.‹

Hierin berührt sich Gruber auch nach dem Krieg noch mit den Dreißiger-Jahre-Schlagworten eines Paul Schmitthenner: ›Von Goethes Haus zur Wohnmaschine klafft ein Abgrund, der unüberbrückbar ist. Täuschen wir uns nicht. Es handelt sich hier nicht um einen vorübergehenden Zeitgeschmack oder eine Modefrage, es ist eine tiefgehende geistige Frage, die in ihrer Bedeutung über eine deutsche Angelegenheit hinaus eine Menschheitsfrage ist. Auf der einen Seite: rechnender Verstand, Maschine, Masse, Kollektivismus; auf der anderen Seite: Gefühl, blutwarmes Leben, Mensch, Persönlichkeit. Der Siegeszug der Technik droht die Äcker der Menschheit vollends zu zerstampfen ... Weltkrieg und Revolution und nicht zuletzt die Mächte der Technik haben uns unendlich viel zerstört und geraubt. Wir Deutsche sollten uns nicht des Letzten selbst berauben, des Glaubens an eine Sendung des deutschen Volkes und diese beginnt beim deutschen Menschen in seinem Kampf um die deutsche Kultur.‹[176]

Die Neue Universität muß somit – von ihrer Baugeschichte her ebenso wie vom Architektenwillen – als eine Synthese aus ›moderner Funktionalität‹, bedingt durch die Forderung der Universität nach möglichst vielen Hörsälen, und ›mittelalterlicher Baugesinnung‹, wobei der Wunsch des Stifters nach einer ›University Hall‹ den Vorstellungen des Architekten entgegenkam, betrachtet werden. Dieses, sich an einem idealisierten Mittelalterbild orientierende Bauen, das sich nach Ansicht Grubers am Außenbau in den hohen Öffnungen der Aulafenster niederschlägt, wird im Innern, in der Aula, die Gruber als Kernraum des Ganzen ansah, noch deutlicher. Hier wird der Eindruck eines einschiffigen Kirchenraumes durch die im Westen liegende Empore und besonders durch das an der Ostseite befindliche Professorengestühl, vergleichbar einem Chorgestühl, und die seitlich davon installierte Orgelempore suggeriert. Auch die flache Balkendecke fügt sich dem ein.

Das vom Architekten selbst beschworene feierliche Pathos des Gebäudes ließ nach der Machtübernahme ohne große Schwierigkeiten eine Umdeutung im Sinne der Nationalsozialisten zu. Die Feier zum Universitätsjubiläum 1936 machte dies deutlich, wo sich - erreicht mit geringen Mitteln (Adler, Hakenkreuze, Fahnen) - der von Gruber ursprünglich angestrebte Eindruck geistig-wissenschaftlicher Hierarchie plötzlich in einen anderen verwandelte: den der Inszenierung des totalitären Staates.

Keine Argumentation zur Neuen Universität, weder die des Architekten noch die der Auftraggeber und zeitgenössischen Kritiker noch die der heutigen Kritiker, beurteilt jedoch den Bau als singulären; vielmehr wurde und wird immer wieder die städtebauliche Situation diskutiert. Der exponierte Standort des Gebäudes im Kern der barocken Altstadt, deren Erhalt als Ensemble und Gesamtbild schon um 1930 nationales Anliegen war[177], forderte nicht nur den Architekten heraus, der sich selbst dem traditionellen Städtebau verpflichtet sah, sondern führte zwangsläufig zu der Kritik, daß der massive, mehrgeschossige Querriegel, der auch in Material und Farbigkeit von der gewohnten Einheitlichkeit abweicht, die prätendierte Einordnung in das Historische nicht leiste. Schon während der Planungsphase argumentierten sowohl die Verfechter der ›modernen‹ Lösung der Gesamtanlage als auch deren Gegner immer wieder und noch in Detailfragen mit der ›städtebaulichen Gesamtwirkung‹. Der ausgeführte Bau, Ergebnis all dieser Debatten, ist denn auch in Grubers Einschätzung der oben genannte Kompromiß, sachlich, aber nicht modern, sich selbstbewußt abhebend von den barokken Bauten, jedoch ausdrücklich mit dem Willen zur Einpassung gebaut. Wenn die Möglichkeit eines solchen Kompromisses auch bis heute umstritten ist, so kann doch gesagt werden, daß der Architekt sein Ziel der Strukturgebung im Gewirr der Altstadt durch einen weiteren großen Querbau neben dem Weinbrennerbau[178] im Marstallhof und in Konfrontation zum Westflügel der Alten Universität und dem Längsbau der Jesuitenkirche erreicht hat, sofern man den Merianschen Blick vom Philosophenweg aus als bestimmend für die ›Struktur‹ der Altstadt ansieht. Als Fremdkörper im Gefüge der Altstadt erscheint die Neue Universität noch heute, wenn man sie an den Dimensionen und der Vielfalt des Formenschatzes der vorgegebenen Architektur mißt.

Anmerkungen

1 Der vorliegende Beitrag ist eine gekürzte Fassung der folgenden Publikation: Dieter Griesbach, Annette Krämer, Mechthild Maisant: Die Neue Universität in Heidelberg, Veröffentlichungen zur Heidelberger Altstadt, hrsg. von P. A. Riedl, Heft 19, Heidelberg 1984

2 Das Musäum wurde 1827/28 von dem Karlsruher Kriegsbaudirektor Friedrich Arnold gebaut, einem Neffen und Schüler Friedrich Weinbrenners

3 GLA: 235/3080; StA: Uralt-Aktei 72/3. Der Umbau wurde von Fritz Hirsch, zu diesem Zeitpunkt Leiter der Großherzoglichen Bezirksbauinspektion, durchgeführt

4 UA: B 5149/3 (IX, 13, Nr. 69)

5 UA: B 5010/1 (IX, 13, Nr. 60), B 5149/3 (IX, 13, Nr. 69)

6 UA: B 5010/1 (IX, 13, Nr. 60). In der Konzeption Schmieders endet das Baugelände aber noch vor dem Hexenturm und läßt nur die Möglichkeit eines weiteren späteren Querriegels längs der Seminarstraße offen

7 GLA: 235/3782, 237/36104; UA: B 5149/3 (IX, 13, Nr. 69)

8 GLA: 235/3782

9 UA: B 5010/3 (IX, 13, Nr. 151), B 5010/4 (IX, 13, Nr. 153)

10 GLA: 237/41998; UBA: Spezialakte ›Kollegienhaus 1926-1945‹

11 GLA: 235/3782; UA: B 5132 (IX, 13, Nr. 188)

12 GLA: 235/3085

13 GLA: 235/30147; UA: B 5130 (IX, 13, Nr. 149)

14 GLA: 235/3085; UA: B 5132 (IX, 13, Nr. 183)

15 GLA: 235/3085, 235/29803; UA: B 5132 (IX, 13, Nr. 183)

16 GLA: 235/3782; UA: B 5010/4 (IX, 13, Nr. 153). Bereits im August 1927 legt die Universität dem Kultusministerium eine Denkschrift ›Über die Notwendigkeit eines beschränkten Wettbewerbs zur Gewinnung künstlerischer Ideen der architektonischen Gestaltung des Ludwigsplatzes und der an ihm zu errichtenden Gebäudegruppen‹ vor. Man will mit einem solchen Wettbewerb die bestmöglichsten Lösungen gewinnen, ohne damit dem Bezirksbauamt, d.h. Schmieder, das Vertrauen entziehen zu wollen. In der aufgestellten Forderung nach einer einheitlichen Randbebauung des Platzes ist der spätere Abriß und Ersatz des als ›ästhetisch wertlos‹ bezeichneten Kollegienhauses mit enthalten. Der Engere Senat der Universität schlägt vor, die Architekten Bestelmeyer (München), von Teuffel (Karlsruhe), Sattler (München), Tessenow

(Berlin) und Schmieder zu diesem Wettbewerb aufzufordern. Diese Forderung der Universität nach einem Wettbewerb, auf die das Kultusministerium zunächst nur zögernd eingeht, da es dem Bezirksbauamt die weitere Planung überlassen will, wird von der Stadtverwaltung Heidelberg unterstützt

17 UA: B 5132 (IX, 13, Nr. 183). Das Kultusministerium hat als Alternativen vorgeschlagen: 1. ein Hörsaalbau auf dem Gelände Grabengasse 10-18 sowie den entsprechenden Grundstücken der Sandgasse, 2. ein Neubau an der Seminarstraße unter Einbeziehung der Alten Post und der Oberrealschule und 3. Kauf und Umbau des Seminarium Carolinum zum Hörsaalgebäude

18 UA: B 5132 (IX, 13, Nr. 183)

19 GLA: 235/3085; UA: B 5149/3 (IX, 13, Nr. 69)

20 GLA: 235/3782; UA: B 5132 (IX, 13, Nr. 183), B 5132 (IX, 13, Nr. 188). In das Preisgericht wurden berufen: Kultusminister Leers und sein Referent Schwoerer, die Professoren Dibelius, Panzer, Neumann und Hoops, Oberbürgermeister Walz sowie die Architekten Schmieder, Bestelmeyer, Billing, Bonatz, Haupt, Steinmetz und Tessenow

21 UA: B 5132 (IX, 13, Nr. 183)

22 UA: B 5018 (IX, 13, Nr. 154), B 5130 (IX, 13, Nr. 173), B 5134 (IX, 13, Nr. 181, 182, 183); StA: 303,7

23 GLA: 235/3085

24 UA: B 5018 (IX, 13, Nr. 154), B 5130 (IX, 13, Nr. 173), B 5134 (IX, 13, Nr. 181, 182, 183); StA: 303,7. Das Preisgericht entschied in seiner zweiten Sitzung, den Wettbewerb nicht offen, sondern auf zwölf ausgewählte Architekten beschränkt durchzuführen

25 GLA: 235/3085

26 GLA: 237/41998; StA: 303,7. Bis zu diesem Termin gehen 13 Entwürfe und 14 Modelle ein, von denen 12 als wettbewerbsfähig bezeichnet werden. Ein Großteil der Modelle ist erhalten (Kunsthistorisches Institut der Universität Heidelberg), ein Teil der eingereichten Wettbewerbspläne befindet sich im Universitätsarchiv Heidelberg

27 UA: B 5132 (IX, 13, Nr. 183), B 5132 (IX, 13, Nr. 185); StA: 303,7

28 Vgl. Werner Hegemann: Wettbewerb Uni-

versität Heidelberg, in: Wasmuths Monatshefte für Baukunst, 13.1929, S. 36-47

29 UA: B 5132 (IX, 13, Nr. 183), B 5132 (IX, 13, Nr. 185); StA: 303,7

30 UA: B 5132 (IX, 13, Nr. 183)

31 GLA: 235/30147

32 UA: B 5133/1 (IX, 13, Nr. 184). Dieser Name wurde Anfang Dezember 1928 vom Engeren Senat beschlossen

33 UA: B 5130 (IX, 13, Nr. 149)

34 StA: 303,7

35 GLA: 235/3085, 235/3086; UA: B 5130 (IX, 13, Nr. 149); StA: 303,7. Die Programmänderung ist schon vor dem 16.12. 1928 zwischen Gruber und Rektor abgesprochen. Gruber teilt bereits am 8.12. 1928 dem Kultusministerium mit, daß er die ›neue Wendung - Einbeziehung des Kollegienhauses‹ in den folgenden Tagen an Ort und Stelle studieren und besprechen werde

36 GLA: 235/3086; UA: B 5130 (IX, 13, Nr. 149); StA: 303,7

37 UA: B 5130 (IX, 13, Nr. 149), B 5133/1 (IX, 13, Nr. 184); StA: 303,7

38 GLA: 235/3085. Der Heidelberger Stadtrat hat im November 1928 beschlossen, den Ludwigsplatz, der im Besitz der Stadt war und ist, aus Dank für das Verbleiben der Universität in der Altstadt in ›Universitätsplatz‹ umzubenennen

39 UA: B 5133/1 (IX, 13, Nr. 184)

40 Dies ist dem Erläuterungsbericht und der Reaktion der Universität auf die Pläne zu entnehmen

41 UA: B 5133/1 (IX, 13, Nr. 184)

42 UA: B 5133/1 (IX, 13, Nr. 184)

43 UA: B 5133/1 (IX, 13, Nr. 184). Die Baukommission, die paritätisch von Mitgliedern des Kultusministeriums und des Engeren Senats besetzt ist und sämtliche Kompetenzen der Bauverwaltung innehat, wurde auf Vorschlag des Engeren Senats im Dezember 1928 gebildet

44 GLA: 235/3659, 235/3086

45 UA: B 5133/1 (IX, 13, Nr. 184)

46 GLA: 235/3086; UA: B 5133/1 (IX, 13, Nr. 184). Daß das Hauptgebäude hier schon eine der späteren Ausführung vergleichbare Gestaltung aufweist, läßt sich zum einen der Kritik Schurmans an der Hauptfassade entnehmen, die in den Aulageschossen unproportioniert viel Wand zeige im Verhältnis zu Anzahl und Breite der Fenster, zum anderen auch dem Erläuterungsbericht, in dem Gruber ausführt, daß er beabsichtige, die am Ost- und am Westende hinter der Hauptfassade liegenden Räume durch Fenster an den Schmalseiten zu belichten, so daß ruhige Wandflächen an den Enden der Hauptfassade im Gegensatz zu ihrer geöffneten Mitte ständen

47 StA: 303,7

48 GLA: 235/3086

49 GLA: 235/3086

50 GLA: 235/3086; StA: 303,7

51 GLA: 235/3086; StA: 303,7

52 UA: B 5133/4 (IX, 13, Nr. 170b); StA: 303,7

53 GLA: 235/3086

54 StA: 303,7

55 GLA: 235/3086

56 UA: B 5133/3 (IX, 13, Nr. 170a)

57 GLA: 235/3086

58 UA: B 5133/3 (IX, 13, Nr. 170a)

59 Die Beschreibung des Hauptbaues und des Westflügels basiert vor allem auf im Universitätsbauamt noch vorhandenen Plänen Grubers. Zusätzlich wurden die Reproduktionen (Grundrisse, Aufrisse und Ansichten des Ausführungsmodells) der beiden folgenden Aufsätze benutzt: Hermann Hampe: Der Neubau der Universität Heidelberg, in: Die Denkmalpflege, Jg. 1930, S. 145-155; Rudolf Pfister: Die Neubauten der Universität Heidelberg, in: Zentralblatt der Bauverwaltung, 58.1938, S. 133-143

60 StA: 303,7

61 Am Außenbau trennen die Regenabflußrohre den Mittelteil von den Seitenteilen, auch an der Hoffassade

62 StA: 303,7

63 StA: 303,8. Ein im Süden anschließendes, die ganze Breite des Flügels einnehmendes und bis ins zweite Obergeschoß führendes Treppenhaus ist erst nach dem Abbruch der Alten Post, im April 1932, entstanden. In der äußeren Gestaltung (auf der Hofseite liegt es hinter dem Hexenturm) als dem Westflügel zugehörig behandelt, stellt es so etwas wie einen Verbindungsbau zwischen West- und Südflügel und Hexenturm dar

64 Unter den bis ins zweite Obergeschoß ansteigenden Reihen des Auditorium Maximum befindet sich im ersten Obergeschoß eine Garderobe

65 GLA: 235/3086

66 StA: 303,7. Äußerungen Grubers anläßlich einer Begehung der Baustelle durch den Engeren Senat am 2.8. 1930

67 GLA: 235/3659

68 UBA: Spezialakte ›Kollegienhaus 1926-1945‹

69 GLA: 235/3661, 235/3663; UA: B 5133/3 (IX, 13, Nr. 170a). Der Flügel an der Augustinergasse, in dem sich das Kunsthistorische Institut befindet, bleibt zunächst noch erhalten. Er wird erst im April 1931 kurz vor den Einweihungsfeierlichkeiten am 9.6. 1931 abgerissen

70 GLA: 235/3657, 235/3086; UA: B 5133/10 (IX, 13, Nr. 187)

71 GLA: 235/3657; UA: B 5133/4 (IX, 13, Nr. 170b)

72 UA: B 5133/12 (X, 13, Nr. 193). Nachdem in den Rektoratsräumen vor den versammelten Vertretern von Stadt, Universität und Landesregierung Begrüßungs- und Antworttelegramme, darunter auch ein Grußwort des Reichspräsidenten von Hindenburg, verlesen worden sind, begeben sich die versammelten Honoratioren zur girlandengeschmückten Baustelle, wo Rektor Gotschlich nach einer einführenden Rede den Grundstein mit dem dreifachen Hammersegen weiht. Außerdem wird eine Kapsel aus Kupferblech, die u.a. die Stiftungs- und Grundsteinlegungsurkunde enthält, in den Stein gelegt, der bereits dem Neuen Kollegienhaus als Grundstein diente. Nach weiteren kurzen Ansprachen, u.a. von Minister Remmele und Geheimrat Panzer, endet die Feier mit der Rückkehr in die Alte Universität. Sowohl in den lokalen als auch auswärtigen Tageszeitungen stößt dieses Ereignis auf großes Interesse

73 UA: B 5133/13 (IX, 13, Nr. 194), B 5133/6 (IX, 13, Nr. 195). Der AStA lud vorgeblich ›unpolitisch‹ alle 120 am Bau beteiligten Arbeiter zu einer Feier in den Saal des ›Prinz Max‹ ein und bildete dort eine ›klassenversöhnende‹ Tischrunde von Arbeitern und korporierten Studenten. Eminent politisches Gewicht hatte diese Feier schon vor ihrem Beginn: Ausgangspunkt war die Enttäuschung der Arbeiter über die badische Regierung. Diese hatte sich an einem älteren Erlaß, der Richtfeste aufgrund der allgemein schlechten Finanzlage für sämtliche Staatsbauten verbot, orientiert und hatte auch für die Neue

Universität keine Richtfeier angesetzt. Hierin sah der mehrheitlich mit Nationalsozialisten besetzte AStA, angeführt von dem Vorsitzenden Klaus Schickert, eine Chance, die sozialdemokratische Regierung vor der Öffentlichkeit zu diskreditieren. Dies geschah, indem angeblich dem Arbeiter sein Recht auf eine, jetzt vom AStA finanzierte, Feier gegeben wurde, nachdem Verhandlungen, in denen der AStA versucht hatte, Regierung und Rektorat unter Druck zu setzen, gescheitert waren. Die Landesregierung erschien nun als Obrigkeit im schlechtesten Sinne. Als Folge der Politisierung des Richtfestes wiesen auch die Gewerkschaften die organisierten Arbeiter an, der von den Studenten trotz Verbot des Kultusministeriums angesetzten Feier fernzubleiben. Die Arbeiter, die pro Person drei RM erhalten sollten, sind diesem Aufruf jedoch nicht gefolgt. Die Reaktionen auf die Feier in den unmittelbar folgenden Tagen zeigen denn auch in den lokalen Tageszeitungen deren jeweilige politische Richtung: Alle sind sich darin einig, daß die Feier selbst keinen oder nur geringen politischen Charakter trug, vielmehr eine mehr oder weniger bierselige Angelegenheit war und blieb. Verschieden ist aber die Bewertung der Vorgeschichte der Feier sowie der von den Studenten behaupteten ›Volksgemeinschaft‹ beim Richtfest. Als besondere Frechheit wird auch in den bürgerlich-liberalen Blättern die Einladung der Studenten an den Kultusminister, den Rektor und die Professoren gewertet, die jene nach dem Scheitern der Verhandlungen bzw. dem Verbot der Feier verschickt hatten

74 StA: 303,7

75 StA: 303,7. ›Der Geist der an sich prachtvollen Barockarchitektur der alten Universität ist der einer vergangenen Epoche fürstlichen Repräsentationsbedürfnisses. Das geschwungene Dach, die festlichen Kompositkapitäle haben etwas von der Behaglichkeit einer Großmutterkommode. Wie weit ist unsere harte und düstere Zeit vom Leben, das so bauen durfte, entfernt!‹

76 StA: 303,7. Gruber anläßlich der Einweihung am 9.6. 1931

77 UA: B 5133/1 (IX, 13, Nr. 184)

78 UA: B 5133/2 (IX, 13, Nr. 191)

79 GLA: 508/96; UA: B 5133/7 (IX, 13, Nr. 190). Ein Vorschlag, der ebenfalls große Zustimmung fand, war der des Germanisten Friedrich Panzer: ›Der deutschen Wissenschaft‹. Der Vorschlag Gundolfs, im Juli 1930 der Baukommission vorgelegt, erregte dort bei allen Anwesenden, außer den ›Herren Professoren‹, die ›allergrößte Heiterkeit‹

80 UA: B 5133/10 (IX, 13, Nr. 187)

81 GLA: 235/29790

82 GLA: 235/3100, 235/29790; UA: B 5133/10 (IX, 13, Nr. 187)

83 UA: B 5133/2 (IX, 13, Nr. 191). Der Text dieser Tafel lautet: ›Die Mittel zur Erbauung dieses Hauses wurden auf Anregung des Freundes, Ehrendoktors und einstigen Studenten der Universität Heidelberg (von Oktober 1878 bis August 1879) Jacob Gould Schurman, Botschafter der Vereinigten Staaten von Nord-Amerika in Berlin, gestiftet von amerikanischen Bürgern, deren Namen wir dankbar nennen.‹ Hierauf folgen Vor- und Zunamen der Stifter

84 GLA: 235/29790, 235/30174; UA: B 5133/2 (IX, 13, Nr. 191). Voll, Vertreter der expressionistischen Plastik, lehrte seit 1928 an der Karlsruher Akademie der bildenden Künste. Nach zweijähriger Suspendierung wurde er 1935 endgültig zur Aufgabe seiner Lehrtätigkeit gezwungen

85 UA: B 5133/1 (IX, 13, Nr. 184)

86 GLA: 235/3100; StA: 303,8

87 UA: B 5133/15a (13b)

88 GLA: 235/3100; UA: B 5133/15a (13b). In diesen Plänen wird eine eventuelle Unterbringung der Oberrealschulklassen noch berücksichtigt

89 UA: B 5133/15a (13b), B 5133/10 (IX, 13, Nr. 187). Die Pläne sind verloren

90 GLA: 235/3100

91 StA: 303,8

92 GLA: 235/3100

93 UA: B 5134/2 (13a)

94 GLA: 235/3100

95 Fundierungsschwierigkeiten ergaben sich an der Seminarstraße, da man feststellen mußte, daß der südliche Teil des Neubaues über dem alten, zugeschütteten Stadtgraben zu liegen kam. Entlang der Seminarstraße konnte somit nicht die vorgesehene Flachfundierung vorgenommen werden, sondern es mußte eine Pfeilergründung erfolgen, die Mehrkosten in Höhe von circa 20000 RM verursachte

96 GLA: 235/3100, 235/3660. Ein Richtfest fand diesmal nicht statt. An dessen Stelle erhielt jeder Arbeiter 5 RM und die beiden Poliere jeweils 15 RM

97 GLA: 235/3724

98 GLA: 235/3724; UA: B 5133/10 (IX, 13, Nr. 187)

99 UA: B 5133/1 (IX, 13, Nr. 184). Der Gedanke, im Rahmen des Universitätsneubaus eine Ehrung für die im Ersten Weltkrieg gefallenen Mitglieder der Universität zu schaffen, läßt sich bis zum Sommer des Jahres 1929 zurückverfolgen, in dem Gruber, wohl nach einer Aufforderung durch das Rektorat, den Vorschlag unterbreitet, als ›monumentalste Lösung‹ ein Denkmal auf dem Ludwigsplatz zu errichten. Bis zu diesem Zeitpunkt war in den einzelnen Universitätsgebäuden durch ›bekränzte Ehrentafeln‹ an die Gefallenen von 1914/18 erinnert worden. Am 6.8. 1924 bereits äußert sich der Engere Senat zu den Gefallenen-Ehrungen: Die Universität Heidelberg ›hat als Deutsche Hochschule die selbstverständliche Pflicht, die Ehrfurcht vor dem gewaltigen Schicksal jener Zeit in den Studierenden dauernd wachzuhalten‹; vgl. W. Benz: Emil J. Gumbel. Die Karriere eines deutschen Pazifisten, in: 10. Mai 1933. Bücherverbrennung in Deutschland und die Folgen, hrsg. von Ulrich Walberer, Frankfurt/M. 1983, S. 172

100 UA: B 5133/15a (13b)

101 Der hier in leicht abgewandelter Form verwendete Satz stammt von dem Dichter Heinrich Lersch. Er taucht in dessen Gedicht ›Soldatenabschied‹ von 1914 erstmals auf. Vgl. weitere Hinweise bei Dietrich Schubert: ›Ehrenhalle‹ für 500 Tote (1932-1933), in: Heidelberger Denkmäler 1788-1981 (Neue Hefte zur Stadtentwicklung und Stadtgeschichte, Heft 2), Heidelberg 1982, S. 78-83

102 Vgl. H. W. Nachrodt: ›Trauerkundgebung am Ehrenmal der gefallenen Heidelberger Studenten‹, in: Heidelberger Tageblatt 10. 11. 1933

103 Paul Schmitthenner war Rektor von 1938 bis 1945. Gleichzeitig war er als ehemaliger Generalstabsoffizier und engagierter Nationalsozialist Direktor des Kriegsgeschichtlichen Instituts und aktiver Staatsminister in Karlsruhe

104 GLA: 235/29790. Aus den Akten geht

nicht hervor, ob die ›Maßnahme‹ vollzogen wurde

105 StA: 303,7. Gruber anläßlich der Einweihung am 9.6. 1931

106 GLA: 235/29802

107 UA: B 5133/4 (IX, 13, Nr. 170b)

108 UA: B 5133/5 (IX, 13, Nr. 170c)

109 GLA: 235/3100; UA: B 5133/6 (IX, 13, Nr. 195); StA: 303,8

110 GLA: 235/3100

111 GLA: 235/3100; UA: B 5133/6 (IX, 13, Nr. 195)

112 GLA: 235/3724; UA: B 5133/10 (IX, 13, Nr. 187), B 5133/6 (IX, 13, Nr. 195)

113 GLA: 235/3724

114 GLA: 235/3724

115 GLA: 235/3724; UA: B 5133/15b (13b). Die ›Lehrstätte für deutsche Volkskunde‹ wurde für Eugen Fehrle (1880–1957) eingerichtet. Fehrle war ein alter ›Kämpfer‹ der Nationalsozialisten, der 1933 ff. vom außerplanmäßigen Professor zum Ordinarius avancierte und auch Ministerialrat war. Die ›Lehrstätte für Frühgeschichte‹, vertreten durch Ernst Wahle, ging aus dem Lehrapparat für Vorgeschichte im Archäologischen Institut hervor. Vgl. Peter Classen, Eike Wolgast: Kleine Geschichte der Universität Heidelberg, Berlin/Heidelberg/New York 1983, S. 101

116 GLA: 235/3724

117 GLA: 235/3659

118 GLA: 235/3661. Die Häuser Augustinergasse 11 und 13 wurden bereits im Mai 1932 niedergelegt

119 GLA: 235/3666; UA: B 5133/15b (13b)

120 GLA: 235/3660, 235/3659; UA: B 5138/1. Insgesamt wurde für den zweiten Bauabschnitt – Südflügel und Marsiliusplatz – eine Summe von 476991 RM aufgewendet, alleine der Neubau am Marsiliusplatz kostete 122000 RM

121 GLA: 235/29790. Güntert, der vom Oktober 1933 bis März 1937 Dekan der Philosophischen Fakultät war, habe ›vor einigen Jahren‹ in einem Vortrag die Fassung ›Dem deutschen Geist‹ vorgeschlagen

122 GLA: 235/29790

123 UA: B 5133/10 (IX, 13, Nr. 187)

124 GLA: 235/29790. Der Bildhauer Otto Schließler war 1933 als Nachfolger des suspendierten Christoph Voll an die Badische Landeskunstschule Karlsruhe berufen worden. Im Auftrag der Universität hat er 1933 eine Bronzebüste von Professor Hoops und im Auftrag der Stadt 1934 den kleinen Adler für das ›Saar-Denkmal‹ in der Rathausloggia geschaffen. Vgl. Christmut Präger: Die Heidelberger Rathausloggia 1935–1952: Ort von Schuld und Sühne, in: Heidelberger Denkmäler 1788–1981, S. 94–103.

Hans Eugen Himmel war seit Oktober 1933 Vizekanzler und als Mineraloge leitender Direktor der von-Portheim-Stiftung. Als Assistent hatte Himmel die Förderung des jüdischen Stifters Victor Goldschmidt erfahren, wurde aber trotzdem nach dessen Tod 1933 Mitglied der NSDAP und der SA und machte sich die Entfernung von Juden von der Heidelberger Universität zur Aufgabe

125 UA: B 5133/5 (IX, 13, Nr. 170c)

126 UA: B 5133/5 (IX, 13, Nr. 170c)

127 UA: B 5133/5 (IX, 13, Nr. 170c)

128 UA: B 5133/5 (IX, 13, Nr. 170c)

129 GLA: 235/29790; UA: B 5138/1

130 Vgl. Meinhold Lurz: Die 550-Jahrfeier der Universität 1936 als nationalsozialistische Selbstdarstellung von Reich und Universität, in: Ruperto Carola, 28.1976, Heft 57, S. 35–41

131 GLA: 235/29802; UBA: Spezialakte ›Kollegienhaus 1926–1945‹. Grubers Vorschlag, wonach ein zweifarbiges Pflaster mit diagonalen Streifen und einem Kreis aus Steinplatten in der Mitte aufgelegt wird, beruht nach eigener Aussage auf ›persönlichen Studien an alten Pflasterungen, insbesondere der Pflasterung des Darmstädter alten Schloßhofes, die ganz ausgezeichnet wirkt‹.
Nach Herbert Derwein, die Flurnamen von Heidelberg, Heidelberg 1940, S. 191, Nr. 513, wird der Platz am 11.11. 1937 auf Antrag des Reichsstudentenführers in ›Langemarckplatz‹ umbenannt. Erst nach Ende der Nazi-Diktatur erhält er wieder den Namen ›Universitätsplatz‹

132 GLA: 235/29790; UA: B 5139/3 (I, 12); UBA: Spezialakte ›Kollegienhaus 1926–1945‹. 1940 soll die Athena auf Antrag der NSDAP der Metallsammlung zur Verfügung gestellt werden. Erst nach dem Gutachten des Direktors des Kurpfälzischen Museums, Dr. Wannemacher, kommen Kultusminister und Ministerpräsident zu dem Ergebnis, ›daß Gegenstände von ausgesprochenem Kunstwert nicht zur Ablieferung gebracht werden sollen. (...)

Daß der Figur Kunstwert zukommt, kann nicht bestritten werden, wenn auch die derzeitige Anordnung der Plastik als recht unglücklich anzusehen ist. (...) Hinzu kommt, daß die Plastik von einem Künstler gefertigt ist, der unter den lebenden deutschen Plastikern einen bedeutenden Rang einnimmt und der nach seiner Herkunft zum Lande Baden in besonderer Beziehung steht.‹

133 GLA: 235/3724, 235/29790; UA: B 5138/1

134 Vgl. Meinhold Lurz: Der plastische Schmuck der Neuen Universität, Veröffentlichungen des Kunsthistorischen Instituts der Universität Heidelberg zur Heidelberger Altstadt, hrsg. von P. A. Riedl, Heft 12, Heidelberg 1975, S. 5/6

135 GLA: 235/3724, 235/29790; UA: B 5138/1; ›Volksgemeinschaft‹ vom 25. 10. 1935

136 GLA: 235/29790; UA: B 5138/1

137 UA: B 5139/3 (I, 12). Die Büste ist von einer ›Ehrenbürgerin der Universität‹, Frau Fanny Hofmann, gestiftet worden

138 Schrade war anläßlich der 550-Jahrfeier verantwortlich für die Ausschmückung der Neuen Aula

139 Die ›Stiftungsfeier‹, seit 1919 auch ›Jahrfeier‹ genannt, wurde seit 1803 am Geburtstag des Neugründers und ersten ›rector magnificentissimus‹ der Universität, Großherzog Karl Friedrich von Baden, am 22. 11. gefeiert. Die Stiftungsfeier verband die Jahresrede des Prorektors mit der Verleihung akademischer Preise

140 UA: B 5139/3 (I, 12). Nach den Vorschlägen des Bezirksbauamtes sollte der Wandbehang doppelseitig gestaltet werden. Die ›Alltagsseite‹, die wahrscheinlich nach dem Vorschlag einer Frau Ritter-Kauermann ausgeführt wurde, sollte ›in leichter Zeichnung als Streumuster Kränze mit dem Hoheitszeichen‹ aufweisen. Die ›Festtagsseite‹, zu der Professor Josua L. Gampp einen Entwurf lieferte, sollte rot gehalten sein und in der Tönung mit rechts und links aufzustellenden Fahnengruppen harmonieren. Ob der Behang in dieser Weise zustande kam, läßt sich aus den Akten nicht ermitteln

141 GLA: 235/3669; UA: B 5139/3 (I, 12). Dieser Vorschlag ist einer zweiseitigen Liste von Führerworten entnommen, die der Dekan der Philosophischen Fakultät, Professor Kienast, am 23. 1. 1942 beim Rektorat eingereicht hat. Ein anderes Vorhaben Schmitthenners, den Erfrischungsraum der Universität von dem Maler Fritz Würth mit einem ›Jahreszeiten‹-Zyklus al fresco ausmalen zu lassen, nachdem er die dort aufgehängten Reproduktionen moderner Meister entfernen ließ, scheiterte aus finanziellen Gründen

142 UA: B 5138/2. Dort befindet sich der Kriegerkopf noch heute

143 UA: B 5138/2. An dieser Entscheidung übt Professor Karl Freudenberg, Leiter des Chemischen Instituts und mit Otto Schließler befreundet, in einem Brief an Rektor Bauer heftige Kritik. Er meint, die Athena hätte ihren Zweck, das zu wenig hervorgehobene Portal zu betonen und die Eintönigkeit der sich wiederholenden Felder zwischen den Aulafenstern zu durchbrechen, nicht erfüllt, wogegen der fünf Meter hohe Adler diese Aufgabe gelöst habe. Der Adler sei ihm außerdem nie als ein nazistisches Emblem erschienen und gelte ihm jetzt als ein letztes Symbol des unteilbaren Deutschland

144 UA: B 5138/2

145 Über den Verbleib der Hitler-Büsten ist nichts bekannt

146 UA: B 5139/3 (I, 12). Die Anzahl der Studenten ist im Vergleich zu den Vorkriegsjahren gestiegen. Im Wintersemester 1946/47 sind 4000 Studenten immatrikuliert

147 UA: B 5138/2

148 UBA: Akte BBA, Neue Universität, ›Großfeuer am 16. 6. 1948‹; Berichte in der Rhein-Neckar-Zeitung vom 17. und 19. 6. 1948

149 UBA: Akte BBA, Neue Universität, ›Großfeuer am 16. 6. 1948‹

150 UA: B 5138/2

151 UBA: Akte BBA, Neue Universität, ›Großfeuer am 16. 6. 1948‹

152 Rhein-Neckar-Zeitung vom 15. 11. 1948

153 UA: B 5138/3

154 UA: B 5138/3

155 Die Orgel wird erst in den Wintermonaten 1965/66 an der von Gruber vorgesehenen Stelle eingebaut

156 UA: B 5138/3

157 UA: B 5133/15b (13b)

158 UBA: B 214, B 214 (2170)

159 UBA: B 214 (2170)

160 UBA: B 214 (2170)

161 UBA: B 214 (2170), B 214, 1 (2170-74529). Die gründliche Renovierung des Hauptgebäudes innen und außen sowie des Auditorium Maximums galt nicht zuletzt den sich hier befindenden zahlreichen studentischen Graffiti der vergangenen zehn Jahre

162 UBA: B 214, 1 (2170-74529)

163 Vgl. Landeszentrale für Politische Bildung Baden-Württemberg (Hrsg.): Von der Ständeversammlung zum demokratischen Parlament. Die Geschichte der Volksvertretung in Baden-Württemberg, Stuttgart 1982

164 Die Assistenten boykottierten das Fest der Spendenübergabe am 17.12.1928; vgl. Meinhold Lurz: Der Bau der Neuen Universität im Brennpunkt gegensätzlicher Interessen, in: Ruperto Carola, 27.1975, Heft 55/56, S.39-45

165 Veröffentlicht in: Baukunst, IV, 1928

166 Vgl. Barbara Miller-Lane: Architecture and Politics in Germany 1918-1945, Cambridge (Mass.) 1968, S.140, und Anna Teut: Architektur im Dritten Reich 1933-1945, Berlin/Frankfurt a.M./Wien 1967

167 Moderne Formen verwendeten nur Esch und Fahrenkamp in ihren Entwürfen, wobei zumindest auch Fahrenkamp zu den konservativen Architekten zu rechnen ist. Vgl. Joachim Petsch: Baukunst und Stadtplanung im Dritten Reich, München/Wien 1976, S.51: ›Für Architekten wie Fahrenkamp ist das Shell-Haus (erbaut 1930/31 in Berlin) nur eine formale Episode – der soziale und politische Inhalt, der mit der modernen Architektur während der Weimarer Republik verbunden war, hat ihn als konservativen Architekten nicht interessiert. Im Dritten Reich und in den fünfziger Jahren erfüllte er gewissenhaft die Bauwünsche der neuen Machthaber und der herrschenden Klasse.‹ Als einziger Zeitgenosse kritisiert K. Martin das weitgehende Ignorieren der modernen Architekten: ›Im Ganzen genommen wurde die moderne Architektur beim Wettbewerb nicht gerade in förderndem Sinn berücksichtigt, man hätte sonst Walter Gropius und Mies van der Rohe bei der Aufforderung nicht vergessen dürfen‹; K.Martin: Die Bauprojekte für die Heidelberger Universität, in: Kunst und Künstler, 27.1929, S.207

168 Fritz Hirsch: Die Heidelberger Universität, in: Zentralblatt der Bauverwaltung, Heft 23 vom 5.6.1929

169 Vgl. Hegemann, a.a.O., S.36ff.; Martin, a.a.O., S.207; Hampe, a.a.O., S.145ff.

170 Zu Schmitthenner vgl. Norbert Huse: ›Neues Bauen‹ 1918-1933, München 1975, S.12. Vgl. auch den einzigen, gleichzeitig mit der Neuen Universität entstandenen Hochschulbau, das Seminargebäude der Kölner Universität (1929-1935) von Adolf Abel, das ebenfalls, trotz Verwendung von Elementen des modernen Bauens, aufgrund seiner architektonischen Konzeption – symmetrische Reihung der Architekturelemente um eine Mittelachse – dem Bereich der konservativen Baukunst zuzurechnen ist. Vgl. Petsch, a.a.O., S.129 und Abb.76

171 Karl Gruber: Das neue Haus. Wie Zweck und Anlage das Äußere bestimmten, in: Die Neue Universität. Sonderbeilage der Heidelberger Neuesten Nachrichten zur Einweihungsfeier am 9.Juni 1931

172 Zit. nach Max Perkow: Ein Gang durch das neue Haus, in: Die Neue Universität. Sonderbeilage der Heidelberger Neuesten Nachrichten zur Einweihungsfeier am 9.Juni 1931

173 Gruber wurde 1885 in Konstanz geboren und starb 1966 in Darmstadt. Nach Studium, Diplom, Promotion und Assistentenzeit an der Technischen Hochschule Karlsruhe als Schüler Schäfers, Durms, Billings und Ostendorfs war er zehn Jahre Regierungsbaumeister, zuletzt Stadtoberbaurat in Freiburg, bevor er 1925 als Professor für mittelalterliche Baukunst und Kirchenbau nach Danzig wechselte. In Danzig restaurierte er die Marienkirche. 1933 folgte er einem Ruf an die Technische Hochschule Darmstadt, wo er bis zu seiner Emeritierung den Lehrstuhl für mittelalterliche Baukunst, Kirchenbau und Baugeschichte innehatte. In seinem praktischen Wirken blieben der Kirchenbau und die kirchliche Denkmalpflege vorherrschend. Seit 1946 war er Kirchenbaumeister der Evangelischen Landeskirche Hessen sowie in den folgenden Jahren Mitglied mehrerer kirchlicher Denkmalräte und Bauhütten. 1937 erschien die erste Fassung seines Werkes ›Die Gestalt der deutschen Stadt‹, das bis heute, nunmehr in der dritten Auflage (1977), ein

Standardwerk zum deutschen Städtebau ist

174 Vgl. Friedrich Ostendorf: Haus und Garten, Berlin 1914, S. 67

175 Karl Gruber: Der Architekt und die Geschichte. Von der Ordnung im Städtebau. Sonderdruck aus: Der Architekt im Zerreißpunkt, Darmstadt 1948

176 Paul Schmitthenner: Baugestaltung I: Das deutsche Wohnhaus, Stuttgart 1932, zit. nach Huse, a. a. O., S. 124. Schmitthenner

hat auch nach 1945 eifrig gebaut und publiziert, u. a. das Buch ›Das sanfte Gesetz in der Kunst‹, Stuttgart 1954

177 Vgl. Hampe, a. a. O., S. 145

178 Gebäude beim Marstall, das nach seinem Architekten, dem Karlsruher Klassizisten Friedrich Weinbrenner (1766-1826), benannt wurde. Anfang der sechziger Jahre wurde es abgerissen und durch einen Neubau ersetzt

Literatur

Griesbach, Dieter; Krämer, Annette; Maisant, Mechthild: Die Neue Universität in Heidelberg, Veröffentlichungen des Kunsthistorischen Instituts der Universität Heidelberg zur Heidelberger Altstadt, hrsg. von P. A. Riedl, Heft 19, Heidelberg 1984

Gruber, Karl: Das neue Haus. Wie Zweck und Anlage das Äußere bestimmten, in: Die Neue Universität. Sonderbeilage der Heidelberger Neuesten Nachrichten zur Einweihungsfeier am 9. Juni 1931

Hampe, Hermann: Der Neubau der Universität Heidelberg, in: Die Denkmalpflege, 1930, S. 145-155

Hegemann, Werner: Wettbewerb Universität Heidelberg, in: Wasmuths Monatshefte für Baukunst, 13. 1929, S. 36-47

Hirsch, Fritz: Die Heidelberger Universität, in: Zentralblatt der Bauverwaltung, Heft 23 vom 5. 6. 1929

Lurz, Meinhold: Der Bau der Neuen Universität im Brennpunkt gegensätzlicher Interessen, in: Ruperto Carola, 27. 1975, Heft 55/56, S. 39-45

Ders.: Der plastische Schmuck der Neuen Universität, Veröffentlichungen des Kunsthistorischen Instituts der Universität Heidelberg zur Heidelberger Altstadt, hrsg. von P. A. Riedl, Heft 12, Heidelberg 1975

Ders.: Die 550-Jahrfeier der Universität als nationalsozialistische Selbstdarstellung von Reich und Universität, in: Ruperto Carola, 28. 1976, Heft 57, S. 35-41

Martin, K.: Die Bauprojekte für die Heidelberger Universität, in: Kunst und Künstler, 27. 1929, S. 207

N. N.(gk): Die ›Neue Uni‹ vor fünfzig Jahren und heute, in: Rhein-Neckar-Zeitung vom 30. 6. 1981 (Nachdruck in: Ruperto Carola, 33. 1981, Heft 67/68, S. 125-126)

N. N.(L.): Wettbewerb für den Erweiterungsbau der Universität Heidelberg, in: Die Form. Zeitschrift für gestaltende Arbeit, 3. 1928, Heft 15, S. 428-431

N. N.: Hörsaalgebäude der Universität Heidelberg, in: Wettbewerbe, 1929, Heft 4

N. N.: Die ›Neue‹ kommt in die Jahre, in: Unispiegel, 13. 1981, Heft 2, S. 3-4

Pfister, Rudolf: Die Neubauten der Universität Heidelberg, in: Wasmuths Monatshefte für Baukunst, 17. 1933, S. 73-76

Ders.: Die Neubauten der Universität, in: Zentralblatt der Bauverwaltung, 58. 1938, Heft 6, S. 133-143

Perkow, Max: Ein Gang durch das neue Haus, in: Die Neue Universität. Sonderbeilage der Heidelberger Neuesten Nachrichten zur Einweihungsfeier am 9. Juni 1931

Schubert, Dietrich: ›Ehrenhalle‹ für 500 Tote (1932-1933), in: Heidelberger Denkmäler 1788-1981 (Neue Hefte zur Stadtentwicklung und Stadtgeschichte, hrsg. von G. Heinemann), Heft 2, Heidelberg 1982, S. 78-83

Sigmund, Wilhelm: Die Nachbarschaft der Universität, in: Die Neue Universität. Sonderbeilage der Heidelberger Neuesten Nachrichten zur Einweihungsfeier am 9. Juni 1931

Zimmermann, H.: Das Heidelberger Ergebnis, in: Die Denkmalpflege, 1931, S. 235

SIGRID GENSICHEN

Das Quartier Augustinergasse/Schulgasse/Merianstraße/Marsiliusplatz und das Seminarienhaus

Vorbemerkung

Wie die meisten Quartiere der Heidelberger Altstadt wird auch das Gebiet an der Augustinergasse, das Zentrum der mittelalterlichen Universität, nach den Zerstörungen des pfälzischen Erbfolgekrieges nach 1700 neu aufgebaut. Die Rekonstruktion des früheren Zustands ist schwierig; von der Bebauung sind nur Teile der Keller erhalten, auch die Schrift- und Bildquellen genügen nicht für eine lückenlose Darstellung. Dasselbe gilt für die Geschichte der Neubebauung, da im nördlichen Teil des Viertels eine reine Wohnbebauung entsteht, die weit weniger gut dokumentiert ist als der kurz vorher am Südende begonnene Bau des von den Jesuiten geführten Gymnasiums.

Die Lage des von Augustinergasse, Schulgasse, Merianstraße und Seminarstraße umschlossenen Bereichs innerhalb der Topographie der Altstadt ist durch die Verbindung mit zwei bedeutenden Baukomplexen charakterisiert: Einerseits grenzt er an die jesuitische Gebäudegruppe, andererseits an den Universitätsplatz und die Alte Universität. Der schmale, etwas schiefwinklige Grundriß des Viertels ergibt sich sowohl aus der Beibehaltung von Straßenführungen des 16. und 17. Jahrhunderts, als auch aus den neuen städtebaulichen Anlagen zu Beginn des 18. Jahrhunderts.

Der Verlauf der westlichen Quartiergrenze entspricht der mittelalterlichen Bebauungsgrenze: Die seit 1363 belegte Augustinergasse wird bei der barocken Neuplanung in voller Länge beibehalten und durch den Schulbau der Jesuiten 1715 bis zur Seminarstraße verlängert.[1] Die anderen das Viertel umschließenden Straßenzüge sind zwar im Zuge der Neubebauung nach 1693 entstanden, doch verweisen auch Seminarstraße und Merianstraße auf die mittelalterliche Situation: Erstere entsteht durch Zuschütten des südlichen Stadtgrabens, letztere durch den Abbruch der Trümmer des mittelalterlichen Auditorium Philosophicum. Nach Westen wird die Merianstraße, wie aus Brunns Rekonstruktionszeichnung ersichtlich, in die unbebaute Lücke zwischen die Ruinen zweier älterer Universitätsgebäude gelegt, das Dozentenhaus und das Contubernium.[2] Auf diese Weise kommt eine ökonomische Lösung für die Verbindung von Universitätsplatz und Kirchplatz zustande, die ältere Vorgaben sparsam mitverwendet. Die östliche Quartierbegrenzung durch die nach dem Jesuitengymnasium benannte Schulgasse ergibt sich aus der Lage der Jesuitenkirche, ist also die einzige Straßenneuschöpfung, die ganz von der Situation vor 1693 abweicht. In west-östlicher Richtung teilt seit 1515 das Kirchgäßchen das Quartier; durch den Abriß

77

zweier Wohnhäuser im Jahr 1936 wurde es zum Marsiliusplatz erweitert.[3] Die Gebäude Augustinergasse 9, Schulgasse 4 und 2 werden heute vom Institut für Ausländisches und Internationales Privat- und Wirtschaftsrecht genutzt; im letztgenannten Haus stehen dem Musikwissenschaftlichen Institut zwei Räume zur Verfügung, die Haupträume dieses Instituts befinden sich im Haus Augustinergasse 7.

Geschichte

Die Geschichte des Quartiers vor der spätbarocken Bebauung

Die Gebäude der ›großen Bursch‹ vor 1693. Analog zu späteren Universitätsgründungen im deutschsprachigen Raum und in Frankreich entsteht in Heidelberg nach 1386 keine homogene, für Studienzwecke geplante Anlage, sondern die Universität nutzt mehr oder weniger planmäßig erworbene Bürgerhauskonglomerate im Bereich zwischen Hauptstraße und Neckar.[4] Im 15. Jahrhundert verschiebt sich der Schwerpunkt nach Südwesten zur Augustinergasse, wo die Universität seit 1401 ein Wohnhaus als Lehrgebäude für die Artistenfakultät verwendet. Zukäufe und Anbauten, vor allem der Neubau der Realistenburse, vergrößern den Komplex, der schließlich das ganze Quartier zwischen Augustiner- und Heugasse einnimmt.[5] 1546 wird die Realistenburse mit den über die Stadt gestreuten anderen Bursen zusammengelegt und zum ›großen Contubernium‹, nach dem seither das Viertel als ›große Bursch‹ bezeichnet wird. Im Dreißigjährigen Krieg endet das Bursenwesen, und bis auf Senatsstube, Bibliothek, Prytaneum und Auditorium Philosophicum werden die Bauten allmählich zweckentfremdet.[6]

78 Auf Merians Heidelberg-Panorama von 1620[7] sind im Bereich Heugasse/Augustinergasse drei größere Bauten als zur Bursch gehörig identifizierbar: ein zur Heugasse hin giebelständiger mit Satteldach, westlich dahinter ein Bau mit großem Walmdach und dreireihig gesetzten Schleppgaupen und ein zur Augustinergasse hin traufständiges Haus mit Staffelgiebeln. Zwischen den ersten beiden Gebäuden steht ein Türmchen mit Kegeldach. Die Legende bezeichnet die Gruppe als ›Das Contubernium Academicum oder die Bursch, durch Churf. Ludwig den Sechsten, der Universität zum besten erbaut, als welche nicht allein ihr Consistorium, sondern auch ihre Bibliothec, Prytaneum oder Gastsaal, und dann das auditorium Philosophicum darinnen hat‹.[8] Der hinter dem als das Prytaneum identifizierbaren Gebäude gelegene Bau mit dem Walmdach ist vermutlich das Contubernium.[9] Das Haus mit den Staffelgiebeln könnte dasjenige sein, das Samuel Freiherr von Pufendorf besaß, der von 1661 bis 1668 einen Lehrstuhl für Natur- und Völkerrecht in Heidelberg innehatte, oder sein Vorgängerbau.[10]

Auskunft über das Aussehen der Gesamtanlage vor der Zerstörung und die Funktion der einzelnen Gebäude gibt die Beschreibung des Chronisten Lucae im ›Europäischen Helikon‹ von 1662:[11] ›Diese Bursch war ein ansehnlicher Hof und hohes Gebäude von zweien Seiten, hatte zwey Eingänge und mitten einen schönen Springbrunnen. An den Seiten mitternachts hatte die Academie oben die Senatsstube und Archiv und unten das Auditorium philosophicum von zimlichem Raum, aber etwas dunkel. Morgenwärts an der Spitze war das Prytaneum, ein weitläufiger Saal, welchen die Theologi zu ihren Lectionibus und Disputationibus bißweilen brauchten, und worinnen gemeiniglich die Conviva Doctoralia et Rectoralia gehalten wurden, auf dessen ober Theil war die Bibliotheca Universitatis. Die übrigen Gemächer der Bursch gewohnete der förderste Pedelle und vor ihr Geld die Studiosi.‹ Auditorium Philosophicum und Prytaneum hatten also mindestens zwei Geschosse; die bei Merian abgebildeten steilen Dächer wurden vermutlich als mehrbödige Speicher für die Vorratshaltung genutzt. Die Obergeschosse waren über Treppentürmchen erreichbar, Springbrunnen und geräumiger Hof gaben der Anlage repräsentativen Charakter.

Seit 1699 wird unter Leitung einer kurfürstlichen Kommission eine Bestandsaufnahme der Keller und eine Schätzung der universitätseigenen Häuser und Grundstücke durchgeführt mit dem Ziel, die Räumlichkeiten für den Lehrbetrieb wiederherzustellen.[12] Die Schätzung überliefert unter anderem den Zustand und die Zahl der noch vorhandenen Geschosse der Ruinen. Vom Bau der großen Bursch ›sambt dem großen Küchenbaw‹ sind ›drey Stockwerck Mauer‹ an der Schmalseite zur Augustinergasse ›noch in gutem stand‹, sonst nur ein Geschoß erhalten.[13] Vom ehemaligen Auditorium Philosophicum, dem Lehrgebäude, steht laut Schätzung außer einem Geschoß ›eine steinerne Schneck oder Stieg 4 Stockmauer hoch‹. Der Bibliotheksbau, ›worunter das Prytanäum gewesen‹, zeigt noch ›zwey Stockwerck Mauer mit zwey gemauerten Giebel, sambt einer gemauerten Schnecken‹.[14] Die Schätzung nennt weiter das ›Pufendorfsche Haus, gegen der Sapienz über‹, neben der großen Bursch an der ›gemeinen gaß‹, dem späteren Kirchgäßchen, also an der Südseite des heutigen Marsiliusplatzes. Drei Geschosse und zwei Keller sind noch erhalten.[15]

Das kleine Contubernium, bei Brunn[16] als südwestliches Eckhaus des Komplexes angegeben (an der Stelle der heutigen Augustinergasse 7), wird in der Schätzung nicht genannt, doch werden zwei Bauten unter einem Dach links der großen Bursch aufgeführt; das hintere grenzt an das Auditorium Philosophicum. Unter beiden liegt ein Keller, 67 mal 26 Schuh, außerdem ›2 gewölbte s. v. Sekreten so waßer reich sein‹.[17]

Der Verkauf des Burschgeländes. Mit Regierungsantritt von Kurfürst Philipp Wilhelm aus der katholischen Linie Pfalz-Neuburg 1685 beginnen die gegenreformatorischen Bestrebungen in der Pfalz, die sein Nachfolger Johann Wilhelm seit 1690 mit Hilfe eines konsequenten kirchenpolitischen Programms weiter vorantreibt. Die seit Ende des 17. Jahrhunderts wieder angesiedelten Orden übernehmen weitgehend die Organisation von Kirchendienst und Seelsorge; besonders zielstrebig und weitgefächert arbeiten die 1685 wieder in die oberrheinische Ordensprovinz berufenen Jesuiten an der Rekatholisierung des Landes.

Die religionspolitische Konfliktsituation schlägt sich auch in der bisher überwiegend reformiert besetzten Universität nieder. Einsprüche der Reformierten gegen die zunehmende Vergabe von Lehrstühlen an Jesuiten und deren Aufnahme in den Senat werden vom Kurfürsten zurückgewiesen, seit 1706 sinkt die Zahl der reformierten Professoren.[18] Die Konkurrenz zwischen Societas Jesu und Re-

77

formierten zieht eine Fülle von Konflikten bezüglich der universitätseigenen Grundstücke nach sich, da die Jesuiten aus ihrer Mitgliedschaft im Lehrkörper Ansprüche auf einige dieser zentral gelegenen Baugründe ableiten. Andererseits sind diese für die Universität, deren Immobilienbesitz fast ganz zerstört ist, insofern von Wert, als der Bau des neuen Lehrgebäudes, der Domus Wilhelmiana, Finanzierungshilfen aus dem Erlös von Grundstücksverkäufen erfordert.[19]

Behindert durch widersprüchliche Befehle des Kurfürsten, die große Geldknappheit und die Schwerfälligkeit der Universitätsverwaltung, gelingt es der für die Baulichkeiten der Universität eingesetzten Kommission nicht, der Nachkriegssituation schnell und planmäßig abzuhelfen.[20] Entsprechend schleppend verlaufen auch die Verhandlungen um das Quartier an der Augustinergasse.

Im Februar 1701 verlangen die Jesuiten von der Universität, daß ihnen ›Sämbtliche zwischen der Hew-, Groß und Kleinen Augustinergassen gelegene Universitätsplätz‹ überlassen werden zur Erweiterung der Kirche und für den Bau einer Schule.[21] Sie bieten Grundstücke zur Entschädigung an, doch äußert sich die Universität zu den vorgeschlagenen ›aequivalenten‹ ablehnend, macht auch keine eigenen Vorschläge, so daß die Jesuiten noch bis 1714 keine weiterführende Auskunft bezüglich eines Baugeländes für die Schule erhalten.[22] 1715 wird als erster der Platz des Pufendorfschen Hauses samt dem bis an die Schulgasse reichenden Garten an Professor Busch verkauft.[23] Für den Kirchenbau hat die Universität der Societas Jesu etwa ein Drittel des ehemaligen Burschgeländes abgetreten, aber den verbliebenen Teil versteigert sie im Mai des Jahres 1716 an Privatpersonen als Finanzierungshilfe für den Universitätsneubau, wobei es den Interessenten überlassen bleibt, größere oder kleinere Teile des Areals zu erwerben.

Die Versteigerung bringt folgende Ergebnisse[24]:

- Das Gartenstück zwischen Pufendorfschem Haus und ehemaligem großen Contubernium erwirbt Amtskeller Most und verkauft es sofort an Prof. Busch weiter, der damit das größte Grundstück besitzt.
- Den Platz ›so vom Eck der ... in die Kettengasse laufenden zwergstraße (heute Merianstraße, S. G.), die Augustiner gasse hinauff‹ bis an Prof. Buschs Besitz reicht, also das Grundstück Augustinergasse 7, kauft Kirchenrat Chuno für 1140 Gulden.
- Das Grundstück Ecke Schulgasse/Merianstraße ersteigert Zimmermeister Wilhelm Warth für 500 Gulden.
- Das kleinste Grundstück, in der Schulgasse zwischen Warths Besitz und dem Garten von Busch, kauft der ›gewesene Licent- und Kontributionseinnehmer Ferdinand Schmitt‹ für 465 Gulden.

Alle Verträge werden am 30.6. 1716 ausgefertigt. Damit ist der größte Teil des Gebiets der ehemaligen ›großen Bursch‹ in Privathand übergegangen.

Verhandlungen um den Bauplatz für die ›scholae inferiores‹. Bevor der Neubau am Südende der Augustinergasse entsteht, sind die ›scholae inferiores‹, das Gymnasium der Jesuiten für etwa zwölf- bis sechzehnjährige Schüler, provisorisch in der notdürftig auf ein Geschoß zurechtgeflickten Ruine des ehemaligen Dozentenhauses an der Nordecke Augustinergasse/Merianstraße untergekommen, ohne

daß die Universität dieser Nutzung widersprochen hätte. Eine Planzeichnung be- *79*
legt diesen Standort.[25] Das Provisorium, in dem seit etwa 1705/06 unterrichtet
wird, beschreiben die vielen Petitionen für die Bewilligung eines Neubaus recht
drastisch, zum Beispiel als ›einem alten verfallenen leprosorio‹ ähnlich.[26]

Die ersten Petitionen, zwischen Juni 1713 und März 1714 an den Senat der
Universität und den Kurfürsten gerichtet, zielen auf dieses Grundstück des provisorischen Schulhauses als Standort für den Neubau. Der ersten Bittschrift liegt
ein Grundriß bei, in dem das Gelände mit ›Scholae Inferiores hoc loco ponibiles‹
bezeichnet ist.[27] Da die Universität nicht reagiert, bitten die Jesuiten, schon vor
Lösung der Entschädigungsfrage ›interim mit Grabung der Fundamenten‹ beginnen zu dürfen (was natürlich der Abgabe des Grundstücks gleichgekommen wäre) und schließen mit der Warnung, daß ›widrigenfalß seine Churfürstl. Durchl.
mit Gefahr des aequivalents auf ein anderes principium wenden dörffte‹.[28] Im
April lehnt die Universität die Platzabgabe unter Hinweis auf die noch ausste-
hende Regierungsverordnung zur Entschädigungsfrage ab.[29]

Der Anspruch auf ein Baugelände und finanzielle Unterstützung für die Schule wird in den Petitionen mit einer Fülle von Argumenten gestützt, die in der vor
1714 an den Kurfürst gerichteten[30] vollständig aufgeführt sind. Zum einen wird
die Bedeutung der Schule innerhalb des Heidelberger Ausbildungswesens dargestellt. Die Jesuiten heben hervor, daß ihre Schule vor allem Kinder der Ober-
schichten ausbilde, im Gegensatz zur Neckarschule der Reformierten, denen
man den Neubau finanziert habe. Da die Schule ›auch pro acatholibus destinirt‹
sei, bilde sie das zukünftige Universitätspublikum aus, ohne konfessionell zu se-
lektieren und sei somit ein unentbehrliches ›Seminarium der universität‹. Zum
anderen werden Gewohnheits- und Rechtsansprüche auf den universitätseigenen
Platz geltend gemacht. Da die Schule ›schon 9 Jahr lang ... ohne einige Ihrseitige
Contradiction‹ auf diesem Platz geführt worden sei, könne die Universität dieses
Verhältnis nicht ohne weiteres aufkündigen. Die Schule sei auch deshalb als Teil
der Universität zu betrachten, weil die Jesuiten durch ihre Lehrtätigkeit ›membra
universitatis‹ geworden seien; daher bestünde streng genommen seitens der Universität kein Entschädigungsanspruch für das Grundstück. Außerdem seien
›auch anderwerths als zu Würtzburg, Bamberg ec die Scholae inferiores et supe-
riores der universität zugleich annectirt‹. Dem Einwand, der Platz sei ›zu erbaw-
ung der Professoren häußer gewidmet‹, wird entgegengehalten, daß die Universität zur Finanzierung ihres Neubaus ›viele geeignetere Plätze‹ schon verkauft
habe. Vorschläge des Senats, wie die Verlegung der Schule in das jesuiteneigene
Haus aus Kloster Neuburgischem Besitz oder gar ihre ersatzlose Schließung,
werden entschieden abgewiesen. An den Kurfürsten richtet die Societas Jesu den
Wunsch, eine Finanzierungsbeihilfe für den Neubau durch den Zuschlag von
Strafgeldern und Holzfuhren zu bekommen.

Im Frühjahr 1714 läßt die Universität den Platz des Provisoriums und die re-
gierungsseits vorgeschlagenen Entschädigungsgelände ausmessen und stellt fest,
daß mit letzteren nicht einmal der Bodenverlust für die Kirche abgedeckt sei. Der
Senat verweigert daher die Platzabgabe für die Schule endgültig. Ende des Jahres
bitten die Jesuiten in wesentlich moderaterem Ton um den regierungseigenen
Platz am Nordende der Augustinergasse, da der dortige Bauhof leicht zum gro-

ßen Bauhof am Marstall transferierbar sei, der Kurfürst selbst die Anlage der
›Newe gaß‹ (Schulgasse) angeordnet habe und die Größe des Platzes ein separates Theatergebäude ermögliche.[31] Damit könne die Überfüllung am bisherigen
Aufführungsort, dem ›Newen Keltergebaw‹, vermieden werden. Das Theater solle zur Übung der Jugend und von den Sodalitäten genutzt werden. Auch könne
auf diesem Platz dem kurfürstlichen Befehl, ›daß allhiesiger Collegiy baw in form
einer Insul von anderen gebawen separirt werden solte‹, entsprochen werden.[32]

Im Januar 1715 ergeht an den Architekten Johann Adam Breunig, seit 1708
Bauamtsleiter, der Befehl, daß er den Platz ›in augen schein nehmen, solchen ab-
messen, auch das Project, wie dieser … könnte gebaut werdten‹ einschicken soll.
Im Februar hat er die ›grundriß darüber verfertigt, worinnen so wohl die Situation, als auch … die künftige Bebauung ausgeführt‹.[33]

79   Von diesen Unterlagen ist unter anderem die schon erwähnte Planzeichnung
des Quartiers Augustinergasse/Schulgasse mit einem Neubauentwurf der scholae inferiores im Grundriß erhalten. Die Skizze zeigt zwei Gebäudeteile, einen
längsrechteckigen, der in Größe, Proportion und Situierung der beiden Treppenhäuser der späteren Bauausführung entspricht, und eine rechtwinklig angesetzte
›domus comoediarum‹ mit Kulissenständen und Orchestergraben, also eine für
diese Zeit typische barocke Kulissenbühne. Auf dieses separate Theatergebäude
ist vermutlich aus finanziellen Gründen verzichtet worden, doch möglicherweise
erst spät, da noch 1756 eine Anleihe bei der großen marianischen Sodalität ›pro
erigendo novo Theatro‹ aufgenommen wird. Statt dessen dient der große, tonnengewölbte Saal im zweiten Obergeschoß der Schule als Theaterraum.[34]

Mit Breunigs Schreiben und der von ihm angefertigten Zeichnung ist belegt,
daß er die Grundrißdisposition des Gebäudes entworfen hat.[35] Damit steigt die
Wahrscheinlichkeit, daß auch die Ausführung ihm oder einem Architekten seines
Umkreises zuzuschreiben ist. Eine eindeutige Auftragsvergabe oder ein Honorar
ist in den hier eingesehenen Quellen jedoch nicht verzeichnet.[36] Die bisher schon
vermutete Autorschaft Breunigs kann aber mit an Sicherheit grenzender Wahrscheinlichkeit angenommen werden.[37]

Trotz anfänglicher Beschwerden der finanziell überlasteten Hofkammer weist
Kurfürst Johann Wilhelm Mitte 1715 die geistliche Administration an, den Platz
an die Societas Jesu zu übergeben, was im Frühjahr 1716 geschieht.[38]

Die Bebauung seit Beginn des 18. Jahrhunderts

Die Baugeschichte der ›scholae inferiores‹. Nach Beginn der Fundamentarbeiten
im Winter 1715/16 häufen sich im Frühjahr die Beschwerden der Jesuiten, daß
der Bauplatz nicht völlig geräumt sei.[39] Im Winter 1716/17 fehlen noch die Dach-
deckung sowie alle Schlosser- und Schreinerarbeit.[40] Nach dem Richtfest ›die
S. Caroli‹ 1717, also am Namenstag des neuen Landesherrn Carl Philipp, findet
im Jahr 1718 ein Festakt zur Einweihung der Schule statt.[41]

Am 19.2.1723 bitten die Jesuiten um die Erhöhung früher zugesprochener
Salzgelder, unter anderem, um analog zur Dedikation der Universität dem Gymna-
sium einen Wappenschild mit dem Namen des Regenten als Inschrift zu geben.[42]
Die Bezeichnung ›Gymnasium Carolinum‹ wird später ab und zu verwenden.

Die Einstellung der Salzgeldbezüge verhindert bis 1729 die Fertigstellung des Gebäudes; es fehlen noch Kamine, Fenster samt Läden und die Dachverbleiung.[43] 1730 berichten die jesuitischen Jahrbücher, die ›Annuae‹, daß ›elegantia propylaea ac nova ostia‹ errichtet wurden; wenn ›propylaea‹ hier nicht Vorhalle, sondern Säulenstellung bedeutet, kann die Anlage eines oder mehrerer Portale und der Türen gemeint sein.[44] 1731 war der Zugang zum Gebäude fertiggestellt.[45] Im Jahr 1742 erwähnen die Jahrbücher das ›theatrum in nostro Gymnasio‹, ein weiterer Hinweis darauf, daß die Aufführungen im Gebäude selbst stattfinden und kein separates Theatergebäude existiert.[46] 1759 erfordert ein Brand Reparaturen am Bau, und 1767 wird ein neuer Außenputz aufgebracht.[47] Vor 1770, dem *80* Entstehungsjahr des ersten Heidelberger Lagerbuchs, wird ein kleiner, eingeschossiger Anbau am Nordende der Westfassade angesetzt.[48]

Die Gesamtsumme der Bauausgaben von 1715 bis 1724 beträgt rund 14088 Gulden.[49] Der überwiegende Teil dieser Gelder stammt von privaten Leihgebern und der kurfürstlichen Hofkammer. Diese zahlt die Summen (wie bei anderen Baufinanzierungen auch) nicht in bar aus, sondern vergibt unter anderem die durch die Fertigstellung der Karmeliterkirche freigewordenen Strafgelder des Oberamts Heidelberg von 1717 bis 1719. Da die Summen zur Schuldentilgung nicht ausreichen, bewilligt die Hofkammer Mitte 1719 500 Gulden jährlich auf sechs Jahre aus dem ›saltz Admodiations contract mit denen lothringern‹. Die jesuitische Bitte um eine Spende von 5000 Gulden lehnt der Kurfürst 1722 ab. Beschwerden der Societas Jesu wegen der verzögerten Auszahlung der Salzgelder führen schließlich zum Vorschlag, einen Fonds für das Gymnasium einzurichten.[50] Die immer wieder strittige Finanzierungsfrage wird 1759 endgültig gelöst durch die Inkorporation der Schule in die Güter der geistlichen Administration.[51]

Die Rechnungsbücher enthalten nur einen Hinweis auf den Bauvorgang: Mit einem Maurermeister ist noch nicht abgerechnet, ›weilen Einige verständige dem vorgehalten, sie fürchteten in dem gymnasi baw große riß wegen deren Einigen gesprengten bögen im fundament gegen den Graben und Klingenthor zu‹.[52] Die lange Reihe von Sicherungsarbeiten, die aus der späteren Ausweichung der Mauern vor allem am Südende des Baues notwendig werden, nimmt vielleicht ihren Anfang in dieser hinsichtlich des Baugrunds ungenügenden Fundamentkonstruktion.[53]

Umbauten und Umnutzungen bis 1827. Trotz der Aufhebung des Jesuitenordens 1773 wird der Lehrbetrieb in den nun dem katholischen Schulfonds zugesprochenen scholae inferiores aufrecht erhalten, anfangs durch die ehemaligen Jesuiten, in der Folge durch die Bestimmungen einer Regierungskommission und von 1781 bis 1792 durch die Lazaristen (Kongregation der Priester von der Mission).[54] Nach dem Abgang der Lazaristen wird der katholische Schulfonds 1792 von Kurfürst Maximilian IV. Joseph wieder als Besitzer der Schule eingesetzt, doch der Schulbetrieb erlischt mit großer Wahrscheinlichkeit wegen der militärischen Nutzung des jesuitischen Gebäudekomplexes, in die das Schulgebäude miteinbezogen wird.[55]

Im Jahr 1804 gibt es zwei Kaufinteressenten: Die seit 1803 der badischen Staatsverwaltung unterstellte Universität möchte das Gebäude für Bibliothek und Sammlungen oder für naturwissenschaftliche Zwecke nutzen[56], während Freiherr Johann Andreas von Traitteur, Obristleutnant, Salinenbesitzer und Inhaber des Lehrstuhls für Zivil- und Militärbaukunst in Heidelberg das Haus ›zur Salzniederlage, zu einer großen Wohnung und zum Schauspiele‹ verwenden will.[57]

82 Die im Zusammenhang mit der Übernahmeabsicht von der Universität in Auftrag gegebene Begutachtung und Ausmessung des Gebäudes am 15.3. 1804 ermöglicht eine ungefähre Rekonstruktion der Innenaufteilung:[58] Im Erdgeschoß und im ersten Obergeschoß befinden sich je zwei große Säle und zwei kleinere Schulzimmer, im zweiten Obergeschoß der große ›Comoedie Saal‹, knapp 34 m lang, zu dem die Treppe nur noch einläufig führt. Die lichte Weite beträgt laut Messung 12,70 m, ein Maß, das mit der vorhandenen Geschoßhöhe und der 1845 überlieferten Firsthöhe des alten Dachstuhls unvereinbar ist. Vermutlich liegt ein Meß- oder Schreibfehler vor.

Der Gutachter, Werkmeister Carl Schaefer, konstatiert die ›Schiebung‹ der Außenwände und schlägt ein zusätzliches Gebälk sowie Eisenanker in allen Geschossen und Zwischenwände in den Sälen zur Verbesserung der Statik vor, ›allerdings mit dem Vorbehalt, daß der Speicher alda nicht so schwer beladen werden darff‹.

Im Oktober 1804 kauft J.A. von Traitteur das Schulgebäude für 3000 Gulden, nachdem er die Bitte der Universität um Überlassung des Gebäudes abgelehnt hat. Da der Bau 1811 als ›jetzt unbewohnt‹ bezeichnet wird, und ein wohl für die Renovierung gefertigter, heute verlorener Plan auf 1822 datiert war, werden die Umbauarbeiten vermutlich kurz nach diesem Datum begonnen haben.[59]

88 Aus einer für den Verkauf des Hauses an die Stadt 1827 gefertigten Bestandsaufnahme, den Umbauplänen von 1827/29 und 1845/46 sowie Schaefers Gutachten von 1804 lassen sich folgende Umbaumaßnahmen von Traitteurs erschließen[60]: Er läßt das durch die Lünetten belichtete Mezzaningeschoß einbauen, dessen Höhe vermutlich durch Tieferlegen des inneren Bodenniveaus gewonnen wird, da 1827 die Raumböden tiefer als der Boden des Treppenhauses liegen. Die Etagengrundrisse werden der Wohnfunktion gemäß in kleine Räume aufgeteilt, im ersten Obergeschoß zum Beispiel entstehen sechzehn Zimmer, von denen zwei an der Westfassade gelegene je einen kleinen ›Altan‹ vorgesetzt bekommen. Ob noch vorhandene Einrichtungen des jesuitischen Theaters im Saal des zweiten Obergeschosses übernommen oder ergänzt wurden, oder ob von Traitteur eine Neueinrichtung des Saales vornahm, ist nicht bekannt.

87 Inwieweit die heutige Form der Westportale auf diesen Umbau zurückgeht, läßt sich nicht eindeutig entscheiden. Eine Lithographie von 1830 zeigt im nördlichen Portal eine Rundbogenöffnung, d.h. das heute vorhandene barockisierende Türgewände datiert aus späterer Zeit. Die Portalrahmung läßt sich auf der Abbildung nicht hinreichend genau erkennen. Die heutige Rustizierung ist nicht eingezeichnet. Andererseits entspricht der rechteckige Zuschnitt des Portalrahmens dem Bestand. Eine Datierung der westlichen Portalanlagen muß vorläufig offen bleiben.[61]

Da von Traitteur als Architekt tätig gewesen ist, kann vermutet werden, daß er die Umbaupläne für die ehemalige Jesuitenschule selbst gefertigt hat.

Der Umbau zur Universitätsbibliothek und spätere Veränderungen. 1827 verkaufen die Traitteurschen Erbinnen das Haus an die Stadt Heidelberg, die es der Universität zur Nutzung überläßt. Wann das Gebäude in den Besitz der Universität übergeht, ist bisher nicht bekannt. Diese benötigt den Bau wegen der stark angewachsenen Bibliotheksbestände nun dringender als 1804, aber erst hohe Zuschüsse, vor allem von seiten der Stadt, ermöglichen die notwendigen Umbauten.[62] Im Mai 1828 wird die Genehmigung zur Ausführung der von Universitätsbaumeister Wundt gefertigten Pläne gegeben, die Bibliotheksdirektor Mone in einzelnen Punkten modifiziert hat.[63]

Im Inneren werden das Zwischengeschoß entfernt sowie sämtliche Riegelwän-   83
de, um in den südlichen zwei Dritteln des Baues in beiden Geschossen unter Einbeziehung des ehemaligen Treppenhauses je zwei große Büchersäle herzustellen. Eine offene Wendeltreppe in der Mitte des früheren Treppenhauses verbindet beide Geschosse. Eine longitudinale Anordnung der Buchrepositorien hätte die ebenfalls longitudinal verlaufenden Deckenbalken zu sehr belastet; Wundt stellt also die Regale quer, zieht zwölf hölzerne Stützpfeiler ein und verankert die die Regale haltenden Durchzüge in der Außenmauer, um deren weitere Ausweichung zu mindern. Diese ist offenbar schon beträchtlich, da der Bauunternehmer vertraglich von der Haftung für weitere Mauerbewegungen entbunden wird.[64] Die Saaltüren beider Geschosse werden in die Mittelachse versetzt.

Im nördlichen Drittel des Gebäudes werden unter anderem ein Antikensaal, ein Raum für Dissertationen und im Obergeschoß der Lesesaal eingerichtet. Zur Beseitigung der Mauerfeuchtigkeit im Nordtrakt wird dort das Bodenniveau mit dem Schutt des abgebrochenen Zwischenstocks erhöht und außen ein kleines Gärtchen abgegraben, wodurch die Differenz zwischen innerem und Straßenniveau nun 6 bis 8 Fuß mehr beträgt als am Südende des Gebäudes. Das Straßenniveau liegt zu diesem Zeitpunkt noch in normaler Höhe, wie das Detail eines Stadtansichtenblattes von 1830 zeigt. Eine Photographie von 1928 gibt den heutigen Zustand mit dem vor allem am Nordende des Gebäudes stark abgesenkten Straßenniveau wieder.[65]

Die Vermauerung der Portale an der Ostfassade orientiert den Bau nach Westen, wo mit dem Musäumsgebäude am Universitätsplatz seit 1828 ein neuer   3, 55
städtisch-kultureller Schwerpunkt entsteht. Die Steinflächen werden mit Ölfarbe gefaßt, die beiden kleinen Balkons, zwölf Dachgaupen und die Kamine entfernt. Bautechnische Probleme verzögern die Fertigstellung bis 1828, so daß die Umquartierung der Bibliothek erst im Sommer 1829 abgeschlossen ist.

Im August 1834 wird der desolate Dachstuhl notdürftig gesichert, doch schon 1845 konstatiert das Gutachten des Bezirksbaumeisters Lendorff Einsturzgefährdung[66]: Da das barocke Dach ›ohne irgendeinen Bundbalken oder Bundeisen‹ errichtet worden ist, zudem ein hohes Eigengewicht hat, ist die westliche Außenmauer zwischen Traufgesims und Sockel um etwa 0,6 bis 3,6 cm ausgewichen; dadurch fehlt dem Dach die Auflage. Lendorff nimmt an, daß der Einbruch der Lünetten für das Mezzaningeschoß die Ausweichung verstärkt hat.

Nach seinen Vorschlägen werden das Dach abgetragen, das Gebälk abgespießt und die westliche Mauer auf die Länge von etwa 33 m abgebrochen und unter Verwendung der intakten Hausteinteile im Lot wieder aufgemauert. Der   84 neue Dachstuhl ist um ein gutes Drittel niedriger als der frühere. Das Gebäude wird im Grünton des ›Heilbronner Sandsteins‹ gestrichen, offenbar ohne Differenzierung zwischen Putz- und Sandsteinteilen.[67]

Nach der Aufnahme der archäologischen Sammlung in den großen Obergeschoßsaal 1853 und der Erweiterung des Lesesaals 1873 stehen schon 1880/81 weitere Umbau- und Sanierungsmaßnahmen an[68]: Eine rein repräsentative, nämlich die Einwölbung des Handschriftensaales und der beiden für die Bibliotheca Palatina bestimmten Räume im Erdgeschoß sowie die Erhöhung der vier nordöstlichen Fenster bis an die Lünettensohlbänke. Die zweite Maßnahme betrifft wieder einmal bautechnische Mängel, die letztlich auf die Entstehungszeit zurückgehen. Der Südgiebel hängt gut 12 cm über, die Außenmauern sind trotz der früheren Reparatur nicht im Lot, die Stützen, die z.T. die Dachlast tragen, angefault, die nördliche Treppenhausmauer ist einsturzgefährdet und der Fundamentgrund entpuppt sich als aus 3 m Sand und 0,65 m Schlamm bestehend. Die nordwestliche Grundmauer steht ›auf einem alten gewölbten, vielleicht den einstigen Festungsbauten angehörigen Gang‹, der während der Arbeiten nachgibt. Auch nachdem diese Mängel behoben sind, müssen bis zum Umzug in die neue Universitätsbibliothek 1906 aus einem Sonderetat immer wieder Sicherungsarbeiten bestritten werden.

Um Pfingsten 1907 ist der Umbau zum ›Seminarienhaus‹ abgeschlossen[69]; der Bau beherbergt seither mehrere Institute, anfangs das Germanisch-Romanische Seminar sowie die Institute für Volkswirtschaft, Philosophie, Geschichte und Orientalistik und die Akademische Lesehalle. Die Gewölbe von 1881 im Nordtrakt werden zugunsten der neuen Raumaufteilung entfernt, die Innenausstattung modernisiert und bis zum Mobiliar einheitlich gestaltet. Ein kolorierter Entwurf für die Lesehalle zeigt sparsamen klassizistischen Dekor an den Pfeilern (unter denen die Gußeisensäulen von 1881 vermutlich belassen wurden), den Türen und Wandflächen.

1925 werden die Hausmeisterwohnung in ein neues Zwischengeschoß verlegt und der ›Grimm-Saal‹ des Deutschen Seminars nach Geheimrat Panzers Plänen mit einer Holzgalerie ausgestattet. Die Ausmalung nach Motiven der Manessischen Liederhandschrift soll der Mannheimer Maler Oeser kurz darauf in Panzers Auftrag ausgeführt haben.[70] 1933 wird die Nordfassade teilweise durch den Neubau des ›Deutschen Hauses‹ verdeckt, dessen erstes Geschoß über die Treppe in den ›Grimm-Saal‹ mit dem Seminarienhaus verbunden wird.

Nach einer umfassenden Renovierung und Neueinrichtung des Inneren 1977–79 übernehmen Philosophisches Seminar, Slavisches Institut und Studentenbücherei das vorher vom Anglistischen und Romanischen Seminar genutzte Gebäude. 1985/86 werden alle Fassaden und vor allem die Portale an der Schulgasse in der Farbigkeit des 18. Jahrhunderts wiederhergestellt.[71]

Die Wohnbebauung im nördlichen Teil des Quartiers. Die Baugeschichte der Häuser Augustinergasse 7 und 9 sowie Schulgasse 2 und 4 ist, wie bei Privatbauten häufig, nur lückenhaft überliefert.

Die neuen Besitzer bebauen die 1715 bzw. 1716 gekauften Grundstücke relativ schnell: Etwa bis 1722–25 müssen die Häuser fertiggestellt worden sein. In allen

Fällen, mit Ausnahme des Bauplatzes Schulgasse 2, sind die Erstkäufer auch die Bauherren, d. h. die Grundstücke werden schnell für Wohn- und Arbeitszwecke nutzbar gemacht, vielleicht befördert durch die kurfürstlichen Appelle zum Wiederaufbau der zerstörten Stadt.

Kirchenrat Chuno, Besitzer des zweitgrößten Grundstücks, muß sofort nach der Versteigerung 1716 mit dem Bau des *Hauses Augustinergasse 7* begonnen haben, wie aus einem Rechtsstreit mit seinem Nachbar Schmitt hervorgeht.[72] Das Gebäude ist in drei Phasen entstanden. Der Nordtrakt an der Merianstraße, mit vier Achsen zum Universitätsplatz, muß anfangs dreiseitig freigestanden haben (die Ostseite nur kurz, bis zum Bau von Schulgasse 2 um 1722), da die hofseitige Mauer bis zur Augustinergasse in Außenmauerstärke durchläuft, die Ecksituation im Hof mit Mauergiebel und angeschnittenem Fenster im ersten Obergeschoß dafür spricht und die Stuckierung in diesem Teil früher entstanden sein muß als im südlichen. Sie zeigt die für Heidelberg typische, einfache Form der Zeit um 1710-20 mit kräftigen Rundprofilen, breiten Hohlkehlen und überwiegend nicht stuckierten Deckenmittelfeldern. Die Teilung des Hauses durch Gang und Treppenhaus mit den auf Achse liegenden Portalen zu Straße und Hof ähnelt dem Typus des Torfahrthauses und entspricht zeitgenössischen Symmetrievorstellungen. Vermutlich war das Mansarddach zur Augustinergasse hin abgewalmt. Daß nicht die repräsentative Platzseite für die Längsfassade gewählt wurde, ist vielleicht im Wunsch nach einem unterkellerten Bau begründet: Bei dieser Anlage kommt der mittelalterliche Keller genau unter das Haus zu liegen.

Vor 1758 werden drei Achsen nach Süden angesetzt; nach der Stärke der Hofmauer und dem Dachanschluß eindeutig von vornherein mit dem firsthohen Abschluß ohne die zweite Dachhälfte geplant. De la Rocque[74] zeigt diesen Zustand, mit zwei hohen Fenstern in der südlichen Brandmauer und einem Portal mit Segmentsturz. Die Baunaht zwischen dem früheren und dem späteren Gebäudeteil ist heute vor allem am Traufgesims sichtbar. *89*

Nach dem Plan des Lagerbuches[75] muß der letzte Teil vor 1773 am Südende angesetzt worden sein. Das ›halbe‹ Haus wird weitergebaut mit dem Ziel, durch gleiche Geschoßhöhen und Wandgliederung die Lücke an der Platzseite homogen zu schließen. Die Räume im Obergeschoß werden durch einen Außengang an der Hofseite begehbar gemacht, von dem aus die Öfen beheizt werden.[76] Das bei De la Rocque angegebene Portal wird beseitigt und der Rustikabogen mit einem Pendant zur Hofseite in den Achsen 8 und 9 eingefügt, und zwar genau in der Achse der Torfahrt des gegenüberliegenden Hauses Schulgasse 4. Der Scheitelstein trägt das Datum 171(?), letzte Ziffer vermutlich 2, kann also nicht für diesen Gebäudeteil gefertigt worden sein. Die dem Torbogen anliegende Lisene verdeckt die Baunaht. Aus der Absicht zu einheitlicher Gestaltung der Platzfassade ergibt sich also ein konservativer Gebäudeteil, der am Formenrepertoire des ersten Jahrhundertdrittels festhält. *80, 92*

Die Stuckierung der drei Räume im Obergeschoß des Südtraktes entspricht den drei Bauphasen: Decke und Ofennische im vor 1758 angesetzten Raum mit rocaillegerahmten Kartuschen in der breiten Hohlkehle, Festons und dem zartgratigen Mittelfeld dürften in den vierziger Jahren entstanden sein. Im folgenden Raum nach Süden ist die Dekoration bandartig flach, mit zwei Putti im Zentrum und ornamentfreier Hohlkehle. Sie kann um 1760–70 entstanden sein. Im dritten Raum ist nur ein Randprofil erhalten. Insgesamt fällt an diesem Gebäude die Differenz zwischen den Gestaltungsprinzipien der Fassade und denjenigen der Innenräume auf: Im Bestreben, eine einheitliche Platzfront zu erreichen, wird in den zwei späteren Bauphasen nach dem Schema des frühen 18. Jahrhunderts weitergebaut, während die Gestaltung der Innenräume den Formenwandel im Lauf des Jahrhunderts zeigt.

Die Quellen[77] geben keine Anhaltspunkte für die Datierung der Bauvorgänge. Vor 1795 geht das Haus an Geheimrat von Lüls, nach dem Tod seiner Witwe fällt es 1795 an die Erben des Regierungsrates Jacobi, die 1805 an die evanglisch-lutherische Gemeinde verkaufen. Nach der Nutzung als Pfarrhaus wird es 1848 dem evangelischen Lokalkirchenfonds übereignet, der im Erdgeschoß eine Schule führt und das Obergeschoß vermietet, zuletzt, vor dem Verkauf an die Universität 1868, an den Staatsrechtler und späteren Kammerpräsidenten Bluntschli.

Die Universität läßt das Erdgeschoß für die Aufnahme ihrer archäologischen Sammlung herrichten. Rechts und links der Einfahrt versetzt man die Zugänge, und zwei Fenster zur Merianstraße werden zugesetzt. Die durch das Anwachsen der Sammlung entstehende Platznot wird zur Fünfhundertjahrfeier der Universität 1886 durch den Anbau des Parthenonsaales für die Gipsabgüsse gelöst. Der eingeschossige, deckenbelichtete Saal liegt der Hofseite des Gebäudeteils am Universitätsplatz an.[78] Seit den neunziger Jahren häufen sich die Klagen über den Zustand des Gebäudes; die Bezirksbauinspektion plädiert für eine Totalsanierung, die aber nicht zustande kommt.[79] Es bleibt bei kleineren Maßnahmen. Um 1960 werden die Eckräume zu einem Hörsaal mit abgehängter Decke umgebaut. Eine durchgreifende Sanierung und Restaurierung des vor allem im Dachstuhl desolaten Gebäudes, das seit dem Umzug des Archäologischen Instituts in den Neubau im Marstallhof von 1966–71 vom Musikwissenschaftlichen Seminar genutzt wird, soll 1986 abgeschlossen sein. Durch den Abriß des Parthenonsaales wird die Hofsituation des 18. Jahrhunderts wiederhergestellt.[80]

Professor Busch, der erste Eigentümer des *Hauses Augustinergasse 9,* konnte für den Neubau sicher die alten Fundamente, vielleicht auch noch aufgehendes Mauerwerk des Pufendorfschen Hauses verwenden. Der 1716 begonnene Bau ist spätestens 1719 vollendet.[81] Aus Quellen und Befund ergibt sich eine Baufolge in vier Abschnitten, die eine zum Teil dem Haus Augustinergasse 7 ähnliche Anlage zeigt.

77, 92 Der erste Teil, mit fünf Achsen West, vier Achsen Süd und maximaler Ausnutzung der spätmittelalterlichen Keller, entspricht nach Brunn[82] genau dem Standort des Vorgängerbaues. Wie im Haus Chunos teilt ein durchgehender Mittelgang je zwei Räume voneinander. Die heutige Mittelwand zwischen den Treppenläufen ist noch gut als ehemalige Außenmauer erkennbar, was auch der 89 Kellerhalsbefund bestätigt. De la Rocque[83] zeigt den Bau 1758 mit steilem Walmdach und einem schmalen Rundbogenportal in der Mittelachse. Dieser älteste Gebäudeteil ist heute noch an den übereinstimmenden Fenstergewänden erkennbar. Nach 1758 werden zwei Räume an der Kirchgasse angesetzt, was an Stuckierung, Stärke des östlichen Mauerabschlusses und differierenden Fensterprofilen sichtbar ist. Vielleicht entsteht die Erweiterung nach dem Verkauf an den Geheimrat und kurfürstlichen Leibarzt von Overkamp, der 1767 stirbt.[84] Ob der an der Hofseite angesetzte Gang im Obergeschoß gleichzeitig angelegt ist, läßt sich nicht sicher feststellen, doch spricht die Gewändeform der zu den Zimmern führenden Türen eher dafür. Vor 1773 kommt nach dem Lageplan[85] der Osttrakt an *80* der Schulgasse hinzu. Spätestens zu diesem Zeitpunkt muß der Außengang entstanden sein, da die Gewändeform ein anderes Datum ausschließt. 1787 erwirbt Stadtbaumeister J. A. Heller das Haus samt ›den in einem Zimmer aufgemahlten (?) brandischen (?) gemählden, auch in den Eckzimmer befindlichen Supra Porten‹.[86] Über diese Bilder ist nichts bekannt.

Wie bei Augustinergasse 7 verdeutlicht die Stukkatur die Chronologie der Anbauten: In den Eckzimmern der unteren beiden Geschosse des ältesten Teils wurden die Deckenspiegel der Entstehungszeit mit den Rundprofilen nachträglich um Eckkartuschen und Bandornamente erweitert. Die beiden mittleren Räume im Obergeschoß am Marsiliusplatz zeigen die gleiche tief zurückspringende Hohlkehle, der kleinere jedoch zusätzlich reiche Festondekoration und über der Ofennische in rechteckigem Feld mit Rosetten einen antikisierenden behelmten Profilkopf, eine Ausstattung, die auf 1770–80 datiert werden kann.

Nach 1829, als das Haus in den Besitz der Familie Naegele übergeht, wird die Lücke an der Augustinergasse geschlossen und der älteste Trakt um ein Geschoß erhöht.[87] Die heutigen Portale gehören vielleicht zu diesem Umbau. Bis 1885 bleibt das Haus im Besitz der Familie Naegele. Der hohe Verkaufspreis verhindert den vom Unterländer Studienfonds gewünschten Ankauf für die Universität, der erst 1911 zustande kommt.[88] Nutzer des Gebäudes wird die Juristische Fakultät; nach deren Umzug in die Friedrich-Ebert-Anlage in den Jahren 1959 und 1980 verbleibt das Institut für Ausländisches und Internationales Privat- und Wirtschaftsrecht im Haus.[89] 1965 werden die überbaute Einfahrt an der Schulgasse und Remisen abgerissen und der Bau um drei Achsen bis an das Haus Schulgasse 4 verlängert. 1981–83 findet eine gründliche Renovierung des Inneren statt.

Das *Haus Schulgasse 4* (Erstbesitzer: Ferdinand Schmitt) ist offenbar 1717 fer- *95* tiggestellt.[90] Die ursprüngliche Grundrißsituation ist weitgehend erhalten. Rechts und links der Tordurchfahrt mit den beiden Rundbogenportalen zu Straße und Hof liegen je zwei Räume, zum Obergeschoß führt eine steile offene Stiege vom Torgang aus, mit einem Balustergeländer, das sich im Obergeschoß als niedrige Brüstung des Vorplatzes vor den Räumen fortsetzt. Die Verbindung von Einfahrt, Treppe und Vorplatz gibt dem kleinen Gebäude eine großzügige Wirkung. Die einfache Stukkatur entspricht stilistisch der Entstehungszeit; vielleicht ist der flächendeckende Stuck im Mittelraum des Obergeschosses mit den floralen Eckmotiven etwas später entstanden.

Die Quellen zur Besitzerfolge enthalten keine Auskünfte über bauliche Maßnahmen. 1770 im Besitz von Anna M. Heiderich[91], geht das Haus 1817 an den Rotgerber Peter Beck[92], in dessen Familie es bis zum Ankauf durch den Unterländer Studienfonds 1883 verbleibt[93]. Das Gebäude wird hauptsächlich als Hausmeisterwohnung genutzt. Außer dem Einbau einer breiten Schleppgaupe, von Zwischenwänden im Obergeschoß, dem Umbau des Zwerchhauses und dem Abschluß des Vorplatzes sind keine wesentlichen Veränderungen vorgenommen worden.

Die Renovierung von 1983–85 beinhaltet unter anderem Sanierungsmaßnahmen im Fundamentbereich, die aus statischen Gründen notwendige Erneuerung der Decke zum ersten Obergeschoß und vor allem die Wiederherstellung der barocken Treppen- und Vorplatzanlage.[94]

Zimmermeister Wilhelm Warth verkauft das unbebaute Grundstück 1718 an den Universitätsbuchhändler Lörinck, der vermutlich im folgenden Jahr mit dem Bau des *Hauses Schulgasse 2* beginnt.[95] Je zwei Auf- und Grundrisse von 1818 zeigen mit hoher Wahrscheinlichkeit noch den barocken Bestand[96]:

An Stelle des heutigen zweiten Obergeschosses befindet sich im Mansarddach der Fassade Schulgasse ein zweiachsiges Zwerchhaus, das die Pilastergliederung der unteren Geschosse fortführt und dem Bau eine ausgeprägte Mittelachse gibt. Außer den (1818 schon zugesetzten) Arkaden und der Madonna betont eine leicht überkragende, die Skulptur überdachende Glockenhaube die Ecksituation. Auf der Höhe der Fensterstürze sind schmale Kapitelle in die Pilaster eingeschoben, die an der Gebäudeecke als Profilband den Abschluß der Figurennische bilden und dort heute noch sichtbar sind. Die Funktion der ursprünglich bis auf die flache Schwelle offenen Arkaden ist nicht eindeutig klärbar. Da diese Form im geschäftlichen Zentrum des barocken Heidelberg, der Hauptstraße, besonders häufig auftritt,[97] liegt der Gedanke an Schau- oder Werkstattfenster nahe.[98] Die Grundrisse zeigen axiale Ganganlagen in den beiden Hauptgeschossen, wie bei der Mehrzahl der Häuser des Quartiers. Die Aufstockung an den beiden Straßenseiten (zum Hof bleibt der Bau zweigeschossig) muß zwischen 1830 und etwa 1850 entstanden sein, eine Form der Wohnflächenvergrößerung, die in der Altstadt im 19. Jahrhundert häufig ist.[99]

1785 verkaufen Lörincks Erben;[100] nach einem weiteren Besitzerwechsel ist 1818 die lutherische Gemeinde[101] als Eigentümer verzeichnet, die das Gebäude aber schon seit 1816 für ihre Schule nutzt. Bis zur Ersteigerung durch den Unterländer Studienfonds im Jahr 1881 wechselt das Gebäude noch mehrfach den Besitzer.[102] Im Erdgeschoß des dem Archäologischen Institut zugewiesenen Gebäudes werden 1889 Zwischenwände entfernt und der so entstandene Saal mit sechs Säulen mit kannelierter Holzummantelung abgestützt, deren tragende Elemente aus Eisenbahnschienen bestehen.[103] In den Jahren nach der Jahrhundertwende finden kleinere Umbauten im ersten Obergeschoß statt.[104] Von 1904 bis 1950 belegt die Theologische Fakultät das Gebäude. Bei der Renovierung von 1980–83 werden sowohl das teilweise gut erhaltene barocke feste Inventar (Stuckprofile, Türgewände, Kassettentüren) als auch die Aufstockung der ersten Hälfte des 19. Jahrhunderts und die Raumordnung im Erdgeschoß vom Ende des 19. Jahrhunderts erhalten.[105]

Nach der Zeichnung von 1818, die wohl vom Aussehen des Hauses in der Entstehungszeit kaum abweicht, ist die Fassade an der Schulgasse mit Zwerchhaus, Portal, Arkaden und der Madonna unter dem Baldachin extrem ›ecklastig‹ und eindeutig auf den freien Platzraum mit Kirchen- und Kollegfassade hin konzipiert – Platzarchitektur in kleinem Maßstab. Im Folgenden möchte ich versuchen zu zeigen, daß dieser hervorgehobenen Eckanlage eine Bedeutung im Zusammenhang mit der zur Entstehungszeit des Hauses in Heidelberg vor allem durch die Societas Jesu vertretenen Gegenreformation zukommt.

Eine persönliche Verbindung des Bauherrn zu dem Leiter der jesuitisch geführten Lateinischen Sodalität,[106] Pater Mathias Hönicke, kann vermutet werden, da dieser in seiner Funktion als Bauleiter der scholae inferiores ein Quantum Hausteine oder Ziegel als von Lörinck gegeben im Rechnungsbuch vermerkt, dessen Preis aber als Spende in die Spendenbücher der genannten Sodalität einträgt.[107] Lörinck kann also Mitglied der Sodalität gewesen sein.

Unter den Heidelberger Sodalitäten bemüht sich besonders die Lateinische um die Verbreitung des Marienkultes. Ihre Akademikergruppe, die academica maior, besorgt 1718 die Errichtung der aus Spenden der Sodalen und anderer Bürger finanzierten Kornmarktmadonna. Der entsprechende Passus in den jesuitischen Jahrbüchern[108] formuliert klar die Absicht, in der Stadt durch Statuen Symbole des katholischen Sieges über die Reformation zu setzen. Daß die academica maior auch an der Entstehung der Hausmadonnen beteiligt war, ist schon vermutet worden.[109] Lörincks Kontakt mit dem Präses der Lateinischen Sodalität gibt einen ersten Hinweis auf eine mögliche Einflußnahme jesuitisch geleiteter Institutionen auf den bürgerlichen Privatbau gemäß der anläßlich der Weihe der Madonnenstatue auf dem Kornmarkt geäußerten Zielsetzung. Ob dieser Einfluß als Beratung hinsichtlich der ikonographischen Ausstattung der Hausmadonna geltend gemacht wurde oder ob die Sodalität finanzielle Beihilfe leistete, muß offen bleiben.

Die *Madonna mit dem Christuskind*, das Satan mit der Kreuzlanze tötet, verkörpert besonders nachdrücklich den Typus der ›virgo de victoria‹. Diese Darstellungsform hat besonderen gegenreformatorischen Sinn: Die Erweiterung des Immaculatatyps zur Schlangentreterin beruht auf der gegenreformatorischen Interpretation von Genesis 3,15, die Maria die protestantischerseits bestrittene aktive Teilnahme an der Überwindung des Bösen in der Welt zubilligt. Bildliche Darstellungen des gemeinsamen Tritts auf die Schlange von Maria und Gottessohn sind seit 1570-80 nachweisbar. Die Darstellungsform der Maria zum Siege, die dem Christuskind Beistand leistet bei der Tötung des Bösen mit der Kreuzlanze, setzt den Schwerpunkt stärker noch auf die Beteiligung Mariens am Erlösungswerk Christi, im Gegensatz zur enger mit der Immaculata verknüpften Schlangentreterin.[110] In Heidelberg kommen Madonnen dieses Typs zwischen 1718 und 1730 häufig vor und vermitteln die religiösen Gehalte der Gegenreformation sinnfällig an breite Schichten.[111]

Die Madonnengruppe an Schulgasse 2 zeigt im Vergleich zu diesen Madonnen eine weitere Verstärkung der Bedeutung des Typs virgo de victoria, da Satan in diesem Fall nicht als Schlange dargestellt ist, sondern einen mächtigen, auffällig muskulösen menschlichen Oberkörper zeigt, dessen linker Arm weit nach dem Kind ausgreift, das eng an die Mutter gelehnt steht und damit deren aktive Beteiligung hervorhebt. Auch der Paradiesapfel in der Linken Satans spielt auf Maria an als neue, sündenfreie Eva. Sowohl alle bedeutungsvollen Elemente der Gruppe als auch die formale Gestaltung der Madonnenfigur hinsichtlich Kopf- und Körperstellung sowie der Gewanddrapierung zeigen eine eindeutige Ausrichtung auf den Vorplatz von Jesuitenkirche und -kolleg, das heißt auf den architektonischen Kontext, dem die ikonographische Ausstattung der Gruppe korrespondiert. Die gesamte Fassade bildet mit Portal, Arkaden, der Skulpturen-

96

94

gruppe in der Muschelnische und dem Glockenbaldachin eine Schauseite zum Platz, der vom Bauherrn offensichtlich nicht nur als formal zu gestaltender Stadtraum, sondern ebenso als räumliche Mitte der gegenreformatorischen Aktivitäten begriffen wurde, deren Gewicht auch an seinem Privatbau zum Ausdruck kommen soll. Alle äußeren Anzeichen sprechen dafür, daß die Figur für diesen Standort gearbeitet wurde, so daß ihre Entstehungszeit wohl im Bereich der Bauzeit von Schulgasse 2 liegt, also spätestens in die frühen zwanziger Jahre des 18. Jahrhunderts fällt. Die in der Literatur vermutete Zugehörigkeit der Gruppe zur Werkstatt des Peter van den Branden, eines Schülers von Gabriel Grupello, der seit 1714 Hofbildhauer von Kurfürst Johann Wilhelm war, kann bisher nicht belegt werden.[112]

Außer einer Überprüfung der Standfestigkeit 1905, bei der die Gruppe für ›gänzlich unversehrt‹ befunden wurde, sind keine Aussagen oder Maßnahmen überliefert. Im Zusammenhang mit der Renovierung des Hauses wurde die Gruppe 1982 abgenommen, untersucht und eine Kopie mit polychromer Fassung nach Befund hergestellt, die inzwischen den Platz des aus konservatorischen Gründen in das ehemalige Seminarium Carolinum transferierten Originals einnimmt.[113]

Im Jahre 1912 empfiehlt Kultusminister Böhm in der ›Denkschrift über die künftige bauliche Entwicklung der badischen Hochschulen‹, die der Zweiten Kammer vorliegt, den Abriß des ganzen Quartiers: ›Der Besitz der Häuser an der Schulgasse und an der Augustinergasse, sowie des neuen Kollegiengebäudes ermöglicht die Erstellung so geräumiger Neubauten, daß für die Bedürfnisse der theologischen, juristischen und philosophischen Fakultät für absehbare Zeit gesorgt werden kann.‹ Eine geringfügig geänderte Neufassung des die Heidelberger
5 Universität betreffenden Teils der Denkschrift schlägt die Errichtung eines ›geräumigen Hörsaalgebäudes‹ in zwei Bauabschnitten vor.[114]

Beschreibung

Seminarienhaus (Augustinergasse 15)

81 Die Fassade des Gebäudes vor den ersten Umbauten zu Beginn des 19. Jahrhunderts ist durch eine Abbildung im Thesaurus Palatinus überliefert.[115] Sie stellt mit Sicherheit die Ostfassade dar, allerdings recht ungenau. Die Portale der Abbildung weichen etwas vom heutigen Zustand ab. Im Erdgeschoß fehlen die Lünetten, die Fenster des zweiten Obergeschosses haben rechteckige statt der heutigen Ohrengewände. Die Zeichnung überliefert den vermutlich originalen Bestand des Daches: wesentlich steiler, mit sieben überkuppelten Gaupen und einem sechseckigen Glockentürmchen mit Bogenöffnungen und Welscher Haube, darauf ein kleines Kreuz. Die vertikale Putzgliederung ist nicht angegeben. Bemerkenswert ist die im Vergleich zum heutigen Zustand erheblich niedrigere Sockelzone; die Portale stehen nur zwei bis drei Stufen hoch, und jede Andeutung des heutigen starken Gefälles der Schulgasse fehlt.

88 Der heute dreiseitig freistehende Bau ist mit dreieinhalb Geschossen und vier-

zehn Achsen je Längsseite wesentlich größer angelegt als die für Wohnzwecke erstellte restliche Bebauung des Viertels. Wegen des abfallenden Baugrundes nimmt der Profilsockel nach Norden stark an Höhe zu. Den Ecken vorgelegte Pilaster mit Kompositkapitellen und durchlaufende flache Putzblenden, die die Fenster senkrecht zusammenbinden, gliedern den Bau ausschließlich vertikal. Alle Fenster haben gleichartige Ohrengewände mit geradem Sturz, ihre Höhe nimmt mit jedem Geschoß ab. Über den Erdgeschoßfenstern und den Portalen sind Lünettenfenster mit glatten, leicht gestelzten Bogengewänden eingelassen. Bis auf drei überhöhte Fenster in den Achsen elf und dreizehn der Fassade Schulgasse und die Portale sind die beiden Längsfassaden identisch.

Die Portale an der Fassade Schulgasse zeigen Säulenbogenstellungen mit 86 Akanthusmotiven in den Zwickeln und einem flachen Segmentgiebel über dem Gebälk. Die glatten Postamentquader sind auffällig hoch und breit, nur im oberen Viertel entsprechen sie dem Umfang der Säulenbasen. Die Rundbogenöffnungen sind bis auf Fensterhöhe zugesetzt.

Die Portale der Fassade Augustinergasse zeigen eine klassizistische, der Wand flach aufgeblendete Rustikarahmung, in deren Rundbogenöffnung am nördlichen Portal knapper Raum für ein profiliertes Portalgewände mit Ohren und nach innen gebrochenem Sturz bleibt. Das gedrungen proportionierte Gewände ruht auf kleinen Blattvoluten. Die südliche Bogenöffnung ist bis auf ein Fenster zugesetzt.

Haus Augustinergasse 7

Die Fassade Merianstraße des zweigeschossigen Eckhauses ist achsensymmetrisch gegliedert durch die Anlage des erhöht zurückgesetzten Portals in der mittleren von insgesamt sieben Achsen. Das Portalgewände zeigt schmale Postamente und das für den spätbarocken Heidelberger Wohnbau typische Oberlicht mit ornamentierter Vergitterung. Die kassettierte Tür stammt vermutlich aus der Entstehungszeit. Portal- und Fenstergewände haben die gleichfalls typische Ohrenform mit nach innen gekröpftem Sturz, die Fenster in etwas schlichterer Profilierung. In den Achsen fünf bis sieben wurden im 19. Jahrhundert im Erdgeschoß schmiedeeiserne Fensterkörbe vorgesetzt.

An der Fassade Augustinergasse fehlt die völlige Achsensymmetrie: Außer 92 den (auch an der Merianstraße vorhandenen) rustizierten Lisenen an den Gebäudekanten gliedern zwei gleichartige Lisenen zwischen den Achsen fünf und sechs sowie sieben und acht die elfachsige Wand, so daß ein dreiachsiger von zwei zweiachsigen Teilen flankiert wird. Die Tordurchfahrt steht unsymmetrisch zwischen den Achsen acht und neun: ein weites, rustiziertes Rundbogenportal mit profilierten Postamenten, die auf großen polsterförmigen Prellsteinen aufsitzen. Die profilierten Kämpfersteine kragen vor, der volutenförmige Scheitelstein trägt einen kleinen Wappenschild. Auf der linken Seite der Tordurchfahrt verläuft die Bogenrustika vom Postament bis zum Kämpfer ohne Abstand zum anliegenden Pilaster, dessen Postament die untere Zone des Torgewändes überschneidet. Fenstergewände und das um die Lisenen verkröpfte Traufgesims gleichen denjenigen an der Fassade Merianstraße.

Die Ansicht der später angesetzten Bauteile am Universitätsplatz (ab Achse 5) vermittelt durch die formale Angleichung an den barocken Gebäudeteil (gleiche Geschoß- und Firsthöhe, gleiche Fensterabstände usw.) den Eindruck, auch die Tiefenerstreckung gleiche derjenigen des älteren Kernbaues. Das ist nicht der

91 Fall: Die hofseitige Dachhälfte fehlt, der Dachstuhl ist durch eine sparsam durchfensterte Mauer geschlossen. Unter dem vorkragenden überdachten Gang im ersten Obergeschoß wurde bei der Renovierung 1984 die ursprüngliche Holzschwelle mit senkrechten Dollenlöchern zum Teil sichtbar; es kann also angenommen werden, daß der Gang nicht auf schräg an die Wand stoßenden Konsolbalken, sondern auf senkrechten Pfosten ruhte. An der hofseitigen Hauswand fand sich nach der Putzabnahme rechts des Tordurchfahrtbogens ein Bogen derselben Höhe und Weite. Vermutlich bestand also hier eine Torfahrt, die beim Anbau des letzten, südlichen Gebäudeteils in diesen verlegt wurde. Die etwas größe-

89 re Öffnung in den Achsen fünf bis sechs auf der Darstellung von De la Rocque bestätigt diese Vermutung.

Haus Augustinergasse 9

92 Das Gebäude steht dreiseitig frei: zur Augustinergasse, zum Marsiliusplatz und zur Schulgasse. Unterschiedliche Geschoßzahlen und Dachhöhen des westlichen und des östlichen Teils erwecken den Eindruck zweier Einzelgebäude.

Neun Fensterachsen, Ecklisenen und zwei Portale in dritter und siebter Achse mit Stichbogengewänden, eingestellten Dreiviertelsäulchen und Giebeln unterteilen am westlichen Gebäudeteil die Fassade zur Augustinergasse. Ohrengewände erscheinen nur in den beiden unteren Geschossen von fünfter bis siebter Achse; alle anderen Fenstergewände haben einfachen rechteckigen Zuschnitt, im zweiten Obergeschoß sind sie mit niedrigen Brüstungsgittern versehen. Auch auf der Seite des Marsiliusplatzes weisen nur die acht Fenster der zwei unteren Geschosse Ohrengewände auf; das oberste Geschoß entspricht dem Bestand an der Platzfassade. Ein Traufgesims mit Zahnschnittfries und Diamantband und ein flacher Bandsockel an der unteren Gebäudezone bilden an beiden Fassaden des westlichen Gebäudeteils den oberen bzw. unteren Abschluß. Am anliegenden östlichen Teil mit nur zwei Geschossen sind die Fensterachsen zum Marsiliusplatz unregelmäßig gesetzt: Achse eins bis drei haben im Erdgeschoß eine Fensterbreite Abstand voneinander, während Achse fünf und sechs dichter aneinander gesetzt sind. Im Obergeschoß entsprechen fünf Fenster den drei auf Abstand gesetzten des Erdgeschosses, während die beiden östlichen Fenster in der Erdgeschoßachse sitzen. Das Profil der Ohrengewände weicht von demjenigen am westlichen Gebäudeteil ab. Auch zur Schulgasse ist das Gebäude zweigeschossig, hier mit acht Fensterachsen und gleichen Fensterprofilen wie am Ostteil zum Marsiliusplatz. Beide Fassaden haben einen flachen Bandsockel wie der westliche Teil, doch fehlt der Ornamentfries am Traufgesims.

91 Durch spätere Gaupeneinbauten, Luken und die einseitige Abwalmung zum Marsiliusplatz sowie durch das Fehlen des zweiten Obergeschosses auf der Hofseite ergibt sich eine kompliziert verschachtelte Dachform.

Haus Schulgasse 4

Das kleine zweigeschossige Haus mit Zwerchhaus, von glatten Lisenen flankiert, hat in der vierten von insgesamt sechs Achsen ein weites Rundbogenportal,
ganz ähnlich demjenigen am Haus Augustinergasse 7, doch ohne Rustizierung.
Zum Hof findet sich die gleiche Bogenöffnung, d. h. das Haus besitzt eine durchgehende Tordurchfahrt. Eine kleine Helmzier schmückt die Kartusche am Scheitelstein des Bogens. Das zweiflügelige Holztor mit schrägliegenden Ovalfenster-
chen kann noch aus der Entstehungszeit stammen. Der Profilquerschnitt der
Fenstergewände gleicht demjenigen an Haus Schulgasse 2, auch die Stürze sind
wie dort nach innen gekröpft. Ein profiliertes Traufgesims trennt das Zwerchhaus
vom unteren Bereich.

95

Haus Schulgasse 2

Von den Wohnbauten des Viertels zeigt dieses Eckhaus die aufwendigste Fassadengestaltung. Je vier glatte Lisenen an beiden Fassaden, deren Postamente den
profilierten Sockel überschneiden, gliedern das Gebäude vertikal. An der Schulgassenseite fassen die Lisenen je zwei der sechs Fensterachsen zum Paar zusammen. In der vierten Achse steht eines der schönsten barocken Portale der Heidelberger Altstadt: Das reich profilierte Ohrengewände auf geschrägten Postamenten trägt einen Segmentgiebel, im Sturz darunter ein Engelsköpfchen. Das
Oberlicht ist durch seitliche Ohren nur angedeutet. Die reich geschnitzte Tür des
späten 19. Jahrhunderts entspricht im Aufwand dem Portal. Die Fenster (im obersten Geschoß etwas niedriger) haben Ohrengewände und nach innen gekröpfte
Stürze. Fensterformate, Profilquerschnitte usw. an der Merianstraße entsprechen
dem Befund an der Portalfassade, doch kommt hier eine siebte Achse dazu, so
daß die Lisenen die Fläche in zwei paarige und ein dreiachsiges Kompartiment
teilen. Die Gebäudeecke ist betont durch zwei rustizierte Rundbögen auf jeder
Seite, die ursprünglich fast bis zum Bodenniveau geöffnet waren, nun bis auf
knapp halbe Höhe zugesetzt sind. Die Scheitelsteine sind als kleine Köpfe mit
unterschiedlichen Gesichtszügen in blattähnlicher Rahmung ausgearbeitet. Ein
einfaches Gurtgesims schließt die Eckanlage zum Obergeschoß hin ab, die eine
angemessene Basis für die fast lebensgroße Marienfigur in der Nische bildet.

93

94

Kunstgeschichtliche Bemerkungen

Das Quartier stellt ein im wesentlichen von den Formen des Spätbarock gepräg-
tes Ensemble dar, das trotz der ausgedehnten Bebauungszeit – vom Beginn des
18. Jahrhunderts bis 1965, als die letzte Lücke in der Schulgasse geschlossen wurde – eine relativ hohe Homogenität zeigt: Etwa seit der Mitte des 18. Jahrhunderts wurden Baulücken geschlossen und Aufstockungen vorgenommen, die
cum grano salis gewisse Qualitäten der Erstbebauung nach 1693 beibehalten, so
Geschoßproportionen, Fensterabstände und zum Teil Gewändeformen.

In zwei Bereichen unterscheidet sich das Viertel allerdings wesentlich vom Bild der Entstehungszeit: Zum einen ist durch den Abriß der Häuser Augustinergasse 11 und 13 sowie Schulgasse 6 und die Anlage des Marsiliusplatzes an deren Stelle das ehemals geschlossene Quartier quergeteilt. Zweitens existiert die Augustinergasse im Sinn eines längsgerichteten Durchgangs bis zur Seminarstraße nicht mehr. Im südlichen Bereich im Universitätsplatz aufgegangen, verliert sie den Straßencharakter nach Norden vollends durch die Bogenverbindung zur neuen Universität, den Stufenanstieg und den Gebäudekomplex samt Rasenanlage gegenüber den ehemaligen scholae inferiores. Eine abgeschlossene Hofanlage ist an die Stelle der früheren Gasse getreten.

Das ehemalige Gymnasium der Jesuiten bildet in Gestalt und Lage eine Verbindung zwischen Jesuitenkirche und Alter Universität und macht mit dem Seminarium Carolinum als Gegenüber die Differenz zweier Bauepochen sinnfällig. *39, 106, 107* Der Vergleich mit der Alten Universität und dem Jesuitenkolleg (beide mit hoher Wahrscheinlichkeit Breunig zuschreibbar[116]) ergibt zusammen mit den Quellenaussagen eine sehr hohe Wahrscheinlichkeit, daß J. A. Breunig zumindest der entwerfende Architekt der scholae inferiores war: Allen drei Gebäuden gemeinsam ist die ausschließlich vertikale, gleichförmige Rhythmisierung der Fassade durch flache Putzblenden in den Fensterachsen und die reduktionistische Vermeidung zeitgenössisch üblicher Dekorationselemente. In einigen Details besteht besonders hohe Übereinstimmung mit der Domus Wilhelmiana: Traufgesims-, Portal- und Fenstergewändeprofile sowie die Kapitelle der Eckpilaster weichen nur geringfügig voneinander ab.

Die einzelnen Wohnhäuser des Viertels repräsentieren eine Bauform, die sich strukturell ähnlich im Bereich der ganzen Kernaltstadt findet. Die Bauherren, durchweg bürgerlich, gehören überwiegend dem gehobenen Mittelstand an und haben ihre Häuser wohl hauptsächlich zum Wohnen genutzt. In Schulgasse 2 und 4 sind von den Berufen der Eigentümer her Werkstätten oder Verkaufsräume denkbar; der Befund liefert jedoch keine Hinweise. Seit Beginn des 19. Jahrhunderts ändert sich die Bewohnerstruktur: Die an der Stelle des Universitätsplatzes gelegenen Häuser dienen repräsentativen Wohnzwecken bzw. gehen in den Besitz von Institutionen über, während an der Schulgasse weniger angesehene Gewerbe zunehmen, bis im letzten Drittel des Jahrhunderts das ganze Quartier in universitären Besitz kommt.

Etwa zweihundert Jahre universitäre Nutzung im 15. und 16. Jahrhundert münden also in diesem Stadtviertel nach ebenso langer Zeit der Privatnutzung wieder in die gleiche Funktion, nun allerdings unter baulichen Verhältnissen, die in nichts mehr an das spätmittelalterliche Universitätszentrum erinnern.

Anmerkungen

1 Herbert Derwein: Die Flurnamen von Heidelberg, Heidelberg 1940, S. 108 f., Nr. 34
2 Hermann Brunn: Wirtschaftsgeschichte der Universität Heidelberg von 1558 bis zum Ende des 17. Jahrhunderts, Phil. Diss. Heidelberg 1950, S. 44 f. Aus Brunns Rekonstruktionszeichnung ist auch ersichtlich, daß der Kirchplatz in seiner westlichen Hälfte den mittelalterlichen Lindenplatz beim Auditorium Philosophicum umschließt

3 Eduard Winkelmann: Urkundenbuch der Universität Heidelberg, Bd. 2, Heidelberg 1886, Nr. 664 und Albert Mays, Karl Christ (Hrsg.), Einwohnerverzeichnis der Stadt Heidelberg vom Jahre 1588, in: NA, Bd. 1, 1890, S. 86. - Es handelte sich um einen Durchgang vom Gemmingschen Hof durch Garten und Hof der Bursch zur Augustinergasse. Derwein, a.a.O., S. 178, Nr. 441. - Die Bezeichnung ›Kirchgäßchen‹ erscheint seit 1878, vorher gewöhnlich ›ein Zwerg Gäßlein‹. Abgerissen wurden die Gebäude Augustinergasse 11 und 13

4 Konrad Rückbrod: Universität und Kollegium. Baugeschichte und Bautyp, Darmstadt 1977, S. 11 f.

5 Winkelmann, a.a.O., Nr. 53; Gerhard Ritter: Die Heidelberger Universität. Ein Stück deutscher Geschichte, Bd. 1: Das Mittelalter 1386-1508, Heidelberg 1936, S. 139, Nr. 91; Rückbrod, a.a.O., S. 111 f. - Die Judenhäuser waren ohne Rechtsgrundlage für die Universität konfisziert worden.

6 Brunn, a.a.O., S. 40

7 Matthäus Merian, Große Stadtansicht 1620, Kupferstich, Exemplar im Kurpfälzischen Museum

8 Ebd., Legende

9 Brunn, a.a.O., S. 48. - Die Standorte von Prytaneum und Contubernium ergeben sich aus der Rekonstruktion des Quartiergrundrisses

10 Mays, Christ, a.a.O., S. 144. Auszüge aus dem heute verlorenen Kaufbrief, die allerdings keine Nachrichten über Entstehungszeit und Aussehen des Gebäudes beinhalten. - UA: IX, 5, Nr. 5 b. Specification der zur Universitet Heydelberg gehörigen Auditoria und Haußplätz ... Beschreibung der Universität Haußplätze und wie solche von den geschworenen Handwerckern aestimiert worden, 1699-1700. Das Haus wird als ›Pufendorfsches Haus‹ bezeichnet

11 Friedrich Lucae: Europäischer Helicon ..., Frankfurt a. M. 1711, S. 360; Fritz Hirsch: Von den Universitätsgebäuden in Heidelberg, Heidelberg 1903, S. 55. - Hirsch bezieht die Beschreibung auf eine von ihm angenommene Bursch zwischen Heu- und Kettengasse. Die korrekte Lokalisierung bei Brunn, a.a.O., S. 44, Anm. 1

12 UA: IX, 5, Nr. 54. Vermessung der Keller, undat., vermutlich 1699-1700; IX, 5, Nr. 5 b. Specification ... 1699-1700

13 Ein Teil des Burschkellers ist heute noch erhalten unter dem Haus Schulgasse 4. Das Gewölbe ruht auf zwei Pfeilern und ist an der Ost- und Westseite aufgeschnitten. Der tonnengewölbte Keller unter dem auf die Augustinergasse gehenden Teil des heutigen Musikwissenschaftlichen Instituts entspricht wohl etwa dem früheren westlichen Kellerende der Bursch, ist aber schon auf die barocken Baulinien abgestimmt, also nach 1693 entstanden. Ein Wölbungsansatz stammt noch von der mittelalterlichen Anlage

14 Unter dem Gebäude Schulgasse 2 gibt ein Keller mit den Maßen 48 mal 18 Schuh bis heute die nördliche Baulinie des Auditoriums an: Der Kellerraum liegt dort zum Teil unter der Straße. Die Ostkante des Kellers wurde Anfang des 18. Jahrhunderts der barocken Überbauung angepaßt. Die Reste des aufgehenden Mauerwerks wurden 1711 für den Bau der Jesuitenkirche abgetragen

15 Die beiden Keller liegen heute unter Haus Augustinergasse 9; im südlich gelegenen, kleineren ist im Boden eine steinerne Rinne eingelassen, die der Ablauf für einen in der Schätzung genannten Zugbrunnen sein kann. Das an der Südseite sichtbare Treppenprofil stammt wohl von einem abgebrochenen Kellerhals

16 Brunn, a.a.O., S. 48

17 UA: IX, 5, Nr. 54; IX, 5, Nr. 5 b. - Dieser Keller ist vermutlich identisch mit dem heute unter Haus Augustinergasse 7 gelegenen. Sigrid Gensichen: Das Quartier Augustinergasse/Schulgasse/Merianstraße/Seminarstraße in Heidelberg, Heidelberg 1983, S. 20. - Die Südwand des kleinen Contuberniums lag, wie bei Brunn angegeben, etwa in der Höhe der vierten Fensterachse der Fassade Augustinergasse des Barockbaus, parallel zur Merianstraße. Grabungsfunde von 1971, die Teile des 70 cm unter dem heutigen Niveau liegenden Hofes freilegten, bestätigen dies

18 Hermann Weisert: Zur Geschichte der Universität Heidelberg, 1688-1715, Teil 2, in: Ruperto Carola, Jg. 31, H. 62/63, 1979, S. 34

19 Vgl. S. 49

20 Weisert, a.a.O., S. 41

21 GLA: 204/2349; UA: III, 2a, Nr. 32; Weisert, a.a.O., S. 44

22 Vgl. S. 116f.

23 Hirsch, a.a.O., S. 50

24 UA: A-402; Ctrb. II, S. 2338, Kaufvertrag Ferdinand Schmitt

25 GLA: 204/2096. Deutsch beschrifteter Plan des Gebiets um die Augustinergasse, Bezeichnung des Gebäudes Ecke Augustinergasse/Merianstraße: ›Jetzige Scholae humaniores‹

26 GLA: 204/2096; 204/2349, V. Petitionen vom 16.6.1713 und 24.3.1714, Bittschrift der ›Studiosi Palatini Scholarum Inferiorum P P. Societatis Jesu‹ (undat.): ›... daß nit allein viele in dere schuhlen auf abgang des platzes und bäncken, auf der erdte sitzen schreiben und herumrutschen müssen, sondern auch von dem gestanck, Staub und anderen verdrüßlichen armseeligkeiten ... unser gesundheit zu exponieren gezwungen werden ...‹

27 GLA: 204/2361

28 GLA: 204/2096. – Es ergibt sich der Eindruck, daß die Universität mit der Zurückhaltung der Entscheidung die jesuitische Bautätigkeit bewußt zu erschweren sucht

29 GLA: 204/2349

30 GLA: 204/2096. – Das Schreiben von Rektor und Kollegium der Societas Jesu an den Kurfürsten ist undatiert, muß jedoch vor Ende 1714 entstanden sein, da noch der universitätseigene Platz gefordert wird. Alle folgenden Zitate, soweit nicht anders ausgewiesen, aus dieser Quelle

31 GLA: 204/2096; 204/2349, V. Bernhard Duhr: Geschichte der Jesuiten in den Ländern deutscher Zunge, Bd. 4, 1, Regensburg 1928, S. 168. – Aufführungen fanden seit 1701 mehrmals im Jahr statt. Theateraufführungen waren seit dem Ausbau des jesuitischen Gymnasialwesens feste Bestandteile des Unterrichts. Walter Fleming: Geschichte des Jesuitentheaters in den Ländern deutscher Zunge, in: Schriften der Gesellschaft für Theatergeschichte, Bd. 32, 1923, S. 100. – Nicht nur die Jesuitendramen, sondern auch weltliche Stücke wurden mit großem szenischen Aufwand aufgeführt; französische und englische Dramaturgie war zu diesem Zeitpunkt schon rezipiert.

32 GLA: 204/3-3445

33 GLA: 204/2096

34 GLA: 205/45. – Äußerstenfalls könnte kurzfristig ein leichter Holz- oder Fachwerkbau dort gestanden haben, wie um diese Zeit bei kleineren Theatern noch üblich. Vgl. Hans Tintelnot: Barocktheater und barocke Kunst, Berlin 1939, S. 52

35 Die Zeichnung stammt von gleicher Hand wie ein beiliegender, von Breunig signierter Plan des kleinen Bauhofs

36 GLA: 204/2349, I–IV

37 Z.B. Hirsch, a.a.O., S. 97

38 GLA: 204/2349, V; 204/3-3445; UA: III, 38a, S. 2: ›... Senatus Urbicus de suo spatium non exiguum adjecit, ac ... nobis solemniter tradidit.‹ Offenbar hat die Stadt ein Geländestück zugegeben, möglicherweise am Südende des Bauplatzes im Bereich des Grabens, der nicht zum Bauhofgelände gehörte

39 GLA: 204/2349, V. – Die Schule hatte zu diesem Zeitpunkt 200 Schüler, eine Zahl, die so kurz nach der Gründung auf das hohe Niveau des jesuitischen Schulwesens hinweist, das dem der reformierten und katholischen Gymnasien überlegen war. Vgl. Meinrad Schaab: Die Wiederherstellung des Katholizismus in der Kurpfalz im 17. und 18. Jahrhundert, in: Zeitschrift für die Geschichte des Oberrheins, 114, 1966, S. 203

40 GLA: 204/3-3445

41 UA: III, 38a

42 GLA: 204/3034. – Da sich die Widmung auf den Regenten bezieht, ist hier eindeutig von den scholae inferiores die Rede, und nicht vom ›Seminarium Carolinum‹ am Klingenteich, das dem Heiligen Carl Borromäus dediziert war

43 GLA: 204/3-3445. – Die Angaben sind dem Bericht des Hofkammerrats Meyer an die Hofkammer vom 3.2.1729 entnommen

44 UA: III, 38a

45 UA: III, 38a

46 UA: III, 38a

47 UA: III, 38a

48 Lgb 1770f., Nr. 44½

49 GLA: 204/2349, I–IV. Hier enthalten tabellarische Verzeichnisse der Arbeitslöhne und der für den Bau verwendeten Gelder

50 GLA: 204/2349, I–IV; 204/2361; 204/3034; 204/3-3445

51 GLA: 204/2349, V

52 GLA: 204/2349, IV

53 Vgl. S. 121 f.

54 Gensichen, a. a. O., S. 35

55 Johannes Haas: Die Lazaristen in der Kurpfalz. Beiträge zu ihrer Geschichte, Speyer 1960, S. 94; GLA: 204/2007; 204/1235

56 GLA: 204/45

57 GLA: 204/45

58 GLA: 204/45

59 Aloys Schreiber: Heidelberg und seine Umgebung, literarisch und topographisch beschrieben, Heidelberg 1811, S. 100; Hirsch, a. a. O., S. 97, Anm. 71. - Der Plan wird beschrieben als ›ein Blatt mit Grundrissen‹ mit der Aufschrift ›Von der ehmaligen Jesuiter Schul, dermallen das zu Wohnung erbaut Freyherrlich von Traitteurische Gebäute zu Heidelberg den 1. August 1822‹

60 GLA: 204/45; 235/569; UA: IV, 5, Nr. 47 a–c; Hirsch, a. a. O., S. 98

61 Möglicherweise datieren sie erst aus dem frühen 20. Jahrhundert, als in Heidelberg barocke Bauformen historisierend wieder aufgenommen werden, wie z. B. der Wettbewerb um den Rathausanbau 1909 zeigt

62 UA: IX, 5, 47; Hirsch, a. a. O., S. 97 f.; Karl Preisendanz: Aus den Schicksalen der Bibliotheca Palatina, in: Badische Heimat, 26, 1939, S. 217 f. - Der Bestand hat sich fast verdoppelt durch die Rückgabe von 852 Handschriften der Bibliotheca Palatina und den Ankauf der Salemer Klosterbibliothek

63 UA: IX, 5, Nr. 48

64 Die Balkenlegung parallel zu den Längsfassaden ist bei einem Bau dieser Länge bautechnisch ungünstig

65 Die Abgrabung des Gärtchens muß wegen des direkt anliegenden Hauses Schulgasse 6 nicht unbedingt eine Niveausenkung an der Schulgassenseite nach sich gezogen haben. UA: IX, 5, Nr. 48 erwähnt zudem für 1827 die Ausbesserung alter Treppen an den Portalen der Schulgassenfassade, so daß die Niveausenkung erst nach diesem Zeitpunkt und demjenigen der Abbildung anzunehmen ist

66 UA: IX, 5, 50; IX, 5, 46; dort im Gutachten Lendorffs: ›Der Wiederaufbau [der Westmauer] geschieht ganz in dem Maaße der alten Mauer.‹

67 Hirsch, a. a. O., S. 100

68 UA: IX, 13, Nr. 83

69 UA: IX, 13, Nr. 83

70 Autorenkollektiv des Philosophischen Seminars Heidelberg, Materialien zur Geschichte des Seminarienhauses, o. O. 1965, S. 3

71 UBA: Augustinergasse 15, Umbau

72 UA: IX, 13, 9 a

73 Befund im ersten Obergeschoß; die Erdgeschoßmauer wurde vor einigen Jahren entfernt

74 Barthélemy de la Rocque: Der Heidelberger Universitätsplatz von Süden, 1758, Kupferstich, Kurpfälzisches Museum Heidelberg

75 StA: Lageplan zu den Lagerbüchern der Stadt Heidelberg, 1773. - Die auf dem Plan im Süden angegebene Überbauung muß ein Nebengebäude, z. B. eine Remise sein, da nach Ctrb. XII, S. 448, Augustinergasse 7 nur auf der Hälfte der Mauer zu Nr. 9 eine eigene Brandmauer besitzt. Gb. 55, S. 353 erwähnt zwei Remisen

76 Der heutige Gang mit der Eisenverankerung, die gleichzeitig als Träger für die Decke des Parthenonsaales (1985 abgetragen) dient, entstand sicher zusammen mit diesem 1885. Verschlüsse, Angeln und Verglasung der Gangfenster lassen vermuten, daß die Gestelle des 18. Jahrhunderts wiederverwendet wurden

77 Undatierter Eintrag ohne Verweis auf die Contractenbücher im Lagerbuch; Ctrb. II, S. 524; Ctrb. XII, S. 448; Gb. 55, S. 353 ff.

78 GLA: 235/3157

79 GLA: 235/3158

80 UBA: mündliche Auskunft von Herrn M. Buck

81 Ctrb. II, S. 71. - Busch verwendet seine ›Behaußung‹ in der Augustinergasse am 6. 2. 1719 als Kaution

82 Brunn, a. a. O., S. 48

83 Barthélemy de la Rocque: Der Heidelberger Universitätsplatz von Süden, 1758, Kupferstich, Kurpfälzisches Museum Heidelberg

84 Ctrb. VI, S. 90, Kaufbrief am 27. 3. 1773 eingetragen, aber sicher vor 1767 ausgefertigt, da Overkamp selbst als Käufer fungiert

85 StA: Lageplan zu den Lagerbüchern der Stadt Heidelberg, 1773

86 Ctrb. IX, S. 546

87 Gb. 21, S. 211 ff. - Im Einschätzungsverzeichnis der Stadt Heidelberg für die badische Gemeindeversicherungsanstalt

Karlsruhe Datierung des Anbaus auf 1834 (begrenzt zuverlässig)

88 GLA: 235/29811

89 UBA: Augustinergasse 9

90 Ctrb. II, S.2341. - 1717 erwirbt Hofgerichtsrat und Protonotar Cochemius ›Haußplatz und darauf stehendes Haus‹

91 StA: Lgb. Nr.980

92 Gb. 15, S.680

93 Gb. 71, S.941

94 UBA: Schulgasse 4

95 Ctrb. III, S.20. Im Einschätzungsverzeichnis der Stadt Heidelberg für die badische Gemeindeversicherungsanstalt Karlsruhe Datierung auf 1722 (begrenzt zuverlässig)

96 StA: Uralt-Aktei 154/11. - Becker verkauft das Haus an die lutherische Gemeinde ›für ein Schulhaus‹

97 Z.B. Hauptstraße 127, 137 und 142

98 Heinrich Göbel: Darstellung der Entwicklung des süddeutschen Bürgerhauses, Dresden 1908, S.171. - Angesichts der dort angegebenen Scheibennormmaße, die zu sehr kleinteiliger Versprossung gezwungen hätten, ist im unteren Bereich eine hölzerne Abschlußmöglichkeit denkbar

99 F.Hengstenberg, nach F.Wernigk und F.L.Hoffmeister: Plan der Stadt Heidelberg, 1830, Lithographie, Universitätsbibliothek Heidelberg. Haus Schulgasse 2 ist dort noch mit zwei Geschossen dargestellt. Chapuy: Die Jesuitenkirche in Heidelberg, um 1850, Lithographie, Kurpfälzisches Museum Heidelberg. - Der Glockenbaldachin über der Statue fehlt dort, ein drittes Geschoß ist aufgesetzt

100 Ctrb. IX, S.180f.

101 StA: Uralt-Aktei 154/11

102 Gb. 69, S.781

103 GLA: 235/3700; UBA: mündliche Auskunft von Herrn M.Buck

104 GLA: 235/3700

105 GLA: 235/3700; UBA: Schulgasse 2

106 Duhr, a.a.O., S.369; Arbeitsgruppe des Kunsthistorischen Instituts der Universität Heidelberg: Die Muttergottes vom Heidelberger Kornmarkt, Veröffentlichungen zur Heidelberger Altstadt, H.8, 1973, S.38f. - Die Lateinische Sodalität ist eine jener religiösen Bürgervereinigungen, die sich aus der ersten, 1563 in Rom gegründeten studentischen Sodalität ent-

wickelt hatten. Sie verbreiten sich bis Ende des 16.Jahrhunderts nach Norden und werden auch für Nichtakademiker zugänglich. Zusätzlich zum römischen Grundstatut entstehen Ortssatzungen, die aber den Jesuitenorden nicht einschränken dürfen. Die oberste Leitung hat der Präses, ein von der Societas Jesu bestimmter Priester. Sinn der Sodalitäten ist die Unterstützung eines vorbildhaft religiös geführten Lebens mit Versammlungen, religiöser Lektüre und Sakramentempfang. Die Lateinische Sodalität ist ein Zweig der seit 1703 bestehenden universitären Kongregation

107 GLA: 204/2349, IV: ›für Leyenstein ... nihil debetur, cum Löringk ex rationibus suis ostendat, sibi (?) solutos esse lapides fissiles ex eo, quod pretium lapidum fissilium complanatum sit ex compactura (?) libellorum xeniatium a P. Praef ... (wohl Praefecte - S.G.) Sodal. latin. constitutorum et acceptaret‹. Da in den Contractenbüchern kein auch nur annähernd ähnlicher Name außer dem des Bauherrn von Schulgasse 2 erscheint, handelt der Eintrag mit hoher Wahrscheinlichkeit von diesem

108 UA: III, 38 a

109 Arbeitsgruppe des Kunsthistorischen Instituts, a.a.O., S.21

110 Ernst Guldan: Eva und Maria. Eine Antithese als Bildmotiv, Graz, Köln 1966, S.100f.

111 Neben der Madonna auf dem Kornmarkt z.B. die Hausmadonna Hauptstraße 137

112 Arbeitsgruppe des Kunsthistorischen Instituts, a.a.O., S.8ff. - Sämtliche älteren Zuschreibungen an Peter van den Branden werden dort als nicht sicher belegt ausgewiesen. Udo Kultermann: Gabriel Grupello, Berlin 1968, S.139. Kultermann nimmt ein Todesdatum Peter van den Brandens um 1720 an

113 Gensichen, a.a.O., S.59; dort die Beschreibung der restauratorischen Untersuchungsergebnisse

114 GLA: 235/29811

115 J.F. von Wickenburg: Thesaurus Palatinus, in: Geheimes Hausarchiv München, HS 317[I]

116 Vgl. S.65ff., S.147f.

Literatur

Arbeitsgruppe des Kunsthistorischen Instituts der Universität Heidelberg: Die Muttergottes vom Heidelberger Kornmarkt, Veröffentlichungen zur Heidelberger Altstadt, hrsg. von P. A. Riedl, H. 8, Heidelberg 1973

Brunn, Hermann: Wirtschaftsgeschichte der Universität Heidelberg von 1558 bis zum Ende des 17. Jahrhunderts, Diss., Heidelberg 1950

Derwein, Herbert: Die Flurnamen von Heidelberg, Heidelberg 1940

Duhr, Bernhard: Geschichte der Jesuiten in den Ländern deutscher Zunge, Bd. 4, 1, Regensburg 1928

Gensichen, Sigrid: Das Quartier Augustinergasse/Schulgasse/Merianstraße/Seminarstraße in Heidelberg, Veröffentlichungen zur Heidelberger Altstadt, hrsg. von P. A. Riedl, H. 15, Heidelberg 1983

Hirsch, Fritz: Von den Universitätsgebäuden in Heidelberg, Heidelberg 1903

Mays, Albert; Christ, Karl (Hrsg.): Einwohnerverzeichnis der Stadt Heidelberg vom Jahre 1588, in: Neues Archiv für die Geschichte der Stadt Heidelberg und der rheinischen Pfalz, Bd. 1, 1890

Rückbrod, Konrad: Universität und Kollegium. Baugeschichte und Bautyp, Darmstadt 1977

Weisert, Hermann: Zur Geschichte der Universität Heidelberg, 1688-1715, Teil 2, in: Ruperto Carola, Jg. 31, H. 62/63, 1979

Winkelmann, Eduard: Urkundenbuch der Universität Heidelberg, 2 Bde., Heidelberg 1886

ELDA GANTNER

Die Gebäude im Quartier des ehemaligen Jesuitenkollegs

Anglistisches Seminar, Kettengasse 14–16 und
Romanisches Seminar, Seminarstraße 3

Im Altstadtquartier Kettengasse/Merianstraße/Schulgasse/Seminarstraße[1] befinden sich das Anglistische und das Romanische Seminar zusammen mit dem Institut für Lateinische Philologie des Mittelalters. Ersteres ist in der Kettengasse in einem Teil des Ostflügels vom ehemaligen Heidelberger Jesuitenkolleg untergebracht, letzteres wird vom früheren Landgerichtsgebäude an der Seminarstraße und der südlichen Schulgasse beherbergt. Beide Grundstücke sind durch einen großen Teil des ehemaligen Klostergartens im Innern des Quartiers miteinander verbunden, der an der südöstlichen Ecke durch ein Gartentor zugänglich ist.

Anglistisches Seminar

Geschichte

98 *Das Jesuitenkolleg 1703–1809.* Schon vor der Zerstörung Heidelbergs 1689/93 waren die von den Kurfürsten in die Kurpfalz gerufenen Jesuiten in den Besitz des sogenannten ›Commissariats‹ gekommen, das an der Südseite der heutigen Merianstraße lag.[2] 1698 kehren die Patres nach Aufforderung durch Kurfürst Johann Wilhelm zurück, der ihnen die Gründung eines Kollegiums verspricht. Daraufhin kauft der oberrheinische Provinz-Prokurator der Jesuiten, Philipp Rottenberger, südlich des Commissariats, etwa bis auf die Höhe des Chores der Jesuitenkirche, mehrere Grundstücke mit Häuserruinen auf. Da das Areal aber den Vorstellungen und Ansprüchen der Patres nicht genügt, nehmen sie bis in die Jahre 1710/11 andauernde Bauplatzverhandlungen auf, bis ihnen Johann Wilhelm die Erweiterung ihres Grundstückes bis zum südlichen Stadtgraben, der heutigen Seminarstraße, und im Westen die Überbauung der ehemaligen südlichen Heugasse einschließlich einiger Meter von den westlich dieser Gasse gelegenen Anwesen gestattet.[3]

Inzwischen setzen sich die Patres mit der Gebäudeplanung auseinander. Am 26. Juli 1703 legen sie den Grundstein, nachdem der Kurfürst einen von ihm verlangten Entwurf genehmigt hat.[4] Die Approbation durch den Ordensgeneral der Jesuiten, Thyrsus Gonzales, erfolgt am 3. November 1703. Das belegt der uns erhaltene Plan mit dem Grundriß des Kollegs.[5] Die Patres beginnen mit dem Nordflügel entlang der Merianstraße einschließlich eines monumentalen Treppenhauses in der nordöstlichen Gebäudeecke, das mit jenem in der Kettengasse

97

138

vergleichbar ist. Diesen Trakt beziehen sie im Juli 1705.[6] Im gleichen Jahr führen sie den ersten Teil des Ostflügels fort, der wahrscheinlich bis zum Risalit reicht und ab Herbst 1708 teilweise bewohnt werden kann. Bis dahin stimmen Approbationsplan und Bauausführung genau überein.[7]

In der Folgezeit weicht man aus nicht rekonstruierbaren Gründen vom Plan ab. Von spätestens 1708 bis 1710 verhandeln die Patres über die Erweiterung ihres Bauplatzes; die dabei erzielten Erfolge bewirken offenkundig die Abänderung des ursprünglichen Vorhabens. Jedenfalls beginnen die Jesuiten 1711 mit der Vorbereitung des Kirchenbaus an der Nordwestecke ihres Grundstückes, wobei die alten Grundstücksgrenzen nach Westen überschritten werden.[8] Gleichzeitig setzen sie den Bau des Ostflügels fort, indem sie im Süden den hofseitigen Risalit mit dem Treppenhaus anfügen.[9] Er tritt an die Stelle der auf dem Approbationsplan vorgesehenen einfachen Fortführung des Traktes, an den sich dann zur Verbindung mit dem Kirchenchor ein Querriegel anschließen sollte. Mit der Erstellung des Risalits wird eine weitaus großzügigere, symmetriebetonende Lösung der Bauaufgabe gefunden als die auf dem Plan von 1703 dargestellte, die wohl mit den damals noch ungeklärten Bauplatzverhältnissen im Süden zusammenhängt.

Über den weiteren Bauverlauf sind uns keine Daten überliefert. Lediglich in den im Thesaurus Palatinus abgedruckten Fata Collegii wird uns im fünfzehnten Fatum berichtet, daß das Jesuitenkolleg in den Jahren 1732-34 vollendet ist und ein ganzes Quartier umschließt.[10] Ob in den Jahren 1732-34 der Süd- und Westflügel, beide zweigeschossig, errichtet oder ob zuvor der Ostflügel vollendet und der Westflügel an die spätestens seit 1723 bestehenden Sakristeien angeschlossen wurden, läßt sich nicht mehr rekonstruieren. Der Torbau zwischen Nordflügel und Kirche wurde spätestens 1749-50 zusammen mit der Hauptfassade und Teilen des Langhauses der Kirche erbaut.[11]

Die Möglichkeit zur Ausübung ihrer geistlichen, caritativen und didaktischen Tätigkeiten wird den Jesuiten nur bis zum 16. November 1773 gewährt, als in Heidelberg das Breve Papst Clemens' XIV. über die Aufhebung des Jesuitenordens verkündet wird. Kurfürst Karl Theodor gestattet jedoch den Exjesuiten, in der Pfalz zu bleiben, setzt aber zur Wahrnehmung ihrer bisherigen Geschäfte eine Spezialkommission ein.[12] Am 7. November 1781 beauftragt der Kurfürst die Kongregation der Priester von der Mission, die sogenannten Lazaristen, mit der Übernahme der Aufgaben der Jesuiten und übergibt ihnen deren Eigentum. Schon 1786 erfolgt auch die Aufhebung der Lazaristenkongregation, und 1792 wird wieder eine Kommission zur Verwaltung der Geschäfte der erloschenen Pristergemeinschaft installiert. Das Vermögen und die Gebäude weist der Kurfürst dem Katholischen Schulfonds zu.[13] Das Kolleg wird jedoch bis 1802 vom kurpfälzischen, von 1803 bis 1808 vom markgräflich-badischen Militär unter anderem als Magazin, Getreidelager und Lazarett genutzt.[14] Wegen dieser starken Beanspruchung mehren sich die Nachrichten über den schlechten Bauzustand des Gebäudes und die hohen Kosten für die Instandsetzung.[15]

Ab 1804 beginnt man, sich über eine zukünftige Verwendung des Kollegs Gedanken zu machen. Im Mai dieses Jahres macht der markgräflich-badische Baudirektor Friedrich Weinbrenner anläßlich einer Besichtigung der Universitätsgebäude und des Jesuitenkollegs den Vorschlag, die Alte Universität wegen Raummangels gegen das geräumige Kolleg zu tauschen und das Militär in den Marstall zu verlegen. Die Universität könne in der Kirche nicht nur die Bibliothek, ›ihr armarium, Registratur und alle erforderlichen Hörsäle unterbringen, sondern auch noch 4 bis 8 Wohnungen für Professoren darin einrichten‹.[16] Kirchenbaumeister Carl Schaefer wird deshalb von der Universität beauftragt, ›von dem Universitätsgebäude, wie auch von dem ehemaligen JesuitenCollegio sowohl die Grundrisse, zur Einsicht der höhe jeder Etage zu verfertigen‹.[17] Diese Pläne sind auf uns gekommen und zeigen uns den ganzen von den Jesuiten erbauten Komplex, einschließlich der heute nicht mehr stehenden südlichen Gebäudeteile und der Gartenanlage.[18]

99, 100

Mit dem Vorhaben der Universität ist die Kurfürstlich-Badensche Katholische Kirchenkommission nicht einverstanden. Sie möchte die Jesuitenkirche als Pfarrkirche für die katholische Heiliggeist-Gemeinde verwendet sehen, die sich bisher mit der reformierten Gemeinde die Heiliggeist-Kirche teilen muß. Außerdem will sie im Konvent Wohnungen für den Pfarrer und die Kapläne, eventuell auch ein Priesterseminar und ein Konvikt einrichten oder den verbleibenden Rest des Gebäudes »wenigstens in zehn getrennte Häuser mit Hof und Garten« teilen.[19] Nach langem Ringen erfolgt im Juni 1808 der Erlaß der Großherzoglichen Badischen Regierung, die Jesuitenkirche zur katholischen Pfarrkirche einzurichten Das Kolleg wird daraufhin in acht Parzellen geteilt; Teil I (der Nordflügel und anschließend einige Meter vom Ostflügel) wird als Pfarrhaus, Teil VIII (der Westflügel im Anschluß an die Sakristeien) als Mesnerwohnung bewohnbar gemacht. Die sechs anderen Lose werden am 24. Mai 1809 öffentlich versteigert: Teil II geht für 2400 fl. an Glasermeister Jacob Wimmer, Teil III für 2370 fl. an Schreinermeister Peter Batt, Teil IV und V für 5000 fl. an Sprachmeister Louis Brocalassi, Teil VI für 1620 fl. an die Stadt Heidelberg und Teil VII für 2140 fl. an Obristlieutenant von Traitteur. Die Käufer sind gehalten, gemeinsam die Trennmauern zwischen den einzelnen Teilen zu errichten.[20]

101

Rekonstrierende Beschreibung des 1809 veräußerten Bestandes des Kollegs. Im Folgenden sollen nur noch der erhaltene Ost- und Südtrakt mit einem Teil des Westflügels vom ehemaligen Jesuitenkolleg diskutiert werden.[21] Zum besseren Verständnis wird an dieser Stelle in die Baugeschichte eine rekonstruierende Beschreibung dieser Gebäudeteile auf der Grundlage der Schaeferschen Pläne von 1804 und eines Faszikels über den von der Stadt Heidelberg beabsichtigten Umbau des Südflügels zu einem Spritzenhaus mit den dazugehörigen Plänen eingeschoben.

Der Ostflügel zog sich bis an die Seminarstraße.[22] Außer dem großen Treppenhaus südlich des Risalits befand sich nach den Schaeferschen Plänen ein weiteres Treppenhaus in der südöstlichen Gebäudeecke. Eine Nebentreppe nördlich des Risalits verband das Erdgeschoß mit dem ersten Obergeschoß. Die Innenraumaufteilung wies in jedem Geschoß einen straßenseitig liegenden breiten Korridor und an der Gartenseite angeordnete Arbeits-, Aufenthalts- und Schlafräume auf, was dem im Nordflügel noch erhaltenen Zustand entspricht. Das Refektorium und die Küche waren im Erdgeschoß des hofseitigen Risalits untergebracht.

103–105

Der zweigeschossige Südflügel[23] mit einem Fruchtspeicher unter dem Satteldach war nicht unterkellert. Die Länge des Gebäudes zwischen Ost- und Westflügel betrug 117 Schuh (ca. 35 m), die mittlere Breite 30 Schuh (ca. 9 m). Die Straßenfassade hatte neun Fensterachsen mit hochrechteckigen Ohrenfenstern. Die
mittlere Achse wurde durch einen etwa 6 m breiten, flachen Vorsprung betont.
Hier befand sich im Erdgeschoß ein Portal, dessen Rahmen mit Basis, Kämpfern,
geschweiftem Schlußstein und waagerechter Verdachung versehen war. Hofseitig
saßen fünf Tore, deren Rahmen ebenfalls mit Basis, Kämpfern, Schlußstein und
waagerechtem Gesims ausgestattet und deren Spandrillen und Postamente mit
einer an den Ecken einschwingenden Nut umrahmt waren. Im Obergeschoß befanden sich zwölf Ohrenfenster, die Wandflächen zwischen den Fenstern waren
hier ebenso wie an den übrigen gartenseitigen Gebäudefassaden schmaler. Die
Jesuiten nutzten das Erdgeschoß als Remise. In ihr unterfingen vier freistehende
Stützen die aufgehenden Wände des Ganges im Obergeschoß so, daß die übliche
Einteilung von hofseitigen Zimmern und straßenseitigem Korridor eingehalten
werden konnte.

Über den Westflügel ist uns am wenigsten bekannt. Aus dem Plan Schaefers
geht hervor, daß er teilweise als Wirtschaftstrakt genutzt wurde. Er zog sich von
der östlichen Sakristei bis an die Seminarstraße und schloß dort an den Remisen-
flügel an. Im südlichen Teil war im Erdgeschoß die Klosterbäckerei untergebracht. Etwa in der Mitte des Flügels lag eine Durchfahrt in den Garten, die das
sich rechtwinklig bis zur Schulgasse erstreckende, eingeschossige Kelterhaus
durchquerte. Dieses wurde beim Verkauf des Kollegs zum Teil VII geschlagen
und trennte das westlich vom Flügel liegende Gelände in zwei Teile, die entlang
der Schulgasse und der Seminarstraße von einer Mauer abgeschlossen waren. Im
südlichen Hof lag an der Außenmauer ein etwa 15 m langer Stall, an den sich
quer über den Hof das Waschhaus anschloß. Dessen südöstliche Ecke reichte bis
zum Backofen der Bäckerei.

Geschichte des Ost- und Südflügels nach 1809. Der Übergang des Ost-, des Süd-
und eines Teils des Westflügels des Jesuitenkollegs in Privateigentum hat einige
Umbauten zur Folge, unter denen die Bausubstanz erheblich leidet. 1847 reißt
man gar einen Teil ab. Schon beim Kauf des Teiles VI äußert die Stadt Heidelberg die Absicht, die ehemalige Remise zur Einrichtung eines Spritzenhauses zu
erwerben. Stadtbaumeister Heller bekommt den Auftrag, Kostenüberschläge und
Pläne für den Umbau anzufertigen. Entgegen der zuerst geäußerten Verwen-
dungsabsicht will die Stadt jetzt neben den Feuerspritzen und anderen Löschge-
räten einen Lagerraum für die Marktstände, Aufbewahrungsmöglichkeiten für
die Gerätschaften der Straßenbeleuchtung und eine Wohnung für den Aufseher
einrichten. Der Umbau wird jedoch aus Kostengründen unterlassen und das Gebäude steht bis 1812 leer. In eben diesem Jahr baut man eine Holztreppe ein und
nutzt das notdürftig hergerichtete Gebäude fortan als Spritzenhaus.[24] Teil VII
wird offenbar ebenfalls lange Zeit nicht genutzt. Obristlieutnant von Traitteur
will das Gebäude zu Mietwohnungen umbauen, kann aber wahrscheinlich die
Geldmittel dazu nicht aufbringen.[25] Im März 1827 erwirbt Güterfuhrmann Michael Panzer diesen Teil.[26]

Inzwischen haben die Käufer der Teile II, III und IV durch Fensteraufweitung Hauseingänge geschaffen und, wo notwendig, Treppenhäuser sowie die geforderten Scheidmauern eingebaut. Am 24. August 1835 übernimmt die Stadt Heidelberg die Teile IV und V für 1800 fl. Anlaß ist die am 23. November 1835 erfolgte Gründung einer höheren Bürgerschule, die in die leerstehenden Räume des Teiles IV einziehen soll. Diese Einheit sowie Teil V waren im Besitz der Sparkassen- und Leihhaus-Anstalt, die aber nur das untere und mittlere Geschoß von Teil V genutzt hat.[27] So gehören der Stadt jetzt die Teile IV bis VI, wobei sie Teil V als Meßbudenlager verwendet.

102 Bevor die Bürgerschule einzieht, nimmt man 1835 in Teil IV einige Umbauten vor. Dazu sind uns drei Grundrißpläne des Stadtbaumeisters Wieser mit Kostenvoranschlag erhalten. In der vierten und fünften Achse südlich des Risalits wird im Erdgeschoß eine Durchfahrt angelegt. Von ihr aus erfolgt der Zugang in das Haus und in den Hof. Ein zweiter Eingang wird weiter nördlich in der Kettengasse durch Aufweitung eines Fensters geschaffen; es handelt sich um den heute noch bestehenden. Im Risalit wird im Erdgeschoß teilweise, im ersten und zweiten Obergeschoß vollständig die alte Raumsituation von straßenseitigem Korridor und gartenseitigen Räumen aufgegeben.[28] 1839 beginnt man auch, die Fassaden zu verändern. Im ersten und zweiten Obergeschoß verlängert man je neun Fenstergewände um 30 cm nach oben. Außerdem erhält die Westfassade in der dritten Achse südlich des Risalits einen neuen Eingang; der Kellereingang wird in die Ecke neben den Risalit verlegt. Schließlich kauft die Stadt 1845 bei einer Zwangsversteigerung noch Teil VII aus dem Besitz des Fuhrmanns Panzer zu den übrigen Teilen hinzu.[29]

Verkauf des Süd- und eines Teils des Westflügels 1846. Als im Februar 1845 das Gerichtswesen in Baden neu organisiert wird, bemüht sich Heidelberg um den Sitz eines Bezirksstrafgerichtes in der Stadt. Der Bitte wird am 13. Juli 1846 durch die Bestimmung Großherzogs Leopold stattgegeben. Die Stadt wehrt sich aber gegen die Absicht des Justizministeriums, das Gerichtsgebäude an der Rohrbacher Straße auf einem preisgünstigen und großen Gelände zu errichten. Der Gemeinderat schlägt vielmehr neben anderen Bauplätzen in der Stadt das Spritzenhaus und das ehemals Panzersche Anwesen vor, das heißt die Teile VI und VII des ehemaligen Jesuitenkollegs. Dem weiteren Briefwechsel ist zu entnehmen, daß das Justizministerium bereit ist, dies zu akzeptieren, falls die Stadt keinen höheren Preis verlange, als das Ministerium für den Bauplatz an der Rohrbacher Straße würde anlegen müssen. Am 27. November kommt es zu folgendem Vertrag: Das Justizministerium erwirbt zur Errichtung eines Gerichtsgebäudes in Heidelberg 1. das sogenannte Städtische Spritzenhaus (Teil VI), 2. ›ein einstöckiges ... Eckhaus an der Kettengasse und der Seminarstraße‹ (Teil V), 3. ein Stück vom Hof der Höheren Bürgerschule (von Teil IV) und 4. die ehemals Panzerschen Gebäude (Teil VII).[30] Zu dem ›einstöckigen Eckhaus‹ ist zu bemerken, daß in den Jahren zwischen 1839 und 1845/46 offensichtlich die beiden oberen Geschosse des Teils V aus nicht überlieferten Gründen abgerissen wurden.

Am 10. März 1847 beginnt die Großherzogliche Bezirksbauinspektion unter Ludwig Lendorff mit dem Abbruch der angekauften Gebäude des ehemaligen

Jesuitenkollegs.[31] Da der Stadt nun ein Spritzenhaus fehlt, wird bereits im Oktober 1846 beschlossen, ein neues zweigeschossiges Spritzenhaus im verbleibenden Schulhof der Bürgerschule zu erbauen. Im September 1847 wird dieses Gebäude seiner Bestimmung übergeben.[32]

Der Ostflügel bis in die Gegenwart. Im Schulgebäude werden ständig Umbau- und Instandsetzungsarbeiten durchgeführt. So fügt man 1857 an die Südwand des Risalits einen Abtrittsanbau an. In die durch den Abbruch des Südflügels entstandene Südfassade werden 1863 in jedes Stockwerk zwei Fenster eingesetzt. Die Schülerzahl steigt von Jahr zu Jahr, und es fehlt an Unterbringungsmöglichkeiten. Am 24. Juli 1872 kauft deshalb die Stadt Heidelberg den Teil III (nun Kettengasse 14) an, obwohl ein Verein zur Verhinderung des Schulhausumbaues einen Neubau favorisiert.[33] Der dennoch 1873 stattfindende Umbau sieht folgendes vor: Alle Klassenräume werden nach Westen und die Korridore zur Straßenseite zurückverlegt; die Trennwände erhalten im Keller ein eigenes Fundament; es werden für die Aula ein ›teilweises viertes‹ Geschoß aufgesetzt, im zweiten Obergeschoß von Kettengasse 14 eine Direktorenwohnung eingerichtet, eine Zentralheizung installiert und das Obergeschoß des Spritzenhauses zum Zeichensaal ausgebaut.[34]

Am 1. Januar 1885 bekommt die Höhere Bürgerschule den Status einer siebenklassigen Realschule, und im Sommer 1886 zieht die Gewerbeschule, die seit 1842 das Gebäude mitbenutzt, aus.[35] 1893 erwägt das Großherzogliche Justizministerium, das Realschulgebäude für das Amtsgericht zu übernehmen, aus Kostengründen läßt man den Plan jedoch wieder fallen.[36] 1896 erweitert man die Schule zur neunklassigen Oberrealschule.[37] Wegen Platzmangels überläßt der Direktor im Sommer 1897 seine Wohnung der Schule. Ein Jahr später beginnt die Stadt Verhandlungen über den noch in privater Hand befindlichen Teil II (jetzt Kettengasse 12). Am 14. Februar 1900 wird der Kaufvertrag unterzeichnet.[38] Von diesem Jahr an bis 1923 nutzt die Handelsschule das Gebäude mit.[39]

Dann beginnt der sich bis in die sechziger Jahre hinziehende Kampf um einen Schulhausneubau. Die Schülerzahl pendelt bereits in den zwanziger Jahren zwischen 800 und 1000, und der Unterricht wird in drei verschiedenen Gebäuden erteilt: in der Schiffgasse 10, der früheren Universitäts-Fechtschule, in Seminarstraße 1, dem ehemaligen Lyzeum, und im Kettengassenflügel des Kollegs. Wegen dieser starken Beanspruchung wird häufig der schlechte Zustand des Gebäudes beklagt. Der Stadt ist es jedoch aus finanziellen Gründen unmöglich, einen Neubau zu erstellen. 1935 schließlich wird das Gebäude in Hinblick auf die 100-Jahr-Feier der Schule renoviert.

1936/37 unternimmt man wieder einen Anlauf zu einem Neubau, weil das Justizministerium abermals in Betracht zieht, das Grundstück des Kettengassenflügels für einen Erweiterungsbau des Land- und Amtsgerichts in der Seminarstraße 3 zu erwerben. Das Projekt, zu dem die Pläne von Ludwig Schmieder vom Bezirksbauamt überliefert sind, sieht den Abbruch des Ostflügels bis auf die Kettengasse 12 vor, das als Dienergebäude fungieren soll. Das Städtische Technische Amt Heidelberg äußert schwerwiegende städtebauliche Vorbehalte gegen den Abbruch, doch schiebt das Badische Bezirksbauamt diese beiseite, ›zudem der bauliche Zustand des Gebäudes in jeder Hinsicht zu Bedenken Veranlassung gibt‹. 1940 nimmt man von dem Vorhaben Abstand.[40]

Aus Anlaß der 120-Jahr-Feier der nun ›Helmholtz-Gymnasium‹ genannten Schule erinnert Oberstudienrat Botsch 1955 in einer Denkschrift erneut an das Schulhausproblem. Eintausend Schüler werden im Schichtbetrieb unterrichtet. Die Abtretung von Kettengasse 10 a von der Katholischen Kirchengemeinde an die Schule ist abgelehnt worden, so daß Botsch nur noch zwei Möglichkeiten sieht. Entweder die Erweiterung der Schule nach Süden durch den Ankauf des Amts- und Landgerichtsgebäudes, das durch Erstellung eines neuen Justizgebäudes in absehbarer Zeit freiwerden soll, oder als Notlösung die Niederlegung des zwischen Landgericht und Schulhof liegenden Frauengefängnisses (des früheren Gerichtsdienerhauses) und die Erstellung eines an das Südende des Schulgebäudes anschließenden Querflügels. Durch die Presse erfährt dann die Öffentlichkeit, daß das Land Baden-Württemberg die irgendwann einmal freiwerdenden Justizgebäude in der Seminarstraße nur an die Universität abzugeben gedenkt. Daraufhin einigt man sich auf das Gelände gegenüber dem Bergfriedhof an der Rohrbacher Straße als Bauplatz für die Schule.[41] Im August 1969 zieht das Helmholtz-Gymnasium aus den Räumen des Kettengassenflügels aus. Das Land Baden-Württemberg erwirbt das Gelände mit allen darauf stehenden Gebäuden für die Universität.[42]

Im Spätjahr 1966 und im April 1968 führt das Universitätsbauamt die Bauuntersuchung im Kettengassenflügel durch. Im Februar 1972 erteilt die Stadt die Abbruchgenehmigung für das Spritzenhaus im Hof. Die im Herbst 1973 beginnende Sanierung des Hauptgebäudes umfaßt folgende Maßnahmen: Der nicht unterkellerte südliche Teil des Flügels bis zum Treppenhaus mit der Durchfahrt wird wegen der Schäden an der Bausubstanz abgebrochen, ein Keller wird angelegt und darauf der Südteil in den alten Dimensionen, jedoch ohne die Durchfahrt und mit einer der Ostfassadengliederung angepaßten südlichen Abschlußwand, neu erbaut. Die Durchfahrt wird durch ein Tor zwischen Seminarstraße 3 und dem Kettengassenflügel ersetzt, das die Einfahrt in den Hof bzw. Garten ermöglicht. Das beim Umbau 1873 aufgesetzte vierte Geschoß über dem Treppenhaus und dem Risalit wird aus denkmalpflegerischen Gründen abgetragen. Der Treppenhausschacht wird mit einem Kreuzgratgewölbe geschlossen. Die Fassaden werden ihrem ursprünglichen Zustand angenähert: Alle Anbauten werden entfernt, die Fenster der Westseite werden auf ihre alten Maße reduziert (bei 1,25 m Breite beträgt die Höhe im Erdgeschoß 2,25 m, im ersten Obergeschoß 2,10 m und im zweiten Obergeschoß 1,70 m); die vergrößerten Fenster der Kettengassenfassade bleiben dagegen aus praktischen und finanziellen Gründen unverändert. Alle Fenster erhalten eine dem früheren Zustand gemäße Kreuz- und Sprossenteilung. Der Dachstuhl wird abgebrochen und neu aufgeschlagen. Dabei wird die Konstruktion eines Kehlbalkendaches mit zweiunddreißig Walmdachgaupen gewählt, um das Dachgeschoß für weitere Seminarräume ausbauen zu können. Das Dach wird mit naturroten Biberschwanzziegeln gedeckt. Die Putzrenovierung und die Farbgebung der Außenmauern orientieren sich am Befund.

Im Gebäudeinnern erweisen sich die Deckenbalken als zu etwa fünfundzwanzig Prozent wurmstichig und verfault. Sie wurden Anfang des 18. Jahrhunderts möglicherweise unausgetrocknet oder verzogen eingebaut: jedenfalls machte ihre Durchbiegung später wiederholte Aufschüttungen der Geschoßböden nötig. Sämtliche Decken werden daher erneuert. Sie werden auf die alten Stützen und Tragwände gesetzt, also auf die Außenwände nördlich und südlich des Risalits, in diesem selbst mit den Außenwänden und den mittleren Tragwänden verspannt. Während der Arbeit ergibt sich, daß im Mauerwerk Hohlräume vorhanden sind. Um einen tragfähigen Baukörper zu erhalten, werden fast alle stehenbleibenden Außenmauerwerkteile mit einer Zementmörtelmasse injiziert. Da mit der Erneuerung der Geschoßdecken die Innenwände wegfallen, wird ein System gewählt, das es ermöglicht, den Grundriß der Räume auch später je nach Bedürfnis variabel zu gestalten. Das kleinere Treppenhaus nördlich des Risalits wird durch ein neues ersetzt und neben beiden Treppenhäusern werden Sanitärkerne eingebaut.[43]

1975 entdeckt man bei Grabarbeiten für die Kanalisation im Hof einen historischen Keller, der aus dem 16. Jahrhundert stammt. Er wird mit der ehemaligen Bebauung, wie sie der Merianstich zeigt, in Verbindung gebracht. Doch die Räumung des mit Schutt aufgefüllten Raumes und damit die Möglichkeit, ihn zu nutzen, unterbleibt aus Kostengründen.[44] Im gleichen Jahr beabsichtigt das Universitätsbauamt auf Betreiben des Kunsthistorischen Instituts der Universität und des Landesdenkmalamts, die barocke Gartenanlage auf der Grundlage des Schaeferschen Planes von 1804 wiederherzustellen. Das Bauamt bittet die Pfälzische Katholische Kirchenschaffnei Heidelberg als Eigentümerin der angrenzenden Grundstücke um Beteiligung an dem Projekt. Als man im Juli 1976 mit der Gestaltung der Anlagen beginnt, lehnt die Kirchenschaffnei die Beteiligung vorerst ab.[45] Am 24. August 1976 wird der sanierte Kettengassenflügel an das Anglistische Seminar der Universität Heidelberg übergeben. Zwei Jahre später ist der Garten fertig.[46]

Beschreibung

Der etwa 80 m lange und 11 m breite, vom Anglistischen Seminar genutzte Teil des Ostflügels des ehemaligen Jesuitenkollegs ist dreigeschossig. Er umfaßt zur Straße hin zwanzig Fensterachsen, zum Hof hin insgesamt zweiunddreißig (zuzüglich einer etwas unregelmäßigen Treppenhausachse), an der Schmalseite drei. An der Hofseite tritt ein 34,5 m breiter Risalit um Achstiefe vor die Flucht. Das Gebäude hat einen nach Norden weiter aus der Erde ragenden Sockel, der das Bodengefälle zum Neckar hin ausgleicht. Ein Walmdach mit Aufschiebling, das über dem Risalit flacher geneigt ist als an den Flanken, erhebt sich über einem sehr kräftigen, mehrfach profilierten Kranzgesims. Die Wände des ehemaligen Kollegs sind verputzt und, bis auf die in gebrochenem Weiß gehaltenen Putzblenden, hellgrau gestrichen; die Gliederungselemente sind aus rotem Sandstein gehauen und in Ochsenblutton gefaßt. Das Dach ist mit nichtengobierten Biberschwanzziegeln gedeckt.

Dem Risalit, auf den nicht weniger als sechzehn Fensterachsen entfallen, sind an den Kanten putzlisenenhinterlegte Kolossalpilaster mit gestrecktem, glattem Schaft aufgelegt; ein weiterer, ebenfalls lisenenhinterfangener Pilaster zwischen der fünften und sechsten Risalitachse markiert – strukturell nicht recht überzeugend – die geometrische Mitte der Risalitwand. Über allen Stützen verkröpft sich das Kranzgesims. Die Kopfstücke der Pilaster sind dorisierend geschmückt: mit Schlitzen (nur beim Mittelpilaster handelt es sich um drei, an den Ecken jeweils um fünf), Taeniae, Regulae und Guttae.

In den Gebäudesockel sind querovale Fenster eingeschnitten. Die Fenster der Hauptgeschosse, die nach oben an Höhe abnehmen, rhythmisieren in gleichmäßiger Folge die einzelnen Fassaden. An der Gartenseite sind sie sehr viel enger gesetzt. An der Straßen- und an der Südseite sind die Fensterachsen durch flache Putzblenden akzentuiert, welche die Gewände jeweils vertikal verbinden und zugleich den Anschluß zum Sockel herstellen. Die Fenster sind hochrechteckig und mit kräftigen, profilierten Sohlbänken sowie Ohrengewänden ausgestattet, deren Saumprofil ein auf eine querscharrierte Leiste aufgelegter Viertelstab ist; jedes Ohrenfeld ist mit einer Halbkugel geschmückt, unter den Ohren hängt jeweils eine Gutta. Die Kreuz- und Sprossenteilung der Fensterflügel folgt, etwas vergröbernd, dem alten Vorbild. Im Dach sitzen insgesamt zweiunddreißig Gaupen mit Walmdächern und sieben kleine Dachluken. Das heutige, aus dem 19. Jahrhundert stammende Hauptportal liegt in der siebten südlichen Achse der Ostfassade; über seinem stichbogigen Rahmen, dessen Profil von dem der Fenster abweicht, ist auf zwei geschweiften Konsolen eine Flachgiebelverdachung angebracht. An der Gartenseite befinden sich unmittelbar nördlich und in der dritten Achse südlich des Risalits zwei Nebeneingänge; der nördliche gehört zu einer unregelmäßig befensterten Treppenhausachse. In der Ecke südlich des Risalits liegt außerdem der rundbogige Kellerzugang.

109 Die innere Gliederung des Gebäudes wird wesentlich durch den Risalit bestimmt, dem flankierend zwei unterschiedlich gestaltete Treppenhäuser zugeordnet sind, die vom Keller bis zum Dachstock reichen. Das südliche der beiden ist eine repräsentative zweiläufige Anlage mit Umkehrpodest um einen annähernd quadratischen Treppenschacht. Vier Pfeiler ziehen sich an den Ecken des Schachtes, der mit einem Kreuzgratgewölbe geschlossen ist, durch alle Geschosse. Die schachtseitig von (unten rundbogigen) Wandstücken unterfangenen Treppenläufe sind mit steigenden Tonnen gewölbt, die Podeste mit Kreuzgratgewölben. Das steinerne Geländer besteht aus reich profilierten, prismatischen Balustern und voluminösem Handlauf. Im Bereich der Treppe ruhen die Gurtbögen der mit weiteren Kreuzgratgewölben ausgestatteten Korridore auf mehrfach profilierten Konsolen; nur in den drei Jochen vor der Treppe werden sie von Pfeilern aufgenommen, die den Treppenhausstützen und den Ecken vorgelegt sind. Diese Pfeiler sind wie die Treppenstufen, -podeste und -geländer sowie die Konsolen aus Werkstein, der ochsenblutfarbig gestrichen ist.

Aufgrund der Umgestaltung Mitte des letzten Jahrzehnts ist die ursprüngliche Innenaufteilung nur noch im Keller nördlich des barocken Treppenhauses erhalten. Hier ruhen Kreuzgratgewölbe auf mächtigen, im Bereich des Mittelrisalits quadratischen, nördlich davon rechteckigen Pfeilern, die sich in einem Abstand von ca. 2,5 m entlang der östlichen Außenmauer durch den Keller ziehen. Im Risalit steht in der Flucht der westlichen Außenmauer der angrenzenden Teile eine zweite Pfeilerreihe. Dadurch ergeben sich längliche und quadratische Joche, die im Risalit im Westen von weiteren länglichen Jochen flankiert werden. Südlich des alten Kellers gelangt man in moderne Räume mit Flachdecken. Große Bereiche des Kellers und des Erdgeschosses sind heute als weitläufige Bibliotheksräume eingerichtet. Im ersten und zweiten Obergeschoß sowie im jetzt ausgebauten Dachgeschoß ist die Raumdisposition bis auf den Risalit einbündig (straßenseitiger Korridor und an der Gartenseite liegende Arbeitsräume) und entspricht damit der ursprünglichen Aufteilung. Im Risalit dagegen betritt man die beidseitig angeordneten Zimmer über einen Mittelgang.

Kunstgeschichtliche Bemerkungen

Die Quellen zum Jesuitenkolleg geben uns ebensowenig den Namen des Architekten wie den des Bauleiters preis; auch den Verfasser des Approbationsplanes kennen wir nicht. Stilkritisch wird das Gebäude in der Forschung dem zu Anfang des 18. Jahrhunderts in und um Heidelberg tätigen Johann Adam Breunig zugeschrieben.[47] Beispielsweise finden sich lisenenartige Putzstreifen, Eckpilaster, wandflächengliedernde Pilaster, Ohrenfenster und Portale mit Segmentgibel über vorgesetzten Säulen (vgl. Eingang Pfarrhaus) am ehemaligen Jesuitengymnasium (Augustinergasse 15), an der Alten Universität und am Kurpfälzischen Museum (Hauptstraße 97), wobei zumindest bei den erstgenannten Gebäuden eine Mitarbeit Breunigs gesichert ist. Für Breunig spricht auch die Tatsache, daß er der erste und entscheidende Baumeister der Jesuitenkirche ist.[48] In diesem Zusammenhang sind die Daten wichtig. Um 1710 wird die Seminarstraße über dem alten Stadtgraben angelegt, und der Bauplatz wird nach Westen über die südliche Heugasse erweitert.[49] Die Schulgasse wird neu angelegt. Das bedeutet, daß spätestens 1710 die Bauplatzverhandlungen zugunsten der Jesuiten entschieden sind. 1711 bereiten die Patres den Kirchenbauplatz vor, 1712 legen sie den Grundstein zum Gotteshaus.[50] Also muß Breunig 1711 sehr genaue Vorstellungen von dem Bauvorhaben gehabt haben. In das gleiche Jahr fällt die Fortführung des Ostflügels des Kollegs, bezeichnenderweise jedoch nicht in Befolgung des Approbationsplans. Indem der Baumeister die neuen Grundstücksgrenzen im Süden und Westen berücksichtigt, kann er einen repräsentativen Gebäudekomplex konzipieren: Er gibt den zum Chor führenden Querflügel zugunsten der Erweiterung des Innenhofes nach Süden auf und akzentuiert den Ostflügel durch einen sich in den Garten schiebenden Mittelrisalit. Es hindert uns nichts, diese Planänderung Breunig zuzuschreiben, oder anzunehmen, daß er an ihr teilhat, zumal er aus stilkritischen Gründen für das Gebäude als maßgebender Autor betrachtet werden muß.[51] Geht man der Herkunft der charakteristischen Stilmerkmale nach, so sieht man sich nach Mainfranken verwiesen, besonders nach Würzburg. Dort finden sich an Monumenten aus der zweiten Hälfte des 17. Jahrhunderts beispielsweise Halbkugeln in den oberen Ecken der Fensterrahmen, so beim ›Hof zum grünen Stein‹, dem ›Hof zum Stachel‹ oder an der Fassade der Universitätskirche. In diese Fassade ist auch ein Breunigs Bauten verwandtes Portal mit einer

Ädikulaeinfassung eingelassen. Die Putzstreifen und die eckbetonenden Pilaster oder Lisenen finden sich am Würzburger Jesuitenkolleg, an der Fassade des Hauses Nr. 16 in der Kaserngasse, den Seitenflügeln des Juliusspitals oder am Rosenbachhof[52], stets jedoch im Kontext kräftig akzentuierter Gliederung der Baukörper und wesentlich reicherer Architekturdetails, wie Dreieck- oder Segmentgiebel über den Fenstern oder massenübergreifende Stockwerkgesimse. Eine etwas reduziertere, aber gerade deshalb dem Heidelberger Jesuitenkolleg sehr nahekommende Ausbildung der Fassade begegnet beim Bechtolsheimer Hof. Alle hier angesprochenen Vergleichsbeispiele verweisen auf Antonio Petrini und dessen Umkreis am Ende des 17. und Anfang des 18. Jahrhunderts.[53] Es deutet zudem einiges darauf hin, daß sich Johann Adam Breunig Ende des 17. Jahrhunderts im mainfränkischen Raum aufhielt. Quellenmäßig belegt ist, daß er um 1698 unter Petrini in der Kurpfalz als Maurermeister tätig war.[54] So muß Breunig als maßgebender Architekt auch des Jesuitenkollegs in Betracht gezogen werden.

Es darf jedoch nicht vergessen werden, daß die Jesuiten von Niederlassung zu Niederlassung enge Kontakte unterhielten, noch dazu innerhalb ein und derselben Ordensprovinz. Der 1696 begonnene Neubau des Bamberger Kollegs dürfte den Heidelberger Patres vertraut gewesen sein. Die Pläne zur dortigen Anlage stammen entweder von Georg oder von Johann Leonhard Dientzenhofer, und sie kommen dem Heidelberger Approbationsplan unter anderem durch die Teilung des Baugeländes mit Hilfe eines Querflügels sehr nahe.[55] Auch die Bamberger Jesuitenkirche St. Martin, seit 1686 nach den Plänen von Georg Dientzenhofer aufgeführt, steht in nächster Verwandtschaft zur Heidelberger Ordenskirche.[56] Bekannt sind uns außerdem Begegnungen zwischen den Dientzenhofer und Petrini[57]; durch diesen letzteren machte Breunig möglicherweise die Bekanntschaft der Brüder Dientzenhofer.

Die Beziehungen zu Mainfranken, besonders zu Würzburg und Bamberg, sind also vielfältig. Wer den Approbationsplan entwarf, muß weiter im dunkeln bleiben. Es kommen sowohl baukundige Jesuitenpatres als auch ein von ihnen hinzugezogener Baumeister in Frage. Der Approbationsplan gelangte von 1703 bis 1708/10 zur Ausführung, bis spätestens um 1711 die Grundstückserweiterung vorgenommen und die zu erbauende Kirche entworfen wurde. Deren Plan wird Breunig zuerkannt. Möglicherweise geht im Zusammenhang damit auch das Abweichen vom Approbationsplan auf die Rechnung Breunigs.

Romanisches Seminar

Geschichte

Nachdem das Badische Justizministerium Karlsruhe 1846 die südlichen Gebäudeteile des ehemaligen Jesuitenkollegs von der Stadt Heidelberg erworben hat[58], befaßt sich der Heidelberger Bezirksbauinspektor Ludwig Lendorff offenbar mit der Ausarbeitung von Bauplänen für das zukünftige Bezirksstrafgerichtsgebäude. Dem spärlichen Briefwechsel zwischen Bezirksbauinspektion in Heidelberg und dem Ministerium kann entnommen werden, daß ein dreigeschossiges Gebäude mit einer Länge von 170 Fuß (ca. 57 m) mit kräftig ausladendem Hauptgesims und Verkröpfungen erbaut werden soll. Die Fassade soll mit Quadern verkleidet und das Portal hervorgehoben werden. Die Fassadengestaltung entspricht also schon in der Planungsphase auffallend der ausgeführten. Die Baudirektion nimmt schließlich die ›Modifikation‹ der Pläne vor.[59] Aus dieser Zeit stammt wohl eine Südansicht des geplanten Gebäudes, die auf das genaueste mit der Ausführung übereinstimmt.[60]   *110, 114*

Nachdem im März 1847 die angekauften Kolleggebäude niedergelegt sind, beginnt die Bezirksbauinspektion mit dem Bau. Aus den Inseraten im Heidelberger Journal zur Anwerbung von Handwerkern läßt sich eine zweijährige Bauzeit für das Hauptgebäude an der Seminarstraße ermitteln. Im Erd- und ersten Obergeschoß werden die Gerichtsräume eingerichtet. Im zweiten Obergeschoß befinden sich zwei Dienstwohnungen für die beiden ranghöchsten Beamten des Gerichts.[61]

In den sechziger Jahren bemühen sich die Stadt und die Universität um ein Kreisgericht für Heidelberg. Anläßlich der Diskussion um die Unterbringung dieses Gerichts entsteht ein undatierter und unsignierter Grundriß des Erdgeschosses, der das Gebäude in seiner ursprünglichen Aufteilung ohne Um- und Anbauten zeigt. Danach entspricht der Bau mit dem Mittelkorridor und beidseitig der Längsachse angeordneten Räumen der heutigen Disposition. Die Haupttreppe führt nach dem zweiten Podest über je einen Treppenarm entweder direkt in den Verhandlungssaal oder auf den Korridor im ersten Obergeschoß. Außerdem liegt in der Mitte hinter der Ostfassade ein Nebentreppenhaus, das den Privatzugang zu den Dienstwohnungen im zweiten Obergeschoß ermöglicht.   *111*

Nachdem laut Staatsministerialbeschluß das Kreisgericht am 1. Oktober 1864 installiert wird, beziehen das Amtsgericht das Erdgeschoß und das Kreisgericht das erste Obergeschoß.[62] Bereits acht Jahre später wird letzteres durch landesherrliche Verordnung wieder aufgelöst. Daraufhin unternimmt die Bevölkerung Heidelbergs Anstrengungen, den Beschluß rückgängig zu machen.[63] Im Mai 1891 wird das Nebentreppenhaus teilweise entfernt. Es weicht im Erdgeschoß einem Registraturraum, im ersten Obergeschoß wird der Mittelgang bis zur Außenwand weitergeführt. Im übrigen gibt es auch in diesem Gebäude ständig kleinere Umbauten und Instandsetzungsarbeiten.[64]

1893 beauftragt das Justizministerium die Bezirksbauinspektion mit der Begutachtung von Grundstücken für die mögliche Einrichtung eines Landgerichtes, für das die Stadt sogar finanzielle Beteiligung in Aussicht stellt. Laut Ministerium ist für eine derartige Gerichtsinstanz ein dreigeschossiges Gebäude mit einer Grundfläche von ca. 500 qm erforderlich. Unter den vielen Vorschlägen, die Bezirksbauinspektor Koch und die Stadt Heidelberg machen, findet sich auch die Anregung, die Dienstwohnungen im zweiten Obergeschoß des Amtsgerichtsgebäudes in Büros umzuwandeln und den westlichen Risalit entlang der Schulgasse um etwa 7 bis 8 m zu verlängern. Aus Kostengründen erklärt sich das Justizministerium damit einverstanden. Nachdem das Gesetz zur Einrichtung des Landgerichts im Februar 1898 verkündet ist, wird die Bezirksbauinspektion mit der Ausführung der von Koch aufgestellten Umbaumaßnahmen beauftragt. Koch sieht die Erhöhung der hofseitigen Umfassungsmauern zwischen den Risaliten um etwa einen halben Meter vor, um an der Nordseite im obersten Geschoß ebenfalls Räume zu gewinnen. Die zu diesem Stockwerk führende Holztreppe im Haupttreppenhaus wird entfernt und durch eine steinerne im östlich daneben befindlichen kleineren Raum ersetzt. Die nutzlose Außentreppe am ehemaligen Privateingang an der Ostfassade wird entfernt. Im Hof wird ein zweigeschossiger Abtrittsanbau an das Treppenhaus angefügt. Die Stadt erklärt sich bereit, ein Stück vom angrenzenden Schulhof der Oberrealschule abzutreten und einen Teil des dort stehenden Spritzenhauses abzubrechen. Damit soll Platz für ein zweigeschossiges Gerichtsdienerhaus gewonnen werden. Außerdem beteiligt sich die Stadt mit 42 500 M an den Baukosten.

Am 1. Mai 1899 feiert Heidelberg in Anwesenheit des Großherzogs Friedrich I. von Baden die Eröffnung des Landgerichts. Die Raumaufteilung des Gebäudes ist nun folgende: Im Erdgeschoß befinden sich das Amtsgericht und die Staatsanwaltschaft, im ersten Obergeschoß hat das Amtsgericht einige weitere Zimmer neben den Räumen für die Anwälte und dem Sitzungssaal, das zweite Obergeschoß ist dem Landgericht vorbehalten.[65] Da sich das umgestaltete Gebäude für beide Gerichtsinstanzen schon bald als zu klein erweist, verfaßt Bezirksbauinspektor Koch auf Erlaß des Justizministeriums 1905 einen Erläuterungsbericht
112 und sieben Pläne zu einem weiteren Um- und Anbau des Landgerichtsgebäudes. Er greift die Idee des Anbaus an den nördlichen Risalit entlang der Schulgasse bis zur nördlichen Grundstücksgrenze auf. Der Anbau soll die gleiche Geschoßzahl wie das Hauptgebäude erhalten. Die Fassaden sollen gestalterisch angepaßt werden, das Dach ebenfalls mit Zinkblech gedeckt werden. Da das Gelände nach Norden abschüssig ist, soll das Kellergeschoß nicht nur Kellerräume aufnehmen; vielmehr wird für Keller- und Erdgeschoß die Teilung in je zwei Halbgeschosse vorgeschlagen, die untereinander durch eine Wendeltreppe verbunden sind. Diese Halbgeschosse sind für die Registratur vorgesehen. Im ersten Obergeschoß sind ein zweiter Sitzungssaal, im zweiten Obergeschoß Geschäftsräume geplant. Im Herbst 1905 beginnt man mit dem Anbau. Dabei müssen zuerst die alten, ›etwa 4,0 bis 4,5 m hohen und bis zu 0,9 m breiten Mauern sowie Gewölbereste‹ des 1847 abgerissenen Westflügels des Jesuitenkollegs entfernt werden. Nach der Fertigstellung des Anbaus wird ab Juli 1907 der Umbau im Hauptgebäude in Angriff genommen. Unter anderem weicht der ehemalige Privateingang an der Ostfassade einem zweiteiligen Rundbogenfenster. Im Rahmen der Instandsetzung des großen Sitzungssaales im ersten Obergeschoß werden die Fenster an der
111 Westfassade verändert. Nach Ausweis des Grundrisses von 1862 hat wahrscheinlich nur die mittlere Fensterachse Biforien gehabt, entsprechend den Fenstern an der Hauptfassade. Die Fenster der beiden äußeren Achsen an der Westfassade waren als einfache Rundbogenfenster gestaltet. Nun werden auch sie durch Zwillingsfenster ersetzt. Im Spätjahr 1907 sind die Baumaßnahmen beendet.[66]

1937 zieht das Justizministerium in Erwägung, auf dem Gelände der Oberrealschule einen Erweiterungsbau für das Land- und Amtsgericht zu erstellen. Drei Jahre später wird der Plan aus Kostengründen zurückgestellt.[67]

Nach dem Krieg werden im Gebäude nicht näher erläuterte Renovierungsmaßnahmen vorgenommen. 1953 wird schließlich das Hauptgebäude um ein Geschoß aufgestockt. Der dazu erhaltene Plan sieht die Weiterführung der Haupttreppe vom ersten bis zum dritten Obergeschoß vor. Die beim Umbau 1898 eingebaute Steintreppe im östlich des Treppenhauses liegenden Raum vom ersten zum zweiten Obergeschoß wird entfernt. Die Raumaufteilung des neuen Stockwerkes folgt der der unteren Geschosse: An einem ostwestlich gerichteten Korridor werden nördlich und südlich die Büroräume angeordnet. Die Fassaden mit der roten Sandsteinverkleidung bleiben einschließlich des Dachgesimses erhalten. Der Aufbau besteht aus Backsteinmauerwerk, das außen mit roten Sandsteinplatten verblendet ist. In die Fassaden werden achsengerecht schmucklose, hochrechteckkige Fenster eingesetzt, die an der Hauptfassade dreiteilig, an der Ost- und Westfassade zweiteilig und an der Hofseite zwischen den Risaliten einteilig sind. Das weit vorkragende Dach wird walmförmig ausgebildet und mit Falzziegeln gedeckt. Das ehemalige Dienerhaus im Hof wird als Not-, später als Frauengefängnis genutzt.[68]

1968 zieht das Land- und Amtsgericht aus dem zu eng gewordenen Gebäude aus. Dieses bleibt im Besitz des Landes Baden-Württemberg, das Nutzungsrecht geht an das Romanische Seminar und an das Seminar für Lateinische Philologie des Mittelalters der Universität Heidelberg. Deshalb übernimmt das Universitätsbauamt die Leitung der umfassenden Instandsetzungsarbeiten, die im Herbst 1970 beginnen und vor allem das Innere betreffen. Die Holzbalkendecken aller Geschosse außer denjenigen im Westanbau werden durch solche aus Stahlbeton ersetzt. Die Raumeinteilung mit Mittelgang und nördlich bzw. südlich davon gelegenen Räumen bleibt bestehen. Aus Nutzungsgründen ist aber eine Teilentkernung nötig, zumal etliche Zwischenwände ver- und ersetzt werden, weil sich das Mauerwerk in schlechtem Zustand und von zahllosen Kaminschloten der ehemaligen Ofenheizung durchzogen erweist. Das Treppenstück von der Haupttreppe direkt in den Sitzungssaal im ersten Obergeschoß wird entfernt, ebenso der zweigeschossige Toilettenanbau und das zuletzt als Frauengefängnis genutzte Dienerhaus im Hof. Der Westanbau, der vom Keller bis zum ersten Obergeschoß als Bibliothek eingerichtet wird, erhält durch alle Geschosse eine weitere Wendeltreppe und in seiner nordöstlichen Ecke einen zusätzlichen Sanitärkern. Die alte Toilettenanlage neben dem östlichen Risalit wird durch eine neue ersetzt. Außerdem wird westlich des Haupttreppenhauses ein Aufzug eingebaut, dessen Maschinenraum auf dem Dach mit einer Schleppgaupe kaschiert wird.

Das äußere Bild der Fassaden und des Daches bleibt erhalten. Allerdings werden alle alten sprossengeteilten Fenster durch neue sprossenlose Isolierglasfenster ersetzt. Während der Fassadenreinigung stellt man fest, daß das Sandsteinblendmauerwerk durch die Witterungseinflüsse stark angegriffen ist. Man verfugt die Quader stellenweise neu und nimmt eine Steinkonservierung vor. Im November 1972 findet die Übergabe des fertiggestellten Gebäudes statt: Den größten Teil bezieht das Romanische Seminar, der östliche Teil des Erdgeschosses bleibt dem Seminar für Lateinische Philologie des Mittelalters vorbehalten, die westlichen Räume des zweiten Obergeschosses dem Institut Français.[69]

Beschreibung

113-115 Das viergeschossige Gebäude mit zum Hof gerichteten Seitenrisaliten hat an der Seminarstraße eine Frontlänge von 50,80 m, die Front entlang der Schulgasse mit dem nur dreigeschossigen Anbau mißt 35 m. Das gering geneigte Dach ist an der Seminarstraße walmförmig ausgebildet, beim westlichen Gebäudeflügel ist es als Satteldach konstruiert. Die Fassaden werden unten durch einen Sockel aus gestockten Quadern mit Randschlag und oben (unter der Aufstockung!) durch ein Kranzgesims auf Konsolen gerahmt. Sie werden von einem regelmäßigen Vertikal-Horizontal-System von Fensterachsen, vorgelagerten oktogonalen Eckpfeilern und über diese hinwegführende Sohlbankgesimsen gegliedert. Hinter der äußerst sorgfältig gearbeiteten Sandsteinquaderung der Wände verbirgt sich Bruchsteinmauerwerk.

An der Hauptfassade zur Seminarstraße hin zählt man neun Fensterachsen, an den Schmalseiten drei und am östlichen Risalit hofseitig zwei. Im Erdgeschoß und im zweiten Obergeschoß sitzen gekuppelte Rundbogenfenster, nur in den beiden äußeren Achsen an der Ostseite sind es einfache Rundbogenfenster. Das erste Obergeschoß ist durch große Biforien ausgezeichnet. An der zwischen den Risaliten liegenden Hofwand gibt es fünf Achsen mit Segmentbogenfenstern, die von je einer Achse mit gedoppelten Segmentbogenfenstern flankiert werden; in der mittleren Achse liegt der Nebeneingang. Alle Fenster im ersten und zweiten Obergeschoß sitzen auf Sohlbankgesimsen, deren unteres von einem schmalen Gesimsband begleitet wird, so daß in der Brüstungszone des ersten Obergeschosses ein friesartiger Streifen ausgegrenzt ist. Die Sohlbänke der Erdgeschoßfenster sind an den Seiten und unter dem Mittelpfosten jeweils konsolengestützt. Der Rahmen des in der Mittelachse der Hauptfassade befindlichen Rundbogenportals öffnet sich trichterförmig und schließt in der Fassadenfläche mit einem umlaufenden Diamantfries ab. Über dem Portal sitzt ein Entlastungsbogen aus Keilsteinen, in dessen Scheitel ein ebenfalls keilförmiges Relief angeordnet ist. Es reicht bis zur Sohlbank des darüberliegenden Geschosses und zeigt in seiner Mitte das badische Staatswappen. Beidseitig davon entfaltet sich symmetrisch ein Band mit den Jahreszahlen 1847 und 1899, das mit Lorbeer- und Eichenzweigen geschmückt ist. Die Farbigkeit des verwendeten Materials kommt zur reliefartigen Fassadengestaltung hinzu. Die vorgeblendeten Sandsteinquader differieren zwischen dunklem Rot und lichtem Gelbrot. Demgegenüber werden alle Gesimse einschließlich der Konsolen des Kranzgesimses, die vorgelagerten Eckpfeiler und das Portalgewände mit dem Wappen durch andersfarbiges Material, nämlich gelben Sandstein, akzentuiert. Die Entlastungsbögen des mittleren und die gekuppelten Bögen des darüberliegenden Geschosses werden durch den Wechsel von roten und gelben Keilsteinen geprägt.

Die Westseite des Anbaus ist den Fassaden des Hauptbaus angepaßt und entspricht ihnen auch in der Farbigkeit und in der Wahl des Materials. Eine Ecklisene begrenzt den Bau im Norden, eine weitere Lisene ist zwischen der zweiten und dritten von insgesamt sechs Fensterachsen angebracht. Die Sohlbankgesimse, in Verlängerung der Gesimse des Hauptbaus, laufen über die Lisenen hinweg. Im Anbau gibt es Rundbogenfenster, von denen die vier südlichen im Erdgeschoß etwas länger, aber durch einen Sturz unterteilt sind. Sie tragen der Innenaufteilung dieses Geschosses in zwei Halbgeschosse auch außen Rechnung. Der Aufbau auf dem Hauptbau hat eine glatte, einheitliche rote Sandsteinverkleidung mit achsengerechten, hochrechteckigen Fenstern, die teilweise zwei- und dreiteilig sind.

Das Innere des Gebäudes ist zweibündig mit ostwestlich gerichtetem Mittelgang konzipiert. Durch das Hauptportal gelangt man über eine vierstufige Innentreppe in einen kurzen Stichgang, der auf den Hauptkorridor mit dem dahinterliegenden dreiläufigen Treppenhaus führt. Dieser Stichgang und der Korridor im Erdgeschoß im Bereich der Haupttreppe sind in zwei bzw. drei Joche untergliedert, die mit Stutzkuppeln überwölbt sind. Diese sitzen teilweise auf Konsolen, im Bereich des Treppenschachtes und im Stichgang ruhen sie dagegen auf insgesamt sechs freistehenden oktogonalen Pfeilern. Deren Basis ist ebenfalls achteckig; das Kapitell über dem Halsring ist würfelartig mit abgeflachten Ecken ausgebildet. Das schmiedeeiserne Treppengeländer ist aus einzelnen Stäben gefügt. Jeder Stab besteht aus einem kannelierten Stück, das in der Mitte in einen ebenfalls kannelierten Ring mit eingefügtem Vierpaß übergeht und dessen Enden oktogonal mit anschließender Kehle unterhalb des hölzernen Handlaufs bzw. oberhalb der Lichtwangen gearbeitet sind. Ab dem ersten Obergeschoß schließt ein schlichtes Rundstabgeländer an. In diesem Geschoß sind die Pfeiler des Treppenhauses rund, nur die Basis ist oktogonal ausgebildet. Die würfelförmigen Kapitelle nehmen die Lasten der drei flachen Scheidbögen auf. Im zweiten und dritten Obergeschoß findet man über den Pfeilern je zwei quadratische Stützen. Am sonst in allen Geschossen mit einer Flachdecke ausgestatteten Korridor liegen beidseitig Arbeits- und Lehrräume, die fast überall durch versetzbare Riegelwände individuell veränderbar sind. Ein weiterer Gang erschließt, westlich der Haupttreppe und des Aufzugsschachtes abbiegend, den Westflügel des Gebäudes. Hier ist das Kellergeschoß in zwei Halbgeschosse unterteilt. Diese und das Erdgeschoß sind durch eine Wendeltreppe miteinander verbunden; eine weitere Wendeltreppe führt zu den anderen Geschossen.

Kunstgeschichtliche Bemerkungen

Während der Erbauungszeit des ehemaligen Gerichtsgebäudes war die Architekturdebatte, in welchem Stil man bauen solle, bereits einige Zeit im Gange. Als Reaktion auf die politische Situation zu Beginn des 19. Jahrhunderts wendete man sich in romantischen und nostalgischen Rückblicken historisch – wie man glaubte – unverfänglicheren Stilen zu. Gemeint waren damit die Stilrichtungen des Mittelalters. Man strebte nach Beständigkeit und Bewährtem und erreichte zugleich eine Vielfalt, die aus der Definition resultierte, mit welcher man den Begriff des ›Stils‹ belegte.

In dieser Tradition steht auch das ehemalige Gerichtsgebäude. Sein äußeres 114 Erscheinungsbild wird von einem quaderförmigen Baukörper bestimmt, den in zurückhaltender Weise vertikale und horizontale Achsen überziehen. Der Sockel mit seinem Bossenquaderwerk bildet die Basis und unterfängt die auf den gesamten Baukörper hin dimensionierten Eckpfeiler. Diese halten das ebenfalls auf den ganzen Baukörper bezogene, durch die Konsolen akzentuierte Gesims. Dieser Rahmen wird durch die Sohlbankgesimse in drei horizontale Streifen gegliedert, wobei der mittlere durch seine größere Höhe und die Biforien eine besondere Gewichtung erfährt. Die horizontale Gliederung wird von dem gleichmäßigen Raster der Rundbogenfenster überlagert. Die Fenster betonen zwar durch die Einheitlichkeit ihrer Form in jeder Etage die Waagerechte, doch wirkt dem eine senkrechte Komponente in Gestalt der klar ausgebildeten Fensterachsen entgegen. Dem Grobraster ist das feine Netz des Quadermauerwerks unterlegt, und zur Struktur der Fassaden tritt, wie oben beschrieben, das Moment der Farbe. Die chromatische Abstimmung des Materials steht dabei in Einklang mit der hohen handwerklichen Qualität seiner Behandlung. Die Verwendung des Materials, der Rundbogenfenster und des -portals weisen auf die Romanik. Die Form der Biforien, die Gesimse und Eckpfeiler, die flache Dachform und die besondere Betonung des ersten Obergeschosses durch die Biforien als Piano nobile sind hingegen von der italienischen Renaissance her vertraut, so daß wir es hier mit einer für den Historismus typischen Mischung der Baustile zu tun haben, wie sie in den programmatischen Schriften begründet wurde.

Für Heidelberg müssen angesichts der Zugehörigkeit des Heidelberger Bezirksbauamtes zur Oberbaudirektion Karlsruhe mit seinem damals amtierenden Baudirektor Heinrich Hübsch dessen theoretische Schriften über den zur Zeit zwischen 1825 bis 1850/60 gemäßen Baustil richtungsweisend gewesen sein. Besonders in seiner Schrift ›In welchem Style sollen wir bauen?‹, 1825 in Karlsruhe erschienen, propagiert Hübsch den Rundbogenstil und sucht ihn als einzig wahren Baustil zu begründen. Beim Vergleich der in der Broschüre explizierten Stilelemente mit dem Heidelberger Gerichtsgebäude zeigt sich, daß die Architektur den Bauregeln von Hübsch genau entspricht.[70]

Damit kommen wir zu den wenigen bekannten Fakten aus der Erbauungszeit zurück. Die Bezirksbauinspektion Heidelberg fertigte Entwürfe für das Gerichtsgebäude, die der Baudirektion in Karlsruhe eingesendet wurden. In der Besprechung der Entwürfe ist das tatsächlich erbaute Gebäude in seinen wesentlichen Teilen, wie den vorstehenden Eckpilastern, dem kräftigen Hauptgesims, der Fassadenlänge entlang der Seminarstraße oder der Quaderverkleidung wiederzuerkennen. Zur fraglichen Zeit war Ludwig Lendorff (1800–1853) Bezirksbauinspektor in Heidelberg.[71] Lendorff war Schüler von Hübsch und lernte bei ihm den ›neuen Styl‹ während seiner Tätigkeit in der Baudirektion von 1828 bis 1841 aus erster Hand kennen. Er entwarf Pläne für die evangelische Kirche in Meckesheim und die ehemalige Hauptsynagoge in Mannheim, die beide im neuen Stil errichtet wurden. Von ihm stammen außerdem die Pläne für das Heidelberger Amtsgefängnis.[72]

110   Das Blatt mit dem Aufriß des Gerichtsgebäudes wird jedoch Friedrich Theodor Fischer (1803–1867) zugeschrieben.[73] Er arbeitete ebenfalls bei Hübsch in der Baudirektion und erweiterte 1864 das Hauptgebäude der Universität Karlsruhe (ehemaliges Polytechnikum) in einer Weise, die große Ähnlichkeit mit dem Heidelberger Gerichtsgebäude erkennen läßt, besonders was die gekuppelten Fenster und die oktogonalen Eckpfeiler betrifft. Eine denkbare Hypothese wäre, daß

Lendorff die Pläne für das Gerichtsgebäude zwar entwarf, daß diese aber in der Karlsruher Baudirektion durch Fischers Hände gingen. Das könnte eine Zuweisung des Aufrisses an Fischer rechtfertigen, nicht zuletzt, weil die Baudirektion bei der Vorlage der Pläne Kritik an der Fassadengestaltung äußerte.

Der ehemalige Klostergarten

Die Gebäude des Anglistischen Seminars und des Romanischen Seminars sind, wie gezeigt, durch die Grundstücksgeschichte eng miteinander verbunden. Das erklärt die einheitliche Gartenanlage im Innern des Quartiers. Den ehemaligen Klostergarten werden die Jesuiten wohl selbst angelegt haben, frühestens jedoch *106, 115* um 1732, nach der Errichtung der südlichen Kolleggebäude, oder um 1750, nach der Fertigstellung des Langhauses ihrer Kirche und des Torbaus. Der Plan von *100* 1804 überliefert uns die ursprüngliche Gesamtanlage. Mit der Umwandlung eines Teils des Jesuitenkollegs in Privateigentum 1809 wurde auch der Garten parzelliert und den einzelnen Gebäudeteilen zugeschlagen.[74] Im Laufe der Zeit nutz- *101* ten die Eigentümer ihre Gärten auf unterschiedlichste Weisen. So errichtete die Stadt Heidelberg 1847 darauf das Spritzenhaus und verwandelte die verbleibende Fläche in den Schulhof der Höheren Bürgerschule bzw. später Oberrealschule. Das Badische Justizministerium ließ 1898 auf dem Gelände des Gerichtsgebäudes ein Dienerhaus erbauen.[75] Erst als beide Anwesen im Besitz des Landes Baden-Württemberg waren und von der Universität Heidelberg genutzt werden sollten, wurde die Binnenfläche des Quartiers nach dem Schaeferschen Plan von 1804 wieder als barocker Garten rekonstruiert, wenn auch ohne die Anteile, die zur Kirche und zum Pfarrhaus der katholischen Heilig-Geist-Gemeinde gehören.[76]

Diese kircheneigenen Gartenanteile werden durch zwei Mauern vom übrigen Anwesen getrennt. Die eine Mauer verläuft in einem Abstand von etwa 7 m parallel zum Pfarrhaus (zum Nordflügel des ehemaligen Kollegs), die andere rechtwinklich dazu in einem Abstand von etwa 3 m entlang der Kirche und des angrenzenden Hauses Schulgasse 3. Diese Mauer biegt auf der Höhe des Südgiebels von Schulgasse 3 nach Westen um.

Die rekonstruierte Gartenanlage besteht aus drei erhöhten, rechteckigen, aneinandergereihten Rasenflächen mit viertelkreisförmig eingezogenen Ecken, die von breiten Wegen gesäumt werden. Durch die beiden Mauern kommen die dort ursprünglich vorhandenen Wege in Fortfall. Das mittlere Rasenstück springt vor dem Risalit des Ostflügels etwas zurück. Alle Parterres werden von niedrigen Buchsbaumhecken eingerahmt. Schmale Wege säumen die eigentlichen Grünflächen und durchschneiden sie kreuzförmig. Die mittlere Fläche wird an der Kreuzungsstelle durch einen niedrigen, runden Springbrunnen aus Rotsandstein betont.

Anmerkungen

1 Zur Entstehung des Quartiers vgl. Elda Gantner: Das ehemalige Jesuitenkolleg und das ehemalige Landgericht in Heidelberg. Das Quartier Kettengasse/Merianstraße/Schulgasse/Seminarstraße. Magisterarbeit am Kunsthistorischen Institut der Universität Heidelberg, Heidelberg 1983. S.1f., S.15-23 und S.121-123; zur Topographie vgl. den Lageplan

2 Gantner, a.a.O., S.21f.

3 Gantner, a.a.O., S.23-27 mit weiterer Literatur und S.121-123

4 Bernhard Duhr: Geschichte der Jesuiten in den Ländern deutscher Zunge im 18.Jahrhundert, München/Regensburg 1928. (=Geschichte der Jesuiten in den Ländern deutscher Zunge, Bd.4), S.167

5 GLA: Baupläne G Heidelberg, Nr.73. Die linke untere Ecke des Planes mit den südöstlichen Gebäudeteilen sowie Teile des ersten und zweiten Obergeschosses wurden durch einen Brand vernichtet; vgl. Gantner a.a.O., S.115-119

6 Gantner, a.a.O., S.28-32 und S.123-125

7 Gantner, a.a.O., S.32f. und 125f.

8 Peter Anselm Riedl: Die Heidelberger Jesuitenkirche und die Hallenkirchen des 17. und 18.Jahrhunderts in Süddeutschland. Ein Beitrag zur Geschichte der deutschen Baukunst, Heidelberg 1956, (=Heidelberger Kunstgeschichtliche Abhandlungen, hrsg. v. Walter Paatz, N.F., Bd.3), S.37

9 Duhr, a.a.O., S.167 und Gantner, a.a.O., S.125-127

10 J.F. von Wickenburg, Thesaurus Palatinus, in: Geheimes Hausarchiv München, HS 317[1]

11 Riedl, a.a.O., S.46 und S.49-53

12 GLA: 27/6269; Duhr, a.a.O., S.10; Alban Haas: Die Lazaristen in der Kurpfalz. Beiträge zu ihrer Geschichte. Aktenmäßig dargestellt, Speyer 1960, S.16f.

13 GLA: 204/1235; Haas, a.a.O., S.27ff. und S.93f.

14 GLA: 204/2007; 204/1235

15 GLA: 204/2207; 204/1788

16 GLA: 205/44

17 GLA: 205/44

18 GLA: Baupläne G Heidelberg Nr.98 und 99. Zugehörig zu Faszikel 205/44

19 GLA: 205/44

20 GLA: 204/1235; Ctrb. Bd.XIV, S.535-549. Die Parzelleneinteilung konnte aufgrund späterer Pläne rekonstruiert werden; vgl. Gantner, a.a.O., S.64-75 und S.88-93

21 Zum Pfarrhaus im Nordflügel und zum Mesnerhaus im Westflügel vgl. Gantner, a.a.O., S.49-64, 113f., 115

22 Die heutige Straßenführung der Kettengasse zwischen Zwingergasse und Seminarstraße steht mit der 1862 durchgeführten Verbreiterung ersterer nach dem Abbruch des Südflügels in Zusammenhang; vgl. dazu S.142 und GLA: 269/12

23 Alle Angaben dazu aus GLA: 204/2717 einschließlich fünf dem Faszikel beigebundenen Plänen. Die Rekonstruktion ergibt sich daraus

24 Ebd.

25 GLA: 204/2717. Das geht aus dem Briefwechsel zwischen Traitteur und der Stadt um die Kosten für die gemeinsamen Scheidmauern hervor

26 Gb. 19, S.401-403

27 Gb. 15, S.181-183; 23, S.228-241; StA: UA 271,1. Teil IV und V gehen am 11.Juni 1811 an Maurermeister Heinrich Wieser und Zimmermeister Christian Ottinel, am 14. März 1832 an die Sparkassen- und Leihhaus-Anstalt

28 StA: UA 272,1

29 StA: UA 271,1; Gb.34, S.508-511

30 Heidelberger Journal Nr.51, 20.Februar 1845; StA: UA 1a, 2; Gb.35, S.92-100

31 StA: UA 68,1. Vgl. S.148f.

32 StA: UA 70,4

33 Gb. 48, S.397-406; StA: UA 271,1. Teil III verkauft die Tochter des Schreinermeister Batt 1861 an den Institutsvorstand Hermann Reckendorff

34 StA: UA 271,2

35 StA: UA 271,1 und 271,2

36 GLA: 424e/90

37 GLA: 235/15 457 Pars. II

38 StA: UA 269,3; Gb.103, S.127-132

39 GLA: 235/37 892

40 BVA: ›Kettengasse 14-16‹

41 StA: AA 308b, 8g

42 UBA: B 299/1, 1968-77

43 UBA: B 299/1, 1966-73 und B 299/1, 1969-76. Vgl. auch Gantner, a.a.O., S.83-88

44 UBA: B 299/1, 1968-77 und B 299/1, 1973-76

45 UBA: B 299/1, 1973-76 und B 299/1, 1966-77

46 UBA: B 299/1, 1971-77 und B 299/1, 1966-77

47 Vgl. Gantner, a.a.O., S. 128-130 mit weiterer Literatur

48 Riedl, a.a.O., S. 93 f.

49 GLA: 204/913 und 204/995

50 Riedl, a.a.O., S. 37

51 Ausführlich dazu: Gantner, a.a.O., S. 115-130

52 Abbildungen bei Felix Mader: Die Kunstdenkmäler der Stadt Würzburg, München 1915, S. 519 ff.

53 Bereits Jürgen Julier hat auf diese Vergleichsbeispiele hingewiesen; vgl. Jürgen Julier: Das Heidelberger Jesuitenkolleg, Veröffentlichungen zur Heidelberger Altstadt des Kunsthistorischen Instituts Heidelberg, hrsg. v. Peter Anselm Riedl, Heft 3, Heidelberg 1970, S. 6

54 Karl Lohmeyer: Das barocke Heidelberg und seine Meister, Heidelberg 1927, S. 13; ders.: Die Baumeister des Rheinisch-Fränkischen Barocks, Wien/Augsburg 1931, Teil II, S. 108

55 Otto Albert Weigmann: Eine Bamberger Baumeisterfamilie um die Wende des 17. Jahrhunderts. Ein Beitrag zur Geschichte der Dientzenhofer, Straßburg 1902 (= Studien zur deutschen Kunstgeschichte Heft 34), S. 54 ff.; Heinrich Mayer: Bamberg als Kunststadt, Bamberg und Wiesbaden 1955, S. 306

56 Duhr, a.a.O., S. 187 und Riedl, a.a.O., S. 91

57 Weigmann, a.a.O., S. 54

58 Vgl. S. 142

59 GLA: 422/791

60 Ausstellungskatalog: Heinrich Hübsch, 1795-1863. Der große badische Baumeister der Romantik. Ausstellung des Stadtarchivs Karlsruhe und des Instituts für Baugeschichte der Universität Karlsruhe. 27. Dez. 1983 bis 25. März 1984 im Prinz-Max-Palais, Karlsruhe, Karlsruhe 1983, S. 123 und Kat. Nr. 98

61 Zu den Inseraten im Heidelberger Journal vgl. Gantner, a.a.O., S. 95 f.; GLA: 269/12

62 GLA: 269/12 einschließlich des Planes

63 GLA: 269/12; StA: UA 1a, 2

64 BVA: Seminarstraße 3, Bd. 1

65 GLA: 424e/90. Zu den Geländevorschlägen vgl. Gantner, a.a.O., S. 100-102

66 GLA: 424e/92. Je eine Ausführung der Pläne im UBA und BVA, Seminarstraße 3, Bd. 1

67 Vgl. S. 143 f. und Anm. 40

68 BVA: Seminarstraße 3, Bd. 1

69 UBA: B 299/2, 1968-72 einschließlich der Pläne

70 Vgl. Gantner, a.a.O., S. 144-148

71 GLA: 76/10418; Gantner, a.a.O., S. 142-144 und S. 148 mit weiterer Literatur

72 Falko Lehmann: Die Meckesheimer Kirche Ludwig Lendorffs, in: Die Evangelische Kirche Meckesheim, hrsg. v. der Ev. Kirchengemeinde nach Abschluß der Renovierungsarbeiten, Dezember 1982, S. 13-26; Volker Keller: Die ehemalige Hauptsynagoge in Mannheim, in: Mannheimer Hefte, Heft 1/1982, S. 2-14; zum Heidelberger Amtsgefängnis: GLA: 424e/93

73 Vgl. Anm. 60

74 Vgl. S. 140

75 Vgl. S. 143 und S. 150

76 Vgl. S. 145

Literatur

Duhr, Bernhard: Geschichte der Jesuiten in den Ländern deutscher Zunge im 18. Jahrhundert, München/Regensburg 1928 (= Geschichte der Jesuiten in den Ländern deutscher Zunge, Bd. 4)

Gantner, Elda: Das ehemalige Jesuitenkolleg und das ehemalige Landgericht in Heidelberg. Das Quartier Kettengasse/Merianstraße/Schulgasse/Seminarstraße. Magisterarbeit am Kunsthistorischen Institut der Universität Heidelberg, Heidelberg 1983

Haas, Alban: Die Lazaristen in der Kurpfalz. Beiträge zu ihrer Geschichte. Aktenmäßig dargestellt, Speyer 1960

Hübsch, Heinrich, 1795-1863. Der große badische Baumeister der Romantik. Ausstellung des Stadtarchivs Karlsruhe und des Instituts für Baugeschichte der Universität Karlsruhe. 27. Dez. 1983 bis 25. März 1984 im Prinz-Max-Palais, Karlsruhe, Karlsruhe 1983

Riedl, Peter Anselm: Die Heidelberger Jesuitenkirche und die Hallenkirchen des 17. und 18. Jahrhunderts in Süddeutschland. Ein Beitrag zur Geschichte der deutschen Baukunst.

Heidelberg 1956 (= Heidelberger Kunstgeschichtliche Abhandlungen, hrsg. v. Walter Paatz, N. F., Bd. 3)

Weigmann, Otto Albert: Eine Bamberger Baumeisterfamilie um die Wende des 17. Jahrhunderts. Ein Beitrag zur Geschichte der Dientzenhofer, Straßburg 1902 (= Studien zur deutschen Kunstgeschichte Heft 34)

WALTRUD HOFFMANN

Das ehemalige Seminarium Carolinum

Seminarstraße 2

Das weitläufige Gebäude, das heute von der Zentralen Universitätsverwaltung genutzt wird, liegt im südwestlichen Bereich des ehemaligen Jesuitenquartiers, nahe dem Seminarienhaus, der Neuen Universität und dem ehemaligen Landgericht. Südlich erstreckt sich sein Terrassengarten bis an den Oberen Faulen Pelz bzw. die Schloßbergstraße.

Geschichte

Vorgeschichte. Auf Drängen der Jesuiten faßt Kurfürst Carl Philipp im November 1720 den Plan, für die studierende katholische Jugend ein Seminarium einzurichten. Zu diesem Zweck kauft er das von-Jungwirtsche Haus am Klingentor;[1] das 1718 begonnene und zum Zeitpunkt des Ankaufs noch unfertige Gebäude wird aus Mitteln des Strafgeldfonds vollendet und 1723 den Jesuiten übergeben.[2] Aber erst 1730 wird in einem Brief der Jesuiten an den Kurfürsten berichtet, ›daß sothanes Churfürstliche Catholische Seminarium zu größerer Ehr Gottes und unsterblichen Ruhm Eurer Churfürstlichen Durchlaucht unter dem nahmen Collegium Carolinum wirklich seinen Anfang genommen‹.[3] 1733 bestätigt Carl Philipp die neue Institution,[4] die zu Anfang zwanzig ›studiosi‹ beherbergt und bald einen guten Ruf genießt.[5] Der Andrang wird rasch so groß, daß der Kurfürst 1737 den Jesuiten gestattet, das Seminarium durch Überbauung des angrenzenden Klingentors zu erweitern; es werden vier Zimmer und eine Hauskapelle hinzugewonnen (das Klingentor selbst bleibt im Besitz der Stadt).[6] Aber auch das so vergrößerte Haus genügt nur kurze Zeit den Anforderungen. Im Einvernehmen mit den Jesuiten schlägt die Stadt 1749 dem Kurfürsten Carl Theodor vor, das Seminarium in ein Lazarett für die oberhalb gelegene Kaserne umzuwidmen und als Seminarium ›ein weit schicklicheres anders Gebäu, so der Kirch und Schul näher gelegen, zu erbauen‹.[7] Der Kurfürst billigt den Plan und noch im selben Jahr wird das Seminarium am Klingentor von den Jesuiten für 10000 fl. an die Hofkammer verkauft.[8]

Seminarium Carolinum, 1750–1825. Die Jesuiten verfolgen die Absicht, das neue Seminarium in der Nähe ihres Kollegs, ihrer Kirche und ihrer ›scholae inferiores‹ zu erbauen. Sie kaufen verschiedene Häuser und Bauplätze auf dem Gelände unmittelbar hinter der südlichen, vom Hexenturm zum ehemaligen Keltertor führenden Stadtmauer auf.[9] Der Stadtgraben entlang diesem Mauerstück wurde *116, 117*

beim Wiederaufbau Heidelbergs nach der Zerstörung im Erbfolgekrieg zuge-
schüttet; die heutige Seminarstraße entspricht seinem Verlauf.[10] Als Architekten
beauftragen die Jesuiten den Italiener Franz Wilhelm Rabaliatti, der seit 1748 als
kurpfälzischer Hofbaumeister und Nachfolger seines Landsmannes Alessandro
Galli da Bibiena am Hofe Carl Theodors in Mannheim tätig ist und die besondere Gunst der Jesuiten genießt.[11] Im Einverständnis mit dem Pater Regens des Seminariums Franz Günter, dem dann auch die Oberaufsicht über den Bau obliegt,
entsteht der Plan für eine schloßartige Anlage, welche die anderen Kolleg- und
Schulgebäude an architektonischem Aufwand und repräsentativer Wirkung weit
übertrifft.[12] In Anwesenheit des Kurfürsten wird am 8.6. 1750 der Grundstein für
das neue Seminarium gelegt.[13] Schon im November eben dieses Jahres ist ein Teil
des Baus bis zum Dachwerk hochgeführt,[14] und zu Beginn des Jahres 1751
schreibt der Regens an den Kurfürsten: ›der größere und hauptteil des neuen Seminarium ist endlich fertiggestellt‹.[15] Er bittet zugleich um einen Bestätigungs-
brief und um weitere finanzielle Hilfe. Das aus dem Kauferlös für das alte Seminarium gewonnene Anfangskapital von 10 000 fl. ist offenkundig bald aufgezehrt.
In immer neuen Anträgen erbitten die Jesuiten vom Kurfürsten, der Geistlichen
Administration und der Stadt Heidelberg finanzielle Zuschüsse und Baumateria-
lien; im einzelnen läßt sich die Finanzierungsgeschichte nach den Quellen nur
schwer rekonstruieren.[16] 1755 äußert der Regens gegenüber dem Kurfürsten den
Wunsch, ›den zur Halbheit gebrachten Bau vollenden zu können‹.[17] Er versäumt
dabei nicht, auf den Schuldenstand von 18 000 fl. aufmerksam zu machen, und
bittet den Kurfürsten, diese Schuldenlast aufzuheben und dem Seminarium ein
zinsfreies Darlehen von 10 000 fl. zu gewähren; die Einkünfte des Seminariums
reichten nur zur Tilgung der jährlichen Zinsen aus. Man darf daraus schließen,
daß nach der Fertigstellung des ersten Bauabschnitts finanzielle Schwierigkeiten
die Weiterführung des Unternehmens verzögerten. 1757 bittet der Regens die
Geistliche Administration um den Ankauf eines Hauses, da dieses Grundstück
für das Seminarium gebraucht werde.[18]

Aus (zum Teil eigenhändig geschriebenen) Briefen Rabaliattis lassen sich für die
zweite Bauphase in den Jahren 1763–65 folgende Daten ermitteln: Vom Maurermeister Anton Nauss (dem Schwiegervater Rabaliattis) werden dem Haupttrakt
in der Breite des Risalits südlich ein vier Achsen tiefer Kapellenflügel angegliedert, die Kopfpavillons der Seitenflügel errichtet und die beiden hinteren Pavillons angebaut. Erst jetzt wird auch die Fassade des Mittelrisalits vollendet, werden Zierelemente und Gesimse versetzt. (Ob der Putz einen Anstrich erhielt ist
unklar; jedenfalls blieben die Hausteinteile zunächst offensichtlich ohne Farbfassung.) Der Hof wird zur Straße hin durch eine Mauer abgeschlossen.[19] Der
zweiten Bauphase gehört auch das östlich an der Seminarstraße liegende Nebengebäude an; auf der Ansicht im Thesaurus Palatinus ist es nicht dargestellt, was
darauf schließen läßt, daß es nicht von Anfang an vorgesehen war.[20] 1765 ist das
Seminarium Carolinum vollendet.

Die Jesuiten können sich indessen nicht lange ihres neuen Seminars erfreuen.
Schon wenige Jahre nach der Fertigstellung, nämlich 1773, wird der Jesuitenor-
den durch Papst Clemens XIV. aufgehoben. Für kurze Zeit wird die Leitung des
Seminariums vom Kurfürsten heimischen Weltpriestern anvertraut, dann über-

nehmen französische Lazaristen die Einrichtung, deren Reputation sehr rasch verfällt.[21] 1782 wohnen im Seminarium nur zwölf Zöglinge, und 1797 beklagt sich die Universität darüber, daß die Zahl der aus dem Carolinum kommenden Kandidaten immer geringer werde. Während die Universität das Seminarium gerne für die Studierenden erhalten möchte, hat die Stadt andere Pläne: Das Jesuitenkolleg in der Kettengasse soll als Kaserne verwendet werden, die bislang dort wohnende Geistlichkeit soll (wie schon während des Krieges) ins Carolinum ziehen.[22] 1802 geben auch die Lazaristen die Leitung des Seminariums auf. Die ehemalige Unterrichts- und Erziehungsanstalt der Jesuiten (die seit der Aufhebung des Ordens im Besitz der katholischen Schulfondsverwaltung ist) dient jetzt überwiegend als Konvikt für Theologiestudenten. Außerdem befindet sich ein Gymnasium mit den Wohnungen der Professoren im Hause. Speicher und Keller sowie das Nebengebäude werden von der Administrationsschaffnei genutzt.[23] Seit 1807 verfolgt die Universität Pläne, die Universitätsbibliothek in den linken Flügel und die eine Hälfte des Mitteltraktes des Seminariums zu verlegen: Das dort befindliche Konvikt würde nach Auflösung der katholischen Theologischen Fakultät bald nach Freiburg verlegt werden; die Kapelle im Hause bleibe von den Plänen unberührt. Die katholische Kirchenkommission ist damit nicht einverstanden: Aus statischen Gründen sei der Umbau der vorhandenen Räume unter Einbeziehung der Flure in große Säle nicht möglich; auf dem Speicher lagerten, fünf bis sechs Schuh hoch, 7000 Malter Frucht und belasteten das dritte Stockwerk stark genug.[24] 1819 werden drei bis vier kleine Zimmer im Seminarium an Professor Karl Caesar von Leonhard zur Anlegung einer Mineraliensammlung vermietet.[25] Nennenswerte bauliche Veränderungen werden an dem Gebäude bis 1825 nicht vorgenommen.

Irrenhaus, 1825-1842. Als die Zustände im Pforzheimer Irrenhaus 1824 infolge wachsender Überfüllung untragbar werden, fordert das Ministerium den damaligen Anstaltspsychiater Friedrich Groos auf, ein Gutachten über die potentielle Verlegung der Anstalt in andere Gebäude innerhalb des Großherzogtums Baden zu erstellen. Zunächst hat man eine südbadische ehemalige Abtei im Auge, dann fragt man bei der medizinischen Fakultät in Heidelberg an. Eine Kommission Heidelberger Medizinprofessoren beschließt zögernd, eine Verlegung des Pforzheimer Irrenhauses in das ehemalige Jesuitenseminar zu befürworten – mit der Absicht, aus der Irrenverwahranstalt eine Heilanstalt zu entwickeln. Nur heilbare Irre sollen nach Heidelberg verlegt werden, die Siechen sollen in Pforzheim verbleiben. Der Rektor der Universität Heidelberg schreibt dazu: ›wir haben die Idee, daß die Anstalt in Verbindung mit der Universität gebracht und hierdurch für die psychische Behandlung der Irren, sowie für den Unterricht der angehenden Ärzte in diesem so wichtigen und wenig beachteten Zweig der Wissenschaft gleichmäßig und besser als bisher gesorgt werden kann‹.[26] Zu einer Zeit, in der die wissenschaftliche Psychiatrie noch in den Anfängen steckt, erhält Heidelberg als erste deutsche Universität eine psychiatrische Klinik, die allerdings nicht völlig integriert ist, sondern ›ein für sich stehendes, nicht akademisches, wenngleich mit der Universität in Verbindung stehendes Institut ist‹.[27] Am 5.7.1825 wird das ehemalige Seminarium Carolinum von den Staatsanstalten übernommen.[28] Im

119, 120

Juni 1825 erteilt die Staatsanstalten Commission als zuständige Instanz dem Bezirksbaumeister Thirry den Auftrag zu den Umbauarbeiten. Innerhalb Jahresfrist
müssen das Gebäude völlig renoviert und einige kleinere Umbaumaßnahmen
durchgeführt werden. Den neuen Funktionsanforderungen entsprechend wird
der Toreingang umgestaltet: Es entsteht ein massives eingeschossiges Torhaus mit
einer Wohnung für den Wächter.[23] Auf der Zeichnung von Wernigk ist dieses Torhaus mit seinem flachen Sattelwalmdach zu sehen. Die Mauer erscheint auf der
Zeichnung schlicht und schmucklos; ihre Höhe erreicht die Sockelhöhe der beiden Kopfpavillons. Die beiden Wachttürmchen werden in den Akten nicht erwähnt, während ein am westlichen Ende der Mauer vorhandener Durchlaß, der
ohne Umweg durch das Haus zur Wohnung des Assistenten führt, auf der Zeichnung fehlt. Zwischen Torhaus und Hauseingang werden zwei Trennwände aus
Steinpfosten und Mauersteinen errichtet, die den Hof in eine Frauenseite, einen
Gang und eine Männerseite teilen. Hinter dem Gebäude werden die Garten-
mauer erhöht und der Garten in einen Frauen- und einen Männerbereich aufgegliedert.[30] Das alte Waschhaus, im weiblichen Bereich des Hinterhofes gelegen,
wird abgerissen und durch ein neues ersetzt. Anstelle der alten Waschküche wird
ein Brunnen gegraben.[31] Innen wird das Gebäude in ein weibliches und ein
männliches ›Quartier‹ aufgeteilt. Eine nach dem Prinzip der Lufterhitzung arbei-
tende Heizung nach dem letzten technischen Stand, mit Eisenöfen und hölzernen
Luftkanälen, wird installiert. Sie erweist sich allerdings als äußerst brandanfällig
und muß im Laufe der folgenden Jahre insgesamt drei Mal verbessert und abgeändert werden, so daß die Kosten beträchtlich steigen.[32] Die sanitären Anlagen
werden instandgesetzt, alle Räume neu gestrichen, die Fußböden mit neuen Die-
len ausgestattet. Auf dem Turm werden eine Turmuhr und eine Glocke montiert.
Das Gebäude erhält (als Ganzes wahrscheinlich erstmals) einen Außenanstrich
mit ›guter Oelfarbe‹; leider fehlt in den Akten – wie üblich – ein Hinweis auf den
Farbton.[33]

Nach Abschluß dieser Maßnahmen werden die psychiatrischen Patienten vom
18. bis 20. Juni 1826 von Pforzheim nach Heidelberg umgesiedelt. Die Leitung
des Irrenhauses übernehmen Dr. Friedrich Groos, der bereits in Pforzheim der
Anstalt vorstand, und sein Assistent Christian F. W. Roller. Die offizielle Eröffnung durch die Direktionsmitglieder, nämlich die Professoren Friedrich Tiedemann, Friedrich A. B. Puchelt, Franz Karl Nägele und Maximilian Chelius, geht
der Verlegung der Kranken bereits im März 1826 voraus. Ein umfangreicher Bericht betont das Hauptziel der Bemühungen, nämlich die Anstalt als ›Heilanstalt‹
in engerem Sinne zu führen; die Verbindung mit der Universität solle nur ein Ne-
benzweck sein. Der Bericht gibt eine genaue Beschreibung des Hauses, die mit erhaltenen Plänen aller Stockwerke übereinstimmt. Die Verlegung des Flures im
zweiten Obergeschoß in die Mitte (wodurch Zimmer nach beiden Seiten gewonnen werden konnten) ist vermutlich Resultat der Umgestaltung von 1825/26.
Daß sich im südlichen Anbau des Mitteltrakts noch zu dieser Zeit eine das erste
und zweite Obergeschoß einnehmende Kapelle befand, geht aus den Plänen klar
hervor. In der Beschreibung heißt es: ›die vorgedachte Kirche hat ein Langhaus
und eine Emporenbühne‹.[34] An den Sakralraum erinnern die mit relativ reichen
Gewänden ausgerüsteten Segmentbogenportale im ersten Obergeschoß, außer-

dem die ebenfalls formal hervorgehobenen Fenstergewände am ersten Obergeschoß des südlichen Anbaus.

1827 beherbergt das insgesamt 195 Räume umfassende Haus 220 Pfleglinge.
Die Renovierungskosten (einschließlich der Nebengebäude) haben die Summe
von 59 962,34 fl. erreicht. Die Finanzierung erfolgt nach diesem Schlüssel: Einnahmen aus der Irrenhauskasse: 14 900 fl., Staatskasse: 20 000 fl., Stadt Heidelberg: 10 000 fl., Erlös aus alten Materialien: 958,14 fl., aufgenommenes Kapital:
15 000 fl. Der Kostenvoranschlag hatte 1825 lediglich 16 800 fl. vorgesehen.[35] Die
angesichts dieser Kostendifferenz mißtrauischen Staatsanstalten beauftragen den
Karlsruher Architekten Heinrich Hübsch mit der Überprüfung des Falles.
Hübsch hält sich mehrere Tage in Heidelberg auf und erstellt das gewünschte
Gutachten; es zeigt sich, daß insgesamt gut und nicht zu teuer gewirtschaftet worden ist; nur an der Qualität des Außenanstrichs, an den neuen Bodendielen und
an der zu aufwendig gebauten Waschküche gibt es zu kritisieren.[36]

Schon ein Jahr nach dem Einzug ist die Irrenanstalt hoffnungslos mit Patienten überfüllt. Es wird erwogen, das Institut ganz oder teilweise in das Kloster
Schwarzach zu verlegen, doch wegen der zu erwartenden hohen Kosten wird dieser Plan wieder aufgegeben.[37] In den folgenden Jahren verstärken sich die Klagen immer mehr: Es können keine neuen Patienten aufgenommen werden, die
Ausstattung und die Heizungsanlage geben Anlaß zu Beschwerden.[38] Die Verhältnisse verschlechtern sich schließlich derart, daß das Ministerium des Innern
auf Drängen der Irrenhausdirektion ab 1833 die Erbauung einer neuen Anstalt
im Großherzogtum Baden betreibt. Indessen interessiert sich die Universität Heidelberg für das möglicherweise freiwerdende Gebäude; sie ist der Ansicht, ›daß
es in hohem Grade wünschenswert sei, daß das ehemalige Jesuitengebäude der
Universität überlassen werde, sobald es von der Irrenanstalt geräumt sein wird‹,
und legt großen Wert darauf, die Entscheidung jetzt schon zu treffen, um den
Professoren Zusagen hinsichtlich künftiger Erweiterungen machen zu können.
Angestrebt wird, die Medizinische und Chirurgische Klinik aus dem Marstall
hierher zu verlegen, doch hält man es auch für wünschenswert, daß zu Lehrzwek-
ken eine Filialirrenanstalt mit der Klinik verbunden bleibt. Das Ministerium genehmigt die Überlassung des früheren Seminargebäudes, noch bevor mit dem
Bau der neuen Irrenanstalt in Illenau bei Achern begonnen wird.[39]

Bis zum geplanten Umzug im Jahre 1842 nehmen die Mißstände im Irrenhaus
überhand. Das Ministerium stellt das Kelterhaus der Domänenverwaltung im
hinteren Männergarten zwecks Einrichtung von Werkstätten und Schlafräumen
zur Verfügung, um die inzwischen mit 249 Pfleglingen überfüllte Anstalt zu entla-
sten.[40] Im Herbst 1842 kann das Haus endlich geräumt werden. Einige wenige
Gegenstände übernimmt das akademische Spital, die Orgel und das Kirchenge-
stühl werden versteigert. Am 14. 10. 1842 erfolgt die Übergabe des Gebäudes an
die Universität Heidelberg.[41] Bis kurz vor diesen Zeitpunkt sind die Eigentumsverhältnisse übrigens ungeklärt. Mit der Aufhebung des Jesuitenordens war das
ehemalige Seminarium, wie erwähnt, dem Kirchenärar zugefallen. 1825, als das
Irrenhaus eingerichtet wurde, sucht der Staat, ein ihm gehörendes Gebäude als
Tauschobjekt anzubieten. In Frage kam allein das von-Jenisonsche Haus in der
Hauptstraße (Nr. 52, Haus ›Zum Riesen‹). Baumeister Carl Schaefer schätzte

dessen Wert auf 22 038 fl., den des Seminariums auf 72 788 fl. Man einigte sich schließlich auf einen Mehrwert des Seminariums in Höhe von 25 000 fl. (ohne Zinsen), die der Staat nach erfolgtem Tausch an die Kirche abzutragen hatte. Wegen etlicher Mißverständnisse wurde dieser Vertrag nach geleisteter Zahlung erst 1840 ordnungsgemäß in das Grundbuch eingetragen.[42]

Akademisches Krankenhaus, 1842–1876. Motive für den Plan, das akademische Spital vom Marstall in das Seminarium zu verlegen, waren die günstigere Lage, die größere Dimension und bessere Belichtung des Gebäudes sowie die geräumigeren Höfe und Gärten. Aus dem außerordentlichen Staatsbudget werden 5000 fl. für die Einrichung des Spitals bewilligt.[43] Nach der Schlüsselübergabe am 6. 11. 1842 beginnen sogleich die Renovierungsarbeiten. Die Direktoren der Medizinischen und der Chirurgischen Klinik, Friedrich A. B. Puchelt und Maximilian J. Chelius, einigen sich über die Einteilung des Hauses so, daß die Medizinische Klinik das Erdgeschoß für die Ökonomieverwaltung sowie das zweite Obergeschoß und das Dachgeschoß erhält, die Chirurgie das erste Obergeschoß. Die Renovierungsarbeiten umfassen neue Küchen- und Badeeinrichtungen, Putzausbesserungen, Neuplättelung der Gänge, Installierung eines Auditoriums im Erdgeschoß, neue Treppen zum Dachgeschoß, neuen Innenanstrich, Erhöhung der zwölf Fenster der Krankenzimmer zum Garten im zweiten Obergeschoß und Anlegung eines Eiskellers im Keller des Mittelbaus. Die ehemalige Kirche wird zu einem Operationssaal umgestaltet, aus Einsparungsgründen wird das große rundbogige Operationssaalfenster vom Marstall übernommen und in die Südwand eingebaut. Die veranschlagten Kosten von 5000 fl. reichen bei weitem nicht aus; nach der Beendigung aller Arbeiten lautet die Rechnung auf 23 159 fl., die teils aus Staatszuschüssen, teils aus dem Erlös der für 12 000 fl. verkauften Gebäranstalt stammen, die dafür in die ehemaligen Klinikräume im Marstall umzog.[44] Das Nebengebäude an der Seminarstraße geht nicht in den Besitz des Krankenhauses über, ebensowenig der sogenannte Irrengarten. Von dem Nebengebäude an der Kettengasse benützt das Krankenhaus nur das Erdgeschoß, in dem Duschbäder eingerichtet werden.[45] Als im Februar 1844 die Renovierungsarbeiten nach fast zwei Jahren abgeschlossen sind, findet eine Begehung der neuen Klinik durch die Direktoren Chelius und Puchelt statt; die dabei aufgestellte Reklamationsliste führt zu einer Verzögerung des Einzugs bis zum 11. 4. 1844.[46] Es kommt gleich zu einer Teilung der Medizinischen Klinik in eine I. und II. Medizinische Klinik. Prof. Karl Pfeufer wird als zweiter Ordinarius für Pathologie und Therapie nach Heidelberg berufen. Ihm wird der westliche Flügel des zweiten Obergeschosses und des Dachgeschosses mit sechzehn Betten zugewiesen (später erhält Pfeufer nach einer Rufablehnung weitere acht Betten). Obwohl sich die Bettenzahl gegenüber dem Marstall erheblich vergrößert hat und die Bedingungen für den akademischen Unterricht günstiger geworden sind, stellen sich bald Probleme ein, von denen eine lange Serie von Änderungs-, Erweiterungs- und Erneuerungsanträgen der Klinikdirektoren zeugt. Im Hof des Nebengebäudes werden Holzschuppen gebaut, ein Dampfbad und ein pathologisches Laboratorium werden eingerichtet, eine neue Bleiche und etliches andere erweisen sich als nötig.[47] 1855 wird das Nebengebäude an der Seminarstraße (Amtsrevisoratsgebäude) bis auf Widerruf dem Krankenhaus für die Erweiterung überlassen.[48] Alle diese Bemühungen helfen freilich den Mißständen nicht radikal genug ab, und so wird der Ruf nach einem neuen, endlich von vornherein als Krankenhaus geplanten Gebäude laut. Professor Otto Weber, Nachfolger des berühmten Chelius, schreibt: ›so imposant das düstere Gebäude von außen erscheint und so großartig dasselbe sich darstellt, so mangelhaft ist seine innere Erscheinung den Bedürfnissen eines Krankenhauses entsprechend‹.[49] Ein weiteres Übel stellt sich mit dem Ausbau der Eisenbahn ein: Die Trasse der neuen Odenwaldbahn wird durch die Stadt gelegt, was eine teilweise Untertunnelung des Krankenhausgartens notwendig macht. Grundstücksmäßig verändert sich wenig, weil die Fläche über dem Tunnel von den Obergeschossen des Krankenhauses aus weiterhin als Garten genutzt werden kann, aber der Lärm der Züge und die Pfeifsignale stören die Ruhe. Die Eisenbahndirektion muß eine neue Umfassungsmauer und ein neues Bleichhäuschen im Garten erstellen.[50] Als 1868 im Krankenhaus die Diphtherie ausbricht, ist die Direktion verzweifelt: ›wir können ihrer nicht Herr werden. Das Isolierzelt ist brüchig und es regnet auf die Patienten‹. Im Garten des benachbarten Amtsgefängnisses wird deshalb für 12 474 fl. eine Baracke gebaut.[51]

Diesen Schwierigkeiten und Enttäuschungen stehen große Fortschritte der medizinischen Praxis gegenüber. 1847 wird erstmals ein operativer Eingriff in Narkose unternommen, 1869 führt Gustav Simon (der Nachfolger von Chelius und Weber) erstmals in der Welt die Exstirpation der Niere erfolgreich aus.[52] Im Zuge der zunehmenden Spezialisierung trennen sich kleinere Abteilungen von den Kliniken, so 1860 die Kinderklinik und 1862 die Augenklinik (die sich beide zunächst als Privatkliniken etablieren). Hautklinik und Frauenheilkunde bleiben im Verband der Medizinischen beziehungsweise Chirurgischen Klinik. Schon 1863 verfügt das Ministerium auf Drängen der Krankenhausdirektion, einen geeigneten Platz für einen Neubau zu suchen, von dem allein man sich Abhilfe aller Mängel verspricht.[53] 1868 wird von der Großherzoglichen Regierung der Plan zum Neubau beschlossen, und im Herbst 1869 wird das Klinikum an der Bergheimer Straße in Angriff genommen.[54] Schon bald melden sich Interessenten für das frühere Seminarium: Die Stadt Heidelberg sucht Schulräume und Lehrerwohnungen und findet dafür das ehemalige Jesuitenseminar ›vorzüglich geeignet‹; sie ist auch bereit, das Bauwerk zu kaufen.[55] Aber der Reichsmilitärfiskus kann seine schon seit längerem wachen Interessen gegenüber der Stadt durchsetzen. Nach Auszug des Krankenhauses im Jahre 1876 schätzt Bezirksbaumeister Waag das Gebäude Seminarstraße 2 einschließlich der Nebengebäude auf 313 000 Mark.[56]

Einrichtungen des Militärs, 1878–1945. Grund für die Verlegung einer weiteren Kaserne nach Heidelberg ist die 1867 eingeführte allgemeine Wehrpflicht. Vor allem den Studenten soll die Ableistung der einjährigen Dienstpflicht am Studienort ermöglicht werden. Die Stadtverwaltung befürwortet den Plan, weil sie sich steuerliche Vorteile und Chancen für die Gewerbetreibenden verspricht. Aber die Bürger Heidelbergs sind gegen das Vorhaben; in einer Petition an den Stadtrat lehnen sie vor allem ›die Kasernenanlage im Weichbild der Stadt ab‹.[57] Es tritt eine Verhandlungspause bis zum Auszug des Krankenhauses ein. Die Militärintendantur ist entschlossen, das Gebäude Seminarstraße 2 als Kaserne einzurichten, die Mittel für den notwendigen Umbau sind bereits vom Militärfonds genehmigt. Zum Ankauf des Krankenhauses mit Nebengebäuden bietet sie dem Ministerium des Innern 100000 Mark. Das Ministerium ist zwar zum Verkauf bereit, aber nicht zu den gebotenen Bedingungen.[58] Am 5.4. 1878 kommt es zum Vertragsabschluß: Das Ministerium des Innern tritt im Auftrag des Großherzoglich-Badischen Ärars das Gebäude Seminarstraße 2 mit Nebengebäude für 150000 Mark an den Militärfiskus ab. Das von der Stadt Heidelberg erbaute Blatternhaus, das auf ärarischem Grund steht, geht unentgeltlich mit in den Besitz des neuen Eigentümers über.[59] Die anfänglich bekundete Freude des Heidelberger Stadtrats über die neue Kaserne schlägt allmählich in Verärgerung um, denn man verlangt von der Stadt außer dem schon überlassenen Blatternhaus die Bereitstellung von weiteren Gebäuden und Bauplätzen für ein Militärlazarett, Fahrzeugschuppen, Schießstände und ähnliches. Dadurch verzögert sich die Verlegung des 2. Bataillon des 2. Badischen Grenadierregiments Kaiser Wilhelm Nr. 110 von Durlach nach Heidelberg bis zum 31.5. 1881.[60]

Leider hat sich über die Umbauarbeiten der Jahre 1878–1902 kein Aktenmaterial gefunden. Aus Plänen, die im Universitätsbauamt Heidelberg aufbewahrt werden, lassen sich allerdings Schlüsse im Hinblick auf einige zwischen 1879 und 1882 erfolgte Maßnahmen ziehen.[61] Eine Veränderung erfährt das nun auch als Arrestlokal geplante Torhaus: Es wird um ein Stockwerk erhöht und erhält ein ausgebautes Dachgeschoß. Die Mauer bleibt wohl unverändert. Auf der östlichen Seite des Terrassengartens wird ein Scheibenhaus für Schießübungen gebaut; auch die 1909 instandgesetzte Mannschaftslatrine in diesem Bereich stammt sehr wahrscheinlich aus der Zeit des Ausbaus für Militärzwecke. 1881/82 werden im gesamten Gebäude erstmals Gasleitungen verlegt.[62] Seit 1902 trägt sich die Militärverwaltung mit dem Gedanken, eine neue Kaserne zu bauen, weil sich die Räumlichkeiten in der Seminarstraße als zu klein und ungünstig erweisen. Die Stadt Heidelberg und die beiden Ministerien der Justiz sowie des Kultus und Unterrichts sind zwar am Ankauf interessiert, haben aber zu diesem Zeitpunkt weder die finanziellen Mittel noch Vorstellungen über eine mögliche Verwendung. Erst 1913 wird vom Kriegsministerium der Neubau einer Kaserne zwecks Heeresverstärkung forciert; die Stadt muß dafür unentgeltlich Terrain am Kirchheimer Weg abtreten. Als im August 1914 der Erste Weltkrieg ausbricht, siedelt das Bataillon nicht mehr von der Seminarstraße in die fast fertige Kaserne um, sondern zieht sogleich ins Feld.[63] Während des Krieges bezieht ein Ersatzbataillon des Großherzoglich-Mecklenburgischen Jägerbataillons die leerstehende Kaserne. Nach Kriegsende darf laut Friedensvertrag in Heidelberg keine Garnison stationiert werden. Als der Reichsschatzminister 1919 beschließt, entbehrliche Gebäude des Militärs dem Land beziehungsweise den Städten zu überlassen, kommt es zu einer Flut von Bittschriften um Übereignung des alten Seminariums. Dieses, seit 1921 unter der Verfügungsberechtigung des Landesfinanzamtes Karlsruhe, beherbergt seit demselben Jahr zwei Hundertschaften der Sicherheitspolizei, außerdem die Reichsvermögensstelle und das Versorgungsamt. 1922 oder später soll das Gebäude in den Besitz des Badischen Staates übergehen, aber der

Vertrag kommt nicht zustande.[64] Immer wieder bemüht sich die Stadt vergeblich um Gewinnung des Seminariums für Schulzwecke. Statt dessen werden ab 1925 dem Amtsgericht 140 qm für Büros zugewiesen; im restlichen Teil des Hauses verbleiben der Polizei zusätzlich neunzehn Wohnungen für verheiratete Beamte. 1928 wird der Westflügel für die Justizverwaltung umgestaltet.[65] Während des Dritten Reiches sind die Reichsarbeitsdienstabteilung ›Viktor von Scheffel‹ und das Wehrbezirkskommando im früheren Jesuitenbau untergebracht. Alle Kosten für bauliche Unterhaltung, Heizung und Beleuchtung gehen zu Lasten der Stadt.[66] Das Amtsgericht zieht 1936 von der Seminarstraße 2 in die beiden Nebengebäude Seminarstraße 4 und Kettengasse 18 um.[67] Eine nennenswerte bauliche Veränderung dieser bewegten Jahre ist der Abbruch der Hofmauer und des Wachhauses. Das Heeresbauamt Mannheim als in diesem Augenblick zuständige Behörde (Eigentümer ist noch immer der Reichsmilitärfiskus) beginnt im Oktober 1937 ohne Abrißgenehmigung mit der Niederlegung der Abschlußmauer. Das Landesdenkmalamt schaltet sich ein, stimmt schließlich dem Abbruch zu und genehmigt die Gestaltung des straßenseitigen Hofabschlusses, so wie er sich heute darbietet. Um den Hausteinsockel möglichst niedrig zu halten, wird das Hofniveau etwas abgesenkt. 1938 werden vom Heeresbauamt auf der oberen Terrasse über dem Tunnel Fahrzeugschuppen mit Zugang von der Neuen Schloßstraße gebaut.[68] Nach dem Ende des Zweiten Weltkriegs beschlagnahmt die amerikanische Militärregierung das Gebäude vorübergehend, ist aber schon im August 1945 zur Freigabe bereit.[69]

Collegium Academicum, 1945-1978. Obwohl die Alliierten das Gebäude Seminarstraße 2 bereits im Juli 1945 der Medizinischen Fakultät versprochen haben, meldet auch die Justizverwaltung Ansprüche an. Sie beruft sich auf die bestehende Rechtslage, nach der das Anwesen nach Freigabe durch die Amerikaner Eigentum des Reiches sei, repräsentiert durch die Landesregierung Nordbaden, die folglich auch das Verfügungsrecht habe. Nach längeren Verhandlungen erreicht der Rektor Professor Karl Heinrich Bauer, daß die ›Alte Kaserne‹ doch der Universität zugesprochen wird. Bauer bittet die Militärregierung um Unterstützung seines Plans, ›die ›alte Kaserne‹ als neues ›domicilium academicum‹ nach Art eines Collegs auszubauen und damit auch beispielhaft für andere Universitäten neue Wege in der Erziehung deutscher demokratischer Jugend einzuschlagen‹; auf keinen Fall sollte ein Wohnheim der üblichen Art entstehen.[70] Die Bewirtschaftung des Heimes wird dem Verein ›Studentenhilfe‹ übertragen. Junge Dozenten, die auf Vorschlag des Rektors Aufsicht führen, sollen ebenfalls im Hause wohnen. Auf Anordnung der Militärregierung werden Lazarettbetten aus den Universitätskliniken für die ersten Studenten bereitgestellt, die Anfang November 1945 einziehen. Schon ein Jahr später ist die Zahl der studentischen Bewohner auf 185 angestiegen. Die Einrichtung ist noch dürftig, für Renovierungsarbeiten fehlen die Mittel. In einem Bericht an die Militärregierung vom April 1946 heißt es, daß sich die Institution als Colleg bisher bewährt habe.[71] Als im August 1946 der Landesverwaltung Baden die Obhut über ehemalige Wehrmachtsgrundstücke übertragen wird, hat die Universität keine Aussichten, das Bauwerk zu erhalten. Zu ihrer Enttäuschung kommt es sogar zu unerfreulichen Auseinandersetzungen mit der Landesregierung wegen der Mietzahlungen und wegen der Definition des rechtlichen Status.[72] 1947 werden sieben Räume und 1949 zwei weitere an das Bunsen- und an das Helmholtz-Gymnasium abgegeben.

Nach der Währungsreform im Jahre 1948 sieht sich das ›Collegium academicum‹, kurz CA genannt, außerstande, die Jahresmiete an die Wehrmachtvermögensstelle zu entrichten, zumal keine Mietermäßigung gewährt wird. Allerdings werden dem Collegium jährliche und Sonder-Zuschüsse zur Bauunterhaltung von seiten der Landesregierung zugewiesen. So können 1949 für insgesamt 90 000 DM Renovierungsarbeiten durchgeführt werden. Sie umfassen den Einbau von Zwischenwänden in den großen Zimmern zur Gewinnung kleinerer Wohnräume und den Ausbau einer Wohnung für den Direktor des Collegiums. Die Stadt übernimmt als Gegenleistung für das Nutzungsrecht an den Schulräumen die Kosten für den Ausbau von neun kleineren Zimmern im Dachgeschoß. Mit Geldern des Studentenwerks wird 1950 die Einrichtung einer Mensa im Erdgeschoß bestritten. Aus der McCloy-Stiftung fließen dem Collegium Academicum 1951 179 000 DM für die Installation einer Zentralheizung und für Inventarbeschaffung zu. Um die vollständige Renovierung des Gebäudes zu ermöglichen, beteiligen sich die Wehrmachtvermögensstelle mit 75 000 DM und die ›Soforthilfe‹ mit 25 000 DM. 1951 befindet sich das Haus in einem guten baulichen Zustand.

Die Eigentumsverhältnisse ändern sich erstmals wieder 1949. Besitzer war bis dahin immer noch der Reichsfiskus. Nach dem Gesetz der Militärregierung vom 20. 4. 1949 geht das Eigentum des Reiches auf das jeweilige Bundesland über; dem Bund ist dabei das Recht zu Veränderungen vorbehalten. Die Auffassung des Bundesfinanzministeriums vom November 1951, das Collegium Academicum erfülle keine Verwaltungsaufgabe und könne daher nicht in den Genuß des Gebäudes kommen, wird von Professor Walter Jellinek in einem juristischen Gutachten widerlegt. Nach Auflösung der Wehrmachtvermögensstelle am 1. 8. 1951 wird das frühere Seminarium vom Land verwaltet (Unterrichtsverwaltung), Mieterin ist nicht das Collegium Academicum, vielmehr die Universität, als deren Einrichtung das Collegium jetzt figuriert. Erst 1955, zehn Jahre nach der Gründung, bestätigt die Landesregierung offiziell, daß das alte Seminargebäude der Universität und damit dem Collegium Academicum mietfrei zur Verfügung steht. Zum gleichen Zeitpunkt wird erwogen, das Seminarium den Geisteswissenschaften zu überlassen und das Collegium Academicum ins Neuenheimer Feld oder an eine andere Stelle der Altstadt zu verlegen. In der Sorge, eine solche Verlegung könnte die Auflösung der Institution bedeuten, wendet sich das Kuratorium gegen solche Erwägungen. Der Senat vertagt daraufhin den Verlegungsplan.

Anläßlich einer turnusmäßigen Begehung stellt das Universitätsbauamt 1966 die Notwendigkeit einer umfassenden Renovierung des Seminargebäudes fest; der Haushalt 1968 weist dafür 140 000 DM aus. Daß es zunächst bei einer Reparatur der elektrischen Anlage bleibt, hängt mit der inneren Entwicklung des Collegium Academicum und dem erneuten Aufleben der Verlegungsdiskussion zusammen. Politisierung im Zeichen der ›Studentenbewegung‹ einerseits und das Drängen auf Umnutzung des Gebäudes auf der anderen Seite führen Mitte der siebziger Jahre zu einer dramatischen Verhärtung der Fronten. Nach dem Beschluß des Senats vom 18. 2. 1975, das Seminargebäude für Zwecke der Zentralen Universitätsverwaltung zu renovieren, kündigt die Universität alle Mietverhältnisse. Da sich die Studenten weigern, das Haus freiwillig zu verlassen, kommt es aufgrund eines Verwaltungsgerichtsurteils am 8. 3. 1978 zur polizeilichen Zwangsräumung.[73]

Jüngste Renovierung und heutige Nutzung. Gleich nach der Räumung wird das – nicht nur verwohnte, sondern, wie sich zeigt, auch in seiner baulichen Substanz stark gefährdete – frühere Jesuitenseminarium einer umfassenden Sicherung und Renovierung unterzogen.[74] Die im Auftrag des Universitätsbauamtes vom Architekturbüro Kurt Herbstrieth durchgeführten Arbeiten werden vom Landesdenkmalamt überwacht und, was die denkmalpflegerischen Aspekte angeht, vom Kunsthistorischen Institut betreut. Als Kulturdenkmal von besonderer Bedeutung verlangt das Gebäude eine auf die neuen Nutzungsforderungen mit Besonnenheit eingehende Behandlung. Leider stellt sich heraus, daß der Dachstuhl und ein Teil der Decken so angegriffen sind, daß eine Totalerneuerung dieser Teile unumgänglich ist. Der Mittelbau muß weitgehend ausgekernt werden, der Dachstuhl muß mit einer Stahlbetonplatte unterfangen werden, welche zugleich die Außenmauern stabilisiert. Die Dachgaupen werden in alter Form, aber – um der Einheitlichkeit des Erscheinungsbildes willen – größerer Zahl erneuert; das Dach des Mittelrisalits und die Gaupen werden verschiefert, die anderen Dachflächen erhalten eine Deckung mit nichtengobierten Biberschwanzziegeln. Sorgfältig restauriert und neu verschiefert wird der Dachreiter. Alle Hausteinteile des Außenbaus werden gereinigt und ausgebessert. Die Freitreppe wird, auf ihre ursprüngliche Größe zurückgeführt, in Sandstein erneuert. Alle Wandflächen erhalten einen glatten Kellenputz. Die Holzflügel der Außentüren können aufgearbeitet werden. Dagegen sind sämtliche Fenster in unrestaurierbarem Zustand; sie werden durch Isolierglasfenster mit originalnaher Kreuz- und Sprossenteilung ersetzt. Im Innern wird unter den neuen Nutzungsprämissen und angesichts der Tatsache, daß die ursprüngliche Bausubstanz durch die vielen Umgestaltungen ohnedies in kaum quantifizierbarem Maße gelitten hat, freier verfahren. Im Erdgeschoß wird das alte Flursystem erhalten, im ersten Obergeschoß dagegen zugunsten einer Aufteilung verändert, wie sie vorher schon im zweiten Obergeschoß zum Zwecke der Gewinnung einer größeren Zimmerzahl eingeführt worden war. Die Decken in den Obergeschossen werden teilweise abgehängt, was eine Absenkung der Säulen in den Vestibülen um ca. 10 cm nötig macht. Alte Türgewände werden, wo möglich, erhalten, benachbarte neue formal angepaßt. In den beiden alten Haupttreppenhäusern werden die Stufen nach Befund in Epoxidharz nachgeformt, die Nebentreppen in den Kopfpavillons werden in Beton erneuert. Zusätzlich angelegt wird eine alle Geschosse verbindende Treppe im südlichen Anbau des Haupttrakts. Alle Maßnahmen orientieren sich an der Forderung, möglichst viele Räume und funktionsgerechte Raumzusammenhänge zu schaffen – eine Forderung, die in einem historischen Bauwerk von der Art des Seminariums freilich nur bedingt zu erfüllen ist. Die extensive Nutzung läßt lediglich an wenigen Stellen des Gebäudes eine Empfindung aufkommen, die der vom Außenbau vermittelten entspricht. Am ehesten ist barocke Architekturgesinnung im Flurbereich des Erdgeschosses zu spüren; hier tragen der nach barocker Gepflogenheit in Diagonalverband verlegte Sandsteinbelag des Bodens, die Türgewände und Fensternischen sowie die Kreuzgratgewölbe zur stimmig-großzügigen Wirkung bei.

Als besonders schwierig erweist sich die Farbgebung des Außenbaus.[75] Eine Analyse ergibt, daß die Hausteinteile zunächst offensichtlich eine Zeitlang unbehandelt der Witterung ausgesetzt waren. Der helle Grauton des ersten Anstrichs läßt sich besser am Holzwerk des Dachreiters verifizieren, so daß nach diesem Muster alle gliedernden Teile mit Ausnahme des Sockels (der um einige Grade dunkler getönt wird) mit Mineralfarbe gestrichen werden. In Ermangelung eines Befunds wird für die Putzflächen ein für das spätere achtzehnte Jahrhundert oft bezeugter Hellockerton gewählt. Leider scheitert die geplante Neuvergoldung der Kapitelle und des Giebelornaments am Mittelrisalit an den hohen Kosten.

Fast unverändert bleiben die Mauer zur Seminarstraße hin, das Tor und der Hof. Der Steinsockel und die Pfosten werden ausgebessert, die Eisenteile lakkiert. Der Hof erhält, soweit nicht begrünt, eine Decke aus Sandsteingroßpflaster. In der überkommenen Form erhalten werden auch die Gartenanlagen südlich des Gebäudes (sieht man von der Anbringung neuer Geländer und kleinen Modifikationen ab).

Im Mai 1981 zieht die Zentrale Universitätsverwaltung mit dem Akademischen Auslandsamt und dem Studentensekretariat in das renovierte Seminarium ein. Die Differenz zwischen dem ersten Kostenvoranschlag von 4,9 Millionen DM und den schließlich aufgelaufenen Kosten von 14,73 Millionen DM läßt ermessen, welche Fülle unvorhersehbarer Arbeit zu bewältigen war.

Beschreibung

120-122 *Äußeres.* Das ehemalige Seminarium Carolinum ist eine an Schloßvorbildern orientierte, dreigeschossige Dreiflügelanlage mit einem sich nach Norden öffnenden, an einen Cour d'honneur erinnernden Hof. Der hofseitig insgesamt siebzehn Achsen umfassende Haupttrakt hat einen formal deutlich abgehobenen, dreiachsigen Mittelrisalit; an die fünfachsigen Seitenflügel schließen sich drei Achsen tiefe und ebenso viele Achsen breite Kopfpavillons an. Südlich sind dem Bau zwei kräftig vortretende Eckpavillons und, in der Breite des Mittelrisalits, ein vier Achsen tiefer Kapellenflügel angegliedert. Die Gliederungen sind überwiegend aus farbig gefaßtem Haustein, die Wandflächen sind verputzt. Der Mittelrisalit, der südliche Anbau und die vier Eckpavillons tragen Mansardwalmdächer, von denen das des Mittelrisalits verschiefert ist. Die Dächer des Haupttrakts und der beiden Flügel haben Sattelform und Biberschwanzdeckung.

Der nur leicht vorspringende Mittelrisalit ist durch zwei genutete Ecklisenen vom Mitteltrakt abgesetzt. Das über einem hohen Sockel durch vier Lisenen gegliederte Erdgeschoß schließt mit einem verkröpften Gurtgesims ab. Die beiden Obergeschosse sind durch eine Kolossalordnung zusammengefaßt, deren vier Pilaster Basen und Kompositkapitelle haben. Über dem abschließenden Gebälk befindet sich ein Dreieckgiebel. Im Erdgeschoß sind zwischen den Lisenen drei

Rundbogen mit Pfeilergewänden, profilierter Kämpferplatte und architravierten Bögen eingestellt. Der mittlere enthält das Portal mit einer geschwungenen zweiflügeligen Holztüre und einem lünettenartigen Oberlicht; in den seitlichen Bögen sitzt je ein Segmentbogenfenster. Eine achtstufige flache Sandsteintreppe führt zum Portal. Die Fenster im ersten Obergeschoß haben architravierte Ohrengewände mit Stichbögen. Putzstreifen stellen die Verbindung zu den Fenstern des zweiten Obergeschosses her, die nach unten ausschwingen; der obere Teil dieser Fensterrahmung geht in den Architrav über, aus dessen Faszien auch die Fensterrahmung gebildet ist. Das Rundfenster im Giebelfeld wird von einer Eichblattgirlande umrandet, die mit Lorbeerzweigen und Schleifen verschlungen ist. Über dem Mansarddach des Mittelrisalits erhebt sich ein achteckiger hölzerner Dachreiter mit acht rundbogigen Lamellenfenstern; er ist mit einer Zwiebelhaube bekrönt.

125

Der Mitteltrakt ist symmetrisch angelegt mit je sieben Fensterachsen rechts und links des Risalits. Die horizontale Gliederung besteht aus zwei Stockwerkgesimsen, die sich mit den Lisenen des Risalits verkröpfen. Die Stockwerkhöhe verjüngt sich leicht nach oben. Der Baukörper schließt mit einem reich profilierten Dachgesims ab. Über der Sockelzone mit Kellerfenstern befinden sich im Erdgeschoß einfache Rechteckfenster mit unprofilierten Ohrengewänden; die Sohlbänke bestehen aus einem halben Rundstab und zwei Faszien, die Schlußsteine kragen leicht vor. Die Fenster im ersten Obergeschoß haben Stichbogengewände, diejenigen im zweiten Obergeschoß unterscheiden sich von ihnen nur durch das kleinere Format. Die Dachgaupen – in der vorderen Reihe als Dachhäuschen, oberhalb als Froschmaulgaupen ausgebildet – korrespondieren mit den Fensterachsen der Fassaden. Analog zur sich verjüngenden Stockwerkhöhe verkleinert sich auch die Höhe der Fenster nach oben; alle Fenster haben Kreuz- und Sprossenteilung.

Die Seitenflügel schließen im rechten Winkel an den Mitteltrakt an und sind identisch gegliedert. Jeder Flügel hat fünf Achsen, die beiden Stockwerkgesimse des Mitteltrakts setzen sich hier durchgehend fort. Kopfpavillons über quadratischem Grundriß schließen die Flügel zur Seminarstraße hin ab; sie haben je drei Fensterachsen nach den drei freistehenden Seiten (wobei beim östlichen Pavillon eine Seite durch das anschließende Haus Seminarstraße 4 zugebaut ist). Die Stirnseiten der Pavillons nehmen durch ihre Vertikalgliederung in vereinfachter Form das Gliederungssystem des Mittelrisalits wieder auf. Die jeweils mittlere Achse ist durch einen ganz leichten Wandvorsprung hervorgehoben. Vier genutete Lisenen werden in der Horizontalen durch verkröpfte Gurtgesimse unterbrochen; an den Ecken sind die Lisenen etwas von den Kanten abgerückt, so daß zwischen zwei Lisenen die Wandfläche hervortritt. Wie auch an den hinteren Pavillons schließen die Lisenen unterhalb des Dachgesimses mit einem Profil ab, das nur an den Gebäudekanten verkröpft ist (dieser unorthodoxe Abschluß einer Stütze läßt sich auch als Kapitellsubstitut deuten). Wegen des tieferen Straßenniveaus sind die Pavillons auf hohe Sockel gesetzt, in denen sich jeweils eine Tür befindet. An den Stirnseiten finden sich im Dachbereich in der Breite der mittleren Achse als zusätzliche Betonung Blendbalustraden.

Die Südseite des Gebäudes umfaßt insgesamt achtzehn Fensterachsen, die Außenseiten der Seitenflügel zählen jeweils sieben. An den äußeren Kanten sind dem Bau Eckpavillons mit quadratischem Grundriß angegliedert, die nach Osten und Süden je zwei Fensterachsen, nach den anderen Seiten je eine Achse umfassen und die durch Ecklisenen gerahmt sind. Außer den Nebenportalen in der östlichen und westlichen Außenwand gibt es zwei weitere Portale an der Rückseite. An der Südwand lassen sich im zweiten Obergeschoß Unregelmäßigkeiten in der Fensterhöhe beobachten, die durch den Umbau zum Krankenhaus bedingt sind. In der Breite des Mittelrisalits schließt sich nach Süden der vier Achsen tiefe Kapellenflügel an. An seinen Längsseiten bildet ein Sohlbankgesims im ersten Obergeschoß die einzige horizontale Gliederung; die beiden Obergeschosse, hinter denen sich ehemals die Kapelle befand, wirken daher zusammengehörig. Die Fenster im ersten Obergeschoß sind korbbogig mit tief heruntergezogenen Ohrengewänden; über dem besonders akzentuierten Schlußstein bildet ein segmentförmig gestufter Rundstab die Fensterverdachung. Im zweiten Obergeschoß weichen die Fenster nur durch die größere Höhe von allen übrigen des gleichen Stockwerks ab. Die Südwand des Kapellenflügels hat anstelle der Fensterachsen auf jedem Stockwerk einen Türausgang, der zum Hof und über Brücken zum Terrassengarten führt.

Inneres. Infolge wiederholter zweckdiktierter Neueinteilung entspricht der heutige Zustand nur wenig dem ursprünglichen. Das gewölbte Kellergeschoß ist teilweise zur Nutzung ausgebaut. Im Mitteltrakt des Erdgeschosses verlaufen die mit Sandsteinplatten belegten Korridore entlang der Fensterzone zum Innenhof, während sie in den Seitenflügeln an der hofabgewandten Seite liegen. In beiden Obergeschossen sowie im ausgebauten Dachgeschoß sind die Korridore in die Mitte verlegt, so daß sich jetzt zweibündige Stockwerksysteme ergeben. Die großzügig angelegten Haupttreppenhäuser befinden sich jeweils im Winkel zwischen Mitteltrakt und Seitenflügel, zwei Nebentreppenhäuser in den vorderen Pavillons. Im Zuge des Umbaus von 1978 wurde ein weiteres, alle Geschosse verbindendes Treppenhaus im Kapellenflügel eingebaut. In den, hinter dem Mittelrisalit gelegenen, Vestibülen befinden sich, außer im Dachgeschoß, je zwei Säulen (im ersten Obergeschoß sind es toskanische), die gemeinsam mit den dahinterliegenden Segmentbogenportalen den Durchgang zum Kapellenflügel auszeichnen. Im Vestibül des zweiten Obergeschosses hat die Originalgruppe der ›Madonna vom Merianplatz‹ ihren neuen Standort gefunden (vgl. S. 127 f.).[76] Für das Vestibül des ersten konnten zwei Gemälde des aus Heidelberg gebürtigen Künstlers Klaus Arnold erworben werden (vgl. S. 589).

Außenanlagen. Der ›Ehrenhof‹ zur Seminarstraße liegt höher als das Straßenniveau und steigt weiterhin bis zur Hauptfassade leicht an. . Der Hof ist kopfsteingepflastert, zu beiden Seiten sind grüne Beete angelegt. Der Straßenabschluß ist insgesamt niedrig gehalten und läßt den Blick auf das Gebäude frei. Auf einem Quadersteinsockel alternieren aufgesetzte Pfeiler und Eisenlanzengitter, die Toreinfahrt schwingt nach innen und schließt mit einem neubarocken schmiedeeisernen Gittertor. Hinter dem Gebäude erstreckt sich ein Terrassengarten bis zur Schloßbergstraße und dem Oberen Faulen Pelz; er ist durch einen niederen Zaun abgeschlossen. Im engen Hof des Erdgeschosses ist noch die von 1826 stammende, gewölbte Waschküche zu sehen.

Kunstgeschichtliche Bemerkungen

Das ehemalige Seminarium Carolinum ist ein architektonisch und geschichtlich bemerkenswerter Bau. Innerhalb der Heidelberger Altstadt überrascht er durch seine schloßähnliche, die Ungunst der Topographie absichtsvoll ignorierende Gestalt. Der repräsentative Anspruch ist – gerade im Vergleich mit den anderen, eher kasernenartigen Wohn- und Schulgebäuden der Jesuiten – unübersehbar.

Mit dem Seminarium Carolinum hat Franz Wilhelm Rabaliatti Heidelberg einen nicht weniger wirkungsvollen städtebaulichen Akzent gegeben als mit der Fassade der benachbarten Jesuitenkirche. Rabaliatti hat den verbreiteten Typus der Dreiflügelanlage (prominentes Beispiel: Schloß Pommersfelden) geschickt für die Zwecke des Seminariums nutzbar gemacht: Anstelle einer differenzierten Innengliederung mit Treppenhaus, Festsaal, Corps de logis usw. begegnet eine durch die spezifische Nutzung als Wohn- und Unterrichtsgebäude gebotene Einfachheit der Einteilung. Einziger großer (und vermutlich auch festlicher) Raum war, soweit sich das heute beurteilen läßt, die – erst in der zweiten Bauphase dem Haupttrakt angegliederte – Kapelle. Rabaliattis Architektur lebt nicht vom brillanten Detail, sondern von den guten Proportionen und von der klaren Gediegenheit der gliedernden Elemente. Auch dort, wo sich der Ausdruck der Formen steigert, wie am Mittelrisalit, ist jeglicher Überschwang gemieden. Daß das Seminarium hinter dem Formenreichtum einiger anderer Werke Rabaliattis zurückbleibt, ist allerdings auch mit der besonderen Bauaufgabe und den beschränkten Geldmitteln zu erklären.

Der straßenseitige Mauerabschluß des Hofes ließ den Bau ursprünglich stärker in sich geschlossen wirken als das seit den dreißiger Jahren unseres Jahrhunderts existierende, barockisierende Gitter; zugleich muß das Fehlen einer Hofbepflanzung für eine Strenge der Gesamterscheinung gesorgt haben, wie sie heute nur noch bedingt zu spüren ist. Von der ursprünglich geplanten Farbigkeit läßt sich nur vermuten, daß sie lebhafter sein sollte als die vor einigen Jahren gewählte.

Anmerkungen

1 GLA: 204/1233, 204/2368, 204/2369. Die heutige Adresse ist Schloßberg 2
2 GLA: 204/1233, 204/2368. Vgl. auch W.W. Hoffmann: Franz Wilhelm Rabaliatti, Kurpfälzischer Hofbaumeister, Heidelberg 1934, S.106
3 GLA: 204/1233
4 GLA: 204/2362
5 GLA: 204/1233. Vgl. auch Johann Friedrich Hautz: Zur Geschichte der Universität Heidelberg, Mannheim 1864, S.265
6 Ctrb. XI, S.281 ff.; GLA: 204/1233
7 GLA: 204/1233
8 GLA: 204/2091
9 GLA: 204/1953. Auf die Grundstücksgeschichte werde ich in einer ausführlichen Fassung dieser Arbeit näher eingehen
10 Herbert Derwein: Die Straßen- und Flur-

namen von Heidelberg, Heidelberg 1940, Veröffentlichungen der Heidelberger Gesellschaft zur Pflege der Heimatkunde, S. 252-53, Nr. 841

11 GLA: 204/1233. Vgl. auch Hoffmann, a. a. O., S. 5-12

12 Hoffmann, a. a. O., S. 110; Peter Anselm Riedl: Die Heidelberger Jesuitenkirche, Heidelberg 1956, S. 97-101. Der Entwurf Rabaliattis gilt als verloren. Er befand sich zusammen mit Plänen der Heidelberger Jesuitenkirche in der Sammlung Marc Rosenberg, die einem Brand zum Opfer fiel. Erhalten geblieben ist eine Zeichnung nach diesem Plan im Thesaurus Palatinus

13 J. F. von Wickenburg: Thesaurus Palatinus, in: Geheimes Hausarchiv München, HS 317[1]. Bericht über die Grundsteinlegung, zu welcher sich der Kurfürst eigens von Mannheim nach Heidelberg begab

14 GLA: 204/2368. Brief vom 27. 11. 1750: ›... an dem nunmehr bis zum Tachwerk gebrachten Bau des neuen Seminario ad S. Carolum zu Heydelberg ...‹

15 GLA: 204/2368

16 GLA: 204/2091

17 Ebd.

18 GLA: 204/1953. Es handelt sich hierbei um das Grundstück der heutigen Seminarstraße 4

19 GLA: 204/1233, 204/2369. Auf diesen wichtigen Punkt werde ich in der ausführlichen Fassung dieser Arbeit näher eingehen

20 Vgl. Hoffmann, a. a. O., S. 107. Hoffmann betrachtet im Gegensatz zu mir alle Arbeiten der zweiten Bauphase als Erweiterung des Seminariums, das heißt nicht zum ursprünglichen Plan gehörig

21 Hautz, a. a. O., S. 267; John W. Carven: Napoleon and the Lazarists, The Hague 1974, S. 76. 1625 gründete Vinzenz von Paul in Frankreich diese Gemeinschaft von Priestern und Geistlichen; sie nannten sich Lazaristen nach ihrem Mutterhaus Saint Lazare in Paris. Auf Anordnung des Königs waren sie ab 1773 nach Auflösung des Jesuitenordens verantwortlich für deren Missionsarbeit und übernahmen ab 1780 die gesamten Aufgaben der Jesuiten

22 GLA: 204/1574

23 GLA: 205/58, 204/1235. Bericht vom 7. 5. 1807: ›... der Reichsdeputationshauptschluß von 1803 hatte alle kirchlichen Güter an die neue Regierung übergeben. Aber durch ein kurfürstliches Edikt wurden einige Gebäude gesetzmäßig dem katholischen Schulfond zugewiesen zu Eigentum und alleiniger Benutzung. So das Seminarium Carolinum, das Carmeliterkloster u. a. ...‹

24 GLA: 204/1235. In dieser Zeit war die Frucht die wichtigste Einnahme der Kirche zur Zahlung der Pfarrer, Schullehrer, Professoren und Emeriten und zur Unterhaltung der Schul- und Pfarrhäuser

25 GLA: 205/73

26 GLA: 205/828. Vgl. auch Hans Dieter Middelhof: C. F. W. Roller und die Vorgeschichte der Heidelberger Psychiatrie, in: Psychopathologie als Grundlagenwissenschaft, Heidelberg 1979, S. 35. Eine Kommission von Universitätsmedizinern hatte entschieden, das künftige Irrenhaus in das ehemalige Seminarium zu verlegen

27 GLA: 205/828. Vgl. auch Eberhard Stübler: Geschichte der Medizinischen Fakultät der Universität Heidelberg, Heidelberg 1926, S. 222-225; Dieter Jetter: Grundzüge der Geschichte des Irrenhauses, Darmstadt 1981. Getrennte Heil- und Pflegeanstalten gab es schon seit 1805 in Deutschland (vgl. Bayreuth), aber ohne Verbindung mit der Universität

28 GLA: 204/3192

29 GLA: 424e/198

30 GLA: 424e/198, 236/4948. Zunächst war der Garten wider Erwarten nicht mit in den Besitz gekommen. Aus einem Bericht vom 25. 4. 1828 geht jedoch hervor, daß er (der Berggarten) für 15000 fl. angekauft wurde

31 GLA: 204/3193, 424e/198

32 GLA: 236/4942, 422/794

33 GLA: 204/3190, 204/3192, 204/3194

34 GLA: 236/4948

35 GLA: 204/3192, 236/4948. In den verschiedenen Akten weichen die Beträge gering voneinander ab

36 GLA: 204/3190, 422/804. Heinrich Hübsch war vom Großherzoglichen Geheimen Rat und Stadtdirektor Wild beauftragt worden und hat das Gutachten handschriftlich erstellt

37 GLA: 236/942, 236/943. Vgl. Jetter, a. a. O., S. 37

38 GLA: 236/944, 236/4948, 236/4954

39 GLA: 235/676, 236/4954

40 GLA: 236/4955

41 GLA: 236/4947

42 GLA: 204/3202, 236/4942, 236/4948. Zu den problematischen Eigentumsverhältnissen möchte ich weiterhin verweisen auf das

Haus ›Zum Riesen‹, vgl. S. 326. Die Grundbucheintragung (Gb 19, Nr. 449, S. 19-24) fand am 28. 7. 1825 statt

43 UA: GII 95/2,3

44 GLA: 235/676; UA: GII 95/2,3. Näheres zu den Direktoren der Kliniken in der Zeit zwischen 1844 und 1876 vgl. Hermann Weisert: Die Rektoren der Ruperto Carola zu Heidelberg und die Dekane ihrer Fakultäten, Heidelberg 1968, S. 67 f.

45 UA: GII 95/2, 3; GLA: 235/676

46 UA: GII 95/2,3

47 GLA 424e/150, 235/676. Vgl. dazu Stübler, a. a. O., S. 290-94; Werner Goth: Zur Geschichte der Klinik im 19. Jahrhundert, Diss. Heidelberg 1982, S. 108-111; H. Krebs, H. Schipperges: Heidelberger Chirurgie 1818-1968, Heidelberg 1968, S. 140-46

48 GLA: 235/676. Näheres dazu siehe S. 178

49 Otto Weber: Das akademische Krankenhaus in Heidelberg, seine Mängel und die Bedürfnisse eines Neubaus, Heidelberg 1865, S. 3 ff.

50 UA: GII 95/13. Das Krankenhaus gewinnt grundstücksmäßig sogar 65 qm.

51 GLA: 235/677

52 Krebs, Schipperges, a. a. O., S. 171

53 Ebd., S. 144 f. und Stübler, a. a. O., S. 293

54 UA: GII 95 (IV, 3 c, 134)

55 GLA: 235/677

56 GLA: 424e/150. Detaillierte Wertschätzung: 1. Hauptgebäude: 11 067 fl.; Seitengebäude 12 350 fl., Portiershaus: 2194 fl., Waschküche: 1985 fl., Areal: 168 000 fl., Blatternhaus und Areal: 55 000 fl.

57 StA: 159/1 Uralt. Andere Vorschläge zur Verlegung der neuen Kaserne waren der Weinbrennerbau im Marstall oder ein Neubau auf dem Zimmerplatz. In Heidelberg bestanden schon drei Kasernen: im Marstall, im ehemaligen Dominikanerkloster, im ehemaligen Lutherischen Spital

58 StA: 159/1 Uralt

59 Gb. 65, Nr. 175, S. 722-728 und Gb. 66, S. 57-61

60 StA: 159/2 Uralt; GLA: 235/427

61 Militärakten des Freiburger Militärarchivs waren während des letzten Krieges nach Potsdam ausgelagert und sind dort verbrannt. Vorhandene Pläne stammen aus dem UBA

62 Hoffmann, a. a. O., S. 108. Die Kirche wurde nicht erst jetzt zu profanen Zwecken umgebaut, sondern war dies schon seit 1844. Hoffmann vertritt jedoch die Ansicht, daß die Kirche erst beim Umbau zur Kaserne umgestaltet wurde

63 GLA: 237/18 856; StA: 212/4

64 GLA: 233/12 267, 233/12 444, 237/42 433, 256/4346; StA: 292/5; BVA: Seminarstraße 2 (1936)

65 GLA: 237/42 433; BVA: Seminarstraße 2 (1936)

66 StA: 239a/17, 212b/1. Ab 1933 wird hier der Heeresunterricht abgehalten

67 UA: B 5139/3

68 BVA: Seminarstraße 2 (1936)

69 StA: 239k 1/4

70 UA: B 5470/1

71 UA: B 8805/1; GLA: 235/29 949

72 UA: B 8805/1; B 5470/1. Der Mietvertrag stammt vom 22. 8. 1947. Die beiden Nebengebäude, die von der Justizverwaltung genutzt wurden, sind hierdurch nicht betroffen

73 Zur Entwicklung des Collegium Academicum nach 1947 bis zur Auflösung: UA: B 5470/1-3, B 8805/1-3, B 8806/1-2; BVA: Seminarstraße 2 (1936); ZUV: Seminarstraße 2, 1954-1969, 1970-1975; Vereinigung ehemaliger Mitglieder des Collegium Academicum der Universität Heidelberg, Mitteilungsblatt 1978/79, insbesondere S. 107-186

74 LDA: Akten zur Renovierung des Gebäudes Seminarstraße 2; BVA: Seminarstraße 2

75 Die Farbgebung wird in der ausführlichen Fassung der Arbeit behandelt werden

76 Zur Stilgeschichte der Madonna vgl. Sigrid Gensichen: Das Quartier Augustinergasse/ Schulgasse/Merianstraße/Seminarstraße, Veröffentlichungen des Kunsthistorischen Instituts der Universität Heidelberg zur Heidelberger Altstadt, hrsg. von P. A. Riedl, Nr. 15, Heidelberg 1983, S. 56-60

Literatur

Archiv für die Geschichte der Stadt Heidelberg, Bd. 1 (1868), Bd. 3 (1870)

Benz, Richard: Heidelberg, Schicksal und Geist, Konstanz 1961

Carven, John W.: Napoleon and the Lazarists, The Hague 1974

Christ, Gustav: Das Klingentor und das Breitwieser'sche Haus, in: Heidelberger Geschichtsblätter II (1913/14)

Derwein, Herbert: Die Straßen- und Flurnamen von Heidelberg, Heidelberg 1940

Derwein, Herbert: Die Heidelberger Straßennamen, in: Heidelberger Fremdenblatt, 1952/53, Nr. 18

Duhr, Bernhard: Geschichte der Jesuiten in den Ländern deutschsprachiger Zunge, Bd. 4, Regensburg 1928

Gensichen, Sigrid: Das Quartier Augustinergasse/Schulgasse/Merianstraße/Seminarstraße, Veröffentlichungen des Kunsthistorischen Instituts der Universität Heidelberg zur Heidelberger Altstadt, hrsg. von Peter Anselm Riedl, Nr. 15, Heidelberg 1983

Goth, Werner: Zur Geschichte der Klinik im 19. Jahrhundert, Diss. Heidelberg 1982

Hautz, Johann Friedrich: Zur Geschichte der Universität Heidelberg, Bd. II, Mannheim 1864

Hennig, K., Merkes, G., Schmaltz, C., Wetzig, S.: Die Madonna am Merianplatz. Referat, Hauptseminar Prof. Riedl, Heidelberg 1981/82, unveröffentlicht

Hoffmann, Wilhelm W.: Franz Wilhelm Rabaliatti, Kurpfälzischer Hofbaumeister, Heidelberg 1934

Janzarik, Werner: 100 Jahre Heidelberger Psychiatrie, in: Janzarik, Werner (Hrsg.): Psychopathologie als Grundlagenwissenschaft, Stuttgart 1979

Jetter, Dieter: Grundzüge der Geschichte des Irrenhauses, Darmstadt 1981

Krebs, H., Schipperges, H.: Heidelberger Chirurgie 1818–1968, Heidelberg 1968

Lohmeyer, Karl: Das barocke Heidelberg und seine Meister, Heidelberg 1927

Middelhoff, Hans-Dieter: C. F. W. Roller und die Vorgeschichte der Heidelberger Psychiatrie, in: Janzarik, Werner (Hrsg.): Psychopathologie als Grundlagenwissenschaft, Stuttgart 1979

Oechelhaeuser, Adolf von: Die Kunstdenkmäler des Amtsbezirks Heidelberg (Die Kunstdenkmäler des Großherzogtums Baden, Bd. VIII, 2), Tübingen 1913

Pfaff, Karl: Heidelberg und Umgebung, Heidelberg 1910

Pinder, Wilhelm: Deutscher Barock, die großen Baumeister des 18. Jahrhunderts, Königstein im Taunus und Leipzig 1943

Riedl, Peter Anselm: Die Heidelberger Jesuitenkirche und die Hallenkirchen des 17. und 18. Jahrhunderts in Süddeutschland, Heidelberg 1956

Roller Christian Friedrich Wilhelm: Beleuchtung der von der medizinischen Fakultät zu Heidelberg gegen die Errichtung der neuen badischen Irrenanstalt erhobenen Einwürfe, Heidelberg 1837

Schmieder, Ludwig: Kurpfälzisches Skizzenbuch, Heidelberg 1926

Schmieder, Ludwig: Das Heidelberger Stadtbild im Wandel der Jahrhunderte, in: Badische Heimat 26, 1939, S. 113–42

Schwalbe, Ernst: Zur Geschichte der medizinischen Fakultät zu Heidelberg im 18. Jahrhundert, in: Literatur und Wissenschaft, Monatliche Beilage der Heidelberger Zeitung, Nr. 1, Jan. 1910

Schweitzer, Hartmut: Kollegienhaus in der Krise, Diss. Heidelberg 1967

Sillib, Rudolf: Heidelbergs Ursprung und Aufbau, in: Oechelhaeuser, Adolf von: Die Kunstdenkmäler des Amtsbezirks Heidelberg (Die Kunstdenkmäler des Großherzogtums Baden, Bd. VIII, 2), Tübingen 1913

Vallery-Radot, Jean: Le Recueil de Plans d'Edifices de la Compagnie de Jésus. Conservé á la Bibliothèque National de Paris, Rom 1960

Vereinigung ehemaliger Mitglieder des Collegium Academicum der Universität Heidelberg e. V.: Mitteilungsblatt 1978/79

Weber, Otto: Das akademische Krankenhaus in Heidelberg, seine Mängel und die Bedürfnisse eines Neubaus, Heidelberg 1865

Weisert, Hermann: Die Rektoren der Ruperto Carola zu Heidelberg und die Dekane ihrer Fakultäten 1386–1968, Heidelberg 1968

Widder, J. G.: Versuch einer vollständigen Geographisch-Historischen Beschreibung der Kurfürstlichen Pfalz, Bd. 1, 1786

Winkelmann, Eduard (Hrsg.): Urkundenbuch der Universität Heidelberg, Bd. 2, Heidelberg 1886

Wittkower, Rudolf and Jaffé, Irma B. (eds.): Baroque Art, The Jesuite Contribution, New York 1972

Wundt, Friedrich Peter: Geschichte und Beschreibung der Stadt Heidelberg nach 1693, Mannheim 1805

Wundt, Friedrich Peter: Topographisch-pfälzische Bibliothek, Bd. 1, Mannheim 1789

Zeitungsnummern, Ausschnitte, Gelegenheitsdrucke. Sammlung Dr. Christ, 1842–1927

Das Haus Seminarstraße 4

Unter der Adresse Seminarstraße 4 sind zwei Gebäude zusammengefaßt: Das östlich an das ehemalige Seminarium Carolinum angegliederte Eckhaus und der Flügel an der Kettengasse. Der Innenhof ist mit dem Terrassengarten des Seminariums verbunden. Genutzt wird das Gebäude vom Kunsthistorischen Institut und vom Seminar für Osteuropäische Geschichte.

Geschichte

Die beiden Vorgängerbauten standen baulich und nutzungsmäßig in direktem Zusammenhang mit dem Seminarium Carolinum.

Während der zweiten Bauphase wird dem Seminar in den Jahren zwischen 1763 und 1765 unter Rabaliattis Leitung östlich ein Nebengebäude angeschlossen; wie eine alte Abbildung zeigt, ein einfaches, zweigeschossiges Haus mit ausgebautem Mansarddach.[1] Es dient dem Seminarium bis 1825 als Ökonomiegebäude. Östlich davon befindet sich nach Aussage der Quellen entlang der Kettengasse ein kleineres Gebäude mit einem Holzschuppen. Dieses zweite Nebenhaus wird beim Umbau des Seminars in ein Irrenhaus 1825 zu einem zweistöckigen Bad- und Heilstubengebäude mit Verwaltungsmagazin erweitert. Durch ein Treppenhaus ist es mit dem Nebengebäude an der Seminarstraße verbunden, welches die Verwaltung des Irrenhauses beherbergt und dem Verwalter als Wohnung dient.[2] 1842 geht lediglich das Hintergebäude in den Besitz des Krankenhauses über und wird als Badeeinrichtung, Seziersaal und Holzschuppen verwendet. Das Haus an der Seminarstraße wird ab 1842 den beiden Amtsrevisoren zur Verfügung gestellt.[3] 1853 weist das Ministerium des Innern und der Justiz das Gebäude dem Krankenhaus zur Erweiterung zu.[4] Seit 1844 beklagt sich die Medizinische Fakultät über die häufig auftretenden Blatternfälle (Pocken); wegen der Ansteckungsgefahr sollen keine Blatternkranke mehr im Hospital aufgenommen werden. Ein separates Blatternhaus zu bauen, ist allerdings Sache der Stadt.[5] 1855 legt Stadtbaumeister Philipp Reichard Pläne für ein Gebäude vor, welches das Hinterhaus an der Kettengasse ersetzen und einen Teil der Hoffläche nutzen soll.[6] Aus drei, sich nur durch die Zimmeraufteilung unterscheidenden Grundrißvarianten für den zweiten Stock wählt der Gemeinderat Plan Nr. 3 aus. Die topographische Lage zwingt zu einer leichten Trapezform des Grundrisses; zur Kettengasse hin ist eine Länge von 99 Fuß vorgesehen, zum Hof eine Länge von 102 Fuß. Die Hoffassade soll reicher ausgebildet und ›im Stil des Krankenhauses gehalten werden‹. Der zweigeschossige Bau mit einem Kniestock umfaßt sieben Krankenzimmer mit insgesamt sechsundzwanzig Betten, die alle im ersten Obergeschoß zum Hof hin liegen (›wegen des Anblicks der Blatternkranken‹). Als Kosten werden 8247 fl. veranschlagt.[7] Im Dezember 1855 wird der Plan baupolizeilich genehmigt. Doch die Bürger melden wegen der befürchteten Anstekkungsgefahr und der Wertminderung der umliegenden Mietwohnungen Bedenken an.[8] Da die Direktoren des Akademischen Krankenhauses diese Bedenken nicht teilen, wird im Februar 1856 unter Leitung von Baumeister Reichard mit dem Abbruch des alten Gebäudes begonnen. Auf einen Keller wird verzichtet, die Fundamente werden aus alten Steinen gemauert.

Im Januar 1857 ist das Haus bis auf die Inneneinrichtung fertig.[9] Da es städtisches Eigentum ist, hat es einen eigenen Eingang mit der Nummer Kettengasse 18. Angesichts der Tatsache, daß es zur Zeit der Fertigstellung in Heidelberg keine Pockenkranken gibt, wird der Neubau der Höheren Bürger- und Gewerbeschule unter der Bedingung einer sofortigen Räumung bei Ausbruch der nächsten Blatternepidemie überlassen.[10] Bereits im ersten Jahr zeigt das hastig errichtete Haus erhebliche Mängel: durch das Dach dringt Wasser, und die sanitären Anlagen sind reparaturbedürftig.[11] Schon im September 1857 muß die Schule ausziehen, weil neue Blatternfälle auftreten. Nachdem sich einige Handwerker und Insassen des gegenüberliegenden Gefängnisses angesteckt haben, äußert das Oberamt Heidelberg im Hinblick auf das nahe gelegene Amtsgericht in der Seminarstraße Sorgen; als störend werden auch die unangenehme Nachbarschaft der Leichenkammer und des Seziersaals empfunden, der Anblick der hinein- und heraustransportierten Leichen und vor allem der Pestilenzgeruch an schwülen Sommerabenden. Das Oberamt beantragt daher die Verlegung des Blatternhauses in einen anderen Stadtteil und der Sezier- und Leichenkammer in einen anderen Teil des Krankenhauses.[12] Die Streitigkeiten ziehen sich bis Februar 1860 hin. Da seit Jahren nur vereinzelte Pockenfälle auftreten, aber auch, weil die Stadt nicht länger die Unterhaltungskosten tragen möchte, überläßt man 1860 das Blatternhaus dem Akademischen Krankenhaus kostenlos zu dessen Erweiterung.[13] 1868 bricht eine neue Pockenepidemie aus, die drei Jahre dauert. Nachdem es wieder zur Ansteckung von Gefängnisinsassen gekommen ist, verlangt das Justizministerium eine sofortige Verlegung des Blatternhauses. Die Kranken werden in Baracken an der Bergheimer Straße umgesiedelt.[14]

Mit der Übergabe des ehemaligen Seminariums an den Reichsmilitärfiskus gehen 1878 auch das Haus Seminarstraße 4 und das Blatternhaus in den Besitz dieser Institution über.[15] Bis 1914 dient das ehemalige Blatternhaus als Unterkunft für niedere Militärchargen.[16] Was das Gebäude an der Seminarstraße angeht, sind in Anbetracht der schlechten Quellenlage nur wenige Aussagen möglich. Es kommt 1879 zum Totalabbruch des barocken Hauses und von März 1880 an zur Errichtung des heutigen Gebäudes.[17] Die Grundfläche des ehemaligen Treppenhaustrakts wird in den Neubau, der insgesamt weiter in den Hof ausgreift, einbezogen. Eine Eintragung vom Juni 1902 besagt, daß das neue Haus als Offiziersspeiseanstalt dient.[18] 1936 wird das bis dahin im Westflügel des ehemaligen Seminariums untergebrachte Amtsgericht in die Gebäude Seminarstraße 4 und Kettengasse 18 verlegt.[19] Während der Nutzung durch das Amtsgericht wird der

Eingang an der Kettengasse beibehalten; er dient hauptsächlich dazu, die Gefangenen aus dem gegenüberliegenden Amtsgefängnis zu den Verhandlungen zu bringen. Haupteingänge sind die beiden Seitentüren der Durchfahrt in der Seminarstraße.[20]

Nach Auszug des Amtsgerichts II aus der Seminarstraße 4 bzw. Kettengasse 18 und Übergabe des Doppelgebäudes an die Universität beginnen 1968 die Planungen für Umbau und Instandsetzung. Die Baugenehmigung wird am 28.9. 1970 erteilt, die vom Architekturbüro Quast, Hofmeier und Pollich geleiteten Arbeiten ziehen sich bis 1974 hin. Die Außenmauern der Altbauten werden erhalten; im Innern kommt es allerdings zu einer weitgehenden, durch die Notwendigkeit möglichst intensiver Raumausnutzung bestimmten Umgestaltung. Der Kettengassenflügel, also das frühere Blatternhaus, wird durch Auskernung, Zusetzung des eigenen Eingangs, Vermauerung mehrerer Fenster (längs der Kettengasse und in der Südwand) sowie Ausstattung mit einem Mansarddach in einen Gebäudeteil verwandelt, der im Erdgeschoß einen Hör- und einen Übungssaal, in den beiden Obergeschossen zwei große Bibliothekssäle enthält. In Anlehnung an die alten Grundrisse werden die einzelnen Geschosse des Seminarstraßenflügels neu ausgebaut; die Decken müssen, bis auf das Gewölbe der Durchfahrt, ersetzt werden, desgleichen das Dach. Ein neues Treppenhaus wird im Anschlußbereich des Ostflügels an den Seminarstraßenflügel geschaffen; der Haupteingang liegt nunmehr hofseitig und ist durch die Durchfahrt zu erreichen. Der Hof wird gepflastert, der südliche terrassierte Bereich gärtnerisch gestaltet. Ohne Rücksicht auf den Befund, vielmehr mit Blick auf die (in diesem Moment erst geplante) neue Farbgebung des ehemaligen Seminarium Carolinum erhält das renovierte Gebäude einen Wandanstrich in einem Orangeockerton; die Gliederungen werden hellgrau gestrichen, der Sockel wird dunkler abgesetzt.[21] Am 22. Juli 1974 wird das Gebäude, dessen Umbau 2,3 Millionen DM gekostet hat, der Universität übergeben. Im Sommersemester 1974 bezieht das Seminar für Osteuropäische Geschichte das (über den alten Hoftreppenturm zugängliche) Mansardgeschoß, zum folgenden Wintersemester das Kunsthistorische Institut die anderen Geschosse.

Baubeschreibung

129, 130   Das dreigeschossige Hauptgebäude an der Seminarstraße hat einen annähernd rechteckigen Grundriß, ist westlich an das ehemalige Seminarium Carolinum angebaut und zählt an der Hauptfassade zwölf Fensterachsen. Im leicht spitzen Winkel schließt sich östlich der Flügel des ehemaligen Blatternhauses an. Der zweigeschossige Flügel hat trapezförmigen Grundriß und weist an seiner hofseitigen Hauptfront sieben Doppelachsen auf. Beide Gebäude umfassen gemeinsam mit dem Ostflügel des Carolinum einen sich nach Süden öffnenden Hof. Die Wandflächen sind verputzt, die Gliederungen aus farbig gefaßtem Haustein. Beide Häuser tragen Mansardwalmdächer mit Biberschwanzdeckung.

Hauptgebäude. Die Fassade zur Seminarstraße ist asymmetrisch gegliedert. Die   *131*
siebte bis neunte Achse von Osten sind als dreiachsiger Risalit hervorgehoben.
Fünf genutete Lisenen teilen die Fensterachsen in vier unterschiedliche Kompartimente, die zunächst eine Doppelachse, dann zwei Doppelachsen, drei weit auseinanderliegende Achsen und zuletzt drei dicht aneinandergerückte enthalten.
Zwei verkröpfte Stockwerkgesimse sorgen für die Horizontalgliederung. Unter
dem reich profilierten Kranzgesims liegt eine Frieszone, die durch einen Profilstab ausgegrenzt wird. Die Stockwerkhöhe verjüngt sich leicht nach oben. Über
der Kellerzone erhebt sich ein hohes gebändertes Sockelgeschoß, in dessen achter Achse ein großes rundbogiges Portal mit einer zweiflügeligen Holztüre und
Oberlicht zum Innenhof führt; in der Mitte der Durchfahrt liegen rechts und
links je ein Eingang. Die rundbogigen Fenster im Sockelgeschoß sind rahmenlos,
haben profilierte Sohlbänke und hervortretende Schlußsteine. Dagegen haben
die Fenster in den beiden – durch die andere Wandstruktur (Putz) und die farbige
Absetzung vom Sockelgeschoß unterschiedenen – Obergeschossen Stichbogen,
einfache Ohrengewände und flache Schlußsteine. Neun Schleppgaupen belichten das ausgebaute Mansardgeschoß. Sämtliche Fenster haben Kreuz- und
Sprossenteilung. An der Ostseite zur Kettengasse ist die mittlere der fünf Achsen
– rechts und links davon sind Zwillingsachsen – als flacher Risalit ausgebildet.
Wohl wegen des vorgegebenen Straßenverlaufs springt die Wandfläche südlich
neben dem Risalit stärker zurück. Die Lisenen an der nordöstlichen Gebäudekante entsprechen denen der vorderen Pavillons des Carolinum, wo zwischen
den zwei Lisenen die Wandfläche hervortritt; an der südlichen Seite dagegen sind
es typische Ecklisenen. Die Fensterformen gleichen denen der Hauptfassade. Die
schlichte sechsachsige Rückfront zum Innenhof hat zweimal zwei nahe aneinander liegende Achsen, rechts und links des Turmes je eine Achse. Einzige Gliederungselemente in der Horizontalen sind zwei Stockwerkgesimse, von denen das
untere als Deutsches Band, das obere als Zinnenfries ausgebildet ist. Östlich der
Durchfahrt ist ein viergeschossiger halbzylindrischer Treppenturm mit Stumpfkegeldach angebaut; die Fenster seiner drei Achsen schließen rundbogig und
korrespondieren nicht mit der Höhe der übrigen Stockwerkfenster. In der mittleren Achse liegt auf Bodenniveau die Eingangstüre. Die Fenster rechts und links
dieser Türe, sowie diejenigen der östlichen Achse neben dem Turm sind vermauert. Die ursprüngliche innere Einteilung des Gebäudes ist bei der letzten Renovierung 1968 entsprechend der Nutzung als Institutsgebäude geändert worden.

Ostflügel. Dieser als Blatternhaus erbaute Flügel liegt nach Süden auf ansteigen-   *132*
dem Gelände und weicht in seiner Längsachse um ungefähr zehn Grad vom
rechten Winkel nach Westen ab. Der Grundriß ist daher um ungefähr zwei Meter
trapezförmig zum Innenhof hin verzogen. Die hofseitige Hauptfassade ist vertikal durch zwei leicht hervortretende Eckrisalite gegliedert, die durch Lisenen gerahmt sind und je eine Doppelachse umfassen. Ein Sockelprofil und ein verkröpftes Gurtgesims gliedern die Fassade horizontal. Unterhalb des unprofilierten Dachgesimses wird durch einen Rundstab eine Frieszone gebildet. Das nicht
unterkellerte Erdgeschoß ist etwas niedriger als das Obergeschoß; wegen des
nach Norden abfallenden Geländes tritt hier der Sockel höher in Erscheinung.

Im nördlichen Eckrisalit führt eine Treppe zum heutigen Eingang. Die Zwillingsfenster im Erdgeschoß haben flache Ohrengewände mit geradem Sturz und profilierte Sohlbänke; im Obergeschoß unterscheiden sie sich durch Stichbogengewände und Schlußsteine. Sieben Zwillingsschleppgaupen belichten das ausgebaute Mansardgeschoß, allerdings nur an der Westseite. Die durch Ecklisenen
begrenzte Südwand hat nur drei vermauerte Fenster auf Höhe des Obergeschosses. Die sechsachsige Straßenfront zur Kettengasse wird außer von den Ecklisenen durch zwei weitere Lisenen vertikal gegliedert, die je zwei Fenstergruppen in
drei gleiche Kompartimente verteilen. Horizontal verläuft ein verkröpftes, zu-
rückspringendes Stockwerkgesims, welches das niedrige, stufenartig ansteigende
Erdgeschoß als Sockel definiert. In der nördlichen Achse erkennt man noch die
ehemalige, heute vermauerte Eingangstüre. Die Fenster im Erdgeschoß sind von
kleiner quadratischer Form und ohne besondere Rahmung, im Obergeschoß entsprechen sie denen der Hauptfassade. Auch an dieser Seite sind bis auf zwei Erdgeschoßfenster alle übrigen Fenster vermauert. Die ursprüngliche Inneneinteilung ist nicht mehr erhalten, sie wurde bei der Neugestaltung von 1968 den neuen
Nutzungsforderungen entsprechend geändert.

Hof. Der nach drei Seiten geschlossene Hof steigt stufenartig an; die untere Ebene ist gepflastert, die beiden Terrassen sind gärtnerisch gestaltet. Nach Süden ist
das Gelände durch eine Mauer geschlossen, westlich führen Treppen zum benachbarten Garten des ehemaligen Seminarium Carolinum.

Kunstgeschichtliche Bemerkungen

Das Gebäude Seminarstraße 4 mit Straßen- und Seitenflügel ist architektonisch
im Hinblick auf den Versuch einer stimmigen Angliederung an das ehemalige Seminarium Carolinum interessant. Der angrenzende Kopfpavillon des Carolinum
ist offensichtlich in das kompositorische Kalkül der Nordfassade einbezogen. An
sich ist diese Front asymmetrisch; rechnet man die Fassade des Pavillons hinzu,
ergibt sich eine – an barocke Gewohnheiten erinnernde – Gliederung in eine
durch die Portalachse zentrierte Folge von baulichen Einheiten. Freilich handelt
es sich dabei um eine ›windschiefe‹ Komposition, deren Elemente von Westen
nach Osten an Volumen abnehmen. Der Wechsel im Rhythmus der Fenster erklärt sich aus der Absicht, einerseits die Fensterformen des Carolinum, andererseits die der Hauptfassade des Blatternhauses aufzunehmen. Durch differierende
Geschoßhöhen und abweichende Einzelformen wahrt die neubarocke Fassade
gegenüber dem älteren Bau zugleich ihren Eigencharakter. So oszilliert sie in ihrer Wirkung zwischen Unterordnung und Selbständigkeit.
  Noch vor dem Nordbau bald nach der Mitte des 19. Jahrhunderts aus ästhetischen Gründen dem Stil des Seminarium Carolinum angepaßt, stellt das ehemalige Blatternhaus ein sehr frühes Beispiel des Neubarock in Heidelberg dar.

Anmerkungen

1 GLA: 204/2369

2 GLA: 236/4948

3 GLA: 204/3197, 235/676

4 GLA: 235/676

5 GLA: 235/678

6 StA: 223/2 Uralt-Aktei

7 StA: 223/3 Uralt-Aktei. Anstatt eines neuen Brunnens wird nur eine Leitung verlegt

8 Heidelberger Journal vom 11.10.1855

9 StA: 223/3 Uralt-Aktei

10 Ebd.

11 UA: GII 95/11

12 GLA: 235/676

13 StA: 223/3 Uralt-Aktei

14 GLA: 235/678; StA: 159/5 Uralt-Aktei

15 StA: 159/2 Uralt-Aktei; Gb. 65, Nr. 175, S. 722-28, Gb. 66, S. 57-61

16 StA: 159/2 Uralt-Aktei

17 StA: 159/2 Uralt-Aktei

18 BVA: Seminarstraße 2 (1936)

19 UA: B 5139/3

20 Diese Information über die Eingänge verdanke ich einem Gespräch mit dem damals an der Leitung der Umbauarbeiten beteiligten Architekten Herrn Hermann Hofmeier

21 GLA: 508/2007

22 UBA: B 299/3, Bauakten zur Seminarstraße 4. Das Institut für Osteuropäische Geschichte mußte schon Mitte März 1974 einziehen, weil mit dem Abbruch seines früheren Domizils an der Grabengasse/Sandgasse schon am 1.4.1974 begonnen werden sollte

ULRIKE GRAMMBITTER-OSTERMANN

Die Universitätsbibliothek

Plöck 107–109

Die Universitätsbibliothek ist eine Vierflügelanlage, die einen offenen Hof umschließt. Das Verwaltungsgebäude mit den dem Publikum zugänglichen Räumen liegt nach Süden zur Plöck hin und bildet kurze Annexe an Graben- und Sandgasse. Die Magazine sind in den drei weiteren Flügelbauten untergebracht, wobei der Westtrakt zur Sandgasse hin, der Osttrakt zur Grabengasse hin gelegen ist; der Nordtrakt schließt heute an das neue Seminargebäude an.

Geschichte

In den Jahren nach der Gründung der Universität Heidelberg (1386) wird eine Büchersammlung – von einer Bibliothek kann noch nicht die Rede sein – eingerichtet.[1] Sie ist auf einer Empore der Heiliggeistkirche untergebracht und wird, nachdem ihre Bestände seit Einführung des Buchdrucks beträchtlich erweitert sind, als Bibliotheca Palatina bekannt. 1622 wird Heidelberg von Tillys Truppen eingenommen, die Bibliothek wird Kriegsbeute und geht auf Veranlassung Herzog Max' von Bayern als Schenkung in vatikanischen Besitz über. Als zu Beginn des 18. Jahrhunderts – mitinitiiert durch Kurfürst Johann Wilhelm von der Pfalz – der Universitätsbetrieb wieder aufgenommen wird, reicht für den damaligen Bücherbestand ein Raum im zweiten Obergeschoß der Domus Wilhelmiana, dem heute als Alte Universität bezeichneten Gebäude, aus. 1785 muß die Bibliothek aufgrund ihres Zuwachses bereits ins Erdgeschoß verlegt werden; sie wird auch der Öffentlichkeit zugänglich gemacht. 1815 nimmt sie dann das gesamte Erdgeschoß ein. 1829 siedelt die Bibliothek in das zu Beginn des 18. Jahrhunderts erbaute Seminarienhaus in der Augustinergasse (vgl. S. 113 ff.) über und verbleibt dort bis zur Fertigstellung des Gebäudes der Universitätsbibliothek von Durm im Jahre 1905.

Seit 1893 befassen sich das zuständige Ministerium der Justiz, des Kultus und Unterrichts des Großherzogtums Baden, die Heidelberger Universitätsverwaltung und die Stadt Heidelberg mit der Frage, ob das alte Gebäude der Universitätsbibliothek erweitert werden solle oder ob ein Neubau erforderlich sei.[2] Gleichzeitig wird nach einem möglichen Standort für den zur Diskussion stehenden Neubau gesucht. Treibende Kraft der Neubaupläne ist der damalige Bibliotheksdirektor Karl Zangemeister[3], der in zahlreichen Eingaben an das Ministerium seine Vorstellungen ausführlich erläutert. Er fordert 1894, daß die neue Bibliothek in unmittelbarer Nähe der Universität liegen müsse.[4] Dieser Ansicht schließt sich 1896 auch das Ministerium an, als der Präsident des Ministeriums Wilhelm Nokk, der gleichzeitig das Amt des Staatspräsidenten innehat, den Stadtrat von Heidelberg in einem Schreiben um Vorschläge für geeignete Standorte bittet.[5] Damit kommt der von Zangemeister ursprünglich vorgeschlagene Bauplatz im westlichen Teil der Stadt, im heutigen Bereich des Alt-Klinikums der Universität, nicht mehr in Betracht.[6] Der Stadtrat schlägt in seiner Antwort zwei Plätze vor: erstens den Platz an der Peterskirche, auf dem das städtische Schulhaus I und die Turnhalle für Knaben erbaut sind. Die Verwendung dieses Grundstücks setzt allerdings die Erwerbung des zwischen den städtischen Liegenschaften und der ›Plöckstraße‹ gelegenen Fallerschen Anwesens von 750 qm voraus, das mit einem zweistöckigen Haus an der Ecke Grabengasse/Plöck bebaut ist. Der zweite in Frage kommende Standort ist der Marstallbereich, wobei das Gewerbeschulgebäude und die Universitätsreitbahn abgebrochen werden müßten.[7]

Im Dezember 1896 wird die Großherzogliche Baudirektion Karlsruhe mit einem Gutachten bezüglich der Platzfrage beauftragt. Nokk favorisiert den Platz an der Peterskirche, da er den Marstallbereich wegen der Nähe eines Lagerhauses und der damit verbundenen Brandgefahr für ungeeignet hält.[8] Auch der Oberbaudirektor Josef Durm spricht sich in seinem Gutachten für den ersten Platz aus und skizziert bereits in groben Zügen die Anordnung der Gebäudeteile. Er will den Verwaltungsbau mit der Hauptfront nach der Plöck ausrichten und die Magazinbauten als anschließende Flügelbauten nach der Sand- und Grabengasse, verbunden durch einen Flügel, so daß im Innern ein offener Hof entsteht. Der Marstallbereich wäre nur unter der Bedingung geeignet, daß später das Lagerhaus und die Zollverwaltung zum Abriß frei würden. Dann könnte das Gebäude ebenfalls als Vierflügelanlage mit offenem Hof projektiert werden.[9] Das Ministerium beauftragt die Universitätsbibliothek, ein Bauprogramm zu erstellen, mit der Maßgabe, daß der Standort an der Peterskirche vorzusehen sei.[10] Diese Planung wird im Januar 1898 durch ein neues Projekt in Frage gestellt. Das Ministerium teilt Durm einen Vorschlag der Ständekammer des Landtags mit, die den Ankauf des in unmittelbarer Nähe zur Alten Universität gelegenen Gebäudes der Museumsgesellschaft am Ludwigsplatz, des ›Musäums‹ - an seiner Stelle steht heute die Neue Universität - empfiehlt. Durm hält den Platz für ideal, befürchtet allerdings hohe Kosten beim Abbrechen der Fundamente.[11] Die Stadt erhebt jedoch Einspruch gegen das Vorhaben, da sie das Gelände selbst erwerben will, um dort eine städtische Festhalle zu erbauen. Eine Vorentscheidung fällt im Mai 1898, als der Staat die Stadt Heidelberg beauftragt, das genannte Privathaus an der Plöck zu kaufen. Er besteht aber zugleich auf einer Rücktrittsklausel, falls die Universitätsbibliothek doch auf dem Gelände der Museumsgesellschaft erstellt werden sollte. Die Klausel wird gegenstandslos, als die Stadt im Januar 1898 den Platz für den Bau einer Festhalle erwirbt.[12]

Die endgültige Entscheidung für einen Neubau der Universitätsbibliothek und gleichzeitig für den Platz an der Peterskirche wird mit dem Erlaß des Ministeriums der Justiz, des Kultus und Unterrichts vom Mai 1899 getroffen, in dem Durm den Auftrag erhält, Baupläne für einen Neubau auf dem betreffenden Gelände auszuarbeiten.[13] Der Baudirektor befaßt sich in seiner Studie auch mit der städtebaulichen Situation. Er fordert eine Verbreiterung der Sandgasse auf zwölf

Meter sowie eine Verbreiterung der Plöck, damit der Neubau genügend Abstand zur Peterskirche habe. Obwohl das Ministerium aus finanziellen Gründen Einwände erhebt, da dann der größte Teil des Fallerschen Anwesens für die Straßenverbreiterung verwendet würde, setzt sich Durm durch.[14] Die von ihm vorgesehene, im Situationsplan hinter dem rückwärtigen Flügelbau eingezeichnete Verbindungsstraße zwischen Graben- und Sandgasse wird allerdings nicht realisiert. Das Gebäude kann so weiter nach Norden gerückt werden, was die Verbreiterung der Plöck ohne zu großen Verlust an Baugrund ermöglicht. Verwaltungs- und Magazinbau sollen entsprechend ihrer Bestimmung ein unterschiedliches Aussehen erhalten. Das Schulhaus und die Turnhalle werden nicht, wie Nokk vorgeschlagen hat, in den Neubau einbezogen, sondern abgebrochen. Wie sorgfältig Durm die umgebende Situation berücksichtigt, zeigt sich auch darin, daß er sich von der Bezirksbauinspektion Heidelberg Aufrisse mit den genauen Höhenmaßen der Peterskirche und Informationen über die Höhendifferenz zwischen Leopoldstraße – heute Friedrich-Ebert-Anlage – und Plöck sowie Fotografien der Peterskirche zusenden läßt.

Im Januar 1900 legt Durm dem Ministerium die Baupläne vor, im Juni desselben Jahres wird das Projekt genehmigt, im August erfolgen die ersten Abbrucharbeiten.[15] Der Stadtrat erteilt für die Universitätsbibliothek Dispens von den Bestimmungen der städtischen Bauordnung. ›Der Stadtrat ging bei seinem Antrage von dem Grundsatz aus, dass an einen derartigen Monumentalbau ein anderer Maßstab angelegt werden müsse, als wie bei den gewöhnlichen Wohnhausbauten in engen Strassen.‹[16]

Die ursprünglich vorgesehene Bauzeit kann nicht eingehalten werden. Der Baugrund ist schlecht und zudem von alten Mauerresten durchzogen, so daß eine Fundierung auf Eisenrost nötig wird, die zusätzliche Kosten verursacht. Im Frühjahr 1901 wird mit dem Bau des Verwaltungstrakts begonnen, die Magazinbauten werden erst später errichtet, da das Schulgebäude so lange wie möglich in Benutzung bleiben soll. Im September 1901 unternimmt der Baudirektor eine siebzehntägige Informationsreise, um Anregungen für die funktionale Anordnung und künstlerische Ausgestaltung der Bibliotheksräume zu sammeln. Er besucht die Ambrosiana in Mailand, die Bibliotheken in Ferrara, Modena, Parma, Padua und Bologna. Außerdem besichtigt er zusammen mit Bibliotheksdirektor Wille, Nachfolger des 1902 verstorbenen Zangemeister, die Bibliothek in Leipzig. Im nächsten Jahr muß das Bautempo verlangsamt werden, weil keine neuen Gelder zur Verfügung stehen. In diesem Zusammenhang werden Abstriche am figürlichen Programm der Fassaden des Magazinbaus gefordert.[17] Als im Oktober 1902 der Verwaltungstrakt im Rohbau fertiggestellt ist, erteilt Durm dem Bildhauer Hermann Volz den Auftrag, die figürlichen Arbeiten auszuführen[18], während mit den ornamentalen Arbeiten Hermann Binz, ein Volz-Schüler, betraut wird. Die Magazinbauten sind im November 1904 im Rohbau fertiggestellt. Die Einweihungsfeier für die Universitätsbibliothek findet am 9. Dezember 1905 in der Aula der Universität – der heutigen Alten Aula – statt.[19]

Die ersten größeren Umbaumaßnahmen erfolgen in den Jahren 1954/55. Dabei wird das ›nach heutigen Begriffen wenig zweckmäßige Bibliotheksgebäude‹[20] den bibliothekstechnischen Erfordernissen der Zeit entsprechend umgestaltet.

Denkmalpflegerische Gesichtspunkte – in den fünfziger Jahren für Gebäude des ausgehenden 19. Jahrhunderts noch kaum in Erwägung gezogen – werden nicht berücksichtigt. Die einschneidendste Maßnahme betrifft den über zwei Geschosse reichenden Lesesaal: Er wird weitgehend abgebrochen, einschließlich der hofseitigen Außenwand und des Glasdaches, und durch einen etwas breiteren und höheren zweigeschossigen Bauteil ersetzt; sein Eingang, in der Mittelachse der Universitätsbibliothek in der Verlängerung des Haupteingangs gelegen, wird vermauert. Der Zugang zu den beiden neu geschaffenen Räumen erfolgt im Erdgeschoß (Katalogsaal) über den westlichen Seiteneingang des alten Lesesaals, im Obergeschoß (Lesesaal) über einen neu in die nördliche Wand des Treppenhauses eingebrochenen Eingang. Türgewände und Stukkaturen der Gänge und des Treppenhauses sowie dessen Glasdach werden entfernt.

Seit Ende der siebziger Jahre wird die Universitätsbibliothek erneut umgestaltet. Im Verlauf der noch andauernden Maßnahmen wurde bereits die Mittelachse des Erdgeschosses durch die Öffnung des ursprünglichen Eingangs in den ehemaligen Lesesaal wiederhergestellt. Geplant sind weiterhin das Einziehen einer Galerie in jedem der beiden, vom letzten Umbau herrührenden großen Räume (Katalog- und Lesesaal) und damit verbunden eine nochmalige Veränderung der Dachkonstruktion. Langfristig besteht die Absicht, den alten Lesesaal und auch den Ausstellungssaal wiederherzustellen[21]; ebenso ist eine Rekonstruktion des Treppenhauses und der Gänge in der originalen Stuckierung und Farbgebung vorgesehen. Nach Beendigung der Umbaumaßnahmen wird das gesamte Gebäude hauptsächlich Verwaltungs- und Benutzerbedürfnissen dienen, während der umfangreiche Buchbestand weitgehend in einem unter dem Hof der Neuen Universität geplanten Tiefmagazin untergebracht werden soll. Die Magazintrakte dienen bereits als Lesebereiche bzw. Diensträume, wobei die ursprüngliche Stockwerkeinteilung und die Gestaltung der Außenwände weitgehend erhalten blieben.[22] Bei den derzeitigen Umbaumaßnahmen bemüht man sich insgesamt, die vorgegebenen Möglichkeiten des Gebäudes zu nutzen, ohne zu große Eingriffe in die Bausubstanz vorzunehmen.

Beschreibung

Von Anfang an favorisiert Durm unabhängig vom Standort eine Vierflügelanlage mit offenem Innenhof.[23] Im zweigeschossigen Verwaltungsteil sind neben einem Lesesaal mit 100 Plätzen, der im Erdgeschoß liegen soll, ein Dozenten- und Handschriftensaal, ein Katalogsaal, ein Ausstellungssaal für Raritäten, ein Vortragssaal, ein Ausleihzimmer, ein Zimmer für Tafelwerke, Räume für Bibliothekare und Buchbinder, für den Leihverkehr, ein Fotolabor, Dienstwohnungen für Diener und Heizer, Damen- und Herrengarderoben, zwei Waschräume, ein Raum für Fahrräder sowie Toiletten vorgesehen.[24] Die Magazintrakte sind fünfgeschossig geplant, wobei die unteren drei Stockwerke der Höhe des Erdgeschosses des Verwaltungstraktes entsprechen, die beiden oberen dessen Obergeschoß. Sie werden von zwei Seiten belichtet, verdunkeln aber ihrerseits die Verwaltungsräume nicht.

Das Baugelände wird an drei Seiten von Straßen gesäumt, an der vierten, nördlichen Seite stößt es an bebautes Areal. Da die Straßen zueinander schräg verlaufen, entsteht ein unregelmäßiges Viereck, in das die Vierflügelanlage mit Innenhof einbeschrieben werden muß. Die Seite an der Plöck bildet mit der Seite an der Sandgasse einen stumpfen Winkel und mit der an der Grabengasse einen spitzen. Diese Situation will Durm derart verändern, daß durch eine Verschiebung der Straßenführung der Plöck die Vierflügelanlage rechtwinklig konzipiert

133 werden kann. Als dieser Plan vom Ministerium aus Kostengründen abgelehnt wird, macht der Architekt aus der Not eine Tugend: Er nutzt den schrägen Verlauf des Hauptflügels und die dadurch entstehenden ungleichen Winkel an den Gelenkstellen zur asymmetrischen und malerischen Ausgestaltung, die den damaligen ästhetischen Normen, denen ein repräsentativer Monumentalbau genügen mußte, entspricht. In den stumpfen Winkel an der Sandgasse schiebt Durm einen im Grundriß annähernd rautenförmigen, turmartigen Bauteil ein, dessen innere und äußere Ecken abgeschrägt sind. Damit ist der stumpfe Winkel innen wie auch außen nicht mehr wahrnehmbar; zudem werden Haupt- und Seitenflügel durch diesen Bauteil gelenkartig verbunden und damit als zusammengehörig ausgewiesen. Zur Grabengasse hin stellt Durm einen Rundturm ein, der die beiden Schaufassaden von Plöck und Grabengasse aufeinander bezieht.

134 Die vier Flügel bergen – nur im Grundriß erkennbar – unterschiedliche Raumvolumina. Der Trakt zur Plöck hin, in dem der größte Teil der Verwaltungsräume untergebracht ist, hat die größte Raumtiefe, während der gegenüberliegende Flügel nur als schmale Querspange ausgebildet ist. Diese Querspange verbindet die beiden Längsflügel an Ost- und Westseite, die sich jeweils in zwei unterschiedliche Bauteile gliedern, und zwar sowohl im Grund- als auch im Aufriß. Die südlichen Teile des Ost- und Westflügels sind dem Verwaltungstrakt an der Plöck zugeordnet, so daß dessen Grundriß eine U-förmige Anlage andeutet, an die die drei Magazintrakte angeschlossen sind.[25]

Die originale *Innenaufteilung* des Gebäudes wurde, wie erwähnt, durch die Umbauten in wesentlichen Punkten verändert. Der Haupteingang der Universitätsbibliothek liegt in der Mittelachse des Südflügels an der Plöck. Über ein paar Stufen gelangt man in eine Vorhalle, von dort führen drei Flügeltüren, wiederum über einige Stufen erreichbar, ins Innere des Gebäudes. Die wichtigsten Räume des Verwaltungsbaus, die Verkehrswege und der 1954/55 völlig zerstörte Lesesaal, liegen bzw. lagen in der Mittelachse hintereinandergestaffelt, so daß jeder Benutzer einen klaren Raumeindruck gewann. Das Vestibül, das unmittelbar an die Vorhalle anschließt, erfüllt drei Verteilungsfunktionen und ist folgerichtig dreigeteilt. Seinen ersten Teil kreuzt ein Gang, der durch den gesamten Verwaltungsbau verläuft. Abgetrennt durch zwei Pfeilerpaare, deren inneres aber zugleich als eine Art Tor fungiert, ist der zweite Teil des Vestibüls erreichbar, der als Anlaufpodest der zweiarmigen Treppe in das Treppenhaus integriert ist. Der dritte Teil des Vestibüls, der durch die beiden seitlichen Nischen den Charakter eines

150 eigenständigen Raumes hatte, leitete in den Lesesaal über. Dieser reichte über zwei Stockwerke und war saalartig mit nischenartigen seitlichen Wandabschlüssen gestaltet. Durch paarig angeordnete Pfeiler mit Gurtbögen wurde er in einen großen Mittelteil und zwei kleinere Seitenteile aufgegliedert, wie es auch an der

Hoffassade ablesbar war. Den Mittelteil überdeckte ein parallel zur Längsachse ausgerichtetes Spiegelgewölbe, dessen Spiegel ein Glasdach war; die seitlichen Spiegelgewölbe, ebenfalls mit Glasabschluß, lagen quer zur Längsachse. Reiche Stukkaturen schmückten die Kehlungen und den oberen Wandabschluß des Lesesaals. Zwischen den Gurtbögen waren zwickelförmige Nischen ausgeschnitten, in denen auf vorkragenden Platten allegorische Darstellungen thronten. Im Schnitt von Längs- und Querachse liegt das Treppenhaus. Dieses schloß im Obergeschoß mit einem tonnenförmig gewölbten Glasdach mit seitlichen, farbig ver- *149* zierten Glasfenstern ab, so daß der obere Raumabschnitt des Treppenhauses lichtdurchflutet war. Zusammen gesehen verweist die Konstellation von derart gestaltetem Treppenhaus und zwei Stockwerke umfassendem Lesesaal, dessen Eingang in der Mittelachse des Gebäudes lag, auf oberdeutsche barocke Bauauffassung.

Katalog- und Zeitschriftensaal waren rechtwinklig an den Lesesaal angegliedert und durch ihn oder durch den Gang erreichbar. In der Ecke zwischen Sandgasse und Plöck lag das Ausleihzimmer, ein sechseckiger Raum, der durch eine Theke in Benutzer- und Dienstbereich unterteilt war. Im zweiten Obergeschoß *135* befindet sich noch heute der 1954/55 ebenfalls stark veränderte Ausstellungssaal, neben dem Lesesaal und den Magazinen einer der wichtigsten Räume. Er ist vom oberen Vestibül aus zu betreten und liegt über der Eingangshalle. Außer dem Haupttreppenhaus waren ursprünglich drei Nebentreppen vorhanden. Eine lag an der Nahtstelle zwischen Verwaltungsteil und Magazintrakt des Westflügels; sie mußte während der jüngsten Umbauten einer neuen Verbindung zwischen Verwaltungstrakt und Magazin Platz machen. Die beiden anderen sind als selbständige Treppentürme ausgebildet, die in die Ecken des Verwaltungsbaus zum Innenhof hin eingeschoben sind. Alle drei Treppen, an den Enden des Gangs gelegen, waren zentral erreichbar.

Die Magazintrakte des Ost- bzw. Westflügels, die von beiden Seiten Licht erhalten, waren in jedem Stockwerk durch einen Mittelgang unterteilt; die Regale standen quer zu ihm. Im schmaleren Nordflügel, der sich nur nach Süden öffnet, verlief der Gang an der nördlichen Wandseite; auch hier waren die Regale quer aufgestellt.

Der Aufriß des Gebäudes berücksichtigt die funktionale Trennung in Verwaltungs- und Magazintrakt und macht sie für den Betrachter ablesbar. Der Verwaltungstrakt innerhalb der Vierflügelanlage ist durch den plastischen Schmuck, die Zweigeschossigkeit und die andersartige Gestaltung von Öffnung und Wand deutlich von den Magazinteilen unterscheidbar. Die Fassade des Südflügels an der Plöck ist eine der beiden Schauseiten der Anlage. Die südlichen Teile von Ost- und Westflügel sind durch ihre Gestaltung dem Verwaltungstrakt zugeordnet. Die Teile der seitlichen Flügelbauten, die die Magazine beherbergten, sind fünfgeschossig und nur durch die Reduktion der Wand auf Pfeiler mit dazwischenliegenden Öffnungen gegliedert. Einzige verbindende Elemente der Außenfronten der Anlage sind ein gemeinsames Hauptgesims und das Dach.

Der Innenhof wird von vier Wänden umschlossen, die das Differenzierte des Grundrisses verschleiern. Sie sind bis auf die Hofseite des Südflügels - dort mußte der durch zwei Geschosse gehende Lesesaal belichtet werden - einheitlich ge-

staltet. Ihre Gliederung nimmt das an der Außenseite für die Magazinteile angewandte Skelettprinzip auf; hier erscheint es jedoch viel unverhüllter, weil der Architekt bei den Hofseiten keine Rücksicht auf anschließende Schaufassaden zu
nehmen hatte.

137, 140 Die zweigeschossige *Fassade des Südflügels* zur Plöck hin ist die Hauptfassade
des Gebäudes. Hinter ihr liegen die Repräsentationsräume des Verwaltungstrakts. Ein fünfachsiger Mittelteil wird von zwei dreiachsigen Seitenteilen begleitet. An deren Ecken sind asymmetrisch der Erkerbau mit abgeschrägter Wandfläche und der Rundturm angegliedert, die die Gelenkstellen zu den Seitenflügeln
bilden. Der Mittelteil besteht aus einem dreiachsigen Kompartiment, begleitet
von zwei einachsigen Risaliten. Sie sind durch gemeinsame Gesimse als zusammengehörig ausgewiesen, auch die Giebelbekrönungen unterstreichen diese Aussage. Die Mittelachse ist innerhalb des Mittelteils zusätzlich akzentuiert. Den drei
Achsen des Erdgeschosses ist eine dorisierende Kolonnadenstellung vorgelegt.
Der Eingang in der Mittelachse ist von Säulen gerahmt, die seitlichen Fenster von

142 Pfeilern. Die Eingangsachse ist als Arkade gestaltet. Der Maskaron der Archivolte leitet zum vorspringenden Gesims über, das auf den Stützen lastet. Die seitlichen Rechteckfenster, deren obere Ecken abgerundet sind, springen hinter die
Wandfläche zurück, so daß für die überlebensgroßen Skulpturen zu beiden Seiten der Säulen Raum geschaffen ist. Diese sind Bestandteil eines – in einem eigenen Abschnitt erläuterten – ikonographischen Programms, das an der Südfassade beginnt und sich in den wichtigsten Innenräumen fortsetzt. Auf dem Gesims
über den Stützen ruht eine Art Attika, deren mittlere Zone über dem Eingang mit
einem profilierten Rechteckrahmen geschmückt ist. Die untere Rahmenleiste
wird von dem Maskaron überschnitten, der das Wappen der Stadt Heidelberg
hält. Seitlich sind Fensteröffnungen in die Wand eingeschnitten, welche die abgerundeten Ecken der Fenster darunter wiederholen. In dem Mittelfeld ist in Un-
ziale die vergoldete Inschrift ›Universitäts-Bibliothek‹ angebracht. Das Abschlußgesims der Attika – das eigentliche Stockwerkgesims – umzieht den
ganzen Mittelteil.

143 Im Obergeschoß öffnen sich zwei große Rechteckfenster und eine mittlere
Fenstertür. Die Mittelachse wird durch einen Balkon auf Volutenkonsolen betont; die seitlichen Achsen nehmen die Ornamentierung der steinernen Balkon-
balustrade in ihren Brüstungszonen auf. Flache Hermenpilaster zieren die Laibungen der Fenstertür im oberen Teil und enden über Maskarons in einer
weiblichen und einer männlichen Büste. Die Köpfe überschneiden die Fensterstürze und das darauf ruhende Abschlußgesims des Gebäudes. Den Abschluß
des Mittelkompartiments bildet ein gesprengter Segmentgiebel, dessen Mittelteil
durch ein Pilasterpaar abgetrennt wird. Es rahmt das in Kupfer getriebene groß-
herzoglich-badische Wappen. Reliefs mit szenischen Darstellungen füllen die
seitlichen Giebelfelder. Im Bogen steht die vergoldete Inschrift: Aᵒ Dᵒ 1905 ER-
BAUT UNTER GROSSHERZOG FRIEDRICH. Auf dem gesprengten Segmentgiebel steht
in der Mittelachse über den Pilastern eine Ädikula, die über einer Art Attika von
einem Muschelgiebel bekrönt wird. Zwischen den Pilastern öffnet sich ein Rechteckfenster mit abgerundeten oberen Ecken, Gebälk und Attika werden von einer
Minervabüste überschnitten, deren Kopf von dem Muschelgiebel eingerahmt

wird. Viertelbogen, die von schotenartigen Voluten geziert sind, flankieren die Pilaster. Die flankierenden einachsigen Risalite bleiben im Erdgeschoß bis auf kleine, tiefliegende Rechteckfenster in der oberen Wandhälfte ungegliedert. Die auffällig schmucklose Gestaltung erklärt sich durch die Raumdisposition – dahinter liegen die Toiletten. Das Gesims des Mittelkompartiments setzt sich an den Risaliten fort. Darüber sind der Wand zwei Säulenpaare mit kompositähnlichen Kapitellen vorgelegt. Sie stehen auf Hermenkonsolen, die die Gesimszone überschneiden. Die Säulenpaare nehmen zum einen jeweils ein Fenster in die Mitte, zum andern rahmen sie die drei Öffnungen des Mittelteils und zeichnen sie aus. Die kleinen Rechteckfenster zwischen den Säulenpaaren sind reich mit Ornamenten eingefaßt, ein Dreifuß bekrönt den Fenstersturz. Das umlaufende Abschlußgesims verkröpft sich über den Säulen. Es wird zum Gebälkstück vervollständigt, das über einer Attika von einem Baluster auf Postament bekrönt wird. Zwischen den Gebälk- und Attikastücken läuft nur das untere Gesimsglied weiter. Leere Wappenkartuschen, bekrönt von Muschelgiebeln, zieren die dazwischenliegende Giebelzone. Die beiden seitlichen Giebel nehmen die Gestaltung der Bekrönung der Mittelachse auf. Die Bekrönung des fünfachsigen Mittelteils ist somit zwar abgestuft und unterteilt, kann aber insgesamt als gemeinsamer Abschluß des gesamten Mittelteils angesehen werden.

Die dreiachsigen Seitenteile sind nur durch den umlaufenden Sockel sowie das ebenfalls umlaufende Hauptgesims horizontal gegliedert. Da das Erdgeschoßfenster der Mittelachse durch eine vorgelegte Ädikularahmung hervorgehoben ist, deren Dreieckgiebel die Sohlbank des Obergeschoßfensters überschneidet, wird die Vertikale hier stärker betont. Die Ädikula ruht auf einem profilierten Gesims über dem vorspringenden Gebäudesockel. Der Dreieckgiebel des westlichen Seitenteils rahmt ein Medaillon mit dem Relief von Kurfürst Ruprecht I. von der Pfalz, dem Begründer der Universität, das Medaillon des östlichen Seitenteils zeigt Markgraf Karl Friedrich von Baden, den ersten Schirmherrn und Förderer der Universität seit der Zugehörigkeit Heidelbergs zum Großherzogtum Baden. Die Erdgeschoßfenster wiederholen die abgerundeten Ecken der Fenster des Mittelteils. Sie werden von flachen floralen Ornamenten umrahmt, die wie gestanzt wirken – ein auffallender Kontrast zu den übrigen plastisch hervortretenden Bauornamenten. Im Obergeschoß öffnen sich Rechteckfenster. Das Abschlußgesims wird von einer Attika bekrönt, in die ovale Dachfenster mit Akroterienaufsatz einschneiden. Die obere Hälfte des Fensters überragt jeweils die Attika und steht frei vor dem Mansarddach. Auch in der oberen Dachzone öffnen sich Dachhäuschen, die als Ochsenaugen mit vom Wimperg abgeleiteter Rahmung gestaltet sind.

Die Gelenkstelle zur *Sandgasse* hin ist einachsig, das Erdgeschoßfenster wiederholt die Form der Fenster der Seitenteile. In der Höhe des oberen Fensterdrittels setzen seitlich die Konsolen des Erkers des Obergeschosses an. Auf einem vorkragenden Gesims stehen Pfeiler, die ein Rechteckfenster rahmen. Das Hauptgesims verkröpft sich über den Pfeilern und wird Bestandteil von Gebälkstücken. Ein Giebel, der an einen Wimperg erinnert, bekrönt den Erkerbau. Das Giebelrelief ist innerhalb der Erörterung des ikonographischen Programms zu besprechen. Ein pyramidales Dach schließt den Erkerbau ab. *141*

140   Die Verbindung zur *Grabengasse* schafft der dreigeschossige Rundbau. Im Erdgeschoß ist die Wand auf pfeilerartige Wandstücke reduziert, zwischen denen sich fünf Rechteckfenster öffnen. Erdgeschoß und Obergeschoß trennt ein kräftiges Gesims. Die beiden Obergeschosse sind durch eine korinthisierende Kolossalordnung zusammengefaßt. Kolossalpilaster rahmen die Rechteckfenster der beiden Geschosse. Das Hauptgesims des Gebäudes wird durch den Stockwerksprung des Rundturms als Gesims der Brüstungszone des zweiten Obergeschos-

146   ses weitergeführt. Das Abschlußgesims des Rundturms verkröpft sich über den Pilastern und wird hier Bestandteil eines Gebälkstücks. Ein steiles Kegeldach über einer Attika schließt ihn ab. Die Attika trägt auf Postamenten über den Pilastern Dachhäuschen, die von Muschelgiebeln bekrönt werden, wobei ihre Gestaltung an die Form der seitlichen Giebel des Mittelteils der Südfassade anknüpft. Jeweils von zwei Jünglingen gestützte Medaillons in reichen Formen, denen ein Dreifuß einbeschrieben ist, zieren die Attikafelder unterhalb der Dachhäuschen. Ursprünglich war hier in Reliefszenen die Geschichte der Universitätsbibliothek vorgesehen.[26] Die dazwischenliegenden Felder zeigen reichen Ornamentschmuck. Das Kegeldach wird von einer reich gegliederten Laterne über einer auskragenden Balustrade abgeschlossen. Die Gliederung des Rundturms erweist, daß er als eigenständiger Bauteil gedacht ist, der gleichsam in die Ecke eingeschoben ist: Die Kolossalpilaster, die die Seitenwände der anstoßenden Flügelbauten berühren, werden von diesen überschnitten, so daß der Eindruck entsteht, sie setzten sich hinter der Wand fort.

138   Der zum Verwaltungsbau gehörende Fassadenteil des Ostflügels an der Grabengasse ist als eine zweite Schaufassade gestaltet, während der westliche Fassadenteil der schlichteste ist. Die Grabengasse mündet knapp hundert Meter nördlich in den Ludwigsplatz, den heutigen Universitätsplatz, von dem aus die östliche Fassade gesehen werden kann, so daß städtebauliche Erwägungen für deren Gestaltung vorgelegen haben müssen. Sowohl von dem Rundturm als auch von der Hauptfassade werden Gliederungselemente übernommen. Die Erdgeschoß- und Obergeschoßfenster entsprechen denen der Seitenteile des Südflügels. Das Gesims zwischen Erdgeschoß und Obergeschoß wird vom Rundturm übernommen, das Abschlußgesims und die Attika von der Südfassade. Auffallend sind die asymmetrische Gestaltung der sechsachsigen Fassade und die reiche Dachsilhouette. In der ersten Achse wird der Erkerbau der Ecke zur Sandgasse zitiert. Das Giebelfeld ist hier als Fensteröffnung, unterteilt von zwei Längsstreben, gestaltet. Die zweite Achse entspricht den Seitenteilen der Südfassade, die Brüstungszone ziert eine Wappenkartusche, das Stockwerkgesims ist unterbrochen. Die nächsten vier Achsen springen im Erdgeschoß vor; die letzte Achse ist durch ein eigenes pyramidales Dach und eine andersartige Gestaltung von den übrigen Achsen abgegrenzt. Korinthisierende Pilaster rahmen das Obergeschoßfenster der dritten Achse. Sie überschneiden das Abschlußgesims und tragen über Gebälkstücken und Attika einen Giebel, der, abgesehen von der fehlenden Muschel, denen der Südfassade entspricht. Zwischen den Gebälkstücken öffnet sich ein Rechteckfenster, das die Form der Erdgeschoßfenster der Seitenteile der Südfassade mitsamt deren Ornamentierung übernimmt. Der Sturz ist abweichend in Form eines flachen Kielbogens gebildet und knüpft so an die Fensterform des anschließenden Magazinteils an. Das eingetiefte Brüstungsfeld trägt das Datum MDCCCCI. Das Giebelfeld zeigt einen Kopf mit schlangenartig geschwungenen Haaren, der eine Weltkugel trägt, umrankt von einem Baum und bekrönt von Sternen. Auch diese Giebelgruppe ist Bestandteil des ikonographischen Programms. Viertelbögen flankieren den Giebel. Sie werden von Postamenten auf Volutenkonsolen getragen und laufen volutenförmig aus. Die Volutenkonsolen setzen oberhalb der Obergeschoßfenster der zweiten und vierten Achse an. Wappenkartuschen füllen die Bogenzwickel. In der fünften Achse wird die Giebelsilhouette der Fassade durch einen Segmentgiebel bereichert, der über dem Hauptgesims ansetzt und die Attika überschneidet. Im Giebelfeld ist das Relief eines Engels zu sehen, der das Wappen Freiburgs hält[27], der damals zweiten Universitätsstadt Badens. In der sechsten und letzten Achse werden die rückliegenden Fenster von vorspringenden, pfeilerartigen Wandstücken gerahmt und zusammengefaßt. Die Gesimsgliederungen werden nur über diese Pfeilerstücke geführt. Das Erdgeschoßfenster ist segmentbogig, das Obergeschoßfenster entspricht dem der ersten Achse. Auch der Giebel mit Fenster erinnert an den der ersten Achse, er setzt hier allerdings über der Attika an und wird höher hinaufgeführt.

Der sechsachsige Verwaltungsteil des Westflügels übernimmt die Gestaltung *139* der Seitenteile der Südfassade mit Ausnahme der Gliederung der Mittelachse. Seine letzte Achse ist turmartig gestaltet, korrespondiert demnach mit der Turmachse der Ostseite. In der fünften Achse öffnen sich in beiden Geschossen breitere Fenster. Das Obergeschoßfenster der dritten Achse wird von Wappenkartuschen eingefaßt. Ein dreiteiliger Giebel, der in der Attika ansetzt, bekrönt die Achse. Er knüpft an den Hauptgiebel der Ostfassade an, statt der korinthisierenden tragen jedoch Hermenpilaster den Muschelabschluß. In der Muschel züngeln Flammen. Auf dem Abschlußgesims des Muschelgiebels sitzt eine Sphinx. In der Brüstungszone des Fensters steht die vergoldete Inschrift ›INTER FOLIA FRUCTUS‹. Die flankierenden Bogen, deren Zwickel Greifen schmücken, ruhen auf der Attika. Sie werden von Balustern auf Postamenten gerahmt, die von Löwenkopf-Konsolen getragen werden. Bemerkenswert ist die Gestaltung der steinernen Fensterkreuze der Obergeschoßfenster, die von dem Giebel bekrönt werden; ihre Längsstreben sind als ionisierende Pfeilerchen ausgebildet.

An den fünfgeschossigen Magazinteilen des Ost- und Westflügels ist die Wandfläche auf schmale, pfeilerartige Wandstücke reduziert und durch einen horizontalen Wandstreifen in zwei ungleich hohe Teile getrennt. Die Öffnungen wirken gleichsam aus einer flachen Wandfläche ausgeschnitten. Sie sind durch steinerne Fensterkreuze, die tiefer zurückliegen, gitterartig unterteilt. Die unteren, größeren Abschnitte zeigen zwei Querstreben, die oberen, kleineren nur eine. Die Querstreben sind breiter als die Längsstreben, so daß sie zusammen mit dem Abschlußgesims und dem Wandstreifen einen horizontalen Akzent gegenüber der ansonsten dominierenden Vertikalen setzen. Die Magazin- und Verwaltungsteile des Ost- und Westflügels stehen jedoch trotz ihrer unterschiedlichen Gestaltung nicht unvermittelt nebeneinander. Zum einen wird durch die Zweiteilung der Magazinfassaden auf die Zweigeschossigkeit der Verwaltungsteile Bezug genommen. Zweitens wird in der letzten Achse des östlichen Magazinteils durch den pyramidalen Dachabschluß und den Giebel an die Gliederung der letzten Achse des Verwaltungsteils angeknüpft. Somit hat diese Turmachse eine Vermittlerfunktion, da sie in symmetrischer Entsprechung als südlicher Abschluß des Magazinteils angesehen werden kann. Zugunsten der Reihung verzichtet Durm bei der letzten Achse auf eine symmetrische Ausformung. Das pfeilerartige Wandstück an der Kante ist breiter als die übrigen, der Giebel wird nur einseitig, nämlich an der Kante, von einem Baluster begleitet. Am Westflügel weicht Durm von dieser Komposition ab. Hier bekrönt nur ein Giebel die vorletzte Achse. Der breitere Wandpfeiler an der Kante trägt einen Baluster.

147 Die Wandflächen der drei *Hofseiten* im Westen, Norden und Osten sind über einem hohen, bossierten Sockelgeschoß auf übergreifende Arkaden reduziert, zwischen die ebenso wie an den Außenseiten ein Gitterwerk von steinernen Längs- und Querstreben eingespannt ist. Die Zweiteilung durch einen breiteren horizontalen Wandstreifen wird ebenfalls übernommen. Wegen des irregulären Grundrisses sind die äußeren beiden Achsen des siebenachsigen Nordflügels schmaler; durch je einen Strebepfeiler werden sie von den mittleren fünf Achsen abgetrennt. Die Mittelachse des Nordflügels ist durch einen bekrönenden Giebel ausgezeichnet, doch wird das Erscheinungsbild heute durch seitliche Dachaufbauten gestört. An der Ost- und Westseite werden die Strebepfeiler wiederholt, sie trennen auch hier die jeweils letzte Achse an der Ecke zum Nordflügel ab. Dadurch wird der Blick von den nicht rechtwinkligen Ecken abgelenkt.

148 Die Hofseite des Südflügels wurde während des Umbaus von 1954/55 fast vollständig abgebrochen. Erhalten blieben die zwei flankierenden, in die Ecken eingeschobenen runden Wendeltreppentürme. Der östliche Turm schließt mit einem Kegeldach ab, der westliche, höhere Turm mit einem zweiteiligen Dach: Ein Kuppeldach trägt über einem durchfensterten Mauerring ein Kegeldach. Die südliche Hoffassade war über dem Sockelgeschoß einstöckig und hatte überwiegend geschlossene Wandflächen. Dahinter lag der die ganze Breite einnehmende, über zwei Geschosse reichende Lesesaal. Zwischen zwei schmalen Rücklagen sprang ein breiter Mittelteil vor, das Gliederungsschema der Außenfassade aufnehmend. Die Kanten des Mittelteils waren als Risalite gestaltet und erinnerten so an Kantenpfeiler, zumal sie von zwei rechteckigen, durchfensterten Turmaufsätzen mit Glockendächern bekrönt wurden. Über einem – noch erhaltenen – segmentbogigen und von zwei schmalen Rechteckfenstern flankierten Portal in der Mittelachse des Sockelgeschosses war im Obergeschoß eine fünfachsige Fensterarkade eingeschnitten. In den Kanten öffneten sich über dem Sockelgesims zwei kleine Fenster. Die Rücklagen zeigten im Sockelgeschoß dreiteilige Rechteckfenster, deren Gewände wiederverwendet wurden; im Stockwerk darüber wurden die Arkaden des Mittelteils in jeweils zwei Achsen wiederholt. Beim Umbau wurden anstelle des alten Lesesaals durch Erhöhung der Dachkonstruktion zwei übereinanderliegende, jeweils sechs Meter hohe Räume geschaffen, die sich zur Hofseite in hohen, rechtwinkligen Fensterreihen öffnen. Die gesamte Hoffront wurde bis zur Flucht des alten Mittelteils vorgerückt, so daß die beiden runden Wendeltreppentürme zum Teil verdeckt sind. Sie stehen nun, ebenso wie die ehemaligen Magazinflügel, völlig unvermittelt neben einer modernen Glasfassade, die nur noch im Sockelgeschoß den ursprünglichen Zustand ahnen läßt.

Ikonographisches Programm

Die Universitätsbibliothek ist unter den Bibliotheksneubauten um die Jahrhundertwende im deutschsprachigen Raum die einzige mit einem weitgefaßten ikonographischen Programm. Durch das Festhalten an der Tradition, Bibliotheken mit einem solchen Programm auszustatten, wird nach dem Willen der Autoren, Zangemeister und Durm[28], an die Tradition der alten Heidelberger Bibliothek, die Bibliotheca Palatina, erinnert. So schreibt Durm über die repräsentative Bedeutung des Gebäudes: ›Dem Ernste, der in der Bestimmung des Gebäudes liegt, konnte mit den genannten Bauformen in ungezwungener Weise Rechnung getragen werden, sie ermöglichen aber auch zugleich eine Ausschmückung mit vegetabilischen Ornamenten und Figuren, wie sie einem Bau für ideale Zwecke zukommt und wie sie bei einem Werk auf so weltberühmter Stätte verlangt werden kann und muß‹[29]. Das künstlerische Programm soll dem Benutzer der Bibliothek zum einen das Wirken von Wissenschaft und Künsten veranschaulichen, zum anderen aber die Grenzen, die der menschlichen Erkenntnis durch die göttliche Vorsehung gesetzt sind, vor Augen führen.

Durm benennt die allegorischen Figuren am Eingangsportal als ›Prometheus mit dem Adler, an die linke Eingangsseite gefesselt, an die rechte sich anlehnend eine halbverschleierte Jungfrau, die einem knieenden Jüngling ihre Geheimnisse enthüllt‹[30]. Er fügt erläuternd hinzu: Der Haupteingang ›ist seiner Bestimmung gemäß besonders gekennzeichnet als Prachtportal zu den Schätzen der Wissenschaft‹[31], die es zu symbolisieren gelte. Prometheus und die Jungfrau stehen dennoch vermutlich für Forschung und Lehre als Aufgaben der Wissenschaft. Prometheus bringt den Menschen das Feuer – Wissen und Erkenntnis – gegen den Willen Zeus'. Damit verstößt er gegen das göttliche Gebot – die gegebene Ordnung. Sein frevelhaftes Handeln muß bestraft werden. Der gepeinigte Prometheus erinnert an die Grenzen menschlicher Erkenntnis. Die halbverschleierte Jungfrau versinnbildlicht die Wahrheit, die sich dem Forschenden enthüllt.[32] Die beiden Köpfe unter dem badischen Wappen sind schon als Komödie und Tragödie gedeutet worden[33], diese Interpretation stimmt jedoch nicht mit der Intention des Programms und den Quellen überein. Denn: ›Die Köpfe dürfen schon etwas rätselhaft ernstes haben; etwas gorgonenartiges, wissenschaftlich dämonisches‹[34]. Die szenischen Reliefs in den Giebelzwickeln zeigen den Gigantensturz. Die Darstellung der Gigantomachie spielt auf das Thema von Auflehnung und Unterwerfung an. Sie lehrt den Sieg von Ordnung und Gesetz über die chaotischen Elementarmächte, denn Zeus vernichtet die Giganten. Über allem thront Pallas Athene, Sinnbild der Wissenschaft und der Künste.[35]

Der Hauptgiebel an der Grabengasse zeigt in den Konsolen die Eulen als weitere Symbole der Weisheit und im Giebel den Weltgeist mit dem Lebensbaum im Hintergrund. Ursprünglich sollten den Weltgeist zwei lesende Jünglinge flankieren, aus Kostengründen wählte Durm dann das Motiv des Lebensbaums.[36] Das Giebelrelief an dem Erkerbau Ecke Plöck und Sandgasse nimmt das Motiv der Jungfrau, die einen Jüngling unterrichtet, auf. Die Gestaltung des Sandgassengiebels kann folgendermaßen gedeutet werden: Die Greifen in den unteren Bogenzwickeln bezeichnen die Sphäre des dumpfen Aberglaubens, die von der Wissen-

144

138

145

schaft überwunden wurde. Diese Fabelwesen sind nicht mehr bedrohlich, da sie in den Zwickeln gefangen sind. Die Sphinx dagegen, die das Lebensrätsel stellt und dessen Lösung für sich bewahrt, thront frei auf der Giebelspitze. Doch sie ist nicht unüberwindbar, denn die Flammen des prometheischen Feuers gefährden sie, bis sie von ihnen verzehrt wird oder, wie in der Ödipussage, sich in den Abgrund stürzen muß. Leider ist unter dem Giebelmotiv nicht die von Zangemeister vorgeschlagene Sentenz ›Timor dei initium sapientiae‹, die sich der vorangehenden Deutung gut eingefügt hätte, als Inschrift verwendet worden. Stattdessen wurde auf Willes Veranlassung das einer Bibliothek zwar gemäße, im Kontext aber unangebrachte Motto ›Inter folia fructus‹ ausgewählt.[37]

Bei der Ausstattung des Verwaltungsbaus berücksichtigte Durm die Normen des ›Handbuchs der Architektur‹: ›Je nach Bedeutung der betreffenden Bibliothek und der Oertlichkeit wird sich deshalb das architektonische Interesse nur auf die Ausstattung und Entwicklung des Einganges und der Vor- und Verkehrsräume für das Publicum, so wie insbesondere auf den Schmuck der Leseräume erstrecken‹[38]. Die dem Publikum weniger bzw. gar nicht zugänglichen Räumlichkeiten wurden mit geringerem Aufwand ausgestattet.[39] Den Schwerpunkt der ikonographischen Innenausstattung bildete der Lesesaal mit den allegorischen Nischenfiguren, die die vier Fakultäten versinnbildlichten. Bis ins 19. Jahrhundert war diese künstlerische Ausstattung für Bibliotheken üblich, da die Einteilung in die vier Fakultäten Theologie, Jurisprudenz, Medizin und Philosophie als Ordnungsprinzip für die Aufstellung von Büchern galt.[40] In Heidelberg kam noch die Darstellung der Naturwissenschaft hinzu.

Die Allegorien der vier Fakultäten waren als Frauengestalten mit langen Gewändern in michelangelesken Sitzmotiven dargestellt. Jede von ihnen wurde von zwei geflügelten Genien begleitet. Unter ihnen war jeweils auf gerahmten Feldern die Bezeichnung der Fakultät und in einem Medaillon das Bild eines Vertreters der Universität Heidelberg in der Art einer imago clipeata angebracht. Die

152 Allegorie der Philosophie an der westlichen Fensterseite hatte eine Schriftrolle, Feder und Bücher als Attribute, die Thronlehnen waren als vielbrüstige Büsten gestaltet, wohl auf die ›alma mater‹ anspielend. Als Vertreter der Fakultät war Ludwig Häusser abgebildet. An der östlichen Fensterwand war die Medizin dargestellt mit ihrem Hauptattribut, dem Äskulapstab. Als Vertreter der Fakultät fungierte Hermann Helmholtz. An der östlichen Eingangsseite saß die Allegorie der Jurisprudenz. Sie trug Schwert und Buch, den Fuß hatte sie auf einen Schemel gestützt. Das Medaillon zeigte den Rechtswissenschaftler Adolf von Vangerow.[41]

153 An der westlichen Eingangsseite thronte die Allegorie der Theologie mit aufgeschlagenem Buch auf dem Schoß, die Genien trugen Kreuz und Schriftrolle. Im Medaillon war Richard Rothe abgebildet. Über dem Eingang zum Katalogsaal

151 an der östlichen Seite des Lesesaals thronte die Allegorie der Naturwissenschaft. Sie war als geflügelte, bekrönte (?) Frauengestalt mit unbekleidetem Oberkörper dargestellt, die die imago clipeata von Robert Bunsen mit der einen Hand, mit der anderen eine Retorte hielt. Ihr zu Füßen saßen in an Michelangelo erinnernden Haltungen zwei Jünglinge; der zu ihrer Rechten schaute durch ein Fernrohr, neben ihm stand ein Globus, der zu ihrer Linken betrachtete einen skelettierten Tierschädel. Über der gegenüberliegenden Tür waren - wie es das im 18. Jahrhundert kanonisierte ikonographische Programm vorsieht – in Verbindung mit den vier Fakultäten der Landesherr, Großherzog Friedrich I. von Baden, gleichzeitig ›Rector magnificentissimus‹ der Universität Heidelberg, und der erste badische Förderer der Universität Heidelberg, Markgraf Karl Friedrich, in einem Medaillon-Doppelporträt dargestellt. Über dem Ausgangsportal, das in die Vorhalle führte, saß auf dem Sturz eine Eule, darüber schwang sich ein Phönix aus der Asche empor. Der ausführende Künstler des plastischen Programms des Lesesaals sowie der Stukkaturen in Treppenhaus und Ausstellungssaal war der Karlsruher Stukkateur und Bildhauer Wilhelm Füglister.[42] Aus Kostengründen blieben die geplanten Landschafts- und Architekturdarstellungen an den Wänden des Lesesaals unausgeführt.[43] Der Zugang zum Ausstellungssaal war über dem Sturz *154* mit einem antikisierenden Mosaik der Pallas Athene geschmückt. Dieser Saal, der wie der Lesesaal von einem Spiegelgewölbe überdeckt war, zeigte in den *155* Kehlungen kleine Veduten in reichen Stuckornamenten.

Kunstgeschichtliche Bemerkungen

Noch die Bibliotheken des Barock sind Saalbibliotheken, in denen der Bücherbestand frei zugänglich aufgestellt ist. Im 19. Jahrhundert wird infolge des erhöhten Raumbedarfs von dieser Konzeption abgewichen. Die ersten Vorschläge zur getrennten Unterbringung von Büchern in Räumen, die für die Benutzer nicht frei zugänglich sind, so daß die Bücher raumsparend aufgestellt werden können, entwickelt zu Beginn des 19. Jahrhunderts ein Frankfurter Archivar. Um die Jahrhundertmitte entstehen die ersten großen Bibliotheksbauten mit Magazinsystemen: der Erweiterungsbau des Britischen Museums in London und die Bibliothèque Nationale in Paris. Die Magazinteile sind in den Bau integriert, ohne in der Fassadengestaltung zur Geltung zu kommen. Erst in den achtziger Jahren beginnt sich in der Grundriß- wie auch der Aufrißgestaltung eine Zweiteilung in Verwaltungs- und Magazinteil durchzusetzen. Die Saalbibliothek wandelt sich allmählich zur Magazinbibliothek.

Unter Berücksichtigung der neuesten Erkenntnisse über Bibliotheksbauten teilt Durm die Anlage der Universitätsbibliothek Heidelberg in zwei getrennte Funktionseinheiten, den Verwaltungsbau und die Magazingebäude. ›Man hat im Verlaufe der letzten Jahre einsehen gelernt, daß es bei öffentlichen Büchereien weniger darauf ankommt, einen gleichmäßig entworfenen palastähnlichen Bau an die Straße zu stellen, als vielmehr darauf, aus der Eigenart des Bedürfnisses den Bau herauszuarbeiten und sein Äußeres danach zu gestalten‹.[44] Vorbildlich für Durm ist der Neubau der Universitätsbibliothek in Basel.[45] Dieser weist als einer der ersten das Konzept von getrenntem Verwaltungs- und Magazinbau auf, ohne dies allerdings in der Aufrißgestaltung ablesbar zu machen.[46] Die Raumdisposition der Heidelberger Bibliothek ist von der Basler Anordnung beeinflußt, *156* doch geht Durm in der Fassadengestaltung neue Wege: ›Die Fassaden des Speicherbaues in organischem Zusammenhang mit denen des Verwaltungsbaues geben ein anderes Bild, das seine Gestalt wieder dem Bedürfnis verdankt. Der Behälter für Büchereischätze will eine andere Form als die Zugänge und Räume, in denen der Mensch jene Schätze zu heben und zu bearbeiten hat‹[47]. In bezug auf die Fassadengestaltung ist ein Vergleich mit der wenige Jahre zuvor fertiggestellten Universitätsbibliothek in Freiburg[48] aufschlußreich. 1895 wird der Architekt Carl Schäfer – vermutlich auf Vorschlag Durms, der ursprünglich mit dem Auftrag betraut war und wegen Arbeitsüberlastung ablehnen mußte – gebeten, Pläne vorzulegen. Auch Schäfer orientiert sich an dem gerade in Bau befindlichen Bibliotheksgebäude in Basel.[49] Ebenso wie in Heidelberg sind Verwaltungs- und Magazinteile in Freiburg getrennt. Der Grundriß ist wegen der besonderen Lage des Freiburger Bauplatzes nicht vergleichbar, die Fassadengestaltung zeigt jedoch bemerkenswerte strukturelle Affinitäten. Nord- und Südflügel der Freiburger Anlage sind ebenfalls zweigeteilt in Magazin- und Verwaltungstrakt, die jeweils eine eigene charakteristische Gestaltung erhalten. Schon Schäfer reduziert dabei die Wandflächen auf pfeilerartige Wandstücke, die er gitterartig unterteilt. Da Schäfer die Fassaden in neogotischen Stilformen ausschmückt, Durm sich stilistisch an deutschen und französischen Renaissanceformen orientiert, können Detailvergleiche nicht gezogen werden. Durm greift außerdem Anregungen der Warenhausarchitektur auf, wie sie zum Beispiel die magasins réunis in Paris von 1867 zeigen, die die Wandflächen noch konsequenter auflösen. Hier finden sich auch Rundtürme, deren Gestaltung bemerkenswerte Übereinstimmungen mit dem Heidelberger Rundturm aufweist. Die Skelettbauweise der Heidelberger Magazinbauten kann als Höhepunkt der architektonischen Kompositionskunst Durms gesehen werden. Sie deutet sich an andern Bauten an, die ebenfalls der späten Schaffensphase Durms angehören, wie dem Friedrichsgymnasium in Freiburg und dem Gebäude der Oberrheinischen Versicherungsgesellschaft in Mannheim; in Heidelberg gelingt Durm allerdings die am meisten überzeugende funktionale Lösung eines organischen Bauens, ein Bemühen, das er in das Motto kleidet: ›Des Körpers Form sei seines Wesens Spiegel‹[50].

Bei der Fassadenkomposition der Südfassade brilliert er dagegen noch einmal mit dem eklektizistischen Wissen eines Architekten des ausgehenden 19. Jahrhunderts, auch dabei überzeugend in der eigenständigen Umsetzung und Synthese der verschiedenen Stilmotive. Interessant ist in diesem Zusammenhang ein Entwurf aus dem Jahre 1900 für die Fassade des Südflügels, der erst in jüngster Zeit aufgefunden worden ist.[51] Ein Vergleich mit dem ausgeführten Entwurf zeigt, daß die Gruppierung der Baumassen unverändert ist. Bei der Ausführung wird die ausgewogene Vertikal- und Horizontalgliederung zugunsten einer stärkeren Vertikalgliederung aufgegeben, in den Seitenteilen entfällt die Stockwerktrennung. Die Seitenteile kommen nun neben dem Mittelteil, dem Erkerbau und dem Rundturm als eigenständige Teile zur Geltung, unterstützt durch die neue Mittenbetonung, die zusätzlich vertikal akzentuiert ist. Die Dachzone ist steiler geworden, auch die Dächer des Erkerbaus und des Rundturms sind erhöht und der neuen Dachneigung angepaßt. Der Rundturm erhält statt des Mezzaningeschosses ein drittes Vollgeschoß. Durm wendet bei der Gruppierung der Baumassen ein von ihm gern eingesetztes Kompositionsprinzip an: Einerseits betont er die Eigenständigkeit der verwendeten Bauteile wie Erkerbau, Mittelteil, Rundturm und Seitenteile, zugleich verschränkt er die Teile durch identische Gliederungselemente und bezieht sie so aufeinander, daß sie als Teile eines gemeinsamen Ganzen erkennbar sind. Die Achsensymmetrie des dreiachsigen Mittelteils wiederholt sich zurückgestuft in den dreiachsigen Seitenteilen, hier erfolgt die Hervorhebung nur im Erdgeschoß. So wie der dreiachsige Mittelteil von den einachsigen Risaliten gerahmt ist, fassen Erkerbau auf der einen und Rundturm auf der andern Seite die Seitenteile ein, ihrerseits sowohl auf das Mittelkompartiment als auch auf die Seitenteile Bezug nehmend. Betrachtet man die Seitenteile jeweils isoliert, so wird der westliche von Erkerbau und Mittelrisalit gerahmt, der östliche von Mittelrisalit und Rundturm. Die malerische Gruppierung ist demnach auf den ersten Blick asymmetrisch, zeigt aber bei der Analyse der Bauteile eine streng symmetrische und in ihrer Verschränkung komplizierte Gliederungsstruktur.

Zum Verständnis der Fassadengestaltung und der Wahl des Baumaterials müssen nicht zuletzt städtebauliche Gesichtspunkte berücksichtigt werden: ›Als Baumaterial sind rote Sandsteinquader angenommen, weil dieser Stein typisch für die öffentlichen Bauten Heidelbergs ist. Die Kirchen, das Rathaus, das Schloss – alle diese leuchten im satten Rot des Neckar- oder Mainsandsteins, und gerade der schönen Universitäts = Peterskirche gegenüber soll der Bau sich würdig behaupten; beide sollen, soweit es ihre Bestimmung erlaubt, harmonisch im Städtebild zusammenklingen. Der genannte Kirchenbau verlangt mit seiner Silhouette auch für den Bibliotheksbau eine bewegte Umrisslinie, die in der Gestaltung der Dächer zum Ausdruck gebracht ist. Das Zurückgreifen auf eine geläuterte französische Renaissance, die, feiner im Detail als die deutsche, beinahe so reizvoll und klassisch, wie die italienische ist und die Eigenart hat, dass sie bei Verwertung der klassischen Architekturformen das hohe, steile aus dem Mittelalter entlehnte Dach beibehält, schien hier am meisten angezeigt‹[52].

Stilistisch läßt sich das Gebäude nicht auf einen Begriff bringen. Durm knüpft sowohl an die Formen der französischen als auch der deutschen Renaissance an. An der Hofseite des Südflügels zitierte er mit den Türmchen die des Heidelberger Schloßaltans.[53] Die Kombination von repräsentativem Monumentalbau und funktional gebildeten Magazinbauten bleibt weiterhin unverstanden und wird bis heute kritisiert. Dabei verkennen die Kritiker, daß die Universitätsbibliothek innerhalb der um die Jahrhundertwende im deutschsprachigen Raum entstandenen Bibliotheksbauten eine Sonderstellung einnimmt, weil sie mit ihrem Verwaltungsteil und besonders mit der Südfassade einen Höhe- und Endpunkt des alten Typus der Saalbibliothek bedeutet, in der Ausbildung der Magazinteile aber dem alten Typus den neuen der Magazinbibliothek entgegensetzt. Der Durmsche Gestaltungsvorschlag ist bezüglich der Magazinbauten richtungsweisend, so daß der Architekt dadurch selbst dazu beiträgt, den Schwerpunkt auf die Gestaltung von Magazinbibliotheken zu verlagern, was dann mehr und mehr die gesamte Aufrißgestaltung von Bibliotheksbauten bestimmt. Die Synthese, die sich in der Heidelberger Bibliothek darbietet, ist für Bibliotheksbauten dieser Zeit einmalig, zumal sich hier in einem Gebäude auf hoher künstlerischer Ebene der damalige Widerstreit zwischen repräsentativer und funktionaler Bauweise manifestiert.

Anmerkungen

1 Vgl. zur Geschichte der Bibliothek und ihrer Unterbringung Jacob Wille: Aus alter und neuer Zeit der Heidelberger Bibliothek. Rede zur Feier der Vollendung des neuen Bibliotheksgebäudes, in: Neue Heidelberger Jahrbücher, 14. 1906, S. 215-240, und Fritz Hirsch: Von den Universitätsgebäuden in Heidelberg, Heidelberg 1903, S. 96-101

2 GLA: 422/836

3 Zur Person Karl Zangemeisters vgl. Reinhard Tiesbrummel: Das Gebäude der Universitätsbibliothek Heidelberg. Seine Baugeschichte in den Jahren 1901 bis 1905, Köln 1978, S. 61 f.

4 GLA: 235/3165

5 GLA: 235/3840

6 Vgl. Tiesbrummel, a.a.O., S.8. Bei diesem Vorschlag widerspricht Zangemeister seiner eigenen Forderung, der Platz müsse in der Nähe der Universität gelegen sein

7 Vgl. S. 242 und 246

8 GLA: 235/3840

9 Ebd.

10 Ebd.

11 Ebd.

12 Ebd. Zum weiteren Schicksal dieses Standorts und des Gebäudes vgl. Dieter Griesbach, Annette Krämer, Mechthild Maisant: Die Neue Universität in Heidelberg, Veröffentlichungen des Kunsthistorischen Instituts der Universität Heidelberg zur Heidelberger Altstadt, hrsg. von P.A. Riedl, Heft 19, Heidelberg 1984

13 GLA: 235/3840

14 GLA: 422/836

15 GLA: 235/3840

16 GLA: 422/836. Schreiben Durms an das Bezirksamt Heidelberg

17 GLA: 422/836

18 GLA: 235/3165. Hermann Volz (1847-1941) ist Bildhauer und lehrt an der Karlsruher Kunstakademie

19 Heidelberger Tageblatt vom 11. Dezember 1905

20 Carl Wehmer: Bibliothek im Umbau, in: Ruperto Carola, 7. 1955, Heft 18, S. 48

21 Inwieweit diese Absicht vor allem beim Lesesaal tatsächlich zu verwirklichen bzw. überhaupt wünschenswert ist, berührt meines Erachtens grundsätzliche Fragen der Denkmalpflege. Zunächst sollte deshalb eine Klärung in einer Diskussion zwischen Architekten, Denkmalpflegern und Kunsthistorikern herbeigeführt werden

22 Die Informationen über den derzeitigen Umbau stammen von Herrn Buck, UBA Heidelberg

23 GLA: 235/3840. Gutachten Durms vom 12. Mai 1897

24 Ebd. Das Bauprogramm ist bei Tiesbrummel, a.a.O., S. 11 ff. vollständig wiedergegeben und ausführlich erläutert. Tiesbrummel ist zu berichtigen, wenn er S. 11 und S. 16 schreibt, es lasse sich nicht feststellen, welchen Einfluß Durm auf das Bauprogramm gehabt hat. Im Erlaß des Ministeriums vom 30. Sept. 1897 (GLA: 235/3840) wird Zangemeister eindeutig aufgefordert, Durm hinzuzuziehen

25 Dieser komplexe Grundriß wird weder von Hanns Michael Crass: Bibliotheksbauten des 19. Jahrhunderts in Deutschland, München 1976, S. 69, noch von Tiesbrummel, a.a.O., S. 17, erkannt; beide Autoren reduzieren den Verwaltungsbau mit Kopfbauten auf dessen Südflügel und können so die Leistung des Architekten bei der Grundrißlösung nicht nachvollziehen

26 GLA: 422/836

27 Das gleiche Motiv verwendet Durm über dem Haupteingang des Friedrichsgymnasiums in Freiburg

28 Da der Faszikel über die Ausschmückung der Universitätsbibliothek nicht auffindbar ist, kann über die Anteile Zangemeisters und Durms am Bauprogramm nichts gesagt werden. Der eigentliche Autor scheint mir Zangemeister gewesen zu sein

29 GLA: 235/3840. Durm an das Ministerium am 25. Jan. 1900; vgl. auch Durm, in: Karl Pfaff: Heidelberg und Umgebung, Heidelberg (2. Auflage) 1902, S. 108

30 Joseph Durm: Die neue Universitätsbibliothek in Heidelberg, in: Zeitschrift für Bauwesen, 62. Jg., Berlin 1912, Sp. 536

31 Ebd.

32 Tiesbrummel, a.a.O., S. 56 f. – mit dessen Deutung der Südfassade ich weitgehend übereinstimme – stellt die halbverschleierte Jungfrau in Gegensatz zu Prometheus; sie lehre den Jüngling ihr Wissen züchtig und achte die göttliche Ordnung

33 Tiesbrummel, a.a.O., S. 56

34 GLA: 422/837. Schreiben Durms an Bildhauer Volz vom 5. 8. 1902

35 Die Skulpturen haben teilweise Vorbilder an früheren Bauten Durms; so stand der Minerva-Kopf der Kunsthalle in Karlsruhe für den der Pallas Athene Modell, für die Hermenköpfe am Giebel der Sandgasse die des Bezirksamtes in Karlsruhe

36 GLA: 422/838. Durm an Volz am 22. Mai 1903

37 GLA: 422/838. Dies geht aus einem Schreiben Durms an den örtlichen Bauleiter Weinbrenner vom 29. 6. 1903 hervor. Die Tatsache, daß Durm diese Änderung unkommentiert hinnimmt, obwohl seine Beziehung zu Wille sehr gespannt ist, spricht meines Erachtens dafür, daß das ikonographische Programm eher von Zangemeister entworfen wurde; vgl. auch Anm. 25

38 Albert Kortüm und Eduard Schmitt: Bibliotheken, in: Handbuch der Architektur, IV. Theil, 6. Halbband, Heft 4, Darmstadt 1893, S. 75

39 Die spätere Kritik, besonders von Bibliothekaren, an der ›Diskrepanz zwischen repräsentativem Äußeren und schlichter ausgestattetem Innern‹ (Tiesbrummel, a. a. O., S. 20 und Anm. 2) kann nur in Unkenntnis der damals herrschenden Normen erhoben worden sein

40 Vgl. den Artikel ›vier Fakultäten‹ im Reallexikon zur deutschen Kunstgeschichte, 6. Band, Stuttgart 1973

41 Crass, a. a. O., S. 71, nennt fälschlich den Rechtswissenschaftler Johann Kaspar Bluntschli.

42 Durm schätzt Füglister sehr; er beschäftigt ihn auch beim Palais Bürklin, beim Erbgroßherzoglichen Palais, an der Kunsthalle, am Bezirksamt und beim Erweiterungsbau der Kunstgewerbeschule, alle in Karlsruhe

43 GLA: 422/838. Geplant waren folgende Darstellungen: die antiken Städte Rom und Athen, der Tempel von Agrigent, das Theater von Taormina, Bilder vom Pompeji, der Tempel auf der Insel Philä und weitere von Ägypten und Kleinasien

44 Durm, a. a. O., Sp. 534

45 GLA: 235/3840. Vgl. z. B. sein Gutachten vom 12. Mai 1897. Bei Crass, a. a. O., fehlt ein Hinweis auf Basel völlig

46 Weiterführende Literatur zur Basler Universitätsbibliothek findet sich in: Deutsche Bauzeitung, 37. Jahrgang, Berlin 1898, S. 157-160

47 Durm, a. a. O., Sp. 538

48 Die Pläne zur Freiburger Universitätsbibliothek (1897-1902) stammen von Carl Schäfer; vgl. hierzu Jutta Schuchard: Carl Schäfer, 1844-1908, München 1979, S. 291 ff. und Abb. 186-196

49 Vgl. Schuchard, a. a. O., S. 291

50 Durm, a. a. O., Sp. 535

51 Diesen Hinweis verdanke ich Herrn Hartmut Seeliger

52 Durm, in: Pfaff, a. a. O., S. 108

53 Diesen Hinweis verdanke ich Herrn Ralf Reith

Literatur

Die Architektur des XX. Jahrhunderts, 6. Jg., Berlin 1906, S. 26 und 27

Crass, Hanns Michael: Bibliotheksbauten des 19. Jahrhunderts in Deutschland, München 1976, phil. Diss.

Durm, Josef: Die neue Universitätsbibliothek in Heidelberg, in: Zeitschrift für Bauwesen, 62. Jg., Berlin 1912, Sp. 533-544, Atlas, Bl. 65 f.

Gottmann, Ernst: Die neue Großherzogliche Universitätsbibliothek in Heidelberg, Heidelberg o. J. (Mappe mit 52 Photographien)

Gr[aevenitz, George von]: Die neue Heidelberger Universitätsbibliothek, in: Kunstchronik, N. F. 17, Leipzig 1906, Sp. 163-165

Grammbitter, Ulrike: Joseph Durm 1837-1919, München 1984

Hirsch, Fritz: Von den Universitätsgebäuden in Heidelberg, Heidelberg 1903

Kortüm, Albert und Eduard Schmitt: Bibliotheken, in: Handbuch der Architektur, IV. Theil, 6. Halbbd., Heft 4, Darmstadt 1893, S. 41-172

Mittler, Elmar: Das Gebäude der Universitätsbibliothek Heidelberg (Plöck 107-109), in: Heidelberger Jahrbücher XXV, Heidelberg 1981, S. 73-107

Pfaff, Karl: Heidelberg und Umgebung, Heidelberg (2. Auflage) 1902

Schuchard, Jutta: Carl Schäfer 1844–1908, München 1979, Materialien zur Kunst des 19. Jahrhunderts, Bd. 21

Schwirkmann, Klaus: Josef Durm (1837–1919), Großherzoglich-badischer Oberbaudirektor, in: Jahrbuch der Staatlichen Kunstsammlungen in Baden-Württemberg, Bd. XVI, Karlsruhe 1979, S. 117–144

Tiesbrummel, Reinhard: Das Gebäude der Universitätsbibliothek Heidelberg. Seine Baugeschichte in den Jahren 1901–1905, Köln 1978 (Masch.-Schr.)

Wille, Jacob: Aus alter und neuer Zeit der Heidelberger Bibliothek. Rede zur Feier der Vollendung des neuen Bibliotheksgebäudes, in: Neue Heidelberger Jahrbücher, 14. 1906, S. 215–240

GABRIELE KRANZ

Das Seminargebäude Grabengasse/Sandgasse

Grabengasse 12–18, Sandgasse 1–11

Das multifunktionale Gebäude erstreckt sich nördlich der Universitätsbibliothek auf dem Terrain Grabengasse 12–18 und Sandgasse 1–11. Es beherbergt unter anderem eine Mensa, eine Cafeteria, das Institut für Sozial- und Wirtschaftsgeschichte, das Institut für International vergleichende Wirtschafts- und Sozialstatistik, das Alfred-Weber-Institut für Sozial- und Staatswissenschaften, das Institut für Soziologie, das Seminar für Sprachen und Kulturen des Vorderen Orients, das Sinologische Seminar und die Dekanate der Fakultät für Sozial- und Verhaltenswissenschaften, der Neuphilologischen und der Wirtschaftswissenschaftlichen Fakultät.

Geschichte

Angesichts der stetig ansteigenden Studentenzahlen und des dadurch wachsenden baulichen Bedarfs fordert die Universität seit 1968 den Bau eines neuen Seminargebäudes.[1] Das Land Baden-Württemberg, vertreten durch die Bauabteilung des Finanzministeriums, beauftragt im Herbst 1969 die Neue Heimat Städtebau mit der Durchführung eines nicht öffentlichen städtebaulichen Wettbewerbs[2]. Über Voraussetzungen und Gründe der Planung äußert sich Rektor Conze im Vorwort des Entwurfs zu den Wettbewerbsbedingungen vom 8.10. 1969: Der Neubau solle dem steigenden Raumbedarf der Universität Rechnung tragen und die Unterbringung der Wirtschaftswissenschaften und der Mensa ermöglichen. Darüber hinaus sei im Rahmen eines historisch begründeten Konzeptes, nach dem die Universität nur zwei Schwerpunkte haben soll, die Zusammenführung der Geisteswissenschaften in der Altstadt beabsichtigt, während die Naturwissenschaften im Neuenheimer Feld untergebracht werden sollen. Der Wunsch, das neue Gebäude baulich in die Altstadt einzupassen, wird hier schon formuliert, da der Abbruch der alten Häuser an der Graben- und Sandgasse bereits geplant ist.

Zur Teilnahme am Wettbewerb werden u. a. folgende, von der Architektenkammer benannte Architekten aufgefordert: Dipl.-Ing. Burkhard jun., Pollich jun., Quast (Heidelberg); Prof. Dipl.-Ing. Ernst und Noack (Berlin); Dipl.-Ing. Friedmann, Hauss, Kuhlmann, Rehm und Richter (Heidelberg); Prof. Dipl.-Ing. Götz, Heuser, Unruh (Heidelberg); Dipl.-Ing. Grobe, Kuhn, König, Neyer, Simm, Schlüter, Hornstein (Heidelberg); Dipl.-Ing. Speer jun. (Frankfurt/Heidelberg). Ziel ist es, einen Entwurf für den Neubau zu erhalten, der in städtebaulicher, architektonischer, funktioneller und wirtschaftlicher Hinsicht den Besonderheiten der Aufgabe entspricht. Diese wird den Architekten vor allem im Hinblick auf die Altstadtsituation erläutert, auf die Rücksicht genommen werden soll: Einer der wichtigsten Gesichtspunkte sei hierbei die Erhaltung der Maßstäblichkeit. In der Altstadt herrschten verhältnismäßig enge Straßenräume vor, die in gewissen Abständen durch platzartige Erweiterungen aufgelockert seien. Die überwiegend geschlossenen, durch zurückhaltende Vor- und Rücksprünge belebten Straßenfronten besäßen in der Horizontalen wenig Plastizität. Die verhältnismäßig schmalen Baukörper wiesen gegen die Straße nur drei bis vier Geschosse auf, die durch ihre verschiedenen Höhen die Vertikalgliederung bewirkten. Dies bedinge die bewegte Dachlandschaft, die vorwiegend steile Dächer mit Austritten und Dachterrassen umfasse. Den Berechnungen zur Nutzung ist eine Grundstücksfläche von 4975 qm zugrunde gelegt, das vorläufige Rahmenprogramm, beschlossen am 15. 10. 1969, sieht ein Minimalprogramm von 6400 qm und ein Maximalprogramm von 8100 qm als Nutzfläche vor. Könnten nach Unterbringung der angestammten Institute und der Mensa noch Flächen nachgewiesen werden, sollten diese für Läden, Wohnungen und die beiden Institute für Ethnologie und Soziologie (800 qm) genutzt werden. Die Stadt gibt zum Bau folgende Empfehlungen: Der Universitätsplatz solle wieder eine geschlossene Wand erhalten, der intime Straßenraum der Sandgasse gewahrt bleiben und eine Passage zum Universitätsplatz geschaffen werden. Die an öffentlichen Straßen und Passagen liegenden Bauten seien der gewerblichen Nutzung zuzuführen. Der geplante Innenhof solle für Fußgänger zugänglich sein und begrünt werden.

Die endgültige Entscheidung für einen der vorgelegten Entwürfe fällt am 4. Mai 1970 in der Sitzung der Gutachterkommission zugunsten des Entwurfes der Architektengruppe Götz, Heuser und Unruh. Die Qualitäten dieses Entwurfes (genannt ›Triplex‹) sieht die Kommission vor allem in der ›glücklichen Übereinstimmung von gefordertem Raumprogramm, notwendiger Funktion und insbesondere guter Eingliederung in das Gesamtbild der Altstadt‹. Nach ihrer Auffassung ›ist der Entwurf in Bezug auf die Baumassengestaltung und die Bildung von großzügigen Freiflächen ein wertvoller Beitrag zur Stadterneuerung in Heidelberg‹. Ausschlaggebend sind auch die großräumige Lösung im Inneren des Komplexes, die der gewerblichen Nutzung entgegenkommt, und die Tatsache, daß der Universitätsplatz durch den neuen Baukörper einen Abschluß erhält. Lobend erwähnt wird die Verbindung der Institute mit der Universitätsbibliothek, deren Nordflügel durch den Entwurf im Weiterbestand jedoch ernsthaft gefährdet scheint. Dieser Punkt wird zusammen mit der Überarbeitung der Pläne zur Sandgassenfassade und einigen anderen Modifizierungen der weiteren Diskussion anheimgestellt. Zur baldigen Klärung der anstehenden Fragen wird eine Arbeitsgruppe gebildet, die sich im folgenden auch mit Fragen der Dach- und Fassadengestaltung, der Farbwahl und der Tiefgarage befaßt. Ende 1971 wird in drei Sitzungen, erstmals am 27. 10. 1971, vor allem die Gestaltung der Grabengassenfront erörtert, die während der Planung mehrmals verändert wird. Die Fassade wird in der Horizontalen etwas zurückhaltender gegliedert als zunächst vorgesehen, ihr Verlauf durch Knicke belebt; die ursprünglich geplanten Vor- und Rücksprünge werden reduziert, da sie sich nicht in die umliegenden

Strukturen einpassen. Die Dachgestaltung wird freier und (durch stärkere Größendifferenzierung der einzelnen Flächen) altstadtgerechter, doch ist die Diskussion damit noch nicht abgeschlossen. Einer Aufweitung der Sandgasse um zwei Meter wird zugestimmt, die Fassade soll hier analog zur Grabengasse entwickelt werden.

In die laufende Planung ab 1971 fällt auch die Diskussion um das Schicksal der auf dem vorgesehenen Bauplatz stehenden Gebäude Sandgasse 1-11 und Grabengasse 12-18. Insbesondere geht es dabei um die Häuserfassaden an der *157* Grabengasse, deren Erhaltung vom Kunsthistorischen Institut der Universität Heidelberg mit Nachdruck gefordert und als denkmalpflegerische Notwendigkeit begründet wird.[3] 1974 werden die Häuser jedoch abgerissen. Schützenswerte Bauteile werden dabei gesichert; einige von ihnen werden später am Neubau angebracht[4]. Diskutiert wird auch, ob der Gartenpavillon[5] am alten Standort im Innenhof erhalten werden könne oder ob er abgetragen und andernorts rekonstruiert werden müsse.

Nachdem die Unterbringung von großflächigen Einrichtungen – wie Mensa, Cafeteria und Bibliotheken – geklärt ist, wird in enger Zusammenarbeit aller Beteiligten der Raumbedarfsplan aufgestellt, der angesichts der schwankenden Forderungen der einzelnen Institute mehrfach geändert werden muß. Die endgültige Fassung und Genehmigung datiert erst vom 21.10. 1976. AStA, Kinderkrippe und Ethnologisches Institut finden danach keine Aufnahme in den Baukomplex und werden anderweitig untergebracht.

1973 liegt auch der Bebauungsplan vor, der die Voraussetzung für die Baugenehmigung ist. Zeitlich parallel verläuft die Diskussion um die Tiefgarage und die Anzahl der Einstellplätze[6]. Am 29.7. 1974 wird, nach Abbruch der alten Bebauung, eine Teilgenehmigung für die Aushebung der Baugrube gegeben. Somit wird das Bauverfahren beschleunigt und ist bereits im Gang, als am 21.10. 1974 die Gesamtbaugenehmigung erteilt wird.

Unter reger Anteilnahme der Bevölkerung diskutieren ab 1975 die Architekten, das Landesdenkmalamt Baden-Württemberg, das Kunsthistorische Institut und der Altstadtbeirat über die künftige Farbgebung des Komplexes. Der erste Probeanstrich in Blautönen im November 1976 wird allgemein als unbefriedigend empfunden, wie auch die drei folgenden Probeanstriche in Grün-, Gelb- und Braunwerten, da sie zu wenig Rücksicht auf die Umgebung des Gebäudes nehmen. Schließlich erhält das Gebäude nach zahlreichen Beratungen im Sommer 1978 den heutigen Anstrich in Grün-, Gelb-, Braun- und Grautönen. Ebenso wird die Frage nach der zu verwendenden Ziegelart erörtert. Man entscheidet sich für helle, nicht engobierte Ziegel, die sich dank ihrer Patinierfähigkeit der umliegenden Dachlandschaft besser anpassen können. 1978 ist das Seminargebäude fertiggestellt. Die Hauptnutzfläche beträgt aufgrund des großen Raumbedarfs der Institute 10560 qm. Der Universitätsbibliothek, deren Nordflügel erhalten blieb, werden 281 qm zur Verfügung gestellt, da ihr durch den Mensaausbau Flächenverluste entstanden sind.

Abschließend ist festzustellen, daß die ursprüngliche Konzeption, welche die Verdichtung der Baumasse im Süden des Quartiers, einen offenen Innenhof und im Inneren die Einklammerung der Großflächen durch die außen gelegenen Institutsräume vorsah, im wesentlichen verwirklicht wurde. Strittige Punkte, die ne-

ben technischen und finanziellen Gründen zu Modifikationen der Planung führten, waren die städtebauliche Einpassung des Gebäudes, die Gestaltung der Tiefgarage, die Einbeziehung des Nordflügels der Universitätsbibliothek und die Erhaltung schützenswerter Bauteile.

Beschreibung

161, 162   Der Komplex umfaßt einen an den Nordflügel der Universitätsbibliothek grenzenden Hauptblock, einen kurzen Flügel an der Grabengassen- bzw. Universi-
tätsplatzseite und einen langen Flügel an der Sandgassenseite. Die flächeninten-
siven Funktionen – Mensa, Cafeteria, Bibliotheken – sind im tiefen Hauptblock
vereint, die Arbeitsräume der Institute liegen wegen der besseren Belichtung in
den Trakten zur Graben- bzw. Sandgasse hin; grabengassenseitig fungieren als
Nebennutzer ein Postamt und eine Buchhandlung, im Sandgassenflügel befinden sich außer den Instituten Wohnungen und Verwaltungsräume. Zur Grabengasse hin stellt sich der Komplex als Dreierfolge traufständiger Häuser unterschiedlichen Ausmaßes dar, zur Sandgasse hin als eine noch stärker gegliederte
Sequenz. Den Innenhof dominiert der nach oben zurückgestufte, flach schließende Körper des Hauptgebäudes; der Westtrakt gibt sich hier optisch als Reihe von
Einzelhäusern. Ein Teil dieses Westtrakts (Sandgasse 1–7) ist, denkmalpflegerischen Forderungen folgend, konventionell aufgemauert, die anderen Gebäudeteile sind Stahlbetonkonstruktionen mit vorgehängten Fassaden-Fertigteilen.
Das den gesamten Komplex regulierende Rastersystem wird letztlich nur beim
Studium des Grundrisses deutlich.

163, 164   Die zweimal leicht geknickte Grabengassenfront gliedert sich in zwei viergeschossige und ein nördliches dreigeschossiges ›Hauselement‹, wobei jeweils noch
ein Dachgeschoß mit eingezogenen Balkonen zu addieren ist. Diese Dreiergrup-
pierung findet keine Entsprechung in der inneren Einteilung; sie dient, an die
frühere Bebauung erinnernd, der Auflockerung der langen Fassade. Das Erdgeschoß tritt bei den beiden südlichen Fassadenteilen zurück, so daß ein platzseitig
durch Pfeiler rhythmisierter Gang entsteht; beim nördlichen Gebäudeteil öffnet
es sich mit einem Durchgang zum Hof, die Schaufenster daneben sind leicht hinter die Fluchtlinie zurückversetzt. Zurückgestuft ist auch ein an die Universitätsbibliothek grenzendes Treppenhaus. Reihen glatt in die Wand geschnittener
Rechteckfenster (beim ersten Obergeschoß des mittleren Teils kommen oberlicht-
artige querrechteckige Fenster hinzu) strukturieren die Fassade; lediglich das
nördliche ›Hauselement‹ besitzt eine facettenartig reliefierte Wand mit freier
gruppierten Fenstern. Profilbänder und Blenden, hinter denen die Balkone des
Dachgeschosses liegen, markieren die Kranzgesimse. Die Front an der Sandgasse
ist prinzipiell ähnlich gestaltet; die Gebäudeteile Sandgasse 1–7 weisen allerdings kleinere Fenster auf, entsprechend der Wohnnutzung. Wiederum ist die
Grundlinie, dem Straßenverlauf entsprechend, zweifach geknickt und der Baukörper in mehrere Abschnitte unterteilt. Doch fehlt hier das Motiv des gangartig
geöffneten Erdgeschosses. Zwei Durchgänge führen in den Hof (Sandgasse 1–3
und Sandgasse 9). Die Sandgasse selbst ist beträchtlich aufgeweitet und zusätz-

lich in ihrem südlichen Bereich durch die Ein- und Ausfahrt der das Gebäude unterkellernden, zweigeschossigen Tiefgarage über eine weite Strecke aufgerissen.

Die Südseite des recht ausgedehnten, teilweise bepflanzten Innenhofes wird *166* von der durchfensterten Front des Haupttraktes beherrscht. Nur die drei unteren Geschosse kommen voll zur Geltung, die übrigen zwei sind in drei Stufen terrassenförmig zurückgestaffelt. Die den durchlaufenden Fensterbändern vorgelagerten Balkons und Terrassen sind mit integrierten Pflanztrögen und Spaliergestängen ausgestattet; der Vegetation ist an dieser Stelle eine wichtige Rolle zugedacht. Dem kurzen Osttrakt ist hofseitig eine offene Treppe in Betonkonstruktion vorgelegt. Der Westtrakt wirkt dank der variationsreichen Grund- und Aufrißbildung als ein relativ lebendiges Ensemble, dem der alte Gartenpavillon freilich überlegene Reize entgegensetzt.

Vom Innenhof aus betritt man die weiträumige, gepflasterte Erdgeschoßhalle *158* des Hauptbaus, welche die Cafeteria, die Mensaaufgänge und die große Abgangsspindel beherbergt. Das erste Obergeschoß bietet Raum für die Mensa mit *159* 660 Eßplätzen, die Küche, ein Sitzungszimmer und einen Veranstaltungsraum. Drittes bis fünftes Geschoß nehmen Bibliotheks- und Institutsräume auf, wobei *160* drittes und viertes Geschoß im Hauptblock räumlich teilweise zusammengezogen sind.

Das hauptsächlich verwendete Baumaterial ist Beton. Dabei sind am Außenbau die Betonteile, genauso wie der Putz der gemauerten Teile, farbig gestrichen (vgl. unten), abgesehen von wenigen Stellen (offene Treppe an der Hofseite des Ostflügels, hofseitige Blendwand am Westflügel), an denen sich das Gebäude betongrau präsentiert. Die Fensterrahmen sind aus lasiertem Holz, die Dächer tragen naturfarbige Biberschwanzziegeldeckung. Innen findet sich im Mensabereich Sichtbeton, ansonsten sind die Wände gestrichen.

Kunstgeschichtliche Bemerkungen

Bei der Beurteilung des Seminargebäudes gilt es der Tatsache Rechnung zu tragen, daß die Planung einer Vielzahl funktionaler, technischer und finanzieller Zwänge unterlag. Ästhetisch-städtebaulich standen hauptsächlich zwei Aspekte im Zentrum der bereits mit dem Abbruch der alten Bebauung und der Entkernung des Quartiers einsetzenden, bis heute andauernden Diskussion. Zum einen die Frage nach der Möglichkeit der Einpassung eines Neubaus in die Altstadt an einer überaus heiklen Stelle, denn die Schließung der Lücke zwischen der Universitätsbibliothek und den Bürgerhäusern bedeutete zugleich eine teilweise Neugestaltung der westlichen Wand des Universitätsplatzes. Zum anderen der Anspruch an das Gebäude, funktionale Aufgaben zu erfüllen, die mit einer kleinteiligen Altstadtstruktur schwer vereinbar sind. Der Zielkonflikt war mit dem Verlangen nach Altstadtgerechtheit *und* Nutzungsmaximierung vorgegeben. Es galt, wenn man sich schon zum Neubau entschloß, modernen Ansprüchen zu genügen, ohne die in diesem Bereich bereits durch die Universitätsbibliothek und die Neue Universität ›gestörte‹ Altstadtsituation über Gebühr weiterzubelasten. Auch der Fernsicht vom Philosophenweg und Heiligenberg aus mußte der Baukörper ästhetisch standhalten, was entsprechende Differenzierung der Bau- und Dachmassen erforderte. Schwierig war vor allem die Gestaltung der Grabengassenfront, war es doch nötig, eine Formel zu finden, die zwischen den unterschiedlichen Maßstäben und Formen der Universitätsbibliothek und der Bürgerhäuser vermitteln und zugleich als Ersatz für das Preisgegebene taugen konnte. Unter allen Umständen sollte ein Neubau die charakteristische Form und die Funktion des Platzes als urbanistisches und geistiges Zentrum[7] respektieren.

Die Grabengassenfront des Seminargebäudes, so wie sie nach langem Planungsprozeß entstand, repräsentiert eine durch die Schwierigkeit der architektonischen Eingliederung gezeichnete Lösung. Sie versucht, durch die Fensterdisposition und -proportionierung die rasterähnliche Gestalt des angrenzenden Bibliothekstraktes aufzunehmen, freilich mit ganz anderen formalen Mitteln. Das relativ lebhafte Relief der Bibliotheksfassade findet in der glatten Front des Seminargebäudes keinen Widerhall. Weiter nördlich ergibt sich ein Konflikt zwischen der blockhaft strukturierten Betonfassade mit ihren eingeschnittenen Fensteröffnungen und den kleinteiligen Bürgerhäusern, die mit sprossengeteilten Gewändefenstern ausgestattet sind; die Fassaden dieser Häuser sind horizontal durch Gesimse gegliedert, beim Seminargebäude erscheinen die Trennlinien zwischen den Geschossen optisch als Schattenstriche. Insgesamt wirkt das Rastersystem der Fassade, trotz der Gruppierung in ›Hauselemente‹ und trotz der Brechung der Grundrißlinie, zu starr. Ähnliches kann man von den großen, neigungswinkelgleichen Dachflächen sagen. Die passagenartige Öffnung des Erdgeschosses mag keine altstadttypische Lösung sein, erweist sich aber, auch dank der Zurücknahme der Stützen hinter die Fluchtlinie, als sinnvolles, den Eindruck der Schwere minderndes Moment. Die ursprünglich für die Sommermonate vorgesehene Öffnung der Cafeteria zum Universitätsplatz hin hätte diese Wirkung noch unterstrichen, kam aber leider nicht zur Realisierung. Die Farbgebung der Platzfront des Seminargebäudes bleibt, nicht zuletzt wegen des Baumaterials, unbefriedigend. Die Abfolge Grün, Gelb und Braun vermag nicht überzeugend zwischen dem Sandsteinrot der Universitätsbibliothek und der Tönung der Bürgerhäuser zu vermitteln, zumal sich die Oberflächenstruktur des Betons von der des Natursteins und des Putzes unterscheidet.

Ähnliche Schwierigkeiten wie an der Grabengassenseite ergaben sich in der Sandgasse. Die gewählte Formulierung entspricht nicht der umgebenden Bebauung, doch sorgen auch hier die doppelte Knickung der Fassade und die Unterteilung in mehrere Abschnitte für die Belebung des Baukörpers. Das Format der unprofilierten Fenster (die eher in die Fassade ›zurückweichen‹ als diese zu rhythmisieren) und die damit verbundene Reduktion der Wandfläche sind von der Forderung nach guten Lichtverhältnissen her zu verstehen; dem Gliederungsprinzip der umliegenden Fassaden laufen sie gleichwohl zuwider. Erneut manifestiert sich der Grundgegensatz: massige Form und große Flächen einerseits – kleinteilig Strukturiertes auf der anderen Seite. Der ursprüngliche intime Charakter der Sandgasse ist durch die Aufweitung und durch die Ein- und Ausfahrt der Tiefgarage völlig zerstört. Immerhin ist dieses Übel dem größeren vorzuziehen, das eine (zunächst geplante) Erschließung der Garage von der Grabengasse aus bedeutet hätte.

Der Innenhof, entkernt und durch den an seinem Ort verbliebenen alten Gar- *185*
tenpavillon wohltuend bereichert, wirkt lebendig und kommunikationsfördernd.
Obwohl er nicht in der projektierten offenen Form mit Läden zustande kam, läßt
er die Grundkonzeption des Seminargebäudes, die ›freie Durchflutbarkeit‹, deutlich spüren. Das Prinzip der Rasterfassade bleibt – in mehreren Varianten – auch
hier leitend; große Wandflächen, eingestanzte Fenster, funktionale Zuordnungen
bestimmen den Eindruck. Trotz der unterschiedlichen Ausformung der Hoffron-
ten wirkt alles vergleichsweise geschlossen, schon weil sich der Kontrast zur alten
Bebauung weniger bemerkbar macht. Allerdings muten die Balkons der terras-
sierten Südseite, vom Hof her gesehen, etwas lastend an. Noch mehr steigert sich
ihre Gewichtigkeit für den Blick vom Philosophenweg oder vom Heiligenberg- *165*
turm: Überhaupt bietet sich dem Betrachter der Hof des Seminargebäudes von
hier als auffallend groß dar; das Flachdach des Hauptblocks erscheint, ähnlich
wie das Dach des Neuen Kollegiengebäudes im Marstallhof, als Fremdkörper inmitten der Altstadt. Dagegen passen sich die Dächer des Grabengassen- und des
Sandgassenflügels recht gut in die Heidelberger Dachlandschaft ein (was durch
eine Differenzierung der Neigungswinkel noch hätte gefördert werden können).
  Das Innere des Seminargebäudes wirkt insgesamt formal schlüssiger und interessanter als der Außenbau. Zentrales Gestaltungselement ist die große Abgangsspindel der Mensa, gleichsam sichtbare Manifestation der geschoßübergreifen-
den Gebäudeplanung. Der Mensabereich gewinnt durch die phantasievolle, mit
dem Beton glücklich zusammenspielende Holzauskleidung und die abwechs- *564, 565*
lungsreiche Gruppierung der Tische und Sitzgelegenheiten eine hohe Attraktivität (vgl. S. 588 f.). Im dritten und vierten Geschoß des Hauptblocks kommt die
großzügige Planung kaum zur Geltung, weil die nachträgliche Verglasung der
zwischen beiden Geschossen vermittelnden Galerien eine Kommunikation unmöglich macht. Im ganzen gesehen entsteht bei einem Rundgang im Inneren des
Seminargebäudes das Bild einer gelungenen Synthese von ästhetischen und
funktionalen Ansprüchen.
  Das Seminargebäude Grabengasse/Sandgasse will als ein Produkt der besonderen Umstände bewertet sein. Viele, wohl zu viele Forderungen und Erwartungen standen am Anfang seiner Planung und begleiteten seine Entstehung. Das
Verbleiben der Geisteswissenschaften in der Heidelberger Altstadt hing wesentlich von seiner zügigen Verwirklichung ab. Aus der – wenn auch noch geringen –
zeitlichen Distanz stellt sich das Bauwerk als ambivalentes Gebilde dar: Es erfüllt
seinen Zweck und fügt sich leidlich in den urbanen Zusammenhang, ohne als
wirklich befriedigende Antwort auf die spezifische architektonische Herausforderung gelten zu können. Eine solche Antwort ließ sich, wie es scheint, in den
siebziger Jahren unseres Jahrhunderts nicht formulieren. Offenkundig sind derartige Nutzungsansprüche und historische Stadtstruktur grundsätzlich unvereinbare Größen – oder doch Größen, die eine ganz neue Art des Planens und Bauens notwendig machen.

Anmerkungen

1 UBA: B 286.1 K 1208 T 71106-08, Allgemeiner Schriftverkehr I-II. Alle Angaben zur folgenden Planungs- und Baugeschichte sind dieser Aktenreihe entnommen. Vgl. auch Lothar Götz: Seminargebäude der Universität Heidelberg, in: Werk, Bauen und Wohnen, München 1982, Nr. 4, S. 46-50

2 Der Wettbewerb war, präzise ausgedrückt, ein Gutachten. Im Gegensatz zur Wettbewerbspraxis wurden die Teilnehmer bestimmt, eine freiwillige Beteiligung war nicht möglich

3 Vgl. Jörg Gamer, Jürgen Julier, Bernd-Peter Schaul, Anneliese Seeliger: Der Baublock Grabengasse/Sandgasse, Veröffentlichungen des Kunsthistorischen Instituts der Universität Heidelberg zur Heidelberger Altstadt, hrsg. von P. A. Riedl und J. Julier, Nr. 2, Heidelberg 1969

4 So wurde das Tor der Gaststätte ›Zum Rodensteiner‹ vom UBA gesichert; andere alte Bauteile wurden in der Durchfahrt Sandgasse 1-3 angebracht: eine Renaissanceportalrahmung - möglicherweise von dem Vorgängerbau des Hauses Hauptstraße 120 - (Eingang Sandgasse 1), eine Portalrahmung des alten Hauses Sandgasse 11 (Eingang Sandgasse 3) und das Gewände eines Doppelfensters desselben Hauses (Treppenhaus Sandgasse 3)

5 Vgl. S. 223 ff.

6 Da das Land gegenüber der Stadt Heidelberg einer Stellplatzverpflichtung von 640 Einheiten nachzukommen hatte, wurde zunächst erwogen, die Tiefgarage für 700 PKW auszubauen. Dieser Plan wurde 1971 aufgegeben, ebenso die damit verbundene Unterkellerung des Universitätsplatzes. Aus finanziellen und städtebaulichen Rücksichten verringerte sich schließlich die Anzahl der Einstellplätze auf heute 180. Die restlichen Stellplätze wurden anderenorts nachgewiesen. Doch kann die Tiefgarage, deren Ein- und Ausfahrt in der Sandgasse liegt, durch eine herausnehmbare Wand zum Universitätsplatz hin erweitert werden

7 Vgl. hierzu Gamer/Julier/Schaul/Seeliger, a. a. O., S. 13 ff.

EVA HOFMANN UND GABRIELE HÜTTMANN

Das Haus Hauptstraße 120

Das Gebäude, in dessen Erdgeschoß sich Läden befinden, wird von der Philosophisch-Historischen Fakultät (Dekanat), dem Soziologischen Institut und der Hochschule für Jüdische Studien genutzt.

Geschichte

Das Anwesen Hauptstraße 120, altes Lagerbuch Nr. 113/114, scheint nach einer Urkunde vom 25. Juli 1564 zu diesem Zeitpunkt den Erben des kurfürstlichen Schiffmanns Peter Engelhart zu gehören.[1] 1588 von Balthasar Weidenkopf und dessen Familie bewohnt, geht das Haus zwischen 1588 und 1598 auf Jonas Kistner über, der Ratsmitglied der Stadt und 1613 Bürgermeister ist. Dieser betreibt das Haus, auf das er die Schildgerechtigkeit ›Zum Schwert‹ überträgt, als offene Herberge.[2] Vor 1614 hat Kistner wohl an der Stelle der bisherigen Gebäude ein neues erbauen lassen, denn die akademischen Annalen berichten, daß am 22. Mai 1614 in der erst kürzlich erbauten Herberge ›Zum Schwert‹ in der Vorstadt ein Brand den gesamten Hausrat vernichtet habe.[3]

Der Stich Merians von 1620 zeigt ein traufständiges, dreigeschossiges Gebäude *167* mit neun Fensterachsen, einem über drei Achsen reichenden Mittelportal im Erdgeschoß und zwei dreigeschossigen Zwerchhäusern. Als Jonas Kistner um 1618/19 stirbt, ohne einen Sohn zu hinterlassen, kauft bald darauf der kurfürstliche Leibarzt und Professor der Medizin Peter von Spina das Haus.[4] Nach seinem Tod um 1622 geht das Haus auf die Witwe über, die Ende 1625 stirbt, und dann auf den ältsten Sohn Peter. Nach dem Ableben Peter von Spinas am 23. März 1655 erben die beiden ältesten Töchter, Klaudine Elisabeth von Spina (geb. 1618, seit 1643 verheiratet mit dem kurpfälzischen Landschreiber in Bacharach Georg Sigmund Boltzinger) und Agathe Agnes von Spina (geb. am 15. Dezember 1622, seit dem 24. Mai 1653 Gemahlin des Simmernschen Rates und Truchsessen in Kreuznach Johann Karl Tollner) das Anwesen.[5] Dieses wird so geteilt, daß Agathe Tollner die westliche Hälfte (Hauptstraße 118) und Klaudine Boltzinger die östliche Hälfte (Hauptstraße 120) erhält. Durch das Vorderhaus, das Hinterhaus und den Hof wird eine Scheidemauer aufgeführt[6]. So zeigt die (in den Details ansonsten wenig zuverlässige) Radierung von Ulrich Kraus aus dem Jahre 1683 an- *168* stelle des großen Mittelportals in jeder Haushälfte einen eigenen Eingang.

Im Pfälzischen Erbfolgekrieg wird 1689 die östliche Hälfte des Hauses durch Brand beschädigt.[7] Die westliche Hälfte wird nach dem Tod der Agathe Tollner

1691 von dem kurpfälzischen Hofgerichtsrat und Stadtschultheiß Burkhard Neukirch und seiner Gemahlin Anna Maria geb. Cochem bewohnt. Am 15. Februar 1699[8] kauft Neukirch von Johann Georg Boltzinger zunächst den östlichen Teil, einen Hausplatz nebst Garten[9], und am 11. April 1699 von dem Sohn der Agathe Tollner, Karl Ludwig Tollner, auch den westlichen Teil, eine abgebrannte Behausung nebst Garten.[10] Beide Gebäudehälften sind offensichtlich 1693 zerstört worden. Die westliche Hälfte des Anwesens wird von Neukirch bereits vor dem 16. 9. 1699 wieder verkauft.[11]

Nach Wundt[12] und Huffschmid[13] erbaut Neukirch zu Beginn des 18. Jahrhunderts auf dem Grundstück Hauptstraße 120 das noch heute stehende Haus (Lgb. Nr. 925). Nach dem Ableben der Witwe Neukirchs um 1731 ist das Haus im Besitz des kurpfälzischen Hofgerichtsrates und Universitätssyndikus Quirin Heiderich[14], dessen Gemahlin Franziska Friederike geb. Cochem vermutlich eine Verwandte der Frau Neukirch war. Nach seinem Tod um 1747 geht das Haus auf die Tochter Maria Elisabeth Dorothea Heiderich über, welche spätestens seit 1746 mit dem Hofgerichtsrat, später Regierungsrat und Professor der Rechte, Dr. jur. Johann Wilhelm Anton Dahmen verheiratet ist und auch als Witwe das Haus um 1774 noch bewohnt.[15]

Die älteste Tochter, Eleonora Dahmen, verkauft am 9. September 1779 ihre ›in der vorstadt hauptstraß gelegene Elterliche behausung samt daran stoßenden garten . . . vor und um die Summe von 5915 Gulden‹ an das Ratsmitglied David Ehrmann.[16] Ehrmann bleibt jedoch nur eine Woche der Eigentümer des Hauses; er verkauft bereits am 16. September 1779 seinen Besitz für ebenfalls 5915 Gulden an den kurpfälzischen Administrationsrat Karl-Ludwig Bettinger und dessen Gemahlin Maria Sophie geb. Schoenling[17], welche am 12. September 1785 ihr Anwesen gegen das des Herrn Haub und seiner Frau Elisabetha geb. Molitor tauschen.[18] Haub muß zwischen 1801 und 1809 dem Reichsgrafen von Westerhold und dem Reichsfürsten von Bretzenheim seinen Besitz abgetreten haben[19], da Handelsmann Johannes Loos am 26. Oktober 1809 ›von dem gräflich westerholdischen Consulenten Westerrad desselben Rechnungsrathen Hartmann dem fürstlich Bretzenheimischen Kanzleidirektor Jywey und deren gemeinsam angestellten Mandatario Dicasterial Advokaten Barion‹ das Haus für 13 500 Gulden kauft.[20] Als Loos und seine Ehefrau Sybilla dieses am 19. Februar 1813 an den Oberamtmann von König für 14 000 Gulden veräußern, bedingen sie sich aus, weitere acht Jahre ihre Wohnung im unteren Stock, sämtliche Wohnzimmer umfassend, den Laden nebst der Küche und die Magazinräume als Mieter bewohnen zu dürfen. Dem Käufer bleiben zum alleinigen Gebrauch ›die Waschküche, der Garten, die Remise rechter Hand und das daran stoßende Magazin und der obere kleine Keller, sowie alle übrigen Theile des Hauses‹[21]. Am 31. Oktober 1831 gelangt das Haus wieder in den Besitz der Familie Loos; Johannes Martin Loos kauft es von der Freifrau Friederike von König und deren Sohn Friedrich für 19 200 Gulden.[22] Als aufgrund einer Erbteilung das Haus am 17. September 1839 versteigert wird, bleibt Johannes Martin Loos meistbietend mit 25 080 Gulden der Besitzer und erhält ein ›dreistöckiges Wohnhaus mit Küchenanbau, Schuppen und Magazinbau nebst Speiseraum 28 R[uten] 8 Z[oll] enthaltend. Dabei 40 R[uten] 3 Sch[uh] 3 Z[oll] 2 L[inien], worauf jetzt Magazin, Schuppen und

Waschküche und Hofplatz begrenzt sind‹[23]. Nach dem Tod des Johann Martin Loos erhält im März 1863 der Sohn, Baumeister Johann Friedrich Samuel Loos, in einer öffentlichen Versteigerung des Anwesens den Zuschlag für den Preis von 51 000 Gulden.[24] Als er am 6. Juni 1869 stirbt, erben die Kinder Friedrich und Anna die Liegenschaft an der Hauptstraße. Sie besteht zu diesem Zeitpunkt aus einem dreigeschossigen Wohnhaus und mehreren, auf dem südlich anschließenden Hof- und Gartengelände befindlichen Nebengebäuden: östlich gelegen zunächst ein dreigeschossiges Hinterhaus, mit der Südseite an das Grundstück Grabengasse 2 angrenzend, und, südlich davon, ein zweigeschossiges Gebäude; an der westlichen Grundstücksgrenze gelegen ein mit dem Wohnhaus verbundenes, zweigeschossiges Magazingebäude mit Wohnung, daran anschließend ein einstöckiges Hinterhaus[25] und eine einstöckige Holzremise.[26] Die Witwe Pauline Loos geb. Werner veräußert für ihre Kinder den Besitz am 30.9. 1872 an die Kaufleute Salomon und Heinrich Ehrmann[27], welche diesen am 17.4. 1877 an den Metzger Georg Friedrich Schaaf abgeben.[28] Als Schaaf am 10.6. 1884 dem Metzger Philipp Gutermann und dessen Frau Barbara geb. Meisel das 13 Ar und 56 qm Fläche umfassende Anwesen für 170 000 Mark überläßt, befinden sich auf dem Grundstück die gleichen Gebäude wie 1869.[29]

Die Liegenschaft bleibt lange im Besitz der Familie Gutermann und erlebt in dieser Zeit diverse An- und Umbauten sowie Abrißarbeiten. Der Hauptbau, dessen Südfassade bereits in den siebziger Jahren durch einen Galerieanbau im ersten und zweiten Obergeschoß des Risalits verändert wurde[30], erfährt zu Beginn des Jahres 1900 eine weitere bedeutende Veränderung[31], ›indem der teilweise mit Mansarden versehene Dachstock als Gaubwohnung mit sechs Gaubfenstern, welche durch das Dach zur Hauptstraße eingerichtet werden‹, ausgebaut wird, ›so daß zwei Wohnungen mit je vier Zimmern und Küche entstehen‹.

Im Juli 1889 wird zwischen dem Haupthaus und dem dreistöckigen östlichen Nebengebäude ein eingeschossiges Comptoir eingerichtet, indem das Höfchen hinter dem Haus überdacht wird. In dem ebenfalls östlich, aber weiter südlich gelegenen, zweistöckigen Seitengebäude werden im Mai 1891 im ersten Obergeschoß durch eine Veränderung des inneren Grundrisses zusätzliche Räume für das Arbeitspersonal geschaffen. Im März 1914 wird diesem Gebäude im Süden ein einstöckiger Schuppen angebaut. Als am 30. Januar 1932 der Dachstuhl dieses Seitenbaus abbrennt, wird er wieder wie früher aufgebaut und mit einem Satteldach gedeckt.

In dem mit dem Haupthaus verbundenen, zweistöckigen Nebengebäude werden im Mai 1912 Umbauarbeiten durchgeführt; durch einen Ausbau des Dachstockes werden drei Kammern gewonnen. Im Juli 1928 wird diesem Gebäude noch ein einstöckiger Anbau mit Oberlicht vorgesetzt. Das einstöckige Hinterhaus und die etwas weiter südlich gelegene Holzremise (an die, wie aus einem Plan von 1895 ersichtlich, bereits ein Anbau angefügt worden ist) werden zwischen 1895 und 1900 durch weitere An- und Umbauten in ein schließlich zweigeschossig entstehendes Gebäude integriert. 1907 und 1914 wird auch dieses Gebäude nochmals durch jeweils einen einstöckigen Anbau nach Süden erweitert. *171*

Neben den aufgeführten Hintergebäuden, die fast ausschließlich dem Metzgereibetrieb dienen, entsteht 1885 in der Südostecke des Gartens ein photographisches Atelier. Der eingeschossige Bau ist dreizehn Meter lang und enthält außer dem Atelier ein Empfangszimmer und eine Dunkelkammer. Zehn Jahre später, im Oktober 1895, wird das Atelier zur Sommerwohnung umgebaut und im April 1900 nach Westen bis zur Nachbargrenze verlängert. 1919 wird es abgebrochen und an gleicher Stelle durch ein komfortableres Gartenwohnhaus mit Küche ersetzt.

In dem Einschätzungsverzeichnis des Anwesens von 1939[32] werden alle oben genannten Gebäude aufgeführt. Am 4.11. 1942 wird die Vereinigte Studienstiftung der Universität Heidelberg Eigentümerin der Hauptstraße 120.[33] Als die Liegenschaftsverwaltung des Landes Baden-Württemberg am 1.12. 1961 den Besitz erwirbt[34], werden die Gebäude gemischt genutzt. Die beiden Läden im Erdgeschoß sind an eine Buchhandlung und an eine Metzgerei vermietet, deren Inhaber, Nachfolger des Gutermannschen Betriebes, einen größeren Teil des Anwesens für den Metzgereibetrieb und für Wohnzwecke mit angemietet hat. Die übrigen vorhandenen Wohnungen sind an Dritte vermietet. Im Herbst 1970 zieht ein Teil der Zentralen Universitätsverwaltung in das vorher privat genutzte erste Obergeschoß.[35] Im Mai 1979 wird der Forschungsgruppe ›Streß‹ das zweite Obergeschoß und ein Teil des Dachgeschosses bis zum 31.12. 1979 vorübergehend zur Verfügung gestellt; diese tritt jedoch zurück, so daß bis zum Oktober 1980 die Räume von der Hochschule für Jüdische Studien genutzt werden. Anfang 1981 ist im Gespräch, daß die Universität ausschließlich das erste Obergeschoß behalten will und die anderen Räume wieder zu Wohnzwecken dienen sollen. Dennoch wird nur das Dachgeschoß dem Studentenwerk überlassen, um Wohnraum für Studenten zu schaffen. Das zweite Obergeschoß bleibt der Nutzung durch die Universität vorbehalten und zwar werden die vier westlichen Räume dem Soziologischen Institut (Max-Weber-Edition) und die verbleibenden drei östlichen Räume der Hochschule für Jüdische Studien zur Verfügung gestellt. Als im Sommer 1981 die Zentrale Universitätsverwaltung aus dem ersten Obergeschoß auszieht, wird dort nach Durchführung kleinerer Renovierungsmaßnahmen das Dekanat der Philosophisch-Historischen Fakultät eingerichtet.

Nachdem im Zusammenhang mit dem Neubau des Seminargebäudes Mitte der siebziger Jahre alle Hintergebäude, außer dem östlich angrenzenden, abgebrochen worden sind, beginnt 1983 nach Abriß auch dieses Anbaus die Sanierung des Hauptgebäudes. Im Zuge der Neugestaltung der Hoffassade, die nach Möglichkeit in ihrem Originalzustand des 18. Jahrhunderts wiederhergestellt werden soll, werden die hölzernen Galerieanbauten in den Obergeschossen und der Ausbau im Dachgeschoß über dem Risalit entfernt, das Dach selbst an dieser Stelle abgeschleppt und über dem Torbogen im ersten Obergeschoß wieder ein Balkon angebracht. Nach der bereits im Sommer 1984 abgeschlossenen Restaurierung der Hoffassade sind die Instandsetzung der Vorderfront und eine neue, funktionsgerechte Grundrißeinteilung in der Süd-Ost-Ecke des ersten und zweiten Obergeschosses und im Dachgeschoß vorgesehen. Nach der Sanierung soll das Dekanat im ersten Obergeschoß bleiben und das zweite Obergeschoß eventuell den Dekanaten der Neuphilologischen Fakultät und der Fakultät für Sozial- und Verhaltenswissenschaften zur Verfügung gestellt werden. Für das Dachgeschoß ist eine universitäre Wohnraumnutzung geplant.

Beschreibung

Das Haus Hauptstraße 120 - ein traufständiges, dreigeschossiges Gebäude mit   *174*
einem niedrigen Sockel und einem im Jahre 1900 ausgebauten Mansarddach - ist
über einem rhomboid verzogenen Grundriß errichtet, wobei die Hoffassade ge-   *172*
genüber der Hauptfassade leicht nach Westen verschoben ist. Die Fassade zur
Hauptstraße umfaßt im Erdgeschoß sieben, in den beiden Obergeschossen neun
Achsen. Der fehlende Achsenbezug zwischen dem unteren und den oberen Geschossen spricht dafür, daß die Gliederung des Erdgeschosses vermutlich nicht
aus der Erbauungszeit stammt, abgesehen von dem großen, korbbogigen Portal
aus rotem Sandstein.[36] Dieses befindet sich in der mittleren Achse des Erdgeschosses und führt über eine Durchfahrt in den Hof. Es wird von toskanischen
Pilastern vor genuteten Rücklagen gerahmt, die ein Gebälk, bestehend aus mehrfach abgestuftem Architrav, glattem Fries und Gesims, und einen Segmentgiebel
tragen. Die Verkröpfung des Gebälks über den Pilastern ist dabei durch das Giebelfeld hindurch bis zum segmentbogig geführten Gesims beibehalten, das zudem in der Mitte stufenförmig nach unten gebrochen ist. Im Giebelfeld sitzen
zwei glatte, trapezförmige Sandsteinplatten. Die Zwickel des Portalbogens sind
diamantiert, sein Scheitelstein ist als Volutenkonsole gearbeitet. Zu beiden Seiten
des Portals befinden sich Läden mit je einem Eingang zwischen zwei Schaufen-
stern. Fenster und Ladeneingänge werden ebenfalls von Pilastern gerahmt, die
denen des Portals entsprechen, aber eine flachere, glatte Rücklage haben. Sie tragen das abschließende Gebälk, das über allen Pilastern verkröpft ist.

Während das Erdgeschoß seitlich von Pilastern begrenzt ist, sind erstes und
zweites Obergeschoß durch genutete Ecklisenen zusammengefaßt. Die drei mittleren der insgesamt neun Fensterachsen liegen in einem leichten, risalitartigen
Mauervorsprung, der im Erdgeschoß nicht in Erscheinung tritt, um den sich jedoch der untere Teil des Traufgesimses verkröpft. Außer diesem Mauervorsprung
gliedern alleine die reich profilierten Fenstergewände aus rotem Sandstein die   *176*
ansonsten glatt verputzte Fassade. Die sprossengeteilten Fenster des ersten Obergeschosses haben eine gerade, glatte Sohlbank, die, vorne abgerundet, auf zwei
längsrechteckigen Konsolklötzchen ruht. Die Fenstergewände sind seitlich nach
innen, oben nach außen gekröpft. In den so entstehenden Ecken der Rahmung
befinden sich kleine schmückende Voluten. Die ebenfalls sprossengeteilten Fenster des zweiten, niedrigeren Obergeschosses haben die gleiche Breite wie die des
ersten Stockwerkes, aber eine geringere Höhe. Die Gewände, die, profiliert wie
die des ersten Obergeschosses, das ganze Fenster umgeben, sind an allen Seiten
nach außen gekröpft, d. h. die Sohlbank der Fenster ist entsprechend dem Sturz
ausgebildet. Das zweite Obergeschoß ist so als eine Art Mezzanin charakterisiert.
Die Ecken der äußeren Leisten füllen auch hier Voluten; zusätzlich ist vor diesen
Fenstern ein niedriges Brüstungsgitter angebracht.

Ein Traufgesims, das im Unterteil über Ecklisenen und Mauervorsprung verkröpft ist, leitet zum Dach über, in dem sechs Gaupen sitzen - jeweils eine Zwil-
lingsgaupe mit Segmentgiebel zwischen zwei einfachen Gaupen mit Dreieckgiebel - die, nicht original, auch nicht auf die Fensterachsen Bezug nehmen. Die
Stadtansicht Walpergens aus dem Jahre 1763, die leider nur die Dachpartie des   *169*

Gebäudes wiedergibt, zeigt in dem Mansarddach ein Zwerchhaus mit Dreieckgiebel, das mit seinen drei Fenstern wohl als Fortsetzung des Mauervorsprungs
zu verstehen ist. Im Giebel selbst sind noch ein kleines Rundfenster, rechts und
links des Zwerchhauses jeweils zwei kleine Gaupen zu sehen.

175   Die Hoffront ist heute, nach Abbruch der zahlreichen Anbauten im Erdgeschoß, im westlichsten Bereich des ersten Obergeschosses und am Risalit, wieder
ganz sichtbar. Ihre Gliederung folgt, abgesehen vom Erdgeschoß, weitgehend der
Straßenfassade. Zu beiden Seiten eines stärker ausgeprägten Risalits, der in Breite und Lage dem Mauervorsprung an der Nordfassade entspricht, umfaßt sie jeweils drei Achsen, wobei die westlichste Fensterachse nicht mehr vollständig ist.
Im Risalit selbst befindet sich das große Hofportal. Seine korbbogig schließende
Öffnung liegt in einer zweifach gestuften, hochrechteckigen Rahmung aus rotem
Sandstein, die im unteren Bereich aus jeweils einem gefelderten Pfeiler mit
Kämpfergesims besteht; in Höhe des ersten Obergeschosses schließt sie mit einem Gesims ab, das in der Mitte einen Balkon ausbildet, dessen Bodenplatte auf
zwei Konsolen ruht. Rechts und links wird das Portal flankiert von zwei heute zugemauerten werksteingerahmten Eingängen mit Oberlicht. In den Obergeschossen weist der Risalit zwei Fensterachsen auf, eine über dem Portal, die andere
westlich davon.

Die Hoffront ist auffallend asymmetrisch. Der Risalit liegt, wegen der oben beschriebenen Grundrißdisposition, nicht ganz in der Mitte der Fassade, sondern
ist aus dieser leicht nach Osten verschoben. Auch ist er selbst nicht symmetrisch
gegliedert. Eine dritte, östliche Fensterachse konnte während der Restaurierung
nicht nachgewiesen werden. Dort, wo ursprünglich vielleicht Fenster saßen, die
das an dieser Stelle im Inneren liegende Treppenhaus im ersten und zweiten
Obergeschoß belichtet hätten, oder auch Türen, die in Verbindungsgänge zum
östlichen Hinterhaus führten, ist der Risalit heute vermauert. Außerdem ist seine
mittlere Achse, bestimmt durch Portal, Balkon/Balkontür und Fenster, leicht
nach Westen verschoben, so daß die Durchfahrt im Erdgeschoß des Hauses in
schrägem Verlauf in den Hof führt.[37]

Im Erdgeschoß des östlichen, schmäleren Teils der Hoffassade sitzen drei neue
Fenstergewände, die in der Form den noch vorhandenen originalen nachempf-
funden sind. Westlich des Risalits sind die teilweise erhaltenen Gewände zweier
Fenster wieder ergänzt worden, wogegen die in den abgebrochenen Anbau führenden Türöffnungen im Erdgeschoß und ersten Obergeschoß der westlichsten
Achse vermauert wurden. Alle übrigen Fenster gleichen in Form und Gestaltung
denen der Nordfassade, doch sind die Gewände einfacher profiliert und weniger
oft verkröpft. Im Dachgeschoß sitzen heute über dem Risalit eine neue, 1984 eingebaute Schleppgaupe, rechts und links davon je zwei Giebelgaupen, die von
dem Dachausbau im Jahre 1900 herrühren. Die Fassade erhielt – abgesehen von
den erwähnten Sandsteinteilen – bei der jüngsten Restaurierung einen grünlichen
Verputz.

Innenräume und Stuckdekoration

Die originale Raumdistribution des Hauses Hauptstraße 120 ist, außer in den seitlichen Teilen des Erdgeschosses und im Dachgeschoß, weitgehend unverändert erhalten, ebenso die Ausstattung, die Ende des 18.Jahrhunderts im Stil Louis-Seize ausgeführt wurde und die sich im gesamten Treppenhaus und der Tordurchfahrt, im ersten und im zweiten Obergeschoß findet. Sie dürfte mit dem Wechsel des Besitzes an den Administrationsrat Karl-Ludwig Bettinger, einem Mitglied des gehobenen Bürgerstandes, einhergegangen sein. Das Kaufdatum von 1779 ist insofern von Interesse, als mit dem Wegzug des kurfürstlichen Hofes von Mannheim nach München im Jahre 1778 sich nicht nur stellungslos gewordene Hofbeamte neu zu orientieren hatten, sondern auch ehemalige Hofkünstler jetzt auf Privataufträge angewiesen waren. Besondere Beachtung verdient vor allem die Stuckdekoration des Hauses Hauptstraße 120, da sie von bemerkenswerter Qualität ist und sich Vergleichbares nur noch in wenigen Heidelberger Adelspalais finden läßt.[38]

Den Plafond der breiten Tordurchfahrt, von einem Konsolenfries gerahmt, schmücken zwei große Blattrosetten zur Anbringung von Hängelaternen. Die Gartenwohnung im westlichen Erdgeschoßtrakt konnte über einen kleinen, ursprünglich zur Durchfahrt offenen Vorraum durch zwei Türen betreten werden. Nur noch eine der beiden Supraporten (Ovalmedaillons mit Portraitkopf) ist erhalten; sie zeigt ein Philosophenportrait. Ein weiterer am Ende der Tordurchfahrt gelegener Zugang zum westlichen Parterre ist mit einer Muschel mit sich kreuzenden Füllhörnern bekrönt. Dasselbe Motiv schmückt die gegenüberliegende Tür zum Keller. Vom Treppenaufgang aus gelangte man in die ehemalige Küche im Erdgeschoßtrakt. Die Supraporte über dem Eingang zeigt einen Minervakopf in einem Ovalmedaillon, über das eine Girlande mit Zierschleife gelegt ist. Die Wand des Treppenhauses gliedern gerahmte Panneaux mit Eckrosetten. Zwischen den Feldern hängen Festons. Unterhalb des Treppenlaufes befinden sich aus der Rosette entwickelte Schmuckmotive. Besonders reizvoll bei wechselnder Beleuchtung erscheint der Dekor des quadratischen Treppenhausplafonds: eine Sonne mit menschlichem Antlitz in breitem Strahlenkranz.

Die Wände des Vestibüls im ersten Obergeschoß sind ebenfalls durch Panneaux gegliedert und zum Plafond durch Ornamentfriese abgesetzt (Zahnschnitt, Blatt- und Perlstabornamente). Eine Besonderheit des Vestibüls stellen die fünf Supraporten mit Puttenszenen in Stuckrelief dar: Relief 1 zeigt Putten mit Blütengirlanden, Relief 2 Putten mit Blüten und Früchten. Auf dem dritten Relief sind Putten auf Wolken sitzend dargestellt. Sie tragen die Attribute des Hermes, des Schutzgottes der Händler: Heroldstab, Flügelhaube und Buch. Bei dem vierten Relief handelt es sich wieder um Putten mit Blüten und Früchten und bei dem fünften Relief um Putten mit Trauben.

173

177
178, 179

181

180

Vom Vestibül aus hat man Zutritt zu einem kleinen Raum, der als Retirade konzipiert war und im späten 18.Jahrhundert eine Muschelnische mit Panmaske erhielt. Installiert wurde wahrscheinlich ein Wandbrunnen. Seit der Mitte des 18.Jahrhunderts wurden Wandbrunnen in oder in unmittelbarer Nähe von Speisezimmern sehr beliebt zur Reinigung der Hände. Auch hier befindet er sich neben dem Salon, der, wie die eingebauten Geschirrwandschränke beweisen, als Speisesaal genutzt wurde. Der Salon erstreckt sich über nur drei Achsen ganz im Westen, nimmt dafür aber die ganze Tiefe des Gebäudes ein[39], so daß er von Norden und Süden beleuchtet wird. Die Wände sind hinter tapezierten und weiß gestrichenen Preßspanplatten verschwunden, aber die Deckenornamentik und das Stuckrelief über dem Kamin sind erhalten. Den Wandabschluß bilden ein Konsolenfries mit Löwenköpfen und verbindenden Blütengirlanden. Den Plafond rahmt ein Kettenornament, und in den Zwickeln sind Frauenköpfe mit Früchtekörben auf dem Haupt, umrankt von Mispelzweigen, angebracht. Das Feld über dem Kamin, mit dem Emblem der Musik verziert, wird von einem Ornamentband aus Lyra- und Muschelmotiven begrenzt. An den Salon schließen drei zur Straße gelegene Räume an: das erste Vorzimmer (Salle Assemblé), das zweite Vorzimmer (Spielzimmer oder Cabinet) und das Paradeschlafzimmer. Im ersten Vorzimmer finden sich ein einfacher Konsolenfries unter der Decke, eine reizvol-

182 le, sternartige Deckenrosette und ein interessantes Reliefbild mit einer mythologischen Szene über dem Kamin, darüber eine Blütengirlande. Ebenso wie im Salon wurden auch in diesem Raum Kamin und Kaminbild erst am Ende des 18. Jahrhunderts angebracht. Sie ersetzten Öfen, die gemeinsam vom Vestibül aus beheizt wurden. Die Spuren einer ehemaligen Tür zur Beheizung sind sorgfältig entfernt worden, lediglich das Fehlen einer Eckrosette und der ausgebesserte Lambris deuten auf eine nachträgliche Veränderung. Ein aufwendiger Akanthusdekor ziert die Hohlkehle zwischen Wand und Decke des zweiten Vorzimmers. In den Zwickeln der Decke befinden sich Lorbeerzweige. Auch die Deckenrosette ist von Lorbeerzweigen umrankt. Im Paradeschlafzimmer konnte auf eine Deckenrosette verzichtet werden. Als Zwickeldekor fungieren Embleme der Liebe: ein Rosenbukett mit Pfeilen, ein Köcher mit Lorbeer und eine Fackel mit Kranz und Mispelzweigen. Neben dem Schlafzimmer zum Hof zu liegt der undekorierte Raum für Waschkabinett, Leibstuhl und Garderobe, das sogenannte Degagement.

Im Vergleich zu den Repräsentationsräumen im ersten Obergeschoß sind die der privaten Nutzung vorbehaltenen Räume im zweiten Obergeschoß erwartungsgemäß bescheiden ausgestattet. Es handelt sich um mindestens zwei Schlafzimmer mit Antichambre oder Kinderzimmer in den Flügeln des Gebäudes und zwei Wohnräume im Zentrum. Der Dekor beschränkt sich auf einfache Deckenrosetten.[40]

Im Oktober 1983 wurde begonnen, die Supraporten im Vestibül von einer dicken Farbschicht, die von mehreren Anstrichen herrührte, freizulegen.[41] Dabei konnten folgende Beobachtungen gemacht werden: 1. Der originale Farbanstrich in einem hellen Grau überzog das ganze Bildfeld. Die zurückhaltende Farbgebung entsprach dem klassizistischen Zeitgeschmack, der klare Formen bei Betonung der Plastizität und Ablehnung der Farbe verlangte. Der darüberliegende Farbanstrich zielte dadurch, daß die Figuren weiß, der Hintergrund aber gelb gehalten wurde, auf eine andere Wirkung ab; ebenso die nächste Schicht mit weißen Figuren und türkisblauem Hintergrund. Diese Farbmodifikationen können vom Ende des 18. Jahrhunderts bis zur Mitte des 19. Jahrhunderts unter dem Eindruck des Empire und der Biedermeiermode durchgeführt worden sein. Dabei wurde die Farbigkeit der Wedgewoodkeramik, die häufig Puttenszenen vor farbigem Hintergrund verwendet, als Vorbild herangezogen.[42] Die jüngeren Anstriche begnügen sich wieder mit einem einheitlichen ›Weißeln‹ mit Leimfarbe, zuletzt mit Dispersionsfarbe. 2. Die fünf Reliefs zeigen auffallende Unterschiede in Materialqualität, technischem Verfahren, Komposition und Stil, so daß verschiedene Künstler angenommen werden sollten. Zum Beispiel wurden Relief 1 und 4 mitsamt der Rahmung aus einer Form gegossen und fein überarbeitet. Bei Relief 2 und 3 dagegen goß man nur die Figurengruppen. Der Hintergrund wurde an Ort und Stelle angetragen, Details wurden anmodelliert und die Rahmenleisten aufgelegt. Relief 5 mußte in der Größe angepaßt werden, mit dem Ergebnis, daß die Figuren zu klein wirken. Für die farbige Fassung wirkte sich der großflächige Hintergrund sogar günstig aus. Auch die Beschaffenheit der Oberfläche variiert von grob-porös bis glatt. 3. Der Wahl der Bildmotive – es handelt sich nicht um einen traditionellen Zyklus wie etwa die Darstellung der Vier Jahreszeiten, der Vier Elemente o. ä. – liegt ein individuell bestimmtes Programm zugrunde. Der Besitzer stellt sein Heim unter den Schutz des antiken Gottes, der Wohlstand garantiert, sinnfällig gemacht an dem Überfluß an Früchten. Dabei wurden die Früchtemotive aus dem Bildrepertoire von Jahreszeitendarstellungen gewählt, und zwar aus verschiedenen Zyklen.[43] So erklärt sich auch die Uneinheitlichkeit von Machart, Komposition und Stil.

Die Darstellung auf Relief 1 gibt den ersten Hinweis auf den Künstlerkreis. Im Vestibül des Schlosses Benrath bei Düsseldorf befindet sich ein Jahreszeitenzyklus, dessen Motiv des Frühlings[44] auf den gleichen Entwurf zurückgeht, der für die Darstellung auf Relief 1 vorgelegen hat. Der ausführende Stukkateur in Schloß Benrath, das als Witwensitz für die Kurfürstin Elisabeth Auguste gebaut wurde, ist aus den Akten bekannt. Joseph Pozzi zählt zu den Künstlern am Hofe Carl Theodors, die im Auftrag des Oberbaudirektors Nicolas de Pigage und des Architekten und Hofbildhauers Peter Anton von Verschaffelt Schlösser und Palais ausschmückten. Von der Hand Verschaffelts sind Entwurfzeichnungen für Wandgestaltung und Supraporten des Vestibüls in Schloß Benrath erhalten. Man kann also davon ausgehen, daß für Relief 1 ein Entwurf Verschaffelts herangezogen und die Ausführung der Werkstatt Pozzis übertragen wurde. Möglicherweise wurden alle Heidelberger Reliefs in Pozzis Werkstattbetrieb, aber von verschiedenen Stukkateuren gearbeitet.

Auch über das antike Motiv des Kaminreliefs im ersten Vorzimmer kann eine Verbindung nach Mannheim gezogen werden, und zwar zu dem berühmten Antikensaal. Es handelt sich um ein variiertes Detail des im 18. Jahrhundert bekannten hellenistischen Reliefs ›Gastmahl des Ikarios‹. Der trunkene Dionysos wird auf dem Heidelberger Kaminbild zu einem greisen Priester umgedeutet, der von einem nackten Knaben zu einem Opferaltar geleitet wird. Der Mannheimer Antikensaal war der kurfürstlichen Zeichnungsakademie angegliedert und stand, unter der Leitung Verschaffelts, Künstlern zum Studium offen. Er enthielt die berühmtesten Antiken in Gipsabgüssen, die vor allem von Verschaffelt zu weiteren Abgüssen und Umformungen benützt wurden.

Schließlich sind auch die ornamentalen Stukkaturen in Zusammenhang mit der Mannheimer Hofkunst zu sehen. Die Ornamentik im Salon findet sich identisch wieder in den Räumen des Palais Bretzenheim, das 1780–90 von Verschaffelt gebaut und dessen Stuckdekor von Pozzi ausgeführt wurde. Das Ornamentband mit Lyra-Muschelmotiv neben dem Kamin entspricht dem im großen Salon[45], und das Kettenband wurde im kleinen Salon des Palais Bretzenheim verwendet.

Das Haus Hauptstraße 120 wurde dem klassizistischen Geschmack des Louis-Seize entsprechend modernisiert, eine Richtung, die der Franzose Pigage an den kurpfälzischen Hof Carl Theodors gebracht hatte und die von dem Flamen Verschaffelt noch konsequenter vertreten wurde. Der Besitzer scheint dem intellektuellen Bürgertum angehört zu haben. Er vertrat mit der Ausstattung seines Hauses eine Wohnkultur, die mit der in Adelspalais konkurrieren konnte.

Kunstgeschichtliche Bemerkungen

Stammt die Ausstattung auch aus dem späten 18. Jahrhundert, so wurde das Gebäude selbst vermutlich schon in der ersten Phase des Wiederaufbaus von Heidelberg errichtet. Ein genaues Datum ist nicht überliefert.[46] Bauherr war nach Wundt ›ein gewisser Herr von Neukirch‹[47], kurpfälzischer Hofgerichtsrat, der bereits im Jahre 1691 Regierungsrat und Stadtschultheiß von Heidelberg wurde[48], d. h. höchster Beamter der Stadt, den der Kurfürst ernannte. Bereits 1693 wohnte Neukirch als Mieter in der Hauptstraße 118[49], bevor er 1699 das Trümmergrundstück Hauptstraße 120 erwarb und vermutlich neu bebaute. War dies der Fall, so dürfte das Haus Hauptstraße 120 zwischen 1699 und ca. 1710 errichtet worden sein, denn schon 1705 wurde Neukirch aus seinem Amt entlassen (wahrscheinlich dem des Stadtschultheißen) und noch vor 1710 scheint er seinen Heidelberger Wohnsitz aufgegeben zu haben, da er 1710 ›Ihrer hochfürstl[ichen] Durch[laucht] zu Oßnabrück und Olmütz hoff- und Cammerraths‹[50] genannt wird.

Das Haus Hauptstraße 120 entspräche also dem Typus des städtischen, bürgerlichen (?) Palais mit Hof und Garten, dessen Grundrißgestaltung durch eine gewisse Großzügigkeit ausgezeichnet ist. Eine große, in erster Linie bei Adelshöfen übliche Durchfahrt führt in den Hof. Von ihr zweigt, im östlichen Gebäudeteil liegend, das einhüftige Treppenhaus ab, das bis ins Dachgeschoß führt. Im ersten Obergeschoß, der Belétage, mündet die Treppe in ein Vestibül, das mit ihr eine räumliche Einheit bildet. Vom Vestibül aus sind sämtliche Räume und der Balkon an der Hoffassade zugänglich. Die Anordnung der Repräsentationsräume, die zur Straße liegen, ist dabei die eines ›appartement‹. Die Grundrißeinteilung des zweiten Obergeschosses, in dem die Wohnräume lagen, ist fast identisch mit dem der Belétage. Über dem Salon, der im ersten Obergeschoß die ganze Tiefe des Baues einnimmt, lagen hier ursprünglich zwei Zimmer.

In der neueren Literatur wird das Haus Hauptstraße 120 übereinstimmend Johann Jakob Rischer zugeschrieben, ohne daß es für diese Attribution einen über stilistische Indizien hinausgehenden Beweis gäbe[51]. Rischer, 1662 in Vorarlberg geboren, war seit 1701 in Heidelberg ansässig, wo er 1755 starb. Seit 1705 ›Werkmeister der Geistlichen Administration und der Residenzstadt Heidelberg‹, betätigte er sich auch im bürgerlichen Wohnungsbau. Was über seine Formensprache gesagt wurde: ›Rischer liebte die Fülle; den Stützen, Gesimsen, Gewänden und Verzierungen seiner Bauten eignet eine schwellende, urtümliche Kraft‹[52], das orientiert sich eher an einem Gebäude wie dem eigenen Wohnhaus des Meisters in der Unteren Straße 11 (1711/15). Man hat freilich zu bedenken, daß das Haus Hauptstraße 120 heute in einem Zustand ist, der das Urteil erschwert. Sicherlich waren die Putzflächen ursprünglich geometrisierend gegliedert und farblich differenziert, vergleichbar dem Haus Buhl, Hauptstraße 234, das, zwischen 1703 und 1714 erbaut, ebenfalls Rischer zugeschrieben wird.[53] Auffallend ist die Ähnlichkeit der Fenstergewände in dem jeweiligen ersten Obergeschoß: Die Sohlbänke ruhen auch beim Haus Buhl auf kleinen, längsrechteckigen Konsolklötzen (die Ornamente darunter sind spätere Zutat) und die mehrfach profilierten Fenstergewände sind seitlich ein- und oben aufgekröpft; in den Ecken sitzen anstelle der Volutenverzierungen Guttae. Auch in der Grundrißgestaltung der Belétage ist das Haus Buhl dem Haus Hauptstraße 120 verwandt. Eine zweihüftig ausgebildete Treppe führt dort ins erste Obergeschoß, mündet in ein Vestibül, mit dem sie – über annähernd quadratischem Grundriß – eine räumliche Einheit formt, und wiederum sind alle Räume um dieses Vestibül gruppiert.

So gewiß es weiterer Untersuchungen bedarf, um die Geschichte des Hauses Hauptstraße 120 auf wirklich befriedigende Weise zu erhellen, so bestimmt läßt sich sagen, daß dem bislang kaum beachteten Gebäude mit seiner vorzüglichen Ausstattung, deren kunstgeschichtlicher Rang im vorausgehenden Abschnitt begründet wurde, eine ähnlich große Bedeutung zuzumessen ist wie prominenteren Heidelberger Wohnbauten des 18. Jahrhunderts, etwa dem ehemaligen Palais Boisserée und dem Haus ›Zum Riesen‹.[54]

Anmerkungen

1 Maximilian Huffschmid: Zur Topographie der Stadt Heidelberg, in: NA, Bd. VII, Heft 1, Heidelberg 1906, S. 93. – Frau Pascale Lang, Heidelberg, sei für Hinweise gedankt.
2 Ebd., S. 93, Anm. 5
3 Ebd., S. 94, Anm. 2
4 Ebd., S. 95, Anm. 4
5 Ebd., S. 97
6 Ctrb. 1, S. 862–868
7 Huffschmid, a. a. O., S. 100
8 Ebd., S. 101
9 Ctrb. 1, S. 862–868
10 Ctrb. 1, S. 374–377
11 Huffschmid, a. a. O., S. 98
12 Friedrich Peter Wundt: Geschichte und Beschreibung der Stadt Heidelberg nach 1693, Mannheim 1805, S. 103
13 Huffschmid, a. a. O., S. 101
14 Ctrb. 5, S. 18
15 Huffschmid, a. a. O., S. 102
16 Ctrb. 8, S. 487–489
17 Ctrb. 8, S. 489–490
18 Ctrb. 9, S. 281–283
19 Ctrb. 11, S. 793
20 Ctrb. 14, S. 643–647
21 Gb. 15, S. 298–299
22 Gb. 22, S. 477–481
23 Gb. 29, S. 174–178
24 Gb. 50, S. 457–459
25 Dieses Gebäude ist bereits im Lageplan 3 zum Lagerbuch von 1770 eingezeichnet
26 Gb. 56, S. 305–309
27 Gb. 58, S. 786–791
28 Gb. 64, S. 401–406
29 Gb. 73, S. 251–254
30 Gb. 64, S. 401–406
31 BVA: Lgb. Nr. 925 XII[5]. Diese und die folgenden Angaben über die Um- und Anbauten sind der genannten Akte entnommen
32 Stadtverwaltung Heidelberg, Rechtsamt, Gebäudeversicherungsstelle

33 Gb. 299, Blatt 6

34 Ebd.

35 Diese und die folgenden Angaben sind der Grundstücksakte Hauptstraße 120, Staatliches Liegenschaftsamt, entnommen

36 Das Erdgeschoß war vermutlich den neun Achsen der Obergeschosse entsprechend gegliedert – denkbar wäre es, daß man die Gliederungselemente der originalen Fassade, die Pilaster, bei der Umgestaltung wiederverwendete. Die überkommene Gestaltung des Erdgeschosses ist nicht genau zu datieren, terminus ante quem dürfte jedoch das Jahr 1884 sein, in dem Philipp Gutermann das Anwesen erwarb, denn dessen zahlreiche Um- und Ausbauten sind gut dokumentiert

37 Auch die asymmetrische Gestaltung des Risalits ist vermutlich auf die besondere Grundrißsituation zurückzuführen. Angenommen, die Mittelachse des Hauses läge tatsächlich in der Mitte des Risalits, was die Innenaufteilung des Gebäudes kaum beeinträchtigt hätte, so läge sie, in bezug auf die gesamte Fassade betrachtet, noch weiter östlich, d.h. aus der Mitte der Fassade gerückt, als jetzt. So liegt das Portal zwar nicht in der Mitte des Risalits, aber annähernd in der Mitte der Fassade. Ein weiterer Grund für die asymmetrische Lage des Hofportals könnte ganz praktischer Natur sein: Vielleicht hätte die schon recht früh anzusetzende Bebauung des Hofes an der östlichen Grundstücksgrenze bei mittlerer Lage des Portals im Risalit die Einfahrt der Kutschen und anderer Fahrzeuge zu sehr behindert. – Möglicherweise ist die Asymmetrie aber auch durch bereits von Anfang an geplante Übergänge vom Treppenhaus in das östliche Hinterhaus bedingt

38 Das ehemalige Großherzogliche Palais, Karlstraße 4, das Palais Moraß, Hauptstraße 97, und das Haus Buhl, Hauptstraße 234, enthalten Stukkaturen, die ebenfalls im Zuge von Umbauten und Renovierungen gegen Ende des 18. Jahrhunderts geschaffen wurden. Auch die Neuausstattung des Bürgerhauses Karlstraße 8 (Mittermaierhaus) mit aufwendigen Stukkaturen fällt in diese Zeit; allerdings boten sich für den Besitzer Professor Mai als Schwiegersohn des kurpfälzischen Hofbildhauers Peter Anton von Verschaffelt besondere Voraussetzungen

39 Durch die Verlegung des Salons in den westlichen Gebäudeteil wurde es möglich, drei weitere zur Straße gelegene, repräsentative Räume zu gewinnen

40 Für Hinweise ist Dr. Carl-Ludwig Fuchs zu danken

41 Den Restauratoren Georg Nußbaum und Klaus Messmer, die sich bereitwillig und mit großem Interesse dieser mühsamen Aufgabe unterzogen, gebührt besondere Anerkennung

42 Auch der Salon im Hauptgeschoß des Palais Moraß wurde mit figürlichen Stukkaturen vor ›Wedgewoodblau‹ versehen. Die Ausstattung erfolgte direkt nach 1779

43 Auch im Mittermaierhaus, Karlstraße 8, wurde nur eine Auswahl aus einem Jahreszeitenzyklus, Herbst und Winter, angebracht

44 Eva Hofmann: Peter Anton von Verschaffelt, Hofbildhauer des Kurfürsten Carl Theodor in Mannheim, Heidelberg 1982, Abb. 191

45 Max Wingenroth: Verschaffelt und das ehemalige Palais Bretzenheim in Mannheim, Mannheim 1911, Abb. 50, 51, 52

46 Adolf von Oechelhaeuser: Die Kunstdenkmäler des Amtsbezirks Heidelberg (Die Kunstdenkmäler des Großherzogtums Baden VIII, 2), Tübingen 1913, S. 315, nennt die Jahreszahl 1752 und als Bauherrn J. W. A. Dahmen. Er beruft sich dabei auf Wundt und Huffschmid, die beide jedoch Burkhard Neukirch als Bauherrn nennen und als Erbauungszeit ›Anfang des 18. Jahrhunderts‹, vgl. Wundt, a. a. O., S. 103, angeben. Wahrscheinlich bezieht sich die von Oechelhaeuser angegebene, aber nicht nachgewiesene Jahreszahl 1752 auf einen Um- oder Ausbau des Hauses, als es im Besitz Dahmens und seiner Frau war (1746–1774)

47 Wundt, a. a. O., S. 103. Er führt keinen Beleg hierfür an

48 Huffschmid, a. a. O., S. 98

49 Ebd.

50 Ctrb. 2, S. 463

51 Vgl. Norbert Lieb/Franz Dieth: Die Vorarlberger Barockbaumeister, München/Zürich (2. Auflage) 1967, S. 105

52 Peter Anselm Riedl: Die Heidelberger Jesuitenkirche und die Hallenkirchen des 17. und 18. Jahrhunderts in Süddeutschland, Heidelberg 1956, S. 93

53 Vgl. S. 311 ff.

54 Vgl. S. 295 ff. und S. 323 ff.

GERTRUD FELS

Der Pavillon im Hof des Seminargebäudes Grabengasse/Sandgasse

Als 1974 im Quartier Grabengasse/Sandgasse Teile der historischen Bebauung abgerissen wurden, um für das neue Seminargebäude Platz zu schaffen, trat ein bis dahin kaum bekannter – weil durch die teilweise Umbauung der angemessenen Betrachtung und Bewertung entzogener – Gartenpavillon ins Blickfeld, der zu den wenigen Baudenkmälern Heidelbergs gehört, die den Pfälzischen Erbfolgekrieg am Ende des 17. Jahrhunderts überdauert haben. So ist es zu erklären, daß der Pavillon erst 1982 in einer Monographie behandelt wurde[1], während ihn vorher lediglich das Kunstdenkmälerinventar[2] und regionale Publikationen[3] erwähnt haben, ohne auf seine kunstgeschichtliche Bedeutung einzugehen. Nach Entfernung der zahlreichen Baulichkeiten des Innenquartiers ist der heute zweigeschossige Pavillon, der den Heidelbergern als ›das Rodensteiner Türmchen‹[4] bekannt ist, nun allen Blicken zugänglich, beinahe schonungslos preisgegeben; ja *185* er erscheint in seinem oberen Teil ohne Sinn, da die ehemals von außen zum Obergeschoß führende Treppe im Zuge der Sanierungsarbeiten abgerissen werden mußte. Nach ersten Sicherungsarbeiten unmittelbar nach Freistellung des Pavillons wurde 1982 mit der eigentlichen Restaurierung begonnen.[5]

Geschichte

Die archivalischen Quellen über den heute zweigeschossigen Gartenpavillon sind dürftig und erst aus der Zeit nach dem Pfälzischen Erbfolgekrieg erhalten. Die erste schriftliche Erwähnung findet sich in einem Kaufkontrakt aus dem Jahr 1699, in dem der Verkauf des Grundstücks Hauptstraße 120 protokolliert und dem Pavillon, der zum Nachbargrundstück gehörte, dabei ein ganzer Abschnitt eingeräumt wird.[6] Auf den Grundstücken Hauptstraße 118 und Hauptstraße 120 stand um 1600 ein stattliches Wohnhaus[7], in dessen Garten der Pavillon errichtet *167* worden war, sicher von dem wohlhabenden Wirt ›Zum Schwert‹ Jonas Kistner, der die beiden Grundstücke zwischen 1588 und 1598 erworben und großzügig neu bebaut hatte.[8] Unter den späteren Besitzern wurde das Anwesen 1655 geteilt, wobei Klaudine Boltzinger, geb. von Spina, die östliche Hälfte (Hauptstraße 120) und Agathe Tollner, geb. von Spina, die westliche Hälfte (Hauptstraße 118) erhielt.[9] Der direkt an der neugezogenen Grundstücksgrenze stehende Pavillon gehörte danach zum westlichen Anwesen Tollner.[10] Der Wert, den das kleine Gebäude darstellte, wurde mit der Schildgerechtigkeit ausgeglichen, die nun ausschließlich auf dem Grundstück Hauptstraße 120 ruhte.[11]

Ob das Verhältnis der beiden Schwestern und ihrer Familien von Freundlichkeit geprägt war, ist zu bezweifeln, denn nach der Teilung des Besitzes wurde durch Haus und Hof eine Trennmauer gezogen[12] und das große Portal durch zwei Eingänge ersetzt (vgl. S. 211). Die beiden Gartenhälften waren zwar nicht durch eine sichtbare Grenze voneinander getrennt[13]; trotzdem durfte der Gartenpavillon, der zu dieser Zeit noch einen Brunnen beherbergte, von den Bewohnern des Hauses Hauptstraße 120 nicht mehr benutzt werden, was, wie der Sohn der Klaudine Boltzinger in dem erwähnten Kaufkontrakt beklagt, ›Zwischen unß nächsten Verwanthen eine große jalousie (= Eifersucht) und widerwillen Verursachet‹[14]. Das ›gartenhauß in solcher qualität‹ war ein ›Rechter lapis offensionis‹[15], ein Stein des Anstoßes, zwischen den beiden verwandten Nachbarn geworden. Aber erst als die Familie Tollner das Haus Hauptstraße 118 nicht mehr bewohnte, war Klaudine Boltzinger ›Vor letzterm frantzösischen Brand‹[16] (= 1693) an den mit Vollmacht über das Haus ausgestatteten Mieter mit der Bitte herangetreten, das Gartenhaus und den Brunnen wieder mitbenützen zu dürfen, was ihr erlaubt worden war. Da diese Regelung weiterhin auch für den neuen Besitzer des Anwesens Hauptstraße 120 Gültigkeit haben sollte, wurde als Ausgleich dafür die Schildgerechtigkeit wieder gemeinschaftlich auf beide Anwesen gelegt.[17]

Beschreibung

Der so geschätzte Gartenpavillon ist als sechseckiger Zentralbau aufgeführt, mit zwei unterschiedlich ausgebildeten Geschossen und Zeltdach. Das Erdgeschoß ist aus rotem Sandstein, das Obergeschoß aus verputztem Ziegel- und Bruchsteinmauerwerk; die Geschoßhöhe beträgt 3,50 m bzw. 3,27 m, der Durchmesser 3,90 m.[18]

Das Erdgeschoß steht dem Typus des Monopteros nahe, einem offenen, von Säulen getragenen Rundbau ohne Cella, wie ihn Vitruv beschreibt.[19] Von dieser Form weicht es jedoch durch den polygonalen Grundriß und den Stützenstand aus Pfeilerarkaden mit vorgelegten Halbsäulen ab. Die sechs Pfeiler sind ohne Stufenunterbau einzeln auf Sandsteinblöcken fundiert, innen ausgewinkelt und im unteren Teil als Postamente mit Diamantbosse auf der Frontseite ausgebildet. Über dem Postament beginnt die Säulenvorlage mit Sockelplatte, Plinthe mit Eckblättern und attischer Basis. Die sich verjüngende Säule toskanischer Ordnung ist im unteren Drittel mit Beschlagwerk belegt und vom Schaftring aufwärts kanneliert. Zwischen Halsring und Echinus sind in der Mitte eine ganze, am Maueranschluß je eine halbe Blüte angebracht; der Echinus ist als Eierstab ausgebildet. Über dem Abakus verkröpft sich das Gebälk, das aus dem Architrav mit zwei Faszien, einem Beschlagwerkfries und dem Karniesgesims besteht. Auf der Friesverkröpfung liegt eine flache, beidseitig eingerollte Volutenkonsole mit Diamant. Die Arkaden sind als wandintegrierte Rundbogen mit Wulst und Kehle profiliert. Ein Schirmgewölbe aus Ziegelsteinen bildet die Decke des Erdgeschosses; seine Gewölbegrate, die in die ausgewinkelten Pfeiler einmünden, werden von dreieckig angearbeiteten Auffüllungen am oberen Ende der Pfeiler aufgefangen. Auf der Vorderseite des südöstlichen Postamentes findet sich oben ein Steinmetzzeichen: ⸬

Das Obergeschoß hatte vor der Restaurierung einen modernen Verputz, der anstelle eines Kranzgesimses lediglich einen leicht erhöhten Putzstreifen aufwies. Eine vertikale Gliederung, die die Stützen des Erdgeschosses fortgeführt hätte, fehlte. Daß dieses Geschoß aber ursprünglich gegliedert war, belegt ein an der Nordostkante verbliebener ›Säulenstumpf‹, eine dreiviertelrunde Ausbildung im unteren Drittel dieser Gebäudekante. Auch die Unregelmäßigkeit der anderen Gebäudekanten unter dem Putz ließ erkennen, daß die teils gemauerte, teils angeputzte Gliederung später (möglicherweise im 19. Jahrhundert) abgeschlagen worden war, um die Außenwände glatt verputzen zu können.

An der nordöstlichen Seite befindet sich eine Rundbogentür mit voneinander abweichenden vertikalen Gewändeteilen. Da die stabartigen Profile links einfacher ausgebildet sind, wird erkennbar, daß das Gewände aus mehreren unterschiedlichen Werkstücken zusammengesetzt worden ist, die entweder schon vorhanden waren oder ergänzt wurden. Auch die fünf Fenster sind nicht einheitlich; drei haben eine niedrige, das östliche hat eine hochsitzende Sohlbank. Das Fenster der Südostseite unterscheidet sich mehrfach von den anderen. Obwohl es wie diese mit tiefer Kehle profiliert ist, hat es keinen Korbbogen, sondern einen geraden Sturz mit abgerundeten Ecken. Die Sohlbank sitzt heute so niedrig wie bei den anderen drei Fenstern, doch scheint das nicht die ursprüngliche Höhe zu sein, wofür die Lagerfuge im Gewände spricht, die dieses Fenster auf der gleichen Höhe wie das anschließende östliche enden ließ. Die Frage, warum dieses südöstliche Fenstergewände wie ein Türgewände bis zum Erdgeschoßgesims heruntergezogen ist, beantworten Lagepläne aus dem 19. Jahrhundert[20]. Danach stand im Norden, unmittelbar vor dem Pavillon ein Schuppen, so daß der Zugang auf der eigentlichen Türseite versperrt und die Treppe auf die Südseite verlegt worden war. 1909 mußte diese Südtreppe einem im Hof des Restaurants ›Zum Rodensteiner‹ errichteten Wintergarten weichen, der den Pavillon von Süden her mit einbezog.[21] Die Treppe wurde wieder an die ehemalige Nordostseite verlegt; sie war aus Stein und in geradem Verlauf an eine vorhandene Nord-Süd-Mauer angelehnt.[22] Die an der Südseite verbliebene Türöffnung wurde in ein Fenster mit neuer Sohlbank zurückverwandelt.

Der ursprüngliche Zugang zum Obergeschoß, sein Verlauf und sein Material sind unbekannt. Wenn der Pavillon auf einem Lageplan von 1770[23], der ersten Bildquelle, ohne Treppe eingezeichnet ist, könnte das auf eine Stiege aus Holz deuten, die nicht aufgemessen wird und in einem Lageplan unberücksichtigt bleibt. Möglich ist aber auch, daß der Gartenpavillon zu dieser Zeit noch eingeschossig war. Wie auch immer der Aufgang aussah, in späterer Zeit kann er die Ursache dafür gewesen sein, daß der gemauerte ›Säulenstumpf‹ an der Nordostkante des Obergeschosses, der linken Treppen- bzw. Treppenpodestseite, erhalten blieb, während die Stützengliederung an allen anderen, zugänglichen Gebäudekanten abgeschlagen werden konnte.

171

183

170

Kunstgeschichtliche Bemerkungen

Datierung. Der Zeitpunkt der Erbauung des Gartenhauses läßt sich nur annähernd bestimmen, weil unmittelbare Quellen fehlen. Als terminus ante quem kann 1655, das Jahr der Grundstücksteilung gelten, in dem das kleine Gebäude bereits gestanden hat. Daß das Erdgeschoß aber erheblich früher errichtet wurde, zeigt die jüngste verwendete Ornamentform der Bauzier, das Beschlagwerk, das seit den achtziger Jahren des 16. Jahrhunderts und am Anfang des 17. Jahrhunderts in Deutschland häufig verwendet wurde.[24] Für einen stilistischen Vergleich bietet sich von den wenigen erhaltenen Baudenkmälern Heidelbergs aus dieser Zeit der 1601–1604 errichtete Friedrichsbau des Schlosses in mehrfacher Weise an.[25] Das Beschlagwerk, das dort die Friese der Fensterverdachungen des zweiten Obergeschosses auf der Südseite ziert, zeigt den gleichen, in der Mitte geknickten S-Schwung mit den davon abgehenden Zungen, wie er sich, auf den Kopf gestellt, am Fries des Pavillons findet.[26] Auch das Beschlagwerk der Säulenstrümpfe des Pavillons ist vergleichbar mit dem der ersten und dritten Volutenkonsole (von West nach Ost) am ersten Geschoß der Südseite des Friedrichsbaus. Das flach aufliegende Ornament überzieht in beiden Fällen, von einer Mittenbetonung ausgehend, mit ähnlichen, symmetrisch angeordneten Bändern die zylindrischen Bauglieder; besonders auffallend sind die ›flügelschraubenartigen‹ Gebilde der Negativform jeweils an den Enden der Längsachsen.[27] Darüber hinaus sind die beiden vergleichbaren Stützengenera, am Pavillon und am ersten Geschoß des Friedrichsbaus, nahezu identisch mit dem toskanischen Kapitell, das zwischen Halsring und Echinus mit drei Blüten geschmückt ist. Der Echinus ist ebenfalls als Eierstab, der Architrav mit zwei Faszien ausgebildet, der Fries mit Beschlagwerk und die Friesverkröpfung mit Diamant belegt.[28] Die Ähnlichkeit zwischen Friedrichsbau und Pavillon erlaubt wegen der großen Nähe beider Bauwerke die Annahme, daß der Schloßbau in den genannten Einzelheiten Vorbildcharakter für den kleinen Gartentempel hatte.[29] Für eine Datierung kann deshalb die Zeit nach Errichtung des Friedrichsbaus 1604, jedoch kaum später als 1610 angenommen werden, da die Beschlagwerkformen trotz einer gewissen Flüssigkeit noch keinen aufgeweichten Stil zeigen. Scheinbar im Widerspruch zu dieser Datierung stehen die dreiteilig ausgebildeten Akanthusblätter der Säulenvorlagen, die zwischen der eckigen Plinthe und der runden Basis vermitteln. Wenn die Eckzier auch nach übereinstimmender Meinung in der Literatur seit der Hochgotik keine Rolle mehr spielt[30], kommt sie dennoch vereinzelt in unterschiedlicher Gestaltung auch in der Renaissance vor.[31] Da aber zwingende Vergleichsbeispiele nicht zu finden waren, können die Eckblätter des Pavillons für eine Datierung nicht herangezogen werden.

Die zeitliche Eingrenzung hat nur für das Erdgeschoß des Pavillons Gültigkeit, denn das obere Geschoß wurde erst nachträglich aufgesetzt, was sich an verschiedenen Eigentümlichkeiten nachweisen läßt. Bei der Aufstockung wurde das umlaufende Karniesgesims des Erdgeschosses, das als oberste Trittstufe der Treppe zu schwach gewesen wäre, entfernt und durch eine niedrigere Türschwelle ersetzt, auf der das Türgewände zur Hälfte aufsitzt; die andere Hälfte des Gewändes wurde in den verbliebenen Gesimsrest eingeschrotet. Dieses Problem wäre bei einer von vornherein geplanten Zweigeschossigkeit gekonnter gelöst worden. Ein weiterer Hinweis liegt in der unterschiedlichen Qualität beider Geschosse. Während das Erdgeschoß auf allen sechs Seiten die gleiche, für einen privaten Gartenpavillon aufwendige Architektur zeigt, ist das Obergeschoß einfacher aus verputztem Ziegel- und Bruchsteinmauerwerk aufgeführt und mit Werkstücken verschiedener Epochen ausgestattet.[32] Diese ›Zufälligkeit‹ legt die Vermutung nahe, daß bei der Aufstockung Spolien aus zerstörter Bausubstanz verwendet wurden, was in Heidelberg besonders auf die Zeit nach der großen Zerstörung am Ende des 17. Jahrhunderts hinweist. Daß der Pavillon 1699, bei Abschluß des Kaufkontraktes, noch eingeschossig war, ist anzunehmen, denn ein zweites Geschoß und die dazu notwendige Außentreppe hätten einer zusätzlichen Nutzungsvereinbarung bedurft und wären bei der Ausführlichkeit des Kontraktes sicher erwähnt worden.[33]

Die Frage, warum das kleine Gebäude ein weiteres Geschoß bekam, läßt sich nur spekulativ beantworten. Vielleicht machte ein späterer Besitzer des Grundstücks Hauptstraße 120 von dem im Kontrakt von 1699 festgeschriebenen Recht Gebrauch, seinen Garten von dem des Nachbargrundstücks Hauptstraße 118 durch eine Mauer zu trennen[34], so daß der niedrige Pavillon nun zu sehr ›im Schatten‹ lag und nach einer ›besseren Aussicht‹ verlangte. Vielleicht wurde die Aufstockung aber auch durch die im 18. Jahrhundert beliebten, oft turmartigen Gartenhäuser angeregt, von denen noch viele erhalten sind.[35]

Funktion. Auf die ursprüngliche Funktion des Gartenpavillons, die in dem Kontrakt deutlich angesprochen wird, ist bereits hingewiesen worden. Der kleine, reichgeschmückte, nach allen Seiten offene Arkadenbau war zwar eine in den Gärten geschätzte Staffagearchitektur[36], darüber hinaus hatte er aber auch noch eine Wasserstelle zu überdachen, wofür seine Baldachinform, die schon in der Antike[37] und auch in späterer Zeit[38] zum Schutz von Brunnen verwendet wurde, ideal geeignet ist. Daß diese Wasserstelle nicht direkt aus einem unter dem Gartenpavillon gebohrten Brunnenschacht, sondern über eine besondere Zuleitung gespeist wurde, geht ebenfalls aus dem Kontrakt hervor.[39]

Kunsthistorische Einordnung. Der Garten- und Brunnenpavillon, der lange durch angrenzende Bauten verdeckt war, hat überregional noch keine Beachtung gefunden. Dabei ist der sechseckige Pfeiler-Arkaden-Bau mit vorgelegtem Säulenkranz und kräftiger, gut ausgebildeter, für die Zeit um 1600 charakteristischer Bauzier eine der wenigen Gartenarchitekturen in der dem Monopteros verwandten Form aus der Spätrenaissance in Deutschland. Denn wenngleich es sich bei dem kleinen Zentralbau um einen in Renaissancegärten beliebten Bautyp handelt[40], haben sich doch nur einige aus Stein gebaute Beispiele erhalten. Zu diesen gehörte der im Zweiten Weltkrieg zerstörte, als ›Dagobertsturm‹ bezeichnete, runde Säulen-Architrav-Bau mit eingestellten Pfeilerarkaden beim Neuen Schloß in Baden-Baden, der innerhalb der Bauzeit des Schlosses 1573-1592 errichtet wurde.[41] Ein weiteres Beispiel ist der in seinen Maßen erheblich über den Heidelberger Pavillon hinausgehende, 1615 erbaute Brunnentempel im Hofgarten zu München[42], der ebenfalls als polygonaler Pfeiler-Arkaden-Bau mit Pilastern toskanischer

Ordnung auf hohen Postamenten ausgebildet ist, mit seiner Bänderrustika, dem Metopen-Triglyphen-Fries und den Dreieckgiebeln über den Bogenöffnungen aber auf eine deutlichere Antikenrezeption hinweist als der Heidelberger Gartenpavillon, wie sich überhaupt die meisten errichteten oder in Malerei und Graphik dargestellten eingeschossigen kleinen Zentralbauten sowohl in ihrer Bauzier als auch durch den runden Grundriß stärker an der Antike und Vitruv orientieren. Auch hierin hebt sich der Heidelberger Pavillon ab und erhält zusätzliche Bedeutung.

Zwar finden sich neben den eingeschossigen Bauwerken auch in der Spätrenaissance solche mit zwei Geschossen[43]; sie sind jedoch für den zuerst eingeschossigen Pavillon ohne Bedeutung. Da mehrgeschossige Gartenarchitekturen aber im 18. Jahrhundert, in dem der Garten- und Brunnenpavillon wahrscheinlich aufgestockt wurde, häufiger zu finden sind, wird ein Entwurf aus dieser Zeit zum Vergleich angeführt, der mit dem aufgesetzten Geschoß und dem Dach des Heidelberger Pavillons große Ähnlichkeit hat. Die 1779/80 erschienene ›Theorie der Gartenkunst‹ von Christian Hirschfeld zeigt einen zweigeschossigen ›Windturm‹ mit Zeltdach; sein Obergeschoß öffnet sich in ähnlich hohen Fenstern und sieht ein für astronomische Zwecke eingerichtetes Kabinett vor.[44]

Obwohl einige in der Literatur publizierte Beispiele zum Vergleich herangezogen werden können, hat der Heidelberger Pavillon in ihnen keine wirkliche Entsprechung. Er ist damit eines der seltenen erhaltenen Baudenkmäler dieser Art aus dem frühen 17. Jahrhundert in Deutschland und darüber hinaus eines der wenigen Bauwerke aus dem vorbarocken Heidelberg, das nach vollendeter Restaurierung wieder seiner ursprünglichen Bestimmung als Brunnenpavillon zugeführt werden sollte.[45] Durch den fehlenden Zugang zum Obergeschoß ist der Pavillon nun zu einer Art Museumsstück geworden und wird so auf seinem alten Platz in sehr neuer Umgebung ein lapis offensionis bleiben.

Anmerkungen

1 Gertrud Fels: Der Gartenpavillon im Quartier Grabengasse/Sandgasse, Veröffentlichungen zur Heidelberger Altstadt, hrsg. von P. A. Riedl, Heft 13, Heidelberg 1982. Der vorliegende Aufsatz ist eine gekürzte Fassung dieser Monographie

2 Adolf von Oechelhaeuser: Die Kunstdenkmäler des Amtsbezirks Heidelberg (Die Kunstdenkmäler des Großherzogtums Baden VIII, 2), Tübingen 1913, S. 299, Abb. 204

3 Maximilian Huffschmid: Zur Topographie der Stadt Heidelberg, in: NA, Bd. VII, Heft 1, Heidelberg 1906, S. 100; Ada von Lettow-Vorbeck: Heidelberger Eigengärten in alter und neuer Zeit, Heidelberg 1931, S. 12, Abb. des Pavillons als Einbandzeichnung

4 Der Pavillon hat seinen Namen von dem im 19. Jahrhundert eingerichteten Restaurant ›Zum Rodensteiner‹ in der Sandgasse, zu dessen Hof er gehörte

5 Am Erdgeschoß wurden die stark verwitterte nördliche und nordwestliche Sandsteinstütze ganz und von der südwestlichen das Postament durch einen Abguß der nordöstlichen Stütze ersetzt; die abgearbeiteten und abgeschlagenen Teile an Stützen und Gebälk wurden ergänzt, ebenso die Beschädigungen an Tür und Fenster des Obergeschosses. Die Arbeiten führte H. V. Dursy mit mineralgesättigtem Epoxydharz aus. Das Dachgebälk wurde teilweise erneuert, ein Ringanker eingezogen, das Dach mit Schiefer gedeckt (vorher Biberschwänze, vgl. Fels, a. a. O., S. 22) und

mit einem neuen Dachknauf versehen. Der Pavillon wurde außen und innen verputzt und die Sandsteinteile mit einem Schutzanstrich versehen. Im Obergeschoß wurden eine neue Tür und bleiverglaste Sprossenfenster eingesetzt, als Boden ein Estrich auf leichtes Füllmaterial gelegt. Da ein Zugang zum Obergeschoß vorläufig nicht beabsichtigt ist, wurde das vorher in Türbreite unterbrochene Gesims durchgehend ergänzt. Um den Pavillon wieder seiner ursprünglichen Nutzung als Brunnenüberdachung zuzuführen, wurde eine Wasserzuleitung verlegt und eine Brunnenschale aus Sandstein angekauft (sie soll aus dem Stückgarten des Heidelberger Schlosses kommen), die in ihrer Ausformung jedoch nur wenig mit dem kleinen Gebäude harmoniert. (Auskunft: UBA Heidelberg und Architekt Simm, Heidelberg)

6 Ctrb. 1, S.865, Transskription vgl. Fels, a.a.O., S.13

7 Vgl. hierzu den Beitrag von Gabriele Hüttmann, S.211ff.

8 Vgl. Huffschmid, a.a.O., S.93f.

9 Ebd., S.96f.

10 Ebd., S.100

11 Ctrb. 1, S.864f.

12 Ebd., S.862f.

13 Ebd., S.867, Transskription vgl. Fels, a.a.O., Anm.35

14 Ctrb. 1, S.865

15 Ebd.

16 Ebd.

17 Ebd.

18 Architekt Hermann Vater, Mannheim, Bauaufnahmepläne 1973

19 Vitruv: Zehn Bücher über Architektur, hrsg. von Curt Fensterbusch, lateinisch-deutsch, Darmstadt 1976, S.197

20 StVA: Atlasplan 10, 1870/80, Ausschnitt Hauptstraße zwischen Graben- und Sandgasse, mit Schuppen; BVA: Hauptstraße 120, Situationsplan von Baugeschäft Friedrich Müller für Philipp Gutermann vom 14.9.1895, mit Südtreppe

21 BVA: Sandgasse 1–3, Baupläne von Architekt Götzelmann für Philipp Leist vom 4.1.1909

22 StVA: Handriß 1909, Ausschnitt Hauptstraße/Sandgasse

23 Lgb. 1770, Lageplan 3

24 RdK II, 1948, Sp.323f.

25 Georg Dehio: Handbuch der deutschen Kunstdenkmäler, Baden-Württemberg, Darmstadt 1964, S.198; vgl. auch Oechelhaeuser, a.a.O., S.299, der bereits darauf hingewiesen hat, daß ›Einzelheiten am Pavillon ... im Charakter des Friedrichsbaues gehalten‹ sind

26 Fels, a.a.O., Abb.11, 23

27 Ebd., Abb.7, 8, 24

28 Ebd., Abb.9, 10, 25

29 Über die Steinmetzzeichen beider Gebäude läßt sich kein Zusammenhang nachweisen. Zu den Steinmetzzeichen des Friedrichsbaus vgl. Julius Koch/Fritz Seitz: Das Heidelberger Schloß, Bd.1 und 2 (Text- und Tafelband), Darmstadt 1891, Bd.1, 1.Abt., S.57, Fig.23

30 RdK I, 1937, Art. Basis, Sp.1499ff.

31 Vgl. Alfred Stange: Die deutsche Baukunst der Renaissance, München 1926, Abb. S.60, Basisstudien; Wilhelm Lübke: Geschichte der Renaissance Frankreichs, in: Franz Kugler: Geschichte der Baukunst, Bd.4, 2.Buch, Stuttgart 1868, Abb.92, S.319: Kapelle in St.Jaques, Reims; Elsässische und Lothringische Kunstdenkmäler, 4.Lieferung, Straßburg o.J., Abb.17: Brunnen in Obernai (Oberehnheim)/Elsaß, 1579; Helmut Schmolz/Hubert Weckbach: Heilbronn, Geschichte und Leben einer Stadt in Bildern, Weißenhorn 1971, S.107, Abb.317: Fleinertorbrunnen, 1601

32 Die tiefgekehlten Korbbogengewände der Fenster können aus der Erbauungszeit des Erdgeschosses sein, das Türgewände mit seinen Stabwerkprofilen weist in die späte Gotik

33 Die von Huffschmid, a.a.O., S.100, und Oechelhaeuser, a.a.O., S.299, erwähnte Jahreszahl 1676, u.a. an einer Abakusplatte des Erdgeschosses, ist heute nicht mehr zu sehen. Sie kann nach den bisherigen Überlegungen jedoch nicht mit der Aufstockung des Pavillons in Verbindung gebracht werden, sondern eher mit seiner Renovierung, zumal diese Jahreszahl an einem Bauteil des Erdgeschosses angebracht war. Vgl. auch Fels, a.a.O., S.18f.

34 Vgl. Anm.13

35 Vgl. Fels, a.a.O., Anm.57

36 Vgl. Dieter Hennebo/Alfred Hoffmann: Geschichte der deutschen Gartenkunst, Bd.2, Hamburg 1965, S.32ff., Abb.2; vgl. auch Fels, a.a.O., Anm.50

37 Vgl. Wolfgang Binder: Der Roma-Augustus-Monopteros auf der Akropolis in Athen, Diss. Stuttgart 1967, S.97f., Abb.26:

achteckiger Brunnenmonopteros, Pompeji, 1. Jh. v. Chr.

38 Vgl. Irmgard Dörrenberg: Das Zisterzienserkloster Maulbronn, Würzburg 1937, S. 114 ff., Abb. 103: achteckiges, rippengewölbtes Brunnenhaus, Kloster Maulbronn, Mitte 14. Jh.; Felix Mader/Georg Lill: Die Kunstdenkmäler von Unterfranken und Aschaffenburg, Heft XVII, Stadt und Bezirksamt Schweinfurt (Die Kunstdenkmäler des Königreichs Bayern, 3. Band), München 1917, S. 115, Abb. 83: achteckiger Säulen-Architrav-Bau, Gemeindebrunnen, Ettleben, um 1710

39 Ctrb. 1, S. 866, Transskription vgl. Fels, a. a. O., Anm. 55

40 Ebd., Anm. 58

41 Emil Lacroix, u. a.: Die Kunstdenkmäler der Stadt Baden-Baden (Die Kunstdenk-

mäler Badens, Bd. XI, 1. Abt., Stadtkreis Baden-Baden), Karlsruhe 1942, S. 264 f., Abb. 203. Eine spätere Nachbildung dieses Monopteros steht in Heidelberg in einem Garten an der Neuen Schloßstraße, vgl. Abb. in Rhein-Neckar-Zeitung Nr. 61, 15. 3. 1983, S. 5. Allerdings ist der kleine Bau in seinen Einzelheiten stark verändert und keine ›detailgenaue‹ Kopie des Baden-Badener Monopteros, wie hier behauptet

42 Ingrid Weibezahn: Geschichte und Funktion des Monopteros, 1. T., Hildesheim/New York 1975, Abb. 3

43 Fels, a. a. O., S. 21

44 Christian Hirschfeld: Theorie der Gartenkunst, 2. Bd., Hildesheim 1973, Nachdruck der Ausgabe Leipzig 1779/80, Bd. II, S. 24

45 Vgl. Anm. 5

Literatur

Fels, Gertrud: Der Gartenpavillon im Quartier Grabengasse/Sandgasse, Veröffentlichungen zur Heidelberger Altstadt, hrsg. von P. A. Riedl, Heft 13, Heidelberg 1982 (dort weitere Literatur)

THILO WINTERBERG

Das Haus Hauptstraße 126/128

Das an der Nordostecke des kleineren, nördlichen Teils des Universitätsplatzes gelegene Gebäude Hauptstraße 126/128 beherbergt heute den Gesamtkatalog aller zur Universität gehörenden Bibliotheken und die Papyrussammlung.

Geschichte

Das Haus steht an der Stelle eines barocken Vorgängerbaues. Dieser war etwa 1712[1] anläßlich des Wiederaufbaues der zerstörten Stadt als Wohn- und Geschäftshaus errichtet worden. Auf alten Ansichten – am deutlichsten bei Hengstenberg – ist ein dreigeschossiges, zum Universitätsplatz traufständiges Gebäude mit ausgebautem Dachgeschoß zu erkennen. Aus den Kontraktenbüchern der Stadt geht hervor, daß in der ersten Hälfte des 18. Jahrhunderts ein Knopfmacher[2] und in der zweiten Hälfte ein Hutmacher ihr Geschäft darin betrieben haben[3]. Das gesamte 19. Jahrhundert hindurch waren die verschiedensten Gewerbe in dem Hause tätig; zuletzt ein Spiel- und Galanteriewarenhändler[4].

186

In den Jahren 1900–1901 errichten die Heidelberger Architekten Henkenhaf und Ebert, nach Abriß des Barockhauses, den Neubau.[5] Bauherr ist die Oberrheinische Bank, die ihren Hauptsitz in Mannheim hat; sie richtet in der Heidelberger Altstadt eine ihren Bedürfnissen entsprechende, repräsentative Filiale ein. Bis 1938 wird das Gebäude als Bankzweigstelle genutzt, dann geht es, laut Notariatsurkunde vom 1. April 1939, zum Preis von 70000 Reichsmark in das Eigentum des Unterländer Studienfonds über, mit der Bestimmung, das neu einzurichtende Volks- und Kulturpolitische Institut der Universität Heidelberg aufzunehmen.[6] Anläßlich einer Begehung wird von den Beauftragten des staatlichen Hochbauamtes festgestellt, ›daß sich das Gebäude in sehr gutem baulichen Zustand befindet und daß Umbauarbeiten größeren Stils nicht erforderlich sind‹.[7]

187–189

Im November 1965 wird zum ersten Mal über einen möglichen Ankauf durch das Land Baden-Württemberg verhandelt. Im Zusammenhang mit den Kaufabsichten des Finanzministeriums schreibt das akademische Rektorat an das Liegenschaftsamt Heidelberg: ›... gegen die Veräußerung des Anwesens an das Land Baden-Württemberg bestehen grundsätzlich keine Bedenken ... Die Veräußerung liegt ebenfalls im Stiftungsinteresse, da das Anwesen Hauptstraße 126/128 im Rahmen der Gesamtplanung der ›Alten Universität‹ späterhin zum Abbruch bestimmt ist‹.[8] Das Land ist allerdings nicht bereit, eine über 380000 DM hinausgehende Summe an den Unterländer Studienfonds zu zahlen.[9] Ein unabhängiger Gutachterausschuß schätzt im Juli 1966 den Wert des Gebäudes auf 550 000 DM. Da diese Summe vom Land nicht aufgebracht werden kann, scheitert die Transaktion zunächst. Im November 1966 findet sich schließlich eine Lösung: Das Land bietet dem Unterländer Studienfonds ein gleichwertiges Gebäude in der Bergheimer Straße als Tauschobjekt und wird so Eigentümer des Anwesens.[10]

Die Geschichte der universitären Nutzung des Hauses Hauptstraße 126/128 ist kompliziert; zu den in den letzten Jahrzehnten in dem Gebäude untergebrachten Einrichtungen gehören das Diakoniewissenschaftliche Institut (1958–1975), das Slavische Institut, das Soziologische und das Ethnologische Institut (bis 1978), die Abteilung 2a der Zentralen Universitätsverwaltung, eine Abteilung des Psychologischen Instituts (beide bis 1981), das Dekanat der Philosophisch-Historischen Fakultät (1979–1982).

Beschreibung

190 Das dreigeschossige, über leicht verzogenem Viereckgrundriß errichtete Haus schließt mit seiner Südseite an die Nordwand des etwas höheren Westflügels der Alten Universität. Es besitzt zum Universitätsplatz und zur Hauptstraße hin zwei prunkvolle, reich ornamentierte Schauseiten, während die Ostseite schlicht ist.

Der äußere Eindruck des Bauwerks wird durch markante vertikale und horizontale Gliederungen bestimmt. Eine Pilasterfolge im zweiten Obergeschoß, Giebel, Gaupen und ein turmartiger Eckerkeraufbau sorgen für kräftige Vertikalakzente. Das horizontale Grundmuster resultiert aus der Behandlung des Rotsandsteinquaderwerks, aus dem der Bau gefügt ist: Die Lagerfugen der Blöcke erzeugen den Eindruck einer waagerechten Bänderung. Das Gebäude trägt ein steiles, flach kupiertes Walmdach; ursprünglich bildete ein Ziergeländer den Dachabschluß.

Die Westfassade, also die dem Universitätsplatz zugewandte Seite, ist die Hauptschauwand. Sie besitzt im Erdgeschoß über den im rustizierten Sockel liegenden Kellerfenstern zwei breite Korbbogenfenster, deren Rahmung mit Eierstäben profiliert ist. Der Schlußstein ist jeweils mit einem aus Sandstein gemeißelten Kopf geschmückt. Zwischen den Fenstern ist ein heute nicht mehr benutzbares Doppelportal (der frühere Eingang der Bank) angeordnet: Dem 191 Mittelpfosten der zweifachen Rundarkade ist eine Karyatidenherme vorgelegt, die, zusammen mit seitlichen ionischen Säulen das dorische Diglyphengebälk stützt; vor dem Leib der Karyatide sitzt eine Kartusche mit dem badischen Wappen, die Säulen haben im unteren Bereich ornamentale Schaftmanschetten mit dem Heidelberger Wappen, einer Blattmaske, dem Merkurstab und den Buchstaben ›O‹ und ›B‹ (also den Initialen der Oberrheinischen Bank). Der rechts, nahe der Hausgrenze zur Alten Universität hin liegende Hauseingang ist weniger aufwendig gestaltet: Er wird von ionischen Hermenpilastern über diamantquaderbesetzten Postamenten flankiert; das runde Oberlicht über dem Sturzgebälk wird von einem Segmentgiebel mit Blattmaskenkonsolen gerahmt. – Den Übergang zum ersten Obergeschoß bildet ein kräftiges Gesims. Zwischen diesem Gesims und dem Sohlbankgesims der drei Fenster sitzen (teilweise ornamentierte) Brüstungsplatten. Die Fenster sind dreiteilig, segmentbogig und reich ornamentiert; im Bogenscheitel sitzt jeweils eine Kartusche mit einem vollplastischen Kriegerkopf. Vom mittleren, zur Fenstertür erweiterten Fenster aus läßt sich ein über dem früheren Bankportal situierter Balkon mit Steinbrüstung betreten. – Das zweite Obergeschoß ist in vier Felder aufgegliedert. In drei Feldern öffnen sich hochrechteckige Fenster, deren konsolengestützte Sohlbänke ornamentierte Brüstungsplatten überfangen; die Stürze werden von roll- und beschlagwerkgefaßten Kartuschen mit dem badischen Landeswappen und den Wappen der Städte Heidelberg und Mannheim bekrönt. Vertikal wird das Geschoß über einem Fries mit Beschlagwerk und einem mehrfach profilierten Stockwerkgesims durch fünf ionische Pilaster mit ornamentierter Fußzone gegliedert. Der Abstand der beiden südlichen Stützen ist etwas größer als die anderen Intervalle, außerdem ist der linke der beiden Pilaster einseitig hinterlegt, so daß das der Alten Universität benachbarte Wandfeld schon dadurch eine Betonung erfährt; besonders hervorgehoben wird es durch einen konsolengetragenen Balkon mit Balustergeländer, der einer rhythmisierten Fenster-Tür-Fenster-Kombination zugeordnet ist (den Sturz ziert eine weibliche Phantasiegestalt mit Fittichen und zwei Fischschwänzen). – Auf den Kapitellen der Pilaster ruht, zugleich das Kranzgesims des Gebäudes bildend, ein dorisches Gebälk mit Metopen-Diglyphenfries. Die Dachaufbauten folgen in der Anordnung der Einteilung des zweiten Obergeschosses. Von rechts nach links alternieren ein formenreicher Zwerchgiebel, eine Gaupe mit spitzem Schweifpyramidendach, ein kleinerer Zwerchgiebel und eine weitere Gaupe.

An die abgeschrägte nordwestliche Gebäudekante ist vom ersten Obergeschoß an ein polygonaler Turmerker angeschlossen, der bis in die Dachregion aufragt und in einem steilen Pyramidendach mit Laterne und Laternenhelm gipfelt. Der Erker – im ersten Obergeschoß und im Dachgeschoß rundbogig durchfenstert, im zweiten Obergeschoß rechteckig – übernimmt die Geschoßteilung der Westfassade und leitet derart zur Nordfassade über. Diese, axial geordnet und insgesamt weniger abwechslungsreich, geht vom gleichen Formenrepertoire aus wie die Hauptfront. Über dem Kranzgesims erheben sich ein Zwerchgiebel und zwei Gaupen. – Vergleichsweise einfach gehalten ist die fünfachsige Ostwand; allerdings sorgen auch hier die Hausteinquaderung und Gesimse, die bis zur südlichen Treppenhausachse reichen, für den Eindruck gediegener Ansehnlichkeit.

Der Grundriß des Gebäudes ist durch die ursprüngliche Verwendung determiniert. Im Erdgeschoß befanden sich der Publikumsraum mit einer Treppe zur Buchhaltung im ersten Obergeschoß, der Kassenraum, die Direktion und weitere Kundenräume; im ersten Obergeschoß außer der Buchhaltung kleinere Büroräume; darüber Wohnungen. Ein Treppenhaus im südlichen Bereich des Gebäudes diente als Nebenzugang zur Bank und Zugang zu den Wohnungen. Im wesentlichen hat sich diese Einteilung bis heute erhalten.

Kunstgeschichtliche Bemerkungen

Der ästhetische Reiz und die kunstgeschichtliche Bedeutung des Gebäudes liegen vor allem im üppigen späthistoristischen Dekor. Henkenhaf und Ebert bedienten sich im Sinne ihrer Zeit frei des Formenschatzes der Renaissance und des Manierismus. Stilistisch verwandt ist die von den gleichen Architekten erbaute Heidelberger Stadthalle (gleichzeitig geplant, ausgeführt 1901-03). Während für die Stadthalle (deren Fassadenschmuck im Laufe der Jahrzehnte stark reduziert worden ist) durch das 1886 anläßlich der 500-Jahrfeier der Universität von Josef Durm errichtete Festhallengebäude gestalterische Vorgaben existierten, konnten sich die Architekten beim Gebäude Hauptstraße 126/128 freier entfalten. Die Fassaden dieses Baues wirken formal lockerer und weniger symmetriegebunden. Mit der Stadthalle vergleichbar sind beispielsweise die dreiteiligen Fenster, die Giebel- und Gaupenformen und das abgeplattete Dach, das früher ebenfalls mit einem eisernen Ziergeländer bekrönt war. Daß stilistische Affinitäten zur Architektur des Heidelberger Schlosses bestehen, namentlich zum Friedrichsbau, zeigt sich schon an der Form der Ziergiebel und an Gliederungselementen wie dem Diglyphenfries. Die Bildhauer, denen der ornamentale und figürliche Schmuck zu danken ist, sind namentlich nicht bekannt; vermutlich waren es dieselben, die für die Heidelberger Stadthalle tätig waren.

Der Vorgängerbau des Hauses Hauptstraße 126/128 stand zwischen der Alten Universität und dem Mitteltor, das bis zum Abbruch im Jahre 1827 einen markanten Akzent in der Heidelberger Altstadt setzte. Man mag im turmartigen Eckerker des neuen Gebäudes eine Erinnerung an den mittelalterlichen Stadtturm sehen; auf jeden Fall sucht das ehemalige Bankgebäude der prominenten städtebaulichen Situation gerecht zu werden und diese Lage zugleich werbend zu nutzen. Als reiches Produkt des ausklingenden Historismus verdient es besondere Beachtung. Auch wenn es stilistisch nicht mit der umgebenden Architektur harmoniert, sondern diese eher durch die Vielfalt seiner Formen auszustechen sucht, ist es als Zeugnis einer Epoche interessant, die sich Geschichte auf originelle Weise verfügbar zu machen verstand. Zahlreiche ähnliche Gebäude fielen in den Nachkriegsjahren dem veränderten Geschichtsbewußtsein zum Opfer. Erst im letzten Jahrzehnt hat sich im Zuge einer allgemeinen Revision des Historismusbildes ein differenziertes Verständnis für Bauwerke solcher Art entwickelt und damit eine Basis für ihren Schutz und ihre neue Wertschätzung.

Anmerkungen

1 StA: Feuerversicherungsbuch III, Nr. 76
2 StA: Ctrb. III (1718-1725)
3 StA: Ctrb. IX (1784-1791)
4 Ad. von 1839-1933
5 BVA: Lgb. Nr. 943 XII/7. Baubeginn März 1900
6 GLA: 235/29814
7 Ebd.
8 UA: Unterländer Studienfonds, Hauptstraße 126/128, 1960-1967
9 Ebd.
10 Ebd.

BETTINA SCHEEDER

Das Haus Marstallstraße 6

In dem etwa 54 m langen Gebäudekomplex, der, mit der Hauptfront nach Osten, an der westlichen Seite der zum Neckar hin abfallenden Marstallstraße liegt, befindet sich das Institut für Politische Wissenschaft.

Geschichte

Als ›die Behausung mit Garten‹, die im Jahre 1750 der Schlosser Sebastian Böhm an den Schlosser Johann Schilpel verkauft, wird das Gebäude urkundlich erwähnt.[1] 1764 wird der Schilpelsche Besitz versteigert und wie folgt beschrieben: ›das alte Haus 11 Ruten, 15 Schuh, 8 Zoll und 1 Linie, das neu erbaute Haus, respective Haus und Stallung 22 Ruten, 12 Schuh, 5 Zoll und 9 Linien‹.[2] Die ›sogenannte Reitschmitt mit Garten‹ geht an den meistbietenden Jakob Lufft, der sie 1766 an den Bierbrauer Ernst Müller verkauft.[3] 1770 sind neben Ernst Müller die Eheleute Christoph Widder als Besitzer genannt, die 1788 auch den Anteil Müllers übernehmen.[4] Noch im gleichen Jahr läßt der Bierbrauer Christoph Widder ein großes Saalgebäude aus Holz zwischen der Reitschmiede und dem Seugäßlein, der heutigen Krahnengasse, errichten.[5] 1793 wird dem nun als Gasthaus ›Prinz Max‹ genutzten Gebäude die Schildgerechtigkeit erteilt.[6] Das Anwesen geht 1825 durch Übertrag an die Erben Heinrich Müller und Susanne Widder.[7] 1828 wechseln die Gebäude einmal, 1833 zweimal den Besitzer.[8] Der Gastwirt Johann Kappler kauft die Häuser 1841.[9] 1853 erwirbt sie der Privatmann Sebastian Bodeni und verkauft sie 1861 an die Bürger-Casino Gesellschaft.[10] Der Bestand wird im Grundbuch so beschrieben: ›ein zweistöckiges Wohnhaus aus Stein mit gewölbtem Keller, ein dreistöckiges Wohnhaus mit Ballsaal, gleichfalls von Stein‹.[11]

Die Bürger-Casino Gesellschaft, die sich im ›Prinz Max‹ zu Tanzveranstaltungen und Vorträgen trifft, erwirbt 1883[12] das zweistöckige Haus Krahnengasse 9, dessen Hinterhaus an die Westseite des ›Prinz Max‹ angebaut ist, um dort größere Toilettenanlagen einzubauen. Die Stadtpost richtet 1889 neben dem Gastraum ein Telegraphenbüro ein.[13] Die Bürger-Casino Gesellschaft läßt 1894 in dem auch als Hotel genutzten Gebäude den im ersten Obergeschoß gelegenen Speisesaal und die Wirtschaftsräume so umbauen, daß mehrere Büro- und Sitzungsräume geschaffen werden.[14] Aus den Plänen des Umbaus ist zu ersehen, daß beide Häuser ein gemeinsamer Flur verbindet, so daß von nun an von einem zweiteiligen Bau gesprochen werden kann. Ein Aufriß bis zur dritten Achse des

192, 193

Nordteils zeigt einen auf gleicher Firsthöhe mit dem Nordbau liegenden, viergeschossigen Südteil. Die Südfassade entspricht, bis auf eine zweite überdachte Tür
in der letzten nördlichen Achse, dem heutigen Erscheinungsbild. Wann das ehemals zweigeschossige Haus aufgestockt wurde, ist nicht bekannt. Im Nordteil
liegt der Eingang in der dritten Achse von links. 1898 wird eine zum großen Saal
des Erdgeschosses führende Seitentreppe eingebaut. Im Saal des Erdgeschosses
werden 1907 die hölzernen Stützen entfernt und Doppel-T-Träger eingezogen.[15]
Eine Gesamtansicht aus dem Jahre 1929 zeigt im Erdgeschoß des Nordteils vier
große Korbbogenfenster und in der fünften und siebten Achse kleinere Rechteckfenster.[16]

Der Gebäudekomplex gelangt 1932 bei der Zwangsversteigerung in den Besitz
der Bezirkssparkasse Heidelberg, die die Gaststätte im Erdgeschoß 1934 an die
Durlacher Löwenbrauerei verpachtet.[17] Kurz vor Beginn des Zweiten Weltkrieges mietet die Motorstandarte 153 des nationalsozialistischen Kraftfahrkorps
zwei Räume im Erdgeschoß; sie werden als Schulungsheim genutzt.[18] Die Bezirkssparkasse überläßt 1940 einige Zimmer und einen Saal dem Institut für Roh-
stoff- und Warenkunde; die anderen Räume bleiben als Wohnungen vermietet.

1941 erwirbt der Unterländer Studienfonds das Gebäude.[19] Während des Krieges beherbergt es jeweils kurzfristig eine Vorrichtbaufirma, das Studentenwerk,
den Reichsarbeitsdienst und die Heidelberger Kammerspiele.[20] Die amerikanische Militärregierung requiriert im Herbst 1946 das Gastlokal im Erdgeschoß als
Offizierskasino, gibt es aber im Mai 1947 wieder frei.[21] Bereits Anfang desselben
Jahres werden dem Schichtel'schen Marionettentheater im Erdgeschoß des
Nordteils drei Nebenräume des Lokals überlassen; im Juli mietet der Heidelberger Kunstverein zu Ausstellungszwecken den südlich gelegenen Saal im Erdgeschoß mit Nebenzimmer und die frühere Küche an.[22] 1948 vermietet der Unterländer Studienfonds das gesamte Anwesen an den Süddeutschen Rundfunk, der
es 1953 kauft.[23]

Der Süddeutsche Rundfunk läßt schon 1949, als er noch im Mietverhältnis
steht, außer dem Einbau einer Zentralheizung umfangreiche Umbauarbeiten
ausführen. So wird eine repräsentative Eingangshalle geschaffen, indem man den
Haupteingang des Nordbaus nach Süden verlegt und die Nebenräume der Gaststätte abtrennt. Im Zuge dieser Neugliederung werden im Erdgeschoß Rechteckfenster eingebaut. Auch das erste Obergeschoß wird nach sendetechnischen Anforderungen neu aufgeteilt; die oberen Geschosse bleiben unverändert. Diese
Umbauarbeiten enden 1950. 1957 ersetzt man das Fenster nördlich des Haupteingangs durch ein größeres Fenster aus Glasbausteinen.[24]

Ende April 1968 erwirbt das Land Baden-Württemberg den Gebäudekomplex,
wobei die Übergabe des Hauses auf spätestens zwei Jahre nach dem Kauf festgelegt wird. Die Übergabe - um ein Jahr aufgeschoben - erfolgt erst Ende August
1971. Von 1971 bis 1976, dem Beginn der Sanierungsarbeiten, steht das Gebäude
leer.[25] Bei der Instandsetzung werden alle Holzbalkendecken durch Stahlbeton-
decken ersetzt und der gesamte Dachstuhl erneuert. Der Südteil behält teilweise
den früheren Grundriß, der Nordteil wird völlig umgebaut. Der Südbau erhält
nach dem Verputz einen erdgrünen, der Nordbau einen hellgrauen Anstrich. Der
Fries, die Gewände und Sockel werden in Sandsteinrot abgesetzt, der Eingang

behält die Natursteinverblendung.[26] 1980 sind die Sanierungsarbeiten abgeschlossen, das Haus wird dem Institut für Politische Wissenschaft übergeben.[27]

Beschreibung

Der traufständige Gebäudekomplex hat die Hauptschauseite zur Marstallstraße *194, 195*
hin. Der drei Vollgeschosse und ein reduziertes viertes Obergeschoß umfassende Südteil mit biberschwanzgedecktem Satteldach gliedert sich in acht Achsen; die südlichste Achse, in welcher der Eingang liegt, ist durch Lisenen betont. Im Erdgeschoß sitzen über dem oben profilierten und in der fünften Achse von links durch einen vermauerten Kellerhals unterbrochenen Sandsteinsockel sieben Fenster mit leicht profilierten Ohrengewänden und vortretenden Sohlbänken. Die Fensterflügel sind, wie alle des Gebäudes, sprossengeteilt. Die einfache Profilierung des Ohrengewändes des Portals setzt über Sockelstücken an; die Holztür hat flach diamantierte Füllungen. Über dem Stockwerkgesims, das um die Lisenen verkröpft ist, öffnen sich im ersten Obergeschoß Stichbogenfenster mit Sohlbänken, Ohren und Scheitelsteinen. Es folgt als Sohlbankgesims des zweiten Obergeschosses ein profiliertes Band mit Blattwerkfries (auf den Lisenenverkröpfungen finden sich anstelle der Blätter facettierte Stäbe). Die Ohrengewände der Rechteckfenster des zweiten Obergeschosses sind innen gekehlt und haben waagerechte Verdachungen, auf denen gesockelte, umgedrehte Volutenkonsolen sitzen, welche die Sohlbänke der kleinen Fenster des niedrigen obersten Geschosses tragen. Den Ohrenfeldern der Gewände dieser Fenster sind kleine Scheiben aufgelegt. Oben schließt die Fassade mit einem Kranzgesims, dessen Hauptglieder ein Zahnschnitt und ein kräftiger Viertelstab sind.

Der dreigeschossige Nordbau mit nach Norden abgewalmtem Satteldach ragt fast zwei Meter vor die Flucht des Südteils; er ist siebenachsig. Vertikal ist er durch seitliche Putzlisenen und eine flache Wandvorlage in der dritten Achse gegliedert. Lisenen und Vorlage gehen unterhalb des Kranzgesimses in ein Putzband über. Über dem Sockel, der neben dem an der südlichen Ecke liegenden Eingang ansetzt und gefällausgleichend abgetreppt ist, öffnen sich im Erdgeschoß fünf Rechteckfenster mit schlichten Gewänden und Sohlbänken. Der Eingang liegt zurückgesetzt in einer Art Vorhalle, die durch eine Pfeilerstellung gebildet wird; er ist sowohl frontal als auch von Süden her zugänglich. Auf den massigen, unartikulierten Pfeilern liegt, etwas vorkragend, eine flache Platte auf. Das erste Obergeschoß ist durch ein Gurtgesims abgesetzt, seine sieben Fenster haben Sohlbänke und profilierte Gewände. Pofiliert sind auch die Rahmungen der sieben Zwillingsfenster im zweiten Obergeschoß und das wenig markante Traufgesims.

Die schmucklose Nordwand des Gebäudes hat außer einer Tür und einem Rechteckfenster im Erdgeschoß keine Maueröffnungen. Die Rückseite ist teilweise verbaut; der nördliche Hausteil hat nur wenige Fenster, die Fensterverteilung am südlichen Trakt hält sich an das Schema der Ostfassade.

Die Binnenstruktur ist weitgehend das Produkt der Sanierung in den siebziger *196*
Jahren. Durch die Nebentür im Südteil kommt man in ein einläufiges Treppen-

haus und von einem Vorplatz in den Mittelflur des Erdgeschosses, der in die Eingangshalle des Nordteils mündet. An diesem Flur liegen zur Marstallstraße hin vier, nach Westen zwei Zimmer sowie Sanitärräume und ein Aufzug. Im ersten Obergeschoß setzt in der nördlichsten Achse eine zweiläufige Treppe an, die auch über den Flur des Nordteils erreichbar ist. Die Aufteilung der oberen Geschosse entspricht, abgesehen von der zusätzlichen Zwischentreppe, der des Erdgeschosses. – Den nördlichen Hausteil betritt man durch den zurückgesetzten Haupteingang. Von einem Vestibül aus führt der genannte Korridor in den südlichen Gebäudeteil; ein zweiter, abgewinkelter Flur erschließt das Erdgeschoß des Nordteils, das nach Osten zwei Seminarräume, nach Westen u. a. Sanitärräume umfaßt. Über eine zweiläufige Treppe erreicht man das erste Obergeschoß, das im südlichen Bereich Diensträume, im nördlichen einen großen, auch das zweite Obergeschoß mitbeanspruchenden Bibliothekssaal enthält. Dieser Saal, in dem eine freitragende, zweiläufige Treppe zum Flur und den fünf Zimmern im Süden des zweiten Obergeschosses aufsteigt, ist konstruktiv dafür vorbereitet, im Falle größeren Platzbedarfs eine Zwischendecke aufzunehmen.

Kunstgeschichtliche Bemerkungen

Das Doppelhaus Marstallstraße 6 hat einen aus dem 18. Jahrhundert stammenden, durch spätere Eingriffe und Erweiterungen fast unkenntlich gemachten Kernbestand. Der südliche Gebäudeteil präsentiert sich, wie so viele andere nachträglich aufgestockte Barockhäuser der Heidelberger Altstadt, als ein architektonischer Zwitter. Den (offensichtlich stark überarbeiteten) barocken Gewänden der beiden unteren Geschosse stehen die prätentiöser gestalteten Elemente der oberen Geschosse gegenüber. Allerdings ist durch das Abschlagen von Putzteilen (Brüstungsfelder im ersten Obergeschoß, Blenden zwischen den Fensterstürzen und -verdachungen im zweiten Obergeschoß) der nach 1861 geschaffene Gliederungszusammenhang empfindlich gestört worden; der Aufriß von 1894 zeigt jedenfalls ein insgesamt ansehnliches Fassadenbild. Reste des alten Dekors hat man übrigens an der südlichsten Lisene freigelegt.

Der nördliche Gebäudeteil – zu Zeiten der ›Bürger-Casino Gesellschaft‹ Treffpunkt des Heidelberger Mittelstandes – war zwar auch früher schmuckarm, aber längst nicht so steril wie nach den Umbauten im 20. Jahrhundert. Leider war es aus praktischen Gründen nicht möglich, anläßlich der letzten, radikalen Sanierung die vier großen Korbbogenfenster des Erdgeschosses wieder zu öffnen und damit dem ganzen Gebäudeteil ein lebendigeres und attraktiveres Aussehen zu geben.

Anmerkungen

1 GLA: 204/449
2 StA: Lgb. 1770 ff., S. 178 Nr. 163
3 GLA: 204/449
4 GLA: 204/449, 204/1699

5 GLA: 204/993, 204/1116
6 StA: Lgb. 1770 ff., S. 178 Nr. 163
7 Ebd.
8 Ebd.; Ab. von 1834

 9 Ebd.; Ab. von 1842
10 StA: Lgb. 1770ff., S. 178 Nr. 163;
    Ab. von 1854/55
11 Gb. 48, Nr. 120
12 Gb. 71, Nr. 14
13 StA: Ab. von 1870
14 BVA: Marstallstraße 6, Nr. 416
15 Ebd.
16 UA: B 5865/2
17 UA: B 5865/4
18 UA: B 5865/1

19 UA: B 5865/1 u. 2
20 Ebd.
21 Ebd.
22 UA: B 5865/3
23 Ebd.
24 UA: Reg. Bd. 4509, 1953–71
25 UA: Reg. Bd. 4509, 1972–Febr. 75 u.
    Bd. 4509, 1975–76
26 UA: Reg. Bd. 4509, Aug. 1976 ff.
27 Ebd.

Marstallhof und Heuscheuer

210 Die vier Gebäude des Marstallhofes formen im Grundriß annähernd ein Rechteck. An das ehemals kurfürstliche Zeughaus, das am Neckarstaden liegt, sind der Westflügel entlang der Schiffgasse und der Ostflügel entlang der Marstallstraße angebaut. Die Südseite des Geländes war zwischen 1590 und 1693 vom Gebäude des kurfürstlichen Marstalls abgeschlossen. Dieses Gebäude gab dem Marstallhof seinen Namen und wird im Folgenden, um Verwechslungen zu vermeiden, nach seinem Erbauer ›Kasimirbau‹ genannt. An der Stelle des Kasimirbaus befindet sich heute das etwas schmälere, freistehende Neue Kollegienhaus. Von dem Renaissancebau sind nur noch die flankierenden Ecktürme im Südosten und Südwesten erhalten.

Im westlichen Teil des Zeughauses ist eine Mensa, im östlichen ein Studentencafé untergebracht. Sein Dachgeschoß dient, wie das des Ostflügels und der gesamte Westflügel, dem Studentenwerk. Im Ostflügel wird zwischen 1984 und 1986 ein neues Studentencafé eingerichtet. Das Neue Kollegienhaus dient Instituten und Seminaren der Altertums- und Sprachwissenschaften, nämlich dem Archäologischen und Ägyptologischen Institut, dem Institut für Ur- und Frühgeschichte sowie den Seminaren für Klassische Philologie und Alte Geschichte. Im Erdgeschoß ist die Abgußsammlung des Archäologischen Instituts aufgestellt, die Sammlung des Ägyptologischen Instituts und das Antikenmuseum des Archäologischen Instituts befinden sich im Dachgeschoß.

Geschichte

Zeughaus

211 Bauzeit und Architekt des Zeughauses, des ältesten Gebäudes im Marstallhof, lassen sich urkundlich nicht feststellen. Man darf aber annehmen, daß das Ge-
197 bäude unter Ludwig V. (1507–1544) erbaut wurde.[1] Auf Münsters Holzschnitt[2] von 1550 sieht man die auf hohem Sockel errichtete Nordfassade, die damals noch direkt am Wasser liegt, mit flankierenden Ecktürmen und steilem, mit drei Reihen von Gaupen besetztem Walmdach. Ein mittleres Zwerchhaus hat eine Hebevorrichtung zum Be- und Entladen der Schiffe. In der Gebäudemitte befindet sich ein einfaches Rundbogentor, die Belichtung erfolgt über kleine, einfache,
199 hochrechteckige Fenster in der oberen Wandzone. Eine Zeichnung des kurpfälzischen Skizzenbuchs[3], die zwischen 1561 und 1585 entstanden ist, zeigt die Südsei-

te des Zeughauses, betont wehrhaft mit Strebepfeilern, die die Fassade in zwölf Achsen teilen; die mittlere Achse ist durch ein Zwerchhaus akzentuiert. Undeutlich zu erkennen sind große, offenbar bis zum Boden reichende Öffnungen und kleine darüberliegende Fenster.

Merians Ansicht von 1620[4] zeigt den Marstallhof in seinem großartigsten Zustand. Die Nordfassade des Zeughauses hat seit 1550 geringfügige Veränderungen erfahren: An der linken Seite ist ein querovales Fenster eingebrochen, an der rechten Seite befindet sich auf Höhe des Wasserspiegels im Sockel ein Rundbogentor. Das Tor des Erdgeschosses in der Fassadenmitte ist vermauert, ein rechteckiges Fenster mit eingetiefter Brüstung sitzt in der Füllwand. Das Fenster darüber ist nicht vorhanden, in der Öffnung des Zwerchhauses ist keine Hebevorrichtung auszumachen.[5] Die Hoffassade weist bei Merian[6] in der Gebäudemitte einen volutengeschmückten Giebel auf, der Teil eines zwischenzeitlich (wohl gleichzeitig mit dem Kasimirbau)[7] errichteten dreigeschossigen Risalits[8] ist. *200*

Über das Ausmaß der Zerstörung und die Instandsetzung des Zeughauses nach den Bränden von 1689 und 1693 findet sich in den Akten nichts. Aus Walpergens Ansicht[9] kann man aus dem Zustand des damals noch als Ruine erhaltenen Kasimirbaus schließen, daß auch das Zeughaus bis auf seine gemauerten Teile ausgebrannt war. Das Dach ist nur noch etwa halb so hoch wie früher und besitzt lediglich eine Reihe von Dachgaupen. In der Mitte der Fassade befindet sich erneut ein - merkwürdig kleines - Rundbogentor.[10] Oberhalb der alten Fenster liegt nun eine Reihe von dreiundzwanzig einfachen Fenstern, die das neu eingezogene Zwischengeschoß belichten: Auf etwa drei Fünftel der Höhe des ehemals eingeschossigen Innenraums ist eine Balkendecke eingezogen, die von Holzstützen im unteren Geschoß getragen wird.[11] *201*

Der früheste Grundriß des Marstallhofes von 1804, signiert von Werkmeister Wieser[12], dokumentiert die damalige Innenaufteilung des Zeughauses. Im Erdgeschoß sind Stallungen eingerichtet, die auf der Hofseite durch zwei Tore betreten werden. Die anderen Bogenöffnungen der Hoffassade sind, bis auf kleine Zwillingsfenster in ihrer oberen Hälfte, zugemauert.[13] Die Trennwand zwischen Ostflügel und Zeughaus ist von einer Tür durchbrochen. Die Wohnungen im Zwischengeschoß werden bis zu ihrer Räumung 1844[14] niederen Hofangestellten, Pensionären und mittellosen Personen zur Verfügung gestellt[15]. Die beiden Etagen des Dachgeschosses dienen zur Lagerung von Getreide, der Stall im Erdgeschoß wird seit dem Beginn der Aktenaufzeichnung bis 1811 vom Militär und dem Hof nach Bedarf verwendet.[16] *202*

In diesem Jahr möchte die Stadt das Zeughaus vom badischen Staat kaufen.[17] Diese Pläne zerschlagen sich, aber sie kann das Gebäude pachten und erhält die Erlaubnis, es ihrerseits an die Handlungsinnungen der Städte Heidelberg und Eberbach zur Einrichtung eines Lagerhauses weiterzuvermieten. Die Innungen lassen in der Westwand des Zeughauses ein Tor zum Neckar hin einbrechen, ›um von da die Waaren vom Krahnen am kürzesten und bequemsten in das Lagerhaus herbringen zu können‹. 1835 wird die Warenniederlage zur öffentlichen Einrichtung des Hauptsteueramts, weswegen das ganze Zeughaus vom Domänenärar an das Zollärar vermietet wird. Der Handelsvorstand, ehemals Handlungsinnung, und das Hauptsteueramt fordern 1844 die Überweisung des Zeughauses an den Zolletat. Dagegen wendet das Innenministerium ein, daß das Zeughaus der einzige in Heidelberg vorhandene und geeignete Platz für ein neues Anatomiegebäude der Universität sei.

1845 werden drei Brandmauern in das Gebäude eingezogen.[18] Die alte zwischen Ostflügel und Zeughaus, die nur aus Fachwerk bestand, wird abgerissen und durch eine massive ersetzt, die zweite befindet sich zwischen dem Westflügel und dem Zeughaus. Eine dritte wird hinter dem Risalit nötig, weil die westliche Hälfte des Gebäudes als Niederlage für steuerpflichtige Waren dem Hauptsteueramt, die östliche für Güter des freien Verkehrs dem Handelsvorstand vermietet werden. 1846 wird der Quai vor dem Zeughaus aufgeschüttet, und 1854/55 werden die drei spitzbogigen Tore in die Nordfassade des Zeughauses eingebrochen.[19] Das Tor an der Westfassade hat sich als ungünstig erwiesen und wird 1858 zugemauert.

1890 wird das Zeughaus der Zollverwaltung übertragen.[20] Seit 1891 bittet das Archäologische Institut das Innenministerium um Vergrößerung seiner Räume, und zwei Jahre später schlägt dessen Leiter, Professor von Duhn, vor, dies mittels der Aufstockung von Zeughaus und Ostflügel zu erreichen.[21] 1896, nach dem Brand des Ostflügels, werden die ersten Stimmen laut, die die Verlegung des Lagerhauses an den Bahnhof fordern. Diskutiert wird nicht nur die offensichtlich gewordene Brandgefahr, die die eingelagerten Waren beständig gefährdet und aus der unmittelbaren Nachbarschaft zum auch weiterhin im Ostflügel untergebrachten Stall resultiert. Auch die Lage und Ausstattung des Gebäudes sind nicht mehr zeitgemäß. Zum einen macht sich die Verlagerung des Transportwesens weg vom Wasser- und hin zum Schienenweg bemerkbar, zum andern ist das Zeughaus zu klein und für die Lagerung von Tabaken, die den Hauptbestand der Waren ausmachen, nicht geeignet, weil das nicht unterkellerte Erdgeschoß zu feucht und das Dachgeschoß zu sehr Temperaturschwankungen ausgesetzt ist. Im Jahr darauf beschließt das Finanzministerium, das Lagerhaus im Zeughaus zu belassen, da ein Neubau am Bahnhof zu teuer ist und die Einrichtung in der Nähe des Hauptsteueramtes verbleiben soll. Um das Lagerhaus zu erweitern, wird dem Handelsvorstand, der noch immer den östlichen Teil des Zeughauses nutzt, gekündigt.

Zur Erhöhung der Feuersicherheit wird noch 1896 die Scheidewand zwischen Zeughaus und Westflügel erneuert[22], weil sie nicht durchgehend massiv ist, sondern teilweise auf Holz aufsitzt; hinter dem Risalit zwischen Erdgeschoß und Zwischengeschoß wird eine Eisenbetondecke eingezogen. Die Wohnung des Lageraufsehers in den Obergeschossen des Risalits wird beseitigt. Parallel zu diesen Vorgängen bestehen jedoch auch weiterhin Überlegungen, das Zeughaus für die Universität umzunutzen: Professor von Duhn wiederholt 1896 seinen Vorschlag, andererseits möchte die Stadt Heidelberg die in Planung befindliche neue Universitätsbibliothek hier unterbringen. Ab 1897 ist sicher, daß das Lagerhaus an den Bahnhof verlegt werden soll.[23]

1899 oder 1900 entwirft Julius Koch für die badische Bezirksbauinspektion 205 Pläne für den Umbau des Zeughauses und des Ostflügels, die mit ›Entwurfskizze zum Neubau eines archäologischen Instituts der Universität in Heidelberg‹ überschrieben sind.[24] Auf die Gebäude soll ein hohes Geschoß aufgesetzt werden, um im Obergeschoß Sammlungen und Hörsäle unterbringen zu können. Es ist vorgesehen, das Erdgeschoß – auch in der Nutzung – unverändert zu belassen. Das neue Obergeschoß ist im Stil der deutschen Spätgotik bzw. Renaissance gehalten. Die Initiatoren dieses Plans[25] sind sich wohl im klaren darüber, daß dieser Umbau dem Ministerium im ganzen zunächst zu teuer ist, deshalb fertigt Koch gleichzeitig eine Ansicht an[26], die den Marstallhof mit umgebautem Ostflügel und dem noch nicht aufgestockten Zeughaus zeigt. Die Zolldirektion wehrt sich gegen den Umbau, da ein Neubau des Lagerhauses in absehbarer Zeit nicht möglich und der Dachraum des Zeughauses zur Trocknung der Tabake unbedingt notwendig seien[27]; trotzdem weicht Professor von Duhn nicht von seinem Plan ab und erreicht, daß das Kultusministerium im Jahr 1901 tatsächlich Mittel für den Umbau anfordern will. 1902 scheitert das Projekt endgültig, und das Archäologische Institut zieht in den folgenden Jahren in einen Teil des neuerworbenen „Musäums" am Ludwigsplatz ein.[28]

1914 wird das Lagerhaus an den Güterbahnhof verlegt, und bis 1920 wird das Zeughaus übergangsweise vom Staat an die Stadt und an private Firmen als Lager vermietet.[29] Ein 1918 gestellter Antrag der Stadt Heidelberg, im Zeughaus ihre Zentralfeuerwache einrichten zu dürfen, wird im November 1919 vom Finanzministerium endgültig abschlägig beschieden, da zu diesem Zeitpunkt die Einrichtung einer universitären Mensa und Turnhalle in diesem Gebäude vorbereitet wird.

Im Mai 1919 hatte der Engere Senat der Universität die Gründung dieser Mensa beschlossen.[30] Eine derartige Einrichtung ist nötig, weil auch weniger Bemittelte studieren und nach dem Weltkrieg eine Verarmung des Mittelstandes einsetzt.[31] Zugleich wird von mehreren Seiten der Bau einer Turn- und Fechthalle für die Universität gefordert, weil wegen des Wegfalls der Wehrpflicht für die körperliche Ertüchtigung der Studierenden gesorgt werden müsse. Die Finanzierung der Mensa erfolgt aus verschiedenen Quellen: Die Studentenschaft beteiligt sich, indem sie den regelmäßigen Semesterbeitrag einführt, der Badische Landtag bewilligt 300 000 Mark.[32] Der Großteil der Gelder wird durch Kredite und aus Spenden und Stiftungen aufgebracht.[33] Der Kostenvoranschlag von 1 200 000 Mark, erstellt vom Architekten Ludwig Schmieder von der Badischen Bezirksbauinspektion im November 1920, wird eingehalten.[34]

Die ersten Pläne Schmieders entstehen im Juni 1919 und sehen die Nutzung des Zeughauses im Westteil für die Mensa, mit erhaltenem Zwischengeschoß, und im Ostteil für die Turnhalle vor. Der Risalit erhält in einem der Entwürfe ein Portal mit barockisierenden Formen, gesprengtem Giebel und Wappen. Die zu dieser Planstufe gehörende Nordfassade zeigt als einzige Veränderung gegenüber dem Bestand ein Ovalfenster an der westlichen Seite, entsprechend dem östlichen. Im zweiten Plansatz vom Oktober 1919 ist der Innenraum des Zeughauses bereits so wie in der späteren Ausführung genutzt: Die Mensa ist im Ostteil, die Turnhalle im Westteil untergebracht.[35] Im ganzen Gebäude ist das Zwischengeschoß entfernt, links und rechts vom Risalit ragen Emporen in die Hallen. Die Nordfassade bleibt in dieser Planstufe bis auf die Vermauerung des Ovalfensters erhalten. Für die Hoffassade gibt es zwei Vorschläge, einer der Entwürfe sieht die

Vereinheitlichung der Erdgeschoßöffnungen in Spitzbogen vor.[36] Das Portal im Risalit ist in beiden Entwürfen in Renaissanceformen gehalten.[37]

In einem Gutachten des bautechnischen Referenten Caesar vom Kultusministerium wird die Veränderung des Risalits abgelehnt.[38] Er mißbilligt auch die Vereinheitlichung der Fassade durch spitzbogige Öffnungen, weil diese im gotischen Sakral-, nicht aber Profanbau vorkämen. Seiner Meinung nach sollen die unterschiedlichen Formen der Öffnungen erhalten bleiben und als Fenster und Tore benützt werden. Im Mai 1920 sendet Schmieder die nach Caesars Vorschlägen abgeänderten Pläne an das Kultusministerium. Ab September desselben Jahres folgt die Ausführung.[39] Die Nordfassade bleibt bis auf ›belanglose Mauerdurchbrüche‹[40] erhalten. Die drei Spitzbogentore werden bis zu Brüstungshöhe vermauert und so zu Fenstern reduziert. Das westliche Joch wird von kleinteiligen Räumen eingenommen, die als Nebenräume der Turnhalle dienen. Im Mittelbau ist die Eingangshalle mit Wasch- und Nebenräumen untergebracht. Auf die Emporen wird bei der Bauausführung aus Kostengründen verzichtet. Im östlichen Joch sind im Erdgeschoß die Küche mit Nebenräumen und im Obergeschoß zwei Speisezimmer für Professoren und Assistenten eingerichtet.[41] In die Fassade zur Marstallstraße werden vier dreiteilige Fenster eingebrochen.[42] Der Haupteingang der Mensa vom Mittelbau aus erfolgt durch die westliche Stirnseite des Saales und soll nach Wünschen der Universität monumental gestaltet werden. Daraufhin entsteht der Plan zu dem ausgeführten Portal in Renaissanceformen.[43] Im östlichen Dachgeschoß sind Wohnungen für das Personal, im westlichen Teil die Fechträume vorgesehen. Decke und Dachstuhl bleiben erhalten, allein das Kehlgebälk wird höhergelegt, was die äußere Dachform nicht verändert. Während der Bauarbeiten beschließt man, auch im östlichen Dachgeschoß Fechträume und drei Zimmer für den Studentenverein einzurichten. Im Januar 1921 wird gegenüber der Planvorlage vom Mai 1920 auf den Einbau einer Treppe im östlichen Turm verzichtet, ebenso wird die vorhandene Wendeltreppe im Risalit belassen. Im Speisesaal wird eine freistehende Wendeltreppe errichtet, über die man in das Obergeschoß gelangt. Die Gestaltung der Gaupen, die angebracht werden, um die Fechträume ausreichend zu belichten, bereitet Schwierigkeiten.[45] Schmieder plädiert für Schleppgaupen; nach Änderungsvorschlägen von Caesar werden die noch heute erhaltenen Schleppgaupen mit Zwillingsfenstern an der Hofseite angebracht, die Dachhäuschen an der Neckarseite beläßt man. Mensa, Küche und Fechträume sind zum Sommersemester 1921 bezugsfertig. In einem zweiten Bauabschnitt wird ab Oktober 1921 der Ausbau der Turnhalle mit Nebenräumen vollzogen, der im August 1922 beendet ist.[46]

Der Betrieb der Mensa und des Universitätssports wird bis in den Zweiten Weltkrieg hinein aufrechterhalten.[47] Danach wird das Zeughaus von der Stadt beschlagnahmt und nacheinander als Übernachtungsheim und Möbellager verwendet[48], bis die Mensa wieder eingerichtet wird. Die Turnhalle wird 1950 für den Universitätssport freigegeben[49], im Dachgeschoß werden das Studentenwerk und das Institut für Leibesübungen untergebracht[50]. Eine Gesamtplanung für die universitären Sportanlagen bringt 1956 die Verlegung der Turnhalle ins Neuenheimer Feld, das westliche Zeughaus wird nun ebenfalls zur Mensa umgewandelt.[51] Im westlichen Joch wird bei diesem Umbau eine neue Küche eingebaut.

213

244

1966 sind die beiden Küchen und Speisehallen völlig überlastet, weswegen der Bau einer zusätzlichen Altstadtmensa beschlossen wird.[52] 1967 werden im Zeughaus Umbauarbeiten vorgenommen, die hauptsächlich die Wirtschaftsräume betreffen.[53] Die Küche im Westen bleibt mit ihrer Essensausgabe erhalten, im Osten werden Küchennebenräume untergebracht, die ehemals östliche Speisehalle beherbergt von nun an eine Cafeteria. Bei den Bauarbeiten im östlichen Joch wird eine bis dahin unbekannte Treppenanlage entdeckt, welche jedoch gleich einstürzt, so daß keine Bauaufnahme gemacht werden kann.[54] Die Eingangstür im Risalit vergrößert man 1968, um den Zugang zur Mensa zu erleichtern.[55] 1974 bricht im östlichen Teil des Dachgeschosses ein Brand aus. Der zerstörte Teil des Dachstuhls wird wieder aufgebaut, die verlorenen Biberschwanzziegel werden durch neue ersetzt.[56]

Zwischen 1984 und 1986 wird im Zuge der Umbauarbeiten im Ostflügel auch das östliche Joch des Zeughauses umgestaltet.[57] Das Obergeschoß wird zu Aufenthaltsräumen für das Personal hergerichtet. Zur Belichtung des Dachgeschosses werden drei neue Gaupen zur Marstallstraße hin gesetzt. Nach dem Umbau des Ostflügels in ein Studentencafé sollen im Erdgeschoß des östlichen Jochs und dem anschließenden eine neue Küche mit Essensausgabe eingerichtet werden. In die Halle, die wieder als Speisesaal dienen wird, soll eine Empore eingezogen werden.

Ostflügel

Auf Merians Abbildung[58] erstreckt sich vom Zeughaus bis zum neu errichteten Kasimirbau ein Gebäude mit Satteldach. Seine Ostwand besteht aus der strebepfeilerverstärkten, fensterlosen Umfassungsmauer des Marstallgeländes. Das südliche Drittel des Gebäudes ist schmäler. Etwa in der Mitte des Ostflügels ist das Dach eines Zwerchhauses sichtbar. Auf Walpergens Zeichnung[59] von 1763 sieht man ein mit drei Gaupen an der östlichen Seite besetztes Satteldach über dem Ostflügel, das in das gleich hohe des Zeughauses einschneidet. In die Ostwand sind unter dem Dachgesims nicht genau erkennbare Fenster eingebrochen, die zur Belichtung der dahinterliegenden Räume im Obergeschoß dienen.[60]

Zeughaus, Ost- und Westflügel werden im 18. Jahrhundert zumeist in denselben Akten behandelt.[61] Anhand der Akten ist die Erbauungszeit des derzeitigen Ostflügels nicht bestimmbar[62], man darf aber annehmen, daß die Außenmauern auch hier den Flammen standhielten. Im Erdgeschoß des Ostflügels sind im 18. Jahrhundert Stallungen untergebracht, die 1748 vom Kurfürsten ganz der von ihm in diesem Jahr gegründeten und unterhaltenen Universitätsreitschule zur Verfügung gestellt werden.[63] Im Obergeschoß sind Wohnungen für höhere Angestellte des Kurfürsten eingerichtet.[64] 1764 wird der Dachstuhl über dem Flügel abgerissen und wieder neu errichtet.[65] Dort wird bis in die dreißiger Jahre des 19. Jahrhunderts herrschaftliches Getreide aufbewahrt.

Wiesers Grundriß von 1804 verdeutlicht die Aufteilung des Erdgeschosses seit 1802.[66] Die ›Stallung der Schulpferde‹, die das südliche Drittel des Ostflügels einnimmt, ist von der ›Militärischen Stallung‹ durch eine hölzerne Scheidewand ohne Tür getrennt und wird durch ein Tor in der Südwand betreten. Der Militärstall

200

201

202

ist nur vom Zeughaus her zugänglich; das Obergeschoß des Flügels kann über die Treppe im Risalit des Zeughauses oder eine Wendeltreppe in der Ostmauer des Marstallgeländes, die noch von der Ruine des Kasimirbaus stammt und zu einem Gang auf der Ostmauer führt, erreicht werden.

Der nördliche Teil des Erdgeschosses wird 1821 mit ›Reserve Marstall/Fourage Magazin/‹ bezeichnet, die Bedeutung als Militärstall ist verlorengegangen.[67] 1818 vermietet der Universitätsreitlehrer seine Wohnung, die im südlichen Teil des Obergeschosses liegt[68], an die Gebäranstalt, die dort ein Zimmer für zahlende Patientinnen und Wohnräume für einen Assistenzarzt und die Weißzeugverwalterin einrichtet[69].

1893 beschließt das Kultusministerium, verschiedene Feuerschutzmaßnahmen vorzunehmen.[70] Bevor jedoch die Gelder für diese Maßnahme angefordert werden, bricht 1896 im Heulagerraum im nördlichen Teil des Parterres ein Brand aus, dem vier Menschen und siebenundzwanzig Pferde zum Opfer fallen.[71] Das Gebäude brennt bis auf die Umfassungsmauern aus. Nach dem Brand fordern verschiedene Stellen die Überlassung des Ostflügels. Die Handlungsinnung möchte ihn zur Vergrößerung der Zollniederlage verwenden.[72] Die Stadt schlägt 1896 zunächst vor, die Universitätsbibliothek in Zeughaus und Ostflügel unterzubringen[73], im folgenden Jahr möchte sie den Platz zum Ausbau der Marstallstraße verwenden[74]. Das Kultusministerium beschließt zwar bereits 1897, den Reitstall wieder aufzubauen, aber die oben erwähnte Diskussion[75] über die Errichtung eines Archäologischen Instituts auf dem Gelände wird bis 1902 weitergeführt, ehe sich das Ministerium endgültig dagegen und für die Wiedereinrichtung des Universitätsstalles entscheidet.[76]

1902 werden die Außenmauern des Ostflügels wieder hergerichtet[77], schadhafte Mauerteile, ›soweit dringend notwendig‹[78], abgebrochen und originalgetreu wieder aufgebaut, die schadhaften Fenstergestelle ergänzt. Der Stall wird durch eine Schienenbetondecke abgeschlossen. Der nördliche Teil des Gebäudes (zwischen dem zweiten nördlichen Strebepfeiler und dem Zeughaus) wird durch eine Brandmauer abgetrennt und dient später als Futterlager. 1908 wird die Wohnung im Obergeschoß des Ostflügels erneut eingerichtet.[79] Sie liegt genau über dem Stall, reicht also bis zur Brandmauer. An den Fenstern und dem Äußeren des Gebäudes werden keine Veränderungen vorgenommen. Bis 1928 lebt der jeweilige Universitätsreitlehrer in dieser Wohnung.

Beim Bau der Mensa[80] wird das östliche Joch des Zeughauses durch den Einbau der Küche und der Speisezimmer vom Ostflügel durch eine Mauer abgetrennt. Von dieser Abschlußwand bis zur Brandmauer erstrecken sich im Erdgeschoß Wirtschaftsräume der Küche und Wohnungen im Obergeschoß. Lager und Wirtschaftsräume werden durch das Einbrechen von je einer Tür in Hof- und Ostwand zugänglich gemacht. Im Innern errichtet man eine Treppe zum Obergeschoß. Der 1920 aus Kostengründen geschlossene ehemalige Universitätsreitstall im Erdgeschoß wird seit 1921 als Lagerraum der Mensa genutzt.[81] 1925 wird der Dachstock des Flügels zu Geschäftszimmern des Vereins Studentenhilfe ausgebaut, weil dessen Räume im Dach des Zeughauses nicht mehr ausreichen.[82] Das Dach wird bis auf den Bau von fünf Schleppgaupen mit Zwillingsfenstern an der Hof- und sechs an der Straßenseite nicht verändert. 1928 zieht der ehemalige

Universitätsreitlehrer aus, und seine Wohnung im südlichen Teil des Obergeschosses wird dem Personal der Mensa zugewiesen.[83] 1936 wird auch diese Wohnung teilweise zu Büros des Studentenwerks (ehemals Verein Studentenhilfe).[84]

Während des Zweiten Weltkrieges werden die Räumlichkeiten dieses Flügels
offenbar unverändert genutzt.[85] Auch nach dem Krieg wird bis zur 1981 stattfindenden Räumung des Ober- und Dachgeschosses, die renoviert werden sollen,
die Verwendung nicht geändert.[86] 1968 wird in die Ostmauer des Marstallhofes,
zwischen Südostturm und dem Anbau, ein Tor von der Höhe des Erdgeschosses
eingebrochen.[87] Zwischen 1984 und 1986 wird der Ostflügel zu einem Studenten-   *208*
café, das das alte im Zeughaus ersetzt, und für die Zwecke des Studentenwerks
umgebaut. Dazu wird die Erdgeschoßdecke entfernt und somit ein eingeschossiges Gebäude geschaffen. Entlang der Westseite wird eine Empore errichtet. Die
sechs Rundbogen an der Hofseite werden geöffnet und als Türen und Fenster
verwendet. Der Raum nördlich der Brandmauer dient als Küche. Das Dachgeschoß dieses Gebäudeteils erhält zum Hof hin zwei neue Schleppgaupen.[88]

Im Anschluß an den Ostflügel erstreckt sich nach Süden ein zurückgesetzter,   *202, 208*
schmaler Anbau. An seiner Stelle befindet sich noch 1804 ein kleiner, eingeschossiger Anbau über quadratischem Grundriß, wahrscheinlich ein Abtritt oder eine
Waschküche.[89] Bei der Errichtung des Weinbrennerbaus im Jahr 1806 wird die
Wendeltreppe, die noch vom Kasimirbau stammt, abgebrochen und eine Treppenanlage in der Durchfahrt des Weinbrennerbaus geschaffen.[90] Der Anbau an
den Ostflügel entsteht wohl zur gleichen Zeit[91] und beherbergt im Erdgeschoß
Waschküchen, im Obergeschoß den Verbindungsgang zum Ostflügel. Im Jahr
1884/85 wünscht die Stadt, den Eingang aus der Durchfahrt zu entfernen, und errichtet daraufhin die Treppe im Anbau.[92]

Die Südseite des Marstallhofes

Auf Merians Stadtansicht[93] von 1620 erhebt sich auf der südlichen Seite des Ho-   *200*
fes der Marstall des Administrators Johann Kasimir (1583–1592), mit dessen Bau
1590 begonnen worden war[94] und der bei der Zerstörung Heidelbergs 1689 und
1693 bis auf seine Außenmauern[95] niederbrannte.

Unter Kurfürst Johann Wilhelm (1690–1716) plant man in den Jahren 1700 bis
1702, das Gebäude als Kanzlei, Wohnung für den Obriststallmeister und die
Edelknaben sowie als Stallung für den Kurfürsten wiederherzurichten, aber
schließlich wird der Ruprechtsbau auf dem Schloß für diese Zwecke verwendet.[96]
1755 ist zum ersten Mal erwähnt, daß im Südflügel die Universitätsreitschule besteht[97]; wahrscheinlich ist sie bereits seit ihrer Gründung im Jahr 1748[98] dort untergebracht und wird seit ihrem Bestehen auch vom anwesenden Militär verwendet.[99] Ebenfalls 1755 wird zum ersten Mal über die Bäckerei im westlichen Teil
der Ruine berichtet.[100] Walpergens Zeichnung[101] von 1763 zeigt die Hoffassade   *201*
bis zum Hauptgesims unzerstört. Ein Dach überdeckt die Reitbahn, die sich über
die vierte bis achte Fensterachse von Westen erstreckt. 1789 planen Küchen-
schreiberei und Kastenmeisterei, die Ruine des Kasimirbaus für die Errichtung
eines Getreidespeichers zu verwenden, aber das Projekt ist zu teuer, in der Größe
auch nicht notwendig und wird folglich nicht realisiert.[102]

1804 wird nach einem Plan von Baudirektor Friedrich Weinbrenner aus Karls-ruhe die Reithalle um drei Fensterachsen nach Osten verlängert. Das Dach und die Wand im Umfang der oberen Fensterreihe werden abgetragen, ein neuer Dachstuhl aufgesetzt.[103]

Im August 1806[104] beginnt die Stadt mit dem Bau der von ihr seit 1755[105] gefor-derten Kaserne auf dem östlichen Teil der Ruine. In den Jahren 1755[106] und etwa 1793[107] waren bereits Pläne von der Stadt für einen Kasernenbau angefertigt wor-den, aber Stadt und Ärar hatten sich nicht einigen können, wer die Kosten für Bau, Inneneinrichtung und Unterhalt der Kaserne übernehmen solle[108]. 1801 war die Stadt bereit, die Kaserne zu bauen und zu ihrer Unterhaltung beizutragen.[109] 1804/05 legte der Heidelberger Werkmeister Carl Schaeffer drei Pläne vor, die je-doch von Hofrat Reichert von der Landesregierung (Mitglied der zweiten Kam-mer des Hofrates) und Weinbrenner abgelehnt wurden.[110] Daraufhin entwirft Weinbrenner selbst einen Bauplan[111], der ab August 1806 bis spätestens 1808[112] verwirklicht wird. Da die Baupläne und -akten nicht erhalten sind, ist man auf ei-nen Bericht Weinbrenners[113] und die frühesten überlieferten Pläne von 1819[114] angewiesen. Der Ostteil des Kasimirbaus wird bis auf einen Sockel von sieben bis acht Schuh abgerissen[115] und darauf wird ein dreigeschossiges Gebäude mit Walmdach[116] errichtet. Der Bau hat vierzehn Fensterachsen, die Zimmer grup-pieren sich an einen Mittelgang. Die beiden östlichen Achsen werden im Erdge-schoß von einer Durchfahrt eingenommen. In den beiden mittleren Achsen liegt zum Hof hin das Haupttreppenhaus, Nebentreppen finden sich an der westli-chen und östlichen Stirnseite. Der Außenbau ist durch ein Gurtgesims zwischen Erd- und erstem Obergeschoß gegliedert. Beherrschendes Motiv der Hoffassade ist die architektonisch bemerkenswerte, frontonmäßig ausgebildete mittlere Dop-pelachse: Im Erdgeschoß öffnet sich ein weites Rundbogenportal, darüber sitzen in einer bis über das Kranzgesims hinaufreichenden Rundbogennische eine nied-rigere und eine höhere Stützengruppe aus je zwei Gewändpfeilern und einem Mittelpfeiler mit hohen Architraven und ganz oben ein großes, von einem Drei-eckgiebel überfangenes Halbkreisfenster. Das Fensterensemble dient der Belich-tung des zentralen Treppenhauses.

Nach seiner Fertigstellung 1808 ist der Weinbrennerbau nur kurz oder über-haupt nicht mit der geforderten Garnison belegt.[117] Seit 1810 nutzt ihn die Stadt zur Unterbringung des Armeninstituts und eines Lazaretts, einige Räume sind an die Universität vermietet.[118] Nach Verhandlungen zwischen Regierung und Stadt wird dann der Bau im Februar 1818 der Universität übergeben, um mit dieser Maßnahme die Medizinische Fakultät zu fördern, bleibt aber weiterhin Eigen-tum der Bürgerschaft.[119] Für die Entbindungsanstalt und das Akademische Hos-pital, die bislang im Dominikanerkloster untergebracht waren[120], sowie für das kurz zuvor gegründete Chirurgische Hospital[121] wird die Kaserne umgebaut.[122] Die Südfassade erhält zur Beleuchtung des Operationssaales in der Mitte des dritten Geschosses einen Giebel mit Bogenfenster, entsprechend dem Fronton der Hofseite.[123] Schon bald reicht der Platz für die drei Anstalten in dem Gebäu-de nicht mehr aus, um die gewachsenen Anforderungen an Hygiene und men-schenwürdige Unterbringung der Patienten zu erfüllen. Der Ausbruch des Kind-bettfiebers in der Entbindungsanstalt wird befürchtet, im März 1828 zwingt eine

203

Blatternepidemie zu schnellerem Handeln[124], und 1830 kann die Entbindungsanstalt in den Westflügel umziehen[125].

Auch für die verbliebenen klinischen Anstalten erweist sich der Weinbrennerbau im Laufe der Zeit als ungünstig[126], da das südlich angrenzende Harmoniegebäude Luft und Licht nimmt und mit seinem Festbetrieb stört, wegen des Lagerhauses im Zeughaus viel Verkehr auf dem Hof herrscht und das gesamte Areal wegen der Pferde im Marstallhof, den benachbarten Ställen und dem häufigen Hochwasser als ungesund gilt. Die Leitung der Entbindungsanstalt wünscht trotzdem im Jahr 1843, als der Auszug der Inneren Medizin und der Chirurgie bevorsteht, den großen Weinbrennerbau allein für sich.[127] Sie meint das Kindbettfieber nur verhindern zu können, wenn die Räume regelmäßig leer gemacht und wochenlang gelüftet werden. So kommt es im Jahr 1844 zur Verlegung der klinischen Anstalten in das alte Jesuitengebäude[128] in der Seminarstraße und zum Umbau des Weinbrennerbaus für die Entbindungsanstalt[129]. Als wichtigste Maßnahme wird der Fronton an der Südseite wieder beseitigt. 1849 wird preußisches Militär in dem Gebäude untergebracht[130], die Entbindungsanstalt kann in das Bezirksstrafgerichtsgebäude in der Seminarstraße ausweichen, bis 1851, nach dem Abzug der Truppen, der Weinbrennerbau wieder frei wird[131].

1882 benötigt die Stadt ein Gebäude für ihre Gewerbeschule. Gleichzeitig tritt der Staat an die Stadt mit der Forderung heran, eine neue Entbindungsanstalt zu bauen. Diese hatte ihren Auszug aus denselben Gründen wie seinerzeit die klinischen Anstalten gefordert.[132] Um diesen Bau nicht selbst ausführen zu müssen, macht die Stadt das Angebot, den Weinbrennerbau an den Staat abzutreten, wenn sie ihn zu einem billigen Preis zurückkaufen könne, um dort die Gewerbeschule unterzubringen. Der Staat willigt ein, und im Oktober des Jahres übergibt die Stadt den Weinbrennerbau der Regierung und kauft ihn gleich für 30 000 Mark zurück.[133] Dieses Geld dient der Mitfinanzierung der Frauenklinik in Bergheim. Ab 1885 werden im Weinbrennerbau verschiedene städtische Einrichtungen untergebracht[134], u.a. Schulräume und Sozialstellen des Frauenvereins. In diesem Jahr werden alle Fenster im dritten Geschoß der Hofseite erhöht, um dem Mangel an Licht abzuhelfen[135], 1888 geschieht das auch mit den Fenstern an der gegenüberliegenden Seite[136]. 1891 verkauft die Stadt den Weinbrennerbau an die städtische Rentzlersche Gewerbeschulstiftung[137], aber erst ab 1898 wird das Gebäude ausschließlich für die Gewerbeschule verwendet[138]. In den Jahren 1901 bis 1914 werden nach und nach alle Fenster an der Süd- und Hoffassade erhöht und an allen Fassaden weitere kleinere Fenster eingebrochen.[139]

1927 zieht die Gewerbeschule in das Liebholdsche Anwesen an der Bergheimer Straße um, und das Kultusministerium kauft den Weinbrennerbau für die Universität aus Mitteln des Unterländer Studienfonds.[140] Aus diesem Jahr datiert ein Plan Schmieders[141], der auf dem westlichen Teil der Südseite des Marstallhofes ein Gebäude in den Umrissen des Weinbrennerbaus vorsieht. Auf das Erdgeschoß des Neubaus, das dem des Weinbrennerbaus gleicht, sind ein weiteres Vollgeschoß und ein Mezzaningeschoß aufgesetzt. Das alte und das neue Gebäude sind durch einen zweigeschossigen Bau mit rundbogiger Durchfahrt und Flachdach verbunden. Der Plan wird nicht verwirklicht, und bis zum Abriß 1967[142] dient der Weinbrennerbau Instituten der Philosophischen Fakultät.

204

206

Die Reithalle wird seit ihrer Vergrößerung im Jahr 1804[143] bis 1914, nur durch Kriegszeiten unterbrochen, von der Universitätsreitschule genutzt[144]. Nach dem Ersten Weltkrieg ist wegen der schlechten wirtschaftlichen Situation an eine Wiederaufnahme des Reitunterrichts nicht zu denken, daher wird die Halle ab 1923 als Sporthalle verwendet.[145] In den Jahren 1927/28 baut der neugegründete Heidelberger Reitverein auf städtischem Gelände südlich der Reithalle eine Sporthalle für die Universität[146] und erhält das Recht zur Benützung der Reithalle. Ab 1937 bis zum Ende des Zweiten Weltkrieges wechseln sich Militär, die Abteilung Luftfahrt des Hochschulinstituts für Leibesübungen und der Mannheimer Reitverein in der Verwendung der Halle ab[147], nach dem Krieg dient sie als Tennishalle[148]. Der Platz zwischen Weinbrennerbau und Reithalle dient bis 1885 den jeweiligen medizinischen Anstalten, danach wird er an Privatpersonen als Lagerplatz vermietet.[149]

Im Jahr 1954[150] wird von der Oberfinanzdirektion Karlsruhe erwogen, auf dem Gelände der Tennishalle ein Gebäude für die Philosophische Fakultät zu errichten, da diese dringend mehr Räume benötigt; die Fakultät wünscht einen viergeschossigen Neubau und den zusätzlichen Ausbau des Dachstocks im Weinbrennerbau[151]. Im folgenden Jahr entsteht der Entwurf eines viergeschossigen Gebäudes von Regierungsbaurat Hermann Baier vom Städtischen Hochbauamt Heidelberg, das Traufhöhe und Dachform des Weinbrennerbaus übernimmt.[152] Die schmucklose Hofseite zeigt achtzehn Fensterachsen, die hochrechteckigen Fenster sind zu Viererblocks an den Seiten und fünf Doppelreihen in der Mitte zusammengefaßt. Dieser Entwurf kann die Fakultät künstlerisch nicht überzeugen, auch das Raumangebot ist nicht ausreichend.[153] 1956 folgen drei weitere Vorschläge von Baier[154], die jeweils viergeschossige Gebäude über einem Souterraingeschoß vorsehen. Der erste Entwurf mit sechzehn Fensterachsen überzieht die Fassade mit einem Relief, das aus dem Gitter der sich kreuzenden waagrechten Fensterbrüstungen aus Sandstein, senkrechten, tragenden, weit hervorspringenden Stahlbetonstützen und der in der hintersten Ebene liegenden ›Zwischenstützen‹, die die Versorgungsleitungen aufnehmen, besteht. Der zweite Entwurf reiht vierundzwanzig Fensterachsen in Dreiergruppen aneinander; das Gebäude gibt sich als verputzter Mauerwerksbau, obwohl es ebenfalls in Stahlbetonskelett-Bauweise ausgeführt werden soll. Die Fassadengliederung des dritten Gebäudes ist nicht ausgearbeitet; es handelt sich um einen in den Umrissen am Weinbrennerbau orientierten Mauerwerksbau.

Die Philosophische Fakultät lehnt im gleichen Jahr alle Entwürfe aus ästhetischen Gründen ab und schlägt eine Ausschreibung des Projekts vor. Der Weinbrennerbau macht ihrer Meinung nach die Erfüllung des erforderlichen Raumprogramms unmöglich und soll deshalb aufgestockt werden; das neue Gebäude soll so hoch wie der Weinbrennerbau werden und von diesem durch die Fassadengliederung klar unterschieden sein. Ende 1956 lehnt der Heidelberger Ordinarius für Kunstgeschichte, Professor Walter Paatz, den für einen Neubau notwendigen Abriß der ›spätgotischen‹ Tennishalle ab[155], 1957 schließt sich das Landesdenkmalamt, Außenstelle Karlsruhe, dieser Ansicht an[156]. Die Neubebauung sei nur zulässig, wenn ›das noch stehende Baudenkmal erkennbar und würdig ... mit einbezogen ist‹. Wenn überhaupt neu gebaut werden müsse, solle der

Bau höchstens drei Stockwerke erhalten. Da der zu erhaltende Rest mit neunzehn Metern zu tief sei, um eine ausreichende Beleuchtung moderner Innenräume zu erhalten, könne nur die Nord- oder Südwand der Halle erhalten werden. Auch die Philosophische Fakultät[157] wünscht bereits im Januar 1957 den Erhalt ›wertvoller Baudetails des Baus von 1590‹ sowie erneut die Unabhängigkeit von der Gestaltung des Weinbrennerbaus. Daraufhin entsteht ein neuer Entwurf[158] des Staatlichen Hochbauamts, der die Aufstockung der alten Halle mit zwei modernen Geschossen vorsieht und die Traufhöhe des Weinbrennerbaus einhält. Die Fassadengliederung ist Baiers Entwurf mit der Gitterstruktur entliehen. Professor Egon Eiermann von der Technischen Hochschule Karlsruhe lehnt im Februar 1957 diesen Entwurf ab[159], weil er, wie der Weinbrennerbau selbst, für den Marstallhof zu hoch sei. Der Neubau dürfe seiner Ansicht nach nur zweigeschossig werden und müsse die historischen Teile miteinbeziehen. Weiter spricht er sich für ein Flachdach aus, eine andere Dachform findet er rückständig. Vertreter des Landes, der Stadt und der Universität befürworten dagegen eine Lösung mit Sattel- oder Walmdach.

Im Oktober 1957 erarbeiten das Staatliche Hochbauamt und die Technische Direktion der Stadt Heidelberg einen Entwurf[160], der erstmals den Abriß des Weinbrennerbaus vorsieht. Sie entsprechen damit dem Wunsch der Universität, möglichst viel Nutzraum in einem städtebaulich befriedigenden Gebäude unterzubringen. Die als maximal möglich angenommene Nutzfläche ist gegenüber den vorherigen Planungen auf 6000 qm vervierfacht worden. Obwohl bei öffentlichen Bauten eine Beteiligung der Gemeinde am Baugenehmigungsverfahren nicht vorgeschrieben ist, wird im gleichen Monat der Bauausschuß des Gemeinderats gehört, da Proteste der Heidelberger Bevölkerung befürchtet werden.[161]

Im Juli 1958 liegt ein Entwurf des neugegründeten Universitätsbauamtes vor, der dem Bauausschuß der Stadt vorgelegt wird.[162] Weinbrennerbau und Reithalle sollen abgerissen werden. An ihrer Stelle steht ein fünfgeschossiges Gebäude mit zurückspringendem Dachgeschoß und Flachdach über rechteckigem Grundriß, etwa in der Ausdehnung des heutigen Baus. Hof- und Südfassade weisen dreizehn tragende, etwa sechzig Zentimeter breite Sandsteinstützen auf, die bis zum Dachgesims über dem fünften Geschoß reichen. Die massiven Sandsteinpfeiler sollen formal eine Verbindung zu den Strebepfeilern des Zeughauses schaffen. Waagrechte Gliederungselemente sind Platten, die in der Höhe der Geschoßdecken zwischen die Sandsteinpfeiler gespannt sind, und die Fensterbrüstungen. Der Abriß des Weinbrennerbaus wird damit begründet, daß er kein ›bedeutender‹ Bau sei und daß ein guter Zusammenhang eines Neubaus allein auf dem Gelände der Reithalle mit ihm nicht zu erreichen sei, wie die Vorentwürfe erwiesen hätten. Nach Überprüfung der Planungsgeschichte bis zu diesem Zeitpunkt stellen Universitätsbauamt und Technische Direktion der Stadt im August 1958 übereinstimmend fest, daß ›eine befriedigende Lösung nur durch einen völligen Neubau, der in der Baumasse dem früher dort stehenden Kasimirbau entspricht, zu erreichen ist‹[163]. Die Planer bezeichnen ihren Entwurf als ein ›sich in der Gesamtsituation des Marstalls gegenüber in tragbaren Grenzen haltendes Gebäude‹.[164] Der Bauausschuß der Stadt Heidelberg kann sich zur Annahme des Entwurfs aber nicht entschließen und fordert im August 1958 einen Architektenwettbewerb oder eine Gutachteranhörung.[165] Im Laufe des Jahres kristallisiert sich heraus, daß das Projekt Proteste von Experten und in der Bevölkerung hervorruft[166], weswegen das Finanzministerium den Vorschlag der Stadt, eine Gutachteranhörung vorzunehmen, annimmt und drei Gutachter aus den Vorschlägen der Stadt auswählt[167]. Diese sind sich aber mit den Hochschulplanern und dem Stadtbaudirektor bereits im Dezember 1958 einig darüber, daß anstelle von Weinbrennerbau und Reithalle ein ›kräftiger Neubau‹[168] mit Flachdach errichtet werden soll. So befürworten denn auch alle drei Gutachten vom März 1959[169] den Entwurf des Universitätsbauamtes vom Juni 1958 und beschränken sich auf (unterschiedlich weitreichende) Änderungs- und Erweiterungsvorschläge.

Architekt Hans Detlev Rösiger aus Karlsruhe schlägt ein Flachdach mit leichtem Aufbau aus Kupfer vor und entwirft einen Vorschlag zur Bebauung des Geländes südlich vom Marstallhof.[170] Eine Bebauung dieses Areals fordert ebenfalls der zweite Gutachter, der Präsident des deutschen Architektenbundes Professor Otto Bartning. Auch der dritte Gutachter, Professor Otto Ernst Schweizer aus Karlsruhe, bezieht dies Gelände mit ein und bildet einen großen vierflügligen Komplex. Im Gegensatz zum Entwurf des Universitätsbauamtes möchte er aber der Fassade des Südflügels gegen den Hof einen Schwung nach innen geben, um den freiräumlichen Charakter des Hofes zu unterstreichen und eine irrationale Tendenz in die Plastizität der Fassade einzubringen. Er strukturiert das Äußere des Gebäudes betont horizontal durch auskragende Platten in Höhe der Geschoßdecken, Vertikalgliederungen sind nicht vorhanden.[171] Die drei Gutachterentwürfe werden von verschiedenen Seiten stark kritisiert.[172] Von einer Anpassung an die historische Umgebung könne nicht die Rede sein, allein an Schweizers Vorschlag wird die Krümmung der Fassade und die Betonung der Horizontale gelobt.

Als ›Einigungsformel‹[173] kommt im Jahr 1959 der Kompromiß zustande, daß der Bau das historische Stadtbild nicht beeinträchtigen darf und den Raumbedarf decken muß. Die Universität drängt auf eine Entscheidung, da die Raumnot der Geisteswissenschaften immer bedrückender wird und ab April 1959 Gelder zur Verfügung stehen, die verbaut werden müssen.[174] Im April 1959 werden auf dem Weinbrennerbau Schaugerüste angebracht[175], um die Wirkung des Neubaus zu demonstrieren. Der Denkmalschutz und die Bevölkerung[176], die sich in einem Bürgerforum ›Marstallbebauung und Altstadtsanierung‹ organisiert haben, kritisieren die Baumasse, woraufhin das Universitätsbauamt die Traufhöhe im Entwurf um siebzig Zentimeter absenkt. Zur gleichen Zeit beschließt die Universität erneut, die Geisteswissenschaften nicht in das Neuenheimer Feld zu verlegen[177], sondern in der Altstadt zu belassen. Es wird festgestellt, daß die bereitgestellten Baumittel in Höhe von zweieinhalb Millionen Mark nicht mehr auf ein anderes Projekt umgeplant werden können.[178] Um in dieser Situation zu einer Lösung zu kommen, macht die Universität der Stadt noch im April 1959 ein Kompromißangebot. Sie will auf ein Stockwerk und den Dachgeschoßaufbau verzichten und die endgültige Außenansicht später erarbeiten lassen. Dafür soll die Stadt der Universität die benachbarte Heuscheuer zur Verfügung stellen, um dort die erforderlichen Hörsäle unterzubringen. Im Juni 1959 liegen zwei neue Vorschläge zur Lösung der Marstallfrage vor. Professor Ludwig Schweizer aus Freudenstadt plant die Erhaltung des Weinbrennerbaus und möchte die geforderte Nutzfläche durch ein vierflügliges Gebäude gewinnen, das sich in nordsüdlicher Richtung in das Gelände südlich des Marstallhofes erstreckt. Oberbaurat Hermann Hampe schlägt ein Gebäude auf rechteckigem Grundriß auf demselben Gelände und ebenfalls den Erhalt des Weinbrennerbaus vor. Im selben Monat wird die sogenannte ›Marstallbaukommission‹ vom Finanzministerium mit dem Einverständnis der Stadt einberufen. Sie besteht aus Vertretern von Land, Stadt, Universität, Denkmalpflege und Universitätsbauamt und soll in Zusammenarbeit mit dem Universitätsbauamt die Pläne erarbeiten. In der ersten Sitzung der Marstallbaukommission im Juli des Jahres wird das Projekt des Universitätsbauamtes angenommen, die Entwürfe von Schweizer und Hampe lehnt man ab, weil sie eine ungünstige Disposition haben und der Erwerb der zusätzlichen Grundstücke südlich des Marstallhofes als schwierig angesehen wird. In der zweiten Sitzung der Kommission im selben Monat erklärt sie sich mit einer fünfgeschossigen Lösung einverstanden, obwohl das Universitätsbauamt schon an einer viergeschossigen arbeitet. Das Gebäude soll zu dieser Zeit mit einem ›flach geneigten Walmdach‹ versehen werden. Im August 1959 verzögert sich der Baubeginn, weil das Land eine Entscheidung über den Neubau erst nach Vorlage einer Gesamtplanung für den Raumbedarf und die Unterbringung der Geisteswissenschaften treffen will.

Im Jahr 1960, in welchem die Gesamtplanung erstellt wird, tendiert die Marstallbaukommission zu einem viergeschossigen Gebäude mit ›echtem Dach‹.[179] Im folgenden Jahr entscheidet sich die Akademische Baukommission für ein ›gefaltetes Dach‹, dessen konkrete Gestalt jedoch offen bleibt. Je größer die Dachneigung werden wird, desto geringer ist der Nutzraum, der gewonnen werden kann. Von daher wünscht die Universität verständlicherweise ein möglichst flaches Dach, um möglichst viel Raum auf diesem günstig gelegenen Grundstück unterzubringen. Inzwischen spricht die Marstallbaukommission von einer ›großen ruhigen Dachfläche‹ mit ›leichter Neigung‹ (November 1961).

Im März 1962 fällt die Entscheidung zugunsten des zurückgesetzten Dachgeschosses.[180] Das proportionale Verhältnis zu den übrigen Gebäuden im Hof erscheint dadurch so verändert, daß die Lösung mit einem geneigten Dach nahezu ausscheidet. Diese Geschoßaufteilung wird vom Gemeinderat akzeptiert.[181] Die Fassade der Hofseite ist bei diesem Entwurf nach innen gestaffelt, um sie nicht wie eine Wand wirken zu lassen; die Vertikalisierung durch tragende Pfeiler ist aufgegeben. Durch die Verwendung dunkler Materialien soll erreicht werden, daß sich der Bau möglichst zurückhaltend in das Altstadtbild einfügt. Das Dach ist nur 1,20 Meter hoch und hat sechs pyramidenförmige Aufbauten.[182] Der Gemeinderat stimmt im April 1962 dieser Konzeption einstimmig zu[183], und auch in der Öffentlichkeit wird er eher beifällig beurteilt. Man lobt die Änderung der Fassade und hofft auf eine in Aussicht gestellte neue Dachform.[184] Daraufhin entsteht im Mai 1962 der Entwurf des schließlich ausgeführten Gebäudes.[185] Im Erläuterungsbericht des Universitätsbauamtes heißt es ausdrücklich, daß die Planung das Ergebnis der Arbeit der Marstallbaukommission ist.[186] Im November 1962 genehmigen die obere Denkmalschutzbehörde[187], im April 1963 das Regierungspräsidium den Plan; letzteres fordert allerdings die Aufstellung eines Mu-

207, 210,
214

sterelements der Fassade vor der endgültigen Festlegung. Das geschieht im Mai 1964, und der Vorschlag des Universitätsbauamts wird von Stadt, Land und Denkmalpflege angenommen. Der Baubeginn (Abriß der alten Halle) liegt vor diesem Termin im Juli 1963.

Als im März 1965 ein freier Architekt vom Land hinzugezogen wird, muß ein zweites Baugesuch an die Stadt gestellt werden.[188] Die Stadtverwaltung will bei dieser Gelegenheit eine stärkere Dachneigung durchsetzen und die Baugenehmigung nur unter Ausschluß der Dachplatte erteilen. Das Universitätsbauamt kann diese Forderung zurückweisen, indem es auf die Beschlüsse der Marstallbaukommission, des Gemeinderates und des Städtischen Bauausschusses verweist, die die Dachgestaltung angenommen haben. Außerdem ist die Stahlkonstruktion zur Betonierung der Dachplatte bereits fertiggestellt. Im Mai desselben Jahres genehmigt die Stadt unter dem Druck des Landes die Ausführung des sogenannten ›Faltdachs‹, was aber schon im Juli vom Universitätsbauamt wegen technischer Schwierigkeiten zu den Akten gelegt wird.[189] Daraufhin genehmigt die Stadtverwaltung das heutige ›nach innen geneigte Walmdach‹.

Als im Januar 1966 der erste Bauabschnitt fertiggestellt ist[190], ist die Bevölkerung über das ›ordinäre Flachdach‹[191] empört. Es stellt sich heraus, daß der Stadtrat unter dem ›Faltdach‹ das ›Würfeldach‹ verstanden hatte und nun erstaunt ist, die ›Rinne‹, das nach innen geneigte Flachdach, zu sehen.[192] Im November stellt das Universitätsbauamt deshalb erneut sechs Dachvarianten vor, die aber wegen der Vorgabe des voll nutzbaren Dachgeschosses alle ähnlich ausfallen. Man entscheidet sich dafür, zwei Entwürfe als Modelle im Maßstab 1:1 auf dem fertigen Bau zu errichten.[193] Die Marstallbaukommission begutachtet im Juli 1969 die Dachmodelle und entscheidet sich einstimmig für die Lösung des ersten Bauabschnittes, also das negativ gewalmte Dach, da die beiden Vorschläge keine Verbesserung bringen.[194] Der zweite Bauabschnitt wird 1967 mit dem Abriß des Weinbrennerbaus begonnen und ist 1972 fertiggestellt.[195]

Westflügel

197
200
Sebastian Münster[196] zeigt 1550 die westliche Abschlußmauer des Geländes mit vier Strebepfeilern bereits fertiggestellt. Bei Merian[197] (1620) ist die Mauerkrone dieser Westwand, die in der südlichen Hälfte zwei Öffnungen aufweist, deutlich zu sehen; an ihrem nördlichen Ende knickt sie ab und läuft in östlicher Richtung weiter. Man darf an dieser Stelle eine Einfahrt in den Hof annehmen.[198] Die beiden Gebäude, die auf dem Gelände des jetzigen Westflügels stehen, sind von der Mauer deutlich abgerückt.

215, 216
202
Die Erbauung dieses Westflügels ist anhand der verfügbaren Akten nicht rekonstruierbar.[199] Den ersten Grundriß des Gebäudes bietet Wieser 1804.[200] Man kann davon ausgehen, daß die Erbauungszeit zwischen 1698 und den vierziger Jahren des 18. Jahrhunderts liegt, da bereits aus dieser Zeit Nachrichten über die Nutzung eines zweigeschossigen Gebäudes vorliegen.[201] Es befinden sich hier Wohnungen für höhere Angestellte des Kurfürsten und bessergestellte Pensionäre.[202] Im Dachstuhl des Flügels wird, wahrscheinlich seit der Erbauung, kurfürstliches Getreide gelagert.[203] Im Jahr 1804 ziehen der Regimentschirurg der in Hei-

delberg stationierten Dragoner[204], die Amtskanzlei und die Registratur des Amtes Oberheidelberg[205], die vorher im Karmeliterkloster untergebracht waren, in das Gebäude. Aus diesem Jahr stammt auch der Grundriß Wiesers[206], der mit einiger Sicherheit noch immer den Zustand des Westflügels aus der ersten Hälfte des 18. Jahrhunderts wiedergibt[207]. 1805 wird der ganze Flügel vom Amt Oberheidelberg und seinen Amtsdienern genutzt.[208] 1808 bzw. 1809 werden im Erdgeschoß das Rentenbüro und die Gefällverwaltung untergebracht.[209] Nach der Auflösung der Ämter Ober- und Unterheidelberg im Jahr 1814 verbleiben nur die beiden Amtsdiener, die Registratur und das Rentenbüro weiterhin im Westflügel.[210] Die übrigen Räume werden wieder zu Wohnungen für Pensionäre.

Bereits 1818, dem Jahr also, in welchem im Weinbrennerbau die Kliniken eingerichtet werden[211], erstellt man einen Kostenanschlag für den Umbau des Rentenbüros zur Gebäranstalt der Universität[212]. Das Projekt wird nicht verwirklicht, vielmehr zieht die Gebäranstalt mit den anderen Kliniken in den Weinbrennerbau.[213] Das dort befindliche Armeninstitut wird durch die Kliniken verdrängt und erhält als Ersatz im Jahr 1818 die nördliche Wohnung im Obergeschoß des Westflügels.[214] Diese Situation veranschaulicht ein Plan der Domänenverwaltung von 1821. 1825 bekommt das Armeninstitut die beiden Räume im westlichen Joch des Zeughauses und das Turmzimmer dazu, im folgenden Jahr werden die Erdgeschoßräume des Rentenbüros an Privatpersonen vermietet.

Schon bevor Großherzog Ludwig von Baden (1818–1830) im Februar 1829 den Westflügel an die Universität für die Entbindungsanstalt abtritt und seine Aufstockung aus Mitteln der Staatskasse genehmigt[215], fertigt der Leiter der Entbindungsanstalt, Professor Nägele, im Januar 1829 einen solchen Plan an[216]. Dieser Plan sieht den Abbruch des Nordwestturmes vor, was einen Unbekannten zu der Äußerung veranlaßt, daß dadurch der ganze Marstall ›aus seinem alterthümlichen Verhältnis‹ gebracht würde. Dieser Meinung schließt sich im Mai 1829 die Bau- und Ökonomiekommission der Universität an. Der ausgeführte Umbauplan stammt von dem Baucommissair Wundt. Richtlinien für die Planfertigung erteilt die Bau- und Ökonomiekommission. Sie ist daran interessiert, ein ›schönes‹ Gebäude zu schaffen, dessen Gliederungselemente aneinander ›angeglichen‹ sind, und ist dafür bereit, Mehrkosten zur bewilligten Bausumme aus den Einnahmen der Entbindungsanstalt zu bestreiten. Daß das Gebäude dadurch ›zweckmäßiger‹ wird und eine ›ausgedehntere Einrichtung‹ erhält, scheint ein eher nachgeschobener Grund zu sein. Obwohl die Baupläne nicht erhalten sind, ist man durch den Kostenanschlag über die Bauarbeiten gut informiert. Der Westflügel wird nicht nur aufgestockt (die beiden Achsen über der Durchfahrt sind davon ausgenommen), sondern auch um zwei Fensterachsen nach Süden bis zur Hoffassade des Kasimirbaus verlängert. Diese Verlängerung geht über die Baugesuche an die Universität und das Innenministerium hinaus. Die alte Südwand des Flügels, das Treppenhaus und alle inneren Trennwände werden abgerissen, der Haupteingang verbreitert und ein ›doppeltes Türgestell mit Pilaren und Architrav‹ an Stelle der alten, einfachen Tür eingesetzt. Auf Wunsch der Bau- und Ökonomiekommission werden die Fenster vereinheitlicht. Im August 1829 sind die Mauerarbeiten fertiggestellt, die Entbindungsanstalt kann im folgenden Jahr einziehen.

Im Jahr 1842 genehmigt Großherzog Leopold von Baden (1830–1852) den Verkauf des Westflügels.[217] Die Gebäranstalt wird 1844 in den Weinbrennerbau verlegt.[218] Bereits 1842 interessierte sich das Finanzministerium für den freiwerdenden Bau, um hier ihr Hauptsteueramt einzurichten. Im folgenden Jahr wird das
Gebäude dann auch von der Zolldirektion erworben und 1844 umgebaut. Bei
den Arbeiten, die unter der Leitung der Bezirksbauinspektion stehen und die das
Äußere nicht verändern, werden im Innern Geschäftszimmer für das Hauptsteueramt sowie drei Wohnungen für dessen Beschäftigte hergerichtet. Der 1843
erstmals diskutierte Vorschlag, auch den Gebäudeteil über der Durchfahrt mit einem dritten Geschoß zu versehen und die Dächer von Zeughaus und Westflügel
miteinander zu verbinden, wird hingegen erst 1845 verwirklicht.

Der Westflügel, bis 1921 vom Hauptsteueramt genutzt[219], bleibt bis 1971 Sitz
des Hauptzollamtes[220]. In diesem Jahr tritt man den Bau an die Universität ab[221],
die dort die Verwaltung des Studentenwerks unterbringt. Bei dem Umbau durch
das Universitätsbauamt wird das Äußere des Gebäudes erhalten, das Innere aber
völlig entkernt und in kleinteilige Räume aufgeteilt. Bei den Arbeiten wird 1972
ein Relief an der Westfassade über dem Durchfahrtstor ›aus Versehen‹[222] zerstört. Wahrscheinlich zeigte es einen Feuersalamander mit Menschenkopf, der
nach dem Volksglauben Feuer vom Haus abwehren soll. An seiner Stelle befindet
sich heute eine freie Kopie, gemeißelt von Edzard Hobbing, nach Fotografien
des Originals.

Heuscheuer

217 Die sogenannte ›Heuscheuer‹ steht in der Zeile der Großen Mantelgasse. Im
Norden grenzt sie an den Neckarstaden. Die beiden nördlichen Drittel zur Marstallstraße stehen frei, südlich sind die Häuser Marstallstraße 1 und 3 angebaut.
In dem Gebäude sind zwei Hörsäle mit Nebenräumen untergebracht. Nachdem
während der Orleansschen Kriege (1689/93) die alte Heuscheuer des Kurfürsten
im Jesuitenviertel[223] zerstört wurde, wird von 1699 an das herrschaftliche Heu
und Stroh im kurfürstlichen Marstallhof, einem provisorisch überdachten ›langen stall‹ im Jesuitenviertel, auf dem Stift Neuburg und in einem städtischen Gebäude nahe der Alten Brücke gelagert.[224] 1706 nimmt die Stadt ihr Gebäude zurück und die Jesuiten möchten den Ort neben der Alten Universität, wo bisher
das Heu lag (wahrscheinlich jener ›lange stall‹) zur Erbauung eines ›fecht und
dantz boden‹ verwenden.[225] Der Hühnervogt Schreckleben[226] schlägt dem Kurfürsten Johann Wilhelm (1690–1716) vor, eine Heuscheuer in der Nähe des
Neckars zu bauen, da das Heu auf dem Wasserweg angeliefert wird. Nach dem
genauen Standort befragt, empfiehlt er ›daß gewesene Stockhaus mit dem Graben, welches nahe bey dem Marstall am Necker gelegen‹[227]. Es handelt sich nach
Schrecklebens Beschreibung um das Gelände in der Nordwestecke der Kernalt-
200 stadt, welches bei Merian ›Das Keffig oder Frawenturm‹ (Nr. 19)[228] bezeichnet
ist. Merian zeigt dort zwei Türme auf rechteckigem Grundriß (gemauerte Untergeschosse mit Obergeschossen aus Fachwerk). Zwischen diesen Türmen liegen
zwei Häuser mit Satteldächern, das nördliche trauf-, das südliche giebelständig
zur Großen Mantelgasse. Im Westen sind Türme und Häuser direkt an die Stadt-

mauer angebaut. Bei dem Bau der Heuscheuer werden die Reste der Türme und
der Stadtmauer in den Neubau integriert. Bei den Umbauarbeiten von 1963 bis
1965 finden sich in der Südwest- und Nordwestecke Treppenaufgänge, die zu den   *218*
Obergeschossen der Türme geführt hatten.[229]

Das genaue Erbauungsdatum der Heuscheuer läßt sich nicht feststellen[230],
doch darf man die Jahre 1706/07 annehmen. Bis zum Mai des Jahres 1706 fordert Schreckleben die schleunigste Erbauung, um die Ernte unterbringen zu können, aber erst im November wird das kurfürstliche Bauamt beauftragt, mit ihm
zusammen einen Plan zu entwerfen. Schreckleben bittet am 24. November den
Kurfürsten, Bauholz für das Frühjahr kaufen zu dürfen, da ›die Hewschewer den
Winter über verfertigt werden muß‹. An dieser Stelle brechen die Nachrichten ab,
und erst 1725 ist ein Voranschlag über die ›höchst nöthige reparation‹ der Heuscheuer zu finden. Bei diesen Arbeiten werden die zuvor offenen Giebel mit
Backsteinen zugemauert und mit Luftlöchern versehen. Bis 1824 wird in der Heuscheuer vor allem das Heu für den benachbarten Marstall aufbewahrt.[231]

1823 beschließt das Finanzministerium, alle nicht benötigten herrschaftlichen
Gebäude zu verkaufen.[232] Die Heidelberger Domänenverwaltung berichtet daraufhin dem Direktorium des Neckarkreises, das über die Gebäude zu bestimmen
hat, daß in der Heuscheuer Heu und Stroh für die herrschaftlichen Pferde im
Marstall untergebracht sei, es aber billiger wäre, dieses wöchentlich von Händ-
lern liefern zu lassen. Das Direktorium entscheidet sich deshalb für den Verkauf,
und am 9. Januar 1824 wird die Heuscheuer an den Kutscher Friedrich Hormuth
für 5210 Gulden versteigert. Nach dessen Tod erbt sie sein Sohn, der Ritterwirt
Philipp Hormuth, im Jahr 1858.[233] Dieser vermietet das Gebäude in Teilen, so
z. B. an die Stadt zur Unterbringung von Leichenwagen.[234]

Im Jahr 1898 interessiert sich die Stadt für die Heuscheuer.[235] Sie möchte das
›häßliche‹[236], alte, aber schön gelegene Gebäude abreißen, um die Flucht der
Lauerstraße freizumachen und den gerade im Bau befindlichen Neckarstaden
durch einen Neubau zu verschönern. Am 14. November 1898 genehmigt die Ver-
sammlung des Bürgerausschusses den Kaufvertrag mit Hormuth. Für die Neubebauung des Geländes fehlt aber das Geld, die Heuscheuer wird nicht abgerissen,
und der Stadtrat genehmigt bereits 1899, daß die alten Mietverhältnisse weiterbe-
stehen dürfen.

Bis zu ihrer Räumung im Jahr 1962 bleibt die Heuscheuer städtisches Lager.[237]
Nachdem 1959 die Universität der Stadt das Angebot macht, beim Bau des
Neuen Kollegienhauses im Marstallhof auf ein Stockwerk zu verzichten, wenn
sie dafür die Heuscheuer zum Umbau in ein Hörsaalgebäude für die Philosophische Fakultät bekommt[238], wird das Gebäude am 26.3. 1962 an das Land Baden-
Württemberg übergeben[239]. Im September 1963 beginnt das Universitätsbauamt
mit dem Umbau[240], der im Oktober 1965 vollendet ist[241].

Schon bei den ersten Bestandsuntersuchungen des Universitätsbauamtes erweist sich die ›Holzbalken- und Stützenkonstruktion im Innern‹[242] als unbrauchbar. Gegen ihre Entfernung und den damit verbundenen Abbruch des Dachstuhls hat das Landesdenkmalamt in Karlsruhe, das bei dem Umbau eng mit dem
Universitätsbauamt zusammenarbeitet, nichts einzuwenden. Das neue Dach
wird bis in Details dem alten nachgebildet und die Außengestalt des Gebäudes

bleibt weitgehend erhalten. Das Mauerwerk wird vervollständigt, wobei die ehemaligen Lüftungslöcher in der Südwand nach außen erhalten bleiben, und nicht

218 gesäubert. Als einziger Mauerdurchbruch wird in die Nordwand eine Tür als Zugang zur Nebentreppe geschaffen. Das neue Erdgeschoß wird in drei Funktionsräume unterteilt. Die nördliche Hälfte nehmen Garderobenräume, Heiz- und Öllagerraum, Toiletten und das Nebentreppenhaus in der Nordostecke, das bis ins Dachgeschoß führt, ein. Südlich schließt sich die Eingangshalle mit den beiden Toren in West- und Ostfassade an. Entlang der Südwand liegt das Haupttreppenhaus, das zu den beiden Hörsälen im ersten und zweiten Obergeschoß führt, die jeweils zwei Drittel der Geschoßfläche in Anspruch nehmen. Entlang der Nordwand befinden sich die Aufenthaltsräume für die Dozenten. Im Dachgeschoß sind nur die Abluftmaschinen für die fensterlosen Hörsäle untergebracht.

Beschreibung

207 Die Außenmauern der Gebäude des Marstallhofes bilden ungefähr ein Rechteck, dessen kurze Seiten nach Westen und Osten liegen. Der Westflügel stößt leicht stumpfwinklig, nämlich nach Südwesten gedreht, auf das Zeughaus. Außer dem Neuen Kollegienhaus und dem größten Teil des Westflügels sind die Gebäude aus rotem Sandstein errichtet; es handelt sich überwiegend um Sichtmauerwerk, zum geringen Teil um verputzte Mauern. In die Ecken des Marstallgeländes schneiden Rundtürme ein, die einheitlich mit Kegeldächern ausgestattet sind. An etlichen Stellen finden sich Ausflickungen in abweichenden Mauertechniken. Der Marstallhof ist heute gepflastert, in der Mitte liegt eine große, abgesenkte Rasenfläche.

Zeughaus

207, 213 Das über gestrecktem Rechteckgrundriß errichtete Zeughaus weist zwölf Joche auf, die durch elf spitzbogige Transversalbögen gebildet werden. Die beiden äußeren Joche im Osten und Westen sind fast doppelt so breit wie die anderen und damit etwa so lang, wie das Zeughaus breit ist. Das westliche Joch hat, infolge der Verschiebung des Westflügels, die Form eines Parallelogramms. Es ist nicht auszuschließen, daß das Zeughaus ursprünglich vierzehn Joche und dreizehn Transversalbögen hatte. Andererseits liegt die Vermutung nahe, daß Ost- und Westflügel ursprünglich die gleiche Gestaltung wie das Zeughaus erhalten sollten: Dann hätten das östliche und westliche Joch als ›Gelenkräume‹ zwischen dem Zeughaus und seinen Flügeln gedient. Heute sind die beiden äußeren Joche durch Brandmauern abgetrennt und innen zweigeschossig unterteilt. Die beiden Transversalbögen des fünften westlichen Jochs, dem zum Hof ein Risalit vorgelagert ist, sind vermauert. Dies Joch bildet einen selbstständigen, dreigeschossigen Gebäudeteil, der das Zeughaus in eine westliche und östliche Halle trennt. Die Hallen sind, anders als ihre Fassadengliederung vermuten läßt, eingeschossig.
  Die Hoffassade des Zeughauses und ihr Risalit sind aus Bruchsteinen aufgemauert und mit einem gekehlten Dachgesims versehen. Entsprechend der inne-

ren Teilung finden sich elf, zum größten Teil geböschte Strebemauern unterschiedlicher Höhe. Die Strebemauern der fünften Achse von Westen sind in die Fassade des Risalits eingezogen und daher nur halb zu sehen. In jeder Achse finden sich im unteren Teil der Fassade große Bogenöffnungen, im oberen zwei einfache, hochrechteckige Fenster und im ausgebauten Sattelwalmdach drei Schleppgaupen. Bei den Bogenöffnungen handelt es sich von West nach Ost um zwei Rundbogen, einen Spitzbogen, einen Rundbogen, – es folgt der Risalit –, zwei Rundbogen, einen Spitzbogen und zwei Rundbogen. Außer dem westlichen Spitzbogentor sind alle Öffnungen brüstungshoch vermauert und dienen als Fenster. Zwischen der westlichen Strebemauer und dem Westflügel bleibt noch eine halbe Jochbreite. Hier führt eine Treppe mit Podest zu einer Tür, rechts davon liegt ein Zwillingsfenster. Darüber belichtet ebenfalls ein Zwillingsfenster das Obergeschoß des westlichen Jochs. Der Risalit ist dreigeschossig, wobei das Obergeschoß der Höhe des ausgebauten Dachgeschosses entspricht. Sein firstgleich in das Hauptdach einschneidendes Zwerchdach ist nach vorne abgewalmt. Im Erdgeschoß seiner zweiachsigen Fassade befindet sich links ein Rundbogentor. Alle Fenster des Risalits, dessen Obergeschosse auch von Osten und Westen durch Fenster belichtet werden, sind einfach und hochrechteckig.

Bei der Nordfassade des Zeughauses, die aus Rustikaquadern mit Randschlag *211* auf vorspringendem Sockel errichtet ist, müssen die beiden äußeren Joche getrennt vom zehnjochigen Hauptteil betrachtet werden, da sie dessen Rhythmisierung nicht aufnehmen. Die Fassade des Hauptteils gliedert sich in die ursprüngliche, hoch ansetzende Fensterzone und eine darüberliegende, aus dem Umbau nach dem Brand resultierende Fensterzeile. Den um die Mitte des 19. Jahrhunderts eingebrochenen drei großen Spitzbogentoren fielen die an den entsprechenden Stellen befindlichen Fenster der alten Ordnung zum Opfer. Auf jede Achse kommen ein Fenster der unteren Reihe, bzw. eine an seine Stelle getretene Arkade, und zwei Fenster der oberen Reihe sowie ein Dachhäuschen. Unten folgen von Osten nach Westen drei Fenster, dann im Wechsel drei Tore mit zwei Fenstern und schließlich wieder zwei Fenster. Links und rechts von dem kleineren, mittleren Tor finden sich außerdem zwei quadratische Fenster. Direkt über diesem Tor ist in die ansonsten regelmäßige Reihung der oberen Fenster ein zusätzliches eingeschoben. Die drei Tore sind heute unten vermauert und dienen ebenfalls als Fenster.

In der Fassade des östlichen Joches dominiert das liegende Ovalfenster, das sich zwischen dem Erd- und Obergeschoß befindet. Links unterhalb sitzt ein Zwillingsfenster. Das Obergeschoß wird von zwei Zwillingsfenstern und einem einfachen Fenster ganz links belichtet. Die beiden oberen Fenster des westlichen Joches nehmen Form und Rhythmus des Hauptteils auf. Darunter liegen zwei einfache, hochrechteckige Fenster.

Das Innere der beiden Hallen wird von den siebzig bis fünfundsiebzig Zenti- *213* meter starken, in etwa sieben Meter Abstand errichteten Bögen gegliedert. Ihre Kämpferpunkte liegen verhältnismäßig tief und beherrschen als dominierende Gliederungselemente den Raumeindruck. Erwähnenswert ist außerdem die reiche Innenausstattung der beiden Speisezimmer im östlichen Joch, die nach den Plänen der Bezirksbauinspektion zur Zeit des Mensabaus entstanden.

211 Die beiden dreigeschossigen Ecktürme, etwa ein Viertel höher als der Langbau, sind bis zu dessen Dachgesimshöhe in derselben Mauertechnik errichtet,
darüber befindet sich Bruchsteinmauerwerk. Die Turmzylinder sitzen unten auf
Konsolen auf, die mit Rundbögen untereinander verbunden sind. Die Stirnseiten
dieser Konsolen sind durch jeweils zwei Karniese profiliert, die am Nordostturm
zur Hälfte im Boden liegen. In den unteren Geschossen der Türme finden sich
verschiedene Schießscharten und am Nordwestturm eine Tür. Das obere Turmzimmer wird jeweils von vier einfachen, hochrechteckigen Fenstern belichtet.

Westflügel

207, 215, Der dreigeschossige Westflügel, der unmittelbar an das Zeughaus anschließt,
216 weist neun Achsen auf, ablesbar an den Fenstern der Hoffassade. Die Mittelachse wird vom Treppenhaus eingenommen, dem zum Nadlerplatz hin ein dreigeschossiger Abortanbau vorgelagert ist. Im Erdgeschoß liegt in den beiden
nördlichen Achsen eine Durchfahrt. Das Gebäude besitzt Mauern aus unterschiedlicher Erbauungszeit. So ist zum Nadlerplatz hin das Quaderwerk der alten
Umfassungsmauer, soweit es erhalten ist, unverputzt belassen. Der Rest des Gebäudes besteht aus verputztem Ziegelmauerwerk. Die hier vorkommenden Fen-
ster- und Türrahmen, der Sockel an der Hofseite und das Gurtgesims zwischen
dem ersten und zweiten Obergeschoß sind aus Sandstein gearbeitet und englischrot gestrichen. In derselben Farbe gehalten sind das Dachgesims und der Sockel
des Abortanbaus, die aus Beton bestehen. Bedeckt ist der Westflügel von einem
Satteldach, das mit dem Dach des Zeughauses verschnitten ist.

215 Der Eingang befindet sich in der Mitte der Hoffassade. Auf dem mittleren
Vierkantpfeiler und den Laibungspfosten liegt ein hoher, ungegliederter Architrav auf, der mit einem profilierten Gesims schließt. Die stichbogenförmige Nische darüber war früher offen und diente als Oberlicht.[243] Links und rechts vom
Portal befinden sich Zwillingsfenster, sonst werden das Erdgeschoß und das erste
Obergeschoß von Drillingsfenstern belichtet. Die Korbbogenöffnung der Durchfahrt weist keine Rahmung auf. Im zweiten Obergeschoß finden sich breitforma-
tige Stichbogenfenster. Das Dachgeschoß wird von acht Dachhäuschen - die
mittlere Achse bleibt frei - belichtet. An der zweiachsigen Südseite des Gebäudes
sitzen in jedem Geschoß zwei einfache, hochrechteckige Fenster, im Giebelfeld
216 ein Zwillingsfenster. Die Fassade zum Nadlerplatz ist im Süden fast zur Hälfte
von den Gebäuden Schiffgasse 3 bis 11 verdeckt. Bedeutendes Gliederungselement sind die vier mächtigen, geböschten Strebemauern. In die Durchfahrt führt
ein Spitzbogentor mit profilierter Laibung. Die unregelmäßig gereihten Fensteröffnungen entsprechen nicht den Achsen, lassen sich aber den drei Geschossen
zuordnen. Der linke Teil der Fassade, der das westliche Joch des Zeughauses belichtet, hat in den beiden unteren Geschossen aufeinander abgestimmte Fensteröffnungen, die aus der Zeit des Mensabaus stammen. Die sieben Stichbogenfenster des zweiten Obergeschosses aus dem 19. Jahrhundert gleichen sich zwar, sind
aber unregelmäßig gereiht. Der Abortanbau überragt die Fassade etwas und
hängt im Zwerchdach; zwei einfache, hochrechteckige Fenster pro Geschoß und
eine Segmentbogennische im Giebelfeld gliedern seine Frontwand.

Südwestturm

Der Südwestturm ist mit dem Westflügel durch die alte Umfassungsmauer des Marstallgeländes verbunden, die hier noch etwa erdgeschoßhoch erhalten ist. Auch zum Neuen Kollegienhaus hin ist ein Mauerrest geblieben. Der erst seit seinem Umbau in den sechziger Jahren viergeschossige Turm schneidet in das Haus Schiffgasse 9 ein. Im unteren Drittel aus Rustikaquadern mit Randschlag, über einem umlaufenden, profilierten Gurtgesims aus Bruchsteinmauerwerk gefügt, erscheint er nach Süden dreigeschossig. Im ersten und zweiten Obergeschoß finden sich hier je ein großes, breitrechteckiges, heute vermauertes Fenster, während das Erdgeschoß keine Schießscharten, sondern nur ein sehr kleines Fenster aufweist. Zum Hof hin liegt im Erdgeschoß die Eingangstür, darüber je ein Fenster, wobei die Rundbogenöffnung im zweiten Obergeschoß eine Tür in den Kasimirbau gewesen sein dürfte.

Ostflügel

Der Ostflügel ist mit dem Zeughausinnern durch einen elfeinhalb Meter weit gespannten Rundbogen verbunden. Von außen wirkt der Bau zweigeschossig, im Innern findet sich ein Raum mit Emporen. Das ausgebaute Satteldach schneidet in das Dach des Zeughauses ein und wird hofseitig durch sieben, von der Marstallstraße her durch acht Schleppgaupen belichtet. Nach Süden schließt sich an den Ostflügel ein schmaler zweigeschossiger Anbau an, in dem das Treppenhaus untergebracht ist.

207, 208

Ähnlich wie beim Westflügel werden auch an den unterschiedlichen Bruchsteinmauern des Ostflügels die verschiedenen Bauzeiten erkennbar. Die Südwestkante des Gebäudes (zum Hof hin) ist durch glatte Hausteine betont. Eine Achsendefinition ist an keiner Seite möglich. Hofseitig dominieren die sechs regelmäßig gereihten Rundbogenöffnungen im Erdgeschoß, von denen die zweite und vierte von Norden nach unten zu Türen erweitert sind. Zwischen der nördlichen Bogenöffnung und dem Zeughaus liegt dessen östliche Strebemauer, die in den Ostflügel eingezogen ist. Dort findet sich eine Tür mit Oberlicht, die heute brüstungshoch zugesetzt ist und als Fenster dient. Die vier Zwillings- und fünf einfachen Fenster des ehemaligen Obergeschosses sind unregelmäßig gereiht. Der Eingang in den Ostflügel erfolgte früher nur durch ein großes Rundbogentor in der Mitte der Südwand. Über ihm liegen zwei Fenster im ehemaligen Obergeschoß und drei im Giebelfeld. Der Anbau an den Ostflügel hat zum Hof hin zwei Eingangstüren, dazwischen liegen zwei Fenster. Die drei Fenster des Obergeschosses haben ein Fensterbankgesims.

Zwischen den beiden Türmen an der Marstallstraße ist die alte Umfassungsmauer des Marstallgeländes (zumindest im Erdgeschoß) mit ihren sechs Strebemauern noch erhalten. Die geböschten Strebemauern sind unregelmäßig gereiht, besonders auffällig ist der große Abstand zwischen der zweiten und dritten von Süden.[244] Der nördliche Teil der Fassade, der das östliche Joch des Zeughauses abschließt, weist einheitlich gegliederte Fenster aus der Zeit des Mensa-Umbaus auf. Zwischen den Strebemauern sind vier einfache, hochrechteckige Fenster im ehemaligen Erdgeschoß vorhanden, die in Größe und Form den unteren Fenstern der Zeughausnordfassade entsprechen. Die Türen im Erdgeschoß sowie die Drillings-, Zwillings- und einfachen Fenster im ehemaligen Obergeschoß sind unregelmäßig gereiht. Zwischen erster und zweiter südlicher Strebemauer ist in die Umfassungsmauer ein großes Rundbogentor eingebrochen, das Hof und Marstallstraße verbindet.

Südostturm

212 Der dreigeschossige Südostturm ist im unteren Drittel aus Rustikaquadern mit Randschlag, darüber aus verputztem Bruchsteinmauerwerk gefügt. Zwischen Erd- und erstem Obergeschoß verläuft ein unprofiliertes Stockwerkgesims. Das Erdgeschoß wird durch eine Tür an der abgeplatteten Hofseite betreten und weist senkrechte Schießscharten auf. Die Belichtung der Obergeschosse erfolgt durch je drei übereinander geordnete, einfache, hochrechteckige Fenster.

Neues Kollegienhaus

207, 210,
214 Das Neue Kollegienhaus nimmt nicht die ganze Südseite des Marstallgeländes ein, sondern hält zu den Türmen Distanz. Die vier Vollgeschosse und das zurückspringende Dachgeschoß sind in Stahlbetonskelett-Bauweise mit Betonfertigplatten-Ausfachung ausgeführt. Die Betonteile sind mit Metallplatten in Kupfer-Bronze-Legierung verkleidet. Das Erdgeschoß des Gebäudes springt an Hof- und Südfassade zurück, und die Obergeschosse sitzen auf Vierkantpfeilern auf. So entsteht eine Achseneinteilung, wobei je zwei Fenster auf eine Achse entfallen. An das repräsentative Haupttreppenhaus, das die beiden mittleren Achsen einnimmt, schließen sich die Flügel an, deren Inneneinteilung unterschiedlich den Bedürfnissen der einzelnen Institute angepaßt ist. Zum Hof hin weisen die Flügel je fünf Achsen auf, die nach den Flanken hin in fünf flachen Stufen vorspringen. An der vierzehnachsigen Südfassade treten dagegen die beiden mittleren Achsen etwas zurück. Um die verschieden breiten Fassaden aneinander anzugleichen, sind die Schmalseiten ebenfalls in drei Stufen abgetreppt. Das Erdgeschoß ist zum Hof hin ganz verglast und springt so weit zurück, daß eine Wandelhalle entsteht. Die Obergeschosse betonen die Horizontale: Die großen Fensterbänder sind nur durch schmale Pfosten getrennt, die Fensterbrüstungen nicht unterbrochen. Größere Fenster akzentuieren die beiden mittleren Achsen. Die Südfassade gestaltet sich in den Obergeschossen ebenso. Im Gegensatz zur Hofseite springt das Erdgeschoß hier nur leicht zurück, ist mit grob zugerichteten Quadern aus rotem Sandstein verkleidet und mit Oberlichtern versehen. Die beiden äußeren Stufen der Schmalseiten sind jeweils in durchlaufende Fensterbänder und -brüstungen gegliedert, die Kanten sind durch Pfosten betont. Die mittleren Stufen, hinter denen die Nebentreppenhäuser liegen, sind bis auf eine Fensteröffnung in jedem Geschoß verkleidet.

Heuscheuer

Die dreigeschossige Heuscheuer ist über unregelmäßigem Viereckgrundriß (die   *217, 218*
Nordwand verläuft schräg) in Bruchsteinmauerwerk aus rotem Sandstein errichtet. Das Giebelfeld zum Neckar ist im Läuferverband, das südliche im sogenannten ›Scheunenverband‹[245] aus Backsteinen errichtet. Das Krüppelwalmdach ist
an den Längsseiten mit je zehn Schleppgaupen in zwei Zeilen besetzt. Die Fenster der Heuscheuer sind einfach und hochrechteckig. Abgesehen von den vier
ungerahmten Exemplaren im Giebelfeld zum Neckar haben sie profilierte Rahmen mit Ohren; die Sohlbänke sind glatt. Die Distribution der Fenster erinnert
an die ursprüngliche, durch den Umbau zum Hörsaalgebäude überholte, Inneneinteilung; funktional unnötig, sind die Fenster bis auf drei in der Nordwand zugesetzt. In Ost- und Westwand liegen axial aufeinander bezogene Rundbogentore mit unprofilierter Rahmung, aus der Prell-, Kämpfer- und Scheitelsteine
vorspringen. Die nordwestliche Kante des Gebäudes ist zu annähernd drei Viertel ihrer Höhe auffallend stark abgerundet.

Kunstgeschichtliche Bemerkungen

Der Marstallhofkomplex ist auch im heutigen Zustand eine der städtebaulichen   *210*
Dominanten Alt-Heidelbergs. Wie viel mehr noch er das früher war, lassen der
wuchtige Baukörper des Zeughauses und die Vierergruppe der Ecktürme ahnen.
Vor der teilweisen Zerstörung im Orleansschen Krieg war das Gebäudeensemble
am Neckar von der Ausdehnung und vom Reichtum der Erscheinung her eine
Art Gegenpol zum Schloß; das Wehrhafte kam, solange der hohe Mauersockel
zum Fluß hin unverdeckt war, ebenso entschieden zur Geltung wie das Repräsentative, das architektonisch offenkundig immer mitgewollt war. Was bei der Anlegung der Befestigungen des Heidelberger Schlosses angesichts der Terrainbe-
schaffenheit nur bedingt möglich war, ließ sich in der Ebene am Neckarufer
unschwer realisieren: Regelmäßigkeit der Disposition[246]. Geht man davon aus,
daß das Zeughaus von Anfang an auf Vervollständigung zur Rechteckanlage hin
konzipiert war[247], so hat man im Zusammenhang mit der fast fensterlosen Nordfassade des Zeughauses und den hofseitigen Bogenstellungen an einen Typus zu
denken, wie er seit den süditalienischen Stauferburgen des 13. Jahrhunderts[248]
eingeführt war. Der Kasimirbau orientierte sich vornehmlich an Palastarchitek-
tur (Ottheinrichsbau!), war aber durch die Ecktürme in die burgartige Gesamt-   *200*
anlage einbezogen. Um ihm hinter dem ehemals hoch wirkenden Zeughaus die
gewünschte Monumentalität zu sichern, stellte man ihn auf einen Sockel aus Rustikaquadern, wie ihn auch das Zeughaus besitzt. Zugleich wurde das Zeughaus
selbst etwas umgestaltet: Der volutengeschmückte Giebel des hofseitigen Risalits
nahm ein wesentliches Gliederungsmotiv des Marstalls auf. Der insgesamt sicherlich anspruchslosere Ostflügel war durch seine sechs Rundbogenöffnungen[249] dem Zeughaus angeglichen und ebenfalls mit einem Zwerchgiebel ausgestattet. Es fällt auf, daß an den älteren Bauten des Zeughauses und des Ostflügels
das eindrucksvolle Motiv der Gliederung durch Großarkaden begegnet, während
sich der Kasimirbau in dieser Hinsicht mit kleinteiligeren Formen begnügt.

Nach der Zerstörung des Kasimirbaus konnte nichts annähernd Gleichwertiges mehr an seine Stelle gesetzt werden (was im übrigen nicht ohne weiteres den durch enge Nutzungs- und Kostenvorgaben eingeschränkten Architekten angela-*204* stet werden darf). Der Weinbrennerbau war mit seiner auf das Zweckmäßige ausgerichteten Struktur und dem klassizistischen Frontonmotiv gewiß keine ideale Ergänzung des Ensembles. Immerhin besaß er einen ausgeprägten Charakter, der durch den Bau eines Pendants auf dem Gelände der Reithalle – wie es verschie-*206* dentlich vorgeschlagen wurde und wozu Schmieder den wohl stimmigsten Entwurf vorlegte – auf eine für das Gesamtbild interessante Weise hätte modifiziert werden können.

210, 211, Sucht man von der Position der mittleren achtziger Jahre aus das Neue Kolle-*214* gienhaus zu bewerten, so kommt man zu dem Schluß, daß mit den Mitteln der heute aktuellen Postmoderne leichter eine Antwort auf die besondere architektonische Herausforderung zu finden wäre, als das in den Jahren um 1960 möglich war. So wenig die seinerzeit vorgebrachten Einwände zu übersehen sind: Es scheint, als setze uns die unzulängliche Einpassung des Gebäudes in die Altstadtumgebung noch mehr als die Kritiker vor einem Vierteljahrhundert in Erstaunen. Die von den Verantwortlichen und in der öffentlichen Diskussion fast einhellig vertretene Ansicht, ein historisierender Bau sei unzeitgemäß und komme aus diesem Grunde nicht in Frage, mündete in die verschiedenen Vorentwürfe. Aber weder die Rasterbauten noch die Mauertechnik simulierenden Gebäude hätten unter den gegebenen Prämissen zu befriedigenden Lösungen führen können. Niemand erkannte offenbar, daß durch die Freistellung des Kollegienhauses der Hofcharakter leiden würde und daß die Südtürme, anstatt besser zur Geltung zu kommen[250], plötzlich isoliert wirken würden. Bei der Festlegung der Höhe des Neubaus wurde argumentiert, daß die Höhe des Kasimirbaus nicht überschritten werde; übersehen wurde das Faktum, daß die Maßstäblichkeit des Ensembles seit 1689/93 empfindlich beeinträchtigt ist: Das Zeughaus hat durch die Zerstörung des alten Daches und später durch die Aufschüttung des Quais fast die Hälfte seiner ursprünglichen Höhe eingebüßt und verträgt daher einen Partner von den Dimensionen des Kasimirbaus nicht mehr. Die Abtreppung der Fassade des Neuen Kollegienhauses ist wohl zu zurückhaltend, um vom Betrachter als massenreduzierendes Gliederungsmotiv empfunden zu werden.

So wenig die großartige Wirkung zurückzugewinnen ist, die der Marstallhof vor dem Erbfolgekrieg ausübte, so sehr ist zu bedauern, daß nicht wenigstens der Innenraum des Zeughauses, der durch die Trennung in zwei Hallen seinen monumentalen Charakter verloren hat, in die einstige Form zurückversetzt werden kann.

Zur Heuscheuer ist zu sagen, daß ihre Umgestaltung nicht nur als ein Gewinn für die Universität, sondern – indem so die Erhaltung des Äußeren möglich war – als ein noch größerer Gewinn für das Stadtbild gelten darf.

Anmerkungen

1 Karl Pfaff: Heidelberg und Umgebung, Heidelberg ³1910, S.149, 233; Adolf Oechelhaeuser: Die Kunstdenkmäler des Amtsbezirks Heidelberg (Kreis Heidelberg), Tübingen 1913, S.251; Wilhelm Zähringer: Mein Heidelberg. Wie es wurde und wie es ist, Brühl 1921, S.52; Schmieder, Ludwig: Die Nordseite des Heidelberger Schlosses im 16.Jahrhundert, in: Hermann Eris Busse: Heidelberg und das Neckartal, Karlsruhe 1939, S.146; Georg Poensgen: Heidelberg (Deutsche Lande, deutsche Kunst), Berlin/München 1955, S.22, 42; Staatliche Archivverwaltung (Hrsg.): Die Stadt- und Landkreise Heidelberg und Mannheim, Amtliche Kreisbeschreibung, Bd.2, Die Stadt Heidelberg und die Gemeinden des Landkreises, Heidelberg 1968, S.94. Oechselhaeuser beruft sich bei seiner Behauptung, daß das Zeughaus unter Ludwig V. erbaut worden sei, auf Pfaff; der erwähnt die Bauzeit des Zeughauses aber überhaupt nicht. Oechelhaeuser mag in Pfaffs Buch die Beschreibung des Zeughauses in der Stadt mit der des Zeughauses auf dem Schloß verwechselt haben, denn dieses wird von Pfaff auf die Zeit Ludwigs V. datiert

2 Sebastian Münster: Cosmographey oder Beschreibung aller Länder, Nachdruck München 1977 nach der Ausgabe Basel 1588, (Basel ¹1550), Holzschnitt

3 Ludwig Schmieder: Kurpfälzisches Skizzenbuch, Heidelberg 1926, Abb.8f.

4 Große Stadtansicht von Matthäus Merian, 1620, Kupferstich, Exemplar im Kurpfälzischen Museum Heidelberg

5 Über die Gründe ist nichts bekannt. Vielleicht wurde das Zeughaus nun zu einem Zweck benutzt, der ein Be- und Entladen an dieser Stelle unnötig machte, vielleicht war der Aufzug zu unpraktisch. Wahrscheinlich bildet Merian das vermauerte Tor an der Nordfassade zu groß ab, denn in dieser Größe wäre es wohl nicht sinnvoll gewesen. Aus diesem Grund fehlt wohl auch das Fenster darüber

6 M. Merian 1620

7 Zum Kasimirbau vgl. S.247f.

8 Jörg Gamer: Der Marstall des Administrators Johann Kasimir in Heidelberg, in: Ruperto Carola, Bd.29, 1961, S.175

9 Große Stadtansicht von Peter Friedrich Walpergen, 1763, Federzeichnung, Kurpfälzisches Museum Heidelberg

10 Aus der – im Detail nicht sehr zuverlässigen – Abbildung wird nicht ersichtlich, ob es sich hierbei um ein neues Tor oder aber das wiedergeöffnete alte Portal handelt

11 Auch über diese Konstruktion, die bis zum Einbau der Mensa 1920 bestand, findet sich nichts in den Akten. Busse nimmt an, daß der Einbau nach der Zerstörung vorgenommen wurde, um Notwohnungen einzurichten. Vgl. Busse, a. a. O., S.139

12 GLA: G/Heidelberg Nr.102. Die Datierung ergibt sich aus der Verlängerung der Reithalle zu Anfang des Jahres 1804, die auf Wiesers Plan schon erfolgt ist. GLA: G/Heidelberg Nr.105 und 106; UA: A 461 (IX, 13, Nr.33b). Im September/Oktober 1804 wird in der Südfassade des Ostflügels im Obergeschoß ein breitrechteckiges Fenster eingebrochen, das auf Wiesers Plan fehlt. GLA: 204/52

13 P. F. Walpergen 1763; UBA: Plansammlung

14 GLA: 237/8756, 424e/105

15 GLA: 204/47, 204/49–51, 204/80, 204/82, 204/85, 204/449, 204/1111–1116, 204/1120, 205/21, 235/358

16 GLA: 204/50, 204/1113, 204/1120, 235/3102, 237/4764. In den fünfziger Jahren des 18.Jh. sind im Sommer die Parforcejagd-Pferde dort eingestellt. 1768 ist, neben der ›Crayß Escadron‹, auch das Leib-Dragoner-Regiment der Kurfürstin anwesend. 1796 werden die Fenster im Stall erneuert, weil die Pferde des österreichischen Erzherzogs Carl einquartiert werden müssen, im Jahr darauf wird der Stall von General Lilier benützt. 1805 sind 151 Pferde der leichten Dragoner im Zeughaus untergebracht. Noch 1809 sind die Stallungen vorhanden. 1811 wird der Stall geräumt und an die Stadt Heidelberg abgegeben.

17 GLA: 235/359–360, 237/8756, 424e/105; StA: Uraltaktei 70/1

18 GLA: 235/356, 235/360, 237/8756, 237/18852, 424e/102, 424e/105

19 GLA: 424e/105. Das kleinere mittlere Tor, das nur wenig aus der Mittelachse verschoben angebracht wurde, diente als Verbindung zur Tür des Risalits an der Hof-

fassade. Der Verbindungsgang im Inneren des Erdgeschosses wurde mit einer Holzkonstruktion erstellt. Die beiden größeren Tore, die symmetrisch zum mittleren Tor jeweils zwischen der dritten und vierten Achse der älteren Fensterreihe eingebrochen wurden, dienten dem Be- und Entladen der Schiffe. Die Tore bestanden in dieser Form unverändert bis zum Umbau 1920

20 GLA: 235/357, 235/3762, 237/18852, 424e/106

21 GLA: 235/3762. Dieser Plan Professor von Duhns wird im gleichen Jahr in einem Gutachten des Karlsruher Oberbaudirektors Josef Durm an das Innenministerium befürwortet

22 GLA: 237/18852, 424e/106

23 GLA: 237/3762, 237/18852. Nach dem Brand des Ostflügels fordert die Handelskammer, die Ruine zur Erweiterung des Lagerhauses zu verwenden. Aber schon im Mai 1897 zieht die Handelskammer ihre Forderung zurück, weil sie auf den Neubau des Lagerhauses am Bahnhof warten will

24 GLA: 235/3762; UBA: Marstallhof und Reithalle 10

25 GLA: 235/3762. Nach der Aktenlage können zumindest Josef Durm und Professor von Duhn als Initiatoren gelten

26 GLA: 235/3762; UBA: Marstallhof und Reithalle 10

27 GLA: 235/3103, 235/3762, 237/18852

28 GLA: 235/3103, 235/3762. Die Gründe, die 1902 zur Ablehnung des Projekts führten, berichtet Professor von Duhn 1905 in einem Schreiben an den Stadtrat. Das Ministerium fürchtete, ›der stark erhöhte Ostflügel mit einem Stück Nordflügel würde allzu lange auf seine Ergänzung zu warten haben durch denjenigen Teil des Nordflügels, der dem Finanzministerium untersteht und jetzt als Lagerhaus benutzt wird. Es würde auf solche Weise, so fürchtete man, ein Zustand der Halbvollendung ins Unbestimmte verlängert werden, der in dieser Gestalt, namentlich angesichts des herannahenden Jubiläums von 1903 zu ernsten ästhetischen Bedenken hätte Anlaß geben können.‹ Laut Finanzministerium hätte das Gebäude erst an die Universität übergeben werden können, nachdem die Zollniederlage verlegt worden wäre. Deshalb erhielt der Ostflügel

ein Dach und eine Entscheidung wurde hinausgeschoben. ›Ein für solche Hinausschiebung mit in Betracht kommendes Moment war für das Ministerium von Dusch (i.e. das Ministerium für Justiz, Kultus und Unterricht, d. V.) auch die Erwägung, daß durch Aufbau von Nord- und Ostflügel die historisch gewordenen Umrisse des ›Marstall‹ wesentlich verändert werden würden, Bedenken, die auch in hiesigen Kreisen vereinzelt laut geworden waren‹

29 GLA: 235/3289, 424e/144; StA: 280/1, 308/1

30 GLA: 235/3289

31 GLA: 235/3104, 235/3289; UA: A 462 (IX, 13, Nr.139a); Ludwig Schmieder: Das ehemals Kurfürstliche Zeughaus in Heidelberg und sein Umbau zu Speisehalle, Turnhalle und Fechträumen für die Studenten der Universität, in: Akademische Mitteilungen Heidelberg, 49. Halbjahr, 1920/21, Beilage zu Nr. 8. Spätestens seit 1859 sorgten die Universitätsfechtlehrer selbst für die Räume, in denen sie ihren Unterricht abhielten. 1863 bat der damalige Fechtlehrer um den Bau einer Fechthalle, und es existierten Pläne für ein solches Gebäude, das entweder im Hof des Marstallkomplexes oder zwischen Weinbrennerbau und Reithalle errichtet werden sollte

32 GLA: 235/3104, 235/3289; UA: B 6133/5 (V, 7, Nr.5b)

33 GLA: 235/3104, 235/3289, 424e/144; UA: B 5378 I/12 (IX, 13, Nr. 160), B 5382 (IX, 13, Nr.169). Hauptsächlich für die Turn- und Fechthalle zahlt die Stadt Heidelberg einen Betrag von 150000 Mark. Sie erhält dafür das Fechthallengebäude in der Schiffgasse, das sie langfristig an die Universität vermietet hatte, vor Ablauf des Mietvertrages zurück. Außer Geldspenden wurde dem Mensabau auch durch Sachspenden, z. B. der Kücheneinrichtung und der Einrichtung des sogenannten ›Feriensaales‹, eigentlich zwei Speisezimmern für Professoren und Assistenten im Obergeschoß des östlichen Joches, von Staat und Gewerbe geholfen

34 GLA: 235/3104, 235/3289. Die Finanzierung kann nur während der Bauzeit verfolgt werden, da das Einsetzen der Inflation im Jahr 1922 auch in den Akten zu Wirren führt

35 UBA: Großherzoglich Badische Bezirksbauinspektion Heidelberg, Staatsbauwesen, Spezialakten, Mensa academica
(Umbau des Marstalls), Behördlicher
Schriftverkehr, Jahr 1919-1921, (i.F.:
Mensa 1919-1921). Ein Fassadenentwurf
der Hofseite zeigt nur Rundbogentore
und -fenster. Der Risalit ist mit einem
Treppengiebel versehen, die Dachgaupen
entsprechen dem Bestand. In der Mensa
ist das Zwischengeschoß belassen, in der
Turnhalle dagegen entfernt, auf Zwi-
schengeschoßhöhe findet sich eine Empore. Ein zweiter Fassadenentwurf zeigt nur
spitzbogige Öffnungen

36 Schmieder möchte durch die Veränderung
der Fenster ›innen und außen eine einheitliche Gestaltung‹ erzielen. Der zweite
Fassadenentwurf beläßt die alten Öffnungen im Erdgeschoß, sieht aber denselben
Risalit wie der erste Plan vor. Nach
Schmieder bleibt hier die ursprüngliche
Erscheinung besser gewahrt, aber der innere Eindruck wird durch die spitz- und
rundbogigen Öffnungen beeinträchtigt.
Der Risalit muß auf jeden Fall umgestaltet werden, um den Anforderungen der
Nutzung gerecht zu werden

37 In dessen Erdgeschoß befindet sich ein
großes Portal in der Mitte, Gewände und
Rundbogen sind mit mächtigen vor- und
zurückspringenden Bossen eingefaßt.
Links und rechts davon sind kleine einfache Fenster angebracht. Statt ursprünglich
zwei Fenstern pro Geschoß des Risalits
sind nun drei, ohne besonderen Schmuck,
vorgesehen

38 GLA: 235/3104. Caesar begründet seine
Ablehnung damit, daß die enge Dreiach-
sigkeit der Fensteranordnung dem flächi-
gen Charakter der alten Gebäudeteile
wiedersprechen würde

39 GLA: 235/3104; UBA: Plansammlung,
Mensa 1919-1921

40 Ebd.

41 GLA: 424e/144

42 GLA: G/Heidelberg Nr. 102. Wiesers
Plan zeigt an dieser Fassade bereits ein
dreiteiliges Fenster. Die heutigen Fenstereinfassungen dürften jedoch alle von
1920/21 stammen

43 UBA: Plansammlung

44 GLA: 235/3104; UBA: Mensa 1919-1921

45 GLA: 235/3104; UBA: Plansammlung

46 GLA: 235/3289, 237/42432, 424e/144

47 GLA: 235/3077, 235/29785, 235/29805,
508/107; UA: B 5079 I/10 (IX, 5, Nr. 106),
B 5079 (VIII/5 11d), B 5378 (VIII/7
11d), B 5378 (VIII/12 11a). Die Nutzung
des Dachgeschosses wechselt häufiger.
Die erste Änderung seit dem Umbau erfolgt im Jahr 1931, als der Allgemeine Stu-
dentenausschuß aufgelöst und seine Zimmer im Osten des Dachgeschosses der
Gesamtstudentenschaft zugeteilt werden.
Ab 1934 werden verschiedene Räume des
Zeughauses Abteilungen der NSDAP
zeitweise zur Verfügung gestellt. Von 1935
bis 1937 findet kein Fechtbetrieb statt,
und das Amt, später Institut, für Leibesübungen wird im östlichen Dachgeschoß
einquartiert. 1937 wird im westlichen
Dachgeschoß eine Heeresfachschule eingerichtet. Der östliche Teil wird weiterhin
vom Institut für Leibesübungen benutzt.
Anläßlich der Einrichtung der Heeres-
schule teilt Schmieder der Heeresverwal-
tung mit, daß die Gebälke über der Speisehalle für große Menschenmengen zu
schwach seien. Es fallen auch tatsächlich
Zwischenstücke der Decke in beiden Hallen herunter, doch kann nicht festgestellt
werden, ob ein Materialfehler oder Über-
belastung der Grund ist

48 GLA: 235/29805; UA: B 5378 (VIII/7
11b); StA: 239 k 1/4

49 UA: B 5378 (VIII/7 11b)

50 UA: B 5016 (24a)

51 GLA: 235/29784, 508/1276

52 GLA: 508/1274, 508/1279, 508/1284-
1285

53 GLA: 508/1284

54 GLA: 508/1283. Vielleicht führte diese
Treppe zu einem Keller unter dem Nordostturm, der bei den Umbauarbeiten für
die Mensa 1920 entdeckt worden war.
GLA: 235/3104, 424e/144. Interessanter-
weise wird in den Akten über den Marstallhof von den Bewohnern des Ostflügels immer wieder beklagt, daß kein
Keller vorhanden sei, und der Bau eines
solchen gefordert. GLA: 235/355; UA:
GII 89/2 (IX, 5, Nr. 13). Die Zugänge zu
Turmkeller und Treppe mögen beim
Brand Heidelbergs 1689/93 verschüttet
worden sein

55 GLA: 508/1274, 508/1283

56 LDA: Marstallhof

57 Ebd.; Zum Ostflügel vgl. S. 247

58 M. Merian 1620

267

59 P. F. Walpergen 1763

60 Vgl. den Grundriß des Obergeschosses bei Wieser. GLA: G/Heidelberg Nr. 102

61 GLA: 204/49-51, 204/82, 204/85, 204/1111-1113, 205/21

62 Oechelhaeuser bezeichnet ihn einfach als Gebäude ›modernen Ursprungs‹, womit er wohl die Erbauung nach 1689/93 meint. Oechelhaeuser, a. a. O., S. 253

63 GLA: 204/49, 204/1113; UA: Personalakte Valentin Becker (VI, 3 d, Nr. 3 t)

64 GLA: 204/49-52, 204/1111-1113, 235/3102, 237/18852. Im 18. Jh. leben dort höhere Beamte des Kurfürsten, so Kellermeister, Küchenschreiber und Plantageaufseher sowie die Witwe eines Kellermeisters. Im Jahr 1801 beziehen der Schloßverwalter und der Universitätsreitlehrer die Wohnräume im Ostflügel

65 GLA: 204/49, 204/85

66 GLA: G/Heidelberg Nr. 102

67 GLA: 235/359

68 Ebd.

69 GLA: 235/357; UA: A 461 (IX, 13, Nr. 94). Auch nach der Verlegung der Gebäranstalt in den Westflügel im Jahr 1829 wird die Wohnung bis 1844 von Ärzten und danach bis zum Jahr 1894 vom jeweiligen Bibliotheksdiener benutzt. GLA: 235/356-357, 235/3102; UA: GII (IX, 5, Nr. 70 b), GII 90 (IX, 5, Nr. 44)

70 GLA: 235/3102; UA: GII 89 (IX, 5, Nr. 70 b)

71 GLA: 235/3103, 236/17311; StA: Uraltaktei 309/9

72 GLA: 235/3103, 237/18852

73 GLA: 235/3762

74 GLA: 237/18852

75 Zum geplanten Bau des Archäologischen Instituts vgl. S. 242 f.

76 GLA: 235/3103, 235/3762

77 GLA: 235/3103, 424e/143; UA: GII 89 (IX, 5, Nr. 70 c)

78 UA: GII 89 (IX, 5, Nr. 70 c)

79 GLA: 235/3103, 424e/143; UA: GII 89 (IX, 5, Nr. 70 c)

80 Umbauarbeiten, die den Ostflügel betreffen, werden in den folgenden Akten behandelt: GLA: 235/3104, 235/3796, 424e/144; UA: B 5378 VIII/1 (IX, 5, Nr. 70 d)

81 UA: B 5282 (IX, 13, Nr. 168). Die geplante Unterkellerung des östlichen Jochs des Zeughauses als Lager für die Küche scheitert an den Kosten

82 GLA: 235/29805-29807

83 GLA: 235/29805; UA: B 5378 (VIII/12 11 a), B 6135 (V, 5, Nr. 16)

84 UA: B 5079 (IX, 5, Nr. 108)

85 GLA: 235/29805. Erschöpfende Aktennotizen aus dieser Zeit bestehen nicht

86 Vgl. die Vorlesungsverzeichnisse

87 LDA: Marstallhof

88 Ebd.

89 GLA: G/Heidelberg Nr. 102, 204/50, 204/1112

90 StA: Uraltaktei 70/1

91 Vgl. die Risse von Wieser, 1804, und den Oberamtsplan von 1821. GLA: G/Heidelberg Nr. 102, 235/359

92 GLA: 235/725, 237/18849; UA: GII (IX, 5, Nr. 70 b); StA: Uraltaktei 70/1

93 M. Merian 1620

94 J. Gamer, a. a. O., S. 172

95 P. F. Walpergen 1763

96 GLA: 204/149. Der Grund für diese Entscheidung ist in der Akte nicht angegeben

97 GLA: 204/105

98 UA: Personalakte Valentin Becker (VI, 3 d, Nr. 3 t). Die Universitätsreitschule wurde von Kurfürst Karl Theodor (1742-1799) wieder ins Leben gerufen und unterhalten. Es muß schon früher eine solche Einrichtung bestanden haben, über die aber nichts weiter bekannt ist

99 GLA: 204/49. Bei Wieser als ›Reitbahne‹ bezeichnet. GLA: G/Heidelberg Nr. 102

100 GLA: 204/105. Bei Wieser als ›Militaerische Baeckerey‹ bezeichnet. GLA: G/Heidelberg Nr. 102

101 P. F. Walpergen 1763

102 GLA: 204/49-50

103 GLA: G/Heidelberg Nr. 102, G/Heidelberg Nr. 105-106; UA: A 461 (IX, 13, Nr. 33 b)

104 GLA: 204/107

105 GLA: 204/90, 204/105, 204/646, 204/1574, 204/1576, 204/1580, 204/1583, 205/51, G/Heidelberg Nr. 64, G/Heidelberg Nr. 82, G/Heidelberg Nr. 103

106 GLA: 204/105

107 GLA: 204/1574

108 LDA: 204/105, 204/646, 204/1574, 204/1576

109 GLA: 204/1576

110 GLA: 204/1576, 204/1580, 204/1583, 205/51

111 GLA: 204/1583

112 GLA: 204/107, 204/1580. Zur Finanzierung siehe auch GLA: 204/770

113 GLA: 204/1583

114 Maximilian Joseph Chelius: Ueber die Einrichtung der chirurgischen und ophthalmologischen Klinik an der Großherzoglichen hohen Schule zu Heidelberg und Übersicht der Ereignisse in derselben. Vom 1ten May 1818 bis 1ten May 1819, Heidelberg 1819

115 GLA: 204/1583

116 M.J.Chelius, a.a.O., Abb. des Weinbrennerbaus

117 GLA: 204/90, 204/107, 204/114, 204/1580, 204/1582, 235/427

118 GLA: 204/1580, 235/427

119 StA: Uraltaktei 223/1. Über die Geschichte der Kliniken im Weinbrennerbau vgl. Werner Goth: Zur Geschichte der Klinik in Heidelberg im 19.Jahrhundert, Diss. med., Heidelberg 1982, S.79-118

120 GLA: 236/15995

121 UA: A 560 (IV, 3c, Nr.168)

122 UA: A 451 (IV, 1, Nr.9), A 460 (IX, 13, Nr.59i)

123 UA: A 557 (IV, 3c, Nr.5), A 451 (IV, 1, Nr.9)

124 GLA: 205/67, 235/725, 235/3792

125 GLA: 205/68

126 GLA: 235/676

127 Ebd.

128 GLA: 235/725

129 GLA: 235/676, 235/725, 424e/177; UA: GII 90/7 (IX, 5, Nr.44), GII 91/4 (IX, 5, Nr.45)

130 GLA: 235/725, 236/5196; UA: A 557 (IV, 3c, Nr.130)

131 GLA: 235/725; UA: GII 60/2 (IX, 5, Nr.67), GII 60/3 (IX, 5, Nr.67)

132 GLA: 235/725, 235/3521; StA: Uraltaktei 70/1

133 GLA: 235/3521; StA: Uraltaktei 70/1

134 StA: Uraltaktei 274/5, 296/2

135 StA: 296/2

136 Ebd.

137 StA: 318a/13

138 StA: 317/13

139 StA: 296/2, 317/13

140 StA: 317/13. Vgl. den Ausstellungskatalog: Beruf: Photograph in Heidelberg. Ernst Gottmann sen. und jun. 1835-1955, Bd. Architektur, Frankfurt 1980, S.54ff.

141 GLA: 235/29806; UA: B 5384 (12b 11)

142 UBA: Neubau eines Kollegiengebäudes im Marstallhof. Schriftwechsel Oberfinanzdirektion, Finanzministerium, Kultusministerium

143 Vgl. Anm.17

144 GLA: 235/3102-3104, 235/3106; UA: GII 71/1 (IX, 1, Nr.27), GII 89 (IX, 5, Nr.70c), Personalakte Valentin Becker (VI, 3d, Nr.3t)

145 GLA: 235/3104, 235/3796; UA: B 5378 VIII/1 (IX, 5, Nr.70d), B 5378 VIII/8 (12a), B 5079 VIII/4 (IX, 13, Nr.141)

146 GLA: 235/29806; UA: B 5378 VIII/8 (12a)

147 Ebd.

148 GLA: 508/107; UA: 5378 VIII/8 (12a)

149 GLA: 235/3102-3104; UA: B 5378 VIII/1 (IX, 5, Nr.70d), GII 89 (IX, 5, Nr.70c), GII 89/1 (IX, 5, Nr.69)

150 GLA: 508/1526; UA: B 5010 (24a), B 5016 (24a), B 5384 (14m^3); UBA: Neubau Seminariengebäude Marstallhof, alt, Akten des Hochbauamts 1954-57

151 Peter Schmidt: Stadtplanung als Interaktionsproblem. Zum Verhältnis von überörtlicher Fachplanung und lokaler Querschnittsplanung am Beispiel der Beziehungen zwischen Hochschulplanung und Sanierungspolitik in Heidelberg, Königstein/T. 1981, S.47

152 GLA: 508/1521; UA: B 5384 (14m^3)

153 UA: 5384 (14m^3)

154 LDA: Marstallhof 1956/57 und 10 Pläne bis 1967 III/461

155 Ebd.

156 UBA: Neubau eines Kollegiengebäudes im Marstallhof. Planung, Bedarfspläne, Raumprogramm, Kostenanschlag

157 Ebd.

158 LDA: Marstallhof 1956/57 und 10 Pläne bis 1967 III/461

159 Ebd.

160 P.Schmidt, a.a.O., S.48ff.

161 P.Schmidt, a.a.O., S.50. Das Land war auf das Entgegenkommen der Stadt angewiesen, um Grundstücke für die gesetzlich vorgeschriebenen Parkplätze erwerben zu können

162 Ebd.

163 UBA: Neubau eines Kollegiengebäudes im Marstallhof. Planung, Bedarfspläne, Raumprogramm, Kostenanschlag

164 Ebd.

165 P.Schmidt, a.a.O., S.50f.

166 LDA: Marstallhof 1956/57 und 10 Pläne bis 1967 III/461. Besonders zu nennen sind die Professoren Walter Paatz und Dietrich Seckel vom Kunsthistorischen Institut der Universität Heidelberg

167 P. Schmidt, a. a. O., S. 51

168 Ebd., S. 53

169 StA: 303/12; LDA: Marstallhof 1956/57 und 10 Pläne bis 1967 III/461

170 StA: 303/12

171 Ebd.

172 StA: 303/12; UA 5384 (14m^3). Besonders hervorzuheben sind das kritische Engagement von Regierungspräsident Dr. Huber (vgl. P. Schmidt, a. a. O., S. 52), Professor Walter Paatz, Professor Hans-Georg Gadamer sowie zahlreiche Leserbriefe in der Rhein-Neckar-Zeitung und dem Heidelberger Tageblatt

173 P. Schmidt, a. a. O., S. 56

174 Ebd., S. 57

175 StA: 303/12

176 StA: 303/12; Heidelberger Tageblatt am 13. 4. 1959

177 StA: 303/12; Rhein-Neckar-Zeitung am 16. 4. 1959

178 UBA: Neubau eines Kollegiengebäudes im Marstallhof. Planung, Bedarfspläne, Raumprogramm, Kostenanschlag; LDA: Marstallhof 1956/57 und 10 Pläne bis 1967 III/461. P. Schmidt, a. a. O., S. 58–63

179 P. Schmidt, a. a. O., S. 64f.

180 Ebd.

181 Ebd., S. 65

182 StA: 303/12; P. Schmidt, a. a. O., S. 65

183 StA: 303/12

184 P. Schmidt, a. a. O., S. 65

185 UBA: Neubau eines Kollegiengebäudes im Marstallhof, Vorentwurf, Erläuterungsbericht, UBA: Neubau eines Kollegiengebäudes im Marstallhof I, Baurechtliches Verfahren

186 Zum ausgeführten Gebäude vgl. S. 262

187 UBA: Neubau eines Kollegiengebäudes im Marstallhof I, Baurechtliches Verfahren

188 P. Schmidt, a. a. O., S. 67f.

189 UBA: Neubau eines Kollegiengebäudes im Marstallhof, Schriftwechsel Oberfinanzdirektion, Finanzministerium, Kultusministerium

190 LDA: Marstallhof 1956/57 und 10 Pläne bis 1967 III/461

191 P. Schmidt, a. a. O., S. 68

192 LDA: Marstallhof 1956/57 und 10 Pläne bis 1967 III/461. P. Schmidt, a. a. O., S. 69

193 Ebd.

194 LDA: Marstallhof 1956/57 und 10 Pläne bis 1967 III/461. P. Schmidt, a. a. O., S. 70. Die Benennung des heutigen Daches ist in den Akten nicht einheitlich. Es fallen die Begriffe ›nach innen geneigtes Walmdach‹ und ›nach innen geneigtes Flachdach‹

195 UBA: Neubau eines Kollegiengebäudes im Marstallhof, Schriftwechsel Oberfinanzdirektion, Finanzministerium, Kultusministerium

196 S. Münster 1550

197 M. Merian 1620

198 Es gab zu dieser Zeit sicher eine Hofeinfahrt in der Südostecke des Hofes (vgl. J. Gamer, a. a. O., S. 175). Eine zweite Hofeinfahrt diagonal gegenüber wäre sinnvoll gewesen, um die Durchfahrt zum Neckar und den Anlandestellen zu ermöglichen. Merians Darstellung der westlichen Hofmauer deckt sich jedoch weder mit Münsters Stadtansicht noch mit der heutigen Situation

199 Nachrichten über den Westflügel im 18. Jh. finden sich in den folgenden Akten: GLA: 204/47, 204/1111–1113; UA: Personalakte Valentin Becker (VI, 3 d, Nr. 3 t)

200 GLA: G/Heidelberg Nr. 102

201 GLA: 204/1113

202 GLA: 204/1111–1113; UA: Personalakte Valentin Becker (VI, 3 d, Nr. 3 t). Es handelte sich um den Universitätsreitlehrer, den Küchenschreiber, den Plantageinspektor (alle drei lebten auch zeitweise im Ostflügel), eine Professorenwitwe und einen pensionierten Reitlehrer. Gegen Ende des Jahrhunderts scheint der Wohnwert des Gebäudes abzusinken, denn nun bewohnen eher schlechtergestellte Personen (Holzfäller, die mittellosen Töchter des ersten Universitätsreitlehrers und ein niederer Angestellter der Zollverwaltung) den Westflügel

203 GLA: 204/47. Die erste Erwähnung dieser Nutzung in den Akten stammt aus dem Jahr 1781

204 GLA: 235/358

205 GLA: 204/3036

206 GLA: G/Heidelberg Nr. 102

207 Die Akten des 18. Jhs. sagen nichts über größere Umbauarbeiten

208 GLA: 204/3036

209 GLA: 204/52, 204/89, 235/358. Das Rentenbüro wird auch als Ohmgelderei oder Accisbüro bezeichnet bzw. umbenannt

210 GLA: 235/359

211 Vgl. S. 248

212 UA: A 557 (IV, 3 c, Nr. 5)

213 Vgl. S. 248

214 GLA: 204/2949, 235/359

215 GLA: 205/67, 237/725; UA: GII 91/1 (IX, 5, Nr. 41); W. Goth, a. a. O., S. 99-104

216 UA: GII 91/1 (IX, 5, Nr. 41). Dieser Plan sowie die tatsächlich ausgeführten Umbaupläne sind nicht erhalten

217 GLA: 235/676, 237/8756, 237/18852, 424e/102

218 Vgl. S. 249

219 GLA: 235/3104, 237/42427, 237/42429, 424e/104

220 GLA: 235/3104, 235/3796, 237/42432, 424e/104; UA: B 5382 (IX, 13, Nr. 168)

221 LDA: Marstallhof

222 Ebd.

223 A. Mays und K. Christ: Neues Archiv für die Geschichte der Stadt Heidelberg und der Rheinischen Pfalz, Bd. 1, Heidelberg 1890, S. 84, Anm. 5

224 GLA: 204/80

225 Ebd.

226 Hühnervogt Schreckleben ist für die Lagerung von Futter und Stroh für die herrschaftlichen Pferde in Heidelberg zuständig

227 GLA: 204/80

228 M. Merian 1620

229 M. Huwer: Der Umbau der Heuscheuer in ein Hörsaalgebäude, in: Ruperto Carola XXII, Bd. 38, 1965, S. 188 ff.

230 Die Geschichte der Heuscheuer in der ersten Hälfte des 18. Jhs. läßt sich in der Akte GLA: 204/80 nachlesen

231 GLA: 204/80. Aber schon 1725 wird ein Teil des Gebäudes vermietet

232 GLA: 391/15079

233 GB, Bd. 44, S. 314, Nr. 136

234 StA: 99/9

235 Ebd.

236 Ebd.

237 StA: 99/9; LDA: Heuscheuer in Heidelberg 1959/66

238 Zum Bau des Neuen Kollegienhauses vgl. S. 252

239 GB, Bd. 515, Heft 24

240 Die Umbauarbeiten sind in folgenden Akten beschrieben: GLA: 508/1238; LDA: Heuscheuer in Heidelberg 1956/66, LDA: Heidelberg, Große Mantelgasse, LDA: Marstallhof; UBA: Plansammlung. Ausführlich beschreibt M. Huwer, a. a. O., die Arbeiten

241 Rhein-Neckar-Zeitung und Heidelberger Tageblatt vom 28. 10. 1965; M. Huwer, a. a. O., S. 193

242 M. Huwer, a. a. O., S. 193

243 UA: GII 91/1 (IX, 5, Nr. 41)

244 M. Merian 1620; P. F. Walpergen 1763. Der Abstand ist hier etwa doppelt so groß wie zwischen den anderen, was die Vermutung nahelegt, daß sich hier eine siebte Strebemauer befand. Abbruchspuren sind aber nicht zu sehen. Auf jeden Fall widersprechen die heutige und die denkbare Situation (mit einer ergänzten siebten Strebemauer) den Abbildungen von Merian und Walpergen

245 M. Huwer, a. a. O., S. 193

246 Zur Anlage des Schlosses in der Zeit vor Ludwig I. (1214-1231) vgl. K. Pfaff, a. a. O., S. 223

247 S. Münster, 1550, zeigt schon die vollendete Westwand des Marstallgeländes. Man darf deshalb und wegen der Lage der Ecktürme annehmen, daß schon unter Ludwig V. (1508-1544) eine Vierflügelanlage geplant wurde

248 Reinhard Gutbier: Der landgräfliche Hofbaumeister Hans Jakob von Ettlingen, Eine Studie zum herrschaftlichen Wehr- und Wohnbau des ausgehenden 15. Jahrhunderts. Quellen und Forschungen zur hessischen Geschichte. Hrsg. von der Hessischen Historischen Kommission Darmstadt und der Historischen Kommission für Hessen, Darmstadt und Marburg 1973, Bd. 1, S. 209

249 Bei den Umbauarbeiten im Jahr 1984 wurde festgestellt, daß die Bogenlaibungen am Ostflügel verputzt waren. Sie müssen also einmal geöffnet gewesen sein

250 StA: 303/12

Literatur

Gamer, Jörg: Der Marstall des Administrators Johann Kasimir in Heidelberg, in: Ruperto Carola, Bd. 29, 1961, S. 172 ff.

Goth, Werner: Zur Geschichte der Klinik in Heidelberg im 19. Jahrhundert, Diss., Heidelberg 1982

Huwer, Manfred: Der Umbau der Heuscheuer in ein Hörsaalgebäude, in: Ruperto Carola XXII, Bd. 38, 1965, S. 187 ff.

Krämer, Annette: Der Marstall, in: Hans Gercke (Hrsg.): Beruf: Photograph in Heidelberg. Ernst Gottmann sen. und jun. 1835–1955, Bd. Architektur, Frankfurt 1980, S. 46 ff.

Oechelhaeuser, Adolf von: Die Kunstdenkmäler des Amtsbezirks Heidelberg (Die Kunstdenkmäler des Großherzogtums Baden VIII, 2), Tübingen 1913

Pfaff, Karl: Heidelberg und Umgebung, Heidelberg ³1910

Schmidt, Peter: Stadtplanung als Interaktionsproblem. Zum Verhältnis von überörtlicher Fachplanung und lokaler Querschnittsplanung am Beispiel der Beziehungen zwischen Hochschulplanung und Sanierungspolitik in Heidelberg, Königstein/Ts. 1981

BETTINA SCHEEDER

Das Haus Lauerstraße 1

Das Haus Lauerstraße 1 steht mit drei freien Seiten an der westlichen Ecke des schmalen Bebauungsstreifens zwischen Neckarstaden und Lauerstraße; die Westseite weist zur Großen Mantelgasse. Das Gebäude beherbergt die Sammlung des Instituts für Ur- und Frühgeschichte, das ›California State University International Program‹ und den AStA.

Geschichte

Das Grundstück, einen Grasgarten[1] mit Scheune, mit den Maßen 18 Ruten 3 Schuh 2 Zoll 1 Linie, über dessen Nutzung nichts bekannt ist, verkauft der Müllermeister Wilhelm Lender 1816 an die Stadt Heidelberg.[2] 1856 wird der Kaufmann Götzenberger[3] als Besitzer genannt. Wie und wann es zu dem Verkauf kam, ist nicht mehr festzustellen. Götzenberger verkauft 1874[4] das Grundstück an den Schiffer Friedrich Wörgel, der es 1875[5] dreistöckig bebaut und das Wohnhaus später an drei Parteien vermietet. In den Jahren 1907[6] und 1919[7] wechselt das Haus jeweils den Besitzer und wird schließlich 1925[8] von dem Kreis Heidelberg gekauft. 1926[9] läßt die Kreisverwaltung das Erdgeschoß umbauen; durch das Entfernen einer Zwischenwand wird aus den zwei zur Mantelgasse hin gelegenen Räumen ein Sitzungszimmer. Im ersten Obergeschoß wird 1930[10] durch Wegnahme einer Wand, die durch Träger ersetzt wird, ein Sitzungsraum für den Fürsorgeverband geschaffen. Dieser Umbau betrifft die beiden Zimmer nach Westen.

Der Kreis Heidelberg verkauft 1959[11] das Gebäude an das Land Baden-Württemberg. Im Erdgeschoß sind nun die Wasserschutzpolizei und das Landratsamt untergebracht, im ersten und zweiten Obergeschoß das Institut für Ur- und Frühgeschichte. Das Dachgeschoß bewohnt der Hausmeister. 1960[12] bezieht die Liegenschaftsverwaltung die Räume des Landratsamtes. Nachdem das Institut für Ur- und Frühgeschichte 1972[13] in den Neubau des Kollegiengebäudes am Marstall umgezogen ist, wird das erste und zweite Obergeschoß an das Akademische Auslandsamt und andere, ständig wechselnde universitäre Einrichtungen übergeben. Ab 1973 nutzt der AStA das zweite Obergeschoß.[14] Nach dem Auszug der Wasserschutzpolizei 1974 wird im Erdgeschoß die Sammlung des Ur- und Frühgeschichtlichen Instituts untergebracht.[15] Im Herbst 1978 wird das erste Obergeschoß dem Akademischen Auslandsamt für das ›California State University International Program‹ zugewiesen.[16] Ende 1978 wird mit Instandsetzungsarbeiten begonnen, die vor allem die Elektro-, Sanitär- und Heizungsinstallation betreffen. Neben geringfügigen Umbauten im Innern und Einbau neuer Fenster wird die Fassade neu verputzt. Der Kalkzementputz erhält einen terrakottafarbenen Anstrich, die Sandsteingliederung wird beige abgesetzt. Die Arbeiten sind im Herbst 1979 abgeschlossen.

Beschreibung

Das dreigeschossige Eckhaus mit verschiefertem, nach Westen abgewalmten Satteldach hat die Hauptfassade zum Neckar hin; der Eingang liegt im Süden zur Lauerstraße. Die westlichen Kanten des Gebäudes sind abgerundet.

Allen drei Schauseiten gemeinsame horizontale Gliederungselemente sind der mit einem Gesims abschließende Sockel, das Sohlbankgesims im Erdgeschoß, das Stockwerkgesims und das Sohlbankgesims im ersten Obergeschoß, die vortretenden Fensterbrüstungen im Erd- und im ersten Obergeschoß sowie das Sohlbankgesims im zweiten Obergeschoß. Alle Gesimse sind profiliert und um die vertikalen Gliederungsteile verkröpft. Das Kranzgesims ist als Gebälk (mit fasziertem Architrav, schmucklosem Fries und profiliertem Abschlußgesims) ausgebildet. Vertikal werden die Fassaden durch rahmende Lisenen bzw. Pilaster (im zweiten Obergeschoß) gegliedert. Alle Fenster sind hochrechteckig und mit Gewänden ausgestattet; die des ersten Obergeschosses haben waagerechte Verdachungen.

219   Die fünfachsige Nordfassade wird durch einen dreiachsigen Risalit akzentuiert; dieser wird von Lisenen, im zweiten Obergeschoß von Pilastern, gerahmt und ist in sich durch zusätzliche Elemente gegliedert: im Erdgeschoß und im ersten Obergeschoß sind die Gewände der Fenster seitlich nach unten zu sockelartigen Pfosten verlängert; im Erdgeschoß sind zwischen die äußeren Fenster und die Ecklisenen Pilaster eingestellt; die Fenster des ersten Obergeschosses sind einmal durch vier Postamentvorlagen im Brüstungsbereich, zum anderen durch eine das mittlere Fenster einfassende Ädikula mit Pilastern und Dreieckgiebel, dessen Gebälk sich über den seitlichen Fenstern als Verdachung fortsetzt, zu einer mittenbetonten Gruppe zusammengeschlossen. – Die mittlere Achse des ersten Obergeschosses der dreiachsigen Westfassade ist durch einen kleinen, von zwei Konsolen unterfangenen Balkon mit Balustergeländer hervorgehoben. Die südlichste der fünf Achsen der Südfassade nimmt die mit Oberlicht ausgestattete Haustür auf. – Im flach geneigten Dach des Gebäudes sitzen an der Nord- und Südseite jeweils zwei Gaupen, an der Westseite eine Gaupe mit profiliertem Dreieckgiebel.

220   Innen gelangt man vom Eingang aus über wenige Stufen zum Flur des Erdgeschosses, der in der mittleren Ost-Westachse liegt. Zu seiten dieses Flurs reihen sich rechts und links je drei Zimmer. Im mittleren der nach Norden gelegenen Räume haben sich der Parkettfußboden und die Stuckdecke aus der Erbauungszeit erhalten. Eine zweiläufige Holztreppe führt in die oberen Geschosse, deren Aufteilung weitgehend der des Erdgeschosses entspricht.

Kunstgeschichtliche Bemerkungen

Das ehemalige Wohnhaus aus der Frühphase der Gründerzeit repräsentiert mit seiner recht aufwendigen, aber klaren und auf kleinteiligen Dekor verzichtenden Fassadengliederung die Haltung des späten Klassizismus. Das erste Obergeschoß hat dank seiner insgesamt reicheren Ausbildung Belétagecharakter. Das Gebäude schließt die Häuserzeile zwischen Brückentorbereich und Marstallkomplex wirkungsvoll ab.

Anmerkungen

1 StA: Lgb. 1770, Nr. 255 1/2
2 Ebd.; Gb. 15, Nr. 386
3 Ab. von 1856
4 Gb. 61, Nr. 162
5 Ab. von 1876/77
6 Ab. 1908; Gb. 9, Heft 24
7 Ab. 1920; Gb. 9, Heft 24

8 Ab. von 1927; StVA: Lgb. 1889, Bd. 2, Nr. 386
9 BVA: Lauerstraße 1, Nr. 386
10 Ebd.
11 Gb. 9, Heft 24
12 Ab. von 1961
13–15 Ebd.
16 UA: Reg. Bd. 4485, 1975–Sept. 78

CHRISTIANE PRESTEL

Das Haus Karlstraße 2

Das ehemalige Eisenlohrsche Haus, heute Karlstraße 2[1], liegt an der südwestlichen Ecke des Karlsplatzes und wird nach Westen von der Kanzleigasse begrenzt. Seit 1975 wird es vom Germanistischen Seminar genutzt.

Geschichte

Vor der Zerstörung Heidelbergs 1689/93 war das Grundstück zweiteilig parzel-
221-223 liert. Beide Parzellen sind sowohl auf den Stichen von Merian, 1620, und Kraus, 1683, von vorn, als auch auf einem Blatt aus dem Kurpfälzischen Skizzenbuch[2] von 1588 von hinten gut zu erkennen. Auf dem ersten Grundstück, an der Kanzleigasse, stehen zwei hohe, schmale giebelständige Häuser, wobei die beiden Häuser in den Quellen als Haus und Hinterhaus bezeichnet werden[3]. Die Obergeschosse beider Häuser kragen leicht vor, und auf der Rückseite befindet sich an der Scheidmauer ein kleiner polygonaler Eckturm. Das Haus auf der zweiten Parzelle ist ein größeres traufständiges Fachwerkhaus mit einem ebenfalls traufständigen Anbau. Zu dem heute verschwundenen Allmendgäßchen[4] hin schließen beide Grundstücke mit niedrigen Rückgebäuden ab. Entlang der Kanzleigasse verläuft eine Mauer mit einem rundbogigen Tor, das in den Garten führt. Zwischen 1431 und 1467 besitzen der Ritter Schwarz Reinhard von Sickingen und seine Frau die westliche Parzelle.[5] Die Witwe Margarete von Sickingen verkauft 1467 das Hinterhaus und den Garten an Kurfürst Friedrich I., der daraus eine Wohnung für den Prediger an der Heiliggeistkirche macht.[6] Aus der Berainsammlung von 1607 geht hervor, daß nun Haus und Hinterhaus wieder vereint sind.[7] Besitzerin ist die bereits im Einwohnerverzeichnis von 1588 erwähnte ›D. Hartman Hartmanni, alt Hofrichters Wittib‹.[8] Die östliche der beiden Parzellen war ebenfalls in zwei Grundstücke aufgeteilt worden, die aber immer gemeinsam veräußert wurden. 1544 verkaufen die Grafen Georg und Eberhard von Erbach ihre zwei Häuser im unteren Kalten Thal[9], die ihr Vater von Conrad von Wer gekauft hat, an den Grafen Ludwig von Leiningen. Das ›erpachische Haus‹ wird aber bereits 1521 erwähnt.[10] Das Grundstück befindet sich bis mindestens 1607 in Leiningischem Besitz.[11]

Wann und durch wen beide Parzellen zu einem Grundstück vereinigt wurden und wie dieses in den Besitz des Marburger Theologieprofessors Ludwig Christian Mieg kam, läßt sich heute nicht mehr klären. Dieser verkauft jedoch 1701 dem kurpfälzischen ›hofkeller‹ Franz Bruchelberger das gesamte Grundstück, das nach der Zerstörung 1689/93 bis dato noch nicht wieder bebaut worden war.[12] Bereits 1713 befindet sich das Grundstück im Besitz der Tochter Bruchelbergers, der Frau des verstorbenen ›Hofkellers‹ Ansperger und jetzigen Frau Schmutz.[13] Zwischen 1701 und 1733 wird das heutige Gebäude erstellt, da 1733 zum ersten Mal das Haus an sich erwähnt wird.[14] 1770 versteigern die ›Anspergischen Erben‹ das Grundstück. Der Pfleger der Pflege Schönau und Miterbe Frantz Bronn ersteigert das Anwesen und verkauft es anschließend an den ›Administrationsstiftschaffner‹ Schott.[15] Dieser errichtet 1772 eingeschossige Nebengebäude, die sich direkt an das Hauptgebäude anschließen.[16] Zwischen 1772 und 1787 verkauft Schott das Grundstück an Professor Philipp von Overkamp, welcher 1787 einen Teil seines Brunnenrechts an den Wirt ›zum Welschen Hahn‹ (Kornmarkt 7) Heinrich Landfried verkauft.[17] 1793[18] und 1795[19] wechselt das Grundstück jeweils den Besitzer und wird 1797[20] schließlich vom Grafen Josef von Wieser gekauft, der noch im selben Jahr die alten Nebengebäude abreißen und 1798 einen neuen Anbau aufführen läßt.[21] 1802 verkauft von Wieser dem Handelsmann Benedikt Georg Klingelhöfer das Haus.[22] Eine Lithographie von F. Hengstenberg von 1830 zeigt das Haus in seiner jetzigen Form. Lediglich die Schleppgaupen sind heute durch Segmentgiebelgauben ersetzt; im Erdgeschoß befinden sich keine Jalousetteläden, sondern einfache Klappläden; und statt der heutigen Holztür (sie stammt vom Umbau von 1919) erlaubt eine große zweiflügelige Holztür die Durchfahrt in den Hof. 1856 kauft Carl Adolph Holtzmann, Professor an der Philosophischen Fakultät, das Anwesen,[23] das nach seinem Tod von seinen Erben 1870 versteigert und von Dr. Adam Eisenlohr erworben wird[24]. Nachdem der Fabrikant Peter Rumpf 1917 das Haus gekauft hat, baut er es von 1919 bis 1925 um.[25] Er verlegt die sanitären Einrichtungen vom Seitenflügel ins Hauptgebäude, läßt zwei Fenster zur Kanzleigasse hin durchbrechen, baut das Treppenhaus um und das Dachgeschoß aus; ferner werden die Remise zur Teehalle und der Stall zur Garage umgebaut. Aus dieser Zeit stammen auch die bemalten Türgewände im Erdgeschoß, die Eingangstür und die klassizistisch anmutenden Türen im Obergeschoß.[26]

 1962 verkaufen die Erben des Peter Rumpf das gesamte Anwesen an das Land Baden-Württemberg. Es soll der Theologischen Fakultät zugewiesen werden.[27] Nach dem Auszug der letzten Mieter 1964 beginnen 1967 umfangreiche Umbauarbeiten; zuvor, bereits 1966, waren die Nebengebäude wegen des angeblich schlechten Erhaltungszustands abgerissen worden. Zunächst wird die Veranda niedergelegt, danach das Haus innen völlig ausgekernt. Außer den Mittelgängen in Erd- und Obergeschoß erhält das Haus eine vollständig neue Raumaufteilung. Der total verfaulte Dachstuhl wird durch einen neuen ersetzt, dabei werden zwölf neue Dachgaupen eingebaut. Statt mit den alten, handgestrichenen Ziegeln wird das Dach nun mit neuen Ziegeln gedeckt. Lediglich die beim Umbau von 1919 entstandenen Türen werden erhalten. Die Fenster bekommen nach altem Vorbild Sprossenteilung und Klappläden. Die Fassade muß großflächig erneuert werden. Sie wird mit einem kunstharzgebundenen Reibeputz beschichtet; die Sandsteingewände werden farblos imprägniert. 1970 sind die Umbauarbeiten abgeschlossen; das Haus wird an die Theologische Fakultät übergeben. 1975 erhält es das Germanistische Seminar im Tausch gegen Karlstraße 16.[28]

227

226

Beschreibung

Das zweigeschossige Eckhaus, ein Putzbau mit Werksteingliederung und einem westlich abgewalmten Mansarddach, steht mit der Traufseite zur Karlstraße bzw. zum Karlsplatz.

225 Die Hauptfassade ist zehnachsig und hat genutete Ecklisenen. Im Erdgeschoß befindet sich zwischen jeweils vier Achsen symmetrisch das zwei Achsen beanspruchende Korbbogenportal in genutetem Gewände mit Volutenschlußstein. Das Holztürblatt von 1919 ist mit Glaseinsätzen hinter Eisengitter ausgestattet. Über dem niedrigen Sandsteinsockel, in den links vier Kellerfenster eingelassen sind, liegen acht Fenster mit profilierten Ohrengewänden, Viertelstabsohlbänken und Jalousetteläden. Die Fenster selbst sind kreuz- und sprossengeteilt. Die zehn Fenster des Obergeschosses entsprechen denen des Erdgeschosses. Die beiden über dem Portal liegenden Fenster stehen enger zusammen. Das Dach setzt über einem profilierten Traufgesims an. Das ausgebaute Mansardgeschoß hat zur Karlstraße hin sechs Segmentgiebelgaupen mit sprossengeteilten Fenstern.

Die Achsenabstände der fünfachsigen Wand zur Kanzleigasse hin sind unregelmäßig. An der linken Seite der Fassade befindet sich, ohne Entsprechung auf der anderen Seite, eine genutete Ecklisene. Die Fenster gleichen denen der Straßenfassade, haben jedoch keine Läden. Vor den drei linken Erdgeschoßfenstern sitzen schmiedeeiserne Fensterkörbe. Die Gaupe über der dritten Achse von links hat die Form der Dachhäuschen an der Vorderseite.

226 Die zehn Achsen der Rückseite haben teilweise sehr unregelmäßige Abstände. Links der beiden mittleren, durch das Portal zusammengefaßten Achsen liegt eine Achse mit zugemauerten, auf halber Geschoßhöhe angebrachten Fenster- und Türgewänden; links davon zwei weit auseinanderliegende Fensterachsen. Rechts der Mittelachse sind die Abstände der fünf Fensterachsen dagegen gleich. Die Fenster der Rückseite sind wie die der beiden anderen Wände sprossengeteilt, haben jedoch weniger reich profilierte Ohrengewände und keine Läden. Im Erdgeschoß befindet sich in den beiden mittleren ein Rundbogenportal mit einfachem Kämpfer und Schlußstein. Das Holztürblatt ist teilweise verglast; die Sprossen im oberen Teil verlaufen radial. Die Sohlbank des Fensters rechts vom Portal steht auf einem Pfosten. Unter ihr sind zwei kleine Fenster, deren ursprüngliche Funktion nicht zu rekonstruieren ist. Unter dem zweiten und dritten Fenster von rechts sitzen Kellerfenster. Die Zahl der Obergeschoßfenster beträgt, durch die genannten Irregularitäten bedingt, neun. Im Dach sitzen fünf, nicht achsengerecht verteilte Gaupen.

Bei der letzten Renovierung erhielt der Putz einen Gelbockerton. Die Sandsteinteile wurden grau, die Fensterläden in einem mittleren Grün gestrichen.

Hinter dem Gebäude erstreckt sich der ehemalige Garten bzw. Hof auf zwei Ebenen. Der untere Hof ist teils gepflastert, teils begrünt. Die den Hof umgebenden weißen Mauern haben einen kleinen Sandsteinsockel und sind mit Sandsteinplatten abgedeckt. Die Mauern zur Kanzleigasse und zum Nachbargrundstück sind von je einem Eisengitter durchbrochen. Zum oberen Hof führen einige Stufen zwischen zwei barocken, genuteten Pfosten mit Kugelaufsätzen hindurch. Früher diente dieser Hof als Garten, heute als Parkplatz.

Der Grundriß des Gebäudes weist im Erdgeschoß eine Durchfahrt und zwei davon abgehende Mittelgänge auf. Von den Gängen gelangt man in die einzelnen Zimmer. Im hinteren Teil der Durchfahrt, rechts, führt ein dreiläufiges Treppenhaus mit modernen Steinstufen und einfachem Geländer nach oben. Gleich hinter dem Eingang sind in der ehemaligen Durchfahrt die mit farbigen Jugendstilmustern bemalten Türgewände noch erhalten. Im Obergeschoß gelangt man von der Treppe aus auf einen kleinen Vorplatz, von dem aus man zuerst einen langen Mittelflur, dann die einzelnen Zimmer betritt. Über der Durchfahrt befand sich das sogenannte Damenzimmer. In ihm haben sich noch die beiden Türen aus der Zeit des Umbaus von 1919 erhalten. Zwei kannelierte, korinthisierende Säulchen mit Fries und Gebälk rahmen die profilierten Türblätter, in denen sich längsoval ausgebildete Rosenranken befinden, die im Fries noch einmal vorkommen.

Kunstgeschichtliche Bemerkungen

Das Anwesen Karlstraße 2 teilte sich vor der Zerstörung in zwei Grundstücke, von denen das eine lange Zeit Adelshof war, das andere teils von der Geistlichkeit, teils von Bürgern genutzt wurde. Nach den Orleansschen Kriegen erhielt das Grundstück eine barocke Bebauung in Form eines für Heidelberg typischen Adelspalais, das heißt Hauptgebäude mit Durchfahrt in den Hof und direkt daran anschließenden Nebengebäuden. Bis Ende des 18. Jahrhunderts wurde das Haus hauptsächlich von Hofangehörigen und Professoren genutzt, danach von wohlhabenden Kauf- und Handelsleuten. Beim Umbau von 1919 und vor allem nach dem Übergang des Hauses in Universitätsbesitz erfuhr es entscheidende bauliche Veränderungen. Von der barocken Gesamtanlage blieben nur die Außenwände des Hauptgebäudes und die Treppe zum Garten erhalten. Sowohl die Raumaufteilung im Innern als auch die Nebengebäude hielten den modernen Anforderungen nicht stand. In seinem heutigen Erscheinungsbild ist das Anwesen nicht mehr als barocke Anlage anzusehen, wenngleich es für das Gesamtensemble des Karlsplatzes wichtig war, daß wenigstens die barocke Fassade erhalten werden konnte.

Anmerkungen

1 Ausführliche Baugeschichte und -beschreibung bei Christiane Prestel: Der Karlsplatz in Heidelberg mit dem ehem. Großherzoglichen Palais und dem Palais Boisserée, Veröffentlichungen des Kunsthistorischen Instituts der Universität Heidelberg zur Heidelberger Altstadt, hrsg. von P. A. Riedl, Nr. 16, Heidelberg 1983

2 Ludwig Schmieder: Kurpfälzisches Skizzenbuch, Heidelberg 1926, Abb. 1

3 StA: Kartei Huffschmid

4 Das Allmendgäßchen verlief parallel zur heutigen Karlstraße an der Rückseite der Grundstücke der Karlstraße, vgl. Herbert Derwein: Die Flurnamen von Heidelberg, Heidelberg 1940, Veröffentlichungen der Heidelberger Gesellschaft zur Pflege der Heimatkunde, Nr. 626

5 StA: Kartei Huffschmid

6 Ebd.; GLA: 67/Copialbuch 812, 127

7 GLA: 66/Berain 3495

8 Karl Christ, Albert Mays: Verzeichnis der Inwöhner der Churfürstlichen Stadt Heidelberg. Anno 1588 im May, in: Neues Ar-

chiv für die Geschichte der Stadt Heidelberg und der rheinischen Pfalz, Heidelberg 1890, Bd. I, S. 64

9 Frühere Bezeichnung der heutigen Karlstraße, vgl. Derwein, a. a. O., Nr. 403

10 StA: Kartei Huffschmid

11 GLA: 66/Berain 3495

12 Ctrb. I, S. 569

13 GLA: 43/78, Nr. 7

14 Ctrb. V, S. 20

15 Ctrb. VII, S. 63 und S. 471

16 GLA: 204/3038

17 Ctrb. X, S. 239

18 Ctrb. X, S. 239

19 Ctrb. X, S. 479

20 Ctrb. XI, S. 130

21 GLA: 204/95

22 Ctrb. XII, S. 74

23 Gb. 41, S. 803

24 Gb. 44, S. 37 und Gb. 57, S. 38

25 Lgb. 1889, Nr. 1156

26 BVA: Karlstraße 2

27 Gb. 60, Akte 44, 91/1

28 UBA: Akte Karlstraße 2

CHRISTIANE PRESTEL

Die Akademie der Wissenschaften

Karlstraße 4

An der südlichen der beiden repräsentativen Platzwände des Karlsplatzes liegt das ehemalige Großherzogliche Palais. Seit 1920 ist es Sitz der Heidelberger Akademie der Wissenschaften.[1]

Geschichte

Vorgeschichte. Das Gebäude Karlstraße 4 steht über den Kellern von vier Häusern, die sich vor der Zerstörung Heidelbergs 1689/93 an dieser Stelle befanden. Die beiden Stiche von M. Merian und U. Kraus zeigen neben dem Leiningischen Hof (vgl. Karlstr. 2) zwei giebelständige kleinere Häuser; daneben ein größeres traufständiges Fachwerkhaus; daran schließt sich wieder ein kleineres, aber ebenfalls traufständiges Haus an. Die Skizze aus dem Kurpfälzischen Skizzenbuch[2] zeigt die beiden giebelständigen Steinbauten von der Rückseite; der hintere hat einen Altan. Die sich daran anschließenden Gebäude sind nicht mehr genau zu erkennen. Alle Häuser besitzen Rückgebäude, wobei die des größeren Hauses auch etwas größer sind als die übrigen.

221, 222

223

Das westlichste der vier Gebäude ist 1607 Schulhaus und gehört zum Paedagogium, das sich im Franziskanerkloster befindet. Bewohnt wird das Haus um 1600 vom Schulmeister Johannes Lampadius.[3] Letzte Bewohnerin vor der Zerstörung 1693 ist die ›zeitliche Schulfrau im Münchhof Frau Carolinin‹.[4] Nach der Zerstörung verkauft die Kurfürstliche Geistliche Administration 1713 das ›Schulhausplätzchen‹ dem reformierten Pfarrer Peter Hermany, der es 1714 an den Freiherrn von Hundheim weiterverkauft.[5] Das Haus östlich daneben ist das Pfarrhaus der Prediger im Stift zum Heiligen Geist. Bereits 1467 wird es als Pfarrhaus bezeichnet.[6] 1588[7] und 1600[8] wird Dr. Daniel Tossanus[9] als Bewohner erwähnt. Die Berainsammlung von 1607 gibt an, daß das Pfarrhaus nun ›Stift‹ sei und zuvor ›unser frauen Hauß von dem Pfarrhaus‹ gewesen sei.[10] 1713 kauft Peter Hermany auch dieses Grundstück, um es 1714 an den Freiherrn von Hundheim weiterzuveräußern.[11] Das Grundstück, das den größten Teil des heutigen Anwesens einnimmt, wird 1490 zum ersten Mal im Besitz der Pronotarius Alexander Pellendorfer erwähnt.[12] 1580 veräußert die Familie die ›freie, adlige, ererbte behausung‹ dem Kurfürstlichen Geheimen Rat und Marschall Johann Philipp von Helmstadt, der sie 1584 an den Kurfürsten als Wohnung für den kurfürstlichen Marschall weiterverkauft.[13] Christoph Cloß, Leutnant der Leibgarde zu Pferd, erhält 1652 vom Kurfürsten Karl Ludwig das Marschalkshaus im Kalten Thal[14] als ein ›manliches Leib Lehen Erbe‹.[15] Noch im selben Jahr wird eine Beschreibung des Hauses an den Kurfürsten geschickt: ›Der erste Stock auf dem boden ist gebaud mit einem großen Saal, vorhaus und einer kuchen neben dem Hoff und einfahrt, hatt einen Züg und springenden bronnen. Im andern Stock befinden sich 2 Stuben, 3 Kammern und ein Kuchen; im dritten Stock zway Stuben, 4 Kammern und ein Rauch Hauß neben dem obern gang ... Der vierte Stock ist zu einem gantzen Speicher ordinirt ... Die beiden Gärten betreffen, der erste hinden am Hauß ... darinnen in einem Eck ein Kuchenkammer daran ein eingewilbter Kuchenkeller ... [und ein Stall]. Der ober garten [geht] bis an die Canzeley mauer ... darunder zwehn gewilbter Swein Stel ...‹[16] Nach der Zerstörung ihres Hauses 1693 ersuchen die Brüder Cloß 1713 den Kurfürsten, ihr Lehen verkaufen zu dürfen.[17] 1714 wird der Hof an den Freiherrn von Hundheim verkauft.[18] Das vierte und letzte Grundstück befindet sich mindestens von 1580[19] bis 1652[20] im Besitz der Familie Küchenmeister. Zwischen 1652 und 1714, wahrscheinlich 1713, kauft Freiherr von Hundheim den Hausplatz.[21]

Das Adelspalais. 1717 beginnt Carl Philipp Freiherr von Hundheim mit der Errichtung eines Gebäudes auf den 1713/14 erworbenen Grundstücken. Aber bereits 1718 muß Hundheim das noch unfertige Gebäude an Adamo Ernst von der Sachs und seine Frau, eine geborene Landsee, verkaufen.[22] Zu diesem Zeitpunkt steht lediglich der Rohbau. Das Ehepaar Sachs-Landsee läßt das Gebäude fertigstellen[23] und die Hofgebäude errichten. Ob die Galeriebauten und die Freitreppe in den Garten gleichzeitig mit den Nebengebäuden erbaut wurden oder etwas später unter Ludwig Johann Wallrad Freiherr von Bettendorf, dem zweiten Mann der Frau Sachs-Landsee, läßt sich nicht mehr eindeutig klären. Die ›Bleichplätzchen‹ legt jedoch mit Sicherheit erst Freiherr von Bettendorf an.[24] Danach gelangt das Anwesen auf unbekanntem Wege in die Hand von Joseph Freiherr von Deuring, der es 1748 an den Landschreiber Ferdinand Josef von Wrede weiterverkauft.[25] Dieser bietet das Grundstück 1767 der Kurpfälzischen Regierung zum Kauf an und schlägt vor, es als Oberamtshaus für das Oberamt Heidelberg zu verwenden. Die Regierung läßt von Oberbaudirektor Nicolas de Pigage ein Gutachten erstellen. Dieser rät zum Erwerb des Hauses und schlägt folgende Nutzung vor: Im Erdgeschoß sollen Sitzungsräume, die Registratur und, auf der westlichen Seite, die Wohnung des jeweiligen Landschreibers eingerichtet werden; im Obergeschoß das Wohnzimmer des Landschreibers und ein Absteigequartier für den Amtmann und die kurfürstliche Familie. Nach langwierigen und zähen Verhandlungen – Wrede muß zuerst die Rechtmäßigkeit seines Besitztitels nachweisen – wird das Haus am 12. November 1768 der Kurfürstlichen Regierung übergeben.[26] 1772 läßt Wrede die Reparaturen durchführen, zu denen er sich im Kaufvertrag verpflichtet hat: Er ersetzt vier Fenster und die ›geschweiften Lamperien‹ in den zwei Zimmern neben dem Saal; im Saal selbst werden die Stukkaturen ausgebessert und neue Ofenmuscheln hergestellt; zwei Kamine mit ›bildhauer Arbeit‹ verkleidet und vergoldet; schließlich acht ›Stucksuporten ober den Thuren mit Rahmen und Gemähl‹ angefertigt.[27] In der Folgezeit werden nur kleinere Reparaturen ausgeführt, obwohl sich der bauliche Zustand des Hauses immer weiter verschlechtert.

228

Nachdem 1803 die rechtsrheinische Pfalz mit Mannheim und Heidelberg an Baden übergegangen ist, wird die Registratur und Amtsschreiberei in das Karmeliterkloster verlegt.[28] Im darauffolgenden Jahr werden die nötigsten Reparaturen durchgeführt und im Auftrag des Großherzogs einige Möbel angeschafft, die sich heute noch im Hause befinden.[29] 1843 wird das Haus erneut renoviert, weil die Söhne des Großherzogs, Leopold, Ludwig und Friedrich, hier während ihrer Heidelberger Studienzeit wohnen sollen.[30] Vor allem soll die Feuchtigkeit im unteren Stock beseitigt werden; außerdem werden sämtliche Nebengebäude erneuert. Wahrscheinlich bei dieser Renovierung erhält die Fassade zum Karlsplatz hin ihre bis zur Renovierung 1973 gültige, klassizistische Form.[31] Seit das Gebäude 1854 aus dem Landesfiskus an die Großherzogliche Zivilliste übergegangen ist, führt es den Namen ›Großherzogliches Palais‹. 1856 wird das Haus für den Besuch des Großherzogs hergerichtet: Im großen Saal werden zwei neue Porzellanöfen aufgestellt, und das Schlafzimmer wird durch Beseitigung einer Wand zum Alkoven hin vergrößert.[32] Diese Wand fehlt bis heute. 1859 wird im Obergeschoß in der westlichsten Achse zum Hof hin ein Abtritt eingebaut (erst bei der Renovierung 1973 verlegt).[33] 1879 müssen die Kellerräume durch einen neuen Kanal trockengelegt werden, da die Feuchtigkeit nach einem Gutachten des Stadtarztes Dr. Franz Knauff für die im Haus aufgetretenen Typhusfälle verantwortlich ist. Die dringend nötige grundlegende Erneuerung erfolgt jedoch erst 1883.[34] Ab April 1883 soll Prinz Ludwig die Universität Heidelberg besuchen und im Großherzoglichen Palais wohnen. Zu diesem Zweck muß das ganze Gebäude, insonderheit das Obergeschoß, renoviert werden. Da die Stukkaturen in einem besonders schlechten Zustand sind, erhält der Gipsermeister Leopold Moosbrugger den Auftrag, sie gründlich zu renovieren. Als äußerst schwierig erweisen sich die Arbeiten in Raum 104. Moosbrugger muß die Decke abklopfen, das Gebälk ›ausschiften‹, ›ins Blei legen‹, ›verlätteln‹ und verputzen. Die in der Stukkatur auftretenden Sprünge werden ausgekratzt und danach der Stuck mit Schrauben befestigt. Anschließend wird die Ofennische im Speisesaal (111) renoviert. Die Rosette vom Kronleuchterhaken in 111 wird in 104 angebracht und der Speisesaal erhält eine neue Rosette. Im großen Saal (103) werden die Holzvertäfelungen in den Fensterlaibungen, wie sie sich noch in 101 und 102 befinden, entfernt und durch Stukkaturen ersetzt. Es handelt sich dabei um historistischen Bandelwerkstuck. Dies erklärt die stilistische Diskrepanz zwischen dem Stuck der Decke und dem der Fensterlaibungen. Eingerichtet wird der große Saal nach dem Vorbild der weißen Säle in Bruchsal und Karlsruhe.[35] In den darauffolgenden Jahren werden nur noch Kleinigkeiten repariert. Erst 1903 wird das Dachgeschoß ausgebaut.[36] 1920 geht das Gebäude wieder an den Landesfiskus über und ist seither in Nutzung der Heidelberger Akademie der Wissenschaften.[37]

233, 236

Von 1967 bis 1976 wird das gesamte Anwesen in zwei Bauabschnitten von Grund auf renoviert: im ersten Bauabschnitt die Hofgebäude, im zweiten das Hauptgebäude. Die Hofgebäude befinden sich in einem denkbar schlechten Zustand. Die Dächer müssen völlig erneuert und neue Böden und Decken eingezogen werden. Außerdem wird die Treppenanlage, die in den Garten führt, ersetzt. Leider wird bei diesen Arbeiten die für das 18. Jahrhundert so typische Symmetrie der Hofgebäude zerstört, da man bei den östlichen Gebäuden die alten Türgewände und Rundbogen entfernt und durch waagrechte Sturzbalken ergänzt.

231 Die Freitreppe erhält ein modernes Geländer, so daß der Eindruck der barocken Hofanlage erheblich gestört ist.[38] Bei der Renovierung des Hauptgebäudes im zweiten Bauabschnitt werden in jedem Geschoß in den beiden westlichen Räumen zur Straßenseite hin sanitäre Anlagen eingebaut, im Erdgeschoß auf der westlichen Seite eine Hausmeisterwohnung eingerichtet, auf der östlichen ein Saal für 180 Personen; das Dachgeschoß erhält eine völlig neue Raumaufteilung. Der alte Anstrich der Stukkaturen in der Belétage wird im Waschverfahren abgenommen, danach werden die Stukkaturen restauriert. Die hölzernen Wandvertäfelungen werden ebenfalls restauriert und anschließend weiß seidenmatt, mit etwas Umbra abgestumpft, gestrichen. Im Speisesaal (111) wird als ursprünglicher Farbton eine stark marmorierte braun-gelbe Bemalung freigelegt. Am Außenbau wird nach dem Vorbild der Hoffassade die originale Platzfront rekonstruiert.[39] 1983 werden wegen teilweiser Setzung der Fassade die Anstriche wiederholt und dabei farblich etwas modifiziert.

Beschreibung

228 *Äußeres.* Die Gesamtanlage ist symmetrisch organisiert. Sie besteht aus einem zweigeschossigen, traufständigen Zeilenhaus mit einer Durchfahrt, zwei Galeriebauten, zwei Eckpavillons und einer Freitreppe mit Brunnen, die in den Garten führt. Das Mansarddach des Hauptgebäudes ist, wie alle anderen Dächer auch – die Galeriebauten haben Sattel-, die Eckpavillons Mansard-Krüppelwalmdächer –, mit Biberschwanzziegeln gedeckt.

230 Die dreizehn Fensterachsen umfassende Vorderfassade wird von zwei genuteten Ecklisenen gerahmt. In der Mittelachse befindet sich ein flacher Risalit mit einem in die Steilzone des Daches ragenden Rundgiebel. Der Portalbereich ist als genuteter Sockel ausgebildet, dessen Toröffnung stichbogig schließt. In die aus der Erbauungszeit stammenden zwei eichenen Torflügel ist eine kleine Tür eingelassen. Zwei Doppelkonsolen und der Schlußstein des Torbogens tragen die profilierte Platte eines Balkons, dessen Geländer aus gußeisernen Docken besteht. Das Obergeschoß des Risalits wird durch zwei Lisenen sowie Fein- und Rauhputzstreifen gegliedert. Die Lisenen tragen das der Rundung des Risalitgiebels folgende Gesims. Alle Gliederungselemente nehmen die Rundbogenform auf und wirken an der auf das gesamte Obergeschoß ausstrahlenden, reichen Erscheinung der oberen Risalitpartie mit. Die rundbogige Balkontür, von einem profilierten Gewände mit Schlußstein umgeben, wird von zwei flachen Lisenen flankiert, die ein Profil stützen, das den Umriß des Fensterbogens begleitet und über dem Schlußstein rechtwinklig aufgekröpft ist.

Die Fenster der beiden jeweils sechsachsigen Wandfelder zu seiten des Risalits haben Ohrengewände und Sprossenteilung. Die Achsen werden in der Vertikalen durch glatte Putzblenden zusammengefaßt, die etwas breiter sind als die Fenster und unten bis an den niedrigen Sockel reichen. Oben schließen die Blenden im Bereich zwischen Fenstersturz und Traufgesims waagrecht ab, wobei die Ecken viertelkreisförmig eingezogen sind. Die Grundfläche der Fassade ist rauh verputzt. Das mehrfach profilierte Hauptgesims umfaßt Werksteinkomponenten und ein hölzernes Konsolgesims. Im Mansarddach befinden sich zwölf Segmentgiebelgaupen, deren Fenster Sprossenteilung haben.

Die Hof- und Gartenfassade entspricht in der Putzgliederung und Fenstergestaltung der Platzfassade. Der wenig vorspringende Mittelrisalit unterscheidet sich allerdings sehr von dem der Nordfassade. Das korbbogig schließende Rustikaportal befindet sich in einem flachen, das Erdgeschoß gliedernden Werksteinrahmen. Oben wird dieses Geschoß durch ein kräftiges Gesims begrenzt. Über dem Gesims und einer Blendgliederung – beides steht stellvertretend für einen real nicht vorhandenen Balkon – sitzt ein dreiteiliges Fenster. Der Fenstersturz wird von vier Hermenpilastern getragen, deren Schäfte mit Glockenketten verziert sind. Nach oben wird der Mittelteil durch ein bügelförmiges Gesims abgeschlossen. Das ungewöhnliche Gesims alludiert zusammen mit der rhythmisierten Dreiteilung des Fensters das Motiv der Serliana. An der Südseite sitzen vierzehn Gaupen im Dach. *231, 232*

Der Putz – Fein- und Rauhputz – sämtlicher Gebäudeteile ist in einem leicht mit Grau versetzten Weißton gehalten. Alle Sandsteinteile erhielten ein kräftiges Englischrot, während man die Holzteile farblos lasierte.

Die symmetrisch angelegten Hofgebäude bestehen jeweils aus einem Eckpavillon und einem Galeriebau. Die Galeriebauten hatten ursprünglich beide rundbogige Arkaden mit genuteten Stützen; die Öffnungen sind durch Glasfenster und -türen verschlossen. Am linken Gebäude wurden die Rundbögen durch waagrechte Fensterstürze ersetzt. Die stark einspringenden Pavillons haben zum Hof hin im Erdgeschoß je ein Fenster – der rechte noch eine Tür – und darüber eine rundbogige, mit einer Holztür verschlossene Öffnung. Östlich des linken Hofgebäudes liegt ein kleiner Hof, der durch den unteren Garten zugänglich ist. Der terrassenförmig angelegte Garten führt bis an den Burgweg hinauf.

Inneres. Betritt man das Hauptgebäude[40] von der Straße her, so öffnet sich das Treppenhaus auf der rechten Seite. Eine dreiläufige Treppe mit zwei Wendepodesten führt nach oben. Das gußeiserne Geländer ist in steinernen Pfosten verankert. Die Treppe endet auf einem Vorplatz, der zum ehemaligen Speisesaal und zum Empfangssaal führt. Auf der Straßenseite des Vorplatzes und des Treppenhauses befinden sich zwei große Fenster und die Balkontür; auf der gegenüberliegenden Seite die Saaltür. Gegenüber der Treppe führt eine Tür in den Speisesaal (111). Die Decke des Vorplatzes und des Treppenhauses ist als Spiegelgewölbe mit zwei Stichkappen (Balkontür, Saaltür) und zwei anstuckierten Stichkappen in der Voute gestaltet. Wand und Kehle trennt ein weit vorspringendes, reich profiliertes Gesims. Die Kehle ist in den Mitten der Längs- und Schmalseiten mit Medaillons, in den Ecken mit symmetrischen Feldern verziert. Der mit einem großen, aufgerauhten Profil versehene Deckenspiegel schwingt über den Medaillons ein. Der Spiegel selbst ist nicht farbig abgesetzt.

Die Wohnräume der Belétage sind als ›appartement double‹ angeordnet. Dabei lassen sich im Grundriß drei Appartements erkennen: Zwei liegen an der Gartenseite, man betritt sie jeweils mit dem großen Saal als ›antichambre‹; das dritte, an der Straßenseite liegende, begeht man direkt vom Vorplatz aus. Die *229* heutige Nutzung der Räume trägt der ursprünglichen Raumaufteilung nicht mehr Rechnung und wird deshalb in der Beschreibung nicht berücksichtigt. Diese erfolgt vom Vorplatz aus an der Straßenseite nach Osten und dann auf der Gartenseite von Osten nach Westen.

Allen Räumen gemeinsam sind Spiegelgewölbe, die durch ein mehr oder weniger stark vorspringendes Gesims von der Wand getrennt werden. Sämtliche Räume umläuft eine Holzvertäfelung, die in den Räumen der Straßenseite kniehoch, in denen der Gartenseite hüfthoch ist. An den Fensterwänden reichte sie ursprünglich, mit Ausnahme der ›garderobe‹ (114), bis unter die Voute. Die doppelflügeligen Türen, die von einem Raum zum anderen führen, sind sowohl an der Garten- als auch an der Straßenseite als Enfilade angeordnet. In den repräsentativen Räumen befindet sich noch eine dritte Tür in der der Fensterseite gegenüberliegenden Wand.

Der ehemalige Speiseraum (111) hat drei Fenster. Er ist zusätzlich vom Alkoven her durch eine kleine Tür zu betreten. Holzvertäfelung und Türen sind in Panneaux unterteilt, deren Anstrich als Marmorimitation gemeint ist. In der südwestlichen Ecke befindet sich eine übereckgestellte Kaminwand mit Ofennische, die bis in die Wölbung hineinreicht. Über der Nische sitzt ein Medaillon mit einem Männerkopf im Profil, von einem Blumenfeston umgeben. Über den drei großen Türen befinden sich Supraporten mit klassizistischen Rahmungen, in denen Medaillons, von Lorbeergehängen umgeben, männliche Profile zeigen. Den Deckenspiegel rahmt eine einfache Leiste. Der Kronleuchterhaken in der Mitte der Decke ist von einer vielfach profilierten Rosette umgeben. Die Wand ist in einem hellen Grün, die Supraporten und die Kaminwand in einem etwas dunkleren Grün gestrichen.

Das ehemalige Damenzimmer (112) umfaßt zwei Fensterachsen. Die Holzvertäfelung ist mit geschweiften Panneaux versehen. In einer Ecke befindet sich wieder eine übereckgestellte Kaminwand mit Ofennische, die in einem Rundbogen mit Schlußstein schließt. Über einem die Kämpferzone markierenden Gesims ist die Nische als Muschel ausgearbeitet. Das Stuckrelief oberhalb der Nische zeigt in einem klassizistischen Rahmen eine an Bändern hängende Urne. Die Voute des Gewölbes wird vom Spiegel durch einen von einem Blütenband umschlungenen, kannelierten Rundstab getrennt. Die Ecken der Kehle sind mit Blütenbändern verziert. Die Rosette in der Mitte der Decke setzt sich aus einem sternförmig angeordneten Blütenband, einem Wasserwogenband und einer profilierten Leiste zusammen. Um die Rosette ziehen sich wellenförmig Blütenzweige.

Der fensterlose ehemalige Alkoven (113) ist durch vier Türen zu betreten. Er ist kein selbständiger Raum, sondern gehört zum Damenzimmer (112). Dies wird deutlich an dem umlaufenden Gesims, das das Gewölbe von der Wand trennt: Es ist nicht durchgehend, sondern fehlt an der Wand zu Raum 112.

Die ehemalige ›garderobe‹ (114) ist ein langgestreckter, rechteckiger Raum, der eine Fensterachse umfaßt. Das Abschlußgesims der Wand verkröpft sich an der westlichen Seite mit einer leicht vorspringenden Wandvorlage.

Das östlichste Zimmer (101) auf der Südseite umfaßt zwei Fensterachsen. Es bestand bis 1856 aus zwei Räumen: dem Kabinett und dem Alkoven. Reste der ehemaligen, dünnen Wand sind noch sichtbar. Man betritt den Alkoven durch eine kleine, niedrige Tür vom Alkoven des Damenzimmers (113) her. Das Abschlußgesims der Wand hat im Kabinett eine hohlkehlenartige Friesleiste. Den quadratischen Spiegel der Decke rahmt ein streng klassizistisches Ornament; in den Ecken des Spiegels sitzen Rosetten. Die große Rosette in der Mitte des Spiegels besteht aus konzentrisch und radial verlaufenden flachen Stegen mit dazwischensitzenden kleinen Rosetten. Den äußeren Kreis bildet eine Blumengirlande. Rechts neben der Tür springt ein Mauerstück vor, mit dem sich das umlaufende Gesims verkröpft. Unterhalb des Gesimses befindet sich ein Medaillon mit einem Männerkopf im Profil, umrahmt von Lorbeergehängen.

Der drei Fensterachsen umfassende angrenzende Raum (102) wurde ursprünglich als ›chambre de parade‹ genutzt. Über den Türen befinden sich Stucksupraporten, rechts und links von Flechtbandornamenten gerahmt. In den Supraporten stehen mit Blumenfestons behängte Urnen. Links neben der Tür zum Kabinett befindet sich eine ähnliche Wandvorlage wie in Raum 101. Der Deckenspiegel ist von einem einfachen Stuckrahmen gefaßt. Die in ein Quadrat eingestellte Rosette in der Mitte der Decke besteht aus zwei konzentrisch angelegten Ringen, dazwischen ein Torus mit Akanthusblättern und vom Mittelpunkt ausgehenden Strahlen, über die sternförmig ein feines Rosenband gelegt ist.

Der große Saal (103) umfaßt die Breite des Mittelrisalits und die zu beiden Seiten sich jeweils anschließende Fensterachse. Die Holzvertäfelung reicht hier an der Fensterfront nur bis zu den Sohlbänken. Die Fensterlaibungen sind mit historistischen Stuckornamenten, die an den Bandelwerkstil erinnern, versehen. In den nördlichen Ecken stehen Öfen vor schräggestellten Kaminwänden mit Nischen. Die Decke wird von der Wand durch ein profiliertes Gesims mit Hohlkehle getrennt. Sie setzt sich aus einer hohen stuckierten Voute, einem stuckierten Teil der Decke und dem farbig gefaßten Deckenspiegel, der von einem geschweiften, profilierten Rahmen umgeben ist, zusammen. Die Kehle, als breiter ornamentierter Streifen gestaltet, grenzt sich durch ein profiliertes Gesims zur Decke ab. Dieses Gesims lagert an den beiden Längsseiten auf je zwei flachen stuckierten Lisenen, die mit vergoldeten Tondi mit Männer- und Frauenköpfen verziert sind. Links und rechts dieser ›Auflager‹ lehnen Delphine mit dem Kopf nach unten. Das Gesims selbst springt und schwingt in den Ecken und Mitten der vier Seiten des Raumes nach innen ein. Die relativ flach stuckierte Voute erscheint einerseits als ornamentierte Fläche, andererseits aber auch als ein räumliches Gebilde, in dem zum Beispiel auf einem rundlaufenden Podest Fabelwesen sitzen. Die Ecken der Kehle sind symmetrisch mit Chimären, Greifen, Masken, Stoffgehängen und sich einrollenden Akanthusblattzweigen oder sonstigem Blattwerk stuckiert. Auf dem einschwingenden Gesims der Ecken stehen symmetrische Muscheln, auf denen Tiere sitzen. In den Mitten der Längsseiten befindet sich je eine Kartusche, in eine größere Kartusche eingestellt. Von oben fällt ein Lambrequin mit Quasten, von zwei Greifen gehalten, über den Kartuschenrand. In die Kartuschen stuckierte man über der Tür das Wappen des Ehepaares Sachs-Landsee, auf der gegenüberliegenden Seite das Spiegelmonogramm SL. Auf den Kartuschen sitzen je zwei Satyrn, die einmal eine Krone, zum andern einen Blumen- und Früchtekorb tragen. Zwischen Kartuschen und ›Auflagern‹ befinden sich kleine, hochrechteckige metallisierte Bildreliefs, über denen auf dem Gesims

235

236

Meerkatzen sitzen. In den Mitten der Schmalseiten sind ähnliche Kartuschen wie die eben beschriebenen, nur daß in ihnen auf einem Podest eine Urne steht. Die Satyrn halten Äpfel in den Händen. Im Deckenspiegel sind in den beiden ›Brennpunkten‹ Kronleuchter angebracht.

234 Der nächste, drei Fensterachsen umfassende Raum (104) diente ursprünglich als Arbeitszimmer und ›chambre de parade‹. In der einen Ecke befindet sich wieder eine übereckgestellte Kaminwand, diesmal mit einfach profilierten Gesimsen und Bändern verziert. Die Holzvertäfelung mit Felderteilung reicht an der Fensterseite bis unter die Sohlbänke (vgl. Raum 103). Das die Wand abschließende Gesims ist mit Akanthusblättern versehen; den Deckenspiegel begrenzt ein profilierter Rahmen. In ihn ist ein im Schnittbereich der Bögen ausgekröpfter Vierpaß eingestellt. Die in den Zwickeln entstandene Fläche, die Hohlkehle sowie die Grundfläche der Kaminwand wurden in einem hellen Rot gestrichen, der Rest weiß. In den Zwickeln befinden sich Blumenvasen und -körbe, von Bändern und Zweigen umgeben.

Das westlichste Zimmer, ursprünglich Kabinett, ist ein rechteckiger, einachsiger Raum (105). Die Holzvertäfelung entspricht der des vorigen Raumes. Die Mitte der Decke wird durch ein ovales Feld markiert; der restliche Teil des Deckenspiegels wird von einem Rahmen gefaßt, der sich an den Ecken einbuchtet und so einer Muschel Platz bietet. Die Wölbung wird durch glockenartige Blattgirlanden, Stoffteile und Bänder verziert. In der Fensterlaibung befindet sich der gleiche historisierende Stuck wie im großen Saal.

Kunstgeschichtliche Bemerkungen

Das zwischen 1717 und 1719 erbaute Palais Karlstraße 4 ist ein typisches Beispiel für die Anlage eines Adelshofes, wie er nach dem Orleansschen Krieg in Heidelberg üblich war: ein traufständiges Hauptgebäude mit Durchfahrt und symmetrisch angelegten Nebengebäuden im Hof. Weitere Beispiele in Heidelberg sind das Palais Morass (heute: Kurpfälzisches Museum), das Mittermaiersche Haus

228 (Karlstraße 8) und bis 1967 auch Karlstraße 2. Das Großherzogliche Palais repräsentiert eine großzügige Ausbildung dieses Typus, da die Nebengebäude nicht direkt an das Wohnhaus anschließen, sondern etwas abgerückt sind. Dadurch erhalten die Zimmer an der Hoffront mehr Licht. Wie die Gesamtanlage des Adelshofes verweist auch der Grundriß der Belétage auf die überregionale Bedeutung des Gebäudes. Hier wurde wahrscheinlich zum ersten Mal in Heidelberg das aus Frankreich kommende System des ›appartement double‹ verwendet, das das bisher übliche italienische System (vgl. Palais Boisserée) verdrängte. Als ›appartement double‹ bezeichnet man eine Folge von mindestens drei Zimmern, die in zwei Reihen in der Tiefe eines Gebäudes liegen.[41] Die Belétage des Großherzoglichen Palais besteht aus drei Appartements: dem ›appartement d'apparat‹, dem ranghöchsten Appartement, das auf der rechten Seite der Hoffront liegt und mit dem Saal (103) beginnt, sodann dem Appartement des Amtmannes, und schließlich dem Appartement seiner Frau, beide in der östlichen Hälfte. Das Schlafzimmer der Dame (112) besitzt den ersten bisher beobachteten

abschließbaren Alkoven im südwestdeutschen Raum.[42] Die ranghöheren Appartements liegen an der Gartenseite und nicht wie sonst in Heidelberg vorherrschend an der Straßenseite; diese Anordnung entspricht der süddeutschen Schloßarchitektur. Zusammen mit den etwas vom Hauptgebäude abgerückten Nebengebäuden ist die Konzeption als Typus zwischen Adelspalais und fürstlicher Residenz anzusiedeln.

Die großzügige Gesamtanlage und die Grundrißdisposition verweisen auf einen Architekten von Rang, vermutlich Louis Rémy de la Fosse (1659-1727).[43] Der Vergleich mit verschiedenen Bauten des Darmstädter Hofarchitekten macht dessen Mitwirkung an der Planung des Großherzoglichen Palais wahrscheinlich.[44] Bereits 1709 verwendet er beim Bau des Landständehauses in Hannover (1881 abgerissen) den Grundriß des ›appartement double‹, den er dem ›Cours d'Architecture‹ des französischen Architekten und Theoretikers A.C.Daviler[45] entnahm. Am Marktrisalit des Darmstädter Schlosses finden sich im Obergeschoß wie an der Akademie der Wissenschaften eine Verdachung der Fenstertür, die rechtwinklig um den Schlußstein herumgeführt ist, und das für de la Fosse typische Motiv der hohlkehlengerahmten Nische (die in Heidelberg zwar de facto nicht vorhanden ist, aber durch den unterschiedlichen Putz angedeutet wird). Dieses Motiv übernimmt de la Fosse ebenfalls aus dem ›Cours d'Architecture‹; es handelt sich dabei um die ›porte cochère en niche‹ des François Mansart.[46] Weitere Entsprechungen finden sich bei der 1719 geplanten Bessunger Orangerie oder dem letzten großen Bauwerk von de la Fosse, Schloß Schillingsfürst. Im August 1716 reiste de la Fosse nach Heidelberg, um die Ausführung von Fenstern für das Darmstädter Schloß zu vergeben. Die Pläne für die Akademie dürften in dieser Zeit entstanden sein, so daß rein chronologisch einer Zuschreibung nichts im Wege steht. Schwierigkeiten bereiten aber einige Motive, die im übrigen Schaffen von de la Fosse nicht zu fassen sind, vor allem das von der Serliana abgeleitete Motiv des bügelförmigen Gesimses und das dreigeteilte Fenster über der Brüstung. Diese Eigenarten belasten die Zuschreibung bis zu einem gewissen Grade. Der 1717 begonnene Bau wurde bereits im Frühjahr 1718 in halbfertigem Zustand weiterverkauft. Wenn de la Fosse tatsächlich die Pläne zu dem Gebäude verfertigt hat, so bleibt doch offen, wie weit sich der Käufer an die Pläne gehalten oder sie nach seinem Geschmack verändert hat. Wahrscheinlich kann man jedoch davon ausgehen, daß die Grundrißgestaltung und die Straßenfassade auf Pläne von de la Fosse zurückgehen.

Eine weitere Besonderheit der Heidelberger Akademie der Wissenschaften *234, 236* liegt in den reichen Stukkaturen der Belétage. Stilistisch gehören die Stukkaturen der Räume 103, 104, 105 und des Treppenhauses, die noch aus der Erbauungszeit stammen, in die Nähe der Stukkaturen des Mannheimer Schlosses und damit in den Umkreis italienischer Meister. Die Stukkaturen des Klassizismus von 1768 in den Räumen 101, 102, 111 und 112 verweisen auf die Werkstatt des Stukkateurs Joseph Anton Pozzi (1727-1802)[47], der eng mit dem Oberbaudirektor Nicolas de Pigage zusammenarbeitete; letzterer hat bekanntlich den Kauf und Umbau des Palais zu begutachten gehabt. Zu vergleichen sind die Stukkaturen mit denen des Schwetzinger Schlosses.

Dank der vielen Besonderheiten kommt der Heidelberger Akademie der Wissenschaften überregionale kunst- und kulturhistorische Bedeutung zu, nicht zuletzt, weil sie eines der wenigen wohlerhaltenen Barockgebäude in der kurpfälzischen Region ist.

Anmerkungen

1 Ausführliche Baugeschichte und -beschreibung bei Christiane Prestel: Der Karlsplatz in Heidelberg mit dem ehem. Großherzoglichen Palais und dem Palais Boisserée, Veröffentlichungen des Kunsthistorischen Instituts der Universität Heidelberg zur Heidelberger Altstadt, hrsg. von P. A. Riedl, Nr. 16, Heidelberg 1983

2 Ludwig Schmieder: Kurpfälzisches Skizzenbuch, Heidelberg 1926, Abb. 1

3 Karl Christ, Albert Mays: Verzeichnis der Inwöhner der Churfürstlichen Stadt Heidelberg. Anno 1588 im May, in: Neues Archiv für die Geschichte der Stadt Heidelberg und der rheinischen Pfalz, Heidelberg 1890, Bd. I, S. 68

4 GLA: 204/933, fol. 17f.

5 GLA: 43/78, Nr. 7 und Ctrb. II, S. 988

6 StA: Kartei Huffschmid; GLA: 67/Copialb. 812, 127

7 Christ/Mays, 1890, a. a. O., S. 63

8 Karl Christ, Albert Mays: Einwohnerverzeichnis des Vierten Quartiers der Stadt Heidelberg vom Jahr 1600, in: Neues Archiv für die Geschichte der Stadt Heidelberg und der rheinischen Pfalz, Heidelberg 1893, Bd. II, S. 68

9 Dr. Tossanus vgl. Christ/Mays, 1890, a. a. O., S. 63f.

10 GLA: 66/Berain 3495

11 GLA: 43/78, Nr. 7

12 GLA: 67/Copialb. 477, 217

13 GLA: 66/Berain 3495

14 Herbert Derwein: Die Flurnamen von Heidelberg, Heidelberg 1940, Veröffentlichungen der Heidelberger Gesellschaft zur Pflege der Heimatkunde, Nr. 403

15 GLA: 204/3183

16 Ebd.

17 Ebd.

18 Ctrb. II, S. 1832

19 StA: Kartei Huffschmid

20 GLA: 204/3183

21 Ctrb. II, S. 1832; GLA: 43/78, Nr. 11

22 Ctrb. III, S. 172; GLA: 204/95

23 Ihr Wappen befindet sich in der Stuckdecke des großen Saals

24 GLA: 204/95

25 Ebd.

26 Ebd.; GLA: 204/1162; 204/1164

27 GLA: 204/1162. Bei dieser Gelegenheit entstanden die Louis-XVI-Stukkaturen in den Räumen 101, 102, 111, 112 und 113

28 GLA: 204/95, 204/3038

29 GLA: 204/3038

30 GLA: 424e/89

31 Ebd. Auf einem Aquarell von Rottmann ›Einzug der Russen in Heidelberg‹ von 1815 ist noch die barocke Fassade zu sehen

32–34 GLA: 56/2796

35 GLA: 237/36881

36 GLA: 56/2798

37 Lgb. 1889ff., Nr. 1157; StA: 306, 7. Die vollständige Nutzung des Anwesens Karlstraße 4 wurde erst 1974 durch das Kultusministerium Baden-Württemberg der Akademie der Wissenschaften, deren Präsident damals Prof. Wilhelm Doerr war, übertragen

38 UBA: Akte Karlstraße 2 und 4

39 UBA: Akte Karlstraße 4

40 Die unteren Räume befinden sich nicht im Originalzustand und werden deshalb nicht beschrieben. Die Nummern der Räume vgl. Abb. 229

41 Hans Rose: Spätbarock, Studien zur Geschichte des Profanbaus in den Jahren 1660–1760, München 1922, S. 180f.

42 Wiltrud Freund-Heber, Jörg Gamer, Karla Julier, Bernd-Peter Schaul, Anneliese Seeliger-Zeiss: Das ehemalige Großherzogliche Palais, Veröffentlichungen des Kunsthistorischen Instituts der Universität Heidelberg zur Heidelberger Altstadt, hrsg. von P. A. Riedl, Nr. 4, Heidelberg 1970, S. 5

43 Ebd.

44 Prestel, a. a. O., S. 88ff.; Darmstadt in der Zeit des Barock und Rokoko, Louis Rémy de la Fosse, Bd. 2, Katalog Darmstadt 1980

45 A. C. Daviler: Cours d'Architecture (...), Paris 1696, Pl. 62

46 Ebd., S. 115

47 Mündl. Auskunft von Frau Dr. Wiltrud Heber, Landesdenkmalamt Karlsruhe

Literatur

Christ, Karl; Mays, Albert: Verzeichnis der Inwöhner der Churfürstlichen Stadt Heidelberg. Anno 1588 im May, in: Neues Archiv für die Geschichte der Stadt Heidelberg und der rheinischen Pfalz, Heidelberg 1890, Bd. I, S. 31 ff.

Dies.: Einwohnerverzeichnis des Vierten Quartiers der Stadt Heidelberg vom Jahr 1600, in: Neues Archiv für die Geschichte der Stadt Heidelberg und der rheinischen Pfalz, Heidelberg 1891, Bd. II, S. 5 ff.

Darmstadt in der Zeit des Barock und Rokoko, Louis Rémy de la Fosse, Bd. 2, Katalog, Darmstadt 1980

Derwein, Herbert: Die Flurnamen von Heidelberg, Heidelberg 1940, Veröffentlichungen der Gesellschaft zur Pflege der Heimatkunde

Freund-Heber, Wiltrud; Gamer, Jörg; Julier, Karla; Schaul, Peter; Seeliger-Zeiss, Anneliese: Das ehemalige Großherzogliche Palais, Veröffentlichungen des Kunsthistorischen Instituts der Universität Heidelberg zur Heidelberger Altstadt, hrsg. von P. A. Riedl, Nr. 4, Heidelberg 1970

Pfaff, Karl: Heidelberg und Umgebung, Heidelberg 1910

Prestel, Christiane: Der Karlsplatz in Heidelberg mit dem ehem. Großherzoglichen Palais und dem Palais Boisserée, Veröffentlichungen des Kunsthistorischen Instituts der Universität Heidelberg zur Heidelberger Altstadt, hrsg. von P. A. Riedl, Nr. 16, Heidelberg 1983

Schmieder, Ludwig: Kurpfälzisches Skizzenbuch, Heidelberg 1926

Das Haus Karlstraße 16

Im Osten der Karlstraße ist in dem Gebäude Karlstraße 16 das Praktisch-Theologische Seminar der Theologischen Fakultät untergebracht. Das Grundstück, zu dem ein großer Garten gehört, reicht bis unters Schloß, an den Eselspfad und den Garten von Karlstraße 4.

Geschichte

221, 222 Die Situation vor der Zerstörung 1689/93 zeigen die Stiche von Merian (1620) und Kraus (1685): ein traufständiges, zweigeschossiges Fachwerkhaus mit Satteldach. In den fünf Achsen des Hauses sitzen fünf rundbogige Fenster. An der Rückseite des Hauses ist ein Türmchen angebaut, dessen Spitze auf dem Stich von Kraus zu sehen ist. Ursprünglich befand sich auf einem Teil des Geländes die älteste Münze Heidelbergs und die Sängerei. Kurfürst Philipp (1470-1508) richtete der ›Sängerkapelle‹ des Schlosses 1488 ein neues, größeres Gebäude ein, nachdem die ›Sängerei‹ im alten Stift von St. Jakob zu klein geworden war. Dabei handelte es sich wahrscheinlich um das oben beschriebene. Der Leiter der Sängerei, Johann von Soest, kaufte um 1500 ein eigenes Haus, die damalige kurfürstliche Münze.[1] Seit dieser Zeit sind die beiden Grundstücke vereinigt.

Wann nach der Zerstörung auf dem Grundstück wieder ein Haus erstellt wurde, läßt sich anhand der Quellen nicht mehr ermitteln. Sicher ist nur, daß es 1770 schon stand, als Administrationsrat Ludwig Christian Ohl das Anwesen von den Erben des Speyerischen Hofkammerrats Weißenburg kaufte.[2] 1780 veräußert Ohl das Grundstück an den Grafen Jenison-Walworth[3], der es dann 1808 dem Hofrat und Professor Anton Friedrich Justus Thibaut verkauft[4]. Im Gefolge eines erneuten Besitzerwechsels (1841: an den Rechtsanwalt Friedrich Nebel) wird folgende Beschreibung des Hauses gegeben: ›ein zweistöckiges Wohnhaus, samt Hof, Brunnen und Hintergebäude‹.[5] Zwischen 1841 und 1894 wird das Gebäude aufgestockt und ein Seitenbau angefügt.[6] Das Lagerbuch von 1889 beschreibt es folgendermaßen: ›ein 4-geschossiges Wohnhaus mit Durchfahrt und gewölbtem Keller ... und Dachzimmer. Ein 2-geschossiger Seitenbau rechts mit Waschküche und Wohnung. Ein 2-geschossiger, weiterer Seitenbau rechts mit Waschküche. Eine 1-geschossige Remise‹.[7] Der zusätzliche Seitenbau wird 1915 wieder abgerissen.[8] Durch Erbfolge entsteht eine Erbengemeinschaft von acht Erbnehmern, die das Haus besitzen.[9] 1928 und 1937 werden einige kleinere Reparaturen getätigt, damit der Zustand des Hauses wieder den baulichen Vorschriften entspricht.[10] 1952 erwirbt das Land Baden-Württemberg das Grundstück von Robert Bürkel, der es als Miterbe 1934 der Erbengemeinschaft abgekauft hat.[11] Das Haus samt allen Hintergebäuden soll abgerissen werden, da es sich in einem schlechten baulichen Zustand befindet. Ein Neubau[12] soll der Universität als Germanistisches Seminar dienen. Das im Garten befindliche Gartenhaus mit ausgeriegeltem Holzfachwerk und Walmdach bleibt stehen.[13]

Bevor das alte Gebäude jedoch abgerissen wird, stellt das Landesdenkmalamt in Karlsruhe das Gebäude 1958 unter Denkmalschutz und verlangt, daß im Falle eines Abrisses die alte Vorderfront wiederaufgebaut werden müsse. Das Innere des Gebäudes gilt nicht als erhaltenswert. Bereits 1960 modifiziert das Denkmalamt seine Forderungen und verlangt nach dem Abriß keinen Wiederaufbau mit den alten Fensterformen und Gewänden mehr, lehnt jedoch die geplante fünfgeschossige Variante ab. Im November 1961 wird mit dem Abbruch des alten Gebäudes begonnen, wobei Schäden am Gebäude Karlstraße 18 entstehen, die von der Universität wieder behoben werden müssen. Am 14. Dezember 1961 ereignet sich beim Abbruch der Giebelwand ein Unfall, bei dem ein Arbeiter getötet wird. Zwei Gutachten von den Technischen Hochschulen Stuttgart und Darmstadt stellen übereinstimmend fest, daß der Unfall auf mangelnde Vorsicht bei der Bauuntersuchung und dem Abbruch zurückgeht: Es war nicht bedacht worden, daß die Giebelwand über dem zweiten Obergeschoß zweischalig war, da das Haus nachträglich aufgestockt wurde. Erst am 14. 2. 1962 wird die Baustelle wieder freigegeben. Mitte März 1963 beginnt man mit den Fundamentierungsarbeiten für das neue Gebäude. Im Juli wird die Grundrißdisposition des ersten und zweiten Obergeschosses noch einmal verändert. Aber bereits am 28. 10. 1964 kann die Übergabe des Gebäudes an das Germanistische Seminar erfolgen. 1969 und 1977 werden verschiedene Trennwände eingezogen. 1977 findet auch der Wechsel vom Germanistischen zum Theologischen Seminar statt. Seither wird das Gebäude von der Praktischen Theologie genutzt.

Beschreibung

Bei dem Gebäude handelt es sich um einen viergeschossigen, traufständigen *237* Putzbau mit wenig geneigtem Satteldach, das mit Flachpfannen gedeckt ist. In der neunachsigen Straßenfassade befinden sich im Erdgeschoß in der ersten und zweiten Achse eine Durchfahrt und in der vierten Achse eine Eingangstür. Sowohl die Tür der Durchfahrt als auch die Eingangstür sind aus Holz. Die ungeteilten hochrechteckigen Fenster haben weder Gewände noch Läden; die Fensterflügel haben schlichte Holzrahmen. Im Dachbereich sitzen straßenseitig fünf, zum Garten hin vier Gaupen. Die Rückseite des Baus umfaßt ebenfalls neun Fensterachsen, von denen die dem Treppenhaus zugeordnete mittlere breiter ist als die anderen. Während die Fenster der acht regulären Achsen denen der Vorderseite entsprechen, sind die drei der Mittelachse querrechteckig; sie sind stockwerkversetzt und jeweils durch einen Pfosten im rechten Drittel vertikal geteilt. Im Erdgeschoß markiert eine der Breite der Fenster entsprechende und ebenso geteilte Glastür die Mittelachse.

Der Grundton der Farbfassung ist ein helles Graubeige. Über einem niedrigen Sockel aus Kiesbetonplatten ist die Erdgeschoßzone in einem hellen Oliv abgesetzt. Ein kräftiger olivgrüner Streifen trennt das Erdgeschoß von den übrigen Geschossen; im selben Ton erhielten die Obergeschoßfenster gemalte Gewände.

Der gepflasterte Hof des Anwesens wird als Parkplatz genutzt. Über eine steile Betontreppe gelangt man in den terrassenförmig angelegten Garten, der bis an den Burgweg reicht. Von den insgesamt drei Terrassen ist die mittlere die ausgedehnteste; auf ihr befindet sich noch das kleine Gartenhaus aus der Zeit des Vorgängerbaus.

238   Durch die straßenseitige Eingangstür des Gebäudes gelangt man zuerst in einen Vorraum. Rechterhand davon befindet sich ein vier Achsen tiefer, großer Hörsaal. Im hinteren Teil des Gebäudes liegen in der Mittelachse das Treppenhaus und östlich davon die sanitären Anlagen. In den übrigen Geschossen kommt man jeweils vom Treppenhaus in einen langen Mittelgang, von dem aus man in die einzelnen Zimmer gelangt. Ein Teil der Räume dient als Bibliothek, die anderen Räume sind Dienstzimmer für Professoren und Assistenten oder Übungsräume für Seminare.

Kunstgeschichtliche Bemerkungen

Leider verlor das traditionsreiche Anwesen durch den modernen, funktionalistischen Neubau Reiz und Bedeutung. Nichts an dem Gebäude erinnert mehr daran, daß ehedem der berühmte Jurist A. F. J. Thibaut[14] hier seine Hausmusikabende abhielt oder zwei so bekannte Heidelberger Familien wie die Jenison-Walworth (vgl. Hauptstr. 52) und die Nebel lange Zeit hier wohnten. Auch die kurz vor dem Abriß angebrachte Gedenktafel, die an den Philippinischen Nationalhelden José Rizal (1861–1896, Domizil in der Karlstraße: Februar 1886) erinnern sollte, wurde nicht wieder angebracht. Der sachlich-nüchterne Neubau von 1963 wirkt in der Heidelberger Altstadt als Fremdkörper.

Anmerkungen

1 Karl Christ, Albert Mays: Verzeichnis der Inwöhner der Churfürstlichen Stadt Heidelberg. Anno 1588 im May, in: Neues Archiv für die Geschichte der Stadt Heidelberg und der rheinischen Pfalz, Heidelberg 1890, Bd. I, S. 54 f., Anm. 6; ders.: Einwohnerverzeichnis des Vierten Quartiers der Stadt Heidelberg vom Jahr 1600, in: ebd., Bd. II, S. 93 ff., Anm. 41

2 Ctrb. VII, S. 476

3 Ctrb. VIII, S. 580

4 Ctrb. XIV, S. 64

5 Gb. 30, S. 281

6 Lgb. 1889 ff., Nr. 1165

7–9 Ebd.

10 BVA: Akte Karlstraße 16

11 Lgb. 1889 ff., Nr. 1165

12 Daten zur Baugeschichte vgl. UBA

13 BVA: Akte Karlstraße 16

14 A. F. J. Thibaut (1772–1840), Professor für römisches Recht, seit 1806 in Heidelberg. Als Sammler deutscher Volkslieder und Förderer Robert Schumanns trägt er viel zum musikalischen Leben Heidelbergs bei; vor allem aber durch die Gründung des ›Singvereins‹, in dessen Tradition der heutige Bachverein steht. Vgl. Karl Pfaff: Heidelberg und Umgebung, Heidelberg 1910, S. 78

CHRISTIANE PRESTEL

Das ehemalige Palais Boisserée
Hauptstraße 209
und das Haus Hauptstraße 207

Das ehemalige Palais Boisserée mit seinem Anbau und das westlich daneben liegende Doppelhaus Hauptstraße 207 – zusammen bilden sie beinahe die gesamte Nordwand des Karlsplatzes – beherbergen heute den größten Teil des Germanistischen Seminars.[1]

Geschichte

Vor der Zerstörung Heidelbergs 1689/93 lagen die Vorgängerbauten der beiden Gebäude in dem kleinteiligen, zur Laiergasse hin spitzwinkligen Geviert von Hauptstraße, Heiliggeiststraße, Mönchgasse und Laiergasse. Innerhalb dieses Gevierts bildete der alte Sickinger Hof, auf dem Grundstück des späteren Palais Boisserée gelegen, das Kernstück. Außerdem befanden sich auf diesem Stück Land (heute: Hauptstraße 209–211) ein der Universität gehörendes Grundstück und fünf kleinere Bürgerhäuser. Der Stich Merians von 1620 zeigt, daß sich öst- 221 lich des Sickinger Hofes ein niedrigeres Haus, daneben ein größeres mit Treppenturm, wieder daneben zwei kleinere Häuser anschließen. An der heutigen Heiliggeiststraße ist das Rückgebäude des Sickinger Hofs, ein langgestreckter, traufständiger, niedriger Fachwerkbau, zu sehen. An ihn schließen sich zwei giebelständige Häuser mit einem traufständigen in der Mitte an. Das zur Universität gehörende Haus befindet sich westlich neben dem langgestreckten Rückgebäude des Sickinger Hofs. Wahrscheinlich stand an der Hauptstraße noch ein weiteres Gebäude auf diesem Grundstück. Der Sickinger Hof selbst ist ein traufständiges Haus mit freistehendem Staffelgiebel. Auf seiner Rückseite ist ein runder Treppenturm zu sehen. Dieser Hof befand sich schon lange im Besitz der Familie von Sickingen. 1407 erwähnt das Zinsbuch des deutschen Ordens zu Heidelberg gegenüber dem Münchhof den Junker Hermann von Sickingen.[2] 1466 wird in der Nähe des Franziskanerklosters (heute: Karlsplatz) ein Grundstück, vermutlich aus bischöflich-speyerischem Besitz, der Familie von Sickingen verkauft.[3] Dabei handelte es sich wahrscheinlich um dasselbe Grundstück. Der Sickinger Hof blieb im Besitz der Familie bis 1789. Der westliche Teil des Gevierts war noch etwas kleinteiliger parzelliert als der östliche, und so läßt sich eine Vorgeschichte des heutigen Doppelhauses Hauptstraße 207 nicht genau ermitteln. Eine Rekonstruktion der Grundstücke ist nur sehr grob möglich, da sich Form und Größe eines jeden ständig veränderte und oft die Häuser ineinander verschachtelt gebaut wurden. So umfaßte der westliche Teil des Gevierts die Grundstücke Hauptstraße 203 (heute: Mönchgasse) bis Hauptstraße 207 und Heiliggeiststraße 10 (heute: Mönchgasse) bis Heiliggeiststraße 12 (heute: Stadtarchiv). Das heutige Gebäude Hauptstraße 207 steht wahrscheinlich auf zwei ganzen Grundstücken und Teilen der angrenzenden Grundstücke.

Nach der Zerstörung Heidelbergs 1689/93 muß man die Geschichte des nachmaligen Palais Boisserée und des Hauses Hauptstraße 207 zunächst getrennt verfolgen. Das Haus Hauptstraße 207 ist wiederum erst nach 1839 ein Doppelhaus, zuvor waren es zwei selbständige Häuser. Die Baugeschichte der verschiedenen Gebäude werden jeweils einzeln dargestellt; begonnen wird mit dem westlichen[4] Teil des Doppelhauses Hauptstraße 207.

Der Pfarrer Johann Jakob Werle kauft 1700 ein noch unbebautes Grundstück mit Brunnengerechtigkeit an der Heiliggeiststraße.[5] Die Erben des Pfarrers Johannes Carlin und seine Frau Anna Elisabetha arrondieren 1743 das Grundstück, indem sie von den Erben Friedrich Küsters den südlichen an der Hauptstraße gelegenen Teil hinzukaufen.[6] Die Familie Carlin richtet auf dem erworbenen Grundstück eine Biersiederei ein. Nach dem Tod der Witwe Anna Maria Carlin wird das ganze Anwesen, samt Bierbraugerechtigkeit, 1804 von der Witwe Luisa Weberin und ihrem ledigen Sohn Christian Weber ersteigert[7], aber bereits 1813 verkauft der inzwischen verheiratete Christian Weber die Bierbrauerei an den Färber Johann Heinrich Happel, behält aber die Einrichtung der Brauerei für sich[8]. 1839 steigert dann Geheimrat Professor Konrad Eugen Franz Roßhirt das Grundstück, auf dem sich inzwischen ›ein zweistöckiges von Stein erbautes Wohnhaus, 2 Höfe mit laufenden Brunnen, dann ein dreistöckiger von Stein erbauter Seitenbau, nebst 2 Hintergebäuden, der untere Stock von Stein, der obere Teil von Holz‹ befinden.[9] Mit diesem Kauf erwirbt Roßhirt, dem bereits das östliche Haus und Grundstück gehören, den westlichen Teil des Grundstücks Hauptstraße 207 und das Grundstück Heiliggeiststraße 10. Zwischen 1839 und 1880 wird das Haus an der Hauptstraße um ein Stockwerk erhöht.[10]

Für das östliche Haus[11] des Doppelhauses Hauptstraße 207 läßt sich nach 1693 folgende Chronologie erstellen. Ab 1703 besitzt der ›Stiftschaffner‹ Querdan ein Grundstück, das dem östlichen Teil des Hauses Hauptstraße 207 und dem Haus
240 Heiliggeiststraße 12 entspricht.[12] Von 1731 bis Juni 1732 läßt Querdan von Werkmeister Kuntzelmann das Vorderhaus (östlicher Teil Hauptstraße 207) gründlich renovieren und ein Hinterhaus (Heiliggeiststraße 12, Stadtarchiv) erstellen.[13] Nach Plänen zu schließen, die sich im Generallandesarchiv in Karlsruhe erhalten haben, veränderte Kuntzelmann im Erdgeschoß des Vorderhauses zum Teil die Raumaufteilung und konzipierte das Treppenhaus völlig neu. Aus der einfachen zweiläufigen Treppe machte er eine dreiläufige gebrochene Treppe über einer dreifachen Bogenstellung, die von der Durchfahrt aus zu begehen ist. Vom zweiten Geschoß aus führte ein überdachter Laubengang zu einem kleineren neugebauten Seitengebäude, das im Obergeschoß drei Zimmer und im Erdgeschoß Sattelkammer und Stall hatte. Von hier aus betrat man das Hinterhaus über einen überdachten zweistöckigen Gang. Es war nur vom Hof her zugänglich. In ihm befindet sich das gleiche Treppenhaus wie im Vorderhaus. Die gußeisernen Geländer beider Treppenhäuser haben sich bis heute erhalten.[14] 1741 erwirbt der Administrationsrat Daniel Linck das Grundstück[15], und seine Erben verkaufen

es 1761 an die Churpfälzisch Reformierte Geistliche Administration weiter[16]. Der Keller des Hinterhauses wird von dieser sogleich vermietet[17]; in den restlichen Räumen des Vorder- und Hinterhauses richtet sie die Kirchenratskanzlei ein[18]. 1782 kauft die Reformierte Administration das kleine Grundstück östlich des Hinterhauses noch dazu, um die bereits zu klein gewordene Kanzlei erweitern zu können.[19] Aber bereits 1793 wird die Kanzlei in das neugebaute Haus auf dem Gelände der ›Alten Canzley im Münchhoff‹ verlegt.[20] Das vordere Gebäude mietet der wallonische Pfarrer Kilian; das hintere wird für den jeweiligen Konrektor des Gymnasiums als Wohnung eingerichtet.[21] Noch im selben Jahr werden in beiden Häusern einige Umbaumaßnahmen getätigt.[22] 1808 ersteigern dann der ›Hornwirth‹ Heinrich Weber und der Handelsmann Carl Flad das von der Geistlich-Reformierten Administration ›in eine freiwillige Versteigerung‹ gebrachte Grundstück.[23] Die beiden neuen Besitzer verändern wahrscheinlich im Obergeschoß die Raumaufteilung und ersetzen das Fenster über der Einfahrt durch zwei eng nebeneinanderliegende Fenster.[24] Doch schon 1823 erwirbt der Geheimrat und Professor Konrad Eugen Franz Roßhirt das gesamte Grundstück[25] und stockt das Gebäude an der Hauptstraße um ein Stockwerk auf[26]. Nachdem er 1839 auch das Nachbargebäude erworben hat (vgl. oben), läßt er dieses ebenfalls aufstocken und vereinigt beide Häuser zu einem Doppelhaus, indem er ihnen eine einheitliche Fassadengestaltung gibt.[27] 1840 verkauft er dann das für ihn uninteressante Gebäude Heiliggeiststraße 10 an den Buchhändler J. C. B. Mohr.[28] Das Haus wird im Zuge der Mönchsgassenerweiterung 1950 abgerissen.[29] Im Jahre 1900 erwirbt der Lederfabrikant Ludwig Pirsch das Anwesen[30], das nun aus den Gebäuden Hauptstraße 207 und Heiliggeiststraße 12 besteht, und verkauft 1923 das Haus Hauptstraße 207 an das Land Baden[31]. Das Haus Heiliggeiststraße 12 wird erst 1962 von den Erben Pirschs an die Stadt Heidelberg verkauft, die darin das Stadtarchiv einrichtet.[32] In dem nun auch mit Hauptstraße 209 (Palais Boisserée; vgl. unten) vereinigten Doppelhaus Hauptstraße 207 werden verschiedene Abteilungen des Landratsamtes eingerichtet. 1953 und 1959 wird der Dachstuhl zu Büroräumen ausgebaut.[33] 1964 müssen alle An- und Galeriebauten abgerissen werden, da sie nach dem Abriß von Hauptstraße 203 und 205 nicht mehr sicher genug sind.[34] 1969 beginnen dann umfangreiche Umbauarbeiten in den Häusern Hauptstraße 207–209, um darin ein Seminar der Universität einzurichten.[35]

Zuletzt soll die Geschichte des Sickinger Hofs beziehungsweise des Palais Boisserée nachgezeichnet werden. Nachdem der alte Sickinger Hof durch französische Truppen in den Orleansschen Kriegen völlig zerstört wurde, kauft Franz von Sickingen zwischen 1699 und 1703 verschiedene kleine Grundstücke, da der Neubau größer werden soll als der alte Sickinger Hof.[36] Weil die Hofkammer 2000 fl. Schulden bei Franz von Sickingen hat, läßt er sich den der Universität gehörenden Platz von der Hofkammer ›schenken‹.[37] Zwischen 1703 und 1705 erstellt er dann den Neubau[38]; der Platz des östlichen Anbaus und der des Gebäudes Hauptstraße 211, die auch zum Grundstück gehören, dienen zunächst als Garten. Auf dem Gelände von Hauptstraße 211 werden dann später (spätestens 1789) die Nebengebäude erstellt.[39] 1789 verkauft der Reichsgraf Franz von Sickingen den über 300 Jahre alten Familienbesitz an den Hofkammerrat Johann Carl Schmuck[40], der ihn in den Jahren 1810–19 den Brüdern Sulpiz und Melchior

Boisserée vermietet[41]. 1811 verkaufen die Erben des J.C.Schmuck die Nebengebäude (Hauptstraße 211) an den Schreinermeister Josef Loefflad.[42] Ein 1815 da-

224
242 tiertes Aquarell von Friedrich Rottmann ›Einzug und Parade der russischen
Truppen in Heidelberg‹[43] zeigt die barocke Fassade des seit 1810 ›Palais Boisserée‹ genannten Gebäudes. In der Portalzone des Mittelrisalits flankieren zwei
Doppelpilaster das Portal. Die Pilaster wiederum stützen vier Konsolen, auf denen der Balkon ruht. Die Baluster der Balkonbrüstung sind steinern und haben
die gleiche Form wie die Baluster im Treppenhaus. Die sich an den Mittelrisalit
anschließenden zweimal sechs Fensterachsen werden stark betont durch je einen
vom Sockel bis zum Kranzgesims reichenden Putzstreifen, der die Fenster einer
Achse zusammenfaßt. Zwischen dem oberen und unteren Fenster einer Achse
befindet sich zusätzlich noch ein aufgeputztes Oval oder ein Kreis. 1826 verkauft
die Witwe Sartorius das Haus samt Hintergebäuden und Garten der Badischen

239
245 Regierung[44], die das Haus dann zwischen 1826 und 1838 renovieren läßt[45]. Im
Zuge dieser Renovierungsarbeiten erhält die Fassade ihre klassizistische Gestalt,
die sie noch heute besitzt.[46] Die Badische Regierung richtet in dem Gebäude das
Amtshaus ein; dieser Funktion dient es bis 1856.[47] 1863 zieht das Landratsamt
in das Palais ein.[48] Nach einer langen Planungsphase wird zwischen 1892 und

243 1894 dem Palais an der östlichen Seite ein Anbau angefügt.[49] 1899 wird das Gebäude an den Landesfiskus und 1964 an das Land Baden-Württemberg übertragen.[50]

Zwischen 1969 und 1974 finden umfangreiche Umbaumaßnahmen statt, um in
den Gebäuden Hauptstraße 207–209 ein Seminar der Universität einzurichten:
Von den bestehenden Gebäudeteilen werden im Hof des Palais die hinteren Nebengebäude, die früher als Holzschopf, Waschküche und Remise dienten, abgerissen. Im Hof des Gebäudes Hauptstraße 207 werden sämtliche Nebengebäude
entfernt und der ganze Hof als Parkplatz eingerichtet. Die Decken und Dachstühle beider Häuser werden abgebrochen, die Böden des Dachgeschosses beto-
niert, neue Dachstühle errichtet und die Dächer mit Biberschwanzziegeln neu gedeckt. Alle Gaupen des Palais, außer den bestehenden auf der Südseite des
Anbaus, werden als Schleppgaupen ausgebaut, die Gaupen des Hauses Hauptstraße 207 als Giebelgaupen. Die Fassaden werden gemäß den Forderungen des
Landesdenkmalamtes historisch getreu wiederhergestellt, die Natursteinteile aus
rotem Mainsandstein neu angefertigt; die Fenster erhalten Sprossenteilung und
werden im Erdgeschoß mit Klappläden versehen. Im Innern wird das Haus
Hauptstraße 207 völlig ausgekernt und erhält eine neue Raumaufteilung. Lediglich das Treppenhaus, das noch von Werkmeister Kuntzelmann stammt, bleibt erhalten. Im Palais Boisserée wird die alte Raumaufteilung mit den schiefwinkligen
Wänden beibehalten, ebenso bleiben die steinernen Türgewände am Ort. Nur im
Westflügel werden sämtliche Decken neu eingezogen. Im Anbau von 1892 wird
eine zusätzliche Treppe vom ersten ins zweite Obergeschoß eingebaut. Die klassizistische Holzvertäfelung im ehemaligen Bezirksratssaal (137), die noch aus der
Erbauungszeit stammt, wird herausgerissen und nicht wieder eingesetzt. Die
Stukkaturen in den Durchfahrten beider Häuser und den Fluren im Erdgeschoß
werden durch Kopien ersetzt. 1975 findet die Feier zur Einweihung des Germanistischen Seminars statt, das seit März 1974 die Räume benutzt.[51]

Beschreibung

Äußeres. Das Eckhaus Hauptstraße 207[52] ist ein dreigeschossiger Bau mit einem   *243, 244* im Westen abgewalmten Satteldach. Wie alle zum Komplex gehörenden Gebäude ist es ein Putzbau mit Werksteingliederung und biberschwanzziegelgedecktem Dach. Die von genuteten Ecklisenen gerahmte Hauptfassade zum Karlsplatz hin umfaßt elf Fensterachsen; die dritte und vierte sowie die achte und neunte sind jeweils eng zusammengerückt. Alle Fenster besitzen Ohrengewände und Sprossenteilung; im Erdgeschoß haben sie Läden. Der niedrige Sockel wird von vier Kellerfenstern durchbrochen. Zwischen den Geschossen verläuft jeweils ein bandförmiges Stockwerkgesims, das sich mit den Ecklisenen verkröpft. Den gekoppelten Achsen sind die beiden Eingangstore zugeordnet (das westliche ist heute blind); die Portale werden von genuteten Rundbogengewänden eingefaßt; ihre (erneuerten) klassizistischen Türblätter sind unterschiedlich gestaltet. Das Dach setzt über einem profilierten Traufgesims an; es hat fünf eingeschieferte Gaupen.

Das zweigeschossige, zur Hauptstraße bzw. zum Karlsplatz hin traufständige   *245* Palais Boisserée hat ein abgewalmtes, gaupenloses Mansarddach mit Aufschiebling. Zwei genutete Ecklisenen rahmen die fünfzehn Fensterachsen umfassende Schauwand. Ein dreiachsiger Mittelrisalit ragt mit seinem Dreieckgiebel in die Dachzone. Horizontal ist die Fassade durch einen niedrigen Sockelstreifen, schlichte Sohlbankgesimse und das Traufgesims gegliedert. Der untere Bereich des Risalits, nämlich die Zone zwischen dem Sockel und dem auf Kämpferhöhe des großen, mit einem architravierten Rundbogen schließenden Portals verlaufendem Gesims, ist genutet. Über dem Portal ruht, die ganze Risalitbreite einnehmend, auf sechs Konsolen ein Balkon mit klassizistischem Eisengeländer. Er ist durch eine Tür im Obergeschoß zugänglich, die von zwei Fenstern flankiert wird. Diese Fenster und die der jeweils sechsachsigen Wandabschnitte rechts und links des Risalits haben faszierte Ohrengewände und Sohlbänke, die als Verkröpfungen der Horizontalgesimse ausgelegt sind; alle Fenster haben Sprossenteilung, die des Erdgeschosses Jalousetteläden. Ohrengewände besitzen auch die achsengerecht verteilten, querrechteckigen Kellerfenster, die in die Brüstungszone des Erdgeschosses ragen. Zwei Inschrifttafeln im Wandbereich zwischen den Geschossen erinnern an die Brüder Boisserée und an Johann Wolfgang von Goethe.

Der zweigeschossige, mit einem östlich gewalmten Mansarddach versehene Anbau hat fünf Fensterachsen, deren mittlere als Doppelachse ausgebildet und als solche durch seitliche, gestufte und genutete Doppellisenen akzentuiert ist. Die Gebäudekanten sind mit einfachen Lisenen besetzt. Die Horizontalgliederung wird durch ein Sockelband, über dem die vier Kellerfenster sitzen, durch zwei, über alle Lisenen verkröpfte Sohlbankgesimse und durch das profilierte Traufgesims bewirkt. Die Fenster – pro Geschoß vier einfache und ein Zwillingsfenster – haben Ohrengewände und Sprossenteilung. Sechs Segmentgiebelgaupen beleben die Steilzone des Daches.

Die Wand zur Mönchgasse hin war vor dem Umbau von 1969 die Brandmauer zum Haus Hauptstraße 205. Die heutige Gestaltung leitet sich von der Südfassade ab. Zur Hauptstraße hin findet sich eine genutete Ecklisene, die über einem niedrigen Sockel ansetzt, welcher das zum Neckar hin abfallende Terrain optisch ausgleicht. Mit der Lisene sind die beiden Sohlbankgesimse verkröpft. Die Fenster entsprechen denen der Hauptfront, sind jedoch nicht axial geordnet. In der Mitte des Daches sitzt eine Gaupe.

247   An der Rückseite des Hauses Nr. 207 wird deutlich, daß sich das Gebäude aus ursprünglich zweien addiert. Fünf Fensterachsen im Osten und drei Fensterachsen im Westen gehörten jeweils zu einem Haus, wobei die erste östliche Achse des westlichen Gebäudes schräg gestellt ist, da dieses etwas weiter in den Hof einspringt. Das Dach nimmt keine Rücksicht auf den Unterschied, hat beim östlichen Haus aber einen größeren Überhang und gleicht so die unterschiedlichen Fluchtlinien aus. In der dritten Achse von links befindet sich im Erdgeschoß das rundbogige Hoftor, das ein einfaches Gewände mit Kämpfer- und Schlußstein besitzt. Sämtliche Fenster besitzen Ohrengewände und Sprossenteilung. Im ersten und zweiten Obergeschoß befinden sich im rechten Teilgebäude nur in der mittleren Achse Fenster. Zum Dachgeschoß gehören fünf Giebelgaupen.

246   Die Wand des Hauses Nr. 209 zur Heiliggeiststraße hin ist nicht so streng und übersichtlich gegliedert wie zur Hauptstraße. Das Hauptgebäude wird sowohl vom Anbau als auch von einem westlichen Hofflügel eingeschnürt. An der Nahtstelle zwischen Hauptgebäude und Hofflügel befindet sich das nach außen hervortretende Treppenhaus. Der Hofflügel, der annähernd rechtwinklig zum Hauptgebäude steht, hat einen L-förmigen Grundriß, so daß er zur Heiliggeiststraße eine fünfachsige Wand bildet. Sämtliche Fenster an der Rückseite sind gleich gestaltet: sprossengeteilte Ohrenfenster mit einer einfachen Profilierung. Alle Dachgaupen sind als Schleppgaupen gebildet und haben nicht durchweg axialen Bezug zu den darunterliegenden Fenstern. Den Anbau gliedern zehn Fensterachsen, von denen sich vier Achsen vor das Hauptgebäude schieben und so den Grundriß des Palais an dieser Stelle zweibündig werden lassen. Vom Hauptgebäude sind nur noch fünf Fensterachsen erhalten, wobei die fünfte, vortretende Achse das Treppenhaus enthält und in der vierten ein rundbogiges Tor sitzt. Der Hofflügel hat im Norden ebenfalls fünf Achsen; an der Westwand sind keine Achsen erkennbar, im Osten vier.

    Bei der letzten Renovierung erhielten die Putzteile von Nr. 207 einen hellgrauen Anstrich, die Hausteinteile wurden englischrot, der Sockel etwas dunkler, Türen und Läden in einem kräftigen Waldgrün gestrichen. Mit dem Anbau von 1892 wurde in gleicher Weise verfahren, ebenso mit der Rückseite des Palais Boisserée, um eine möglichst einheitliche Erscheinung zu erreichen. Die Hauptfassade des Palais erhielt nach Befund ein leuchtendes Gelb als Putzton, die Gliederung wurde altweiß, das Portal und die Läden hellgrau gestrichen.

240, 241   *Inneres.* Der Grundriß von Nr. 207 wurde beim Umbau von 1969 völlig verändert. Lediglich im Erdgeschoß blieben in der östlichen Haushälfte die Durchfahrt und das Treppenhaus erhalten. Das Treppenhaus links der Durchfahrt öffnet sich in dreifacher Bogenstellung. Die Treppe steigt dreiläufig nach oben, vom linken vorderen Bogen ausgehend. Das alte gußeiserne Treppengeländer von 1731 ist vollständig konserviert. Die Bogenstellung wurde in einem kräftigen Englischrot gestrichen. Rechts der Durchfahrt liegen ein Zimmer und der Durchgang ins Pa-

lais; links der Durchfahrt die Wohnung des Hausmeisters. Im ersten Obergeschoß ist das Gebäude durch einen langen Gang parallel zur Hauptstraße zweibündig geteilt: Zur Straße hin liegen zwei unterschiedlich große Seminarräume,
zum Hof hin der Durchgang zum Palais, Treppenhaus, Toiletten, Treppe ins zweite Obergeschoß und Doktorandenzimmer. Das zweite Obergeschoß hat eine ähnliche Raumaufteilung, nur daß sich zur Straße hin drei Bibliotheksräume befinden. Das Dachgeschoß teilt ebenfalls ein langer Gang; südlich von ihm liegen
vier Zimmer, nördlich Treppe, Toiletten und drei Zimmer.

Der Grundriß des heutigen Gebäudes Nr. 209 ist das Ergebnis einer Ver- *239, 241*
schmelzung von Hauptgebäude und Anbau, so daß die ursprüngliche Raumaufteilung nicht mehr gut zu erkennen ist. Die Durchfahrt quert ein langer Korridor,
der westlich in den Durchgang zum Haus Nr. 207 mündet und östlich zu einer
rundlaufenden Treppe führt. Zur Straße hin liegen an diesem Gang insgesamt
acht Zimmer unterschiedlicher Größe. Das westlichste ist mit einem Kreuzgewöl-
be ausgestattet. Zum Hof hin gehen vom Gang im Anbau drei Zimmer, Toiletten
und die Teeküche ab; im Hauptgebäude befinden sich nördlich des Gangs die
dreiläufige Treppe (mit zwei Podesten und steinernem Handlauf), ein kleiner gewölbter Raum und der Gang des Westflügels. Der Westflügel umfaßt einen Gang
im Westen, drei Zimmer im Osten und das Treppenhaus östlich der Zimmer. Im
südlichsten Zimmer des Flügels führt eine Wendeltreppe ins Obergeschoß. Die
Raumdistribution des Obergeschosses ist der des Erdgeschosses sehr ähnlich, nur
daß sich über der Durchfahrt ein Zimmer befindet und daß der Anbau zur Straße
hin aus einem einzigen großen Raum besteht. Das Mansardgeschoß ist als Bibliothek ausgebaut. Im Anbau befinden sich außerdem noch fünf Zimmer, Toiletten
und die Treppe. Von der ursprünglichen Innenarchitektur haben sich lediglich
das Treppenhaus, einige steinerne Türgewände und der gewölbte Archivraum erhalten; die schlichten Stukkaturen mit Quadraturwerk in der Durchfahrt, den
Gängen und den Zimmern 132 und 134 wurden in der alten Form erneuert, mehrere Türgewände in Beton nachgegossen.

Kunstgeschichtliche Bemerkungen

Wie die Akademie der Wissenschaften (vgl. Karlstraße 4) gehört auch das Palais
Sickingen-Boisserée zu den Heidelberger Adelspalais. Im Gegensatz zum ehemaligen Großherzoglichen Palais wurde das Gebäude aber nicht von einem Privatmann, sondern von einem der kurpfälzischen Regierung angehörenden Hofkam-
merpräsidenten erbaut. Die gleichzeitige Nutzung des Gebäudes als Kanzlei und
Wohnung erforderte eine ganz andere Grundrißgestaltung, als es in der Akademie der Fall war. Der leider unbekannte Architekt wählte einen einbündigen
Grundriß, das heißt von einem langen Gang aus sind alle Zimmer einzeln zu betreten. In der Belétage richtete er drei Appartements ein. Das Paradeappart-
ment, das nur bei festlichen Anlässen genutzt wurde, lag westlich des Saals (133 *239, 241*
und 132 a), die Wohnung des Hausherrn östlich des Saals, das dritte Appartement
befand sich im Westflügel und war vielleicht das Appartement der Dame. Die
Küche und die Zimmer der Bediensteten sowie die Büroräume lagen im Erdge-

schoß. Diese Art der Grundrißdisposition war für die unterschiedlichen Nutzungen des Gebäudes immer günstig, so daß sich die ursprüngliche Raumaufteilung bis heute erhalten hat.

Seit der Erbauung 1703–05 bis zu seiner Veräußerung an den Staat wurde das Haus immer von für Heidelberg bedeutenden Männern bewohnt. Bedeutung über Heidelberg hinaus erhielt es aber zwischen 1810 und 1819, als es von den Brüdern Boisserée und ihrem Freund Johann Baptist Bertram bewohnt wurde. Die aus Köln stammenden Brüder hatten sich eine bedeutende Sammlung altdeutscher und niederländischer Gemälde angelegt. Sie wollten damit die versinkende deutsche Kultur vor ihrem Untergang retten und gleichzeitig die These Friedrich Schlegels belegen, daß es eine eigenständige deutsche Malerei gäbe. Diese bedeutende Sammlung brachten sie mit nach Heidelberg und stellten sie in dem fortan nach ihnen benannten Palais aus. Die Bilder hingen hauptsächlich im Gang des Obergeschosses und im großen Saal, dort standen sie teilweise auch auf Staffeleien. Nachdem es Sulpiz Boisserée gelungen war, Goethe für die Sammlung zu interessieren, und dieser sich zwei Mal, 1814 und 1815, zu Besuchen im Hause der Brüder Boisserée aufgehalten hatte, erlangte die Sammlung großen Ruhm. 1819 siedelten die Brüder Boisserée nach Stuttgart um, wo ihnen König Wilhelm I. von Württemberg repräsentativere Räume zur Verfügung stellte; 1827 verkauften sie die Sammlung an König Ludwig I. von Bayern, der damit die Alte Pinakothek in München begründete.[53]

244   Das Haus am Karlsplatz ist somit auf vielfältige Weise sowohl architektonisch als auch kulturhistorisch für Heidelberg von großer Bedeutung. Es bildet eine der repräsentativen, platzgestaltenden Fassaden des Karlsplatzes. In seiner klassizistischen Prägung steht es quasi kontrapunktisch zu den barocken oder barockisierenden Gebäuden (vgl. Karlstraße 4 und Hauptstraße 207). Außerdem dokumentiert es durch seine stilistisch stark an den Karlsruher Architekten Friedrich Weinbrenner erinnernde Fassade von 1826 den Machtanspruch der Großherzoglich-Badischen Regierung, die seit 1803 im Besitz der rechtsrheinischen Pfalz war. Als langjähriger Grundbesitz und Stadtpalais der Familie Sickingen und Ausstellungsraum der Sammlung Boisserée zählt das Palais zu den für die Kulturgeschichte Heidelbergs wichtigsten Gebäuden.

Anmerkungen

1 Ausführliche Baugeschichte und -beschreibung bei Christiane Prestel: Der Karlsplatz in Heidelberg mit dem ehem. Großherzoglichen Palais und dem Palais Boisserée, Veröffentlichungen des Kunsthistorischen Instituts der Universität Heidelberg zur Heidelberger Altstadt, hrsg. von P.A. Riedl, Nr. 16, Heidelberg 1983
2 StA: Kartei Huffschmid
3 Friedrich Wundt: Geschichte und Beschreibung der Stadt Heidelberg, Mannheim 1805, S. 137
4 Lgb. 1770 ff., Nr. 279
5 Ctrb. I, S. 395
6 Ctrb. V, S. 733
7 Ctrb. XII, S. 308
8 Gb. 15, S. 318
9 Gb. 18, S. 37
10 Lgb. 1889 ff., Nr. 157; Gb. 18, S. 37
11 Lgb. 1170 ff., Nr. 280 und 287
12 Ctrb. I, S. 395
13 GLA: 204/1244
14 Ebd.
15 Ctrb. VI, S. 701

16 Ebd.
17 GLA: 204/1244
18 Ebd.
19 Ctrb. VIII, S. 694
20 GLA: 204/1245
21 Ebd.
22 Ebd.
23 Ctrb. XII, S. 123
24 Prestel, a. a. O., S. 147 f.
25 Gb. 18, S. 37
26 Prestel, a. a. O., S. 144 f.
27 Ebd., S. 144
28 Gb. 29, S. 492
29 Gb. 2, Heft 2
30 Lgb. 1889 f., Nr. 156
31 Gb. 29, Heft 1
32 Ebd.
33 BVA: Hauptstraße 207-209
34 Ebd.
35 Ebd.
36 GLA: 204/911

37 Ebd.
38 Prestel, a. a. O., S. 154
39 Ebd., S. 169
40 Ctrb. IX, S. 121
41 Georg Poensgen (Hrsg.): Goethe und Hei-
    delberg, Heidelberg 1949, S. 153/181
42 Gb. 15, S. 169
43 Kurpfälzisches Museum, Heidelberg
44 Gb. 19, S. 126
45 GLA: 236/7957
46 Prestel, a. a. O., S. 156
47 Heidelberger Tageblatt vom 17. 9. 1970
48 Ebd.
49 GLA: 422/825
50 Gb. 29, Heft 1, S. 2 ff.
51 UBA: Hauptstraße 207-209
52 In der folgenden Beschreibung wird der
    Komplex Hauptstraße 207-209 als Ganzes
    beschrieben und nicht die einzelnen Ge-
    bäude als selbständige Häuser
53 Prestel, a. a. O., S. 162-167

Literatur

Gamer, Jörg: Der Sickinger Hof am Karlsplatz, in: Heidelberger Fremdenblatt, 1969, Heft 8
Pagenstecher, C. H. Alexander: Als Student und Burschenschaftler in Heidelberg von 1816-1819. Erster Teil der Lebenserinnerungen, Leipzig 1913
Poensgen, Georg (Hrsg.): Goethe und Heidelberg, Heidelberg 1949
Prestel, Christiane: Der Karlsplatz in Heidelberg mit dem ehemaligen Großherzoglichen Palais und dem Palais Boisserée, Veröffentlichungen zur Heidelberger Altstadt, herausgegeben von P. A. Riedl, Heft 16, Heidelberg 1983 (mit ausführlicher Bibliographie)
Strack, Friedrich: Das Palais Sickingen-Boisserée und seine Bewohner, in: Heidelberger Jahrbücher XXV, 1981, S. 123 ff.
Wundt, Friedrich Peter: Geschichte und Beschreibung der Stadt Heidelberg nach 1693, Mannheim 1805

MARKUS WEIS

Das Wissenschaftlich-Theologische Seminar

Kisselgasse 1

Das Wissenschaftlich-Theologische Seminar liegt im östlichen Bereich der Heidelberger Altstadt. Der an die Hauptstraße grenzende Gebäudekomplex erstreckt sich über das gesamte Quartier Kisselgasse/Karlstraße/Plankengasse.

Geschichte

Schon vor der Zerstörung Heidelbergs 1693 besteht in dem am Ostrand der Kernaltstadt gelegenen Bereich des späteren Quartiers Kisselgasse/Plankengasse
248 eine dichte Wohnbebauung. Die Radierung von Ulrich Kraus aus dem Jahr 1683 läßt an dieser Stelle zahlreiche Fachwerkhäuser erkennen, die zur Hauptstraße hin teils giebel-, teils traufständig angeordnet sind.

Auch nach dem Wiederaufbau zeigt das Quartier eine kleinteilige Struktur, wie
249 aus einer Ansicht aus dem 18. Jahrhundert hervorgeht[1]. Die Bebauung besteht nun aus mehreren Einzelhäusern mit zugehörigen Wirtschaftsgebäuden. Die Wohnhäuser stehen traufseitig zu den Altstadtgassen. In dieser Form bleibt die Bebauung, von einigen wenigen Veränderungen abgesehen, bis zur Errichtung des neuen Seminargebäudes erhalten. Kennzeichnend für die Geschichte des typischen Altstadtviertels ist der häufige Besitzerwechsel der Grundstücke. Anhand der Lagerbücher lassen sich die Besitzverhältnisse bis ins frühe 18. Jahrhundert zurückverfolgen.[2] Detaillierte Lagepläne sind erst seit dem 19. Jahrhundert überliefert.[3] Die markantesten und in kunsthistorischer Hinsicht bedeutendsten Wohnbauten des Quartiers werden im 18. Jahrhundert auf den Grundstücken Hauptstraße 230 und Plankengasse 2 erstellt.

Das barocke, auf der Ecke Hauptstraße/Plankengasse errichtete Haus Haupt-
250 straße 230 befindet sich im 18. Jahrhundert in wechselndem Privatbesitz.[4] Seit 1830 gehört das Gebäude der städtischen Sparkasse[5], von der es am 22. Juli 1882 in den Besitz der Stadt übergeht. Das Haus soll für Zwecke der Verwaltung eingerichtet werden und ›Bureaulocalitäten‹[6] aufnehmen. Zu Beginn des 20. Jahrhunderts wird das Gebäude zeitweise als Leihhaus genutzt.

Unter den Besitzern des Hauses Plankengasse 2 werden im 18. Jahrhundert unter anderem der ›Geistliche Administrationsrath und Baucommissarius‹ Dr. Müller[7] und der freiherrlich von Helmstattische Rat Joseph Wilhelm Treford[8] genannt. Kurzzeitig ist das Haus auch in Besitz der Familie von Helmstatt.[9] 1907 wird das Gebäude an den katholischen Fürsorgeverein verkauft, der in dem Haus sein ›Paulusheim‹ einrichtet.[10] 1928 vorgelegte Umbaupläne werden nicht durchgeführt, so daß das Gebäude in seinem barocken Erscheinungsbild bis Anfang der siebziger Jahre erhalten bleibt. Die vorgesehene Erweiterung nach dem Ankauf durch das Studentenwerk Heidelberg und der Ausbau zum Studentenwohnheim Anfang der sechziger Jahre unterbleiben und das Gebäude wird 1963 von der Studentenhilfe e. V. an die Stadt veräußert.

Zum Zweck des Neubaues eines Theologischen Seminars gelangen sukzessiv sämtliche Häuser und Grundstücke des Quartiers von der Stadt und privaten Besitzern durch Ankauf an das Land Baden-Württemberg. Das Grundstück Hauptstraße 228 wird im Juni 1965 erworben und mit einem Kaufvertrag vom 9. 10. 1969 gehen die verbliebenen, kleineren Grundstücke des Quartiers aus Privatbesitz an die Staatliche Liegenschaftsverwaltung über. Die bisherigen Einzelgrundstücke werden nach dem Erwerb des gesamten Quartiers durch das Land 1971 zu dem neu eingetragenen Grundstück Lgb. Nr. 1201 vereinigt.[11]

Die Planungen für den Neubau des Wissenschaftlich-Theologischen Seminars der Universität im Quartier Kisselgasse/Plankengasse beginnen schon im Jahr 1970. An den Planungen beteiligt sind das Universitätsbauamt, die Baugesellschaft Neue Heimat Städtebau in Stuttgart und in beratender Funktion das Landesdenkmalamt Karlsruhe und das Kunsthistorische Institut der Universität Heidelberg. Die ersten Vorentwürfe sehen eine völlige Neubebauung des Quartiers in Anlehnung an die vorhandene kleinteilige Struktur vor. Von der Denkmalbehörde vorgetragene Einwände und Verbesserungsvorschläge werden in der zweiten Planungsphase berücksichtigt. Im Ausführungsplan entsteht so eine Lösung, die den historischen Bestand des Eckhauses Hauptstraße 230 in den Neubau des modernen Seminargebäudes miteinbezieht. Ein 1971 vorgelegtes Entwurfsmodell veranschaulicht die Grundzüge der Planung. In Übereinstimmung mit historischen Seminargebäuden der Heidelberger Altstadt, wie z. B. dem Jesuitenkolleg, wird eine geschlossene Massenwirkung des Baukörpers durch eine großflächige Fassadengliederung der neu zu errichtenden Teile des Seminargebäudes angestrebt. Gleichzeitig soll aber der Altbau Hauptstraße 230 vollständig in seiner Substanz erhalten und in den neuen Zusammenhang einbezogen werden. Nach der Genehmigung des Entwurfs wird im Juli 1972 mit den Abbrucharbeiten im Bereich der Kisselgasse/Plankengasse begonnen, in deren Verlauf die gesamte Bebauung des Quartiers mit Ausnahme des Eckhauses Hauptstraße 230 niedergelegt wird. Der bauliche Bestand der Abbruchhäuser wird zuvor durch Bauaufnahmen dokumentiert; das kunsthistorisch wertvolle Hausteinportal des Hauses Plankengasse 2 wird während des Abbruchs geborgen. Die geplante Erhaltung der Umfassungsmauern des Hauses Hauptstraße 230 verursacht unvorgesehene statische und finanzielle Probleme. Nach der Einholung statischer Sondergutachten sieht sich die ausführende Baugesellschaft im Falle einer ›Entkernung‹ des Hauses ›außerstande, die Verantwortung dafür zu tragen, daß keine Menschenleben zu Schaden kommen‹[12]. Als Alternative zu der Erhaltung der originalen Mauersubstanz wird der Abbruch und der vollständige Neuaufbau der Außenmauern unter Verwendung der alten Hausteinteile in Erwägung gezogen. Die Denkmalpflege plädiert im Hinblick darauf, ›daß bei der beginnenden Stadtsanierung in Heidelberg der Fall Hauptstraße 230 von der Öffentlichkeit mit besonderer Aufmerksamkeit beobachtet wird‹[13], für eine Ausschöpfung aller tech-

254

nischen Möglichkeiten zur Rettung der originalen Substanz des Fassadenmauerwerks. Trotz massiver Widerstände der beteiligten Baufirmen und erheblicher Mehrkosten gelingt es schließlich durch das engagierte Eintreten der Denkmalbehörden, die Außenwände des Gebäudes vollständig zu erhalten. Das Anbringen eines Betonkorsetts im Inneren zur Aussteifung der Fassadenwände trägt zur Lösung der statischen Probleme bei. Das frühklassizistische Portal des abgebrochenen Gebäudes Plankengasse 2 wird im Verlauf des Neubaues in die Planungen miteinbezogen und als Haupteingang des Seminars in der Kisselgasse wiederverwendet. Die beim Abbruch geborgenen Hausteinteile werden beim Wiederaufbau originalgetreu versetzt. So bleibt das Portal – wenn auch in neuer Umgebung vor einer ungegliederten Betonfläche und mit modernen Glastüren versehen – in seiner ursprünglichen Funktion erhalten.

Die Arbeiten am Neubau des Seminargebäudes dauern bis 1975 an. Für die künstlerische Gestaltung der Innenausstattung wird 1973 der Heidelberger Bildhauer Edwin Neyer gewonnen, dessen Entwurf für ein in der mehrgeschossigen Eingangshalle angebrachtes Wandrelief, das aus stark plastisch gegliederten
563 Holzkörpern besteht, schließlich verwirklicht wird (vgl. S. 588). Nach der Fertigstellung des Baues erfolgt am 3. März 1975 die offizielle Übergabe an die Theologische Fakultät der Universität Heidelberg, die das Seminargebäude seither nutzt.

Beschreibung

Der Baukomplex des Theologischen Seminars erhält durch die Einbeziehung des
251 barocken Eckhauses einen dominierenden Akzent. Wenn man sich von Osten auf der Hauptstraße dem Seminargebäude nähert, treten die modernen Bauteile hinter den Umfassungsmauern des historischen Eckhauses Hauptstraße 230 zurück. Der barocke Altbau liegt, städtebaulich reizvoll, an dem sich nach Osten verengenden Straßenzug am Eingang zur Kernaltstadt. Der zweigeschossige Putzbau besitzt ein erneuertes Mansarddach. In der Fassade zur Hauptstraße weist das Gebäude acht Fensterachsen in dichter Reihung auf. Der ursprüngliche Zugang befand sich in der äußersten westlichen Achse. Der Eingang wurde beim Neubau des Seminars in ein Fenster verwandelt. Das Haus ist mit farblich abgesetzten, genuteten Ecklisenen versehen. Die Fenster in beiden Geschossen haben profilierte Ohrengewände. In der Steilzone des Mansarddaches befinden sich fünf Dachgaupen. Die Fassade zur Plankengasse weist fünf Fensterachsen auf, wobei das nördliche Fenster einen deutlich größeren Abstand zu den übrigen vier in regelmäßigen Achsabständen verteilten Fenstern besitzt. Im Vergleich mit dem ursprünglichen Erscheinungsbild des Hauses und dem Zustand nach der Sanierung macht sich das Fehlen der Fensterläden störend bemerkbar. Die kräftige orangerote Farbfassung hebt die barocken Fassadenteile aus ihrer Umgebung heraus.
252 Das ehemalige Wohnhaus Plankengasse 2, ein zweigeschossiger Putzbau des 18. Jahrhunderts, zeichnete sich durch seine bemerkenswerte frühklassizistische Portaleinfahrt aus. Das Gebäude besaß ein verschiefertes Mansarddach mit drei

Dachgaupen. Die Fassade zur Plankengasse war auf fünf Achsen angelegt, wobei jedoch im Erdgeschoß das Portal die zwei nördlichen Achsen in Anspruch nahm. Bei einem Umbau zu Beginn des 20. Jahrhunderts wurde die korbbogige Portalöffnung zugemauert und mit einem Fenster versehen. Die noch heute erhaltene, ausgezeichnete architektonische Rahmung des Portals besteht aus einem mehr- *253* fach profilierten Gesims, das als reduziertes Gebälk zu lesen ist, und seitlichen Pilastern mit Paaren flacher Triglyphenkonsolen anstelle der Kapitelle. Über dem Gesims befindet sich eine niedrige Attika mit Kanneluren, Basis für eine im Relief gearbeitete, festontragende Vase in Louis-Seize-Formen, die das Portal bekrönt. Alle Hausteinteile des Portals sind (allerdings leicht bestoßen) an den Haupteingang des Seminars in der Kisselgasse versetzt. Das als Spolie in eine ungegliederte Betonwand eingelassene Portal erscheint heute isoliert und wird außerdem von der engen Gasse in seiner Wirkung beeinträchtigt.

Die Fassaden der modernen Bauteile des Seminargebäudes werden durch *256* großflächige, horizontale Bänder aus Beton und Glas gegliedert. Der Baukörper besitzt zwar eine weitgehend geschlossene Außenhaut, doch variieren die Geschoß- und Dachhöhen der Neubauteile. Die Ansicht der Ostfassade an der Plankengasse zeigt den Bau in vier Abschnitte gegliedert: die Fassade des Altbaues, ein zweigeschossiger Zwischenbau über der Einfahrt in die neu angelegte *255* Tiefgarage, der eigentliche Bibliothekstrakt über zwei Geschosse mit weit heruntergezogenem Dach und ausgebautem Dachgeschoß und schließlich ein niedriger, leicht zurückspringender Eckteil mit zur Karlstraße hin abgewalmtem Dach. In der Ansicht von der Hauptstraße schließt sich der Neubau – im Bauvolumen dem ehemaligen kleinen, barocken Wohnhaus Hauptstraße 228 angeglichen – an die Fassade des entkernten Eckhauses an, hinter dem es in der Höhenstaffelung und im Grundriß zurückspringt.

Das Innere des neuen Seminargebäudes wird von den wechselnden Geschoßhöhen bestimmt. Im Querschnitt zeigen sich nicht nur Niveauunterschiede zwischen dem Neubau und dem Gebäudeteil im Bereich des ehemaligen Eckhauses Hauptstraße 230, sondern auch innerhalb des Bibliothekstrakts und des Zwischenbaues. Nur im entkernten Altbau richtet sich die Geschoßteilung nach den Fensterhöhen der barocken Fassade. Durch die Einbeziehung der Tiefgarage und die Anlage eines Lichthofes entsteht in den Neubauteilen eine vielgestaltige Grundrißstruktur. Der Grundriß des ersten Obergeschosses zeigt die Aufteilung *257* in verschiedene Funktionsbereiche. Den größten Teil des Gebäudes nimmt die Bibliothek des Theologischen Seminars ein. Der weitläufige, nur durch die aufgestellten Bücherregale unterteilte Bibliotheksraum erstreckt sich über mehrere *258* Ebenen. Die kleineren Räume für die Verwaltung und die Seminarräume befinden sich in einer schmalen Zeile parallel zur Kisselgasse und im Bereich des entkernten Altbaus. Die großzügige Durchfensterung des Bibliothekstraktes und die Anlage des Lichthofes ermöglichen eine weitgehende Beleuchtung mit natürlichem Licht. Zur optimalen Nutzung des Raumangebotes trägt auch der Ausbau des Dachgeschosses bei. Die abwechslungsreiche Dachlandschaft, die insbeson- *259, 260* dere beim Blick vom Schloß auf das Seminargebäude in Erscheinung tritt, sucht einen Ausgleich zwischen den zerklüfteten Dächern der Nachbarbebauung und der einheitlichen Struktur des neuen Seminargebäudes herzustellen.

MARKUS WEIS

Kunstgeschichtliche Bemerkungen

Der Bau des Wissenschaftlich-Theologischen Seminars hat für die Sanierung der Heidelberger Altstadt Modellcharakter. Der Vorgang der Entkernung eines Altstadthauses wurde hier in einem äußerst problematischen Fall beispielgebend durchgeführt. Trotz hoher Kosten und statischer Schwierigkeiten gelang die Erhaltung einer für die Heidelberger Altstadt bedeutenden Barockfassade. Die Rettung dieser Fassade kann jedoch den fast völligen Verlust der originalen Bausubstanz eines ganzen Altstadtviertels nicht aufwiegen. Die Architektur des Neubaues versucht nicht, historische Bauformen der erhaltenen Fassade aufzunehmen, sondern mit modernen Mitteln den Anforderungen, die heute an ein Seminargebäude mit Einrichtungen für Forschung und Lehre gestellt werden können, gerecht zu werden. Mit dem Neubau eines einheitlichen Seminarkomplexes steht das Theologische Seminar in der Tradition historischer Seminargebäude der Heidelberger Altstadt und stellt gleichwohl einen Versuch dar, zeitgemäße architektonische Gestaltungsprinzipien im Bereich der Altstadtsanierung anzuwenden.

Anmerkungen

1 Aquatinta von Abel Schlicht: ›Schloß und Stadt Heidelberg von Osten‹, 1784 (Kurpfälzisches Museum Heidelberg)

2 Vgl. Lgb. 1770 ff. und 1889 ff.

3 StVA: Der früheste erhaltene Lageplan stammt von 1896

4 Lgb. 1770, Nr. 231, I; Lgb. 1889, Nr. 1202

5 Gb. Bd. 40, S. 509

6 Gb. Bd. 70, S. 713, Nr. 160

7 Gb. Bd. 60, S. 130, Nr. 52

8 Lgb. 1770, S. 307, Nr. 238

9 Wahrscheinlich wurde das Haus in der Zeit, als es im Besitz der Familie von Helmstatt war, mit dem klassizistischen Portal ausgestattet

10 Gb. Bd. 78, S. 552, Nr. 119

11 Gb. Bd. 381, Heft 14

12 Heidelberg-Archiv des Kunsthistorischen Institutes der Universität Heidelberg: Schreiben der Baugesellschaft Neue Heimat Städtebau vom 27. Juli 1972

13 Ebd., Schreiben der Baugesellschaft Neue Heimat Städtebau vom 1. August 1972

MARKUS WEIS

Das Ökumenische Institut

Plankengasse 1–3

Das Ökumenische Institut liegt gegenüber dem Wissenschaftlich-Theologischen Seminar an der Ostseite der Plankengasse.

Geschichte

1954/55 wird an der Plankengasse auf der dem Quartier Kisselgasse/Plankengasse gegenüberliegenden Seite ein Gebäude für das Ökumenische Institut errichtet. Der Bau soll einerseits Seminarräume aufnehmen, gleichzeitig aber auch Wohnraum für Studenten bieten (fünfzehn Einzel- und elf Doppelzimmer). Eine ›unbebaute Nutzgartenfläche‹[1] auf dem universitätseigenen, dem Haus Buhl zugehörigen Grundstück[2] dient als Bauplatz. ›Aus Gründen der Umgebung bereits seit Jahrhunderten geformter Baumassen und Gartenflächen sowie aus finanziellen Gründen ist eine zurückhaltende, sparsame und sich der Umgebung gut anpassende Ausführung vorgesehen.‹[3] Im April 1961 wird das nach Plänen des Universitätsbauamts erstellte Gebäude nach längeren Verhandlungen von der Universität Heidelberg (Buhlscher Vermächtnisfonds) an das Land Baden-Württemberg verkauft.[4]

Beschreibung

Das über Rechteckgrundriß errichtete, zweigeschossige Gebäude ist ein schlichter, in herkömmlicher Technik gemauerter Putzbau mit verschiefertem Walmdach. Die Schauseite liegt zur Plankengasse hin. Der Wand sind hier zwei Risalite *261, 262* vorgesetzt, welche jeweils ein Portal aufnehmen. Während sich im Obergeschoß elf Fensterachsen zählen lassen (von denen die dritte und neunte auf die Risalite entfallen), ist die Fensterfolge im Erdgeschoß differenzierter und nicht im Einklang mit dem oberen Achsenrhythmus: Zwischen den Risaliten wird eine mittlere, aus Fenstern größeren Formats gebildete Vierergruppe beiderseits von zwei kleineren Fenstern flankiert; die Wand links vom nördlichen Risalit ist fensterlos, in der Wand neben dem südlichen sitzt das Fenster der Hauskapelle. Türen und Fenster des Erdgeschosses haben – mit Ausnahme des Kapellenfensters – Kunststeingewände, die Fenster im Obergeschoß lediglich steinerne Sohlbänke. Im Osten springt der mittlere Teil des Baukörpers gegenüber den beiden flankierenden ein; auf das Dach übt diese Bewegung jedoch keine Wirkung aus, das Traufgesims läuft gleichmäßig durch. Die Fensterteilung im Erdgeschoß nimmt auf die unterschiedliche Funktion der Räume Rücksicht (im Norden Seminarraum, nach Westen in der Mitte Bibliothek, im Süden Kapelle, ansonsten Diensträume u. a.). Das Obergeschoß und das von insgesamt achtzehn Gaupen belichtete Dachgeschoß dienen dem studentischen Wohnen.

Anmerkungen

1 UBA: Akte 100 1070. Erläuterung zum Vorentwurf vom 21. 12. 1954

2 Lgb. 1889, Nr. 1203

3 Vgl. Anm. 1

4 Beim Verkauf wird das Grundstück im Lagerbuch neu eingetragen unter der Nr. 1203/1

ELFRIEDE AKAIKE UND PETER ANSELM RIEDL

Das Haus Buhl und seine Nebengebäude
Hauptstraße 232–236

Das ehemalige Buhlsche Anwesen liegt unweit des Karlstores, zwischen Friesenberg und Plankengasse. Am Anfang unseres Jahrhunderts gelangte das stattliche Haus samt Nebenhaus und großem Garten kraft Vermächtnis von Professor Heinrich Buhl[1] in den Besitz der Universität. Das Gebäude, das seither den Namen des Stifters trägt, dient der Universität als Gesellschaftshaus. Das östliche Nebenhaus (Nr. 236) wird vom Studentenwerk als Wohnheim genutzt.

Geschichte

Die Gegend, in der das Haus Buhl steht, ist stadtgeschichtlich von erheblichem Interesse. Dort, wo die Plankengasse in die Hauptstraße mündet, stand einst das Obertor, jenes östliche Stadttor, das in früherer Zeit auch Jakobspforte[2] genannt wurde, weil es zur alten Jakobskapelle am Fuße des Friesenbergs hinausführte. Vor dem Obertor erstreckte sich die kleine östliche Vorstadt mit einem Spital[3], der kurfürstlichen Sängerei[4] und dem St. Jakobsstift[5]. Zwischen dem St. Jakobsstift *263* und dem Obertor lag das Haus des Hofrichters, das als Vorgängerbau des Hauses Buhl zu betrachten ist. Das große Fachwerkhaus mit den beiden Zwerchhäusern stand an der Hauptstraße zwischen dem Obertor und dem Friesenberg und gehörte am Anfang des 17. Jahrhunderts dem kurpfälzischen Hofgerichtsrat Johann Friedrich Pastor[6]. Nach dem Dreißigjährigen Krieg wurde es vom Hofmarschall und Faut (= Vogt) von Heidelberg Johann Friedrich von Landas bewohnt[7]. In einem ihrer Briefe schreibt Liselotte von der Pfalz: ›wo daß ober thor ist, weiß ich woll, den ich habe gar offt den weg in deß herrn oberamptman von Heidelberg, des Herrn von Landaß hauß gemacht, so geraht unter dem thiergartten war, offt des morgendts umb 4 bin ich nunder gangen durch den Burgweg undt habe mich dort so voller Kirschen gefreßen daß ich nicht mehr gehen kundt‹[8]. Auf dem Kupferstich von Kraus von 1683 ist das große Fachwerkhaus noch zu sehen, das dann wie alle anderen Gebäude der östlichen Vorstadt im Orleansschen Krieg 1693 zerstört wurde.

Nach der Zerstörung von Heidelberg übergibt Kurfürst Johann Wilhelm das Gelände am Friesenberg den Barfüßer-Karmelitern, die wieder ein Kloster und eine Kirche errichten.[9] Die Karmelitenkirche, wie ihre Vorgängerin dem Apostel Jacobus major geweiht, erfreut sich besonderer Gunst, ist sie doch zur Grabeskirche der kurfürstlichen Familie bestimmt. Neben dieser vom Landesherrn bevorzugten Stätte wird das spätere Haus Buhl errichtet. Bauherr ist der kurpfälzische

311

Hofgerichtsrat und Mathematikprofessor Friedrich Gerhard von Lünenschloß[10], der nach dem Stadtbrand maßgeblich am Wiederaufbau der Universität beteiligt ist[11]. Er erwirbt 1703 zwei Hausplätze vor dem Obertor am Friesenberg.[12] Über den genauen Baubeginn gibt es keine Nachrichten, doch wird der ›kurpfälzische Revisionsrat Herr von Leinenschloß‹ bereits 1714 als Anwohner vor dem Obertor erwähnt.[13] 1719 schreibt Liselotte von der Pfalz: ›ich kan nicht begreifen, wie deß marschalks Landaß hauß ahn den Professor von Lünenschloß hat kommen können‹.[14]

Wahrscheinlich wurde bald nach dem Kauf der Hausplätze mit dem Bau begonnen, so daß als Entstehungszeit des Gebäudes das erste Jahrzehnt des 18. Jahrhunderts anzunehmen ist. Die Walpergen-Ansicht von 1763 zeigt die neu-

264 erbaute östliche Vorstadt. Das Lünenschloßsche Haus liegt zwischen dem Obertor und dem Karmelitenkloster; gegenüber ist das Freudenbergische Haus mit seinem Rundgiebel auszumachen. Beim Kauf der Grundstücke werden in dem Kontrakt ein Hausplatz mit Hof, Garten und Keller erwähnt.[15] Offenbar war der steinerne Keller des Fachwerkhauses noch vorhanden, so daß der Neubau auf den alten Substruktionen aufgeführt werden konnte, wie das beim Wiederaufbau der Stadt durchaus üblich war. Dies könnte den ungewöhnlich hohen Sockel des Hauses Buhl erklären. Wie auf einer Zeichnung von 1784 zu erkennen ist, erhielten die beiden Nebenhäuser niedrigere Sockel, da an dieser Stelle keine Keller

265 vorhanden waren, sondern nur eine Hofmauer mit Einfahrtstoren.[16] Im Zuge der Neubebauung wurden zwei alte Tore in den Häuserkomplex integriert; eines wurde bei einer späteren Erweiterung des östlichen Nebenhauses abgerissen. Das zweite blieb glücklicherweise verschont, als Ende des 19. Jahrhunderts das westliche Nebenhaus abgebrochen wurde.

1752 beabsichtigt die reformierte Spital-Commission, das Lünenschloßsche Haus zu kaufen, um darin ein Hospital oder Armenhaus einzurichten.[17] Dies wird jedoch von der kurpfälzischen Regierung nicht genehmigt. Daher verkaufen die Lünenschloßschen Erben 1763 ihre ›vor dem oberen Thor gelegenen von ihren Eltern ererbten zwei Behausungen‹[18] an den kurpfälzischen Kämmerer Damian Hugo Freiherrn von Helmstatt. 1780 veräußert dieser ›seine ohnweit vom Carmeliter Kloster gelegenen Behausungen‹ an Justus Raimund von der Lahr de Smeth, ›Bürger zu Frankfurt‹ und ›Inspector‹ der gegenüberliegenden Zitz-fabrik.[19] Im gleichen Jahr bringt von der Lahr de Smeth die am Friesenberg gelegenen Hospitalhäuser in seinen Besitz, wodurch er das Anwesen erheblich vergrößert.[20] Wahrscheinlich ist ihm die ausgedehnte Gartenanlage zu danken, die der

266
270 Walpergen-Plan von ca. 1785 zeigt; auf dem Lageplan von 1770 ist noch ein kleinerer Garten zu sehen. Ob auch die Umgestaltung des Hauses im Stil des Louis-Seize unter von der Lahr de Smeth erfolgte oder noch in die letzten Jahre der Eigentümerschaft des Freiherrn von Helmstatt fällt, ist nicht sicher zu sagen. Im Kontrakt von 1797, in dem Anna Maria von der Lahr de Smeth de Coppet das Anwesen an den kurpfälzischen Hauptmann Carl Derscheid verkauft, werden zum erstenmal die ›angeschraubten Spiegel im Saal des mittleren Hauses‹ erwähnt, die zur Louis-Seize-Dekoration zählen.[21] Auf der Zeichnung von 1784 ist die für diesen Stil charakteristische Portalumrahmung schon vorhanden, so daß sich ein terminus ante quem von 1784 ergibt. Da die frühklassizistischen Bauten

im Schwetzinger Schloßgarten, wie das Badhaus oder der Minervatempel, als stilistische Vorbilder vorauszusetzen sind, ergibt sich für die Louis-Seize-Dekoration des Hauses Buhl eine Datierung zwischen 1770 und 1784. Auch die im Stil sich eng anschließende Louis-Seize-Ausstattung der Akademie der Wissenschaften ist in diesem Zeitraum entstanden.[22] So hat also entweder von der Lahr de Smeth bei seinem Einzug 1780 das Haus modernisieren lassen, oder Freiherr von Helmstatt hatte als Beamter bei Hof dem neuen Stil in seinem Haus noch Reverenz erwiesen.

Zu Beginn des 19. Jahrhunderts wechselt das Haus mehrmals den Besitzer. 1802 verkauft Elias Bar, Handelsjude, seine ›erkaufte am Oberen Thor gelegene Derscheidische Behausung‹[23] an den Freiherrn von Kessing, der sie schon 1803 an den ›Bürger und Handelsmann von Neckargemünd‹ Georg Adam Leonhard[24] weiterveräußert. 1805 kauft Georg Adam Leonhard ›den ohnweit dem oberen Tor gelegenen städtischen Platz, die Planken genannt‹ dazu.[25] In den folgenden Jahren erwirbt die Familie Leonhard noch mehrere kleinere Grundstücke am oberen Friesenberg und vergrößert damit noch einmal das Anwesen.[26]

Ein Plan im Kurpfälzischen Museum von 1845 zeigt die Besitzung zur Zeit der Familie Leonhard. Im Vergleich mit der Zeichnung von 1784 läßt der Plan erkennen, daß das östliche Nebenhaus inzwischen zum Haupthaus hin vergrößert worden ist (die heutige Fassade stammt wahrscheinlich von diesem, zu Lasten des östlichen Hofportals aus dem 17. Jahrhundert gehenden Umbau). 1854 veräußern die Leonhardschen Erben das Anwesen an den Stadtpfarrer Jakob Theodor Plitt.[27] 1860 gelangt es in den Besitz des kaiserlich-königlichen österreichischen Generalkonsuls im Königreich der Niederlande Johann Philipp Krieger.[28] Den Grundriß des ganzen Anwesens auf dem Stand von 1861 zeigt ein Plan im Lagerbuch der Stadt Heidelberg. Anstelle des geometrisch strukturierten Gartens ist ein englischer Landschaftsgarten zu sehen; welcher Besitzer die Umgestaltung des Gartens veranlaßt hat, bleibt unklar.

1889 verkaufen die Erben des Generalkonsuls Krieger die Besitzung an den Juristen Professor Heinrich Buhl[29], der noch im selben Jahr das westliche Nebenhaus mit Ausnahme des alten Portals vollständig abreißen läßt[30]. An seiner Stelle wird ein kleinerer Anbau aufgeführt. Im Zusammenhang mit dieser Maßnahme steht offenkundig die Versetzung der Wand zwischen den beiden westlichen Zimmern des Obergeschosses; die Stuckdecke des nordwestlichen Zimmers und die Veränderung der Ränder der Stuckdecke des südwestlichen Zimmers dürften aber auf eine spätere Umgestaltungsphase unter den Eheleuten Buhl zurückgehen. Aus Buhlscher Zeit stammen außerdem: die Vergrößerung des nordöstlichen Zimmers des Erdgeschosses und die hölzerne Kassettendecke in diesem Raum; die großen, jeweils zwei alte Fenster ersetzenden Fenster im südöstlichen Zimmer des Erd- und des Obergeschosses und die Stuckdecken in diesen Räumen; der große Balkon auf der Gartenseite, der in einen Aufriß von 1913 skizzenhaft eingetragen ist. Die Aufweitung des mittleren Fensters des Obergeschosses zur Balkontür, das neubarocke Geländer der Diele und die Stuckdecke daselbst scheinen mit der Balkonerrichtung ebenso zusammenzuhängen wie die Substituierung der alten Gartenportalrahmung durch ein neubarockes Gewände. 1913 wird unter der Witwe Buhl auch das östliche Nebenhaus nach Süden hin erwei-

277

278

tert und dabei das Dach dieses Gebäudeteils erhöht. Der Ausbau des Mansardstockwerks im Haupthaus zum Wohngeschoß geht wohl schon auf die Zeit der Errichtung des westlichen Anbaus zurück.

Dies sind die letzten größeren Veränderungen am Haus Buhl. Mit dem Tode der Witwe Buhl im Jahre 1915 erhält die Universität das Anwesen laut Testament von Professor Buhl vom 16. März 1906: ›Meine Häuser und Gärten in Heidelberg sollen nach dem Tode meiner Frau der Universität in Heidelberg zur Errichtung eines Erholungsheims oder zu einem ähnlichen mildtätigen Zweck zufallen ... Es ist mein ausdrücklicher Wunsch, daß die Gärten erhalten und gepflegt werden‹.[31] Infolge der Wirren des Krieges kann dem Stifterwillen jedoch nicht sofort entsprochen werden. Nach dem Ersten Weltkrieg ist das Haus vorübergehend an das Institut für Zeitungswesen und das Institut für Volkswirtschaft und Statistik vermietet.[32] Von 1931 an dient es als Aufenthaltsheim für Studierende und wird von der Auslandsabteilung der Universität verwaltet. Es soll vor allem Treffpunkt für ausländische Studenten sein. 1932 wird die Einrichtung eines Wohnheims für ausländische Gäste der Universität geplant; dieses Vorhaben wird 1938 verwirklicht.[33] Im Frühjahr 1945 wird das Haus von der Militärregierung beschlagnahmt und erst im April 1948 an die Universität zurückgegeben. In dieser Zeit geht das alte Mobiliar verloren.[34] 1949 beschließt der Senat, das Anwesen als Studentenund Gesellschaftshaus der Universität zu verwenden.[35] Am 12. November schreibt der damalige Rektor Freudenberg an Frau Piper-von Buhl, eine Nachfahrin des Stifters: ›ich habe die Freude, Ihnen mitteilen zu können, daß die amtliche Genehmigung des Senatsantrags ausgesprochen ist, das Buhl'sche Haus in Heidelberg dem ursprünglichen Stiftungszweck zuzuführen ... Ich hoffe, daß das Anwesen eine zentrale Einrichtung der Universität wird, in der der Dank an die Stifter lebendig erhalten bleibt‹[36].

Seit das Haus im Besitz der Universität ist, hat sich sein baulicher Zustand nicht nennenswert verändert. Zu erwähnen sind allenfalls der weitere Ausbau des Mansardgeschosses, die Aufweitung der Wandöffnung zwischen den beiden westlichen Zimmern des Obergeschosses sowie Anstrich- bzw. Tapetenerneuerungen. Für die nähere Zukunft ist eine umfassende Restaurierung vorgesehen, die nach strengen denkmalpflegerischen Kriterien erfolgen wird.

Beschreibung

Zum Buhlschen Anwesen gehören das barocke Hauptgebäude mit dem historistischen Anbau an der Westseite, das östliche Nebenhaus und der große Garten.

Äußeres. Das über Rechteckgrundriß errichtete Haupthaus wirkt durch die Gliederung seiner Fassaden und sein Mansardwalmdach noch immer solitärhaft geschlossen. Es hat zwei Geschosse, dessen unteres Hochparterrecharakter hat, und ein Mansardstockwerk. Die straßenseitige, siebenachsige Hauptfront wird horizontal durch den hohen, dreistufigen Sockel (in dessen oberen Streifen die querrechteckigen Ohrengewände der heute vermauerten Kellerfenster sitzen), ein Sohlbankgesims im ersten Obergeschoß und ein kräftiges, mehrfach profiliertes

270

Kranzgesims gegliedert; vertikal durch zwei als seitliche Rahmung eingesetzte Kolossalpilaster modifizierter toskanischer Ordnung mit Gebälkstücken. Diese Pilaster korrespondieren mit gleichartigen Stützen, die den Flanken der Schmalseiten vorgelegt sind. Die zwischen den Pilasterschäften sichtbare, ebenfalls in Haustein ausgeführte Gebäudekante ist durch Teilhabe an der Ausstattung mit Basis und Gebälk jeweils als eine Art Pfeilerkern interpretiert. Das Portal in der Mittelachse der Fassade ist über eine doppelarmige Freitreppe mit segmentbogig vorgebauchtem Mittelteil zugänglich. Über dem profilierten und mit Kymatien und Perlstab verzierten Rechteckgewände der Tür tragen zwei Volutenkonsolen eine profilierte und ornamentierte horizontale Verdachung, auf der eine mit Lorbeerfestons behangene Vase steht. Schmale Lorbeergirlanden schmücken außerdem das Feld unter der Portalverdachung und das Eisengeländer der Treppe. Die zweiflügelige Holztür mit Oberlicht zeigt wie das ganze Ensemble von Freitreppe und Portal Louis-Seize-Formen. Die Gewände der gleichmäßig gereihten Fenster repräsentieren eine andere Formauffassung. Das Rahmenprofil gliedert sich in zwei Faszien und einen kräftigen säumenden Viertelstab; jedes Gewände ist seitlich ein- und im Sturz aufgekröpft, die oberen Einkröpfungen sind mit Guttae geschmückt. Unter den Sohlbänken bzw. dem Sohlbankgesims der Fenster finden sich schlichte Konsolklötzchen; die im Obergeschoß sind um Blattornamente bereichert. Alle Fenster haben Kreuz- und Sprossenteilung, zum Teil auch noch gebauchte Scheiben; die des Hochparterres sind mit Klappläden bestückt. Die Fassade ist heute zweifarbig gefaßt: die Putzflächen sind hellgelb, die gliedernden Werksteinteile hellgrau; die untere Zone des Sockels und die Freitreppe sind steinsichtig. Das Mansarddach setzt über dem Kranzgesims, das über den seitlichen Gebälkstücken verkröpft ist, mit einem Aufschiebling an, ist biberschwanzgedeckt und hat im Dachgeschoßbereich fünf große eingeschieferte Gaupen mit Walmverdachungen, über dem Knick zwei weitere kleine Dachhäuschen.

Die – der Terrainabtreppung gemäß höher ansetzende – Gartenfront entspricht in ihrer Organisation prinzipiell der Straßenfassade. Der sich über drei Achsen erstreckende, konsolengestützte Balkon mit seinen nachempfundenen Louis-Seize-Formen beeinträchtigt das Bild weniger als zwei annähernd quadratische, übergroß wirkende Fenster im östlichen Wandbereich. Neben dem Gartenportal sind die Fenster zu Oberlichtern reduziert. *271*

Die Schmalseiten des Gebäudes standen, wie der Baubefund und alte Ansichten bzw. Pläne bezeugen, ursprünglich frei und waren von Fenstern durchbrochen. Klare Auskunft über die Gliederung geben ein schmaler Wandstreifen neben dem südlichen Pilaster der Ostwand und Teile dieser Wand, die bis 1984 vom Dachspeicher des östlichen Anbaus aus zu besichtigen waren. Die erhaltenen Gliederungselemente beweisen folgendes: Die Ostwand – und man darf diese Aussagen ohne weiteres auch auf die Westwand übertragen! – besaß ursprünglich acht Fenster, die sich auf vier Achsen verteilten; der Wandstreifen zwischen den Fenstern der zweiten und dritten Achse wurde unten von einer Tür durchbrochen und war oben als mittlere Blindachse ausgelegt (die Tür mit ihrer den Fenstergewänden ähnelnden Rahmung hat sich als Verbindung zum Vestibül des Hauses Nr. 236 erhalten); das Hochparterregeschoß hatte, genau wie das Obergeschoß, ein durchlaufendes Sohlbankgesims; die Wand war mit einer vierzonigen,

geometrischen Blendgliederung überzogen. Selbstverständlich hat man sich die
267 Straßen- und Gartenfassade analog bereichert vorzustellen: mit aus Rechteck-
und Kreisformen kombinierten Putzfeldern in der Brüstungszone über dem Sok-
kel, auf dem breiten Horizontalstreifen zwischen den beiden Geschossen und auf
den vertikalen Wandpartien zwischen den Fenstern bzw. zwischen Fenstern und
Eckpilastern.

Der westliche Anbau von 1889 setzt sich vom Haupthaus nur insofern als eigener Körper ab, als er um die Breite der Eckpilaster weniger tief ist als das Haupthaus und ein auf der Höhe des Mansardknicks abgeflachtes Dach hat. Der Anbau ist zweigeschossig und zwei Achsen breit; seiner Westseite ist ein den
Eingang und das Treppenhaus enthaltender Risalit vorgelegt. Was die Gesims-
und Fensterformen angeht, ist auf das Haupthaus Bezug genommen; die Verdachungen des Portals und des stockwerkversetzten Treppenhausfensters orientieren sich eher am Louis-Seize. Das östliche, zum Friesenberg hin umwinkelnde
Nebenhaus, das straßenseitig mit dem Hauptbau fluchtet, ist architektonisch vergleichsweise anspruchslos. Ebenfalls zweigeschossig und an der Nordseite fünf
Achsen umfassend, ist es niedriger als das Haupthaus und mit einem gaubenbe-
setzten Satteldach bestückt. Die Tür und die Fenster haben profilierte Rechteckgewände.

268, 269 *Inneres.* Die Raumdistribution des Hauses Buhl ist symmetrisch. Im Hochparter-
re liegt in der Mittelachse ein breiter Durchgang, der zugleich die Symmetrieach-
272 se bildet. Von der Mitte aus erschließen sich die Seitenflure und Treppenläufe,
die wie der Durchgang Kreuzgratgewölbe besitzen. Das mittlere Gewölbe ist
durch breite Gurtbögen als eine Art Vierung betont. Am Ende des Durchgangs
liegt die den Bezug zur Gartenanlage herstellende südliche Tür. Die beiden Treppenläufe sind symmetrisch zu seiten des Durchgangs angeordnet, führen in ge-
krümmter Stufenfolge nach oben und begegnen sich auf einem Podest, von dem
noch zwei Stufen zur Diele des Obergeschosses vermitteln. Um diese Diele sind
fünf Räume angeordnet. Der Diele gegenüber liegt zur Straßenseite der Salon, an
den sich beidseits jeweils ein weiteres Zimmer anschließt, so daß sich eine repräsentative Dreierfolge ergibt. Treppenhaus, Diele und Salon sind durch ihre Lage
in der Mittelachse ausgezeichnet.

Zur Innenausstattung gehören Stuckdekorationen aus verschiedenen Epo-
274 chen. Aus der Erbauungszeit stammt die Stuckdecke im südwestlichen Zimmer
des Obergeschosses, die leider anläßlich eines Umbaus einseitig beschnitten und
zudem an den Rändern verändert worden ist. Das Deckenzentrum ist durch einen Vierpaßstab ausgegrenzt, um den herum elegant gewundene Akanthusran-
ken den Grund überziehen; jeweils zwei Ranken sind zu einem symmetrischen
273 Ornament zusammengebunden. Die im Salon und im östlich angrenzenden Zimmer erhaltene Louis-Seize-Dekoration ist von besonderem Interesse. Beide Räume werden durch die stiltypische Wandverkleidung gegliedert. Belebt wird die
streng geometrische Felderordnung durch Ornamentfüllungen in Form von Vasen, Lorbeerfestons, Fruchtgehängen und Rosetten. Klassische Ornamentbänder
zieren Rahmen und Gesimse. Im Salon ist die Dekoration reicher und festlicher.
Die Fensterseite ist insgesamt panneauverkleidet, während an den anderen Wän-

den nur Türen und Kaminschrägen streifenartig hervorgehoben sind. Über den Türen sitzen Supraporten mit Reliefs, welche Wissenschaft, Natur und Kunst allegorisieren. Die Fenster und Spiegel tragen den Supraporten entsprechende Reliefaufsätze mit Vasen unterschiedlicher Form. Ein reich mit Ornamentbändern verziertes Gesims über einem Triglyphen-Rosetten-Fries bildet den Wandabschluß zur Decke, der ein quadratisches Mittelfeld mit eingeschriebener kassettierter Rosette aufstuckiert ist; der Rahmen des Quadrats und die Rosette sind mit Lorbeerornamenten geschmückt. Teile der Stuckdekoration sind in Gold gegen das dominierende Weiß abgesetzt; inwieweit dieser Zustand dem originalen entspricht, müssen Befunderhebungen erweisen. Im östlich an den Salon anschließenden Zimmer sind die Kopffelder der Kaminschrägen mit lorbeerumkränzten Kriegermedaillons dekoriert. Ein ornamentiertes Gesims mit Akanthusfries bildet den Wandabschluß, die Deckenmitte ziert eine reiche Rosette. Ein weiter Wanddurchbruch stellt die Verbindung zum südöstlichen Zimmer her, dessen Stuckdecke aus der Zeit Buhls stammt.

Aus der Phase zwischen 1889 und 1915 haben sich außerdem eine hölzerne Kassettendecke im nordöstlichen Zimmer des Hochparterres, eine Stuckdecke mit Felderteilung und Mittelrosette im südöstlichen Zimmer des Hochparterres sowie eine vergleichsweise einfache Stuckdecke im nordwestlichen Zimmer des Obergeschosses erhalten, außerdem der schlichte Rahmen des Deckenspiegels der Diele. Unklar ist die Entstehungszeit der Pfeiler- bzw. Pilasterdekoration im *272* Treppenhausbereich des Hochparterres: Die Feldergliederung und die Perlschnüre könnten ins Lous-Seize zurückgehen, die konzentrischen Efeuornamente dürften in der ersten Hälfte des 19. Jahrhunderts hinzugefügt worden sein. Aus eben dieser Zeit stammen wahrscheinlich auch die Scheitelornamente der Gewölbe sowie die Konsolenverzierungen der Straßenfassade.

Hofportal. Westlich neben dem Haus Buhl steht ein Sandsteinportal, das heute, *275* von Mauern flankiert, als Hofzugang dient. Den Pfeilern mit Kämpferplatte und architraviertem Rundbogen sind Pilaster mit sich verjüngendem Schaft und toskanischem Kapitell vorgelegt. Die Pilaster stehen auf hohen, mit polsterförmig vortretenden Ovalen geschmückten Postamenten. Sie tragen Gebälkstücke, die ihrerseits einen Dreieckgiebel unterfangen. Über den Gebälkstücken und dem als Volute gebildeten Bogenschlußstein ist das Gesims verkröpft. Im Giebelfeld sind zu seiten eines mittleren Blendstreifens mit einer schmucklosen Füllung (die ursprünglich vermutlich eine Inschrift trug) Fruchtgebinde angeordnet.

Garten. Den zum Anwesen gehörenden, wesentlich niveauhöheren Garten, der sich bis zum Fuße des Schloßbergs erstreckt, erreicht man über einen die westliche und die rückwärtige Seite des Hauses begleitenden Hofstreifen. Der Garteneingang mit der kleinen Treppe liegt in der Achse des Hausdurchgangs. Auf diese Achse bezogen sind auch der Brunnen und die bruchsteingemauerte Nische an der Hangseite; sie erinnern an die Gartenanlage, wie sie sich auf den Plänen von ca. 1785 und 1845 darstellt. In der zweiten Hälfte des 19. Jahrhunderts wurde der *266, 277* Garten im Sinne des englischen Landschaftsparks umgestaltet und blieb seitdem im Prinzip unverändert.

Kunstgeschichtliche Bemerkungen

Das Haus Buhl, in der Frühphase des Wiederaufbaus von Heidelberg nach dem Orleansschen Krieg als Wohnhaus eines Heidelberger Universitätsprofessors entstanden, vereint in Grundrißbildung und Formensprache Züge eines vornehmen Bürgerhauses mit solchen eines städtischen Adelspalais. Das heutige Bild weicht erheblich vom ursprünglichen ab: Die Verbauung der beiden Schmalseiten hat das Solitärgepräge verschleiert, die Beseitigung der Putzgliederung den Reichtum der Erscheinung geschmälert, die Ersetzung des Barockportals durch ein solches in Louis-Seize-Formen den stilistischen Charakter bis zu einem gewissen Grade

267 umgestimmt. Unsere Rekonstruktion des Originalzustandes bleibt insoweit hypothetisch, als das Aussehen der ersten Freitreppe und des zugehörigen Portals ebensowenig überliefert ist wie das der Putzblenden im unteren Brüstungsbereich (gesichert ist nur der halbkreisförmige seitliche Abschluß) und im Bereich zwischen den Fenstern jeweils einer Achse; für die Zeichnung wurden die einfachsten Formulierungen gewählt. Die Putzgliederung hat an der Ostseite evidentermaßen noch existiert, als das östliche Nebenhaus 1913 nach Süden hin vergrößert wurde. Wann sie an den anderen Wänden beseitigt wurde, läßt sich nicht sagen. Die Konsolornamente unter den Obergeschoßfenstern der Nordfassade deuten darauf hin, daß es noch vor Buhls Zeit geschah. Dem Befund zufolge waren alle Werksteinteile ursprünglich rot gestrichen, die Putzblenden gelb und die als Füllungen in Erscheinung tretenden Wandfelder hellblau. Der Bau besaß in der Achse des Ost-West-Flures Türen, die der Kommunikation mit den Nebengebäuden dienten. Die Zahl der Dachgaupen war früher geringer als heute; bei Walpergen sind straßenseitig drei große und darüber die beiden kleineren Dachhäuschen zu erkennen; mehrere andere Ansichten zeigen an der Ost- und an der Gartenseite je zwei große Gaupen, dazu im Süden die beiden oberen kleinen. Als Wohngeschoß kann der Dachraum kaum benutzt worden sein, da nicht erkennbar ist, wo eine feste Zugangstreppe Platz gefunden haben könnte.[37]

Karl Lohmeyer hat das Haus Buhl ohne nähere Begründung mit dem Vorarlberger Johann Jakob Rischer in Verbindung gebracht.[38] In der Tat deuten mehrere Eigenarten auf Rischer hin. So begegnen die mehrfach verkröpften Fenstergewände, wenn auch in abgewandelter Form, an gesicherten und zugeschriebenen Bauten Rischers, wie zum Beispiel am Schloß Wiser in Leutershausen[39] und an den Sakristeien der Heidelberger Jesuitenkirche[40] (ähnliche Gewände kommen in Heidelberg am Hause Hauptstraße 120 vor; vgl. S. 211 ff.). Geschoßübergreifende Pilaster finden sich unter anderem an Rischers Wohnhaus in der Unteren Straße in Heidelberg und am Leutershausener Schloß. Als Elemente einer toskanischen Ordnung sind sie an einem Bau verwendet, an dem Rischer, wenn auch nicht vom Anfang an, beteiligt war, nämlich am Ensemble Rathaus-Sebastianskirche in Mannheim[41], außerdem an der Rischer zugeschriebenen ehemaligen Hofapotheke in Heidelberg[42], bei der sich eine ganz ähnliche Ecklösung findet wie beim Haus Buhl. Eigentümlich ist die Behandlung der Friespartien der Gebälkstücke am Haus Buhl: Die Friesplatten über den Pilastern sind in der Mitte mit einer Pfeifen-Dreiergruppe, links und rechts davon mit je einer Kannelur und weiter außen wiederum mit je einer Pfeife geschmückt; unter der Taenia hängen in der Mitte drei, seitlich je zwei Guttae. Die Anordnung läßt sich als eine freie, erweiternde Paraphrase auf das Triglyphenmotiv verstehen. An der Schmalseite findet sich unter der Taenia ein weiterer Tropfen, am Eckstreifen daneben ein Tropfenpaar. Entfernt verwandt ist die Gebälklösung der Hofapotheke: Dort gibt es zwar eine reguläre Mitteltriglyphe, doch hängen seitlich ganz regelwidrig je zwei Guttae. Erwähnenswert ist die starke Verjüngung der Pilasterschäfte am Haus Buhl, eine Eigenart, die auch sonst an Bauten Rischers auffällt.

Ein wichtiges Indiz für die Autorschaft Rischers ist der Grundriß des Hauses Buhl, dessen streng symmetrische Disposition mit der zweiarmigen Treppenanlage für das bereits genannte, als Werk Rischers urkundlich belegte Schloß Wiser (1710 ff.) charakteristisch ist. Das Heidelberger Gebäude läßt sich in dieser Hinsicht als reduzierte Variante des beträchtlich größeren und aufwendigeren Schloßbaus verstehen; die Abweichungen in der Treppenführung sind leicht mit den Unterschieden der Durchfahrtsbreite und der Stockwerkshöhen zu erklären. Auch die Form der Kreuzgratgewölbe des Hauses Buhl findet in Leutershausen Entsprechung. So darf man wohl davon ausgehen, daß der um den Wiederaufbau Heidelbergs so verdiente Vorarlberger Architekt und Bauunternehmer Rischer das Haus Buhl entworfen und ausgeführt hat.

Die einzige Stuckdecke aus der Erbauungszeit, also die im südwestlichen Zimmer des Obergeschosses erhaltene, läßt sich dem Akanthusstil zuordnen. Allerdings weisen die Bändchen, mit denen die Ranken verknüpft sind, und die feine Zeichnung der Ornamente bereits auf den Bandelwerkstil voraus: Die zarten Ranken scheinen sich in Bänder auflösen zu wollen, verharren aber noch in der Begrenztheit des Einzelmotivs. Die wahrscheinlich um 1710 entstandene, leider nicht vollständig erhaltene Stuckdecke kann einen Eindruck davon vermitteln, wie die ursprüngliche Innendekoration ausgesehen haben mag. *274*

In der zweiten Hälfte des 18. Jahrhunderts erhielt das Haus Buhl, sichtlich unter dem Eindruck kurfürstlicher Vorbilder, die Louis-Seize-Dekoration; gemeint sind die Rahmung des Hauptportals und die Ausstattung des Salons sowie des östlich anschließenden Zimmers. Für Detailvergleiche bieten sich die für die Region als stilbildend anzusehenden Schwetzinger Gartenbauten an; es sei nur auf das Türgewände mit den Volutenkonsolen und der bekrönenden Vase, die Vasen des Salons oder die kassettierte Deckenrosette hingewiesen. Wie im Falle des Großherzoglichen Palais oder des Hauses Hauptstraße 120 läßt sich auch für die Louis-Seize-Dekoration des Hauses Buhl eine Beziehung zum Mannheimer Hofstukkateur Giuseppe Pozzi herstellen, der zusammen mit seinem Bruder Carlo Luca eine große Werkstatt unterhielt.[43] Möglicherweise gab es auch in anderen Räumen des Obergeschosses Louis-Seize-Ausstattungen; sie könnten den Umbauten zum Opfer gefallen sein, die im 19. und zu Beginn des 20. Jahrhunderts vorgenommen wurden. Sieht man von den beiden überproportionierten Fenstern an der Gartenfassade ab, so kann man diesen Umbauten Rücksichtnahme auf die architektonischen Vorgaben nachsagen. Der westliche Anbau ist allerdings, sofern er nämlich die Baumaße erheblich aus der Balance bringt, als wenig glückliche Zutat zu bewerten. *273*

Das vom Vorgängerbau übernommene Hofportal ist eines der seltenen Zeugnisse Heidelberger Architektur aus der Zeit vor der Stadtzerstörung. Bedingt ver- *275*

gleichbar im Hinblick auf den Gesamtaufbau, die Pilastervorlagen und das verkröpfte Gesims ist ein um 1659 zu datierendes Portal aus der Zeit Karl Ludwigs
im Ottheinrichsbau des Heidelberger Schlosses[44], doch lassen die weiteren Proportionen und die etwas labilere Struktur des Hofportals eine frühere Entstehung, etwa in den ersten beiden Jahrzehnten des 17. Jahrhunderts, denkbar erscheinen.

276   Frühestes Zeugnis der Gartenanlage des Hauses Buhl ist der Lageplan von
1770: Er weist eine noch nicht sehr weit nach Süden reichende Fläche mit geome-
266   trischen Beeten, Wegen und einem Brunnenrondell aus. Der um 1785 entstandene Plan Walpergens zeigt eine sehr viel größere, reguläre, von einer Pergola oder
Hecke gesäumte, im Süden rundbogig schließende Anlage mit einem Längs- und
zwei Querwegen; die südliche Wegekreuzung erweitert sich zu einem großen
Brunnenrondell; hangwärts steigen Terrassen an, die nicht mehr im Orthogonal-
277   bezug zum Hause stehen. Der Plan von 1845 dokumentiert eine in mehreren
Punkten abweichende Gliederung; auffallend ist die ornamentale Beetaufteilung
278   des nördlichen Gartenbereichs. 1861 ist die Anlage gänzlich umgestaltet; anstelle
der geometrischen Struktur herrschen jetzt symmetrievermeidende Flächendis-
position und freie Wegeführung. Im übrigen ist das von den alten Ansichten ver-
mittelte Bild der verschiedenen Zustände nicht ohne Widersprüche.

Für die Heidelberger Stadtgeschichte bedeutet das Haus Buhl als vornehmes
Wohnhaus des frühen 18. Jahrhunderts mit der Louis-Seize-Dekoration und der
Gartenanlage ein Zeugnis von außergewöhnlichem Rang. In diesem Bewußtsein
ist es auch von Professor Buhl der Universität gestiftet worden: ›... wir wußten
doch genau, was Heinrich Buhl gewollt hatte: das besonders schöne, künstlerisch
wertvolle Haus sollte als Denkmal alter Heidelberger Kultur den Nachfahren
dauernd erhalten bleiben‹[45].

Anmerkungen

1 Heinrich Buhl stammte aus Deidesheim in
der Rheinpfalz, wo sein Vater ein Weingut
besaß. Nach dem Studium der Jurisprudenz an verschiedenen Universitäten habi-
litierte er sich 1875 in Heidelberg. Seit 1886
hatte er als Professor der Rechte einen
Lehrstuhl inne; er hielt Vorlesungen über
römisches Recht, französisches Zivilrecht
und badisches Landrecht. Als Vorsitzender
des Schloßvereins hat er viel zur Rettung
der damals gefährdeten Schloßruine beigetragen. Im Februar 1907 erlag er auf einer
Erholungsreise in Ägypten einem Lungen-
leiden. Er wurde im Familiengrab zu Deidesheim bestattet. Vgl. dazu: Badische Bio-
graphien VI (1901–1911), Heidelberg 1927,
S. 566 ff.
2 Herbert Derwein: Die Flurnamen von Heidelberg, Heidelberg 1940, Nr. 938
3 Regesten der Pfalzgrafen am Rhein

1214–1400, bearbeitet von Adolf Koch und
Jakob Wille, Innsbruck 1887–90, Nr. 3497
4 Johann Friedrich Hautz: Geschichte der
Universität Heidelberg, 2 Bde., Mannheim
1862, Bd. 1, S. 184
5 Urkundenbuch der Universität Heidelberg,
hrsg. von Eduard Winkelmann, 2 Bde.,
Heidelberg 1886, Bd. 1, S. 48
6 GLA: Berain 66/3495, 1607, S. 174
7 Adolf von Oechelhaeuser: Die Kunstdenkmäler des Amtsbezirks Heidelberg (Die
Kunstdenkmäler des Großherzogtums Baden VIII, 2), Tübingen 1913, S. 320
8 Elisabeth Charlotte, Herzogin von Orléans:
Briefe, in: Bibliothek des literarischen Vereins in Stuttgart, Tübingen 1871, Bd. 132,
S. 311
9 Vgl. Peter Anselm Riedl: Die Heidelberger
Karmelitenkirche St. Jacobus major, in:
Heidelberger Jahrbücher 1 (1957), S. 111 ff.

10 Friedrich Gerhard von Lünenschloß wurde 1695 nach einem Studienaufenthalt in Belgien an die Heidelberger Universität berufen. Als Nachfolger seines Vaters Johann von Lünenschloß (Leunenschloß), der nach dem Dreißigjährigen Krieg von dem damaligen Kurfürsten Karl Ludwig nach Heidelberg berufen worden war, hatte er den mathematischen Lehrstuhl inne. Bis zu seinem Tod 1735 bekleidete er fünfmal das Amt des Rektors. Wie sein Vater nach dem Dreißigjährigen Krieg, war auch Friedrich Gerhard von Lünenschloß nach den Zerstörungen im Orleansschen Krieg beim Wiederaufbau der Universität beteiligt. Vgl. Johannes Schwab: Quattuor Seculorum Syllabus Rectorum Qui Ab Anno 1386 Ad Annum 1786 In Alma Et Antiquissima Academia Heidelbergensi Magistratum Academicum Gesserunt. Notis Historico Literariis Ac Biographicis Illustratus. Pars II., Heidelbergae 1790

11 Hermann Weisert: Zur Geschichte der Universität Heidelberg 1688–1715, Teil I, in: Ruperto Carola, 29. Jg., H. 60, Heidelberg 1977, S. 57

12 Ctrb. I, S. 776 und 782

13 GLA: 204/120

14 Elisabeth Charlotte, a. a. O., S. 346

15 Ctrb. I, S. 775

16 GLA 204/728. Die Zeichnung ist in puncto Treppen- und Portalanlage sowie Sockellosigkeit der Nebengebäude wohl zuverlässig, da diese Details nicht frei erfunden sein können. Ansonsten gibt sie ein wahres Zerrbild der Situation (falsche Achsenzahl, ungewalmtes Satteldach, fast zäsurlos anschließendes westliches Nebenhaus usw.). Die Form der Nebenhäuser läßt sich aus den alten Plänen und Ansichten recht genau erschließen. Demnach stand das westliche Gebäude quer zum Haus Buhl; es hatte zwei Geschosse, ein Mansarddach und zwei kurze, zum Haupthaus hin gerichtete Seitenflügel. Das östliche, ebenfalls zweigeschossige Nebenhaus stand an der Ecke Friesenberg und war durch die Mauer mit der Toreinfahrt mit dem Haus Buhl verbunden; erst durch die späteren Erweiterungen wurde es direkt an das Haupthaus angeschlossen

17 GLA: 204/942, 204/41

18 Ctrb. VI, S. 794

19 Ctrb. VIII, S. 506; GLA: 204/808

20 Ctrb. VIII, S. 533

21 Ctrb. XI, S. 63

22 Christiane Prestel: Der Karlsplatz in Heidelberg mit dem ehemaligen Großherzoglichen Palais und dem Palais Boisserée, Veröffentlichungen zur Heidelberger Altstadt, hrsg. von Peter Anselm Riedl, Nr. 16, Heidelberg 1983, S. 97

23 Ctrb. XI, S. 913

24 Ctrb. XII, S. 101

25 Ctrb. XII, S. 484

26 Gb. 28, S. 345; 28, S. 283; 37, S. 340

27 Gb. 40, S. 586

28 Gb. 46, S. 71

29 Gb. 80, S. 143

30 BVA: Akte Hauptstraße 234

31 UA: B 5932/1

32 UA: B 5932/1

33 UA: B 5932/8

34–36 UA: B 5932/4

37 Die 1913 zur Vorbereitung des Umbaus gezeichneten Risse sind, was ihren Informationsgehalt hinsichtlich älterer Zustände angeht, wohl nicht sehr zuverlässig. So ist das Gartenportal (mit flankierenden toskanischen Pilastern oder Säulen und Gebälk, darüber einem Aufsatz, der wegen des Fehlens einer Fenstertür nicht als Balkon gedeutet werden kann) kaum als Wiedergabe der ursprünglichen Situation interpretierbar – eher als ein Gestaltungsvorschlag, der dann durch die weitergehende Lösung mit dem breiten Balkon überholt wurde

38 Karl Lohmeyer: Der Heidelberger Baumeister Johann Jakob Rischer (1662–1755) und seine Pläne für die Stiftskirche St. Gallen, in: Neues Archiv für die Geschichte der Stadt Heidelberg und der rheinischen Pfalz, Bd. XIII, Heidelberg 1928, S. 261; ders.: Das barocke Heidelberg und seine Meister, Heidelberg 1927, S. 27; Norbert Lieb und Franz Dieth: Die Vorarlberger Barockbaumeister, München/Zürich 1960, S. 111

39 Hans Huth: Die Kunstdenkmäler des Landkreises Mannheim, München/Berlin 1967, S. 266 ff.

40 Peter Anselm Riedl: Die Heidelberger Jesuitenkirche und die Hallenkirchen des 17. und 18. Jahrhunderts in Süddeutschland, Heidelberg 1956, S. 93 f.; Karl Lohmeyer, a. a. O., 1928, S. 262

41 Hans Huth: Die Kunstdenkmäler des Stadtkreises Mannheim, München 1982, Bd. I., S. 465 ff.

42 Karl Lohmeyer, a. a. O., 1928, S. 261

43 U.Thieme und F.Becker: Allgemeines Lexikon der bildenden Künstler, Bd.27, Leipzig 1933, S.333

44 Adolf von Oechelhaeuser, a.a.O., 1913,
S.442

45 UA: B 5932/4

Literatur

Lettow-Vorbeck, Ada von: Heidelberger Eigengärten in alter und neuer Zeit, Heidelberg 1931
Lieb, Norbert; Dieth, Franz: Die Vorarlberger Barockbaumeister, München 1960
Lohmeyer, Karl: Der Heidelberger Baumeister Johann Jakob Rischer (1662–1755) und seine
Pläne für die Stiftskirche St. Gallen, in: Neues Archiv für die Geschichte der Stadt Heidel-
berg und der rheinischen Pfalz, Bd. XIII, Heidelberg 1928
Ders.: Das barocke Heidelberg und seine Meister, Heidelberg 1927
Ders.: Johann Jakob Rischer, ein Vorarlberger Baumeister in der Pfalz, Heidelberg 1925
Mays, Albert; Christ, Karl: Einwohnerverzeichnis des Vierten Quartiers der Stadt Heidelberg
vom Jahr 1600, in: Neues Archiv für die Geschichte der Stadt Heidelberg und der rheini-
schen Pfalz, Bd. II, Heidelberg 1890, S.5ff.
Oechelhaeuser, Adolf von: Die Kunstdenkmäler des Amtsbezirks Heidelberg (Die Kunstdenk-
mäler des Großherzogtums Baden VIII, 2), Tübingen 1913
Schreiber, Aloys: Heidelberg und seine Umgebungen historisch und topographisch beschrieben, Heidelberg 1811
Widder, Johann: Versuch einer vollständigen Geographisch-Historischen Beschreibung der
kurfürstlichen Pfalz, Band I, 1786
Wundt, Friedrich Peter: Geschichte und Beschreibung der Stadt Heidelberg nach 1693, Mannheim 1805

Das Haus ›Zum Riesen‹

Hauptstraße 52

Das stattliche barocke ehemalige Adelspalais Hauptstraße 52, in der Nähe der Akademiestraße, beherbergt derzeit als Mietdomizil einen Teil des Instituts für Übersetzungs- und Dolmetscherwissenschaften der Universität Heidelberg sowie des Instituts für Kriminologie und die Forschungsgruppe Technologie und Recht. Bekannt unter dem Namen Haus ›Zum Riesen‹, kann es auf eine abwechslungsreiche Geschichte zurückblicken.

Geschichte

Das Adelspalais (1707–1795). Der Stadthof wird Anfang des 18. Jahrhunderts an 279
Stelle des im Orleansschen Krieg 1693 zerstörten Gasthauses ›Zum Löwen‹, seit 1661 im Besitz von Georg Pfeil[1], in der damaligen Vor- oder Neustadt direkt gegenüber dem dort befindlichen Dominikanerkloster errichtet. Bauherr ist der Geheime Rat Friedrich Freiherr von Venningen (1643–1710), eine selbstbewußte Persönlichkeit, die unter den Kurfürsten Karl Ludwig, Karl und Johann Wilhelm dient und Karriere macht. So avanciert er vom einfachen Windhetzer (1669)[2], über die Posten des Jäger- (1678) und Oberjägermeisters (1680), des Hauptmanns (1688) und Obristen (1693), nicht zuletzt auf Grund seiner im Spanischen Erbfolgekrieg erworbenen Verdienste, im Jahre 1706 zum Generalleutnant. Er bewohnt in Heidelberg den in der Kettengasse gelegenen ›Englischen Hof‹, der 1693 während der Kriegswirren in Flammen aufgeht.[3] Daraufhin zieht er sich auf das von seiner Frau, Eva Elisabeth von Wolzogen, ererbte ›Göblerische Gut‹ ins unweit gelegene Rohrbach zurück.[4] Liselotte von der Pfalz bemerkt dazu: ›Wen Veningers seines [Haus] nicht schönner wird, so wird er nicht gemachlich logirt sein.‹[5] Und so spielt er sicherlich mit dem Gedanken, erneut in Heidelberg einen repräsentativen Wohnsitz zu schaffen.

Eine günstige Gelegenheit, aus der Enge der Kernaltstadt in die offene Vorstadt umzusiedeln und die Baupläne konkret voranzutreiben, eröffnet sich 1702. Auf die Nachricht, der Kurfürst beabsichtige, das Gelände des ›Englischen Hofes‹ den Jesuiten zur Verfügung zu stellen, stimmt er kurzentschlossen unter folgender Bedingung zu: ›Weilen aber in Heydelberg wieder eine Wohnung bauen mus, umb vor Ew. Churfürstl. Durchl. daselbsten residieren nahe bey der Hand zu sein‹, möge man ihm im Austausch den Platz ›Zum Löwen‹, ›so die Eigenthümer doch nicht verbauen können; samt dem darbey gehörigen garten … kaufen … worauff den gegen den Herbst zum bauen … anstalt machen will.‹[6] Der Kurfürst, mit dem Handel einverstanden, fordert am 24. September das Heidelberger Bauamt auf, sich mit den Eigentümern des Platzes in Verbindung zu setzen. Doch bahnen sich Schwierigkeiten an, weil die Witwe Pfeil ihren Besitz viel zu hoch einschätzt und bittet, ihr das Gelände zu belassen. Auch die anschließende kurfürstliche Order, ›die Interessenten mit guter Manier keineswegs aber mit gewalt … zum Verkauf zu disponieren‹, zeitigt keinen Erfolg.[7] Venningen, über die Verzögerungen sichtlich erregt, unterstellt der Löwenwirtin, ›diesem bekannten boshaften weib‹, die fürstliche Resolution zu hintertreiben.[8] Doch die Witwe behauptet ihren Anspruch unter Hinweis auf den auswärts das Küchenhandwerk erlernenden Sohn, der ›Begierde trägt‹, sich in seiner Vaterstadt niederzulassen.[9] Die Hofkammer, langer Verhandlungen überdrüssig, stellt am 19. Februar 1703 kurzerhand ein Ultimatum: ›Da Sie nicht verkaufen wollte …, daß der Platz Inner Jahresfrist Bebawet sein solle; aber daß Sie durch erteilung Ihres consensus Undt sonstigen Befürderungh des Verkaufs bey uns sich ein meritum erwerben würde.‹[10] Trotzdem verläuft die Angelegenheit zunächst im Sande. Erst 1705 nehmen die beiden Heidelberger Baubeamten, Werkmeister Johann Adam Breunig und Bauschreiber Heinrich Charrasky, eine erneute Schätzung und Vermessung der zur Disposition stehenden Plätze vor. Danach beläuft sich der Wert des ›Löwenplatzes‹ auf 2000 fl., der des ›Englischen Hofes‹ lediglich auf 1400 fl. Wiederum droht der Tausch in Vergessenheit zu geraten, worauf sich Venningen, der bereits für 1000 Louisdor Holz erworben hat, abermals in Erinnerung bringt: ›Ich bin intentioniert Viel lieber meinen Hausplatz zu erhalt, so mir gut genug, als solchermassen mich von Jahr zu Jahr aufgehalten zu sehen und dazu in großen Schaden gesetzt zu werden.‹[11] Die Reaktion ist ein kurfürstliches Reskript an den Heidelberger Schultheiß mit der Aufforderung, einen Kaufbrief auszufertigen und an den Hof zu schicken. Am 31. August 1706 wechselt der 99 Schuh breite und 502 Schuh tiefe, etwa 4000 qm große Löwenplatz für 2190 fl. in den Besitz von Johann Wilhelm, der ihn wie vereinbart an den Freiherrn von Venningen weitergibt.

Bereits im Februar hat dieser um Erlaubnis nachgesucht, Steine vom zerstörten Dicken Turm des Schlosses für den bevorstehenden ›Lußtbaw‹ verwenden zu dürfen.[12] Nachdem das Bauamt dies befürwortet, willigt auch der Kurfürst am 15. Oktober ein. Vermutlich werden kurz darauf die Bauarbeiten unter Leitung von Johann Adam Breunig in Angriff genommen. Er schließt am 26. März 1707 mit dem Zimmermeister Felix Rödelstab einen Bauakkord ab. Hier verpflichtet sich letzterer, das zum Hausbau des Generals von Venningen benötigte Holz zu liefern, und ist bereit, für 1200 fl. nebst 3 Dukaten für seine Frau ›täglich 1½ ohm wein nebst einer geringen Mahlzeit‹ mit sechs Gesellen das Dach bis Mitte September aufzuschlagen. Dagegen, ›was Eichen Holtz ist, als zum gang, Stegen und Dachfenster muß Hr. Charassky verschaffen.‹ Sechs quittierte, sich auf 1150 fl. belaufende Abschlagszahlungen, die letzte datiert vom 7. September 1707, weisen auf die Erfüllung des Vertrages hin.[13] Damit ist das Gebäude spätestens 1708 bezugsfertig.

Lange aber kann sich der Bauherr an seinem neuen Palais nicht erfreuen, da er bereits am 2. Juni 1710 verstirbt, worauf der Besitz auf seinen Sohn, den Jägermeister Carl von Venningen, übergeht. Nach dessen Tode 1718, fällt das Erbe der aus der Ehe mit Louisa von Degenfeld stammenden Tochter Helena Juliana zu. Gemeinsam mit ihrem Mann, dem Freiherrn Friedrich von und zu der Tann, läßt *281* sie das sich über die ganze Tiefe zwischen Hauptstraße und Plöck erstreckende, von einer Bruchsteinmauer umgebene Anwesen durch den Bau eines Wirtschaftsgebäudes und Gartenhäuschens komplettieren.[14] Um dringende Erbschaftsschulden begleichen zu können, sieht sich von der Tann 1770 nach dem Tode seiner Frau veranlaßt, eine Hypothek auf das Grundstück aufzunehmen. Doch der Besitz kann nicht gehalten werden und wird auf Wunsch des Vaters durch den Sohn Friedrich Franz von der Tann, königlicher Oberleutnant, am 10. Juli 1775 an den Hauptmann Henrich von Bruhselle verkauft.[15] Josepha von Neth, geb. von Bruhselle, und ihr Mann Jacob, ›kaiserlich-königlicher Hof-, Feld- und Kriegscampist‹, entschließen sich 22 Jahre später, am 12. Juni 1797, das Anwesen dem Heidelberger Biersieder Franz Betz für 22 500 fl. zu veräußern. Die Ablösung soll nach einem festgelegten Modus über mehrere Jahre erfolgen. Zudem behält sich von Neth auf ein Jahr die mittlere Wohnung, Stallungen für fünf Pferde, etwas Speicher, Keller und Holzremise unentgeltlich vor.[16]

Das Gasthaus ›Zum Riesen‹ (1797–1819). Der neue Besitzer eröffnet in dem Palais einen Gasthof und nennt ihn ›Zum Riesen‹, vielleicht in Anspielung auf die im Mittelrisalit des Hauses angebrachte Statue des Bauherrn oder auch einfach aufgrund der Monumentalität des Gebäudes. Außerdem richtet er eine Bierbrauerei und Brandweinbrennerei ein, wofür er nochmals 2600 fl. anlegen muß.[17] Zur Deckung der hohen Investitionen nimmt er 1802 bei dem Schutz- und Handelsjuden Moyses Held eine Hypothek über 13 500 fl. auf.[18] Doch die erhoffte Konsolidierung tritt nicht ein, im Gegenteil. Nachdem es zunächst zur Aufhebung der seinerzeit noch von Johann Wilhelm ausgesprochenen Steuerprivilegien kommt, erfolgt 1805 auf Verfügung der Großherzoglichen Badischen Regierung die Verlegung der im Dominikanerkloster untergebrachten ›Compagnie der Bayerischen Königlichen Cheveau leger‹, die den Umsatz des Riesenwirtes ›bedeutend vermehrten‹.[19] Der Lärm dieser ›unharmonischen Biergäste‹ hatte zuvor den Dichter und Übersetzer des Homer, Heinrich Voß, nach zweijährigem Aufenthalt zum Auszug veranlaßt.[20]

Statt der Reitereinheit wird die Medizinische Fakultät der Universität hierher verlegt, die in der Klosterkirche ihr ›Anatomisches Theater‹ einrichtet. Die ruinösen Konsequenzen dieses Schrittes schildert Betz 1816 in einem vierundzwanzig Seiten langen Brief dem Heidelberger Stadtamt. So habe man aus den Fenstern des ersten und zweiten Stockes seines Hauses einen ›abschreckenden Anblick‹ auf die in diesem ›Etablisment‹ liegenden ›Cataver‹, ›Praeparate‹ und ›leichen Theile‹, wodurch seine Gastwirtschaft völlig zerstört sei.[21] Da sein Kapital aufgebraucht ist, bittet er, das Anwesen durch eine Lotterie ausspielen lassen zu dürfen, und legt dazu detailliert die Modalitäten vor. Das Stadtamt steht seinem Wunsche aufgeschlossen gegenüber und schlägt eine Taxation des Hauses vor. Doch das Ministerium des Inneren weist das Betzsche Ansuchen ›als den Gesetzen zuwiderlaufend‹ ab.[22] Auch die in den folgenden Jahren immer dringlicheren Bitten finden keine Resonanz und so endet das Kapitel des Gasthofes ›Zum Riesen‹ mit dem Tode des Besitzers. Im Zuge einer Zwangsversteigerung erwirbt

Graf Jenison-Walworth am 17. Februar 1819 das ehemalige Gasthaus ohne die Schildgerechtigkeit für 14 500 fl.[23] Finanzielle Schwierigkeiten bewegen jedoch bald die Gräfin Maria von Jenison-Walworth, das mit nicht unerheblichen Mitteln renovierte Anwesen für 21 500 fl. dem Geheimen Staatsrat von Sensburg – der im Namen der Badischen Regierung handelt – am 25. Juni 1825 zu veräußern.[24]

Die Katholische Hauptschulfondsverwaltung (1825–1873). Vorausgegangen sind dem Erwerb des Jenisonschen Hauses Verhandlungen über eine anderweitige Unterbringung der in Pforzheim ansässigen Irrenanstalt. Gegen den neuen vorgesehenen Standort, das Kloster Schuttern, und für eine Verlegung in das hiesige ehemalige Jesuitenkonvikt, nun im Besitz der Katholischen Kirche, setzen sich Stadt und Universität Heidelberg ein (vgl. S. 161 ff.). Daraufhin bemüht sich eine Kommission an Ort und Stelle ›teils um die Schicklichkeit‹ des Konvikts, teils um ein mögliches ›convenables Tauschobjekt‹ für die Kirche ausfindig zu machen.[25] Allein das zum Verkauf stehende Jenisonsche Gebäude kommt dafür in Frage, so daß von Sensburg den Kaufvertrag abschließt. Erst jetzt informiert man von seiten des Ministeriums des Inneren die Katholische Kirchensection, als oberste kirchliche Behörde, von dem beabsichtigten Gebäudetausch. Diese ist völlig überrascht und läßt Baumeister Carl Schaefer Pläne und Überschläge des Jenisonschen Hauses anfertigen sowie den Wert der beiden Tauschobjekte schätzen.[26] Nach Billigung der vorgeschlagenen Umbaumaßnahmen nehmen beide Parteien ihre neuen Objekte im Juli 1825 in Besitz. Die Katholische Kirchensection beharrt jedoch in der Folge unter Hinweis auf den von Schaefer ermittelten Mehrwert des getauschten Konvikts von 52 483 fl. auf einer zusätzlichen Zahlung. Verschiedene Kommissionen ringen daraufhin um einen Kompromiß; schließlich einigt man sich darauf, daß der Kirche noch eine Entschädigung von 23 000 fl. nebst Zinsen seit Juli 1825 zusteht.[27] Am 20. April 1833 wird der Betrag von 26 005 fl. durch die Irrenhausverwaltung überwiesen, aber erst am 22. Januar 1845 erfährt der Tausch durch einen ordnungsgemäßen Eintrag im Grundbuch seine Gültigkeit.[28]

Die neue Nutzung und die baulichen Veränderungen im ehemaligen ›Riesen‹ orientieren sich an den Bedürfnissen der zuvor im Jesuitenkonvikt untergebrachten Katholischen Schaffnei und der Katholischen Hauptschulfondsverwaltung. Ihre wichtigste Aufgabe, die Erbbestandslehen in Form von Naturalien aufzunehmen, zieht folgende baulichen Veränderungen nach sich. Die Wohnungen im Erdgeschoß bekommen die Verwalter zugewiesen. Im ersten und zweiten Stock werden sämtliche Riegelwände bis auf die nötigen tragenden Pfosten herausgehauen, und die ehemals herrschaftlichen Zimmer müssen nun als Speicherräume zur Fruchtaufschüttung dienen. Während der Speicher in der Belétage dem Schulfond vorbehalten bleibt, werden die Bedürfnisse der Schaffnei durch die Überlassung des zweiten Stocks, des eigentlichen Speichers und des Trockenspeichers befriedigt. Die Errichtung einer hölzernen Stiege auf der westlichen Rückseite des Gebäudes in den ersten und von hier in den zweiten Stock soll eine separate Nutzung der beiden Komplexe gewährleisten. Der Plan, den Freiraum auf der östlichen Seite zwischen Vorder- und Hinterhaus für eine herrschaftliche Kelter zu verwenden, wird zugunsten einer weiteren Holzremise und Dunggrube fal-

283

lengelassen. Die zunächst veranschlagten Umbaukosten von 990 fl. erhöhen sich in der Folge ständig. Andererseits bleibt das Hinterhaus, gegen den Hof zwei- und gegen den Garten dreistöckig, einer Verwendung durch die Verwaltungen zunächst vorenthalten. Erst im Dezember 1826 ziehen die Mieter gegen Leistung einer Entschädigung aus. Im Erdgeschoß liegen Wagenremisen, Stallungen, Küche, Waschküche und Holzremisen, im ersten und zweiten Stock geräumige Wohnungen.[29]

Die gegenüber dem Jesuitenkonvikt deutlich geringere Fruchtspeicherkapazität führt 1827 zur Anmietung von Räumen in benachbarten Häusern. Gleichzeitig werden die von Baumeister Schaefer entworfenen Pläne für ein Speicherneubauprojekt im Gartenteil angesichts der noch ungeklärten Entschädigungsansprüche zurückgestellt.[30] Zu Recht, kommt es doch 1840 auf Verordnung der Katholischen Kirchensection zur Kündigung der auswärtigen Speicher, da die Erbbestandslehen künftig in Geld erhoben werden sollen. Die frei werdenden Räumlichkeiten im ›Riesen‹ mietet Kaufmann Karl Götschenberger zur Lagerung von Nüssen bis 1848 an.[31]

Mitte Juli 1845 bekundet die Universität ihr Interesse am Erwerb des Hauptschulfondsgebäudes samt dem dazugehörigen großen Gartenstück. Sie plant hier den Neubau akademischer Anstalten, insbesondere den der Anatomie. Nach Schätzung des Grundstückes willigt die Katholische Kirchensection in einen Verkauf für 70 000 fl. ein. Aber angesichts dieser Summe bedauert der ›Curator‹, den ›für Stadt und Universität Heidelberg so wohltätigen Plan aufgeben zu müssen.‹[32] Auch das Justizministerium, das im Garten ein neues Bezirksstrafgericht erbauen will, winkt bei dieser Preisvorstellung ab.[33] Von dem Interesse an ihrem Besitz sichtlich beeindruckt, beschließt die Kirche, da das Gebäude durch die Aufgabe der Fruchtspeicherung zu groß ist, es öffentlich zu versteigern. Das Ergebnis ist enttäuschend, und auch die Angebote folgender Jahre liegen deutlich unter ihren Erwartungen.[34]

Schließlich wird der ›Riese‹ 1850 doch noch einer universitären Nutzung zugeführt. Nachdem es der Stadt Heidelberg gelungen war, garnisonierende preußische Truppen bis auf 300 Mann in Kasernen unterzubringen, gilt es, auch für diese ein kostengünstiges Gemeinschaftsquartier zu finden. Eine auch größenmäßig geeignete Räumlichkeit bietet sich mit der durch die Universität genutzten Alten Anatomie an. Nach Rücksprache erklärt sich die Universität zur Überlassung bereit, vorausgesetzt, daß man ihr ihrerseits innerhalb von drei Wochen neue Zimmer im gegenüberliegenden ›zerstörten Riesen‹ zur Verfügung stellt. In Verhandlungen mit der Katholischen Kirchensection sichert die Stadt zu, auf eigene Kosten in den leeren Speichern zwei Auditorien, ein Laboratorium, einen Sammlungssaal und Arbeitsräume für Lehrer, Schüler sowie den Konservator herzustellen. Ein Mietvertrag wird abgeschlossen, und Anatomie, Zoologie und das physikalische Cabinett, unter den Institutsvorständen Friedrich Arnold und Gustav Robert Kirchhoff, siedeln in die neue Bleibe über. Nach seiner Berufung zum Lehrer der Physiologie 1858/59 nimmt auch Prof. Hermann Helmholtz hier seine Lehrtätigkeit auf.[35] Im Januar 1853 nutzt die Universität zudem einen erneuten Versteigerungsversuch von seiten der Kirche zum Ankauf eines Teils des gegen die Plöck gelegenen, zum Garten des ›Riesen‹ gehörenden Bleichplatzes für 15 000 fl. Man denkt daran, in naher Zukunft hier ein chemisches Institut zu bauen.[36]

Da die Universität im Frühjahr 1860 die Räumlichkeiten kündigt, bitten die Verwaltungen nach erfolglosen Versuchen einer Weitervermietung das Erzbischöfliche Bauamt in Karlsruhe, Pläne und Überschläge zu erarbeiten, die einen Umbau des Gebäudes als Miethaus ermöglichen.[37] Am 27. Januar 1863 liegt eine Mappe mit zwei Projekten vor. Projekt A geht von der Vorstellung aus, im Erdgeschoß aus Kostengründen keine Veränderungen vorzunehmen, wodurch aber alle Wände der folgenden Stockwerke ›auf das Hohle‹ zu stehen kommen oder mit Eisenstäben am Gebälk befestigt werden müssen. Diese Lösung erscheint in Anbetracht des Alters des Gebäudes ›etwas mißlich‹. Das favorisierte Projekt B sieht ein separates Treppenhaus an der Außenfront im Hof des Hauses vor, um im Erdgeschoß zwei geräumige Wohnungen zu gewinnen. An Stelle der Holzremisen sind östlich und westlich an der Rückseite des Hauptgebäudes mit demselben verbundene, dreistöckige Nebenbauten projektiert, die Küchen, Kammern, Abtritte und Gesindetreppen aufnehmen sollen. Auch die äußere Substanz der Hauptfassade soll auf Vorschlag des Heidelberger Maurermeisters Jakob Meeser – durch Vergrößerung der Fenster im zweiten Stock – einen erstmaligen Eingriff erfahren.[38] Während die Katholische Kirchensection den zweiten Plan billigt, bieten die Verwalter der Katholischen Kirchensection eine alternative Lösung Meesers an. Sein Entwurf sieht eine Verschiebung der Treppe innerhalb des Hauses nach Süden gegen die Hofseite hin vor. Hierdurch bleibt der Eingriff im Erdgeschoß begrenzt, und die Wände der folgenden Stockwerke kommen bis auf drei Ausnahmen auf festem Grund zu stehen. Jede Etage soll aus zwei Wohnungen mit insgesamt zehn Zimmern bestehen. Die von den Verwaltern abgelehnten Anbauten entfallen.[39] Auf dieser Basis arbeitet das Bauamt eine leicht modifizierte Konzeption aus. Die wesentlichste Veränderung besteht in der erneuten Aufnahme der Seitenflügel, so daß sich der Kostenvoranschlag von 12 500 fl. auf 24 500 fl. erhöht.[40] Nach Erteilung der Baugenehmigung nimmt das Unternehmen raschen Fortschritt. Bald kann der leitende Bauinspektor Friedrich Feederle von der Herstellung sämtlicher Wände berichten und auch, daß die Vergrößerung der Fenster wesentlich zur ›Hebung des äußeren Ansehens‹ beiträgt.[41] Eine erneute Planänderung ergibt sich am 30. September 1864, weil der inspizierende Oberstiftungsrat Schmidt die Einrichtung zweier Ladenlokale im Erdgeschoß wünscht. Feederle schlägt die Kosten auf 3870 fl. an und bemerkt zu seinen Entwürfen: ›Im Formalen haben wir uns an die Architektur des Gebäudes angeschlossen und nur eine etwas feinere Durchbildung gegeben.‹ Obwohl die Baupolizei moniert, daß ›die Fassade an Schönheit verliere‹, wird dem Umbau stattgegeben.[42] Am 29. September 1865 sind sämtliche Bauarbeiten abgeschlossen, und es liegen die sich auf 37 424 fl. belaufenden Abrechnungen vor. So können zum Frühjahr 1866 sechs Mietparteien ihren Einzug halten.[43]

Der Unterländer Studienfonds (1873–1919). Doch bereits 1868 werden die Weichen für eine erneute Veränderung gestellt. Auslöser ist der Wanderverein Badischer Gutsbesitzer und Landwirte, der das Ministerium auffordert, eine Verlegung der am Polytechnikum in Karlsruhe bestehenden Landwirtschaftlichen

284

Schule und ›die Einverleibung derselben in die Philosophische Fakultät der Universität Heidelberg‹ zu gewähren. Dies liege im allgemeinen Interesse.[44] In Heidelberg ist man von diesem Vorschlag recht angetan, und gegen den heftigen Widerstand aus Karlsruhe wird die Übersiedlung auf den 1. April 1872 festgesetzt. Im Gegensatz zu allen Versprechungen muß sich aber das Institut zunächst mit der Mitbenutzung von Räumlichkeiten der Zoologie und Botanik begnügen. Um dem Übelstand abzuhelfen, legt das Ministerium des Innern der Katholischen Kirche ein Kaufangebot für das Hauptschulfondsgebäude vor. Nach der Verkaufsermächtigung durch das Erzbischöfliche Kapital-Vikariat Freiburg geht das Gebäude für 148 000 fl. am 1. Februar 1873 in den Besitz der vom Ministerium gegründeten Stiftung des Unterländer Studienfonds über.[45] Im Sommer 1874 kommt es zur Kündigung der Wohnungen im ›Riesen‹ mit Ausnahme der Ladenlokale im Erdgeschoß, und in den freigewordenen Räumen werden Auditorien, Sammlungssäle, Arbeitszimmer, aber auch kleine Wohnungen für Institutsdiener eingerichtet. Mit dem Einzug der Landwirtschaftlichen Tierlehre und dem Lehrzweig der Paläontologie sind die Umbaumaßnahmen 1876 abgeschlossen.[46] Doch vier Jahre später kommt es zum Eklat, als dem Institut für Tierlehre große Teile des ersten Stockes entzogen und für die Universitätskasse bereitgestellt werden. Daraufhin wird das Institut 1879/80 unter Direktor Bütschli aufgehoben.[47] Mit der Berufung von Prof. Wilhelm Salomon-Calvi zum Vorstand des 1901 neugegründeten Instituts für Stratigraphie und Paläontologie nimmt der neue Wissenschaftszweig einen raschen Aufschwung. Obwohl man die Wohnungen der Institutsdiener kündigt und sämtliche Räume im Dachgeschoß dem Institut zur Verfügung stellt, bleiben die Verhältnisse beengt und lassen die Forderung nach einer anderweitigen Unterkunft laut werden. Und so ist das Ministerium für Kultus und Unterricht 1918 bereit, den ›Riesen‹ zu verkaufen. Doch die Verhandlungen mit der Dresdner Bank, die seit 1906 das westliche und ab 1919 auch das östliche Ladenlokal in Miete hat, zeitigen keinen Erfolg.[48]

Die von-Portheim-Stiftung (1919). Unverhofft kommt es dann doch noch zum Verkauf, nachdem der Heidelberger Mineraloge Prof. Dr. Viktor Goldschmidt das Haus für 330 000 Mark am 21. Mai 1919 erwirbt. Er gliedert es dem Stiftungsvermögen der von ihm und seiner Frau ins Leben gerufenen ›Josephine und Eduard von Portheim-Stiftung für Wissenschaft und Kunst‹ ein.[49] An der universitären Nutzung ändert sich aber durch die Übernahme des Mietvertrages nichts. Auf Veranlassung der neuen Eigentümerin wird 1925 die Fassade renoviert. Die in Zusammenarbeit mit der Denkmalpflege erarbeitete, völlig ungewohnte Farbigkeit stößt auf allgemeine Ablehnung und rückt den ›Riesen‹ ins Bewußtsein der Bevölkerung.[50] 1938/39 kommt es zur Einrichtung eines nach nationalsozialistischen Doktrinen konzipierten Heimatmuseums, dessen Räume im Erdgeschoß nach dem Ende des Zweiten Weltkrieges der Hotel- und Gaststättenverband anmietet.[51] Ihm wird aber bereits nach zwei Jahren wieder gekündigt, als sich hier eine ›Entwicklung zum Umschlagplatz für Lebensmittel‹ abzeichnet.[52] Neben dem Geologischen Institut, das nach wie vor im ersten und zweiten Stock liegt, kommt es 1946 zur Errichtung einer Geologischen Landesstelle für Nordbaden, die dem Institutsleiter untersteht. Sie wächst sich 1952 zur Zweigstelle des Geologischen Landesamtes Freiburg aus und wird 1957 wieder aufgelöst.[53] Seit dieser Zeit steht das ganze Haus mit Ausnahme der Schaufenster der Geologie zur Verfügung. Das ständige Anwachsen der Sammlungen, der Bibliothek und die steigenden Studentenzahlen lassen den schon in den zwanziger Jahren vorgesehenen Auszug Wirklichkeit werden. Im Frühjahr 1967 zieht man in das Domizil im Neuenheimer Feld.[54]

Die von-Portheim-Stiftung nimmt den Auszug zum Anlaß, eine umfangreiche Restaurierung des Gebäudes durchzuführen. Die Tätigkeit steht unter der aufmerksamen Beobachtung des Landesdenkmalamtes und wird durch einen Zuschuß gefördert.[55] In das so wiederhergestellte Gebäude hält zum Wintersemester 1968 das Institut für Politische Wissenschaft seinen Einzug.

Nach elf Jahren kündigt die Universität die Miete des ›Riesen‹ und siedelt die Politologen in ein universitätseigenes Gebäude in der Marstallstraße um.[56] Da die Stadt Heidelberg ebenso wie das Land Baden-Württemberg auf ihr Vorkaufsrecht trotz der günstigen Lage zu weiteren universitären und städtischen Einrichtungen verzichten und kein anderer Mieter sich finden läßt, sieht sich die von-Portheim-Stiftung aus finanziellen Überlegungen veranlaßt, mit potentiellen Käufern ins Gespräch zu kommen. Bevor jedoch das traditionsreiche Bauwerk dem Schicksal einer möglichen aggressiven kommerziellen Nutzung unterworfen wird, mietet es die Universität als Seminarraumgebäude für das Institut für Übersetzen und Dolmetschen zum Wintersemester 1980 an. Heute haben hier die spanische, portugiesische und russische Abteilung ihren Platz. Dazu gesellen sich – wie schon eingangs erwähnt – das Institut für Kriminologie und die Forschungsgruppe Technologie und Recht.[57]

Beschreibung

280,
287   *Äußeres.* Von der Gesamtanlage des Venningschen Palais aus dem 18. Jahrhundert hat sich heute lediglich das Hauptgebäude erhalten. Es handelt sich um ein dreigeschossiges, traufständiges Zeilenhaus mit schiefergedecktem Mansarddach mit Aufschiebling. Zwischen genuteten Ecklisenen liegen beiderseits eines flachen Mittelrisalits je sieben eng aneinandergereihte und in den beiden unteren Geschossen durch Sohlbankgesimse verkettete Fensterachsen, denen vierzehn (teilweise vermauerte) Kellerfenster im niedrigen Gebäudesockel entsprechen. Alle Fenster besitzen profilierte Ohrengewände, deren Größe sich von Geschoß zu Geschoß reduziert. Die jeweils mittleren drei Fenster der Erdgeschoßhälften wurden im Zuge der Ladeneinbauten 1865 bis zum Sockel hinunter aufgeweitet. Die nach altem Vorbild rekonstruierten Gewände ruhen auf Postamenten mit diamantierten Stirnseiten und sind durch eine glatte Werksteinblende, die oben mit vier Rosetten geschmückt und mit einem profilierten Gesims verdacht ist, jeweils zu einer Gruppe verbunden. Über den äußeren Fenstern des Erdgeschosses weisen zwei steinerne Gedenktafeln auf die bedeutenden Gelehrten Kirchhoff und Salomon-Calvi hin, die im ›Riesen‹ gewirkt haben.[58]

286   Der aufwendig gestaltete Mittelrisalit mit Eingangsportal, Lisenen, Balkon, Muschelnische und Zwerchhaus verleiht der Hauptfassade ihren besonderen Ak-

zent. Kräftige Pilaster flankieren das in der Mittelachse liegende architravierte Rundbogenportal, dessen Schlußstein als Fratze gebildet ist. Die dreiflügelige, reichdekorierte Holztür stammt aus dem Jahre 1880. Reliefierte vegetabile Formen verzieren die Portalspandrillen. Die Pilasterfüllungen im Erdgeschoß wie die der folgenden Kolossalordnung deuten durch applizierte symbolträchtige Embleme die Vielseitigkeit des Bauherrn an. Insbesondere seine beruflichen, d. h. kriegerisch-waidmännischen, Interessen werden auf der rechten Seite unter anderem durch Geschütze, ein Pistolenpaar, Schwert und Schild und die Darstellung eines Jagdhorns dokumentiert. Die wissenschaftlich-künstlerischen Neigungen versinnbildlichen auf der linken Seite ein Globus, eine Waage, mathematische Geräte, aufgeschlagene Bücher, Streichinstrumente und die Abbildung einer Farbpalette mit Pinseln.

Über dem Portal liegt ein auf vier Konsolen ruhender Balkon mit steinernem Balustergeländer. Das Gewände der Balkontür ist mehrfach profiliert. Ein reiches Frucht- und Blumengehänge stellt zu der darüber befindlichen Muschelnische die Verbindung her. Hier ist der Bauherr in kontrapostischer Haltung im Harnisch und mit Allongeperücke dargestellt. Den linken Arm über dem Degen in die Hüfte gestützt, hält er in der rechten Hand vor die Brust den Marschallstab oder ein ähnlich privilegierendes Attribut. Zu seinen Füßen liegt ein Kolbenturnierhelm mit rundem Gittervisier, dem seit dem 16. Jahrhundert als Adels- und Funeralhelm nur mehr heraldische Bedeutung zukommt. Die Inschrift auf der Sockelplatte lautet EBERHARDT FRIEDRICH VON VENNINGEN GENERALLEUTNANT UND OBERST JAIGERMAISTRE ANNO MDCCVII.

Das profilierte Traufgesims verkröpft sich an den Lisenen des Mittelrisalits und schwingt dann, der Rundung der Muschelnische folgend, zum Zwerchhaus hin auf. Dieses, mit zwei Fenstern besetzt und von kleinen Pilastern gerahmt, schließt mit einem Segmentgiebel mit Okulus den Risalit ab. Im unteren Teil des Mansarddaches liegen beiderseits des Zwerchhauses je zwei Gaupen, auf der Westseite ist zwischen diesen ein Atelierfenster angeordnet.

Bis auf die Sandsteinteile der Fassade, die nach Befund in dem in Heidelberg geläufigen Englischrot bemalt sind, ist die Fassade glatt verputzt und weiß gestrichen. Das gleiche gilt für die Rückseite.

Die schmucklose Rückseite erweist sich als recht unscheinbar und durch die 285, 288 An- und Umbauten von 1865 stärker gestört. Je fünf Fensterachsen liegen beiderseits des im ersten und zweiten Stock ebenfalls mit Fenstern bestückten Mittelrisalits. Auf der Westseite sind die ersten beiden Achsen neben der Durchfahrt etwas enger zusammengezogen und die Fenster nach unten versetzt, um das dahinterliegende Treppenhaus zu beleuchten. An Stelle der Erdgeschoßfenster liegt hier der Kellereingang. Das Zwerchhaus des Risalits wird von einem Dreieckgiebel bekrönt und die Anzahl der Dachgaupen verdoppelt sich gegenüber der Hauptfassade auf acht.

Durch die 1865 angefügten, mit dem Hauptgebäude verbundenen Hofflügel entsteht ein hufeisenförmiger Grundriß des Baukomplexes. Die dreistöckigen, mit hohen Kellergeschossen versehenen Bauten sind im Westen sieben, im Osten sechs Achsen lang und zwei Fensterachsen des Hauptgebäudes tief. Lediglich die erste Achse, die zum Hauptgebäude vermittelt und die Eingänge enthält, ist jeweils etwas eingezogen. Die Flügelbauten selbst bestehen aus fein behauenem Sandsteinmauerwerk und sind mit einem Pultdach bedeckt.

Inneres. Wie in der Baugeschichte skizziert, hat sich die ursprüngliche Raumdistribution nicht erhalten. Der heutige Grundriß geht auf den Umbau von 1865 zurück. Nur wenige Räume sind seither durch Versetzen der Zwischenwände um ein oder zwei Fensterachsen vergrößert oder verkleinert worden. Aus der Erbauungszeit haben sich größere Teile des Treppenhauses erhalten, insbesondere Stufen und Pilastergliederungen, die man in den Umbau von 1865 integriert hat. Aus der Umbauphase stammen einige Türen, Fenster, Beschläge und Wandpaneele. Erschlossen wird das Gebäude durch das sich zur Wagendurchfahrt öffnende Treppenhaus im Westteil. Von hier gelangt man über eine zweiläufige Treppe in das erste und zweite Ober- und in das Dachgeschoß. Die Erdgeschoßhälfte der östlichen Seite ist über den Hof durch den Eingang des Anbaus zu erreichen. Vom Treppenhaus im Westteil tritt man auf einen in der Mitte des Hauses parallel zur Hauptstraße von Ost nach West bis in die Seitenflügel laufenden Flur. Zu beiden Seiten sind die Räumlichkeiten angeordnet: zur Hauptstraße die größeren Hörsäle, gegen den Hof die kleineren Seminarräume und Zimmer der Dozenten.

Kunstgeschichtliche Bemerkungen

Auf Karl Lohmeyer geht die Zuschreibung des Palais Venningen an den kurfürstlichen Baumeister Johann Adam Breunig zurück.[59] An Hand des schon in der Baugeschichte angeführten Zimmererakkords glaubt er außerdem, im Bauschreiber und Bildhauer Heinrich Charrasky den Schöpfer der zahlreichen Embleme des Mittelrisalits fassen zu können. Letztlich ist beides zwar nicht bewiesen, aber von hoher Wahrscheinlichkeit, sind doch nach Ausweis der Dokumente ausschließlich Breunig und Charrasky zwischen 1702 und 1707 mit den Tauschverhandlungen und dem anstehenden Baugesuch befaßt und unterzeichnen sie den erwähnten Bauakkord. Darüber hinaus lassen sich in der damaligen Zeit nur zwei weitere Architektenpersönlichkeiten für eine derartig anspruchsvolle Bauaufgabe in Heidelberg nachweisen. Während aber Breunigs Vorgesetzter, der Oberfeldmesser und Baumeister Franz Adam Sartorius, wie die Akten zeigen, mangels fehlenden Engagements und Seriosität wohl kaum das Vertrauen Venningens genossen hat, läßt sich der Vorarlberger Werkmeister Johann Jacob Rischer durch stilkritische Vergleiche mit späteren gesicherten Werken ausschließen. Damit verbleibt einzig Breunig, dessen Qualifikation 1698 die Hofkammer attestiert, als sie ihn dem das Pfälzer Bauwesen inspizierenden kurmainzischen Hofbaumeister Antonio Petrini zuordnet. Venningen hat demnach in Heidelberg ein versierter Bauverständiger zur Verfügung gestanden. Möglicherweise läßt sich sogar die Berufung Breunigs 1708 vom Werk- zum Baumeister mit der Fertigstellung des Palais in Verbindung bringen. Der zufriedene Bauherr kann dies durchaus fördernd beeinflußt haben. Welchen Eindruck das Bauwerk auf die Zeitgenossen hinterlassen hat, zeigt sich nicht zuletzt in einem Schreiben der Herzogin Elisabeth Charlotte von Orléans. Sie berichtet 1718, lange nach Venningens

Tod, aus St. Cloud von einem schönen Haus, das er sich errichtet haben soll.[60] Karl Lohmeyer charakterisiert kurz und prägnant die Qualitäten Breunigs, wenn er von dessen größter architektonischer Leistung im Wohnbau spricht, ›bei dem er – wieder an seinen Lehrer Petrini anknüpfend – es meisterhaft verstand, einen überreichen Mittelbau mit einfachen Flügeln lediglich durch die Macht abgewogener Verhältnisse, zu einem einheitlichen Ganzen zu vereinigen ...‹.[61] Gerade die Bewältigung des Bauvolumens läßt wieder an die Breunig zugeschriebene Alte Universität und die Jesuitenbauten denken. Im Gegensatz zu diesen Werken, ausgezeichnet durch ihre vertikale Tendenz mit Kolossalpilastern und lisenenartigen Putzblenden innerhalb der einzelnen Fensterachsen, zeigt jedoch die Fassade des Palais Venningen eine stärker horizontale Gliederung. Zwar geben kräftige genutete Ecklisenen der Fassade in der Vertikalen Halt und wird die Mitte durch einen Risalit betont; insgesamt dominierte jedoch einst der eher blockhafte *282* Charakter des ganzen Bauwerks und die horizontale Schichtung der Wandmasse, augenfällig durch das ursprünglich in allen drei Geschossen die Fensterachsen horizontal zusammenfassende Sohlbankgesims. Heute ist der ursprüngliche Zustand leider durch die Vergrößerung der Fenster im zweiten Obergeschoß und die Beseitigung des Gesimses dort verunklärt.

Hat sich Breunig bei der Form des Risalits von Flemal und seinem Rathausentwurf inspirieren lassen, so ist der reiche Schmuck wohl der Einflußnahme des Bauherrn und der engen Zusammenarbeit mit Heinrich Charrasky zu verdanken. Die übrigen Bauten Breunigs zeichnen sich jedenfalls durch eine sehr dezente Dekorierung aus. Das Motiv der aufwendigen Portalgestaltung hat er dabei möglicherweise von Petrini bei ihrem gemeinsamen Aufenthalt in Weinheim übernommen. Heinrich Gropp macht auf die ›petrinesken Züge‹ am Torbau ›Obere Torstraße Nr. 9‹ am Weinheimer Schloß aufmerksam, das gleichfalls mit Scheitelfratze, plastischen Verzierungen der Bogenzwickel und Pilasterfüllungen ausgezeichnet ist.[62] Freilich alles in weit weniger üppiger Ausarbeitung als beim Venningschen Adelshof.

Wenn auch nicht in der Urgestalt völlig erhalten, steht das Palais heute noch durch die eindrucksvolle Fassade beispielhaft für den barocken Wiederaufbau Heidelbergs. Durch seine Lage in der weniger mit kunsthistorisch relevanten Bauten durchsetzten Vorstadt setzt das Palais hier einen wichtigen städtebaulichen Akzent und es entsteht in Verbindung mit den umgebenden einfacheren Bauten ein Ensemble von hohem ästhetischem Reiz. Darüber hinaus verkörpert das Gebäude – wie die Baugeschichte zeigt – ein interessantes Kapitel der Stadt- und Universitätsgeschichte Heidelbergs.

Anmerkungen

1 StA: Huffschmid – Nachlaß. Zur Topographie vgl. Merian 1620, Walpergen 1763
2 Jagd mit Windhunden
3 Zur Persönlichkeit F. v. Venningen vgl. Eberhard Schöll: Der Eberfritz, in: Heidelberger Fremdenblatt (8), 1961/62, S. 10–12;

Oskar Bezzel: Geschichte des kurpfälzischen Heeres in den Kriegen zu Ende des 17. und im Laufe des 18. Jahrhunderts, München 1928 (Geschichte des Bayerischen Heeres IV. 2)
4 Karl Heinz Frauenfeld: Der Tann'sche Hof

in Rohrbach, in: Heidelberger Tageblatt vom 24.4. 1966, S.4

5 Briefe der Herzogin Elisabeth Charlotte von Orléans. Aus den Jahren 1676 bis 1706. Hrsg. Wilhelm Ludwig Holland, Tübingen 1874, S.188, Brief vom 23.4. 1700

6 GLA: 204/995

7-11 Ebd.

12 Ebd. ›Lußtbaw‹ ist die Bezeichnung von Kurfürst Johann Wilhelm bei seiner Zustimmung vom 31.8. 1706

13 StA: Urkunde 238. Vgl. Karl Lohmeyer: Die Meister der Heidelberger Jesuitenkirche, in: Neues Archiv für die Geschichte der Stadt Heidelberg und der rheinischen Pfalz, Bd.XI, Heft 3, Heidelberg 1924, S.153-159

14 GLA: 235/186. Laut Steuerverzeichnis vom 2.11. 1845 wurde das Hintergebäude und Gartenhaus in den vierziger Jahren des 18.Jahrhunderts erbaut. Terminus post P.F. Walpergen 1763, hier ist das Dach des Hintergebäudes erkennbar

15 Ctrb. VII, S.51; Ctrb. VIII, S.177-78

16 Ctrb. XI, S.143/44

17 GLA: 204/1663

18 Ctrb. XI, S.951

19 GLA: 204/1663

20 Das Palais des Oberhofjägermeisters. Denkmalschutz in der Heidelberger Altstadt (V), in: Heidelberger Tageblatt vom 14./15.5. 1966, S.20; Walter Müller-Seidel: Goethes Verhältnis zu Johann Heinrich Voß, in: Goethe und Heidelberg, hrsg. von der Direktion des Kurpfälzischen Museums, Heidelberg 1949, S.243

21 GLA: 204/1663

22 Ebd.

23 Gb 16, S.257; GLA: 235/192. Die Schildgerechtigkeit wird von den Erben Betz 1841 an P.L.Ernst für 330 fl. verkauft

24 Gb 19, S.19

25 GLA: 235/4945. Zur rechtlichen Seite des Tausches vgl. auch GLA: 235/184-186

26 GLA: 235/3356, 235/4946

27 GLA: 235/4945

28 Ebd.; Gb 33, S.351

29 GLA: 235/185, 235/3356

30 GLA: 235/185

31 GLA: 235/191

32 GLA: 235/186

33-35 Ebd.

36 GLA: 235/33509

37 Ebd., 235/187

38-41 Ebd.

42 Ebd. Zu den Umbauten vgl. auch UA: IX 13, Nr.72

43 GLA: 235/188

44 GLA: 235/33511

45 Gb 59, S.263-276. 1882 verkauft der Unterländer Studienfonds das auf das Hintergebäude des ›Riesen‹ folgende 20ar 13 m² große Gartengelände der Universität Heidelberg für 51428 Mark. Inoffiziell ist das Gelände bereits 1874 der Universität abgetreten worden, die dort ein Physiologisches Institut errichtet. Vgl. Gb 70, S.923-27

46 GLA: 235/29812. Im Rahmen dieses Umbaus wird u.a. auf der westlichen Dachhälfte ein ›Glasdach‹ zum Studium des Pflanzenwachstums und des Ernährungsverhaltens eingerichtet, 1925 wieder abgebrochen und durch das heute vorhandene Atelierfenster ersetzt

47 Ebd. Die Landwirtschaftliche Sammlung verbleibt bis 1902 im zweiten Stock. Anschließend werden die Räume bis 1907 (?) dem Geographischen Seminar zur Verfügung gestellt. Die Räumlichkeiten im ersten Stock (Universitätskasse und Wohnung des Kassenvorstandes) werden Anfang der zwanziger Jahre dem Institut für Stratigraphie und Paläontologie zugeschlagen

48 GLA: 235/3224, 235/3361

49 Gb 53, Heft 4, Lgb.-Nr.812/2. Zur von-Portheim-Stiftung vgl. Satzung vom 19.2. 1955 in den Akten der Portheim-Stiftung Heidelberg

50 GLA: 235/3915. Vgl. dazu auch Heidelberger Tageblatt u.a. August 1925

51 GLA: 235/29812

52 GLA: 235/3817

53 Wilhelm Simon: Das Haus zum Riesen und die Geologie, in: Heidelberger Fremdenblatt (11), 1966/67, S.14

54 Ebd., S.11

55 Akten der von-Portheim-Stiftung Heidelberg und des LDA Karlsruhe

56 Ebd. Neben den Politologen waren auch Teile der Fachgruppe Soziologie und Ethnologie im ›Riesen‹ untergebracht

57 Informationstafel im Erdgeschoß des ›Riesen‹, 1984

58 Tafeltexte: Westseite: ›In diesem Haus hat Kirchhoff 1859 seine mit Bunsen begründete Spektralanalyse auf Sonne und Gestirne gewandt und damit die Chemie des Weltalls erschlossen.‹ Text von Prof. Philipp Lenard, 1916 auf Antrag der Stadt Hei-

delberg angebracht. Vgl. dazu GLA: 235/3361. Ostseite: ›In diesem Haus wirkte von 1901-1934 Salomon-Calvi – Geologe – Ehrenbürger der Stadt.‹ Vgl. dazu GLA: 235/3360

59 Lohmeyer, a. a. O., S. 154
60 Briefe der Herzogin Elisabeth Charlotte von Orléans. Aus den Jahren 1716 bis 1718.

Hrsg. Wilhelm Ludwig Holland, Stuttgart 1868, S. 369, Brief vom 4. 7. 1718
61 Karl Lohmeyer: Das barocke Heidelberg und seine Meister, Heidelberg 1927, S. 16
62 Heinrich Gropp: Petrini in der Pfalz, in: Neues Archiv für die Geschichte der Stadt Heidelberg und der rheinischen Pfalz, Bd. XIII, Heft 4, Heidelberg 1928, S. 125

Literatur

Briefe der Herzogin Elisabeth Charlotte von Orléans, in: Bibliothek des literarischen Vereins Stuttgart, hrsg. von H. L. Holland, Bd. 68 (1867) Stuttgart, Bd. 122 (1874) Tübingen

Frauenfeld, Karl Heinz: Der Tann'sche Hof in Rohrbach, in: Heidelberger Tageblatt vom 24. 4. 1966, S. 4

Gropp, Heinrich: Petrini in der Pfalz, in: Neues Archiv für die Geschichte der Stadt Heidelberg und der rheinischen Pfalz, Bd. XIII, Heft 4, Heidelberg 1928, S. 121 ff.

Lohmeyer, Karl: Die Meister der Heidelberger Jesuitenkirche, in: Neues Archiv für die Geschichte der Stadt Heidelberg und der rheinischen Pfalz, Bd. XI, Heft 3, Heidelberg 1924, S. 153-159

Ders.: Das barocke Heidelberg und seine Meister, Heidelberg 1927

Schöll, Eberhard: Der Eberfritz, in: Heidelberger Fremdenblatt, Ausgabe 8, 1961/62, S. 10-12

Simon, Wilhelm: Das Haus zum Riesen und die Geologie, in: Heidelberger Fremdenblatt, Ausgabe 11, 1966/67, S. 11-15

BETTINA ALBRECHT

Die ehemaligen Naturwissenschaftlichen und Medizinischen Institutsgebäude im Bereich Brunnengasse, Hauptstraße, Akademiestraße und Plöck

Die Gebäude Brunnengasse 1 (ehemalige Anatomie) und Hauptstraße 47–51 (Friedrichsbau) werden heute vom Psychologischen Institut genutzt; das Haus Akademiestraße 3 (ehemalige Physiologie) dient dem Erziehungswissenschaftlichen Seminar; das Gebäude Akademiestraße 5/Ecke Plöck 55 und das Rückgebäude Plöck 57a (ehemals Chemie) beherbergen das Dolmetscherinstitut.

Vorbemerkung

Auf dem Grundstück von Anatomie und Friedrichsbau befand sich ursprünglich das Dominikanerkloster. Der Ankauf des Klosters durch Großherzog Karl Friedrich von Baden im Jahre 1804 ›zum Gebrauche für Höchst dero Anstalten des Generalstudiums zu Heidelberg‹[2] markiert den Beginn einer räumlichen Ausdehnung der Universität in die westliche ›Vorstadt‹ hinein. Die Klostergebäude dienten nun der Unterbringung der Anatomie und des größten Teils der Naturwissenschaften. In der Folgezeit nötig gewordene Neubauten dieser Institute wurden möglichst in der Nachbarschaft des Klosters errichtet, um auch den räumlichen Bezug zu den inhaltlich verbundenen Wissenschaften zu gewährleisten. Als erstes erhielt 1847–49 das Anatomisch-Zoologische Institut ein eigenes Gebäude im Klostergarten; ihm folgte 1854–55 das Chemische Laboratorium in der dem Klostergelände gegenüberliegenden und noch gänzlich unbebauten Akademiestraße (1890–92 Erweiterungsbau in der Plöck 57a); 1862 mußten die Klostergebäude einem ›Neubau für naturwissenschaftliche Institute‹, dem Friedrichsbau, weichen; 1874–75 wurde für die Physiologie ein eigener Institutsbau in der Akademiestraße neben der Chemie errichtet.

Ehemalige Anatomie und Friedrichsbau

Das ehemalige Klosterareal, auf dem heute die Alte Anatomie und der Friedrichsbau stehen, reicht von der Ecke Hauptstraße/Brunnengasse bis an die Rückseite der Häusergrundstücke in der Unteren Neckarstraße und der Ziegelgasse. Die östliche Begrenzung in der Hauptstraße bildet das Haus Nr. 53, die Gaststätte ›Zur Karlsburg‹, vormals der große Viehhof.

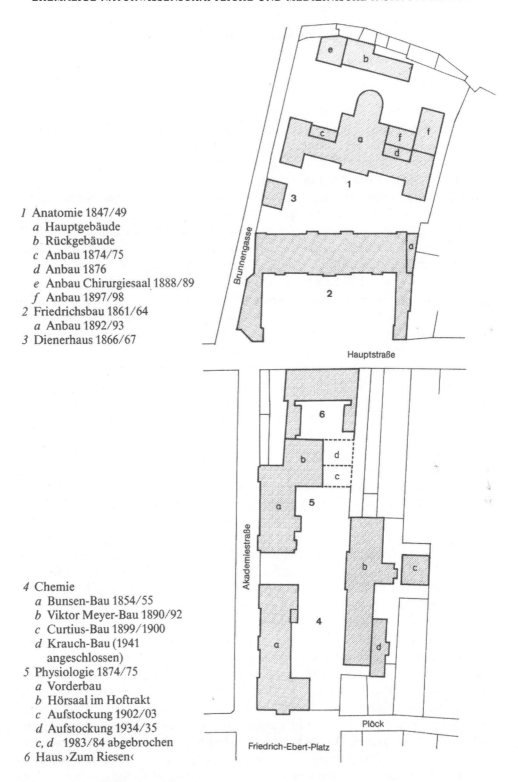

1 Anatomie 1847/49
  a Hauptgebäude
  b Rückgebäude
  c Anbau 1874/75
  d Anbau 1876
  e Anbau Chirurgiesaal 1888/89
  f Anbau 1897/98
2 Friedrichsbau 1861/64
  a Anbau 1892/93
3 Dienerhaus 1866/67

4 Chemie
  a Bunsen-Bau 1854/55
  b Viktor Meyer-Bau 1890/92
  c Curtius-Bau 1899/1900
  d Krauch-Bau (1941
    angeschlossen)
5 Physiologie 1874/75
  a Vorderbau
  b Hörsaal im Hoftrakt
  c Aufstockung 1902/03
  d Aufstockung 1934/35
  c, d 1983/84 abgebrochen
6 Haus ›Zum Riesen‹

Die ehemaligen Naturwissenschaftlichen und Medizinischen Institute. Übersichtsplan

Ehemalige Anatomie

Geschichte

Ein rasches Anwachsen naturwissenschaftlicher Erkenntnisse im Laufe des 19. Jahrhunderts läßt immer neue Spezialgebiete entstehen. Diese fachliche Untergliederung erfordert differenziertere und zweckmäßigere Räumlichkeiten, denen die klösterlichen Raumverhältnisse nicht mehr genügen können. Dadurch werden neue Institutsbauten notwendig.

Am 5. Januar 1846 liegt der Universität ein erster detaillierter Kostenvoranschlag über 51 698 Gulden für einen Anatomie-Neubau auf dem nördlichen Klostergebäude vor, gefertigt von dem Heidelberger Bezirksbauinspektor Ludwig Lendorff.[3] Der engere Senat der Universität empfiehlt, diesen Neubau zwei- statt eingeschossig aufzuführen, um das obere Stockwerk für die Zoologie einzurichten. Der Vorschlag des engeren Senats, das alte Kloster abzureißen und an seiner Stelle einen zweckmäßigen Neubau für die anderen Naturwissenschaftlichen Institute zu erstellen, wird aus finanziellen Gründen zurückgestellt.[4] Am 27. September 1846 genehmigt das Ministerium des Innern 67 000 Gulden für einen zweigeschossigen Neubau für Anatomie und Zoologie und überträgt Lendorff die Planung und Bauleitung.[5] Im November desselben Jahres sind die Entwürfe fertiggestellt; die zuständigen Institutsprofessoren Friedrich Tiedemann, Jakob Henle (Anatomie) und Heinrich Georg Bronn (Zoologie) sowie Kurator J. A. Dahmen stimmen ihnen zu und begründen in ihren Gutachten die Vorzüge des Projekts: Der Bauplatz sei bestens geeignet, da er – im Eigentum der Universität – nichts koste, zweitens von der Straße abgelegen und durch eine Mauer ›den Blicken und dem Andrange des neugierigen Pöbels entzogen‹ sei[6] und zum dritten nicht direkt an Wohnhäuser stoße, so daß keine gegenseitigen Belästigungen zu befürchten seien. Auch die Einteilung des Gebäudes und die Anordnung der Räume zueinander werden als besonders zweckmäßig hervorgehoben.[7] Das Innenministerium sendet die Pläne an die der Bauinspektion übergeordnete Großherzogliche Baudirektion in Karlsruhe, deren Vorsitz Heinrich Hübsch[8] innehat. Hübsch soll sich mit den Institutsdirektoren und der Bau- und Ökonomiekommission der Universität beraten und anschließend gutachten. Dieses für den 30. Dezember 1846 vereinbarte Treffen führt allerdings nicht zum Abschluß der Planung, vielmehr zu einem Neubeginn.

Heinrich Hübsch ist mit dem Projekt seines ehemaligen Schülers Lendorff nicht einverstanden. Unter anderem bemängelt er, daß ›anstatt eines Haupteingangs deren zwei vorhanden sind, was dann namentlich auch die architecton. Einheit auf der Hauptfacade (...) sehr beeinträchtigt.‹[9] Ein zweiter Kritikpunkt betrifft ›die Disposition der Haupträume‹, die so angeordnet seien, ›daß sich die Zwecke der beiden Institute, die hier untergebracht werden sollen, sehr nachtheilig (...) durchkreuzen‹[10]. Da Auditorium und Seziersaal durch das Treppenhaus getrennt seien, werden Besucher auf ihrem Wege in die zoologische Sammlung des Obergeschosses möglicherweise an Leichen vorbeigehen müssen, die gerade vom Seziersaal zum anatomischen Hörsaal gebracht werden.

Infolgedessen präsentiert Hübsch bei der Besprechung im Dezember 1846 dem Gremium alternative Vorschläge. Weil Lendorff es jedoch ablehnt, entsprechende neue Pläne anzufertigen, sieht sich Hübsch ›... - um die Ausführbarkeit seiner Vorschläge darzuthun - genöthigt dieß selbst zu besorgen‹[11]. Hübschs Bericht an das Ministerium umfaßt neben einer Kostenberechnung über die Summe von 67 610 Gulden vier Pläne, von denen heute noch drei erhalten sind.[12] Sie zeigen bereits einen zweiten Planungszustand Hübschs. Ähnlich wie Lendorff gruppiert Hübsch die Dozentenzimmer und andere kleinere Räume zu beiden Seiten des Treppenhauses in der Gebäudemitte. Den Hörsaal jedoch schließt Hübsch als einzelnen Baublock nördlich an das Treppenhaus an und verbindet ihn durch einen Gang über den Nordhof mit einem kleinen separaten Sektionshaus an der nördlichen Grundstücksgrenze. Der breit gelagerte südliche Bauteil mit Hauptfassade wird am Ost- und Westende rechtwinklig nach hinten fortgeführt. Er beherbergt die Museumsgalerien, die im Erdgeschoß die anatomische Sammlung, in der Mitte unterbrochen durch den Haupteingang, aufnehmen und im Obergeschoß die zoologische Sammlung. Der Grundriß dieses Projekts erscheint auf einem von Hübsch signierten Situationsplan des gesamten Klostergeländes[13]. In der Überzeugung, daß eine Planung der Anatomischen Anstalt nicht unabhängig von der Bebauung des übrigen Grundstücks stattfinden könne - der Abbruch des Klosters ist bereits mehrfach seitens der Universität angeregt worden -, skizziert Hübsch in diesem Entwurf auch ein eventuelles Vordergebäude. Damit nimmt er gleichzeitig die Gelegenheit wahr, seine Vorstellungen bezüglich eines solchen Neubaus für naturwissenschaftliche Institute darzulegen. Die Anatomiepläne Hübschs werden entsprechend den Wünschen der Professoren noch in einigen Punkten abgewandelt. So sollen unter anderem ›die Seitenflügel um 20 Fuß nach vorn vortreten und hinten um so viel verkürzt werden‹[14], damit die Professorenzimmer im Mittelbau, seitlich des Treppenhauses, mehr Licht erhalten. Dadurch entstehen aus den rückwärtigen Seitenflügeln seitliche Kopfbauten. Dieses veränderte Projekt wird am 21. Februar 1847 vom Ministerium des Innern zur Ausführung genehmigt.[15]

Im März 1847 wird Friedrich Salvisberg, ein Architekt aus Bern, als Bauführer verpflichtet, und Ende des Monats beginnt man mit den Mauerarbeiten.[16] Am 12. September 1847 findet das Richtfest statt. Nach Abschluß der Dachdeckungsarbeiten im November ist der Bau im Äußeren fertiggestellt, bis auf den Verputz, der im April/Mai 1848 angetragen wird. Die Arbeiten an den Hintergebäuden (Seziersaal, Mazerationsraum[17], Ställe und ähnliches) werden von Ende März bis Dezember 1848 ausgesetzt, weil die Nachbarn ihre bereits seit Mai 1847 laut gewordenen Beschwerden an die 2. Kammer der Stände eingereicht haben. Sie befürchten Belästigungen durch den Verwesungsgeruch der sezierten Leichen, die Übertragung von Krankheiten, den täglichen Anblick der zum Bleichen ausgelegten mazerierten Knochen und ähnliche Beeinträchtigungen. Daraufhin wird die nördliche Scheidewand um 5 Zoll erhöht und die Totenkammer in den Keller des Hauptbaus verlegt. Im Mai 1849 müssen die Arbeiten im Hauptgebäude unterbrochen werden, da sich in den Räumen Truppen der badischen Aufständischen einquartieren. Schon im Juni ist jedoch die Rebellion in Baden durch die preußische und die bayrische Armee niedergeschlagen. Zum Oktober 1849 ist

289

schließlich das Anatomisch-Zoologische Institutsgebäude auch im Innern soweit vollendet, daß seit diesem Wintersemester ›die anatomischen und physiologischen Vorlesungen in ihm gehalten und die Präparirübungen im Secirsaale vorgenommen [werden], auch ist die anatomische Sammlung in den unteren Sälen aufgestellt.‹[18] Das Zoologische Institut zieht erst nach dem April 1850 aus dem Dominikanerkloster in das Obergeschoß des Neubaus um;[19] bis die innere Einrichtung vervollständigt ist, vergehen allerdings noch weitere fünfzehn Jahre.[20]

Seit den siebziger Jahren kommt es zu Unstimmigkeiten zwischen dem 1873 neu berufenen Ordinarius der Anatomischen Anstalt Karl Gegenbaur und Zoologiedirektor Alexander Pagenstecher. Da Gegenbaur Erweiterungsbauten durchsetzen kann und die Zoologie räumlich beschnitten wird, reicht Pagenstecher schließlich seine Emeritierung ein. Sein Nachfolger Otto Bütschli drängt nun verstärkt auf einen eigenen Neubau. Dieses Begehren wird 1889 vom engeren Senat dem Ministerium zur Genehmigung empfohlen,[21] so daß ein Zoologisches Institutsgebäude errichtet werden und die Anstalt 1894 in das neue Domizil in der Sophienstraße 6 (1966 abgerissen) umziehen kann; der in der Anatomie befindliche östliche Sammlungssaal bleibt jedoch bis 1912 in zoologischer Nutzung.

Die ersten Erweiterungsbauten der Anatomie werden auf Anregung Gegenbaurs projektiert.[22] Am Anfang steht 1874/75 der Ausbau des westlichen Gebäudeflügels. Für 3000 Gulden schließt man im Norden den freien Raum zwischen westlichem Flügelkopfbau und Mittelbau durch einen unterkellerten eingeschossigen Anbau.[23] Die drei zweigeteilten Nordfenster werden in die neue Nordwand aufgenommen. Ein entsprechender Anbau im Nordosten entsteht 1876.[24] Daraufhin wird der Präpariersaal in den Nord-Süd-Block des Ostflügels verlegt. Das dadurch freigewordene nördliche Nebengebäude des bisherigen Präpariersaals wird der Chirurgie zugewiesen, die darin ein Arbeitszimmer und einen ›Saal für chirurgische Operationsübungen‹[25] einrichtet.

Im Juni 1884 legt die Direktion der Chirurgie dem Ministerium erstmals eine Planskizze für ein chirurgisches Auditorium vor:[26] Das rückwärtige Chirurgiesaalgebäude soll durch einen Hörsaalanbau im Westen erweitert werden. Den Zugang bildet ein zwischen beiden liegender Flur. Obwohl 1884 vier detaillierte Varianten zu diesem Projekt angefertigt werden - die Pläne sind noch erhalten -, datieren die endgültigen Baupläne der Bauinspektion Heidelberg von Mai bis 295 August 1888. Dieses Projekt ›zur Erweiterung der Räumlichkeiten für den akiurgischen Unterricht‹[27] wird am 7. Juli 1888 mit einem Kostenaufwand von 30000 Mark vom Ministerium genehmigt.[28] Im März 1889 steht der Hörsaal im Rohbau[29] und kann vermutlich seit dem Wintersemester 1889 benutzt werden.

Die nächsten umfangreicheren Baumaßnahmen werden am Hauptbau vorgenommen. Der östliche Flügel soll einen Anbau erhalten, der am 15. Mai 1896 für 80000 Mark genehmigt wird.[30] Im April 1897 beginnen die Bauarbeiten, und ein Jahr später reicht der Heidelberger Bauinspektor Julius Koch die Abrechnungsmaterialien ein.[31] Für diesen eingeschossigen Anbau wird der Ostflügel um vier Fensterachsen nach Norden verlängert und der zwischen Mittelbau und verlängertem Flügel frei bleibende Platz überbaut.

1964 erhält der Hörsaal im Hauptgebäude eine völlig neue Innenausstattung, gleichzeitig erfolgt die Renovierung der Außenfront des Baus.[32]

Bis Frühjahr 1975 zieht das Anatomische Institut sukzessive ins Neuenheimer Feld um; die sich anschließende Instandsetzung des alten Hauptgebäudes zur Unterbringung der Psychologie umfaßt folgende Arbeiten:[33] Sanierung des Dachstuhls, Neuverputzen der Fassaden, Einziehen von Zwischenwänden, Abhängen der hohen Decken und Ersetzen der Fenster durch zweiflügelige Verbundfenster mit Sprossenteilung. Die diagonalverlegten Fußbodenplatten im Treppenhaus, der ergänzte Stuck im Deckenbereich und die – teils neuen, teils wiederaufgearbeiteten – Türen entsprechen dem originalen Zustand.

294

Auch beim Hintergebäude betreffen die Reparaturspuren das Ziegeldach und die Fassaden. Die neuen Fenster haben Isolierverglasung mit originalgetreuer Sprossenverteilung. Im Innern erhält der Bau einige neue Trennwände und abgehängte Decken. Das alte Auditorium wird erhalten. Die 1978 begonnenen Arbeiten sind bis August 1980 fertiggestellt. Insgesamt betragen die Renovierungskosten für Haupt- und Nebengebäude 3 632 000 DM.[34]

297

Beschreibung

Das frühere Anatomiehauptgebäude ist ein freistehender, breit gelagerter, zweigeschossiger Bau mit zwei seitlichen Flügelbauten, wobei der östliche eingeschossig nach Norden verlängert ist. In der Mitte der Nordseite ragt außerdem der zweigeschossige Treppenhausblock hervor, an den sich apsisförmig der Hörsaalblock anschließt. Die Hauptfassade des Baus zeigt nach Süden. Das Schieferdach ist allseitig gewalmt, nur den Haupteingangsrisalit überspannt ein Giebel. An der nördlichen Grenzmauer liegt ein langgestrecktes Nebengebäude.

Die zweigeschossige dreizehnachsige Südfassade ist achsensymmetrisch gestaltet. Zwei einachsige kurze Flügel bilden die Flanken. Einen dreiachsigen Mittelrisalit rahmen im Erd- und Obergeschoß Ecklisenen sowie zwei weitere seitliche Lisenen. Diese Eckbetonung ist bei den Seitenflügeln wiederholt. Der Sockel mit Sockelgesims, das Gurtgesims mit darunter entlanglaufendem Pfeifenfries und das von einem verkröpften Zahnschnittfries unterlegte Dachgesims gliedern die Fassade in der Horizontalen. Während die Sockel- und Gurtgesimse aus rotem Sandstein bestehen, sind das Dachgesims, die Friese, der Sockel und die Lisenen aus beige gebrannten Ziegeln gebildet.[35] Zu den drei Haupteingangsarkaden des Mittelrisalits (Segmentbogen auf Pfeilern) führen fünf Stufen. Im Obergeschoß des Risalits korrespondieren die Segmentbogen der Fensterabschlüsse mit den Erdgeschoßarkaden (jedoch auf Doppelsäulen und Eckpfeilern aufliegend). Bogen und Pfeiler bestehen in beiden Geschossen aus Buntsandstein. Glatte Buntsandsteineinfassungen mit einem schmalen äußeren Sandsteinband rahmen die jeweils vier hochrechteckigen Erd- und Obergeschoßfenster zwischen Risalit und seitlichen Flügeln. Die aus der Serliana entwickelten, ebenfalls in rotem Sandstein eingefaßten Fenster in beiden Geschossen der Seitenflügel nehmen die Dreiteilung des Risalits wieder auf. Im Westen bildet der mittlere Teil des Erdgeschoßfensters einen Nebeneingang, zu dem eine Treppe führt.

291

Die achtachsige Ostseite ist im Erdgeschoß von Ecklisenen begrenzt, eine weitere Lisene markiert die Mitte. Über der südlichen Erdgeschoßhälfte erhebt sich das Obergeschoß mit Ecklisenen. Die Hauptgliederungselemente – Sockel, Gesimse, Friese, Lisenen – entsprechen denen der Hauptfassade. Das Erdgeschoßfenster in der vierten Achse ist breiter und höher als die übrigen, die mit den Fenstern der Südfassade übereinstimmen. Diesen gleichen auch die vier Fenster des Obergeschosses.

292   Die nördliche Rückansicht entspricht in ihrer Gesamtkonzeption der Hauptfassade. Dem etwas breiteren Mittelteil mit dem Treppenhaus ist der hufeisenförmige Hörsaal apsisartig vorgelagert. An den Seiten treten die zweigeschossigen einachsigen Flügelbauten hervor, wobei sich an den östlichen ein später angefügter eingeschossiger Flügel nach Norden anschließt. Auch die eingeschossigen Trakte zwischen Seitenflügeln und Mittelbau sind nachträgliche Anbauten. Die Hauptgliederungselemente der Südfassade treten an dieser Nordseite wieder auf; nur die dreizehn hohen schlanken, regelmäßig angeordneten Fenster (die mittleren drei sind verblendet) des Hörsaals weichen von den am Gebäude üblichen Fensterformen ab. Auf der zweigeschossigen vierachsigen Westseite begegnen wieder die wesentlichsten Gliederungselemente der Südansicht.

295   Die Hauptfassade des eingeschossigen Hintergebäudes an der nördlichen Grundstücksgrenze zeigt nach Süden. Sie besteht aus einem zehnachsigen östlichen Bauteil und dem westlichen übergiebelten Hörsaalrisalit. Diesen gliedern ein breiter Mittelteil mit architraviertem Bogen und schmalere Seitenteile. Letztere werden von Pilastern und genuteten Ecklisenen über dem Sockelgesims sowie einem Architrav begrenzt, so daß in Verbindung mit dem Mittelbogen das Motiv der Serliana anklingt, welches wohl Bezug nimmt auf die dreiteiligen Öffnungen im Risalit und in den Flügelbauten der Vorderansicht des Hauptbaus. In den Feldern seitlich der Mitte befindet sich jeweils ein Fenster. An die Hörsaalfront schließt sich mit dem Gebäudeeingang der zehnachsige langgestreckte Baukörper an. Einem Zwillingsfenster folgen nach Osten in gleichmäßiger Reihung sieben weitere gleichhohe, aber schmalere Fenster. Über dem niedrigeren zweiteiligen östlichen Fassadenfenster befindet sich ein Oberlicht.[36] Diesem Fenster entsprechen die zwei der Ostansicht, über denen in der Mitte ein kleineres Fenster liegt, dessen Walmdach in den Walm des Hauptdaches hineinragt. Alle Fenster haben rote Sandsteineinrahmungen ohne Profil. Auf der fensterlosen Westseite mit Kellertreppe und -zugang sind Sockel und Architrav des südlichen Hörsaalrisalits fortgeführt.

293, 294   Im Hauptbau führt von dem auf die Haupteingangsvorhalle und das Vestibül im Innern folgenden Treppenhaus nach Westen und nach Osten ein Flur, an den sich beiderseits Arbeitsräume reihen. Geradeaus schließt sich rückwärtig, hinter dem Treppenhaus, der große Hörsaal an; zwei weitere Hörsaalzugänge befinden sich seitlich des Treppenhauses.

Über die dreiläufige Treppe mit zweiläufigem Antritt und gemeinsamem Austritt gelangt man ins Obergeschoß. Dort liegen die Räume an einem entlang der Nordseite verlaufenden Flur, der an neu installierten Nebentreppen in den beiden Seitenflügeln endet. Zwei Gänge, die am Treppenhaus entlanglaufen, führen auf die Hörsaalgalerie.

296, 297   Der Eingang des Hintergebäudes führt im Westen zu dem entsprechend seines Originalzustandes renovierten Hörsaal und nach Osten zu mehreren hintereinanderliegenden Räumen mit einer Wendeltreppe in ein darüberliegendes östliches Zimmer.

Kunstgeschichtliche Bemerkungen

Die Anatomiebaupläne der ersten Planungsphase, von Ludwig Lendorff[37], sind leider nicht erhalten. Diese mit den schließlich ausgeführten Entwürfen Heinrich Hübschs[38] zu vergleichen, hätte sicher interessante Aufschlüsse über unterschiedliche formale Auffassungen der beiden Architekten gegeben, wahrscheinlich aber auch Ähnlichkeiten gezeigt; denn einerseits war Lendorff Schüler von Friedrich Weinbrenner - wie übrigens Hübsch vor ihm auch -, andererseits waren es ›Stadtbaumeister Hübsch‹ und ›Militär Baudirektor Hauptmann Arnold‹, bei denen Lendorff 1828 sein Baupraktikantenexamen mit der Bewertung ›sehr gut befähigt‹ ablegte.[39]

Hübschs Einfluß ist nicht nur bei seinen Schülern, sondern auch im gesamten badischen Bauwesen zu erkennen; seine Tätigkeit als Lehrer an der Bauschule des Polytechnikums in Karlsruhe (1827-1854) und als Mitglied der Großherzoglichen Baudirektion (1827-1863, seit 1842 Baudirektor) gab ihm alle Möglichkeiten der Einflußnahme. Umfangreiche kunsthistorische Abhandlungen, in denen er einen ›neuen Styl‹ entwickelte, machten ihn auch außerhalb Badens bekannt. In seiner 1828 erschienenen Schrift ›In welchem Style sollen wir bauen?‹ wendet er sich gegen eine Nachahmung der antiken Baukunst, ohne deren eigenen Wert jedoch anzuzweifeln. ›Die Architektur ist vorzugsweise eine *historische* Kunst, jedoch nicht eine archäologische, wozu sie viele machen wollen‹[40], schreibt er in einer anderen Erörterung. Entscheidend beim Entwurf eines Gebäudes sind für Hübsch vielmehr: 1. das der jeweiligen Landschaft entsprechende Baumaterial, 2. der neueste Stand technischen Wissens (›technostatische Erfahrung‹), 3. die ›Beschützung‹ des Gebäudes gegenüber den für das heimische Klima spezifischen Witterungseinflüssen (dies betrifft z. B. Dachform, Gesimse), 4. allgemeine Bedürfnisse, ›die in dem Clima, vielleicht auch in der Cultur begründet sind.‹[41] Davon ausgehend, daß der in Süddeutschland vorwiegend als Baumaterial verwendete Buntsandstein bei weitem nicht so fest ist wie der Marmor Griechenlands und daß folglich die Überspannung z. B. einer großen Türöffnung nicht mit einem durchgehenden geraden Steinbalken, sondern nur mit einem aus mehreren Teilen bestehenden Bogen geschehen kann, setzt sich Hübsch für den ›Rundbogenstil‹ als der einzigen hier zweckmäßigen Bauweise ein.

Dieses Postulat des rundbogigen Abschlusses hat Hübsch in seinen Gebäuden bei den Eingängen und vielfach auch bei den Fensteröffnungen durchgehalten. Für die Heidelberger Anatomie existieren mehrere Fassadenentwürfe von Hübsch, die alle - wie die meisten Hübsch-Bauten - einen beherrschenden Mittelrisalit zeigen. Die Portalöffnung erhält Segmentbogen, während für die Fenster vorwiegend gerade Stürze vorgesehen sind. Auf einem Plan des Generallandesarchivs Karlsruhe[42], mit ›nach der Ausführung‹ bezeichnet, sind in beiden Geschossen annähernd quadratische zweiteilige Fenster mit Brüstungsfeldern zu sehen. Wahrscheinlich entspricht dies dem ursprünglichen Aussehen des Baus. Ein

290

für die Erweiterung des Ostflügels gefertigter Plan der Ostseite[43] zeigt die quadratischen Obergeschoßfenster. Ein genaues Datum, wann die Vergrößerung der Fenster zu ihrem heutigen Format vorgenommen wurde, ist nicht bekannt, es liegt vermutlich in der Zeit zwischen 1929 und 1949. In den Jahren 1921 bis 1929 fordert die Universität wiederholt die Vergrößerung der Obergeschoßfenster,[44] eine Maßnahme, die der Direktor der Anatomie Hermann Hoepke in seiner Ansprache anläßlich der Jahrhundert-Feier des Anatomischen Instituts 1949 als eine der Veränderungen erwähnt, die dem Gebäude seit seiner Erbauung zugefügt wurden.[45] Heinrich Hübsch hatte zunächst noch kleinere Obergeschoßfenster geplant, wie aus einem Brief des Zoologiedirektors Bronn hervorgeht; Bronn beschwert sich bitter über die Eigenmächtigkeit des Architekten, der die Fenster um rund 50 cm tiefer ansetzend ausführen ließ als vereinbart, wodurch die Ausstellungsschränke nicht darunter aufgestellt werden könnten und die vorgesehene zweckmäßige Einrichtung der Räume nicht mehr möglich sei: ›Der eine wesentliche Zweck des Gebäudes ist hier in einer argen Weise den äußeren architektonischen Anforderungen geopfert worden ...‹, und es ›... wird das innere Aussehen uns nicht über den Gewinn am äußeren Aussehen zu trösten geeignet seyn.‹[46] Hübsch hätte also in diesem Falle entgegen seiner strengen Statuten sein ästhetisches Empfinden über die Nützlichkeit gestellt. Zweifellos würden schmalere querrechteckige Obergeschoßfenster weniger mit den quadratischen Erdgeschoßfenstern harmonieren. Um die, wegen der geforderten Höhe der Fensterbänke, großen Wandflächen unterhalb der Fenster in die Fassadengliederung einzubinden, bringt Hübsch Brüstungsfelder an. Im übrigen lehnt der technisch funktionslose Zierglieder theoretisch ab und befürwortet sie nur als Betonungen der Gebäudestruktur, wie sie durch Ecklisenen, Sockel und Stockwerkgesimse erreicht werden. Hierbei setzt Hübsch eindrucksvoll die unterschiedlichen Effekte verschiedener Materialien ein und kombiniert am Anatomiebau rote Sandsteinrahmungen und -gesimse mit hellen sichtbaren Backsteinen an Sockel, Lisenen und Friesen auf einer gelbbeigen Wand.

Ein Blick auf die Beziehung zwischen der inneren Konzeption des Gebäudes und seiner äußeren Erscheinung zeigt eine weitgehende Schlüssigkeit von Innen und Außen. Hierbei muß allerdings von der ursprünglichen Grundrißsituation ausgegangen werden. Erkennbar ist eine Unterteilung in verschiedene Nutzungsbereiche. In dem recht selbständigen Mittelbau liegen Treppenhaus und kleinere Zimmer, nach hinten angefügt der große halbrunde Hörsaal und vorn, zu beiden Seiten des Eingangs, langgestreckte Museumsgalerien. Daß sich jedoch diese Galerien in den seitlichen Flügelbauten fortsetzen, ist am Äußeren nicht ersichtlich, denn die Flügel erwecken eher den – falschen – Eindruck einer eigenen geschlossenen Raumgruppe. Sie dienen vielmehr der Rhythmisierung der Fassade, indem sie durch Lisenen und dreiteilige Fensteröffnung die Gliederungsstruktur des Mittelrisalits replizieren.

Beim Heidelberger Anatomiegebäude setzt Hübsch seine Gestaltungsmittel gezielt und maßvoll ein, wohingegen andere, bekanntere Bauten Hübschs, wie etwa die Karlsruher Kunsthalle (1838–46) oder die Trinkhalle (1837–40) und das ehemalige Dampfbad (1846–48) in Baden-Baden, in Anbetracht der strengen theoretischen Forderungen durch ihre Detailfülle überraschen. Die dabei verwendeten, die Wandflächen gliedernden Inkrustationen erinnern an italienische Renaissancearchitekturen.[47]

Friedrichsbau

Geschichte

Außer dem Anatomischen Institut befindet sich heute der sogenannte Friedrichsbau auf dem Grundstück des ehemaligen Dominikanerklosters.

Schon 1846/47, als der Anatomische Neubau geplant wird, fordert der engere Senat, das Kloster abzureißen und an dessen Stelle ein neues Gebäude zu errichten, das den unzureichend untergebrachten Naturwissenschaftlichen Instituten zweckmäßige Räumlichkeiten bieten würde. Dies veranlaßt Heinrich Hübsch[48], im Februar 1847 neben seinem Anatomieprojekt im Klostergarten auch einen Vorschlag für einen Naturwissenschaftlichen Neubau auf der vorderen Grundstückshälfte zu entwerfen, den ein Situationsplan des gesamten Klostergeländes zeigt: Im nördlichen Teil befinden sich zwei Projekte zum Anatomiebau; im Süden ist das Geviert der Klosteranlage angegeben, welche vom schattierten Grundriß des Institutsneubaus und einer weiteren Grundrißskizze überschnitten wird. Die von Hübsch vorgesehene Hauptfassade des Gebäudes dokumentiert ein im Generallandesarchiv aufbewahrter kolorierter Plan[49]. Das Ministerium beschließt jedoch aus finanziellen Gründen, diesen Neubau zunächst zurückzustellen.[50]

289

298

Erst 1859 wird wieder ein Naturwissenschaftlicher Institutsneubau ins Auge gefaßt, veranlaßt durch eine Eingabe des Direktors der Physiologie Hermann von Helmholtz an die Bau- und Ökonomiekommission der Universität. Helmholtz waren bei seinem Amtsantritt in Heidelberg 1858 besser geeignete Räumlichkeiten für physiologische Studien als die derzeitigen im Haus ›Zum Riesen‹ (Hauptstraße 52) zugesichert worden. Da sich aber die Situation der Naturwissenschaftlichen Institute inzwischen verändert hat - einerseits durch den Chemieneubau in der Akademiestraße (vgl. S. 350f.), andererseits durch Institutsneugründungen in Folge fortschreitender Spezialisierung - soll der Heidelberger Bezirksbauinspektor Wilhelm Waag[51] den früheren Bauplan Hübschs überarbeiten. In dem neuen Gebäude sind alle jetzt im Kloster befindlichen naturwissenschaftlichen Einrichtungen unterzubringen: Mathematik, die chemische Abteilung der Mediziner, die technologische und landwirtschaftliche Modellsammlung, ein Teil der mineralogischen Sammlung, die zoologische Sammlung des Privatdozenten Alexander Pagenstecher, außerdem das Physiologische und das Physikalische Institut aus dem Haus ›Zum Riesen‹, welches von der Universität nur angemietet ist. Obwohl das Ministerium darauf dringt, den Bau so sparsam wie möglich zu planen, besteht die Universität auf dem Ankauf zweier Privathäuser an der Ecke Hauptstraße/Brunnengasse, um diese abzubrechen und damit dem projektierten Gebäude größere Ausmaße sichern zu können. Insgesamt 28 500 Gulden zahlt das Ministerium des Innern für die beiden Häuser;[52] diese

Summe muß bereits von den im Dezember 1859 durch das Großherzogliche Staatsministerium bewilligten 165 000 Gulden[53] bestritten werden. Am 7. August 1861 erteilt das Staatsministerium für die von Waag gefertigten und vom Karlsruher Bauinspektor Fischer geprüften Entwürfe seine Genehmigung.[54] Geplant ist ein zwei- und im Mittelteil dreigeschossiger Hauptbau mit zwei rechtwinklig angrenzenden eingeschossigen Seitenflügeln.

Die bisher im Dominikanerkloster untergebrachten Sammlungen und Hörsäle werden vorübergehend in die beiden angekauften Häuser an der Hauptstraße/ Ecke Brunnengasse verlegt, so daß nach Niederlegung des Klosters zuerst Hauptbau und östlicher Flügel ausgeführt werden können und danach an der Stelle der beiden abgerissenen Häuser der westliche Flügel. Anfang November sind die Klostergebäude bereits vollständig abgebrochen. Waag berichtet hierzu, daß das Abräumen der Schuttmasse recht teuer gewesen und ›desgleichen ein ganz bedeutendes Geschäft durch Entfernen der alten Fundamente entstanden‹ sei.[55] Demnach sind heute nicht einmal mehr die Grundmauern der Klostergebäude vorhanden – zumindest nicht an ihrer ursprünglichen Stelle, denn ein großer Teil der alten Steine bildet nun die untersten Mauerschichten des großen Institutsgebäudes. Dies geht hervor aus einer Mitteilung Waags vom April 1862 über eine Kostenerparnis, die sich daraus ergebe, daß bis dahin ›(das Kellergewölbe ausgenommen) fast durchgehend das Gemäuer mit alten Steinen ausgeführt worden ist‹.[56] Im September 1863 sind die Institute bereits in den neuen Hauptbau mit östlichem Flügel übergesiedelt und der Abbruch der beiden Eckhäuser ausgeschrieben; an ›Michaelis‹, dem 29. dieses Monats, werden die neuen Dienstwohnungen im Mittelteil des Hauptbaues von den Direktoren Gustav Kirchhoff und Hermann von Helmholtz bezogen.[57] Der sicherlich bald darauf begonnene westliche Flügel wird noch 1863 unter Dach gebracht und bis Ende 1864 fertiggestellt.[58] Inzwischen erhält der ›Neubau für Naturwissenschaftliche Institute‹ auf Wunsch der Universität den Namen ›Friedrichsbau‹ beziehungsweise ›Fridericianum‹[59], und auch eine damals angebrachte Metalltafel in der Eingangshalle mit der Inschrift ›Fridericus Badarum magnus dux sedes auspiciis suis MDCCCLXIII exstructas unitis rerum naturae sacras esse voluit‹ erinnert noch heute an den Großherzoglichen Bauherrn.

Die abgeschlossene Rechnung Waags über die Baukosten liegt der Bau- und Ökonomiekommission am 20. Juni 1865 vor.[60] Gegenüber dem Voranschlag ergeben sich in der Endabrechnung 12 000 Gulden Überschuß. Dieses Geld wird für einen Neubau des Hausmeisterhauses an der Brunnengasse zwischen Friedrichsbau und Anatomiegebäude verwandt. Das Dienerhäuschen soll zwei Wohnungen für den Diener des Physikalischen und den des Anatomischen Instituts aufnehmen. Diese beiden, drei Zimmer umfassenden, Wohnungen liegen in dem zweigeschossigen und unterkellerten Gebäude übereinander. Am 24. Juni 1866 wird der Bau begonnen und vermutlich im Jahre darauf bezogen.[61]

303

Als erstes der im neuen Friedrichsbau untergebrachten Institute zieht 1875 die Physiologie wieder aus, da sie ein eigenes Gebäude in der Akademiestraße erhält. Der bis dahin von ihr genutzte Hörsaal im westlichen Obergeschoß wird der Mineralogie zugewiesen.

Das aus der Chemischen Abteilung für Mediziner (sogenanntes zweites Chemisches Institut unter der Leitung Wilhelm Delffs') hervorgegangene, 1890 von Waldemar von Schroeder gegründete Pharmakologische Institut erhält nach Delffs' Ausscheiden dessen Labor- und Arbeitsplätze auf der östlichen Seite. Der Platz reicht jedoch nicht aus. So bewilligt 1892 das Ministerium der Justiz, des Kultus und Unterrichts 37 000 Mark[62] für eine Erweiterung des Hauptgebäudes bis an die östliche Grundstücksgrenze. Die am 11. August 1892 begonnenen Bauarbeiten sind bis zum 12. April 1893 beendet.[63]

Im Dachstock der Nordseite des Mittelbaus werden 1909 Zimmer mit Dachgaupen ausgebaut.[64] 1930, als man im hofseitigen mittleren Dachgeschoß eine Wohnung einrichtet,[65] entsteht aus jenen Dachgaupen ein Dachaufbau mit Fensterband. Auf der östlichen Hofseite werden um 1950 drei Zimmer mit Dachgaupen ausgebaut.[66]

Bis 1974 siedeln die noch im Friedrichsbau verbliebenen Institute der Pharmakologie und der Mineralogie ins Neuenheimer Feld über. Der Friedrichsbau soll nun das Psychologische Seminar aufnehmen. Entsprechend dieser neuen Nutzung werden im Erd- und Obergeschoß verschiedene Wände eingezogen und der Tierstall (bis 1927 Waschküchen- und Abortgebäude) in der östlichen Ecke des Hofes abgebrochen. Bei den erneuerten Fenstern der Südfassade und des westlichen Flügels behält man gemäß der Auflagen des Landesdenkmalamtes die alte Teilung mit Kämpfer und Sprossen bei. Die vom Universitätsbauamt ausgeführten Arbeiten werden im März 1977 beendet.[67] Der südliche Teil des Ostflügels erfährt 1978 eine Umgestaltung in ein Café.[68]

Beschreibung

Der Friedrichsbau ist eine nach Süden geöffnete Dreiflügelanlage. Der zweigeschossige sechsundzwanzigachsige Haupttrakt mit dreigeschossigem siebenachsigem Mittelbau ist von der Straße zurückgesetzt; die an beiden Seiten rechtwinklig angrenzenden eingeschossigen Flügel schließen zur Hauptstraße hin mit Kopfpavillons ab. Dem Mittelbau ist nochmals ein einachsiger übergiebelter Eingangsrisalit vorgelagert, der die Symmetrieachse des Gebäudes bildet; zwei weitere Risalite befinden sich in der fünften und der einundzwanzigsten Achse. Alle diese Bauteile besitzen selbständige schiefergedeckte flache Walmdächer. Ecklisenen, die im Erdgeschoß genutet sind, betonen die Gebäude- und Risalitkanten. Die Fassaden der einzelnen Bauteile werden verbunden durch verkröpfte Sockel-, Stockwerk- und Sohlbankgesimse aus hellem Sandstein. Das Traufgesims ist mit applizierten hölzernen Rosetten verziert. In den Geschossen des von einem Dreieckgiebel überhöhten Eingangsrisalits liegen der Haupteingang[69], gerahmt von einem architravierten Bogen auf Pfeilern, darüber ein von Konsolen getragener Balkon, auf den eine übergiebelte Fenstertür führt, und im zweiten Obergeschoß ein von einer dünnen Säule geteiltes Fenster mit konsolengestützter Fensterbank. Letzteres ist bei den zweigeschossigen Risaliten in ihren Obergeschossen wiederholt, während die Erdgeschoßfenster den übrigen, gleichmäßig angeordneten hochrechteckigen Fenstern der Fassade entsprechen. Alle Fenster haben glatte Umrahmungen aus hellem Sandstein. Ebenso gestaltet sind die Fen-

301, 302

ster der eingeschossigen Seitenflügel in deren dem Garten an der Hauptstraße zu-
gewandten neunachsigen Fassaden. Die etwas höheren Pavillons werden gerahmt durch Ecklisenen, das Sockelgesims und das von den Flügeln verkröpft
weitergeführte Traufgesims. In Anlehnung an das Motiv der Serliana flankieren
zwei rechteckige Fenster eine größere rundbogige Tür- beziehungsweise Fensteröffnung. Die rahmenden Ecklisenen und Gesimse sind an den Südfassaden der
beiden Pavillons fortgeführt, ebenso das unverkröpfte Fenstergesims, das ein
halbrundes Oberlicht von einem konsolengestützten Rechteckfenster trennt.

Die Westseite an der Brunnengasse setzt sich zusammen aus dem zweigeschossigen sechsachsigen Hauptbau und dem anschließenden achtachsigen Westflügel, der über die Breite der letzten drei Achsen an der Ecke Hauptstraße/Brun-
nengasse abgeschrägt ist. Der Backsteinsockel mit Sockelgesims läuft über die
gesamte Fassade. Das Gurtgesims des Hauptbaus setzt sich unterhalb der Dachtraufe des Seitenflügels fort. Dieser ist gegliedert von fünf Lisenen, welche abwechselnd ein einzelnes und drei engstehende Fenster, die ein unverkröpftes
Gesims von halbkreisförmigen Oberlichtern trennt, flankieren.

299   Die Nordseite entspricht in ihrer unterschiedlichen Geschoßanzahl und in
ihren Achsen der Südfassade, nur im Osten ergibt sich durch die schräge Ostwand entlang der Grundstücksgrenze eine zusätzliche Achse. Der Mittelbau
weist über die Breite der mittleren fünf Achsen ein Dachgeschoß auf; seine beiden äußeren, von jeweils zwei glatten Lisenen flankierten Achsen treten leicht als
Risalite hervor, desgleichen auch die dritte Achse von Osten her und die äußerste
westliche Achse. Die Fenster entsprechen überwiegend denen der Südfassade.

300   Von der Eingangshalle in der Mitte des Haupttrakts, die quer durch das Gebäude bis zum hofseitigen mittleren Zugang reicht, gehen nach beiden Seiten
einige Stufen hinauf zu den Erdgeschoß-Mittelfluren, entlang welchen sich die
Arbeitsräume reihen. Die zwei zweiläufigen Treppen auf der Nordseite sind auch
durch zwei seitliche Hofeingänge erreichbar. Sie führen in die beiden Obergeschosse mit ebenfalls zweihüftig angelegten Räumen. Im ersten Obergeschoß
befindet sich am Ostende des Gangs ein Hörsaal mit Fenstern nach Süden. Das
Dachgeschoß im Mittelbau beherbergt eine Hausmeisterwohnung. Im westlichen
Seitenflügel ist die Bibliothek untergebracht; im östlichen Flügel befinden sich
Arbeitsräume und im Südteil ein Café.

Kunstgeschichtliche Bemerkungen

Über den Architekten des Friedrichsbaus Wilhelm Waag[70] ist wenig bekannt. Seine Baupraktikantenzeit verbrachte er vorwiegend im Dienst der Bezirksbauinspektion Freiburg, 1847–48 unternahm er eine eineinhalbjährige Studienreise
nach Italien, und 1853 wurde ihm die nach Lendorffs[71] Tod freigewordene Stelle
als Bezirksbauinspektor in Heidelberg übertragen, von wo er sich 1875 nach Freiburg versetzen ließ. Im März 1859 erteilte des Ministerium sein Einverständnis,
daß Waag ›die Besorgung der Baugeschäfte der Universität Heidelberg übertragen sei.‹[72] Damit oblagen ihm auch die Planungen zum Friedrichsbau.

Schon Heinrich Hübsch war bei seinem Projekt 1847, als er das auf demselben

Grundstück zu errichtende Anatomische Institut plante, von einem hufeisenförmigen Grundriß ausgegangen. Sein Fassadenentwurf ist inspiriert von italienischen Renaissancepalazzi[73]; der Arkadengang liegt nicht wie gewöhnlich bei den
florentinisch-römischen Renaissancepalästen um einen Innenhof, sondern ist an
die Außenfassade übertragen und verbindet Mittelbau und Seitenflügel. *298*

Auch Waag plante für den Friedrichsbau einen hufeisenförmigen Grundriß.
Aus den Bauunterlagen geht hervor, wie sehr er sich bemühte, den mannigfachen
Ansprüchen der Institutsdirektoren gerecht zu werden. So stehen anscheinend
für die Grundrißform zunächst praktische Überlegungen im Vordergrund, die
der Direktor der Bau- und Ökonomiekommission Mohl folgendermaßen be-
schrieb: Das Gebäude hat ›seine hauptsächliche Exposition gegen Süden, worauf die sämmtlichen Directoren der naturwissenschaftlichen Institute ein großes
Gewicht legen‹, außerdem hat ›diese Form (...) nicht nur den Vorteil großen
Raum zu gewähren, sondern würde auch eine Abtheilung der verschiedenen un-
terzubringenden Anstalten beziehungsweise Wohnungen ermöglichen. Der Straßenlärm aber käme insofern wenig in Betracht, als nur die Endseiten der Flügel
an die Hauptstraße zu stehen kämen, und hier dann (...) Sammlungen untergebracht werden könnten.‹[74] Neben diesen zweckbezogenen Aspekten zeigt sich jedoch eine wohldurchdachte Systematik im Außenbau, und die repräsentative
Funktion einer solchen Anlage – zumal als an der Hauptstraße gelegener Besitz
der Universität – ist nicht zu übersehen. Als Konzeption einer Dreiflügelanlage
entspricht das Gebäude einem Typus, der bei Schlössern des Barock ausgebildet
wurde: Ein dem Corps de logis vergleichbarer Haupttrakt mit selbständigem, nur
wenig hervortretendem Mittelbau wird von zwei rechtwinklig angrenzenden Vorderflügeln flankiert. Damit ist der Hauptfassade ein ›cour d'honneur‹ vorgelagert, der hier jedoch bepflanzt ist, was im Barock nicht üblich war. Waag gibt den
einzelnen Bauteilen dieses Schemas ein unterschiedliches Gewicht. Er schafft eine Steigerung von den Vorderflügeln über die Seiten des Haupttrakts zum Mittelbau. Dies geschieht sowohl durch Erhöhung der Geschoßzahl als auch in den
baugliedernden Details. So entsprechen sich die Einzelformen der drei Risalite
des Haupttrakts: die Ecklisenen im Erd- und im Obergeschoß und die beiden
Fenster – bei den seitlichen Risaliten fehlt jedoch der Fenstergiebel ebenso wie
der Hauptgiebel. Daraus entsteht ein Seite-Mitte-Seite-Verhältnis, in welchem die
drei Bauteile in Beziehung zueinander gesetzt werden und die Risalite ihnen
nicht nur formal, sondern auch in ihrer architektonischen Bedeutung vorangestellt sind. Fenster und Balkon der Risalite kennzeichnen das erste Obergeschoß
als ›Belétage‹, und im Mittelbau, in dem Direktorenwohnungen eingerichtet werden, befindet sich ein Balkonzimmer dort, wo bei einem Barockschloß der wichtigste Raum, nämlich der Festsaal angeordnet war. Auch das durch die Risalite
bewirkte rhythmische Vor- und Zurückspringen der Wand entspricht barocker
Fassadengestaltung.

Die Fassade wirkt insgesamt sehr gleichmäßig und durchkonstruiert. Diesen
Eindruck erzeugen vor allem die überwiegend gleichartigen Fenster, die regelmäßig aneinandergereiht sind. Sie betonen die starke Horizontalwirkung, die sich
auch aus der großen Breitenausdehnung des Gebäudes ergibt und durch die verkröpften Gesimse unterstrichen wird. In der Vertikalen gleichen dies die Lisenen

weitgehend aus und unterstützen mit den hochrechteckigen, streng axial geordneten Fenstern einen gewissen optischen Höhenzug.

So ist dem Architekten durch sorgfältig aufeinander abgestimmte Gliederungsmomente ein in der Anlage zwar aufwendiger, in der Erscheinung jedoch unaufdringlicher Bau von ausgewogener, zurückhaltender Formschönheit gelungen.

Ehemaliges Chemisches Laboratorium und früheres Physiologiegebäude

Die Grundstücke Akademiestraße 3 und 5/Ecke Plöck 55, auf welchen die ehemaligen Institutsgebäude der Physiologie und der Chemie stehen, gehörten ursprünglich zu dem Anwesen des in der Hauptstraße liegenden Hauses ›Zum Riesen‹. Dieses Gelände war unterteilt in den direkt an das Wohnhaus angrenzenden Hof, den an der Akademiestraße gelegenen Garten und die Bleiche, die weiter entlang dieser Straße bis zur Plöck reichte. Da dieses Gelände, das sich im Besitz der Pfälzer katholischen Kirchenschaffnei Heidelberg befand, gegenüber den Naturwissenschaftlichen Instituten im Dominikanerkloster (und später dem Friedrichsbau) liegt, bot es sich als Platz für Naturwissenschafts-Neubauten geradezu an. Deshalb erwarb am 3. Dezember 1853 die Universität den Bleichplatz für 15 000 Gulden, um darauf das Gebäude des Chemischen Instituts zu errichten.[75] Am 1. Februar 1873 kaufte das Innenministerium für 148 000 Gulden aus Mitteln des Unterländer Studienfonds das Haus ›Zum Riesen‹ mit Garten.[76] Die Universitätskasse zahlte an den Unterländer Studienfonds laut Kaufvertrag vom 4. März 1874 30 000 Gulden für dieses Gartengelände als Bauplatz für das Physiologische Institut.[77]

Die ehemaligen Gebäude der Chemie

Geschichte

304, 309 Das frühere Chemische Laboratorium besteht aus drei nach ihren Erbauern benannten Gebäuden: dem Bunsen-Bau in der Akademiestraße 5/Ecke Plöck 55, dem Viktor Meyer-Bau auf dem zurückliegenden Grundstück Plöck 57a und dem im Osten anschließenden Curtius-Bau (Grundstück Plöck 61a).

Bunsen-Bau. Das Chemische Laboratorium ist seit 1818 mit anderen Naturwissenschaftlichen Instituten in den Gebäuden des ehemaligen Dominikanerklosters in der Hauptstraße untergebracht. 1845, als der Anatomie ein Neubau bewilligt wird, macht Chemiedirektor Leopold Gmelin auf sein ebenfalls unzureichend ausgestattetes Chemisches Institut und die stark gestiegenen Ansprüche an ein solches aufmerksam: ›Die Zahl derjenigen, welche sich vorzugsweise der Chemie widmen, hat in Folge ihres steigenden Einflusses auf viele Wissenschaften, auf Kunst, Gewerbe und Landwirtschaft zugenommen; ebenso der Drang nach praktischem Unterricht. Eine chemische Vorlesung, durch Versuche erläutert, genügt nicht mehr; die jungen Chemiker wollen täglich (...) selbst Hand anlegen, um sich eine praktische Ausbildung zu erwerben. Hierzu reicht unsere Anstalt nicht hin (...). Dazu kommt, daß ihr Hörsaal düster ist, und ihr Aussehn nichts weniger als imposant.‹[78] Hieraus wird das Anliegen deutlich, sowohl in den Möglichkeiten auf fachlichem Gebiet als auch bei der äußeren Repräsentation mit anderen neu gegründeten Chemischen Instituten konkurrieren zu können; Gmelin nennt Gießen, Berlin, Göttingen, Leipzig, Marburg und Tübingen. Aber erst der zum Wintersemester 1852/53 an Gmelins Stelle berufene Robert Bunsen setzt einen Chemie-Neubau durch. 15000 Gulden werden zunächst in den Außerordentlichen Etat für 1852/53 aufgenommen,[79] um (am 3. Dezember 1853) die dem Haus ›Zum Riesen‹ angehörende Bleiche in der Akademiestraße/Ecke Plöck als Bauplatz zu erwerben.[80] Dieser Platz erscheint günstig, da er nahe den anderen Naturwissenschaftlichen Instituten im Dominikanerkloster an der Hauptstraße liegt und außerdem den Bau eines freistehenden Gebäudes erlaubt. Mit den Bauentwürfen wird Heinrich Lang[81], Architekt und Lehrer an der Polytechnischen Schule in Karlsruhe, beauftragt, der dort bereits 1851 ein Chemisches Laboratorium erbaut hat. Als im Juni 1853 die Pläne und ein Kostenüberschlag mit der Summe von 69507 Gulden vorliegen,[82] werden sie vom Ministerium des Innern dem Staatsministerium zur Genehmigung eingereicht. Dabei heißt es, man sei der Hoffnung, daß dieser Bau ›den Bedürfnissen und Anforderungen, dem Stand der Wissenschaft entspricht, wie der Universität und dem Lande zur Zierde und zu nachhaltigen Vortheilen gereichen wird.‹[83] Die Genehmigung der Baukosten erfolgt am 17. August 1853.[84] Zu dem Projekt[85] schreibt der Karlsruher Bauinspektor Fischer in seinem Gutachten: ›Die beiden Vorbauten über die Straßenflucht haben keinen erheblichen Zweck und können deshalb füglich weglassen oder, falls dies zur Hebung der Architektur des Gebäudes für nötig erachtet wird, durch kleinere Vorsprünge ersetzt werden‹[86]; letzteres ist offenbar geschehen. Im Mai 1854 werden die Arbeiten vergeben und der Bau begonnen;[87] seit Januar 1855 entsteht die innere Einrichtung.[88] Zu Ostern desselben Jahres findet die Übergabe des Laboratoriums im Mittelbau und dem Erdgeschoß des nördlichen Kopfbaus und der Assistentenwohnungen im nördlichen Obergeschoß statt, während der Direktor seine Wohnung in den zwei Geschossen an der Plöck erst im September beziehen kann.[89] Schließlich erhält der Bau eine Inschrift am Giebel über dem Haupteingang: ›Laboratorium chemicum iussu Friderici Princ. Bad. Reg. exstr. a. MDCCCLV‹. Die Endabrechnung vom Januar 1856 beträgt einschließlich der Bauplatzkosten 75000 Gulden.[90] Die Bau- und Ökonomiekommission rechtfertigt die Überschreitung der früheren Kostenvoranschläge damit, daß dies ›bei den großen Schwierigkeiten, welche eine solche neue Schöpfung notwendig verursacht, und bei dem ausgezeichnet guten Erfolg des Unternehmens, indem unser Laboratorium als das vollkommenste aller bestehenden allgemein anerkannt wird, (...) leicht (...) zu entschuldigen‹ sei.[91]

305, 306

Viktor Meyer-Bau (›Organischer Neubau‹). Im Oktober 1888 tritt Bunsen aus gesundheitlichen Gründen als Direktor des Instituts zurück. Sein Nachfolger Viktor Meyer erhält - neben der Einwilligung in verschiedene Umbaumaßnahmen - die Zusicherung zu einem Neubau für die Organische Chemie, außerdem zu einem zweigeschossigen Verandaanbau auf der Gartenseite der Dienstwohnung im Bunsen-Bau.[92] Für die Lehrveranstaltungen werden im Obergeschoß zwei Räume einer Assistentenwohnung zu einem Hörsaal zusammengefaßt.[93]

Der ›Organische Neubau‹ soll auf dem östlich angrenzenden Grundstück erbaut und durch einen überdachten Gang mit dem Nordeingang des alten Laboratoriums verbunden werden. Der Bauplatz wird für insgesamt 177000 Mark aus Mitteln des Unterländer Studienfonds angekauft.[94] Am 16. April 1890 legt der Heidelberger Bauinspektor Julius Koch die endgültigen Pläne vor,[95] die einen Monat später das Ministerium der Justiz, des Kultus und Unterrichts geneh-

307, 309 migt.[96] Demnach entsteht ein dreigeschossiger nördlicher Bauteil, der kleinere Arbeits- und Übungsräume sowie im ersten Obergeschoß einen kleinen und im zweiten einen großen Hörsaal beherbergt, außerdem ein südlicher zweigeschossiger Flügel, in dem im Erdgeschoß Lagerraum und kleiner Arbeitssaal und darüber der große Arbeitssaal eingerichtet sind.[97] Der letztgenannte Flügel stößt im Osten an ein zweigeschossiges Wohnhaus, so daß er von dieser Seite kein direktes

310 Licht erhalten kann. Deshalb ist der obere Arbeitssaal mit drei großen Oberlichtern versehen. ›Das Aeußere des Baues‹ hat Koch, wie er selbst schreibt, ›in der denkbar einfachsten (...) Weise projectirt‹,[98] um mit den verfügbaren finanziellen Mitteln auszukommen. Zum anderen wäre auch eine aufwendige Gestaltung des Hofgebäudes in Hinblick auf das Vordergebäude unpassend. Im August 1890 werden die Arbeiten vergeben, die Hintergebäude des Grundstücks Plöck 57 (eine Pferdereitbahn und Ställe) abgerissen und der Bau des dreigeschossigen nördlichen Flügels begonnen.[99] Ein Jahr später steht das neue Institut im Rohbau[100] und kann nach den Osterferien, am 2. Mai 1892, in Betrieb genommen werden.[101] Der Verbindungsgang vom Nordeingang des alten Laboratoriums zum Neubau ist im November 1892 fertig; er wird durch die gleichzeitige Schließung des Zugangs in der Akademiestraße der Haupteingang zu beiden Gebäuden.

Curtius-Bau (›Medizinerbau‹). Im April 1891, noch bevor der ›Organische Neubau‹ beendet ist, plant der östliche Nachbar Gross direkt an der Grundstücksgrenze ein mehrstöckiges Haus, welches das neue Chemiegebäude sehr zu beeinträchtigen droht. Daraufhin erwirbt der Unterländer Studienfonds dieses Gelände (Plöck 61 a) für 18000 Mark.[102] Viktor Meyer beabsichtigt, dort einen großen Chemiearbeitssaal für Mediziner mit darüberliegender Dienstwohnung aufzuführen. Durch seinen plötzlichen Tod am 8. August 1897 kommt dieses Projekt jedoch nicht zur Ausführung.

308, 309 Zu Ostern 1898 tritt Theodor Curtius Meyers Nachfolge an und verlangt eine Änderung dessen Medizinerbau-Projekts: Demnach ist nun der Bau mit großem Arbeitssaal und drei Nebenräumen eingeschossig und vom Viktor Meyer-Bau aus zugänglich; von dort gelangt man auch über eine Brücke auf das für ›Arbeiten im Sonnenlicht‹[103] vorgesehene Dach. Die Ausführung dieser am 25. Juli 1899 genehmigten Pläne beginnt Anfang August 1899.[104] Der im Oktober fertiggestellte Anbau wird zum Wintersemester 1900/01 bezogen. Die Baukosten betragen einschließlich der im Keller eingerichteten Dampfheizung 64652 Mark.[105] Den

Namen ›Curtius-Bau‹ erhält der unter Curtius erstellte Medizinerbau auf Anregung der ›Chemikerschaft der Universität Heidelberg‹ im März 1924.[106]

Zu den wichtigsten Umbaumaßnahmen gehört von Mai bis Oktober 1913 die Vereinigung der zwei Arbeitssäle im Bunsen-Bau zu einem großen und die Errichtung eines ›neuen Hörsaals für 100 Personen nebst grossem Vorbereitungszimmer im Barackenstil‹[107] im Institutsgarten, südlich des Verbindungsganges, wodurch der alte Bunsen-Hörsaal der Direktorwohnung angegliedert werden kann. Der Gesamtaufwand für diese Arbeiten beträgt rund 75000 Mark.[108] Curtius' Nachfolger Karl Freudenberg, der nicht mehr im Institutsgebäude wohnt, sondern die Räume der Dienstwohnung in Arbeitsräume umändert, läßt 1926/27 den ehemaligen Bunsen-Hörsaal wieder einrichten.[109]

1941 wird das zweigeschossige Hintergebäude von Plöck 59 (sogenannter Krauch-Bau), früher ein Wohnhaus, dem Südflügel des Viktor Meyer-Baus angeschlossen.[110]

In den Jahren 1955/60 siedelt das Chemische Institut schrittweise in das Neuenheimer Feld um und überläßt die freiwerdenden Räume dem benachbarten Physiologischen Institut (Viktor Meyer-Bau), dem Dolmetscher- und dem Ägyptologischen Institut (Bunsen-Bau). 1962 übernimmt das Land Baden-Württemberg die bisher nur angemieteten Grundstücke Plöck 57a und 59 und Hauptstraße 56a vom Unterländer Studienfonds für 156290 DM.[111] Im Bunsen-Bau werden zur Schaffung größerer Hör- und Übungssäle im Erd- und Obergeschoß Zwischenwände entfernt und im Dachgeschoß ein Sprachlabor, eine Handbücherei, eine mechanische Werkstätte und ein Dozentenzimmer ausgebaut.[112] Der Verbindungsgang zum Viktor Meyer-Bau wird abgebrochen und wahrscheinlich gleichzeitig die Veranda der früheren Direktorenwohnung. Der große Hörsaal im zweiten Obergeschoß des Viktor Meyer-Baus erhält bei seiner Umgestaltung eine Klimaanlage, außerdem eine stählerne Fluchttreppe in den rückwärtigen Hof.[113]

1974 räumt die Physiologische Abteilung das Gebäude Plöck 57a, welches nun dem Dolmetscher-Institut zur Verfügung steht. Die Baugenehmigung für die Planungen zu umfangreichen Renovierungen und Umbaumaßnahmen, deren Kostenaufwand 3570000 DM beträgt, erfolgt am 23. Juni 1978.[114] Der zunächst durchgeführte Abbruch betrifft kleinere Anbauten: die Hörsaalbaracke im Hof, ›den Fachwerkgang am Haupteingang (...), den Tierstall am Krauch-Bau, die Mauer im südlichen Hinterhof, den Kamin einschließlich dem eingebundenen Explosionslabor, Lagerräume in verschiedenen Hofbereichen (...) und alle dem ursprünglichen Bau zugefügten leichten Trennwände‹.[115] Die Sanitär-, Heizungs- und Elektroinstallationen werden erneuert, ebenso Teile des Daches; der ehemalige große Arbeitssaal im Südflügel erhält eine durchbrochene zweite Ebene, die dortigen profilierten Holzdeckenbalken werden freigelegt und ausgebessert[116]; die Türen bleiben, wo möglich, erhalten.[117] Am Äußeren werden Putz und Anstrich erneuert und die Sandsteingewände gereinigt, nötigenfalls ergänzt und hydrophobiert.[118] Im Juli 1980 sind die Arbeiten beendet.[119]

Beschreibung

Äußeres. Der *Bunsen-Bau* besteht aus zwei zweigeschossigen Kopfbauten mit Walmdächern und einem, diese verbindenden, eingeschossigen Mittelteil. Alle Gliederungselemente des verputzten ockergelben Sandsteinbaus bestehen aus feinkörnigem roten Durlacher Sandstein.[120]

305   Der zweigeschossigen Südfassade ist ein übergiebelter Mittelrisalit vorgelagert. Genutete Ecklisenen verstärken die Gebäude- und Risalitkanten. Die zweiachsigen Rücklagen beiderseits des Risalits werden gegliedert von dem Sockel mit Sockelgesims, dem Sohlbankgesims des ersten Obergeschosses und dem Konsolgesims unter der Traufe. Unterhalb des Sohlbank- und des Traufgesimses verlaufen Zierfriese. Eine Mittelsäule, von der zwei Segmentbogen ausgehen, teilt die dem Risalit vorangestellte Eingangsvorhalle, wobei eine Bogenöffnung ursprünglich dem Zugang in den Hörsaal, die andere dem Wohnungseingang entsprach. Auf der Vorhalle ruht der Balkon des Obergeschosses, zu welchem ein dreiteiliges Fenster führt (in der Mitte als Fenstertür), bekrönt von einer waagerechten, abgestuften Verdachung auf Konsolen. Seitlich des Risalits haben die Segmentbogenfenster im Erdgeschoß eine rechteckige Blendrahmung mit horizontaler Verdachung; ausladende, von Konsolen gestützte, gerade Verdachungen überdecken die rechteckigen Obergeschoßfenster. Ein kleines sternförmiges Fenster unterhalb des abgetreppten Giebelgesimses ziert das Giebelfeld des Risalits.

Nach Westen, zur Akademiestraße hin, hat der nördliche Kopfbau zwei, der südliche drei und der Mittelteil neun Achsen. Letzterer ist symmetrisch gestaltet, ein übergiebelter Risalit markiert die Mitte (ursprünglich der Haupteingang). Den Risalit und die Kopfbauten rahmen genutete Ecklisenen. Sockel und Gesimse gleichen der Südansicht; auch die Erdgeschoßfenster entsprechen denen der Südseite, im nördlichen Kopfbau und im Mittelteil fehlt ihnen jedoch das Dekor in den Bogenzwickeln. Sie sind bis auf das etwas breitere Risalitfenster gleichgroß. Im Giebelfeld des Risalits steht die Bauinschrift (vgl. S.351). Die Zwillingsfenster im nördlichen Obergeschoß sind querrechteckig; die südlichen Obergeschoßfenster gleichen der Südfassade. Die zweigeschossige sechsachsige Nordseite weist ebenfalls die Gliederungselemente der Südfassade auf. In der vierten Achse des Erdgeschosses befindet sich ein Eingang mit einer modernen Betontreppe.

Die Hofseite im Osten entspricht im wesentlichen der Akademiestraßenansicht. Im Erdgeschoß des südlichen Kopfbaus führt in der Mittelachse eine achtstufige Treppe zu einem Eingang. Die gleichmäßige Reihung der neun Fenster des eingeschossigen Mittelteils unterbricht zwischen der siebten und achten Achse ein niedriger Anbau mit Walmdach, an den sich nördlich ein niedriger Toilettenvorbau anschließt. Der nördliche Kopfbau besitzt im Erdgeschoß ein, im Obergeschoß zwei Fenster.

307   Östlich des Bunsen-Baus, über den Hof von der Akademiestraße und von der Plöck aus zugänglich, befindet sich der in der Westansicht dreizehnachsige *Viktor Meyer-Bau*. Den dreigeschossigen fünfachsigen Nordteil bedeckt ein Satteldach, das im Süden mit einem Walm, im Norden mit einem Giebel abschließt, während das Dach über dem zweigeschossigen achtachsigen Südteil flach und von Ober-

lichtern durchbrochen ist. In der Mitte des Risalits, der sich über die dritte bis fünfte Achse erstreckt, liegt der Haupteingang. Aus rotem Sandstein bestehend, geben der Quadersockel, das einfache Sohlbankgesims im ersten Obergeschoß, das breite Steinband unter der Traufe und die Fenstereinfassungen der ansonsten schmucklosen Fassade einige Akzente. Die Struktur des dreigeschossigen Teils der Westfassade ist auf die östliche Rückansicht übertragen. Hier springt jedoch die mittlere Risalitachse als Treppenhaustrakt nochmals stark hervor. Der zweigeschossige Südtrakt ist auf seiner ursprünglich an der Grundstücksgrenze liegenden Ostwand fensterlos. An ihn lehnt sich ein später angegliedertes ehemaliges Wohnhaus.

Der sich rückwärtig, im Osten, an den Viktor Meyer-Bau anschließende eingeschossige Block des *Curtius-Baus* besitzt nur nach der Westseite hin eine siebenachsige Ansichtsfassade. Die drei anderen, an Nachbargrundstücke angrenzenden Seiten zeigen fensterlose ungegliederte Backsteinmauern. Die Westfassade beherrschen mit der Eingangstür in der fünften Achse sechs große Fenster mit sichtbaren Entlastungsbögen aus hellen Backsteinen über den Stürzen.

Inneres. Der südliche Eingang des *Bunsen-Baus* führt zu einem Treppenhaus mit halbgewendelter Treppe zum Obergeschoß. Östlich der Treppe liegen zwei kleinere Seminarräume und der Osteingang, westlich ein großer Seminarraum (früher der Bunsensche Hörsaal). Im Treppenhaus befindet sich außerdem ein Durchgang in den eingeschossigen Bautrakt mit zweihüftig angeordneten Arbeitsräumen. Ein weiterer Gebäudeeingang und eine Treppe mit verzogenen Stufen schließen sich im nördlichen Kopfbau an. Dieser besteht im Erdgeschoß und wie der südliche Trakt auch im Obergeschoß aus kleinen Raumeinheiten.

Die Vorhalle des westlichen Haupteingangs des *Viktor Meyer-Baus* wird in Nord-Süd-Richtung geschnitten von einem Mittelgang mit zweihüftig angeordneten Arbeitsräumen und einem südlichen Nebeneingang. Nach Osten schließt sich an die Vorhalle das Treppenhaus an, das mit jeweils einer zweiläufigen Treppe mit Richtungswechsel durch alle drei Geschosse sowie in den Keller reicht. Vom östlichen Treppenhausausgang führt ein verglaster Gang zu dem als Konferenzsaal eingerichteten *Curtius-Bau.*

In der nördlichen Gebäudehälfte entspricht der Raumaufteilung des Erdgeschosses die des ersten Obergeschosses. Das zweite Obergeschoß beherbergt im nördlichen Trakt einen großen Hörsaal und im Risalit einen kleineren Konferenzsaal mit angrenzendem Regieraum für die Dolmetscheranlage. Das Obergeschoß des Südflügels nimmt die Bibliothek ein, deren nachträglich eingebaute zweite Ebene Durchblicke bis zur Decke freiläßt, wie es dem ursprünglichen Raumeindruck entspräche.

Kunstgeschichtliche Bemerkungen

Bunsen-Bau. Da Heinrich Lang[121], der Architekt des Chemischen Laboratoriums, 1851 bereits das Chemische Labor des Polytechnikums in Karlsruhe erbaut hat, sind ihm die Anforderungen, die an ein solches Gebäude gestellt wer-

den, bekannt. Seine in Karlsruhe gesammelten Erfahrungen, die schon damals unternommene Besichtigung von chemischen Einrichtungen anderer Universitäten und der Einfluß Bunsens, dem das Heidelberger Institut untersteht, dazu ein großes freies Baugelände, ermöglichen Lang beim Heidelberger Chemiebau eine überzeugende Verbindung von ansprechendem Äußeren und nach damals neuesten Erkenntnissen angelegtem und ausgestattetem Inneren. In der Art Heinrich Hübschs, dessen klare Unterteilung des Grundrisses in mehrere große Räume und Raumgruppen verschiedener Funktion auch am Außenbau in Erscheinung tritt, konzipiert auch Lang – ehemaliger Schüler Hübschs – mehrere selbständige
306 Gebäudeblöcke. Während im Erdgeschoß entlang der Akademiestraße Institutsräume liegen und diese Gebäudeseite als Institutsfassade dient, sind in den Obergeschossen der Kopfbauten einerseits Assistentenwohnungen, andererseits die
305 Direktorwohnung eingerichtet; letztere erhält eine vornehme Wohnhausfassade mit Eingangsvorhalle und Balkon nach der Plöck und dem damals noch unbebauten Friedrich Ebert- (früher Wrede-) Platz; dabei sind die Hauptwohnräume im Obergeschoß, der Belétage, durch aufwendigere Fensterrahmungen gekennzeichnet. Auch die Erdgeschoßfenster dieses Wohntrakts sind gegenüber den ›Institutsfenstern‹ hervorgehoben, denn die südöstlichen Räume gehören noch zur Wohnung, und ihnen gegenüber liegt das Auditorium mit Fenstern nach Süden und Westen,[122] das in der ideellen Hierarchie der Institutsräume gewissermaßen an erster Stelle steht. Die kleinen Werkstätten und Labors im gegenüberliegenden Nordflügel zeigen dagegen ihre Zugehörigkeit zu den großen langgestreckten Arbeitssälen im Mitteltrakt durch gleiche Fensterformen. Die beiden großen Obergeschoßfenster deuten auf zwei Zimmer der Assistentenwohnungen. Die Symmetrie der Gebäudefassaden läßt auch einen symmetrischen Grundriß vermuten, der jedoch weder für die Gesamtanlage noch innerhalb der einzelnen Gebäudeblöcke gegeben ist.

Der Fassadenschmuck besteht – wiederum in Anlehnung an Hübsch – aus verschiedenen Materialien: die großen Gliederungselemente (Sockel, Ecklisenen, Gesimse, Fenstergewände) aus rotem Buntsandstein und die zierlich gemusterten Friese aus rotbraun gebranntem Ton auf gelbbeige verputzten Wandflächen. Die zurückhaltend verwendeten und wenig aus der Fläche hervortretenden Zierformen wie Quadersockel, Konsolgesims, Fensterverdachung und Blattwerkornamente sind an der Fassadengestaltung italienischer Renaissance-Palazzi orientiert.

Viktor Meyer-Bau. Begrenzte finanzielle Möglichkeiten bei gleichzeitigen vielfältigen Ansprüchen an die Räumlichkeiten seitens des Institutsdirektors Viktor Meyer und dazu Baudirektor Durms Forderung, das abseits der Straße liegende Gebäude so schlicht wie möglich zu gestalten,[123] lassen dem Architekten Julius Koch[124] keinen Spielraum für eine aufwendige künstlerische Architekturgestal-
309 tung des Viktor Meyer-Baus. Koch ist gezwungen, den Grundriß so zweckmäßig und platzsparend wie möglich zu organisieren, was er durch die sich kreuzenden Quer- und Längsachsen der Flure erreicht. Um dieses Schema nicht zu unterbrechen, wird das Treppenhaus als ein eigenständiger ›Turm‹ an die Gebäuderück-
307 seite angefügt. Auch die unsymmetrische Fassadengestaltung durch unterschied-

liche Geschoßhöhen des Baus zeigt das Zurücktreten früherer Architekturideale hinter zweckdienliche Strukturen; so verlangt der große Chemie-Arbeitssaal eine größere Raumhöhe als die übrigen Zimmer und Oberlichter, die auch lüftungstechnisch günstig sind, da er, an der Grundstücksgrenze liegend, nur von einer Seite belichtet wird. Durch Eingangsrisalit, Sockel, Gesimse und Fensterrahmungen erhält die Fassade ihre architektonisch vorgegebenen gestalterischen Akzente.

Curtius-Bau. Beim Curtius-Bau, den auf zwei Seiten Nachbargrundstücke eng begrenzen, sind Fenster nur nach oben und nach Westen möglich. Obwohl die Fassade wegen ihrer Nähe zum Viktor Meyer-Bau kaum zu sehen ist, hat Koch sie dennoch mit wenigen Mitteln als Ansichtsseite gestaltet. *308*

Ehemaliges Physiologiegebäude

Geschichte

Das ehemalige Physiologiegebäude befindet sich in der Akademiestraße 3, das heißt neben dem früheren Chemischen Laboratorium, außerdem in der Nähe des ehemals Anatomischen Instituts und des Friedrichsbau, welcher die Naturwissenschaften beherbergte (vgl. S.336).

Schon 1859 wünscht Hermann von Helmholtz für sein bisher im Haus ›Zum Riesen‹ (Hauptstraße 52) eingerichtetes Physiologisches Institut einen Neubau und gibt damit den Anlaß zur Wiederaufnahme der Planungen für den Friedrichsbau. 1863 siedelt die Physiologie dorthin über, und erst seit dem Amtsantritt Willy Kühnes als Institutsdirektor im Herbst 1871 werden konkrete Überlegungen für ein neues Gebäude, das ausschließlich physiologischen Zwecken dienen soll, angestellt. Baurat Heinrich Lang, der 1855 schon das Chemische Institut in Heidelberg erbaut hat, erhält als Mitglied der Großherzoglichen Baudirektion Karlsruhe vom Ministerium des Innern im November 1871 den Auftrag, ›den Gegenstand an Ort und Stelle im Benehmen mit Herrn Hofrath Kühne (...) einer Erörterung zu unterziehen.‹[125] Dabei wird anscheinend der bis dahin gehegte Gedanke eines Anbaus für die Physiologie an den Friedrichsbau aufgegeben und ein Neubau beschlossen. Zu diesem Zweck erwirbt das Ministerium des Innern am 4. März 1874 den zum Haus ›Zum Riesen‹ gehörenden Garten (vgl. S.350) aus Mitteln des Unterländer Studienfonds. Über die eigentliche Planung und die Bauausführung liegen keine Quellen vor. Sicher ist nur, daß das Gebäude zum Wintersemester 1875 fertiggestellt ist, da am 3. November 1875 Kühne dem engeren Senat der Universität mitteilt, ›daß mit dem heutigen Tage die Vorlesungen und practischen Arbeiten in dem neuen physiologischen Institute, dessen amtliche Übergabe indeß wegen mangelnder Vollendung des Baus einstweilen noch nicht zu erreichen war, beginnen werden.‹[126] (Die ›mangelnde Vollendung‹ bezieht sich vermutlich auf die innere Einrichtung.) Die Übergabe des Gebäudes an den engeren Senat findet erst ein knappes Jahr später, im September 1876 statt.[127] Die Baukosten betragen insgesamt 220000 Mark.[128]

Zwar sind keine alten Baupläne mehr vorhanden, doch hat Lang selbst sein Gebäude 1883 in einem Artikel mit ausführlichen Plänen vorgestellt,[129] die uns *311, 313* heute das ursprüngliche Aussehen des Baus vermitteln. Im Obergeschoß des Vorderbaus, an der Akademiestraße, sind die Assistenten- und Dienerwohnungen untergebracht, ebenso die Wohnung des Direktors, die auch noch den östlichen Teil des Erdgeschosses einnimmt mit direktem Zugang zu den angrenzenden Unterrichtsräumen. Der rückwärtige Flügel (an der Grundstücksgrenze zum Haus ›Zum Riesen‹) ist nur eingeschossig und beherbergt außer dem großen Hörsaal *314* einige Räume für experimentelle Übungen. Im Keller darunter befinden sich Tierställe, die vom Hof her durch einen großen Lichtschacht belüftet und belichtet werden.

Nachdem sich das Institutsgebäude rund zwanzig Jahre durch die gelungene zweckmäßige innere Einrichtung sowie die Lage und Verbindung der Räume zueinander bewährt hat,[130] fordert Physiologiedirektor Kühne schließlich doch eine Erweiterung. Engerer Senat und Medizinische Fakultät unterstützen seinen diesbezüglichen Antrag beim Ministerium der Justiz, des Kultus und Unterrichts.[131] Doch erst nach dem Tode Kühnes, als Albrecht Kossel von Marburg einen Ruf nach Heidelberg erhält, werden diese Pläne konkretisiert. Die Maßnahmen betreffen hauptsächlich den Aufbau eines zweiten Geschosses auf den Hofflügel, die damit verbundene Änderung des Treppenhauses, Veränderungen in der Raumaufteilung des Erdgeschosses und Umbauten in den Tierställen.[132] Die Aufstockung des Hoftraktes für 39 700 Mark[133] nimmt den weitaus größten Posten der Bauerweiterungen ein. Hierbei wird nur der südliche Teil erhöht, das Dach über dem Hörsaal dagegen beibehalten und über den anschließenden nordöstlichen Räumen tiefer gelegt, damit die südlichen Zimmer des Aufbaus genügend Licht erhalten.[134] Die Ausführung dieses am 20. März 1902 genehmigten Projekts[135] dauert vom 7. Juli 1902 bis zum 17. März 1903.[136] 1934/35 erhält auch der nordöstliche Teil des Hofflügels einen Aufbau für einen neuen Kursraum.[137]

In den Jahren 1943/44 wird auf der Straßenseite des Institutsgebäudes das Dachgeschoß ausgebaut, zunächst, um dort die Hausmeisterwohnung unterzubringen. Bis 1949 entstehen dort zusätzlich zwei Assistentenwohnungen.[138]

1963 werden dem Physiologischen Institut die früheren Räume des ins Neuenheimer Feld übergesiedelten Chemischen Instituts in der Akademiestraße 5 zugewiesen. Doch bereits in den siebziger Jahren erhält auch die Physiologie neue Gebäude auf der anderen Neckarseite, und das Erziehungswissenschaftliche Seminar zieht 1978 in die Akademiestraße 3. Aus diesem Anlaß finden umfangreiche Umbau- und Renovierungsmaßnahmen statt.[139] Sie umfassen unter anderem Sanierungsarbeiten an den Fassaden, die Gesamterneuerung der Heizungs-, Sanitär- und Elektroinstallationen, das Ersetzen der Fenster durch neue Holzfenster (in der ursprünglichen Teilung mit Kämpfer und Sprossen entsprechend den Auflagen des Landesdenkmalamtes) und der Türen durch glatte Holztüren; die Außentüren zur Straßenseite und nach Süden werden nur ausgebessert. Die Fußböden erhalten eine Gußasphaltbedeckung und einen Textilbelag. Auch das Dachgeschoß ist in die Renovierung mit eingeschlossen. Die im November 1976 begonnenen Bauarbeiten am Straßengebäude werden Ende Oktober 1978 abgeschlossen bei einem Aufwand von 1 544 000 Mark.

Für den Hoftrakt mit Hörsaal und Tierställen ist zunächst der gesamte Abbruch geplant; als sich jedoch herausstellt, daß das ersatzweise Einrichten von Hörsälen im Gebäude Plöck 57 a mit erheblichen Schwierigkeiten verbunden sein würde, beschließt das Universitätsbauamt, den alten Hörsaal instandzusetzen und den übrigen Teil des Rückgebäudes abzureißen.[140] Wie beim Vordergebäude verlangt das Landesdenkmalamt die Wiederaufnahme der alten Fensterteilung, allerdings ohne Sprossen. Die Fassade erhält wie das Vordergebäude einen glatten, ockergelb überstrichenen Putz, die Sandsteingewände und -gesimse bleiben ohne Anstrich. Für die Außenanlagen auf der Rückseite ist eine bepflanzte Grünfläche bis zum gepflasterten Hof des Hauses ›Zum Riesen‹ (Hauptstraße 52) vorgesehen. Diese Maßnahmen werden im Sommer 1981 aus finanziellen Gründen vorerst zurückgestellt; seit Herbst 1982 sind die Planungen jedoch bei einer Kostenschätzung von 1 400 000 DM wieder aufgenommen.[141] Der im Dezember 1983 begonnene Teilabbruch ist im Frühjahr 1984 beendet.

Beschreibung

Der ehemalige Physiologiebau besteht aus einem traufständigen, im Norden an ein Wohnhaus grenzenden Vorderflügel mit Walmdach und ausgebautem Dachgeschoß an der Akademiestraße und einem im Nordosten rechtwinklig angrenzenden kurzen Hoftrakt.

Die nach Westen gerichtete zehnachsige Hauptfassade begrenzen zwei übergiebelte einachsige Risalite mit Eckquaderungen im Erd- und genuteten Eckpilastern im Obergeschoß. Die horizontale Fassadengliederung geschieht durch den Quadersockel mit Kellerfenstern und Sockelgesims, durch ein schlichtes Gebälk, dessen Gesims in Höhe der Sohlbänke der Obergeschoßfenster liegt, und durch ein weiteres Gebälk mit aufwendig gestaltetem Konsolgesims unter den Risalitgiebeln und der Dachtraufe. In den Rücklagen zwischen den Risaliten sind die Gebälkzonen reduziert auf Fries und Gesims. Im Ergeschoß des nördlichen Risalits liegt der Haupteingang, flankiert von zwei genuteten Eckpfeilern, über die sich ein architravierter Rundbogen mit Mittelkonsole und seitlichem Eichenblattdekor wölbt. Die gleiche Umrahmung zeigt das Biforium im Erdgeschoß des südlichen Risalits. Die übrigen rundbogigen Erdgeschoßfenster haben eine horizontale Fensterverdachung, Nabelscheiben in den Blendzwickeln und eine konsolengestützte ausladende Sohlbank. Die beiden rechteckigen Obergeschoßfenster der Risalite teilt eine ionische Säule. Die waagerechte Fensterverdachung ruht auf zwei Konsolen, die seitlich der profilierten Fenstereinfassung in Form von Reliefs wieder aufgenommen sind. Horizontale Fensterverdachungen und seitliche Ohren schmücken die rechteckigen Obergeschoßfenster des Mitteltrakts. Die neun Fenster des Dachgeschosses liegen unregelmäßig zu diesen Fensterachsen. Bis auf die unterste Sockelschicht aus rotem Buntsandstein bestehen alle Zierglieder der Fassade aus hellem Sandstein.

Auf der zweigeschossigen dreiachsigen Südseite besteht der Sockel aus quadratischen, leicht vortretenden Quadern. Sockel-, Sohlbank- und Traufgesims werden von der Vorderfront her weitergeführt. Die Erdgeschoßfenster und der

311

rundbogige Eingang in der Mitte nehmen die Rahmenmotive der Erdgeschoßfenster der Hauptfassade wieder auf. Die Obergeschoßfenster gleichen denen der
312 Vorderansicht. Die hofseitige Ostansicht des Hauptflügels ist zweigeschossig und
neunachsig mit Sockel, Sohlbank- und Dachgesims. Die Fassade gliedert sich in
drei Teile: einen Treppenhausrisalit in der ersten Achse, einen fünfachsigen symmetrisch angelegten Mittelteil mit einer Veranda und darüberliegendem Balkon
in den drei mittleren Achsen und einen dreiachsigen nördlichen Teil, den eine
über alle Geschosse laufende Lisene vom Mittelteil trennt.

Den Hoftrakt bedeckt ein flaches Walmdach. Von den ursprünglich neun Achsen der zweigeschossigen Südansicht stehen heute noch fünf (vgl. S. 359). Das
Backsteinkellergeschoß bildet den Sockel mit Sockelgesims. Die Erdgeschoßfenster entsprechen den angrenzenden Nordfenstern der östlichen Vorderflügel-
fassade. Die Obergeschoßfenster sind rechteckig, ihre Rahmung ist bis zum Gurtgesims verlängert. An der zweigeschossigen dreiachsigen Ostseite sind die
Fensterformen von der Südansicht übernommen. Die zum Hof des Hauses ›Zum
Riesen‹ weisende Nordwand wird von einem dreiteiligen Hörsaalfenster über
dem glatten Sockel mit Sockelgesims beherrscht.

313 Der Haupteingang in der Akademiestraße führt in die Vorhalle zu einer Treppe
ins Ober- und Dachgeschoß. Von der Vorhalle aus gelangt man rechts zu den beiderseits des Flurs liegenden Bibliotheksräumen und einem Übungsraum in der
Südwestecke neben dem Südeingang. Diesem gegenüber liegt eine weitere Treppe – zweiläufig mit Richtungswechsel – zum Ober- und Dachgeschoß. Auch die
Räume der beiden Obergeschosse sind zweihüftig an einem Mittelgang angeordnet. Der Hörsaal mit ansteigendem Gestühl im Hoftrakt ist vom Haupttreppenhaus im Erdgeschoß aus zugänglich.

Kunstgeschichtliche Bemerkungen

Heinrich Lang, Architekt des Chemischen Laboratoriums, ist auch der Erbauer
304, 305, des Physiologischen Instituts. Die beiden nebeneinander in einer Straße stehen-
311 den und im Abstand von zwanzig Jahren errichteten Bauten zeigen deutlich den
Stilwandel in Langs Schaffen. Befindet er sich zur Zeit des Chemiebaus (1855)
noch unter dominierendem Einfluß des Baudirektors Hübsch (vgl. S. 343), so ist
nach dessen Tod 1863 eine Veränderung der baukünstlerischen Haltung Langs
erkennbar; auch wird nach Hübschs Ausscheiden als Baudirektor dieses Amt
neu organisiert und 1867 durch ein Dreierkollegium ersetzt, dem Lang selbst bis
zu seinem Tod 1893 angehört. Er greift nun Anregungen von Friedrich Fischer
(Baudirektor 1863–67) und von seinem Baudirektionskollegen Joseph Berckmül-
ler – beide Weinbrennerschüler – auf. Auch Langs Italienreise 1864 – seine erste
überhaupt – erweitert und vertieft sein Interesse an der Architektur der italienischen Spätrenaissance und des Manierismus (besonders Palladios). So nimmt die
Straßenfassade des Heidelberger Physiologiegebäudes nicht nur in ihren Details
Formen der Renaissance auf, sondern zeigt auch in ihrer Gesamtkomposition
Verwandtschaft mit italienischen Palazzi, wie zum Beispiel bei den Fenstereinfassungen, deren Ausformung im Obergeschoß abnimmt. Ebenso wichtig ist die

heute nicht mehr vorhandene Bandrustika im Putz des Erdgeschosses, die das Gebäude im unteren Teil festigt, verklammert und damit die seitlichen Risalite stärker in die Gesamtstruktur einbindet. Der Fassade fehlt jedoch der für die Renaissance typische Eindruck eines von einem Kernblock heraus entwickelten Gebäudes; der Physiologiebau ist keine Kopie eines Renaissancepalastes. Lang überträgt frühere Stilelemente auf sein Gebäude – beziehungsweise dessen Fassade – in der Absicht, damit auch den repräsentativen Ausdruck der Renaissancepaläste zu erreichen. Das zeigt sich auch darin, daß diese repräsentative Aufgabe, die das Gebäude als Universitätsinstitut zu erfüllen hat, nur für die Vorderansicht gewahrt ist; zum Garten hin hat der Architekt dagegen die Möglichkeit einer ›moderneren‹ Gestaltung der Fassade, indem der Bau seine nach praktischen Erwägungen angelegte unregelmäßige innere Struktur auch außen zeigt. *312* Während die Straßenfassade nichts über den Grundriß aussagt, ist an der rück- *313* wärtigen Gartenansicht die innere Raumgliederung klar ablesbar: die Treppe im südlichen Risalit, Wohnräume in beiden Geschossen hinter einer regelrechten Villenfassade mit Balkonen und, außen durch eine Lisene abgetrennt, Institutsräume, die sich um die Ecke in dem Hoftrakt fortsetzen. Da der ›etwas eigenthümlich gestaltete Bauplatz, welcher zwischen zwei ärarischen Gebäuden (...) sowie einem Privathause sich befindet‹[142], wie Lang schreibt, zwei im Norden senkrecht aufeinandertreffende Bautrakte nahelegt, ist der Haupteingang zweckmäßig im Nordosten, dem Schnittpunkt beider Gebäudeflügel, eingerichtet.

Die Art der Fassadenbehandlung unterscheidet das Physiologiegebäude Langs deutlich von der klaren Gliederung seines früheren Chemiebaus, dessen durchorganisierter Grundriß auch am Außenbau allseitig anschaulich gemacht ist.

Anmerkungen

1 Vgl. Bettina Albrecht: Die ehemaligen Naturwissenschaftlichen und Medizinischen Institutsgebäude der Universität Heidelberg, Diss. Heidelberg 1985; der Aufsatz stellt eine stark komprimierte Zusammenfassung dieser Arbeit dar

2 GLA: 400/123

3 Vgl. S. 343 und Anm. 37

4 GLA: 235/352

5 UA: G II 77/1

6 GLA: 235/571

7 Die Entwürfe Lendorffs sind nicht mehr auffindbar, aber der geplante Bau läßt sich anhand von Beschreibungen in den Professorengutachten, einem Sitzungsprotokoll vom 31. Dez. 1846 und einem Bericht Hübschs vom 3. Feb. 1847 ungefähr rekonstruieren; GLA: 235/571; 422/792

8 Vgl. S. 343 und Anm. 38

9 GLA: 422/792

10 Ebd.

11 Ebd.

12 GLA: G Heidelberg 46, 47, 48; von den vier mit C, D, E, F bezeichneten Plänen existieren noch der Erdgeschoß- und der Obergeschoßgrundriß sowie der Querschnitt

13 Hübsch ist mit der Bau- und Ökonomiekommission der Meinung, es sei sinnvoller, der Anatomie allein ein Gebäude zu errichten und die Zoologie mit den anderen Naturwissenschaften im Vordergebäude an der Stelle des Klosters unterzubringen, und entwirft daher auch ein eingeschossiges Anatomiegebäude

14 UA: G II 77/2

15 Ebd.

16 UA: G II 77/4; von Salvisberg existiert ein seit März 1847 detailliert geführtes Bautagebuch, dem die folgenden Daten entnommen sind

17 Mazeration ist ein Präparationsverfahren, bei dem Knochen von den umgebenden Weichteilen befreit werden

18 UA: G II 77/1

19 UA: G II 77/15

20 Otto Bütschli: Zoologie, vergleichende Anatomie und die zoologische Sammlung an der Universität Heidelberg, Heidelberg 1886, S. 18

21 UA: IX, 13 Nr. 90 b

22 Eberhard Stübler: Geschichte der medizinischen Fakultät der Universität Heidelberg 1386-1925, Heidelberg 1926, S. 295

23 UA: IX, 13 Nr. 89

24 UA: IX, 13 Nr. 90 a

25 Ebd.

26 UA: IX, 13 Nr. 133 a

27 UA: IX, 13 Nr. 134; meist mißverständlich mit dem Zusatz ›beim‹ oder ›im Friedrichsbau‹ aufgeführt

28 Ebd.

29 BVA: Hauptstraße 47-51 Bd. 1

30 UA: IX, 13 Nr. 90 c

31 BVA: Hauptstraße 47-51 Bd. 1

32 UBA: Brunnengasse 1

33 BVA: Anatomie Bd. II; UBA: Brunnengasse 1

34 UBA: Brunnengasse 1

35 Bei den Backsteinen an Sockel und Lisenen handelt es sich um Verblendungen; vgl. UA: G II 77/10. ›Roter Sandstein‹ ist hier synonym zu Buntsandstein gebraucht

36 Dieses Fenster hatte vermutlich vor dem Hörsaalanbau ein Pendant in dem wahrscheinlich vergrößerten Fenster östlich der Eingangstür

37 Ludwig Lendorff: geb. um 1800, gest. 1853 Heidelberg; seit 1847 Bezirksbauinspektor in Heidelberg; vgl. auch S. 154

38 Heinrich Hübsch: geb. 1795 Weinheim, gest. 1863 Karlsruhe

39 GLA: 76/10418

40 Heinrich Hübsch; Die Architectur und ihr Verhältniß zur heutigen Malerei und Sculptur, Stuttgart, Tübingen 1847, S. 22; mit dieser Auffassung wendet sich Hübsch auch gegen seinen ehemaligen klassizistischen Lehrer Friedrich Weinbrenner

41 Heinrich Hübsch: In welchem Style sollen wir bauen? Karlsruhe 1828, S. 13

42 GLA: G Heidelberg 39

43 UBA: Anatomische Anstalt Heidelberg, Bl. 27

44 GLA: 235/3077

45 Hermann Hoepke: Die Geschichte der Anatomie in Heidelberg, in: Reden bei der Jahrhundert-Feier des Anatomischen

Instituts in Heidelberg am 24. und 25. Juni 1949, Schriften der Universität Heidelberg, Heft 5, S. 14

46 UA: G II 77/2

47 Über den neuesten Stand der Hübsch-Forschung vgl.: Heinrich Hübsch 1795-1863. Der große badische Baumeister der Romantik. Katalog der Ausstellung, Karlsruhe 1983/84; dort weitere Literaturangaben

48 Heinrich Hübsch vgl. S. 343

49 GLA: G Heidelberg 55; Grundrisse und ein weiterer Fassadenentwurf Hübschs für den Friedrichsbau: UA: B 5293

50 GLA: 235/352

51 Vgl. S. 348

52 UA: G II 83/10; Genehmigung am 31. Aug. 1860; 15000 Gulden für Grundstück Lgb. Bd. I, S. 115, Nr. 49; 13500 Gulden für Grundstück Lgb. Bd. I, S. 115, Nr. 50

53 GLA: 235/33 510

54 Ebd. Fischers Änderungsvorschläge, denen das Ministerium zustimmt, beziehen sich 1. auf die Stellung des Neubaus, der nicht nach der dahinterliegenden Anatomie auszurichten sei, sondern parallel der Hauptstraße angelegt werden sollte, 2. auf die Risalite der Hauptfassade, deren Giebel statt segmentbogig - wie von Waag vorgeschlagen - besser dreieckig auszuführen seien; GLA: 423/240

55 UA: G II 83/10

56 Ebd.

57 UA: G II 83/11

58 Ebd.

59 Ebd.

60 UA: G II 83/12

61 UA: IX, 13 Nr. 92; GLA: 235/352

62 UA: IX, 13 Nr. 133 b

63 BVA: Hauptstraße 47-51, Bd. 1

64 UA: IX, 13 Nr. 133 c

65 BVA: Hauptstraße 47-51, Bd. 1

66 Ein Dachausbau mit entsprechenden Gaupen im Westen geschieht 1984

67 UBA: Hauptstraße 47-51

68 BVA: Hauptstraße 47-51

69 Die Gliederungsmotive der originalen Tür zierten ursprünglich auch die Obergeschoßlisenen

70 Wilhelm Waag: geb. 1821 Karlsruhe, gest. 1889 Freiburg

71 Vgl. Anm. 37

72 GLA: 76/8173; ebd. die vorhergehenden Personalangaben

73 GLA: G Heidelberg 55; zwei weitere Entwürfe: 44 und 45
74 UA: G II 83/10; GLA: 235/352
75 GLA: 235/531
76 Gb. 53, S. 263–270
77 UA: IX, 13 Nr. 112
78 GLA: 235/571
79 Ebd.
80 UA: G II 92/1
81 Vgl. Anm. 120
82 GLA: 235/531
83 GLA: 233/33 509
84 UA: G II 92/1
85 Baupläne liegen keine mehr vor; Lang stellt den ausgeführten Bau selbst vor, in: Heinrich Lang: Das chemische Laboratorium an der Universität Heidelberg, Karlsruhe 1858
86 GLA: 235/531; GLA: 422/802
87 UA: G II 92/1; UA: G II 92/2
88 GLA: 235/531
89 Ebd.
90 UA: G II 92/1; die Stadt Heidelberg gibt einen Zuschuß von 5000 Gulden; GLA: 235/531
91 GLA: 235/531
92 UA: IX, 13 Nr. 130
93 Theodor Curtius, Johannes Rissom: Geschichte des chemischen Universitäts-Laboratoriums zu Heidelberg seit der Gründung durch Bunsen, Heidelberg 1908, S. 27
94 GLA: 235/3074; für den Bauplatz werden erworben: Wohnhaus mit Garten von Plöck 57 für 144 000 Mark, zwei nördlich angrenzende kleine Grunstücke für 33 000 Mark; Curtius, Rissom: a. a. O., S. 28
95 GLA: 235/3074; Julius Koch vgl. Anm. 124
96 UA: IX, 13 Nr. 130; GLA: 235/533
97 Vgl. hierzu die Grundrisse bei der ausführlichen Abhandlung zum Viktor Meyer-Bau: Emil Knoevenagel: Das neue chemische Laboratorium der Universität Heidelberg, in: Chemiker Zeitung 1893 Nr. 38, S. 859 f.
98 GLA: 235/3074; erst nach zweimaliger Korrektur hat Baudirektor Durm an der Einfachheit der Fassade nichts mehr zu beanstanden: ›In baukünstlerischer Beziehung machen die Facaden des Baues auf Kritik keinen Anspruch mehr. Der Herr Inspector hat es über sich gewonnen, den Bau als Werk der Nützlichkeit, der allen und jeden Schmuckes entbehrt, auf-zufassen und die architektonischen Formen der ausgeworfenen Bausumme anzupassen‹; GLA: 422/822
99 GLA: 235/3074
100 GLA: 422/822
101 GLA: 235/3785
102 GLA: 235/3757; Gb. Bd. 84, S. 872, Nr. 218; im Dezember 1901 übernimmt das Ministerium der Justiz, des Kultus und Unterrichts nach Zahlung der gleichen Summe aus Mitteln der Unterrichtsverwaltung das Grundstück; GLA: 235/29 811; Gb. Bd. 33 H. 15, 3. Feb. 1902
103 Curtius, Rissom: a. a. O., S. 40
104 GLA: 235/3757
105 Ebd.
106 Ebd.
107 UA: IX, 13 Nr. 130
108 Ebd.
109 GLA: 235/3220
110 Michael Buck: Einige Daten von den Bauwerken Plöck 55 und Plöck 57 a in Heidelberg, Heidelberg Mai 1982 (unveröffentlichtes Schreibmaschinenskript), Kap. 9
111 UBA: Plöck 57 a
112 BVA: Plöck 55 Bd. 1
113 Buck: a. a. O., Kap. 8
114 UBA: Plöck 57 a
115 Buck: a. a. O., Kap. 11
116 Ebd.
117 UBA: Plöck 57 a
118 Buck: a. a. O., Kap. 11
119 UBA: Plöck 57 a
120 GLA: 235/531
121 Heinrich Lang: geb. 1824 Neckargemünd, gest. 1893 Karlsruhe; Studium bei Heinrich Hübsch und Friedrich Eisenlohr an der Bauschule des Polytechnikums Karlsruhe, später selbst Lehrer dort und Mitglied der Großherzoglichen Baudirektion Karlsruhe
122 Diese Möglichkeit der besseren Beleuchtung eines Raumes durch den Lichteinfall von zwei Richtungen nutzte Lang auch für große Lehrsäle in seinen zahlreichen Schulbauten; vgl.: Bernhard Otto Müller: Heinrich Lang. Lehrer und Architekt, Diss. Karlsruhe 1961
123 Vgl. Anm. 98
124 Julius Koch: geb. 1852 Freiburg, gest. 1913 Heidelberg; seit 1884 bei der Bezirksbauinspektion Heidelberg; GLA: 466/10 628
125 UA: IX, 13 Nr. 112

126 Ebd.
127 Ebd.
128 Heinrich Lang: Das physiologische Institut der Universität in Heidelberg, in: Allgemeine Bauzeitung 48, 1883, S. 31
129 Lang: a. a. O.
130 Lang: a. a. O.
131 UA: IX, 13 Nr. 112
132 GLA: 235/3834
133-135 a. a. O.

136 BVA: Akademiestraße 3
137 Ebd.
138 GLA: 235/30 007
139 Alle Angaben zu diesen Maßnahmen aus: UBA: Akademiestraße 3; BVA: Akademiestraße 3
140 UBA: Akademiestraße 3
141 Ebd. BVA: Akademiestraße 3
142 Lang: a. a. O., S. 31

Literatur

Albrecht, Bettina: Die ehemaligen Naturwissenschaftlichen und Medizinischen Institutsgebäude der Universität Heidelberg, Diss. Heidelberg 1985

Arnold, Friedrich: Die physiologische Anstalt der Universität Heidelberg von 1853-1858, Heidelberg 1858

Becker, Karl Friedrich: Zur Geschichte der Medizinischen Fakultät, in: Zur Geschichte der Universität Heidelberg, Prorektoratsreden, Heidelberg 1876

Bernthsen, August: Die Heidelberger chemischen Laboratorien für den Unterricht in den letzten 100 Jahren, Heidelberg 1929

Buck, Michael: Einige Daten von den Bauwerken Plöck 55 und Plöck 57a in Heidelberg, Heidelberg Mai 1982 (unveröffentlichtes Schreibmaschinenskript)

Bütschli, Otto: Zoologie, vergleichende Anatomie und die zoologische Sammlung an der Universität Heidelberg seit 1800, Heidelberg 1886

Cremer, Albert: Das neue Anatomiegebäude in Berlin, in: Zeitschrift für Bauwesen 16, 1866, Sp. 162, Bl. I

Curtius, Theodor; Rissom, Johannes: Geschichte des chemischen Universitäts-Laboratoriums zu Heidelberg seit der Gründung durch Bunsen, Heidelberg 1908

Duspiva, Franz: Das neue Zoologische Institut der Universität Heidelberg, in: Heidelberger Jahrbücher 13, 1969, S. 116-131

Freudenberg, Karl: Die Chemie in Heidelberg im vorigen Jahrhundert, in: Heidelberger Jahrbücher 8, 1964, S. 87-92

Gegenbaur, Karl: Die anatomische Anstalt, in: Ruperto-Carola 1386-1886, Illustrirte Fest-Chronik der V. Säcular-Feier der Universität Heidelberg, Heidelberg 1886, S. 206

Hintzelmann, Paul: Almanach der Universität Heidelberg für das Jubiläumsjahr 1886, Heidelberg 1886

Hirsch, Fritz: Von den Universitätsgebäuden in Heidelberg. Ein Beitrag zur Baugeschichte der Stadt, Heidelberg 1903

Hoepke, Hermann: Die Geschichte der Anatomie in Heidelberg, in: Reden bei der Jahrhundert-Feier des Anatomischen Instituts in Heidelberg am 24. und 25. Juni 1949, Schriften der Universität Heidelberg, Heft 5, S. 1-16

Hoepke, Hermann: Der Streit der Professoren Tiedemann und Henle um den Neubau des Anatomischen Instituts in Heidelberg (1844-1849), in: Heidelberger Jahrbücher 5, 1961, S. 114-127

Heinrich Hübsch 1795-1863. Der große badische Baumeister der Romantik. Katalog der Ausstellung, Karlsruhe 1983/84

Hübsch, Heinrich: Die Architectur und ihr Verhältniß zur heutigen Malerei und Sculptur, Stuttgart, Tübingen 1847

Hübsch, Heinrich: In welchem Style sollen wir bauen? Karlsruhe 1828

150 Jahre Universität Karlsruhe. 1825-1975. Architekten der Fridericiana, Skizzen und Entwürfe seit Friedrich Weinbrenner, in: Fridericiana, Zeitschrift der Universität Karlsruhe, Heft 18, Jubiläumsband

Knoevenagel, Emil: Das neue chemische Laboratorium der Universität Heidelberg, in: Chemiker Zeitung 48. 1893, S. 859 f.

Lang, Heinrich: Das chemische Laboratorium an der Universität Heidelberg, Karlsruhe 1858

Lang, Heinrich: Das physiologische Institut der Universität in Heidelberg, in: Allgemeine Bauzeitung 48, 1883, S. 31 f., Tf. 22–25

Lang, Heinrich; Welzien, C.: Das chemische Laboratorium an der Großherzogl. Polytechnischen Schule zu Carlsruhe, Carlsruhe 1855

Lüdicke, Manfred: Das Zoologische Museum in Heidelberg, in: Ruperto Carola 37, 1965, S. 175–184

Müller, Bernhard Otto: Heinrich Lang. Lehrer und Architekt, Diss. Karlsruhe 1961

Schaefer, Hans: Ein Gang durch das Physiologische Institut der Universität Heidelberg, in: Ruperto Carola 6, 1952, S. 76–78

Schaefer, Hans: Hundert Jahre Physiologie in Heidelberg, in: Ruperto Carola 24, 1958, S. 140–145

Schneider, Franz: Geschichte der Universität Heidelberg im ersten Jahrzehnt nach der Reorganisation durch Karl Friedrich 1803–1813, in: Heidelberger Abhandlungen zur mittleren und neueren Geschichte, Heft 38, S. 132 ff.

Stübler, Eberhard: Geschichte der medizinischen Fakultät der Universität Heidelberg 1386–1925, Heidelberg 1926

Valdenaire, Arthur: Heinrich Hübsch. Eine Studie zur Baukunst der Romantik, Karlsruhe 1926

Ueber die naturwissenschaftlichen und medizinischen Institute der Universität Heidelberg, in: Intelligenzblatt 1820, Nr. IV, Beilage zu: Heidelbergische Jahrbücher der Literatur Heft 4, April 1820, S. 33–36

Die Universität Heidelberg. Ein Wegweiser durch ihre Institute, Heidelberg 1936

Das Haus Friedrich-Ebert-Platz 2

315 Das Gebäude Friedrich-Ebert-Platz 2 wird heute im zur westlichen Platzseite gelegenen Hauptbau und in der angrenzenden ehemaligen Schalterhalle von den Instituten für Gesellschafts-, Wirtschafts- und Sozialrecht und für Geschichtliche Rechtswissenschaft genutzt. Im Hinterhaus befinden sich das Universitätsarchiv und eine Dependence des Kunsthistorischen Instituts.

Geschichte

Das Grundstück bildete ehemals einen Teil des Gutleuthoffeldes, das westlich an das Gelände des Botanischen Gartens der Universität, des späteren Wrede-Platzes und heutigen Friedrich-Ebert-Platzes, angrenzte. 1853 erklärte die Stadt Heidelberg das ›Arboretum‹ des ehemaligen Botanischen Gartens zum ›freien Platz‹[1], 1860 wurde auf dem Platz das Denkmal für Feldmarschall von Wrede enthüllt[2].

Die Randbebauung des neugeschaffenen Platzes entsteht jedoch über mehrere Jahrzehnte hinweg; das Grundstück Friedrich-Ebert-Platz 2 bleibt bis 1926 unbebaut.[3] Zu Beginn dieses Jahres (12. Januar) gelangt es auf dem Wege der Zwangsversteigerung aus privater Hand in den Besitz der Städtischen Sparkasse Heidelberg, die dort ihren Hauptsitz erstellen will.[4] Erste, unausgeführte Pläne datieren bereits vom Februar 1926.[5] Planender und ausführender Architekt des Hauses ist der Leiter des Städtischen Hochbauamtes, Oberbaurat Friedrich Haller.[6] Dieser konzipiert von Anfang an einen viergeschossigen Hauptbau mit Hauptfassade zum Platz, einen eingeschossigen Zwischenbau sowie ein zweigeschossiges Hinterhaus. Die Erdgeschosse aller Teile und das Hinterhaus werden von der Sparkasse eingenommen, die Obergeschosse des Hauptbaus sind Wohnungen. Die Keller unter allen Hausteilen werden zu Tresorräumen ausgebaut. Die Ausführungspläne datieren vom Mai und Juni, zum gleichen Zeitpunkt wird wohl mit dem Bau begonnen.[7] Am 21. November des folgenden Jahres 1927 wird die Sparkasse eröffnet[8], Anfang 1928 wird das Gebäude vom Architekten offiziell übergeben[9]. 1960 verlegt die Nachfolgerin der Städtischen Sparkasse, die Bezirkssparkasse Heidelberg, ihren Verwaltungssitz in einen Neubau an der Kurfürstenanlage, nutzt das Gebäude am Friedrich-Ebert-Platz aber weiterhin für eine Zweigstelle.[10] Umbauten und Renovierungen des Äußeren und Inneren erfolgen in den Jahren 1966/67.[11] Das zuvor schiefergedeckte Hauptgebäude erhält eine Neueindeckung in Ziegeln, die Natursteine der Fassaden werden gereinigt, ihre

Putzfelder und das Holzwerk gestrichen; die Dachflächen über den Schalterräumen des Erdgeschosses, ursprünglich von Oberlichtern durchbrochen, werden durch eine Stahlbetondecke mit Sichtkuppeln ersetzt.

Im Januar 1968 finden erste Verhandlungen mit der Universität und dem Staatlichen Liegenschaftsamt Heidelberg über die teilweise Anmietung oder den Ankauf des Hauses für die Großrechenanlage des Universitätsrechenzentrums statt.[12] Die Bezirkssparkasse will zu diesem Zeitpunkt das Gebäude zwar nicht verkaufen, sagt aber die Vermietung eines Teiles der Räume zu; die Zweigstelle der Sparkasse soll, vom universitären Teil räumlich getrennt, weiter bestehen bleiben. Schon Anfang April des gleichen Jahres erklärt die Bezirkssparkasse dann doch ihr Einverständnis mit dem Verkauf[13], der von den staatlichen Stellen ebenfalls gewünscht wird, da mit der Installation der Rechenanlage größere Investitionen in das Gebäude verbunden sind[14]. Der Kaufvertrag wird am 31. 10. 1968 geschlossen.[15] Die Sparkasse räumt das Erdgeschoß zum 30. 6. 1969[16], die Mietverhältnisse für die Wohnungen der Obergeschosse und im Hinterhaus werden ebenfalls gekündigt und die Räumlichkeiten bis 1973 schrittweise übernommen[17]. Am 3. 12. 1969 übergibt das Universitätsbauamt das Haus nach geringfügigen Umbauten und der Installation der Rechenanlage an das universitäre Rechenzentrum.[18] Auch das Sprachlabor des ehemaligen Sprachkybernetischen Forschungszentrums sowie eine Dependence des Anatomischen Instituts werden im Gebäude untergebracht.[19] Im Hinterhaus erhält das Universitätsarchiv mehr Raum als an seinem alten Ort in der Neuen Universität.

Das Rechenzentrum bezieht 1975 einen Bau im Neuenheimer Feld[20], das Hauptgebäude am Friedrich-Ebert-Platz wird im Zuge der Neuverteilung der Fakultäten in der Altstadt dem Slawischen Institut zugewiesen (Übergabe am 4. April 1975).[21] Renovierungen des Außenbaus werden 1976 durchgeführt.[22] Im März 1978 beschließt man eine erneute Verlegung. Das Hauptgebäude und die Schalterhalle der Sparkasse werden den Instituten für Gesellschafts-, Wirtschafts- und Sozialrecht sowie für Geschichtliche Rechtswissenschaft zugesprochen, das Slawische Institut zieht in das Seminarienhaus (Augustinergasse 15).[23] Die Räumlichkeiten des Universitätsarchives im ersten Obergeschoß des Hinterhauses werden erweitert. Anläßlich dieser Umzüge werden im Oktober/November 1979 Fenster erneuert und geringfügige Umbauten vom Universitätsbauamt vorgenommen.[24] Am 17. 3. 1981 übergibt man das Haupthaus und die Erdgeschoßräume in Zwischenbau und Hinterhaus der Juristischen Fakultät.[25] Seit 1984 wird das Dachgeschoß des Hinterhauses vom Kunsthistorischen Institut genutzt.

Beschreibung

Das Haus an der Westseite des Friedrich-Ebert-Platzes umfaßt einen platzseitigen Haupttrakt und ein Hintergebäude von gleicher Breite, welches sich aus einem eingeschossigen Zwischenbau und einem zweigeschossigen westlichen Trakt zusammensetzt. Die Anlage resultiert aus der ursprünglichen Zweckbestimmung als Sparkasse.   *315, 316*

Die Platzfassade des sieben Achsen zählenden Hauptgebäudes, eines muschel-
kalkgegliederten Putzbaus über rechteckigem Grundriß, ist repräsentativ gestaltet. Der Basisstreifen mit den lünettenförmigen Kellerfenstern und das Erdgeschoß sind zu einem hausteinverblendeten Sockel zusammengezogen. Die Lagerfugen winkeln über dem Oberlicht des in der südlichen Achse liegenden
Nebenportals und dem Rundbogen des großen Mittelportals im Sinne des Bo-
genquaderungsmotivs um. Die Fenster haben konsolengestützte Sohlbänke und
breite, unprofilierte Rechteckgewände. Die gleiche Gewändeform eignet den auf
dem wuchtigen Abschlußgesims des Rustikasockels aufsitzenden Fenstern des
ersten Obergeschosses. Die Fenster des zweiten Obergeschosses haben dagegen
Sohlbänke mit kleinen Konsolen und Segmentbogenwände mit Keilsteinen; in
der mittleren, durch größere Breite betonten Achse sitzt eine Fenstertür, die auf
einen konsolengetragenen Balkon mit Eisengeländer führt und die von einer
Wappenkartusche mit dem Heidelberger Löwen bekrönt wird. Die Fenster des
zweiten Obergeschosses sind wiederum hochrechteckig und mit Sohlbänken ausgestattet. Die Fassadengliederung wird durch genutete Ecklisenen und relativ
dicke Putzfelder ergänzt, die sich so verteilen, daß eine zweite, vordere Wand-
schicht als offenes Muster die eigentliche Wandfläche überfängt und zugleich die
durch die Fenster bewirkte Fassadenordnung nachzeichnet. Unterschiedliche
Farbgebung – die Natursteinteile sind warmgrau, die Grundebene beige, die
Putzblenden grünlich – und die Sprossenteilung der Fenster unterstreichen das
reiche Fassadenbild. Das auffallend steile, heute mit dunklen Pfannen gedeckte
(ursprünglich indessen verschieferte) Walmdach setzt über einem kräftigen
Kranzgesims mit einem Aufschiebling an. Sechs Gaupen mit Segmentbogenfen-
stern und Dreieckgiebeln belichten das Dachgeschoß. Ein mit der südlichen
Walmfläche verschnittenes Satteldach vermittelt zum Dach des angrenzenden
Gebäudes.

Als Schauwand ist auch die nördliche Schmalseite des Hauptgebäudes behandelt, ist sie doch vom Eckhaus Friedrich-Ebert-Platz/Plöck durch eine mehr als
8 m breite Bebauungslücke getrennt und folglich von Nordosten her einsehbar.
Die Gliederungsmotive entsprechen denen der Hauptfassade; auf einen einachsigen östlichen Streifen folgt ein breiter Risalit, der beiderseits mit Ecklisenen besetzt ist und nur eine Fensterachse aufnimmt. Die (lediglich vom ersten Obergeschoß an freie) Rückseite des Hauptgebäudes ist ebenso wie die westlichen
Hintergebäude vergleichsweise schlicht gegliedert. Dagegen ist die Portalanlage,
welche nördlich an die Hauptfassade angrenzend die Lücke zum Nachbarhaus
schließt, aufwendig und monumental geformt: Ein Rundbogentor mit einer Rahmung aus zwei wuchtigen tuskischen Säulen, undekoriertem Gebälk und Dreieckgiebel wird von zwei Wandstücken mit rechteckigen Seitendurchlässen flankiert. Diesem Portal entsprechen in der westlichen Fluchtlinie des Hauptgebäudes zwei Mauerzungen, denen innen Pfeiler mit prismatisch stilisierten Vasenauf-
sätzen vorgelegt sind.

Die alte Innenteilung ist heute erheblich modifiziert. Ursprünglich betrat man
vom Hauptportal aus durch ein kleines Vestibül eine Halle, die sich zu der im eingeschossigen Zwischenbau gelegenen Schalterhalle (mit einem gewölbten Kun-
denraum in der Mitte und oberlichterhellten Büroflächen an den Flanken) öffne-

te; der westliche Trakt diente ebenfalls Bankzwecken. Zu den zweibündig angelegten Wohnungen in den oberen Geschossen des Hauptgebäudes gelangte man
über die vom südlichen Nebenportal aus zugängliche Treppe. Durch Raumteilung und -fusion ist dieser Zustand verändert worden. Die Eingangshalle, deren
Wände mit tuskischen Säulen instrumentiert sind, hat sich erhalten, desgleichen
die Grundstruktur der Schalterhalle; dort sind die Schalter zwischen den mit ionischen Pilastern besetzten Pfeilern, die zusammen mit vier ionischen Säulen das
Stahlbetonmuldengewölbe tragen, entfernt worden, um eine möglichst große Bi-
bliotheksfläche zu gewinnen. Die seitlichen Oberlichtkonstruktionen wurden
noch in der Zeit der Nutzung durch die Sparkasse durch moderne Lichtkuppeln
ersetzt.

Kunstgeschichtliche Bemerkungen

Das ehemalige Sparkassengebäude zählt zu den Heidelberger Bauten aus den
zwanziger Jahren unseres Jahrhunderts, die durch Allusion an die Barockarchitektur repräsentativ wirken wollen, ohne darum Stilkopien zu sein. Stadtoberbaurat Friedrich Haller, der Architekt des Gebäudes, stellt in seinem zusammen mit
seinem Kollegen Paul Rottmann herausgegebenen Buch ›Neue Stadtbaukunst -
Heidelberg‹ (Berlin/Leipzig/Wien 1928) zahlreiche Beispiele dieser Gattung vor
- genannt seien die Ludolf-Krehl-Klinik, das Projekt zu einer Gewerbeschule am
Neckarstaden, der Rathaus-Umbau von F. S. Kuhn und Hallers Sparkasse selbst -
und spricht von einer Verpflichtung des Hochbauamtes, ›das Stadt- und Land-
schaftsbild vor Verunstaltungen zu schützen‹: ›... so sollte andererseits in den historischen Stadtteilen das Alte erhalten und nach Möglichkeit hierher nicht passende moderne Bestrebungen verhindert werden, manche in unvorsichtiger Zeit
entstandenen Schlacken müssen wieder beseitigt werden. Dazu braucht es jedoch
Zeit und Geld, dabei letzteres groß geschrieben. - Unendlich viel Kleinarbeit
wird in dieser Hinsicht noch zu leisten sein; immerhin, die Bestrebungen sind im
Gange, und wird alles getan werden, um das schöne Stadtbild Alt-Heidelbergs zu
erhalten‹.

Das monumentalisierend vereinfachte Barockvokabular des Sparkassenge-
bäudes sucht offenkundig, die Mitte zwischen Anpassung und Eigenwilligkeit zu
finden. In der Putzgliederung der Fassade klingt das Motiv der Kolossalordnung
an, wie es beispielsweise den barocken Kernbau des Rathauses prägt (er ist übrigens ebenfalls siebenachsig und hat einen Rustikasockel). Die zitierten Sätze beweisen, daß die barockisierende Tendenz im Heidelberg der zwanziger Jahre
auch als Reaktion auf die ›modernen Bestrebungen‹ (also den Funktionalismus)
verstanden werden muß, wie sie Haller freilich für andere Stadtteile akzeptiert.

Anmerkungen

1 StA: Uraltaktei 280/1

2 Dietrich Schubert: Das Denkmal für den
bayerischen Feldmarschall Karl Philipp

von Wrede (1860), in: Heidelberger Denkmäler 1788-1981, Heidelberg 1982, S. 24ff.

3 In den Grundbüchern der Stadt Heidelberg

lassen sich seit 1858 häufige Besitzerwechsel des Grundstückes feststellen. Vgl. Gb. Nr. 50, S. 642ff.; Gb. Nr. 97, S. 557; Gb. Nr. 102, S. 445ff.; Gb. Nr. 52, Heft 17 sowie Gb. Nr. 21, Heft 28

4 Gb. Nr. 21, Heft 28

5 Die Pläne befinden sich im Universitätsbauamt

6 Vgl. Friedrich Haller und Paul Rottmann: Neue Stadtbaukunst – Heidelberg, Berlin/Leipzig/Wien 1928

7 Die Pläne befinden sich im Universitätsbauamt

8 Heidelberger Tageblatt vom 19. 11. 1927

9 F. Haller, P. Rottmann, a. a. O., S. 10

10 Vgl. Josef Wysocki: Heidelberg, Von Arbeit, Leben und Geld in 150jähriger Geschichte der Sparkasse, Heidelberg 1981

11 StLA: Akte: ›Friedrich-Ebert-Platz 2‹

12 UBA: Nr. 3080

13 StLA: Akte: ›Friedrich-Ebert-Platz 2‹

14 UBA: Nr. 3080

15 StLA: Akte: ›Friedrich-Ebert-Platz 2‹

16 Ebd.

17 UBA: Nr. 3080; StLA: Akte ›Friedrich-Ebert-Platz 2‹

18 UBA: Nr. 3080

19 Ebd.

20 Vgl. S. 533 und S. 547

21 UBA: Nr. 3080

22–25 Ebd.

Literatur

Haller, Friedrich, und Rottmann, Paul: Neue Stadtbaukunst – Heidelberg, Berlin/Leipzig/Wien 1928

EDITH WEGERLE

Das Haus Landfriedstraße 12

Das auf der Südseite der Landfriedstraße gelegene Gebäude beherbergt heute die Abteilung für Psychotherapie und medizinische Psychologie der psychosomatischen Klinik.

Geschichte

Am 27. Juni 1901 erwirbt die Reichsbank, die ihren Stammsitz in Berlin hat, das ehemalige Gartengrundstück, um auf ihm eine Nebenstelle zu errichten.[1] Mit der Planung wird das Baugeschäft Henkenhaf und Ebert in Heidelberg betraut. Am 9. Juli 1902 reichen die Architekten das Baugesuch mit acht Plänen beim Groß- *317, 318* herzoglichen Badischen Bezirksbauamt ein.[2] Über die Existenz von Planungsauflagen seitens der Reichsbank ist nichts bekannt. Anfang August 1902 wird mit den Bauarbeiten begonnen, 1904 ist das Gebäude fertiggestellt.[3] Die Raumauftei- *320* lung folgt dem für ein Bankgebäude zweckdienlichen Schema. Im Untergeschoß sind Wirtschaftsräume untergebracht. Im Erdgeschoß gelangt man vom Haupteingang in die auf der Nordseite gelegenen Geschäftsräume und den Tresorraum. Die gegenüberliegende Wohnung des Kassendieners ist durch einen Gang von den Bankräumen abgetrennt und durch den Seitengang zu erreichen. Im ersten Obergeschoß befindet sich die Direktorenwohnung.

1909 bauen Henkenhaf und Ebert das bisher ungenutzte Attikageschoß aus, auf der Südseite des Kniestocks entstehen eine Bankaktenkammer und ein Dienstbotenzimmer.[4] Nach 1920 wird die gesamte südliche Hälfte des Attikageschosses als Dienerwohnung genutzt; auf der zur Landfriedstraße gelegenen Seite werden Zwischenwände für eine Mädchenkammer und zwei weitere Zimmer eingezogen.[5] Drei Jahre später sind größere Umbaumaßnahmen nötig, weil die Bankräume im Erdgeschoß zu klein werden. Der Architekt Wilhelm Adolf Schmitt aus Mannheim bekommt den Auftrag.[6] Die Wohnung des Kassendieners, die im Erdgeschoß neben den Bankräumen liegt, soll künftig als Bankraum genutzt werden. Um größere Arbeitsräume zu erhalten, werden die Zwischenwände niedergelegt, die die Wohnung von den Geschäftsräumen trennen. Auf der Südseite des Bankhauses entsteht ein eingeschossiger unterkellerter Anbau mit Oberlicht. Das Dach des Hauptbaus wird auf der Hofseite mit einer Schleppgaupe versehen, die die Breite von vier Fensterachsen einnimmt. Hier werden Akteräume und eine Waschküche untergebracht.

Bis 1971 bleibt die Heidelberger Nebenstelle der Bundesbank als Nachfolgerin der Reichsbank in der Landfriedstraße. Im März eben dieses Jahres kauft das

Land das Anwesen und übergibt es zur Nutzung der Universität.[7] Nach Renovierungsarbeiten und geringfügigen Umbauten im Innern zieht das Dolmetscher-Institut in das Gebäude ein. 1979 wechselt dieses Institut in das Gebäude Plöck 79/81, seit dem Ende des darauffolgenden Jahres findet das Institut für Psychotherapie und medizinische Psychologie in der ehemaligen Bank seine Unterkunft.

Beschreibung

Das zweieinhalbgeschossige Gebäude aus hellem Sandstein hat einen annähernd quadratischen Grundriß und ist mit einem flachen, nach Westen gewalmten Satteldach gedeckt. Es schließt mit der östlichen Mauer zeilenständig an das Haus Nr. 14 an.

319   Hauptansichtsseiten sind die zur Landfriedstraße gelegene Nordseite und die Westseite mit dem Eingang, der unter einem Säulenportikus liegt. Über einer niedrigen Granitbasis erhebt sich das sockelartig ausgebildete mit einem kräftigen Profil schließende Kellergeschoß; die querrechteckigen Fenster sitzen in Rücksprüngen, die sich im Erdgeschoß als eingetiefte Brüstungsfelder der Fenster fortsetzen. Das Erdgeschoß ist rustiziert, die Quaderung über den runden Fensterbögen ist spitzbogig, in den Zwickeln finden sich glatte gespiegelte Steine. Das Obergeschoß hat hochrechteckige Fenster mit Ädikularahmung. Darüber folgt das Attikageschoß mit rechteckigen Fenstern. Ein ausladendes Kranzgesims schließt die Fassade nach oben ab.

Die mittlere Achse der dreiachsigen Westseite wird durch einen Säulenportikus, dessen balustradenbekrönte Deckplatte zugleich als Balkon fungiert, hervorgehoben. Wesentliche Gliederungselemente der Straßenfassade setzen sich an der Westseite fort. Der Haupteingang unter dem Portikus wird beiderseits von je einem schmalen Rechteckfenster flankiert. Der Balkon ist durch eine Fenstertür begehbar, die mit einem Dreieckgiebel auf Konsolen verdacht ist. Auch im ersten Obergeschoß finden sich zwei schmale Fensteröffnungen. Das Attikageschoß wird von drei Fenstern durchbrochen. Auf dem Walm sitzt in der Mittelachse ein Dachhäuschen mit einem Drillingsfenster.

Rückseitig schließt sich an die Westfassade ein turmartiger, bis zum zweiten Obergeschoß rustizierter Risalit, der das Treppenhaus südlich ummantelt; das Portal im Erdgeschoß besitzt Bogenquaderung, das darüber angeordnete Fenster ist rundbogig, das folgende querrechteckig; zwei kleine Fenster in der Attika und ein kräftiger Dreieckgiebel komplettieren die Gliederung. Im übrigen ist die Südseite sehr zurückhaltend gestaltet. Der eingeschossige Anbau nimmt die Breite des Gebäudes bis über die Ostkante des Treppenhausrisalits ein; er ist nach Westen hin befenstert und mit einem Glasdach ausgestattet.

Die heutige Nutzung arrangiert sich weitgehend mit der alten Einteilung. Im Untergeschoß liegen Kellerräume und sanitäre Anlagen, im Erdgeschoß zwei große Unterrichtsräume. Der im Anbau situierte Seminarraum hat auf der Westseite einen Zugang durch den Keller. Im ersten Obergeschoß befinden sich verschiedene Diensträume und das Sekretariat, das zweite Obergeschoß wird von einer Forschungsgruppe und von den Therapeuten genutzt.

Kunstgeschichtliche Bemerkungen

Das Gebäude steht in einem Bereich der alten Vorstadt, der in den neunziger Jahren des vergangenen Jahrhunderts als großbürgerliche Wohnstraße mit Vorgärten neu gestaltet wurde.[8] Das um die Jahrhundertwende in Heidelberg sehr angesehene Architektenteam Henkenhaf und Ebert, das gleichzeitig mit der Errichtung der Stadthalle beschäftigt war, wählte gemäß dem späthistoristischen Prinzip der Stilverfügbarkeit für das Bankgebäude eine andere Formensprache. Während an der Stadthalle Elemente der deutschen Renaissance vorherrschen (vgl. dazu das Gebäude Hauptstraße 126/128, vgl. S. 231 ff.), bezeugt das Haus in der Landfriedstraße eine Orientierung am toskanisch-mittelitalienischen Palastbau der Früh- und Hochrenaissance. Die kubische Gesamtdisposition, die Wandgliederung mittels gestufter Rustizierung, regelmäßiger Achsenreihung und horizontaler Strukturierung durch Geschoßgesimse und Kranzgesims sowie die Einzelformen (Spitzbogenquaderung der rundbogigen Fenster, Ädikularahmungen usw.) sind ausnahmslos von italienischen Beispielen abgeleitet, und zwar auf eine verständnisvoll, wenn auch nicht sonderlich originelle Weise. Daß die Absicht eine Rolle spielte, an Paläste großer Bankiers, wie der Medici, zu erinnern, läßt sich lediglich mutmaßen.

Anmerkungen

1 Gb. 103, S. 591, Nr. 145
2 BVA: Lgb. Nr. 900 d
3 StA: Ab. von 1904; BVA: Lgb. Nr. 900 d, Compactus, 1902
4 BVA: Lgb. Nr. 900 d, Compactus, 1908/9

5 BVA: Lgb. Nr. 900 d, Compactus, 1923
6 Ebd.
7 Gb. 30, Heft 23
8 Herbert Derwein: Die Flurnamen von Heidelberg, Heidelberg 1940, S. 189

Literatur

Derwein, Herbert: Die Flurnamen von Heidelberg, Heidelberg 1940
Gercke, Hans (Hrsg.): Beruf: Photograph in Heidelberg, Ernst Gottmann sen. & jun. 1895–1955, Ausstellungskatalog des Heidelberger Kunstvereins Jan./Feb. 1980

EDITH WEGERLE

Das Haus Plöck 79–81

In dem an der Plöck 79/81 gelegenen Gebäude ist das Zentrale Sprachlabor und das Institut für Übersetzen und Dolmetschen, Sprechwissenschaft und Sprecherziehung untergebracht.

Geschichte

321 Der Westteil des Gebäudes, der dem Anwesen Plöck 79 entspricht, wird 1845 errichtet.[1] Er umfaßt den linken Flügel, den Risalit und die erste Achse rechts des Risalits. Der Ostteil des – evidentermaßen von Anfang an auf Symmetrie angelegten – Baus (Plöck 81) wird erst 1879/80 mit einer Ladenzeile im Erdgeschoß angefügt, nachdem der Vorgängerbau – ein einfaches zweistöckiges Haus, das sich der Bierbrauer Johann Martin Landfried um 1805 als Wohn- und Wirtshaus

324 errichten ließ – abgerissen wurde.[2] Der Erbauer des heutigen Anwesens ist Dr. Karl Wassmannsdorff, ein bedeutender Turnphilologe und ab 1847 der erste Turnlehrer der Universität.[3] Der Name des Architekten ist nicht bekannt.

Von 1845 bis 1920 ist das Anwesen, zu dem außer dem Haus an der Plöck ein Hinterhaus gehört, im Besitz der Familie Wassmannsdorff. 1920 erwirbt es der Reichsfiskus des Reichsschatzministeriums.[4] Im Vorderhaus werden Dienststellen des Reichsarbeitsministeriums und später des Versorgungsamtes (bis nach 1945) untergebracht. Gleichzeitig sind die Ladenlokale, einige Wohnungen im Vorderhaus und das Hinterhaus an Privatleute vermietet. 1949 gehen die Gebäude in den Besitz des Landesfiskus Baden über. Nach Beherbergung der Landesversicherungsanstalt Baden ziehen verschiedene städtische Ämter ein. Ab 1964 ist das Anwesen Eigentum der Liegenschaftsverwaltung des Landes; es wird der Universität zur Nutzung überlassen.[5] Bis zum Beginn der erforderlichen Baumaßnahmen bekommen verschiedene Institute übergangsweise Räume zur Verfügung gestellt. 1973 wird vom Bauaufsichtsamt die Genehmigung für den Umbau erteilt. Der Auftrag geht an die Architekten W. Freiwald und A. Reinhardt in Heidelberg.[6] Das Dach wird bis auf den Giebel der Vorderfassade abgebrochen, ein neuer Dachstuhl wird errichtet, die Außenwände werden neu verputzt. Die Klappläden der alten Fenster können aus Kostengründen nicht wieder angebracht werden. Im Innern werden in allen Geschossen umfangreiche Renovierungs- und Umbauarbeiten vorgenommen. Im Erdgeschoß werden ein Hörsaal und Verwaltungsräume eingerichtet. Das erste Obergeschoß erhält verschiedene Übungsräume. Im zweiten Obergeschoß und im Dachgeschoß wird das Zentrale

Sprachlabor mit einem schalldichten Aufnahmestudio installiert. Vom zweiten Obergeschoß zum Dachgeschoß wird neben der Haupttreppe eine neue Treppenanlage in Holzkonstruktion eingezogen. 1975 sind die Baumaßnahmen abgeschlossen.

Von einer Renovierung des Hintergebäudes wird wegen der hohen Kosten 1980 endgültig abgesehen. 1982 findet ein Teilabbruch des Gebäudes bis auf den historischen, tonnengewölbten Keller statt. Die offenen Bögen werden verschalt und mit einem Notdach abgedeckt.[7]

Beschreibung

Der in die Häuserzeile der Plöck eingebundene, traufständige Putzbau stellt   *323, 324*
sich straßenseitig als dreigeschossiges Gebäude mit einem zusätzlichen Dach-bzw. Giebelgeschoß dar, rückseitig als viergeschossige Anlage; ein Satteldach mit unterschiedlich geneigten und dimensionierten Flächen macht diese Divergenz möglich. Die Hauptfassade an der Plöck ist achsensymmetrisch organisiert und durch einen gegiebelten Mittelrisalit ausgezeichnet. West- und Ostflügel zählen jeweils sechs Achsen, der kaum aus der Flucht tretende Risalit drei, wobei die Mittelachse als Doppelachse ausgelegt ist. Die Toreinfahrt, die den Hof mit dem heute nur noch fragmentarisch erhaltenen Rückgebäude erschließt, nimmt die Breite der mittleren Doppelachse ein. Für die vertikale Gliederung sorgen an der Westflanke eine über alle Geschosse laufende glatte Lisene, an der Ostflanke eine genutete, außerdem zwei Lisenen zu seiten des Risalits. Ein leicht hervortretender Sockel, ein Gurt- und Sohlbankgesims im ersten und ein Sohlbankgesims im zweiten Geschoß akzentuieren das Gebäude horizontal. Oben findet sich ein Friesstreifen, der an seiner Unterkante von einem Profil und oben vom Dachgesims gesäumt wird. Die Fenster im Erdgeschoß sind stichbogig, die der Belétage sind mit Kopfgesimsen verdacht; die des zweiten Obergeschosses haben schlichtere Kopfgesimse und sind mit Brüstungsgittern ausgestattet. Im Fries sitzen am West- und Ostflügel kleine, quadratische Blindfenster. Über dem stichbogigen Hauptportal ruht auf Konsolen ein durch ein Fenstertürenpaar zugänglicher Balkon mit gußeisernem Geländer. Das Giebelfeld des Mittelrisalits wird durch ein Paar dreieckig schließender Fenster mit darüberliegender Querraute und zwei kleinen Stichbogenfenstern belebt. Rechts vom Portal beginnt die Ladenzeile, die sich über den ganzen Flügel erstreckt. Die Schaufenster und Ladeneingänge werden in unregelmäßiger Reihung von toskanischen Pilastern und Säulen gegliedert; rechts vom Portal im Mittelrisalit sitzen unter zwei Rundbogen ein Schaufenster und ein Portal.

Die Rückfront wirkt - was auf die Rechnung der zahlreichen Umbauten geht - unsystematisch und wenig ansehnlich. Die unterschiedlich großen Fenster, welche überwiegend Gewände und zum Teil horizontale Verdachungen besitzen, sind auf eine Weise über die Putzfassade verteilt, die kaum Rückschlüsse auf die Ordnung der Straßenseite zuläßt.

Hinter dem Portal liegt ein breiter Gang, von dem rechts und links kurze Trep-   *322*
pen abzweigen. Auf der Ostseite führen die Stufen zu den Ladenlokalen, die auf

Hochparterreniveau liegen. Am östlichen Ende befindet sich ein Nebeneingang mit schmalem Terrazzoflur. Der Gang wird von drei Hängekuppeln überwölbt, die Gurtbögen ruhen auf Pilastern. Gewölbeschalen und Lünetten sind mit Gro-
326 teskenmalerei ausgeschmückt. Am Ende des Flurs liegt eine Tür, die zu dem gewölbten Keller führt, unter dem sich in der Gebäudemitte ein zweiter ebenfalls gewölbter Tiefkeller befindet. Neben der Kellertür führt eine mehrläufige Treppe
325 mit offenem Schacht zu den oberen Etagen. Auf der Westseite gelangt man über die vom Mittelgang ausgehenden Stufen auf einen Vorplatz, von dem ein schmaler Flur in den westlichen Gebäudetrakt weiterführt. Hier liegen ein Hörsaal und Personalräume. Von dem Vorplatz führt die großzügige Haupttreppe in die oberen Etagen. Diese Treppe mit gekrümmten Läufen und Sandsteinstufen um einen offenen Schacht, gußeisernem Geländer mit hölzernem Handlauf und Gußeisenstützen stammt aus der Erbauungszeit. Rechts und links der Treppenhausfenster befindet sich je eine Figurennische. Im ersten Obergeschoß liegen rechts und links des Korridors Übungs- und Dozentenräume. Im zweiten und dritten Obergeschoß ist das Korridorschema beibehalten. Im zweiten Obergeschoß befinden sich eine Präsenzbibliothek und Sprachlaborräume. Im Dachgeschoß sind weitere Sprachlaborräume, ein Aufnahmestudio und Technikerräume untergebracht.

Kunstgeschichtliche Bemerkungen

Das Gebäude setzt einen wichtigen Akzent im Erscheinungsbild der weitgehend geschlossenen Zeilenbebauung der Plöck aus dem 19. Jahrhundert. Das Gebäude repräsentiert eines der wenigen vornehmen Landhäuser, die neben einfachen, niedrigen Häusern die Plöckbebauung ausmachten, bevor die endgültige Zeilenbebauung einsetzte. Durch seine klare Gliederung im Stil des romantischen Klassizismus wirkt das Haus ausgewogen in seinen Proportionen. Es ist ein städtebaulich beachtenswertes Beispiel eines breitgelagerten Torfahrthauses, also eines Wohnhaustyps, der sich von der Fassadengestaltung her noch an den Stadtpalais (wie etwa dem Palais Boisserée) orientiert, aber von der Funktion her ein Vorläufer großbürgerlicher Miethäuser ist. Hinter der durch ihre Axialität und die Betonung des Mittelteils anspruchsvollen Straßenfassade verbirgt sich ein Wohnhaus für mehrere Mietparteien, dessen Binnenstruktur eher an der Gliederung der Rückseite mit ihren zahlreichen großen und kleinen Fensteröffnungen anschaulich wird, an der sich auch die einzelnen Bauphasen leichter ablesen lassen als an der Vorderfassade.

Anmerkungen

1 StA: Plöck 79/81, Feuerversicherungsbuch Bd. II, Nr. 39
2 StA: Plöck 79/81, Feuerversicherungsbuch Bd. II, Nr. 40
3 GLA: 235/2642
4 Gb. 201/17, Lgb. Nr. 900a und b
5 Gb. 201/17–18
6 BVA: Lgb. Nr. 900a und b, Bd. III, 1973
7 UBA: 63/1048/81

BARBARA AUER

Die Gebäudegruppe Friedrich-Ebert-Anlage 6–10

Die am bzw. nahe dem Stadtgarten liegende Häusergruppe Friedrich-Ebert-Anlage 6–10 beherbergt das Juristische Seminar. Der Komplex setzt sich aus drei Hauptgebäuden und mehreren im Süden gelegenen Nebengebäuden zusammen, die alle zu unterschiedlichen Zeiten erbaut worden sind. Ursprünglich wurden die Bauten als Wohnhäuser genutzt, in späteren Jahren ausschließlich als Hotel.

Geschichte

Das Haus Friedrich-Ebert-Anlage Nr. 8 wird 1847 unter dem Besitzer Freiherr Rudolf von Dorth erbaut[1] und geht im August 1853 zum Preis von 28 000 Gulden in den Besitz des Gastwirts Heinrich August Müller aus Wiesbaden über.[2] Dieser *327* läßt auf dem südlichen Teil des Grundstücks – im Hinterhof – mehrere Wirtschafts- und Bedienstetenräume errichten; so den 1856 parallel zum Hauptgebäude stehenden dreigeschossigen Bau mit Küche, Speisesaal und Wohnungen für die Angestellten.[3] 1857 wird ein im rechten Winkel zu dem Gebäude Nr. 6 stehender drei- und viergeschossiger Bau mit Küche, Büros und Wohnungen erstellt.[4] Im September 1861 erwirbt Müller das 1842 von Jakob Friedrich Werner[5] erbaute Haus Nr. 6 zum Preis von 70 000 Gulden[6] und erhält gleichzeitig die Schildgerechtigkeit zum ›Victoria Hotel‹.[7] Die Baulücke zwischen dem Haus Nr. 8 und 10 wird im Jahre 1870 durch einen um ein Stockwerk erhöhten und in besonderer Weise gegliederten Bau geschlossen;[8] eine Durchfahrt führt zu den Hofgebäuden.

Am 22. Januar 1881 übergibt das Ehepaar Heinrich August Müller und Elise Müller das gesamte Anwesen Nr. 6 und 8 an den Sohn Karl Müller.[9] Dieser läßt 1886 die Durchfahrt an dem Gebäude Nr. 8 in der Höhe und Breite verkleinern.[10] Im Dezember 1891 wird das Gebäude Nr. 6 mit Dachgaupen in historisierendem *328* Stil, einer Firstbekrönung mit dem Hotelschild und einer Flaggenstange versehen.[11] Sieben Jahre später erhält das Haus Nr. 8 ebenfalls Dachgaupen, an der *329* Westseite werden ein Giebelreiter und auf Traufhöhe je ein Türmchen angebracht; ein Bogenfries läuft entlang des Giebels, eine Flaggenstange wird an der Ostseite des Daches installiert.[12] – Seit 1908 ist das Hotel im gemeinschaftlichen Besitz von Heinrich Müller und Friedrich Pigueron.[13]

Das Gebäude Nr. 10 wird im Jahre 1868 von dem Architekten Alfred Friedrich Bluntschli[14] erbaut; es gehört zur einen Hälfte August Melms und zur anderen *330* Anton Mohr.[15] 1882 verkauft August Melms, inzwischen Besitzer beider Gebäudehälften, das (zum Teil als Wohnhaus, zum Teil als Pension genutzte) Haus an Dr. Oskar Middelkamp, der 1896 einen größeren Umbau durchführen läßt.[16] Über dem Kranzgesims wird ein Attikageschoß errichtet, die Seitenrisalite werden aufgestockt und mit einer Steinbrüstung ausgestattet. Ausführender Architekt ist R. Trunzer aus Heidelberg. 1910 erwerben die Hoteliers Heinrich Müller und Friedrich Pigueron das Gebäude und veranlassen größere Umbauarbeiten: die westliche Toreinfahrt am Haus Nr. 10 wird zugemauert, das dahinterliegende Treppenhaus nach Süden versetzt, die Gebäude Nr. 8 und 10 werden durch Wanddurchbrüche miteinander verbunden. Der Heidelberger Architekt Franz Sales Kuhn plant und leitet die Arbeiten.[17] Durch den Ankauf des Gebäudes und den Umbau besitzt das Hotel über 150 Betten und ist das größte im Privatbesitz befindliche Hotel Heidelbergs.[18]

Von 1915 bis 1919 ist Friedrich Pigueron alleiniger Besitzer des Hotels Victoria, und im Juli 1919 wird der gesamte Komplex von Fritz Gabler und Erich Mühlmann aufgekauft.[19] Unter deren Leitung wird im Oktober 1922 die Lücke zwischen Gebäude Nr. 6 und 8 durch Hochführen der schon im Erdgeschoß bestehenden Mauer geschlossen. Gleichzeitig werden die Giebeltürmchen und der Bogenfries an der Westseite von Nr. 8 entfernt. Ausführender Architekt ist Franz Sales Kuhn.[20] 1926 wird der Architekt H. R. Alker aus Karlsruhe mit der Planung einer großen Empfangshalle und eines Speisesaals beauftragt.[21] Diese Pläne kommen jedoch erst 1929 in reduzierter Form zur Ausführung. Die Spalierterrasse von Nr. 6 wird abgerissen und ein eingeschoßiger Vorbau mit Flachdach errichtet.[22]

Von 1938 bis 1956 ist das Hotel im Besitz von Erich Mühlmann. Im Januar 1957 kauft das Land Baden-Württemberg das gesamte Anwesen.[23] Die Gebäude werden umgebaut und 1958 zieht das Juristische Seminar der Universität ein.

Beschreibung

Der Komplex setzt sich aus drei Hauptgebäuden, deren Schaufassaden nach Norden (also zur Friedrich-Ebert-Anlage hin) gerichtet sind, und mehreren Nebengebäuden an der Südseite zusammen.

332   Das westlichste Haus, Friedrich-Ebert-Anlage 6, ist traufständig, dreigeschossig und mit einem Satteldach ausgestattet. Breite Ecklisenen rahmen die neunachsige Hauptfassade, der im Erdgeschoß ein eingeschossiger Vorbau mit Flachdach, acht großen Kippfenstern und Eingängen in der Mitte und an der Ostseite vorgelegt ist. Die Fenster im ersten Obergeschoß sind hochrechteckig, haben profilierte Gewände, leicht vorkragende Sohlbänke und horizontale Verdachungen. Die Fenster im zweiten, durch ein Stockwerkgesims vom ersten abgegrenzten Obergeschoß sind niedriger und unverdacht. Alle Fenster haben Sprossenteilung und Klappläden, die oberen zudem Brüstungsgitter. Unter dem Traufgesims verläuft ein schmales Bandgesims. Im Dach sitzen, achsengerecht verteilt, neun Gaupen. – Die Westseite des Hauses ist vierachsig und übernimmt die Gliederungsmotive der Nordfassade. Im ersten und im zweiten Obergeschoß findet sich jeweils ein Balkon mit Fenstertüren und Eisengeländer. Im Dachgiebel sitzen in

der Mitte ein Zwillingsfenster, rechts und links davon sowie unterhalb des Dach-
firstes je ein kleines Rundfenster.

Das Haus Friedrich-Ebert-Anlage 8 ist um mehr als seine volle Tiefe nach Nor- *333*
den versetzt. Eine viertelzylindrische Mauer, die bis hinauf zum Dachansatz
reicht, überbrückt die Lücke zum Haus Nr.6. Die Hauptfassade des ebenfalls
traufständigen, dreigeschossigen und mit einem Satteldach gedeckten Gebäudes
ist insofern irregulär, als die (nachträglich als Übergang zum Haus Nr.10 einge-
fügte) östlichste der sieben Achsen durch schmale Ecklisenen ausgeschieden, um
ein Stockwerk erhöht und auf besondere Weise gegliedert ist. Eine breite Lisene
säumt die Westkante des Hauses, ein Stockwerkgesims zwischen Keller- und
Erdgeschoß, Sohlbankgesimse im ersten und zweiten Obergeschoß, ein Gesimsband unter der Traufe und das profilierte Kranzgesims sorgen für horizontale
Gliederung. Auf dem Gebäudesockel sitzen querrechteckige Kellerfenster. Im
Erdgeschoß und im zweiten Obergeschoß sind die Fenster segmentbogig, im ersten Obergeschoß hochrechteckig und horizontal verdacht. Über die Breite der
vierten und fünften Achse erstreckt sich im ersten Obergeschoß ein konsolengetragener Balkon mit Fenstertür und Eisengeländer. In der östlichsten, abweichend gestalteten Achse finden sich eine Rechtecktür im Kellergeschoß, ein Zwillingsfenster mit Segmentbögen im Erdgeschoß, ein Balkon mit gerade verdachter
Fenstertür-Fenster-Gruppe im ersten Obergeschoß und ein entsprechendes Ensemble mit Segmentbogenöffnungen im zweiten Obergeschoß; das zusätzliche
(mit betontem Fußgesims, konsolenbestücktem Kranzgesims und eigenem
Walmdach ausgerüstete) dritte Obergeschoß hat ein rundbogiges Drillingsfenster. Über der Traufe ragen ein reich geschmücktes Zwerchhaus mit einem gesprengten Giebel und seitlichen Balustradenstücken auf, links und rechts davon
je zwei Gauben mit Dreieckgiebeln. – Die dreiachsige Westwand des Gebäudes
übernimmt die Gliederungselemente der Nordfassade, einschließlich der breiten
Ecklisenen. Der Giebelzone sind ein mittleres Drillingsfenster und zwei seitliche
kleine Fenster zugeordnet. Alle Fenster des Hauses sind sprossengeteilt, die meisten besitzen Klappläden.

Das Gebäude Friedrich-Ebert-Anlage 10 hat drei Vollgeschosse und ein Attikageschoß. Seine symmetrisch organisierte Schauwand umfaßt zwei flankierende
Risalitachsen, die besonders ausgebildet sind, und sechs reguläre Achsen. Sok-
kel- und Erdgeschoß des Gebäudes sind in Haustein mit Fugenschnitt ausgeführt
(nur das Brüstungsband des Erdgeschosses ist glatt); genutete Lisenen rahmen
die seitlichen Risalite, welche den Mittelteil um ein Halbgeschoß überragen.
Beim Mittelteil ist die Fenstergestaltung diese: Die Fenster des Untergeschosses
sind stichbogig, die des ersten Obergeschosses hochrechteckig und mit konsolengestützten Dreieckgiebeln verdacht, die des zweiten Obergeschosses hochrechteckig und mit Ohrengewänden versehen. Die Fenster der (nachträglich aufgesetzten) Attika über dem kräftigen Kranzgesims haben Zwillingsform mit in der
Mitte und seitlich eingestellten kleinen Pfeilern. Im östlichen Risalit öffnet sich
unten ein Rundbogenportal, während der westliche im Erdgeschoß nur ein Fenster hat. Ansonsten ist die Gliederung der Risalite identisch: Im ersten, zweiten
und dritten Obergeschoß sitzen jeweils Zwillingsfenstertüren, die auf konsolengestützte Balkone mit Eisengittern führen. Das Kranzgesims des Mittelteils er-

scheint als Verkröpfung an den rahmenden Lisenen wieder. Zwischen den obersten Fenstertüren und den Abschlußgesimsen der Risalite findet sich jeweils noch ein kleines rundbogiges Zwillingsfenster. Die Fenster des Gebäudes Friedrich-Ebert-Straße 10 sind überwiegend kreuzgeteilt. An der Wirkung der Fassade hat das flache Satteldach (die Risalite sind flachgedeckt) optisch keinen Anteil.

331   Eine Beschreibung der gestalterisch anspruchslosen Rückseiten und der hangseitigen Nebengebäude erübrigt sich. Die innere, an die Nutzung als Hotel erinnernde Disposition der Hauptgebäude ist einfach und übersichtlich: Gemäß dem zweibündigen System sind an den jeweils in der Längsachse liegenden Korridoren zu beiden Seiten die Zimmer aufgereiht. Durch das Herausbrechen von Zwischenwänden an der Nordseite der Gebäude Nr. 8 und Nr. 10 sind im Erdgeschoß ein Sitzungssaal und in den beiden Obergeschossen große Bibliotheksräume gewonnen worden. Alle drei Treppenhäuser werden benutzt, das im Haus Nr. 8 als dem Instituteingang zugeordnetes Haupttreppenhaus.

Kunstgeschichtliche Bemerkungen

Die Gebäudegruppe in der Friedrich-Ebert-Anlage ist, allen späteren Veränderungen zum Trotz, noch immer ein stattliches Beispiel biedermeierlich-spätklassizistischer und historistischer Architektur am Südrand der ehemaligen Vorstadt. Die beiden Häuser Nr. 6 und Nr. 8 wirken unaufdringlich-stattlich und vermitteln dank der unterschiedlichen Fluchtlinien zwanglos zwischen dem Straßenraum und der in diesem Bereich ansetzenden, gärtnerisch gestalteten Aufweitung. Das Haus Nr. 10 ist ein Frühwerk des Semperschülers Alfred Friedrich Bluntschli, Sohn des seit 1861 in Heidelberg lehrenden Staats- und Völkerrechtlers Johann Kaspar Bluntschli. Das Gebäude, das infolge der Aufstockung um das Attikageschoß und die Risalitaufsätze leider aus der Form geraten ist, überzeugt in seinen ursprünglichen Teilen durch die klare Strukturierung und die sichere Anwendung von Formen, die hauptsächlich dem Repertoire der italienischen Renaissance entlehnt sind. Die symmetrische Disposition sichert dem Bau Geschlossenheit, ohne ihn zu isolieren. Der Nachweis der Autorschaft Bluntschlis ist um so willkommener, als die gleichzeitig entstandenen, mit dem ersten Preis ausgezeichneten Pläne für das Akademische Krankenhaus in Heidelberg bislang nicht aufzufinden waren (vgl. S. 383 f.).

Anmerkungen

1 StA: Feuerversicherungsbuch I, Nr. 150½, S. 300
2 Gb. 40, S. 26
3 StA: Feuerversicherungsbuch I, Nr. 150½, S. 300
4 Ebd.
5 Gb. 30, S. 232; Ab. von 1840–1844
6 Gb. 47, S. 815
7 Ebd., S. 593
8 StA: Feuerversicherungsbuch I, Nr. 150½, S. 300
9 Gb. 68, S. 777
10 BVA: Leopoldstr. 6–10, Lgb. Nr. 1387 und 1387/i, 1886–1906
11 Ebd.
12 Ebd.

13 Gb. 66, Heft 9

14 Alfred Friedrich Bluntschli, Sohn des Juristen Johann Kaspar Bluntschli, wurde am 29. Januar 1842 in Zürich geboren. Er besuchte das Polytechnikum in Zürich und war dort von 1860-63 Schüler von Gottfried Semper. Von 1864-66 war er an der Ecole de Beaux-Arts in Paris, wo er sein Studium abschloß. 1866 ließ er sich in Heidelberg nieder, 1870 in Frankfurt am Main; dort entfaltete er zusammen mit dem Frankfurter Architekten Karl Jonas Mylius eine umfassende Tätigkeit. 1881 wurde er als Professor für Baukunst an das Polytechnikum Zürich (die heutige Eidgenössische Technische Hochschule) berufen (Thieme-Becker, Bd. IV, 1910)

15 BVA: Leopoldstr. 6-10, Lgb. Nr. 1387/i, 1886-1906; StA: Feuerversicherungsbuch Nr. 150[6]

16 Gb. 86, S. 629; BVA: Leopoldstr. 6-10, Lgb. Nr. 1387 und 1387/i, 1886-1906

17 BVA: Leopoldstr. 6-10, Lgb. Nr. 1387 und 1387/i, 1910-1938; Ab. von 1910 und 1911; StA: Feuerversicherungsbuch Nr. 150[6]

18 Eisemann, Linna: Fremdenverkehr und Hotelindustrie in Heidelberg, Heidelberg 1911

19 Ab. von 1915-1920; Gb. 66, Heft 9

20 BVA: Leopoldstr. 6-10, Lgb. Nr. 1387 und 1387/i, 1910-1938

21 Ebd.

22 Ebd.

23 Gb. 227, Heft 15

JUTTA SCHNEIDER

Das Alt-Klinikum Bergheim

Falt-
plan 3
Das sogenannte ›Alt-Klinikum‹ der Universität Heidelberg, dessen Gebäude bisher wenig Beachtung unter kunst- und kulturhistorischem Aspekt gefunden haben, liegt in dem westlich der Altstadt gelegenen Stadtteil Bergheim. Es umfaßt hier einen Bereich, der im Süden durch die Bergheimer Straße, im Westen durch die Gartenstraße, im Norden durch die am Neckar entlangführende Schurmanstraße und im Osten durch die Luisen- und die Schneidmühlstraße begrenzt wird.

334, 335
Der in seinem Kern achtzehn Gebäude umfassende, für Chirurgische und Medizinische Klinik, Pathologisches Institut und Augenklinik konzipierte Krankenhauskomplex ist in den siebziger Jahren des 19. Jahrhunderts entstanden, wurde aber im Verlauf von ungefähr fünfunddreißig Jahren auf mehr als das Doppelte erweitert. Der Schwerpunkt dieses Beitrages wird auf einen Zeitraum von etwa siebzig Jahren (1865-1935) gelegt, in dem die Anlage ihre bis heute weitgehend bewahrte Struktur erhielt. Die Gebäude werden im Folgenden chronologisch und unter ihren ursprünglichen Bezeichnungen behandelt. Dem beschreibenden Teil ist eine Konkordanzliste der alten und der 1984 gültigen Benennungen vorangestellt. Nebengebäude ohne architektonischen Wert und die in den letzten Jahrzehnten unter dem Druck der Raumnot in so großer Zahl entstandenen Ergänzungsbaulichkeiten sind, wenn überhaupt, nur summarisch erfaßt. Über den Gesamtbestand informiert der Plan.

Geschichte

Die Planung des Klinikums

Mittels Verfügung vom 3. Juli 1865 wird der akademischen Krankenhauskommission der Universität Heidelberg durch das badische Innenministerium eröffnet, daß ›die Erbauung eines neuen Krankenhauses als ein dringendes Bedürfnis erscheine‹.[1] Die Mittel hierfür sollen in einem außerordentlichen Budget bereitgestellt werden. Zuerst sei allerdings erforderlich, einen geeigneten Bauplatz ›für die Anstalt‹ zu ermitteln. Unterhandlungen wegen eines Ankaufes von Gelände hätten jedoch vorläufig zu unterbleiben. Die akademische Krankenhauskommission, bestehend aus Geheimrat Johann Kaspar Bluntschli, den Professoren Nikolaus Friedreich (Innere Medizin) und Gustav Simon (Chirurgie), Bezirksarzt Franz Knauff, Bauinspektor Wilhelm Waag und Oberingenieur Esser, sollte diese Frage unter Hinzuziehung eines Universitätsbaumeisters erörtern.[2] Der frühere

Direktor der Chirurgischen Klinik, Professor Otto Weber, hatte in einer Denkschrift im Auftrage der akademischen Krankenhauskommission auf Mängel und Bedürfnisse des Akademischen Krankenhauses im Seminarium Carolinum hingewiesen.[3] Nach Webers Broschüre war bereits ›ein vortrefflich gelegener Platz vor dem Thore zwischen der Mannheimer Chaussee und dem Neckar als der einzige disponible passende Raum, besichtigt und die Verträge des Ankaufs vorbehaltlich der Genehmigung der hohen Kammern mit den Eigenthümern abgeschlossen‹ worden. Dieses Gelände für den Neubau des Akademischen Krankenhauses gilt im Lagerbuch der Stadt Heidelberg als ›Weinbergsbezirk in der Ebene‹.[4] Am 21.10.1865 schreibt das badische Innenministerium: ›Seine königliche Hoheit haben mittels Entschließung aus großh. Staatsministerium vom 7.d.Mts. No.875 gnädigst zu genehmigen geruht, daß in das künftige außerordentliche Budget die zur Erwerbung eines Bauplatzes für den Neubau eines akademischen Krankenhauses in Heidelberg erforderlichen Mittel aufgenommen werden‹.[5]

Im Februar 1866 wird Baudirektor Friedrich Theodor Fischer aus Karlsruhe vom Innenministerium beauftragt, gemeinsam mit Bezirks-Bauinspektor Waag von der Bezirks-Bauinspektion Heidelberg ›unter Zugrundlegung der in der angeschlossenen Schrift des Prof. Weber dargestellten Bedürfnisse‹ einen Kostenvoranschlag für das Projekt im Benehmen mit der Baukommission zu erstellen.[6] Daraufhin wird durch Kammerbeschluß vom 20.3.1866 eine Summe in Höhe von 200000 fl. für den Ankauf des Bauplatzes bewilligt, die vorläufig dem Budget 1866/67 entnommen wird, um im Frühjahr 1867 mit den Bauarbeiten beginnen zu können.[7] Am 15.Juni 1866 wird eine ›Concurrierung zur Beschaffung der Pläne‹ beantragt und Baudirektor Fischer als Preisrichter eingesetzt.[8] Die interessierten Wettbewerbsteilnehmer erhalten das ›Programm für die Herstellung eines neuen akademischen Krankenhauses in Heidelberg‹, daran angeschlossen ein Merkblatt mit den Wettbewerbsbedingungen.[9] Bis zum 1.Mai 1867 gehen insgesamt vierzehn Vorschläge ein, obwohl der Berliner Architektenverein in seinem Wochenblatt von einer Teilnahme an diesem Wettbewerb abgeraten hatte.[10] Diese Pläne sollen mit Genehmigung des Großherzogs in Karlsruhe im Orangeriegebäude des Schlosses und später in der Landesgewerbehalle ausgestellt werden. Zu Preisrichtern werden außer Baudirektor Fischer noch Hofoberbaurat Strack aus Berlin und Hofoberbaurat Josef von Egle aus Stuttgart ernannt.

Von den eingegangenen Entwürfen teilen sich die mit den Bezeichnungen *336, 337* ›Hippokrates‹ und ›Minervae Medicae‹ versehenen den ersten Platz. Ersterer stammt von Baumeister Burkhard aus Aachen und entspricht - so das Preisgericht - den örtlichen Gegebenheiten und den Bestimmungen des Programmes mehr als alle anderen. Der letztere, von Architekt Alfred Friedrich Bluntschli, entspreche ›dem Charakter eines Krankenhauses in einer ganz glücklichen Weise‹.[11] Alle übrigen Pläne werden an die Teilnehmer zurückgeschickt; die ausgezeichneten Entwürfe bleiben Eigentum des Staates und werden acht Tage lang im Gebäude der Museumsgesellschaft in Heidelberg ausgestellt.[12] Als im September 1867 Baudirektor Fischer stirbt, tritt Bezirks-Baumeister Leonhard an dessen Stelle in der akademischen Krankenhauskommission.[13]

Bauinspektor Waag und Architekt Bluntschli werden vom Innenministerium

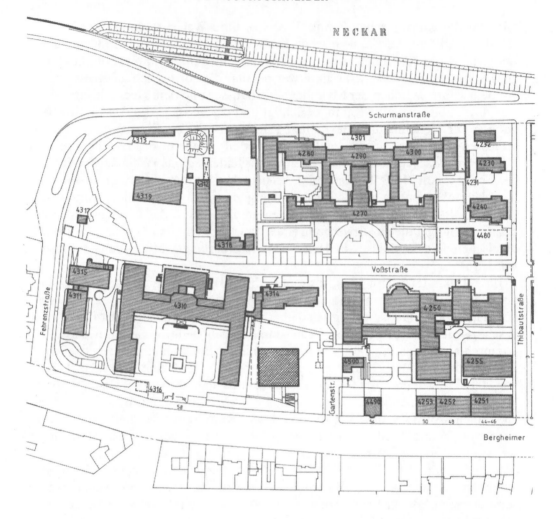

Alt-Klinikum Bergheim,

4010 Hautklinik, Hörsaal
4020 Institut für Rechtsmedizin
4030 Betriebsgebäude, KFZ-Werkstatt
4040 Betriebsgebäude, Wäscherei
4050 Betriebsgebäude, Polsterwerkstatt
4060 Betriebsgebäude, Küche
4070 Verwaltung des Klinikums, Div. Abtlg.
4080 Medizinische Poliklinik, Endokrinologie
4090 Klinikgebäude, versch. Kliniken
4100 Laborgebäude, versch. Kliniken
4101 Blutspendezentrale
4102 Lager
4110 Hautklinik, Laborgebäude
4120 Hautklinik, Bettenhaus
4130 Hautklinik, Bettenhaus
4131 Hautklinik, Ambulanz
4140 Augenklinik
4141 Augenklinik, Ambulanz
4150 Mund-Zahn-Kieferklinik
4160 Medizinische Poliklinik
4170 Strahlenklinik

4171 Strahlenklinik, Röntgenabteilung
4180 Medizinische Poliklinik, Labor
4181 Medizinische Poliklinik, Tierstall
4182 Medizinische Poliklinik, Lager
4190 Neurologische Klinik
4200 Neurologische Klinik
4210 Hals-Nasen-Ohrenklinik
4211 Hals-Nasen-Ohrenklinik
4220 Medizinische Klinik, Klin. Sozialmedizin
4221 Medizinische Klinik, Lager
4230 Medizinische Klinik, Lager, Werkstatt
4231 Lager
4232 Trafostation
4240 Psychosomatische Klinik
4250 Frauenklinik
4250 Versorgungsgang
4251 Wohngebäude
4252 Frauenklinik, Ambulanz
4253 Frauenklinik, Personalwohngebäude
4255 Frauenklinik, Laborgebäude
4270 Psychiatrische Klinik

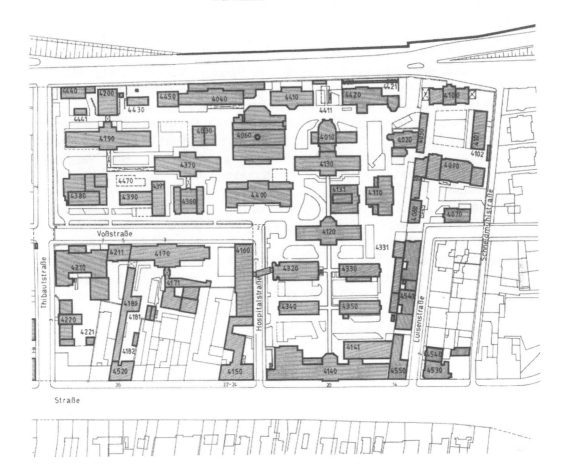

Zustand 1985

4280 Psychiatrische Klinik, Gartenhaus West
4290 Psychiatrische Klinik, Hörsaal, Küche
4300 Psychiatrische Klinik, Gartenhaus Ost
4301 Psychiatrische Klinik, Werkstatt
4310 Medizinische Klinik
4311 Medizinische Klinik, Infektionsgebäude
4312 Garagen, Gärtnerei
4313 Lager
4314 Medizinische Klinik, Herzinfarktinstitut
4315 Medizinische Klinik, Abwasser- und Bettendesinfektion
4316 Betriebsgebäude, Heizungsübergabestation
4317 Betriebsgebäude, Kaltvergaseranlage
4318 Betriebsgebäude, Gewächshaus, Trafostation
4319 Medizinische Klinik, Laborgebäude
4320 Hautklinik, Medizinische Poliklinik
4330 Hautklinik, Bettenstation
4331 Garagen, Trafostation
4340 Klinikkapelle
4350 Hautklinik, Bettenstation
4360 Neurologische Klinik, Hörsaal
4370 Verschiedene Kliniken, Ärztekasino

4380 Strahlenklinik, Therapie
4390 Strahlenklinik, Bettenstation
4391 Strahlenklinik, Station, Bodycounter
4400 Verwaltung des Klinikums, Apotheke
4410 Verwaltung des Klinikums, Div. Abteilungen
4411 Wasserübergabestation
4420 Institut für Rechtsmedizin
4421 Institut für Rechtsmedizin, Schleuderbahn
4430 Lager
4440 Werkstatt, Schreiner, Maler
4441 Lager
4450 Desinfektionsgebäude
4470 Tiefbrunnen
4480 Nuklearmedizinische Station
4490 Personalwohngebäude
4500 Medizinische Klinik, Ambulanz, Sozialdienst
4520 Wohngebäude
4530 Verwaltung des Klinikums, Div. Abtlg.
4540 Verwaltung des Klinikums, Div. Abtlg.
4541 Personalunterkunft
4550 Mund-Zahn-Kieferklinik

am 30.9. 1867 beauftragt, gemeinsam einen Entwurf für den Neubau anzufertigen.[14] Bluntschlis prämierter Plan legt als einziger die Idee der Separierung von Chirurgischer und Medizinischer Klinik in zwei verschiedenen Gebäuden zugrunde. Prof. Friedreich kritisiert allerdings in einem Schreiben an das Innenministerium, daß Wirtschaftsgebäude und Pathologisches Institut zu nahe an den beiden Kliniken plaziert seien. Dagegen habe Waag im Alleingang einen Plan erstellt, der diesen Fehler, wenigstens zum Teil, berichtige. Der Vorschlag Friedreichs geht dahin, unter Hinzuziehung dieser beiden – in der Grundkonzeption guten – Pläne einen einzigen Entwurf anzufertigen.[15] Der ebenfalls prämierte Plan von Architekt Burkhard aus Aachen wird in Friedreichs Überlegungen nicht einbezogen. Im darauffolgenden Jahr schlägt er vor, daß Knauff und Waag zum Zwecke der Besichtigung verschiedener Krankenhäuser eine Rundreise unternehmen sollen.[16] Diese Reise kommt im Juni 1868 zustande; sie führt nach Berlin, Hannover, Rotterdam, Kopenhagen, London und Paris. Als ihr Ergebnis ist der Vorschlag Knauffs zu werten, das sogenannte ›gemischte Blocksystem‹ in Heidelberg einzuführen.[17] Hierbei handelt es sich um einen Kompromiß der drei verschiedenen Krankenhaustypen: Korridorsystem, Pavillonsystem und Barakkensystem.[18] Waag und Knauff arbeiten schließlich ein endgültiges Programm für den Neubau aus und legen es am 24. September 1868 vor.[19] Die Kostenvoranschläge für die insgesamt achtzehn Gebäude werden von Waag erstellt; die Gesamtkosten sollen sich auf 664243 fl. belaufen.[20]

Bauausführung des Akademischen Krankenhauses

Chirurgische und Medizinische Klinik, Verwaltungs- und Versorgungsgebäude

338-340 Am 28.1. 1869 teilt die Großherzogliche Baudirektion mit, daß man mit Eintritt der besseren Jahreszeit mit den Bauarbeiten beginnen könne.[21] Man will mit den Gebäuden für die Chirurgische und Medizinische Klinik anfangen, weil die Pläne für die übrigen Bauten noch nicht fertiggestellt sind. Der Chirurg Simon wünscht eine nicht unerhebliche Änderung der Gesamtkonzeption, wie aus einem Sitzungsbericht der akademischen Krankenhauskommission vom 19.3. 1869 hervorgeht. Danach soll die ihm unterstellte Klinik direkt an die Bergheimer Straße verlegt werden, weil dort das Baugelände am höchsten und die Luftverhältnisse besser seien, was die Infektionsgefahr vermindere. ›An der höchsten Stelle des Areals ... werden aber die betreffenden Gebäude am besten von der Luft bestrichen, und es ist am wenigsten zu fürchten, daß in den Räumen der chirurgischen Klinik die Eiter- und Jauchedünste die Luft schwängern und für die Patienten verderblich machen.‹ Dagegen wehrt sich der Ophthalmologe Becker, dessen Klinik an dieser Stelle errichtet werden soll; auch die Baukommission sieht nicht den Sinn dieses Antrages und weist ihn infolgedessen zurück.[22] Im August 1869 drängt das Innenministerium darauf, endlich mit dem Ausschachten eines Brunnens für die Baustelle und der Fundamentierung einer der beiden Kliniken zu beginnen, um noch vor Eintritt des Winters einen Bau unter Dach bringen zu können.[23] Waag geht davon aus, daß im günstigsten Falle alle Gebäude bis Ende 1871 vollendet sein könnten.

Im Frühjahr 1870 beabsichtigt das Innenministerium, außer den bereits im Bau *341-344*
befindlichen Gebäuden der Chirurgischen und Medizinischen Klinik noch weitere Bauten ausführen zu lassen. Man denkt dabei an Verwaltungsgebäude, Küchengebäude und Waschhaus. Die Budgetkommission des Innenministeriums
legt im März/April 1870 einen Bericht vor, der die bisherigen ungefähren Kostenvoranschläge zusammenfaßt. Man hat sich inzwischen darauf geeinigt, statt
der ursprünglich beabsichtigten Erbauung je eines Gebäudes für Medizinische
und Chirurgische Klinik mehrere kleinere Bauten zu errichten; das heißt, jede
der beiden Kliniken soll zwei Pavillons mit vier Krankensälen auf zwei Stockwerken erhalten. Zusätzlich sollen ergänzend zur Medizinischen Klinik zwei, zur
Chirurgischen Klinik vier Baracken gebaut werden. Für die Augenklinik ist ein
einziges, größeres Gebäude vorgesehen.[24] Das Akademische Krankenhaus umfaßt jetzt in der Planung insgesamt sechzehn Gebäude. Waag prognostiziert, daß
die Pavillons für die Chirurgische und Medizinische Klinik Ende Juli beziehungsweise Ende August unter Dach kommen. Weil aber im Juli 1870 der
deutsch-französische Krieg ausbricht, werden diese Vorhaben auf unbestimmte
Zeit verschoben. Erst nach Kriegsende ergeht im April 1871 ein Erlaß des badischen Innenministeriums, worauf am 8. Mai die Bauarbeiten für das Verwaltungsgebäude ausgeschrieben werden. ›Binnen kürzester Zeit‹ wird mit den Ausschachtungsarbeiten hierfür begonnen.[25] Bereits im Februar 1872 wird das Dach
des Gebäudes aufgeschlagen. Zur selben Zeit entsteht das Küchengebäude. Für
die Baracken liegen in dieser Phase noch keine Pläne vor. Das Innenministerium
drängt jedoch darauf, daß das Akademische Krankenhaus baldmöglichst ›in be-
nutzbaren Zustand‹ gebracht werde. Es seien deshalb die folgenden Gebäude
möglichst vorrangig zu behandeln: Medizinischer Pavillon I, Chirurgischer Pavillon I, Verwaltungsgebäude, Küchengebäude und Pathologisches Institut, für welches die Arbeiten im März 1872 ausgeschrieben werden. Waschhaus, Absonde- *345-348*
rungshaus und die Baracken sollen danach in Angriff genommen werden. Zuletzt
ist die Errichtung des Medizinischen Pavillons II und der Augenklinik geplant.
Die Fertigstellung von Küchen- und Verwaltungsgebäude sei, so Waag, ›bis zum
Schlusse nächsten Jahres mit Bestimmtheit anzunehmen‹.[26] Im April 1875 wird
Waag auf eigenen Wunsch von seinem Amt als Bezirks-Bauinspektor beim Bau
des Akademischen Krankenhauses entbunden. An seine Stelle tritt Bauprakti-
kant Franz Schäfer, der im Juli zum Bauinspektor ernannt wird.[27]

Die Vollendung der Gebäude schreitet nun zügig voran, und bereits im Oktober 1876 findet der Umzug in das neue Klinikum statt. Am 17.11.1876 schreibt
Geheimrat Bluntschli in seiner Eigenschaft als Mitglied der akademischen Krankenhauskommission an den Engeren Senat der Universität Heidelberg: ›Dem engeren akademischen Senat zeigen wir hiermit ergebenst an, daß die Übersiede-
lung des akademischen Krankenhauses in den Neubau vollzogen ist‹. Am selben
Tag teilt auch Prof. Friedrich dem Oberbürgermeisteramt Heidelberg mit, daß
der Umzug stattgefunden habe.[28]

Pathologisches Institut

349-351 Die Pathologie etabliert sich in Heidelberg 1866 unter Julius Arnold als selbständige Fachrichtung. Das Pathologische Institut erhält deshalb in der ursprünglichen Planung des Akademischen Krankenhauses ein eigenes Gebäude. In seiner Denkschrift verdeutlicht Otto Weber dessen Bedeutung: ›Ein ferneres unabweisbares Bedürfniß einer klinischen Lehranstalt ist die Errichtung eines besonderen pathologisch-anatomischen Institutes ... Die Krankenhauskommission beantragt daher die Errichtung eines besonderen Gebäudes für ein pathologisch-anatomisches Institut in inniger Verbindung mit dem zu erbauenden Hospitale‹.[29] Die Pläne hierfür werden im Herbst 1871 der Großherzoglichen Baudirektion vorgelegt. Das Gebäude soll in die Nordostecke des Klinikums plaziert werden. Die Arbeiten werden im März 1872 ausgeschrieben. Die Fertigstellung des Institutes erfolgt zusammen mit den übrigen Gebäuden des Akademischen Krankenhauses; es kann am 26.10. 1876 bezogen werden. Ein Leicheneinsegnungshaus mit Kapelle ist, im Südosten des Pathologischen Institutes gelegen, diesem zugeordnet.

Bautätigkeit nach 1876

Augenklinik

352-354 Ein ebenfalls von Anbeginn in der Planung des Akademischen Krankenhauses vorgesehenes Gebäude ist das der Augenklinik, das schließlich an der Bergheimer Straße errichtet wird. Der Unterricht der Augenheilkunde in Heidelberg ist 1818 unter dem Chirurgen Chelius eingeführt worden. Ein halbes Jahrhundert später habilitiert sich J. H. Knapp für dieses Fach und richtet im April 1862 eine Privatklinik im Schütterlenschen Haus, Hauptstraße 35, ein. Da diese aber schon bald den wachsenden Anforderungen nicht mehr genügt, fordert er 1866 für Heidelberg eine Universitäts-Augenklinik, die beim Neubau des Akademischen Krankenhauses Berücksichtigung finden soll.[30] Nachdem die erhoffte Resonanz seitens Universität und Staat ausbleibt, verläßt Knapp im Sommer 1868 Heidelberg und wandert nach New York aus. Sein Nachfolger wird zum Wintersemester 1868/69 Otto Becker, der sich im Verlaufe der Berufungsverhandlungen zunächst wegen der miserablen räumlichen Verhältnisse weigert, die Privataugenheilanstalt des Dr. Knapp zu übernehmen.[31] Es wird deshalb im Oktober 1868 die Universitäts-Augenheilanstalt ins Leben gerufen, die bis zu ihrem Umzug in ein geplantes neues Gebäude in Bergheim in der Hauptstraße 35 bleibt; Prof. Becker übernimmt jetzt deren Leitung und tritt gleichzeitig als Interessenvertreter der Augenklinik in die akademische Krankenhauskommission und somit in die Baukommission ein.[32] Die Pläne für das neu zu errichtende Gebäude, im Juni 1869 von Bezirks-Bauinspektor Waag vorgelegt, basieren im wesentlichen auf den Vorstellungen Knapps, die dieser in seiner Schrift bereits 1866 formuliert hat.[33] Doch erst im Januar 1876 beauftragt das Innenministerium das Baubüro des Akademischen Krankenhauses, die Arbeiten für die Augenklinik zu vergeben, da das Gebäude Ostern 1878 ›in Benutzung genommen werden muß‹.[34] Am 22.3. 1878 berichtet schließlich Bezirks-Bauinspektor Schäfer, daß ›im Laufe dieser Woche‹ mit dem Einzug begonnen worden sei. Die Gesamtkosten des Neubaues betragen 199 680,35 Mark.[35]

1890 übernimmt Prof. Theodor Leber die Leitung der Augenklinik und fordert gleich die Erweiterung der ophthalmologischen Unterrichtsräume. Gedacht wird an einen einstöckigen Anbau, der östlich an das Hörsaalgebäude angeschlossen werden kann. Im Spätjahr 1891 erstellt Bezirks-Bauinspektor Koch dafür Pläne und einen Kostenvoranschlag über 45 000 Mark.[36] Mit den Ausschachtungen wird im Juli 1892 begonnen, und bereits im März 1893 geht der Bau seiner Vollendung entgegen. Er wird schließlich im Herbst desselben Jahres seiner Bestimmung übergeben. Die Gesamtkosten bleiben mit 37 113,83 Mark sogar noch unter dem Voranschlag.[37]

1907 verlangt Prof. Leber eine weitere Vergrößerung der Augenklinik. Dies könne nach seiner Meinung allerdings nur durch eine Aufstockung erreicht werden, da auf der Ostseite des Geländes nicht mehr genügend Baufläche für einen Anbau zur Verfügung stehe. Er macht den Vorschlag, das bisher einstöckige Hörsaalgebäude aufzustocken. Das Kultusministerium lehnt Lebers Forderung zunächst ab, weil die finanziellen Mittel nicht vorhanden sind. Man greift aber schließlich drei Jahre später den Erweiterungsgedanken wieder auf, weil man Prof. Wagenmann im Falle einer Übernahme des Lehrstuhles als Nachfolger Lebers zum Wintersemester 1910/11 eine Vergrößerung zugesagt hat. Koch legt im September 1910 Pläne für das Projekt vor, die einen dreigeschossigen Anbau an den westlichen Teil der Augenklinik und einen zweigeschossigen Aufbau auf der Ostseite des Hörsaalgebäudes vorsehen, wobei letzterer vorläufig zurückgestellt bleibt. Im November 1911 werden von Koch 180 000 Mark für den westlichen Anbau in einem Kostenvoranschlag angegeben; am 28. 8. 1912 wird mit den Bauarbeiten begonnen. Bereits ein gutes Jahr später, im Dezember 1913, sind die meisten Räume in Betrieb genommen.[38] Am 7. 7. 1914 wird vom Badischen Bezirksamt der östliche Aufbau der Augenklinik genehmigt[39], dessen Ausführung aber durch den Ausbruch des Ersten Weltkrieges verhindert wird. Wegen des kriegsbedingten Arbeitermangels werden die Verträge mit den Baufirmen annulliert.[40] Die Arbeiten sollen nach dem Friedensschluß ›tunlichst bald‹ aufgenommen werden. 1919 soll die Vergrößerung im Osten ausgeführt werden, allerdings nicht in Form eines Aufbaues östlich des Hörsaales, sondern als Anbau an der Ostseite der Augenklinik. Der jetzige Bezirks-Bauinspektor, Ludwig Schmieder, beziffert im April 1921 die Gesamtkosten der inzwischen fertiggestellten östlichen Erweiterung mit 1 056 591,38 Mark. Die nächsten größeren Bauarbeiten in der Augenklinik erfolgen in den Jahren 1935–38, als der Nachfolger Prof. Wagenmanns, Prof. Engelking, als Voraussetzung für seine Entscheidung zugunsten Heidelbergs den Einbau einer Zentralheizung in die Klinik fordert.[41]

Psychiatrische Klinik

Die 1827 unter Mitbetreuung durch die Universität Heidelberg gegründete Irrenklinik ist im Frühjahr 1842 aus dem ehemaligen Seminarium Carolinum nach Illenau bei Achern verlegt worden.[42] Fünfundzwanzig Jahre später wünscht jedoch die Medizinische Fakultät der Universität die Errichtung einer Irrenklinik in Heidelberg, da die Psychiatrie Lehrgegenstand an der Universität werden soll.[43] Am 8.7. 1873 signalisiert das badische Innenministerium die Bereitschaft, in Heidelberg eine Irrenanstalt zu errichten. ›Es liegt in der Absicht, eine Klinik für Geisteskranke ... mit dem academischen Krankenhause in Heidelberg zu verbinden.‹[44] Ein ausschließlich zu diesem Zwecke dienendes Gebäude ist bereits 1831 von dem Assistenten der Irrenanstalt und deren späterem Direktor, Prof. Roller, gefordert worden.[45] 1874 soll mit den Bauarbeiten begonnen werden. Die Kosten werden von der Bezirks-Bauinspektion Heidelberg in einem Voranschlag mit insgesamt 320 000 fl. angegeben, worin die Gelder für den Bauplatz mit 100 000 fl. bereits enthalten sind.[46] Im April 1874 bewilligt das Innenministerium die Mittel im Budget 1874/75. Als Bauplatz dient ›das westlich des neuen akademischen Krankenhauses zwischen der projektierten Mittelstraße und dem Nekkar gelegene Terrain bis zum Galgenweg‹.[47] Mit der genannten Mittelstraße ist die heutige Voßstraße gemeint. Weihnachten 1874 wird vom Innenministerium bestimmt, daß ›im nächsten Frühjahr‹ mit den Bauarbeiten begonnen werden soll.[48] Im Februar 1875 werden von Waag Pläne für die Klinik vorgelegt.[49] Schließlich gelangen im Juli desselben Jahres die Bauarbeiten zur Ausschreibung. Erneut wird ein Kostenvoranschlag vorgelegt; jetzt von Bezirks-Bauinspektor Schäfer, der mit 370 812,87 Mark beziffert ist. Es folgen weitere Voranschläge für zwei Absonderungshäuser für ›Unreinliche und Tobsüchtige‹ (je 45 000 Mark), für Küchengebäude inclusive Maschinenraum und Kamin (57 608,55 Mark) und für das Desinfektionsgebäude (12 960 Mark). Die Arbeiten für diese Gebäude werden erst im Januar 1877 vergeben.[50] Der Termin für die Fertigstellung des Baues wird durch Erlaß des badischen Innenministeriums vom 1.2. 1876 von Ende 1877 auf das Spätjahr 1878 verschoben.[51] Schäfer berichtet im Juni 1878, daß das Hauptgebäude der Irrenklinik ›im Rohbau gänzlich vollendet‹ sei; das gleiche gelte für Absonderungs- und Küchengebäude sowie für das Desinfektionshaus. Ein Wohnhaus für den Direktor, das in der südöstlichen Ecke des Bauplatzes geplant ist, kommt nicht zur Ausführung.[52] Am 4.7. 1878 erteilt das badische Innenministerium der Irrenklinik die Genehmigung, dem Verband des Akademischen Krankenhauses beizutreten, wodurch ihr Direktor, Dr. Fürstner, auch Sitz und Stimme in der akademischen Krankenhauskommission erhält.[53] Wie vorgesehen, ist die Irrenklinik zum Wintersemester 1878/79 bezugsfertig. Die Gesamtkosten des Neubaues betragen 699 280,45 Mark.[54]

Am 20.12. 1906 erklärt sich der Engere Senat der Universität Heidelberg in einem Beschluß mit der Änderung des Namens ›Universitäts-Irrenklinik‹ in ›Psychiatrische Klinik der Universität Heidelberg‹ einverstanden, einen Monat später genehmigt der Großherzog die Umbenennung.[55]

Im zweiten Jahrzehnt unseres Jahrhunderts, als die Notwendigkeit eines Neubaues für die Medizinische Klinik erörtert wird, stellt sich auch die Frage nach einer möglichen Verlegung der Psychiatrischen Klinik auf das rechte Neckarufer, da erwogen wird, für die Chirurgische Klinik ebenfalls einen Neubau zu errichten, der dann eventuell das Gelände der Psychiatrischen Klinik in Anspruch nehmen soll. Diese Überlegungen werden jedoch nicht in die Tat umgesetzt.[56]

Weil sich in der Psychiatrischen Klinik ein akuter Raummangel bemerkbar macht, wird Anfang 1920 der Ausbau des Dachstuhles des Gebäudes beschlossen. Die Finanzierung erfolgt zum Teil durch Stiftungsgelder. In der ersten Hälfte des Jahres wird begonnen, im neu ausgebauten Dachgeschoß eine Kapelle einzurichten, die am 10.10. 1922 fertiggestellt ist.[57]

Frauenklinik

Mitte des letzten Jahrhunderts sind die räumlichen Zustände der damaligen Ent- *359-361* bindungsanstalt, die seit 1818 in Gebäuden des Marstallhofes untergebracht ist, als desolat zu bezeichnen. Prof. Wilhelm Lange, seit 1852 Ordinarius für Geburtshilfe und Direktor der Anstalt, macht 1861 das Großherzogliche Innenministerium auf die katastrophalen wirtschaftlichen und räumlichen Zustände seiner Klinik aufmerksam. Es werde dringend ein Neubau benötigt, da das Gebäude, in dem sich die Anstalt befinde, nur ein von der Stadt Heidelberg ›geliehenes‹ sei.[58] Fünf Jahre später wird der Klinik die Benutzung der ehemaligen Kaserne auf den 1.2. 1868 gekündigt. Prof. Friedrich macht daraufhin den Vorschlag, die Entbindungsanstalt vorübergehend im Seminarium Carolinum unterzubringen, sobald der Neubau des Akademischen Krankenhauses in Bergheim fertiggestellt sei; ein Neubau sei dennoch in jedem Falle notwendig.[59] Schließlich wird aber die Kündigung der Kaserne von der Stadt zurückgenommen, so daß der Klinik ein Verbleiben in dem Gebäude möglich ist.

Als im Jahre 1881 der Gießener Gynäkologe Ferdinand Adolf Kehrer einen Ruf nach Heidelberg erhält, macht er in einem Schreiben vom 12.6. 1881 unmißverständlich seine Entscheidung von dem Bau einer neuen Frauenklinik abhängig. Die Klinik im Marstall sei wegen der ständigen Lärmbelästigung und der schlechten hygienischen und baulichen Verhältnisse nicht länger zu verantworten. Das badische Kultusministerium beauftragt daraufhin schon sechs Tage später die Bezirks-Bauinspektion Heidelberg, für den Neubau einer Entbindungsanstalt einen Kostenvoranschlag und Pläne anzufertigen.[60] Als Baugelände wird das 38 ar 71 qm große Grundstück Ecke Voßstraße/Thibautstraße gewählt, auf dem sich zu dieser Zeit die Gambersche Holzsägerei befindet; für 36 000 Mark wird das Gelände vom Unterländer Studienfonds angekauft. Der Kostenvoranschlag von Bezirks-Bauinspektor Schäfer für das neue Gebäude liegt bei 300 000 Mark; er wird vom Innenministerium durch Erlaß vom 29.4. 1882 genehmigt.[61] Diese Bewilligung ist allerdings an die Voraussetzung geknüpft, ›daß die Stadtgemeinde Heidelberg durch Überlassung des jetzigen Gebäudes [d.h. des Weinbrennerbaues im Marstallhof, Anm. d. Verf.] an den Staat, welches veräußert werden soll und dessen Erlös einen Teil der Bausumme zu bilden habe, einen Beitrag zu diesem Institut leiste‹.[62] Der Bürgerausschuß Heidelberg beschließt darum am 18.7. 1882 die Schenkung des Gebäudes an den Staat und gleichzeitig den Rückkauf desselben für 30 000 Mark, womit die Bedingungen des Innenministeriums erfüllt sind.[63]

Die Badische Bezirks-Bauinspektion wird am 1.9. 1882 vom Kultusministerium ermächtigt, die Arbeiten für den Neubau der Entbindungsanstalt auszuschreiben. Am 6. des Monats wird die baupolizeiliche Genehmigung erteilt, und zwar nachträglich, weil mit den Bauarbeiten bereits am 2.9. begonnen worden ist.

Mitte des Monats sind die Ausschachtungen beendet, die Fundamente des östlichen Flügels sind auf Bodenniveau gebracht. Im August 1883 wird der Dachstuhl aufgeschlagen, ein Jahr später ist der Neubau fertig. Der sogenannte ›wirkliche Kostenaufwand‹ beträgt 227 915,34 Mark.[64]

Im Dezember 1898 deutet Prof. Kehrer die Notwendigkeit einer Erweiterung der Frauenklinik an. Er konkretisiert seine Wünsche dahingehend, daß ein Operations- und Hörsaalneubau dringend erforderlich sei. Er schlägt einen ›Langbau parallel der Klinik entsprechend, errichtet hart an der Grenze des Klinikgartens‹ vor, der zwei Stockwerke und ein Souterrain besitzen soll, und der durch einen überdachten Gang mit dem Hauptgebäude in Verbindung steht.[65] Dieser Vorschlag Kehrers wird vom Kultusministerium jedoch abgelehnt, obwohl er von Theodor Leber, zu dieser Zeit Dekan der Medizinischen Fakultät, Unterstützung

362 erfährt.[66] Schließlich einigt man sich auf einen gemeinsamen Entwurf von Koch und Kehrer, der einen Operations- und Hörsaalneubau vorsieht, dessen Vorbild der erst kürzlich fertiggestellte Chirurgische Operationssaal des Akademischen Krankenhauses ist. Am 21.11. 1900 erteilt das Kultusministerium endlich die Genehmigung für den Operationssaalneubau an der Westseite und eine südliche Erweiterung des Westflügels der Frauenklinik mit einem Gesamtaufwand von 235 000 Mark. Im Oktober 1901 ist der Bau unter Dach, im Mai 1903 ist er bezugsfertig.[67] Mit Wirkung vom 1. 10. 1902 ist die Frauenklinik zwischenzeitlich an den Verband des Akademischen Krankenhauses angeschlossen worden.[68]

Eine neue Frauenklinik auf dem rechten Neckarufer sieht unter anderem der Generalbebauungsplan aus der Mitte der dreißiger Jahre vor. Weil die finanziellen Mittel für die Realisierung fehlen, soll wenigstens die alte Klinik durch einen Anbau entlastet werden.[69] Der Zweite Weltkrieg durchkreuzt auch diesen Plan. Erst nach Kriegsende wird er wieder aktuell: 1949 entsteht entlang der Gartenstraße ein neuer Trakt, der an den südlichen Erweiterungsbau des Westflügels durch einen langen, schmalen Verbindungsbau angeschlossen ist.[70]

Luisenheilanstalt

363, 364 Die Gründung einer Kinderklinik in Heidelberg reicht in das Jahr 1860 zurück, in welchem der damalige Leiter der Universitäts-Poliklinik, Prof. Theodor von Dusch, auf der Basis von Schenkungen und Spenden wohlhabender Bürger am 1. Juli eine ›Kinderheilanstalt‹ ins Leben ruft. Die Klinik ist in einer angemieteten Wohnung in der Bergheimer Straße 34 untergebracht. 1864 übernimmt die Großherzogin Luise von Baden das Protektorat über die Institution, die fortan den Namen ›Luisenheilanstalt‹ trägt. 1867 wird als erstes eigenes Gebäude ein Haus in der Weststadt (heute Bunsenstraße 4) angekauft. Die Straße erhält damals den Namen Luisenstraße, einen Namen, der beim Umzug der Klinik nach Bergheim ›mitwandert‹.[71]

Eine großzügige Spende in Höhe von 40 000 Goldmark von Prof. Alexander Pagenstecher, 1866 bis 1877 Ordinarius für Zoologie und Paläontologie an der Universität, und der Erlös verschiedener Basare schaffen die Möglichkeit, eine neue Klinik in Bergheim zu errichten. 1880 gibt sich die Klinik eine Satzung durch einen Verwaltungsrat, bestehend aus Prof. v. Dusch, Prof. Oppenheimer,

Bankier Köster, Stadtdirektor v. Scherer, Kaufmann Jäger und dem Privatier Rech. Dieser Verwaltungsrat wird mit der Leitung der Luisenheilanstalt betraut.[72] Im Jahre 1882 wird ein im Osten an das Gelände des Akademischen Krankenhauses angrenzendes ›größeres Grundstück‹ der Witwe Kall abgekauft. Die akademische Krankenhauskommission zeigt sich mit dem Neubau einverstanden. Am 18. Juli 1884 teilt das Großherzogliche Bezirksamt Heidelberg dem Verwaltungsrat der Luisenheilanstalt mit, daß mit Beschluß vom 24.5. 1884 die Genehmigung, ›auf der Gemarkung Heidelberg nächst den akademischen Krankenhäusern ... eine Privatkrankenanstalt zu errichten‹, erteilt worden ist.[73] Am 1.7. 1884 wird unter der Leitung des Architekten W. Krause der Bau begonnen. Der Rohbau ist im November 1884 fertig. Am 7. November 1885 erfolgt die Einweihung der Luisenheilanstalt in Anwesenheit der Großherzogin. Die Gesamtkosten für die Klinik betragen 135991,93 Mark.[74]

1889 erfolgt der Ankauf eines benachbarten Bauernhofes in der Schneidmühlstraße für 17500 Mark. Dieses neu erworbene Gelände bildet eine der Voraussetzungen für den Bau eines dem Neckar zu gelegenen Infektionspavillons. Der seit 1890 mit der Klinikleitung betraute Polikliniker Prof. Oswald Vierordt[75] bittet 1893 die Stadt um einen einmaligen Zuschuß zu diesem Neubau. Der Engere Senat und das Innenministerium haben der Medizinischen Fakultät bereits eine Summe von 20000 Mark zugesagt. Als schließlich die Stadt einen Beitrag von 5000 Mark gewährt und am 5.8. 1894 die Baugenehmigung erteilt, wird der Infektionspavillon umgehend in Angriff genommen. Am 10.11. 1895 erfolgt die Einweihung des Neubaues, für den der Architekt Philipp Thomas verantwortlich zeichnet.[76] Bereits vier Jahre später bittet Vierordt erneut um eine bauliche Erweiterung. Diesmal soll ein einstöckiges Ambulanzgebäude im Vorgarten der Klinik, in der südöstlichen Ecke des Areals, errichtet werden. Die Genehmigung wird erteilt, das Gebäude wird ›in letzter Minute‹ noch um ein Stockwerk erhöht und ist am 7.8. 1901 bezugsfertig.[77] Im Sommer 1903 wird ein weiterer Neubau notwendig. Er soll Säuglingsstation und Milchküche aufnehmen und ist, wie der Ambulanzbau, vor dem Hauptgebäude, jedoch westlich der Hofeinfahrt geplant. Der Bürgerausschuß der Stadt Heidelberg unter Vorsitz von Bürgermeister Wilckens beschließt, der Luisenheilanstalt zum Zwecke dieses Neubaues ein unverzinsliches Darlehen von 28000 Mark für zehn Jahre zur Verfügung zu stellen. Der ebenfalls von Thomas errichtete Bau wird am 11.7. 1904 eingeweiht.[78]

Am 2.9. 1906 stirbt Oswald Vierordt. An seine Stelle tritt bis März 1911 Emil Feer, dessen Nachfolger Ernst Moro wird.[79] Prof. Moro plant 1913 eine Vergrößerung des Hauptgebäudes. Im April dieses Jahres werden von Philipp Thomas verschiedene Pläne vorgelegt, aus denen der Verwaltungsrat einen auswählt, wonach der Hauptbau nach Osten verlängert und um ein Geschoß erhöht werden soll. Die Gesamtkosten für diese Baumaßnahme werden von Thomas mit 236000 Mark angegeben.[80] Das Kultusministerium sträubt sich zunächst, das Bauvorhaben zu bewilligen. Schließlich wird aber doch die Genehmigung für die Erweiterung erteilt, die auch sofort vollzogen wird.[81] Die letzte große bauliche Veränderung während Moros Amtszeit stellt 1917 die Aufstockung der Seitenflügel des Neckarpavillons dar. Die Bauleitung obliegt wieder Philipp Thomas. Sechs Jahre später, 1923, übernimmt der Staat die Luisenheilanstalt mit allen Verpflichtun-

367, 368

370

369

365, 366

gen, nachdem sich der Verwaltungsrat außerstande erklärt hat, angesichts der durch die Inflation entstandenen hohen Schulden die Verantwortung für die Klinik weiter zu tragen.[82]

Chirurgisches Absonderungshaus (Chirurgischer Pavillon II)

Vinzenz Czerny, seit 1876 Ordinarius für Chirurgie an der Universität Heidelberg, verdeutlicht 1882 wiederholt die (von der Großherzoglichen Regierung bereits 1879 anerkannte, bislang aber noch nicht mit einer Genehmigung beantwortete) Notwendigkeit der Erstellung eines Absonderungshauses für die Chirurgische Klinik.[83] Nachdem er jetzt mit der Abwanderung nach Würzburg droht, wird ihm ein Neubau gewährt.[84] Das Kultusministerium schlägt als Bauplatz für das Gebäude das Gelände zwischen Chirurgischem Pavillon I und Medizinischem Pavillon I an der östlichen Flanke des Klinikareals vor.[85] Man denkt an die Errichtung eines zweistöckigen Gebäudes, für welches Bezirks-Bauinspektor Franz Schäfer von der Bezirks-Bauinspektion Heidelberg, der auch die Pläne anfertigt, 84000 Mark veranschlagt. Im April/Mai des Jahres 1883 wird mit den Ausschachtungsarbeiten begonnen; bereits Anfang Oktober wird der Bau unter Dach gebracht. Seine endgültige Fertigstellung erfolgt am 4.10. 1886.[86]

Hörsaalgebäude Medizinische Klinik

371-374 Der Professor der Inneren Medizin Wilhelm Erb bringt 1888 seinen Wunsch nach Erweiterung der Unterrichtsräume für die Medizinische Klinik zu Gehör. Zunächst entsteht die Idee, die Kapazität durch Räume im Verwaltungsbau zu erweitern. Schließlich macht Erb den Vorschlag, vor dem Medizinischen Pavillon II in der Voßstraße einen Neubau zu errichten, der mit diesem durch einen überdachten Gang verbunden ist, und der einen Hörsaal und einige Untersuchungsräume enthalten soll.[87] Diese Variante findet bei der Regierung Resonanz. Die Großherzogliche Baudirektion stellt hierfür, nachdem Oberbaudirektor Prof. Josef Durm einen entsprechenden Voranschlag gemacht hat, 82000 Mark zur Verfügung. Nachdem auch die Medizinische Fakultät dem Neubau zugestimmt hat, beginnen am 26.6. 1890 die Bauarbeiten. Bereits am 6.4. 1891 kann das Gebäude dem Betrieb übergeben werden.[88]

Hygiene-Institut

375, 376 Franz Knauff, der bei der Planung des Akademischen Krankenhauses in der Baukommission entscheidend mitgewirkt hat und seit 1868 an der Universität tätig ist[89], wünscht 1887 die Errichtung eines eigenständigen Institutes für den Unterricht der Hygiene. Für die erste Hälfte des Jahres 1887 ist belegt, daß in das nächstfolgende Budget des Staates die Kosten für entsprechende Räumlichkeiten aufgenommen werden sollen. Man benötigt ein Auditorium, ein Zimmer für bakteriologische und mikroskopische Untersuchungen, ein chemisches Laboratorium und einen Raum zur Aufbewahrung der Instrumente.[90] Knauff, der das neue Fach Hygiene lehren soll, hat als vorläufige Unterkunft des Institutes die angemieteten Häuser Bergheimer Straße 16 und 18 im Auge. Er rechnet allerdings für das Jahr 1889 mit einem Neubau. Pläne und ein Kostenvoranschlag über 64 000 Mark werden von der Bezirks-Bauinspektion Heidelberg erarbeitet, aber die Ausführung scheitert an einem fehlenden bzw. zu teuren Bauplatz.[91] Aus diesem Grunde greift das Kultusministerium den Vorschlag Knauffs auf und ordnet die Herrichtung der Räumlichkeiten in der Bergheimer Straße an, zumal auch Dekan Vinzenz Czerny meint, die Hygiene sei eine junge Wissenschaft und könne daher vorläufig in einem angemieteten Gebäude unterrichtet werden.[92] Die Neubaufrage steht aber immer noch zur Diskussion. Eine Lösung wird dringlich, als Knauff mitteilt, daß ihm die Leitung des städtischen Krankenhauses in Hamburg angeboten worden sei. Er macht sein Verbleiben in Heidelberg von der Entscheidung der Fakultät über die Errichtung eines Neubaues und die Übertragung eines neu zu schaffenden Ordinariates für Hygiene abhängig.[93] Czerny beeilt sich, unter diesen Umständen der Fakultät zu empfehlen, ›die Errichtung eines Ordinariates für Hygiene auf das Wärmste zu befürworten‹. Als daraufhin die Fakultät einstimmig für die Schaffung des Lehrstuhles und den Neubau votiert, sagt Knauff Anfang September in Hamburg ab.[94] Das bisher als unerschwinglich (40 000 Mark) erachtete Grundstück des Gärtners Busch Ecke Voßstraße/Thibautstraße wird angekauft.[95] Knauff legt im August 1889 eigene Pläne für den Neubau vor, die durch den beauftragten Architekten Josef Durm von der Baudirektion Karlsruhe berücksichtigt werden; es sind jedoch insgesamt drei Enwürfe notwendig, um eine Einigung von Durm und Knauff zu erzielen. Im Oktober schließlich werden die Arbeiten ausgeschrieben, ein halbes Jahr später steht der Sockel des Gebäudes. Am 14.1.1891 ist das Hygiene-Institut bezugsfertig, wird aber erst zum Sommersemester 1891 für den Universitätsbetrieb freigegeben.[96]

Im Jahre 1903 wird die Baugenehmigung für ein zweigeschossiges Stallgebäude erteilt. Ein bereits im Jahre 1900 erstellter Kostenvoranschlag sieht 26 000 Mark für den Bau vor. Er soll nördlich des Hygiene-Institutes an der Thibautstraße auf einem der Irrenklinik gehörenden Gelände errichtet werden. Der Rohbau ist im Januar 1904 fertig; am 9.12.1904 wird der Neubau mit einem Gesamtkostenaufwand von 24 242,04 Mark der Direktion des Hygiene-Institutes übergeben.[97]

Im Jahre 1909 – dem Jahr, in dem Franz Knauff emeritiert wird – wird wegen Platzmangels eine Vergrößerung des Hygiene-Institutes erwogen. Zunächst denkt man an einen Anbau, dann wird aber der Aufstockung des Gebäudes der Vorzug gegeben; die Kosten hierfür würden etwa 83 000 Mark betragen. Da es von seiten des Ministeriums keine Einwände gibt, wird im März 1910 die baupolizeiliche Genehmigung erteilt, und die Rohbauarbeiten werden ausgeschrieben; die Ausführung des Umbaues besorgt Koch. Im Januar 1911 kann der neue Direktor des Hygiene-Institutes, Prof. Hermann Kossel, das neu hinzugewonnene Stockwerk in Betrieb nehmen.[98]

377, 378

Operations- und Hörsaalanbau Chirurgische Klinik

379, 380 Es ist wiederum Vinzenz Czerny, der für die Chirurgische Klinik um einen Erweiterungsbau nachsucht. Es handelt sich diesmal um einen Operations- und Hörsaal, der den beengten Raumverhältnissen abhelfen soll. Schon 1885 hatte Czerny vorgeschlagen, die nördliche Wand des Chirurgischen Pavillons um drei Meter hinauszuschieben, um so den dahinterliegenden Operationssaal zu vergrößern.[99] Erst fünf Jahre später findet er bei den zuständigen Stellen Gehör, da die stetig ansteigende Zahl der Studenten seinen Forderungen Nachdruck verleiht. Er entwickelt ein Konzept, wonach ein zweistöckiger Anbau direkt an den alten Hörsaal im Chirurgischen Pavillon angefügt werden soll. Dieser Vorschlag wird jedoch von der Großherzoglichen Baudirektion abgelehnt; deshalb erwägt Czerny, einen Anbau an den Medizinischen Pavillon I, gegenüber dem Pathologischen Institut und dem Medizinischen Absonderungshaus, errichten zu lassen. Dieser Medizinische Pavillon müsse dann allerdings der Chirurgie überlassen und für die Medizinische Klinik auf dem westlichen Teil des Krankenhausareals ein neues Gebäude errichtet werden. Nachdem sich die Vertreter von Chirurgischer und Medizinischer Klinik über das Projekt geeinigt haben, geben die Großherzogliche Baudirektion und das Kultusministerium im März beziehungsweise im August 1892 ihr Einverständnis zu dessen Ausführung, die Bezirks-Bauinspektor Koch übernimmt. Im Juni 1893 ist der Bau unter Dach und wird am 12.7 1894 in Betrieb genommen. Die Gesamtkosten betragen 106 820,94 Mark.[100]

Neuer Medizinischer Pavillon

381 Im Jahre 1893 hatte Wilhelm Erb in einem Memorandum die Idee Czernys zum Neubau eines Medizinischen Pavillons aufgenommen und in diesem Zusammenhang gleichzeitig die Errichtung eines Isolierhauses gewünscht. Bezirks-Bauinspektor Koch legt Pläne und einen Kostenvoranschlag über 310 000 Mark vor, in dem das Isolierhaus bereits berücksichtigt ist. Als einen Monat später vom Innenministerium beschlossen wird, den Bau nicht als zweiflügelige Anlage, sondern nur einflügelig ausführen zu lassen, wird der Kostenüberschlag auf 190 000 Mark reduziert.[101] Die Baugenehmigung für dieses Gebäude wird am 31.5. 1894 vom Kultusministerium erteilt.[102] Anfang 1896 ist der Rohbau fertiggestellt; zwischenzeitlich hat man sich allerdings dazu entschlossen, das Haus nun doch mit zwei

382, 383 Flügelbauten zu versehen. Für den nachträglich anzufügenden Ostflügel gibt das Kultusministerium seine Zustimmung, und im Budget werden 140 000 Mark vorgesehen.[103] Mittelbau und Westflügel können bereits 1896 bezogen werden. Im Juni 1897 ist auch der Ostflügel im Rohbau fertiggestellt, am 15.7. 1898 ist er bezugsfertig. Gleichzeitig wird der Medizinische Pavillon I, an den der neue Chirurgische Operationssaal angebaut worden war, der Chirurgischen Klinik ganz überlassen, so wie es Erb bereits 1893 versprochen hatte.

Das vorgesehene Isoliergebäude ist zu dieser Zeit noch nicht ausgeführt. Erst im März 1901 besteht Erb auf dessen Errichtung, für die im Juni 1903 die Baugenehmigung erteilt wird.[104] 1904 ist auch dieses Gebäude, nördlich des neuen Medizinischen Pavillons gelegen, mit einem Gesamtaufwand von 59 965,91 Mark vollendet.

Hals-Nasen-Ohrenklinik

In den sechziger Jahren des 19. Jahrhunderts entwickeln sich die Fachrichtungen *384–387* Otologie und Rhino-Laryngologie zunächst getrennt voneinander. Die Ohrenheilkunde ist, wie die Ophthalmologie, an die Chirurgie angeschlossen und wird, gemeinsam mit dieser, von Prof. Chelius unterrichtet. Die Rhino-Laryngologie, also die Nasen- und Kehlkopfheilkunde, entwickelt sich aus der Inneren Medizin unter Prof. Friedreich und wird seit 1875 von Prof. Anton Juracz gelehrt.[105]

Die ambulatorische Klinik für Rachen- und Nasenkranke ist zu dieser Zeit in den Räumen der Medizinischen Poliklinik im Seminarium Carolinum untergebracht. Nach der Verlegung der Kliniken in die Neubauten nach Bergheim finden die laryngologischen Untersuchungen seit 1877 in einem Raum der Poliklinik im zweiten Obergeschoß des östlichen Flügels des Verwaltungsgebäudes statt.[106] Als 1885 dieser Raum wegen des raschen Anstiegs der Patientenzahl nicht mehr ausreichend Platz bietet, erhält Juracz vom Kultusministerium und von Vinzenz Czerny die Genehmigung, in einem von den Chirurgen genutzten Hörsaal im Ostflügel des Verwaltungsgebäudes im ersten Obergeschoß eine ambulatorische Klinik für Kehlkopf-, Rachen- und Nasenkranke einzurichten; Czerny behält sich allerdings eine semestrale Kündigung vor.[107] Hier bleibt die ambulatorische Klinik dreizehn Jahre lang, bis sie in das erste Obergeschoß des Medizinischen Pavillons I verlegt wird, wo sie für weitere zehn Jahre, also bis 1908, unterkommen kann. Die räumlichen Mißstände sind inzwischen jedoch so groß geworden, daß Juracz endlich auf der Errichtung einer stationären Klinik besteht. Er hofft auf die Überlassung von Räumlichkeiten, die im Zusammenhang mit den Neubauten für Medizinische Poliklinik und Ohrenklinik verfügbar geworden sind, allerdings vergeblich. Er verläßt daraufhin noch im selben Jahr resigniert Heidelberg. Unmittelbar nach seinem Weggang wird vom Kultusministerium beschlossen, zum Wintersemester 1908/09 die laryngologische Poliklinik im Gebäude der Ohrenklinik mit der Otologie zusammenzuschließen.[108]

Die Entwicklung der Ohrenheilkunde hat bereits einige Jahre früher eingesetzt. Am 15. 7. 1869 ersucht der Otologe Samuel Moos um die Gründung einer ambulatorischen Klinik für Ohrenkranke.[109] 1873 wird vom Innenministerium zur Gründung einer Ohrenklinik ein Betrag von 300 fl für Instrumente und ein jährliches Aversum von 150 fl zur Verfügung gestellt. Noch im selben Jahr wird beschlossen, in der neu zu erbauenden Augenklinik in Bergheim der Ohrenheilkunde zwei Räume für Untersuchungen abzutreten. Am 18. 8. 1873 wird dies durch Verfügung vom Innenministerium festgelegt. Bis zur Fertigstellung der Augenklinik im neuen Akademischen Krankenhaus muß die ambulatorische Ohrenklinik vorerst in den Räumen der Poliklinik im Seitengebäude des Seminarium Carolinum bleiben. Schließlich scheitert das Unternehmen am Widerstand des Ophthalmologen Prof. Otto Becker, der sich weigert, in seiner neuen Klinik der Otologie Untersuchungsräume zur Verfügung zu stellen. Das Kultusministerium bewilligt deshalb im September 1877 570 Mark zur Herrichtung von angemieteten Räumen in der Bergheimer Straße 28.[110] Dort bleibt die Klinik bis ins Jahr 1896, in dem Karl-Adolf Passow die Nachfolge des 1895 verstorbenen Samuel Moos antritt. Er erhält mit seiner Berufung eine größere, stationäre Klinik in der Bergheimer Straße 44, ebenfalls in angemieteten Räumlichkeiten. Aber schon bald erkennt Prof. Passow die Notwendigkeit einer Vergrößerung und sieht sich nach einem geeigneten Gelände für einen Neubau um. Wie er meint, käme der an die Voß- und Thibautstraße grenzende nördliche Teil des Grundstückes Bergheimer Straße 40 in Frage, das Gärtner Busch gehört.[111] Der Vorschlag wird vom Kultusministerium befürwortet, und die Direktion der Ohrenklinik wird veranlaßt, ein Bauprogramm für einen Neubau aufzustellen. Der von Passow ausgesuchte Bauplatz mit 27 ar 9 qm wird für 115 000 Mark angekauft. Ebenfalls erworben wird das angrenzende, 7 ar 24 qm große Grundstück Ecke Bergheimer Straße/Thibautstraße für 34 000 Mark. Ein Kostenvoranschlag von Bezirks-Bauinspektor Julius Koch für einen die Ambulanz, stationäre Klinik und Wirtschaftsräume enthaltenden Neubau beläuft sich auf 236 000 Mark; gleichzeitig werden von ihm Entwürfe angefertigt, die auf Beanstandung des Oberbaudirektors Prof. Josef Durm hin bis zur endgültigen Fassung mehrfach geändert werden. Schließlich gibt die Großherzogliche Baudirektion am 18.3. 1899 ihre Einwilligung zum Neubau der Ohrenklinik.[112] Am 28.9. 1900 erteilt dann das Kultusministerium die endgültige Baugenehmigung, und am 14.3. 1901 wird mit den Ausschachtungsarbeiten begonnen.[113] Schon im August dieses Jahres ist der Bau so weit fortgeschritten, daß mit dem Aufschlagen des Dachstuhles begonnen werden kann; im Dezember ist er im Rohbau fertiggestellt.[114] Am 17.1. 1903 kann der Neubau der Ohrenklinik bezogen werden. Die frei werdenden Räume in der Bergheimer Straße 44 werden der Frauenklinik überlassen. Die endgültigen Baukosten werden mit 243 375,40 Mark angegeben.[115]

Im Wintersemester 1908/09 wird schließlich, wie bereits erwähnt, die laryngologische Poliklinik, seither im Medizinischen Pavillon I, mit der Ohrenklinik verbunden und zieht in deren Gebäude ein. Die Ohrenklinik soll in Zukunft ›Klinik für Ohren-, Rachen- und Nasenkranke‹ heißen. Der seit 1902 amtierende Nachfolger Passows, Werner Kümmel, erklärt sich bereit, die Laryngologie nach dem Weggang von Prof. Juracz zu unterrichten. Dadurch erfolgt erstmals die Zusammenlegung dieser beiden Fachrichtungen an einer deutschen Universität.[116]

Drei Jahre später bittet Prof. Kümmel um die Einrichtung einer Isolierstation. Er schlägt vor, zu diesem Zwecke Teile des inzwischen in Universitätsbesitz übergegangenen Hauses des Zimmermeisters Veth, Voßstraße 5, zu verwenden. Die Verhandlungen um besagte Isolierstation ziehen sich bis in das Jahr 1932, in welchem die Hals-Nasen-Ohrenklinik endlich in das Haus Voßstraße 5 expandieren kann.[117] Erst nach dem Zweiten Weltkrieg werden unter der Leitung Prof. Werner Kindlers im Inneren der Klinik größere bauliche Veränderungen vorgenommen: Erweiterungsbau des Operationssaales, Einrichtung eines neuen Hörsaales und Einbau eines Fahrstuhles.[118] Unter Prof. Hans-Georg Boenninghaus erfolgt Ende der sechziger Jahre die Erweiterung der Ambulanz durch einen Anbau im Süden der Klinik.

Medizinische Poliklinik

Eine Medizinische Poliklinik ist ursprünglich für die Heilung nicht bettlägeriger *388, 389* Kranker konzipiert. In Heidelberg wird diese Institution von dem Anatomen Jakob Fidel Ackermann 1805 ins Leben gerufen und dient hier vor allem auch der ärztlichen Ausbildung. 1856 trennt sich die Medizinische Poliklinik von der Inneren Medizin und Theodor von Dusch übernimmt ihre Leitung.

In der Planung für das Bergheimer Klinikum ist von Anfang an ein Raum für die Poliklinik vorgesehen.[119] Sie wird im Verwaltungsgebäude untergebracht, worin sie fortan bleibt und wo sie nach dem Auszug anderer Abteilungen expandieren kann. Oswald Vierordt, der wie sein Vorgänger von Dusch Direktor der Medizinischen Poliklinik und der Luisenheilanstalt in Personalunion ist, muß jedoch 1897 um räumliche Erweiterung bitten, da sich die Patientenzahl der Poliklinik bis 1896 um mehr als das Doppelte erhöht hat (seit 1876). Die akademische Krankenhauskommission bietet ihm jedoch lediglich einige freigewordene Assistentenwohnungen im Verwaltungsgebäude an.[120] 1899 schlägt Prof. Vierordt schließlich vor, auf dem ›vor kurzem in Staatsbesitz übergegangenen Platz an der Hospitalstr.‹ einen einstöckigen Hochparterrebau für die Poliklinik zu errichten. Diese Idee findet auch bei Dekan Wilhelm Erb Zustimmung; die Reaktion der Ministerien läßt allerdings auf sich warten.[121] Im März 1903 bittet schließlich der Engere Senat erneut um die Errichtung eines Neubaues. Oberbaurat Warth vom Kultusministerium teilt daraufhin mit, daß der Bauplatz Ecke Voßstraße/Hospitalstraße für die Poliklinik zur Verfügung stehe. Im März 1904 legt Bezirks-Bauinspektor Koch einen Kostenvoranschlag über 130 000 Mark und im August den Entwurf für den Neubau vor. Die Bezirks-Bauinspektion drängt inzwischen auf Erteilung der Baugenehmigung, da das Gebäude bis 1. 10. 1906 ›fix und fertig‹ sein soll.[122] Obwohl die endgültige Baugenehmigung erst Ende August 1905 erfolgt, gestattet es Oberbaukontrolleur Schneider, daß bereits im Juli des Jahres ›auf Risiko des Bauherrn‹ mit den Grabarbeiten begonnen werden darf.[123] In einem Erläuterungsbericht aus dem Jahre 1905 teilt Koch mit, daß ›im laufenden Jahr‹ der Rohbau vollendet sein werde. Zum 1. 10. 1906 ist das Gebäude wie vorgesehen bezugsfertig. Die Gesamtkosten gibt Koch mit 171 737,03 Mark an.[124] Oswald Vierordt kann den Umzug in den Neubau nicht mehr erleben.[125]

In den siebziger und achtziger Jahren unseres Jahrhunderts erfährt die Poliklinik eine Reihe von Erweiterungen; die vorläufig umfangreichste Maßnahme stellt der Umbau einer ehemaligen Chirurgischen Baracke zum dreigeschossigen Bettenhaus dar, das durch eine Brücke mit dem Hauptbau in Verbindung steht.

Czerny-Klinik (Strahlenklinik)

Vinzenz Czerny, der seit 1876 als Nachfolger des Chirurgen Gustav Simon in *392, 393* Heidelberg lehrt, hat schon 1901 die Idee, ein Krebsforschungsinstitut zu errichten, nachdem er das Morosoffsche Krebsspital in Moskau und das Krebsinstitut in Buffalo (USA) gesehen hat. Er erhält einen finanziellen Grundstock durch zahlreiche Spenden, zu denen er immer wieder bei Kongressen aufruft. Eine solide Grundlage für das Institut bildet aber erst 1903 eine Spende über 150 000 Mark von Redakteur Richard Fleischer aus Wiesbaden. Bald darauf folgen weitere große Spenden, unter anderem von Baronin Rothschild und Landrat Ebbinghaus; auch Czerny selbst macht eine großzügige Schenkung. Großherzog Friedrich und dessen Gattin Luise übernehmen das Protektorat über die Institution.[126]

390, 391   Als Grundstück für ein Krebsinstitut bietet sich das Gelände gegenüber den Medizinischen Baracken und dem Medizinischen Hörsaal in der Voßstraße an. Es ist durch den badischen Staat bereits im Jahre 1900 für 120 000 Mark von den Zigarrenfabrikanten Gebrüder Maier zum Teil erworben worden.[127] Der südliche Teil des Maierschen Anwesens wird 1904 als Spende Czernys (der das Gelände mit den Fabrikgebäuden für 92 000 Mark gekauft hat) übergeben. Das dazugehörende Wohnhaus Bergheimer Straße 36 wird erst 1906 für 120 000 Mark vom Staat erstanden. Diese Grundstücksankäufe bringen aber erst den westlichen Bereich des Baugeländes ein; für den an die Medizinische Poliklinik grenzenden Ostteil wird 1903 die nördliche Hälfte des Grundstückes Lgb. Nr. 1843, Bergheimer Straße 26, für 55 000 Mark von Conditoreiwarenfabrikant Ludwig Sautter abgekauft.[128] Am 10. 12. 1904 wird die großherzogliche Genehmigung zur Errichtung des Krebsinstitutes erteilt; bereits zwei Monate später wird mit den Ausschachtungsarbeiten für den Neubau begonnen, der genau ein Jahr später verputzt werden kann. Die Ausführung liegt bei Koch; für die Innenausstattung wird Prof. Karl Eyth von der Kunstgewerbeschule Karlsruhe verpflichtet.[129] Am 25. 9. 1906 wird die Eröffnung des Krebsinstitutes in der Aula der Universität in Anwesenheit des Großherzogpaares feierlich begangen.[130]

Die im Hof des Krebsinstitutes – das fortan Samariterhaus genannt wird – stehenden ehemaligen Fabrikgebäude der Zigarrenfabrik Maier werden zur wissenschaftlichen Abteilung, dem Institut für experimentelle Krebsforschung, umgerüstet und können im Juni 1907 ihrer Funktion übergeben werden. Das an die Bergheimer Straße grenzende Vorderhaus wird umgebaut und enthält Unterrichtsräume, Bibliothek und Personalwohnungen.[131]

Sektionsgebäude Pathologisches Institut

351, 394,   Veranlaßt durch ein Schreiben des Stadtvikars Rohde vom 14. 2. 1890, der die
395   Leicheneinsegnungskapelle des Pathologischen Instituts auch zur Abhaltung von Klinikgottesdiensten nutzen will, wendet sich das Kultusministerium ein Jahr später an den Großherzog mit der Bitte um Genehmigung eines Neubaues für Sektionen und Leicheneinsegnung. Aus hygienischen Gründen könne die Kapelle nicht für beide Zwecke – Leichenaufbahrung und Gottesdienst – genutzt werden.[132] Auch Prof. Julius Arnold bittet am 27. 6. 1894 um den Neubau eines Sektionshauses; aber erst am 20. 9. 1906 ergeht vom Kultusministerium der Erlaß zur Erstellung von Kostenvoranschlag und Plänen. Sie werden im Mai 1907 von Koch vorgelegt, und das Kultusministerium stellt daraufhin 125 000 Mark zur Verfügung. Die Kapelle soll nach Kochs Planung abgetragen und – etwas versetzt – wieder aufgebaut werden, damit der Abstand zu dem südlich folgenden Gebäude mindestens 18,5 m beträgt. Nach Genehmigung werden im Sommer 1908 Leichenhalle und Kapelle abgebrochen. Im August beginnen die Rohbauarbeiten, noch vor Einbruch des Winters erhält der Bau sein Dach. Ende Juni

1909 erfolgt der Innenausbau. Am 22.10. 1909 ist das neue Sektionshaus mit der wieder aufgebauten und nun unterkellerten Kapelle fertiggestellt.[133]

Zahn-, Mund- und Kieferklinik

Die Einrichtung eines Zahnärztlichen Institutes an der Universität Heidelberg erfolgt 1894. Nachdem die Medizinische Fakultät im Dezember 1893 einen entsprechenden Wunsch geäußert hat, erkennt der Engere Senat der Universität die Notwendigkeit eines solchen Institutes an. Da der neue Chirurgische Pavillon III (vormals Medizinischer Pavillon I) am 1.5. 1894 bezogen werden soll und die dadurch im Chirurgischen Pavillon I liegenden Räume der chirurgischen Ambulanz frei werden, sollen diese für die Zahnmediziner Verwendung finden. Vom badischen Kultusministerium wird die Einrichtung dieses Institutes genehmigt.[134]

396–398

Der von Prof. Czerny vorgeschlagene Dr. C. Jung aus Berlin wird als Leiter für das Institut bestimmt, das zum Wintersemester fertig eingerichtet sein soll. Nachdem Jung sein Amt nur kurz ausgeübt hat, wird im Wintersemester 1900/01 der bisherige Assistent Dr. Gunzert Direktor des Zahnärztlichen Institutes; er wird allerdings bereits im darauffolgenden Semester von Prof. Gottlieb Port aus München abgelöst, weil ihm Unterschlagungen nachgewiesen werden können.[135] Zwei Jahre nach seiner Amtsübernahme beklagt sich Port über die nicht mehr ausreichenden räumlichen Verhältnisse im Chirurgischen Pavillon I und bittet um eine Erweiterung seines Institutes. Er schlägt eine Verlegung in die freiwerdenden Räume der Medizinischen Poliklinik im Verwaltungsgebäude vor. Als die Ministerien nicht reagieren, schickt Port im Juli 1904 zwei von ihm angefertigte Pläne für eine Zahnklinik an das Ministerium, die ›den gegenwärtigen Bedürfnissen entsprechen würden‹. Er rechnet mit Kosten in Höhe von 150000 Mark. Dieser Vorschlag wird vom Kultusministerium abgelehnt. Statt dessen greift man jetzt den früheren Vorschlag Ports auf, wonach die Zahnklinik im Erdgeschoß des Verwaltungsgebäudes, in den ehemaligen Räumen der medizinischen Ambulanz untergebracht werden soll.[136] Kurz darauf wird von der akademischen Krankenhausverwaltung erwogen, das Zahnärztliche Institut in das Erdgeschoß der Walbschen Häuser, Bergheimer Straße 22 und 24 zu verlegen. Walb hatte bereits 1901 diese Häuser der Universität angeboten. Das Kultusministerium greift diesen Gedanken auf, um Port zu halten, der einen Ruf nach Leipzig mit weit besseren Konditionen als in Heidelberg erhalten hat. Es läßt die fraglichen Häuser aus Mitteln der sogenannten ›Kettner'schen Stiftung‹ erwerben, stellt sie aber zunächst nur teilweise für die Klinik zur Verfügung.[137] Die Kosten für den umgehend genehmigten Umbau werden von der Baubehörde mit insgesamt 60000 Mark angegeben, da an das Haus Nr. 22 hofseitig ein dreigeschossiger Anbau angefügt werden soll. Die Arbeiten hierfür werden im Frühjahr 1908 ausgeschrieben. Im August des Jahres wird mit den Rohbauarbeiten begonnen; am 24.12. 1908 kommt der Bau unter Dach. Im Oktober 1909 ist er fertiggestellt und wird am 2.11. in Betrieb genommen.[138] 1916 wird die Klinik erweitert, indem der Dachstuhl ausgebaut wird.[139]

Nachdem Prof. Port 1918 gestorben ist, wird die Leitung der Klinik Prof. Ahrens übergeben, der umgehend den Antrag stellt, zwecks Vergrößerung des Institutes die im Haus Bergheimer Straße 22 noch an Oberrechnungsrat Muser und Heizer Glasbrenner vermieteten Wohnungen der Zahnklinik zur Verfügung zu stellen. Diese Wohnungen werden schließlich bis 1921 zur Benutzung durch die Klinik hergerichtet.[140] Für den 1920 verstorbenen Prof. Ahrens wird Prof. Georg Blessing zum Direktor der Zahnklinik ernannt. Unter ihm erhält die Klinik 1927 den Namen ›Zahnärztliche Klinik und Poliklinik der Universität‹, der 1935 in ›Universitätsklinik und Poliklinik für Mund-, Zahn- und Kieferkrankheiten‹ geändert wird. Unter Prof. Friedrich Schmidhuber wird 1936 das Haus Bergheimer Straße 22 aufgestockt und mit den anderen Teilen der Klinik unter ein gemeinsames Dach gebracht.[141]

Bezeichnungen der Gebäude des Alt-Klinikums

Früher	Heute (1984)	Geb. Nr.
Chirurgischer Pavillon I	Bettenhaus, Hautklinik	4120
Chirurgischer Pavillon II	Laborgebäude, Hautklinik	4110
Chirurgischer Pavillon III	Bettenhaus, Hautklinik	4130
(ehemaliger Medizinischer Pavillon I)		
Chirurgischer Hörsaalbau	Hörsaal, Hautklinik	4010
Medizinischer Pavillon I	Neurologische Klinik	4190
Isolierhaus Medizinische Klinik	Neurologische Klinik	4200
Medizinischer Pavillon II	verschiedene Kliniken, Kasino	4370
Medizinischer Hörsaalbau	Neurologische Klinik, Hörsaal	4360
Medizinisches Absonderungshaus	Verwaltung, diverse Abteilungen	4410
Verwaltungsgebäude	dto.	4400
Küchengebäude	dto.	4060
Waschhaus	dto.	4040
Pathologisches Institut	Institut für Rechtsmedizin	4420
Sektionsgebäude	Institut für Rechtsmedizin	4020
Chirurgische Baracken	Medizinische Poliklinik, Bettenhaus	4320
	Hautklinik, Bettenstation	4330, 4350
	Klinikkapelle	4340
Medizinische Baracken	Strahlenklinik, Therapie und Bettenstation	4380, 4390
Augenklinik	dto.	4140
Psychiatrische Klinik	dto.	4270
Frauenklinik	dto.	4250
Hygiene-Institut	Psychosomatische Klinik	4240
Stallgebäude, Hygiene-Institut	Medizinische Klinik, Lager, Werkstatt	4230
Luisenheilanstalt	Klinikgebäude, verschiedene Kliniken	4090
Neckarpavillon, Luisenheilanstalt	Laborgebäude, verschiedene Kliniken	4100
Ambulanzgebäude Luisenheilanstalt	Verwaltung, diverse Abteilungen	4070
Säuglingsstation, Luisenheilanstalt	Medizinische Poliklinik, Endokrinologie	4080
Hals-Nasen-Ohrenklinik	dto.	4210
Medizinische Poliklinik	dto.	4160
Czerny-Klinik, Samariterhaus	Strahlenklinik	4170
Czerny-Klinik, wissenschaftliche Abteilung	Medizinische Poliklinik, Labor	4180
Zahnklinik	Zahn-, Mund- und Kieferklinik	4150

Beschreibung

Der Kernbereich des Alt-Klinikums, also das Areal, das in der Anfangsphase bis *335* 1876 bebaut wurde, erstreckt sich winkelhakenförmig am südlichen Neckarufer; der längere Schenkel verläuft parallel zum Neckar von Osten nach Westen, der östlich gelegene kürzere von Norden nach Süden; der Winkelscheitel liegt im Nordosten. Der Geländeform entsprechen zwei im rechten Winkel aufeinander- stoßende Mittelachsen, auf denen die wichtigsten Gebäude angeordnet sind. Auf der Ost-West-Achse liegen der Medizinische Pavillon II und der Medizinische Pavillon I, wobei letzterer, den Scheitelpunkt bildend, zur Nord-Süd-Achse über- leitet, auf der der Chirurgische Pavillon und ganz im Süden die Augenklinik fol- gen. Zwischen die beiden letztgenannten Gebäude schieben sich, symmetrisch zur Achse, die vier Chirurgischen Baracken. Sämtliche Hauptgebäude sind durch überdachte, seitlich offene Gänge verbunden, die teilweise den Hauptachsen fol- *334* gen. Das eigentliche Zentrum des Klinikums mit dem Haupteingang befindet sich im inneren Winkel des Areals, Ecke Hospitalstraße/Voßstraße, wo das Ver- waltungsgebäude steht. An der Nordflanke des Gebietes reihen sich, parallel zum Neckar, Versorgungsgebäude, Medizinisches Absonderungshaus und Patholo- gisches Institut. Dieser Disposition paßt sich auch der später errichtete Medizini- sche Pavillon an, der in der Flucht des nördlichen Risalits des Medizinischen Pavillons II steht und der an den zu den Medizinischen Baracken führenden Ver- bindungsgang angeschlossen ist. Die späteren Klinikbauten wurden zum Teil westlich dieses Kernbereiches (Psychiatrische Klinik, Hygiene-Institut), zum Teil südlich, entlang der Voßstraße (Frauenklinik, Hals-Nasen-Ohrenklinik, Czerny- Klinik), errichtet und sind zumeist an den älteren Vorgaben – Axialsymmetrie, west-östliche Längenausdehnung – orientiert. Die vor 1896 entstandenen Bauten des Kernbereiches sind aus Backstein aufgemauert und verputzt; die Gliederun- gen bestehen aus Buntsandstein (Rotsandstein).

Medizinischer Pavillon I und II, Chirurgischer Pavillon, Voßstraße 2

Bei den Medizinischen Pavillons I und II handelt es sich um völlig identische *338* Bauten; der Chirurgische Pavillon lehnt sich in seiner äußeren Gestaltung weit- gehend an sie an. Die dreigeschossigen Gebäude umfassen jeweils einen dreiach- sigen, beiderseits risalitartig vortretenden mittleren Baukörper und symme- trische, vierachsige Flügel; sie haben ausgebaute, sich durchkreuzende Sattel- dächer. Die einzelnen Geschosse werden durch umlaufende Sohlbankgesimse voneinander abgesetzt; das zweite Obergeschoß schließt mit einem Fries kleiner, konsolengetragener Stichbögen unter dem Dachgesims. Der mittlere Baukörper, der jeweils um eine Fensterachsbreite auslädt, wird durch Ecklisenen betont, die sich an den Flügelenden wiederholen. Der Haupteingang liegt in der Mitte des südlichen Risalits. Die Fenster, im Erdgeschoß breiter als in den übrigen Ge- schossen, sind segmentbogig und mit sichtbaren Entlastungsbögen überspannt; sie haben in ihren oberen Partien abgefaste Laibungen. Im Giebelbereich des Ri- salits befinden sich, den Achsen folgend, drei kleinere Fenster, deren mittleres als Zwillingsöffnung gebildet ist, darüber ein Okulus. Die Seitenwände sind dreiach-

403

sig und entsprechen in ihrer Gliederung dem Formenrepertoire der Hauptfassaden.

339   Die originale Raumdistribution war, dem Pavillonsystem gemäß, folgende: im Erdgeschoß Untersuchungs-, Ambulanz- und Aufenthaltsräume, in den Flügeln der Obergeschosse Krankensäle; der Mittelbau nahm das Treppenhaus, außerdem Direktorzimmer, weitere Untersuchungsräume, Teeküchen u.ä. auf. Trotz aller späteren Umbauten (z. B. Aufteilung der Krankensäle in kleinere Einheiten) ist diese Disposition noch heute erkennbar.

340   Der Chirurgische Pavillon besitzt am nördlichen Risalit einen polygonalen Anbau, der ursprünglich den Operations- und Hörsaal enthielt; dieser Saal umfaßte das erste und das zweite Obergeschoß; über ihm lag ein Mezzanin mit Personalwohnungen.

Verwaltungsgebäude, Voßstraße 2

341, 342   Das Verwaltungsgebäude ist ein langgestreckter, dreigeschossiger, symmetrisch organisierter Bau mit risalitartig vorgezogenen Eckpavillons im Süden und einem tiefen Mittelrisalit an der Nordseite. Dem Erdgeschoß der Flügel sind im Norden Trakte vorgelegt, die nicht ganz die Tiefe des Risalits und die Länge der Flügel erreichen. Entsprechend sind die Flügel im Erdgeschoß zweibündig, in den beiden Obergeschossen einbündig angelegt. Die südliche Hauptfassade zählt insgesamt dreizehn Fensterachsen, von denen je zwei auf die flankierenden Gebäudeteile entfallen. Über dem stichbogigen Portal der Mittelachse befinden sich, übereinander angeordnet, zwei Drillingsfenster. Die Gliederungselemente entsprechen weitgehend denen der oben beschriebenen Pavillons. Flache Walmdächer bzw. gewalmte Pultdächer decken das Gebäude. Die nutzungsbedingte Aufteilung in vorwiegend kleine Einheiten hat sich bis heute wenig verändert. Die Eingangshalle und das Treppenhaus sind repräsentativ gestaltet, mit Inschriften zu beiden Seiten des Haupteinganges.[142]

Küchengebäude, Voßstraße 2

343   An die ursprüngliche Gestalt des Küchengebäudes erinnert heute im Grunde nur noch der achteckige Wasserturm mit seinem leicht auskragenden Hochbehältergeschoß und dem flachen Pyramidendach. Das durch eine alte Ansicht überlieferte Aussehen des – über einen gekrümmten, offenen Gang an die benachbarten Pavillons angeschlossenen – Küchenbaus hat sich durch spätere Erweiterungen und Aufstockungen bis zur Unkenntlichkeit verändert.

Waschhaus, Voßstraße 2

344   Das Waschhaus ist ein langgestreckter Putzbau über rechteckigem Grundriß mit drei Geschossen und neun Fensterachsen, der von einem Satteldach bedeckt ist (das auch einen drei Achsen breiten Mittelrisalit im Norden überfängt). Die Gebäudekanten sind durch Hausteinlisenen betont. Die Rechteckfenster sind überwiegend durch ein oder zwei Pfosten unterteilt.

Medizinischer Pavillon III (Absonderungshaus für Syphilitische und Krätzige),
Voßstraße 2

Der zwischen Pathologischem Institut und Waschhaus an der Nordseite des Alt-
Klinikums gelegene Medizinische Pavillon III ist ein dreigeschossiger Putzbau
mit Hausteingliederung. An der südlichen Eingangsseite sind die mittleren drei
der insgesamt neun Fensterachsen einem Polygonalrisalit zugeordnet. An der
Nordseite befindet sich zwischen zwei zweiachsigen Wandabschnitten ein breiter
Risalit, hinter dessen seitlichen Doppelachsen (die eine weitere Doppelachse
flankieren) die Treppenhäuser liegen. Die Schmalseiten sind zweiachsig. Vertikal
ist das Gebäude durch Ecklisenen gegliedert, horizontal durch einen niedrigen
Sockel, ein Sohlbankgesims im ersten Obergeschoß und einen Zahnfries unter
dem Dachansatz. Die beiden Eingänge zu seiten des Polygons haben, wie die
Fenster, schlicht profilierte Gewände. Die Fenster sind überwiegend hochrechteckig, die des zweiten Obergeschosses sind an den Längsseiten bis fast auf Qua-
dratmaß reduziert. Die treppenbelichtenden Fenster an der Nordseite sind stockwerkversetzt. Ein allseits überhängendes Satteldach, mit dem das Polygonal-
walmdach über dem südlichen Risalit verschnitten ist, deckt das Gebäude.

Der Medizinische Pavillon III war ursprünglich in eine westliche Frauen- und
eine östliche Männerabteilung aufgeteilt. Die besondere Bestimmung erforderte
getrennte Eingänge und Treppenhäuser. Im Mittelbereich lagen außer den Eingängen, Stiegen und Fluren verschiedene Separier-, Behandlungs- und Sanitärräume, an den Flanken Krankensäle. Durch Raumunterteilung und andere, kleinere Baumaßnahmen wurde das Gebäude für Verwaltungszwecke umgerüstet.

Chirurgische und Medizinische Baracken, Voßstraße 2

Die nördlich der Augenklinik am Verbindungsgang zum Chirurgischen Pavillon I paarweise angeordneten vier Chirurgischen Baracken sind einfache Zweckbauten. Die eingeschossigen, acht Achsen breiten und wenig tiefen Putzbauten
erheben sich jeweils über einem den Keller ummantelnden Hausteinsockel. Ihre
flachen Walmdächer haben einen Belüftungsaufsatz, die sogenannte ›Firstventilation‹. Die Kellerfenster haben Segmentbögen in Rechteckrahmen, alle anderen
Fenster sind schlicht hochrechteckig. Die Lisenengliederung der Gebäudekanten
ist heute nicht mehr sichtbar, die ehedem offenen Veranden an den den Eingängen gegenüberliegenden Seiten sind zugemauert.

Die früher je einen großen Krankensaal mit dazugehörigen Sanitärräumen enthaltenden Gebäude sind heute unterteilt und werden von der Hautklinik (die beiden östlichen) und als Klinikkapelle (das südwestliche) genutzt. Die nordwestliche Baracke wurde 1980–83 zu einem Bettenbau für die Medizinische Poliklinik
umgestaltet, indem sie bis auf Sockelhöhe abgetragen und mit einem dreigeschossigen, siebenachsigen Quader mit Walmdach überbaut wurde, der im Westen durch einen Gang in Höhe des ersten Obergeschosses mit der Poliklinik verbunden ist.

Die beiden Medizinischen Baracken auf der nördlichen Seite der Voßstraße
gegenüber der Hals-Nasen-Ohrenklinik unterscheiden sich von denen der Chir-

345, 346

347, 348

405

urgie nur dadurch, daß sie um eine Achse kürzer sind. Im Zuge der Nutzung durch die Strahlenklinik als Bettenstation und Therapiegebäude wurden diese beiden Baracken in den sechziger Jahren durch eingeschossige Anbauten ohne Rücksicht auf ihre architektonische Struktur erweitert.

Pathologisches Institut, Voßstraße 2

349, 350   Das Pathologische Institut, heute Institut für Rechtsmedizin, ist an der Nordflanke des Klinikums plaziert. Es besteht aus einem symmetrisch angelegten Hauptgebäude mit Mittelbau und zwei Seitenflügeln und einem östlichen Annex – dem ehemaligen Sektionshaus –, mit dem es durch einen schmalen Zwischenbau verbunden ist. Über einem voll genutzten Kellergeschoß erhebt sich das zweigeschossige, stilistisch den beschriebenen Bauten des Klinikums konforme Institutsgebäude. Der zwei Fensterachsen breite Mittelbau ragt auf der Südseite eine Fensterachse weit vor, auf der Nordseite dagegen nur knapp um einen Meter. Fassadengliederung und Fensterformen entsprechen denen der Klinikpavillons. Das den Bau abschließende ausgebaute, gekreuzte Satteldach ist unregelmäßig mit Gaupen besetzt. Für die innere Gliederung war die Differenzierung nach Forschung und Lehre bestimmend; während im ersten Obergeschoß Sammlungs- und Unterrichtsräume untergebracht waren, enthielten die zweibündig disponierten unteren Geschosse, d. h. Keller- und Erdgeschoß, vornehmlich Räume für die Forschung und Dienstzimmer.

Das ehemalige Sektionshaus ist in unverputztem Sandstein ausgeführt. Es hat einen quadratischen Grundriß, der sich nach Süden um das Trapez eines Treppenhausvorbaus erweitert, und zweieinhalb Geschosse. Bedeckt wird es von einem Satteldach.

Augenklinik, Bergheimer Straße 20

352-354   Die Augenklinik, das südlichste Gebäude des Akademischen Krankenhauses, steht an der Bergheimer Straße. Sie ist ein langgestreckter, dreigeschossiger Bau mit drei Risaliten und flachem Walmdach. Die ursprünglich symmetrische, elfachsige Anlage prägt auch heute noch die straßenseitige Schaufront. Der drei Achsen umfassende, gleich dem gesamten Erdgeschoß hausteinverblendete Mittelrisalit mit dem Portal springt etwas weiter vor als die von späteren Anbauten flankierten Seitenrisalite. Für die Horizontalgliederung sorgen Sohlbankgesimse (unter dem des ersten Obergeschosses läuft ein diamantierter Fries) und ein Spitzbogenfries unter dem seinerseits mit Konsolen bestückten Kranzgesims. Die Gebäudekanten sind mit Ecklisenen besetzt. Die Fenster im Erdgeschoß sind stichbogig und haben jeweils einen sichtbaren, profilgesäumten Entlastungsbogen mit Scheitelstein; die im ersten Obergeschoß haben Stichbogenschluß innerhalb eines Rechteckrahmens, Scheitelstein und beiderseits abgeknickte Horizontalverdachung, die im zweiten Obergeschoß geraden Sturz und waagrechte Verdachung. An den Seitenrisaliten begegnen die Fenster jeweils paarig, am Hauptrisalit nehmen sie eine besonders hervorgehobene Mittelachse zwischen sich: Das Feld über dem Segmentbogenportal ist mit Stabwerk verblendet; darüber sitzen im ersten Obergeschoß ein großes Fenster mit schmalen Flankenöffnungen und im zweiten Obergeschoß ein Zwillingsfenster. Die Wände der Obergeschosse der Flügel und der Seitenrisalite sind verputzt.

Der ursprüngliche Teil des Gebäudes ist einbündig disponiert. In der Breite des Mittelrisalits ist nördlich ein polygonaler Trakt mit Treppenhaus und Sanitärräumen angefügt. Die Flure liegen an der Nordseite, die Funktions- und Krankenräume zur Straße hin. Hinter dem östlichen Risalit schloß sich anfänglich ein Verbindungstrakt an, der zu einem eingeschossigen Operations- und Hörsaalanbau führte.

Der westliche Anbau aus den Jahren 1912/13, der vor allem nach Norden hin eine erhebliche Ausdehnung hat, führt an der Bergheimer Straße die vorfindliche Architektur fort: Drei Achsen, die System und Einzelformen der älteren Flügel kopieren, sind durch eine die Vertikale betonende, formal an Elementen des Altbaus orientierte Treppenhausachse – die Fenster sind geschoßversetzt – mit dem westlichen Risalit verbunden. Dem zweibündigen Erweiterungsbau ist entlang der Hospitalstraße ein wenig tiefer Trakt vorgelegt, dessen beide Obergeschosse als Veranden ausgebildet sind. An diesen Gebäudeteil ist an der Straßenecke im Südwesten ein eingeschossiges Pförtnerhäuschen angebaut.

Der östliche, fünfachsige Erweiterungsbau von 1919/20 paßt sich wohl in der Höhen- und Tiefenausdehnung dem älteren Komplex an, nicht aber in Hinblick auf die Gliederungsformen. Lediglich das Portal und die Sohlbankgesimse nehmen auf das bereits Bestehende Rücksicht, die Fenster haben schlichte Rechteckeinfassungen. Das zweite Obergeschoß, etwas niedriger als das des Altbaus, schließt mit dem einfachen Geländer der Terrasse eines zurückspringenden Dachgeschosses ab. Die unregelmäßig über das gesamte Dach der Augenklinik verteilten Gaupen sind überwiegend nachträglich aufgesetzt. Im großen Umfang erhalten sind dagegen die alten kreuz- und sprossengeteilten Fenster des Gebäudes.

Der erwähnte Hörsaalanbau im Nordosten wurde nach mehreren Umgestaltungen 1961/62 von einem modernen, zweigeschossigen Flachbau abgelöst, der im Erdgeschoß die Ambulanz, im Obergeschoß eine Bettenstation enthält. Durch Flure und einen Aufzugturm vom Hauptgebäude aus zugänglich, erstreckt er sich etwa über die Breite des alten Ostflügels und des östlichen Erweiterungsbaus. Im übrigen ist die originale Einteilung der Klinik weitgehend erhalten: Im Erdgeschoß Direktionsräume, Ambulanz, Hörsaal und Kinderstation, in den Obergeschossen Bettenstationen nach Geschlechtern getrennt, im östlichen Erweiterungsbau Operationsräume.

Psychiatrische Klinik, Voßstraße 4

355–358   Die fast zeitgleich mit der Augenklinik errichtete Psychiatrische Klinik, im nordwestlichen Randbereich des Klinikgeländes gelegen, stellt sich mit ihrer zur Voßstraße orientierten Südfassade in einer seit der Erbauungszeit kaum veränderten Form dar. Das Gebäude formiert sich aus einem dreigeschossigen mittleren Baukörper, zwei langgestreckten zweigeschossigen Flügeln und zwei ebenfalls zweigeschossigen Eckpavillons. Während an der Hauptschauseite Mittelbau und Eckpavillons nur wenig vor die Fluchtlinie der Flügel treten, laden sie nach Norden weit aus. Sattelwalmdächer mit geringen Neigungswinkeln bedecken das Gebäude.

Eine Differenzierung der Großformen ergibt sich aus absichtsvollen Materialunterschieden: Mittelbau, Eckpavillons und zwei Vertikalfelder in der Mitte der Flügel sind mit Hausteinquaderwerk verblendet, ansonsten sind die Wände hell verputzt; aus Haustein bestehen außerdem der Sockel und alle Gliederungselemente. Die horizontale Gliederung besorgen der mit einem Gesims abschließende, mit den Fenstern des Kellergeschosses durchsetzte Sockel, ein Gesims zwischen Erdgeschoß und Obergeschoß und das Kranzgesims (letzteres mit Zahnschnittfries und Eierstab; am Mittelpavillon um ein Stockwerk versetzt und zusätzlich, wie auch an den Eckpavillons, mit Konsolen bestückt); die vertikale Gliederung Ecklisenen an den Pavillons und die erwähnten, durch Hausteinbesatz akzentuierten Mittelachsen der jeweils dreizehnachsigen Flügel. Die Regelfenster sind hochrechteckig und mit einfach profilierten Gewänden ausgestattet; die im Format etwas größeren des Obergeschosses haben auf dem Stockwerkgesims fußende Sohlbankkonsolen. Reicher, aber aus diesen Grundformen entwickelt, sind die meisten Fenster der hervorgehobenen Gebäudeteile. An der Front des Mittelbaus flankieren zwei Fenster mit Sohlbankkonsolen das segmentbogige Hauptportal; darüber folgt eine Dreiergruppe aus zwei einfachen Fenstern und einem zentralen Drillingsfenster, sämtlich mit waagrechten Verdachungen; im zweiten Obergeschoß korrespondieren damit eine Gruppe aus zwei rundbogigen Zwillingsfenstern mit Mittelsäulchen und einem entsprechend strukturierten fünfteiligen Fenster. In den Hausteinachsen der Flügel sitzen rechteckige Zwillingsfenster mit Verdachung über Segmentbogenportalen, in den Fronten der Eckpavillons unten unverdachte Drillingsfenster und darüber solche mit waagrechter Verdachung.

Während sich die Gliederung der Pavillonseitenwände aus jener der Südfassade ableitet, ist die der Nordseite des Gebäudes insgesamt weniger aufwendig, andererseits aber komplizierter: Den Flügeln ist rückseitig nämlich jeweils ein mittlerer Trakt vorgelegt, was sich im Grundriß als Erweiterung des ansonsten einbündigen Systems zu einem zweibündigen manifestiert. Von den Portalen in der Mitte dieser (hauptsächlich Sanitärräume enthaltenden) Zwischenrisalite gehen überdachte Gänge aus, die zu den beiden nördlich der Klinik liegenden eingeschossigen Gartenpavillons führen; letztere sind wiederum mit dem in der Hauptachse angeordneten Versorgungsbau verbunden, so daß der Grundriß des Ganzen in seiner geregelten Vielfalt auf barocke Schloßanlagen anspielt.

Die dichten Gaupenreihen in den Satteldächern über den Flügeln und die

Dachflächenfenster der Pavillons sind Resultate moderner Nutzungsmaximierung; ursprünglich waren die Gaupen sehr viel sparsamer über die Dächer verteilt.

Die Raumdisposition der Psychiatrischen Klinik entspricht heute noch weitgehend der ursprünglichen. Im Erdgeschoß befinden sich Verwaltungs- und Diensträume, außerdem Krankenzimmer; im ersten Obergeschoß des Mittelbaus sind die Direktion und mehrere Funktionsräume untergebracht, im zweiten Obergeschoß die Bibliothek, deren Decke mit stuckierter Randkassettierung erhalten ist. Der Dachraum über der Bibliothek wurde als Seminarraum ausgebaut, der auch als Kapelle Verwendung findet. Im Obergeschoß der Flügel und der Eckpavillons befinden sich Krankenstationen, im Dachgeschoß hauptsächlich Diensträume und die Prinzhorn-Sammlung. Der ehemalige Kesselraum des Versorgungsgebäudes wurde zu einem Hörsaal umgestaltet.

Frauenklinik, Voßstraße 9

Die Frauenklinik steht im südwestlichen Bereich des Alt-Klinikums, nämlich im *359-362* Areal Thibautstraße/Voßstraße/Gartenstraße. Der Putzbau mit Hausteingliederung, inzwischen mehrfach erweitert, war ursprünglich eine siebzehn Achsen breite, symmetrisch organisierte Anlage mit einem dreigeschossigen und dreiachsigen Mitteltrakt, zweigeschossigen und vierachsigen Flügeln und ebenfalls zweigeschossigen und drei Achsen breiten sowie fünf Achsen tiefen Eckpavillons. Walmdächer mit geringem Neigungswinkel decken die Gebäudeteile.

Die an der Voßstraße liegende Nordfassade war ursprünglich die Hauptschauseite. Das Gebäude erhebt sich über einem als Sockel ausgebildeten Kellergeschoß; es hat umlaufende, geschoßtrennende Gesimse und kantenbetonende Lisenen. Am Mittelbau, dessen Erdgeschoß gleich dem Sockel hausteinverblendet ist, wird die mittlere Achse durch das Portal hervorgehoben, dessen als Gebälk geformter Sturz die Aufschrift „Frauen-Klinik" trägt, weiter im ersten Obergeschoß durch ein großes, ädikulagerahmtes Fenster, das den ehemaligen Hör- und Operationssaal belichtet. Darüber befindet sich im zweiten Obergeschoß ein Zwillingsfenster mit gerader Verdachung. In den Seitenachsen sitzen Rechteckfenster, die in allen Geschossen konsolengestützte Sohlbänke und in den beiden oberen zusätzlich Horizontalverdachungen haben. Die Fenster der Flügel und der Eckpavillons besitzen sämtlich Rechteckgewände mit leicht betonten Sohlbänken (im Erdgeschoß der Eckpavillons konsolenbestückt). Das Kranzgesims der Flügel und der Eckpavillons mit Eierstab und Zahnschnitt wird am Mittelbau zwischen erstem und zweitem Obergeschoß zu einfachen Profilen reduziert weitergeführt; in vollständiger Form kehrt es über dem dritten Obergeschoß wieder.

Die Südfassade, also die heutige Eingangsseite, entspricht in ihrer Gliederung grosso modo der Nordfassade. Unterschiede gibt es vor allem am südlich weniger weit als im Norden ausladenden Mitteltrakt. Die Fenster über dem heutigen Haupteingang sind rundbogig und, da sie dem Treppenhaus zugeordnet sind, stockwerkversetzt. Der Eingang selbst und die beiden flankierenden Erdgeschoßfenster sind das Ergebnis eines modernisierenden Eingriffs.

Der von 1901 bis 1903 im Westen angefügte, durch einen zweigeschossigen

Verbindungstrakt zugängliche Hörsaalbau hat den der Chirurgischen Klinik zum Vorbild (vgl. S. 415 f.). Der den Hör- und Operationssaal sowie funktional zugehörige Räume enthaltende Gebäudeteil lädt nach Norden apsidenförmig aus; er hat eine große, bis in das Dach reichende verglaste Stirnfläche, die von zwei Pfeilern mit Segmentgiebelbekrönung flankiert wird. In der Formensprache sucht sich der Anbau ansonsten dem älteren Gebäude anzupassen. Aus der gleichen Zeit stammt der Erweiterungsbau, der den westlichen Eckpavillon um vier Achsen nach Süden fortsetzt und seinerseits die formalen Vorgaben durch den Altbau respektiert.

Das von 1950 bis 1952 entlang der Gartenstraße errichtete Bettenhaus ist durch einen langen zweigeschossigen und einbündigen Trakt an den ebenerwähnten Erweiterungsbau angekoppelt. Das Bettenhaus selbst – über Rechteckgrundriß zweibündig disponiert, vier Geschosse hoch und mit einem Walmdach ausgestattet – ist konventionell aufgemauert und im wesentlichen durch die Verteilung der Wandöffnungen gegliedert.

Zu erwähnen bleiben ein eingeschossiger Anbau im Westen des Operations- und Hörsaalbaues sowie ein dreigeschossiger Beton-Glas-Anbau des südlichen Erweiterungstraktes, der architektonisch auf den älteren Bestand keinerlei Rücksicht nimmt. Diesem Anbau ist östlich ein flaches Laborgebäude vorgelagert.

Luisenheilanstalt, Luisenstraße 5

363–366 Die Luisenheilanstalt steht an der Ostflanke des Klinikareals, etwa auf gleicher Höhe mit dem Medizinischen Pavillon I (später Chirurgischer Pavillon III) und wendet wie dieser ihre Hauptschauseite nach Süden. Das Gebäude wurde im Laufe der Zeit erheblich vergrößert und verändert. Angesichts der unübersichtlichen baulichen Situation erscheint eine Beschreibung sinnvoll, die vom anfänglichen Bestand ausgeht.

Die ursprüngliche Klinik, ein Putzbau mit Werksteingliederung, war dreigeschossig und umfaßte neun Achsen, von denen drei auf den risalitartig vorspringenden Mittelbau und je drei auf die beiden Flügel entfielen. Der Mittelbau mit seinem Walmdach überragte merklich die mit einem reduzierten zweiten Obergeschoß ausgestatteten, flachgedeckten Flügel; nach Norden lud er, begleitet von Anbauten mit gebrochenen Kanten in den Winkeln, weit aus. Alle Kanten des Gebäudes waren mit Lisenen besetzt, Stockwerk- und Sohlbankgesimse sowie ein konsolenbestücktes Kranzgesims gliederten die Hauptfassade horizontal. Das rundbogige, von einer dorischen Säulenädikula eingefaßte Portal saß zwischen rustizierten Erdgeschoßachsen und unterhalb eines mittleren Rustikafeldes im ersten Obergeschoß. Hochrechteckige Gewändefenster im Erdgeschoß und im ersten Obergeschoß, verdachte Rundbogenfenster im zweiten Obergeschoß des Mittelbaus und kleine Rechteckfenster im reduzierten Geschoß der Flügel, dazu Veranden bzw. Balkone mit dekorativem gußeisernem Tragewerk und zierlichen Geländern vor dem Erdgeschoß und dem ersten Obergeschoß der Flügel trugen zu einer gediegen-eleganten Erscheinung bei. Soweit die summarische Beschreibung des originalen Bestands.

Das Prinzip der Erweiterung läßt sich so erklären, daß der Bau spiegelbildlich, aber unter Einschaltung einer vermittelnden Risalitachse und unter Verzicht auf einen zweiten Außenflügel repetiert wurde, mit einigen Vereinfachungen und Variationen. Eine Aufstockung wurde gleichsam durch Einschieben eines Geschosses vollzogen – derart nämlich, daß die alten Flügel erhöht und dem Ganzen ein Geschoß mit wiederum höherem Hauptteil und niedrigeren Flügeln aufgesetzt wurde. Nach Norden folgt der Erweiterungsbau freier dem alten Bestand, übernimmt aber das Grundschema der Tiefenstaffelung. War der Altbau nach dem für viele Bauten des Alt-Klinikums typischen Grundmuster organisiert – mit Treppenhaus, Dienst- und Behandlungszimmern im Mitteltrakt und Krankensälen in den Flügeln –, so war die Erweiterung, was das Architektonische betrifft, weniger systematisch.

Die ehemalige Luisenheilanstalt präsentiert sich heute in einer modern-purifizierten Form: Der teilweise Verlust der Rustikaverblendung und anderer Gliederungselemente, die Beseitigung der ursprünglichen Veranden und Balkone (es gibt jetzt nur noch Balkone im zweiten Obergeschoß) und die Ersetzung der sprossengeteilten Fenster durch großflächige haben der, auch nach der Erweiterung noch achtbaren, späthistoristischen Architektur weitgehend ihren Charakter genommen. Untergebracht sind in dem Gebäude Dependancen verschiedener Kliniken.

Nebengebäude der Luisenheilanstalt, Luisenstraße 5

Die drei Nebengebäude der Luisenheilanstalt, hausteineingegliederte Putzbauten, werden hier summarisch beschrieben.

Das nördlich vom Hauptgebäude gelegene *Infektionsgebäude* (›Neckarpavillon‹) ist durch die Aufstockung von 1917, spätere Aufbauten über den Flügeln und Reduktion der Wandgliederung zu einem wenig attraktiven Gebilde geworden. Der Bau setzt sich heute aus einem dreigeschossigen Mittelteil mit drei Fensterachsen und zwei zweigeschossigen Flügeln mit gleichfalls drei Achsen, von denen die äußere jeweils als Eckrisalit ausgelegt ist, zusammen. Ein flachgeneigtes Walmdach deckt den (an der Nordseite mit einem einachsigen Treppenhausrisalit besetzten) mittleren Baukörper; die Flügel haben Dachterrassen, denen Annexe des zweiten Obergeschosses des Mittelbaus aufgesetzt sind. Die ursprüngliche Gliederung hat sich nur fragmentarisch erhalten, desgleichen die (im Prinzip zweibündige) Inneneinteilung. *367, 368*

Das einst als *Säuglingsstation* dienende Haus steht südlich von der Klinik. Das über Rechteckgrundriß errichtete Gebäude hat zwei Geschosse und ein zusätzliches Stockwerk im steil ansetzenden Mansarddach. Die recht aufwendige Gliederung der östlichen Hauptschauseite – Sockel, Stockwerk- und Sohlbankgesimse, Ecklisenen, Fugenbänderung, segmentbogige Fenster mit Ohrengewänden im Erdgeschoß, hochrechteckige im Obergeschoß – kehrt an den anderen Seiten modifiziert bzw. vereinfacht wieder. Die Haustür führt in das außen durch einen flachen Risalit, stockwerkversetzte Fenster und einen Giebelaufbau markierte Treppenhaus in der Südwestecke des Gebäudes. *369*

Ebenfalls südlich von der Luisenheilanstalt steht das ehemalige *Ambulanzgebäude*, ein zweigeschossiger Bau mit Rechteckgrundriß und nach Westen abge- *370* walmtem Satteldach. Das Treppenhaus kommt außen als bis in die Dachregion ragender Mittelrisalit der westlichen Schmalseite zur Geltung. An der Südfassade ist die östliche der fünf Achsen als breiter Risalit mit Dreieckgiebel ausgebildet, die westliche als schmaler, giebelloser Risalit. Hinsichtlich der Gliederungsmotive besteht eine enge Verwandtschaft mit der etwa gleichzeitig erbauten Säuglingsstation.

Chirurgischer Pavillon II, Voßstraße 2

Der südlich des Sektionshauses gelegene Chirurgische Pavillon II ist ein zweigeschossiger, hausteineingegliederter Putzbau, dessen Eingangsseite nach Westen gerichtet ist. Einem drei Achsen breiten Mittelbau sind seitlich kurze Flügel mit jeweils einer Fensterachse derart angeschlossen, daß sich die Grundrißform eines gedrungenen T ergibt. Der Kernbau – der ein die Quersättel der Flügel um ein geringes überragendes, an der Eingangsseite abgewalmtes Satteldach trägt – tritt an der Ostseite schwach vor die Flucht der Flügel. Alle Kanten des Gebäudes sind mit Lisenen besetzt. Die Horizontalgliederung besorgen ein Werksteinsockel und ein Sohlbankgesims im ersten Obergeschoß. Die segmentbogigen Fenster haben profilierte Gewände und sichtbare Entlastungsbögen. Die Fenster über dem gleichfalls stichbogigen Portal sind, da dem Treppenhaus zugeordnet, stockwerkversetzt; um den Oberteil des unteren verkröpft sich das erwähnte Gesims; darüber sitzt, von einem Giebelchen mit Zwerchdach bekrönt, ein kleineres Zwillingsfenster. Auch im Osten ist die Mittelachse des Hauptbaukörpers hervorgehoben: durch ein breites Fenster unten, ein Zwillingsfenster im ersten Obergeschoß und ein kleines Drillingsfenster im Giebelbereich. Zwei den Flügeln vorgelegte, sockelhohe Terrassen mit Außenaufgängen sind nur noch rudimentär bzw. in entstellter Form vorhanden.

Infolge des Nutzungswandels hat sich die innere Disposition des Gebäudes im Laufe der Jahrzehnte merklich verändert; durch Raumteilung und Schaffung neuer Verbindungen sind die einstigen Kranken- und Versorgungszimmer einschließlich des Keller- und Dachgeschosses den Ansprüchen des Untersuchungs- und Laboratoriumsbetriebes der Hautklinik angepaßt worden.

Medizinisches Hörsaalgebäude, Voßstraße 2

371-374 Das Medizinische Hörsaalgebäude an der Voßstraße, das durch einen (heute seitlich geschlossenen) überdachten Gang im Süden axial mit dem Medizinischen Pavillon II verbunden ist, setzt sich, summarisch betrachtet, aus dem eingeschossigen, annähernd kubischen Hörsaaltrakt und drei wesentlich niedrigeren eingeschossigen Gebäudeteilen, die dem Hauptkörper an drei Seiten angefügt sind, zusammen. An der Straßenseite im Süden stellt sich der Bau als repräsentative, aus einem risalitartig vorspringenden Mittelteil mit drei Fenstern und kurzen Flankenteilen mit je einem Portal bestehende Gruppe dar. An den Seiten ragen die fensterlosen Wände des Hörsaaltraktes über die fünf Fensterachsen zählenden Annexe auf; im Norden treten diese Flankenbauten etwas vor die Flucht des Querbaues, in dessen Mitte der Haupteingang liegt. Ein Stumpfpyramidendach (über dem sich ursprünglich ein verglaster Oberlichtaufbau befand) deckt den Hörsaaltrakt, gewalmte Pultdächer überfangen die niedrigen Teile.

Der Bau ist anspruchsvoll gegliedert. Der Sockel mit den Fenstern und zwei seitlichen Zugängen des Kellergeschosses ist hausteinverkleidet und schließt mit einem kräftigen Bandgesims. Ecklisenen und Kranzgesims formen das Grundgerüst einer besonders an der Südfassade reich entwickelten Instrumentierung. Die völlig werksteinverblendete Schauseite des Mittelbaus ist mehrschichtig gestaltet: Zur Rahmung durch Lisenen, Gesimse und flache Blendstreifen kommt eine Einfassung der drei hochrechteckigen Fenster, die sich aus vier aufgesockelten, kannelierten Pilastern (mit Basis, ornamentierter Fußzone und toskanischem Kapitell) und einem unvollständigen Gebälk zusammensetzt; die Brüstungsfelder zwischen den Pilastersockeln sind dekoriert (Rosettentondo in der Mitte, gerahmte Felder an den Flanken). Auch die Stirnseiten der Seitenbauten haben am Gliederungsaufwand teil: Es finden sich jeweils ein Rundbogenportal, zu dem eine Außentreppe führt, Gesimse in Brüstungshöhe und in Höhe des Kämpfers des Portalgewändes und ein breitrechteckiges Feld mit Relieformamentierung über dem verputzten Wandstück neben dem Portal.

Die anderen drei Seiten des Gebäudes sind weniger reich, aber immer noch auffällig gegliedert. In den Wänden der Flankenbauten sitzen jeweils fünf Rechteckfenster mit profilierten Gewänden auf einem Sohlbankgesims; die außenliegenden, durch Keilsteine ausgezeichneten Fenster sind breiteren, lisenenbegrenzten Feldern zugeordnet; ein flaches Band verkettet auf zwei Drittel der Fensterhöhe die Gewände. Die Nordseite übernimmt dieses Gliederungsprinzip, nur wird hier das Hauptportal von zwei Zwillingsfenstern flankiert. In den Nordwänden der Seitenbauten befinden sich Zwillingsfenster.

Innen ist der Hörsaal infolge der Ersetzung der ursprünglichen Oberlichtkonstruktion durch eine abgehängte Decke ohne architektonischen Reiz. Die Räume der Anbauten werden heute als Anfallambulanz genutzt.

Hygiene-Institut, Thibautstraße 2

Das heute als Psychosomatische Klinik genutzte Gebäude steht östlich der Psychiatrischen Klinik an der Thibautstraße. 377, 378

Angesichts der besonderen Bedeutung des – durch eine Aufstockung in seiner Wirkung stark beeinflußten – Bauwerkes wird im Folgenden die ausführliche Beschreibung des ursprünglichen Zustandes, wie sie Ulrike Grammbitter in ihrer Durm-Monographie gibt, zitiert:

›Das freistehende, bis auf den Hörsaalteil eingeschossige Gebäude wird durch einen Mittelgang seiner Länge nach in zwei symmetrische Hälften geteilt; am Ende des Korridors liegt jeweils ein Eingang mit Treppe. Die Gruppierung der Baumassen erinnert an die der frühen Villen Durms. Zwei Bauquader sind aneinandergeordnet, von denen der eine niedrig und breit, der andere höher und schmal ist. Diese Gestaltung wird variiert durch einen dritten Bauteil, der giebelständig an den höheren Quader angefügt ist. Eine gemeinsame Horizontalgliederung und ein gemeinsames Sockelgeschoß verbindet alle Bauteile. Der dreiteilige Sockel besteht aus einem geböschten, scharrierten Sockelfuß, einem rustizierten und ge- 375, 376 nuteten Mittelteil, in dem sich traufständig Rechteckfenster befinden, und einem Abschlußgesims.

Der giebelständige Trakt ist am aufwendigsten gestaltet. Die dreiachsige Giebelfront, die schmaler ist als die dahinterliegende Seitenwand des zweigeschossigen Quaders, liegt zur Straße hin. Das Satteldach schließt über dem Erdgeschoß mit einem Dreieckgiebel ab, dessen Giebelfeld die Dreiteilung des Erdgeschosses wiederholt. Der Mittelteil springt risalitartig vor.

Die Kanten werden im Sockelgeschoß von Ortsteinketten mit ungleicher Seitenlänge gefestigt, die bis auf den obersten rustiziert sind. Über dem Sockelgesims verläuft ein Band, das zusammen mit dem Sohlbankgesims die Brüstungszone begrenzt. Lisenen festigen die Erdgeschoßkanten; sie werden im oberen Drittel von einem schmalen Gesims unterteilt, das sich an den Seitenfronten des giebelständigen Bauteils und an dem anschließenden Trakt fortsetzt. Die Kantengestaltung des Mittelrisalits entspricht der der seitlichen Kanten; bei den Lisenen des Mittelrisalits fehlt nur das obere Gesims.

Der Mittelrisalit öffnet sich im Sockelgeschoß zu einem halbkreisförmigen Fenster in profiliertem Rahmen mit Scheitelkeilstein. Im Erdgeschoß ist eine rundbogige Fenstertür in die Wand eingeschnitten, der eine toskanische Pfeilerarkade mit Agraffe und Zierscheiben in den Spandrillen vorgelegt ist. Die Pfeiler stehen auf Postamenten, dazwischen verbindet, in die Fensterebene rückspringend, eine Balusterreihe. Die Lisenen tragen ein Gebälk, das über dem Mittelrisalit verkröpft ist. Die seitlichen, geschlossenen Wandflächen des Erdgeschosses sind durch rundbogige Blendnischen mit Muschelkalotten in Rechteckrahmung mit gerader Verdachung gegliedert. Die Verdachung wird von einem abgeschrägten Feld zwischen zwei Blendvoluten bekrönt. Die Wand erscheint zusätzlich gefeldert durch ein Band in Höhe des Kämpfergesimses und eines in Höhe der Verdachung. Darüber ziert jeweils ein eingetieftes Rechteckfeld die ganze Seitenwand, in dessen Mitte ein Medaillon mit profiliertem Rahmen angeordnet ist, das wie eine weitere Bekrönung der Blendnische wirkt.

Vor die Nischen sind eingebauchte Postamente gestellt, die von Kragsteinen und dem verkröpften Sohlbankgesims getragen werden. Auf die Postamente, die am Sohlbankgesims enden, sind Vasen gestellt, die in der Art von henkellosen Amphoren gestaltet sind. Die Kantenlisenen des Erdgeschosses bekrönen Kugelknäufe auf Postamenten vor den Lisenen des Giebelfeldes. Diese werden von je zwei Volutenkonsolen im oberen Drittel überschnitten, die den geschnitzten Abschluß des vorspringenden Satteldaches mit Abhängling tragen. Die Lisenen des Mittelrisalits werden im Giebelfeld wiederholt. Dazwischen öffnet sich in der Wandfläche eine dreiachsige Pfeilerarkade, deren Stützen unmittelbar auf dem Gebälk stehen. Die seitlichen Wandfelder sind ringsum von Bändern eingefaßt. An der südlichen Traufseite des giebelständigen Traktes ist der Haupteingang mit Innentreppe angeordnet. Das Rundbogenportal beginnt am Sockelfuß, es ist über zwei Stufen erreichbar. Ein Rechteckfeld, auf dem über einer vorspringenden Frieszone eine gerade Verdachung ruht, rahmt die Archivolte. Die Agraffe vermittelt zur Frieszone. Zierscheiben schmücken die Spandrillen. Das eingetiefte Rechteckfeld der Vorderseite wird an der Seitenfront wiederholt, es trägt die Inschrift: ›Hygienisches Institut‹.

Der anschließende zweigeschossige Bauteil übernimmt die Horizontal- und Kantengliederung. Lisenen festigen auch die Kanten des Obergeschosses. In beiden Stockwerken sind drei Fensterachsen gekuppelt. Die Stürze der Rechteckgewände sind mit einem Mäanderband verziert. Im Erdgeschoß verbinden an allen drei Fenstern je drei rustizierte Zierkeilsteine zum Architrav, deren mittlerer jeweils leicht nach unten gerutscht erscheint. Rechteckfelder hinterfangen Fensterstürze und Keilsteine. In Höhe der Fensterstürze überschneiden zwei mit Mäandern gezierte Bänder die äußeren Felder und enden an den Lisenen.

Im Obergeschoß wird der Fensterabschluß leicht variiert. Nur der mittlere Keilstein ist rustiziert. Das hinterfangene Rechteckfeld geht hier aus den äußeren Fensterrahmen hervor.

Der zweigeschossige Bauteil schließt mit einem Walmdach über einem architravlosen Gebälk mit weit vorkragendem Gesims ab. Seine Seitenwand, die hinter dem schmaleren giebelständigen Bautrakt sichtbar wird, übernimmt die Horizontal- und Vertikalgliederung der Vorderfront. Das eingetiefte Rechteckfeld des giebelständigen Bauteils wird ohne füllende Zier wiederholt.

Im Obergeschoß wird die Nahtstelle zum Satteldach des giebelständigen Bauteils durch eine Lisene gekennzeichnet. Der eingeschossige, traufständige Bauquader übernimmt die Horizontal- und Vertikalgliederung des anschließenden Bauteils. Die Frieszone des architravlosen Gebälks ist hier zusätzlich mit Buckelscheiben verziert. Die sechs Fensterachsen öffnen sich in Rechteckfenstern mit profilierten, abgefasten Gewänden. Im Sockelgeschoß ist in der ersten Achse eine Tür angeordnet, deren Zugang unter dem Fußbodenniveau liegt und über eine Treppe erreichbar ist. Den Abschluß dieses schlichten Bauteils bildet ein Satteldach mit Dachhäuschen in Rechteckrahmung, bekrönt von geknickten Dreieckgiebeln.‹[143]

Die 1909 erfolgte Erhöhung der Gebäudeteile um jeweils ein Stockwerk hat, obwohl die Formensprache dem alten Bestand angepaßt und einzelne Gliederungsteile wiederverwendet wurden, zu einer die Eigenart des Bauwerks ungünstig beeinflussenden Proportionsverschiebung geführt.

Die heutige Inneneinteilung des Gebäudes entspricht weitgehend der alten. Im Erdgeschoß befinden sich Ambulanz, Bibliothek und Sekretariat, im ersten Obergeschoß der Hörsaal, Seminarräume und Direktion, im zweiten Obergeschoß Seminar- und Personalräume.

Durch spätere Umbauten völlig entstellt ist der – sich ursprünglich ebenfalls in drei Baukörper gliedernde – ehemalige Tierstall nördlich vom Hygiene-Institut (heute Werkstatt- und Lagergebäude).

Chirurgischer Operations- und Hörsaalanbau, Voßstraße 2

An den nördlichen Mittelrisalit des Medizinischen Pavillons I (später Chirurgischer Pavillon III) schließt über einen das Treppenhaus enthaltenden Verbindungstrakt ein Operations- und Hörsaalbau an. Seine Breite entspricht etwa der des Risalits; im Norden hat er einen halbrunden Abschluß. Beidseitig ist je ein Flügel angesetzt; der westliche hat noch die ursprüngliche Breite von einer Fensterachse, der östliche wurde nachträglich um das Dreifache erweitert. Das Ge- *379, 380* bäude ist zweigeschossig, der im Obergeschoß gelegene Operations- und Hörsaal überragt deutlich die anderen Bauteile.

In der Horizontalen werden die Geschosse durch ein System umlaufender Gesimse im Sohlbank- und Sturzbereich gegliedert. Die Vertikale wird durch Hausteinlisenen betont; die im Obergeschoß ursprünglich ganz verglaste nördliche Mittelpartie des Haupttraktes wird durch mächtige, die Traufe überragende und im oberen Bereich ornamentierte Pfeiler mit Giebelabschluß zusätzlich unterstrichen. Der Haupttrakt enthält im Erdgeschoß fünf Zwillingsfenster; im Obergeschoß sitzen seitlich je zwei große Kreuzstockfenster mit sichtbaren Entlastungssegmenten in der gekrümmten Mauerschale. Die heute zubetonierte Glasfront setzte sich in der Fläche des stumpfkegeligen Daches fort und endete in einer Laternenkonstruktion aus Eisen und Glas, die heute durch ein Blechdach ersetzt ist.

Medizinischer Pavillon I, Voßstraße 2

381-383 Der ›Neue‹ Medizinische Pavillon, später Medizinischer Pavillon I, steht an der Nordwestecke des ursprünglichen Areals des Akademischen Krankenhauses. Der Eingang seiner nach Süden gerichteten Hauptfassade war durch den (noch teilweise erhaltenen) offenen Gang mit dem Medizinischen Pavillon II und den Medizinischen Baracken verbunden.

Das langgestreckte, insgesamt fünfzehnachsige, dreigeschossige Backsteingebäude mit Hausteingesimsen und -gewänden setzt sich aus einem mittleren Kernbau, der vorne und hinten als Risalit zur Geltung kommt und den an der Rückseite der Baukörper des Treppenhauses durchdringt, sowie zwei Flügeln, deren jeweils äußerste Achse um ein geringes vorspringt, zusammen. Die symmetrische Zweiflügelstruktur war wohl vorgeplant, ist in der Ausführung aber Ergebnis der Erweiterung von 1896 (Anbau des Ostflügels). Das mit sich verschneidenden Satteldächern gedeckte Gebäude hat insgesamt sieben, das Erscheinungsbild stark prägende Giebel: an den Frontseiten des Mittelrisalits, über den Seitenrisaliten und an den Schmalseiten. Rückseitig ist das Dach des Mittelbaus abgewalmt und mit dem flachwinkligen Blechdach des Treppenhauses verschnitten. Die malerisch behandelte Balkenkonstruktion des allseits überhängenden Daches ist heute durch Vereinfachungen und Verschalungen verstümmelt.

Die Hauptfassade hat ein markant gegliedertes Erdgeschoß: Eine bis zu den Seitenrisaliten reichende Folge von Rundbögen mit Scheitelsteinen auf kräftigen Pfeilern begrenzte anfänglich einen Laubengang zu seiten einer offenen Eingangshalle. Wohl schon sehr früh wurde der heutige Zustand mit in die vermauerten Arkaden der Flügel eingesetzten Rundbogenfenstern und Verglasungen bzw. Tür im Mittelrisalit geschaffen. Ein Stockwerk- und ein Sohlbankgesims trennen das erste Obergeschoß vom Erdgeschoß; darüber folgt erst auf der Höhe des Dachansatzes wieder eine Horizontalgliederung durch ein Gesimspaar. Die Fenster der Obergeschosse sind hochrechteckig und mit profilierten Gewänden ausgestattet, die drei Fenster im ersten Obergeschoß des Mittelrisalits haben waagerechte Verdachungen. In den Seitenrisaliten sitzen Zwillingsfenster (rundbogige unten und hochrechteckige in den Obergeschossen). Ein rundbogiges Zwillingsfenster, das von zwei radial organisierten Ornamentfeldern begleitet wird, öffnet sich im Giebel des Mittelrisalits, darüber befindet sich (wie in den Giebeln der Seitenrisalite) ein Okulus. Die Gaupen über dem Mittelrisalit und den Flügeln, einst durch spitze Helme akzentuiert, haben heute unansehnliche Walmdächer.

Die Schmalseiten nehmen Gliederungsmotive der Hauptfassade auf, die Rückseite wandelt sie vereinfachend und der inneren Teilung gemäß ab; hochrechteckige Fenster finden sich hier auch im Erdgeschoß und, in Drillingskombination, in der Treppenhauswand.

Die innere Einteilung des zur Erbauungszeit in den Obergeschossen der Flügel große Krankensäle enthaltenden Gebäudes hat sich erheblich verändert. Heute sind die Flügel im wesentlichen zweibündig unterteilt. Im Erdgeschoß befinden sich Direktions- und Ambulanzräume, in den Obergeschossen Krankenstationen, im Dachgeschoß Bibliothek und Personalräume.

Absonderungshaus der Medizinischen Klinik

Nördlich vom Medizinischen Pavillon I steht, in der Mittelachse mit diesem durch einen offenen Gang verbunden, das heute als Sonderstation der Neurologischen Klinik genutzte ehemalige Absonderungshaus der Medizinischen Klinik. Das über rechteckigem Grundriß errichtete Gebäude ist ein Backsteinbau mit hausteinverblendetem Kellergeschoß, hochparterreartigem Hauptgeschoß und voll ausgebautem Mansarddach. Die hochrechteckigen Fenster (verteilt auf vier Achsen an den Längsseiten und drei Achsen an der Nordseite) haben im Hauptgeschoß über den Hausteingewänden backsteingemauerte Entlastungsbögen. An der Eingangsseite sitzt in einem flachen Risalit im Sockelbereich der rundbogige, von rechteckigen Öffnungen flankierte Eingang, von dem aus innen eine Treppe auf Hauptgeschoßniveau führt. Ein Drillingsfenster über dem Eingang belichtet das Treppenhaus. Die Inneneinteilung mit Krankenzimmern zu seiten eines Mittelflures hat sich kaum verändert. Außen wurde dem Gebäude an der Ostseite ein Aufzug angefügt.

Hals-Nasen-Ohrenklinik, Voßstraße 7

Die Hals-Nasen-Ohrenklinik, vormals nur Ohrenklinik, steht an der südöstlichen *384–387* Ecke der Kreuzung Voßstraße/Thibautstraße. Es handelt sich um ein zweigeschossiges Gebäude mit Hausteinverblendung und -gliederung in der historistischen Stilvariante ›Deutsche Renaissance‹. Das Bild der Dachzone wird von Sattel-, Zwerch- und Walmdächern unterschiedlicher Firsthöhe sowie von Giebeln, Gaupen und Schornsteinen geprägt. Der Grundriß zeigt einen zweibündigen Kernbau, an den sich östlich ein Quertrakt mit einem Anbau im Osten, westlich ein nach Süden flügelartig ausladender Quertrakt, der hofseitig seinerseits einen kleinen Anbau besitzt, schließen.

Die Hauptfassade weist zur Voßstraße; ihre Symmetrie wird durch den schmalen Trakt im Osten absichtsvoll gestört. Zwei mit hohen Giebeln schließende Risalite nehmen einen fünf Fensterachsen breiten Mittelteil zwischen sich. Die Risalite unterscheiden sich im Hinblick auf die Fenstergliederung. Der östliche enthält zwei übereinanderliegende, fünfteilige Fenstergruppen, die durch ein reliefiertes Ornamentfeld verbunden sind; nach oben folgen ein schmäleres querrechteckiges Ornamentfeld mit einem Schriftband, auf dem ›1901‹ zu lesen ist, weiter ein dreiteiliges Fenster mit erhöhtem, waagerecht verdachtem Mittelteil und, über einem kleinen, giebelmarkierenden Ornamentfeld, ein Rundfenster. Die obere Fenstergruppe liegt im Giebelbereich, der an beiden Risaliten die gleichen Merkmale aufweist: Der Giebel ist jeweils doppelt geschweift und oben durch einen muschelartig gekehlten Segmentaufsatz über einem Abschlußgesims ausgezeichnet; Zierobelisken und Vasen beleben den Kontur. Der westliche Risalit enthält anstelle der fünfteiligen Fenstergruppen im Erdgeschoß und ersten Obergeschoß je zwei Rechteckfenster. In der erwähnten Erweiterung an der Ostflanke sitzt unten ein Portal mit profilierter Laibung, markanter Sturzverdachung und Oberlicht mit ziergegliederter Rahmung. Rechts daneben befindet sich über dem (zusammen mit dem bossierten Sockelband die ganze untere Zone der Fassade horizontal ordnenden) Sohlgesims ein schmales Fenster. Im ersten Obergeschoß folgt ein breites Korbbogenfenster, darüber, über dem mehrfach profilierten, mit flachen Karnieskonsolen besetzten Kranzgesims, eine Brüstung mit Zweischneußmaßwerk, die einem kleinen Dachaustritt vorgelegt ist.

Die Hauptfassade der zu den formal reichsten Gebäuden des Alt-Klinikums zählenden Hals-Nasen-Ohrenklinik ist durch einen der Mittelrücklage vorgesetzten modernen Beton-Glas-Vorbau brutal entstellt. Früher befand sich im Mittelbereich ein sehr viel bescheidener dimensionierter Vorbau, dessen Vollverglasung im Obergeschoß der Belichtung des alten Operationssaales diente. Das große, reichgegiebelte Dachhaus zwischen den kleineren, pyramidenbedeckten Gaupen erinnert an diesen ursprünglichen Fassadenakzent.

Die siebenachsige Fassade zur Thibautstraße, die den Haupteingang der Klinik enthält, ist zurückhaltender gegliedert als die Nordschauwand. Der links der Fassadenmitte in der dritten Achse liegende Risalit ist insgesamt kleiner als die Risalite der Hauptfront. Er birgt das Treppenhaus. Das rundbogige Portal wird von toskanischen Pilastern und einem Gebälk gerahmt, in dessen Fries ›Universitäts-Ohrenklinik‹ steht. Stockwerkversetzt folgen oben die in sich gestuften Dreiergruppen der Treppenhausfenster. Den Giebel, der das Motiv der beschriebenen Risalitgiebel leicht vereinfachend variiert, schmückt eine Kartusche mit dem badischen Wappen. Die Fenster der Westfassade sind, von denen des Risalits abgesehen, hochrechteckig. Die mit den Fensterachsen korrespondierenden Gaupen tragen Pyramidenhelme.

Die dreiachsige südliche Giebelwand hat, neben einem Seiteneingang im Erdgeschoß, Fenster von der Art jener der Westfassade und einen Giebel, der mit geringen Abweichungen dem westlichen entspricht. Hofseitig sind die Wände nur durch unterschiedlich gruppierte Hochrechteckfenster gegliedert.

An den Ostteil des Gebäudes wurde 1968–70 ein nach Süden gerichteter, eingeschossiger Anbau zur Erweiterung der Ambulanz angefügt. Die Disposition der Klinik entspricht im übrigen noch weitgehend der zur Erbauungszeit: im Erdgeschoß Direktion, Hörsaal und Ambulanz, in den Obergeschossen Operationsabteilung und Bettenstationen, im Dachgeschoß Personalräume.

Medizinische Poliklinik, Hospitalstraße 3

Die Medizinische Poliklinik, ursprünglich ein durchdacht rhythmisierter Bau aus *388, 389* der Spätphase des Historismus, ist durch Erweiterungen, Umbauten und Gliede-rungsreduktionen zu einem fast gesichtslosen Komplex depraviert.

Die Klinik war im Originalzustand ein unverputzter Backsteinbau mit Hau-steingliederung über langgestrecktem Rechteckgrundriß; sie gruppierte sich, von Süden nach Norden, aus einem eingeschossigen Trakt mit oberlichterhellten Wartefluren und Untersuchungszimmern, einem zweigeschossigen, zweibündig aufgeteilten Trakt mit Dienst-, Behandlungs- und Laborräumen sowie einem an der Straßenseite fensterlosen Hörsaaltrakt. Hausteinverblendung des hohen Kel-lersockels und des südlichen Eingangsbereichs, variierende Formen der Tür- und Fenstergewände, unterschiedlich hohe Walmdächer über den beiden nördlichen Trakten und ein dekorativ gestalteter Schornstein sorgten für ein charaktervolles Gesamtbild.

Heute ist die Klinik ein uniform wirkendes, im Süden an den Hörsaalbau der Mund-, Zahn- und Kieferklinik anschließendes, zweigeschossiges Gebäude mit ausgebautem Satteldach, an dem nur noch wenige Partien der einstigen Gestalt entsprechen. Die (zusätzlich durch eine geschlossene Brücke in Höhe des Ober-geschosses, welche eine Verbindung zum Bettenbau jenseits der Hospitalstraße herstellt, verunstaltete) Ostwand besitzt noch die beiden alten Portale und einen Teil der Fenstergewände. Am ehesten ist die ursprüngliche Struktur an der West-seite abzulesen: Hier hat sich im großen und ganzen die Wandgliederung des Mitteltrakts mit einer südlichen Treppenhausfensterachse (das untere Fenster wurde nachträglich zur Tür aufgeweitet) und sechs unregelmäßigen Fensterach-sen erhalten. Während die oben zu Ohren aus- und aufgekröpften Fenstergewän-de stilistisch relativ wenig ausgeprägt sind, läßt der Dekor des nördlichen Portals und Portaloberlichts an der Straßenseite sowie der Treppenhausfenster an der Westseite einen durch betonte Stilisierung von Spätbarock- und Louis-Seize-For-men (Ovalfenster, geschweifte Verdachung, Festons) abgeleiteten Formenschatz erkennen.

Die innere Einteilung der Klinik ist durch die späteren Veränderungen in ähn-lichem Maße betroffen worden wie das äußere Bild.

Czerny-Klinik, Voßstraße 3

Die Czerny-Klinik, auch Institut für experimentelle Krebsforschung, heute unter *390–393* der offiziellen Bezeichnung Universitäts-Strahlenklinik laufend, steht mit der Hauptfassade zur Voßstraße. Das Gebäude besteht aus einem Kernbau, der stra-ßenseitig und noch stärker an der Rückseite als Risalit in Erscheinung tritt und der an der Eingangsfront zudem durch einen hohen Giebel ausgezeichnet ist. An den Mittelbau schließen sich beiderseits dreigeschossige Flügel mit jeweils fünf regulären Fensterachsen an; den Ostflügel setzt ein einachsiger Anbau von etwas geringerer Tiefe fort. Das östlich (der baulichen Situation gemäß in zwei Stufen) gewalmte Satteldach der Flügel wird vom (hofseitig krüppelgewalmten) Quer-dach des Mittelbaus überragt.

Das in Backstein mit sparsamer heller Hausteingliederung ausgeführte Gebäude steht auf einem Hausteinsockel. Auf vortretende Gliederungselemente ist, sieht man vom konsolenbestückten Kranzgesims und von den Saumprofilen des Giebels ab, verzichtet, desgleichen auf Kantenbetonungen. Die Flächigkeit der Nordfassade des Mittelrisalits wird allerdings an einer Stelle energisch durchbrochen: Über dem von zwei Fenstern mit runden Oberlichtern flankierten, rundbogigen Hauptportal ruht auf drei kräftigen, mit flachen Segmentbögen verbundenen Konsolen ein breiter, verglaster Erker; seiner Brüstungswand ist die Inschrift ›SAMARITERHAUS‹ eingemeißelt, den Bogenkehlen darunter ›1905‹ und ›1906‹. Über dem Erker folgen im zweiten und dritten Obergeschoß je ein Drillingsfenster, zwischen denen ein Feld mit der Inschrift ›IN SCIENTIA SALUS‹ eingelassen ist, darüber im oberen Giebelbereich ein Rundfenster und eine Kartusche mit dem badischen Wappen. In den Flankenachsen des Mittelrisalits sitzen einfachere, den angrenzenden Flügelachsen entsprechende Fenster. Der Giebelumriß mit seinen Schweifungen, Knickungen und dem segmentförmigen Aufsatz spielt deutlich auf die Giebelformen der benachbarten, wenige Jahre älteren Hals-Nasen-Ohrenklinik an.

Form und Breite der Fenster in den Flügeln sind nicht einheitlich: Im Erdgeschoß finden sich rund- und korbbogige Fenster, in den Obergeschossen hochrechteckige mit Quer- und Kreuzstockteilung; die Fenster der jeweils dem Mittelrisalit nächsten Achse sind schmäler als die übrigen (breiter sind, durch eine Grundrißanomalie bedingt, die dreiteiligen Kreuzstockfenster der Obergeschosse der westlichen Achse). Die Hausteingewände der Fenster sind sichtbar in die Backsteinmauern eingebunden. Außerdem betonen wandbündige Hausteinstreifen in Höhe der Sohlbank des Erdgeschosses, der Sohlbank des zweiten Obergeschosses und unter dem Kranzgesims die Horizontale. Oberhalb der Traufe ragen über der jeweils zweiten und vierten Achse zu seiten des Mittelrisalits vier Zwerchhäuser auf, deren Giebel formal vom Hauptgiebel abgeleitet sind. Auf dem Dachfirst sitzen drei der Entlüftung dienende Dachreiter mit Glockenhelmen.

Die Rückseite des Gebäudes entspricht, was die Fensterformen und -verteilung betrifft, mit Abweichungen und Vereinfachungen der Hauptfassade. In der Mittelachse des Risalits öffnen sich stockwerkversetzt mehrteilige Treppenhausfenster. Den Ecken zwischen Risalit und Flügeln sind in jedem Stockwerk Balkone eingefügt. Das Dach ist an der Nordseite mit Schleppgaupen ausgestattet.

Die Raumdisposition der Klinik unterscheidet sich nur wenig von der ursprünglichen: im Erdgeschoß Direktion und Ambulanz, im ersten Obergeschoß Hörsaal und Funktionsräume (Mittelbau) und Krankenstationen (Flügel), im zweiten Obergeschoß u. a. Bibliothek (Mittelbau) und Krankenstationen, im Dachgeschoß Personalräume und Wohnungen.

Innerhalb des Akademischen Krankenhauses nahm das ›Samariterhaus‹ hinsichtlich seiner Innengestaltung eine Sonderstellung ein. Um den Krebskranken eine möglichst freundliche Umgebung zu schaffen, hatte man sich zu einer über das übliche Maß hinausgehenden Ausstattung entschlossen und dafür den Karlsruher Akademieprofessor Karl Eyth herangezogen. Mehrere der Aquarellentwürfe Eyths für Wanddekorationen verschiedener Art und für Möbel haben sich

Farbtafel II

420

erhalten und geben, zusammen mit Resten der ausgeführten Ausstattung, Zeugnis von einem – für den Jugendstil typischen – Bemühen um ästhetische Vereinheitlichung und Überhöhung des Zweckhaften. In der Eingangshalle konnte 1979 die Wandverkachelung um eine Gedenktafel freigelegt werden; die Landschaftsbilder Eyths in den Lünetten über dieser Verkachelung sind leider verloren. Erhalten haben sich umkachelte Keramikwandbrunnen im ersten und im zweiten Obergeschoß, Fragmente der Treppenhausverglasung und mehrere strengformige, intarsierte Möbelstücke, darunter der Schrank des Dienstzimmers Czernys.

Südwestlich schließen an die Czerny-Klinik die umgenutzten Gebäude der ehemaligen Zigarrenfabrik Maier an, in denen sich unter anderem Untersuchungs- und Laborräume der Medizinischen Poliklinik befinden.

Neues Sektionshaus, Voßstraße 2

Das neue Sektionshaus südöstlich des Pathologischen Institutes besteht aus einem dreiachsigen, viergeschossigen Kern und einer westlichen einachsigen Erweiterung geringerer Tiefe, der ihrerseits im Westen ein polygonaler Treppenturm vorgelagert ist. Schauseite ist die Nordfassade. Der Kernbau trägt ein Satteldach zwischen leicht überhöhten Giebeln, die westlichen Bauteile sind mit einer Halbpyramide und einem polygonal gebrochenen Walmdach ausgestattet. Die Geschosse sind unterschiedlich hoch, was aus der Nutzung des Gebäudes resultiert. Das in Haustein ausgeführte Sockelgeschoß schließt mit einem Sohlbankgesims an das erste Obergeschoß, das mit dem zweiten Obergeschoß eine (durch ein zweites Sohlbankgesims zum dritten Obergeschoß hin abgegrenzte) Einheit bildet. Aus dem Sockelgeschoß tritt im Norden ein konsolengestützter, verglaster Erker hervor, der den Sektionsraum im ersten Obergeschoß belichtet. Die Fenster des ersten Obergeschosses sind teilweise als Kreuzstockfenster ausgeführt. Über dem Erker sitzt ein Drillingsfenster mit spätgotisch inspirierten Vorhangbögen, darüber ist die dem Hörsaal zugeordnete Wand großflächig verglast (ursprünglich ragte die Verglasung über das Kranzgesims in den Dachbereich). Die Fenster der Seitenachsen des zweiten und dritten Obergeschosses sind als Zwillings- und Drillingsfenster gestaltet.

Ein mehrfach profiliertes Dachgesims über einem Segmentbogenfries schließt die Nordfassade ab. Die Vertikalgliederung erfolgt durch vier breite Lisenen, die über der Traufe mit fialenartigen, gegiebelten Aufsätzen bekrönt sind. Ein Dachreiter auf dem Sattel und ein weiteres Fialhäuschen über der westlichen, mit einem steigenden Fries geschmückten Giebelwand unterstreichen den gotisierenden Charakter des Gebäudes. Weiteres Gliederungselement ist die mit Ortsteinen in Lang- und Kurzwerk ausgeführte Kantenquaderung der westlichen Bauteile. Der Treppenturm wird von zwei übereinanderliegenden Spitzbogenfenstern und darüber von drei Rundbogenfenstern belichtet. Die anderen Fronten sind architektonisch zurückhaltend artikuliert oder ohne Gliederung (Ostwand).

Die Inneneinteilung definiert sich vom Sektionsraum im ersten Obergeschoß und vom Hörsaal im zweiten und dritten Obergeschoß aus, die von weiteren Funktionsräumen umgeben und vom Treppenturm her erschlossen werden.

394, 395

351   Die südlich gelegene Kapelle ist durch einen zweigeschossigen Trakt mit dem Sektionshaus verbunden, der im Erdgeschoß ein Segmentbogenportal und im Obergeschoß zwei Rechteckfenster enthält. Den oberen Abschluß bildet ein Fries in Form eines Deutschen Bandes. Die kleine geostete Kapelle hat im Westen ein Spitzbogenportal mit profiliertem Gewände und ausgeschiedenem Tympanon, darüber ein Rundfenster. Der von einem steigenden Segmentbogenfries begleitete Giebel trägt ein Steinkreuz. Die im Inneren schlichte Kapelle hat einen offenen Dachstuhl und drei buntverglaste Spitzbogenfenster.

Zahnklinik, Bergheimer Straße 22–24

396–398   Das heutige Konglomerat an der Ecke Bergheimer Straße/Hospitalstraße läßt von seinem äußeren Bild her nur schwer Rückschlüsse auf die ursprüngliche Gebäudestruktur zu.

Zwei für Klinikzwecke umgewidmete Wohnhäuser machten den Anfang: das dreigeschossige und dreiachsige Haus Bergheimer Straße 24 und das zweigeschossige Eckhaus Bergheimer Straße 22, das nach Süden fünf Fensterachsen, in der abgeschrägten Südostecke eine Achse, an der Hospitalstraße zwei weitere Achsen und einen schiefwinklig zurückgesetzten, vier Achsen und drei Geschosse zählenden nördlichen Anbau hatte. Die durchaus reizvolle Fassadengliederung dieser beiden Gebäude ist späteren Eingriffen zum Opfer gefallen. Das Doppelhaus präsentiert sich heute als eine dreigeschossige, verputzte Anlage mit einheitlichem, gaupenbesetztem Walmdach und betont einfachen Formen. Die Fenster des mit einem Sockel und Sohlbankgesimsen ausgestatteten westlichen Teils besitzen schlicht profilierte Segmentbogengewände, diejenigen des Gebäudeteils an der Straßenecke im Erdgeschoß ebenfalls stichbogige Rahmungen und in den Obergeschossen hochrechteckige; ein zweistufiger Sockel, ein Stockwerkgesims über dem Erdgeschoß und Sohlbankgesimse im Erdgeschoß und ersten Obergeschoß sind die anderen, kargen Gliederungselemente des Eckbaus. Schmucklos sind die Nordwand dieses Gebäudes und die Ostwand des nördlichen Anbaus.

Dagegen ist die angrenzende, 1908 als Behandlungs- und Laboratorienbau angefügte Erweiterung – sie ist dreigeschossig, drei Fensterachsen breit und fünf Achsen tief – regelmäßig und vergleichsweise aufwendig gegliedert. In den werksteinverblendeten Ost- und Nordwänden sitzen große, annähernd quadratische Fenster, deren Brüstungsfelder als eingetiefte, glatte Putzflächen behandelt sind. Zusammen mit der doppelten Horizontal-Vertikal-Teilung der Fenster ergibt das Orthogonalmuster der Fassade eine wirkungsvolle Strukturierung. Das Portal in der südlichen Achse des Anbaus, zu dem eine Freitreppe mit geschwungenen Wangen führt, ist mit einem architravierten Rechteckgewände und einer waagerechten Verdachung auf zwei blockigen Konsolen ausgestattet; über dem Sturz steht: ›MUND-ZAHN-KIEFER KLINIK‹. Über dem mehrfach profilierten Kranzgesims des Anbaus erhebt sich ein Walmdach mit Schleppgaupenzeilen.

Ein weiterer Trakt schließt mit einem zweigeschossigen Verbindungsbau im Norden an den Komplex an und stellt zugleich die bauliche Klammer zur Medizinischen Poliklinik dar. Das einfache, sattelgedeckte Gebäude mit einer vielfach

durchfensterten Giebelwand im Süden und einer nur von zwei Fenstern im Sok-
kel und zwei Erdgeschoßfenstern durchbrochenen Ostwand enthält unter anderem einen Hörsaal.

Die komplizierte Entstehungsgeschichte und die Grundstückssituation machten die Ausbildung einer schlüssigen Raumdistribution unmöglich. Die früheren
Wohnhäuser konnten immer nur in bestimmten Grenzen den Nutzungsforderungen angepaßt werden, die beiden Erweiterungstrakte sind zwar in sich funktional
gegliedert, bleiben aber in ein vom Gesamtgrundriß und von den inneren Verbin-
dungswegen her irreguläres Gefüge eingebunden. Wohl keine zweite Klinik im
Bereich des Alt-Klinikums hatte so sehr unter der Ungunst der historischen und
topographischen Bedingungen zu leiden wie die Mund-, Zahn- und Kieferklinik.

Kunstgeschichtliche Bemerkungen

Mißt man das realisierte Klinikum in Bergheim an den Vorgaben seines Hauptin-
itiators Otto Weber, so kann man sagen, daß zwar nicht alle Ideen in die Tat umgesetzt wurden, einige der Hauptgedanken aber Berücksichtigung fanden. Schon
bei der Wahl des Bauplatzes hatte Weber das am Neckar gelegene Grundstück jedem anderen vorgezogen, war es doch vom Norden her nicht verbaubar und war
hier die für ein Krankenhaus wichtige Wasserzufuhr ausreichend gewährleistet.
Wenn Weber darauf hinwies, daß für das Heidelberger Akademische Krankenhaus nur das sogenannte ›deutsche Zellensystem‹ in Frage komme, so meinte er
die einbündige Korridorbauweise: Mehrere kleine Krankenzimmer liegen möglichst an der Südseite eines die gesamte Gebäudelänge durchlaufenden Flures; in
der Gebäudemitte befindet sich ein alle Geschosse verbindendes Treppenhaus.
Für zu kostenintensiv hielt Weber die vorwiegend in Frankreich verwendeten
Kliniken nach dem ›Pavillonsystem‹ mit ihren die ganze Gebäudetiefe einnehmenden großen Sälen. Allerdings schloß er eine ›Anlage isolirter Gebäude, welche nur durch Corridore zusammenhängen‹, nicht aus.[144] Er hielt eine Mehrflügelanlage in U- oder H-Form für sinnvoll, bei der die Krankenzimmer
hauptsächlich nach Süden liegen sollten (was übrigens auch heute noch eine Ma-
xime des Krankenhausbaues ist).

Die Realisierung des Krankenhauskomplexes lag letztlich, wie gezeigt, in den
Händen von Franz Knauff und Wilhelm Waag. Sie verstanden es, die beiden genannten Krankenhaussysteme zu kombinieren und eine aus mehreren Gebäuden
bestehende, funktionsgerechte Anlage zu errichten. Dabei bedienten sie sich zusätzlich des ›Barackensystems‹, einer aus Amerika stammenden Bauweise, die
ursprünglich für Lazarette (z.B. im amerikanischen Sezessionskrieg 1861) oder
Infektionsbauten Verwendung fand, da die – vielfach aus Holz oder Wellblech
bestehenden – Gebäude leicht und schnell wieder zu entfernen waren. Es handelte sich um einstöckige Häuser mit Firstventilation, die einen einzigen, großen
Krankensaal und Sanitärräume enthielten.

Auf dem, einem seitenverkehrten L ähnelnden Baugelände wurde die Anlage
durchaus im Sinne Otto Webers disponiert. Das Verwaltungsgebäude wurde im
Zentrum, nämlich im inneren Winkel des Bauplatzes, errichtet. Dahinter, im Nor-

334

den, wurde der Küchenbau ebenfalls an eine zentrale Stelle gesetzt. Die Augenklinik erhielt ein separates Gebäude. Wasch- und Maschinenhaus, Absonderungshaus und Pathologisches Institut fanden ihren Platz an der nördlichen Peripherie des Areals, etwas entfernt von den übrigen Klinikgebäuden – ganz wie es Weber gewünscht hatte. Das damals in Deutschland bevorzugte ›Einheitssystem‹ mit der erwähnten einbündigen Korridorbauweise hatte den Vorteil, daß mit relativ geringem Personal- und Finanzaufwand ein vollständiger Krankenhausbetrieb unter einem Dach möglich war.[145] Dieser Kliniktyp wurde aber aus Hygienegründen mehr und mehr suspekt, bestand innerhalb des komprimierten Systems doch erhöhte Ansteckungsgefahr. Im Rahmen der damaligen medizinischen Möglichkeiten konnte man des Problems nur durch ausreichende Frischluftzufuhr und Absonderung der infektiösen Kranken Herr werden. So erklärt sich Knauffs Erwägung, das französische ›Zerstreuungssystem‹ der Pavillonbauweise mit in seine Planung einzubeziehen. Anläßlich der 1868 durchgeführten Reise hatte Knauff Gelegenheit gehabt, die Pariser Pavillonkrankenhäuser Lariboisière (1855 fertiggestellt) und das damals in Bau befindliche, ähnlich konzipierte Hôtel Dieu zu besichtigen. Diese Anlagen bestanden zwar aus luftigen, zwei- bis dreigeschossigen Pavillons, waren aber durch geschlossene Gänge in sich verkettet, was natürlich die Infektionsgefahr vergrößerte. Eine freiere Anordnung von Krankengebäuden wurde in Paris erst Ende des 19. Jahrhunderts erreicht. Auch in England, wohin Knauff und Waag ebenfalls gereist waren, hielt man in den sechziger Jahren noch an einer geschlossenen Aneinanderreihung von Pavillons fest; so beispielsweise beim Herbert Hospital in Woolwich (1853–64) und beim Thomas Hospital in London (1866–71).[146] Auf den Barackentypus wurden Knauff und Waag unter anderem 1868 in Berlin durch das Barackenlazarett Charité aufmerksam, das in Berlin selbst auf die Form des städtischen Krankenhauses im Friedrichshain (von Gropius und Schmieden erbaut) entscheidenden Einfluß ausgeübt hat, eine Klinik, die etwa zeitgleich mit dem Heidelberger Akademischen Krankenhaus begonnen wurde.

Knauff und Waag suchten durch eine in ihren Augen möglichst zweckmäßige Kombination der drei Krankenhaussysteme die dem einzelnen Typ jeweils eigenen Nachteile zu minimieren; sie entwarfen eine Krankenhausanlage, in welcher ein Korridorbau, nämlich die Augenklinik, repräsentativ an der Bergheimer Straße liegt. Die dahinter im Garten stehenden Baracken und Pavillons waren durch offene, überdachte Gänge in Holzkonstruktion verknüpft, von welchen heute nur noch der die Augenklinik mit dem Chirurgischen Pavillon I (der heutigen Hautklinik) verbindende vollständig erhalten ist. Ursprünglich war es möglich, fast jedes Gebäude trockenen Fußes zu erreichen.

Architekturgeschichtlich spiegelt das Alt-Klinikum – ausschnitthaft und auf insgesamt beachtlichem Niveau – die Entwicklung des späten Historismus wider. Bauplanung und -ausführung oblagen zwar der örtlichen Bezirksbauinspektion, doch macht sich der Einfluß der aufsichtführenden Großherzoglichen Baudirektion in Karlsruhe immer wieder geltend – zuweilen nur im Sinne korrigierenden Anregens, mitunter aber auch in Form entschiedenen Eingreifens. Utilitätsrücksichten spielen begreiflicherweise eine wichtige Rolle, die Ermahnung zu größtmöglicher Sparsamkeit erscheint in den Akten weit häufiger als ein Wort zu ästhetischen Fragen. Da die einzelnen Gebäude funktional und damit bis zu einem gewissen Grade auch strukturell vorwegdefiniert waren und da sich zudem so gut wie jeder innenarchitektonische Aufwand verbot, mußte sich die Arbeit der Architekten auf eine möglichst praxisnahe Umsetzung der Nutzerpostulate und eine das Schlichte mit dem Repräsentativen verbindende Gestaltung der äußeren Schale beschränken. Das seit der Renaissance bewährte Mittel der symmetrischen Organisation der Baumasse ist bei mehreren Klinik- und Versorgungsgebäuden als ein auch funktionsadäquates Gliederungsprinzip angewendet, unabhängig vom stilistischen Detailrepertoire.

Einige Beispiele mögen verdeutlichen, wie örtliche Planungsabsichten und übergeordnete Vorstellungen kollidieren konnten. Im Juni 1869 kritisiert die Großherzogliche Baudirektion die Pläne für die Medizinische Klinik und für die Augenklinik; Anstoß nimmt man an der vorgesehenen Ecklösung und an anderen als zu aufwendig empfundenen Einzelheiten. Im Hinblick auf die Augenklinik heißt es: ›Statt der achteckigen, kostspieligen Eckbildung mit Aufsätzen sind einfache Lisenen anzubringen. Die zwecklose Thurmspitze auf dem Treppenhaus ist wegzulassen ... Da das Gebäude an die Straße zu stehen kommt, so wird die in Aussicht genommene Verkleidung der Mauern mit Quader an der vorderen und den beiden Seidenfaçaden unterstützt, die Hoffaçade dagegen ist mit sauberem Mauerwerk zu versehen oder zu verputzen‹.[147] Im August 1869 berichtet die Baudirektion an das Innenministerium über den Medizinischen Pavillon I, dieser solle so einfach wie möglich gehalten werden; entscheidend seien eine klare und übersichtliche Anordnung des Grundrisses und schöne Verhältnisse der Fassade; das geplante Portal stehe ›im grellen Wiederspruch‹ zur übrigen, einfachen Fassade, da es mit Fialen und feingegliederter Bekrönung ausgestattet sei; es sei zudem ›ein Verstoß gegen die Harmonie‹, den Eingang mit einem geraden Türsturz zu überdecken, wenn alle übrigen Fassadenöffnungen mit Stichbögen überspannt seien.[148] 1899 und 1900 hat Josef Durm, der Leiter der Baudirektion, an Julius Kochs Plänen für die Ohrenklinik etliches auszusetzen: ›Die Architekturformen sind zumteil etwas gesucht, die starken Durchlöcherungen einzelner Umfassungsmauern verlangen sorgfältigste Erwägung in der Ausführung – das erste ist aber individuell und Geschmackssache und soll daher nicht vorher angefochten werden, da es gegen den guten Sinn nicht verstößt‹ (was Durm nicht hindert, an zahlreichen Details Kritik zu üben).[149] Als es um die Errichtung der Poliklinik geht, schreibt Oberbaurat Warth vom Kultusministerium im Juni 1904 an Koch, man halte es für wünschenswert, wenn der Neubau einen etwas anderen Charakter bekomme als die älteren Bauten des Akademischen Krankenhauses; es solle den ›heutigen Anschauungen‹ Rechnung getragen werden, die von denen der siebziger und achtziger Jahre des vorigen Jahrhunderts abwichen.[150] Mit den Plänen für die Gestaltung der Vorhalle der Czerny-Klinik ist Warth im Dezember 1905 nur bedingt einverstanden, weil der Raum für viel Dekoration zu klein sei und weil die Gefahr bestehe, daß beim Besucher eine falsche Erwartung erweckt werde, sofern das auf die Vorhalle folgende Treppenhaus nur ›mit einer etwas dürftigen und wenig farbig wirkenden Kunstverglasung‹ aufwarten könne[151]. Wenig später bemerkt man, die landschaftlichen Darstellungen in der Vorhalle ›störten sehr‹, ansonsten sei aber alles ›wohlgelungen‹[152].

Das dem späten Historismus eigene Prinzip der schier unbegrenzten Verfü-
gungsgewalt über die Stile der europäischen Kunstgeschichte kommt im Alt-Klinikum, den gegebenen Umständen gemäß, nur sehr moderiert zum Ausdruck.
Immerhin läßt sich, angefangen bei den Bauten der ersten Phase bis hin zur Poliklinik, eine breite Skala der architektonischen Mitteilungsweisen beobachten. Im
Grunde noch spätklassizistisch gestimmt, auch wenn (wie bei der Augenklinik)
gotisierende Einzelformen die insgesamt strengen Baukörper beleben, sind die in
den Jahren bis gegen 1890 entstandenen Gebäude. Exempel souveränen Umgangs mit dem Formenapparat namentlich des italienischen Cinquecento sind
das für Josef Durm gesicherte Hygienische Institut und das Durm verläßlich zu-
weisbare Medizinische Hörsaalgebäude. Mit dem Backsteinbau des neuen Medizinischen Pavillons (Medizinischer Pavillon I) kommen Mitte der neunziger Jahre Elemente des Chalet-Stils zur Wirkung, mit der Hals-Nasen-Ohrenklinik -
und, in zurückhaltenderer Form, der Czerny-Klinik - solche der deutschen Renaissance (was mit der Abkehr vom ›welschen‹ Stil und dem Rekurs auf die nationale Überlieferung in der Wilhelminischen Ära zusammenhängt). Eine Hin-
wendung zu einfacheren Formen auf der Basis eines noch neobarocken
Repertoires kennzeichnet die Medizinische Poliklinik. Dieser, hier nur angedeutete, stilistische Entwicklungsprozeß soll Gegenstand einer eigenen Untersuchung sein.

Angesichts der Tatsache, daß der bevorstehende Auszug mehrerer Kliniken in
das Neuenheimer Feld die Nutzungssituation im Bergheimer Alt-Klinikum erheblich verändern wird, ist es nötig, sich auch unter kunsthistorisch-denkmalpfle-
gerischem Aspekt Gedanken über die Zukunft dieses für die Geschichte unserer
Universität so bedeutsamen Bereiches zu machen. Ohne Zweifel stellt das Alt-
Klinikum eine im Sinne des Denkmalschutzgesetzes erhaltenswerte Gesamtanlage dar, und zwar im Hinblick auf ihren wissenschaftsgeschichtlichen, architekturgeschichtlichen und urbanistischen Rang. Man darf selbstverständlich erwarten,
daß die Bereitschaft zur Erhaltung des Grundbestandes der Anlage bestehen
wird; und man darf hoffen, daß es zu einer schrittweisen Beseitigung des (unter
den in den letzten Jahrzehnten gegebenen Umständen gewiß unvermeidbaren)
baulichen Wildwuchses kommen wird - will sagen: zu einer Rückgewinnung jener Großzügigkeit, welche die Anlage bis ins erste Jahrzehnt unseres Jahrhunderts ausgezeichnet hat.

Anmerkungen

1 UA: A-438 (IX, 13, Nr. 107)
2 Franz Knauff: Das akademische Krankenhaus in Heidelberg, München 1879,
S. VIII
3 Otto Weber: Das akademische Krankenhaus in Heidelberg, seine Mängel und die
Bedürfnisse eines Neubaues, Heidelberg
1865, S. 4. Zum Seminarium Carolinum
vgl. S. 159 ff.
4 UA: A-438 (IX, 13, Nr. 107)

5 Ebd.
6 GLA: 422/797. Baukommission = akademische Krankenhauskommission
7 GLA: 235/696. Aus der Begründung des
Innenministeriums vom 20.3. 1866 zur
Bewilligung der Bausumme geht hervor,
daß der gewählte Bauplatz als der einzig
geeignete für den Neubau befunden wird.
Der zuvor erwogene ›jenseits des Bahn-
hofs an der Rohrbacher Chaussee‹ sei zu

weit von der Stadt entfernt und entbehre des für ein Krankenhaus notwendigen Wassers

8 GLA: 422/797

9 Ebd. Programm für die Herstellung eines neuen akademischen Krankenhauses in Heidelberg. Nachträgliche Bemerkungen zur Beachtung für den Architekten

10 GLA: 235/696. Wochenblatt des Architektenvereins zu Berlin vom 16.2. 1867, No. 7

11 GLA: 422/797. Sämtliche Pläne waren mit einem Codewort versehen, um die Anonymität gegenüber dem Preisgericht zu wahren

12 GLA: 235/696

13 UA: A-438 (IX, 13, Nr. 107)

14 GLA: 422/797

15 GLA: 235/696

16 UA: A-438 (IX, 13, Nr. 107)

17 GLA: 235/699; Knauff, a. a. O., S. VIII ff.

18 Korridorsystem: Übertragung des bürgerlichen Wohnhausbaues auf Krankenhausbauten, in denen alle Räume nebeneinander auf einer Seite des Korridors, also einbündig, angeordnet sind und so nur von einer Seite Licht bekommen (auch Einheitssystem genannt).
Pavillonsystem (aus dem Französischen: Häuschen, Gartenhaus): abgeleitet vom freistehenden, von allen Seiten belichteten Gartenpavillon, dessen Form zum Vorbild wurde für die Gestaltung des Hauptraumes (= Krankensaal) eines Krankenpavillons (auch Zerstreuungssystem).
Barackensystem: In leichter Bauweise errichtete, nicht auf Dauer konzipierte Gebäude, in der Regel eingeschossig

19 GLA: 235/696; UA: A-438 (IX, 13, Nr. 107)

20 GLA: 422/796, 235/3994, 235/3857

21 GLA: 422/796

22 GLA: 235/697. Sitzungsbericht der akademischen Krankenhauskommission vom 19.3. 1869

23 GLA: 422/796, 235/697

24 GLA: 235/697; UA: Dekanatsakten med. Fakultät 1872/73 (III, 4a, Nr. 116, fol. 131)

25 GLA: 235/3993

26 GLA: 235/3992

27 GLA: 235/700; UA: A-438 (IX, 13, Nr. 107)

28 UA: A-438 (IX, 13, Nr. 107); StA: Uraltaktei 223, 8

29 Weber, a. a. O., S. 15 f.; UA: Dekanatsak-

ten med. Fakultät 1868/69 (III, 4a, Nr. 112, fol. 148 f.): Julius Arnold, 9.4. 1868: ›In der beifolgenden Eingabe an Gr. h. Ministerium des Inneren habe ich den Antrag auf Erweiterungen der Räumlichkeiten des pathologisch-anatomischen Institutes gestellt und denselben dadurch begründet, daß bei der Zunahme der Zahl der Präparate und des Besuches der Anstalt ... die vorhandenen Räume nicht mehr ausreichen.‹

30 J. H. Knapp: Über Krankenhäuser, besonders Augenkliniken, Heidelberg 1866, S. 102 f.: ›Die lange Dehnung des Großherzogthums Baden läßt ... zwei Augenheilanstalten für nothwendig erscheinen ... Die Sitze der beiden Anstalten können nur die beiden Universitätsstädte Heidelberg und Freiburg sein, denn da können (des Unterrichts wegen) Augenkrankenkliniken nicht länger entbehrt werden.‹

31 Herbert Gawliczek: Report über die Institute, Kliniken und Abteilungen der medizinischen Fakultät der Universität Heidelberg, Heidelberg 1967, S. 119 f.; Otto Becker: Die Universitäts-Augenklinik in Heidelberg, Zwanzig Jahre klinischer Tätigkeit, Wiesbaden, 1888, S. 4 f.

32 UA: A-561 (IV, 3 c, Nr. 149)

33 GLA: 235/3569; UA: A-483 (IX, 13, Nr. 99)

34 GLA: 235/720

35 GLA: 235/3507, 235/720

36 GLA: 235/3856

37 GLA: 422/813, 235/3856

38 GLA: 235/3507

39 StA: 242, 2

40 GLA: 235/3507

41 GLA: 235/30280

42 Vgl. S. 161 ff.; ferner: Pressestelle Universität Heidelberg (Hrsg.): Die Universität Heidelberg. Ein Wegweiser durch ihre wissenschaftlichen Anstalten, Institute und Kliniken, Heidelberg 1936, S. 66 f.

43 UA: Dekanatsakten med. Fakultät 1872/73 (III, 4a, Nr. 116, fol. 47 f.): Dekan Friedreich meldet der Fakultät: ›Der Dekan teilt der Fakultät das Resultat einer Conferenzberathung mit, welche bezüglich der Errichtung von Irrenanstalten an den beiden Landesuniversitäten unter Vorsitz des Gr. Staatsministers Jolly am [?] August in Illenau stattfand, und an welcher sich zu betheiligen der unterzeichnete Dekan durch Erlaß Gr. Ministeriums

aufgefordert worden war. Der Plan, eine etwa 120 Kranke umfassende Irrenheilanstalt behufs Förderung des psychiatrischen Unterrichts an der Universität zu errichten, wurde von der Fakultät als ein höchst zweckmäßiger u. die Interessen der Hochschule fördernder anerkannt.‹ Vgl. auch Eberhard Stübler: Geschichte der medizinischen Fakultät der Universität Heidelberg 1386–1925, Heidelberg 1926, S. 239 ff.

44 GLA: 235/3569; UA: A-483 (IX, 13, Nr. 99)

45 Eugen Schnur: Zur Geschichte der Entstehung der psychiatrischen Klinik in Heidelberg, Heidelberg 1922, S. 18

46 GLA: 235/3569

47 GLA: 237/36105

48 GLA: 235/3569

49 GLA: 422/810

50 GLA: 235/3569, 235/3570

51 GLA: 235/3569

52 GLA: 235/3570

53 UA: A-563 (IV, 3 c, Nr. 189)

54 GLA: 235/701, 422/810; UA: A-563 (IV, 3 c, Nr. 189)

55 UA: A-563 (IV, 3 c, Nr. 189), Dekanatsakten med. Fakultät 1906/07 (III, 4a, Nr. 180, fol. 413)   -

56 GLA: 235/3571

57 Ebd.

58 UA: A-557 (IV, 3 c, Nr. 159); Ferdinand Adolf Kehrer: Die neue Frauenklinik in Heidelberg, Gießen 1889, S. 2 f. Näheres über den Marstall und die Gebäude im Marstallhof s. S. 240 ff.

59 GLA: 235/725; Stübler, a. a. O., S. 292

60 GLA: 235/3521; Fritz Hirsch, Alfons von Rosthorn: Die Universitätsfrauenklinik in Heidelberg, Heidelberg 1904, S. 9; Kehrer, a. a. O., S. 3; Gawliczek, a. a. O., S. 97

61 GLA: 235/3521; Kehrer, a. a. O., S. 4; Hirsch, v. Rosthorn, a. a. O., S. 10

62 GLA: 235/3521, 235/725; UA: A-493 (IX, 13, Nr. 96)

63 GLA: 235/725; Kehrer, a. a. O., S. 4

64 GLA: 235/3521

65 GLA: 235/30307

66 GLA: 422/818; UA: A-493 (IX, 13, Nr. 96)

67 GLA: 422/818, 235/30307

68 UA: A-557 (IV, 3 c, Nr. 159)

69 GLA: 235/30305

70 UBA: Entwürfe vom Juni 1949

71 UA: A-564 (IV, 3 c, Nr. 136). Vgl. auch Theodor v. Dusch: Bericht über die Luisenheilanstalt für kranke Kinder in Heidelberg, 1887, S. 437 f., und Eduard Seidler: Pädiatrie in Heidelberg. Zum 100-jährigen Jubiläum der Universitätskinderklinik 1860–1960, Annales Nestlé, S. 45 f.

72 UA: A-564 (IV, 3 c, Nr. 136) Satzung der Luisenheilanstalt, Heidelberg 1880

73 GLA: 235/3530; UA: A-564 (IV, 3 c, Nr. 136); UBA: Genehmigungsurkunde großherzogliches Bezirksamt 18. 6. 1884; vgl. auch v. Dusch, a. a. O., S. 438

74 Seidler, a. a. O., S. 55

75 v. Dusch war am 13. 1. 1890 gestorben

76 GLA: 235/3530; UA: A-564 (IV, 3 c, Nr. 136); StA: Uraltaktei 222, 8

77 GLA: 235/3530; StA: Uraltaktei 222, 8; vgl. auch Seidler, a. a. O., S. 69

78 StA: 242, 8a, 242, 6

79 Seidler, a. a. O., S. 77 und 84

80 GLA: 235/3530; StA: 242, 8a

81 StA: 242, 8a, 242, 6

82 StA: 242, 8a. Der Vertrag zur Übernahme der Luisenheilanstalt durch den Staat tritt am 1. 4. 1923 in Kraft

83 GLA: 235/3852; vgl. auch Vinzenz Czerny: Aus der Heidelberger Chirurgischen Klinik des Prof. Dr. Czerny. Die Erweiterungsbauten der chirurgischen Universitätsklinik in Heidelberg, III. Beschreibung der Neubauten von Bezirksbauinspektor Julius Koch, in: Beiträge zur klinischen Chirurgie, 13. Band, Tübingen 1895, S. 2

84 Winfried Willer (Hrsg.): Aus meinem Leben, von Vinzenz Czerny, in: Ruperto Carola, 41, 1967, S. 230 f.

85 GLA: 235/3852

86 GLA: 235/3952

87 GLA: 422/797

88 GLA: 235/3552

89 Nach Gawliczek, a. a. O., S. 36, erhielt Knauff 1868 einen Lehrauftrag für öffentliche Gesundheitspflege und gerichtliche Medizin

90 GLA: 422/820; UA: A-555 (IV, 3 c, Nr. 219 a)

91 GLA: 235/3236

92 GLA: 235/3236; UA: A-488 (IX, 13, Nr. 159)

93 UA: Dekanatsakten med. Fakultät 1887/88 (III, 4a, Nr. 131 a, fol. 146)

94 UA: Dekanatsakten med. Fakultät 1887/88 (III, 4a, Nr. 131 a, fol. 147, fol. 162)

95 GLA: 235/3236; UA: A-488 (IX, 13, Nr. 159)

96 GLA: 422/820, 235/3236; UA: A-555 (IV, 3c, Nr. 219a); vgl. auch Josef Durm: Das Hygienische Institut der Universität Heidelberg, in: Zentralblatt der Bauverwaltung, Jahrgang XII, Nr. 27, 1892, S. 284ff.

97 GLA: 235/3774; StA: 242,3

98 GLA: 235/3236, 235/29972; UA: A-488 (IX, 13, Nr. 159), A-555 (IV, 3c, Nr. 168)

99 GLA: 235/3892; vgl. auch Vinzenz Czerny: Rede, gehalten bei der Eröffnung des neuen Operationssaales der akademischen Klinik in Heidelberg am 15. Juli 1894, in: Aerztliche Mitteilungen aus und für Baden, Karlsruhe 1894, S. 129f.

100 GLA: 235/30285, 235/3552; Czerny, a.a.O., 1895, S. 24f.

101 GLA: 235/3553

102 GLA: 422/835

103 GLA: 235/3553

104 GLA: 235/3551; StA: 242,3

105 Werner Schwab, Werner Ey: Heidelberg als Wiege der vereinigten Oto-Rhino-Laryngologie und deren Geschichte, in: Ruperto Carola, 18, 1955, S. 107f.

106 Anton Juracz: Geschichte der Laryngologie an der Universität Heidelberg seit der Erfindung des Kehlkopfspiegels bis zum 1. Oktober 1908, Würzburg 1908, S. 6f.

107 UA: Dekanatsakten med. Fakultät 1884/85 (III, 4a, Nr. 128, fol. 100); Juracz, a.a.O., S. 7f.

108 GLA: 235/3868; Juracz, a.a.O., S. 8f.; Schwab/Ey, a.a.O., S. 110f.

109 UA: A-562 (IV, 3c, Nr. 166a), Dekanatsakten med. Fakultät 1868/69 (III, 4a, Nr. 112, fol. 170): Moos 15.7. 1869: ›Bei dem Neubau des akadem. Hospitals möge auf die Gründung einer ambulatorischen Klinik für Ohrenkranke Rücksicht genommen werden.‹

110 UA: Dekanatsakten med. Fakultät 1872/73 (III, 4a, Nr. 116): Bemerkung von Dekan Friedreich (15.3. 1873): ›Das Lokal der Poliklinik‹ könne ›für die Abhaltung der otiatrischen Klinik‹ bereitgestellt werden. UA: A-562 (IV, 3c, Nr. 166a)

111 GLA: 235/3518; UA: A-562 (IV, 3c, Nr. 166a)

112 GLA: 235/3518, 422/833: 18.3. 1899 und 5.5. 1900, Durm kritisiert die Entwürfe Kochs

113 GLA: 422/833; UA: A-562 (IV, 3c, Nr. 166a)

114 GLA: 235/3518, 422/833, 235/30313

115 GLA: 235/3518

116 GLA: 235/3868, 235/3518, 235/3869; UA: A-562 (IV, 3c, Nr. 166b); Schwab/Ey, a.a.O., S. 111

117 GLA: 235/3518, 235/30314; BVA: Akte Voßstraße 5

118 Schwab/Ey, a.a.O., S. 115

119 Otto Becker: Die klinischen Anstalten der Universität Heidelberg, in: Festchronik zur V. Säkularfeier der Universität Heidelberg, Heidelberg 1886, S. 187; Gawliczek, a.a.O., S. 65; Weber, a.a.O., S. 24

120 GLA: 235/3898

121 GLA: 235/3898, 235/3556

122 GLA: 235/3556, 235/3546

123 BVA: Akte Hospitalstraße 3, Bd. I

124 GLA: 235/3556

125 Gawliczek, a.a.O., S. 66

126 GLA: 235/3538; UA: A-565 (IV, 3c, Nr. 132); vgl. auch Vinzenz Czerny: Das Heidelberger Institut für experimentelle Krebsforschung, Tübingen 1912, S. 4, und Reinhard Riese: Die Hochschule auf dem Weg zum wissenschaftlichen Großbetrieb, Die Universität Heidelberg und das badische Hochschulwesen 1860-1914, Stuttgart 1977, S. 257f.

127 GLA: 236/3546; UA: A-565 (IV, 3c, Nr. 132)

128 GLA: 235/30171, 235/3546, 235/3538

129 GLA: 235/3545; vgl. auch Czerny, a.a.O., 1912, S. 5

130 GLA: 60/1951; Czerny, a.a.O., 1912, S. 6

131 UA: A-565 (IV, 3c, Nr. 132); Czerny, a.a.O., 1912, S. 10

132 GLA: 60/1955

133 GLA: 235/30001; UA: A-552 (IV, 3c, Nr. 228a); BVA: Akte Voßstraße 2

134 GLA: 235/3607

135 GLA: 235/3607; UA: A-556 (IV, 3c, Nr. 191a)

136 GLA: 235/3612; Pressestelle Universität Heidelberg (Hrsg.), a.a.O., S. 75

137 GLA: 235/693, 235/3607, 235/3612; UA: A-438 (IX, 13, Nr. 107)

138 GLA: 235/3612, 235/3607, 235/693, 237/44712; BVA: Akte Bergheimer Straße 22-24

139 GLA: 235/3607; UA: A-566 (IV, 3c, Nr. 191a)

140 GLA: 235/3607

141 GLA: 235/3607; Gawliczek, a. a. O., S. 128

142 Inschriften in der Eingangshalle des Verwaltungsgebäudes: Westseite (links):

SVMMIS AVSPICIIS PRINCIPIS AVGVSTISSVMI POTENTISSVMI FRIDERICI MAGNI DVCIS BADARVM LITTERARVM ARTIVM QVE PATRONI LIBERALISSVMI HVMANITATIS FAVTORIS PIISVMI

Ostseite (rechts):

HAEC AEDIFICIA LVCVLENTA SALVTIS PVBLICAE PRAESIDIA INCOHATA ANNO MDCCCLXVIIII CONSVMMATA DEDICATA ANNO MDCCCLXXVI

Dazu teilt Herr Prof. Dr. Walter Berschin, Heidelberg, freundlich mit: ›Die Inschriften im Verwaltungsgebäude Bergheim enthalten wohl absichtlich die altertümlichen Superlative ›augustissumi – potentissumi – liberalissumi und piissumi‹. Es handelt sich um Archaismen des Lateinischen, die bis in die klassische Zeit fortgelebt haben, und zwar besonders bei dem Historiker Sallust. Man könnte also sagen, die Inschrift ›Summis ...‹ wäre in einer Art Historikerstil abgefaßt. Merkwürdig ist freilich die Häufung der archaisierenden Superlative.‹

143 Ulrike Grammbitter: Josef Durm 1837–1919. Eine Einführung in das architektonische Werk, München 1984, S. 235 ff.

144 Weber, a. a. O., S. 23

145 Friedrich Ruppel: Der allgemeine Krankenhausbau der Neuzeit, seine Planung, Ausführung und Einrichtung nach hygienisch-technischen Grundsätzen, in: Weyl's Handbuch der Hygiene, V. Band, 2. Abteilung, Leipzig 1918[2]

146 Ruppel, a. a. O., S. 211 f.

147 GLA: 422/796

148 Ebd.

149 GLA: 422/833

150 GLA: 235/3556

151 GLA: 235/3545

152 Ebd.

Literatur

Becker, Otto: Die klinischen Anstalten der Universität Heidelberg, in: Ruperto Carola 1386–1886, Illustrirte Fest-Chronik der V. Säcular-Feier der Universität Heidelberg, Heidelberg 1886, S. 185–190

Ders.: Die Universitäts-Augenklinik in Heidelberg, Wiesbaden 1888

Czerny, Vinzenz: Rede ... gehalten bei der Eröffnung des neuen Operationssaales der akademischen Klinik in Heidelberg am 15. Juli 1894, in: Aerztliche Mitteilungen aus und für Baden, 48. 1894, S. 129–134

Ders.: Aus der Heidelberger Chirurgischen Klinik des Prof. Dr. Czerny, I. Die Erweiterungsbauten der chirurgischen Universitätsklinik in Heidelberg, in: Beiträge zur klinischen Chirurgie, 13. Band, Tübingen 1895

Ders.: Das Heidelberger Institut für experimentelle Krebsforschung, Tübingen 1912

Dinkler, M.: Der Hörsaalbau der medizinischen Klinik in Heidelberg, in: Klinisches Jahrbuch, 4. Band, Berlin 1892, S. 205 ff.

Doerr, Wilhelm: Begrüßungsansprache zur 50. Tagung der Deutschen Gesellschaft für Pathologie, Verhandlungen der Deutschen Gesellschaft für Pathologie, 50, Stuttgart 1966, S. 2–10

Durm, Josef: Das Hygienische Institut der Universität Heidelberg, in: Centralblatt der Bauverwaltung, 12. 1892, S. 284 ff.

Gawliczek, Herbert: Report über die Institute, Kliniken und Abteilungen der medizinischen Fakultät der Universität Heidelberg, Heidelberg 1967

Grammbitter, Ulrike: Josef Durm 1837–1919. Eine Einführung in das architektonische Werk, München 1984

Hirsch, Fritz: Von den Universitätsgebäuden in Heidelberg. Ein Beitrag zur Baugeschichte der Stadt, Heidelberg 1903

Hirsch, Fritz; von Rosthorn, Alfons: Die Universitäts-Frauenklinik in Heidelberg, Heidelberg 1904

Janzarik, Werner: 100 Jahre Heidelberger Psychiatrie, in: Heidelberger Jahrbücher, XXII. 1978, S. 93–113

Juracz, Anton: Geschichte der Laryngologie an der Universität Heidelberg seit der Erfindung des Kehlkopfspiegels bis zum 1. Oktober 1908, Würzburg 1908

Kehrer, Ferdinand Adolf: Die neue Frauenklinik zu Heidelberg, Gießen 1889

Knapp, J. H.: Über Krankenhäuser, besonders Augen-Kliniken, Heidelberg 1866

Knauff, Franz: Das neue Academische Krankenhaus in Heidelberg. Im Auftrage der academischen Krankenhaus-Commission beschrieben, München 1879

Krebs, Heinrich; Schipperges, Heinrich: Heidelberger Chirurgie 1818-1968. Eine Gedenkschrift zum 150jährigen Bestehen der Chirurgischen Universitätsklinik, Berlin/Heidelberg/New York 1968

Murken, A. H.: Das deutsche Baracken- und Pavillonkrankenhaus von 1866-1906, in: Studien zur Krankenhausgeschichte im 19. Jahrhundert im Hinblick auf die Entwicklung in Deutschland, Göttingen 1976

Riese, Reinhard: Die Hochschule auf dem Wege zum wissenschaftlichen Großbetrieb. Die Universität Heidelberg und das badische Hochschulwesen 1860-1914, Stuttgart 1977

Ruppel, Friedrich: Das allgemeine Krankenhaus der Neuzeit, in: Weyl's Handbuch der Hygiene, V. Band, 2. Abteilung, 2. Auflage, Leipzig 1918

Schmieder, Ludwig: Der Generalbebauungsplan für die Kliniken und Naturwissenschaftlichen Institute der Universität Heidelberg, in: Zentralblatt der Bauverwaltung, 58. 1938, H. 10, S. 247 ff.

Schneider, Kurt: Die Universität und die Kliniken. Ansprache bei der Übernahme des Erweiterungsbaues der Heidelberger Universitäts-Frauenklinik am 25. 1. 1952, in: Ruperto Carola, 4. 1952, H. 6, S. 42 f.

Schwab, Werner; Ey, Werner: Heidelberg als Wiege der vereinigten Oto-Rhino-Laryngologie und deren Geschichte, in: Ruperto Carola, 7. 1955, H. 18, S. 107-115

Seidler, Eduard: Pädiatrie in Heidelberg. Zum 100jährigen Jubiläum der Universitäts-Kinderklinik, Annales Nestlé, o. O. 1960

Stübler, Eberhard: Geschichte der medizinischen Fakultät der Universität Heidelberg 1386-1925, Heidelberg 1926

Weber, Otto: Das akademische Krankenhaus in Heidelberg, seine Mängel und die Bedürfnisse eines Neubaus, Heidelberg 1865

Weisert, Hermann: Die Rektoren der Ruperto Carola zu Heidelberg und die Dekane ihrer Fakultäten 1386-1968. Anlage zur Ruperto Carola, 20. 1968, H. 43

Weissenfels, G.: Die zahnärztliche Klinik der Universität Heidelberg, in: Deutsche Zahnheilkunde, 1928, H. 71, S. 20-25

zum Winkel, Karl: Radiologische Onkologie in der Universitäts-Strahlenklinik Heidelberg, in: Ruperto Carola, 32. 1980, H. 64, S. 95-101

THOMAS HOFFMANN

Die Medizinische Klinik (Ludolf-Krehl-Klinik)

Bergheimer Straße 58

Der heutige Gebäudekomplex ›Innere Medizin‹ liegt an der vom Bismarckplatz nach Westen, in Richtung Autobahn führenden Bergheimer Straße, im Anschluß an das Alt-Klinikum und die Frauenklinik.

Geschichte

Von der Planung bis zur Fertigstellung. Im Mai 1871 beginnt der Landesfiskus des Großherzogtums Baden, Gelände an der Bergheimer Straße aufzukaufen[1], um den bis dahin zwischen der Sophien- und Rohrbacher Straße situierten Botanischen Garten nach dort zu verlegen. Dessen Neueröffnung erfolgt im Jahre 1879.[2] Im Januar des Jahres 1912 zieht das Badische Ministerium für Kultus und Unterricht das Gelände aber für den Neubau einer Medizinischen Klinik in Betracht, um der räumlichen Enge des zwischen 1869 und 1876 errichteten Akademischen Krankenhauses abzuhelfen. Der Botanische Garten soll einen neuen Platz nördlich des Neckars finden. Das Ministerium verlangt angesichts der hohen Baukosten eine entsprechende finanzielle Beteiligung seitens der Stadt, will aber den Bauplatz allein finanzieren. Man rechnet zu dieser Zeit mit einer Bausumme von 2 Mill. RM, von der die Stadt mindestens ein Drittel tragen soll.[3] Die städtischen Gremien sprechen sich jedoch gegen den Bau einer staatlichen Klinik aus und halten an dem Gedanken fest, zu einem späteren Termin ein eigenes städtisches Krankenhaus zu errichten, das hauptsächlich der minderbemittelten Bevölkerung zugute kommen soll.[4] Gegen dieses Vorhaben wendet sich das Ministerium, da es befürchtet, daß die Ausführung dieses Plans den Ruin der Universitätskliniken bedeuten könnte. Ein städtisches Krankenhaus würde diesen das ›jetzt schon kaum ausreichende Krankenmaterial‹ entziehen. Sollte die Stadt jedoch auf ein eigenes Krankenhaus verzichten, erhielte sie ein Miteigentumsrecht an der Klinik, entsprechend den von ihr geleisteten Zuschüssen.[5] Am 29. Mai 1912 wird ein Vertrag zwischen dem Ministerium und der Stadt geschlossen, nach dem der Stadt unter anderem bei einer finanziellen Beteiligung grundbuchmäßig Miteigentum an einem Neubau eingeräumt werden soll. Die Anteile sollen nach dem jeweiligen Verhältnis der Leistungen bestimmt werden.[6] Am 1. 10. 1913 werden ein Baubüro eingerichtet und die Pläne in Bearbeitung genommen.[7] Die 1914 vorliegenden Entwürfe stammen vom Heidelberger Bezirksbauinspektor Ludwig Schmieder. Den Plänen zugrunde liegen Vorstellungen von Professor Ludolf Krehl.[8] Eine Vielzahl von Räumen soll nach verschiedenen

Zweckbestimmungen zusammengefaßt werden: für Aufnahme und Untersuchung der Kranken (Ambulanzen, Warteräume etc.), für Pflege und Heilung (die einzelnen Abteilungen und Räume für Krankenbehandlung, Bäder und Bestrahlung), für den ständigen Betrieb (Heizräume und Küchen), für die Aus- und Weiterbildung der Ärzte (Hörsäle) und für die Unterkunft des Personals. Im Gegensatz zum Akademischen Krankenhaus sollen alle Räume unter einem Dach liegen. Geplant ist eine vielflügelige, achsensymmetrische Anlage mit drei Hauptgeschossen und einer Gesamtbreite von 180 m sowie einer Gesamttiefe von 90 m; *399* vier oblonge Pavillons gliedern sich zur Straße hin um einen großen Vorhof und zwei kleinere Nebenhöfe. Nach Norden bilden zwei gleichartige Pavillons einen Innenhof, in den der Mittelpavillon hineingreift. Der Mittelpavillon soll ei- *401* nen großen Hörsaal enthalten, die beiden parallel nach Norden liegenden Pavillons sollen einerseits die Laboratorien und die Röntgenabteilung, andererseits die Isolierabteilung mit gesonderten Zugängen aufnehmen. Die großen Krankensäle sollen in den nach Süden zweigenden Pavillons liegen, in den Verbindungsflügeln sind Einzelzimmer, Untersuchungsräume, Stationslabors, Bäder etc. vorgesehen. Die Baukosten werden inzwischen auf 3,5 Mill. RM berechnet; die Pläne sind bis Sommer 1914 soweit erstellt, daß mit der Ausführung des Gebäudes begonnen werden könnte.[9]

Der Ausbruch des Ersten Weltkrieges schiebt jedoch den Baubeginn auf einen ungewissen Termin hinaus. Jedoch soll, so das Ministerium im Juni 1915, unter der Voraussetzung eines günstigen Friedens so bald als möglich gebaut werden.[10] Im Februar 1919 legt Schmieder modifizierte, den veränderten finanziellen und materiellen Bedingungen der Nachkriegszeit entsprechende Pläne vor, die den Bau im wesentlichen in seiner heutigen Form zeigen.[11] Erhebliche Abstriche an einzelnen Räumen sind vorgenommen worden, auch geschlossene Raumgruppen, wie die Isolierabteilung und die Stationen für Lungen- und Nervenkranke, sind andernorts untergebracht.[12] Im folgenden Monat kann mit dem Ausheben der Baugrube und dem Betonieren der Fundamente begonnen werden, obwohl Teile des Gesamtplans noch in Frage stehen.[13] Nachdem im April die erste Rate der städtischen Beiträge zur Verfügung gestellt ist, dem Ministerium aber zu dieser Zeit weitere finanzielle Mittel fehlen, ersucht dieses die Stadt im Oktober, den Baukostenzuschuß auf 4 Mill. RM zu erhöhen.[14] Der Rohbau ist im Dezember 1920 fertiggestellt.[15] Ein Jahr später erhöht die Stadt ihren Beitrag auf 3 Mill. RM.[16] Dreieinhalb Jahre nach Beginn der Bauarbeiten kann die Neue Medizinische Klinik am 22. Juli 1922 offiziell eingeweiht werden.[17] Die Gesamtkosten belaufen sich nach der technischen Abnahme am 27.4. 1923 in einer Berechnung des Ministeriums auf 25,5 Mill. RM zusätzlich eines Kredits über 6,1 Mill. RM.[18]

Um- und Neubauten nach 1922. Im Oktober 1923 wird mit Hilfe eines weiteren Kredits über eine Milliarde Mark die Verlegung des Eiweiß-Instituts vom Physiologischen Institut in die Neue Medizinische Klinik genehmigt.[19] Beklagt im November 1925 eine Denkschrift über Mißstände an der Universität Heidelberg die bereits jetzt spürbaren Raumnöte[20], so sieht im Februar 1927 das Badische Unterrichtsministerium eine gesunde Fortentwicklung der Tätigkeiten innerhalb der Klinik gefährdet, falls nicht zwei Erweiterungsbauten mit einem Aufwand von

600 000 RM errichtet würden. Das Innenministerium des Reiches solle die Hälfte der Kosten übernehmen, da der badische Staat gerade den Neubau der Chirurgischen Klinik mit einem Gesamtaufwand von 6 Mill. RM plane.[21] Während im Juli 1927 im südlichen Westflügel das Kellergeschoß für die Erweiterung der Röntgenabteilung mit einem Kostenaufwand von 17 000 RM umgebaut wird, faßt man den Beginn der Arbeiten für einen einzelstehenden Absonderungsbau ins Auge, falls die Stadt hierzu einen Beitrag von 170 000 RM leiste. Gleichzeitig wird festgestellt, daß sich infolge der vielfachen Verwendung minderwertigen Materials beim inneren Ausbau eine starke Abnutzung geltend macht, wodurch die Instandhaltung des Gebäudes erheblich belastet ist. Für Instandsetzungs- und Änderungsarbeiten werden bis zum Frühjahr 1928 26 548 RM beantragt.[22] Im Mai 1928 kann an der Westseite des Hauptgebäudes, an der Mühlstraße, mit den Bauarbeiten für das Isolationsgebäude begonnen werden, welches am 18. 1. 1929 im Rohbau, am 23. 9. 1929 endgültig fertiggestellt ist.[23] Eine Zusammenstellung der Ausgaben ergibt die Gesamtsumme von 305 000 RM, wovon 7000 RM für die Herrichtung der Gartenanlage und 7800 RM für bewegliches Inventar ausgegeben worden sind.[24] Im Februar 1930 wird in einer der Baracken auf dem nördlichen Klinikgelände, die gleichzeitig mit dem Hauptgebäude errichtet und z. T. als Isolierbaracken genutzt worden sind, eine der Nervenabteilung angeschlossene Neurotikerabteilung – die erste ihrer Art im Deutschen Reich – eingerichtet.[25] Eine Verlegung der Küche wird im November 1931 vom Kultusministerium erwogen, da die bisherige Unterbringung unzulänglich sei. Als aufwendigste Lösung wird sogar die Errichtung eines eigenständigen Küchengebäudes im nördlichen Innenhof vorgeschlagen, eine Idee, die jedoch nicht realisiert wird.[26] Da die Bäderabteilung im Laufe der Zeit wegen anwachsender Patientenzahlen zu klein geworden ist, wird sie in den Jahren 1934/35 für 36 700 RM umgebaut. Auch die Röntgenabteilung im Keller des westlichen Flügels wird im Jahr 1943 für 29 400 RM zum zweitenmal erweitert.[27]

Mitte der dreißiger Jahre wird wegen Änderung des Verlaufs von Schurman- und Mühlstraße an der Nordwestseite des Klinikgeländes ein 536 qm großes Stück abgetrennt, das zunächst der Stadt wegen bedeutender Aufwendungen unentgeltlich überlassen, im Jahre 1942 aber für 4288 RM von ihr aufgekauft wird. Das Grundstück umfaßt danach nur noch 29 475 qm. Nach genauer Vermessung der einzelnen Geländeteile des Grundstücks wird nach den Verhältnissen der aufgewendeten Finanzmittel am 28. 12. 1939 ein erster und am 10. 8. 1943 ein zweiter Übereinstimmungsvertrag geschlossen, in denen der Stadt aufgrund ihres Beitrags in Höhe von 367 500 Goldmark, bei einem Anteil des Staates von 1 987 500 Goldmark, ein Miteigentumsanteil von 5/27 an der bereits im Jahre 1935 in ›Ludolf-Krehl-Klinik‹ umbenannten Neuen Medizinischen Klinik grundbuchmäßig übertragen wird.[28]

Nach dem Ende des Zweiten Weltkriegs wird als eine der ersten Bauaufgaben 1951/52 eine neue Badetherapieanlage in der Nervenabteilung eingerichtet.[29] Im März 1952 wird durch weiteren Verkauf von 2507 qm an die Stadt das Klinikgelände auf 26 968 qm verkleinert.[30] Der Klinik droht zu dieser Zeit die Gefahr, daß sie wegen der Verbreiterung der Bergheimer Straße den schützenden Baumbestand an der Südseite verliert. Immer deutlicher wird die ungünstige Lage an der verkehrsreichen Ausfallstraße.[31] Im Jahre 1962 wird der Neubau einer Notaufnahmestation zwischen dem westlichen Seitenflügel und dem Isolationsgebäude beantragt, wegen erheblicher baurechtlicher Bedenken seitens der Stadt aber nicht genehmigt.[32] Zur gleichen Zeit wird mit der Unterteilung der Krankensäle in den Südpavillons in kleinere Einheiten begonnen. Die Arbeiten werden im September 1966 abgeschlossen (Gesamtkosten 793 775 DM).[33] Noch im August 1963 werden vom Universitätsbauamt Pläne für ein an der Westgrenze des Geländes projektiertes Laborgebäude vorgelegt; es kann erst im November 1965 begonnen werden, jetzt jedoch – nach Einsprüchen der Stadt – nördlich der Klinik und nach neu gefertigten Entwürfen der Stuttgarter Architekten Erwin Heinle und Robert Wischer. Inzwischen ist ein zweiter Bauantrag für die Notaufnahmestation genehmigt, die jetzt an der Nordseite des Mittelpavillons anschließen soll. Dieser Bau soll einem ernsten Mangel an Aufnahmebetten abhelfen. Gleichzeitig soll das Kellergeschoß des Mittelflügels in den Nordhof hinein erweitert werden, um Räume für Werkstätten zu gewinnen.[34] Die Pläne für die im Januar 1965 begonnenen Bauten stammen von dem Heidelberger Architekten Peter Kuhn. Bereits zwei Jahre später ist das Projekt verwirklicht (Gesamtkosten 662 900 DM). Auf diese Station wird Anfang der achtziger Jahre nach Plänen des Universitätsbauamtes ein Erweiterungstrakt des Mittelbaus aufgesetzt. Im November 1967 ist auch das für 1 459 002 DM errichtete Laborgebäude bezugsbereit.

Mehrere Umbau- und Modernisierungsmaßnahmen werden im Frühjahr 1969 im alten Gebäude begonnen. Die Bäderabteilung im Kellergeschoß des Nordostpavillons wird renoviert, das Erdgeschoß zu Labor- und Diensträumen umgebaut. Im Mittelpavillon bzw. Mittelflügel werden eine neue WC-Anlage eingebaut und Nachtdienstzimmer im Erdgeschoß eingerichtet. Im ersten Obergeschoß wird der Krankengymnastiksaal umgestaltet, im zweiten werden Stationsbäder, neue WC-Anlagen und Nebenräume für die Privatstation eingebaut. Im Nordwestpavillon wird die Röntgenabteilung im Erd- und Kellergeschoß modernisiert, im ersten Obergeschoß werden das chemische Labor, im zweiten die dortige Krankenstation umgebaut. Das Dachgeschoß wird zu einer weiteren Krankenstation umgerüstet. Die Gesamtkosten belaufen sich auf 2 823 475 DM.

Im September 1970 wird der Bauantrag für ein am Nordostpavillon anschließendes Herzinfarktzentrum gestellt. Die Station soll neben Zimmern für acht Patienten zahlreiche Nebenräume für Spezialuntersuchungen, außerdem im Erdgeschoß Bereiche für Verwaltung und Fürsorge enthalten. Im Untergeschoß sollen Teile der Küche und Speiseräume untergebracht werden. Mit dem Bau nach Plänen der Heidelberger Architekten Hans Burkhard und Klaus Körkel kann im August 1971 begonnen werden.[35] In die gleiche Zeit fallen umfangreiche Umbauarbeiten am Isolationsgebäude, das sich in einem veralteten und hygienisch nicht einwandfreien Zustand befindet. Durchgeführt werden unter anderem die Verlegung des Haupteingangs mit Änderung der Treppen und die Verbesserung der sanitären Anlagen, außerdem der Einbau von jeweils vier Einzelisolierräumen mit Naßzellen an den Stirnseiten der Hauptgeschosse. Die Kosten dieser nach Plänen des Heidelberger Architekten Klaus Reinig ausgeführten, im Juni 1973 beendeten Arbeiten belaufen sich auf 2 310 480 DM.

In den Jahren 1971/72 werden mit einem Aufwand von 372 000 DM Dächer und Fassaden der Klinikgebäude instandgesetzt. Von Juni 1973 bis Dezember 1974 wird die Kardiologische Abteilung im Kellergeschoß des Südwestpavillons für 215 015 DM umgebaut. Im Mai 1974 ist das Herzinfarktzentrum fertiggestellt. Von den Kosten von insgesamt 3 214 818 DM übernimmt die Stiftung Volkswagenwerk 2 753 000 DM. Am 4.7. 1975 wird zwischen der Stadt und dem Land Baden-Württemberg ein Übereignungungsvertrag geschlossen, in dem die Stadt ihren Anteil von 5/27 unentgeltlich dem Land überläßt.[36] Im November desselben Jahres stellt das Land dem Verein Rehabilitation auf die Dauer von 75 Jahren ein 2829 qm großes Geländestück an der Südostseite für den Bau eines Nierenzentrums zur Verfügung.[37] In den Kellerräumen des Mittelflügels werden von Dezember 1975 bis Juni 1977 die bisherigen Werkstätten zu Diagnostikräumen der Kardiologie für 627 595 DM umgebaut. Weiterhin wird in dem Zeitraum von November 1977 bis September 1978 für 272 523 DM zwischen Nordostpavillon und Herzinfarktzentrum ein Unterflurbau mit Lager- und Vorratsräumen für die Zentralküche eingefügt. Gemäß Entwässerungsgesetz und Auflage der Stadt wird zur Entwässerung des Isolationsgebäudes der Einbau einer zentralen Abwasserdesinfektion erforderlich, für die im Juli 1978 die endgültige Baugenehmigung erteilt wird[38], nachdem bereits im Dezember 1977 mit den Arbeiten an der Nordseite des Isolationsgebäudes begonnen worden ist. Nach dreieinhalbjähriger Bauzeit ist die Station im Mai 1982 fertiggestellt (Kosten 7 500 000 DM). Im April 1978 wird im Kellergeschoß des Mittelflügels und des östlichen Seitenflügels mit dem Umbau der Zentralküche zu einem Speisekasino und der Einrichtung von Kühl-, Lager- und sonstigen Räumen begonnen. Die Arbeiten sind teilweise 1981 abgeschlossen; weitere Baumaßnahmen im Kellergeschoß sollen 1985/86 beendet sein. Die im Erdgeschoß des westlichen Seitenflügels liegende Station Schönlein wird von März 1979 bis April 1981 für 974 483 DM zu Untersuchungs- und Behandlungsräumen der Abteilung für Gastroskopie und Onkologie umgebaut. Im Januar 1980 folgt nach Plänen der Heidelberger Architekten Rudolf Geier und Theodor Kränzke das Notprogramm Kardiologie, das bei einem Aufwand von 5 750 000 DM die Schaffung von Ambulanz- und Diagnoseräumen für die kardiologische Abteilung vorsieht und im Juni 1982 erfüllt ist. Durch diese zahlreichen Umbauten und Modernisierungen soll die Ludolf-Krehl-Klinik nach der Verlegung der Universitätskliniken auf das Gelände im Neuenheimer Feld ihrer Aufgabe als Nachsorgekrankenhaus für diese Kliniken gerecht werden können.[39]

Beschreibung

402, 403 Die Neue Medizinische Klinik ist eine nach zwei Seiten entwickelte, dreigeschossige Dreiflügelanlage im Korridorsystem mit einem um ein reduziertes Geschoß erhöhten Mitteltrakt und vier pavillonartigen Kopfbauten. In der Anlage ist sie – wie viele Hospitalbauten des späten 19. Jahrhunderts – an Residenzbauten des deutschen Barocks orientiert.[40] Die Form ist mitbedingt durch die Aufgabe, alle Räume unter einem Dach unterzubringen. Die Gesamtbreite beträgt 89,39 m, die Gesamttiefe 76,60 m.[41]

Die Verhältnisse der Nachkriegszeit geboten eine sparsame Ausführung und

Ausstattung. Das gesamte Kellergeschoß ist in Stampfbeton erstellt, da Zement aus dem Werk im nahen Leimen geliefert werden konnte. Angesichts der zu dieser Zeit in Heidelberg regen Bautätigkeit hatte man mit Backsteinen haushälterisch umzugehen: Mauern von mehr als 50 cm Stärke sind in gemischtem Mauerwerk errichtet, d.h. auf jeden Meter Mauerhöhe kommen zweimal zwei bis drei Schichten Ziegel, der Rest ist mit Bruchsteinen ausgefüllt. Die Außenseiten sind mit Beton beschichtet bzw. verputzt. Für die Dachflächen wurden Biberschwanzziegel, für die Gaupen Schiefer verwendet.[42]

Die Klinik, deren *ursprünglicher Zustand* im Folgenden beschrieben wird, wurde äußerlich von Ludwig Schmieder in ›einfachen klassischen Formen‹ konzipiert; die Hauptwirkung soll aus der ›harmonischen Verteilung und Gliederung der Baumassen‹ resultieren.[43] Der sich zur Bergheimer Straße hin öffnende, gärtnerisch gestaltete Hof präsentiert sich, einem barocken Ehrenhof ähnlich, als 405 Hauptansicht. Er wird vom fünfachsigen Mitteltrakt dominiert, von dem die jeweils achtachsigen Flügel ausgehen. Die Seitenflügel haben je sechs Achsen, die 404 (um eine Achse in den Hof hineinragenden) Südpavillons sieben. Die Stirnseite dieser Pavillons ist jeweils vierachsig. Nach Norden springt der Mitteltrakt als fünfachsiger Risalit mit abgefasten Kanten, denen eine zusätzliche Fensterachse zugeordnet ist, um Achstiefe vor die Flucht der je sechsachsigen Flügel. Die als vergleichsweise kurze Flügel in Erscheinung tretenden südlichen Pavillons haben hofseitig je sieben und stirnseitig je vier Achsen. Die je dreiundzwanzig Fensterachsen der Ost- und der Westseite verteilen sich in der Folge sieben – neun – sieben auf die Pavillons und die Flügelaußenseiten.

Im glattwandigen, dem Kellergeschoß zugeordneten Sockelstreifen finden sich rechteckige, in der Größe uneinheitliche Lochfenster. Die Betonverblendung des Erdgeschosses ist von breiten Lagerfugen durchzogen. Diese Pseudorustizierung ist über den hochrechteckigen Fensteröffnungen des Mittelbaus und der Flügel als Motiv des scheitrechten Sturzes, über den Rundbogennischen der Kopfbauten als Bogenquaderung ausgebildet. Alle Fenster besitzen kräftige Sohlbänke und Flügel mit Kreuz- und Sprossenteilung; in den Kopfbauten sind die Fensterlünetten radial versproßt. Das Erdgeschoß schließt mit einem breiten, glatten Gurtgesims ab. Die Fenster der Obergeschosse sind sämtlich hochrechteckig und glatt in die Mauern geschnitten; die des ersten Obergeschosses sind im Sinne einer Belétage etwas höher bemessen. Sohlbänke und Gliederung der Fensterflügel entsprechen denen des Erdgeschosses.

Der Mitteltrakt und die Kopfpavillons besitzen Walmdächer, welche die Satteldächer der Flügel an Höhe überragen. Bei allen Dächern ist der für Heidelberger Bauten typische Aufschiebling verwendet. Auf fast jede Fensterachse kommt eine walmgedeckte Gaupe mit Sprossenfenster. Am Schnittpunkt der Flügeldächer liegen zum Nordhof hin zwei große Dachterrassen.

Das Hauptportal in der Südfassade des Mitteltrakts ist über eine breite Frei- 406 treppe und eine Auffahrt mit zwei geschwungenen Armen zu erreichen. Zwei Paare kräftiger Säulen mit glattem Schaft und dorischen Kapitellen stützen einen schlichten Architrav mit auskragender, profilierter Platte, die, mit einem Eisengeländer ausgestattet, vom ersten Obergeschoß aus als Balkon nutzbar ist. Den äußeren Säulen entspricht beiderseits des in eine Nische zurückgesetzten, hochrechteckigen Portals je ein flacher Pilaster. Der Portikus ist vor eine Blende gestellt, in die eine oberhalb des Balkons ansetzende, unterhalb des Dachgesimses rundbogig schließende Nische eingeschnitten ist. In dieser finden sich im ersten Obergeschoß eine auf den Balkon führende Fenstertür, darüber ein Stuckrelief von der Hand des Pforzheimer Bildhauers Adolf Sautter (Äskulapstab im Lorbeerkranz mit Bändern[44]) sowie, über dem Fenster des zweiten Obergeschosses, im reduzierten dritten Obergeschoß ein in das Nischenhalbrund eingeschriebenes Thermenfenster. Auf Höhe des Dachgesimses der Flügel läuft über die ganze Breite des Mittelbaus ein - ebenfalls von Sauter modellierter - Fries, der in der Mitte eine Schale, Echsen und Totenschädel, seitlich Sterne, Blüten, Füllhörner, Kränze, Amphoren und Bänder zeigt. Die Fenster der seitlichen Achsen des ersten Obergeschosses über dem mit Mäander verzierten Stockwerkgesims haben Sohlbänke mit stirnseitiger Eintiefung und Konsolplättchen; die waagerechten Verdachungen werden von Karnieskonsolen getragen. Die Fenster des obersten Geschosses sind querrechteckig. Ein von Karnieskonsolen gestütztes Traufgesims mit darunter verlaufendem Zahnschnitt schließt den Mittelbau ab. Das Dach wird von drei Fledermausgaupen belebt.

407   An den Hofseiten der Südpavillons tritt in den drei mittleren Achsen jeweils ein flacher Risalit aus der Fassade; dem Sockel ist eine Rampe vorgelegt, die zu den drei Bogenöffnungen einer Erdgeschoßloggia führt. In Kämpferhöhe gliedert die Pavillons ein um die Risalite verkröpftes Gesims. Die drei mittleren Achsen beider Obergeschosse sind als zimmertiefe Loggien mit Brüstungsgittern ausgebildet. Der architektonische Rahmen - eine Kolossalordnung mit seitlichen Pfeilern, zwei glattschaftigen Säulen, dorischen Kapitellen und unprofiliertem Architrav - ist vom Antenmotiv abgeleitet. Die Fenster der Seitenachsen sind gleich denen der Seitenachsen des Mittelbaus gestaltet. Hofseitig sind den Flügeln im zweiten Obergeschoß beiderseits sechs konsolengestützte Balkone (vier an den Flügeln zu seiten des Mittelbaus, zwei an den Seitenflügeln) vorgelegt; die Fenster sind demgemäß alternierend zu Fenstertüren erweitert.

An der Nordseite des Mittelbaus findet sich anstelle eines reliefierten Frieses ein glattes Putzband. Eine Abweichung von der Erdgeschoßgliederung charakterisiert den östlichen Nordpavillon: Bedingt durch die Nutzung des Kellergeschosses für die Badetherapie sind die Fenster vergrößert und die Rundbogennischen nach unten verlängert; die Erdgeschoßfenster sind in gleichem Ausmaß verkürzt. Der östlichen Achse der Stirnwand ist der zweiarmige Treppenzugang zum Treppenhaus des Hörsaals vorgelegt.

Das hier beschriebene Bild hat sich im Laufe der Jahrzehnte verändert - an der Südseite in Grenzen, an der Nordseite radikal. Mit der Aufteilung der Krankensäle in den südlichen Kopfpavillons hängt die Schließung der Loggien zusammen; in die Füllmauern wurden Fenster eingesetzt, die sich an den Formen der jeweils benachbarten orientieren. Modifikationen im Bereich der Dachfenster seien summarisch erwähnt. Ganz anders als zur Erbauungszeit stellt sich die Ludolf-Krehl-Klinik heute in der Farbgebung dar. Ursprünglich waren Kellersockel und Erdgeschoß in hellem Graugelb gegen die braungelben Obergeschosse abgesetzt. Nachdem die Fassaden nach dem Zweiten Weltkrieg lange Jahre einheitlich grau gestrichen waren, herrscht heute ein vom Originalbefund weit entfernter

Zustand: Die untere Zone ist braunocker gestrichen, die Obergeschosse hellterra-kottafarbig; Säulen, Pilaster, Gesimse und Friese sind beige gehalten, ebenso die Pseudorustika unterhalb der Kämpfergesimse an den Risaliten der Südpavillons.

Gänzlich entstellt wurde die Nordseite durch die Anschuhung eines mächtigen Trakts an den Mittelbau. Einer in Massivbauweise errichteten, eingeschossigen Erweiterung wurde ein zweigeschossiger Quader in Stahl-Stahlbeton-Verbund-konstruktion aufgesetzt, der allseitig über das Erdgeschoß auskragt. Über einer Gründung aus Stahlbetonpfählen sind die Außenwände aus Betonfertigteilen ge-fügt und mit dunkel eloxiertem Aluminium verkleidet.

Im *Innern der Klinik* ist die ursprüngliche Disposition weitgehend erhalten. Die Flure liegen in den Flügeln an der Nordseite, in den Seitenflügeln jeweils an der Innenhofseite. Verglaste Türen schaffen funktionale und optische Zäsuren. Die zwei großen Treppenhäuser, die vom Keller bis zum Dachgeschoß reichen, liegen einander gegenüber an den Enden der Ost-West-Korridore, dort wo die Seitenflügel abzweigen; ihre Position und die der benachbarten Fahrstühle er-klärt sich daraus, daß in diesen Bereichen der Patienten-, Personal- und Besu-cherverkehr seine größte Dichte hat. Auf ein monumentales Treppenhaus hat man aus Gründen der Platzersparnis verzichtet. Im Mittelbau gibt es lediglich ei-ne Nebentreppe. Nach den Wünschen Krehls wurden alle Krankenzimmer nach Süden gelegt, um optimalen Lichteinfall zu garantieren. Bis auf die Unterteilung der großen Krankensäle in den südlichen Kopfpavillons und die Zugewinnung der früheren Loggienflächen ist die Aufteilung im wesentlichen die alte geblie-ben, allerdings nicht immer die ursprüngliche, von Schmieder ausführlich be-schriebene Zweckbestimmung der Räume[45]. Nach wie vor liegt die Direktion im ersten Obergeschoß des Mittelbaus, wird der (ein wenig von Palladios Teatro Olimpico inspirierte) Hörsaal mit seiner sparsam-wirkungsvollen Wand- und Deckengliederung im Nordostpavillon genutzt, befinden sich im Dachgeschoß Wohnräume für das Personal. Die alte – sehr durchdachte, bei aller Einfachheit ästhetisch ansprechende und für die damalige Zeit fortschrittliche – unbewegli-che und bewegliche Ausstattung (man lese darüber bei Schmieder!) ist durch zahlreiche Innenrenovierungen naturgemäß dezimiert worden. Immerhin haben sich einige ihrer Elemente, wie zum Beispiel die verglasten Türen, erhalten.

408

Nebengebäude

Das formal der Architektur des Hauptgebäudes angepaßte *Isolationshaus* steht parallel zum Westflügel der Ludolf-Krehl-Klinik. Der über Rechteckgrundriß er-richtete Bau hat drei Geschosse und ein ausgebautes Walmdach mit Gaupen. Die Fassaden der Längsseiten besitzen jeweils elf Fensterachsen. Ein dreiachsiger Mittelrisalit an der straßenseitigen Westfront mit Lisenenbesatz an den Kanten und zwischen den Fensterachsen ragt seit seiner Aufstockung bis in die Dachre-gion hinein. Jedem der beiden Obergeschosse der südlichen Schmalseite ist ein Balkon vorgelegt; an die nördliche Schmalseite ist ein moderner, die ursprüng-lich auch dort befindlichen Balkone verdrängender Aufzugturm angeschlossen. Die genannten Veränderungen und die Ersetzung der kreuzgeteilten Fenster durch lediglich quergeteilte waren dem Gesamtbild des Bauwerks wenig zuträglich.

409

Der genannte Aufzugturm bedient auch die nördlich vom Isolationsgebäude gelegene, zweigeschossige moderne Unterfluranlage der Bettendesinfektions- und Abwasserstation.

Im Winkel von 97 Grad schließt das *Herzinfarktzentrum* an den Nordostpavillon an, mit dem es durch den Unterflurbau der Küchenerweiterung verbunden ist. Es handelt sich um einen zweigeschossigen Massivbau (mit Untergeschoß und Tiefkeller), dessen Außenwände mit hellroten Vormauerziegeln verblendet sind. Der Gruppierung der Innenräume gemäß bildet der Baukörper ein Kompositum mit mehreren Vor- und Rücksprüngen der Fassaden. Die ungeteilten Fenster haben Holzrahmen.

Das *Laborgebäude* auf dem nördlichen Klinikgelände ist ein zweigeschossiger, über einem Stahlbetonfundament aus Fertigteilen errichteter Quader, dem eine naturfarben eloxierte Aluminiumfassade vorgehängt ist.

Kunstgeschichtliche Bemerkungen

Nach der Zerstörung Heidelbergs im Erbfolgekrieg hatte sich Kurfürst Johann Wilhelm mit dem Gedanken getragen, in der Neckarebene westlich vor der Stadt einen gewaltigen Schloßkomplex aufführen zu lassen. Die bekannte Vogelschaudarstellung des vom kurpfälzischen Oberbaudirektor Graf Matteo Alberti entwickelten Projekts[46] gibt eine Vorstellung von Ausmaß und Reichtum dessen, was man den ›grössten Schloßbau, der je in Europa ersonnen wurde‹ genannt hat[47] und was nicht zuletzt wegen seines überhöhten Anspruchs unverwirklicht blieb.

So wenig man Ludwig Schmieders großzügig disponiertes Hospital mit dem Projekt aus den Jahren um 1700 vergleichen kann: Es ist ein merkwürdiger Zufall, daß im 20. Jahrhundert im Bergheimer Bereich ein Großbau entstehen sollte, der sich in Disposition und Formensprache barocken Residenzanlagen verpflichtet zeigt. Wichtig für Schmieders Planungen waren zum einen die Forderung, alle Räume unter einem Dach unterzubringen, andererseits das Verlangen, den Neubau an das angrenzende Klinikviertel und an die nahe Altstadt anzupassen. Schmieder konnte sich auch auf Hospitalbauten aus den sechziger Jahren des 19. Jahrhunderts berufen[48], deren äußere Gestaltung ihn freilich nicht befriedigte[49]. Einen gewissen Einfluß dürfte Friedrich Ostendorf ausgeübt haben, dessen Bauleiter Schmieder bei der 1909–11 erfolgten Renovierung der Klosterkirche St. Blasien gewesen war[50] und der in Heidelberg 1911 für den Leiter der Medizinischen Klinik, Professor Ludolf Krehl, einen Privatbesitz in neubarocker Pracht hatte entstehen lassen (Ecke Bergstraße/Hainsbachweg)[51]. Es ist denkbar, daß Anregungen in Richtung einer neubarocken Lösung für das Klinikgebäude von Krehl ausgingen. Jedenfalls gestaltete Schmieder schon in seinen frühen Plänen von 1914[52] eine ausgeprägt barockisierende Fassade mit rustiziertem Erdgeschoß. Sämtliche Fenster der Obergeschosse besitzen Gewände; regelmäßig sind segmentförmige Fensterverdachungen und kleine Balkone gesetzt. Die Dachgaupen über den Flügeln sind mit Segmentgiebeln ausgestattet, diejenigen über den Kopfbauten mit Dreieckgiebeln. Aus der dreigeschossigen und fünfachsigen Fas-

400

sade des Mittelbaus tritt ein dreiachsiger Risalit, dessen Mittelachse über dem Stockwerkgesims in eine Nische zurückversetzt ist, die das den Risalit krönende Frontispiz durchbricht und Raum schafft für einen großen Relieftondo. Innerhalb des Risalits sind die Fenster des ersten Obergeschosses niedriger; sie besitzen einfache, blockige Verdachungen. Die Fenster des zweiten Obergeschosses sind entsprechend erhöht und mit konsolengestützten Verdachungen ausgestattet. Das Dach wird von einem Belvedere bekrönt, auf das in einer gleichzeitigen Planvariante[53] zusätzlich ein Glockentürmchen aufgesetzt ist. Vor die Längsseiten der Kopfbauten sind vier zweigeschossige Loggien mit je vier bzw. fünf Kolossalsäulen toskanischer – in der Variante ionischer – Ordnung gestellt, an den Stirnseiten befinden sich von kräftigen Konsolen unterfangene Balkone.   *399*

Die Finanznot und der Zeitdruck nach dem Ersten Weltkrieg zwangen Schmieder, in allen Bereichen große Abstriche zu machen. Aber noch sein im Februar 1919 vorgelegter, reduzierter Plan[54] zeigt eine gegenüber dem ausgeführten Gebäude bei weitem reichere Gestaltung, zum Beispiel der Südfassade des Mittelpavillons, in der ein großes Portal mit horizontaler Verdachung vorgesehen ist. Die darüberliegende, als Risalit behandelte Achse der Obergeschosse wird erneut von einem Dreieckgiebel bekrönt. Je zwei ionische Kolossalsäulen rahmen je drei schmale Fenster und ein zwischen den Geschossen plaziertes Relieffeld. Im erstmals erscheinenden reduzierten Obergeschoß öffnen sich ein großes Thermenfenster sowie zwei Hochovalfenster über den Säulenkapitellen, in den Außenachsen, über einem die Geschosse trennenden Zinnenfries, je zwei Querovalfenster. Der kleine Glockenturm auf dem Belvedere ist noch beibehalten.

Das schließlich ausgeführte Gebäude ist, wie erwähnt, das Ergebnis weiterer Planvereinfachungen. In den dreißiger Jahren hatte Schmieder dann noch einmal die Chance, einen großen Krankenhauskomplex zu projektieren. Wieder machte ein Krieg die Verwirklichung zunichte: Von Schmieders beeindruckendem Generalbebauungsplan für das Neuenheimer Feld konnte nur ein kleiner Teil in Gestalt der Chirurgischen Klinik in die Tat umgesetzt werden.[55]

Anmerkungen

1 Gb. 33, Heft 15

2 Fritz Hirsch: Von den Universitätsbauten in Heidelberg, Heidelberg 1903, S. 120 f.

3 StA: 244,1

4–7 Ebd.

8 Krehl (1861–1937) war von 1907 bis 1931 Leiter der Medizinischen Klinik. Vgl. Gerhard Hinz (Hrsg.): Die Ruprecht-Karl-Universität Heidelberg, Berlin/Basel 1965, S. 65 f.

9 Ludwig Schmieder: Die neue medizinische Klinik der Universität Heidelberg, in: Zeitschrift für Bauwesen, 73. 1923, Heft 10–12, S. 227 f.

10 StA: 244,1

11 BVA: Akte Bergheimer Straße 58, Bd. 1

12 Schmieder, a. a. O., 1923, S. 227 f.

13 StA: 242,3

14 StA: 244,1

15 BVA: Akte Bergheimer Straße 58, Bd. 1

16 StA: 242,6

17 StA: 242,3. Dazu äußert sich Rektor Georg Beer: ›Der fertige Bau – und das ist das Erhebendste an unserer heutigen Feier – ist uns ein Beweis dafür, daß trotz dem äußeren Zusammenbruch unseres Vaterlands noch innere Lebenskräfte im deutschen Volk vorhanden sind und zu vernünftiger und gemeinnütziger Betätigung empordrängen.‹

18 GLA: 235/3893

19 Ebd.

20 Ebd.
21 UA: B 6540
22 GLA: 235/3550
23 BVA: Akte Bergheimer Straße 58, Bd. 1
24 Ludwig Schmieder: Das Isolationsgebäude der Neuen Medizinischen Klinik, Heidelberg, in: Zeitschrift für das gesamte Krankenhauswesen, 1931, No. 2
25 GLA: 235/30343
26 GLA: 235/3893
27 GLA: 235/30334
28 GLA: 235/30335. Um den grundbuchmäßigen Eintrag hatte die Stadt das Kultusministerium bereits im November 1931 ersucht
29 GLA: 235/30334
30 Gb. 33, Heft 15
31 Vgl. Karl Kölmel: Die Raumnot der Universität Heidelberg und der Generalbebauungsplan 1952, in: Ruperto Carola, 7/8. 1952, S. 142 ff.
32 BVA: Akte Bergheimer Straße 58, Bd. 2
33 Soweit nicht anders angegeben basieren die Informationen zur jüngeren Baugeschichte auf Angaben des Universitätsbauamtes
34 BVA: Akte Bergheimer Straße 58, Bd. 2
35 Ebd., Bd. 3
36 Gb. 33, Heft 15
37 Ebd.
38 BVA: Akte Bergheimer Straße 58, Bd. 8
39 Ebd.
40 Handbuch der Architektur, 4. Teil, 6. Halbband, Heft 2 b, Stuttgart 1905
41 Schmieder, a. a. O., 1923, S. 227 f.
42 Ebd.
43 Ebd.
44 StA: 242,3. Rektor Beer: ›Das die südliche Front des Mittelbaus zierende medizinische Emblem, der Äskulapstab, wird zu einem Ruhmeskünder der medizinischen Wissenschaft, einem Trostspender der leidenden Menschheit und einem Werbesymbol für soziale Fürsorge und praktische Nächstenliebe.‹
45 Vgl. dazu seine beiden Aufsätze in: Zeitschrift für Bauwesen, 73. 1923, S. 227 ff. und Deutsche Bauzeitung, 59. 1925, S. 557 ff.
46 Im Besitz des Kurpfälzischen Museums, Heidelberg
47 Jörg Gamer: Matteo Alberti, Düsseldorf 1978, S. 184
48 Beispiele sind Straßburg, Tübingen und Halle
49 Schmieder, a. a. O., 1925
50 Vgl. Ludwig Schmieder: Die Wiederherstellung der ehemaligen Benediktinerkirche St. Blasien im Badischen Schwarzwald, in: Deutsche Bauzeitung, 47. 1913, H. 77, S. 693 ff.
51 Vgl. Dieter Griesbach: Die Villa Krehl (heute Friedrichsstift), in: Katalog des Heidelberger Kunstvereins ›Beruf: Photograph in Heidelberg. Ernst Gottmann sen. & jun. 1895–1955. Architektur‹, Ffm. 1980, S. 198 ff.
52 Eine Ansicht und ein Grundriß sind abgebildet in: Schmieder, a. a. O., 1923, S. 227 f.
53 Vgl. Ludwig Schmieder: Die Neue Medizinische Klinik. Mappe mit Plänen in der Universitätsbibliothek Heidelberg
54 BVA: Akte Bergheimer Straße 58, Bd. 1
55 Ludwig Schmieder: Die neuen Kliniken und die naturwissenschaftlichen Institute der Universität Heidelberg. Der Bebauungsplan für die neuen Kliniken und Naturwissenschaftlichen Institute der Universität Heidelberg. Entwurf von Oberreg. Baurat Dr. e. h. L. Schmieder, Heidelberg 1936. Vgl. auch S. 498 ff.

Literatur

Schmieder, Ludwig: Die neue medizinische Klinik der Universität Heidelberg, in: Zeitschrift für Bauwesen, 73.1923, Heft 10–12, S. 227 ff.

Ders.: Die neue medizinische Klinik der Universität Heidelberg, in: Deutsche Bauzeitung, 59.1925, Nr. 71, S. 557 ff.

Ders.: Das Isolationsgebäude der Neuen Medizinischen Klinik, Heidelberg, in: Zeitschrift für das gesamte Krankenhauswesen, 1931, No. 2

EDITH WEGERLE

Das Haus Blumenstraße 8

In dem Ecke Häusserstraße/Blumenstraße gelegenen Gebäude ist heute die Abteilung für Kinder- und Jugendpsychiatrie der Psychiatrischen Klinik untergebracht.

Geschichte

Geheimrat Professor Dr. Theodor Leber, Direktor der Universitätsaugenklinik, erwirbt 1891 das ehemalige Gartengelände, um darauf eine Villa mit Räumen für seine Privatpraxis zu errichten. Mit dem Bau beauftragt er den Maurermeister Georg Busch aus Heidelberg, der noch im Juni desselben Jahres die Pläne beim Badischen Bezirksbauamt zur Genehmigung einreicht.[1] Der Außenbau ist bereits im November 1891 fertiggestellt.[2] Der Innenausbau nimmt aber noch ein volles Jahr in Anspruch, so daß das Haus erst 1893 bezugsfertig ist.[3] Die Raumaufteilung folgt dem damals bei herrschaftlichen Villen gebräuchlichen Schema. Das Untergeschoß enthält Wirtschafts- und Kellerräume. Im Erdgeschoß gruppieren sich um einen Vorplatz sechs Zimmer und eine Veranda; auf der Südseite liegen die privaten Räume, auf der Nordseite die Praxisräume. Das Obergeschoß hat ebenfalls sechs Zimmer, Bad, Vorplatz und eine größere Terrasse. Im Dachstock befinden sich Dienstbotenzimmer und Speicherräume. Nach dem Tode Lebers wird 1918 Geheimrat Professor Dr. Eugen Enderlen, der damalige Direktor der Chirurgischen Klinik, neuer Eigentümer des Hauses.[4] Er bewohnt, ohne bauliche Veränderungen vorzunehmen, mit seiner Familie das Anwesen. Nach seiner Emeritierung im Frühjahr 1932 verkauft er es an den Unterländer Studienfonds.[5] Dieser überläßt es dem Akademischen Krankenhaus zur Einrichtung einer offenen Abteilung der Psychiatrischen und Neurologischen Klinik. Während der zweijährigen Umbauzeit steht das Gebäude leer.[6] Es werden Trennwände mit Türen zum Treppenhaus hin angebracht, weil das Haus etwa dreißig Patienten, nach Geschlechtern getrennt, aufnehmen soll. Auf der Südseite werden die Kellerfenster vergrößert und auf der Ostseite rechts und links der Veranda je ein Fenster eingebaut. Im Attikageschoß wird das Klinikpersonal untergebracht. Um die Zimmer ausreichend zu belichten, werden die Attikafenster nach unten aufgeweitet und auf der Ostseite zusätzlich zwei Fenster in die Achsen eingefügt. Am 1.3. 1946 wird Professor Dr. Kurt Schneider neuer Direktor der Psychiatrisch-Neurologischen Klinik; er mietet das erste Obergeschoß als Wohnung. Im selben Jahr wird die vorher für die Behandlung leichter Psychosen eingerichtete Klinik auf

411

410

die Behandlung neurologischer Krankheitsfälle umgestellt. 1955 zieht Professor Schneider aus, und vom folgenden Jahr an wird das ganze Gebäude von der Neurologischen Abteilung genutzt. Seit dem 2. Juli 1960 ist das Anwesen Eigentum des Landes.[7] Ab 1962 wird unter der Leitung von Professor Dr. Manfred Müller-Küppers die Abteilung für Kinder- und Jugendpsychiatrie neu eingerichtet. Um das Gebäude innen kindgerechter zu gestalten, werden nach und nach Umbauten vorgenommen. 1964 wird auf der Nordseite des Untergeschosses ein Bewegungsbad installiert. Bei Umbauarbeiten in den Jahren 1979/80 werden die Fenster der Altane im Untergeschoß vergrößert und auf der Ostseite eine Tür zum Garten durchbrochen.[8] Vor dem Austritt wird ein kleiner Spielhof mit Palisadenzaun angelegt. Zwei Jahre später werden im ersten Obergeschoß alle Räume durch Einbauen einer zweiten Ebene mit zwei Meter Stehhöhe in kindgemäßere Wohnlandschaften umgewandelt.[9]

Beschreibung

Die zweigeschossige Villa mit Kniestock und flachem Walmdach steht in einem Park. Das Grundstück setzt sich aus zwei Flurstücken zusammen; das Flurstück Lgb. Nr. 1912, das einerseits von der Häusser- und andererseits von der Blumenstraße begrenzt wird, liegt einen Meter tiefer als das östlich anschließende. Bedingt durch die Grundstücksituation liegt das Gebäude ungewöhnlich tief zurück und bildet seine Westseite auf der Grenzlinie zum tieferen Gelände aus. Der Eingang liegt im Westen. Von einem Gartenportal an der Blumenstraße führt eine Pergola auf den Vorbau mit der Haustür zu. Über einen Zufahrtsweg ist das Gebäude mit der Häusserstraße verbunden.

Allen vier Seiten gemeinsame Gliederungselemente sind die Stockwerkgesimse und das Abschlußgebälk mit den in die Frieszone eingeschnittenen Kniestockfenstern. Das Gebäude ist in Werkstein errichtet, die Ecken werden durch Polstersteine in Lang- und Kurzwerk betont. Nach zwei Seiten bildet der annähernd würfelförmige Baukörper Schauseiten aus: die Gartenfront im Osten ist fünfachsig gestaltet, die Südfassade zur Blumenstraße hin dreiachsig.

411, 412   Der fünfachsigen Ostfassade ist im Erdgeschoß eine dreiachsige Veranda vorgelagert. Sie wird von rustizierten dorischen Eckpfeilern eingefaßt. Die Binnengliederung, die auf der Vorderfront dreiteilig und auf der Seitenfront zweiteilig ist, erfolgt durch komposite Säulen. Die Fenster der beiden äußeren Achsen haben profilierte Rahmen und Sohlbankgesimse. Die Belétage ist alternierend durch Nischen und Fenstertüren im Rhythmus b-a-b-a-b gegliedert, wobei b in den äußeren Achsen als Nischen und in der mittleren Achse als Fenster gestaltet ist. Die gerahmten Fenstertüren sind in ionische Ädikulen mit Dreieckgiebeln eingestellt und führen auf die Terrasse der Veranda, die mit einer Steinbrüstung umgeben ist.

Die dreiachsige Südfassade hat im Erdgeschoß eine Fenstertür und ein hochrechteckiges Fenster mit Quaderung und Polstersteinen. Die Fenstertür führt auf einen steinernen Balkon mit Konsolen. Die rechte Achse ist als Altan mit rustizierten Eckpfeilern ausgebildet. Die gerahmten Obergeschoßfenster sind in ionische Ädikulen mit alternierenden Giebeln eingestellt. In der rechten Achse führt eine Fenstertür auf einen Balkon mit Steinbalustrade, der über dem Altan liegt.

Die Rückseiten sind nicht streng axial gegliedert. Für die Westseite ist der Vorbau mit dem Treppenhaus charakteristisch. Der Vorbau wird auf der Westseite durch ein Zwillingsfenster und ein darübersitzendes halbkreisförmiges Fenster *413* mit farbiger Bleifeldverglasung besonders akzentuiert. Über dem Vorbau liegen die Zwillingsfenster des Treppenhauses. Die Fenster auf der Nordseite sind lokker gruppiert und haben profilierte Gewände, links befindet sich im Erdgeschoß ein Erker.

Im Untergeschoß liegen eine Küche mit Terrazzoboden, ein Bewegungsbad, Sozial- und Kellerräume. Im Erdgeschoß sind verschiedene Arzt- und Ambulanzräume untergebracht. Die Wandvertäfelung aus Eichenholz aus der Erbauungszeit ist noch im Professorenzimmer, das an der südwestlichen Ecke liegt, und im Flur vorhanden. Das erste Obergeschoß dient zur stationären Aufnahme von bis zu achtzehn Kindern. Im Attikageschoß befinden sich weitere Funktionsräume.

Kunstgeschichtliche Bemerkungen

Für die Weststadt wird in der seit 1891 gültigen Bauordnung die offene Bauweise im Landhausstil vorgeschrieben.[10] Die Fluchten der einzelnen Häuser müssen dabei so weit hinter die Grundstücklinie zurücktreten, daß jeweils ein Vorgarten angelegt werden kann. Die ehemalige Lebersche Villa ist Produkt einer Zeit, in der für großbürgerliche Repräsentationsbauten der aufwendige Fassadenprospekt mit reicher, handwerklich untadeliger Natursteingliederung zur Regel wurde. Das Haus lebt vom Kontrast der verschiedenartig behandelten Werksteinpartien und von der Fülle gliedernder Elemente. Stilistisch folgt es Vorbildern der italienischen Hochrenaissance-Baukunst, wie dem Palazzo Pandolfini in Florenz. Beachtlich ist, daß die kubische Grunddisposition bei aller architektonischen Vielfalt dominant bleibt.

Anmerkungen

1 BVA: BBA Bd. 1, 1891
2 Ebd.
3 Ab. von 1893
4 GLA: 235/31593
5 ZUV: 141 c[10]/1932–1962, Generalia des Unterländer Studienfonds
6 ZUV: 141 c[10]/1967–1969. Das an die Westseite des Grundstücks anschließende Gartenland, das mit dem Grundstück eine Einheit bildet, konnte erst 1968 vom Land erworben werden, nachdem die Pläne zur Errichtung eines Bürohauses mit Garagen gescheitert waren.

BVA: BBA 1932. Architekt der Umbaumaßnahmen von 1932 ist Karl Veth aus Heidelberg
7 ZUV: 141 c[10]/1968
8 BVA: Blumenstraße 8, 1970. Seit 1970 befindet sich schon ein 4 × 4 m großer Geräteschuppen an der N/O-Ecke.
9 ZUV: 4227/1975
10 Wolf Deiseroth: Die Weststadt von Heidelberg, Ein Beispiel gründerzeitlicher Stadtentwicklung, in: Festbuch zum 90-jährigen Bestehen der Heidelberger Weststadt 1982, Heidelberg 1982, S. 27–51

BARBARA AUER

Das Physikalische Institut
Philosophenweg 12

Das unterhalb des Philosophenweges liegende Gebäude beherbergt das Physikalische Institut.

Das Physikalische Institut ist das erste Institut der Universität Heidelberg, das aus dem Altstadt-Bereich verlagert wurde. Mit diesem Neubau setzte die Expansion der Universität auf das rechte Neckarufer ein, der dann in späteren Jahren die Bebauung des Neuenheimer Feldes folgte.[1]

Geschichte

Bereits im Jahre 1907 beginnt das Ministerium der Justiz, des Kultus und des Unterrichts in Karlsruhe, einen geeigneten Platz für den Neubau ausfindig zu machen.

Die Gründe für einen Neubau werden von verschiedenen Faktoren bestimmt: Zum einen reichen die Räumlichkeiten in dem 1862 errichteten Friedrichsbau[2] (Hauptstraße 47) schon lange nicht mehr aus, um die steigende Zahl von Studenten aufzunehmen, zum anderen wird das alte Gebäude den modernen Bedürfnissen der Physik nicht mehr gerecht, weil der Betrieb der elektrischen Straßenbahn, der Autoverkehr und allgemein die Unruhe, die durch die Lage des Gebäudes in dem dicht bebauten Stadtteil bedingt ist, die empfindlichen physikalischen Apparaturen in erheblicher Weise beeinträchtigen.[3] Etwaige Um- oder Erweiterungsbauten müssen daher von vornherein ausgeschlossen werden. Es muß ein geeigneter Bauplatz in ruhiger Lage, etwas außerhalb der Stadt, aber nicht allzu weit entfernt von den übrigen Instituten gefunden werden.

Zudem wird durch die Pensionierung von Geheimrat Prof. Dr. Georg Quincke (Lehrstuhlinhaber seit 1875) die Planung eines Neubaus notwendig, weil sich bei den Berufungsverhandlungen mit potentiellen Nachfolgern gezeigt hat, ›daß kein namhafter Vertreter der Physik den Ruf nach Heidelberg annehmen wird, wenn ihm nicht der alsbaldige Neubau eines physikalischen Institutes ... zugesagt wird.‹[4]

Nachdem alle in Erwägung gezogenen Bauplätze auf der linken Neckaruferseite in der Nachbarschaft der anderen Universitätsinstitute sich als nicht geeignet erwiesen haben[5], bleibt nur noch die Möglichkeit, das Physikalische Institut auf der rechten Neckarseite anzusiedeln. Von nicht unerheblicher Bedeutung ist schon damals das Mitspracherecht von Prof. Philipp Lenard aus Kiel[6], dem der Lehrstuhl für Physik angeboten wird. Er selbst hat den Bauplatz zwischen dem

Philosophenweg und der Albert-Überle-Straße ausfindig gemacht und diesen für sehr geeignet gehalten.[7]

Die Firma Henkenhaf und Ebert, der das Gelände an der Nordseite der Albert-Überle-Straße bis zum Philosophenweg gehört, hat bereits im Auftrag des Oberbürgermeisters Dr. Walz den östlich an den Bauplatz grenzenden Geländestreifen im März 1907 für 12 000 M von dem Weinhändler Schweikert erworben.[8] Nach langen Verhandlungen, in denen eine wesentliche Rolle spielt, daß Ph. Lenard, den man als den ersten Physiker der Zeit betrachtet, von dem Neubau des Institutes die Annahme seines Rufes nach Heidelberg abhängig macht[9], stimmt im April desselben Jahres der Stadtrat von Heidelberg zu, diese Bauplätze mit einer Fläche von insgesamt 5652 qm mit Hilfe des ihm zur Verwaltung unterstehenden Evangelischen Hospitalfonds für 108 000 M anzukaufen. Als Verwalter dieses Fonds sichert der Stadtrat zu, das Bauterrain der Großherzoglichen Regierung bis zum 1. Juli 1910 zur Verfügung zu stellen.[10]

Als Auflage wird formuliert, daß ein zukünftiger Bau am Philosophenweg einen Abstand von 13,50 m zum westlichen Nachbargrundstück halten und 20 m von der Straßengrenze der Albert-Überle-Straße entfernt sein muß.[11] Außerdem hat sich das Ministerium gegenüber dem Stadtrat von Heidelberg vertragsmäßig verpflichtet, ›das Gebäude in einem der Landschaft angepaßten Villencharakter zu erbauen.‹[12] Die Bearbeitung und Ausführung des Entwurfes soll auf Wunsch des Ministeriums an den Architekten Friedrich Ostendorf, ordentlicher Professor der Architektur in Karlsruhe - ›ein bewährter Architekt von hervorragenden künstlerischen Fähigkeiten‹[13] - übertragen werden.

Ostendorf - von 1904-1907 ordentlicher Professor für Mittelalterliche Baukunst in Danzig[14] - hat, ›als er auf den 1. Oktober 1908 den Ruf an die Technische Hochschule in Karlsruhe annahm, bei den Berufungsverhandlungen die Übertragung eines geeigneten staatlichen Baues bei sich bietender Gelegenheit in Aussicht gestellt bekommen.‹[15] Diese Zusicherung von seiten des Ministeriums soll nun eingelöst werden, und im November 1908 wird Ostendorf offiziell, ohne öffentliche Ausschreibung oder Wettbewerb, die Planung und Gestaltung des Institutsneubaues übertragen.[16] Was den weiteren Fortgang der Planung des Physikalischen Instituts betrifft, erweist sich das Mitspracherecht von Lenard, der einen den modernsten Ansprüchen genügenden Institutsneubau fordert, als ausschlaggebend.

Im Oktober 1908 unterzeichnen Ostendorf und Lenard ein mit dem Ministerium vereinbartes Abkommen, in welchem die Mitwirkung des Institutsdirektors beim Neubau festgelegt wird: ›Die Baupläne werden, nach dem Bauprogramm des Direktors, nach einigen, zwischen dem Baumeister und dem Direktor in Heidelberg stattfindenden Besprechungen, soweit bearbeitet, daß sie der Direktor genehmigen kann. Die Ausarbeitung der ausführlichen Entwürfe und Kostenanschläge geschieht ebenfalls im steten Einvernehmen mit dem Direktor, dem auch die fertiggestellten Entwürfe und Abschläge zu eingehender Prüfung und Äußerung vorzulegen sind.‹[17]

Anhand des von Lenard aufgestellten Bauprogrammes und in Auseinandersetzung mit den zur Orientierung von Ostendorf besichtigten Institutsneubauten in Kiel, Breslau, Göttingen und Berlin entsteht ein Vorprojekt. Diese Grundrißskiz-

414   ze von 1908 zeigt einen aus mehreren Einzelteilen zusammengefügten Baukörper, welcher ungefähr eine Grundfläche von 650 qm einnimmt. Die Schaufassade mit dem Haupteingang liegt im Süden, der Stadt zugewandt, im Norden befindet sich der große Hörsaaltrakt mit separatem Eingang. Diese Grundrißaufteilung gleicht im wesentlichen der des Kieler Instituts, an dessen Aufbau Lenard nach seiner Berufung im Jahre 1898 als Professor für Physik ebenfalls beteiligt war[18] und welches bei den Berufungsverhandlungen zwischen Lenard und dem Ministerium, was die Größe und Anordnung der Räume anbelangt, als Maßstab zugrunde gelegt worden war.[19]

Zwischen der von Ostendorf erstellten Skizze und dem endgültigen Entwurf liegt aber noch ein langer Weg der Planung. Nur der Grundgedanke der Aneinanderreihung von mehreren in sich selbständigen Baukörpern bleibt erhalten. Allein die Dimension des Gebäudes von der ersten Skizze bis zur Ausführung hat sich verdoppelt. Ein Hauptgrund besteht darin, daß dem Physikalischen Institut mit einer in Aussicht gestellten Schenkung in Höhe von 120000 M von seiten des Herrn Richard Fleischer aus Wiesbaden[20] ein radiologisches Institut angegliedert werden soll. Für dieses Institut soll der Nordflügel des gesamten Baukomplexes mit einer Grundfläche von 450 qm vorbehalten werden. Es soll drei Abteilungen umfassen: eine Abteilung für Radio-Physik, eine technische Abteilung für Anwendung der Radiologie in der Technik, eine Abteilung für medizinische Radiologie. Das Radiologische Institut soll zwar im Zusammenhang mit dem Physikalischen Institut stehen, aber als deutlich erkennbarer eigener Baukörper abgegrenzt werden.[21] Lenard, der selbst auf dem Gebiet der Radiologie Forschungen betreibt, ist außerordentlich viel daran gelegen, die Schenkung anzunehmen. Er bittet das Ministerium, die Deckung der baulichen Kosten auf sich zu nehmen.

Nach eingehenden Erörterungen zwischen dem Ministerium und dem Engeren Senat nimmt im Januar 1909 das Ministerium die Stiftung an[22], und kurze Zeit später legt Ostendorf – unter Berücksichtigung der Schenkung – eine neue Variante zu den Grundrissen vor. Diese Pläne sind, so schreibt Ostendorf, nach dem Wunsche von Herrn Lenard ausgearbeitet worden. Dabei unterscheidet Ostendorf zwischen Projekt I und Projekt II, die sich von der zu bebauenden Fläche her wesentlich unterscheiden. Projekt I hat eine Fläche von 1395 qm und einen Rauminhalt von 22000 cbm, Projekt II eine Fläche von 1464 qm und einen Rauminhalt von 23726 cbm. Die Baukosten von Projekt I belaufen sich auf 500000 M, die von Projekt II auf 530000 M.[23] Nach eingehender Prüfung der zwei Projekte durch das Ministerium kommt dieses zu dem Entschluß, daß die Baukosten sowohl von Projekt I als auch von Projekt II zu hoch seien. Lenard wird gebeten, das von ihm aufgestellte Programm zu vereinfachen, und Ostendorf erhält von dem Ministerium den Auftrag, ein dieser Reduktion entsprechendes neues Projekt auszuarbeiten.

420-422   Im Mai 1909 legt Ostendorf die neuen Pläne mit einem detaillierten Erläuterungsbericht dem Ministerium vor. Sie entsprechen noch nicht genau dem später ausgeführten Gebäude; doch sind die Grundkonzeption der Anlage, der Aufbau der Fassade und die Anzahl der Geschosse festgelegt. Im Laufe der nächsten Monate kommt es zu einigen Umgestaltungen, die sich im wesentlichen auf die

Raumaufteilung beschränken; aber auch der äußere Charakter des Gebäudes erfährt noch einige Abänderungen, die besonders der Südfassade ein neues Gepräge geben. Die Größe des Gebäudes ist aufgrund des Erlasses des Ministeriums um 1758 cbm reduziert worden und hat jetzt einen Inhalt von 20842 cbm.[24] In dem Erläuterungsbericht von Ostendorf wird das Gebäude wie folgt beschrieben: Die Baustelle liegt zwischen der Albert-Überle-Straße und dem Philosophenweg. Auf der westlichen Nachbargrenze, die etwa halb so lang ist wie die östliche, steigt das Gelände um etwa 7 m, auf der östlichen um etwa 19 m. Das Gebäude, dessen Vorderflügel bei einer praxisgerechten Grundrißordnung eine größere Breite erhalten müßte, ist auf den höheren, am Philosophenweg gelegenen Teil des Grundstücks gelegt worden, der breiter als der untere ist. An dieser Stelle wird es nach der städtischen Bauordnung mit einem Gesamtabstand von den Nachbargrenzen von 20 m errichtet werden und mit der nördlichen Ecke von der Mitte des Philosophenweges um 7,50 m entfernt bleiben müssen. Der vom Institut nicht beanspruchte Teil des Grundstückes soll teils als Platz, teils als Garten in einfachster Weise ausgebildet werden. Der Abschluß zu den Nachbargrundstücken hin wird durch eine Mauer hergestellt werden müssen. Das Gebäude ist in seiner Anlage dem stark ansteigenden Grundstück angepaßt worden und hat fünf Geschosse, von denen aber das erste Geschoß nur im südlichen Teil, das Dachgeschoß (wenigstens als ausgebautes) nur im nördlichen Teil vorhanden ist. Dieser nördliche Teil enthält in der Hauptsache die Räume des Radiologischen Instituts, das eine gewisse Selbständigkeit haben soll. Die Geschoßhöhen haben folgende Maße erhalten: erstes Geschoß 3 m, zweites Geschoß 3,20 m, drittes Geschoß 4 m, viertes Geschoß 3,70 m, Dachgeschoß 3,20 m.[25]

Auffallend an diesem Erläuterungsbericht ist, daß Ostendorf sich in keiner Weise über das Äußere des Gebäudes, das heißt die Fassadengestaltung, äußert. Auch der bautechnische Referent des Ministeriums, der den Bericht von Ostendorf prüft, bemerkt nur am Rande: ›der äußere Aufbau und die Gliederung des Baues und die Fassade sind sehr schön‹,[26] und fährt dann gleich fort, ›es fragt sich aber, ob bei der mächtigen Höhenentwicklung und dem sehr hohen Dach der gegen den Neckar gerichteten Südfassade die Stadt Heidelberg nicht Einspruch erheben wird: denn das Gebäude, das 29 m hoch ist … und 7 m über der Albert-Überle-Straße steht, kommt in ein Villenviertel, für das nach 19a St.B.G., die Zahl der Stockwerke auf zwei beschränkt ist, während der Bau ohne das Mansardgeschoß vier Stockwerke besitzt.‹[27]

Die Befürchtung des Ministeriums bewahrheitet sich auch, als im Juni des Jahres 1909 der Stadtrat von Heidelberg sich an Ostendorf wendet und Einspruch gegen die Zahl der Geschosse erhebt, wobei er sich auf die Absprache beruft, die zwischen der Stadt und dem Ministerium getroffen wurde, das Gebäude nicht mehr als zweistöckig zu bauen.[28] Ostendorf erklärt, daß wegen des stark von Süden nach Norden ansteigenden Geländes besonders im Süden ein höherer Bauteil notwendig sei und daher unter dem eigentlichen Erdgeschoß, das im Norden mit der Sohle etwas unter der Terrainhöhe liegt, zwei Untergeschosse angelegt werden müßten. Im Norden müßten ein Untergeschoß in die Erde gelegt und in Höhe des Dachgeschosses ein vollständiges Geschoß aufgebaut werden. Um den Stadtrat zum Einverständnis zu bewegen, das Gebäude fünfgeschossig bauen zu dürfen, hält es Ostendorf für notwendig, ein Modell anfertigen zu lassen. Außerdem läßt er von der neuen Neckarbrücke eine Photographie der Gegend, in welcher das Institut stehen soll, anfertigen, in die der projektierte Bau eingezeichnet werden soll. Mittels des Modells und der Photographie hofft Ostendorf, die Bedenken der Stadt ausräumen zu können, daß das Gebäude die Gegend verunziere und ›daß die frühe Absicht, vor dem Gebäude nach der Albert-Überle-Straße zu einmal eine Dienstwohnung für den Direktor des Physikalischen Instituts zu erbauen, definitiv aufgegeben wurde.‹[29]

Um den Widerspruch des Stadtrates weiter zu reduzieren, hält es Ostendorf für ratsam, daß von seiten des Ministeriums erklärt werde: ›... es soll: 1. der fortleitende Teil des Baugrundstücks als Garten angelegt werden und 2. auf dem vorderen Teil des Grundstücks kein Gebäude mehr gesetzt werden.‹[30] Diese Zusagen könnten – so Ostendorf – ohne weiteres gegeben werden, da schon auf dem Grundstück die Verpflichtung liegt, das Gebäude um 20 m von der Grenze der Albert-Überle-Straße zurückzuhalten.[31]

415 Das Modell, vom Ministerium im Juli 1909 genehmigt, wird im Maßstab 1:100 ausgeführt. In demselben Monat wird der Grundriß des Gebäudes in Erfüllung einer zunächst nicht eingehaltenen baupolizeilichen Vorschrift in Bezug auf die Toilettenanlage nochmals abgeändert. Die Vorräume zu den Toiletten hatten keine direkte Fensterbelüftung, außerdem mußten noch Damentoiletten eingerichtet werden, an die bis zu diesem Zeitpunkt noch gar nicht gedacht worden war. Um dies durchzuführen, mußten Räume zum Teil verlegt werden oder ganz fortfallen.[32]

Daraufhin legt Ostendorf dem Ministerium einen detaillierten Kostenvoranschlag mit Erläuterungsbericht vor. Die Kosten für den eigentlichen Bau schließen, wie es aufgrund des Erlasses des Ministeriums im Februar 1909 gefordert wurde, mit 450 000 RM, die für die das Grundstück umfassende Gartenanlage mit 50 000 RM ab. Für die Fundierung des Gebäudes muß eine wesentlich höhere Summe veranschlagt werden: Schon im Mai des Jahres haben Untersuchungen des Baugrundes ergeben, daß dieser recht ungünstig ist, weil ein zuverlässig tragfähiger Grund – nämlich der gewachsene Fels – sich erst in einer Tiefe von circa 12 bis 16 m hat finden lassen. Eine normale Fundierung des großen Gebäudes ist unmöglich. Es wird daher eine umständliche und kostspielige Art projektiert, eine Pfahlfundierung, die mit 90 000 RM veranschlagt wird. Für Mobiliar und innere Einrichtung sind 75 000 RM kalkuliert.[33]

Ostendorf geht nochmals auf die Bedenken der Stadt wegen der Größe des Gebäudes ein und gibt zu, daß das Gebäude von einer so bedeutenden Baumasse sei, ›daß es in jeder Beziehung aus dem Charakter, der sonst von Bauten in dieser Gegend baupolizeilicherseits gefordert wird, herausfällt.‹[34] Allein die Gartenanlage – so meint Ostendorf –, die in ›reizvoller Art‹ angelegt werden solle, könne
417, 418 die bedeutende Größe des Gebäudes überspielen.[35]

Das Ministerium prüft den Kostenvoranschlag und lobt ›die solide, aber einfache, die Zweckbestimmung des Gebäudes nicht übersteigende Durchbildung des Äußeren und Inneren‹[36], verweist jedoch darauf, daß in mehreren Punkten des Kostenvoranschlags die Kalkulation zu niedrig liege, was durch Einsparungen an anderen Arbeiten ausgeglichen werden könne. Außerdem legt das Ministerium sowohl Ostendorf als auch Lenard, der den bei den Berufungsverhandlungen festgelegten Betrag für die apparative Ausstattung (100 000 RM) mittlerweile doppelt so hoch angesetzt hat, nahe, weitere Reduktionsmaßnahmen auszuarbeiten. Die Gesamtkosten würden sonst die Summe von einer Million übersteigen, was im Vergleich mit anderen Neubauten von physikalischen Instituten, wie Berlin und Straßburg, erheblich höher liege.[37]

Lenard billigt den Beschluß des Ministeriums, empfiehlt aber gleichzeitig, einige Positionen aus seinem Anschlag nur vorläufig zu streichen; er behält sich vor, ›falls es im Einverständnis mit dem Baumeister möglich ist, diese Positionen während der Ausführung des Baues an Stelle von Ersparnissen treten zu lassen, welche durch Vereinfachungen, deren zweckmäßige Anordnung erst dann angehbar sein wird, erzielt werden können.‹[38]

Ostendorf, der seitens des Ministeriums ebenfalls zur Sparsamkeit angehalten worden ist, versucht die durch Veränderungen und Ergänzungen erforderlichen Mehraufwendungen von 28 255 RM an anderen Stellen wieder einzusparen. Diese Sparmaßnahmen gehen hauptsächlich auf Kosten der Fassadengestaltung. Die Steinhauerarbeiten, wie Gesimse, Fenstergewände und Stürze, die Turmbekrönung, die Kartuschen über den jeweiligen Portalen sowie die ursprünglich reiche Ausstattung der Mittelachsen der einzelnen Baukörper sollen einfacher ausgeführt werden. Durch dieses Reduktionsprogramm werden Ersparnisse in Höhe von 28 200 RM gemacht, denen die Mehraufwendungen von 28 200 RM gegenüberstehen.[39] ›Das war (so schreibt Ostendorf, d. Verf.) ohne weiteres möglich, da doch die Absicht besteht, den ganzen Bau außen anzustreichen. Selbstverständlich wird dadurch das Gebäude ein einfacheres Aussehen erhalten, doch so, daß der künstlerische Eindruck eine Einbuße nicht erleidet.‹[40]

Abschließend macht Ostendorf folgende Aufstellung der Gebäudekosten für den Neubau: 450 000 RM für den Bau, 50 000 RM für die Platzgestaltung, 89 928 RM für die Fundamente, 53 122 RM für das Mobiliar, 105 530 RM für die apparative Einrichtung, 43 000 RM für das Architektenhonorar. Dies ergibt zusammen eine Summe von 791 580 RM.[41]

Am 27. 8. 1909 kommen der Stadtrat und die Kommission für städtische Bauten nach Anhörung von Ostendorf, der anhand des Modells die Einwendungen der Stadt gegen den Neubau beheben wollte, zu dem Beschluß, daß ›die Bedenken, welche das Unternehmen – namentlich insoweit die landschaftliche ästhetische Seite in Frage steht – im wesentlichen behoben worden sind, und daß wir daher mit Rücksicht auf das hervorragende öffentliche Interesse, um dessen Befriedigung es sich im vorliegenden Falle handelt, das Bauvorhaben vom Standpunkt der Stadtgemeinde aus nicht weiter beanspruchen wollen.‹[42] Voraussetzung aber dafür sei, daß das Ministerium die grundbuchmäßige Verpflichtung eingehe, ›den nach den Plänen von dem Institut freiliegenden Platz nach der Albert-Überle-Straße zu in der von Ihnen (Ostendorfs, der Verf.) vorgeschlagenen Weise gärtnerisch anzulegen und auf demselben nicht nur jetzt, sondern auch später keine Bauten zu errichten.‹[43] Das Ministerium geht auf Anraten von Ostendorf im Oktober 1909 auf die Verpflichtung ein.[44]

Die letzte Grundrißänderung erfolgt zu Beginn des Jahres 1910, da die Abstände des Gebäudes zu den Nachbargrenzen hin weder der allgemeinen Bauord- *416* nung noch den Bestimmungen des Kaufvertrages entsprochen haben. In dem Kaufvertrag ist der Abstand von der westlichen Nachbargrenze mit 13,50 m vorgeschrieben. Der Abstand zur östlichen Grenze muß aber 6,50 m betragen, damit die Summe der seitlichen Abstände - laut 22 a der Bauordnung - mit 20 m eingehalten wird.[45]

Ostendorf hat in seiner Planung angenommen, daß es, ›da nun das Institut mit der Vorderfront aus ästhetischen Rücksichten natürlich parallel zur Albert-Überle-Straße stehen sollte und diese Vorderfront aus inneren praktischen Rücksichten eine gewisse Länge haben muß‹[46], dem Vertrage nach erlaubt sei, ›die der Grundstücksgrenze des Nachbarn nicht parallele Westwand des Gebäudes vom Mittel, um 13,50 m von der Grenze nicht abzurücken.‹[47]

Nun hat sich aber herausgestellt, daß von einem mittleren Maß nicht ausgegangen werden kann, sondern jeder Punkt des Gebäudes um 13,50 m von der westlichen Nachbargrenze entfernt bleiben muß. Das Gebäude, das an der südwestlichen Hausecke lediglich 11 m Abstand zur Nachbargrenze hat, muß daher um 2,50 m weiter nach Osten verschoben werden, wobei dann der östliche Abstand von 6,50 m nicht mehr eingehalten werden kann. Um die Hauptfront des Gebäudes nicht wesentlich zu verkleinern, wird die Bebauung zum einen durch einen von der Stadt genehmigten Dispens, der das Maß von 5 m an der östlichen Grenze zuläßt, ermöglicht, zum anderen werden noch geringe Veränderungen an dem Grundriß des südlichen Institutsteils vorgenommen. Der Hauptkörper an der Albert-Überle-Straße ist um einen Meter schmaler - anstatt 24 m nur 23 m - und der daran anschließende Hörsaalbau um einen Meter tiefer - statt 14 m 15 m - geworden.[48]

Im Zusammenhang mit der Grundrißänderung hat der Hörsaalteil eine größere Umgestaltung erfahren. Die Gründe dafür gehen aus den Akten nicht hervor und können daher nur in Form von Hypothesen formuliert werden.

421, 424   Die unmittelbar an das Hauptgebäude anschließende Fensterachse des Hörsaales ist um etwa einen Meter zurückversetzt worden und übernimmt so nach außen optisch die Funktion eines Verbindungsgliedes zwischen den beiden Baukörpern. Das bewußte Abgrenzen des Hauptgebäudes von dem Hörsaal setzt sich auch in der neuen Dachkonstruktion des Hörsaales fort. Das in alten Planausführungen abgewalmte Dach, welches diesen Baukörper mit dem des Hauptgebäudes verbunden hatte, wird in seiner endgültigen Ausführung zu einem pyramidenförmigen Dach, während über dem schmalen Verbindungsteil ein niedriges Satteldach liegt. Zu diesem Zeitpunkt ist, wie aus den Fassadenaufrissen hervorgeht, die Dachstuhlhöhe des gesamten Gebäudekomplexes verringert worden. So ist zum Beispiel das Dach des Hauptgebäudes im Süden von 29 m auf 26 m reduziert.

Für diese Umänderung lassen sich verschiedenartige Motive annehmen: Zum einen waren die Proportionen zwischen dem Hauptgebäude, das durch die Grundrißänderung um einen Meter schmaler geworden war, und dem hohen Mansarddach gestört, was der Grund für die Verringerung der Dachstuhlhöhen gewesen sein könnte. Zum anderen kann auch davon ausgegangen werden, daß die Bedenken der Stadt Heidelberg und des Ministeriums im Hinblick auf die Gesamthöhe[49] in der Reduktion der Dachhöhen ihren Niederschlag fanden.

Als Konsequenz dieser Grundrißänderung entstehen im August 1910 neue *416,* Grundriß- und Fassadenpläne. In der neuen Fassadengestaltung schlagen sich *423–425* nun die Sparbeschlüsse des Ministeriums vom August 1909 nieder. Die Gestaltung der Mittelachsen mit den Portalen an den einzelnen Institutsteilen ist wesentlich vereinfacht worden. Die Rahmung der Fenster dieser Achsen sowie die Form und die Gestaltung der Portale, die nun alle mit Kartuschen geschmückt sind, ist einheitlicher und schlichter geworden. Der Hörsaal hat zudem eine größere Veränderung in der Fassadengestaltung erfahren. Die gesamte Gestaltung der Südfront hat Ostendorf, wie aus seinen Briefen hervorgeht, wohl die größten Schwierigkeiten bereitet. Zwei so verschiedene Baukörper wie das Hauptgebäude und den Hörsaal – die ›wie das ihrem inneren Wesen entspricht, nach außen ein sehr verschiedenes Aussehen zeigen‹[50] – so zu vereinigen, daß jeder Baublock eigenständig und in sich geschlossen wirkt, das Hauptgebäude aber eindeutig dominiert. Der Hauptbau mit seiner gedrungenen Masse, dem stattlichen Dach und der Kolossalgliederung ist unverändert geblieben. Die ursprünglich ebenfalls massige Erscheinung des Hörsaalbaues, mit dem hohen Walmdach und den uneinheitlich ausgebildeten Fenstern, zwischen denen größere Wandflächen liegen, hat einen einheitlicheren und dank der großen Hörsaalfenster, die kaum noch Wandfläche sichtbar machen, weniger gedrungenen Charakter erhalten.

Sicherlich liegen dieser Umgestaltung gleichfalls die Sparbeschlüsse des Ministeriums zugrunde. Jedoch kommt auch Ostendorfs Grundidee, jeden Baukörper als Einheit zu erfassen, in der neuen Fassadengestaltung des Hörsaalbaues zum Ausdruck. Dieser ist nun ebenfalls, wie die übrigen Fassaden des Instituts, achsensymmetrisch angelegt und erhält dank der neuen Dachform eine größere Eigenständigkeit.

Bevor die Bauarbeiten beginnen können, geht das Gelände am Philosophenweg, welches im April 1907 mit Hilfe des Evangelischen Hospitalfonds – vertreten durch die Stadt Heidelberg – gekauft worden ist, im September 1910 in den Besitz des Badischen Landesfiskus – Unterrichtsverwaltung – vertreten durch das Großherzogliche Ministerium, für den Preis von 108 000 RM über.[51]

Im Spätjahr 1910 beginnen die Fundamentierungsarbeiten, die mit größeren Schwierigkeiten verbunden sind. Eine heftige Diskussion entbrennt zu Beginn des Jahres 1911 zwischen dem Ministerium und Ostendorf wegen der Vergabe der Steinhauerarbeiten.[52] Ursprünglich war vorgesehen, das Gebäude zu verputzen (gelber Terranovaputz) und die Pilaster, Kapitelle, Fensterumrahmungen, Portale etc. in weißem Stein abzusetzen. Dabei sollte das günstigste Angebot genutzt werden (graugrüner Stein aus Sulzfeld, Kosten 20 000 RM). Die Tonwirkung sollte durch einen entsprechenden weißen Anstrich erzielt werden.[53] Ostendorf macht nun dem Ministerium den Vorschlag, die Werksteinteile in einem qualitätsvollen weißen oder roten Stein ausführen zu lassen. Anfänglich scheint man diesen Vorschlag gutzuheißen, doch stellt sich im Laufe der Verhandlungen heraus, daß die entstehenden Mehraufwendungen zu hoch sein würden. Daraufhin beschließt das Ministerium kurzerhand, die Arbeiten wie ursprünglich geplant auszuführen.[54]

Ostendorfs Bemühungen, das Äußere des Institutsneubaus solider und wirkungsvoller zu gestalten, sind somit gescheitert. Obwohl schon durch den Sparbeschluß im August 1909 das Steinhauerprogramm eine erhebliche Einbuße erlitten hat – es wurden über 20 000 RM gespart – stößt Ostendorfs Anliegen bei dem Ministerium auf kein Gehör. Das Ersparte kommt – wie sich hier und auch später noch zeigen wird – vornehmlich der inneren Ausstattung zugute, welche nach den modernsten Gesichtspunkten ausgewählt wird. So vergibt das Ministerium zu diesem Zeitpunkt die Planung und Ausführung eines elektrischen Fahrstuhls im Haupttreppenhaus, was ursprünglich nicht vorgesehen war.[55]

416 Weiter wird für die Stromversorgung des Instituts ein separater Akkumulatorenraum zur Unterbringung der Batterie notwendig. Ostendorf fertigt im Oktober 1911 die Pläne hierfür an. Der Bau soll an der nordwestlichen Ecke des Grundstücks neben dem Zugang zum Philosophenweg erstellt werden. Es ist ein eingeschossiges Gebäude, das unter der Gartenterrasse links neben dem Eingang liegen soll. Der Kostenanschlag beträgt 6900 RM.[56]

Zu Jahresende sind die Rohbauarbeiten vollständig abgeschlossen. Die Bauarbeiten werden während der Wintermonate eingestellt, da das Gebäude – nach Rücksprache mit Lenard – erst zu Ostern bezugsfertig werden soll und folglich eine Beschleunigung der Arbeiten nicht notwendig ist.[57] Am 1. März 1913 ist der Neubau bezugsfertig und wird dem Direktor in nicht offizieller Form übergeben. Ein Festakt soll zu späterer Zeit stattfinden.[58] Die Baukosten schließen mit einer Summe von 684 000 RM ab. In diesem Betrag sind die Kosten für die apparative Ausstattung noch nicht enthalten, die sich auf 105 500 RM belaufen.[59]

428-430 Am 25. Mai 1913 wird das Gebäude mit einem feierlichen Festakt seiner Bestimmung übergeben. Die Eröffnung des Instituts stößt allgemein auf rege Beachtung, da es für den Fortschritt der Wissenschaft von großer Bedeutung ist; aber auch der Bau an sich ruft lebhaftes Interesse hervor.

Der Neubau hat seit seiner Fertigstellung nie wesentliche Umbauten oder sonstige Veränderungen erfahren. Allein, was die Gartenanlage betrifft, so geht aus den Akten hervor, daß diese sich bereits in den zwanziger Jahren in einem bedenklichen Zustand befand, da nicht genügend Mittel vorhanden waren, um sie entsprechend zu unterhalten.[60]

Die fortschreitende Entwicklung und Modernisierung im wissenschaftlichen Bereich und die ansteigende Studentenzahl sind Anlaß zu weiteren Baumaßnahmen in den frühen fünfziger und sechziger Jahren. Es werden ein separates Werkstattgebäude und verschiedene unterirdische Labors für radioaktive Versuche errichtet. Stark verändert wird der Gesamtcharakter der Anlage durch den Neubau eines Hörsaalgebäudes im Jahre 1962, das auf dem Gelände zur Albert-Überle-Straße hin zwischen zwei Pavillons errichtet wird. Der einstöckige längsrechteckige Bau, der wie eine zweite Wand direkt hinter der hohen Stützmauer zur Albert-Überle-Straße liegt, zerstört Ostendorfs Grundidee: die monumentale Wirkung des Komplexes durch eine den Blick auf das Hauptgebäude freigebende terrassenartig angelegte Gartenanlage auszugleichen. Die Gartenanlagen an der Nord- und Westseite werden im Laufe der Zeit asphaltiert und zu Parkplätzen umgestaltet.

Beschreibung

Äußeres: Das Physikalische Institut, das zwischen dem Philosophenweg und der Albert-Überle-Straße liegt, ist ein aus mehreren Baukörpern zusammengesetzter Komplex.

Der südliche querstehende Baublock setzt sich aus dem Hauptgebäude mit der Schaufassade zur Stadt und dem westlich daran anschließenden Hörsaaltrakt zusammen. Der Nordtrakt stößt im rechten Winkel auf die Nordseite des Hauptgebäudes. In diesem Teil befinden sich hauptsächlich Praktikumsräume, die Bibliothek und Labors. Der diesen Gebäudeteil nach Norden abschließende Kopfbau beherbergte ursprünglich das Radiologische Institut. Der Grundriß der gesamten Anlage ergibt die Form eines spiegelverkehrten ›L‹.

Das Gebäude wurde in seiner Anlage dem stark von Süden nach Norden ansteigenden Gelände angepaßt und hat fünf Geschosse, von denen das erste Geschoß nur im südlichen Teil ausgebaut ist. Dieses umfaßt das gesamte Haupt- und Hörsaalgebäude und schließt den Nordtrakt einschließlich des Haupttreppenhauses mit ein.

Die Geschoßhöhe sowie die Achsenzahl der einzelnen Bauteile variieren ebenso wie die Dachform und die Fassadengliederung. Das dritte Geschoß ist das Hauptgeschoß. Die Fassaden sind verputzt (gelber Terranovaputz). Nur die Gesimse, Fensterumrahmungen, die Pilaster und Lisenen sowie die Eingangsportale sind aus Sandstein und mit einem weißen Anstrich versehen. Die ursprüngliche Farbgebung der Fassade hat sich im Laufe der Jahre – das Institut ist außen nie renoviert worden – völlig verändert. Die weiße Farbe auf dem Sandstein sowie *430, 431* der ursprünglich dunkelgelbe Putz sind mittlerweile abgewaschen und verblaßt. Die Dachflächen sind mit Schiefer gedeckt und von Gaupen mit Segment- bzw. Dreieckgiebel durchbrochen.

Die Südfassade besteht aus zwei aneinanderstoßenden Bauteilen, dem Haupt- *424, 428* gebäude und dem Hörsaaltrakt, deren Eigenständigkeit sich sowohl in den unterschiedlichen Baukörpern als auch in deren Fassadengliederung widerspiegelt. Einzige Verbindungselemente zwischen diesen Gebäudeteilen sind der gemeinsame Sockel und das Dachgesims. Der Blick des Betrachters fällt zuerst auf das Hauptgebäude, das durch Fassadengliederung, Schmuckformen und das überragende Mansardwalmdach einen Schwerpunkt bildet. Über der Sockelzone, die das erste Geschoß enthält, befinden sich drei weitere Geschosse. Die Fassade des Hauptgebäudes ist siebenachsig. In der Mitte des Sockels, der durch ein Gesims von den oberen Stockwerken getrennt ist, liegt das Portal. Oberhalb des Sockelgesimses stehen sowohl an den Außenflanken als auch rechts und links der Mittelachse Sandsteinpilaster mit ionischen Kapitellen und Festons, die sich als Kolossalpilaster über drei Geschosse bis zum Dachgesims erstrecken. Die Seitenpilaster sind etwas von den Außenkanten abgerückt. Die vorgezogene Mittelachse wird oberhalb des Sockelgesimses auf den Außenseiten von mit Viertelpilastern hinterlegten Pilastern flankiert. Die leicht angedeuteten Ohrengewände der Fenster in dieser Achse sind durch einen Halbrundstab profiliert, ebenso die Sohlbank mit Ablauf und Platte. Das Portal in der Mittelachse betritt man über einen zweiarmigen Treppenaufgang mit eisernem Geländer. Die Portalrahmung liegt vor der Wandfläche. Drei aufeinanderliegende, gestaffelte Wandvorlagen von unterschiedlicher Breite flankieren den Eingang. Das Portal ist von einem Korbbogen in Sandstein gefaßt, die Kämpferzone des Bogens durch ein um alle Wandvorlagen sich verkröpfendes Band hervorgehoben. Die Eingangstüre besteht aus zwei grünlackierten kassettierten Holzflügeln. Über dem Portal erhebt sich ein korbbogenförmiger, nach hinten gestaffelter Giebel, der durch eine in dem Bogenfeld angebrachte Sandsteinkartusche gesprengt und auseinandergedrückt wird. Die Kartusche ist von einem Laubkranz umgeben und trägt die Inschrift: ›Unter Großherzog Friedrich II. erbaut 1910-13‹. – Die Fenster aller sieben Achsen sind durch Sprossen unterteilt. Sie haben, außer den Fenstern der Mittelachse, Rechteckgewände aus Sandstein, profilierte Sohlbänke mit Ablauf und Platte. Die höchsten Fenster befinden sich im dritten Geschoß, das der Belétage entspricht.

Die Fassadengliederung des Hauptgebäudes setzt sich sowohl in der Ostfassade des Gebäudekomplexes als auch in einem schmalen Wandfortsatz nach Westen fort. Der um etwa einen Meter zurückgesetzte Gebäudeteil zwischen dem Haupt- und dem Hörsaalbau, der innen dem Hörsaal zuzurechnen ist, macht die westliche Mauer des Hauptgebäudes sichtbar. Ein seitlich eingerückter Dreiviertelpilaster mit ionischem Kapitell und Festons entspricht der Gliederung der Südfassade.

Die Südfassade des Hörsaaltraktes ist viergeschossig und in vier Achsen unterteilt. Eine fünfte, um etwa einen Meter zurückgesetzte Achse wirkt nach außen optisch als Verbindungsglied zwischen dem Hörsaaltrakt und dem Hauptgebäude und erscheint damit nicht der Fassade des Hörsaaltraktes zugehörig. Das aus der Mauerfläche hervortretende Portal befindet sich auch hier in der Mitte der Sockelzone. Die Außenkanten sind abgerundet, die Kämpferzone durch ein Gurtband betont. Der Eingang mit dem darüberliegenden Bogenfeld, in welchem eine Kartusche von derselben Art wie am Hauptgebäude mit der Inschrift ›Großer Hörsaal‹ angebracht ist, ist zurückgesetzt. Die ebenfalls in Grün gehaltene Holztüre besteht aus zwei kassettierten Flügeln. Seitlich des Portals sitzt jeweils ein Fenster der gleichen Art wie die des entsprechenden Geschosses des Hauptgebäudes. Die Fenster des darüberliegenden zweiten Geschosses sind ebenfalls mit denen des Hauptgebäudes identisch. Darüber befinden sich – ein Mezzanin andeutend – vier kleine quadratische Fenster, die in den beiden westlichen Achsen zur Beleuchtung des Treppenhauses dienen; die Fenster der östlichen Achse sind blind. Über den Fenstern des Mezzanins liegen, die gesamte Wandfläche einnehmend, mit Sprossen unterteilte Hörsaalfenster, deren Stürze und Rechtecksohlbänke aus Sandstein sind. Die Gliederung des einachsigen, zurückgesetzten Verbindungsteils entspricht weitgehend der des Hörsaales. Der Hörsaalbau schließt mit einem Pyramidendach, der Verbindungsteil mit einem Satteldach ab.

Die Westfassade des Instituts ist ebenfalls in mehrere Teile aufgegliedert. Sie besteht aus der Westseite des Hörsaales mit dem daran anschließenden Treppenhausturm, dem Nordtrakt, der achsensymmetrisch angelegt ist, und dem im Norden anschließenden Kopfbau, dem ursprünglichen Radiologischen Institut.

425, 429   Die Gestaltung der Westseite des vierachsigen Hörsaalbaues einschließlich des zweiachsigen Turmes entspricht weitgehend der der Südfassade. In der Sockelzone des Hörsaalteiles liegen in der nördlichen Achse eine Kellertür, daneben ein Fenster. Die vier großen Hörsaalfenster sind blind. Im Dach sitzen drei Gaupen mit Segmentgiebel. Der Turm übernimmt weitgehend die Gliederung des Hörsaales. In der Sockelzone befinden sich zwei Fenster: die Wandflächen, die den Hörsaalfenstern entsprechen, sind in der oberen Hälfte durchfenstert. Der im Grundriß quadratische Treppenhausturm wird unterhalb des Daches von acht Fenstern durchbrochen und schließt mit einem achteckigen Pyramidendach ab. Die fünfachsige Nordseite des Hörsaales ist entsprechend gegliedert.

Der an das Hauptgebäude im rechten Winkel anstoßende Baublock ist dreigeschossig und neunachsig. Das erste Geschoß, das bis einschließlich der Mittelachse dieses Baukörpers ausgebildet ist, ist wegen des stark ansteigenden Geländes nach außen nicht mehr sichtbar. An dieser Stelle befindet sich das zweite Geschoß in der Sockelzone. Die Mittelachse tritt wie die der Südfassade des Hauptgebäudes aus der Wand heraus. Sie wird durch außen hinterlegte Lisenen hervorgehoben. Das Prinzip der Staffelung sowie Form und Größe der in der Wandrücklage befindlichen Fenster sind dem des Hauptgebäudes entlehnt. Allein in der Gestaltung des Giebels unterscheiden sich die Portale. Hier handelt es sich um einen Dreieckgiebel, dessen Unterseite durch eine Kartusche mit der Aufschrift ›Physikalisches Institut der Universität‹ durchbrochen ist. Das Portal betritt man über eine vierstufige Treppe. Die Eingangstüre ist zweiflügelig und mit Kassetten versehen. Die übrigen Fenster des Erd- und Obergeschosses entsprechen ebenfalls denen des Hauptgebäudes.

Der Gebäudekomplex schließt mit dem Radiologischen Institut ab, dessen Westfassade aus der Flucht des Nordtraktes herausspringt. Die Fassade ist viergeschossig und fünfachsig. Die Mittelachse ist vorgezogen und durch eine leicht hervortretende Wandvorlage in Putz, der ein flaches Sandsteinband vorgelegt ist, betont. Rechts und links der Mittelachse stehen Sandsteinlisenen, an den Außenflanken etwas eingerückte Putzlisenen. Das Stockwerkgesims sowie das hervortretende Hauptgesims zwischen dem vierten Geschoß und dem Attikageschoß akzentuieren die Fassade auch horizontal. Das Hauptgesims verkröpft sich um die Sandsteinlisenen und wird durch die Fenster in der Mittelachse unterbrochen. Auf dem Gesims stehen, den Lisenen vorgelegt, auf Postamenten ruhende Sandsteinvasen in Flachrelief. Durchhängende Girlanden schmücken den Vasenkörper. Die Portalzone in der Mittelachse ist der des Hörsaalbaues ähnlich. Der Eingang war ursprünglich vermauert, in späteren Jahren wurde eine einfache Holztüre eingesetzt. Die Fenster in dieser Achse liegen zwischen den Geschoßhöhen der seitlichen Achsen und beleuchten das Treppenhaus. Die Fensterformen und die Gliederung sind wie an den anderen Mittelachsen der einzelnen Gebäudeteile beschaffen. Das in dem Attikageschoß liegende Ochsenauge mit profilierter Laibung bildet den Abschluß dieser Achse.

Die Nordansicht des ehemaligen Radiologischen Instituts ist zugleich dessen *423, 430* Hauptfassade. Sie ist dreigeschossig und dreiachsig und hebt sich von den Fassaden des Physikalischen Instituts mittels anderer Gliederungs- und Schmuckelemente ab. Die Sockelzone ist heute nicht mehr sichtbar, da in den fünfziger Jahren das Gelände vor dem Institut wegen eines unterirdischen Bunkers bis auf die Höhe des Eingangsportals aufgeschüttet worden ist. Über dem zweiten Geschoß liegt ein Attikageschoß. Ein Hauptgesims grenzt dieses Stockwerk von den anderen ab. Eine vertikale Gliederung erfolgt durch sechs Lisenen in Putz bzw. Sandstein, die von dem unteren Geschoß bis zu dem Dachgeschoß reichen. Von den fünf Wandfeldern sind nur die drei mittleren durchfenstert. An den Außenkanten liegen eingerückte Putzlisenen, zwischen den mittleren Achsen hinterlegte Sandsteinlisenen. Das Gesims ist bei den Achsen seitlich der einschwingenden Mitte verkröpft. Die Fenster östlich und westlich der Mittelachse befinden sich in einer verputzten Wandfläche, haben Sandsteingewände und profilierte Sohlbänke mit Ablauf und Platte. Die Mittelachse mit dem Institutsportal hat, im Vergleich zu den anderen Eingängen, einen besonderen Charakter. Sie ist durchgehend über alle Stockwerke aus Sandstein. Die seitlich des Portals verlaufenden Lisenen sind hinterlegt. Auf die anschließend konkav einschwingende Wandrücklage sind das Portal sowie die darüberliegenden Fenster des oberen und des Attikageschosses leicht vorgelegt. Das Hauptgesims verkröpft sich um die hinterlegten Lisenen und schwingt in der Mittelachse konkav ein. Das Portal tritt aus der Wandflucht heraus und entspricht in seiner Gestaltung dem der Westfassade. Die Kartusche im Giebelfeld trägt die Aufschrift ›Physikalisches Institut der Universität‹. Die zweiflügelige, in grün gehaltene Türe hat ein einfaches Rautenmuster. Einen besonderen Schmuck erhält das gesamte Institut durch die in die Attikazone gestellten Sandsteinvasenreliefs. Der Bau schließt mit einem Walmdach ab.

Die Ostseite, die direkt an die Grundstücksgrenze stößt, bildet die Rückseite. In der Mitte befinden sich ein turmartig überhöhter, zweiachsiger Mittelrisalit, in welchem sich das Haupttreppenhaus befindet, sowie zwei Seitenrisalite, die die Gliederungsformen der südlichen bzw. der nördlichen Fassade wiederaufnehmen. Der südliche Risalit ist vierachsig, der nördliche fünfachsig. Die Baukörper sind mit vierachsigen Rücklagen verbunden.

Inneres. Ein Eingang an der Albert-Überle-Straße an der westlichen Ecke des Grundstücks führt über einen breiten, stark ansteigenden Weg direkt auf das Portal zum großen Hörsaal. Über eine Wendeltreppe mit offener Spindel, die vom
426   ersten Geschoß in das dritte führt, gelangt man in den Garderobenraum des Hörsaales, über dem im vierten Geschoß die nach hinten stark ansteigenden Sitzreihen des Hörsaales liegen. Durch einen Bogen am hinteren Ende des Garderobenraumes betritt man den an der Nordseite des Gebäudes stehenden Treppenhausturm, von welchem man über eine zweiarmige, zweiläufige Treppe mit gemeinsamen Antritt im dritten Geschoß in den obersten Teil des Hörsaales gelangt. Der Garderobenraum ist mit einer dunkelgrünen Wandtäfelung versehen.
427   Östlich des Hörsaalgebäudes schließt das Hauptgebäude mit eigenem Portal an. Das Treppenhaus dieses Trakts, das ursprünglich ausschließlich für den internen Verkehr zwischen Direktor, Assistenten und Werkstatt bestimmt war, liegt nicht direkt hinter dem Eingang, sondern um eine Achse nach Westen verschoben. Die gerade zweiläufige Treppe führt vom ersten zum vierten Geschoß.

An der westlichen Seite des Grundstücks, am Philosophenweg, erreicht man über mehrere Treppen das Hauptportal des Instituts. In der Verlängerung des Portals mit anschließendem Flur befindet sich auf der Ostseite des Gebäudes das Haupttreppenhaus, eine gerade zweiläufige Treppe, die von dem zweiten Geschoß bis ins Dachgeschoß führt. In dem Treppenschacht befindet sich ein elektrischer Aufzug, der die einzelnen Stockwerke untereinander verbindet. Über eine angewendelte Treppe im Dachgeschoß gegenüber dem Haupttreppenhaus gelangt man in das erste Turmgeschoß und von dort über eine Wendeltreppe auf das Turmplateau.

Das ehemalige Radiologische Institut im Norden ist über einen separaten Eingang zugänglich. Eine Nebentreppe befindet sich im rechten Winkel zum Portal auf der westlichen Seite und läuft durch alle Geschosse bis zu dem Dachgeschoß. *426*

An der östlichen Seite des Grundstücks gelangt man von der Albert-Überle-Straße über einen gepflasterten Weg, der zum Eingang des Kohlenkellers und im nördlichen Teil zur Hausmeisterwohnung führt, zur Ostseite des Instituts.

Die Anordnung der einzelnen Räume erfolgt in allen Geschossen nach demselben zweibündigen Prinzip. Rechts und links des von Norden nach Süden verlaufenden mittleren Flures liegen die Institutsräume. Die Raumaufteilung hat sich im großen und ganzen bis heute nur unwesentlich geändert. Im Laufe der Jahre sind in den einzelnen Geschossen an einigen Stellen Wände durchbrochen und neue Zwischenwände eingezogen worden. Das Dachgeschoß, das ursprünglich nur im nördlichen Kopfbau Institutsräume hatte, ist heute, mit Ausnahme des Dachstuhls über dem Hörsaal, vollständig ausgebaut. *419*

Kunstgeschichtliche Bemerkungen

Die vielseitigen Forderungen und Bedingungen, an die sich der Architekt Friedrich Ostendorf zu halten hatte, fanden Eingang in die endgültige Ausführung des Projekts.

Der Gebäudekomplex setzt sich aus mehreren, in sich klar symmetrisch gegliederten Baukörpern zusammen, die eine Aufgliederung der gesamten Baumasse bewirken sollten. Parallelen zu Barockbauten lassen sich besonders in der Fassadengliederung aufzeigen. Die streng durchgehaltene achsensymmetrische Organisation eines jeden Baukörpers mit Ausnahme der Nord- und Westseite des Hörsaalbaues, die Betonung der jeweiligen Mittelachsen durch gestaffelte Wandvorlagen (am Südbau durch gestaffelte Pilaster), die Fenster mit profilierten Ohrengewänden, die vorgezogenen Portale mit gestaffelten und gesprengten Giebeln, die Kolossalgliederung des Hauptgebäudes, die Variation der Fensterhöhen mit Betonung auf dem dritten Geschoß, der ›Belétage‹, das Treppenhaustürmchen an der Westseite und das hohe Mansarddach mit den Gaupen sind deutlich dem Barock entlehnte Merkmale. Die Hierarchie der einzelnen Gebäudeteile innerhalb des gesamten Komplexes wird nach außen durch unterschiedliche, der Bedeutung entsprechende Schmuckelemente und Fassadengliederungen dokumentiert: Dem Hauptgebäude - mit der Schaufassade zur Stadt und den dahinter liegenden Zimmern des Direktors - kommt durch die Kolossalordnung und die zum Portal führende Freitreppe der höchste Stellenwert zu. Der selbständige Charakter des Radiologischen Instituts wird, nach dem Willen des Stifters, mittels eigener Schmuckformen und einem zusätzlichen Attikageschoß unterstrichen. West- und Ostfassade des mittleren Institutsteils sind im Vergleich zu den beiden anderen Fassaden nochmals in einer untergeordneten Weise gestaltet. Die Fassade des Hörsaalbaues mit den die Wand strukturierenden Hörsaalfenstern ist am einfachsten und funktionalsten gestaltet.

Die Verwendung barocker Stilelemente durch Ostendorf muß im Zusammenhang mit einer spezifisch ortsgeprägten Bauphase in Heidelberg zu Beginn des zwanzigsten Jahrhunderts gesehen werden, als, anders als bei den architektonisch stark durch die Renaissancefassaden des Heidelberger Schlosses inspirierten Bauten (Stadthalle), eine Rückbesinnung auf das barocke Heidelberg stattfand. Spezielle Merkmale des Heidelberger Barocks sind seine relative Nüchternheit und Schlichtheit, die sich zum Beispiel am Rathaus (1701–1703) oder am St. Anna-Hospital in der Plöck (1714–1715) ablesen lassen. Als Gliederungs- und Schmuckelemente treten an diesen Bauten die Kolossalgliederung mit Pilastern und ionischen Kapitellen, die Ohrenfenster und das steile Mansarddach mit Gaupen auf.

Diese Stilelemente finden sich an den Bauten zu Beginn des zwanzigsten Jahrhunderts wieder, wie zum Beispiel an der Rathauserweiterung des Heidelberger Architekten Franz Sales Kuhn (begonnen 1912), dem Vincentius-Krankenhaus an der Unteren Neckarstraße (begonnen 1913), sowie an mehreren Mietshäusern in der Weststadt und eben auch am Physikalischen Institut. Ostendorf versuchte, Charakteristika der Heidelberger Barockarchitektur in den Neubau des Instituts einfließen zu lassen.

Im Gegensatz zu dem allgemeinen Lob über den Neubau in der Heidelberger Lokalpresse, haben sich auch kritische Stimmen dazu geäußert: Im Jahre 1926 schreibt H. D. Rösiger, ein Schüler Ostendorfs, in der Zeitschrift ›Wasmuths Monatsheft für Baukunst‹ folgendes: ›Der erste umfangreiche Bau seiner Karlsruher Jahre ist das Physikalische Institut der Universität Heidelberg. Er zeigt deutlich die Spuren eines noch nicht bewältigten Ringens. Er zerfällt in einzelne Baukörper, die jeder in sich klar und symmetrisch, doch nicht zu einer wirklichen Einheit zusammengeschaut sind. Auch die umgebenden Hof- und Gartenräume schließen sich nicht räumlich zusammen. Es war ein Versuch, dem das Gelingen noch versagt blieb.‹[61]

Ostendorf versuchte, seinen Bau mit Charakteristika der Heidelberger Barockarchitektur anzureichern und auf diese Weise ›ortsständig‹ zu machen. Zugleich nutzte er aber die Formensprache barocker Repräsentationsbaukunst, um die Bedeutung sinnfällig zu machen, die dem neuen Physikalischen Institut in Heidelberg und den Naturwissenschaften im Deutschen Kaiserreich ganz allgemein zugemessen wurde. Stilgeschichtlich läßt sich der Bau der Spätphase des Historismus zuordnen. Ostendorf war einer der konservativen Reformarchitekten der Zeit vor dem Ersten Weltkrieg, die ihre Lösungen von alten Vorbildern aus entwickelten.

Anmerkungen

1 Vgl. dazu: Barbara Auer: Das Physikalische Institut der Universität Heidelberg, Veröffentlichungen des Kunsthistorischen Instituts zur Heidelberger Altstadt, hrsg. von P. A. Riedl, Heft 20, Heidelberg 1984

2 Nähere Angaben zu den Vorgängerbauten

des Physikalischen Instituts siehe: Georg Quincke: Geschichte des Physikalischen Instituts der Universität Heidelberg, Heidelberg 1885

3 GLA: 235/3255

4 Ebd.

5 Folgende Bauplätze wurden erwogen: 1. Bauplatz Ecke Untere Neckarstraße, Brunnengasse (in der Nähe der Alten Anatomie), 2. Bauplatz Eckplatz Landfriedstraße, Märzgasse, Plöck, 3. Bauplatz Eckplatz Karl-Ludwig-, Landfried-, Friedrichstraße, 4. Bauplatz Eckplatz Goethe-, Blumen-, Häusserstraße.

6 Philipp Lenard (1862–1947): von 1907–1931 Professor der Physik an der Universität Heidelberg. Schon zur Zeit der Weimarer Republik war er bekannt für seine antisemitische Haltung. Er bekämpfte die Relativitätstheorie Albert Einsteins, und es kam zu offenen Konfrontationen zwischen ihm und Einstein. Ab 1922 treten vermehrt ›völkische‹ Ideen und Terminologien in seinen wissenschaftlichen Veröffentlichungen auf. Lenards Institut wurde zum Zentrum rechtsradikaler Politik. Studenten und Assistenten bildeten eine ›völkische Gruppe‹ und viele traten der NSDAP bei. Ab 1927 beteiligte sich Lenard an verschiedenen kulturellen Organisationen der Nationalsozialisten und war 1929 bei der Gründung von Rosenbergs ›NS-Gesellschaft für deutsche Kultur‹, dem späteren ›Kampfbund für deutsche Kultur‹, anwesend. Lenard verfaßte das ›Lehrbuch der arischen Physik‹, das erstmals 1926 unter dem Titel ›Deutsche Physik‹ erschien

7 Vgl. Chronik der Stadt Heidelberg für das Jahr 1911, XIX. Jahrgang, S. 39

8 GLA: 235/3255

9 Vgl. Chronik der Stadt Heidelberg für das Jahr 1911, XIX. Jahrgang, S. 39

10–12 GLA: 235/3255

13 GLA: 235/534

14 Ostendorf, Friedrich (1871–1915): Friedrich Ostendorf, Schüler Carl Schäfers, stand zu Beginn seiner architektonischen Entwicklung ganz in der Tradition der Schäfer-Schule. Schäfers Lehre bestand in der Aufnahme mittelalterlicher Bautradition, wobei er sich wesentlich mit der Formensprache der Gotik beschäftigte. 1904 wird Ostendorf als ordentlicher Professor für mittelalterliche Baukunst an die neugegründete Danziger Hochschule berufen.

1907 besetzte er den vakanten Lehrstuhl seines Lehrers Carl Schäfers in Karlsruhe. In Karlsruhe, der Stadt Friedrich Weinbrenners, einer Stadt, in der das städtebauliche Ideal des 18. Jahrhunderts durch die Weinbrennersche Stadterweiterung noch einmal eine späte Verwirklichung gefunden hatte, vollzog sich auch bei Ostendorf die große Wende von der mittelalterlichen Baukunst zum spätbarocken und klassizistischen Karlsruher Städtebau. Von nun an knüpfte er an die, seiner Meinung nach letzte wirkliche Bautradition an, die er in der Architektur der Renaissance und des Barocks verkörpert sah. Seine Erkenntnisse, die er durch seine Studien über die Architekturtheoretiker der Renaissance und des Barocks gewonnen hatte, sollten in einem umfassenden Werk mit dem Titel ›Sechs Bücher vom Bauen‹ herausgegeben werden. Die ersten beiden Bände sowie ein 1914 erschienener Ergänzungsband ›Haus und Garten‹ wurden 1913 und 1914 von Ostendorf herausgegeben. Der dritte Band wurde von Walter Sackur aus nachgelassenen schriftlichen und zeichnerischem Material, nach Ostendorfs Tode im Ersten Weltkrieg, im Jahre 1920 veröffentlicht.

15–17 GLA: 235/534

18 Vgl. Alan D. Beyerchen: Wissenschaftler unter Hitler, Physiker im Dritten Reich, Frankfurt 1982, S. 118 ff.

19 GLA: 235/3255

20 Richard Fleischer, Rittergutsmeister aus Wiesbaden. Bekannt für mehrere Stiftungen an die Universität Heidelberg, zum Beispiel für die Czerny-Klinik

21 Vgl. Chronik der Stadt Heidelberg für das Jahr 1911, XIX. Jahrgang, S. 40

22 Lenard erhielt 1905 den Nobelpreis für seine Kathodenforschung

23 GLA: 235/3255. Zu diesen zwei Projekten sind keine entsprechenden Pläne in den Archiven gefunden worden

24–28 GLA: 235/3255

29 StA: 303,1

30–32 GLA: 235/3255

33 GLA: 235/3258, 235/3255

34–36 GLA: 235/3258

37 GLA: 235/3255

38 Ebd.

39 GLA: 235/3258

40 GLA: 235/3255

41 GLA: 235/3258

42–47 StA: 303,1

48 BVA: Lgb. Nr. 6343, 1909, Band 1

49 StA: 303,1

50 GLA: 235/3256

51–56 GLA: 235/3255

57 GLA: 235/534

58 GLA: 235/3256

59 Ebd., Chronik der Stadt Heidelberg für das Jahr 1913, XXI. Jahrgang, S. 46

60 GLA: 235/3808

61 Hans Detlev Rösinger: Friedrich Ostendorf, in: Wasmuths Monatshefte für Baukunst, Berlin 1926, S. 288

Literatur

Auer, Barbara: Das Physikalische Institut der Universität Heidelberg, Veröffentlichungen des Kunsthistorischen Instituts zur Heidelberger Altstadt, hrsg. von P. A. Riedl, Heft 20, Heidelberg 1984

Beyerchen, Alan D.: Wissenschaftler unter Hitler, Physiker im Dritten Reich, Frankfurt 1982

Chronik der Stadt Heidelberg, Bauliche Entwicklung der Stadt, XIX. Jahrgang, Heidelberg 1911

Chronik der Stadt Heidelberg, Kirche, Schule, Universität, Akademie, Kunst, XXI. Jahrgang, Heidelberg 1913

Gruber, Karl: Friedrich Ostendorf, Karl Weber und die Schäferschule im Wandel der Generationen, in: Ruperto Carola 29, Heidelberg 1961

Rösiger, Hans Detlev: Friedrich Ostendorf, in: Wasmuths Monatshefte für Baukunst, Berlin 1926

BARBARA AUER

Das Haus Philosophenweg 16

Die am Philosophenweg liegende Villa beherbergt heute die Abteilung Hochenergiephysik des Instituts für Theoretische Physik.

Geschichte

Im August 1911 reicht Dr. Hugo Merton, der Besitzer des Grundstücks Philosophenweg/Ecke Albert-Überle-Straße, dem Großherzoglichen Bezirksbauamt ein Gesuch für die Bebauung des Grundstücks ein. Es handelt sich um das Projekt einer zweigeschossigen Villa. Architekt Oswald, der für die Firma Philipp Holzmann in Frankfurt arbeitet, hat die Pläne gefertigt und übernimmt die Bauleitung. Der Stadtrat von Heidelberg sowie das Großherzogliche Bauamt sind mit dem Neubau einverstanden, und im September 1911 beginnen die Arbeiten. Im Herbst 1912 ist das Gebäude fertiggestellt.[1]

432, 433

Die Anordnung der einzelnen Räume entspricht dem damaligen Schema herrschaftlicher Villen. Im Keller befinden sich die Wirtschaftsräume mit Küche, Speisekammer, Vorrats- und Weinkeller und die Heizungsanlage. Im Erdgeschoß gelangt man über eine Treppe auf einen Vorplatz, um den die Räume angelegt sind. Auf der westlichen Seite befinden sich die Kleiderablage und das Herrenzimmer. Eine Veranda, das Musikzimmer und das Blumenzimmer liegen, der Stadt zugewendet, im Süden, im Osten das Speisezimmer mit Anrichte und Dienstbotenzimmer. Ein kleiner Brunnen im Blumenzimmer mit einer Brunnenfigur von dem Münchner Bildhauer Heinrich Wirsing gibt diesem Raum einen besonderen Akzent. Im ersten Obergeschoß sind die Schlafzimmer sowie Kinderzimmer, Boudoir, Ankleideraum, Bad, WC, im Dachgeschoß die Dienstboten- und Gästezimmer untergebracht.

435

Im Jahre 1939 kommt es unter dem neuen Besitzer, Max Göhler, zu kleineren Umbauten: Die Nebentreppe des Wohnhauses erhält einen eigenen Eingang, das Einfahrtstor der Garage wird verbreitert und im Keller wird eine Schutzraumanlage eingerichtet. Ausführender Architekt ist Hermann Hampe.[2] Gleichzeitig soll die Albert-Überle-Straße an ihrer Einmündung in den Philosophenweg verbreitert werden. Die Stadt Heidelberg erwirbt einen Teil des Grundstücks, um die Einfriedung zu versetzen. Der Eisenzaun wird durch eine Bruchsteinmauer aus rotem Sandstein ersetzt. 1940 sind diese Arbeiten beendet.[3]

1953 geht das Gebäude in den Besitz der Universität über, da die schnell anwachsende Studentenzahl es notwendig macht, neue Räumlichkeiten für das benachbarte Physikalische Institut zu schaffen. 1966 beantragt Prof. Dr. Hans Daniel Jensen die Überdachung der nach Süden liegenden Terrasse, um einen neuen Arbeitsraum zu schaffen. Die Terrasse wird mit einem Flachdach in Stahlkonstruktion gedeckt; die Arbeiten sind 1970 abgeschlossen.[4]

Beschreibung

Der Grundriß der zweigeschossigen Villa ist aus dem Rechteck entwickelt. An der Nordseite schließt ostwärts ein Anbau an, in welchem sich das Treppenhaus befindet; er ist mit einem eigenen Mansarddach, das im rechten Winkel an das große Mansarddach der Villa stößt, gedeckt. Westlich davon liegt der Eingang 434 zur Villa. Das Gebäude besitzt drei Schaufassaden: die Süd-, Ost- und Westseite, die der Stadt bzw. dem Park zugewandt sind. Die Nordseite ist dagegen schlicht gehalten. Durchgängige Gliederungselemente sind der rustizierte Sockel mit abschließendem Sockelgesims und ein Sohlbankgesims, das das Erdgeschoß vom ersten Obergeschoß trennt.

432 Der dreiteiligen Südfassade ist in der Mitte ein Altan vorgelegt, der im Dachgeschoß mit einer Balustrade abschließt. Der Austritt ist von einem Zwerchhaus mit einer Fenstertür und zwei Fenstern begehbar. Dieses ist mit einem Dreieckgiebel und seitlichen Voluten ausgestattet. Der Altan besitzt pro Stockwerk in der Mitte ein großes querrechteckiges, an den Seiten je ein schmales hochrechteckiges Fenster. Im Erdgeschoß sitzen im westlichen Seitenteil zwei gekuppelte Rundbogenfenster mit Balustradenbrüstungen. An den Seiten sowie in der Mitte ist jeweils ein Pfeiler eingestellt. Rechts von dem Altan sitzen ein rechteckiges und ein Rundbogenfenster mit wiederum seitlich eingestellten Pfeilern. Über dem Sohlbankgesims befindet sich die Fensterreihe des zweiten Obergeschosses: ein querrechteckiges Fenster links von dem Altan, zwei kleinere Fenster rechts davon. Das Zwerchhaus wird rechts und links von je einer Giebelgaupe flankiert. An der östlichen Seite der Südfassade ist der moderne eingeschossige Anbau sichtbar.

434 Der Ostfassade ist im Erdgeschoß eine segmentbogig vorgebauchte, von fünf schmalen Fenstern durchbrochene Veranda vorgelegt. Eine Dreifenstergruppe im ersten Obergeschoß mit einer Fenstertür in der Mitte führt auf den Austritt, der von einer Brüstung umgeben ist. Links öffnen sich zwei annähernd quadratische Fenster. Rechts sind im Erdgeschoß ein Rundbogenfenster, im Obergeschoß ein Zwillingsfenster sichtbar. Auf der linken Seite ist der moderne Anbau angegliedert, der von dieser Seite über eine Treppe vom Garten aus einen Zugang hat. Das Zwerchhaus mit drei Fenstern entspricht dem der Südfassade.

433 Die Veranda der Westfassade ist axial plaziert. Sie befindet sich im Erdgeschoß, ist seitlich von Pfeilern begrenzt und schließt mit einem Austritt mit Balustrade im ersten Obergeschoß ab. Die Veranda ist von einer Dreierfenstergruppe durchbrochen, die darüberliegende Wand ebenso. Im Dach sitzt ein Zwerchhaus, das wie das an der Ostfassade gestaltet ist. Rechts von der Veranda befindet sich im Erdgeschoß ein dem der Südfassade gleichendes Rundbogenfenster, links davon ein kleines rechteckiges Fenster.

An der Nordseite befindet sich in der Mitte der Zugang zur Villa, darüber die großen Treppenhausfenster im ersten Obergeschoß. Seitlich davon sind unregelmäßig kleinere Zwillings- und Drillingsfenster gruppiert. Im Dachgeschoß sitzen mehrere kleine Gaupen.

Kunsthistorische Bemerkungen

Der herrschaftliche Charakter der Villa, zum einen bedingt durch die exponierte Lage, zum anderen durch die großzügige Disposition, spiegelt das Repräsentationsbedürfnis und das Selbstbewußtsein des Großbürgertums zu Beginn des 20. Jahrhunderts. Stilistische Vorbilder für diesen Bau war das für diese Zeit bevorzugte ›bürgerliche Wohnhaus um 1800‹ das mit dem Typus des ›Landhauses‹ verbunden wurde. Das Gebäude verdeutlicht die damalige Vorstellung von einem behaglichen und großbürgerlichen Wohnen. Charakteristisch für diesen Baustil ist die Schlichtheit und Harmonie der Bauglieder zueinander sowie die handwerklich gediegene Ausstattung des Innern.

Anmerkungen

1 BVA: Lgb. Nr. 6360, 1911, Band I   2–4 BVA: Lgb. Nr. 6360, 1939, Band III

BARBARA AUER

Das Haus Philosophenweg 19

In dem Gebäude am Philosophenweg ist heute die Abteilung Vielteilchen-Physik des Instituts für Theoretische Physik untergebracht.

Geschichte

Im Sommer 1924 beauftragt Dr. W. R. Waldkirch, Buchdruckereibesitzer in Ludwigshafen, den Architekten Larouette aus Frankenthal mit der Planung eines *436, 437* zweistöckigen Wohnhauses am Philosophenweg. Gegen das Baugesuch ist von seiten der Stadt nichts einzuwenden, und im September 1924 beginnen die Bauarbeiten. Die Villa ist im Dezember 1926 fertiggestellt.[1] Die Räume sind nach dem *439* Schema der Villenbauten dieser Zeit aufgeteilt: Im Untergeschoß befinden sich die Wirtschaftsräume, im Erdgeschoß, mit dem Eingang im Norden, sind die Diele mit Wohn- und Eßzimmer, im Obergeschoß die Schlafräume untergebracht.

1945 wird das Gebäude von der amerikanischen Besatzungsbehörde belegt, wahrscheinlich 1953[2] geht es an den Sohn von Dr. Waldkirch zurück. Dieser läßt 1955 ein Schwimmbad für das Mädchenpensionat bauen, welches das Haus zu dieser Zeit nutzt. 1970 geht die Villa in den Besitz der Universität über. Nach größeren Umbauarbeiten, die mit einer Summe von 420 000 DM abschließen, ist das Gebäude im Dezember 1973 für die Theoretische Physik bezugsfertig.

Beschreibung

438 Die zweigeschossige Villa mit Walmdach liegt oberhalb des Philosophenweges, am steilen Hang des Heiligenberges. Um den in seinem Grundriß rechteckigen Baublock ist entlang der Ost-, Süd- und Westseite ein eingeschossiger, altanartiger Vorbau gelegt, der an den jeweiligen Seiten vom ersten Obergeschoß aus als Terrasse begehbar ist. Anstelle der in den 1924 datierten Plänen vorgesehenen massiven Brüstung findet sich als Umfriedung ein zierliches Eisengeländer.

436 Hauptfront ist die dem Garten und der Stadt zugewandte Südseite. Sie ist, wie die Nordseite, wo sich der Eingang zur Villa befindet, symmetrisch angelegt. In der Mitte der Südfassade geht der altanartige Vorbau in eine halbzylindrische Vorbauchung über. Sie ist von fünf Fenstern durchbrochen, wobei die beiden äußeren als Fenstertüren ausgebildet sind. Die Gewände sind profiliert und mit Sohlbänken und Schlußsteinen versehen. Zwischen den Fenstern ist je ein Pilaster eingestellt. Zwei breite, konkav einschwingende Treppen mit Steinbrüstung führen von beiden Seiten zu den Türen. Seitlich des Mittelteils befinden sich im Erdgeschoß drei rechteckige Fenster mit profiliertem Gewände und Sohlbank, im Obergeschoß in der Mitte drei Fenster, seitlich davon ein Fenster, alle mit Klappladen. Im Dach sitzen vier Gaupen mit Dreieckgiebel.

Der in der Mitte liegende Eingang an der Nordseite wird durch einen von Pfeilern getragenen Vorbau, über dem sich ein Austritt befindet, betont. Darüber sitzen die großen längsrechteckigen Treppenhausfenster. Neben dem Eingang befinden sich spiegelsymmetrisch ein größeres und zwei schmale kleine Fenster im Erdgeschoß, ebenso im Obergeschoß. Im Dach sitzen vier Gaupen mit Dreieckgiebel. – Die Ost- und Westseite sind schmaler und nicht axial gegliedert. Im Erdgeschoß liegen vier bzw. fünf rechteckige Fenster mit Sohlbank, im Obergeschoß zwei Fenster mit Klappläden und im Dachgeschoß eine Gaupe mit zwei Fenstern.

Kunsthistorische Bemerkungen

Die Villa, die in den zwanziger Jahren erbaut wurde, ist der Architekturströmung zuzuordnen, die an dem Zeitstil ›Um 1800‹ festhielt und die schon vor dem ersten Weltkrieg typisch für bürgerliche Wohnhäuser war. Ein Vergleich mit der ebenfalls um diese Zeit – im Stil der Neuen Sachlichkeit – errichteten Villa Bergius in der Albert-Überle-Straße, macht deutlich, daß der Architekt Larouette der zu Beginn des Jahrhunderts üblichen Bautradition verbunden war.

Anmerkungen

1 BVA: Lgb. Nr. 6390/1 Band I
2 Ebd. Das genaue Datum, an dem die Villa wieder in den Besitz von Waldkirch übergegangen ist, war aus den Akten nicht ersichtlich

Das Haus Albert-Überle-Straße 2

442, 443 Das auf der südlichen Seite der Albert-Überle-Straße gelegene Gebäude nimmt heute das Institut für Hochenergiephysik auf.

Geschichte

1911 beauftragt Professor Wilhelm Salomon-Calvi[1] den Architekten Franz Sales Kuhn (1864–1938), Pläne für eine Villa unterhalb des Philosophenweges zu entwerfen. Am 27.6. 1911 wird das Baugesuch mit zehn Plänen Kuhns eingereicht. Der Lageplan weist die zweieinhalbgeschossige Villa südöstlich der rechtwinklig verlaufenden Straße neben der Villa Dr. Braus und der Villa des Stadtbaumeisters Ehrmann aus. Mit den Bauarbeiten wird am 25.7. 1911 begonnen, das Haus ist im Jahre 1912 beziehbar.[2] 1932 emigriert Salomon-Calvi in die Türkei. Der neue Besitzer, Heinrich Telkamp, läßt 1942 von dem Architekten Heinrich Pflaumer den Eingang umbauen und die Veranda in einen Wintergarten umwandeln. 1945 wird dieser in ein Badezimmer umgebaut.[3] Bereits 1962 von der Universität als Gästehaus angemietet, wird das Haus 1964 mit Genehmigung des Besitzers vom Universitätsbauamt für das Institut für Hochenergiephysik im Innern umgestaltet, um die Aufstellung von Großrechenanlagen und diversen Meßgeräten zu ermöglichen.[4] Im Zuge dieser Umnutzung sind wahrscheinlich auch die ursprünglichen, mit Sprossen gegliederten Fenster durch neue, einfachere ersetzt worden. Erst im Oktober 1967 wird die Villa vom Staat für die Universität angekauft.[5]

Beschreibung

440 Der 1912 ausgeführte Bau unterscheidet sich in der Außengliederung von den 1911 vorgelegten Plänen nur unwesentlich. Weggefallen sind die verspielt wirkenden Putzgliederungen über den Fenstern des Obergeschosses, die mit Schlangenlinien verziert werden sollten, sowie gleichartige Verzierungen an den Brüstungen der Eingangsloggia. Strenger aufgebaut ist die Südseite, bei der die rundbogigen Fensterabschlüsse aufgegeben sind. Wichtigste optische Änderung stellt aber die Umwandlung des in Einheit mit dem übrigen Hauskörper geplanten Dachgeschosses in vier Zwerchhäuser dar. Die Villa ist ein verputzter Steinbau mit sich rechtwinkelig ineinander verschränkenden Walmdächern. Nord- und Südseite sind fünfachsig, Ost- und Westseite dreiachsig ausgeführt. Eine

Sandsteinverblendung definiert das Kellergeschoß als Sockel, wohingegen ein mit den Fensterbänken des Obergeschosses verkröpftes Sohlgesims das durch seine Höhe als Hauptgeschoß ausgewiesene Erdgeschoß abschließt. Der Ostseite ist eine Veranda angegliedert; der Westseite ist eine Terrasse mit Pergola vorgelagert. Hauptansichtsseiten sind die Nord- und Südseite der Villa. Letztere ist dem Garten und der Heidelberger Altstadt zugewandt und trägt als besonderes Schmuckmotiv im Obergeschoß ein zwischen Säulen sitzendes Mittelfenster, über dem ein kleiner Balkon angebracht ist. An der Nordseite tritt besonders deutlich die die drei mittleren Achsen umfassende, innerhalb der Bauflucht liegende und durch Rundbogen begrenzte Eingangsloggia hervor. Die Bögen werden von zwei Säulen getragen; die seitlichen Öffnungen der Loggia sind mit Gitterbrüstungen versehen. Westseite wie Ostseite sind schmaler, wobei die Westseite durch das hochrechteckige Treppenhausfenster ausgezeichnet ist, das im Erdgeschoß ansetzt und sich bis zum Dachgeschoß hochzieht. Die Disposition der einzelnen Räume folgt rationellen Gesichtspunkten und dem bei herrschaftlichen Villen zeitgemäßen Schema: Der Keller enthält die Vorrats- und Arbeitsräume für das Personal, das Erdgeschoß umfaßt im Norden Eingang, Diele und Küche, im Süden Wohn- und Eßzimmer, im Obergeschoß liegen die Schlaf- *441* räume, ein Bad und WC. Im Dachgeschoß sind ein Gästezimmer, eine Kammer für das Personal, weitere Arbeitsräume und Abstellkammern untergebracht.

Kunstgeschichtliche Bemerkungen

Durch den ganzflächigen Verputz vermittelt der Baukörper, dessen ›Schmuck‹ aus seiner klar erkennbaren Grundform und der Tendenz zu einer Gleichansichtigkeit aller Seiten resultiert, einen nüchternen und im Vergleich zu den bis 1912 gebauten Villen Kuhns[6] ›fortschrittlichen‹ Eindruck. Unter kunsthistorischem Gesichtspunkt folgt der Bau dem Bemühen nach einem Anschluß an die neoklassizistischen Tendenzen der Architektur vor Ausbruch des Ersten Weltkrieges, die eine Aufnahme der reformistischen Ideen der Wiener wie der Darmstädter Schule beinhalten: Aufteilung und Anordnung der Räume nach einem großzügige Raumeinheiten ermöglichenden und nach praktischen Gesichtspunkten ausgerichteten Schema sowie eine Absage an überladene Ornamentik. Die Villa verkörpert einen Typus, wie ihn Kuhn in ähnlicher aber differenzierter Form auch sonst zwischen 1907 und 1913 in Heidelberg angewendet hat. Bedingt durch den Auftraggeber definiert sie sich als ein großbürgerliches Wohnhaus in dem von einer bestimmten Gesellschaftsschicht (Universitätsprofessoren und Fabrikanten) bevorzugten Stilgebaren des ›bürgerlichen Wohnhauses um 1800‹.

Anmerkungen

1 Wilhelm Salomon-Calvi, 1868 in Berlin geboren, promoviert 1890 in Leipzig und kommt nach Dozententätigkeit in Italien 1897 nach Heidelberg, wo er sich bei H. Rosenbusch habilitiert. Während seines Heidelberger Wirkens (1901-1933) tritt er unter anderem mit Veröffentlichungen über die Tektonik des Rheingrabens hervor. Auf ihn geht

auch die 1918 erfolgte Erbohrung der Radiumsolquelle in Heidelberg zurück. – Über das Wirken Salomon-Calvis vgl. Max Pfannenstiel: Gedenkrede auf Wilhelm Salomon-Calvi. Der Gelehrte und sein Werk, in: Ruperto Carola 20, 1968, Bd. 43/44, S. 248–60

2 BVA: Akte Albert-Überle-Straße 2, Bd. I

3 Ebd.

4 Ebd., Bd. II

5 LSA: Akte Albert-Überle-Straße 2

6 Vgl. dazu die Dissertation Kai Budde: Der Architekt Franz Sales Kuhn (1864–1938), Veröffentlichungen des Kunsthistorischen Institutes zur Heidelberger Altstadt, hrsg. von P. A. Riedl, Heft 18, Heidelberg 1983

MARA OEXNER

Das Haus Albert-Überle-Straße 3–5

Unterhalb des Philosophenwegs, an der Albert-Überle-Straße, erstreckt sich von Osten nach Westen das vom Institut für Angewandte Physik genutzte Gebäude.

Geschichte

Am 9. Dezember 1903 stellt die Firma der Architekten Henkenhaf und Ebert *444–446* beim Badischen Bezirksamt Heidelberg ein Gesuch zum Bau einer Doppelvilla an der Albert-Überle-Straße 3; Henkenhaf und Ebert treten gleichzeitig als Bauherren und Bauleiter auf. Zum Jahresbeginn 1904 wird die Baugenehmigung erteilt, und einen Monat später beginnt man mit den Bauarbeiten. Im Juli 1905 beabsichtigen Henkenhaf und Ebert, auf dem Grundstück Albert-Überle-Straße 5 eine zweigeschossige Villa zu erbauen. Die Baugenehmigung wird im September desselben Jahres erteilt.[1]

Laut Grundbucheintrag vom 15. Oktober 1909 ist Professor Hermann Braus der neue Eigentümer der Grundstücke Albert-Überle-Straße 3 und 5.[2] 1912 läßt Braus sein Wohnhaus Albert-Überle-Straße 5 umbauen, dabei wird das Haus nach Norden vergrößert. Seit Februar 1923 ist Dr. Friedrich Bergius als neuer Grundstückseigentümer der Albert-Überle-Straße 3–5 eingetragen.[3]

Der Chemiker und Nobelpreisträger Dr. Friedrich Bergius beantragt im Juli 1927 die Baugenehmigung für den Umbau und Anbau der Häuser Albert-Überle-Straße 3 und 5. Die Arbeiten an der Doppelvilla Nr. 3 sollen nach Fertigstellung des Hauses Nr. 5 in Angriff genommen werden. Die beiden Jugendstil-Villen werden bis auf die Grundmauern abgerissen.[4] Die Baugenehmigung wird an die Bedingung geknüpft, daß sich Dr. Bergius verpflichtet, den an der südöstlichen Gebäudeseite vorgesehenen Anbau bis an die östliche Grundstücksgrenze des Physikalisch-Radiologischen Instituts an der Albert-Überle-Straße 7 auf Verlangen des Ministeriums für Kultus und Unterricht jeder Zeit wieder zu entfernen und eine entsprechende Verpflichtung in das Baulastenbuch eintragen zu lassen.[5] Architekt ist Professor Edmund Körner aus Essen. Im September 1927 kann mit *447* den Bauarbeiten an der Albert-Überle-Straße begonnen werden. Anläßlich der Sockelrevision im Oktober 1927 werden die alten Mauerteile in Verbindung mit dem neuen Mauerwerk überprüft.[6] Ende Januar 1929 werden Nachtragspläne zum Einbau eines Schwimmbades im Kellergeschoß der Albert-Überle-Straße 3 *451* genehmigt, und im selben Jahr wird das Gebäude fertiggestellt.[7] Architekt Körner hat die Inneneinteilung hauptsächlich für private Zwecke konzipiert. Im Erd-

471

und ersten Obergeschoß befinden sich jeweils sechzehn Privat- und Büroräume. Das zweite Obergeschoß ist im ganzen in achtzehn Räume zur privaten Nutzung unterteilt. Das dritte Obergeschoß schließlich besteht aus zwei Terrassen, einem Saal und einem Zimmer. Die Darmstädter Zeitschrift ›Innendekoration‹ stellt
449, 450 1930 das Haus Bergius als vorbildliches Beispiel für moderne Wohnkultur vor.[8]

Am 10. November 1941 geht das Gebäude samt Grundbesitz an die Deutsche Reichspost über.[9] Der Postbaurat der Reichspostdirektion Karlsruhe läßt gemäß der eingereichten Pläne vom Juni 1942 bauliche Veränderungen im Inneren des Gebäudes durchführen. Es soll das Institut für Weltpost- und Weltnachrichten aufnehmen.[10] Bei den Umbauarbeiten werden kleinere Raumeinheiten geschaffen. Im Kellergeschoß entstehen dabei dreiundvierzig verschiedene Räume, neben dem Schwimmbad sind dies Maschinenräume und Werkstätten. Für die Verwaltung werden im Erdgeschoß dreißig Räume eingerichtet. Das erste Obergeschoß umfaßt zwanzig Räume für das Praktikum. Die zweiundzwanzig Räume des zweiten Obergeschosses sollen dem Bücherstudium dienen. Lehrmittelsammlung und Physikhörsaal sind in den fünf Räumen des dritten Obergeschosses untergebracht.

1958 kauft die Liegenschaftsverwaltung des Landes Baden-Württemberg das Anwesen zum Zweck der Erweiterung des Physikalischen Instituts.[11] 1962 wird das Gebäude vom Universitätsbauamt Heidelberg mit dem Einverständnis der Institutsleitung des Physikalischen Instituts umgebaut. Dabei wird teilweise die Raumaufteilung geändert und das Treppenhaus umgebaut. Architekt Günter Teubner ist mit der Planung betraut, Oberregierungsbaurat Ulrich Werkle führt die Oberaufsicht. Seit 1963 sind hier die Institute I und II für Angewandte Physik untergebracht.

Beschreibung

452, 453 Das Gebäude des Instituts für Angewandte Physik steht auf von Norden nach Süden und von Osten nach Westen abfallendem Gelände. Die Substruktionen der Vorgängerbauten sind mitverwendet.[12] Der Komplex ist in der Technik der Betonplattenbauweise errichtet.[13] Er besteht aus einzelnen, sich durchdringenden, asymmetrisch angeordneten Quaderformen. Die beiden auf der Mittelachse von Osten nach Westen gelegenen Hauptbaublöcke – der eine drei-, der andere viergeschossig – überragen die übrigen Gebäudeteile. Beide tragen ein niedrig ausgebildetes abgewalmtes Satteldach mit Schieferdeckung. Der höchste Gebäudeteil im Osten wird von einem dreigeschossigen Quader, der dreigeschossige Mitteltrakt im Westen von einem zweigeschossigen durchdrungen. Ein zweigeschossiger Bauabschnitt, der die beiden beschriebenen Teile miteinander verbindet, schließt mit einem Pultdach ab. Weitere kleinere, flach schließende Anbauten von unterschiedlicher Höhe staffeln sich um die genannten Komponenten. Zwei Treppenaufgänge, einer in der Mitte der Südfassade, ein weiterer an der westlichen Südfront, führen zu den beiden Treppenhäusern im Innern. Zwischen den beiden Eingängen befindet sich ein flacher eingeschossiger Vorbau, der in die ursprüngliche Stützmauer an der Albert-Überle-Straße übergeht. Dieser Gebäudeteil, der mit rechteckigen Fenstern durchsetzt ist, besteht im Gegensatz zum übrigen Bau aus Sandstein (es handelt sich wahrscheinlich um Material von den Vorgängerbauten). Die glatten Fassadenflächen des Gebäudes verzichten völlig auf Gliederung und Ornament. Einzige Unterbrechung der weiß verputzten Wandflächen bilden Reihen unterschiedlich großer, ein-, zwei- oder dreiteiliger Rechteckfenster. Lediglich im obersten Geschoß des höchsten Gebäudeteils finden sich hohe und schlanke Rundbogenfenster: an der Südseite eine Sechserreihe, an der Nordseite eine Zweiergruppe.

Der heutige Zustand der Innenaufteilung entspricht im wesentlichen dem der *448* Entstehungszeit. Bei den Umbauarbeiten durch das Universitätsbauamt 1962 wurden die Raumeinheiten für die Zwecke des Physikalischen Instituts wieder vergrößert. Im Keller entstanden achtundzwanzig Räume mit verschiedenen Labors, technischer Zentrale, Werkstatt und Maschinenraum. Das Erdgeschoß umfaßt jetzt siebenundzwanzig Räume, darunter Labors, Praktikumsräume und Assistentenzimmer. Darüber im ersten Obergeschoß befinden sich in vierundzwanzig Räumen Labors und eine Elektrowerkstatt, drei Terrassen an der West-, Südost- und Nordseite. Die zweiundzwanzig Räume des zweiten Obergeschosses enthalten Direktoren- und Prüfungszimmer, Dozenten- und Assistentenzimmer, eine Dunkelkammer, Labors, ein Kustodenzimmer und ein Sekretariat. Eine Terrasse befindet sich an der Südwestseite. Im Dachgeschoß sind Speicher, Lagerraum und die Bibliothek, insgesamt fünf Räume, untergebracht. Die Terrasse ist nach Norden gerichtet.

Kunstgeschichtliche Bemerkungen

Edmund Körner studierte an den Technischen Hochschulen in Dresden und Berlin-Charlottenburg. 1911 wurde er als Nachfolger von Joseph Maria Olbrich an die Künstlerkolonie Darmstadt berufen. Seit 1919 war er in Essen ansässig. Er war Mitglied des Bundes Deutscher Architekten und des Deutschen Werkbundes und erhielt verschiedene Auszeichnungen, unter anderem den Staatspreis in Berlin. Körner entwarf zahlreiche Industrie- und Verwaltungsbauten, Schulen, Siedlungsbauten und Wohnhäuser. Bekannt wurde er durch den Bau der Synagoge in Essen (1913) und seine moderne Friedhofsarchitektur.[14] Körners Mitgliedschaft im Deutschen Werkbund macht sich an seinem Bau Albert-Überle-Straße bemerkbar, besonders, wenn man ihn mit den im selben Jahr entstandenen Wohnhäusern der Weißenhof-Siedlung vergleicht. Der Werkbund hatte dieses Wohnviertel anläßlich einer Ausstellung auf einer Anhöhe am Stadtrand von Stuttgart errichtet.[15] Aber auch die Ideen der holländischen De Stijl-Bewegung und die Erfahrungen des Bauhauses sind von Körner hier verarbeitet worden. Vergleiche mit Werken der Architekten Walter Gropius, Jacobus Johannes Pieter Oud und anderen Vertretern der neuen Gesinnung des Funktionalismus lassen deren Einfluß deutlich werden. Konkrete Merkmale des neuen Stils am Bau von Edmund Körner sind der asymmetrische Grund- und Aufriß, die Verwendung von Industrieprodukten (Betonfertigteile), die streng kubischen Formen, der weiße Putz sowie das Fehlen von Bauornamentik.[16] Die Rundbogenfenster, die Sattel- und

Pultdächer sowie die Verwendung von Sandstein sind Stilelemente, die sich im Repertoire des Bauhauses beziehungsweise der De Stijl-Bewegung nicht wiederfinden lassen.

Anmerkungen

1 BVA: Albert-Überle-Straße 3-5, Bd. I, 1903/13
2 Gb. 197 Heft 9
3 Ebd.
4 BVA: Albert-Überle-Straße 3-5, Bd. II, 1927
5 GLA: 235/3808
6 BVA: Albert-Überle-Straße 3-5, Bd. II, 1927
7 Ebd., Bd. I, 1903/13. Es lassen sich einige Abweichungen des ausgeführten Baus von Körners Plan feststellen. Fensterformen und -gliederungen sind teilweise geändert worden. Im obersten Geschoß des Hauptgebäudes waren ursprünglich acht Rundbogenfenster geplant. Der mittlere Gebäudeteil, der die beiden Hauptbaukörper miteinander verbindet, wurde nachträglich um ein Stockwerk erhöht

8 Innendekoration. Die gesamte Wohnkunst in Bild und Wort. Hrsg. Hofrat Alexander Koch, XLI. Jahrgang, Darmstadt 1930
9 Gb. 197 Heft 9
10 GLA: 420 Heidelberg/Nr. 7, 1981
11 Gb. 197 Heft 9
12 BVA: Albert-Überle-Straße 3-5, Bd. II, 1927
13 Lexikon der Weltarchitektur, Hrsg. Sir Nikolaus Pevsner, John Fleming und Hugh Honour, München 1981, Präfabrikation und Fertigbauweise, S. 463 f.
14 Thieme-Becker, Bd. 21, 1927
15 Leonardo Benevolo: Geschichte der Architektur des 19. und 20. Jahrhunderts, Bd. 2, München 1978, S. 113 f.
16 Wilfried Koch: Baustilkunde, Europäische Baukunst von der Antike bis zur Gegenwart, München 1982, S. 387

EVA-MARIA SCHROETER

Der Botanische Garten und das Botanische Institut

Im Neuenheimer Feld 340 und 360

Geschichte

Der heutige Botanische Garten, 1914-1915 im Neuenheimer Feld angelegt[1], ist keineswegs der erste, den die Universität besessen hat; er steht vielmehr an letzter Stelle einer langen Tradition.

1593 wird der erste Botanische Garten in Heidelberg gegründet.[2] Seine weitere Geschichte ist geprägt durch Zerstörung, Neuerrichtung und häufige, stets von Osten nach Westen erfolgende Verlegungen. Mit Beginn des 19.Jahrhunderts mehren sich die Ortswechsel; allein in einem Zeitraum von achtzig Jahren (1834-1914) muß der Garten dreimal verlegt werden.

Der erste Botanische Garten der Universität von 1593. Mit dem Gründungsdatum 1593 ist der Heidelberger Botanische Garten einer der ältesten in Deutschland.[3] Die ersten botanischen Gärten enthalten vornehmlich Kräuter und Heilpflanzen und sind damit, wie das Gebiet der Botanik überhaupt, dem Bereich der Medizin zugeordnet.[4] Auch in Heidelberg gehört die Botanik, die seit der Mitte des 16.Jahrhunderts an der Universität gelehrt wird, zur Medizinischen Fakultät, der auch der Botanische Garten zugeteilt wird.[5] So stellt ein Professor der Medizin, Heinrich Smetius, den Antrag auf Errichtung des ersten Botanischen Gartens als ›Hortus Medicus‹, als Heilkräutergarten für die Medizin: ›Nicht wenige Studenten sind eifrig ermahnt worden, zum Erwerb von Pflanzenkenntnissen mit einem beliebigen Professor Pflanzensammeln zu gehen: Für dieses Studium hat die Fakultät im Jahre 1593, auf Betreiben von Heinrich Smetius, beschlossen, einen für dreihundert Goldmünzen gekauften Garten anzulegen, damit dort besser sorgfältig bebaut werden kann.‹[6] Dieser erste Botanische Garten[7] liegt außerhalb der Stadtmauer vor dem Markbronner Tor, im Faulen Pelz[8]. Das Markbronner Tor, Teil der südlichen Stadtbefestigung, stand ungefähr an der Stelle, an der heute Kettengasse und Zwingerstraße aufeinandertreffen.[9] Nach dem Dreißigjährigen Krieg war dieser Garten zerstört.[10]

Der Botanische Garten von 1678/79 neben dem Herrengarten beim Kapuzinerkloster. Unter der Regierung Karl Ludwigs (1649-1680), der nach dem Krieg eine Reorganisation der Universität einleitet, wird 1678/79 auch ein botanischer Garten neu angelegt.[11] ›Undt weilen auch hochnöthig, daß ein Hortus medicus, wie auf allen wohlbestellten Universitäten bräuchlich, zu der Studiosorum Botanices Information undt bestem wiederumb zugerichtet werde, als ordnen wir hiermit, daß in der vorstatt alhier, ... gelegene, undt der Medicinischen facultät zustehende garten darzu gebraucht, undt von den Professoribus Medicinae mit denen in der Medicin benothigten gewächsen undt kräutern auff des fisci Universitatis Costen, ... versehen, undt unterhalten werden solle.‹[12] Der Professor der Medizin Georg Frank richtet den neuen Garten ein.[13] In einer Einladung zu einer botanischen Exkursion von 1687 gibt Frank über den schon recht umfangreichen Pflanzenbestand des Gartens Auskunft und teilt mit, daß der Garten erst seit sehr wenigen Jahren wiederhergestellt sei.[14] Dieser Garten liegt östlich neben dem Herrengarten, in der Nähe des Kapuzinerklosters, im Bereich der heutigen Theaterstraße.[15] Mit der Zerstörung Heidelbergs im Pfälzischen Erbfolgekrieg 1693 ist auch die kurze Geschichte dieses Gartens beendet.[16]

Der Botanische Garten von 1705 in der Plöck samt Arboretum. Das Grundstück des zweiten Gartens wird 1705 gegen ein größeres in der Plöck eingetauscht, auf dem heute der Friedrich-Ebert-Platz, vormals Wredeplatz, liegt.[17] Um die Neuanlegung des Botanischen Gartens auf diesem 7/8 Morgen großen Grundstück[18] in der Plöck kümmert sich der aus Marburg berufene Professor der Medizin Daniel Nebel[19], dessen umfangreiche Pflanzensammlung den Grundstock des Gartens ausmacht[20]. 1710 erhält der Botanische Garten sein erstes Gewächshaus, ›ein glaß stube versteht sich nur von schlechtem walt glaß‹.[21] Besonders bemüht sich um den Garten Professor Georg Matthäus Gattenhof, der seit 1750 an der Heidelberger Universität Medizin, ab 1767 auch Botanik lehrt. Gattenhof, Schüler Albrecht von Hallers in Göttingen, ist dreimal Rektor der Universität und genießt hohes Ansehen.[22] Nach seinem Tod am 16.1. 1788 setzen ihm seine dritte Frau und seine Kinder an seiner Wirkungsstätte, dem Botanischen Garten in der Plöck, ein öffentliches Denkmal.[23] Als dessen Künstler ist Konrad Linck[24] (1730–1793) überliefert, der die Skulptur kurz nach Gattenhofs Tod ausgeführt hat.[25] Von dem heute verschollenen, vollrund aus hellem Sandstein mit einer Hauptansichtsseite gearbeiteten Denkmal geben nur noch Photographien eine Vorstellung.[26] Dargestellt ist eine Frauengestalt, häufig als ›Flora‹ bezeichnet[27], die sich mit etwas eingeknickten Knien trauernd nach links über eine Urne beugt. Die von der Seite gesehene Gestalt trägt eine Palla, die auch den Kopf, der auf dem rechten Arm ruht, bedeckt. Mit der Linken umfaßt die Figur die hohe, geschlossene Urne auf zweistufigem Postament, an der eine Pflanze emporrankt. Der weite Mantel fällt über dem linken Arm nach unten und verdeckt etwa die Hälfte der Urne. Figur und Urne stehen auf einer niedrigen Sockelplatte, die wiederum auf eine hohe Plinthe aufgesetzt ist. Auf der Vorderseite der Plinthe befindet sich eine eingemeißelte Inschrift: ›Dem Geiste G. M. Gattenhofs, Arzt und Verbesserer dieses Gartens, gerühmt, beliebt, betrauert‹ und auch für die Rückseite ist eine Inschrift überliefert: ›Aus ehelich- und kindlicher Liebe‹.[28] Noch 1839 steht das Denkmal in dem Garten in der Plöck[29], später wird es auf dem Peterskirchhof aufgestellt[30].

1805, nachdem die Pfalz an das neue Großherzogtum Baden übergegangen ist, verbleibt nur das Arboretum, die Baumsammlung, in dem Garten in der Plöck[31], die anderen Pflanzen werden in einen neuen botanischen Garten gebracht, der hinter dem ehemaligen Dominikanerkloster angelegt wird[32]. Das Arboretum

454

wird mit der 1830 fertiggestellten ›Neuen Anlage‹, auch Leopoldstraße benannt[33], heute Friedrich-Ebert-Anlage, verbunden[34] und geht 1835 aus dem Eigentum der Universität in den Besitz der Stadt über[35]. Die schönen, teilweise
fremdländischen Bäume des Arboretums werden mehrfach als bemerkenswerte
Sehenswürdigkeit erwähnt.[36] Dennoch wird 1848 das tiefer als die Neue Anlage
gelegene Arboretum, um den Höhenunterschied auszugleichen, ohne Rücksicht
mit Erde, Schutt und Steinen aufgefüllt.[37] Deshalb gehen die meisten Bäume zugrunde, woraufhin der Platz ausgefällt wird.[38] Zum Verlust der schönen, stattlichen Gehölze sind mehrere kritische Stellungnahmen überliefert.[39]

Der Botanische Garten der Staatswirthschafts-Hohe-Schule von 1784 und der ökonomisch-forstbotanische Garten von 1804 im Heidelberger Schloßgarten. 1784 wird
die Staatswirthschafts-Hohe-Schule (Kameralschule) von Kaiserslautern nach
Heidelberg verlegt und im Freudenbergischen Haus, heute Palais Weimar genannt, Hauptstraße 235, untergebracht.[40] Der hinter dem Haus liegende Garten,
der gegen den Neckar mit einer von Arkaden unterfangenen Terrasse abschließt[41], wird zu einem botanischen Garten umgewandelt[42]. 1818 werden Gebäude und Garten der Kameralschule verkauft.[43]

1804 wird auf dem gesamten Gelände des brachliegenden[44] ehemaligen ›Hortus Palatinus‹ (1614–1620 von Salomon de Caus angelegt[45]), und zum Teil noch
darüber hinausgehend, ein ökonomisch-forstbotanischer Garten für den land   *455*
wirtschaftlichen und botanischen Unterricht angelegt, der der Staatswirtschaftlichen Sektion innerhalb der Philosophischen Fakultät unterstellt wird.[46] Initiator
dieser Anlagen ist Professor Christoph Wilhelm Jakob Gatterer[47], der von
1787–1838 Kameralwissenschaften lehrt[48] und 1805 zum Oberforstrat ernannt
wird[49]. Gatterer zieht für die Planung des ökonomisch-forstbotanischen Gartens
den Schwetzinger Gartenbaudirektor Friedrich Ludwig von Sckell heran[50], der
aber im März 1804 als Hofgartenintendant nach München berufen wird[51]. Sein
Nachfolger in Schwetzingen, Garteninspektor Johann Michael Zeyher[52], entwirft
die Pläne für die neue Anlage gemeinsam mit Gatterer, dem auch die Leitung des
Schloßgartens übertragen wird[53].

Auf den verschiedenen Terrassen des früheren berühmten Renaissancegartens
werden Saat- und Baumschulen, Obstplantagen und zahlreiche Musterfelder für
Getreidesorten angelegt, deren Erzeugnisse auch verkauft werden.[54] Die Umwandlung des traditionsreichen Schloßgartens von einer ehemals streng geometrischen zu einer landwirtschaftsgärtnerisch gestalteten Anlage mit ökonomisch-
forstbotanischer Ausrichtung und wirtschaftlicher Nutzung wird unterschiedlich
beurteilt.[55] Der Schloßgarten, inzwischen mit mehreren Wirtschaften versehen
und durch Musikveranstaltungen populär gemacht, entwickelt sich zum beliebten Ausflugsziel.[56]

Als sich aus Gatterers Führung des Gartens verschiedene Spannungen ergeben[57], wird 1812 Johann Metzger[58], Schüler Zeyhers und maßgeblich beteiligt an
der Entstehung zahlreicher Gartenanlagen in Heidelberg, als Universitätsgärtner
angestellt und mit der gärtnerischen Aufsicht über den Schloßgarten betraut[59].

1852 wird ein Abkommen geschlossen, nach dem der Schloßgarten an die
Großherzogliche Domänen-Administration übergeht, die ihn ›als forstbotani

schen Garten kunstmäßig unterhalten‹ soll.[60] Laut Vertrag verbleibt im Besitz der Universität ein halber Morgen Land, der jetzt dem Botanischen Garten zugeordnet wird, nämlich die südliche, dritte Terrasse unterhalb der obersten, schmalen vierten Terrasse; auf der letzteren befinden sich auch die Bädergrotten und Fischzuchtbecken des ehemaligen Hortus Palatinus.[61]

Die kleinere, erste Terrasse unterhalb der großen Scheffelterrasse wird 1866/67 von der Domänenverwaltung zu einem Koniferengarten umgestaltet[62], der aber nicht der Universität untersteht. Seit 1872 bemüht sich Professor Ernst Pfitzer[63] um die Ansiedlung von immergrünen Gewächsen und wärmeliebenden Pflanzen auf der Botanischen Terrasse[64]. Noch verbliebene Reste des ökonomischen Gartens von 1804 auf dieser Terrasse, zahlreiche Obstbäume, werden 1880/81 abgeholzt, und auch der südliche Teil der darüberliegenden vierten Terrasse wird in die immergrüne Anlage von Laubgehölzen miteinbezogen.[65]

Strenge Winter verursachen immer wieder große Pflanzenverluste, so daß schließlich 1934 der neuberufene Direktor des Botanischen Gartens, August Seybold[66], die bereits mehrfach von der Schloßgartenverwaltung geforderte Aufgabe der Botanischen Terrasse selbst vorschlägt[67]. Damit geht der letzte der Universität noch verbliebene Rest des früheren ökonomisch-forstbotanischen Gartens von 1804 in die Verwaltung des Badischen Bezirksbauamtes Heidelberg über.[68]

Der Botanische Garten von 1805 hinter dem ehemaligen Dominikanerkloster. Ebenfalls kurz nach Karl Friedrichs Reorganisation der Universität wird 1805 ein neuer botanischer Garten hinter dem gerade für die medizinischen Anstalten erworbenen[69] ehemaligen Dominikanerkloster eingerichtet.[70] Franz Carl Zuccarini[71], Professor der Medizin, nimmt sich dieses Gartens besonders an und gestaltet gemeinsam mit dem Schwetzinger Garteninspektor Zeyher, der auch hier wieder herangezogen wird[72], den neuen Botanischen Garten, dessen gegen den Neckar liegendes Gelände etwa zwei Morgen mißt[73] und von der Brunnengasse her betreten wird[74]. Hierher gelangen auch die Pflanzen des vorherigen Gartens in der Plöck, der nun nur noch das Arboretum enthält.[75] Ein genügend großes, schönes Gewächshaus entsteht im Garten[76] gegenüber dem ehemaligen Klostergebäude[77] für die bisher im Reformierten Hospital und dann im Dominikanerkloster überwinternden, wärmeliebenden Gewächse[78]. Der Entwurf zu diesem ›Treib- und Warmen Hauss‹ stammt vom Badischen Baudirektor Friedrich Weinbrenner[79] und zeigt in der Mitte den größeren Treibhausteil mit Walmdach und zu beiden Seiten daran anschließend die niedrigeren, verglasten Orangerieflügel.[80]

Dieser Botanische Garten bleibt bis 1834 bestehen, dann wird sein Gelände verpachtet[81] und ein neuer Botanischer Garten vor dem Mannheimer Tor angelegt[82].

Der Botanische und der Landwirtschaftliche Garten von 1834 vor dem Mannheimer Tor. Zu Beginn des 19. Jahrhunderts befindet sich vor dem Mannheimer Tor, auf dem Areal des ehemaligen Seegartens, eine große Sandgrube.[83] Sie wird 1829/30 von der Stadt aufgefüllt, und 1830/31 wird der Verkauf eines Teils des Platzes an die Universität erwogen[84], die hier unter der Leitung von Garteninspektor Johann Metzger[85] einen Botanischen Garten anlegen möchte[86]. Dieses Vorhaben wird zunächst zurückgestellt[87], dann beginnt die Universität 1834 im Einverständnis mit der Stadt, auf diesem Gebiet nach Plänen Metzgers und unter seiner Aufsicht einen botanischen Garten anzulegen[88]. Der Garten umfaßt das Areal zwischen Mannheimer Chaussee (spätere Bergheimer Straße, heute Bismarckplatz), Sophienstraße, Leopoldstraße und Rohrbacher Straße und mißt über 5 Morgen.[89] Erst 1835 wird zwischen Stadt und Universität ein Vertrag geschlossen, der die Eigentumsverhältnisse regelt.[90] Nach diesem Vertrag tauscht die Universität ihr Arboretum in der Plöck, das seit Bau der Neuen Anlage von der Stadt mitbenutzt wird, gegen den Teil des Platzes vor dem Mannheimer Tor ein, auf dem schon mit der Anlegung des Botanischen Gartens begonnen worden ist[91]; die Stadt hat der Universität dafür 8000 Gulden geschenkt[92]. Im Vertrag stellt die Stadt der Universität mehrere Bedingungen; so darf sie das Grundstück nicht verkaufen und nur für einen botanischen Garten nutzen, der auch den Heidelberger Bürgern und Besuchern kostenlos zugänglich sein muß.[93]

Prägendes Merkmal des kunstvoll angelegten Gartens ist eine mehrfach ineinandergestellte Hufeisenform, die Wegführung und Beeteinteilung bestimmt. Der Garten ist, soweit es die langrechteckige, unregelmäßige Grundstücksform zuläßt, weitgehend achsensymmetrisch angelegt. Der Eingang befindet sich an der Mannheimer Chaussee. In dessen Nähe, rechtwinklig und symmetrisch zur Mittelachse, liegt das größte Gebäude des Gartens, in dem sich die Wohnung des Garteninspektors, ein Auditorium und die Botanischen Sammlungen befinden[94] und als dessen Architekt Heinrich Hübsch[95] überliefert ist[96]. An das Gebäude ist südlich ein Gewächshaus angeschlossen. In der nordöstlichen Grundstücksecke beim Mannheimer Tor stehen zwei kleine Häuser. Südlich vom Hauptgebäude und wie dieses symmetrisch zur Mittelachse angeordnet liegen weitere Gewächshäuser. Südlich davon befinden sich ein rundes Wasserbecken in der Mittelachse und östlich aus der Achse gerückt ein großes Bassin. Der Garten enthält zahlreiche Musterbeete und eine nach Ländern geordnete medizinisch-botanische und eine obst- und weinbaukundliche Abteilung.[97] Im äußeren Grenzbereich liegt, den ganzen Garten einfassend, ein unregelmäßig und verschieden breit angelegtes Arboretum.

Südlich schließt sich an den Botanischen Garten, von ihm getrennt durch die Leopoldstraße, der ökonomische Garten der Heidelberger Unterrheinkreis-Abteilung des Landwirtschaftlichen Vereins an, der gleichzeitig mit dem Botanischen Garten ebenfalls von Metzger angelegt und auch verwaltet wird.[98] Dieser kleinere Garten wird an den drei anderen Seiten vom Gaisberg, dem Pariser Weg (später Seegartenstraße und dann Wilhelm-Erb-Straße, heutiger südlicher Adenauerplatz) und der Rohrbacherstraße begrenzt.[99] Etwa in der Mitte des Gartens, der Beete für die Züchtung von Nutzpflanzen und verschiedenen Getreidesorten sowie Musterfelder für Versuche enthält, steht das im Landhausstil erbaute Vereinshaus.[100] Der Garten wird von der Universität mitbenutzt[101] und gelangt 1866 ganz in ihren Besitz[102].

Schon seit 1868 wird eine Verlegung des Gartens sowohl von der Universität als auch von der Stadt erwogen.[103] Der nur aufgeschüttete Boden des Gartens erweist sich als wenig günstig für die Anpflanzungen; Gewächshäuser und Wasserversorgung sind mangelhaft und die Räume im Hauptgebäude genügen den Un-

457

terrichtszwecken nicht mehr.[104] Störend macht sich außerdem die lebhafte Umgebung der 1840 westlich vom Garten errichteten Bahnhöfe bemerkbar.[105] Gerade diese Lage aber ist von großem Interesse für die Stadt, die hier ›die Eröffnung eines neuen schönen Bauviertels ermöglichen‹[106] möchte und die Plöck in Richtung auf die Bahnhöfe verlängern will[107]. 1874 schließen Stadt und Universität einen für beide Seiten günstigen Vertrag.[108] Nach diesem Vertrag wird das Terrain des Botanischen Gartens, das sich seit 1835 nur unter der Bedingung der Einhaltung bestimmter Auflagen im Besitz der Universität befindet, ihr jetzt zu freiem, unbeschränktem Eigentum überlassen. Dafür wird die Plöck durch den Garten in Richtung auf die Bahnhöfe verlängert und das Gelände des früheren Landwirtschaftlichen Gartens der Stadt zur freien Benutzung als Eigentum zurückgegeben. Es wird beschlossen, daß die Universität den südlich der zu verlängernden Plöck liegenden, größeren, etwa 1,5 ha messenden Teil in verschiedene Bauplätze gliedert und diese verkauft. Von dem so gewonnenen Vermögen wird die Universität einen neuen botanischen Garten an der Bergheimerstraße im Klinikviertel anlegen. Der kleinere, nördlich der verlängerten Plöck liegende Teil, der etwa 0,4 ha mißt, wird weiterhin von der Universität als botanischer Garten genutzt.[109] Das Hauptgebäude des Gartens wird 1876–78 von dem Karlsruher Architekten Adalbert Kerler[110] weitgehend neu gebaut[111] unter Beibehaltung von Teilen des vorherigen Baukörpers[112], vor allem der seitlichen Pavillons. Das in historisierenden Formen umgebaute, zweistöckige Institut besteht aus einem besonders betonten Mittelrisalit mit Walmdach, zwei Flügeln mit Satteldach und wenig vorspringenden Eckrisaliten mit Walmdach. In den folgenden Jahrzehnten werden immer wieder Erweiterungen beantragt[113]; ein wesentlicher Umbau wird von der Badischen Bezirksbauinspektion 1907/08 vorgenommen[114].

Das Botanische Institut[115] bleibt bis Oktober 1955[116] in dem Gebäude und zieht dann in ein neues Institut im Neuenheimer Feld. Im Zuge der völligen Umgestaltung des Areals um den Bismarckplatz, wo 1960 mit dem Horten-Kaufhausbau begonnen wird[117], verkauft das Land einen Teil des Grundstückes und das Institut 1957/58[118] an die Helmut Horten GmbH, die das Gebäude im Laufe des Jahres 1958 abreißen läßt[119].

Der Botanische Garten von 1880 an der Bergheimer Straße im Klinikviertel. Adalbert Kerler erhält im Juni 1875 auch den Auftrag, den geplanten neuen Botanischen Garten an der Bergheimer Straße im Klinikviertel anzulegen.[120] Der etwa 2,5 ha große Garten umfaßt das Gebiet zwischen Neckarstraße (heute Schurmanstraße), Gartenstraße, Bergheimer Straße und Mühlstraße (heute Fehrentzstraße) und hat einen L-förmigen Grundriß, weil ein Teil der Irrenklinik[121] im Nordosten in das Grundstück hineinragt. Der Haupteingang des Gartens liegt an der Bergheimer Straße.

Um Anregungen für den Bau der Gewächshausanlage zu gewinnen, besichtigt Kerler im März 1876 den Botanischen Garten in Zürich.[122] Im Mai 1876 wird mit den Grabarbeiten, im Juni 1877 mit den Maurerarbeiten begonnen.[123] 1879 befindet sich der Großteil der Pflanzen des früheren Gartens schon im neuen Botanischen Garten an der Bergheimer Straße 58[124], der im Frühjahr 1880 eröffnet wird[125].

458

Nahe beim Haupteingang und achsensymmetrisch auf ihn bezogen liegt die dreiflügelige Gewächshausanlage. Im mittleren Flügel sind Warm- und Kalthäuser untergebracht, in den niedrigeren Seitenflügeln befinden sich Sammlungen, die dem Publikumsverkehr nicht zugänglich sind (im westlichen Seitenflügel Professor Pfitzers wertvolle Orchideensammlung). Im Osten, an der Gartenstraße, liegt das Wohnhaus des Universitätsgärtners im Villenstil. Sowohl ein geplantes Palmen- als auch ein Wasserpflanzenhaus gelangen nicht zur Ausführung.[126] Beim Haupteingang, eingerahmt von den flachen Seitenflügeln der Gewächshausanlage, erstreckt sich, mit einem Warmwasserbecken in der Mitte, die ›Kleine Systemübersicht‹, die Pflanzen nach ihrer Verwandtschaft geordnet zeigt. Nördlich an die Gewächshäuser schließt sich eine Abteilung mit pflanzengeographischen Gruppen an; sie enthält für bestimmte Länder oder Erdteile charakteristische Pflanzen. Den Hauptteil des Gartens nimmt die ›Große Systemübersicht‹ ein, in der die zu einer Ordnung gehörenden Pflanzen auf jeweils einer Fläche zusammengefaßt sind und die auch in drei Bassins die entsprechenden Wasserpflanzen enthält. Pfitzer, Direktor des Gartens, an der Gestaltung maßgeblich beteiligt[127], gibt in seiner ausführlichen Beschreibung der Anlage[128] zu der besonderen Anordnung der Pflanzen folgende Auskunft: ›Die Hauptwege des Gartens verlaufen so, daß sie die größeren Abtheilungen, zu welchen die Ordnungen sich zusammenfügen lassen, von einander trennen, um auch hierin Übersichtlichkeit zu gewähren. Der Gartenplan ist somit in dem eben besprochenen systematischen Theil zugleich eine graphische Darstellung des natürlichen Systems.‹[129] In der nordöstlichen Grundstücksecke an der Neckarstraße liegt auf einem künstlich aufgeschütteten Hügel ein Alpinum[130], eine Anlage für die Vegetation der Hochgebirge aller Zonen. Neben medizinisch wichtigen Pflanzen werden auch Obstgehölze gezüchtet, mit denen nach Pfitzers Wunsch der Obstbau in der Heidelberger Gegend gezielt unterstützt werden soll.[131] Der gesamte Garten ist von einem Arboretumsstreifen umgeben, der ›eine Schutzwand gegen den Staub der Straßen bildet‹.[132]

Der Botanische Garten von 1914/15 im Neuenheimer Feld. 1910 wird von Vertretern der Stadt und der Universität zum ersten Mal eine Verlegung des Botanischen Gartens aus dem Klinikviertel auf das gegenüberliegende rechte Neckarufer erwogen[133], denn das Gelände an der Bergheimer Straße soll für den Neubau der Medizinischen Klinik zur Verfügung gestellt werden[134]. Die Verlegung des Gartens auf ein Gelände im Neuenheimer Feld ist Teil einer größeren Planung für die Universität. Auf einem rund 20 ha messenden Gelände sollen der neue Botanische Garten und mehrere naturwissenschaftliche Institute erbaut werden.[135] Ein Großteil des Geländes wird 1911 auf Ersuchen der Unterrichtsverwaltung durch das Domänenärar angekauft.[136] Im Januar 1913 wird der Beginn der Verlegungsmaßnahmen für den Botanischen Garten auf November 1913 festgesetzt[137]; die Gewächshäuser, das Obergärtnerwohnhaus und die Zentralheizungsanlage sollen 1914 erbaut werden[138]. Auch steht jetzt fest, daß der Garten in den Gewannen Neuenheimer Röscher/Neusatz liegen wird.[139] Seine Größe beträgt 3,5 ha.[140]

Die ersten Pläne für den neuen Botanischen Garten werden vom Direktor des

Botanischen Institutes, der gleichzeitig auch der des Gartens ist[141], dem Großherzoglichen Hofrat Prof. Georg Klebs[142], und dem Obergärtner Erich Behnick[143] Anfang 1913 entworfen. Nachdem Klebs und Behnick im April die Pläne für die Gewächshaus- und Gartenanlage, die auch auf Besichtigungen der Botanischen Gärten von München, Berlin, Frankfurt und Halle zurückgehen[144], der Großherzoglich Badischen Bezirksbauinspektion übergeben haben[145], werden dort im Mai 1913 Vorprojektspläne gezeichnet[146]. Die achsenbezogene Anlage des Gartens ist Klebs' Entwurf; er sagt dazu: ›Im Gegensatz zu andern botanischen Gärten will ich das System der Kräuter und Stauden in eine geometrische Form bringen, um es zu konzentrieren und übersichtlich zu machen.‹[147] Eine Kostenberechnung der neuen Anlage wird Anfang Dezember 1913 von der Bezirksbauinspektion aufgestellt.[148] Im Dezember 1913 werden dann im Landtag insgesamt 490 000 Mark angefordert, 150 000 Mark für den Geländeerwerb, 340 000 Mark für die Baukosten.[149] Das Großherzoglich Badische Bezirksbauamt genehmigt die am 3. März eingereichten Pläne am 7. April 1914[150], ebenfalls im April, kurz vor Ausbruch des Ersten Weltkrieges, genehmigen die Landstände die 490 000 Mark[151]. Die Einreichungspläne des Bezirksbauamtes[152] sind im Februar 1914 entstanden und vom Regierungsbaumeister Ludwig Schmieder[153] unterzeichnet.

Gleichzeitig mit dem Heidelberger Botanischen Garten wird auch für die zweite Universität Badens, Freiburg, ein neuer botanischer Garten geplant.[154] Darauf wird in den Ausschreibungsbedingungen Rücksicht genommen.[155] Im November 1915 ist der Umzug des Gartens im wesentlichen beendet, Gewächshäuser und Obergärtnerwohnhaus sind bezogen.[156]

Bei Planung der Neubauprojekte auf der Neuenheimer Seite des Neckars hat die Stadt zugesichert, die Mönchhofstraße, die ab Einmündung der Keplerstraße nur als unbeleuchteter Feldweg weiterführt, bis zum Botanischen Garten straßenmäßig auszubauen und auch eine geeignete Straßenbahnverbindung herzustellen.[157] Doch wegen des Ausbruchs des Ersten Weltkrieges werden diese Vorhaben zurückgestellt, und auch die anderen, in Nachbarschaft des Botanischen Gartens geplanten Institutsneubauten werden nicht mehr verwirklicht. So führt der Garten, der als einziges Projekt realisiert worden ist, auf freiem Feld, abgeschnitten von der Stadt, ein abgeschiedenes Dasein. Noch 1933 fehlt eine Kanalisation, fehlen Gas und Elektrizität; beleuchtet wird mit Petroleum.[158] Ab 1928 schafft dann die Ernst-Walz-Brücke als dritte Neckarbrücke eine direktere Verbindung zur Stadt.[159]

Die Gartenanlage gliedert sich in vier große Bereiche: 1. im Süden die Gewächshausanlage, 2. daran nördlich anschließend auf nahezu quadratischer Grundfläche das System, sowie geographische und morphologisch-biologische Pflanzengruppen, 3. westlich davon das Arboretum, das die gleiche Quadratform wiederholt, und 4. westlich davon gelegen das Alpinum auf dreieckigem Grundriß.

Anfang der dreißiger Jahre wird innerhalb des Gartens ein Bauerngarten, wie er im 19. Jahrhundert üblich war, angelegt. Er befindet sich neben den Gewächshäusern in dem Gebiet, das vorher nicht für Besucher zugänglich war.[160] 1935 schafft der Garteninspektor August Steinberger[161] eine Besonderheit im Nordwesten der morphologisch-biologischen Abteilung: einen Kräutergarten, der die Pflanzen enthält, die der Reichenauer Abt Walahfrid Strabo in seinem 827 entstandenen Gedicht ›Hortulus‹ aufzählt[162]. Dieser kleine neue Garten ist mit einer niedrigen Bruchsteinmauer mit Eingangspforte umgeben, um den Charakter eines Klostergartens zu betonen.[163] Ebenfalls 1935 wird nahe der nordwestlichen Grenze des Gartens ein Japanisches Teehaus aufgestellt, das dem Garten geschenkt worden ist; es wird mit für Japan typischer Flora umgeben.[164] Dem Bemühen Steinbergers ist es zu verdanken, daß das teilweise beschädigte Gattenhof-Denkmal wieder im Botanischen Garten, gegenüber dem Eingang zum Klostergärtchen, aufgestellt wird.[165] Dieses Denkmal hatte, nachdem der Botanische Garten am Wredeplatz aufgelöst worden war, zuletzt unbeachtet an der südlichen Böschungsmauer des Peterskirchhofes gestanden.[166]

Im Zweiten Weltkrieg wird Heidelberg insgesamt nicht bombardiert, dennoch fallen Ende März 1945 einige Bomben in der Nähe der Gewächshäuser, so daß deren Verglasung, viele Pflanzen und vor allem die von Pfitzer angelegte, bekannte Orchideensammlung zerstört werden.[167] Die Gartenanlage ist nach dem Krieg jedoch noch in ihrem ursprünglichen Zustand erhalten. Dann aber erfolgen ab 1954 mehrere einschneidende Veränderungen, die den ursprünglichen Charakter der Gartenanlage zunehmend zerstören.

Die erste Veränderung ist der Neubau des Botanischen Institutes, das nicht auf dem schon in der Planung von 1914 vorgesehenen Platz im Norden des Gartens errichtet wird, sondern im quadratischen Arboretum und damit mitten in der achsenbezogen durchgestalteten Gartenanlage. Für dieses Bauvorhaben wird das Magazingebäude im Süden des Gartens abgerissen und als Ersatz 1955 ein neues Werkstattgebäude im Osten des Gartens errichtet.[168] Das vom Klinik-Baubüro erstellte Institut wird im Sommer 1954 begonnen und im November 1955 bezogen.[169]

1961/62 wird das System umgestaltet.[170] Die Aufteilung in unterschiedlich große Karrees mit vielen verschiedenen Achsen wird aufgegeben und das System nun in langrechteckigen Streifen untergebracht, parallel zur west-östlichen Symmetrieachse der Anlage. Die abwechslungsreich gestaltete Systemanlage weicht einer nüchternen gärtnerischen Funktionalität.

Ab 1962 wird das Alpinum gesperrt, mit der Begründung, es sei nicht mehr ›verkehrssicher‹[171], und in den Jahren bis 1968 nicht mehr imstandgesetzt, sondern völlig verändert[172]. 1964–66 wird der Garten geschlossen[173], und nun erfolgen auch im Bereich der Gewächshausanlage umfangreiche Umgestaltungen. Erste Baumaßnahme ist der Neubau eines vergrößerten Palmenhauses in der Mitte der Gewächshausanlage; das alte wird 1964 abgerissen.[174] Da das neue Palmenhaus nach Norden hin weit über die alten Hausgrenzen hinausreicht, wird ein großer Teil des südlichen Drittels des Systems mit dem einen rechteckigen Bassin dem Bau geopfert. In dem Zeitraum von 1966–1980 werden vor die Seitenflügel des Baues von 1914/15 sowohl im Norden als auch im Süden rechtwinklig mehrere einfache Gewächshäuser gestellt.[175] Die Expansion der Sukkulenten-, Bromelien- und Orchideensammlungen (die Interessengebiete der Lehrenden am Institut für Systematische Botanik) bedingt diese Erweiterungsbauten. Vor allem Professor Werner Rauh[176] vervielfacht die Bestände des Heidelberger Botanischen Gartens durch zahlreiche Expeditionen und macht ihn zu einem bekannten Zentrum für Sukkulenten- und Bromelienforschung.[177] Auch an das Institutsgebäude wird für den Pflanzenbedarf des Botanischen Institutes 1969/70 im Westen noch ein Gewächshaus angebaut.[178]

1968 werden 0,45 ha des Gartengebietes für die geplanten Neubauten der Institute für Theoretische Medizin beansprucht.[179] Im Herbst 1969 werden das Obergärtnerwohnhaus und das Eingangstor abgerissen, der breite nördliche Arboretumsstreifen und ein Teil des Systems gehen verloren.[180] Der Garten bleibt im Norden zum Theoretikum hin offen. Als Ersatz wird 1971 eine knapp 0,2 ha große Fläche östlich der Gewächshäuser dem Garten angefügt.[181]

Außerdem planen Universitätsbauamt und Direktion des Botanischen Gartens nun im gesamten Neuenheimer Feld ein sogenanntes ›Groß-Arboretum‹.[182] Heute sind Bäume und Sträucher europäischer Herkunft im Gebiet um die Kinderklinik und die Schwesternwohnheime, Amerika zugeordnete Gehölze im Bereich des Deutschen Krebsforschungszentrums und asiatische im nordöstlichen Bezirk beim Südasien-Institut und den Mathematischen Instituten repräsentiert. Nicht ausgeführt wird ein Ende der sechziger und Anfang der siebziger Jahre entstehendes Konzept, das die Zusammenlegung von Botanischem Garten und Tiergarten vorsieht und auch das südöstliche Gebiet bis zum Neckar miteinbezieht.[183] Von der künstlerischen Ausstattung des Botanischen Gartens mit Skulpturen und Denkmälern ist nichts mehr vorhanden.[184] Auf dem Gebiet des Botanischen Gartens ist seit 1971 im südlichen Teil am Hofmeisterweg, gegenüber der Kinderklinik, ein Bronzedenkmal für den Arzt Ignaz Philipp Semmelweis aufgestellt, ausgeführt von Friedrich A. Müller, München.[185]

1985/86 soll mit der Ausbaggerung für einen 4,60 m breiten Tunnel begonnen werden, der in nord-südlicher Richtung den Garten zwischen Alpinum und Institutsgebäude durchschneiden wird. Dieser Tunnel führt zur Kinderklinik und dient der Anknüpfung des Versorgungszentrums Medizin und des ersten Bauabschnittes Klinikum (Kopfklinik) an das schon bestehende unterirdische Verbindungssystem zwischen Kinderklinik, Deutschem Krebsforschungszentrum und Chirurgie.[186]

Beschreibung

Heute ist im Botanischen Garten im Neuenheimer Feld die ursprüngliche Konzeption der Anlage von 1914 nur noch in Resten erkennbar. Durch die umfangreichen Baumaßnahmen im Garten seit 1954 (Institutsneubau, Erweiterungen und Neubauten von Gewächshäusern, Umgestaltungen des Freilandes) wurde das Erscheinungsbild entscheidend verändert. Trotzdem enthält der heutige Garten noch Elemente des früheren Zustandes. Die ehemalige, künstlerisch gestaltete Gartenanlage bildete eine harmonische Einheit und ist Voraussetzung für die heutige Form; sie soll deshalb eingehender beschrieben werden.

Der Botanische Garten im Neuenheimer Feld vor 1954

Im Süden des Gartens liegt der Gewächshauskomplex. Die Gestaltung der Frei- *459, 460*
landanlage wird geprägt durch zwei nahezu quadratische, nebeneinanderliegende Flächen, in deren Mitte jeweils ein rundes Wasserbecken liegt und die von verschiedenen, symmetrisch angelegten Achsen durchschnitten werden. Im Westen
schließt sich an die beiden Quadrate das Alpinum mit dreieckigem Grundriß an,
der den Grundstücksgrenzen angepaßt ist. Das ganze Gelände wird von einem in
der Breite differierenden Arboretumsstreifen eingefaßt.[187]

Man betritt den Garten von der verlängerten Mönchhofstraße her an der
Nordostecke durch ein im oberen Teil verziertes, schmiedeeisernes Tor. Es wird *461*
von zwei viertelzylindrisch einschwingenden Mauern eingefaßt, die mit je zwei
Vasen geschmückt sind, und ist Teil der Umzäunung des Gartens. Dieser Eingang
ist Ausgangspunkt der ersten Hauptachse des Gartens, deren südlicher Endpunkt
die Mitte der Gewächshausanlage, die Flügeltür des Palmenhauses, ist. Zwischen
diesen beiden Punkten liegen das System sowie die geographische und die mor-
phologisch-biologische Abteilung.[188] Hier werden Pflanzen gezeigt, die von ihrer
Familie, ihrer Herkunft oder von ihrem Erscheinungsbild her zusammengehören.
Das System besteht aus drei Teilen: einem mittleren Quadrat mit einem runden
Bassin in der Mitte und nördlich und südlich davon zwei kleineren rechteckigen
Flächen mit je einem rechteckigen Wasserbecken in der Mitte.

Die Gewächshausanlage ist ein fast 74 m langer, eingeschossiger Bau mit ei- *462*
nem ausgeprägten Mittelpavillon und kleineren Eckpavillons. Die symmetrische
Disposition, die Gliederung der als Hauptschauseite ausgebildeten Nordfassade
und die Dachformen - Mansarddächer über den Pavillons und Satteldächer über
den beiden Flügeln - rufen Erinnerungen an Barockbauten hervor, doch die Ausführung der Dächer des Mittelpavillons und der Flügel als Eisen-Glas-Konstruk-
tionen und vollends die fast völlige Verglasung der Südseite des Gebäudes lassen
am modern-zweckhaften Charakter keinen Zweifel. Ganz konventionell gestaltet
sind die Eckpavillons mit ihren in Korbbogennischen liegenden Stichbogenfenstern, ihren verschieferten Dächern und ihren Gaupen. Der Mittelpavillon und
die Flügel werden hauptsächlich durch die großen, fast bis zum Boden reichenden Korbbogenfenster mit reicher Sprossenteilung gegliedert; zwei dieser Fenster flankieren die ebenfalls korbbogige Tür des Mittelpavillons, jeweils fünf belichten die Flügel. Die mittlere Tür-Fenster-Gruppe wird von einem Dreieckgiebel überfangen, der einen flachen Risalit bekrönt; in den seitlichen Rücklagen
des Mittelpavillons sitzen rundbogige Nischen mit Vasen auf hohen Postamenten. Läßt die Nordansicht vor allem an Orangerien des 18. Jahrhunderts denken[189], so ist die Südseite durch die modernen Gewächshausbauten eigene
Zweckrationalität geprägt. Fünf symmetrisch angeordnete Gewächshäuser sind
in rechtem Winkel an den Hauptbau angesetzt. Das mittlere, größer als die anderen, hat fast die gleiche Breite wie der Mittelpavillon und wird von diesem aus betreten. In seinem gerundeten hinteren Teil enthält es das Warmwasserbecken für
die ›Victoria Regia‹, eine große Seerosenart des Amazonasgebietes. Die äußeren
beiden Gewächshäuser schließen sich an die Eckpavillons an. Wie diese Gewächshäuser, so sind auch die Kulturbeete dahinter streng symmetrisch angelegt.

Durch die Mitte des Systems verläuft nicht nur die nord-südliche Hauptachse des Gartens, in der die Gewächshausanlage liegt, sondern auch die zweite, west-östliche Achse, in der, westlich vom System, das Arboretum und das Alpinum liegen. Direkt an das quadratische Gebiet mit System, geographischen und morphologisch-biologischen Gruppen schließt sich ein nahezu genausogroßes, ebenfalls geometrisch gestaltetes Quadrat mit einbeschriebenem Kreis an, das das Arboretum aufnimmt. Sein Mittelpunkt ist das zweite große runde Bassin, in dem ein Schalenbrunnen steht. Von diesem Bassin gehen sternförmig Wege in den Richtungen der Hauptachsen und der beiden Diagonalen aus.

463

Südlich des quadratischen Arboretums befindet sich ein dreieckiges Areal, das von Gewächshäusern und Gartengrenze eingefaßt wird. Es enthält ein Magazingebäude, ein Erdmagazin, ein weiteres kleines rechteckiges Wasserbecken und einen Versuchsgarten. Im Norden schließt ein Zaun diesen nicht für die Öffentlichkeit zugänglichen Bereich ab. Zwischen Zaun und Arboretum liegt die Arzneipflanzen- und Heilkräuterabteilung. Im Westen grenzt an das quadratische Arboretum das Alpinum, das, den Grundstücksgrenzen folgend, den Grundriß eines fast gleichschenkligen Dreiecks hat. Im Gegensatz zu allen anderen Bereichen des Gartens ist hier die Wegführung unregelmäßig und das Bodenniveau nicht eben, entsprechend der Herkunft der dort angepflanzten Vegetation.

Vor dem Alpinum endet der west-östliche Weg in einem kleinen Platz, an den sich, schon im Dreieck des Alpinums, ein Teich anschließt. Sein queroblonger Grundriß addiert sich aus einem Quadrat und zwei Halbkreisen; von dem Platz ist er durch ein Geländer mit zwei Obelisken an den Endpunkten abgegrenzt. Westlich vom Teich erhebt sich eine hohe, gemauerte und berankte Wand, die oben, von einem Geländer umgeben, auch als Aussichtsterrasse auf die nahen Berge dient. In diese Wand ist eine Nische eingelassen, in der die Statue einer ›Flora‹ auf einem Sockel aufgestellt ist; als ein Blickfang markiert sie den westlichen Abschluß der zweiten Hauptachse des Gartens. Die Begrenzung nahezu des gesamten Gartens, vor allem ein breiter Streifen an der Nordseite, ist ebenfalls als Arboretum angelegt.

464

In der Nordostecke, vom eigentlichen Garten an drei Seiten durch Bäume abgeschirmt, steht das Obergärtnerwohnhaus auf quadratischem Grundriß, das im Stil der Eckpavillonbauten ausgeführt ist und auch ein schiefergedecktes Mansardwalmdach trägt.

Der Botanische Garten im Neuenheimer Feld heute

Der heutige Botanische Garten ist in drei Bereiche gegliedert: einen Teil beansprucht die umfangreiche Gewächshausanlage im Südosten; fast in der Mitte des Gartens liegt das Botanische Institut mit Parkplatz; den restlichen Bereich nimmt das Freiland ein.

465-467

Von der ehemaligen Gartenanlage sind noch heute Reste vorhanden. Die ursprüngliche Gestalt der Gewächshausanlage ist durch zahlreiche Erweiterungen nur noch in Teilen wiederzuerkennen; besonders die Eckpavillons bestimmen auch heute noch das Erscheinungsbild. Der Mittelpavillon wurde durch ein 15 m hohes, neues Palmenhaus ersetzt. Die Verbindungsflügel zwischen den Pavillons sind noch erhalten, aber kaum noch sichtbar, da sie – sowohl auf der Nord- als auch auf der Südseite – durch zahlreiche rechtwinklig vorgestellte einfache Gewächshäuser verdeckt werden. Teile der früheren, achsenbezogenen Wegführung sind noch vorhanden, ihr Zusammenhang wird aber, vor allem durch den verhältnismäßig großen Raum, den das Institutsgebäude einnimmt, nicht mehr ersichtlich. Auch in der Gegend des Alpinums sind noch Reste der früheren Flora-Anlage erhalten. Von den Wasserbecken des ursprünglichen Gartens existieren heute noch folgende: das erste runde Bassin in der Mitte des Systems; davon nördlich das eine der beiden rechteckigen; das südliche der beiden kleinen rechteckigen in der nord-südlichen Nebenachse in abgewandelter Funktion; das zweite runde, das früher den Mittelpunkt des quadratischen Arboretums ausmachte, aber ohne Schalenbrunnen; in abgeänderter Form der Teich vor dem Alpinum.

Heute kann man den Garten von drei Seiten her betreten: durch den eigentlichen Eingang im Süden vom Hofmeisterweg her und auch von Norden und Osten her, denn hier fehlt seit dem Bau des Theoretikums und der Mensa die Umzäunung.

Botanisches Institut

Das zweigeschossige Institutsgebäude, Geb.Nr.360, ist, anders als die danebenliegende Gewächshausanlage, nach Südwesten ausgerichtet und steht zu dem sich südwestlich anschließenden, gleichzeitig entstandenen Komplex der Kinderklinik in Orthogonalbezug. Das über L-förmigem Grundriß errichtete Gebäude wird im Südosten durch einen Anbau mit eigenem Eingang ergänzt, der als Wohnung genutzt wird. Im Nordwesten schließt sich, quer zum Gebäude, das hier in seinem Abschluß ursprünglich eingeschossig war, ein Gewächshaus an, das über einen Verbindungsbau vom Institut her zugänglich ist. Der kurze Seitenflügel im Osten wird über die gesamte Grundfläche als Hörsaal genutzt, an den sich im Süden die Eingangshalle anschließt. Der Haupteingang befindet sich neben dem Wohnhausanbau an der südöstlichen Ecke; er wird durch ein Vordach hervorgehoben, das als Balkon nutzbar ist. Der Hauptflügel ist zweibündig angelegt, in ihm befinden sich im Untergeschoß Labor- und Werkstatträume, im Erdgeschoß Kurs- und Mikroskopiersäle und im Obergeschoß Arbeits- und Dienstzimmer. Das Gebäude ist weitgehend in Massivbauweise ausgeführt, nur der Hörsaalbereich und Teile des Erdgeschosses haben eine Stahlbetonskelettkonstruktion. Die Fassade des Hauptflügels wird im Erdgeschoß von einem Fensterband aus querrechteckigen Lochfenstern geprägt; die Fenster sind nur durch schmale Wandstreifen voneinander getrennt, die die dahinterliegenden Stahlbetonstützen verblenden. Die Größe der Fenster ist durch die Funktion der Räume als Mikroskopiersäle bestimmt. Das Obergeschoß hat einfache, hochrechteckige Fenster. Auf der Südseite liegt rechts das Haupttreppenhaus, das von einem über beide Geschosse geführten Streifen mit Glasbausteinen belichtet wird. Auf der gleichen Seite befindet sich links ein zweites Treppenhaus, das voll verglast ist und von zwei über beide Geschosse reichenden Stützen eingefaßt wird. Ähnlich wie beim Hauptflügel, dessen Fensterformate durch die unterschiedliche Nut-

468, 469

zung bestimmt sind (dies gilt auch für den Wohnhausanbau), zeigt auch der Hörsaal seine Funktion durch spezifische Fassadengestaltung. Die Ost- und Westwand des Seitenflügels und der südlich davorliegenden Eingangshalle wirken durch die über beide Geschosse gehenden Stahlbetonstützen aufgelöst. Untergeordnete, horizontale Gliederungselemente geben der Fassade eine gitterartige Struktur und suggerieren auch für den Hörsaal Zweigeschossigkeit. Zwischen den Stahlbetonstützen liegen hohe schmale Fenster. Die im Innenraum ansteigende Bestuhlung wird an der östlichen und westlichen Fassadenseite durch ein schmales, ansteigendes Band gezeigt. Das Gebäude hat in all seinen Teilen ein flach geneigtes Walmdach. Sowohl die Grundrißform, als auch die Gestaltung der Hörsaalfassade, die Ausbildung der Fenster und die Dachform kennzeichnen einen stilistischen Entwicklungsstand in der Architektur des Neuenheimer Feldes, der im gleichzeitig entstehenden Mathematischen Institut seine Entsprechung findet.

Kunstgeschichtliche Bemerkungen

Die Formensprache der Gewächshausanlage von 1914 geht auf das Vorbild barocker Orangerien zurück. Hauptmerkmal einer Orangerie – also eines Gebäudetyps, der im Barock seine höchste Beliebtheit und Entfaltung erreichte – sind große, fast bis zum Boden reichende Fenster. Solche großen Fenster prägten die Schauseite der Heidelberger Gewächshausanlage. Auch die im Barock kanonische, achsensymmetrische Gliederung eines Baukörpers in einen besonders hervorgehobenen Mittelrisalit und Eckrisalite beziehungsweise Eckpavillons wurde in der Heidelberger Anlage aufgenommen. Die Verwendung von Mansardwalmdächern verstärkte noch den barockisierenden Charakter. Insgesamt war die Anlage harmonisch proportioniert.[190]

Nicht nur in dem Bau, sondern auch in der Gartengestaltung zeigten sich barockisierende Elemente. Wie in einem barocken Garten, in dem Bezugs- und Ausgangspunkt des Gartenparterres die Schloßanlage ist, waren hier das geometrisch angelegte System sowie geographische und morphologisch-biologische Abteilung achsensymmetrisch auf die Gewächshausanlage bezogen. Betrachtet man den zweiten großen Bereich des Gartens, das quadratische Arboretum, und denkt man an die Heidelberg nächstgelegene spätbarocke Gartenanlage, die des Schwetzinger Schloßgartens, so scheint es möglich, daß die außergewöhnliche Anlage des Schwetzinger Gartenparterres in Kreisform mit durchschneidenden Achsen und einem Brunnen als Mittelpunkt hier Anregungen gegeben hat. Auch im Heidelberger Botanischen Garten wurde das Arboretum als Kreisform in ein Rechteck eingestellt und von orthogonalen und diagonalen Achsen durchschnitten. Auch hier war der Mittelpunkt des Kreises besonders betont durch den in ein Bassin gestellten Schalenbrunnen, den einzigen vergleichsweise aufwendigen Brunnen des Gartens.

Es ist bedauerlich, daß von der ursprünglichen so durchdachten und ästhetisch eindrucksvollen Anlage heute fast nichts mehr erhalten ist. Bedenkt man, daß für den Botanischen Garten in Heidelberg von Anfang seines Bestehens an die Umstände nie besonders günstig waren, so wiegt es um so schwerer, daß auch der letzte Botanische Garten nach und nach in seiner ursprünglichen Form den botanisch-wissenschaftlichen Anforderungen, vor allem aber der Einengung von außen weichen mußte. Wäre genügend Fläche zur Verfügung gestellt worden, so hätten Institut und Gewächshäuser sicher in Harmonie mit der bestehenden Anlage in unmittelbarer Nähe, aber außerhalb des ursprünglichen Gartens erbaut werden können.

Zwar hauptsächlich der Forschung und Lehre dienend, hat der Botanische Garten aber darüber hinaus einen für die Öffentlichkeit wichtigen Erholungswert. Die Zusammenlegung von Botanischem Garten und Tiergarten hätte diesen Wert im nüchternen Neubauviertel Neuenheimer Feld, aber auch für ganz Heidelberg wesentlich gesteigert. Die Konzeption eines Großarboretums hat sich nicht als ausgleichender Ersatz für verlorenes Gelände erwiesen, da die Gehölze zwischen den zahlreichen Neubauten nicht recht zur Geltung kommen und der wichtigsten Funktion eines Arboretums, nämlich Bäume und Sträucher verschiedenster Herkunft und Morphologie auf überschaubarem, zusammenhängenden Gebiet zu vergleichen, keine Rechnung getragen wird.

Neubauprojekte hatten stets Vorrang vor der Erhaltung der Gartenanlage: zunächst Instituts- und Gewächshausbauten, dann das Theoretikum. Heute greift die Klinikgroßplanung in die noch vorhandenen Reste der alten Gartenanlage ein. Man muß sich der prägnanten Feststellung des früheren Institutsdirektors August Seybold anschließen: ›Der Botanische Garten von heute ist der Bauplatz von morgen.‹[191]

Anmerkungen

1 GLA: 235/3195. Heutige Adresse: Botanischer Garten, Im Neuenheimer Feld 340. Vorherige Straßenbezeichnungen in chronologischer Reihenfolge: Verlängerte Mönchhofstraße; Tiergartenstraße; Hofmeisterweg 4

2 Franciscus Schoenmezel: Tentamen Historiae Facultatis Medicae Heidelbergensis. Die 7. Augusti 1769. Es handelt sich um die Einladung zu einer Promotionsfeier

3 Erste akademische botanische Gärten werden in Italien angelegt: Padua und Pisa 1543-45; es folgen Leipzig 1580, Jena 1586, Leiden 1587, Basel 1589 und dann Heidelberg 1593. Legt man die heutigen politischen Grenzen zugrunde, so ist in der BRD der Heidelberger Botanische Garten der älteste (Gießen 1609, Freiburg 1620, Kiel 1669, Tübingen 1675, Würzburg 1695). Vgl. dazu: Edward Hyams: Great botanical gardens of the world, London 1969; Karl Mägdefrau: Geschichte der Botanik, Stuttgart 1973; Douglas M. Henderson (Hrsg.): International directory of botanical gardens, Utrecht ³1977 und Königstein ⁴1983; Herbert Reisigl (Hrsg.): Blumenparadiese und Botanische Gärten der Erde, Frankfurt 1980; Alan G. Morton: History of Botanical Science, London 1981

4 Vgl. Hyams, a.a.O.; Mägdefrau, a.a.O.; Morton, a.a.O.

5 Johann Friedrich Hautz: Geschichte der Universität Heidelberg, 2 Bde, Mannheim 1862-64, Bd.2, S.145. In Heidelberg bleibt diese Zuordnung von Botanik und Botanischem Garten zur Fakultät für Medizin bis 1825 bestehen. Ab 1825 lehrt Gottlieb Wilhelm Bischoff, zunächst als Privatdozent, Botanik auch in der Philosophischen Fakultät, neben Joh. Heinrich Dierbach, der das Fach in der Medizinischen Fakultät vertritt. Spätestens mit dem Tod Dierbachs 1845 wird Botanik nicht mehr in der Medizinischen Fakultät,

sondern nur noch in den Naturwissenschaften innerhalb der Philosophischen Fakultät gelehrt, bis 1890 die Naturwissenschaftliche Fakultät gegründet und das Fach Botanik selbständig wird

6 Schoenmezel, a.a.O. ›Nec minus studentes, ut ad cognitionem plantarum adquirendam cum aliquo Professore herbatum eant, sedulo adhortantur: Ad quod studium, ut eo melius excoli possit, Facultas an. 1593 hortum pro ter centum aureis emptum, movente Henrico Smetio, aptari constituit.‹

7 In der Literatur findet sich als Gründungsdatum des Heidelberger Botanischen Gartens der Universität auch häufig das Jahr 1597. Dies geht auf einen Pflanzenkatalog von 1597 zurück: Philipp Stephan Sprenger: Horti Medici Catalogus, Frankfurt a.M. 1597. Dieser Katalog ist zu Unrecht auf den Hortus Medicus der Universität bezogen worden. Sprenger war kein Lehrer an der Heidelberger Universität, sondern Apotheker; er beschreibt seinen eigenen Garten. Möglicherweise war dies der große Bremeneckgarten, der sich bis ins 18.Jh. im Besitz der Hofapotheker befand. Vgl. Herbert Derwein: Die Flurnamen von Heidelberg, Heidelberg 1940, S.116 Nr.74

8 UA: A-160/16 S.144 v; Friedrich Peter Wundt: Geschichte und Beschreibung der Stadt Heidelberg, Mannheim 1805, S.84; Derwein, a.a.O., S.139 Nr.224

9 Vgl. Derwein, a.a.O., S.200f. Nrn. 573–575; vgl. Merian 1620: Große Stadtansicht von Matthäus Merian, Kupferstich, Exemplar im Kurpfälzischen Museum der Stadt Heidelberg, und dazu: Ludwig Merz: Alt-Heidelberg in Kupfer gestochen, in: Badische Heimat, Heft 1/2, 1963, S.115f.; Ludwig Merz: Alt Heidelberg in Kupfer gestochen, o.O. 1972, S.10f.; Text unter 4E, 4F. Der Name ›Markbronner Tor‹ ist aus mhd. ›marc‹ = Grenze und ›bronnen‹ = Brunnen zusammengesetzt. Das Markbronner Tor heißt später auch ›Kettentor‹, so genannt nach dem Kettenbrunnen, identisch mit dem Markbronnen, vgl. Derwein, a.a.O., S.176 Nr.432. Der heutige Straßenname ›Kettengasse‹ erinnert an diesen Brunnen. Auf den ehemaligen Standort des Markbronner Tores weist eine Gedenktafel am Haus Kettengasse 25 hin

10 Joh. Heinrich Dierbach: Botanische Anstalten in Heidelberg, in: Flora oder Botanische Zeitung, Regensburg, 3.Jg., Nro.14 vom 14.4. 1820, S.218; Derwein, a.a.O., S.139 Nr.224

11 UA: A-160/38, S.281; Hautz, a.a.O., Bd.2, S.197

12 UA: A-100: Statuten Karl Ludwigs von 1672 in einer Abschrift aus dem 18.Jh., S.73

13 Georg Matthäus Gattenhof: Stirpes Agri Et Horti Heidelbergensis, Heidelbergae 1782, Praefatio

14 Francus Georgius de Franckenau: Programmata Philologico-Botanica VII, die Quintilis M.I. XXCVII. [Juli 1687], S.147

15 Fritz Hirsch: Von den Universitätsgebäuden in Heidelberg, Heidelberg 1903, S.102; Derwein, a.a.O., S.139 Nr.224

16 UA: A-160/46, S.26; Eberhard Stübler: Geschichte der medizinischen Fakultät der Universität Heidelberg 1386–1925, Heidelberg 1926, S.107

17 UA: A-160/46, S.199; Hirsch, a.a.O., S.102; Derwein, a.a.O., S.139 Nr.224

18 Julius Lampadius: Almanach der Universität Heidelberg auf das Jahr 1813, Heidelberg 1812, S.201

19 Gattenhof, a.a.O., Praefatio

20 August Steinberger: Zur Geschichte des botanischen Gartens in Heidelberg, Heidelberg 1936, S.3

21 UA: A-160/48, S.47 v. Bei diesem ›walt glaß‹ handelt es sich wohl um ein grünlich gefärbtes Glas minderer Qualität, das damals verwendet wurde

22 Vgl. Allgemeine Deutsche Biographie, Leipzig 1878, Bd.8, S.409; Paul Hintzelmann: Almanach der Universität Heidelberg für das Jubiläumsjahr 1886, Heidelberg 1886, S.77f.; Ludwig von Rogister: Die Gattenhoff, ein altes Münnerstadter Geschlecht, in: Blätter des Bayerischen Landesvereins für Familienkunde, 10.Jg., Nr.4/6, 1932, S.33–43

23 StA: Uralt-Aktei 28,7; vgl. Johannes Schwab: Quatuor Seculorum Syllabus Rectorum, Heidelbergae 1786, 1790, Pars II., 1790, S.246; Wundt, a.a.O., S.114; Joh.Heinrich Dierbach: Botanische Anstalten in Heidelberg, in: Flora oder Botanische Zeitung, 4.Jg., Dritte Beilage im 1.Bd. von 1821, S.70; Heidelberger Neueste Nachrichten (HNN), Nr.28 vom 3.2. 1931; HNN, Nr.38 vom 14.2.

1931; Frieda Dettweiler: Das Gattenhof-Denkmal zu Heidelberg von Konrad Linck, in: Mannheimer Geschichtsblätter, 34.Jg., Heft 11-12, 1933, S.181-188

24 Konrad Linck, seit 1762 unter Carl Theodors Regierung Modelleur an der kurpfälzischen Porzellanmanufaktur in Frankenthal und ab 1763 auch Hofbildhauer. Er liefert zahlreiche Arbeiten für den Schwetzinger Schloßgarten und 1788-90 die Skulpturen auf der Heidelberger Alten Brücke. Nach Verlegung der Residenz von Mannheim nach München arbeitet er häufiger auch für private Auftraggeber

25 Schwab, a.a.O., Pars II, S.246; Adreßbuch über sämmtliche Bewohner der Stadt Heidelberg für das Jahr 1839, 1.Jg., S.67

26 Das Denkmal hat folgende Maße: 1,27 m hoch, 0,97 m breit, 0,55 m tief, zit. nach Dettweiler, a.a.O., S.184

27 Dies geht zurück auf die Stelle bei Schwab, a.a.O., Pars II., S.246

28 Zit. nach Schwab, a.a.O., Pars II., S.246

29 Adreßbuch 1839, a.a.O., S.67

30 Adolf von Oechelhäuser: Die Kunstdenkmäler des Großherzogtums Baden VIII 2: Amtsbezirk Heidelberg, Tübingen 1913, S.196. Unklar ist, ob das Denkmal nach der Auffüllung des Arboretums 1848 noch dort verblieb, ob es in den Botanischen Garten an der Sophienstraße oder direkt zum Peterskirchhof gelangte

31 O.V.: Heidelberg und seine Umgebungen, Heidelberg [2]1857 (Verlag G.Mohr), S.28

32 GLA: 205/55

33 Derwein, a.a.O., S.106 Nr.20

34 Karl Cäsar von Leonhard: Fremdenbuch für Heidelberg und die Umgebung, Heidelberg 1834, S.101

35 StA: Uralt-Aktei 280,6/I

36 Helmina von Chézy: Gemälde von Heidelberg, Mannheim, Schwetzingen, dem Odenwalde und dem Neckarthale, Heidelberg 1816, S.98; Leonhard, a.a.O., S.101; Heidelberg und seine Umgebungen, a.a.O., S.28

37 Dies geschieht auf Betreiben von Anwohnern nahegelegener Häuser, deren Sickergruben von dem Regenwasser gefüllt werden, das von der höheren Anlage kommend auf den Platz des Arboretums läuft, da dessen harter Boden nicht alles Wasser schnell genug aufnehmen konnte. Vgl. dazu: Heidelberger Journal (HJ), No.54

vom 24.2. 1848; HJ, No.56 vom 26.2. 1848; HJ, No.58 vom 28.2. 1848; HJ, No.60 vom 1.3. 1848; HJ, No.64 vom 5.3. 1848 und HNN, Nr.183 vom 7.8. 1942

38 August Steinberger: Nordamerikanische Gehölze im botanischen Garten der Universität Heidelberg 1782, in: Mitteilungen der Deutschen Dendrologischen Gesellschaft, Nr.46, 1934, S.76f.

39 Heinrich Georg Bronn: Geschichte eines Baumgartens, in: Die Natur, 1.Bd., Jg.1852, Nr.32 vom 7.8. 1852, S.255f.; Helmina von Chézy: Unvergessenes, 2 Bde, Leipzig 1858, Bd.2, S.8f.

40 GLA: 205/42

41 Bevor mit der Kanalisierung des Neckars und danach mit der Anlegung der neuen Uferstraße ›Zum Hackteufel‹ begonnen wird, reicht der Neckar bis an das Sockelfundament der Arkaden. Vgl. Verhas 1843: Panorama von Heidelberg von Theodor Verhas, Bleistift, teilweise weiß gehöht, Kurpfälzisches Museum der Stadt Heidelberg. Die Terrasse ruht gegen den Neckar auf neun Bögen und seitlich auf je einem, also insgesamt auf elf Bögen

42 GLA: 205/42; Wundt, a.a.O., S.139f., 344f.; Hautz, a.a.O., Bd.2, S.290. Reste alten Baumbestandes sind heute noch in dem verhältnismäßig großen Garten mit der auf den offenen Arkaden angelegten Terrasse sehenswert

43 Hirsch, a.a.O., S.122f.

44 Wundt, a.a.O., S.400; Lampadius, a.a.O., S.202

45 Oechelhäuser, a.a.O., S.498f.; Salomon de Caus: Hortus Palatinus, Frankfurt 1620, Nachdruck Worms 1980

46 GLA: 205/54, 205/887, 205/1019-1028, 205/1119-1120, 235/525; Ludwig Schmieder: Der Heidelberger Schloßgarten, in: Mannheimer Geschichtsblätter, 37.Jg., Heft 1-6, 1936, S.2-56 (s. bes. S.34-56: III. Der ökonomische, der forstbotanische und der botanische Garten)

47 GLA: 205/54, 205/244-246

48 Hintzelmann, a.a.O., S.86

49 Allgemeine Deutsche Biographie, a.a.O., Bd.8, S.409f.

50 GLA: 205/54; Wundt, a.a.O., S.401

51 Rudolf Sillib: Schloß und Garten in Schwetzingen, Heidelberg 1907, S.24

52 Johann Michael Zeyher (1770-1843) ist Garteninspektor des Schwetzinger Schloßgartens, wird 1819 zum Gartendi-

rektor ernannt und gestaltet zahlreiche badische Park- und Gartenanlagen

53 Wundt, a.a.O., S.402; Leonhard, a.a.O., S.133

54 Wundt, a.a.O., S.402: ›...; so sieht man hier z.B. über 100 Getreidefelder verschieden nach Art oder Bau; über 60 Felder mit Grasarten; über 40 Felder mit Klee- und andern künstlichen Futterkraut-Arten; an Handels-Gewächsen über 100 Felder, darunter z.B. bloß von Tabak 18 verschiedene Arten; alle die verschiedene Arten der Küchen-Gewächse z.B. über 30 Arten Salat, einige 40 Sorten Bohnen u.s.w.‹

55 Zustimmend äußern sich Wundt, a.a.O., S.400-403, und Lampadius, a.a.O., S.202f., abwägend Helmina von Chézy: Gemälde von Heidelberg, Mannheim, Schwetzingen, dem Odenwalde und dem Neckarthale, ²1821, S.29f., und ablehnend Chézy, a.a.O., 1858, Bd.2, S.6-8, und Ludwig Tieck: Phantasus, 1.Teil, Schriften, Bd.4, Berlin 1828, S.58

56 Wundt, a.a.O., S.403; Leonhard, a.a.O., S.134

57 Vgl. Franz Schneider: Geschichte der Universität Heidelberg, im ersten Jahrzehnt nach der Reorganisation durch Karl Friedrich (1803-1813), Heidelberg 1913, S.143-145, 343-345

58 Johann Metzger (1789-1852) wird nach seiner Ausbildung in Karlsruhe und Schwetzingen 1811 Obst-Plantage-Inspektor für verschiedene badische Kreise und 1812 Universitätsgärtner in Heidelberg. Vgl. Friedrich von Weech: Badische Biographieen, Bd.2, S.76f.

59 1812 erhält er außer der gärtnerischen Leitung des Heidelberger Schloßgartens auch die Aufsicht über die Botanischen Gärten in der Plöck und hinter dem ehemaligen Dominikanerkloster. Über die Umgestaltungen im Schloßbereich erscheint von ihm eine wesentliche Dokumentation: Johann Metzger: Beschreibung des Heidelberger Schlosses und Gartens. Mit 24 in Aquatinta von C. Rordorf gestochenen Kupfertafeln, Heidelberg 1829. Vgl. Dierbach, a.a.O., 1821, S.71; Leonhard, a.a.O., S.100; Schmieder, a.a.O., 1936, S.42f., S.50 [Schmieder täuscht sich im Vornamen Metzgers, er schreibt ›Joseph Metzger‹.]

60 GLA: 235/29810

61 GLA: 235/29810. Zu den Numerierungen

62 Schmieder, a.a.O., 1936, S.46

63 Ernst Pfitzer lehrt als Nachfolger Wilhelm Hofmeisters von 1872-1906 Botanik in Heidelberg; sein besonderes Interesse gilt den Orchideen

64 UA: B 5253; August Steinberger: Die ›immergrüne Anlage‹ im Schloßgarten zu Heidelberg, in: Mitteilungen der Deutschen Dendrologischen Gesellschaft, Nr.47, 1935, S.223-225

65 Schmieder, a.a.O., 1936, S.46

66 Seybold wird 1934 Nachfolger Ludwig Josts und ist bis 1965 Direktor des Botanischen Institutes

67 GLA: 235/29810; UA: B 5253

68 UA: B 5253. Das Badische Bezirksbauamt hat die Verwaltung der gesamten Schloßanlage seit 1923 vom Domänenamt übernommen

69 GLA: 203/36

70 GLA: 205/55, 205/747; UA: A-451

71 GLA: 205/592. Franz Carl Zuccarini lehrt von 1788-1809 in der medizinischen Fakultät

72 GLA: 205/55

73 Wundt, a.a.O., S.399; Lampadius, a.a.O., S.201. Wundt schreibt, der Garten sei über zwei Morgen groß, Lampadius gibt eine Größe von 1½ Morgen, 13 Ruthen an

74 Chézy, a.a.O., 1821, S.3

75 GLA: 205/55

76 Ebd.

77 Wundt, a.a.O., S.399

78 UA: A-593 (IV, 3e Nr.14)

79 Friedrich Weinbrenner (1766-1826), bedeutender klassizistischer Architekt, ab 1800 ununterbrochen in Karlsruhe tätig, prägte das Gesicht dieser Stadt und lieferte auch zahlreiche weitere Entwürfe für andere badische Städte

80 GLA: 205/55. Der Plan ist bezeichnet: ›Entwurf zu einem Treib- und Warmen Hauss in den Botanischen Garten nach Heidelberg.‹ Auf dem Blatt befinden sich vier Zeichnungen: ›Durchschnit von dem Treib-Haus‹, ›Durchschnit von der Orangerie‹, ›Vordere Ansicht‹, ›Grundriss‹ unten rechts signiert ›WB‹, ohne Datum, Feder über Vorzeichnung, farbig angelegt. Aus einem Begleitschreiben Weinbrenners zu dem Plan ist das Datum 22.3.1805

der Terrassen s. Oechelhäuser, a.a.O., S.499, und Karl Baedeker: Heidelberg, Freiburg ³1982, Plan ›Das Heidelberger Schloss‹

überliefert. Aus Sparsamkeitsgründen verwendete man für die Einrichtung und Verglasung des neuen Gewächshauses Teile von Glashäusern aus dem Bruchsaler Schloßgarten

81 Stübler, a.a.O., S. 297

82 StA: Uralt-Aktei 280,6/I, 280,6/II

83 Das Mannheimer Tor, vor dem Beginn der Hauptstraße im Westen, 1750–52 als Ersatz für das niedergelegte Speyerer Tor von dem kurpfälzischen Bauintendanten Franz Wilhelm Rabaliatti erbaut, wurde 1856 als Verkehrshindernis abgerissen. Vgl. Oechelhäuser, a.a.O., S. 107 f.; Derwein, a.a.O., S. 267 f. Nr. 934. Der Seegarten, vor den westlichen Festungswerken gelegen, war seit dem 17. Jh. Exerzierplatz und in der Mitte des 18. Jh. mit Wein bepflanzt. Vgl. Merian 1620; GLA: H/HD 6 - Plan des Seegartens, 1755, und G/HD 89 - Plan des Seegartens, 1768; Oechelhäuser, a.a.O., S. 108; Derwein, a.a.O., S. 251 f. Nr. 836. Zur Sandgrube vgl. GLA: 204/2824 und G/HD 91–96 - Pläne zur Austrocknung der Sandgrube, bes. 95 u. 96, 1817; Lampadius, a.a.O., Plan von Heidelberg, gez. von F.L. Hoffmeister, Lithographie, um 1812; Chézy, a.a.O., 1821, Plan von Heidelberg, gez. von F.L. Hoffmeister, Lithographie, 1821

84 StA: Uralt-Aktei 280,6/II; Stübler, a.a.O., S. 226

85 GLA: 56/357. Hofgärtner Metzger, der seit 1812 alle Gärten der Universität betreut, wird am 10.5. 1830 vom Großherzog zum Garteninspektor ernannt

86 StA: Uralt-Aktei 280,6/II

87 Ebd.

88 StA: Uralt-Aktei 280,6/I, 280,6/II

89 StA: Uralt-Aktei 280,6/II. In dieser Akte befindet sich ein Plan ›Genauer Grundriss. Über das Terrain des neuen botanischen Gartens, vor dem Mannheimer Thor zu Heidelberg‹ von Geometer Schindler, November 1834, aquarellierte Federzeichnung. Hierauf sind die Maße angegeben

90 StA: Uralt-Aktei 280,6/I. Der Vertrag wird am 31.3. 1835 geschlossen und am 4.9. 1835 in das Kauf- und Tauschbuch der Stadt eingetragen, Bd. 26, S. 27

91 Daß der Garten schon vor Abschluß des Vertrages angelegt wird, geht aus verschiedenen Hinweisen hervor: 1. dem Vertrag selbst; 2. der Akte StA: Uralt-Aktei 280,6/II; 3. einer Stelle bei Leonhard, a.a.O., 1834, S. 99: ›Der neue botanische Garten, mit dessen Anlage an der Sophien-Straße, vor dem Mannheimer Thore, man beschäftigt ist, …‹

92 StA: Uralt-Aktei 280,6/I

93 Ebd.

94 Franz Baader (Hrsg.): Handbuch für Reisende nach Mannheim, Heidelberg und Schwetzingen, Heidelberg 1843, S. 112; Heidelberg und seine Umgebungen, a.a.O., S. 38

95 Heinrich Hübsch (1795–1863) war Schüler Friedrich Weinbrenners. Seit 1827 in großherzoglichen Diensten, wird er 1831 Oberbaurat, 1842 Baudirektor und gestaltet als einflußreicher Architekt zahlreiche badische Bauten

96 Vgl. Schmieder, a.a.O., 1936, S. 50

97 Leonhard, a.a.O., S. 100

98 StA: Uralt-Aktei 280,6/I. Daß der Garten 1834 schon angelegt ist, geht aus dem Vertrag von 1835 und einer Stelle bei Leonhard, a.a.O., S. 100, hervor. Der Landwirtschaftliche Verein wird 1819 begründet. Vgl. Leonhard, a.a.O., S. 102. Metzger ist ab 1851 (1852 stirbt er) nur noch für die Centralstelle des Landwirtschaftlichen Vereines in Karlsruhe tätig; er soll dort den von Heidelberg nach Karlsruhe verlegten Landwirtschaftlichen Garten neu einrichten. Vgl. Leonhard, a.a.O., S. 100; Schmieder, a.a.O., 1936, S. 42, S. 50

99 Vgl. Derwein, a.a.O., S. 220 Nr. 682, S. 251 Nr. 836. Zur Lage des Gartens: Barth 1853: Stadtplan von Heidelberg und 20 Vignetten von Plätzen und Gebäuden der Stadt. Bleistift, Feder/Tusche, Pinsel/Aquarell, 32,1 × 44 cm, Kurpfälzisches Museum der Stadt Heidelberg Z 5362, und ›Plan der Stadt Heidelberg‹, Lithographie, ohne Künstler, ohne Jahr, Universitätsbibliothek Heidelberg, Slg. Rothe 192

100 Leonhard, a.a.O., S. 100 f.; Heidelberg und seine Umgebungen, a.a.O., S. 38; Baader, a.a.O., S. 112

101 Leonhard, a.a.O., S. 100

102 StA: Uralt-Aktei 280,6/I

103 StA: Uralt-Aktei 280,6/I. Gedruckter Bericht des Oberbürgermeisters Heinrich Krausmann für die Sitzung des Bürger-Ausschusses am 19.1. 1874, S. 11–16

104 Ebd., S. 12 f.

105 Ebd., S. 12

106–107 Ebd., S. 13

108 GLA: 356/680; StA: Uralt-Aktei 280,6/I. Der Vertrag vom 9.1.1874 wurde am 19.1. vom Bürgerausschuß, am 30.1. vom Großherzoglichen Ministerium des Innern genehmigt und am 16.2.1874 in das Grundbuch der Stadt Heidelberg, Bd.60, S.521 Nr.170 eingetragen

109 StA: Uralt-Aktei 280,6/I. In der Akte befindet sich ein Plan, ›Situation des Botanischen Gartens zu Heidelberg im Januar 1874‹, der die geplanten Veränderungen zeigt

110 Adalbert Kerler (1841–1888), Karlsruher Architekt, war nach kurzer Anstellung bei der Großherzoglichen Bauinspektion als Privatarchitekt tätig und von 1880–86 als fürstlich Fürstenbergischer Hofbaumeister in Donaueschingen angestellt; er kehrte dann nach Karlsruhe zurück; sein bevorzugter Baustil war der der Renaissance. Vgl. Friedrich von Weech, Badische Biographieen, Bd.4, Karlsruhe 1891, S.216–218

111 GLA: 235/3192, 235/3197

112 GLA: 235/3197

113 GLA: 235/3197–3198

114 GLA: 235/3197; BVA: Bergheimer Straße 1, Lagerbuch Nr.1810. Hier Pläne, die Vorder- und Rückansicht sowohl des alten Zustandes (Bau von Kerler) als auch des neuen von 1907 zeigen

115 Eine Abbildung des Zustandes von 1956 zeigt ein Photo von Hans Speck in: Hans Gercke, Ulrich Speck (Hrsg.): Hans Speck – Chronist in Heidelberg, Heidelberg 1984, Abb.4

116 GLA: 235/29938

117 BVA: D 610-8-8 Heft 3

118 GLA: 235/29938. Ein Kaufvertrag wird 1957, zu diesem Zeitpunkt noch mit der Firma Köster, festgelegt, dem der Ministerrat am 1.7.1957 zustimmt. Aus dem Einschätzungsverzeichnis der Badischen Gebäudeversicherungsanstalt geht hervor, daß das Institut am 18.4.1958 an die Helmut Horten GmbH übergegangen ist

119 Einschätzungsverzeichnis der Badischen Gebäudeversicherungsanstalt, Lagerbuch Nr.1810

120 GLA: 235/3192

121 Die Irrenklinik, erbaut 1873–78, wird 1907 in ›Psychiatrische Klinik‹ umbenannt

122 GLA: 235/3192

123 GLA: 235/3206

124 Ernst Pfitzer: Der Botanische Garten der Universität Heidelberg, Heidelberg 1880, mit einem Plane des Gartens, S.38

125 Hintzelmann, a.a.O., S.240; Karl Paff: Heidelberg und Umgebung, Heidelberg 1910, S.154f.

126 GLA: 235/3197. Auf dem Plan bei Pfitzer, a.a.O., 1880, ist das geplante Palmenhaus eingetragen, und auch in Ernst Pfitzer: Der Botanische Garten der Universität Heidelberg, Heidelberg ²1899, mit 4 Gartenplänen, ist es eingetragen. Das geplante Wasserpflanzenhaus ist im Plan von 1880 noch eingetragen, 1899 befindet sich an der Stelle ein weiteres, viertes Wasserbassin innerhalb der großen Systemübersicht

127 Steinberger, a.a.O., 1936, S.4f.

128 Pfitzer, a.a.O., 1880 und ²1899

129 Ebd., 1880, S.4

130 Hinter der heute auf dem Areal des damaligen Botanischen Gartens liegenden Medizinischen Klinik, nördlich der verlängerten Voßstraße, sind noch Reste des Botanischen Gartens erhalten: Der Hügel des bei Pfitzer beschriebenen und eingezeichneten Alpinums ist mitsamt der Wegführung noch gut erhalten. Bei Pfitzer beschriebene Bäume sind im nördlichen Gebiet in zum Teil stattlicher Größe wiederaufzufinden. Die alte Einzäunung im Westen und Norden besteht teilweise noch. Die östliche Grenze zur Irrenklinik ist noch genau auszumachen; östlich dieser Grenze lag der ›Arbeits-Garten‹ der Irrenklinik, dieses Gebiet ist auch heute noch Garten und enthält Gewächshäuser

131 Pfitzer, a.a.O., 1880, S.5

132 Ebd., S.5

133 GLA: 235/3195. Diese Kommission trifft sich am 20.7.1910 in Heidelberg wegen der Erweiterung des Akademischen Krankenhauses und besichtigt auch den Botanischen Garten an der Bergheimer Straße. Zur Kommission gehören u.a. der Heidelberger Oberbürgermeister Dr. Karl Wilckens, Prof. Ludolf Krehl, Prof. Georg Klebs, der Bezirksbauinspektor und der Bautechnische Referent

134 GLA: 235/3195. Am 19.8.1912 schließen die Stadtgemeinde Heidelberg und das Großherzogliche Unterrichtsministerium einen Vertrag, nach dem in den Jahren 1915–21 ein Neubau der Medizinischen Klinik auf dem Gelände des derzeitigen Botanischen Gartens errichtet werden soll

135 Vgl. Denkschrift über die künftige bauli-

che Entwickelung der badischen Hochschulen, Karlsruhe, 24. April 1912, No. 55. Beilage zum Protokoll der 54. öffentlichen Sitzung der zweiten Kammer vom 26. April 1912, S. 2 f.

136 Denkschrift 1912, a. a. O., S. 3

137-140 GLA: 235/3195

141 Bis 1960 gibt es nur das ›Botanische Institut‹, dessen Direktor gleichzeitig auch Direktor des Gartens ist. Seit dem Wintersemester 1960/61 gibt es einen neuen Lehrstuhl und ein neues Institut, das ›Institut für Pflanzensystematik‹, nach mehreren Umbenennungen heute ›Institut für Systematische Botanik und Pflanzengeographie‹, dessen Direktor von nun an auch Direktor des Gartens ist. Zunächst ebenfalls im Gebäude des Botanischen Institutes untergebracht, befindet sich dieses Institut heute nach mehreren Zwischenübersiedlungen im Gebäude INF 328

142 Georg Klebs ist 1906 von Halle nach Heidelberg berufen worden, wo er bis zu seinem Tod 1918 lehrt

143 GLA: 235/3195. Behnick kommt 1910 vom Botanischen Garten in Berlin-Dahlem zum Heidelberger Botanischen Garten und ist dort bis zu seinem Tod 1925 tätig

144-147 GLA: 235/3195

148 GLA: 235/3200

149 GLA: 235/3195

150 StA: 303,6

151 Ebd.

152 GLA: 235/3199; UBA: Planarchiv. Der Großteil der Pläne befindet sich im Universitätsbauamt, mehrere Entwürfe Schmieders im Generallandesarchiv in Karlsruhe

153 GLA: 466/16372. Ludwig Schmieder (geb. 19. 5. 1884, gest. 22. 12. 1939) steht in diesem Moment noch am Anfang seiner Laufbahn. Nach 1906 bestandener Diplomprüfung als Bauingenieur und Tätigkeit bei der Bezirksbauinspektion in Karlsruhe am 1. 10. 1913 zum Badischen Bezirksbauamt Heidelberg versetzt, besteht hier seine wohl erste Aufgabe darin, gemeinsam mit der Direktion des Botanischen Gartens Baupläne und Entwürfe auszuarbeiten

154 Denkschrift 1912, a. a. O.

155 GLA: 235/3195. Für sämtliche Gewächshauskonstruktionen erhält zum Beispiel sowohl im Heidelberger als auch im Freiburger Botanischen Garten die Firma Röder in Hannover-Langenhagen den Auftrag; für den Heidelberger Garten datiert der früheste Plan vom 24. 3. 1914. Die Firma Röder hat auch die Gewächshauskonstruktionen im 1910-1914 angelegten Münchner Botanischen Garten ausgeführt, den Klebs und Behnick im März 1913 besichtigt haben

156 StA: 303,6. Ende 1915 ist der Garten noch nicht ganz vollendet, vieles wird erst im Laufe der kommenden Jahre fertiggestellt. Das Alpinum z. B. bezeichnet Ludwig Jost, Direktor des Gartens, in seinem Gartenführer von 1922 noch als unfertig, in der 2. Aufl. von 1931 beschreibt er es als vollendete Anlage. Noch 1924 stellt Jost in einem Brief fest, der Garten sei unfertig. Doch man kann davon ausgehen, daß sich diese Feststellung nur auf die Bepflanzung, nicht auf Gesamtplanung und Wegführung bezieht. Denn die Gartenanlage wird erstmalig 1916 als weitgehend vollendet ausführlich beschrieben. Von der Bepflanzung her war der Garten erst 1936 in der Hauptsache vollständig. Vgl. o. V.: Der neue botanische Garten der Universität Heidelberg, in: Deutsche Bauzeitung, 50. Jg., Nr. 56 vom 12. 7. 1916, S. 289-291, und Nr. 57 vom 15. 7. 1916, S. 293-295 (der Verfasser ist wohl Ludwig Schmieder selbst); Ludwig Jost: Führer durch den Botanischen Garten in Heidelberg, Heidelberg 1922 und ²1931; GLA: 235/29810. Dieser Brief ist vom November 1924; August Steinberger: Zur Geschichte des botanischen Gartens in Heidelberg, Heidelberg 1936, S. 5

157 GLA: 235/3195; StA: 303,6

158 StA: 303,6 a

159 Baedeker, a. a. O., S. 38

160 Jost, a. a. O., 1922, S. 18

161 August Steinberger war als Nachfolger von Erich Behnick seit 1925 im Botanischen Garten tätig

162 In diesem Gedicht beschreibt Strabo sein Klostergärtchen auf der Insel Reichenau. Vgl. Hans-Dieter Stoffler: Der Hortulus des Walahfrid Strabo, Sigmaringen 1978

163 Vgl. August Steinberger: Das Gärtchen des Walafried Strabo. Seine Nachbildung im Botanischen Garten der Universität Heidelberg, in: Heidelberger Neueste Nachrichten (HNN), Nr. 130 vom 6. 6. 1935

164 M. L. Donike: Der Botanische Garten zu Heidelberg, in: Heidelberger Fremden-blatt, Heft 16, 1935, S. 12

165 Vgl. August Steinberger: Ein Denkmal auf Wanderschaft. Das Gattenhof-Denkmal kommt in den botanischen Garten, in: HNN, Nr. 189 vom 15. 8. 1935

166 Oechelhäuser, a. a. O., S. 196

167 August Seybold: Festansprache zur 64. Mitgliederversammlung der Deut-schen Botanischen Gesellschaft in Heidel-berg 11.-16. Juni 1957, in: Berichte der Deutschen Botanischen Gesellschaft, Stuttgart, 70, 1957, S. 4

168 Einschätzungsverzeichnis der Badischen Gebäudeversicherungsanstalt, Lagerbuch Nr. 5909 a

169 UBA: 6360, Photoarchiv 6360. Photo vom ersten Spatenstich 19. 7. 1954

170 Rhein-Neckar-Zeitung (RNZ), Nr. 103 vom 5. 5. 1961; Heidelberger Tageblatt (HTb), Nr. 97 vom 27. 4. 1962; RNZ, Nr. 98 vom 28./29. 4. 1962. Der Garten bleibt im Jahr 1961 geschlossen

171 HTb, Nr. 108 vom 11. 5. 1962

172 RNZ, Nr. 103 vom 6./7. 5. 1967

173 RNZ, Nr. 56 vom 9. 3. 1966

174 UBA: B 304.01. Am 16. 3. 1964 wird mit dem Abbruch des alten Palmenhauses be-gonnen. Am 30. 4. 1965 ist der Neubau ab-geschlossen, er hat knapp 420 000 DM ge-kostet

175 UBA: 6336-6344. Der letzte Gewächs-hausneubau ist ein Kalthaus, das 1979/80 auf der nordwestlichen Seite, direkt öst-lich neben dem Pavillon, angefügt wird

176 Werner Rauh, von 1960 bis 1981 Direktor des Institutes für systematische Botanik und Pflanzengeographie

177 Vgl. Andrea Kögel: Botanischer Garten Heidelberg, in: mein schöner Garten, Jg. 9, Heft 11, 1980, S. 66-68

178 UBA: 6360

179 HTb, Nr. 228 vom 2. 10. 1968; RNZ, Nr. 231 vom 5./6. 10. 1968

180 UBA: Am 29. 9. 1969 wird der Auftrag an die Abrißfirma erteilt

181 UBA: 6340; HTb, Nr. 108 vom 11. 5. 1971

182 UBA: B 304.01, 6340; HTb, Nr. 99 vom 29./30. 4. 1967; RNZ, Nr. 107 vom 12. 5. 1967; HTb, Nr. 228 vom 2. 10. 1968; RNZ, Nr. 231 vom 5./6. 10. 1968

183 HTb, Nr. 279 vom 3. 12. 1970; RNZ, Nr. 191 vom 21./22. 8. 1971

184 Die wertvollste Skulptur im Garten, das Gattenhof-Denkmal von Konrad Linck, ist 1959 noch nachzuweisen. Die Flora-Statue und die beiden Obelisken sind noch 1951 belegt und waren wohl bis zur Umgestaltung des Alpinums 1962 dort vorhanden. Die großen Deckelvasen aus den Nischen des Palmenhauses fehlen seit dessen Abriß 1964 und die vier Vasen und das schmiedeeiserne Tor des Eingangsbe-reiches seit Abriß des Obergärtnerwohn-hauses im Herbst 1969. Auch der im zwei-ten runden Bassin stehende Schalenbrun-nen ist nicht mehr vorhanden. Vgl. Her-mann Bagusche: Einkehr in eine Welt der Wunder, in: Heidelberger Fremdenblatt, Nr. 7, 1. Juliheft, 1951, S. 1; Eberhard Schöll: Ein vergessenes Werk von Konrad Linck, in: Heidelberger Fremdenblatt, Ausg. 8, 2. Juliheft, 1959, S. 6

185 Vgl. Herbert Rabl: Ein Denkmal für Ja-kob Ignaz Philipp Semmelweis (1971), in: Neue Hefte zur Stadtentwicklung und Stadtgeschichte, Heidelberger Denkmäler 1788-1981, Heft 2, 1982, S. 104-109

186 Die Planung liegt beim Universitätsbau-amt

187 In einigen Punkten weicht die Ausführung von den beiden Plänen von 1916 ab: 1. es wird nur der nordöstliche Eingang ausge-führt, auch der Institutsbau wird zurück-gestellt; 2. am östlichen Endpunkt der west-östlichen Hauptachse ist ein Garten-haus zum Ziehen von Schlingpflanzen eingezeichnet, es gelangt ebenfalls nicht zur Ausführung; 3. im perspektivischen Schaubild sind am Alpinum vier Obelis-ken eingetragen, nur die beiden am Ge-länder entstehen; 4. im Schaubild schei-nen die Bäume beschnitten, dies ent-spricht, wie der Verfasser in der Deut-schen Bauzeitung anmerkt, nicht der Rea-lität, sondern dient nur der besseren Übersicht

188 Im Grundriß in der Deutschen Bauzei-tung heißt die morphologisch-biologische Abteilung ›Systematische Abteilung‹. Er-stere Benennung orientiert sich an dem Plan von Jost, a. a. O., 1921

189 Vgl. Arnold Tschira: Orangerien und Ge-wächshäuser, Berlin 1939

190 Schon das neue Palmenhaus zerstörte die-se Proportionen, es war optisch im Ver-hältnis zu den niedrigen Flügeln zu wuch-tig und zu hoch

191 Seybold, a. a. O., S. 3

Literatur

Baader, Franz (Hrsg.): Handbuch für Reisende nach Mannheim, Heidelberg und Schwetzingen, Heidelberg 1843

Chézy, Helmina von: Gemälde von Heidelberg, Mannheim, Schwetzingen, dem Odenwalde und dem Neckarthale, Heidelberg 1816 und Heidelberg ²1821

Chézy, Helmina von: Unvergessenes, 2 Bde, Leipzig 1858

Derwein, Herbert: Die Flurnamen von Heidelberg, Heidelberg 1940

Hautz Johann Friedrich: Geschichte der Universität Heidelberg, 2 Bde, Mannheim 1862–64

Hintzelmann, Paul: Almanach der Universität Heidelberg für das Jubiläumsjahr 1886, Heidelberg 1886

Hirsch, Fritz: Von den Universitätsgebäuden in Heidelberg, Heidelberg 1903

Jost, Ludwig: Führer durch den Botanischen Garten in Heidelberg, Heidelberg 1922 und Heidelberg ²1931

Lampadius, Julius [Julius Leichtlen]: Almanach der Universität Heidelberg auf das Jahr 1813, Heidelberg 1812

Leonhard, Karl Cäsar von: Fremdenbuch für Heidelberg und die Umgebung, Heidelberg 1834

Metzger, Johann: Beschreibung des Heidelberger Schlosses und Gartens, Heidelberg 1829

Oechelhäuser, Adolf von: Die Kunstdenkmäler des Großherzogtums Baden VIII 2: Amtsbezirk Heidelberg, Tübingen 1913

Pfitzer, Ernst: Der Botanische Garten der Universität Heidelberg, Heidelberg 1880 und Heidelberg ²1899

o. V. [Ludwig Schmieder]: Der neue botanische Garten der Universität Heidelberg, in: Deutsche Bauzeitung, 50. Jg., Nr. 56 vom 12.7. 1916, S. 289–291 und Nr. 57 vom 15.7. 1916, S. 293–295

Schmieder, Ludwig: Der Heidelberger Schloßgarten, in: Mannheimer Geschichtsblätter, 37. Jg., Heft 1–6, 1936, S. 2–52

Steinberger, August: Georg Matthäus Gattenhof. Ein Heidelberger Gelehrtenleben im 18. Jahrhundert, in: Heidelberger Neueste Nachrichten, Nr. 38 vom 14.2. 1931

Steinberger, August: Nordamerikanische Gehölze im botanischen Garten der Universität Heidelberg 1782, in: Mitteilungen der Deutschen Dendrologischen Gesellschaft, Nr. 46, 1934, S. 75–77

Steinberger, August: Die ›immergrüne Anlage‹ im Schloßgarten zu Heidelberg. Ein Nachruf!, in: Mitteilungen der Deutschen Dendrologischen Gesellschaft, Nr. 47, 1935, S. 223–225

Steinberger, August: Das Gärtchen des Walafried Strabo. Seine Nachbildung im Botanischen Garten der Universität Heidelberg, in: Heidelberger Neueste Nachrichten, Nr. 130 vom 6.6. 1935

Steinberger, August: Ein Denkmal auf Wanderschaft. Das Gattenhof-Denkmal kommt in den botanischen Garten, in: Heidelberger Neueste Nachrichten, Nr. 189 vom 15.8. 1935

Steinberger, August: Zur Geschichte des botanischen Gartens in Heidelberg, Heidelberg 1936

Stübler, Eberhard: Geschichte der medizinischen Fakultät der Universität Heidelberg 1386–1925, Heidelberg 1926

Wundt, Friedrich Peter: Geschichte und Beschreibung der Stadt Heidelberg, Mannheim 1805

Die Chirurgische Klinik

Im Neuenheimer Feld 110

485, 486 Die Chirurgische Klinik ist am nördlichen Ufer des Neckars gelegen, westlich des Heidelberger Vorortes Neuenheim. Als erste auf dem Neuenheimer Feld errichtete Universitätsklinik steht sie zwischen dem Max-Planck-Institut (früher Kaiser-Wilhelm-Institut) im Osten, dem Deutschen Krebsforschungszentrum im Norden und Schwesternwohngebäuden im Westen.

Geschichte

Dem am 14.11. 1933 unter den Nationalsozialisten feierlich vollzogenen ersten Spatenstich zum Bau einer neuen Chirurgischen Klinik geht eine langjährige Vorgeschichte voraus. Bereits am 1. Oktober 1876 wird im Heidelberger Stadtteil Bergheim, im Zuge der Erbauung des Alt-Klinikums[1], zum erstenmal eine Chirurgische Klinik in einem eigens dafür geschaffenen Gebäudekomplex eröffnet. Dieser, aus einem Pavillon und vier Baracken bestehend, erweist sich im Laufe der Jahre als für den Klinikbetrieb ungeeignet und kann auch der ständig wachsenden Patientenzahl bald nicht mehr genügen.[2] Die Erweiterung um zwei Pavillons und einen Hörsaalanbau in den achtziger und neunziger Jahren ändert nur wenig an dieser Situation. In einer 1911 von der Universität an das Badische Kultusministerium gerichteten Denkschrift[3] werden die besorgniserregenden Zustände an der Chirurgischen Klinik beschrieben und die Regierung daran erinnert, daß sie ja bereits baldige Abhilfe zugesagt habe. Diese besteht schließlich darin, daß noch im selben Jahr, auf Ersuchen des Kultusministeriums, das Land Baden ein fast 20 ha großes Gelände auf der Neuenheimer Seite erwirbt, um der Universität eine Erweiterung zu ermöglichen. Oberbaurat Warth aus Karlsruhe wird mit der Erstellung eines Generalbebauungsplans beauftragt, der 1912 in einer ›Denkschrift über die künftige bauliche Entwicklung der badischen Hochschulen‹[4] vorliegt. Er beinhaltet im wesentlichen die Verlegung des Botanischen Gartens und der Psychiatrischen Klinik auf die Neuenheimer Seite und den Bau einer neuen Medizinischen Klinik auf dem freiwerdenden Gelände in Bergheim. Die Chirurgische Klinik soll durch Zuweisung eines Teils der Räume der bisherigen Medizinischen Klinik erweitert und durch Umbauten verbessert werden. Wie aus zwei unveröffentlichten Entwürfen[5] hervorgeht, werden gleichzeitig auch Überlegungen angestellt, auf dem Gelände der Psychiatrischen Klinik, nördlich der neu zu erbauenden Medizinischen, eine neue Chirurgische Klinik zu errichten. Die beiden neuen Kliniken hätten sich im Grundriß völlig entsprochen.

498

Der Erste Weltkrieg und seine Folgen machen diese Pläne weitgehend zunichte. Zwar wird der Botanische Garten noch 1913 auf die Neuenheimer Seite verlegt, die Medizinische Klinik (Krehl-Klinik) jedoch in verringertem Umfang erst 1919-1922 erbaut.[6] An den Neubau einer Chirurgischen Klinik ist nicht zu denken, und an den katastrophalen Zuständen in den alten Gebäuden ändert sich nichts. So heißt es in der ›Denkschrift über die Mißstände, vornehmlich baulicher Art, an der Heidelberger Universität und ihren einzelnen Instituten‹[7] aus dem Jahre 1925, alle an den Kliniken gemachten Beanstandungen träfen für die Chirurgische Klinik in so hohem Maße zu, ›daß sie als eine der allerschlechtesten chirurgischen Kliniken im ganzen Deutschen Reiche bezeichnet werden muß‹. In einer weiteren, von Rektor Panzer im Frühjahr 1927 verfaßten Denkschrift[8] wird auf der Grundlage der Planungen von 1912 für die gesamte Universität eine gründliche Besserung ihrer baulichen Zustände gefordert. Vorgeschlagen werden in diesem Zusammenhang der Neubau eines Pathologischen Instituts ›etwa an der Mittermeierstraße‹ und ›daran räumlich anschließend‹ der einer Chirurgischen Klinik. Eine Verlegung auf die nördliche Neckarseite wird nicht für sinnvoll erachtet, da die Kliniken ›auf Zuzug von auswärts angewiesen‹ seien und darum in Bahnhofsnähe liegen müßten.

Unter dem zunehmenden Druck der Universität beauftragt das Kultusministerium schließlich Ludwig Schmieder, Leiter des Bezirksbauamtes Heidelberg und Erbauer der Medizinischen Klinik, Pläne für einen Neubau anzufertigen. Im Sommer 1929 liegt Schmieders Entwurf zu einer Chirurgischen Klinik auf Bergheimer Gelände vor. Geplant ist ein nach amerikanischem Vorbild[9] gestalteter, monumentaler, circa 35 Meter hoher Hochhauskomplex mit Flachdach, westlich der alten chirurgischen Gebäude. Ein mächtiger, zehngeschossiger Mittelbau mit 19 Fensterachsen wäre dabei von zwei niedrigeren, direkt anschließenden Seitenbauten mit jeweils sieben Geschossen und fünf Fensterachsen flankiert worden.[10] Dieses für die damaligen Heidelberger Verhältnisse gewaltige Projekt stößt jedoch auf den entschiedenen Widerstand des Stadtrates, der im Juli 1929 den geplanten Neubau wegen grundsätzlicher städtebaulicher Bedenken ablehnt: Ein derartig hohes Gebäude zerreiße die ruhige und ziemlich gleichmäßige Stadtsilhouette und störe den Blick auf die Stadt.[11] In einem Brief an das Kultusministerium tritt Schmieder diesen Einwänden mit Nachdruck entgegen. Mit Hilfe eines Schaubildes, in das er die projektierte Klinik maßstabsgerecht eingezeichnet hat, versucht er zu belegen, daß der Neubau nicht störend im Stadtbild wirken würde, daß im Gegenteil die Silhouette der Klinikbauten dadurch ›wesentlich interessanter‹ werde. Außerdem sei es berechtigt, eine Stätte, die zum ›Weltruf der Universität‹ beigetragen habe, auch architektonisch hervorzuheben. Er räumt jedoch ein, daß durch entsprechende Grundrißgestaltung der Bau um ein bis drei Stockwerke in der Höhe reduziert werden könnte. Abschließend weist er auf die gelungene Eingliederung des Neubaues der Oberpostdirektion in das historische Zentrum Stuttgarts hin, ein Gebäude, das die gleiche Stockwerkszahl aufweise wie sein vorgeschlagener Klinikbau.[12]

Obwohl sich Kultusministerium und Universität hinter das Projekt Schmieders stellen, bleibt die Haltung der Stadt unverändert. Nach längeren Verhandlungen mit Oberbürgermeister Neinhaus bittet das Kultusministerium am 10.10. 1929

12

den Engeren Senat, im Einvernehmen mit der Medizinischen Fakultät zu prüfen, ob nicht die Möglichkeit einer Verlegung des Neubaus auf die Neuenheimer Seite möglich wäre. In der darauffolgenden Stellungnahme des Dekans der Medizinischen Fakultät, Prof. Schmincke, wird dies befürwortet unter der Voraussetzung der Verlegung aller klinischen wie theoretischen Institute nach Neuenheim. Eine räumliche Trennung der neuen Chirurgischen Klinik von der Medizinischen könne unmöglich gutgeheißen werden.[13] Als Reaktion auf diese Forderung wendet sich das Kultusministerium direkt an Schmincke mit der Bitte ›alles zu vermeiden, was den Anschein erwecken könnte, als ob in absehbarer Zeit irgendwelche Aussicht bestände, daß das gesamte Klinikum auf die rechte Neckarseite verlegt werden könnte‹. Man habe sich zu weit vorgewagt, das nötige Geld könne jetzt weder vom Land Baden noch vom Reich aufgebracht werden. Trotzdem werde man versuchen, für den Neubau 1 Mill. RM im Etat bereitzustellen. Dieses Vorhaben wird jedoch Ende des Jahres durchkreuzt durch die Ankündigung des neuen Kultusministers Remmele, erst nach Erledigung der Finanzreform einen Betrag für den Neubau in den Haushaltsplan einstellen zu können.[14]

Drei Jahre später spitzt sich die Situation für die Universität zu. Der inzwischen siebzigjährige Direktor der Chirurgischen Klinik, Eugen Enderlen, will zum 1.4. 1933 in den Ruhestand treten, und der als Nachfolger berufene Martin Kirschner (Tübingen) weigert sich, unter den gegebenen Verhältnissen die Klinik zu übernehmen. Auch sonst findet sich unter den in Frage kommenden Chirurgen keiner, der dazu bereit wäre.[15] So zusätzlich unter Druck geraten, beauftragt das Kultusministerium im September 1932 erneut das Bezirksbauamt mit der Ausarbeitung eines Planes für ein Operationsgebäude und darüber hinaus auch offiziell mit der Erstellung eines Bebauungsplanes für das Gelände nördlich des Neckars. Ein Erläuterungsbericht zum ›General-Bebauungsplan für die neuen Institute der medizinischen und naturwissenschaftlichen Fakultät der Universität Heidelberg‹, der bereits im Oktober 1932 von Schmieder vorgelegt wird, beinhaltet den Neubau der Chirurgischen Klinik als ersten einer Reihe von Klinikneubauten, die westlich des 1930 fertiggestellten Kaiser-Wilhelm-Instituts, dem Verlauf des Neckars folgend, erstellt werden sollen.[16] Allerdings fehlen nach wie vor die notwendigen Geldmittel, da selbst ein Antrag auf finanzielle Unterstützung zum Bau einer einzigen Klinik, eben der Chirurgischen, vom Reichsfinanzministerium abschlägig beschieden wird.[17]

In dieser Situation rät Oberregierungsrat Victor Schwoerer, stellvertretender Präsident der Notgemeinschaft der deutschen Wissenschaft in Berlin (bis 1928 Referent des badischen Kultusministeriums), der Universität, ein Darlehen aus dem ›Sofort-Programm für die Arbeitsbeschaffung‹ zu beantragen. Allerdings solle man sich mit einem von Schmieder vorgeschlagenen Projekt eines etwa sechsstöckigen Gebäudes[18] in Bergheim begnügen, denn ›wollte man dem Gedanken der Verlegung sämtlicher Kliniken über den Neckar nachjagen, ein Gedanke, der theoretisch gewiß den Vorzug verdienen könnte, so würde man meines Erachtens die Realisierung auf eine große Reihe von Jahren hinausschieben‹.[19] Diese Haltung trifft nach wie vor auf den Widerstand der Stadt[20] und nun auch auf den der Universität[21]; beide Institutionen drängen auf einen Neubau auf Neuenheimer Gelände. Am 11.1. 1933 wird der Antrag auf Gewährung der

Mittel für den Neubau der Chirurgischen Klinik beim Reichskommissar für Arbeitsbeschaffung gestellt, aber trotz einer massiven öffentlichen Unterstützung durch Gewerkschaften, Handelskammern und sonstige Verbände[22] und trotz wohlwollender Behandlung durch den zuständigen Reichskommissar Gereke wird er einen Monat später von der Reichsregierung abgelehnt, mit dem Argument, daß die vom Reich ausgeworfenen Mittel für das Arbeitsbeschaffungsprogramm nicht für Hochbauten, sondern ausschließlich für den Straßen- und Brückenbau gedacht seien.[23]

In diese verfahrene Situation hinein fällt am 11. März 1933 die Übernahme der Amtsgeschäfte durch die Nationalsozialisten in Baden. Fünf Tage danach unterrichtet der entlassene Finanzminister Wilhelm Mattes in einem internen Brief noch Rektor Andreas über die letzten Überlegungen der alten badischen Regierung, ›da die Kenntnis der Absichten der bisherigen Regierung für die Verfolgung Ihrer Ziele in Zukunft von Wert sein dürfte‹. Er weist darauf hin, daß beabsichtigt war, noch im Frühjahr 1933 mit dem Klinikbau zu beginnen, wobei man bei einer Gesamtsumme von 1,3 Mill. RM für ein zunächst geplantes Operationsgebäude 800000 RM aus den Mitteln des Arbeitsbeschaffungsprogramms abgezweigt, damit also eine Kürzung beim Straßenbau hingenommen hätte. Die Stadt hätte sich dabei, nach dem Muster des Klinikneubaus in Freiburg[24], mit einem Anteil von zwei Fünftel am gesamten Kostenaufwand beteiligen müssen. Der Brief endet mit der Bemerkung, daß er seinen Nachfolger über den Stand dieser Dinge und die besondere Dringlichkeit eines Klinikbaues in Heidelberg unterrichtet habe und daß er empfehle, ›möglichst bald persönlich Herrn Köhler für den Beginn eines Klinikbaues in Heidelberg zu interessieren‹.[25]

Nachdem auf Betreiben des Rektors der neue Hochschulreferent Eugen Fehrle, aber auch Oberbürgermeister Neinhaus bei der kommissarischen Staatsregierung in Karlsruhe wegen dem Klinikbauproblem vorgesprochen haben, kommt Kultusminister Otto Wacker bereits am 24. März nach Heidelberg, um die Universitätskliniken zu besichtigen. Er sagt beschleunigte Abhilfe zu, da mit dem Neubau einer Klinik der Arbeitsmarkt belebt, außerdem dem wissenschaftlichen Ruf der Universität entsprochen würde.[26] Es dauert jedoch weitere fünf Monate bis die nationalsozialistische ›Volksgemeinschaft‹ am 25.8. 1933 berichten kann, daß nach ›monatelangen Bemühungen‹ des badischen Kultus- und Finanzministeriums für den Neubau der Chirurgischen Klinik von der ›Oeffa‹ (Deutsche Gesellschaft für öffentliche Arbeiten A.G. Berlin) 1,3 Mill. RM genehmigt worden seien. Dieser ›erstaunliche‹ Erfolg wird den Parteigenossen Wacker und Fehrle zugeschrieben, die nach dieser Zusage sofort alle weiteren erforderlichen Maßnahmen in Heidelberg treffen. Dabei wird endgültig festgelegt, das Gelände auf der Neuenheimer Seite für die Kliniken bereitzustellen, was sowohl den städtischen als auch den universitären Interessen sehr entgegenkommt.[27]

Baubeginn ist der 14.11. 1933. Zum ersten Spatenstich findet eine Feier am Bauplatz statt, zu der die höchsten Vertreter des Kultusministeriums, der Universität, des Bezirksbauamtes, der örtlichen NSDAP, die ›Arbeiterschaft mit Arbeitsgerät‹ und eine Standartenkapelle in einem kleinen Festzug aufmarschieren. Gebaut wird nach den Plänen Ludwig Schmieders, dessen ›General-Bebauungsplan‹ für das Neuenheimer Feld vom nationalsozialistischen Kultusministerium voll akzeptiert wird. Dieses sieht hierin die Möglichkeit, ›die Bauweise des 19. Jahrhunderts einmal grundsätzlich abzulösen und dem ganzen Erneuerungswerk den Stempel der neuen Zeit und neuen großräumigen Denkens zu geben‹.[28] Die Chirurgische Klinik ist als erster Baustein zu diesem ›Erneuerungswerk‹ gedacht.

470 Schmieders endgültige Pläne gehen im wesentlichen auf ein Vorprojekt vom Februar 1933[29] zurück, mit dem er die Konsequenzen aus der Ablehnung seines Hochhausbaus (1929) gezogen hat. Dieses Vorprojekt sah einen Komplex aus zwei miteinander verbundenen, parallel angeordneten Baukörpern vor, d. h. einen Krankenbau (Bettenbau) - bestehend aus einem breiten, sechsgeschossigen, in den mittleren neun Achsen sogar siebengeschossigen Mittelbau und zwei anschließenden, schmäleren, viergeschossigen Seitenbauten - und einen dreigeschossigen Operationsbau (Behandlungsbau) mit einem vorspringenden Hörsaalgebäude; sämtliche Bauten weisen ein zusätzliches, ausgeprägtes Sockelgeschoß auf. Die Anlage des Krankenbaus und die konsequente Verwendung von Flachdächern sind aus dem früheren Projekt übernommen; die Anordnung und Form der Fenster und die Gestaltung der Sockelzone könnten in Anlehnung an Hans Freeses Kaiser-Wilhelm-Institut entstanden sein. Offensichtlich plante Schmieder hier den Neubau der Chirurgischen Klinik auf Neuenheimer Gelände als entsprechenden baulichen Anschluß an das Forschungsinstitut. Vom

471 März 1933[30] datiert eine Variante dieses Projekts, die für Bergheim vorgesehen war. Die Grundriß-Konzeption und die Ausmaße der einzelnen Baukörper sind weitgehend beibehalten, doch sind die Flachdächer durch Walmdächer ersetzt, der Hörsaaltrakt durch eine Laterne betont und die Fenster kreuzgeteilt. Außerdem ist der Krankenbau deutlicher in Mittel- und Seitenbauten untergliedert. Schmieder übernimmt im wesentlichen diesen konservativeren Entwurf für die Ausführung.[31] Was die Innenaufteilung betrifft, wird Kirschner zu Rate gezogen, der inzwischen den zum zweitenmal an ihn ergangenen Ruf der Universität Heidelberg angenommen hat und der bereits beim Neubau der Tübinger Chirurgischen Klinik (ein Hochhausbau, 1930-1935) Erfahrungen sammeln konnte.

Am 18.12.1934 findet das Richtfest für das Operationsgebäude statt, zu dem Vertreter der SA und SS sowie die Kreisleitung der NSDAP geladen sind; auf den Firsten flattern Hakenkreuzfahnen. Gleichzeitig erfolgt der erste Spatenstich für den zweiten Bauabschnitt, den Krankenbau. Auch dafür werden Mittel in Höhe von 1,5 Mill. RM von der ›Oeffa‹ bereitgestellt. Obwohl nun dieser Bauabschnitt am 2. Juli 1936, pünktlich zum 550-jährigen Jubiläum der Universität, abgeschlossen ist, dauert es weitere drei Jahre, bis der Gesamtkomplex Chirurgische Klinik mit Küchen-, Personal- und sonstigen Nebengebäuden am 3. Juli 1939 bezogen werden kann[32], zwei Monate vor Ausbruch des Zweiten Weltkrieges. Verzögerungen sind unter anderem wegen Schwierigkeiten beim Geländeerwerb eingetreten[33], aber auch aufgrund erheblicher Unstimmigkeiten zwischen dem ausführenden Architekten und dem Klinikleiter[34]. Bei der Eröffnung stehen 330 Betten zur Verfügung, eine Zahl, die nach Angaben Kirschners ›im Bedarfsfall, z. B. im Krieg‹, ohne Schwierigkeiten auf 450 erhöht werden kann.[35] Es sind insgesamt sieben Operationssäle vorhanden, und die Ausstattung entspricht dem neuesten Stand der Technik. Die Gesamtkosten für diese ›modernste Chirurgische Klinik der Welt‹[36] belaufen sich auf rund 5 Mill. RM. Das Land Baden und die Stadt Heidelberg sind neben der ›Oeffa‹ zu je einem Sechstel daran beteiligt. Der Anteil von einem Sechstel wird nach dem zwischen Land und Stadt geschlossenen Klinikbauvertrag auch für den weiteren Unterhalt der Klinik von der Stadt übernommen.[37]

Während des ganzen Krieges dient die Klinik als Speziallazarett für Schwerstverwundete und ist zeitweilig mit 700–800 Patienten belegt. Nach dem Zusammenbruch des Dritten Reiches wird sie als einziges Universitätsgebäude neben der Alten Universität von den Amerikanern nicht beschlagnahmt.[38]

Größere bauliche Veränderungen erfolgen erst in den sechziger und siebziger Jahren: 1967/68 werden der Hörsaal und der westliche Teil des Operationsgebäudes instandgesetzt, und 1968–1970 wird vor der Nordfassade ein großer Erweiterungsbau errichtet. Dabei wird der Hauptzugang in das Verbindungsstück zwischen Neubau und Operationsgebäude verlegt und die alte, bisher als Haupteingang dienende Durchfahrt im Verbindungsbau geschlossen. Von 1973/74 datieren die Dachgeschoßausbauten von Operationsgebäude und Verbindungsbau, und von 1977–1982 wird der östliche Teil des Operationsbaues erneuert. Dabei werden die alten Operationssäle in den beiden oberen Geschossen unterteilt, im zweiten Obergeschoß wird ein Versorgungsflur vor die Nordfassade gelegt. Am Krankenbau werden 1970–1972 die schmalen, seitlichen Verbindungsbauten durch Anbauten nach Süden erweitert und – zeitlich anschließend – die großen Krankensäle in den beiden Seitenbauten unterteilt, um kleinere Zimmereinheiten zu erhalten. Es folgen im Laufe der Jahre weitere Umbauten und Instandsetzungsarbeiten. Die vorläufig letzte bauliche Veränderung, die Erweiterung der Abteilung für Kinderchirurgie im Dachgeschoß des östlichen Seitenbaues, wird 1984 abgeschlossen. Sämtliche Maßnahmen an der Chirurgischen Klinik sind weitgehend unter der Leitung des Karlsruher Architekten Klaus Kapuste in Zusammenarbeit mit dem Universitätsbauamt getroffen worden.[39]

Beschreibung

Der Komplex Chirurgische Klinik umfaßt mehrere Gebäude. Im Zentrum der weitgehend symmetrisch gestalteten Gesamtanlage stehen drei parallele, von Norden nach Süden aufeinanderfolgende Baukörper: das Operationsgebäude, der Krankenbau und die zum Neckar hin gelegene Privatstation mit anschließender Gartenanlage. Diese sind durch zwei, in der jeweiligen Mitte der Gebäude ansetzende Trakte miteinander verbunden, die vom Operationsgebäude durch den Krankenbau bis in die Privatstation führen und so die – nur an einer, noch zu benennenden Stelle leicht verschobene – Symmetrieachse der gesamten Anlage bilden. Zwei weitere, von Norden nach Süden ausgerichtete Gebäude stehen in einigem Abstand parallel zu den Schmalseiten des Operationsbaus: im Osten der Personalbau, im Westen der Küchenbau. Zwischen Operationsgebäude und Personal- bzw. Küchenbau liegt jeweils ein schmaler Garagenbau. Westlich des Küchenbaus befindet sich das Kesselhaus, südlich die Trafo-Station. Sämtliche Gebäude sind verputzte Backsteinbauten.

480

Das Operationsgebäude (17 m × 91 m) ist viergeschossig und mit einem Walmdach versehen. Die nach Norden gelegene Hauptfassade präsentiert sich heute in einem durch An- und Umbauten wesentlich veränderten Zustand. Ihre Mitte

472 wurde ursprünglich akzentuiert durch einen um drei Fensterachsen hervortretenden, ebenfalls viergeschossigen, attikaähnlich abschließenden Hörsaaltrakt mit fünfachsiger Fassade nach Norden. Deren etwas breitere mittlere Fensterachse wurde im ersten und zweiten Obergeschoß durch einen Balkon hervorgehoben; im dritten Obergeschoß lagen die Hörsaalfenster, die sich in Größe und Gliederung (Sprossenteilung) von den übrigen, meist kreuzgeteilten Fenstern unterschieden. Zu beiden Seiten des Hörsaaltraktes wies die Fassade jeweils elf zum Teil unterschiedlich gestaltete Achsen auf. Drei in den beiden oberen Geschossen des östlichen Gebäudeteils liegende Operationssäle wurden jeweils durch ein großes, zwei Geschosse und zwei Achsen umfassendes Fenster sowie ein großes Flächenfenster im Dach belichtet. Heute ist der Hörsaaltrakt nur noch in seinem oberen Teil sichtbar, da vor seiner Nordfassade ein längsrechteckiger (30,5 m

479 × 38 m) und flach abschließender Erweiterungsbau errichtet wurde: Dieser – ein Stahlbeton-Skelettbau mit vorgehängten, nicht gestrichenen Fassadenfertigteilen aus Leichtbeton – entspricht mit seinen drei Geschossen den drei unteren des Operationsgebäudes, mit dem er in den Obergeschossen durch seitlich entlang des Hörsaaltraktes verlaufende, geschlossene Gänge verbunden ist. Wesentliche Gestaltungselemente des Neubaues sind die Fensterbänder mit Rahmen aus Holz und das in ganzer Höhe am westlichen Ende der Nordfassade vorgelegte Nottreppenhaus. Ein flacher Dachaufsatz, der in seiner Höhe dem dritten Obergeschoß des Operationsgebäudes entspricht und der nur wenig breiter ist als der Hörsaaltrakt, verdeckt heute die unteren Hälften der nördlichen Hörsaalfenster (die seitlichen sind erhalten), deren obere Hälften vermauert sind. Ebenso sind die großen Fenster der Operationssäle verschwunden. Vor dem zweiten Obergeschoß liegt ein durch ein schmales Fensterband belichteter Versorgungsflur, eine Konstruktion aus Stahl und eloxiertem Aluminium. Im dritten Obergeschoß sitzen moderne, nicht unterteilte Fenster, die inzwischen auch viele der übrigen Fenster ersetzt haben. Von den ursprünglich sechs Dachgaupen ist noch eine – die mittlere von ehemals drei Gaupen westlich des Hörsaaltraktes – vorhanden. Die asymmetrisch gestalteten Schmalseiten des Gebäudes sind vierachsig, wobei die jeweils zweite Achse von Süden durch Balkone in den drei Obergeschossen hervorgehoben und durch eine Gaupe ergänzt wird. In der Lage dem Hörsaaltrakt an der Nordfassade entsprechend, aber um dessen östliche Achse schmäler, setzt der Verbindungsbau an der noch weitgehend unveränderten Rückfassade an. Ihr westlicher Teil umfaßt wie der der Hauptfassade elf Achsen, ihr östlicher dagegen zwölf, wobei sich in der zusätzlichen Achse, östlich neben dem Verbindungsbau, die Fenster befinden, die das Haupttreppenhaus des Operationsgebäudes belichten. In der dritten Achse von Osten bzw. Westen liegen im Erdgeschoß Zugänge zu zwei weiteren Treppenhäusern, weshalb die darüber befindlichen vier Fenster, deren oberstes ein kreuzgeteiltes Rundfenster ist, aus der Reihe der übrigen versetzt sind. Der 21,5 m lange Verbindungsbau ist viergeschossig und zählt sieben Achsen. Eine Durchfahrt, die sich ursprünglich im Erdgeschoß der zweiten und dritten nördlichen Achse befand und in der die Haupteingänge zu Operations- und Krankenbau lagen, ist heute vermauert; an ihrer Stelle sind Fenster eingebrochen. Das Satteldach, in dem auf jeder Seite drei Gaupen saßen, wurde zu einem weiteren Geschoß ausgebaut.

Ein an seiner Ostseite eine Fensterachse aufweisender Baukörper, der ebenso breit ist wie der Verbindungsbau, vermittelt zwischen diesem und dem Krankenbau. Fünfgeschossig wie letzterer entspricht er nicht nur in der Höhe, sondern auch in seiner Gestaltung dem Hörsaaltrakt, indem er dessen attikaähnlichen Abschluß zitiert. Sein Hauptgesims, unmittelbar über der Firstlinie des Verbindungsbaus gelegen, verläuft in einer Höhe mit dem Traufgesims des Krankenbaus. Dieser (ingesamt 133,2 m lang) besteht aus drei, in Ost-West-Richtung angeordneten und mit Walmdächern versehenen Gebäuden, die durch Flachbauten miteinander verbunden sind. Die Schauseite liegt dem Neckar zugewandt. *473, 477* Aufgrund seiner Ausmaße tritt der fünfgeschossige Mittelbau (15,9 m × 54,7 m) dominierend hervor. Seine Südfassade gliedert sich rechts und links der Mitte, die durch drei eng beieinanderliegende Fensterachsen charakterisiert ist, in jeweils sieben Achsen. Hingegen zählt die Nordfassade nur jeweils fünf unterschiedlich gestaltete Achsen zu beiden Seiten des verbindenden Baukörpers. Die ursprünglich kreuzgeteilten Fenster sind am gesamten Krankenbau durch moderne ersetzt; die Dachgaupen, sechs auf der Süd-, vier auf der Nordseite, sind erhalten. Die in gleicher Distanz zum Mittelbau stehenden und identisch gestalteten Seitenbauten (jeweils 12,52 m × 23 m) treten hinter dessen südliche Bauflucht zurück. Sie sind viergeschossig, an den Nord- und Südseiten sechsachsig, an der Ost- bzw. Westseite dreiachsig und hier in sämtlichen Geschossen mit großen, die gesamte Breite der Fassade einnehmenden Balkonen versehen. Im Dach des westlichen Seitenbaues sitzen noch die originalen vier Gaupen, zwei nach Norden und zwei nach Süden; hingegen ist das Dach des östlichen Seitengebäudes ausgebaut und mit modernen Dachfenstern versehen. Auch die ebenfalls identisch gestalteten Flachbauten (jeweils 8,78 m × 13 m) – viergeschossig wie die Seitengebäude, auf der Nordseite vierachsig, auf der Südseite ursprünglich dreiachsig mit einem vorgelegten, über die ganze Breite der Fassade reichenden Liegebalkon in jedem Geschoß – präsentieren sich heute in stark verändertem Zustand. Vor den Südfassaden liegen flach abschließende, moderne Anbauten *478* aus Leichtbeton, die sich zwar an die vorgegebene Höhe und Geschoßzahl halten, aber über die Flucht des Mittelbaus hinaus hervortreten. Von den beiden, mit Balustraden versehenen Dachterrassen ist die westliche erhalten; auf die östliche wurde ein Gang aufgesetzt, der das vierte Obergeschoß des Mittelbaus mit dem ausgebauten Dachgeschoß des betreffenden Seitengebäudes verbindet.

Eine eingeschossige Flurhalle (22,5 m lang) mit großen Fensterflächen, die in der Mitte des Krankenbaus ansetzt, führt von diesem in die zum Neckar hin gelegene eingeschossige Privatstation (14 m × 21,5 m). Diese, etwa so lang wie der Mittelbau und die beiden Flachbauten, ist mit einem sehr flachen Walmdach gedeckt. Die Mitte der zum Garten hin liegenden Fassade, die in Entsprechung zum Krankenbau aus drei, eng beieinanderliegenden, zweiflügeligen, verglasten Türen mit Oberlicht (diese wie auch alle anderen Glastüren waren ursprünglich sprossengeteilt) gebildet ist, wird zusätzlich betont durch eine Pfeilerloggia über segmentbogigem Grundriß. Rechts und links der Loggia ist die Fassade durch jeweils zehn regelmäßig aufeinanderfolgende, zweiflügelige Türen gegliedert, und auch die Terrasse, die der Privatstation in ihrer ganzen Länge vorgelegt ist und in den Garten führt, ist entsprechend unterteilt. In der nach Norden gerichteten Front liegen rechts und links der Flurhalle jeweils elf Fenster, deren Reihe zwischen dem sechsten und siebten Fenster – von der Flurhalle zählend – durch eine Tür unterbrochen wird. An den Schmalseiten wird jeweils eine breite, zweiflügelige Glastür von zwei unterschiedlich großen Fenstern flankiert.

Die originale Innenaufteilung der genannten Gebäude ist trotz der zahlreichen Umbauten in wesentlichen Zügen erhalten. Zentraler Raum eines jeden Geschosses des Operationsgebäudes ist eine Halle, die, in den mittleren drei Achsen liegend, etwa die halbe Gebäudetiefe einnimmt und sich bis in die nördliche Achse des Verbindungsbaus erstreckt. An ihrer östlichen Längsseite liegt das durch Glaswände und -türen abgetrennte Haupttreppenhaus des Operationsbaues, und diesem gegenüber befinden sich die Fahrstühle. Am nördlichen Ende der Halle führt seitlich ein Gang in den östlichen bzw. westlichen Gebäudeteil und endet vor den Balkonen an den Schmalseiten. Rechts und links dieses Ganges, der leicht aus der Mitte des Gebäudes nach Süden verschoben ist, liegen die einzelnen Räume. Nördlich führt die Halle, die sich nur im Erdgeschoß über den Gang hinaus nach Norden erstreckt, in den Hörsaaltrakt. Das Erdgeschoß des Operationsbaus, dessen Halle heute von Norden betreten wird, ist bestimmt durch Pforte und Patientenaufnahme. Des weiteren liegen hier und im neuen Erweiterungsbau vor allem die Räume der Ambulanz. Im ersten Obergeschoß sind unter anderem die Röntgenabteilung und die Bibliothek untergebracht; im Erweiterungsbau die Räume der Anästhesie und der Urologie. Im zweiten Obergeschoß befinden sich hauptsächlich Operationsräume und im Erweiterungsbau die Intensivstation, außerdem der mit Marmorplatten verkleidete, große Hörsaal, dessen über dem Grundriß eines gestelzten Rundbogens angeordnete Sitzreihen steil bis ins dritte Obergeschoß ansteigen, wo auch der Haupteingang in den Hörsaal liegt. Die Flachkuppel mit Rundfenstern, die den Raum abschloß, ist zwar noch vorhanden, aber nicht mehr sichtbar, da sie sich über einer Decke befindet, die während der Instandsetzung des Hörsaals in den späten sechziger Jahren eingezogen wurde. Im dritten Obergeschoß sind noch ein weiterer Hörsaal sowie Labors und Zimmer für das Personal untergebracht. Im Verbindungsbau liegen die Räume in sämtlichen Geschossen zu beiden Seiten eines Mittelganges. Dieser ist aus der Mittelachse des Operationsgebäudes nach Westen verschoben, weil – wie bereits oben erwähnt – die Breite des Verbindungsbaus gegenüber der des Hörsaaltrakts einseitig um eine Achse reduziert ist. Das Erdgeschoß dient der Patientenaufnahme, während sich in den oberen Geschossen Dienstzimmer befinden.

In dem außen sowohl vom Verbindungs- als auch vom Krankenbau unterschiedenen Baukörper, der etwa zur Hälfte in den Krankenbau integriert ist, liegen zu beiden Seiten eines Flures das offene Haupttreppenhaus und die Fahrstühle des Krankenbaus, dessen Grundrißdisposition der des Operationsbaus nicht unähnlich ist. Wiederum liegt im Zentrum aller fünf Geschosse eine Halle, die so breit ist wie die eng beieinanderliegenden mittleren drei Fensterachsen. Sie wird jeweils von Norden über den Treppenhausflur betreten. Von ihr führt ein annähernd in der Mitte des Gebäudes liegender Gang in den östlichen und den westlichen Gebäudeteil und weiter durch die Flachbauten bis in die Seitengebäude, in denen die großen Krankensäle für sechzehn Betten untergebracht waren. Heute sind diese Säle in kleinere Räume unterteilt, die maximal fünf bis sechs Betten enthalten, wie auch die übrigen Krankenzimmer, die über alle Geschosse verteilt, aber meist nach Süden liegen. Im Untergeschoß befindet sich die Klinikkapelle.[40] *568*

Zentrum der mit dem Krankenbau durch eine Flurhalle verbundenen Privatstation ist ebenfalls eine große Halle, die die Tiefe des ganzen Gebäudes einnimmt und sich nach Süden in die Loggia öffnet. Die Wände sind vollständig mit Holz verkleidet, und über eine achteckige, verglaste Öffnung in der Decke erhält die Halle zusätzliches Licht. Auch in der Privatstation liegen die Zimmer zu beiden Seiten eines leicht aus der Mitte nach Norden verschobenen Ganges, nach Süden die Krankenzimmer mit ein bis zwei Betten und nach Norden die Diensträume. *481, 482*

Der Küchenbau im Westen und der Personalbau im Osten des Operationsgebäudes sind außen weitgehend identisch gestaltet. Beide sind dreigeschossig und mit Walmdächern versehen, in denen Gaupen sitzen. Die nach Norden und Süden gerichteten Schmalseiten beider Bauten gliedern sich jeweils in drei, die Längsseiten des Küchenbaus in zwölf Fensterachsen, während der im Verhältnis zum Küchenbau etwas weiter nach Süden versetzte Personalbau eine Achse länger ist. An den Schmalseiten des noch weitgehend unveränderten Küchenbaus liegt jeweils ein Eingang, der in ein Treppenhaus führt. Untergebracht sind in diesem Bau auch heute noch die Küche und die erforderlichen Lagerräume sowie zusätzliche Zimmer für das Personal. Im Personalbau selbst befinden sich heute Büros und Bäder, Speise- und Gästezimmer. Der Haupteingang liegt hier in der Mitte der Westfassade; das Treppenhaus zentral in der Mitte des Baus. Den fünf südlichen Achsen seiner Ostfassade ist zusätzlich eine Veranda mit Balkon vorgelegt; des weiteren setzt am nördlichen Ende dieser Fassade im rechten Winkel ein eingeschossiger schmaler Anbau an, in dem sich ein Kiosk und eine Halle für Fahrräder befinden. Unterirdische Gänge verbinden Küchen- und Personalbau mit dem Krankenbau.

Künstlerische Ausstattung

Daß es sich bei der Chirurgischen Klinik um ein nationalsozialistisches Prestige-Objekt handelt, zeigt sich nicht zuletzt in der künstlerischen Ausstattung. Bei der Vergabe von Aufträgen für die malerische und plastische Gestaltung wird streng darauf geachtet, möglichst nur Mitglieder der Reichskulturkammer zu beschäftigen. Es werden immer gleich mehrere Künstler mit Entwürfen beauftragt, wobei die Auswahl von Schmieder, letztlich aber vom Kultusministerium - oft von Wacker persönlich - getroffen wird.[41] Während außen über der Mittelachse des Hörsaaltrakts ›nur‹ das in Kupfer getriebene Hoheitszeichen angebracht wird – ein Adler über bekränztem Hakenkreuz, angefertigt von dem Karlsruher Bildhauer Carl Dietrich - wird das Innere der Klinik verhältnismäßig üppig gestaltet. Ein Großteil der Ausstattung hat sich dabei - wohl aufgrund ihres vorgeblich unpolitischen Charakters – bis heute erhalten, ausgenommen der Adler, die obligatorische Hitler-Büste[42] und das sie ergänzende ›Führerwort‹: ›Wer leben will, der kämpfe, und wer nicht streiten will in dieser Zeit des ewigen Ringens, lebt sein Leben nicht.‹[43] Büste und Zitat befanden sich im Erdgeschoß des Verbindungsbaus, südlich der Durchfahrt, im von Besuchern stark frequentierten Eingangsbereich. In die mit geschliffenen Muschelkalkplatten verkleideten Wände der Erdgeschoßhalle des Krankenbaus sind die Profilköpfe von vier namhaften Chirurgen[44] eingelassen; des weiteren steht hier ein Brunnen des Pforzheimer Bildhauers Wilhelm Seidel, dessen circa 50 cm hohe Figur inmitten der runden Brunnenschale einen Putto darstellt, der zwei wasserspeiende Fische an sich drückt[45]. Die Wände der Hallen im ersten, zweiten und dritten Obergeschoß des Krankenbaus ziert ein illustrativ-erzählender Bilderzyklus zur Geschichte von Stadt und Universität Heidelberg, an dem verschiedene Künstler beteiligt waren. Von Paul Hirt (Villingen) stammen die Ausmalungen im ersten Obergeschoß, die an der westlichen Längsseite die Gründung der Universität – Ruprecht I. überreicht einem der Magister eine Urkunde – und gegenüber den Zug zur Heiliggeistkirche am 18. Oktober 1386 darstellen. Die Malereien Erwin Spulers (Karlsruhe) im zweiten Obergeschoß thematisieren an der westlichen Wand den Einzug Kurfürst Friedrichs des Siegreichen nach der Schlacht bei Seckenheim 1462 und an der östlichen Längsseite das nur in der Sage existierende Heidelberger Mahl[46] im Sommer desselben Jahres.[47] Das dritte Obergeschoß – von Willi Egler (Karlsruhe) ausgemalt – zeigt den Wiederaufbau der Universität nach 1693, insbesondere den Bau der Domus Wilhelmiana, der Alten Universität. Figuren deutscher Volksmärchen von der Hand Leo Fallers (Karlsruhe) finden sich in der Halle des vierten Obergeschosses, der Kinderstation. Außerdem ist die Flachkuppel über dem Treppenhausflur zwischen Verbindungs- und Krankenbau mit den zwölf Sternzeichen ausgemalt. Bis auf Paul Hirt, der sich der Freskotechnik bediente, benutzten alle anderen Mineralfarben.

Auch im Operationsgebäude hat sich ein Teil der originalen Ausstattung erhalten.[48] Die Halle im ersten Obergeschoß ist vollständig mit grünlichen Keramikplatten der ›Staatlichen Majolika Manufaktur AG Karlsruhe‹ verkleidet. Von dem monochromen Grund der Wandflächen heben sich sechs figürliche Darstellungen ab, die von Erwin Spuler unter dem Thema ›Lebensalter‹ geschaffen wurden. Zu sehen sind neben drei nackten Mädchen und zwei bekleideten, ›reifen‹ Frauen, denen Attribute der Fruchtbarkeit in Form von Weintrauben und Ähren beigegeben sind, zwei Darstellungen einer Mutter mit Kindern, außerdem drei nackte, junge Männer während eines Ringkampfs und eine Gruppe von zwei Werktätigen (Architekt und Bauhandwerker). In ihrer Gesamtheit offenbaren diese Darstellungen bei genauerer Betrachtung ihren Charakter als Sinnbilder nationalsozialistischer Ideologie. Sie weisen Mann und Frau klar umrissene, geschlechtsspezifische Rollen zu[49]: Während der Mann nur seiner Pflicht gehört[50], der Arbeit und dem Kampf, in den er schon als Jugendlicher eingeübt wird, wird die Frau auf ihre ›natürliche‹ Funktion des Gebärens und ›Erhaltens‹ reduziert. Vor allem die Frauen in ihre Rolle einzuüben – dem Nationalsozialismus kam es mit seinen Vorstellungen von der ›Führungsaufgabe der nordischen Rasse‹[51] darauf an, daß in kürzester Zeit möglichst viele Kinder geboren werden – war offensichtlich die Aufgabe der Darstellungen[52], die sich auch bis in formale und stilistische Einzelheiten als typisch für die Kunst des Dritten Reichs erweisen[53].

Ideologische Inhalte vermittelt auch die Holzskulptur ›Irminsul‹[54] des Karlsruher Bildhauers Emil Sutor, die sich ebenfalls noch an ihrem ursprünglichen, exponierten Standort, zwischen den beiden Eingängen zum großen Hörsaal im dritten Obergeschoß befindet. Die Irmensäule, in der Bedeutung des Lebensbaumes auch Symbol des ewigen Lebens eines Volksstammes[55], ist in stilisierter Form wiedergegeben; als Holzrelief tritt sie nur wenig aus der holzvertäfelten Wand hervor. Vor ihr stehen drei leicht überlebensgroße Figuren: links der Mann, nackt und in aggressiver Pose, breitbeinig, die rechte Hand zur Faust geballt, während die linke ein Standschwert hält; rechts die mit einem Rock bekleidete und im Verhältnis zur männlichen Figur eher in sich selbst ruhende, fast zierlich gestaltete Frau[56], die durch ihre Geste – ihre rechte Hand hält sie über eine Flamme, die aus einer kleinen Schale in ihrer linken Hand emporzüngelt – als Hüterin des heimischen Herdes und darüber hinaus ›des Lebens in seinen kostbarsten Eigenschaften der Rasse und des Charakters‹[57] gekennzeichnet ist. Zwischen Mann und Frau steht ein nackter Knabe, der in seiner Rechten einen belaubten Zweig hochhält, eine sogenannte Lebensrute[58], Symbol des Wachstums, des Glücks usw., mit der er auf die Fruchtbarkeit des Mutterschoßes verweist. So versucht die Holzskulptur insgesamt zu suggerieren, der Fortbestand der ›germanischen Sippe‹ sei garantiert, wenn die einzelnen Mitglieder, Männer und Frauen, die ihnen zugewiesenen Rollen annehmen und erfüllen: ›Was der Mann an Opfern bringt im Ringen seines Volkes, bringt die Frau an Opfern im Ringen um die Erhaltung dieses Volkes in den einzelnen Zellen. Was der Mann einsetzt an Heldenmut auf dem Schlachtfeld, setzt die Frau ein in ewig geduldiger Hingabe, in ewig geduldigem Leiden.‹[59]

Als weitere Ausstattungsgegenstände sind noch eine Bronzebüste des ehemaligen Direktors Eugen Enderlen von der Frankfurter Professorin Helene Leven-Intze und ein Porträt Martin Kirschners aus dem Jahre 1942 zu nennen, die sich im Hörsaal selbst befinden.

484

Kunstgeschichtliche Bemerkungen

Die Chirurgische Klinik ist das letzte Bauwerk Ludwig Schmieders, der – 1884 geboren – seit 1913 im Badischen Bezirksbauamt Heidelberg tätig war, zuletzt als leitender Architekt; er starb am 22. Dezember 1939, kurz nach der endgültigen Inbetriebnahme der Klinik.[60] Schon in den frühen zwanziger Jahren wurde nach seinen Plänen, die auf bereits in der Wilhelminischen Ära entstandene Entwürfe zurückgehen, in Heidelberg ein Krankenhaus errichtet, die Medizinische Klinik (Ludolf-Krehl-Klinik). Deren schloßartige Anlage und historisierende Gliederungs- und Dekorationselemente weisen den Architekten als einen eher konservativ gesinnten aus, der versuchte, den großbürgerlichen Ansprüchen seiner Auftraggeber gerecht zu werden.[61] Dagegen ist der Entwurf zur Chirurgischen Klinik von 1929 mehr der sich in der Weimarer Republik etablierenden Architektur des ›Neuen Bauens‹ verpflichtet. Außerdem auch von amerikanischen Kranken-

12

hausbauten beeinflußt, projektierte Schmieder hier einen für Heidelberger Verhältnisse überdimensionalen, aus drei zusammenhängenden Baukörpern bestehenden Hochhauskomplex mit Flachdächern, dessen streng symmetrische Grundrißgestaltung und Fassadengliederung jedoch die traditionelle Bindung
470 verrät. Diesem Entwurf ist auch noch der nachfolgende vom Februar 1933 verpflichtet, in dem Schmieder – wohl in der Annahme, auf freiem Gelände in Neuenheim bauen zu können – die Baumasse großzügig auf zwei miteinander verbundene, jetzt niedrigere Blöcke verteilte. Wie wenig er jedoch hinter diesen moderneren Lösungen stand, bzw. von ihnen überzeugt war, zeigt sich in den nur einen Monat später datierten, jetzt wieder für Bergheim gedachten Plänen: Der ältere Entwurf ist zwar in wesentlichem übernommen, doch sind unter anderem die Flachdächer durch Walmdächer, die modernen Schiebefenster durch kreuzgeteilte Flügelfenster ersetzt, der projektierte Bau so der historistischen Architektur des Alt-Klinikums angepaßt. Der Tatsache, daß den Ausführungsplänen der schließlich doch in Neuenheim errichteten Chirurgischen Klinik dieser historisierende Entwurf zugrunde gelegt wurde, läßt sich entnehmen, daß er auch den Vorstellungen und Wünschen des inzwischen nationalsozialistischen Kultusministeriums entgegenkam, unter Umständen sogar auf sie zurückzuführen ist.

Architekturhistorisch läßt sich der schließlich ausgeführte Bau, der inklusive Gartenanlage weitgehend symmetrisch gestaltet ist, aber, funktionalen Prinzipien folgend, völlig auf Bauschmuck verzichtet, mit der nur kurz zuvor erbauten Neuen Universität Karl Grubers vergleichen.[62] In beiden Fällen versuchen im Kern konservative Architekten, neue ›zeitgemäße‹ Lösungen zu finden, bieten dann aber nur Kompromisse zwischen Tradition und Modernität, die gerne mit dem Begriff der ›Sachlichkeit‹ umschrieben werden.[63]

Die Klinik selbst entspricht in ihrer Konzeption den damaligen Erkenntnissen im Krankenhausbau. Bis zum Ersten Weltkrieg galt das dezentralisierte Krankenhaus mit einer Vielzahl freistehender, meist eingeschossiger Bettenhäuser, das so genannte Pavillonsystem, als ideale Anlage.[64] Jedoch erwies sich dieses System oft auch als unbequem und unwirtschaftlich oder sogar, wie im Heidelberger Alt-Klinikum, als geradezu lebensgefährlich für die Patienten[65]. Deshalb achtete man bereits beim Bau der Medizinischen Klinik darauf, möglichst alle Abteilungen unter einem Dach zu vereinen. Auch bei der Chirurgischen Klinik zielte man im wesentlichen auf Zentralisierung ab, indem man zwei, nach Funktionen getrennte Hauptbaukörper errichtete, die man durch einen zentral liegenden Trakt miteinander verband. Diese Blockbauweise war auch für die übrigen Klinikbauten vorgesehen, die der Chirurgischen Klinik nach Schmieders Generalbebauungsplan folgen sollten, dessen Realisierung jedoch durch den Zweiten Weltkrieg verhindert wurde.

Anmerkungen

1 Vgl. S. 382 ff.
2 Vgl. Heinrich Krebs, Heinrich Schipperges: Heidelberger Chirurgie 1818–1968. Eine Gedenkschrift zum 150jährigen Bestehen der Chirurgischen Universitätsklinik, Berlin/Heidelberg/New York 1968, S. 140 ff.
3 UA: A 410 (IX, 13, Nr. 62 a, Nr. 63)
4 GLA: 235/3782; StA: 303,7

5 GLA: 235/3486. Die beiden Skizzen stammen vermutlich auch von Warth

6 Vgl. S. 432 ff.

7 UA: B 5010/1 (IX, 13, Nr. 60). Die Denkschrift ist von Rektor Hampe verfaßt

8 UA: B 5010/4 (IX, 13, Nr. 153)

9 StA: 247,3. Schmieder hat das Projekt nach einem Studienaufenthalt in Nordamerika geplant

10 Eine Abbildung des Modells befindet sich auch in den ›Heidelberger Neuesten Nachrichten‹ vom 28. 9. 1929

11 StA: 247,3

12-15 UA: B 6520/1 (IV, 3 c, Nr. 210 a)

16 UBA: Akte ›Generalbebauungsplan‹

17 UA: B 6520/1 (IV, 3 c, Nr. 210 a)

18 Von diesem Projekt sind keine Pläne vorhanden

19 UA: B 6520/1 (IV, 3 c, Nr. 210 a)

20 StA: 247,3. Nach einem Beschluß vom 11. 1. 1933 wünscht der Stadtrat ›dringend die sofortige Inangriffnahme des Neubaus der Chirurgischen Klinik‹. Eine finanzielle Beteiligung wird vom gewünschten Standort im Neuenheimer Feld abhängig gemacht, da man nach den bisherigen Zusagen beim Bau der Ernst-Walz-Brücke damit gerechnet habe

21 UA: B 6520/1 (IV, 3 c, Nr. 210 a). Die Medizinische Fakultät äußert sich am 13. 1. 1933 dahingehend, ›daß die beste Lösung für den Klinikbau in Heidelberg die in möglichst kurzer Frist aufeinanderfolgende Errichtung neuer Kliniken auf dem nördlichen Ufer des Neckars‹ sei. Zwar seien die Schwierigkeiten bekannt, aber man glaube, ›daß doch einmal der Anfang gewagt werden müsse, damit die große Zahl der ‹verpaßten Gelegenheiten› in Heidelberg nicht weiter vermehrt werde‹

22 UA: B 6520/1 (IV, 3 c, Nr. 210 a). Am 20. 1. 1933, am Vorabend von Enderlens siebzigsten Geburtstag, findet im großen Saal der ›Harmonie‹ (Hauptstraße 108) eine von Gewerkschaften und Wirtschaftsverbänden organisierte Kundgebung statt, in deren Verlauf Vertreter von Stadt und Universität öffentlich auf die katastrophalen Verhältnisse in der Chirurgischen Klinik hinweisen und während der von allen Beteiligten die Forderung der Universität nach einem Neubau unterstützt wird

23 UA: B 6520/1 (IV, 3 c, Nr. 210 a)

24 In den Jahren 1926-1939 wird unter Leitung von Oberregierungsbaurat A. Lorenz in Freiburg ein neues Klinikviertel erbaut. Vertreter der Stadt und der Universität Heidelberg stehen diesem Projekt insofern mit Mißtrauen gegenüber, als sie sich gegenüber Freiburg von der Landesregierung benachteiligt fühlen. Dies gipfelt in dem Vorwurf, die konservativen Kräfte seien nur darauf aus, die verfügbaren Gelder dem katholischen Freiburg zukommen zu lassen. Vgl. Artikel von Dr. Knorr, M. d. L., in: UA: B 6520/1 (IV, 3 c, Nr. 210 a)

25-27 UA: B 6520/1 (IV, 3 c, Nr. 210 a)

28 Vgl. Ludwig Schmieder: Die neuen Kliniken und die Naturwissenschaftlichen Institute der Universität Heidelberg. Der Bebauungsplan für die neuen Kliniken und Naturwissenschaftlichen Institute der Universität Heidelberg. Entwurf von Oberreg.-Baurat Dr. e. h. L. Schmieder, Heidelberg 1936

29 Die Pläne zu diesem Projekt sind im UBA vorhanden

30 Ebd.

31 StA: 247,3. Kritik an dem Projekt wird anscheinend nur vom Bund Deutscher Architekten geübt, der, einem am 7. 9. 1933 von Paul Bonatz (Mitunterzeichner des ›Block-Manifests‹ von 1928, vgl. hierzu den Aufsatz zur Neuen Universität im vorliegenden Band, S. 100 f.) an das Kultusministerium gerichteten Brief zufolge, einen Wettbewerb wünscht. Das staatliche Projekt habe ›so außerordentlich starke Mängel, daß es keineswegs als eine geeignete Grundlage für die Inangriffnahme der Ausführungspläne angesehen werden‹ könne. Die ›erste wichtige Bauaufgabe des neuen Staates‹ sei von großer Bedeutung, sie dürfe nur vorbildlich gelöst werden

32 UA: B 6520/2 (IV, 3 c, Nr. 210 b)

33 Ebd. Die Stadt, die sich verpflichtet hatte, das Gelände bereitzustellen, mußte dies teilweise erst noch erwerben. Dabei stieß sie auf den Widerstand der Besitzer - teilweise Neuenheimer Bauern -, die sich gegen die Bebauung des Neuenheimer Feldes aussprachen und hohe finanzielle Forderungen stellten. Erst über ein Enteignungsverfahren konnte das Gelände im Ganzen zur Verfügung gestellt werden

34 UA: B 6520/2 (IV, 3 c, Nr. 210 b). Vgl. dazu besonders Kirschners Brief vom 24. 5. 1938 an das Kultusministerium

35 Vgl. Martin Kirschner: Die neue chirurgische Klinik der Universität Heidelberg, in:

Die neue chirurgische Klinik. Sonderbeilage der Heidelberger Neuesten Nachrichten zur Eröffnung am 3. Juli 1933. Hier wird offenkundig, welche Bedeutung der Chirurgischen Klinik während des Zweiten Weltkriegs zukommen sollte

36 ›Volksgemeinschaft‹ vom 9. Juli 1939

37 UA: B 6520/1 (IV, 3c, Nr. 210a), B 6520/2 (IV, 3c, Nr. 210b), StA: 247, 5

38 UA: B 6515. Dies ist in erster Linie dem persönlichen Einsatz ihres Leiters Karl Heinrich Bauer zu verdanken gewesen, der in Verhandlungen mit den amerikanischen Behörden darauf hinwies, daß eine Umquartierung für viele seiner Patienten den sicheren Tod bedeuten würde. Vgl. dazu auch Fritz Ernst: Die Wiedereröffnung der Universität Heidelberg 1945–1946, in: Heidelberger Jahrbücher, 4. 1960, S. 1–28

39 Auskünfte über die Umbaumaßnahmen hat das Universitätsbauamt erteilt

40 Vgl. S. 590

41 UBA: Akte ›BBA Neubau Chir. Klinik. Beschäftigung von Künstlern‹. Für das Folgende sei auf diese Akte verwiesen

42 UA: B 6520/2 (IV, 3c, Nr. 210b). Diese stammte vermutlich von dem Bildhauer Otto Schließler, der damit beauftragt werden sollte

43 Zit. nach F. S.: Freundliche Kunst in ernsten Räumen, in: Die neue chirurgische Klinik. Sonderbeilage der Heidelberger Neuesten Nachrichten zur Eröffnung am 3. Juli 1933

44 Es handelt sich dabei um die Chirurgen Bernhard von Langenbeck, Johann Friedrich Dieffenbach, Theodor Billroth und Ernst von Bergmann. Heute befindet sich in der zur Privatstation führenden Flurhalle zusätzlich eine Bronzebüste Karl Heinrich Bauers, des Nachfolgers Kirschners, die, von der holländischen Künstlerin Sibylla Krosch geschaffen, im Oktober 1979 aufgestellt wurde

45 Berühmtes Vorbild dürfte wohl Andrea del Verrocchios Bronze-Putto mit dem Fisch auf dem Brunnen im Palazzo della Signoria (Florenz) gewesen sein

46 Vgl. Richard Benz: Heidelberg – Schicksal und Geist, Konstanz 1961, S. 64/65

47 In Spulers Malereien ist der Rückgriff auf italienische Künstler der Renaissance, hier besonders auf Piero della Francesca, nicht zu übersehen

48 Nicht mehr vorhanden sind die Darstellun-

gen zur Volksheilkunde, mit denen Carl Vocke (Karlsruhe) die Wände der Halle im zweiten Obergeschoß des Operationsbaus bemalte, was aus einem Briefwechsel in oben genannter Akte (Anm. 41) und aus einem Artikel anläßlich der Eröffnung der Chirurgischen Klinik hervorgeht, vgl. F. S., a. a. O.

49 Dies in Entsprechung zu den als naturgegeben hingestellten ›grundverschiedenen Wesenheiten‹ der Geschlechter, wobei der Nationalsozialismus auf bereits im frühen 19. Jahrhundert festgeschriebene, bürgerliche Vorstellungen vom Wesen der Frau und von der naturgegebenen Polarität der Geschlechter zurückgriff, die er als endgültig erklärte. Vgl. Magdalena Bushart, Ulrike Müller-Hofstede: Aktplastik, in: Katalog ›Skulptur und Macht. Figurative Plastik im Deutschland der 30er und 40er Jahre‹, Akademie der Künste Berlin, Berlin 1983, S. 19, und Christian Groß, Uwe Großmann: Die Darstellung der Frau, in: Katalog ›Kunst im 3. Reich. Dokumente der Unterwerfung‹, Frankfurt/M. 1975, S. 186 und S. 192

50 ›Die Welt des Mannes ist groß, verglichen mit der der Frau. Der Mann gehört seiner Pflicht, und nur ab und zu schweift sein Gedanke zur Frau hinüber. Die Welt der Frau ist der Mann. An anderes denkt sie nur ab und zu.‹ Adolf Hitler, Tischgespräche, zit. nach Groß/Großmann, a. a. O., S. 186

51 Vgl. Groß/Großmann, a. a. O., S. 190

52 In vier von insgesamt sechs Darstellungen wird die der Frau zugewiesene Entwicklung idealisierend nachvollzogen bzw. vorgeführt. Ausschließlich über ihr Verhältnis zum Mann definiert, präsentiert sie sich ihm als junges Mädchen, fällt ihm als ›reife‹ Frucht zu, um schließlich als Mutter ihre vorgeblich einzige Aufgabe zu erfüllen

53 Vgl. hierzu vor allem die Kapitel von Peter Schirmbeck ›Darstellung der Arbeit‹ und Groß/Großmann ›Die Darstellung der Frau‹, beide in: Katalog ›Kunst im 3. Reich‹, S. 162 ff. und S. 182 ff., sowie von Bushart/Müller-Hofstede das Kapitel ›Aktplastik‹, a. a. O., S. 13 ff.

54 ›Irminsul, Irmensäule hat die Bedeutung ‹hohe, erhabene Säule›. (...) Die I. war wohl ein gewaltiger Baumstamm, der im Mittelpunkt kultischer Begehungen stand. (...) Bekannt ist die Zerstörung der sächsi-

schen I. bei der Eresburg (772).‹ Wörterbuch der deutschen Volkskunde, begr. von Oswald A. Erich und Richard Beitl, Stuttgart (2. Aufl.) 1955, S. 366

55 Vgl. den Artikel ›Lebensbaum‹, in: Erich/Beitl, a.a.O., S. 466

56 An diesem Punkt setzte die zeitgenössische Kritik ein: ›Mehr Formdisziplin wünscht man bei dem jüngsten Auftrag für die Heidelberger chirurgische Universitätsklinik ›Irminsul‹. In ihrer Straffheit ist die kühne männliche Figur recht gut gelungen, auch der Knabe fügt sich tektonisch ein, nur die archaische weibliche Gestalt der Mutter will sich plastisch nicht in diese germanische Sippe fügen. Vielleicht wird bei der Ausführung in Holz die künstlerische Einheit dieses originellen Aufbaus noch stärker gewahrt werden.‹ Artikel im ›Führer‹ vom 9.2.1936 zur Februar-Schau im Badischen Kunstverein Karlsruhe, in der das Modell der ›Irminsul‹ ausgestellt war

57 Felix Alexander Kauffmann: Die neue deutsche Malerei (Deutsche Informations-stelle ›Das Deutschland der Gegenwart‹ Nr. 11), Berlin 1941, zit. nach Berthold Hinz: Malerei des deutschen Faschismus, in: Katalog ›Kunst im 3. Reich‹, S. 125

58 Vgl. den Artikel ›Lebensrute‹, in: Erich/Beitl, a.a.O., S. 467

59 Adolf Hitler, 1934, zit. nach Groß/Großmann, a.a.O., S. 190

60 GLA: 466/16372

61 Vgl. S. 440f.

62 Schmieder, der als Leiter des Bezirksbauamtes den Bau der Neuen Universität mit größter Aufmerksamkeit verfolgte und im Einzelfall auch beratend eingriff, dürfte von Grubers Bau die Walmdächer mit Aufschieblingen und kleinen Dachgaupen übernommen haben

63 Vgl. S. 102

64 Vgl. Rainer Seidel: Bausysteme neuzeitlicher Krankenhäuser, in: Paul Vogler/Gustav Hassenpflug (Hrsg.): Handbuch für den Neuen Krankenhausbau, München/Berlin 1951, S. 85ff.

65 Vgl. Krebs/Schipperges, a.a.O., S. 148

Literatur

Kirschner, Martin: Die neue chirurgische Klinik der Universität Heidelberg, in: Die neue chirurgische Klinik. Sonderbeilage der Heidelberger Neuesten Nachrichten zur Eröffnung am 3. Juli 1933

Krebs, Heinrich; Schipperges, Heinrich: Heidelberger Chirurgie 1818–1968. Eine Gedenkschrift zum 150jährigen Bestehen der Chirurgischen Universitätsklinik, Berlin/Heidelberg/New York 1968

N. N. (F. S.): Freundliche Kunst in ernsten Räumen, in: Die neue chirurgische Klinik. Sonderbeilage der Heidelberger Neuesten Nachrichten zur Eröffnung am 3. Juli 1933

Schmieder, Ludwig: Die neuen Kliniken und die Naturwissenschaftlichen Institute der Universität Heidelberg. Der Bebauungsplan für die neuen Kliniken und Naturwissenschaftlichen Institute der Universität Heidelberg. Entwurf von Oberreg.-Baurat Dr. e. h. L. Schmieder, Heidelberg 1936

Vogler, Paul; Hassenpflug, Gustav (Hrsg.): Handbuch für den Neuen Krankenhausbau, München/Berlin 1951

ANSGAR SCHMITT

Das Neuenheimer Feld nach 1945

Vorbemerkung

Dieser Beitrag behandelt ein größeres Bebauungsgebiet, das in den letzten Jahrzehnten zur Auslagerung und Zusammenfassung der naturwissenschaftlichen und medizinischen Teile der Universität erschlossen wurde. Das Konzept einer Gesamtverlegung dieser Disziplinen ins Neuenheimer Feld bedeutet eine Neustrukturierung der Universität in einen geisteswissenschaftlichen Bereich auf der einen und einen naturwissenschaftlich-medizinischen auf der anderen Seite, die die Konzentration und Kommunikation verwandter Fächer fördern soll. Zugleich erhält Heidelberg durch die der Traditionspflege wohl dienlicheren Geisteswissenschaften in der Altstadt und ein naturwissenschaftlich-medizinisches Zentrum an der Peripherie neue Konturen und Schwerpunkte. Das Neuenheimer Feld ist unter diesem stadtplanerischen Aspekt zu sehen, vor allem aber als eine Gesamtanlage, die sich aus einzelnen Gebäuden, Gebäudekomplexen und Grünzonen konstituiert.

Falt-plan 4 Das Gelände befindet sich im Nordwesten der Stadt außerhalb der Bebauung der Stadtteile Neuenheim und Handschuhsheim in der sich öffnenden Oberrheinischen Tiefebene. Im Süden und Westen durch den Neckarbogen, der es von Alt- und Innenstadt trennt, - im Westen zusätzlich durch einen städtischen Freizeitgürtel mit Tiergarten, Freibad und Jugendherberge - und im Osten durch die Bebauung Neuenheims und die Berliner Straße begrenzt, legt der Bebauungsplan von 1961 nur nach Norden hin eine Grenze fest, die nicht durch unveränderbare Gegebenheiten bedingt ist und Erweiterungsmöglichkeiten bietet.

Der evidenten Bedeutung für Universitäts- und Stadtentwicklung steht die Beobachtung gegenüber, daß die Bebauung des Neuenheimer Feldes von der Bevölkerung und den Benutzern weithin als rein funktionsorientiert und ästhetisch reizlos eingeschätzt wird. Der Widerspruch zwischen Bedeutung und Anspruch einerseits und Rezeption andererseits läßt sich aus allgemeinen Vorbehalten gegen moderne funktionalistische ›Betonarchitektur‹ und aus der noch zu geringen historischen Distanz erklären. Aber auch die Bebauung selbst muß auf Ursachen für diesen Widerspruch hin untersucht werden. Die äußere Gestalt wie der städtebauliche Zusammenhang der Gebäude jedoch sind Konsequenz einer verwikkelten Planungsgeschichte.

Bereits die Bebauung des Neuenheimer Feldes vor 1945, die in zwei anderen Beiträgen behandelt wird (vgl. S. 475 ff. und S. 498 ff.), macht deutlich, daß über lange Zeiträume hinweg verschiedene Pläne entstanden, von denen jeweils nur

Teile realisiert werden konnten. Der Botanische Garten und die Chirurgische Klinik sind Ergebnisse umfassenderer Planungen für die Umsiedlung der Universität ins Neuenheimer Feld, die am Anfang dieses Jahrhunderts einsetzten und deren Ausführung jeweils wegen der Weltkriege oder wirtschaftlicher Schwierigkeiten abgebrochen werden mußte. Erst nach dem Zweiten Weltkrieg kam es durch sprunghaft steigende Studentenzahlen sowie Spezialisierung und Technisierung der Naturwissenschaften und der Medizin zur Realisierung von Baumaßnahmen in großem Umfang. Auch jetzt mußte die jeweils aktuelle Planung immer äußere Faktoren (etwa die Dringlichkeit von Einzelbaumaßnahmen und die Finanzierung) und Gegebenheiten auf dem Baugelände (den Aufkauf des Geländes zum Teil aus Privatbesitz, die OEG-Güterlinie, die das Gebiet bis 1970 teilte, die Einbindung von bestehenden Gebäuden usw.) berücksichtigen. Es handelt sich nicht um eine einmalige Gesamtplanung, sondern um Einzelschritte in einer längeren Entwicklung.

Die Bebauungsgeschichte wird in fünf Phasen dargestellt, die durch Einschnitte in der Planung der Gesamtanlage, in der Planung der Großbaumaßnahmen und in der Bautätigkeit charakterisiert sind. Innerhalb der Phasen werden also jeweils Gesamtanlage, Großbaumaßnahmen und Einzelgebäude behandelt. Für die Zuordnung der Einzelgebäude ist der Baubeginn ausschlaggebend; jede Einzelgeschichte wird zusammenhängend beschrieben, auch wenn sie über die jeweilige Phase hinausreicht. Die Planung der Großbauten (Klinikum und, eng damit verbunden, Medizinische Institute), die die gesamte Bebauungsgeschichte durchzieht, wird ebenso in Phasen gegliedert dargestellt wie die Gesamtplanung. Die dort besprochenen Lagepläne sind eine Auswahl und zeigen oft nur eine von mehreren Lösungsmöglichkeiten. Besonders die frühen Pläne sind nicht definitiv, dokumentieren aber die Entwicklung in den wichtigsten Entwurfsstadien. Das Kapitel Geschichte berücksichtigt zugunsten übergeordneter Zusammenhänge auch nichtuniversitäre Gebäude wie das Deutsche Krebsforschungszentrum (DKFZ), die Pädagogische Hochschule (PH), die Bauten des Universitätsbauamtes und die Studentenwohnheime. In die Beschreibung werden nur Universitätsgebäude aufgenommen.[1]

Geschichte

Planungen und Baumaßnahmen des Klinikbaubüros 1949 bis 1957

Gesamtplanung. Die Planung und Bautätigkeit im Neuenheimer Feld nach dem Zweiten Weltkrieg setzt ein mit der Gründung eines Klinikbaubüros unter der Leitung von Regierungsbaurat Ernst Barié im September 1949. Neben der Bauunterhaltung der bestehenden Universitätsgebäude ist die vordringliche Aufgabe des Klinikbaubüros die Erstellung eines Generalbebauungsplanes und die Errichtung von Neubauten im Neuenheimer Feld. Den Akzent auf den Bau von Kliniken setzend, greift die Planung zunächst auf die Ideen des Generalbebauungsplanes von 1932/33 zurück, der nur die Verlegung von fünf Kliniken entlang dem Neckar und einiger medizinischer und naturwissenschaftlicher Institute nördlich davon auf einem 45 ha großen Gebiet vorsah (vgl. S. 26 ff.). Der neue Generalbebauungsplan, der 1950 in Arbeit ist und das Fernziel einer Gesamtverlegung der Universität verfolgt, geht von einem auf 68 ha erweiterten Gelände aus. Wohl auch unter dem Einfluß der konkreten Planungen und in Anlehnung an die Lösung von 1932/33 wird das im Westen noch durch die OEG-Güterlinie begrenzte Gebiet südlich der Tiergartenstraße mit Ausnahme des bestehenden Botanischen Gartens den Kliniken vorbehalten, während nördlich der Tiergartenstraße die naturwissenschaftlichen Institute im Westen und die Geisteswissenschaften im Osten Platz finden sollen.[2] Außerdem ist die Verlegung der Sportplätze aus dem Klinikgebiet nordöstlich des Botanischen Gartens und eine mögliche Erweiterung des Geländes nach Westen jenseits der OEG-Linie vorgesehen. Im Unterschied zur Planung von 1932/33, die einen Ehrenhof und symmetrische, hierarchisch geordnete Baugruppen vorsah, soll die Bebauung nun >nicht in ein monumentales Schema gepreßt< werden, >das viele formale Bindungen auferlegt<,[3] sondern im Bewußtsein, ausreichend Raum zur Verfügung zu haben, variabel und erweiterbar in einer parkartigen Anlage geplant werden, in die auch der Botanische Garten als Erholungsfläche eingegliedert ist. Die immer wiederkehrende Forderung nach Erweiterbarkeit der Neubauten ist aus den Erfahrungen mit der Enge in den alten Instituts- und Klinikgebäuden erklärbar. Eine Entscheidung über die Höhe der zu erstellenden Gebäude (Bebauung in Hochhausform oder niedrigere Gebäude nach dem Beispiel der Chirurgie) läßt die Generalbebauungsplanung ebenso offen wie die Frage der Zusammenfassung einzelner Kliniken.[4]

Großbaumaßnahmen für die Medizin. Dennoch lehnt sich auch die konkrete Planung einer Gesamtverlegung der Kliniken seit 1949 eng an die Überlegungen von 1932/33 an. Es sind auf demselben Gelände Einzelkliniken und dementsprechend schrittweise Verlegungen vorgesehen. Vor allem Universität und Klinikdirektorium betreiben seit 1952 eine schnelle Verlegung. Seit 1955 werden für Kliniken und Institute Raumprogramme erstellt, die 1956/57 überarbeitet werden. 1957 legt das Klinikdirektorium die Zielvorstellungen des Baus von Einzelkliniken und eines Bedarfs von 2600 Betten fest. Ein realisiertes Zeugnis dieser frühen Planungsphase ist die Kinderklinik.[5]

Planung und Realisierung von Einzelgebäuden. Die Kinderklinik ist zunächst als westlichster Komplex innerhalb der Reihe von Einzelkliniken an Neckarufer und OEG-Güterlinie projektiert. Im Gegensatz zur Planung von 1932/33 soll sie von vornherein aus mehreren Gebäuden bestehen. Schon in der ersten Planungsphase wird der Komplex weiter nach Norden in direkte Nachbarschaft zum Botanischen Garten verlegt, um zu große Flußnähe zu vermeiden. Die Ausrichtung der Krankenzimmer nach Westen im ersten Entwurf kann hier jedoch nicht mehr durchgehalten werden. Um reine Südlage zu vermeiden, wählt man die heutige Ausrichtung aller Kinderklinikgebäude nach Südwesten.

500 Zunächst werden mehrere Nebengebäude erstellt, um mit einem Teilumzug eine erste Verbesserung der Unterbringung zu erreichen. Das Tbc-Gebäude (Moro-Haus, Geb. Nr. 155) wird am 7. 5. 1953 begonnen und am 30. 7. 1954 fertiggestellt.

501 Am 27. 1. 1955 wird das Infektionsgebäude (Isolier- und Freilufthaus, Geb.

Nr. 151), am 17. 3. das Küchen- und Personalgebäude (Geb. Nr. 154) begonnen; *502, 507*
sie werden am 13. 7. 1956 gemeinsam übergeben. Noch 1956 sollten ein Hauptgebäude für zweihundert Betten in ähnlicher Bauart auf T-förmigem Grundriß
und weitere Nebengebäude angefangen werden, so daß bis 1958/59 der Komplex der Kinderklinik fertiggestellt worden wäre.[6] Trotz der Dringlichkeit –
die alten Räumlichkeiten wurden bereits öffentlich kritisiert – findet nach
der Umwandlung des Klinikbaubüros in ein Universitätsbauamt im September
1957 eine völlige Neuplanung des Hauptgebäudes als dreizehngeschossiges
Hochhaus statt; die Planung eines weiterhin vorgesehenen Nebengebäudes, des
Personal- und Lernschwesternhauses (Geb. Nr. 157), wird 1958 an die Mannhei- *503*
mer Architekten Albrecht Lange und Hans Mitzlaff übertragen. Für eine gleichzeitige Fertigstellung mit dem Hauptgebäude in Aussicht genommen, wird es
vom 7. 8. 1959 bis zum 1. 10. 1961 errichtet. Der für 1958 geplante Baubeginn des
Hauptgebäudes (Geb. Nr. 153 und Hörsaal Geb. Nr. 152) verzögert sich jedoch
weiterhin. Nach der Genehmigung des Raumprogramms im Februar 1959 ist die
Planung im November soweit fertig, daß mit den Erdarbeiten begonnen werden
kann. Vom 13. 5. 1960 bis zum 20. 9. 1965 dauert die Bauzeit des Hauptgebäudes *504, 506*
der Kinderklinik. Das Tbc-Gebäude, das im Zusammenhang mit dem Gesamt- *507*
umzug der Kinderklinik 1965 schon mit anderen Abteilungen belegt wurde, wird
seit 1968 hauptsächlich durch die Chirurgische Klinik genutzt, so daß sich der
Gesamtbettenbestand der Kinderklinik (376 Betten) entsprechend reduziert[7].

In direkter Nachbarschaft zur damals erst geplanten Kinderklinik und zum
Botanischen Garten entsteht als eines der ersten Gebäude nach 1945 eine Schwesternschule (Geb. Nr. 320), die gleichzeitig der Unterbringung der Schwestern *538*
dient. Das mit amerikanischen Spenden finanzierte Gebäude wird vom 5. 11.
1951 bis zum 29. 5. 1953 erstellt.[8]

Noch vorher beginnt die Bebauung im naturwissenschaftlichen Vorbehaltsgebiet nördlich der Tiergartenstraße. Die Wahl des Bauplatzes wird hier weniger
durch städtebauliche Maximen bestimmt als durch den Besitz an Grundstücken,
die zum großen Teil erst aus Privathand erworben oder enteignet werden mußten.
Hieraus und aus der Dringlichkeit der Verlegung erklärt sich die Lage und enge
Verbindung von Mathematischem (Geb. Nr. 288) und Chemischem Institutsgebäude (Geb. Nr. 270–275).

Besonders das Chemische Institut genügte im alten Gebäude in der Altstadt an
der Akademiestraße nicht mehr den Sicherheitsanforderungen. Seit 1950 wird
daher die gesamte Anlage als erweiterbarer Komplex geplant, bestehend aus einem Verbindungstrakt, an den bis zu acht Laborblocks angeschlossen werden
können, und einem Hörsaalbau. Da die erforderlichen Mittel nur in Raten zur
Verfügung gestellt werden, werden zunächst in einem ersten Bauabschnitt ein
Teil des Verbindungstraktes und ein Laborblock für die Organische Chemie am
11. 6. 1951 begonnen und am 8. 5. 1954 nach Verzögerung fertiggestellt. Die Fort- *495*
setzung der Baumaßnahmen kann, ebenfalls aus finanziellen Gründen, erst am
9. 11. 1956 erfolgen. Zwei weitere Laborblocks für die Anorganische und Organische Chemie sowie die Verlängerung des Verbindungstraktes werden am 10. 4.
1959 fertiggestellt. In direktem Anschluß daran entsteht zwischen April 1959 und
Juli 1961 ein fünfter Laborblock für Biochemie als Neuplanung des Universitäts-

bauamtes. Der für die südöstliche Stirnseite des Verbindungsbaus bereits seit 1955 projektierte Hörsaal wird nicht mehr ausgeführt, sondern ab 1957 als selbständiges gemeinsames Hörsaalgebäude für Chemie und Physikalische Chemie vom Universitätsbauamt realisiert.[9]

Der Planung der Chemischen Institute, die 1950 auch neue Erfahrungen ähnlicher Hochschul- und Industriebauten berücksichtigt, wird bereits 1963, zwei Jahre nach der Fertigstellung, wegen der sich verstärkenden Enge mangelnde Zukunftsorientiertheit vorgeworfen. Die schon seit 1961 geforderte Erweiterung der – auf eine solche Möglichkeit hin konzipierten – Anlage wird jedoch nicht ausgeführt, da die bauliche Gestaltung der Chemischen Institute nicht mehr in das Gesamtkonzept der Bebauungsplanung paßt, so daß Teile der Chemie nach provisorischen Zwischenstationen erst 1972 in freiwerdenden Gebäuden der ersten Betriebsstufe des DKFZ untergebracht werden können.[10]

Ähnlich verläuft die Entwicklung beim Gebäude des Mathematischen Instituts. 1952 beginnt seine Planung, da angesichts des akuten Platzmangels in einem Teil des Friedrichsbaus in der Hauptstraße die Übersiedlung der Mathematik in einen Neubau im Neuenheimer Feld notwendig wird. Die Baumaßnahme wird am 21.6. 1954 begonnen und am 4.11. 1955 fertiggestellt. Obwohl der Bauplatz weitgehend festgelegt ist, wird das Institut dennoch ›so plaziert, daß es einmal inmitten der mathematisch-naturwissenschaftlichen und medizinischen Institute steht‹.[11]

Seit der Gründung eines Instituts für Angewandte Mathematik 1957 nimmt auch im neuen Mathematischen Institut die Raumnot schnell zu, so daß schon 1961 der Bau eines eigenen Gebäudes und eine Erweiterung gefordert werden, für die jedoch kein Gelände zur Verfügung steht. Daraus entwickelt sich die Planung eines Gesamtneubaus für beide Institute, die 1963 mit der Planung von Physikalischen Instituten zusammengelegt wird. Da das Projekt 1966 zunächst erheblich reduziert und dann wegen Finanzierungsschwierigkeiten auf unabsehbare Zeit verschoben wird, bleiben wie bei der Chemie auch für die Angewandte Mathematik seit 1967 nur Provisorien, bis 1969 durch den Umzug in das neuerstellte Standardgebäude (Geb. Nr. 294) das alte Institut entlastet wird und durch den Umbau der Bibliothek neue Lehr- und Arbeitsräume geschaffen werden.[12]

Erste Entscheidungen des Universitätsbauamtes 1957 bis 1961

Gesamtplanung. Wie schon die Geschichte der Kinderklinik und der Chemischen Institute zeigt, beginnt mit dem Jahr 1957 ein neuer Abschnitt in der Planungsgeschichte des Neuenheimer Feldes. Die am 1.9. 1957 erfolgte Umwandlung des Klinikbaubüros in ein Universitätsbauamt, dessen Leitung Regierungsbaurat Ulrich Werkle übernimmt, bewirkt eine verstärkte Bautätigkeit in den folgenden Jahren, die zur Verlegung einer großen Zahl von Einzelinstituten führt. Bebauungsplanung und bauliche Gestaltung folgen veränderten Konzepten. Auch Universität und Klinikdirektorium intensivieren die Neuplanung von Kliniken und Instituten. Neben der Einsetzung einer Akademischen Baukommission durch den Senat schafft besonders ein noch heute gültiger Senatsbeschluß vom Dezember 1956 die Grundlage für die weitere Entwicklung der Universität. Er bestimmt eine sukzessive Verlegung der Kliniken, der medizinischen und naturwissenschaftlichen Institute sowie der Sportanlagen ins Neuenheimer Feld und das Verbleiben der Geisteswissenschaften in der Altstadt unter verbesserten Raumbedingungen. Dennoch soll auch im Neuenheimer Feld ein Reservegelände für eine mögliche Umsiedlung der Geisteswissenschaften freigehalten werden. Eine weitere Grundlage für die Bebauungsplanung ist der Flächennutzungsplan von 1956, der bereits ein bis zum Klausenpfad und zum Teil über diesen hinaus erweitertes Gebiet für die Universität ausweist. Damit sind wesentliche Voraussetzungen für die Aufstellung eines Bebauungsplanes als rechtliche Grundlage konkreter Weiterarbeit geschaffen.

Zunächst greift die Bebauungsplanung nach 1957 jedoch auf die Vorgaben des *487* Klinikbaubüros zurück. Die Tiergartenstraße als zentrale Erschließungszone teilt das Gebiet nach wie vor in einen südlichen, den Kliniken vorbehaltenen Bereich und einen nördlichen für mathematisch-naturwissenschaftliche und medizinische Institute. Die OEG-Linie ist schon jetzt nicht mehr Bebauungsgrenze. Die Planung für das Klinikum sieht eine Reihe von Einzelkliniken vor, jeweils bestehend aus Flachbaubereich und Bettenhochhaus, die dem geschwungenen Verlauf der verlegten Tiergartenstraße folgen. Kinderklinik und Chirurgie als bereits bestehende Komplexe, auf die baulich nicht Bezug genommen wird, sind mit den neuen Kliniken in den räumlichen Zusammenhang eines mit Ausnahme des Botanischen Gartens ausschließlich den Kliniken vorbehaltenen großen Geländes gebracht. Im Süden entlang dem Neckar sind bereits mehrere Schwesternhochhäuser vorgesehen. Auch im naturwissenschaftlichen Bereich nördlich der Tiergartenstraße stehen die bereits fertigen Gebäude der Mathematik und Chemie als Ergebnisse der früheren Planung nur in einem durch das Gelände gestifteten Zusammenhang mit den Neuplanungen, die bereits ausschließlich im genordeten Orthogonalraster liegen. Der Hörsaal für Chemie und Physikalische Chemie hat schon seine heutige Lage. Im Nordwesten am Klausenpfad, dessen Umplanung zum Kurpfalzring als nördliche Umgehungsstraße bereits läuft, sind drei Studentenwohnheime vorgesehen, und nördlich des Kurpfalzringes ist Gelände für Sportanlagen und Institute in Anspruch genommen.

An dieser Gesamtanlage ändert sich zunächst wenig. Seit 1959 erhält die Tiergartenstraße einen neuen geraden Verlauf. Auch die Anordnung der Kliniken bleibt bestehen. Der Flach- und Hochbaubereich wird stärker getrennt, und gemäß einem Gutachten über die beste Lage der Krankenzimmer werden die Bettenhäuser nach Südosten ausgerichtet. Die Bebauung im Institutsbereich mit langgestreckten Einzelgebäuden in Nord-Süd-Lage gliedert sich in eine Zone für Medizin gegenüber den Einzelkliniken und eine für Naturwissenschaften nördlich von Chemie und Mathematik.

1960 taucht die Idee einer gleichartigen Typenbebauung mit siebengeschossi- *488* gen Gebäuden und Flachbauten entlang der Berliner Straße auf. Im naturwissenschaftlich-medizinischen Gelände wird erstmals ein zentraler Bereich für allgemeine Einrichtungen wie Mensa, Bibliothek und Auditorium Maximum ausgewiesen. Gleichzeitig beginnt die Entwicklung eines städtebaulichen Konzeptes, nach dem das Gebiet über Ring- und Stichstraßen für den Fahrverkehr erschlossen werden soll, während Fußgängern vorbehaltene Grünzüge in Nord-

Süd- und West-Ost-Richtung die Bereiche gliedern und Gebäude verbinden sollen. Die hier einsetzende Trennung von Fahr- und Fußgängerverkehr mit außenliegenden Parkbereichen und Erschließung durch Grünzüge, in die auch das
489   Zentrum einbezogen wird, wird später verstärkt fortgesetzt. Als letzter Schritt dieser Planungsphase werden 1961 die Ambulanzbereiche der Einzelkliniken verbunden. Einzelne kreuzförmige Bettenhäuser sind nun nicht mehr an die Südostlage des Gutachtens gebunden, sondern gliedern sich in das genordete Raster der gesamten Bebauung ein.[13]

   Als rechtliche Grundlage der weiteren Planung entsteht gleichzeitig ein Bebauungsplan, der zunächst 1960 und nach Einspruch am 1. 9. 1961 endgültig festgestellt wird. Er legt die Bauvorbehaltsfläche für die Universität auf 118,5 ha fest und ermöglicht die Bodenbeschaffung im gesamten Gebiet. Die Verlegung der OEG-Güterlinie wird in Aussicht gestellt. Über die Einzelbebauung trifft er keine Entscheidung. Lediglich die Bebauungsdichte wird festgelegt. Die Einziehung der Tiergartenstraße, für die jedoch durch eine Uferstraße für öffentlichen Verkehr Ersatz geschaffen werden soll, ist Basis für die verstärkte Ausgrenzung des allgemeinen Autoverkehrs zugunsten einer Erschließung durch Fußgängerbereiche in der weiteren Planung.[14]

Großbaumaßnahmen für die Medizin. Die gleichzeitige Planung von Kliniken und Medizinischen Instituten befindet sich noch im Anfangsstadium. Auf der Grundlage von Raumbedarfsplänen, die 1959/60 von den Kliniken ausgearbeitet werden, beginnt 1961 die Planung durch das Universitätsbauamt. Projektiert ist eine abschnittweise Erstellung der Einzelgebäude von Kliniken und Instituten. Ein weiterer Schritt ist die Gründung der Planungsgruppe für medizinische Universitätsbauten (PMU) in Freiburg durch Erlaß des Finanzministers vom 4. 10. 1961, die landesweit die Grundsatzplanung für Klinik- und Institutsbauten der Universitäten durchführen soll als Basis für eine Vereinfachung und Koordination der Einzelplanungen der Universitätsbauämter. Hier entsteht bis 1962 die Zielvorstellung eines integrierten Klinikums, das alle Kliniken in einem Gebäude mit gemeinsamen Einrichtungen zusammenfaßt.[15]

   Sowohl die neuen Möglichkeiten, die der Bebauungsplan bietet, als auch das Konzept des integrierten Gesamtklinikums machen seit 1962 eine neue Gesamtanlage notwendig. In den Gebieten nordöstlich der Chemie, südlich der Sportanlagen und am Neckarufer westlich der Chirurgie hat währenddessen die Bebauung bereits begonnen.

Planung und Realisierung von Einzelgebäuden. Außer den noch laufenden Bauvorhaben der Chemie und der Kinderklinik ist das Universitätsbauamt nun mit Neuplanungen so beschäftigt, daß es sowohl personell als auch baulich erweitert werden muß. Zunächst in einer Baracke untergebracht, wird seit 1957 ein Neubau (Geb. Nr. 100) an der Berliner Straße geplant und zwischen Juni 1959 und August 1960 errichtet.[16] Er gehört wie die späteren Bauamtsgebäude nicht zu den Universitätsbauten, da das Universitätsbauamt als selbständige Behörde dem Finanzministerium unterstellt ist.

   Auch die Studentenwohnheime (Geb. Nr. 680–683) sind keine Universitätsbauten, sondern werden von der ›Vereinigung Studentenwohnheime Heidelberg am Klausenpfad e. V.‹ als Bauträger erstellt, deren Rechtsnachfolger das Studentenwerk ist. Die bis auf 1956/57 zurückgehenden Pläne der Studentenhilfe und der Universität nehmen konkrete Gestalt an, als durch mehrere private und industrielle Spenden, die Gründung der Vereinigung Studentenwohnheime und die Bereitstellung des Baugeländes am Nordwestrand des Universitätsbaugebiets die Voraussetzungen für die Planung geschaffen sind. Seit 1958 ist das Architekturbüro Max Schmechel und Söhne mit dem Entwurf für zunächst ein Studentenwohnhochhaus beschäftigt. Nach Eingang weiterer Spenden wird 1959 das Projekt auf drei zwölfgeschossige Häuser erweitert, die zwischen 1959 und 1962 entstehen. Anschließend wird als gemeinsames Zentrum von 1962 bis 1964 ein Clubhaus errichtet, das in dreigeschossiger flacher Bauweise formal zwischen den Hochbauten vermittelt. Zunächst als Aula für gemeinsame Veranstaltungen der Bewohner gedacht, nimmt das Clubhaus in der Planungsphase weitere Studentenwohnungen und das Studienkolleg auf, eine Universitätseinrichtung, die seit 1960 landesweit ausländische Studenten auf das Studium in Deutschland vorbereitet. Zusätzlich wird eine provisorische Mensa mit 800 Plätzen eingerichtet, da sich der Neubau einer Mensa im Neuenheimer Feld verzögert. Erst 1975 werden die von der Mensa genutzten Räume frei. Das Clubhaus ist im Besitz des Studentenwerks, während die Universität einen Teil durch das Studienkolleg nutzt.[17]

Neben diesen Gebäuden und dem Hauptgebäude der Kinderklinik werden in dieser Phase – ebenfalls als Hochhauskomplex – fünf Schwestern- und Personalwohngebäude geplant. Da besonders wegen des Personalmangels und ungenügenden Wohnraums für eine Unterbringung von Schwestern in der Nähe der Kliniken gesorgt werden muß, werden diese Gebäude von vornherein für eine Punkthochhausbebauung am Neckarufer vorgesehen. Nachdem im April 1958 Lothar Götz mit Planung und Durchführung beauftragt wird, beginnt der Bau des ersten Hauses (Geb. Nr. 130) am 6.7. 1959. Am 15.1. 1962 wird es fertiggestellt. In direktem Anschluß wird das zweite Gebäude (Geb. Nr. 131) geplant. Obwohl gegenüber zwanzig Wohnräumen im ersten Gebäude durch gestiegenen Wohnkomfort nur siebzehn Zimmer pro Geschoß möglich sind, wird auch hier die Höhe auf zehn Wohngeschosse (zuzüglich zum Erdgeschoß) festgelegt. Nach Baubeginn am 8.2. 1965 muß zur Unterbringung von Mädchen im Sozialjahr und indischen Schwestern das Raumprogramm erweitert und das Erdgeschoß ausgebaut werden. Am 9.12. 1968 ist auch dieses Gebäude bezugsfertig. Das bereits in gleicher Weise geplante dritte Gebäude (Geb. Nr. 132) muß Ende 1965 wegen Finanzierungsschwierigkeiten zurückgestellt werden. Nachdem sich seit 1968 eine Finanzierung durch einen Bauträger abzeichnet, wird im November 1968 derselbe Architekt auch mit der Schaffung dieses Gebäudes beauftragt, um eine einheitliche Gestaltung zu gewährleisten. Die Erdarbeiten beginnen im Dezember 1969, und am 8.4. 1975 wird der Bau fertiggestellt. Auf Gemeinschaftsräume wird hier weitgehend zugunsten einer Vergrößerung der Zimmer verzichtet, so daß das Gebäude in zwölf Geschossen 232 Zimmer zur Verfügung stellt. Bauträger ist die ›Gemeinnützige Wohnungs- und Siedlungsbau GmbH‹, die das Hochhaus an die Universität vermietet.[18]

511

Als Baumaßnahmen im naturwissenschaftlichen Bereich entstehen in der Phase von 1957 bis 1961 ein Hörsaal für Chemie und Physikalische Chemie (Geb. Nr. 252) und das Physikalisch-Chemische Institut (Geb. Nr. 253) nördlich der Chemie. Nachdem ein Hörsaal für Chemie bereits 1955 in baulicher Anbindung an den Gebäudekomplex der Chemie geplant war und wegen des bevorstehenden Umzugs in das neue Institut dringend benötigt wurde, und ein Hörsaal für Physikalische Chemie bereits 1948 als Berufungszusage in Aussicht gestellt, dann aber wegen des abzusehenden Neubaus im Neuenheimer Feld erst im Raumprogramm von 1957 wieder gefordert wurde, schlägt das Universitätsbauamt im September 1957 eine Zusammenlegung vor. Eine Neuaufstellung des Raumprogramms wird Anfang 1958 genehmigt, und nach Plänen des Universitätsbauamtes kann am 1. 10. 1959 mit dem Bau begonnen werden. Am 14. 6. 1962 *512* wird das Gebäude fertiggestellt.[19]

514 Zwei Wochen später, am 29. 6. 1962, wird auch das Physikalisch-Chemische Institut fertiggestellt, das vorher in einem Privathaus am Friedrich-Ebert-Platz nur unzureichend untergebracht war. Auch wegen des engen Zusammenhangs mit dem Chemischen Institut, dessen Umzug ins Neuenheimer Feld zur räumlichen Trennung der Institute führte, beginnt 1957 zunächst noch im Klinikbaubüro die konkrete Planung für die Physikalische Chemie. Ein gekürztes Raumprogramm wird im März 1958 genehmigt. Die Planung und Bauleitung wird an die Architekten Alois Giefer und Hermann Mäckler in Frankfurt übertragen. Schon kurz nach dem Baubeginn am 15. 2. 1960 taucht die Frage einer Erweiterung oder eines zweiten Neubaus auf, um einen weiteren Lehrstuhl unterzubringen. 1964/65 wird ein Anbau erneut diskutiert, doch erst mit der schrittweisen Übernahme des Gebäudes Nr. 500 der ersten Baustufe des DKFZ nach 1972 kann die Situation der Physikalischen Chemie verbessert werden.[20]

Projekt für eine Gesamtbebauung und Einzelbaumaßnahmen 1962 bis 1966/67

Gesamtplanung. Mit der Aufhebung der Tiergartenstraße im Bebauungsplan von 1961 und der Vorgabe durch die PMU, ein integriertes Klinikum mit seinen Vorteilen für Rationalisierung, Zentralisierung und wissenschaftliche Kommunika-*490* tion zu planen, entsteht 1962 die Möglichkeit der Umorganisation der Bereiche im Universitätsgebiet. Während das Klinikum als geschlossener Komplex mit zunächst demselben kreuzförmigen Bettenhaustyp jetzt das gesamte Gebiet südöstlich der Studentenwohnheime beansprucht, setzt nun auch die Entwicklung eines Gebäudetyps für medizinische und naturwissenschaftliche Institute ein. Er besteht jeweils aus einem langgestreckten zehn- bis zwölfgeschossigen Hochhaus mit Flachbereich und integriert mehrere Institute. Mit einem Typengebäude für das DKFZ und zwei weiteren für die Medizinischen Institute bildet sich ein medizinischer Komplex aus drei Gebäuden nördlich der Chirurgie, dem im Norden eine Reihe aus drei Typenbauten für die Naturwissenschaften entspricht. Zusammen mit einer westlich der Naturwissenschaften liegenden Reservefläche für Geisteswissenschaften gemäß dem Beschluß des Großen Senats von 1956 gruppieren sich verschiedene Zonen um ein Zentrum, das eine Art Forum mit Bibliothek, Mensa, Auditorium Maximum und Studentenhaus bildet. Das Südasien-

Institut ist nördlich von diesem Zentrum vorgesehen. Entlang der Berliner Straße befindet sich die Reihe der bereits entwickelten Typengebäude, die dem jeweiligen Bereich Naturwissenschaften oder Medizin zugeordnet sind. Die Bereiche insgesamt werden durch Hauptgrünzüge, die sich an das Zentrum anschließen, von Norden nach Süden und Osten nach Westen gegliedert und verbunden. Während das gesamte Gebiet vorwiegend Fußgängern vorbehalten ist, wird das Klinikum für den Fahrverkehr von Norden über den geplanten Kurpfalzring unterirdisch erschlossen. Da die Anbindung des Klinikums an die Kinderklinik und besonders an die Chirurgie aufgegeben wird, soll die Chirurgie nun Nachsorgeklinik werden.

Diese Ansätze einer großflächigen Gliederung und Bebauung des Gebiets werden in den folgenden Jahren weiterentwickelt. Die Typisierung von Kliniken und Institutsgebäuden wird verstärkt. Das Klinikum erhält nun über einem Flachbereich zwei Bettenhäuser in Ost-West-Lage, die den Institutsgebäuden in den Dimensionen angeglichen sind. Südlich des Klinikums ist zusätzlich ein Komplex aus vier Institutsgebäuden für ein Klinisches Forschungszentrum vorgesehen, so daß die Hauptbebauung nun aus dem Klinikum und drei Komplexen mehrerer gleichartiger Institutsgebäude besteht. Außer der Reihe der Gebäude für Pathologie, Zoologie, Geologie und Mineralogie nach der ersten Typenplanung und dem Institut für Sport und Sportwissenschaft im Nordwesten erscheinen nun auch die fünf Gebäude der ersten Baustufe des DKFZ im Nordosten und das Südasien-Institut am Forum in ihrer heutigen Gestalt. Da einerseits Teile des Botanischen Gartens vom Klinischen Forschungszentrum beansprucht werden und dieser andererseits auf eine Erweiterung drängt, die wegen der zunehmenden Einengung durch bestehende und projektierte Bauten schon nicht mehr möglich ist, sollen nun sämtliche Grünflächen des Bebauungsgebiets – in drei Zonen gegliedert, die verschiedenen Erdteilen zugeordnet sind – Bestandteil des Arboretums des Botanischen Gartens werden. Aus wirtschaftlichen Gründen werden die zwei Ebenen des Forums wieder aufgegeben; es wird stärker in den Kreuzungspunkt der Grünzüge gerückt. Chemisches und besonders Mathematisches Institut werden in dieser Planungsphase bereits nicht mehr eingegliedert, sondern sollen dem Zentrum weichen. [491]

Als letzter Entwicklungsstand dieser Planungsphase wird 1966 das Klinikum in das Gebiet des Botanischen Gartens verlegt, um eine engere Verbindung zur Theoretischen Medizin durch einen gemeinsamen Bereich zu gewährleisten. Der Erweiterung der Theoretischen Medizin um ein Reservegebäude steht der Wegfall eines eigenen Komplexes für die Klinische Forschung gegenüber, die in die Gebäude der Theoretischen Medizin aufgenommen werden soll. Das Reserveareal für Geisteswissenschaften liegt nun nördlich des Klinikums entlang dem Ost-West-Grünzug. Der gesamte Bereich nördlich davon ist zwei Komplexen für die Naturwissenschaften vorbehalten. Die Planung des Klinikums – hier mit neuem quadratischen Bettenhaustyp – sieht eine Verwirklichung in Bauabschnitten vor; Bibliothek und Mensa sind bereits differenziert ausgeformt, und das DKFZ entspricht fast seiner heutigen Gestalt. Für Mathematik und Chemie sind nunmehr Neubauten als Ersatz für die bestehenden Institutsgebäude vorgesehen. [492]

Dieser Planungsstand ist bereits von der Verschlechterung der finanziellen Situation des Landes beeinflußt, die am 5. 2. 1966 zu einem gemeinsamen Erlaß des Finanzministers und des Kultusministers führt, der die dreißigprozentige Kürzung der Bauvorhaben und dreißigprozentige Belegung aller Neubauten mit anderen Institutionen bestimmt. Der Erlaß macht eine völlige Neuplanung der fast bis zur Baureife fertigen Entwürfe für Theoretische Medizin, Mensa, Physik und weitere Gebäude nötig. Die Anlage eines Forums, dessen Erstellung in zwei Bauabschnitten bereits geplant war, wird durch langfristige Verschiebung oder Neuplanung der Einzelbauten auf längere Sicht unmöglich. Der Erlaß bewirkt also den Abbruch eines ausgearbeiteten Gesamtbebauungskonzeptes und bedeutet einen Einschnitt in die Planung der Einzelprojekte.

Großbaumaßnahmen für die Medizin. Die Planung der Medizinischen Institute wird 1963 der des Klinikums vorgezogen, da sie bis zum frühestens 1968 möglichen Baubeginn für das Klinikum fertiggestellt werden sollen. Ähnlich wie beim Klinikum steht hinter der Zusammenfassung in zwei großen Institutsgebäuden die Idee der Integration und Zusammenarbeit der verschiedenen medizinischen Institute. Dazu muß ein Gebäudetyp entwickelt werden, der variable und nutzungsneutrale Flächen anbietet. Es sind Forschungs- und Arbeitsräume in zwei zwölfgeschossigen Hochbauten vorgesehen, während Lehrbereich und spezielle Nutzungen in den Flachbauten untergebracht werden sollen. Bis März 1963 werden erste Raumbedarfspläne erstellt. In die zunächst noch vorhandenen Reserveflächen soll die Klinische Forschung aufgenommen werden. Nach Kürzung und Neuaufstellung des Raumbedarfsplanes werden im April 1965 die Raumprogramme mit 50300 qm Nutzfläche genehmigt. Im Herbst 1964 liegen die Vorentwürfe vor, Mitte 1965 soll mit dem ersten Gebäude begonnen werden. Währenddessen werden für das Klinikum 1964 ein Raum- und Funktionsprogramm erstellt und 1965 die Grundsatzplanung der PMU fertiggestellt. Nachdem bereits Ende 1965 Finanzierungsschwierigkeiten des Landes erkennbar werden und die Planung des Klinikums und der Baubeginn der Theoretischen Medizin zurückgestellt werden, bedeutet der Erlaß vom 5. 2. 1966 in seiner Anwendung auf die Medizinischen Institute eine Reduzierung um 20000 qm und führt sowohl für sie wie auch für das Projekt des Klinikums, das noch nicht so weit fortgeschritten ist, zu einer weitgehenden Neuplanung.[21]

Planung und Realisierung von Einzelgebäuden. Als Ergebnisse dieser Phase von 1962 bis 1966/67 werden die Reihe der kleineren Typenbauten entlang der Berliner Straße, das Südasien-Institut und beide Betriebsstufen des DKFZ (die Planung der Endstufe als nicht universitätseigenes Gebäude wird nicht unterbrochen, sondern seit 1968 ausgeführt) errichtet. Zunächst wird jedoch das für Universitätssport vorgesehene Gelände nördlich des Klausenpfades mit dem Gebäude des Sportinstituts (Geb. Nr. 700) bebaut.

Das Institut für Leibesübungen hatte bisher einen Sportplatz im Neuenheimer Feld an der Stelle der heutigen Mensa, der den Neuplanungen weichen soll, und eine Turnhalle im Marstallhof, die seit 1955 für eine Erweiterung der Mensa vorgesehen ist. Eine Zusammenlegung der Sportanlagen ist zunächst im Gebiet westlich der OEG-Linie gegenüber dem Tiergarten geplant. Nachdem seit 1957 durch Anmietung von Schul- und Vereinssporthallen für eine provisorische Unterbringung gesorgt wird und im Zuge der Erweiterung des Universitätsgebiets der neue Bauplatz feststeht, beginnt ab 1958 die Planung, mit der der Architekt Walter Freiwald beauftragt wird. Ein 1959 vorgelegtes Raumprogramm muß gekürzt werden und führt 1960 zu einem Musterraumprogramm für die Universitätssportanlagen in Heidelberg und Tübingen. Da noch nicht alle benötigten Grundstücke in Landesbesitz sind, kann erst am 4.6. 1962 mit dem Bau begonnen werden. Auch die dringend notwendige Fertigstellung verzögert sich, bis im August 1964 die ersten Räume bezogen werden können und die Übergabe am 29.10. 1964 stattfindet. Der Schwimmhallentrakt wird gesondert am 30.4. 1965 übergeben. Auch bei diesem Gebäude wird bereits 1965 die zu geringe Kapazität festgestellt. Seit 1966 betreibt das Universitätsbauamt daher eine Erweiterung des Sportgebiets über die Grenzen des Bebauungsplanes hinaus. 1967 wird eine neue Sporthalle gefordert. Erst durch die Planung des Bundesleistungszentrums seit 1969 kann sowohl der Bedarf des Instituts für Sport und Sportwissenschaft als auch der der PH gedeckt werden.[22]

520

Nachdem bereits 1959 eine gleichartige Bebauung für die verschiedenen naturwissenschaftlichen und medizinischen Institute vorgesehen war, beginnt seit 1959/60 die Entwicklung eines ersten Institutsgebäudetyps, der in einem höheren Baukörper als Hauptgebäude auf quadratischem Grundriß vor allem Labor- und Arbeitsräume und in einem Flachbau Lehrräume und Hörsäle, Sammlungen und Bibliotheken unterbringt. Diese Gliederung in Funktionen der Forschung und der Lehre einschließlich spezieller Nutzungen in unterschiedlichen Bauteilen, die für alle Anforderungen eines Instituts geeignet und daher variabel und nutzungsneutral sein müssen, wird auch bei den später entwickelten Institutstypen durchgehalten. Die Vorteile eines solchen Gebäudetyps liegen vor allem in der schnellen und einheitlichen Planung und der Rationalisierung der Baudurchführung. Von einer projektierten Reihe dieser Institutsgebäude, bestehend aus neun bis elf Einheiten entlang der Berliner Straße, werden für medizinische und naturwissenschaftliche Institute vier Gebäude erstellt.

Zunächst werden das Pathologische (Geb. Nr. 220, 221) und das Zoologische Institut (Geb. Nr. 230, 231) begonnen. Die Pathologie war bisher in einem Gebäude an der Voßstraße untergebracht, das bereits Anfang des Jahrhunderts zu klein war und notdürftig erweitert wurde. Die konkrete Planung beginnt 1959/60 mit der Aufstellung eines Raumbedarfsplanes und der Entwicklung des Standardtyps. Nach Reduzierungsversuchen wird im März 1960 die Planung freigegeben. Eine Erweiterung um zwei Geschosse verschiebt den in Aussicht genommenen Baubeginn von September 1961 auf den 8.6. 1962. Am 18.3. 1966 wird das Gebäude übergeben. Bis 1963 war als weiteres medizinisches Institut das Hygiene-Institut nördlich der Pathologie geplant, das dann in den Neubau der Theoretisch-Medizinischen Institute aufgenommen wird. Auch für die Pathologie, die als einzeln stehendes medizinisches Institut Relikt der Planung von Einzelinstituten ist, wird die Frage einer Integrierung in das Klinikum diskutiert, 1969 aber nicht mehr weiterverfolgt.[23]

518

Das Zoologische Institut soll zunächst seit 1956 in enger räumlicher Beziehung zum 1955 fertiggestellten Botanischen Institut (vgl. S. 487f.) in ähnlicher Bauweise wie die gleichzeitigen Institutsbauten im Neuenheimer Feld geplant werden. Ein Raumprogramm wird im August 1956 genehmigt. Noch im Juli 1957 wird vom Klinikbaubüro ein Vorentwurf ausgearbeitet, der 1958 vom Universitätsbauamt nicht mehr weitergeführt wird. Nachdem 1957 im Zuge eines Gebäudetauschs mit der Bundespost für das alte Haus in der Sophienstraße 6 ein Mietrecht für das Zoologische Institut bis zum 31.12. 1962 festgelegt wird, soll der Neubau 1960 geplant und 1961/62 realisiert werden. Nach einem Maximalraumprogramm vom Juni 1959, das bereits die Trennung der Funktionen, gleiche Raumeinheiten und einheitliche Ausstattung fordert, das jedoch abgelehnt wird, liegt im August 1959 als Folge von Berufungsverhandlungen ein neues Raumprogramm vor. Schon im Februar 1960 erweist sich eine Fertigstellung zum vorgesehenen Termin als nicht mehr möglich, da ein Teil des Geländes noch enteignet werden muß. Außerdem wird auch dieses Gebäude während der Planung aus gestalterischen Gründen um zwei Reservegeschosse aufgestockt. Ein für September 1961 geplanter Baubeginn wird ebenso wie der Beginn des Aushubs verschoben, obwohl die Bundespost auf der Räumung bis Ende 1962 besteht. Erst auf höchster Ebene wird ein Kompromiß eingeleitet, der einen Umzug zunächst in den Flachbau für 1964 vorsieht. Die Baumaßnahmen werden am 14.6. 1962 aufgenommen. Am 16.11. 1964 wird der Flachbereich, am 18.10. 1965 das Hauptgebäude noch vor der Fertigstellung des Pathologischen Instituts übergeben. In Anwendung des Dreißig-Prozent-Erlasses wird seit 1966 das sechste Obergeschoß nacheinander für die Unterbringung von Teilen des Universitätsbauamtes, der Experimentellen Chirurgie, der Molekulargenetik und der Mikrobiologie genutzt. Nachdem die Neurobiologie in das Gebäude Nr. 504 der ersten Baustufe des DKFZ ausgelagert wird, führt die Enge der Unterbringung der gesamten Biologischen Fakultät seit 1982 zur Planung einer räumlichen Neugliederung.[24]

516   Um ein bis zwei Jahre versetzt erfolgt in gleicher Typenbauweise die Planung für das Geologisch-Paläontologische und das Mineralogisch-Petrographische Institut (Geb. Nr. 234–236) nördlich der Zoologie. Auch hier ist ein Auszug aus den völlig unzureichenden Gebäuden in der Hauptstraße notwendig. Der Bauplatz steht 1960 fest. Ein Raumprogramm sieht bereits zwei Hauptbauten für die beiden getrennten Institute auf einem flachen Verbindungsbau für gemeinsame Einrichtungen wie Hörsaal und Sammlungen vor. Nach Änderungen und Ergänzungen (u. a. Erhöhung um ein Geschoß) wird das Raumprogramm im Februar 1963 anerkannt und mit der Planung begonnen, für die die Heidelberger Architekten Gerhard Hauss und Hans Richter unter Vorgabe des Gebäudetyps beauftragt werden. Der zunächst für das Spätjahr 1963 angesetzte Baubeginn ist am 7.1. 1964. Die Fertigstellung wird für Ende 1966 vorgesehen. Aufgrund der Finanzsituation des Landes wird die Bauzeit seit 1965/66 jedoch gestreckt, so daß am 20. und 27.4. 1967 zunächst die Übergabe der beiden Hauptgebäude stattfindet und im September das Museum Geologie-Paläontologie in den Flachbau einziehen kann. Der gesamte Flachbau wird jedoch erst am 26.4. 1968 fertig. Für die Belegung der Reservegeschosse besonders im Gefolge des Erlasses vom 5.2. 1966 gibt es auch im Zusammenhang mit anderen Freiflächen verschiedene Lösungsvorschläge. Angewandte Mathematik, Theoretische Astrophysik, Organische Chemie, eine MTA-Schule, die naturwissenschaftlichen Dekanate, die Technische

Betriebsleitung und weitere Einrichtungen werden nacheinander untergebracht, wobei besonders das Mineralogische Institut selbst schon bald die Nutzung beansprucht.[25]

Das Südasien-Institut (Geb. Nr. 330) ist eine neuaufgebaute zentrale und interdisziplinäre Einrichtung, deren besonderem Charakter die Planung Rechnung trägt. Das Gebäude soll seit dem Planungsbeginn 1960 außerhalb der Dringlichkeitsliste der Universität durch die Vereinigung Studentenwohnheime erstellt und dann der Universität übereignet werden. Um einen Baubeginn noch im Jahre 1961 zu erreichen, wird ein vorläufiges Raumprogramm für das ›Institut für Entwicklungsländer‹ bereits im November 1960 aufgestellt. Als Architekt ist Max Schmechel zunächst allein, dann zusammen mit Gerhard Hauss vorgesehen. Der Bauplatz soll östlich der Studentenwohnheime im Vorbehaltsgebiet der Geisteswissenschaften und in enger Verbindung zu Wohnheimen und Studienkolleg liegen. Ein Raumbedarfsplan von Anfang 1961 sieht bereits eine Differenzierung von Einzelinstituten und gemeinsam genutzten Raumgruppen vor. Gleichzeitig gibt es trotz der Dringlichkeit – es bestehen schon erste Personalstellen – Überlegungen, einen Wettbewerb durchzuführen, um der Bedeutung des Instituts gerecht zu werden. Er wird im Sommer 1961 auf acht Architekten beschränkt ausgeschrieben; im November liegt das Ergebnis des Preisgerichts vor: Ein erster Preis wird nicht vergeben, der zweite Preis geht geteilt an die Entwürfe der Architekten Hauss sowie Lange und Mitzlaff, der dritte an Carlfried Mutschler. Bis März 1962 sollen diese Architekten Gutachten erstellen. Im April wird Mutschler vor Hauss (zweiter Platz) und Lange und Mitzlaff (dritter Platz) der erste Platz zuerkannt und, unter der Auflage geringer Änderungen, der Auftrag erteilt. Von 1963 bis 1965 soll das Gebäude als viergeschossige Anlage auf längsrechteckigem Grundriß entstehen; es ist differenziert in einzelne Baukörper mit unterschiedlicher Fassadengestaltung, die verschiedene Funktionen der Einzelinstitute und gemeinsamen Einrichtungen sichtbar machen soll. Außenliegende Treppen- und Aufzugstürme sind ebenso vorhanden wie eine großzügige Treppenanlage mit Plattformen und eine Eingangshalle im Innern.

Nach der am 22. 5. 1962 erfolgten Gründung des Südasien-Instituts, dessen Abteilungen zunächst in Gebäuden in verschiedenen Stadtteilen untergebracht sind, entsteht eine Verdoppelung des Raumbedarfs, die eine völlige Umplanung des Entwurfs erfordert. In Zusammenhang mit dieser Neuplanung und der daraus resultierenden Verzögerung wird auch die Lage des Gebäudes überdacht, das nun in der Nähe der allgemeinen zentralen Einrichtungen am Forum angesiedelt werden soll. Anfang 1963 wird der Raumbedarfsplan genehmigt und der Architekt beauftragt. Der Baubeginn hängt hier jedoch von der Verlegung der OEG-Linie an den nördlichen Rand des Universitätsgebiets ab. Da sich dafür noch keine Lösung abzeichnet, wird der Standort geringfügig nach Südosten verschoben. Schon vor dem Baubeginn am 8. 2. 1965 wirft die Raumverteilung Probleme auf, so daß die Erstellung eines zweiten Gebäudes in die Überlegungen einbezogen wird. Während der Finanzkrise 1966 soll zunächst der Ausbau nach Schließung der Außenschale gestoppt werden. Dies kann jedoch durch eine Streckung der Baumaßnahmen und die Verschiebung der Fertigstellung vom Herbst 1967 bis *524* zum 1. 10. 1969 verhindert werden.

Bereits vorher wird es notwendig, die Raumbelegung erneut dem Stand der Entwicklung der Abteilungen anzupassen. Auch der Dreißig-Prozent-Erlaß findet Anwendung in der vorübergehenden Aufnahme eines Teils des Botanischen Instituts, die jedoch nur möglich ist, weil die Geographische Abteilung des Südasien-Instituts im alten Gebäude bleibt. Eine Umsiedlung kann erst 1975 erfolgen, nachdem die Systematische Botanik in den Neubau des DKFZ, die Tropenhygiene des Südasien-Instituts in das fertiggestellte Theoretikum umzieht und der Hörsaal multifunktional von der Bibliothek genutzt wird.[26]

Das als Stiftung öffentlichen Rechts selbständige, nicht zur Universität gehörende Deutsche Krebsforschungszentrum hat dennoch Bedeutung für die Universitätsbebauung im Neuenheimer Feld, da die Gebäude der ersten Baustufe (Geb. Nr. 500–504) seit 1972 in den Besitz der Universität übergehen und die Bauendstufe (Geb. Nr. 240, 241; 260, 261 und 280, 281) Dokument einer geplanten Gesamtbebauung des Universitätsgebiets mit Gebäuden dieses Typs ist. Nachdem 1957 die Entscheidung für den Standort Heidelberg gefallen ist, soll das DKFZ in enger räumlicher Beziehung zur Universität im Neuenheimer Feld geplant werden. Bereits 1958 liegen drei Vorschläge von Privatarchitekten und die Idee einer Verwirklichung in zwei Baustufen vor. 1960 steht Erwin Heinle als Architekt fest. Seit Anfang 1962 soll die erste Baustufe mit fünf Einzelgebäuden in Fertigbauweise erstellt werden, um eine kurze Planungs- und Realisierungszeit zu gewährleisten. Nachdem Ende 1962 der Ministerrat der Errichtung eines überregionalen Krebsforschungszentrums zustimmt und auch die Akademische Baukommission im Mai 1963 die Planung akzeptiert, wird im Oktober 1963 der Bauauftrag erteilt. Nach der Baugenehmigung Anfang 1964 ist der erste Spatenstich am 20. 2. 1964. Elf Tage nach der Übergabe werden die durch zwei Generalunternehmer erstellten Gebäude am 31. 10. 1964 eingeweiht. Im März 1966 wird der Reaktor in Betrieb genommen.

Nachdem noch 1964 die Planung für die Endstufe in enger Verbindung mit dem Universitätsbauamt beginnt, die die Eingliederung in die gleichzeitig konzipierte Gebäudegruppe der Theoretischen Medizin und den gleichen Bautyp vorsieht, wird im Dezember 1966 vom Architekturbüro Heinle, Wischer und Partner ein Vorentwurf und Kostenvoranschlag vorgelegt. Nach der einschneidenden Kürzung der Theoretischen Medizin durch den Erlaß vom 5. 2. 1966, jedoch vor der daraus resultierenden Neuplanung wird die Planung des DKFZ fortgesetzt und am 2. 12. 1968 mit dem Bau begonnen. Nach der Fertigstellung am 3. 7. 1972 werden die Gebäude der ersten Baustufe bis zum 15. 9. weitgehend geräumt und können entsprechend den Verträgen von 1965 und 1968 über die 1963 genehmigten Geländeüberlassungen an die Universität übergeben werden.[27] Der Überlassungsvertrag legt auch eine Zwischennutzung der noch nicht benötigten Fläche der Bauendstufe für die Universität fest, die dem Institut für Systematische Botanik zugewiesen wird.

Für die Belegung der Gebäude der ersten Stufe gibt es seit 1968 verschiedene Überlegungen. Von den zunächst nur für die Chemie vorgesehenen Bauten soll 1972 auch die Biologie zwei erhalten, während der Tierstall (Geb. Nr. 502) weiterhin vom DKFZ und der Medizinischen Fakultät genutzt werden soll. Schließlich wird das Gebäude Nr. 500 der Physikalischen Chemie zugewiesen; es kann jedoch wegen Schwierigkeiten bei der Stillegung des Reaktors erst 1983 in den Besitz des Landes übergehen und voll von der Universität genutzt werden. Das Gebäude Nr. 501 nimmt seit 1973 die Biologische Chemie und das Gebäude Nr. 503 die Anorganische Chemie auf. Das Gebäude Nr. 504 wird zunächst von Geographie und Geomorphologie und nach deren Auszug ins Theoretikum seit 1980 von der Neurobiologie und Biologie für Mediziner genutzt. Der Tierstall Nr. 502 ist von der Universität an das DKFZ zur weiteren Eigennutzung vermietet, und die aus Beiträgen Dritter finanzierte Verwaltungsbaracke Nr. 505 ist trotz eines vorgesehenen Ankaufs durch die Universität für die Geographie nach wie vor im Besitz des DKFZ.[28]

Festlegung der Bebauung 1967 bis 1976

Gesamtplanung. Um das Jahr 1967 ist die Phase der Realisierung einzelner Institutsbauten weitgehend abgeschlossen. Von den zwischen 1959 und 1965 eingeleiteten zahlreichen Einzelbaumaßnahmen sind nur noch einige in Ausführung. Mit neuen Baumaßnahmen für die Universität im Neuenheimer Feld wird erst 1969 wieder begonnen. Während Kinderklinik, zwei Schwesternhochhäuser, die Typenbauten an der Berliner Straße, die Gebäude für Physikalische Chemie und Chemie, das Südasien-Institut und die Sportanlagen erstellt sind, besteht die Hauptaufgabe des Universitätsbauamtes nun in der Neuplanung der großen Komplexe, die aufgrund der Finanzrestriktionen von 1966 neu konzipiert werden müssen. Hierzu gehören vor allem Theoretische Medizin und Klinikum, die Gebäude des Forums und der Bereich der Naturwissenschaften.

Nachdem bereits Ende 1966 die Auswirkungen des Dreißig-Prozent-Erlasses durch abschnittweise Erstellung der Medizinischen Institute und des Klinikums und stärkere Ausweisung und Belegung von Reserveflächen bei gleicher Planung abgemildert werden sollten, sieht auch 1967 die Gesamtplanung zunächst noch *493* eine Bebauung mit der dann im DKFZ realisierten Typenbauweise vor. Während drei Typenbauten für die Naturwissenschaften im Norden und die Vorbehaltsfläche für Geisteswissenschaften mit kleinteiligerer Bebauung entlang dem Ost-West-Grünzug vorgesehen sind, führt die Forderung einer direkten Anbindung der Theoretischen Medizin an das Klinikum nun zu einer Teilung des Komplexes aus vier Hochbauten, von denen das DKFZ und ein weiteres Gebäude am alten Standort bleiben, die beiden anderen aber nach Westen auf das Gelände südwestlich vom Zentrum verlegt werden; noch weiter westlich schließt sich das Klinikum an. Damit zeichnet sich für Klinikum und Theoretische Medizin erstmals die tatsächlich realisierte Gebietsaufteilung ab.

Seit dem Beginn der neuen Typenplanung für das Theoretikum noch 1967 wird *497* die gesamte Theoretische Medizin auf dem neuen Gelände konzentriert, wodurch eine Abtrennung von DKFZ und Pathologie in Kauf genommen wird. In Zusammenhang mit dieser neuen Lage und der Neuplanung der Mensa entsteht bis 1968/69 das Konzept eines Längsforums, dessen südlichen Schwerpunkt die Mensa bildet. Nach Norden soll es die Hörsäle des Theoretikums einbeziehen und hinter der geplanten Bibliothek und weiteren zentralen Einrichtungen nordöstlich des Südasien-Instituts enden. Die Idee der Grünzüge als Gliederungs-

und Verbindungselemente von Norden nach Süden und Osten nach Westen bleibt dabei weitgehend erhalten. Als weitere Gebäude des Planungsstandes von 1972, dessen Gebietsaufteilung sich seit 1969/70 nicht mehr wesentlich gewandelt hat, sind die PH innerhalb einer gleichartigen Bebauung für Geisteswissenschaften im Norden, südlich davon die beiden bereits erstellten Standardgebäude und auf den freigewordenen Flächen nördlich des DKFZ nun der geplante Neubau für die Physik in gleicher Typenbauweise wie das Theoretikum zu erkennen. Das Klinikum besteht wieder aus zwei langgestreckten, ost-west-gerichteten Bettenhochhäusern auf ausgedehntem Flachbaubereich, der ähnlich wie das Theoretikum Innenhöfe ausbildet. In Zusammenhang mit der Planung des Bundesleistungszentrums und der Abtretung von Universitätsgelände für die PH im Zuge einer Entwicklung zur Gesamthochschule wird 1970 das Gebiet des Bebauungsplanes von 1961 nördlich und östlich der Sportanlagen auf rund 140 ha erweitert. Mit diesem Planungsstand ist eine Gesamtaufteilung erreicht, deren Festlegungen bis heute gelten und die mit zunehmender Realisierung nur noch in wenigen nicht bebauten Flächen variabel ist.

Planung des Klinikums und Realisierung des Theoretikums. Die Planung der Großbaumaßnahmen setzt auch nach 1966 den Akzent auf die Erstellung der Theoretischen Medizin, während das Klinikum längerfristig für einen Baubeginn nach Fertigstellung des Theoretikums geplant wird. Um eine Finanzierung zu ermöglichen, sollen zunächst abschnittweise in enger baulicher Verbindung ein Teil der Theoretischen Medizin, der wieder die Klinische Forschung aufnehmen soll, dann ein Hochhaus mit Flachbau für die nicht operierenden Disziplinen des Klinikums und ein Teil des gemeinsamen Bereichs und als letztes die Ergänzung der Medizinischen Institute und des gemeinsamen Bereichs und der zweite Bauteil des Klinikums für operierende Disziplinen gebaut werden.

Diese Teilung in zwei Bauabschnitte für operative und nichtoperative Disziplinen ist Grundlage für die weitere Planung des Klinikums. Nachdem die Finanzierung im Landeshaushalt 1968 gesichert ist, wird das Vorhaben fortgesetzt. Von der PMU wird die Grundsatzplanung überarbeitet und ein Vorentwurf angefertigt; Sonderfachleute werden mit Einzelplanungen beauftragt. Im Juli 1970 wird ein ›Organisationsstruktur- und Raumbedarfsrahmenplan‹ genehmigt. Ein erster Bauabschnitt ist für die nichtoperativen Disziplinen mit 800 Betten und Einrichtungen für das gesamte Klinikum geplant. Innerhalb der fünf Klinikprojekte des Landes soll besonders die Planung für Heidelberg und Mannheim parallel entwickelt werden. Im Januar 1971 wird der Vorentwurf vorgelegt, der zwei fünfzehngeschossige Bettenhäuser mit drei- bis viergeschossigem Sockel für drei ineinandergreifende Arbeitskreise (nichtoperative, operative und Kopf- und Nervenfächer) vorsieht, in denen gleiche Funktionen zusammengefaßt sind. Das Klinische Forschungszentrum soll nun im Klinikum untergebracht werden. Bereits 1971/72 ist eine weitere Bereitstellung von Planungsmitteln nicht möglich, so daß der für Ende 1974 vorgesehene Baubeginn um ein Jahr verschoben werden muß. Um eine schnelle Fortsetzung zu gewährleisten, wird die bisher gleichzeitige Planung des Ver- und Entsorgungszentrums Medizin zunächst zurückgestellt. Mit erheblichen Kürzungen wird der Vorentwurf im Dezember 1972 als

Grundlage der Weiterplanung genehmigt. Wegen der angespannten Finanzlage sollen ab Juli 1972 die Klinikprojekte des Landes nicht mehr gleichzeitig realisiert werden, sondern anhand des Heidelberger Projektes grundsätzliche Planungselemente und -verfahren entwickelt werden. Um einen Baubeginn 1976 einhalten zu können, soll das Universitätsbauamt mit der Planung beginnen, obwohl das Theoretikum noch im Bau ist. Nachdem 1973 der erste Bauabschnitt um die Reserveflächen und die Klinische Forschung reduziert wird, kann als eine von vier Varianten die Planung eines elfgeschossigen Bettenhauses mit dreigeschossigem Flachbereich für 732 Betten fortgesetzt werden. Der Bau soll nach einheitlichem Konstruktionssystem in Ortbetonbauweise erstellt werden. 1974 wird die weitere Planung für Heidelberg anerkannt, obwohl bereits für 1975/76 Finanzschwierigkeiten absehbar sind. Der Baubeginn ist nun für 1977 angesetzt, wird im Oktober 1975 aber um ein weiteres Jahr verschoben. Verschiedene Reduzierungen und die Streichung des geplanten Personalspeisezentrums können die Entscheidung des Finanzministers zur Einstellung der Ausführungsplanung und Ausschreibung am 17.2. 1976 nicht verhindern. Diese Planungsunterbrechung stellt sich mit dem Ministerratsbeschluß vom 29.6. 1976 als völliger Abbruch einer nahezu abgeschlossenen Planung heraus, da die Reduktion auf 330 Betten für eine Kopf- und Strahlenklinik eine Neuplanung notwendig macht.[29] Der letzte Stand der Planung des ersten Klinikumprojektes sieht im ersten Bauabschnitt einen dreigeschossigen Flachbau für Untersuchung, Behandlung, Forschung und Lehre und ein darüber sich erhebendes zwölfgeschossiges Bettenhaus für 732 Betten mit 58 000 qm Nutzfläche vor, das außenliegende Treppenhäuser und Installationstürme sowie umlaufende Fluchtbalkone erhalten hätte.[30]

Parallel zu dieser Entwicklung verläuft die Neuplanung und Fertigstellung des Theoretikums (Geb. Nr. 305–307, 324–328, 345–347, 364–367) bis 1975 und der Ergänzungsbauten (Geb. Nr. 308, 348, 368) bis 1977/78. Nach dem Scheitern des ersten Projektes 1966 wird neben der Weiterführung der Überlegungen auf der Basis des alten Bautyps bis 1967 auch die Typenplanung für die Medizinischen Institute überprüft; dies führt zur landesweiten Entwicklung eines neuen Gebäudetyps, der – noch stärker standardisiert und vereinheitlicht – eine einfachere Planung und schnellere Erstellung mit Fertigteilen ermöglichen und vor allem Kosten reduzieren soll. Auch der Flachbaubereich, der eine direkte bauliche Verbindung zum Klinikum schaffen und an der Südostecke die Mensa integrieren soll, wird seit 1968 in der Typenbauweise geplant. Im November 1969 wird ein vorläufiges Raumprogramm – wieder mit 50 000 qm Nutzfläche – genehmigt, das endgültige Flächenzuweisungen und den Umfang der Klinischen Forschung noch offen läßt.

Bevor gemäß der Terminplanung 1969/70 mit dem Bau begonnen werden kann, müssen zunächst noch Probleme gelöst werden, die sich aus dem neuen Standort ergeben. Es werden Teile des Botanischen Gartens in Anspruch genommen, die die Verlegung der Systematischen Botanik notwendig machen. Auch die OEG-Güterlinie, deren Verlegung seit Anfang der sechziger Jahre immer wieder in Aussicht gestellt wurde, wird 1970 ganz aufgehoben. Die Tiergartenstraße, die ebenfalls über den Bauplatz führt, wird durch die Straße ›Im Neuenheimer Feld‹ nördlich des Mineralogischen Instituts ersetzt.

Am 7.1. 1970 beginnen die Baumaßnahmen; 1972/73 sollen die Gebäude bezugsfertig werden. Gleichzeitig wird eine Ergänzung für die von Karlsruhe nach
Heidelberg verlegte Pharmazie an der Südwestecke in den Komplex einbezogen.
Preissteigerungen führen 1972 erneut zu Finanzierungsschwierigkeiten, so daß
die Fertigstellung um ein Jahr verschoben wird. Nach der Nachprogrammierung
der Belegung seit Juli 1972, die im Neubau bereits Umbaumaßnahmen erforderlich macht, werden vom 3.9. 1973 bis zum 15.1. 1975 die Einzelgebäude übergeben und bezogen. Am 30.4. 1975 findet die Einweihung statt.

528, 530,
533

Nachdem aufgrund der erneuten Finanzierungsprobleme die ebenfalls nach
den Richtlinien für Institutsbau nahezu fertiggestellte Planung für die Physik
nördlich des DKFZ im August 1972 auf längere Sicht gestoppt wird, werden nun
eine Unterbringung von Teilen der Physik im Theoretikum, die vor allem zu Lasten der Klinischen Forschung geht und das Strukturkonzept für das Theoretikum in Frage stellt, und der Bau von zusätzlichen Hörsälen für die Physik geplant. Zusammen mit der Universitätsbibliothek, deren Neubau am Forum
ebenfalls zurückgestellt wurde, und dem Geographischen Institut werden für die
Physik vom 2.9. 1974 bis zum 18.1. 1978 Ergänzungsbauten im Norden des Theoretikums erstellt, deren Planung und Bauleitung Carlfried Mutschler übernimmt.
Nur für provisorische Unterbringung bis zur Errichtung eigener Neubauten gedacht, sollen die Gebäude später von der Medizin genutzt werden.[31]

532

Planung und Realisierung weiterer Gebäude. Zur Vorbereitung der oben behandelten Projekte muß das Universitätsbauamt zweimal erweitert werden. Vor allem für die Planung und Bauleitung des Theoretikums wird von November 1968
bis Mai 1969 eine Bauleitungsunterkunft nördlich der Pathologie errichtet, die
von Dezember 1973 bis August 1974 für die Klinikumplanung durch einen Holz-
skelettbau erweitert wird (Geb. Nr. 222).

Die Verbesserung der finanziellen Lage des Landes seit 1968 ermöglicht Anfang 1969 ein ›bauliches Sonderprogramm für die Universitäten und Pädagogischen Hochschulen‹, das der Landtag am 20.2. 1969 zur ›Schaffung neuer und
besserer Studienplätze‹ beschließt.[32] Durch Bereitstellung finanzieller Mittel sollen nun möglichst schnell bereits geplante Bauten (z. B. Theoretikum) und außerdem als Sofortmaßnahmen Standardgebäude landesweit erstellt werden, um den
Platzmangel in bestehenden Instituten zu beheben. Heidelberg erhält ein Standardgebäude zur vorübergehenden Unterbringung der PH, bis ein ebenfalls geplanter Gesamtneubau im Neuenheimer Feld fertig ist. Ein zweites Gebäude ist
für die Universität bestimmt. Nachdem bereits im Januar 1969 Vorentscheidun-
gen getroffen werden, erfolgt am 21.2. 1969 die zentrale Ausschreibung durch das
Universitätsbauamt Karlsruhe für alle landesweit zu errichtenden Standardge-

527

bäude. Vom 28.4. bis zum 20.10. 1969 werden die Gebäude durch Generalunternehmer erstellt.

Das Standardgebäude für die Universität (Geb. Nr. 294) wird Mathematik und
Physik zugewiesen, deren gemeinsamer Neubau 1966 zurückgestellt wurde. Angewandte Mathematik, die seit 1967 provisorisch im Geologischen Institut untergebracht war und Reserveflächen des DKFZ erhalten sollte, Theoretische Physik
und die Bibliothek des Mathematischen Instituts bekommen hier neue Räume.

Nach Auszug der Theoretischen Physik in die Gebäude am Philosophenweg in Zusammenhang mit dem Bezug der Hörsäle für Physik im Theoretikum wird das zweite Obergeschoß mit der Theoretischen Astrophysik und weiteren Teilen der Mathematik belegt.[33]

Eine für 1971 vorgesehene vollständige Übergabe des Standardgebäudes II (Geb. Nr. 293) an die Universität ist auch im Juni 1972 nach der Fertigstellung des Neubaus der PH nicht möglich, da der Fachbereich Sonderpädagogik weiterhin über das erste und zweite Obergeschoß verfügt. Nach dem seit 1971 bestehenden Plan eines regionalen Hochschulrechenzentrums soll zunächst das gesamte Gebäude durch das Rechenzentrum genutzt werden. Da die PH bis 1974 jedoch nur das erste Obergeschoß räumen kann, wird im August 1973 ein Belegungsplan für die unteren drei Geschosse genehmigt. Nach Umbauten wird das Gebäude am 2. 12. 1974 übergeben und am 30. 4. 1976 eingeweiht. Das zweite Obergeschoß wird weiterhin bis 1979 von der PH in Anspruch genommen. Nach Umbaumaßnahmen und einer Zwischenbelegung wird es heute von der aus der Klinikumplanung herausgenommene Datenverarbeitung des Klinikums genutzt.[34]

Eine Lösung der Raumnot des Instituts für Sport und Sportwissenschaft bahnt sich seit 1969 an, als der Deutsche Sportbund anläßlich der Olympiade 1972 für Heidelberg ein Sportzentrum von überregionaler Bedeutung plant, durch das die vorhandenen Leistungszentren für Basketball, Volleyball und Leichtathletik ausgebaut werden sollen. Aufgrund einer siebzigprozentigen Finanzierung durch den Bund und der vorgesehenen Bindung an die Universität kann es als nichtuniversitäres Bauvorhaben doch Universitätsbedarf decken. Gemäß der Grundsatzplanung seit November 1969 soll es in enger Beziehung zum Sportinstitut errichtet werden, wodurch das Gelände, wie bereits seit 1966 geplant, nach Nordosten erweitert werden muß. Schon im Dezember 1969 besteht ein Raumprogramm des Sportinstituts und der beteiligten Sportverbände. Wegen der Olympiade ist ein Baubeginn für Herbst 1970 vorgesehen, der einen schnellen Ankauf des Geländes aus Privatbesitz notwendig macht. Mit dreißigprozentiger Beteiligung soll das Land Träger werden und durch die Universität die Verwaltung ausüben. Gemäß der weiteren Planung soll auch die PH ihren Bedarf im neuen Gebäude decken. Seit Anfang 1970 soll auch ein Leistungszentrum für Schwimmen, Springen und Wasserball aufgenommen werden, dessen nicht durch Bundesmittel gedeckten Anteil von dreißig Prozent die Stadt übernehmen will; sie wird Trägerin dieses Bauteils, der von Universität und PH mitgenutzt werden soll. Im Auftrag der Kostenträger wird die Baumaßnahme vom Universitätsbauamt durchgeführt, das Walter Freiwald mit der Entwurfsplanung betraut. Im Juni 1970 wird die Planung freigegeben und im August ein neues Raumprogramm vorgelegt, das im Dezember unter Zurückstellung von Sprunghalle und -becken genehmigt wird. Schon vorher, am 4. 11. 1970, wird der Bau des ›Bundesleistungszentrums für Basketball, Volleyball, Tischtennis und Schwimmsport‹ (Geb. Nr. 710) begonnen. Wegen der Olympiade wird als erstes am 28. 1. 1972 der Sport- und Schwimmhallenbereich übergeben, während die Sporthalle für die PH und der Verwaltungstrakt mit Wohnheim und Sportmedizinischem Institut erst am 10. 1. 1973 fertiggestellt sind. Die Sprunghalle an der Ostseite der Schwimmhalle wird nicht mehr ausgeführt.[35]

522

In Zusammenhang mit dieser Planung des Bundesleistungszentrums und allgemein der Erweiterung des Bebauungsplangeländes 1970 steht die Zusammenführung der PH in einem Neubau im Neuenheimer Feld und ihre Integration in die Bebauung im Zuge einer Entwicklung zur Gesamthochschule. Nachdem 1967 bereits ein Neubau vorgesehen ist, soll seit 1969 die Erweiterung des Vorbehaltsgeländes für die Universität auch die Bereitstellung eines Bereichs innerhalb des Universitätsgebiets für die PH ermöglichen. Vom 1.4. 1971 bis zum 1.6. 1972 wird vom Staatlichen Hochbauamt der Neubau (Geb. Nr. 561, 562) für die schon seit 1969 in einem Standardgebäude im Neuenheimer Feld angesiedelte PH errichtet. Er ist im Rahmen des Sonderprogramms für Pädagogische Hochschulen ähnlich wie das Theoretikum als Typenplanung entwickelt.[36]

Da die meisten Gebäude im Neuenheimer Feld an ein Fernheizungsnetz angeschlossen sind und seit 1956 von den Stadtwerken beliefert werden, die jedoch 1965 den Vertrag kündigen, ist die Errichtung eines eigenen Heizwerks durch das Land für die Universitätsversorgung notwendig. Es soll auch die Stadt bei Spitzenbedarf mit Wärme versorgen. Nach einem Vorvertrag im Juni 1970 beginnt die Planung durch die Firma Kraftanlagen Heidelberg; die bauliche Gestaltung obliegt dem Architekturbüro Hauss und Richter. Der Standort am nordöstlichen Rand des Bebauungsgebiets berücksichtigt auch die Wünsche der Stadt. Von *527* April 1971 bis Dezember 1972 wird das Heizwerk (Geb. Nr. 530) errichtet, und zwischen April 1978 und Mai 1980 wird ihm eine Abfallverbrennungsanlage angegliedert.[37]

Die Planungsgeschichte der Mensa als wesentlicher Bestandteil des Forums spiegelt entscheidende Schritte der Gesamtplanung seit 1960. Nachdem bereits 1957 auf die Notwendigkeit einer Mensa im Neuenheimer Feld hingewiesen wird, ohne daß daraus eine Planung resultiert, entsteht Anfang 1960 ein erster Bedarfsplan, der zwei Bauabschnitte für den Bedarf von 1970 und 1990 vorsieht. Die Mensa soll als landeseigenes Gebäude errichtet und dann an die Studentenhilfe Heidelberg e.V. als Betreiber vermietet werden. Gleichzeitig wird der Standort im Zentrum des Gebiets bestimmt, wo zusammen mit Bibliothek, Studentenhaus und Auditorium Maximum ein Forum entstehen soll. Ein Baubeginn ist hier wie bei weiteren Gebäuden im Neuenheimer Feld von der Verlegung der OEG-Linie abhängig. Er wird für 1963/64 gefordert, da die Studentenzahl im Neuenheimer Feld für 1965 bereits auf 2000 geschätzt wird. Zunächst wird jedoch eine Behelfsmensa mit 800 Plätzen im Clubhaus des Studentenwerks (Geb. Nr. 680) eingerichtet. 1962 sieht ein Raumbedarfsplan 1300 Plätze vor. Gleichzeitig gibt es auch Vorplanungen für das Studentenhaus. Ein Jahr später beginnt die konkrete Planung des Universitätsbauamtes, die jetzt auf eine Gesamterstellung ab 1966 ausgerichtet ist. Vorläufige Reserveflächen sollen als Vorlesungsräume genutzt werden. Im Juli 1965 wird das Raumprogramm genehmigt, und Anfang 1966 ist die Planung weitgehend abgeschlossen. Doch auch das Mensaprojekt wird vom Erlaß vom 5.2. 1966 betroffen und muß um dreißig Prozent gekürzt werden. Auch hier erweisen sich Versuche, das Vorhaben durch die Aufnahme von Teilen des völlig gestrichenen Studentenhauses vor dem Scheitern zu bewahren, als unmöglich. Erst 1967 steht der Abbruch des Projektes fest. Das Gebäude mit stark durch die Konstruktionselemente gegliederten Fassaden, das aus großen kubischen, ineinandergreifenden Baukörpern in flacher zweigeschossiger Bauweise bestehen sollte, war für den Süden des Forums gedacht.

Nachdem 1967 der Kostenrahmen fast halbiert wird, beginnt 1968 die Neuplanung mit um dreißig Prozent gekürzter Nutzfläche, 1500 Plätzen und Essenszubereitung auch für die Altstadtmensen. Der Baubeginn ist für Ende 1969 gemeinsam mit dem Theoretikum vorgesehen, an dessen Südostecke die Mensa nun errichtet werden soll. Diese Standortverlagerung resultiert aus der neuen Konzeption des Längsforums, da der alte Entwurf eines zentralen Forumsplatzes sich nach den Kürzungen von 1966 als zu aufwendig und deshalb nicht realisierbar erwies. Doch auch dieses zweite Projekt der Mensa wird 1970 nicht weitergeführt. Ein neuer Termin für den Baubeginn wird für frühestens 1973 in Aussicht gestellt. Die verworfene Planung sieht entsprechend dem neuen Standort eine im Prinzip rechtwinklige Anlage vor, deren innenliegender Kern mit der Küche nach außen von den flacheren Speisesälen umgeben ist. Nach wie vor sind ineinandergreifende große Baukörper vorgesehen, doch Flach- und Pultdächer und der über sie hinausragende Mittelteil schaffen Übergänge und eine organischere Gestaltung als im ersten Entwurf. Die stark betonten Brüstungen und das ausladende Dachprofil der später realisierten Mensa finden sich schon hier.

Seit 1971/72 wird das dritte Projekt der Mensa entwickelt. Anfang 1973 zeichnet sich eine schnelle Verwirklichung im Rahmen eines Sonderprogramms für Mensen des Landes ab. Ein im Juli vorgelegtes Raumprogramm wird noch Ende des Jahres genehmigt, und schon am 20.12.1973 erfolgt der erste Spatenstich. Mit 1600 Plätzen und bis zu 6000 Portionen pro Tag, Cafe, Imbiß- und Sonderspeiseräumen und Vorbereitungskapazität für die Mensen in der Altstadt sollen in dem Gebäude die PH und nach Streichung des Personalspeisezentrums des Klinikums 1975 auch das Personal mitversorgt werden. Nach der Fertigstellung am 19.12.1975 wird die Mensa am 15.3.1976 in Betrieb genommen.[38]

533

Klinikum und weitere Planungen seit 1976

Ergebnisse und Möglichkeiten der Gesamtplanung. 1976 wird von allen Neubaumaßnahmen im Neuenheimer Feld nur noch die Ergänzung des Theoretikums erstellt. Die wesentlichen Festlegungen sind durch die vorhandenen Bauten bereits getroffen. Durch die Mensa ist ein zentrales Gebäude geschaffen, das bei jeder weiteren Planung eines Forums berücksichtigt werden muß. Da die Freifläche nördlich des DKFZ nach wie vor der Physik zugedacht ist, kann das projektierte Längsforum nach Norden hin nur durch Hörsaalgebäude als zentrale Einrichtungen fortgeführt werden, um in einen Komplex mit den geplanten weiteren zentralen Einrichtungen zu münden. Als Freiflächen stehen außerdem zur Verfügung das Gebiet zwischen Pathologie und Zoologie an der Berliner Straße, in dem die Bebauung mit dem ersten Gebäudetyp fortgesetzt werden soll, das Gelände zwischen PH und Berliner Straße, das noch den Geisteswissenschaften vorbehalten ist, das Erweiterungsgebiet nördlich und östlich des Sportbereichs und das Baugelände des Klinikums, für das seit der Neuplanung eine völlig neue Aufteilung in zwei bzw. drei selbständige Klinikkomplexe vorgesehen ist.

494

Neuplanung des Klinikums. Der Ministerratsbeschluß vom 29.6. 1976, der zum Abbruch des ersten Projektes des Klinikums führt, legt zugleich die Basis für die Neuplanung auf einen Bauabschnitt mit 330 Betten fest, dessen Baubeginn für 1978 in Aussicht genommen wird. Er soll nun die Kopf-, Strahlen- und Nervenfächer aufnehmen, während in einer zweiten Phase ab 1985 die Bauten des Alt-Klinikums, besonders die Medizinische Klinik und die Medizinische Poliklinik, umgebaut und erweitert werden sollen. Diese Planung bedeutet eine längerfristige Trennung von Innerer Medizin und Chirurgie, die durch das integrierte Klinikum gerade behoben werden sollte. Die neue Konzeption macht die Ergebnisse der ersten Planung weitgehend unbrauchbar. Bei allen Klinikprojekten des Landes sollen nun ein einheitlicher Bettenhaustyp und einheitliche Baustruktur zu weiterer Standardisierung und Typisierung führen. Aufgrund neuer Entwicklungstendenzen soll zunächst ein flaches Bettenhaus neben den Untersuchungs- und Behandlungsbereich gesetzt werden, wodurch eine flachere Gesamtanlage erreicht wird, die zu einem neuen Prototyp entwickelt werden soll. Im Juli 1976 wird die Terminplanung festgelegt, die auf einen Baubeginn für Ende 1978 abzielt. Seit September 1976 werden neue Nutzungsanforderungen aufgestellt. Zugleich wird nach einem Vergleich der Projekte für Tübingen, Freiburg, Mannheim und Heidelberg für Heidelberg ein Bettenhaus in Winkelform entwickelt. Die Gesamtanlage soll vier- bis sechsgeschossig werden. Im März 1977 werden die Nutzungsanforderungen auf 33000 qm reduziert und die Datenverarbeitung herausgenommen, um die Weiterplanung nicht aufzuhalten. Bis Oktober 1977 ist die Vorplanung fertig und der heutige Grundriß entwickelt. Für eine zukünftige Verlegung weiterer Kliniken ins Neuenheimer Feld wird Gelände südlich und westlich vom Standort des Neubaus freigehalten, um die Möglichkeit einer räumlichen Zusammenfassung aller Kliniken offenzuhalten. Die Bettenzahl wird auf 346 festgelegt, und im September 1978 sind die ›Haushaltsunterlagen Bau‹ genehmigt. Das schon 1977 vom Landtag genehmigte Klinikbauprogramm sieht landesweit einheitliche Standards für Bauelemente des Rohbaus, des Ausbaus und der Technik vor, durch deren Serienherstellung Kosteneinsparungen erreicht werden sollen. Von der Stadt kommt die Auflage, die Flachdächer zu begrünen.

535, 536 Am 20.11. 1978 beginnt der Grobaushub für die ›Kopfklinik‹ (Geb. Nr. 400). Nach der Fertigstellung des Rohbaus im Herbst 1979 muß das Bautempo aus finanziellen Gründen gedrosselt werden, so daß die für Ende 1983 vorgesehene Inbetriebnahme erst 1986/87 erfolgen wird. Seit 1983 werden Neurochirurgie und Laborausbildung der Zahnmedizin zusätzlich aufgenommen, um die Belegung zu verdichten.[39]

Weitere Gebäude und zukünftige Planung. In engem Zusammenhang mit dem Klinikum entsteht auch das Versorgungszentrum Medizin (VZM, Geb. Nr. 670). Aufgrund dieser funktionalen Koppelung gibt es auch für das VZM zwei Projekte. Das erste beginnt mit der Vorentwurfsplanung, mit der die Architektengemeinschaft Baumann, Gaiser und Kapuste 1969 beauftragt wird. Die Grundsatzplanung liegt auch hier bei der PMU. Das Zentrum soll alle Universitätskliniken mit Wäsche, Verpflegung und Material für den medizinisch-wissenschaftlichen Betrieb versorgen und anfallenden Müll beseitigen. Außerdem soll es Fuhrpark, technische Versorgung, Gärtnerei und Verwaltung aufnehmen. 1970 wird der Vorentwurf vorgelegt, der eine großflächige Anlage östlich der Studentenwohnheime und nördlich des Klinikums vorsieht. Wegen der neuen städtebaulichen Situation durch die Geländeerweiterung im Norden muß er jedoch neu überarbeitet werden. 1971 soll auch das Versorgungszentrum in zwei Bauabschnitten erstellt und wegen der Verzögerung durch die Überarbeitung vom Genehmigungsverfahren des Klinikums abgekoppelt werden. 1972 wird es wegen kürzerer Planungs- und Bauzeit zunächst ganz zurückgestellt und 1974 wieder an gleicher Stelle als zweigeschossige Anlage konzipiert. Ab 1975 wird die Planung fortgesetzt. Nachdem im Oktober 1975 der Bauantrag genehmigt ist, wird 1976 auch hier der Baubeginn verschoben und die Anlage um Werkstätten, Fuhrpark und Gärtnerei reduziert, bevor die Planung zusammen mit der des Klinikums ganz abgebrochen wird.

Nach dem Beginn der Neuplanung für das Klinikum wird im Juni 1978 auch für das VZM wieder ein Bauantrag gestellt und mit der Planung begonnen. Auch jetzt steht noch nicht genügend Geld zur Verfügung, um alle Versorgungsaufgaben abzudecken, so daß zwar zunächst eine Gesamtplanung durchgeführt wird, der Bau aber in zwei Abschnitten realisiert werden soll. Da bei Inbetriebnahme des Klinikums jedoch alle Versorgungseinrichtungen verfügbar sein müssen, wird seit 1979 wieder eine Gesamterstellung geplant. Im August 1979 werden die Architekten Heinz Gaiser, Klaus Kapuste und Reinhold Rüttenauer (Gaiser ist nur an der Vorplanung beteiligt) beauftragt, deren Planung im Juli 1980 genehmigt wird. Die Rohbauarbeiten beginnen am 1.4.1982. Baufertigstellung und Inbetriebnahme sind gleichzeitig mit dem Klinikum für 1986/87 vorgesehen.[40]   *537*

Als vorerst letzte Baumaßnahme im Neuenheimer Feld beginnt am 5.4.1983 die Errichtung des Instituts für Medizinische und Biologische Forschung (Geb. Nr. 282), das bis Mai 1985 fertig werden soll. Auf der Grundlage eines Ministerratsbeschlusses vom 25.5.1982 soll es als interdisziplinäre Einrichtung der Universität gentechnologischer Forschung dienen. Mit der Entwurfsplanung wird das Architekturbüro Heinle, Wischer und Partner im Juni 1982 beauftragt. Als ein Bauwerk gemäß der Typenplanung des Theoretikums wird es mit variierter Gestaltung einzeln stehend ohne Flachbereich nördlich des DKFZ errichtet. Besonders für die Biologie im Zoologischen Institut bedeutet der Bau einen Raumgewinn durch den Umzug von Teilen der Mikrobiologie und Molekulargenetik in das neue Institut. Es stellt damit einen Schritt zur geplanten Neuordnung der Biologischen Fakultät dar.[40]   *531, 538*

Als weitere Baumaßnahme ist für die nächsten Jahre voraussichtlich mit einem Neubau des Max-Planck-Institut für Ausländisches Öffentliches Recht und Völkerrecht zu rechnen. Darüber hinaus ist nach wie vor eine Verlegung der Physik in Aussicht genommen, deren bereits 1966 und 1972 zweimal abgebrochene Planung in absehbarer Zeit wieder aufgegriffen werden müßte. Der weiterhin dafür vorgesehene Bereich nördlich des DKFZ muß dann - unter Einbeziehung des Instituts für Medizinische und Biologische Forschung - neu projektiert werden.

Auch in dieser jüngsten Planung zeigt sich die Schwierigkeit der gesamten Bebauung im Neuenheimer Feld, daß nämlich durch Teilerrichtungen und Einzelbauten Fakten geschaffen werden, die jeweils einen bestimmten Planungsstand dokumentieren und die eigentlich die Fortsetzung der Bebauung festlegen, daß dann aber meist neue Entwicklungstendenzen, Planungsvorgaben oder die sich schnell ändernden politischen Rahmenbedingungen neue Lösungen erzwingen. Eine einheitlich durchorganisierte, systematische Bebauung ist also vor allem durch Finanzierungsschwierigkeiten, Kürzungen der Mittel, Teilgenehmigungen und -errichtungen und Umplanungen des Gesamtbebauungskonzeptes verhindert worden.

Beschreibungen

Chemische Institute (Geb. Nr. 270–275)

496 Die Gebäudegruppe der Chemischen Institute, 1951 begonnen, aber erst 1961 fertiggestellt, besteht aus einem langen Verbindungstrakt für Lehr-, Verwaltungs-, Dienst- und Arbeitsräume sowie kleinere Labors, mit dem im rechten Winkel fünf versetzt angeordnete Laborgebäude – drei im Südwesten und zwei im Nordosten – durch kurze, schmale Anschlußstücke verbunden sind. Die Anlage erstreckt sich von Südosten mit dem Laborgebäude Nr. 271 und einem Abschnitt des Verbindungstraktes als ältesten Teilen nach Nordwesten. Der jüngste Bau ist das mittlere Laborgebäude Nr. 273. Der Komplex sollte sowohl nach Südosten mit einem Hörsaal als Abschluß als auch nach Nordwesten mit bis zu drei weiteren Gebäuden und einer Verlängerung des Verbindungsbaus erweitert werden. Für ein vorgesehenes sechstes Laborgebäude ist das Anschlußstück an der Nordostseite bereits vorhanden. Eine Erweiterung in andere Richtungen läßt das System jedoch nicht zu.

Der zweibündige Verbindungsbau hat eine gemischte Konstruktion aus massiv gemauerter Fassade und Stahlbetonstützen innen. Er wird über drei Eingänge jeweils gegenüber den drei Labortrakten von Nordosten erschlossen. Die dazugehörigen Eingangshallen mit Treppenhaus gliedern zusammen mit den ebenfalls quer verlaufenden Zugängen zu den beiden nordöstlichen Laborgebäuden den Verbindungstrakt in sieben Abschnitte. Die vier gleichartigen, in Stahlbetonskelettbauweise ausgeführten Laborgebäude haben eigene Zugänge an den Außenseiten und Nebenräume an beiden Stirnseiten. Ansonsten erstreckt sich über den gesamten Grundriß ein großer hallenartiger Laborraum mit ebenfalls zweibündig angeordneten, fest installierten Labortischreihen. Das zuletzt geplante fünfte Laborgebäude ist in Stahlbetonskelettbauweise konstruiert und hat eine in eine zweibündige Anlage von Einzellabors gegliederte Grundfläche. Eine außenliegende Treppe an der äußeren Stirnwand und ein Treppenhaus in der Mitte erschließen das Gebäude.

495 Der Komplex ist zweigeschossig. Nur das fünfte Laborgebäude hat drei Geschosse und auf dem Flachdach einen zurückgesetzten Dachaufbau. Die Fassade der Stirnwand ist in breite Streifen gegliedert, die die Konstruktion sichtbar machen. Die Ausfachungen wie auch die Brüstungen der Längsseiten sind mit Spaltklinkern verblendet. Über den Brüstungen befinden sich große quadratische Fenster. Durch die H-Form der sichtbaren Stützen entstehen an den Längsseiten

jeweils acht einachsige vertikale Bänder. Die ebenfalls achtachsigen älteren vier Laborgebäude haben dagegen noch eine geschlossene Wandebene, die allerdings an der Stirnwand durch Blendstreifen in Anspielung auf eine Kolossalordnung gegliedert ist. Hier wird die Konstruktion durch Verputz und Farbgebung interpretiert, nicht aber selbst gezeigt. Fenster und durchgehende Treppenhausverglasung sind in die geschlossene Wand eingelassen und erhalten damit, obwohl die Wandstreifen sehr schmal sind, den Charakter von Lochfenstern. Jeweils an einer Längsseite außen befinden sich balkonartige Anbauten für Freiluftlabors. Wie der Verbindungstrakt haben die vier Laborgebäude ein flachgeneigtes Satteldach, hier mit aufgesetzten Lüftungsaufbauten. Die Fassade des Verbindungstraktes hat ein ungegliedertes, verputztes Mauerwerk mit zwei Reihen gleichartiger hochrechteckiger Lochfenster. Lediglich die Eingangsbereiche werden durch Zusammenfassung mehrerer Fensterachsen, auch auf der dem Eingang gegenüberliegenden Seite, betont. Die niedrigere Geschoßhöhe wird zu den Laborgebäuden innen durch Differenztreppen ausgeglichen. Der Verbindungsbau ist in Gestaltung und Konstruktion am wenigsten aufwendig, so daß die Laborgebäude hervorgehoben sind, obwohl Funktion und Organisation den Verbindungsbau betonen. Insgesamt verwendet die Anlage Gestaltungselemente konventioneller Architektur, die an Wohngebäude erinnern, während die Konstruktion eher den Funktionen gerecht wird. Innerhalb des Komplexes ist die Entwicklung zur Auflösung der Fassade in den drei unterschiedlichen Bauweisen ablesbar.

Mathematisches Institut (Geb. Nr. 288)

Das innerhalb der Bauzeit der Chemie von 1954 bis 1955 errichtete Mathematische Institut folgt ähnlichen Bauprinzipien. Es besteht aus einem langgestreckten zweigeschossigen und zweibündigen Trakt, der im Süden als Hörsaal fortgesetzt wird, und einem eingeschossigen Hörsaalanbau nach Nordosten im südlichen Drittel, dessen Außenwand mit der Innenwand des ersten Hörsaals eine Fluchtlinie bildet, so daß eine rechtwinklige Anlage entsteht. Durch die Anordnung der Hörsäle durchdringen sich also die abgeschlossenen Formen eines Längsrechtecks und eines rechten Winkels. Ebenfalls im südlichen Drittel befindet sich der Eingang von Südwesten und die Eingangshalle mit Treppenhaus und Zugängen zu den Hörsälen. Das Gebäude ist mit voll tragenden Innen- und Außenwänden konstruiert und hat ein pfannengedecktes flachgeneigtes Walmdach. Die Fassade des Instituttraktes hat zwei Bänder durch schmale Wandstreifen getrennter Lochfenster. Der Eingangsbereich wird außen durch einen Balkon mit Unterbrechung der Fensterreihe betont und qualifiziert die Südwestseite als Hauptfassade. Beide Hörsäle sowie das Treppenhaus auf der Rückseite werden durch Stahlbetonstützen hervorgehoben, auf denen die Dreieckbinder der Dachkonstruktion aufliegen. Hier erhält die horizontale Betonung durch die Fensterreihen ein Gegengewicht in den Stützen, die als primär formale Gliederungselemente die besondere Funktion der Hörsäle betonen. Noch stärker als die Chemischen Institute erinnert dieses Gebäude an gleichzeitige Wohnhausarchitektur, doch durch Hervorhebung der Hörsäle wird die Funktion als Institutsgebäude hinreichend sichtbar gemacht.

497, 498

Kinderklinik (Geb. Nr. 151–155, 157) und Schwesternschule (Geb. Nr. 320)

Eine ähnliche Bauweise kennzeichnet auch die ersten Nebengebäude der Kinderklinik und die Schwesternschule. Der gesamte Komplex der Einzelgebäude der Kinderklinik ist orthogonal angeordnet, jedoch nicht genordet, sondern nach Südwesten abgedreht. Die Schwesternschule als Einzelgebäude außerhalb dieser Gesamtanlage liegt fast im genordeten Raster.

499, 500 Das Tbc-Gebäude (Geb. Nr. 155), zwischen 1953 und 1954 erbaut, steht westlich des Hauptgebäudes. Der zweigeschossige Bau mit Walmdach hat im Norden einen risalitartigen Vorbau für Haupteingang und Treppenhaus, der jedoch nicht ganz in der Mitte liegt. Für die Gliederung der Fassade sorgen die rhythmische Anordnung der hoch- und querrechteckigen Lochfenster und der Balkone zu seiten des Risalits. Die zweibündige Anlage hat im Norden im wesentlichen Dienst- und Arbeitsräume, während die Krankenzimmer im Süden einzeln gegeneinander verkantet sind, um eine verstärkte Südwestausrichtung zu erreichen. Die dadurch entstehende sägezahnartig gestaffelte Südfassade ist zwischen den schrägstehenden Schotten aufgelöst und mit Falttüren mit großen Glasfüllungen geschlossen.

499, 501 Ein weiteres – stilistisch ähnliches – Krankengebäude ist das Isolier- und Freilufthaus (Geb. Nr. 151, entstanden 1955/56) östlich des Hauptgebäudes. Die Betonung der Mitte gegenüber den symmetrischen Flügeln ist hier noch verstärkt durch die Auflösung der Fassade des weit vorspringenden Risalits in eine Stützenreihe mit Horizontalverbindungen, die alle drei Geschosse gitterartig überzieht. Die Flügel werden durch je vier breitrechteckige Fenster in den risalitnäheren Achsen und vier schmale hochrechteckige in den äußeren Achsen abgestuft gegliedert. Die Krankenzimmer nach Süden sind nun nicht abgewinkelt, sondern tief hinter die Fluchtlinie zurückgenommen und mit einer großzügigen Balkonanlage verbunden, die über außenliegende Treppen zugänglich ist.

499, 502, 507 Zur Unterbringung von Schwestern und für die Essensversorgung der Kinderklinik entstand gleichzeitig das Küchen- und Personalgebäude (Geb. Nr. 154) nördlich des Tbc-Gebäudes. Es besteht aus zwei gleichartigen viergeschossigen Flügeln mit Wohnräumen, die durch einen dreigeschossigen Mitteltrakt verbunden sind, in dessen Erdgeschoß der Aufenthalts- und Speiseraum über der Küche mit großen hochrechteckigen Fenstern ausgestattet ist, während der übrige Bau einfache Lochfenster hat. An den Außenseiten der beiden Wohnblocks sind die in Flügelmitte angeordneten Treppenhäuser weitgehend in Glas aufgelöst.

538 Die Schwesternschule (Geb. Nr. 320, 1951 bis 1953 erbaut) östlich des Komplexes der Kinderklinik besteht aus zwei unterschiedlich hohen Wohnblocks, die richtungsverschieden im rechten Winkel mit dem Haupttrakt, der Lehr-, Speise- und Aufenthaltsräume enthält, verbunden sind.

503 Bereits nach Gründung des Universitätsbauamtes wurde das Personal- und Lernschwesterngebäude (Geb. Nr. 157) von den Architekten Lange und Mitzlaff zwischen 1959 und 1961 westlich der anderen Gebäude der Kinderklinik erstellt. In dreigeschossiger Bauweise auf längsrechteckigem Grundriß hat das Gebäude auf der West- und Ostseite die Wohnräume und in einem dritten Mittelbund Neben- und Gemeinschaftsräume. Ein eingeschossiger langgestreckter Anbau, der sich von der Gebäudemitte nach Osten erstreckt, enthält Lehrräume. Die Fassade ist ähnlich wie beim gleichzeitig entstandenen fünften Laborblock der Chemie (Geb. Nr. 273) ausgebildet. Die rastermäßige Stahlbetonskelettkonstruktion hat Ausfachungen mit Klinkerverblendungen oder Fensterelementen. Zusammen mit Balkons ergibt sich an den Längsfassaden ein aufgelockertes symmetrisches Muster aus diesen drei Varianten. Das unabgesetzte Flachdach ist als Terrasse mit reduziertem Hochgeschoß ausgebildet.

Das Hauptgebäude der Kinderklinik (Geb. Nr. 153), erbaut von 1959 bis 1965, ist ein dreizehngeschossiges Hochhaus, das sockelartig von einer dreiflügeligen, zweigeschossigen und einbündigen Anlage umgeben ist, durch deren im Westen und Osten teilweise offenes Erdgeschoß der Innenhof zugänglich ist. Die Skelettkonstruktion des Flachbaubereichs ist mit Fenster- und Brüstungselementen ausgefacht. Das Hochhaus ist ein Quader mit zweibündigen Normalgeschossen, an den ein freistehender Erschließungsturm im Norden angefügt ist. Die meisten Krankenzimmer befinden sich im Süden, während im Norden Nebenräume und die Eingangszone liegen. Die Fassade der beiden Stirnseiten hat mit Ausnahme von außenliegenden Balkonen bzw. einer Feuertreppenanlage Ausfachungen mit vorgeblendeten Klinkern. Das dritte und neunte Geschoß sind als Lüftungs- und Installationsgeschosse ausgebildet, die zusammen mit den nicht gegliederten Balkonbrüstungen an der Südseite und durchlaufenden Verkleidungs- und Fensterelementen im Norden eine Betonung der Horizontalen als Gegengewicht zur Vertikalstruktur des Gebäudes bewirken. *499, 504, 505, 507*

Mit dem Hauptgebäude in enger Beziehung steht das freistehende Hörsaalgebäude (Geb. Nr. 152), das dem Komplex axial zugeordnet ist und besonders durch die Flügel des Flachbereichs optisch integriert wird. An drei Seiten ganz in Glas aufgelöst, besteht nur die südliche Fassade aus tragenden Wänden eines geschlossenen Bauteils, der Nebenräume enthält, während nach Norden die Binder der Dachkonstruktion auf der Abschlußwand des eigentlichen Hörsaalraumes und drei Stahlbetonstützen an der nördlichen Fassade der Eingangshalle aufliegen. Für das Erscheinungsbild des Gebäudes ist der durch die verdeckte Konstruktion mögliche Gegensatz großer Glasflächen und scheinbar darauf lastender Wandpartien charakteristisch. *499, 506*

Schwestern- und Personalgebäude (Geb. Nr. 130–132)

Gleichzeitig mit dem Hauptgebäude der Kinderklinik entstanden außer den Studentenwohnheimen seit 1959 als weiterer Hochhauskomplex drei Schwestern- und Personalwohngebäude nach Plänen von Lothar Götz. Obwohl das letzte erst 1975 fertiggestellt wurde, ist die Gestaltung weitgehend einheitlich. Die Gebäude sind im – hier genordeten – Orthogonalraster aufeinander bezogen. Die Grundrisse variieren das Schema einer annähernd in ein Quadrat eingeschriebenen Gruppierung einbündiger Trakte um einen Kern. Im ersten Gebäude werden zwei dieser Trakte im Osten und Westen mit je acht Zimmern durch einen Erschließungskern verbunden, dem im Norden Gemeinschaftsräume und im Süden ein weiterer Bund mit vier Zimmern zugeordnet sind. Beim zweiten Gebäude ist der Kern mit Gemeinschaftsräumen nach Norden und Süden ausgedehnt, so daß *508* *509*

510 der Mittelbereich mit zwei Räumen im Norden als Teeküchen und drei weiteren Wohnräumen im Süden über die Breite der beiden Trakte mit je sieben Räumen hinausreicht. Der dritte Grundriß zeigt drei einbündige Trakte mit acht und zweimal sechs Zimmern, die jeweils rechtwinklig zueinander im Osten, Süden und Westen um den Kern angeordnet sind. Zugunsten einer Vergrößerung der Einzelzimmer ist hier auf Gemeinschaftsräume weitgehend verzichtet. Alle drei Hochhäuser sind mit massiv betonierten Wänden in Schottenbauweise konstruiert.

511 Aus diesen Grundrissen sind zwei Wandtypen entwickelt. Jede Stirnseite eines Traktes bildet eine geschlossene Wandscheibe, während die aus Fensterbändern und weißen Brüstungsplatten bestehenden Fassaden der Längsseiten vorgehängt sind. Zwischen Erdgeschoß und erstem Obergeschoß und unter dem Flachdach befinden sich Installationsgeschosse. Das Dach wird bei allen Gebäuden als Terrasse genutzt, deren Brüstung eine Art überdimensioniertes Kranzgesims bildet. Die Sonnenschutzelemente wirken wie Dachfragmente. Das Erdgeschoß ist nur beim ersten Gebäude bis auf den Erschließungskern unausgebaut, während es beim zweiten Gebäude für Gemeinschaftsräume und beim dritten weitgehend als normales Wohngeschoß genutzt wird. Die Fassaden der beiden ersten Gebäude differieren konstruktiv nur geringfügig. Das dritte Haus hat keine Fensterbänder, sondern Fenster von halber Achsenbreite, die mit Wandflächen alternieren; die Horizontale tritt dadurch zurück. Auch die Wandscheiben der Stirnseiten sind hier nicht geschlossen, sondern haben Fenster zur Beleuchtung der Flure.

Hörsaalgebäude für Chemie und Physikalische Chemie (Geb. Nr. 252)

512, 513 Das Hörsaalgebäude entstand zwischen 1959 und 1962. Der rechteckige Grundriß gliedert sich in einen schmalen Bereich im Süden, in dem ein kleiner Hörsaal mit Vorbereitungsraum in der Mitte und westlich und östlich davon zwei mittlere Hörsäle untergebracht sind, und eine ausgedehnte Halle, die einen großen Hörsaal umgibt. Das Gebäude ist eingeschossig. Das Flachdach des großen Hörsaals überragt jedoch das des übrigen Komplexes, so daß der Hörsaal als wichtigster Bauteil des Gebäudes wie ein eingesetzter Kubus und damit selbständiger Baukörper wirkt. Im Bereich der Halle nördlich des Hörsaals ist eine Cafeteria untergebracht. Nördlich der kleineren Hörsäle befinden sich im Westen und Osten die Eingänge mit außenliegender Treppe und Vordach. Die Dachkonstruktion besteht aus vorgespannten Stahlbetonbindern, die durch außen- und innenliegende Stützenreihen getragen werden. Die äußeren Stützen gliedern die West- und Ostfassade vor der durchgehenden Glasverkleidung. Auch die nicht durch Stützen gegliederten Fassaden im Süden und Norden sind bis auf den Bereich der mittelgroßen Hörsäle, der mit Wandelementen verkleidet ist, voll verglast. Die beiden Stützenreihen innerhalb des Gebäudes sind in die Seitenwände des großen Hörsaals integriert und tragen das Hörsaaldach. Sie stehen nur in der Eingangszone frei und werden im Bereich der kleineren Hörsäle nicht fortgesetzt. Dort werden die Binder weiter zur Mitte hin durch Aussteifungen der Trennwände gestützt. Während der große Hörsaal als selbständiger Baukörper gezeigt wird, ist die sonstige funktionale Untergliederung am Außenbau im Grunde nicht ablesbar. Anders als beim etwas späteren Hörsaalgebäude der Kinderklinik (Geb. Nr. 152), das die Konstruktion zugunsten der oben beschriebenen Wirkung verdeckt, werden hier die äußeren vertikalen Konstruktionselemente für die Gliederung der Fassade nutz- und sichtbar gemacht. Obwohl die Dachzone auch hier als breiter Wandstreifen ausgebildet ist, ist die tragende Funktion der Stützen als Widerlager der Binder am Außenbau nicht evident – im Gegensatz zu den Stützen des großen Hörsaals. Damit werden die Stützen als Gestaltungselemente interpretiert, die nicht die ganze Konstruktion erklären. Die Wirkung einer Betonung der Vertikalen durch die Stützen als Ausgleich zur horizontalen Ausdehnung des Gebäudes wird durch den lastenden Eindruck des breiten oberen Wandbandes konterkariert.

Physikalisch-Chemisches Institut (Geb. Nr. 253)

Das Physikalisch-Chemische Institut wurde von 1960 bis 1962 von den Architekten Giefer und Mäckler erbaut. Es hat die Grundgestalt eines in Nord-Süd-Richtung liegenden Quaders. Nur an der nördlichen Schmalseite wird die stereometrische Form durch einen Treppenhausanbau gelockert. Während im Süden eine erste verbreiterte Achse des Stahlbetonstützenbaus über die ganze Tiefe einen großen Raum für die Bibliothek zur Verfügung stellt, an den sich in einer weiteren Achse mit Eingang im Westen und Treppenhaus im Osten die Eingangszone anschließt, folgen nach Norden in zweibündiger Anlage Labor- und Arbeitsräume in zehn weiteren Achsen, die teilweise unter Wegfall von Zwischenwänden zu größeren Räumen zusammengefaßt sind. Das viergeschossige Gebäude mit zurückgesetztem Dachaufbau hat eine Fassade mit gelber Spaltklinkerverkleidung, die durch die umlaufenden Sichtbetonstreifen der Decken horizontal gegliedert ist. Die einzelnen Achsen sind durch breite Wandstreifen voneinander getrennt und mit Fenster- und Brüstungselementen geschlossen. Die Treppenhausachse hat im Osten schmale Fensterbänder auf Halbgeschoßhöhe und im Westen große Fenster in jedem Geschoß, die nur durch die Geschoßdecken sichtbar getrennt sind. Die Seitenwände der Großräume sind ganz geschlossen, während die südliche Stirnwand ohne Wandstreifen nur aus Fenster- und Brüstungselementen besteht. Damit hat dieses Gebäude eine den verschiedenen Funktionen der Räume gemäß differenzierte Fassadengestaltung, bei der die Wand trotz Stützenkonstruktion optisch noch Kohärenz wahrt.

514, 515
527

Pathologisches Institut (Geb. Nr. 220/221), Zoologisches Institut (Geb. Nr. 230/231), Geologisch-Paläontologisches und Mineralogisch-Petrographisches Institut (Geb. Nr. 234–236)

In der seit 1959/60 entwickelten Typenbauweise wurden von 1962 bis 1965/66 zunächst gleichzeitig die Gebäude für Pathologie und Zoologie errichtet und darauf folgend von 1964 bis 1967/68 als Planung der Architekten Hauss und Richter der Komplex für Geologie und Mineralogie. Unterschiede zwischen den einzelnen Gebäuden ergeben sich vor allem im Flachbaubereich, der für verschiedene Nutzungen variiert wird und weniger an standardisierte Konstruktionselemente gebunden ist, sowie bei Material und Farbgebung der Ausbauelemente. Sie machen bei Geologie und Mineralogie die spätere Planung durch die freien Architekten sichtbar.

516–518 Die Flachbauten sind alle in Stahlbetonskelett- und Massivkonstruktion eingeschossig ausgeführt. Sie werden als Hörsäle, Bibliotheken und für Schausammlungen genutzt. Die Flachbauten von Pathologie und Zoologie haben rechteckigen Grundriß und umschließen Innenhöfe. Die Außenwände sind teils massiv, teils zwischen den Stützen mit Fenster- und Brüstungselementen geschlossen. Der Flachbau von Geologie und Mineralogie ist insgesamt offener gestaltet. Ein gleichmäßiges Stützenraster liegt hier innen; die Fassaden sind ganz in Glas aufgelöst oder haben zum Teil plastisch gestaltete massive Backsteinmauern, die wie die gesamte künstlerische Gestaltung von Klaus Arnold entworfen sind (vgl. S. 593). Auch durch Dachüberstände und ein zweites erhöhtes Flachdach wird die räumliche Begrenzung des Flachbaus differenziert. Hier und stärker noch bei Pathologie und Zoologie reichen die Flachbauten bis in den Erdgeschoßbereich der Hochbauten, so daß zusammenhängende Komplexe entstehen.

519 Einheitliche Konstruktion und Gestalt haben nur die siebengeschossigen Hauptgebäude als eigentlicher Institutstyp. Den quadratischen Grundriß überzieht ein System aus vier mal vier Stützenachsen. Innerhalb der vier inneren Stützen befindet sich der Gebäudekern für Erschließung und Installation. Ihn umgeben in jedem Geschoß Flure, die die außenliegenden Räume erschließen. Daraus ergibt sich eine gleichmäßig installierte Nutzfläche, die variable Raumanordnungen für verschiedene Verwendungen zuläßt. Entsprechend der begrenzten Breite und Höhe bleiben die Räume der Hauptgebäude Forschungs-, Labor- und Bürozwecken vorbehalten.

Der Außenbau ist durch das aufgeständerte, bis auf den Erschließungskern offene Erdgeschoß und den zurücktretenden flachen Dachaufbau sowie durch die umlaufenden Balkone und die vor den Verkleidungselementen stehenden äußeren Stützen gegliedert. Die aus Sicherheitsgründen notwendigen Fluchttreppen – bei Pathologie und Zoologie einfache Metalltreppen zwischen den Fluchtbalkonen – sind bei Geologie und Mineralogie in gestalterischer Absicht stark ausgeformt vor den Balkonen angebracht. Vor allem die horizontale Ordnungskomponente der Balkone und die vertikale der Stützen bewirken eine ausgeglichene Fassadengliederung, die der Würfelform des Baukörpers entspricht.

Institut für Sport und Sportwissenschaft (Geb. Nr. 700) und Bundesleistungszentrum für Basketball, Volleyball, Tischtennis und Schwimmsport (Geb. Nr. 710)

Sowohl das Sportinstitut, errichtet von 1962 bis 1964, als auch das von 1970 bis 1972/73 erbaute Bundesleistungszentrum sind Planungen des Architekten Freiwald. Entsprechend den ähnlichen Raumanforderungen haben die beiden Gebäude vergleichbare Grundrisse, die zwei große Hallenbereiche im Norden und Süden durch einen Mitteltrakt für Umkleideräume, Institut, Verwaltung u. ä. trennen.

521 Dieser Mitteltrakt hat beim Sportinstitut einen gestreckten längsrechteckigen Grundriß. Er enthält im Westen einen Hörsaal in der Mitte und außenliegende Bibliotheks- und Lehrsäle sowie kleinere Räume. An diesen Institutsteil grenzen

nach Osten die Eingangshalle und der Hallenbereich mit Umkleideräumen. Das Längsrechteck wird abgeschlossen durch einen Trakt für Lehrschwimmbecken mit Nebenräumen. Diese dreiteilige Gliederung wird unterstrichen durch einheitliche Fluchtlinien der beiden Hallenbereiche im Norden und Süden, die durch den Mitteltrakt hindurch fortgesetzt werden und ihn funktional teilen. Der Sporthalle im Norden entspricht ein kleinerer Bereich für Turnhalle und Gymnastikraum im Süden. Dadurch vereint der Grundriß zwei unterschiedliche Trakte in unregelmäßiger Kreuzform, in deren Mittelpunkt die Umkleideräume als verbindender Bereich liegen. Funktional wie konstruktiv dominiert dabei die Unterteilung in Nord-Süd-Richtung.

Im Gegensatz dazu addiert der Grundriß des Bundesleistungszentrums vier *523* den einzelnen Funktionen entsprechende Bauteile, ohne eine Durchdringung anzustreben. Im Westen befindet sich der Trakt mit Wohnheim, Verwaltung und Sportmedizinischem Institut, deren Räume sich um einen Innenhof gruppieren. Zwischen den übereinanderliegenden Schwimm- und Sporthallen im Süden und einer Sporthalle für die PH im Norden, die nur im Westen in einer Fluchtlinie liegen, befindet sich auch hier der Umkleidebereich, an den im Nordosten ein Verwaltungstrakt der PH angeschlossen ist.

Beide Gebäude sind mit Stahlbetonstützen errichtet, die besonders im Hallen- *520* bereich auch Gestaltungselemente sind. Beim Sportinstitut haben die Längsseiten der Hallen zwischen den Stützen gitterartige Fensterfüllungen in ganzer Hallenhöhe. Ein breiter Dachstreifen ist ebenso wie die geschlossenen Wände im Osten und Westen und der Mitteltrakt mit vorgehängten Muschelkalkplatten verkleidet. Durch die unterschiedliche Höhe der Gebäudeteile ist der Zusammenhang der beiden Hallenkomplexe im Norden und Süden und damit ihre den Mitteltrakt trennende Funktion am Außenbau kaum auszumachen; im Gegenteil verdeutlicht der Außenbau den Ost-West-Zusammenhang des durchweg eingeschossigen Längsquaders des Mitteltraktes. Der Gliederungstendenz der Baukörper wirkt also bei diesem Gebäude die Gliederungstendenz des Grundrisses entgegen.

Stärker noch als das Sportinstitut zeigt das Bundesleistungszentrum große ge- *522* schlossene Wandflächen aus vorgehängten Waschbetonfertigteilen. Die Quader der Hallen haben nur relativ schmale hochliegende Fensterbänder, die durch die hier sichtbaren Stützen rhythmisiert werden. Der Bauteil für Verwaltung, Wohnheim und Sportmedizinisches Institut ist der Funktion gemäß stärker durch Fensterbänder gegliedert, die die zwei Geschosse und das durch Geländeabsenkung sichtbare Untergeschoß zeigen. Die Eigenständigkeit der Trakte wird unterstrichen durch unterschiedliche Gebäudehöhen und eigene Zugänge. Die Einheitlichkeit der Gestaltung dagegen verdeutlicht den Zusammenhang.

Südasien-Institut (Geb. Nr. 330)

Das Südasien-Institut wurde von Carlfried Mutschler geplant und von 1965 bis 1969 erbaut. Die einzelnen Abteilungen sind hauptsächlich in den Obergeschossen untergebracht, während das Erdgeschoß gemeinsame Lehr- und Forschungseinrichtungen in differenzierten Baukörpern beherbergt. Da zur Zeit der Planung

zunächst noch die Anlage eines zweigeschossigen Forums in der Diskussion war, befindet sich auch das Untergeschoß über dem Bodenniveau. Der Haupteingang im Erdgeschoß ist daher über eine Treppenanlage mit Terrasse zu erreichen. Eine Eingangshalle erschließt die Seminarräume, den Hörsaal und die Bibliothek sowie die aufwendige Treppenanlage. Vom ersten Obergeschoß an gliedert sich der
525 Grundriß gleichartig in vier einbündige Trakte, die sich ähnlich wie beim späteren dritten Schwesternhochhaus (Geb. Nr. 132) rechtwinklig um einen Kern gruppieren, der hier aus der zentralen Treppe und einer Aufenthaltszone besteht. Ein Installations- und Erschließungskern befindet sich innerhalb des nördlichen Traktes. In seiner Nähe steht vor der Fassade ein runder Treppenturm. Der südlichen Stirnwand des Westtraktes ist eine halbrunde Feuertreppe vorgelegt. Um die Einzelinstitute auch räumlich zu trennen, haben die Trakte unterschiedliches Niveau, das durch Differenztreppen an den Verbindungen der Flure ausgeglichen wird; sie sind so um die Zentraltreppe angeordnet, daß nach jeweils vier Differenztreppen ein neues Geschoß erreicht wird.

524 Auch am ganz in Sichtbeton gehaltenen Außenbau ist die strenge Trennung der Funktionen ablesbar. Der Hörsaal im Südwesten und die Bibliothek im Osten bilden eigene kubische Baukörper, die auch eine selbständige Fassadengestaltung besitzen. Die Bibliothek hat eine geschlossene Fassade, während die Außenwand des Hörsaals mit schmalen umlaufenden Streifen gegliedert ist. Auch die sich darüber erhebenden vier jeweils fünfgeschossigen Blöcke sind durch Vor- und Rücksprünge, additive Anordnung und die unterschiedliche Höhe der Fensterbänder voneinander und von den Baukörpern des Erd- und Untergeschosses getrennt, die eine Sockelzone bilden. Diese die Vertikale betonende Komposition aus Einzelblöcken wird durch den freistehenden runden und den halbrund vorgelegten Treppenturm bereichert. Die Fassadengliederung akzentuiert die Horizontale. Jeweils an den Längsseiten der Trakte befinden sich Fensterbänder, die durch die Stützen in maximal vier Abschnitte gegliedert werden. Die breiten Betonbrüstungen sowie über den Fenstern angeordnete schmale Bänder laufen durch. Die gesamte Fassadengliederung setzt sich um die Ecken herum unterschiedlich weit auf die Stirnwände fort, deren Wandscheiben so in ihrer monolithischen Wirkung abgeschwächt werden. Der in den nördlichen Trakt eingegliederte Installationskern ist mit Ausnahme schmaler Fensterschlitze ganz mit Sichtbeton verkleidet und macht so ebenfalls seine besondere Funktion deutlich. Insgesamt ist der Beton als Baumaterial an den vorgehängten Fassaden zur Geltung gebracht, während das Stahlbetonskelett weitgehend unsichtbar ist.

Erste Baustufe des Deutschen Krebsforschungszentrums (Geb. Nr. 500–504)

526 Die fünf Gebäude entstanden 1964 als Fertigteil-Standardgebäude in Leichtbauweise, um eine schnelle vorläufige Unterbringung des DKFZ zu ermöglichen. Die Stützenkonstruktion ist mit einem Stahlbetonkern um das Treppenhaus ausgesteift. Eingang und Treppenhaus liegen an der östlichen Schmalseite im Mittelbund der dreibündigen Anlage, die variable Raumanordnung zuläßt. Die innenliegende Konstruktion ermöglicht durchgehende vorgehängte Leichtmetallfassaden mit Fensterelementen an der Nord- und Südseite und Sonnenschutzvorrich-

tungen im Süden, während die Stirnseiten zum Teil ganz verkleidet sind. Der Tierstall (Geb. Nr. 502) hat höhere Verkleidungselemente mit Bändern aus schmalen hochliegenden Fenstern. Mit Ausnahme von Dachaufbauten haben die Gebäude eine glatte kubische Gestalt ohne Durchgliederung.

Rechenzentrum der Universität und Institut für Angewandte Mathematik
(Geb. Nr. 293, 294)

Die Standardgebäude wurden 1969 aus Fertigteilen in Stahlbetonskelettkon-   *527*
struktion erstellt. Sie haben einen rechteckigen Grundriß mit Innenhof zur Belichtung der innenliegenden Räume und bieten variable Nutzfläche an. Zwei Eingänge an der südlichen Stirnseite münden in das Treppenhaus, das an den Innenhof grenzt. Westlich und östlich daran vorbei erschließen zwei Flure die außenliegenden Räume und den nördlich des Hofs gelegenen Bereich, der mit großen Räumen, z. B. für die mathematische Bibliothek oder die Rechenanlage, aber auch mit kleineren, die über einen quer verlaufenden weiteren Flur erschlossen werden, nutzbar ist. Die Gebäude haben drei Geschosse und ein voll ausgebautes Untergeschoß. Die innenliegende Konstruktion ermöglicht auch hier eine flache, gleichmäßig vorgehängte Fassade, die durch umlaufende Brüstungs- und Fensterelemente gegliedert ist. Nur an West- und Ostseite sind im Bereich von Sanitärräumen die Fensterbänder auf Oberlichtbreite reduziert, während in der Eingangszone auch die Brüstungsfelder verglast sind.

Heizwerk der Universität (Geb. Nr. 530)

Das Gebäude des Heizwerks, dessen südlich des Kamins gelegenen Teile die zwi-   *527*
schen 1978 und 1980 angebaute Abfallverbrennungsanlage enthalten, wurde 1971/72 nach Plänen des Architekturbüros Hauss und Richter erstellt. Es besteht aus einem Sockelgeschoß, das mit Stahlbetonstützen und Fertigteilen mit Oberlichtern oder Fenstern als Wandelementen ausgeführt ist, und darauf aufgesetzten massigen stereometrischen Körpern, die sheddachartig zum Sockelquader des 120 m hohen Kamins hin aufsteigen. Der Schornstein ist im unteren Viertel konisch und setzt sich dann zylindrisch fort. Vom Grundriß her stellt sich das Heizwerk entsprechend der Dachgliederung als orthogonale Anordnung unterschiedlicher Rechteckformen dar. Die additive Gestaltung entspricht den untergebrachten Funktionen.

Theoretisch-Medizinische Institute (Geb. Nr. 305–307, 324–328, 345–347, 364–367)
einschließlich Hörsäle für Physik (Geb. Nr. 308), Geographisches Institut (Geb. Nr. 348)
und Verfügungsgebäude für die Universitätsbibliothek (Geb. Nr. 368)
sowie Institut für Medizinische und Biologische Forschung (Geb. Nr. 282)

Die Theoretisch-Medizinischen Institute entstanden zwischen 1970 und 1975. Die im Norden angeschlossenen Ergänzungsbauten für Physik, Geographie und die Universitätsbibliothek (Architekt Carlfried Mutschler) folgten 1974 bis 1978. Das einzeln stehende Institut für Medizinische und Biologische Forschung wurde 1983 nach Plänen des Architekturbüros Heinle, Wischer und Partner begonnen. Entsprechend den Richtlinien für Institutsbau des Landes Baden-Württemberg besteht der ganze Komplex wie auch das Institut für Medizinisch-Biologische Forschung aus standardisierten, industriell vorgefertigten Konstruktions-, Ausbau- und Einrichtungselementen. Einzelne Institutstypengebäude als fünf-

528, 530 bis sechsgeschossige Hochbauten sind kombiniert mit zwei- bis dreigeschossigen Flachbaubereichen, die anders als bei den Typengebäuden an der Berliner Straße aus den gleichen Elementen bestehen, also auch wie die Hochbauten nutzbar sind. Lediglich die in die Flachbereiche integrierten Hörsäle für die Medizinischen (Geb. Nr. 306) und Physikalischen Institute (Geb. Nr. 308) entwickeln eigene Bauformen. In den Flachbauten sind hauptsächlich gemeinsame Einrichtungen und besondere Nutzungen (Werkstätten, Chemikalienlager, Versuchstieranlage, Verwaltung, Zentralbibliothek und Lehrräume) untergebracht, während die Hochbauten die einzelnen Institute mit Labors, Arbeits- und Diensträumen beherbergen. Diese eigentlichen Hauptgebäude als Typeneinheiten sind ost-west-

533 gerichtet und in vier Reihen von Norden nach Süden mit abwechselnd je zwei oder drei Bauten gegeneinander versetzt angeordnet, wobei die zwei Gebäude der zweiten westlichen Reihe nur dreigeschossig ausgebaut sind, so daß der Unterschied zwischen flacher und hoher Bebauung in dieser Zone aufgehoben ist. Sie werden vor allem von der Versuchstieranlage genutzt. Dieses System der Hauptgebäude wird durch die Flachbereiche mit teilweise offenem Erdgeschoß brückenartig verbunden, so daß die Innenhöfe zwischen den Gebäuden zugänglich sind. Während das Erdgeschoß also weitgehend offen und durchlässig ist, sind alle Bauten im ersten und teilweise zweiten Obergeschoß netzartig verbunden.

529 Der Grundriß der Hauptgebäude ist längsrechteckig und dreibündig. Ein künstlich belichteter Mittelbund ist Auxiliarbereich, und die nach Norden liegenden vollinstallierten Räume werden vorwiegend als Labors genutzt, während der südliche Bund geringe Installationsdichte hat und Dienst- und Arbeitsräumen vorbehalten ist. Ein jeweils im Süden angeschlossener Treppen- und Aufzugsturm erschließt das Gebäude. Installationstürme sind an den beiden Stirnseiten der Gebäude entsprechend der Installationsdichte nach Norden versetzt angefügt. Dadurch ist die gesamte Fläche in jedem Geschoß gleichartig und variabel innerhalb des Stützenrasters und der Installationszonen verwendbar. Die Flachbauten haben entsprechend ihrer unterschiedlichen Nutzung in den Verbindungsbrücken einbündige und sonst zweibündige oder für spezielle Nutzungen ausgebaute Anlagen.

528 Die der Rasterteilung des Grundrisses entsprechenden acht mal vier Stützen der Stahlbetonskelettkonstruktion werden im Außenbau nur indirekt durch die Köpfe der Unterzüge sichtbar. Die Stützen selbst liegen hinter den vorgehängten Fassadenelementen. Die umlaufenden Fluchtbalkone haben ein Sockel- und ein Brüstungsband. Diese starke horizontale Akzentsetzung wird nur abgeschwächt durch spangenartige Brüstungsstützen und die bis zum Abschluß der Balkone vorgezogenen Unterzüge, die vertikale Beziehungen schaffen. Die Verkleidung der Stirnseite ist orangerot gestrichen und steht im Kontrast zum Blau der außenliegenden Feuertreppe, die ähnlich wie bei den Gebäuden an der Berliner Straße die Fassade auflockert und die Balkonebenen verbindet. Diese Farbgebung steht in Zusammenhang mit der gesamten Farbgestaltung des Theoretikums auch innerhalb der Gebäude, die von den Künstlern Hans Nagel und Fritz Jarchow entwickelt wurde (vgl. S. 594 f.). Der horizontalen Gliederung ist nur die Vertikalität der Erschließungs- und Installationstürme, die die gesamte Konstruktion aussteifen, übergeordnet. Sie sind mit lotrecht gerippten Sichtbetonelementen großflächig verkleidet und haben abgerundete Ecken. Der Erschließungsturm ist an der Südseite durch eine Fensterachse, die den in das Gebäude führenden Flur belichtet, in zwei Baukörper zerlegt, die jeweils das Treppenhaus oder die Aufzüge aufnehmen. Insgesamt wirken die Türme wie Pfeiler, zwischen denen die Decken eingehängt sind. Diese Wirkung wird durch das Erdgeschoß verstärkt, das, weil die Balkone hier kein Äquivalent haben, den Charakter eines zurücktretenden Sockels bzw. einer offenen Stützenhalle hat. Die Türme überragen das Flachdach, das aus den gleichen Elementen wie die Zwischendecken besteht und folglich potentielle Fortsetzbarkeit suggeriert. Durch die Anordnung der Türme werden die Mitte der Südseite und die Flanken eines jeden Gebäudes betont, woraus sich eine unterschiedliche Wertigkeit der Längsseiten, die als Vorder- und Rückseite qualifiziert werden, ergibt.

Die Ergänzungsbauten sowie besonders das Gebäude für die Medizinisch- *531, 538*
Biologische Forschung, das zunächst als Solitär ohne Flachbereich erstellt wird, unterscheiden sich im Hinblick auf Farbwahl, Material und Gliederung der Verkleidungs- und Ausbauelemente vom Standard des Theoretikums. Das Institut für Medizinisch-Biologische Forschung ist fünfgeschossig und hat ein zurückgesetztes Dachgeschoß.

Der Hörsaalbereich der Medizinischen Institute besteht aus zwei Hörsälen und zwei Seminarräumen, die in einen ein- bis zweigeschossigen Flachbaubereich integriert sind, den die beiden Hörsäle als monolithische Baukörper mit gerundeten Vertikalkanten überragen. Sie sind wie die Installations- und Erschließungstürme mit gerippten Sichtbetonfertigteilen verkleidet. Die Hörsäle für Physik haben die gleichen Gestaltungselemente. Sie sind ebenfalls durch einen *532, 495*
Flachbaubereich verbunden, den sie überragen. Die Verkleidungselemente sind hier von Otto Herbert Hajek bemalt (vgl. S. 594). Im Unterschied zur Kombination von Flach- und Pultdach bei den Hörsälen der Medizin haben die der Physik flache Dächer. Der Grundriß ist – anders als der im Prinzip orthogonale der beiden Medizin-Hörsäle – jeweils ein unregelmäßiges Siebeneck. Alle Hörsäle sind trotz ihrer durch die spezielle Nutzung bedingten Bauform weitgehend aus Standardelementen gefertigt. Zusammen mit den sie umgebenden, durch vor- und zurückgesetzte Flachdächer gestaffelten Flachbaubereichen, die wie der gesamte Flachbaubereich des Theoretikums im Konstruktionsraster erstellt sind, gliedern sie sich in das Gesamtsystem des Komplexes ein.

Unter den Planungszielen, variabel und erweiterbar und vor allem kostengünstig zu bauen und verschiedene Institute in einem Gesamtbau mit gemeinsamen Nutzungen zu integrieren, ist hier ein Gebäudetyp entwickelt worden, der bis in die kleinsten Einheiten aus Standardelementen besteht, die industriell gefertigt sind. Da ihre Reihung prinzipiell entweder abgebrochen oder durch neue Teile abgeschlossen werden muß, bietet das Bestehende immer Anknüpfungsmöglichkeit für eine Fortsetzung. Der Komplex der Theoretischen Medizin zeigt dies bei der gesamten Gestaltung im ›Mikrobereich‹ sowohl der Flachbauten als auch der Hauptgebäude. Die Begrenzung nach oben ist morphologisch willkürlich und auch die Breitenausdehnung der Hauptgebäude ist nur durch die Installations- und Erschließungstürme limitiert. Die Art der Verkleidung der Stirnseiten verdeutlicht diesen trotz der umlaufenden Fluchtbalkone ›provisorischen‹ Abschluß. Jeweils ein Hauptgebäude wird so als eine Einheit des ›Makrobereichs‹ zusammengefaßt.

Auch der ›Makrobereich‹ der netzartigen Bebauung aus Flachbauten und Hauptgebäuden hat allseitig nur willkürliche Grenzen, die durch Fortsetzung einer Gebäudereihe oder Anbau einer weiteren Reihe jederzeit überschritten werden können. Nur selbständige Gebäude wie die Mensa in der Südostecke oder die Hörsäle der Physik im Nordosten, die eine nicht ohne weiteres aus dem System ableitbare Gestalt haben, schaffen als Ecklösungen einen Abschluß des Gebäudekomplexes und behaupten sich zugleich als eigenständige Elemente.

Mensa (Geb. Nr. 304)

533 Zwischen 1973 und 1975 wurde auch die Mensa errichtet. Sie ist dem Theoretikum im Südosten ohne direkte bauliche Anbindung zugeordnet. Obwohl konstruktiv und formal unabhängig, ist sie dennoch als außenliegender Flachbereich und Eckabschluß in den Komplex integriert. Der Grundriß löst das Orthogonalraster in Fünfundvierziggradwinkel auf. Er ist aus diagonal beschnittenen Rechtecken abgeleitet. Nur im Nordwesten, dem Theoretikum zugewandt, befindet sich der Bauteil des Betriebsbereichs, der annähernd ein Rechteck bildet, wodurch er vom übrigen Komplex abgegrenzt ist. Er wird im Südwesten, Südosten und Nordosten von den drei ineinandergreifenden polygonalen Zonen des Gastbereichs umgeben. Während ein Untergeschoß vor allem als Lager dient, erstreckt sich der Betriebsbereich mit Speisezubereitung, weiterer Lagerung und Verwaltung über Erd- und Obergeschoß. Der Gastbereich besteht im Erdgeschoß entsprechend den drei Zonen aus Diäteria, Cafe mit Terrasse und Imbiß als kleineren Verpflegungsbereichen, die durch eine großzügige Halle mit vier Eingängen verbunden sind. Fünf Treppenanlagen (drei Auf- und zwei Abgänge) erschließen das Obergeschoß, in dem den fünf Essensausgaben entsprechende Zonen als Speisesäle zugeordnet sind, die den Gastbereich locker gliedern.

Die Konstruktion basiert auf einem Raster aus Stahlbetonrundstützen, die im Gastbereich vor der in beiden Geschossen in Glas aufgelösten Wand stehen und eine vertikale Gliederung bewirken, die jedoch durch das umlaufende Brüstungsband und das kräftige Saumprofil des Flachdachs weitgehend überspielt wird. Dieses Profil deutet einen Dachansatz an und akzentuiert den Horizontalabschluß. Auf dem Flachdach befinden sich Dachaufbauten, die der Unterbringung der technischen Anlagen und der Belichtung dienen. Auch die Vordächer auf Stahlstützen vor den Eingängen, die bis zu den Hörsälen des Theoretikums fortgesetzt sind, betonen die Horizontale. Brüstung und Dachprofil setzen sich auch an der Fassade des Betriebsbereichs fort. Hier ist die Wand jedoch mit Verkleidungselementen geschlossen, so daß die Stützenkonstruktion nicht sichtbar ist. Durch differenzierte Fassadenbehandlung sind also die unterschiedlichen Funktionen des Betriebs- und Gastbereichs erkennbar gemacht. Die umlaufenden Horizontalelemente fassen das Gebäude jedoch zu einer Einheit zusammen. Durch die besondere Grundrißbildung, Vermeidung und Überspielung fester Raumgrenzen und plastische Ausformung des Dachprofils wirkt der Bau, obwohl er das Orthogonalrastersystem nur durch die Diagonale ergänzt und auf Rundungen verzichtet, vergleichsweise organisch.

Erste Baustufe des Klinikums (Geb. Nr. 400)

Das Klinikum wurde 1978 begonnen und soll 1986 fertiggestellt werden. Es steht nach Nordwesten versetzt in direkter Nachbarschaft zum Theoretikum, ist jedoch baulich nicht mit diesem verbunden. Der fast diagonalachsensymmetrische Grundriß gliedert sich in einen zweiflügeligen winkelhakenförmigen Haupttrakt, *534* an den innen über einen diagonalen Verbindungsteil ein kleinerer ebenfalls winkelhakenförmiger Baukörper angeschlossen ist. Der Verbindungsteil ist seinerseits über zwei Arme, die einen Innenhof ausgrenzen, rechtwinklig dem Haupttrakt angefügt. Die Bauteile dienen unterschiedlichen Funktionen: im Haupttrakt befindet sich der Untersuchungs-, Behandlungs- und Forschungsbereich (UBF-Bereich) der Einzelkliniken, im kleineren Trakt der Pflegebereich; der Verbindungsteil ist bereits dem UBF-Bereich zugeordnet. Die Stahlbetonskelettkonstruktion mit Rundstützen hat entsprechend den Funktionen unterschiedliche Raster für Bettenhaus und UBF-Bereich. Zur Erschließung und für Installation genutzte Stahlbetonkerne, die über die Grundrißfläche verteilt sind, steifen das Gebäude aus. Der Haupteingang befindet sich im Norden. Östlich davon liegt der Lehrkomplex mit ovalem Hörsaal, Seminar- und Kursräumen und eigenem Zugang von Osten. Der gesamte Bereich südlich des Haupteingangs dient als Eingangshalle, die an den Innenhof grenzt. Von ihr aus werden über Flure als ›Patientenstraßen‹ die Flügel und das Bettenhaus erschlossen. Durch die an den Fluren gelegenen Treppen- und Aufzugskerne sind die anderen Geschosse zu erreichen. Die ›Patientenstraßen‹ befinden sich bis in die Außenbereiche an der südlichen bzw. westlichen Innenseite der Flügel und werden natürlich belichtet. Nur im Außenbereich sind ihnen weitere Räume vorgelagert. Von diesen Fluren aus, die durch offene Wartebereiche aufgelockert sind, erstrecken sich nach Norden bzw. Osten die Räume des UBF-Bereichs in variabler Anordnung, die über querverlaufende Flure zugänglich sind. Weitere Erschließungskerne am Ansatz der nach Norden und Osten gerichteten kurzen Nebenflügel verbinden auch hier die Geschosse. Die Variabilität des Ausbaus – es ist kein Bundsystem erkennbar – ist nur durch die Einheiten des Stützenrasters und die Erschließungskerne determiniert. Nur das Bettenhaus hat eine zweibündige Anlage und im Zentrum einen Auxiliarbereich mit Treppenhaus. Der Verbindungsteil enthält einen Erschließungs- und Installationskern für das Bettenhaus und Räume des UBF-Bereichs mit nach Nutzung differenzierter Aufteilung.

Auch der Außenbau trennt das über Gelände einschließlich zurückgesetztem *535, 536* Dachgeschoß viergeschossige Bettenhaus vom dreigeschossigen UBF-Bereich durch den nur zweigeschossigen Verbindungsteil. Durch Absenkung des Geländes im südwestlichen Bereich ist auch das erste Untergeschoß weitgehend für Pflege und Behandlung verwendbar, während das zweite Untergeschoß technische Zentralen enthält. Die Fassaden sind stark gegliedert. Die Rundstützen vor den unterschiedlich breiten Wandelementen betonen die Vertikale zusammen mit den halbrunden, über die Geschosse hinweg fortgesetzten, kanzelartigen Balkonausbuchtungen vor den Enden der Flure und einigen außenliegenden, voll verglasten Treppenhäusern. Eine horizontale Gliederung bewirken die umlaufenden Fluchtbalkone und die breiten abgerundeten Verkleidungselemente an den Stirnen der Geschoßdecken. Insgesamt ist die Gebäudegestalt – nicht zuletzt aus Belichtungsgründen – auffallend stark differenziert. An der Nord- und Ostseite erweitern geschoßweise abgetreppte Nebenflügel das Gebäude. Die Dachgeschosse sind flächenmäßig reduziert und bieten gleich dem Untergeschoß Nutzfläche an, die optisch im Baukörper nur wenig in Erscheinung tritt. Infolge der großen Horizontalausdehnung und der starken Durchgliederung ist der Komplex von keinem Standpunkt aus so zu überschauen, daß seine reale Masse erfahrbar würde; eher soll eine auf den Menschen bezogene Maßstäblichkeit herrschen – ein Eindruck, den die vorgesehene Begrünung noch verstärken soll. Das Volumen wird weder um eines Monumentaleffektes willen eingesetzt, noch nach den Regeln des Funktionalismus in der stereometrischen Gestalt zum Ausdruck gebracht, sondern es wird – im Sinne einer Reaktion auf Auswüchse derartiger Zielsetzungen – eine tendenziell minimierende Wirkung angestrebt. Die äußere Gestalt der ›Kopfklinik‹ ist im Gegensatz zu der des Theoretikums in sich abgeschlossen und macht die Erweiterbarkeit nicht sichtbar, für die gleichwohl die technischen Voraussetzungen geschaffen sind. Der Grundriß konstituiert sich nicht aus gleichartigen Teilen, sondern ist selbst ein differenziertes Ganzes.

Versorgungszentrum Medizin (Geb. Nr. 670)

537 Das Versorgungszentrum Medizin (VZM) entsteht seit 1982 nördlich des Klinikums nach Plänen der Architektengemeinschaft Kapuste, Rüttenauer und Gaiser und soll gemeinsam mit dem Klinikum Ende 1986 fertiggestellt werden. Es ist mit diesem über Versorgungsgänge, die das gesamte Neuenheimer Feld durchziehen, verbunden und erhält eine automatische Warentransportanlage, deren Behälter zur Ver- und Entsorgung des Gesamtklinikums genutzt werden. Ein Nebengebäude mit zwei versetzten Geschossen im Norden beherbergt übergeordnete technische Bereiche, Lager, Gärtnerei und eine Halle für den Fuhrpark. Das Hauptgebäude in Stahlbetonskelettkonstruktion enthält im zweiten Untergeschoß die Warentransportanlage und Lagerbereiche. Der Komplex ist vor allem im ersten Unter- und im Erdgeschoß in vier nord-süd-gerichtete Trakte den Betriebsbereichen entsprechend gegliedert. Im Osten erstreckt sich über beide Geschosse die Küche. Nach Westen schließen sich die beiden Trakte für Wäscherei und Sterilisation an, die im Erdgeschoß im Norden als Verteilungszone zusammengefaßt sind, während sich im Untergeschoß ebenfalls über beide Trakte der zentrale Lagerbereich ausdehnt. Sie werden von Norden über einen abgesenkten Wirtschaftshof in zwei Ebenen so erschlossen, daß der Gütertransport in Annahme im Untergeschoß und Auslieferung im Erdgeschoß aufgeteilt wird. Auch im

Süden sind die beiden mittleren Trakte im Untergeschoß für die Technikzentralen zusammengefaßt. Der vierte Trakt im Westen enthält die Apotheke im Erdgeschoß und Werkstätten der Grundversorgung im Untergeschoß. Entsprechend diesen unterschiedlichen Funktionen sind die Trakte auch im Grundriß als selbständige Bauteile durch versetzte Anordnung im Süden – bei der Apotheke zudem im Norden – kenntlich gemacht, während der engere funktionale Zusammenhang der beiden mittleren Trakte kaum ablesbar ist. Zwischen den Trakten befinden sich Flure mit Treppenanlagen, durch die auch die zentrale Installation geführt ist. Ein Eingangsbauwerk an der Ostseite dient der Erschließung. Das Obergeschoß verbindet als dreibündige Querspange für Verwaltung und Personal die Trakte.

Der Außenbau, der mit gerippten Leichtmetallelementen auf Sichtbetonsockel verkleidet ist, nimmt die Grundriß- und Geschoßgliederung auf und zeigt so die unterschiedlichen Funktionen nach außen. Die Südfassade hat eine dem Grundriß entsprechende Tiefenstufung. Durch Kombination verschiedener Fensterformate entsteht ein Motiv, das mehrfach wiederholt wird. Die Flure, die die vier Bereiche trennen, werden durch verglaste Dachaufbauten gekennzeichnet. Dadurch und durch weitere Oberlichtelemente wird das Flachdach belebt. Das zurückgesetzte Obergeschoß nimmt die Nord-Süd-Gliederung der vier Trakte in Gestalt markant ausgeformter, das Dach überragender Baukörper auf, die über den Treppen Technikzentralen enthalten. Sie verdeutlichen ebenfalls die Aufteilung in vier Funktionsbereiche, die für das Gebäude insgesamt charakteristisch ist. Die flache Anlage des Baus steht in Korrespondenz zu der des Klinikums.

Schlußbemerkungen

Die Bebauung im Neuenheimer Feld ist über einen Zeitraum von mehr als dreißig Jahren aus der sukzessiven Entwicklung der Gesamtplanung entstanden. Botanischer Garten und Chirurgie sind Produkte noch früherer Planungen (vgl. S. 481 ff. und S. 498 ff.). Die Einzelgebäude und Gebäudegruppen lassen sich chronologisch, funktional und stilistisch zusammenfassen und ordnen. Während für die bis 1957 entstandenen Gebäude vor allem stilistische Gemeinsamkeiten ausschlaggebend sind, decken sich bei den in der Folge geschaffenen Bauten zunächst Konstruktion und Gestalt als Stilparameter mit der zeitlichen Position und überwiegend auch mit der Funktion. Ein Einschnitt in der stilistischen Entwicklung nach 1957 ist erst wieder beim Klinikum auszumachen. Insgesamt gilt für die Periode nach 1957, daß Konstruktions- und Gestaltungsmittel so weitgehend verfügbar und die Bauaufgaben zugleich so vielfältig sind, daß der Vergleich unterschiedlicher Lösungen nach funktionalen Kriterien durchgeführt werden kann und eine systematische Darstellung sinnvoll ist. Innerhalb der Systematik kommt der chronologische Aspekt im Zusammenhang mit der Entwicklung der Gebäudetypen wieder zur Geltung.

Am Anfang stehen die Gebäude, die vom Klinikbaubüro bis 1957 errichtet wurden. Mit ihren Fassaden, die trotz teilweise genutzter Skelettbauweise noch geschlossenes Mauerwerk und Lochfenster haben oder nur zögernd die Wand auflösen, und mit ihren Walm- oder Satteldächern repräsentieren sie in Gestalt und Konstruktion eine konventionelle Architekturauffassung. Sie sind teilweise nüchterne Zweckbauten (Schwesternschule, Küchen- und Personalgebäude), deren Grundrisse aus der Funktion entwickelt sind, oder spielen auf klassizistische Formen und Gliederungen an (Tbc-Gebäude, Infektionshaus). Das Mathematische Institut erinnert an Wohnhausarchitektur, obwohl konstruktive und gestalterische Eigenheiten seine Funktion verdeutlichen. Am Chemischen Institut ist besonders die Entwicklung zur Auflösung der Fassade ablesbar. Auch hier wird die Konstruktion zum Gestaltungsmittel bei der Hervorhebung der Labors, welche chemische Arbeitsweise signalisieren, gegenüber dem konservativeren, schmucklosen Verbindungsbau, obwohl dieser funktional und organisatorisch das Rückgrat der Anlage bildet.

Ein Trend zur Typisierung ist in dieser frühen Phase nicht erkennbar, obwohl die vorgesehenen Verlegungen die Notwendigkeit der Planung einer großen Zahl von Einzelgebäuden absehbar machten. Die Gebäude der Kinderklinik werden einzeln entsprechend den Bauaufgaben entworfen, und gleiche Probleme (etwa die Südlage der Krankenzimmer) werden unterschiedlich gelöst. Ansätze zu einer gleichartigen Bauweise zeigen sich vor allem beim Mathematischen Institut, dem Botanischen Institut (Geb. Nr. 360, vgl. S. 487 f.) und den ersten Vorplanungen für das Zoologische Institut, die jedoch spezifische Einzelentwicklungen sind. Die Gebäude sind weder variabel noch erweiterbar – Eigenschaften, die erst durch Typisierung der Elemente möglich werden. Nur die Chemie entwickelt eine erweiterbare Anlage gleichartiger Gebäude, die jedoch auf lineare Fortsetzung beschränkt ist, da die Addition weiterer paralleler Verbindungsbauten nicht vorgesehen ist. Dennoch sind hier Ansätze erkennbar, die auf das Grundrißsystem des Theoretikums vorausweisen. Alle bis 1957 geplanten und entstandenen Gebäude und in ihrer Folge auch die späteren Weiterführungen der Komplexe der Kinderklinik und Chemie befinden sich noch nicht im genordeten Orthogonalraster der folgenden Bebauung und werden bei den späteren Planungen auch wegen der konventionellen Gestaltung als störend und nicht mehr zeitgemäß angesehen.

Die nächsten Gebäude, das Physikalisch-Chemische Institut, das Personal- und Lernschwesternhaus der Kinderklinik und das fünfte Laborgebäude der Chemie, das als Neuplanung bereits den alten Gebäudetyp ersetzt, zeigen noch in unterschiedlich traditioneller Ausprägung die Wand als Gestaltungselement, obwohl sie eine Stahlbetonskelettkonstruktion haben. Das Stützensystem schafft hier gleiche Raumeinheiten, die mit Hilfe nichttragender Trennwände variabel nutzbar sind. Mit der Möglichkeit, auch große Räume zu bieten, sollten besonders Gebäude nach dem Muster des Physikalisch-Chemischen Instituts auch weiteren Instituten zur Verfügung gestellt werden.

Trotz einer bis 1975 dauernden Bauausführung läßt sich auch die Hochhausplanung auf einen begrenzten Zeitraum um 1959/60 festlegen. Während die Studentenwohnheime vor allem wegen des begrenzten Bauplatzes hoch gebaut wurden, sollten die Schwesternhochhäuser (deren Reihe fortgesetzt werden sollte) und das Hauptgebäude der Kinderklinik eine aufgelockerte Einzelbebauung aus Punkthochhäusern am Neckarufer bilden. Entsprechend der Bauaufgabe, gleichartige, nicht notwendigerweise variable Räume zu schaffen, und aus Schallschutzgründen sind Schwesternhochhäuser und Studentenwohnheime in Schottenbauweise erstellt; die Kinderklinik dagegen hat ein Stahlbetonskelett.

Die Gebäude der ersten Baustufe des DKFZ sowie die Gebäude für Angewandte Mathematik und das Rechenzentrum sind Standardgebäude in Fertigbauweise. Durch ihre Stützenkonstruktion mit typisierten Ausbauelementen sind sie nutzungsneutral und ermöglichen variable Unterbringung.

Die beiden Sportgebäude sind durch ihre Funktion geprägt, die zu ähnlichen Raumanordnungen führt und beim Sportinstitut eine spezifische Grundrißgestalt herausbildet, der die Ausformung der Baukörper entgegengestellt ist, während das Bundesleistungszentrum die verschiedenen Funktionen additiv kombiniert. Auch Hörsäle, Mensa, Versorgungszentrum und Heizwerk sind weitgehend durch die Nutzung bestimmte Einzellösungen. Ähnlich wie die Sporthallen zwingen die Hörsäle zur Überbrückung größerer Spannweiten, wodurch die Konstruktion wichtiges gestalterisches Element wird. Es wird beim Hörsaal der Kinderklinik und dem der Chemie gegensätzlich gehandhabt; die Hörsäle für Medizin und Physik zeigen die Funktion als monolithische Baukörper. Die Mensa hat eine Stützenrasterkonstruktion, die die Außenwand nicht eindeutig definiert und einen organisch anmutenden, zusammenhängenden Baukörper bildet. Heizwerk und Versorgungszentrum entwickeln ihre Gestalt und Gliederung aus der Funktion.

Das Südasien-Institut stellt eine Lösung dar, die aus den besonderen Aufgaben einer zentralen interdisziplinären Einrichtung abgeleitet ist. Das Gebäude zeigt das Konstruktionsmaterial, ohne die Konstruktionselemente sichtbar zu machen. Es stellt durchdacht die Funktionen dar und bietet keine typisierbare Lösung an (obwohl das spätere dritte Schwesternhochhaus die Grundrißanordnung aufnimmt und variiert).

Aus der Aufgabe, für eine größere Anzahl einzelner Institute Gebäude zu planen, entwickelt sich seit 1959/60 der Gedanke, einen Gebäudetyp auszuarbeiten, der variable Flächen für unterschiedliche Nutzungen anbietet und erweiterbar ist. Deshalb und um die Planungs- und Baukosten zu reduzieren, wird eine Konstruktion aus gleichartigen, standardisierten Bauteilen angestrebt.

Ein erstes Resultat der Typenentwicklung ist die Bebauung entlang der Berliner Straße. Die Hauptgebäude haben quadratischen Grundriß und einen innenliegenden Kern, so daß die Raumaufteilung und die Größe der Räume trotz Stützenkonstruktion relativ beschränkt ist und ein ausgedehnter Flachbereich in selbständiger Konstruktion notwendig ist, der für flächenintensivere Nutzungen vor allem der Lehre geeignet ist. Diese Gliederung in Hochbauten für Forschung und Flachbaubereich für Lehre ist auch Grundlage für die weitere Typenplanung. Das DKFZ als Ergebnis der nächsten Stufe hat wesentlich größere Dimensionen; es integriert bereits verschiedene Institute und zentralisiert gemeinsam genutzte Einrichtungen. Die Installations- und Erschließungskerne liegen nun außen und ermöglichen die Variabilität großer Flächen. Beim Theoretikum als Weiterentwicklung dieses Typs ist auch der Flachbaubereich in die Standardisierung einbezogen. Die Bauelemente sind industriell vorgefertigt. Aus Gestaltungsgründen, zur Bildung kleinerer funktionaler Einheiten in einem zusammenhängenden Komplex sowie um mehr außenliegende Räume und ausreichende zusammenhängende Nutzfläche, die Variabilität garantiert, zu erhalten, ist der Gebäudetyp nun wieder kleiner. Im Rastersystem der Netzbebauung ermöglicht der Komplex des Theoretikums sowohl lineare als auch additive Erweiterbarkeit. Eine gleichzeitige Entwicklung auf derselben Grundlage ist der Bautyp der PH, der ähnliche Möglichkeiten bietet. Die Gestaltung aller Typengebäude ist ähnlich. Vor allem umlaufende Balkone, die zugleich verschiedene Funktionen erfüllen (zweiter Fluchtweg, Außenreinigung, Sonnenschutz), gliedern horizontal, während Installations- und Erschließungstürme ein vertikales Gegengewicht schaffen.

Das Klinikum als aus einer anderen Bauaufgabe erwachsener Gebäudetyp interpretiert die durch die Standardisierung entstandene starre Gleichförmigkeit und Funktionalität des Theoretikums zugunsten einer abgeschlossenen Gestalt um, die Wirkungen im oben erläuterten Sinne erzielen soll. Es stellt damit eine neue Architekturauffassung dar. Dennoch ist auch das Klinikum bis in Details typisiert und bietet große variable Flächen an. Eine Erweiterung wäre nur auf Kosten der spezifischen Wirkung denkbar. Daher soll bei einer zukünftigen Verlegung aller Kliniken das Gesamtgebäude als Typ in Varianten wiederholt werden – ein Konzept, das Ähnlichkeiten mit den Planungen der dreißiger Jahre aufweist, deren Resultat die Chirurgie ist. Die Idee des integrierten Klinikums wird damit modifiziert und reduziert.

Die Bebauung des Neuenheimer Feldes besteht also aus einer großen Zahl von Einzelgebäuden mit verschiedenen Funktionen, die unterschiedliche organisatorische und stilistische Lösungen repräsentieren. Sie wirken daher uneinheitlich und erwecken auf den ersten Blick den Eindruck einer in sich beziehungslosen städtebaulichen Anlage. Weder ein übergeordnetes Gliederungsprinzip noch ein zentraler Erschließungsbereich oder eine Eingangszone sind erkennbar. Da jedoch weitere Gebäude in Planung sind, das Neuenheimer Feld also nach wie vor Baugebiet ist, muß die künftige Entwicklung zeigen, wie weit eine ordnende Gesamtgliederung noch möglich ist. In Zusammenhang mit der Fertigstellung des Klinikums ist vor allem die Anbindung an den öffentlichen Verkehr bereits detailliert geplant. Der Ausbau der Grünanlagen – auch als städtischer Erholungsbereich – soll fortgesetzt werden.

Die Darstellung der Baugeschichte hat jedoch gezeigt, daß Bezüge innerhalb der Bebauung bestehen und jeweils ein Gesamtkonzept vorlag, das aufgrund äußerer Faktoren nur zum Teil realisiert werden konnte und später modifiziert werden mußte. Über die kontinuierliche Entwicklung der Gesamtplanung hinaus lassen sich drei Einschnitte ausmachen: die Neuplanungen des Universitätsbauamtes nach seiner Gründung 1957, aus denen ein Modell für eine Gesamtbebauung entstand; der Abbruch dieses ersten Gesamtprojektes mit dem Jahr 1966, der zu einem neuen Bebauungskonzept führte; die Neuplanung des Klinikums ab 1976, die einen stilistischen Wandel und – allerdings nur noch im Bereich des Klinikums – eine weitere Umorganisation bewirkte.

Die Bauten im Neuenheimer Feld sind also Dokumente von Teilrealisierungen jeweils aktueller Gesamtplanungen. Sie spiegeln überdies ausschnitthaft die Architekturgeschichte nach 1945 wider, die besonders an den Typengebäuden ablesbar ist. So läßt sich das Neuenheimer Feld auch als ein in dreißigjähriger Planungsgeschichte Gewordenes ansehen, das, gerade weil es aufgrund der Planung in Einzelschritten uneinheitlich und nicht durchsystematisiert ist, Identifikationsmöglichkeiten anbietet.

Anmerkungen

1 Die Quellen für diese Arbeit sind in erster Linie Bauakten der Universitätsverwaltung (ZUV) und verschiedene Informationen des Universitätsbauamtes (UBA). Während sich Einzelgeschichten und Gesamtentwicklungen erst aus dem Bestand der Bauakten an Erlassen, Beschlüssen, Protokollen und anderen Mitteilungen im Zusammenhang erschließen lassen, bestehen die Informationen des Universitätsbauamtes aus Aktenzusammenstellungen, Einzeldarstellungen, Referaten (deren Verfasser und Datum z.T. nicht mehr bekannt sind) und mündlichen Informationen, so daß die Quellen meist nur global und abschnittweise angegeben werden können

2 Nach einem Lageplan von 1956 (UBA)

3 UBA, K. Kölmel, Aufsatz vom 28.9. 1952: Die Raumnot der Universität Heidelberg und der Generalbebauungsplan Stand 1950

4 UBA, E. Barié, Aufsatz (ca. 1952): Gedanken zum Generalbebauungsplan; K. Kölmel, s. Anm. 3

5 UBA, Aktenzusammenstellung: Planung Klinikum Heidelberg, Ordner I-III, 1957-1976; Ordner IV-V, ab 1976; hier Ordner I

6 UBA, verschiedene Schreiben und Reden zu Übergabe, Richtfest und Fertigstellung von Teilen der Kinderklinik 1954-1956

7 ZUV, Kinderklinik, 92g (1965-1968)

8 UBA, E. Barié zur Übergabe der Schwesternschule; Erläuterung zum Neubau

9 UBA, Notizen über Neubauten, Weiterbau und Fertigstellung von Teilen der Chemie 1953-1954

10 ZUV, Chemische Institute, 14i3 (1955-1975)

11 UBA, Notizen zu Richtfest, Fertigstellung und Übergabe u.a. des Mathematischen Instituts 1954-1955

12 ZUV, Mathematisches Institut, 14i4 (1961-1975); Standardgebäude I, 14i2 (1969-1975)

13 UBA, Mappe zur Entwicklung der Bebauungsplanung 1960-1967; ZUV, verschiedene Akten

14 UBA, Erläuterungsbericht zum Bebauungsplan vom 28.7. 1960

15 UBA, s. Anm. 5

16 UBA, Erläuterung zur Entwicklung des Universitätsbauamtes vom 8.9. 1960

17 ZUV, Clubhaus, 55k (1964), Festschrift zur Einweihung des Clubhauses, 23.7. 1964: Die Studentenwohnheime am Klausenpfad in Heidelberg

18 Verschiedene Informationen von Prof. L. Götz; ZUV, Schwestern- und Personalwohngebäude, 93k (1962-1975), 4378 (1975-)

19 ZUV, Physikalisch-Chemisches Institut, 14i1 (1957-1975); Chemische Institute, 14i3 (1955-1963)

20 ZUV, Physikalisch-Chemisches Institut, 14i1 (1957-1975)

21 ZUV, Theoretisch-Medizinische Institute, 21b3 (1963-1966); UBA, s. Anm. 5

22 ZUV, Institut für Leibesübungen, 14t1 (1954-1975)

23 ZUV, Pathologisches Institut, 14b3 (1959-1975), 4383 (1975-); vgl. Wilhelm Doerr: Zur Einweihung des Pathologischen Instituts der Universität am 25. April 1966, in: Ruperto Carola 18. 1968, H.39, S.272ff.

24 ZUV, Zoologisches Institut, 14b4 (1956-1975), 4386 (1975-)

25 ZUV, Geologie/Mineralogie, 14b5 (1960-1963), 14b6 (1964-1967); Geologie, 14b5 (1968-1975), 4388 (1975-); Mineralogie, 14b6 (1967-1975), 4390 (1975-)

26 ZUV, Indoasiatisches Institut/Institut für Entwicklungsländer, 14i6 (1960-)

27 UBA, s. Anm. 5; Festschrift zur Eröffnung des Deutschen Krebsforschungszentrums 1972

28 ZUV, DKFZ Raumfragen, 87i6 (1964-1975); DKFZ Allgemein, Gebäude 500-504, 14b10/4418 (1973-); Gebäude 500, 4418.o (1973-1982); Gebäude 501, 14b10.2 (1972-1975); Gebäude 502, 14b10.3 (1973-1975); Gebäude 503, 4418.3 (1973); Gebäude 504, 4418.4 (1980-)

29 UBA, s. Anm. 5, Ordner II, III

30 UBA, Dokumentation des Planungsstandes Mai 1976 (Universitätsklinikum Heidelberg)

31 ZUV, Theoretisch-Medizinische Institute, 21b3 (1966-1975), 4412 (1975-); UBA s. Anm. 5, Ordner II, III

32 ZUV, Schreiben des Finanzministers vom 25.2. 1969, Standardgebäude I, 14i2 (1969-1973)

33 ZUV, Neubau Mathematisches Institut, 14i4 (1961-1975); Standardgebäude I, 14i2 (1969-1975)

34 ZUV, Standardgebäude II, Rechenzentrum, 14i8 (1972-1975), 4402 (1975-1979); Standardgebäude I, 14i4 (1969-1975)

35 UBA, Erläuterungsbericht und weitere Datenzusammenstellung zum Bundesleistungszentrum

36 UBA, verschiedene Informationen zur Pädagogischen Hochschule, u. a. Erläuterung zum Sonderprogramm vom 2.1. 1973

37 UBA, Datenzusammenstellung zum Richtfest des Heizwerks, April 1972

38 ZUV, Mensa, 14i7 (1961-1975), 4410 (1975-); UBA, verschiedene Erläuterungen zur Mensa

39 UBA, s. Anm. 5, Ordner IV, V

40 UBA, s. Anm. 5, Ordner I-V; verschiedene Informationen zum Versorgungszentrum Medizin

41 ZUV, Zoologisches Institut, 4386 (1979-); UBA, Information zum Neubau des Instituts für Medizinische und Biologische Forschung

THEDA SCHMIDT-NEIRYNCK

Die Landessternwarte Heidelberg-Königstuhl

Die in 542 m Höhe auf dem Königstuhl als Kolonie erbaute Landessternwarte[1] besteht aus zehn Einzelgebäuden, und zwar aus drei Wohnhäusern, drei Instituts-gebäuden und vier kleinen, vereinzelt stehenden Observatorien, die als Kuppel-bauten ausgebildet sind.[2] Die Gebäude werden von einem von Nordosten heran-führenden Zufahrtsweg (Sternwartenweg) erschlossen, der an zwei Wohngebäu-den (Dienstwohngebäude und Dienerhäuschen) vorbei in einem Bogen zu dem höher gelegenen ehemaligen Astrophysikalischen Institut (West-Institut, heute hauptsächlich Verwaltungsgebäude) und dem parallel daneben errichteten Hap-pel-Labor für Strahlungsmessung emporführt und schließlich an dem auf dem östlichen Teil des Geländes liegenden ehemaligen Astrometrischen Institut (Ost-Institut, heute vorwiegend Museum und sogenannte Volkssternwarte) endet. Drei der Observatorien sind um das Ost-Institut gelagert, der Kuppelbau mit dem sogenannten Walz-Reflektor liegt südlich des West-Institutes. Das dritte Wohnhaus (Direktorwohnhaus) liegt nördlich, etwa in Höhe des Ost-Institutes.

539

540

Geschichte

Während der Regierungszeit von Kurfürst Carl Theodor wird auf dessen Veran-lassung in Mannheim in den Jahren 1772–1774 die Jesuitensternwarte errichtet. Sie folgt dem für die Barockzeit üblichen Typus der Turmsternwarte.[3] Was die Bauform anbelangt, gilt sie schon nach einem Vierteljahrhundert als veraltet. In-zwischen ist erkannt worden, daß die Turmform ›die Richtigkeit jeder astronomi-schen Beobachtung in Frage stellt‹.[4]

In den folgenden Jahrzehnten werden zahlreiche Projekte für den Neubau ei-ner Sternwarte in Angriff genommen, die jedoch alle aus politischen oder finan-ziellen Gründen nicht zur Ausführung kommen.[5] Auf Initiative des Polytechni-kums in Karlsruhe erfolgt 1880 die Verlegung der Sternwarte nach Karlsruhe.[6] Die dort errichtete Sternwarte unter der Leitung von Wilhelm Valentiner[7] kommt jedoch über ein Provisorium nicht hinaus. Nach Valentiners Angaben handelt es sich ›hierbei um einen Holzbau ohne jede Fundierung‹.[8] Da sich die-ses Provisorium als untragbar erweist, wird im Budget 1888/89 die Erstellung ei-nes Neubaues der Großherzoglichen Sternwarte beantragt, die Genehmigung da-zu jedoch nicht erteilt.[9] Die von Oberbaurat Heinrich Lang (Baudirektion Karlsruhe) dafür bereits 1887 ausgearbeiteten Pläne sehen zwei Meridiansäle und einen Turm mit Drehkuppel für den Refraktor[10] vor. 1890 erstellt Lang erneut Pläne und Kostenvoranschläge, diesmal für ein reduziertes Projekt. Drei Jahre später wird von der großherzoglichen Regierung der Neubau einer Sternwarte definitiv beschlossen.[11]

Bevor jedoch das Projekt 1895 tatsächlich zur Ausführung kommt, wird die Diskussion um den künftigen Standort der Sternwarte, die bereits bei der Verlegung der Sternwarte von Mannheim nach Karlsruhe geführt wurde, wiederaufgenommen. Als Kontrahenten stehen sich die Vertreter des Karlsruher Polytechnikums und die Vertreter der Mathematisch-Naturwissenschaftlichen Fakultät der Universität Heidelberg gegenüber. Letztere werden vom Heidelberger Stadtrat unterstützt, der an dem Neubau einer Sternwarte in Heidelberg sehr interessiert ist und sich bereit erklärt, – bei Zustimmung des Bürgerausschusses – die Finanzierung des Projektes aus städtischen Mitteln ›angemessen‹ zu unterstützen.[12] Auf Anregung des Heidelberger Astronomen Max Wolf stellt die Stadt Heidelberg den 373 m hohen Gaisberg als Bauplatz in Aussicht.[13]

Das damit von Wolf initiierte Projekt einer ›Bergsternwarte‹, die nach seiner Auffassung den ›modernen Typus einer Sternwarte‹ darstellt[14], löst eine grundsätzliche Diskussion über den künftigen Charakter der neu zu errichtenden Sternwarte aus, an der sich auch die Presse heftig beteiligt.[15] Die Vertreter des Polytechnikums setzen sich in einer im April 1893 publizierten Denkschrift ›Über die Errichtung einer neuen Sternwarte‹ für eine Sternwarte ›alten Stils‹ ein – ohne Hinzunahme der von Wolf betriebenen neuen Richtung der Astrophysik – und sprechen sich gegen den Bau einer Bergsternwarte aus, die ihrer Meinung nach eine Reihe gravierender Nachteile mit sich bringen würde.[16]

Nach langer Diskussion wird dann trotzdem die Ausführung des Projektes in Heidelberg beschlossen.[17] Letztlich ausschlaggebend für diese Entscheidung ist die internationale Bedeutung der Forschungsarbeiten von Max Wolf auf dem Gebiet der Astrophysik.[18] Voraussetzung ist allerdings die von Josef Durm, dem Direktor der Großherzoglichen Baudirektion in Karlsruhe, abgegebene Versicherung, daß eine Verlegung nach Heidelberg keine wesentlichen Mehrkosten verursachen würde.[19] Bezugnehmend auf ein offenbar von Lang geplantes drittes Projekt[20] schreibt Durm im August 1893 in einem Bericht an das Kultusministerium hierzu: ›Das Karlsruher Projekt kann für Heidelberg übernommen werden ... Der zu erwartende Mehraufwand durch erschwerten Materialtransport – durch die Höhenlage des Bauplatzes – kann durch eine starke Vereinfachung der Architekturformen aufgefangen werden, ... da die Sternwarte nicht direkt in der Stadt zu stehen kommt‹.[21] Daraufhin genehmigt der Landtag für das Haushaltsjahr 1893/94 den Neubau einer Sternwarte mit Bauplatz Gaisberg, der von der Stadt Heidelberg unentgeltlich zur Verfügung gestellt werden soll.[22]

Nach dem Tode Langs im September 1893 wird die Baudirektion Karlsruhe vom Kultusministerium aufgefordert, das Projekt weiterzuführen.[23] Daraufhin ersucht Durm die beiden künftigen Direktoren der Sternwarte – Valentiner als Leiter der Astrometrischen und Wolf als Leiter der Astrophysikalischen Abteilung –, in Zusammenarbeit mit Bauinspektor Julius Koch von der Badischen Bezirksbauinspektion Bauprogramme aufzustellen, ›unter Beschränkung auf die notwendigsten Bauten‹.[24]

Das Bauprogramm von Valentiner vom September 1893, nach dessen Angaben die Baudirektion einen vorläufigen Kostenvoranschlag mit einer Gesamtsumme von 160 032 Mark erstellt, bezieht sich allerdings nur auf die Astrometrische Abteilung und sieht folgende Bauten vor: einen kleinen Refraktorturm mit einer Drehkuppel von etwa 6,5 m Durchmesser, ein Wohnhaus für den Direktor mit sechs bis sieben Zimmern, ein zweistöckiges Diensthaus mit Wohnungen für Diener und Assistenten und ein Gebäude für zwei Meridiansäle (jeweils 10 m lang, 7 m breit und 5 m hoch), das mit einem Turm verbunden werden soll. Der Beobachtungsspalt in den Meridiansälen soll jeweils 1,2 m breit sein. Der Durchmesser der Instrumentenpfeiler soll etwa 2 m betragen.[25]

Im Oktober 1893 legt Wolf sein Bauprogramm vor, dem ein ausführlicher Bericht mit dem Titel ›Über den Bau einer Sternwarte für die Universität Heidelberg‹ vorangestellt ist. Hier führt er aus, daß neben die herkömmliche Astronomie als beobachtender Wissenschaft in den letzten Dezennien die astrophysikalische Richtung hinzugetreten sei. Dieser neue Forschungszweig habe auf dem Gebiet der Astronomie zu einer Zweiteilung geführt, zu einer ›Scheidung, die auf das wesentlichste den Bau der Sternwarten beeinflußt hat‹. Beim Neubau einer Sternwarte müßten nach seiner Meinung beide Richtungen vertreten sein. Er plädiert für ›eine Zweiteilung bei örtlicher Vereinigung‹. Dann kommt er auf die Baulichkeiten als solche zu sprechen. Um das Hauptziel, nämlich die Weiterentwicklung der Forschung zu erreichen, müsse eine Sternwarte modern sein, ›auf der Höhe der Zeit stehen‹. Diese Modernität finde ihren architektonischen Niederschlag darin, daß die wissenschaftlichen Anlagen so angelegt seien, daß sie ohne zu große Verluste beseitigt und durch neue ersetzt werden könnten. Es sollten daher nur die allernotwendigsten Bauten in ›monumentaler Weise‹ errichtet werden. Bezogen auf das Bauterrain fordere die Anlage ein Gelände, das eine Ausdehnung nach jeder Richtung möglich mache, ›ohne Rücksicht auf architektonische Schönheit‹. Der in Aussicht genommene Bauplatz auf dem Gaisberg erfülle diese Bedingung und habe außerdem noch die Vorteile, daß er über dem die Beobachtungen behindernden Dunst der Ebene liege und die größtmögliche Garantie gegen Erschütterungen biete.

An diese Ausführungen schließt sich das eigentliche Bauprogramm für beide Institute mit einem Kostenvoranschlag an. Für beide Abteilungen sind zur gemeinsamen Nutzung vorgesehen: ein zweistöckiges Wohngebäude mit zwei Sechszimmer-Wohnungen für die beiden Direktoren und ein Gebäude mit Räumlichkeiten für Assistenten, Studenten, Diener und Bibliothek. Speziell für das Astrometrische Institut soll ein einfaches, eingeschossiges Gebäude für zwei bis drei Abteilungen (Meridiansäle) und ein Turm mit Drehdach sowie ein aus zwei Zimmern bestehender Anbau errichtet werden. Der Turm soll bis zum drehbaren Teil eineinhalb Stockwerke umfassen (6 bis 7 m hoch). Von der Kuppel soll man auf eine Plattform hinaustreten können. Für das Astrophysikalische Institut ist ebenfalls ein eineinhalbgeschossiger Turm mit Drehdach von 7,5 m innerem Durchmesser vorgesehen. An diesen sollen ein Treppentürmchen und ein eingeschossiges Gebäude ›mit flachem gerollten Dach‹ für Arbeits- und Laborräume angebaut werden. Der Kostenvoranschlag für dieses Bauprogramm beläuft sich auf 188 000 Mark, allerdings ohne instrumentelle Ausrüstung.[26]

Zu diesem Zeitpunkt (Oktober 1893) liegt der Baudirektion noch ein weiterer, reduzierter Kostenvoranschlag für das Astrometrische Institut mit einer Endsumme von 132 000 Mark vor, der an Stelle eines vorher geplanten Polygonalturms einen Rundturm in ›einfacher Ausführung‹ vorsieht.[27]

Im Januar 1894 schickt Koch an die Baudirektion eine Zusammenstellung der einzelnen detaillierten Kostenvoranschläge für beide Abteilungen nebst instrumenteller Ausrüstung mit einer Endsumme von 295 000 Mark zur Begutachtung. Dieser – wie auch ein zweiter, reduzierter Voranschlag vom Februar mit 279 000 Mark – wird von der Baudirektion wegen des zu hohen Aufwandes abgelehnt.[28] Daraufhin erarbeitet die Bezirksbauinspektion im Juni 1894 einen dritten Voranschlag, bei dem die Kosten durch Wegfall des zweiten Wohngebäudes und des quadratischen Umgangs um den Refraktorturm für das Astrometrische Institut auf 229 000 Mark reduziert sind.[29] Bevor das Kultusministerium diese Pläne zum Vollzug genehmigen will, werden die Vorstände der beiden Institute aufgefordert, ihre Einwilligung zu geben. Valentiner verweigert seine Zustimmung, da für ihn der quadratische Umgang um den Refraktorturm unerläßlich ist. Als Alternative schlägt er vor, daß der östliche Meridiansaal zunächst einen provisorischen Oberbau aus Holz (statt des ursprünglich projektierten Oberbaues aus Wellblech mit Holzverkleidung) erhalten soll.[30]

Nach längeren Verhandlungen über Baupläne und Voranschläge teilt das Kultusministerium im Oktober der Bezirksbauinspektion mit, ›daß das neuerliche Projekt für den Neubau einer Sternwarte mit einem Gesamtaufwand von 229 000 Mark mit der Maßgabe zum Vollzug genehmigt wird, daß bei einfacherer Gestaltung des östlichen Meridiansaales auch der quadratische Umgang um den Refraktorturm zur Ausführung gelange‹, und erteilt gleichzeitig den Auftrag, die Vergebung der Arbeiten für den Rohbau vorzubereiten.[31]

Im Dezember 1894 genehmigt der Bürgerausschuß Heidelberg einstimmig einen Antrag des Stadtrates, wonach sich die Stadtgemeinde verpflichtet, den Bauplatz kostenlos zur Verfügung zu stellen, die Herstellung, Unterhaltung und Freihaltung der Wege zu übernehmen und für die Wasserzufuhr zu sorgen.[32]

In einem Bericht an das Kultusministerium vom Dezember 1894 kritisiert Durm, daß beim letzten Voranschlag Pläne und Kostenvoranschläge ›in keiner Weise‹ übereinstimmen würden.[33] Im Januar 1895 legt daraufhin die Badische Bezirksbauinspektion erneut Pläne vor. Als weitere Sparmaßnahme wird vorgeschlagen, den westlichen Flügel des Wohngebäudes wegzulassen. Die Pläne für die beiden Institutsgebäude bleiben im wesentlichen unverändert.[34]

Durch die Verlegung des Portland-Zementwerkes an die Kalkbrüche zwischen Rohrbach und Leimen – also in die südwestliche Nachbarschaft des Gaisberges – und der daraus resultierenden ungünstigen Bedingungen für die Arbeit auf der zukünftigen Sternwarte wird eine Verlegung des Bauplatzes nötig. Nach Verhandlungen im Bürgerausschuß stellt die Stadtgemeinde im März den Stockbrunnenhang auf dem Königstuhl als neuen Bauplatz zur Verfügung.[35] Das Kultusministerium macht allerdings seine Zustimmung zu dieser Änderung von der Bedingung abhängig, daß sich hieraus keine nennenswerten Mehrkosten ergeben werden.[36]

Nach Verhandlungen mit den Unternehmern, die ihre Angebote für das Projekt auf dem Gaisberg schon vorgelegt haben, und nach einer Untersuchung des

Baugrundes teilt die Bezirksbauinspektion dem Kultusministerium Ende März 1895 mit, daß sich insgesamt ein Mehraufwand von 3342 Mark ergeben werde.[37] Im April erfolgt dann die offizielle Genehmigung für die Verlegung.[38] Jetzt endlich kann mit dem Bau der Sternwarte begonnen werden, wobei im wesentlichen die Vorstellungen von Wolf realisiert werden. Ende des Monats wird das Baugelände abgeholzt. Gleichzeitig erfolgt die für die astronomischen Messungen wichtige Richtungsbestimmung der beiden Institute.[39] Im Mai beginnen die Rohbauarbeiten für das Dienstwohngebäude und das Astrophysikalische Institut.[40] Im Juli ist das Dienstwohngebäude bereits bis Sockelhöhe ausgeführt.[41] Im gleichen Monat gibt das Kultusministerium sein Einverständnis, das für das Baubüro errichtete kleine Gebäude nach Abschluß der Arbeiten als Dienerhäuschen zu verwenden.[42] Kurz darauf genehmigt es von Valentiner gewünschte Planänderungen am Astrometrischen Institut; eine Verbreiterung des Verbindungsganges zwischen Turm und Meridianbau, das Hinausrücken der Treppe und die Erstellung eines kleinen Vorbaues am westlichen Ende der Meridiansäle.[43] Im August wird daraufhin mit den Arbeiten am Astrometrischen Institut begonnen.

Ab November 1895 beginnen die Verhandlungen über die Kuppelkonstruktionen und den Meridiansaaloberbau - eine Eisenkonstruktion - mit der Firma Lucan in Mannheim. Lucan erstellt in Zusammenarbeit mit Wolf, dessen Konstruktionsvorschläge für die Kuppeln an amerikanischen Vorbildern orientiert sind, Pläne und Kostenvoranschläge, die im Januar 1896 der Bezirksbauinspektion vorgelegt werden. Die Gesamtkosten für zwei konstruktionsgleiche Drehkuppeln und einen Meridiansaaloberbau werden mit 20291 Mark angegeben. Einen Monat später erhält Lucan für diese Arbeiten den Zuschlag.[44] *544*

Ende Februar beantragt Valentiner, daß am westlichen Meridiansaal eine Wellblech-Holzverkleidung und nicht wie ursprünglich vorgesehen eine doppelte Wellblechverkleidung zur Ausführung kommen soll.[45] In der gewünschten Weise wird die Verkleidung später auch realisiert.[46]

Im Juni 1896 - die Astrophysikalische Abteilung mit Laboratorium und Kuppelanbau, in dem im Mai 1900 der sogenannte Bruce-Refraktor[47] aufgestellt wird, ist inzwischen fertiggestellt - wird für die Astrometrische Abteilung, nordwestlich des Institutes, ein kleines freistehendes Observatorium errichtet: ein runder gemauerter Unterbau von circa 6 m Durchmesser, auf den im darauffolgenden Monat die alte Kuppel aus Karlsruhe montiert wird.[48] In der Kuppel wird ein Steinheilscher Fünf-Zoll-Refraktor aufgestellt.[49] Gleichzeitig wird mit der Aufmauerung der freistehenden Instrumentenpfeiler für beide Institute begonnen.[50] Am Ost-Institut wird im Juli der Dachstuhl des Verbindungsganges aufgeschlagen.[51] Das Dienstwohngebäude und das Dienerhäuschen sind im September 1896 endgültig fertiggestellt, so daß Valentiner seine Wohnung beziehen kann.[52] Noch im selben Monat genehmigt das Kultusministerium den Ausbau des Dachstuhls im Dienstwohngebäude. Ende September wird die bei Lucan erstellte Eisenkonstruktion des Meridiansaaloberbaues zum Königstuhl transportiert und auf den für das Meridiangebäude errichteten Steinsockel montiert.[53]

Im Februar 1897 liefert die Bezirksbauinspektion auf Veranlassung des Kultusministeriums eine Hauptzusammenstellung der Kosten, aus der sich ein Mehraufwand von 53000 Mark ergibt. In einem darauffolgenden Bericht des Ministeriums an den Großherzog wird der größere Kostenaufwand für die nahezu fertiggestellten und teilweise schon in Betrieb genommenen Bauten, die als ›durchaus gelungen‹ bezeichnet werden, damit begründet, daß sich hauptsächlich für die Erd-, Maurer- und Steinhauerarbeiten ein Mehrbedarf ergeben hätte. Wegen des unregelmäßigen Baugrundes hätten z. B. die Fundamente tiefer gelegt werden müssen. Der Bericht schließt mit dem Antrag auf Bewilligung eines Administrativkredites in Höhe der Überschreitung. Dem Antrag wird im März stattgegeben.[54]

Das Jahr 1897 ist geprägt durch die Auseinandersetzungen zwischen Lucan und den Vorständen der beiden Institute, die u. a. mangelnde Beweglichkeit der Kuppeln und des Meridianschiebers kritisieren.[55] Die im November dieses Jahres von der Firma Lucan gewünschte Abnahme ihrer Arbeiten findet nicht statt. Erst Mitte des nächsten Jahres, nachdem die notwendigen Ausbesserungsarbeiten abgeschlossen sind, können die Kuppeln in Betrieb genommen werden.[56] Am 20. Juni 1898 wird die Sternwarte in Anwesenheit des Großherzogs eingeweiht. Das Programm dieses Tages umfaßt einen Festakt in der Aula, die Besichtigung der Sternwarte und ein Festmahl auf dem Kohlhof.[57]

An größeren baulichen Maßnahmen in diesem Jahr ist die Erstellung einer weiteren Drehkuppel mit rundem Unterbau für die Astrometrische Abteilung zu nennen. Sie wird südlich der Karlsruher Kuppel, der sie in Bezug auf die Fundamentierung und den Instrumentenpfeiler gleicht, gebaut. In ihr wird ein Sechs-Zoll-Refraktor mit Steinheilschem Objektiv aufgestellt. Für dieses Vorhaben ist im Budget 1898/99 die Summe von 5000 Mark bewilligt worden.[58] Im September ist die innere Einrichtung des westlichen Meridiansaales abgeschlossen. In diesem Saal wird der neue Sechs-Zoll-Meridiankreis von Repsold (Repsoldscher Meridiankreis) mit Reinfeldschem Objektiv aufgestellt, gleichzeitig werden die erforderlichen Einstellhilfen (Süd- und Nordmire) installiert.[59] Südöstlich des Astrophysikalischen Institutes wird im gleichen Jahr ein kleiner unterkellerter Kuppelbau errichtet, in dem ein Privatinstrument von Wolf – der sogenannte Winnecke-Refraktor – aufgestellt wird.[60]

1899 wird im östlichen Meridiansaal der alte Reichenbachsche Meridiankreis aus Karlsruhe montiert.[61] Im November dieses Jahres wird die Sternwarte von Durm besichtigt. In seinem Bericht vom 23. des Monats an das Kultusministerium heißt es hierzu: ›Die Gebäude machen einen soliden, guten Eindruck, wenn sie auch sonst in der Architektur sehr einfach gehalten sind ... Man hat sich in formaler Hinsicht auf das notwendigste beschränkt und Wert darauf gelegt, mit Rücksicht auf die exponierte Lage, alle Architekturteile am Äußeren so solid als möglich zu halten ... Man nimmt das Gefühl mit nach Hause, daß die verschiedenen Wohn- und Arbeitsräume alle etwas zu dürftig in der Dimension bemessen sind und daß Ausdehnungen unausbleiblich sein werden.‹[62]

Im Budget 1901/02 wird für beide Institute jeweils ein weiterer Drehkuppelbau genehmigt.[63] Der Kuppelbau[64] für die Astrometrische Abteilung, der südlich des Ost-Institutes zu stehen kommt (Gesamtkosten 5000 Mark) unterscheidet sich von den bisher errichteten dadurch, daß die Drehkuppel statt aus Holz aus Eisen konstruiert wird. Der Unterbau ist wie bei allen anderen Kuppelbauten aus Stein. Die Kuppel wird von der Firma Patzig (Dresden) hergestellt und durch die Firma

Heyde (Heidelberg) im Juli 1901 montiert. In diesem Observatorium wird der Acht-Zoll-Refraktor, der davor in der Kuppel des Ost-Institutes aufgestellt war, untergebracht. In der Kuppel des Ost-Institutes wird dafür ein neuer Zwölf-Zoll-Refraktor aufgestellt. Das Objektiv stammt von Steinheil, die Montierung erfolgt durch Repsold.[65]

Die zweite, für die Astrophysikalische Abteilung bewilligte Kuppel wird von der Firma Fuchs gebaut. Dieser südlich des West-Institutes stehende Kuppelbau hat im Gegensatz zu den vorgenannten freistehenden Kuppelbauten einen quadratischen Unterbau von 6 × 6 m Durchmesser.[66] Bevor hier 1906 der sogenannte Walz-Reflektor[67] – ein Spiegelteleskop der Firma Carl Zeiss (Jena) – aufgestellt wird, erfährt dieser Bau besonders im Innern zahlreiche Veränderungen u. a. durch Einziehen von Zwischenwänden.[68]

1901 legt die Bezirksbauinspektion beim Kultusministerium Pläne und Kostenvoranschläge für diverse, von den Vorständen beantragte Projekte vor: Ein weiteres Dienerhäuschen soll errichtet werden, außerdem wünscht Wolf ein eigenes Wohnhaus, da ihm seine Wohnung im Dienstwohngebäude zu beengt erscheint. Darüber hinaus soll das Astrophysikalische Institut ›um drei Fenster mit Treppenhaus‹ verlängert werden, bei einem Kostenaufwand von 26000 Mark.[69] Da die Wohnhausprojekte aus finanziellen Gründen nicht bewilligt werden, läßt Wolf in den Jahren 1913–15 zunächst aus Privatmitteln von dem Architekten Philipp Thomas (Heidelberg) ein zweistöckiges Wohnhaus mit Souterrain errichten.[70] Dagegen wird die Erweiterung des West-Institutes 1902/03 genehmigt. Im Mai 1902 beginnen die Rohbauarbeiten.[71] Das Institutsgebäude wird um 10 m nach Westen verlängert und ein zweistöckiger Treppenturm mit Plattform angebaut. Die Arbeiten sind Mitte des Jahres 1904 abgeschlossen.[72]

Nach langwierigen Verhandlungen zwischen dem Kultusministerium und dem Stadtrat Heidelberg kommt im November 1904 ein Vertrag ›Über die Abtretung des Sternwartengeländes‹ zustande, abgeschlossen zwischen dem Badischen Landesfiskus und der Stadtgemeinde Heidelberg. Hier wird vertraglich geregelt, daß die Stadtgemeinde die Grundstücksparzellen Lagerbuch Nr. 5333^c und 5333^d dem Badischen Landesfiskus zu ›unentgeltlichem und unwiderruflichem Eigentum‹ abtritt. In einem Zusatzvertrag werden außerdem die Grundstücksparzellen Lagerbuch Nr. 5333^a und 5333^b zur unentgeltlichen Benutzung dem Staat zur Verfügung gestellt.[73] Im Jahre 1906 wird die Bergbahn bis zum Königstuhl weitergeführt; gleichzeitig wird die Sternwarte an das Elektrizitätsnetz der Stadt Heidelberg angeschlossen.[74]

Nach dem Ausscheiden von Valentiner wird ab Oktober 1909 die Astrometrische von der Astrophysikalischen Abteilung unter der Gesamtleitung von Wolf mitübernommen, nachdem dieser zuvor in Verhandlungen eine Reihe künftiger Veränderungen durchgesetzt hat, von deren Realisierung er sein weiteres Verbleiben auf der Sternwarte abhängig macht.[75] Er verlangt die Einrichtung einer Werkstatt im Ost-Institut, die Erweiterung des Dienerhäuschens und die Ausbesserung der Plattform um die Drehkuppel des Ost-Institutes.[76] Außer den geforderten Maßnahmen – die Erweiterung des Dienerhäuschens ausgenommen – und dem erwähnten Wohnhausbau für Wolf erfolgen in den nächsten Jahren keine nennenswerten baulichen Veränderungen. Erst Ende 1922 wird dann mit der

Erneuerung des Instrumentenpfeilers im Kuppelbau des Ost-Institutes eine weitere bauliche Maßnahme durch das Badische Bezirksbauamt getroffen.[77]

In einer Denkschrift vom November 1925 über die ›Mißstände, vornehmlich baulicher Art, an der Universität Heidelberg und ihren einzelnen Instituten‹ wird die Lage auf der Sternwarte als ›trostlos‹ bezeichnet. Diese Einschätzung bezieht sich sowohl auf die instrumentelle Einrichtung als auch allgemein auf den baulichen Zustand der Gebäude. Um die Sternwarte einigermaßen auf der Höhe der Zeit zu halten, wären ›sehr große Mittel‹ erforderlich.[78] Daraufhin arbeitet das Bezirksbauamt für das Budget 1926/27 fünfundzwanzig Pläne und Kostenvoranschläge für eine von Wolf beantragte zweite Erweiterung des West-Institutes aus. Die Gesamtkosten des Voranschlages betragen 114000 RM. Im außerordentlichen Etat wird ein reduzierter Voranschlag von 99 500 RM genehmigt.[79] Nach Abriß des 1906 angebauten Treppenhauses wird nach Plänen von Oberbaurat Ludwig Schmieder ein zweigeschossiger Bau mit Sockelgeschoß und Flachdach errichtet. Er schließt direkt an die Westseite des eingeschossigen Institutsgebäudes an, das gleichzeitig ein neues Satteldach erhält.[80] Noch im Jahr 1927 ist der Neubau fertiggestellt[81]; im oberen Geschoß wird die Bibliothek eingerichtet, in den unteren Geschossen sind weitere Arbeitsräume für die Astronomen untergebracht. Im Anschluß daran werden die frühere Bibliothek und die Assistentenzimmer im ersten Obergeschoß des Dienstwohngebäudes zu einer Wohnung umgebaut.[82]

Während der Zeit des Nationalsozialismus werden unter Prof. Vogt, der 1933 die Nachfolge von Wolf[83] angetreten hat, kaum bauliche Maßnahmen durchgeführt. 1935 wird die Plattform der Kuppel des Zwölf-Zoll-Refraktors erneuert[84]; die 1939 erfolgte Verlegung des Planeten-Institutes der Universität Frankfurt auf die Heidelberger Sternwarte führt zu keinen nennenswerten baulichen Veränderungen.[85]

Nach Ende des Zweiten Weltkrieges liefert Prof. Kopff, seit 1947 Nachfolger von Vogt, im März des Amtsantrittsjahres einen Bericht über die bauliche Situation auf der Sternwarte. Der bauliche Zustand aller Gebäude wird als ›beklagenswert‹ bezeichnet. Die Erfüllung des wissenschaftlichen Auftrags sei in Frage gestellt.[86] Er beantragt im gleichen Jahr ›wegen der beengten Wohnverhältnisse‹ die Errichtung von zwei Einfamilienhäusern; unter Hinweis auf die Nachkriegssituation wird dieser Wunsch vom Hochbaureferat des Finanzministeriums abschlägig beschieden.[87] Unmittelbar nach der Währungsreform 1948 werden zur Schaffung von Wohnraum im Dienstwohngebäude Umbauten vorgenommen mit einem Gesamtaufwand von 5000 DM.[88]

1950 macht Prof. Hans Kienle für die Übernahme des Institutes zur Bedingung, ›daß die Voraussetzungen für eine Reorganisation der Sternwarte geschaffen werden‹.[89] In seinem Schreiben vom November dieses Jahres an den Präsidenten des Landesbezirks Baden – Abteilung Kultus und Unterricht – heißt es zu diesem Thema: ›Nach sorgfältiger Prüfung der auf dem Königstuhl vorhandenen Einrichtungen komme ich zu der Feststellung, daß die Sternwarte heute nur noch als schlecht gepflegtes Museum gewertet werden kann.‹ Die Sternwarte sei instrumentell völlig veraltet. Darüber hinaus seien die gesamten baulichen Anlagen, insbesondere die Kuppeln und Dächer ›in einem bedenklich verwahrlosten Zustand‹ und erforderten dringend gründliche Instandsetzung, ›wenn sie nicht völlig verfallen sollen‹. Er legt einen Plan für die Reorganisation vor, dessen Verwirklichungszeit auf zwei bis drei Jahre veranschlagt ist. Sollten die Mittel dafür nicht aufgebracht werden können, ›so ist die Sternwarte möglichst rasch zu liquidieren‹. Kienles Plan geht von dem Grundgedanken aus, ›daß vom jetzigen Bestand erhalten bleiben soll, was musealen Wert hat und noch für Lehrzwecke gebraucht werden kann, und daß man daraus ein für die Allgemeinheit zugängliches Museum in Verbindung mit einer Volkssternwarte schafft‹. Gleichzeitig müsse das Forschungsinstitut völlig neu eingerichtet werden. Die angeschlossene Zusammenstellung der erforderlichen Bauarbeiten bezieht sich im wesentlichen auf Instandsetzungen der Dächer und Kuppeln und sieht eine gründliche Renovierung der meisten Innenräume vor.[90]

Der daraufhin vom Badischen Bezirksbauamt erstellte und beim Hochbaureferat vorgelegte Kostenvoranschlag ergibt eine Summe von 105000 DM, einschließlich 43000 DM für Entwässerung.[91] Aufgrund der ›ungünstigen Kassenlage‹ im Rechnungsjahr 1951 und der daraus resultierenden geringen Höhe der zur Verfügung stehenden Mittel für bauliche Instandsetzungsarbeiten stellt Kienle beim Hochbaureferat den Antrag, die für die Verbesserungen am Ost-Institut bewilligten Mittel für das West-Institut verwenden zu dürfen und die Arbeiten am Ost-Institut, das ohnehin nicht primär für wissenschaftliche Zwecke genutzt werden soll, zunächst zurückzustellen. Als vordringliche Arbeiten am West-Institut fordert er das Zumauern der Eingangstür an der Südseite und die Schaffung einer neuen steinernen Außentreppe am sogenannten Bruce-Teleskop am östlichen Ende des Instituts, außerdem die Vergrößerung der Kellerfenster an der Bergseite.[92] Der hierfür vom Bezirksbauamt errechnete Gesamtkostenaufwand von 25000 DM wird im November 1951 vom Finanzministerium genehmigt. Die Ausführung der Arbeiten erfolgt von März bis Juli 1952. Im gleichen Jahr wird am West-Institut auch noch das Flachdach des Bibliotheksbaues erneuert.[93] Außerdem werden in der Kuppel des Walz-Reflektors die Spaltbühne beseitigt, die Plattform durch einen höher liegenden Fußboden ersetzt und der Instrumentensockel erhöht; an der östlichen Seite wird eine Meßkabine eingebaut.[94]

In der 1952 von Kienle beim Bezirksbauamt vorgelegten Zusammenstellung der Arbeiten, die für 1953 vorzusehen sind, ist neben allgemeinen Instandsetzungen und dem Ausbau des Ost-Institutes als Museum und Volkssternwarte auch der Neubau eines Strahlungslabors aufgeführt. Kienle denkt dabei an ein Laboratorium ›mit Kuppelanbau für ein Schmidt-Teleskop‹. Zu den Baukosten sei die Happel-Stiftung mit 70000 DM heranzuziehen.[95] Für das Rechnungsjahr werden 53000 DM bewilligt. Gegen die vom Bezirksbauamt vorgesehene Verwendung der Gelder erhebt Kienle Einspruch, da die für das Ost-Institut vorgesehenen Mittel in Höhe von 12000 DM so gering seien, daß damit nur ›Flickarbeit‹ geleistet werden könnte, die bei dem ›verrotteten Zustand‹ des Gebäudes sinnlos sei; es müsse eine wirkliche Instandsetzung des Ost-Institutes erfolgen. Wenn die Mittel dafür nicht im Rahmen außerordentlicher Bewilligungen zur Verfügung gestellt werden könnten, ›muß man das Gebäude dann eben abschreiben und völlig verfallen lassen‹. Zur Verwirklichung des von ihm aufgestellten Planes benötige er unbedingt eine einmalige Summe ›in der Größenordnung von 100000 DM‹. Bezogen auf die bereits bewilligten Gelder plädiert er – wie im Vorjahr – für die Verwendung der gesamten Summe für die Fertigstellung der Arbeiten am West-Institut.[96] Zur Beseitigung der Wohnraumprobleme stellt er außerdem einen zweiten Antrag auf Erwerb der ›Villa Regina‹ (Haus Kohlhof Nr. 9) und den Bau eines Hauses mit drei Dreizimmerwohnungen. Das Bezirksbauamt fertigt hierfür Kostenvoranschläge zwecks Aufnahme in den Haushaltsplan 1954, jedoch wird diesem Plan nicht stattgegeben.[97]

1954 sind die Arbeiten am West-Institut bis auf Kleinigkeiten fertiggestellt. Die Zustände am Ost-Institut sind laut Kienle weiterhin katastrophal. Mitte des Jahres dürfen die elektrischen Leitungen nicht mehr unter Strom gesetzt werden. Das Gebäude ist ›unbenutzbar und unbenutzt‹.[98] Der östliche Teil des Ost-Institutes wird 1955 instandgesetzt. Die Erneuerung des westlichen Meridiansaales wird auf unbestimmte Zeit zurückgestellt.[99]

Bei der Finanzierung des neuen Strahlungslabors ergeben sich 1954 bezüglich der Beteiligung der Happel-Stiftung Schwierigkeiten. Das Kultusministerium als Stiftungsaufsichtsbehörde will deshalb das Bauvorhaben einstweilen noch zurückstellen.[100] Für 1955 beantragt dann die Sternwarte erneut die Errichtung des Strahlungslabors, darüber hinaus soll das Ost-Institut einen neuen, tonnenförmigen Stahloberbau über dem Repsoldschen Meridiankreis und ein Flachdach über dem alten Meridiansaal erhalten, der nach Abtragung des alten Meridiankreises zu Versammlungszwecken umgebaut werden soll.[101] Vom Bezirksbauamt wird für das Strahlungslabor (Happel-Labor) einschließlich der genannten Umbaumaßnahmen ein Gesamtaufwand von 240 000 DM errechnet. Nach Sicherung der finanziellen Beteiligung der Happel-Stiftung wird im Januar 1955 in den Entwurf des Staatshaushaltes ein erster Teilbetrag von 70 000 DM aufgenommen.[102] Im Juni 1955 beginnen die Bauarbeiten für das Happel-Labor. Die Bauleitung wird Oberbauinspektor Schneider vom Staatlichen Hochbauamt übertragen. Das Gebäude ist 1956 fertiggestellt. Am 27. Februar 1957 erfolgt die Einweihung des Happel-Labors in Anwesenheit zahlreicher Ehrengäste aus Wissenschaft und Politik.[103]

Auf Antrag Kienles wird 1959 eine asphaltierte Rampe zum Haupteingang des West-Institutes angelegt und das Gelände um die Gebäude hergerichtet. Im Mai dieses Jahres beantragt Kienle für das Rechnungsjahr 1960 erneut den Umbau des Ost-Institutes und einen neuen Aufbau für das südlich der Karlsruher Kuppel stehende Observatorium. Die errechneten Gesamtkosten hierfür betragen 175 000 DM. Für die Landessternwarte werden für 1960 160 000 DM Sondermittel bewilligt. Davon werden in diesem Jahr 35 000 DM für den Kuppelbau ausgegeben; dort wird ein Jahr später ein neues Instrument, ein Schmidt-Spiegelteleskop, aufgestellt.[104] Die für das Rechnungsjahr 1961 vorgesehene Instandsetzung wird auf Wunsch des neuen Direktors Prof. Hans Elsässer zurückgestellt; stattdessen soll der bisher als Museum gedachte östliche Meridiansaal durch Einziehen von Decken und Wänden unterteilt werden, um neue Arbeitsplätze zu gewinnen. Dieser Umbau wird jedoch verschoben; die für dieses Jahr freigegebenen Gelder werden in der Hauptsache für die weitere Instandsetzung der Wege und des Geländes verwendet.

Für das Jahr 1963 beantragt Elsässer den Umbau des Happel-Labors. Dort sollen durch Einziehen von Wänden weitere Arbeits- und Laborräume entstehen.

Der östliche Meridiansaal soll dann zu einem Hörsaal umgestaltet werden. Das Happel-Labor wird in der gewünschten Weise verändert. Im Refraktorturm des Ost-Institutes, der hauptsächlich als Museum genutzt wird, wird eine umfangreiche Sammlung von Photoplatten untergebracht. Erst in den Jahren 1967–69 wird mit einem Kostenaufwand von 278 323 DM am östlichen Meridiansaal der Spaltwagen (Meridianschieber) entfernt und durch eine einheitliche Konstruktion aus Holz und Stahlbeton ersetzt. Im Innern wird nach Abtragung der Instrumentenpfeiler der gewünschte Hörsaal eingerichtet. Die äußere Holzverkleidung des gesamten Meridiangebäudes wird erneuert, die westliche Stirnwand mit Mauerwerk verblendet.

Unter Prof. Immo Appenzeller, der 1975 die Nachfolge von Elsässer antritt, wird der Ausbau des Museums weitergeführt; außerdem wird im September 1984 auch der zweite Meridiankreis[105], der sich im westlichen Meridiansaal befand, abgetragen. Für das Jahr 1985 ist ein weiterer runder Kuppelbau von ca. 6 m Durchmesser mit einer Halbkugelkuppel aus Aluminium für ein neues 70 cm Spiegelteleskop projektiert.[106]

Beschreibung

Ost-Institut. Das Ost-Institut, in seiner heutigen Form stark durch den Umbau in   *542* den sechziger Jahren geprägt, besteht aus zwei in Ost-West-Richtung gereihten Hauptbaukörpern und einem schmalen, niedrigen Verbindungsbau. Charakteristisches Element ist das Baumaterial: bossierte Rotsandsteinquader unterschiedlicher Größe, dazu zugerichteter Werkstein an den sparsam eingesetzten Gliederungen. Das Refraktorgebäude im Osten hat quadratischen Grundriß; es umfaßt ein mit einem Sohlbankgesims ausgestattetes Hauptgeschoß und ein durch ein Bandgesims abgegrenztes und mit einem konsolenbestückten Kranzgesims schließendes Mezzaningeschoß. Auf dem begehbaren Flachdach befindet sich das Observatorium: Über einem runden, mit Eternitschindeln verkleideten Tambour sitzt eine drehbare Halbkugelkuppel aus verzinktem Eisenblech. Eingangs- und Hauptschauseite ist die Nordwand; sie ist dreiachsig und öffnet sich in ihrer Mitte mit einem Portal, dessen profiliertes Ohrengewände oben durch eine Keilsteingruppe, eine horizontale Verdachung und eine nach dem Schema des scheitrechten Sturzes gefügte Werksteinfolge mit bossiertem Mittelkeil betont ist. Das letztgenannte Motiv findet sich über den flankierenden Rechteckfenstern und über den Fenstern des Verbindungsbaus wieder. Die Fenster des Mezzanins sind querrechteckig. Das Flachdach besaß ursprünglich ein Geländer mit kräftigen Steinpfosten und diagonalverstrebtem Gitter; es wurde später durch ein schlich-   *543* tes Stahlrohrgeländer ersetzt. Das Innere des Hauptgeschosses des Refraktorgebäudes stellt sich als Umgang um den zylindrischen Mantel der Treppe dar, die ihrerseits um den ca. 2 m dicken Instrumentenpfeiler herumgelegt ist. Vom Mezzanin aus, das Nebenräume enthält, erreicht man die Beobachtungsplattform.

Östlich schließt an das Refraktorgebäude ein kleiner eingeschossiger Anbau mit Flachdach an, westlich der ebenfalls eingeschossige und vier Fensterachsen zählende Verbindungsbau (der außer dem Korridor Toiletten und einen Geräte-

raum aufnimmt). Das im Westen folgende ehemalige Meridiangebäude entspricht in seiner Länge der Gruppe von Refraktorgebäude plus Verbindungsbau; es hat Rechteckgrundriß, ein einziges, hohes Geschoß, das aufgesockelt ist und somit Hochparterrecharakter hat, und ein Satteldach mit geringem Neigungswinkel. Das Bossenmauerwerk tritt in der Sockelzone, an den Giebelwänden und als schmaler, die Innenteilung in zwei Räume markierender Streifen in Erscheinung. Ansonsten sind die Längsseiten des Gebäudes mit vertikal gestellten, schwarzgebeizten Brettern verkleidet. Bis zum Umbau in den sechziger Jahren bot das Me-
541 ridiangebäude freilich ein ganz anderes Bild: Es war völlig mit weißlackierten, horizontal montierten Brettern verschalt, hatte große Fenster mit Rolläden und im Westen über der Freitreppe einen hölzernen Windfang. Heute hat der westliche Gebäudeteil, der bis September 1984 seiner ursprünglichen Bestimmung diente, im Innern noch die Instrumentenpfeiler und außen den (in seiner Erscheinung durch den Umbau geprägten) sogenannten Meridianschieber, einen horizontal beweglichen Spaltverschluß, der das Gebäude umklammert; die Laufschienen lagern auf konsolengestützten Auskragungen des Sockelgesimses. Der Schieber schützt den 1,60 m breiten, in Nord-Süd-Richtung verlaufenden Meridianspalt. Der östliche Teil des Meridiangebäudes ist in einen durch Fensterbänder belichteten Hörsaal umgewandelt; nur die Gesimsauskragungen erinnern daran, daß hier früher ebenfalls ein Meridianschieber vorhanden war. Über der Tür der westlichen Giebelwand des Meridiangebäudes findet sich heute nur eine schlichte Kragplatte.

547 *West-Institut.* Das West-Institut, insgesamt etwa so lang wie das Ost-Institut und wie dieses ost-westlich gerichtet, besteht aus einem langgestreckten, niedrigen Gebäude (dem ursprünglichen Institut), einem westlichen Kopfbau mit Quadratgrundriß und einem östlichen Observatorium mit zylindrischem Unterbau und Halbkugelkuppel. Die Rotsandsteinquader sind überwiegend bossiert, an den Wänden der Hauptgeschosse des Westbaus geglättet. Gemeinsam ist allen Gebäudeteilen ein Sockelgeschoß, das aufgrund der Hanglage vor allem an der Nordseite und im westlichen Bereich als Vollgeschoß zur Geltung kommt.

Das ursprüngliche Institut stellt sich als ein mit einem flachen Satteldach gedeckter, über dem Sockelgeschoß ein weiteres Geschoß enthaltender Baukörper dar. An der Südseite zählt man sechs, an der Nordseite acht Achsen; nachdem in
546 den fünfziger Jahren die Tür im Süden durch ein Fenster ersetzt wurde, gibt es keinen separaten Zugang mehr. Die Fenster sind hochrechteckig, haben schlichte Gewände und über dem Sturz jeweils eine scheitrechte Steinlage. Der westliche, an der Südseite etwas vor die Flucht tretende Kopfbau ist um ein Geschoß höher und besitzt ein Flachdach, das nur über eine über dem Dach des alten Institutes ansetzende Außentreppe erreichbar ist. Die Kanten des Westbaus sind oberhalb des Sockelgeschosses durch große, intermittierend versetzte Eckquader betont; ein einfaches, schrägflächig auskragendes Kranzgesims aus Gußbeton bildet den oberen Abschluß und zugleich die Basis für das Eisengeländer der Dachterrasse. Die Südwand des Westbaus hat vier Achsen, die Nordwand, in der sich der Haupteingang befindet, ist dreiachsig. Die westliche Stirnwand hat nur in der Mittelachse Wandöffnungen: unten eine Tür, die zur mechanischen Werkstatt

führt, darüber eine Fenstertür mit einem kleinen Balkon, oben ein Fenster, das wie alle anderen dieses Gebäudeteils hochrechteckig ist. Die zweibündige Inneneinteilung des alten Instituts und des Westbaus ist ganz auf zweckmäßig-unkomplizierte Raumnutzung hin angelegt.

Ein einachsiger, schmaler Verbindungsgang führt aus dem alten Institut in das   *545*
östliche Observatorium, dessen Wandzylinder ein rundes Treppentürmchen und ein kleiner Anbau angeschlossen sind. Die Kuppel ist aus verzinktem Stahlblech. Von außen gelangt man durch eine südöstlich gelegene Tür und durch eine Pforte an der Nordseite des Verbindungsganges in das Observatorium. Innen dient ein Zwischenboden als Beobachtungsplattform. Der Instrumentenpfeiler steht, dem besonderen Aufbau des Geräts entsprechend, exzentrisch.

Happel-Labor. Das Happel-Labor für Strahlungsmessung, ein eingeschossiges, langgestrecktes Gebäude mit sehr flachem, eternitgedecktem Walmdach, steht in einem Parallelabstand von ca. 6 m nördlich des Westinstituts. Um des thermischen Schutzes willen ist es in den nach Norden abfallenden Hang eingesenkt. Der funktionalistische Klinkerbau verzichtet auf jeden architektonischen Aufwand. Die Tür liegt zwischen zwei Rechteckfenstern an der westlichen Stirnseite. Zur zunächst vorhandenen Fensterreihe kamen beim Umbau zahlreiche Fenster zum Lichtgraben hin, der den Bau an der Süd- und Ostseite begleitet; die Innenstruktur wurde zugunsten einer zweibündigen Anlage modifiziert. Südlich des Flurs sind die Meßzellen, der ›schwarze Körper‹ und der Vakuum-Spektrograph untergebracht, nördlich Laboratorien, Arbeitsräume usw.

Die freistehenden Observatorien. Die vier freistehenden Observatorien sind, funktionsbedingt, weitgehend einheitlich gestaltet. Der Walz-Reflektor hat einen quadratischen Hausteinunterbau, die anderen drei Observatorien haben mit Holz- bzw. Eternitschindeln verkleidete Wandzylinder. Das Material der Halbkugelkuppeln ist verzinktes Stahlblech. Im Innern sind die Instrumentenpfeiler, der Bauart des jeweiligen Fernrohrs entsprechend, zentral oder exzentrisch plaziert.

Die Wohnhäuser. Das Dienstwohngebäude (heute: Beamtenwohnhaus) ist ins-   *548*
gesamt reicher gestaltet als die Institutsgebäude. Das zweigeschossige, chaletartige Hausteinbauwerk hat ein weit überkragendes, ausgebautes Krüppelwalmdach und an der Eingangsseite zwei Treppenhausrisalite mit ebenfalls krüppelgewalmten Zwerchdächern. Die Fenster besitzen hochrechteckige Gewände und über dem Sturz jeweils eine scheitrecht gemauerte Keilsteingruppe. An den Frontseiten der Risalite und an den Giebelwänden unter den Schöpfen finden sich Drillingsfenster.

Das parallel zum Dienstwohngebäude stehende sogenannte Dienerhäuschen ist ein kleines, eingeschossiges Hausteingebäude, das gleichfalls ein ausgebautes Krüppelwalmdach hat.

Eine andere stilistische Haltung als diese beiden Bauten repräsentiert das für   *549, 550*
Max Wolf errichtete Wohnhaus. Zwar gibt es an dem zweigeschossigen, mit einem ausgebauten Walmdach und Altanen ausgestatteten Hausteinbau Elemente, die den früher entstandenen Häusern entsprechen (Bossenquaderung, scheit-

rechte Stürze über den Fenstern), doch ist die Gesamterscheinung ruhiger und
weniger malerisch.

Kunstgeschichtliche Bemerkungen

Die Landessternwarte Heidelberg-Königstuhl kann als erste durchweg moderne
Anlage Deutschlands bezeichnet werden, da sie als erste die Gruppenform mit
der Höhenlage verbindet und zugunsten der Zweckmäßigkeit auf eine repräsentative Architektur verzichtet.[107]

Die ›alte Sternwarte‹ – bei den frühen europäischen Sternwarten ist noch keine
bestimmte Form dominierend, erst seit dem Barock setzt sich ein einheitlicher Typus in Turmform durch, der Klassizismus verwendet dann hauptsächlich die
Längsform – hatte alle Räumlichkeiten in einem Gebäude vereinigt. Solange das
Personal nur aus einem Direktor, ein bis zwei Schülern und einem Hausmeister
bestand, erwuchsen hieraus keine besonderen Schwierigkeiten. Die im ausgehenden 19. Jahrhundert zu verzeichnende Vervielfachung des Personals der Sternwarten, die jetzt zu Arbeitsstätten wissenschaftlicher ›Teams‹ wurden, führte
auch auf dem Gebiet der Architektur zu Veränderungen. Während die früheren
Sternwarten betont repräsentativ und solide gebaut wurden, zeigen die ›modernen‹ Sternwarten eine Tendenz zu größerer Sachlichkeit und Zweckmäßigkeit.
Durch die oben beschriebene Entwicklung wurde eine Abtrennung der Wohnräume wie der übrigen beheizten Räume (Arbeitsräume und Bibliothek) notwendig, da Wärme und Rauch von den Beobachtungsräumen ferngehalten werden
mußten. Diese Trennung führte Ende des 19. Jahrhunderts dazu, daß die Sternwarte gleichsam ›in ihre Bestandteile zerfiel‹. Es entstand die moderne Anlage in
Gruppenform, die noch heute Gültigkeit hat. Diese Gruppenform löste den in
der Epoche des Historismus vorherrschenden Typus der Sternwarte in Kreuzform (mit Varianten) ab. Die in Straßburg errichtete Universitätssternwarte (Baubeginn 1877) kann als eine Vorform der Gruppenform angesprochen werden, indem hier zwar die einzelnen Bereiche schon getrennt sind, aber noch durch
überdachte Korridore miteinander verbunden sind; das Problem einer ›unkom-
plizierten Erweiterung‹ der Anlage ist hier noch nicht befriedigend gelöst.

Als die Gruppenform entwickelt wurde, stand der Historismus in seiner Blüte.
Es sollte auch in der Sternwartenarchitektur noch lange dauern, bis sie sich des
historistischen Vokabulars entledigte. Jahrzehntelang ist ein Unterschied zwischen der Fortschrittlichkeit der Anlage als solcher und dem historistischen Gepräge ihres äußeren Kleides zu beobachten (geradezu exemplarisch für diesen
Widerstreit ist die Universitätssternwarte von Nizza, begonnen 1879; sie ist modern in Bezug auf Lage und Form, nicht aber im Hinblick auf ihren architektonischen Stil).

Die erste wirklich moderne Sternwarte der Welt ist das Lick-Observatorium
auf dem Mt. Hamilton (begonnen 1875), das Max Wolf, nach dessen Vorstellungen die Heidelberger Sternwarte ja dann realisiert wurde, mehrfach besucht hatte
und an dem er sich bei der Aufstellung seines Bauprogramms ausdrücklich orientierte. Er zeigte sich sowohl von der sachlichen, schmucklosen Architektur als

auch von den Vorteilen eines Observatoriums in Höhenlage beeindruckt. Wolf forderte eine Anlage, die ›ohne Rücksicht auf architektonische Schönheit‹ gebaut werden sollte. Die Heidelberger Sternwarte ist insofern moderner als die genannten europäischen Beispiele, als sie nicht nur die Gruppenform mit der Höhenlage verbindet, sondern die Gebäude für wissenschaftliche Zwecke programmatisch so disponiert, daß sie ›ohne zu großen Aufwand‹ entfernt und durch neue ersetzt werden können, daß also die Zweckmäßigkeit Priorität vor dem Repräsentativen besitzt. Das heißt freilich nicht, daß in Heidelberg gänzlich auf ›sprechende‹ Architektur verzichtet worden wäre, wie sie seit der Renaissance in Auseinandersetzung mit der klassischen Antike entwickelt wurde und wie sie der Historismus in vielen Spielarten noch einmal zur Geltung kommen ließ: In der Tat sind Motive wie die Bossenquaderung, die scheitrechten Bögen und das Ohrengewände mit Keilstein Elemente einer historischen Architektur, die sich dem Zweckhaften unterordnen mögen, ihren eigenen Ausdrucksanspruch aber deswegen durchaus nicht aufgeben.

Anmerkungen

1 Seit 1954 lautet die offizielle Bezeichnung ›Landessternwarte Heidelberg Königstuhl‹

2 Zwei weitere Kuppeln sind in Institutsgebäuden integriert

3 GLA: 233/31629. Sie wurde von Franz Wilhelm Rabaliatti und Johann Lachner erbaut und befindet sich noch heute an der Nordseite der Jesuitenkirche

4 GLA: 233/31629

5 Ebd. Es werden u.a. auch von Heinrich Hübsch Pläne ausgearbeitet

6 GLA: 233/31629

7 Valentiner leitete die Mannheimer Sternwarte seit 1875

8 GLA: 422/827

9 GLA: 235/3238

10 Ein Refraktor oder auch Linsenteleskop ist ein astronomisches Fernrohr, dessen Objektiv aus einem Glaslinsensystem besteht

11 GLA: 422/827·

12 GLA: 235/3238

13 StA: 303,2. Zur Baugeschichte vgl. auch Reinhard Riese: Die Hochschule auf dem Wege zum wissenschaftlichen Großbetrieb. Die Universität Heidelberg und das badische Hochschulwesen 1860–1914, Stuttgart 1977, S. 251 ff.

14 Wolf orientierte sich hierbei am Lick-Observatorium in Kalifornien, das er bei seinen ausgedehnten Studienreisen in die USA mehrfach besucht hatte

15 GLA: 235/3238. Vgl. Pressebericht der Karlsruher Zeitung vom 4.3. 1893

16 GLA: 235/3238, 422/827

17 StA: 303,2

18 Ebd.

19 GLA: 422/827. Vgl. Schreiben Durms an das Ministerium der Justiz, des Kultus und Unterrichts (im Folgenden kurz Kultusministerium genannt)

20 GLA: 422/827. Dieses sieht vor: zwei Refraktoren, Beobachtungszimmer, Übungssäle, Hörsäle und ein Wohnhaus

21 GLA: 422/827

22 GLA: 235/3239

23 GLA: 422/827

24 Ebd.

25 GLA: 422/827; UBA: Spezialakten Staatsbauwesen

26 GLA: 235/3238

27–29 UBA: Spezialakten Staatsbauwesen

30 GLA: 235/3238

31 GLA: 422/827, 235/3239

32 StA: 303,2

33 GLA: 235/3239

34 GLA: 422/827

35 GLA: 235/3239

36 GLA: 422/827

37 UBA: Spezialakten Staatsbauwesen

38 GLA: 235/3239

39 Ebd. Sie wurde von Dr. Ristenpart vorgenommen

40 GLA: 422/827

41 GLA: 235/554. Bezeichnung für das

Wohngebäude; bis 1927 war dort u. a. die Bibliothek untergebracht

42 GLA: 235/554

43 UBA: Spezialakten Staatsbauwesen

44 GLA: 235/3239

45 Diese Konstruktion ist der Straßburger Sternwarte nachgebildet

46 UBA: Spezialakten Staatsbauwesen

47 GLA: 422/827. Dieses Instrument ist ein Geschenk der Amerikanerin Miss Catherine Bruce; lange Zeit Hauptinstrument der Sternwarte. 1956 bekommt das Teleskop ein neues Astrographen-Objektiv, gleichzeitig wird auch die Kuppel modernisiert. Die Gesamtkosten für diese Arbeiten betragen 75 000 DM

48 UBA: Spezialakten Staatsbauwesen. Diese Karlsruher Kuppel wird 1902 entfernt und durch eine Halbkugelkuppel der Firma Fuchs ersetzt

49 UBA: Spezialakten Staatsbauwesen. Es handelt sich hierbei um ein Teleskop, dessen Objektivdurchmesser fünf Zoll beträgt

50-53 UBA: Spezialakten Staatsbauwesen

54 GLA: 233/31629. Nach Ansicht des Kultusministeriums kann der Mehraufwand durch den Verkauf der Mannheimer Sternwarte ausgeglichen werden

55 UBA: Spezialakten Staatsbauwesen

56 Ebd.

57 GLA: 235/30821; UA: IV e, Nr. 54 a

58 UBA: Spezialakten Staatsbauwesen. Der Sechs-Zoll-Refraktor war lange Zeit das Hauptinstrument der Mannheimer, später der Karlsruher Sternwarte

59 UBA: Spezialakten Staatsbauwesen; Archiv Landessternwarte

60 Ebd. Der Kuppelbau wird 1959 abgerissen; das Instrument befindet sich heute im Museum der Landessternwarte

61 UBA: Spezialakten Staatsbauwesen

62 GLA: 422/827

63 Ebd.

64 Dieser Kuppelbau soll auch einen Zimmeranbau erhalten, der dann aus Kostengründen nicht zur Ausführung kommt. Statt dessen wird 1902 an der Ostseite des Astrometrischen Instituts ein aus zwei Räumen bestehender Anbau angefügt

65 Vierteljahresschrift der Astronomischen Gesellschaft 1901, Jahresbericht für 1900, Leipzig 1901. Dieses wie auch die meisten anderen Instrumente ist ein Geschenk; in diesem Fall von Major Kressmann, Karlsruhe

66 UBA: Spezialakten Staatsbauwesen

67 GLA: 235/3240. Ein Reflektor ist ein astronomisches Fernrohr, dessen bilderzeugende Komponente ein Hohlspiegel ist

68 GLA: 422/827

69 Ebd.

70 GLA: 235/3240

71 GLA: 422/827

72 GLA: 424 e/149

73 GLA: 235/3241; UA: F-II-6914

74 UBA: Spezialakten Staatsbauwesen

75 GLA: 235/3241. Wolf war in Wien eine sehr verlockende Stelle angeboten worden

76 GLA: 424 e/149

77 Ebd.

78 GLA: 235/30821

79 GLA: 235/30822

80 Vierteljahresschrift der Astronomischen Gesellschaft 1928, Jahresbericht für 1927, Leipzig 1928

81 UBA: Spezialakten Staatsbauwesen

82 Vierteljahresschrift der Astronomischen Gesellschaft 1928, Jahresbericht für 1927, Leipzig 1928

83 GLA: 235/30821. Wolf wird 1953 durch ein von Prof. Otto Schliessler entworfenes Denkmal geehrt - ein Sandsteinfindling mit Bronzeplakette -, das östlich des Walz-Reflektors aufgestellt wird

84 GLA: 508/169. Im gleichen Jahr erfolgt auch die Umstellung von Gleichstrom auf Drehstrom

85 GLA: 235/30821; UA: B-6910/2

86 GLA: 235/30821. Unter anderem hat die mechanische Werkstatt den größten Teil ihrer Materialvorräte und Einrichtungen verloren

87 GLA: 235/30822

88 UBA: Spezialakten Staatsbauwesen

89 Ebd.

90 GLA: 235/30821

91 Ebd.

92 UBA: Spezialakten Staatsbauwesen

93 Ebd.

94 GLA: 235/30821

95 GLA: 235/3241. Diese Stiftung wurde 1914 aufgrund einer testamentarischen Verfügung des Malers Karl Happel ›zur Förderung der Sternkunde‹ in Form von Wertpapieren eingerichtet

96 UBA: Spezialakten Staatsbauwesen

97 Ebd.

98 GLA: 235/30821

99 GLA: 508/169

100 GLA: 235/30832
101 GLA: 235/30821
102 UBA: Spezialakten Staatsbauwesen
103 Vgl. Archiv Landessternwarte
104 Archiv Landessternwarte
105 Dieses wie auch andere Instrumente der Landessternwarte wurde nach Mannheim überführt, wo es später in dem im Bau befindlichen Museum für Technik ausgestellt werden wird
106 Archiv Landessternwarte
107 Die folgenden Ausführungen stützen sich vor allem auf die Dissertation von Peter Müller: Sternwarten. Architektur und Geschichte der Astronomischen Observatorien, Frankfurt a. M./Bern 1975

Literatur

Müller, Peter: Sternwarten. Architektur und Geschichte der Astronomischen Observatorien, Frankfurt a. M./Bern 1975

Riese, Reinhard: Die Hochschule auf dem Wege zum wissenschaftlichen Großbetrieb. Die Universität Heidelberg und das badische Hochschulwesen 1860–1914, Stuttgart 1977, S. 251–257

SYLVIA KREUTZ

Die Orthopädische Klinik und Poliklinik

Schlierbacher Landstraße 200a

556 Die Orthopädische Klinik liegt außerhalb Heidelbergs, am Rande des Vorortes Schlierbach, in reizvoller Umgebung von Wald und Wiesen. Sie liegt auf ansteigendem Gelände zwischen dem Neckar und dem 489 m hohen Auerhahnkopf, nahe der parallel zum Fluß verlaufenden Bundesstraße 37, die Heidelberg mit Neckargemünd verbindet; nur durch einen hoch liegenden Bahnkörper ist sie von der verkehrsreichen Straße getrennt. Die Hauptzufahrt erfolgt durch eine Unterführung.

Geschichte

Während des Ersten Weltkrieges wird deutlich, daß die chirurgische Versorgung Kriegsversehrter im allgemeinen befriedigend geleistet werden kann, eine ausreichende Nachbehandlung und Rehabilitation aber nicht gesichert ist. Die Forderung nach entsprechenden Institutionen wird in erster Linie von dem Mediziner Hans Ritter von Baeyer gestellt, der schon in einem Artikel in der ›Frankfurter Zeitung‹ vom 31. Dezember 1914 die Gründung eines ›militärischen Sanatoriums für Amputierte und einer Zentrale für ihre Nachbehandlung‹ vorschlägt. Am 15. März 1917 erscheint eine Denkschrift von E. Fischer und Hans von Baeyer, in der wiederholt die Forderung nach einer Nachbehandlungsstätte für Kriegsverletzte gestellt wird, mit dem ergänzenden Vorschlag, eine solche Zentralanstalt einer Universität anzugliedern.[1]

Auf Initiative des Heidelberger Oberbürgermeisters Ernst Walz und mit Unterstützung des Geheimen Oberregierungsrates Victor Schwoerer wird am 25. Juni 1917 beschlossen, eine ›Orthopädische Anstalt‹ in Heidelberg zu gründen, die an die Universität angeschlossen werden soll.[2] Die Klinik ist als Stiftung der deutschen Industrie und des deutschen Kapitals gedacht; auf einen ›Werberuf zur Gründung einer Orthopädischen Anstalt der Universität‹ vom 9. August 1917 gehen bis 1918 circa 3,2 Millionen Goldmark an Spenden ein[3], die den geschätzten Gesamtaufwand für einen Klinikneubau gedeckt hätten, wäre nicht eine rapide Entwertung des Geldes eingetreten. Der Mehraufwand muß durch Reichs- und Staatsaufwendungen von rund 6 Millionen RM sowie zusätzliche Spenden aufgefangen werden, wenn das Projekt nicht gefährdet werden soll.[4] Am 16. Dezember 1917 findet in Heidelberg eine Sitzung der Stifter unter dem Vorsitz des Prorektors der Universität, Professor Friedrich Endemann, statt, in der eine Satzung für die geplante Anstalt erörtert und einstimmig beschlossen wird. In dieser Satzung ist unter anderem festgelegt, daß die Stiftung von der Universität Heidelberg geführt werden soll, die Verwaltung aber dem Unterrichtsministerium obliegt, das bei Beratung wichtiger Angelegenheiten, die Stiftung betreffend, ein Kuratorium heranziehen soll, das aus Vertretern verschiedener Fakultäten, dem Leiter der Klinik, Stiftungsmitgliedern und anderen[5] zusammengesetzt ist.[6]

Am 2. Januar 1918 wird für das Bauvorhaben die staatliche Genehmigung erteilt, und die offizielle Gründungsfeier zur neuen ›Orthopädischen Anstalt Heidelberg‹ findet am 3. Februar 1918 in der Aula der Alten Universität, unter Schirmherrschaft des Großherzogs von Baden, statt. Das Bauprogramm stammt von Hans von Baeyer, der 1919 zum ersten Klinikdirektor gewählt wird. Mit der Ausführung des Bauprojektes wird Professor Karl Caesar von der Technischen Hochschule Karlsruhe betraut, nach einem Beschluß des Kuratoriums, keinen Wettbewerb auszuschreiben. Zum örtlichen Bauleiter wird Dipl. Ing. Pfeiffer berufen.[7]

Im Jahre 1919 findet die Grundsteinlegung auf dem von der Stadt unentgeltlich zur Verfügung gestellten Gelände in Schlierbach statt. Obgleich Caesar gezwungen ist, seine Pläne für die mehrflüglige Anlage des Hauptgebäudes, das er mit drei Geschossen und ausgebautem Dachgeschoß konzipiert hat, zu ändern, das heißt um ein Geschoß zu reduzieren, sind bereits drei Jahre nach der Grundsteinlegung der Anstaltsbau sowie verschiedene Nebengebäude (letztere weichen ebenfalls in der Geschoßzahl, aber auch in der Form von den ursprünglichen Plänen ab) fertiggestellt, so daß am 11. Dezember 1922 die Klinik eingeweiht werden kann.[8] Das Hauptgebäude bietet zu diesem Zeitpunkt Raum für 240 klinische Betten, verteilt auf die verschiedenen Abteilungen für Kinder, Frauen und Männer.[9]

Schon im Jahre 1925 erfolgen erste Erweiterungsbaumaßnahmen. Der eingeschossige Küchenflügel des Hauptgebäudes wird um zwei Geschosse erhöht. Die Mitte dieses Flügels nimmt nun eine über zwei Geschosse reichende katholische Kapelle ein, beidseitig werden weitere Krankenräume eingerichtet. Gleichzeitig entsteht ein Anbau mit Liegehallen, der sich westlich an den Küchenflügel anschließt. Im März 1927 wird der Anbau zusammen mit der katholischen Kapelle eingeweiht.[10] Ein Jahr später erfolgt erneut ein Bauantrag auf Erweiterung der Klinik. Geplant ist ein zusätzlicher Bettenbau südlich des Hauptgebäudes, der durch einen Verbindungsgang an dieses angeschlossen und als Privatabteilung genutzt werden soll. Am 20. März 1928 wird die Baugenehmigung erteilt, und das Gebäude wird noch im gleichen Jahr fertiggestellt. Die Pläne zum Neubau dieses sogenannten ›Südbaues‹ stammen ebenfalls von Caesar. Bezuschußt wird das Bauprojekt mit einem Darlehen der Landesversicherungsanstalt Baden in Höhe von 350 000 RM.[11]

Bereits am 14. August 1928 wird ein weiterer Bauantrag zu einem Neubau eingereicht. Gewünscht wird dieses Mal ein Gebäude für die ›Lehr- und Erziehungsanstalt‹, die seit 1913 in Heidelberg/Rohrbach als ›Krüppelheim‹ bestand; seit 1919 von Hans von Baeyer ärztlich betreut, war das Heim 1920 der Leitung der Schlierbacher Klinik unterstellt worden. Die große Entfernung von der Orthopädischen Klinik und die finanzielle Misere, in der sich das Heim befand, gaben Ausschlag für den Beschluß des Kuratoriums, die Einrichtung nach Schlierbach

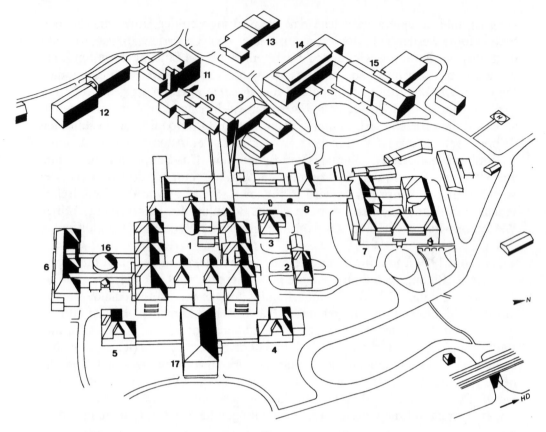

Orthopädische Klinik und Poliklinik. Übersicht (nach Entwurf von A. Sendelbach)

1 Hauptgebäude	*7* Wielandheim	*13* Krankengymnastikschule
2 Pförtnerhaus	*8* ›Verbindungsgang‹	*14, 15* Querschnittgelähmtenzentrum
3 Waschhaus	*9* Hallenbad	(Ludwig-Guttmann-Haus,
4, 5 Ehemalige	*10* Dysmeliestation	Kurt-Lindemann-Haus)
Ärztewohnhäuser	*11* Spina-Bifida-Zentrum	*16* Evangelische Kapelle
6 Südbau	*12* Personalbauten	*17* Operationsanbau

zu verlegen und dort als ›Wielandheim‹ neu einzurichten. Die Pläne zum Neubau, der nördlich vom Hauptgebäude zu stehen kommen soll, stammen von Caesar[12], diesmal jedoch in Zusammenarbeit mit dem ebenfalls an der Technischen Hochschule lehrenden Architekten Gisbert von Teuffel. Die Baukosten belaufen sich auf etwa 750 000 RM. Am 1. Oktober 1930 kann das Wielandheim[13] dem Betrieb übergeben werden. Das Heim ist eine ›Lehr- und Erziehungsanstalt‹ für behinderte Jugendliche und verfügt über eine private Heim-Sonderschule, über zahlreiche Wohn-, Spiel- und Aufenthaltsräume, die den Bedürfnissen Behinderter entsprechen, sowie über Werkstätten, in denen heute noch Behinderte in Handwerksberufen ausgebildet werden.

1933 wird Hans von Baeyer aus seinem Amt entlassen. Seine Nachfolge tritt Professor Otto Dittmar an, der die Klinik bis 1945 leitet. Unter der Direktion Dittmars wird eine Kinder-Sonderstation B im Wielandheim eingerichtet, eine Rekonvaleszenten-Abteilung, die 1937 erstmals belegt, 1939 aber, wohl wegen des Krieges, wieder aufgegeben wird. Außerdem wird 1936 eine ›Sonderstation für Heil- und Berufsfürsorge‹ für Schwerstbeschädigte eingerichtet, die zunächst in Teilen des Südbaues, 1940, nach Umbauten im Hauptgebäude, dort untergebracht wird.[14] Während des Zweiten Weltkrieges werden Teile der Klinik als Lazarett genutzt. Der Krieg hat auch zur Folge, daß 1943 eine aus Köln evakuierte Krankengymnastikschule nach Schlierbach verlegt und zunächst im Wielandheim untergebracht wird.[15]

1946 übernimmt Professor Sigmund Weil das Amt des Klinikdirektors. In der unmittelbaren Nachkriegszeit erfolgen zunächst nur kleinere bauliche Erweiterungen, bis 1951 ein größeres Projekt in Planung kommt: Am 16. Mai 1951 wird der Antrag zum Bau eines Hallenschwimmbades gestellt, das westlich mit einem Verbindungsgang an das Hauptgebäude anschließen soll. In den Nachtragsplänen vom 25. Juni 1951 ist erläutert, daß dem Hallenbad noch ein Gebäude für eine Kinderstation angefügt werden soll. Mit der Planung und Ausführung wird Oberbaurat Barié vom Klinikbaubüro der Universität betraut, und nach etwa einem Jahr Bauzeit sind beide Gebäude fertiggestellt. Die Einweihung findet am 1. August 1952 statt. Das Hallenbad ist mit allen Einrichtungen der modernen Hydrotherapie, Gymnastiksaal, Sauna usw. äußerst modern ausgestattet. Die Baukosten betragen circa 500 000 DM.[16]

Nachfolger Weils wird 1954 Professor Kurt Lindemann. Die Klinik ist zu diesem Zeitpunkt völlig überlastet, und Maßnahmen zur Behebung der beengten Lage sind dringend erforderlich. Schon im Jahr seines Amtsantrittes läßt Lindemann die Frauenstation um eine Liegehalle erweitern. Etwa ein Jahr später sind weitere Projekte in Planung: ein östlicher Anbau an das Zentralgebäude, ein Bau für die Krankengymnastikschule sowie Personalwohnungen. Schule und Personalbauten sollen nahe dem Stadtwald, westlich des Hauptgebäudes errichtet werden. In dem Anbau sollen unter anderem Röntgen- und Operationsräume, Laboratorien, eine Bibliothek und eine Apotheke untergebracht werden. Mit den Bauarbeiten ist das Klinikbaubüro Heidelberg beauftragt.[17] Der Kostenvoranschlag beläuft sich auf circa 1,6 Millionen DM, die über Darlehen der Landesversicherungsanstalt Baden, der Stadt Heidelberg, der Stiftung selbst und anderen Institutionen aufgebracht werden.[18] Noch vor Beendigung der Bauarbeiten an den drei Großprojekten kann am 11. Juni 1959 eine evangelische Kapelle dem Betrieb übergeben werden; sie schließt westlich an den Verbindungsgang vom Hauptgebäude zum Südbau an. Die Kapelle, von dem Heidelberger Architekten G. Hauss geplant, ist in etwa einem Jahr Bauzeit fertiggestellt worden; die Kosten betragen circa 90 000 DM.[19] Im gleichen Jahr, am 20. Juni, findet eine Kuratoriumssitzung statt, auf der Lindemann die Fertigstellung der Krankengymnastikschule, der Wohnhäuser und diverser anderer Bauarbeiten sowie die baldige Vollendung des Anbaues bekanntgibt. Im weiteren unterrichtet Lindemann die Kuratoriumsmitglieder von seiner Absicht, ein Querschnittgelähmtenheim zu errichten. Die Kosten veranschlagt er auf circa 1 120 000 DM.[20] Zunächst soll im Hauptgebäude eine kleine Querschnittgelähmtenstation eingerichtet werden. 1962/63 wird der Plan für den Neubau forciert. Nachdem bereits die zuständigen Regierungsstellen die von dem Architekten O. Baumeister gefertigten Vorentwürfe gebilligt haben, erfolgt am 26. Januar 1963 eine Bauanfrage Lindemanns an die Stadtverwaltung, in der die Dringlichkeit des Baues eines Querschnittgelähmtenzentrums mit Nachdruck betont ist. Nach weiteren Planungsänderungen wird schließlich mit dem Neubau begonnen; er kann am 2. November 1966 seiner Bestimmung übergeben werden. Das Zentrum besteht aus zwei Hauptabteilungen, die in verschiedenen, aber miteinander verbundenen Bauten untergebracht sind. Die Abteilung für beruflich-soziale Rehabilitation ist nach dem 1966, kurz vor der Eröffnung, verstorbenen Initiator Kurt Lindemann benannt; die klinische Abteilung nach Ludwig Guttmann, einem aus Österreich stammenden Mediziner.[21] Die Kosten für beide Gebäude, die nordwestlich des Hauptgebäudes liegen, belaufen sich auf etwa 4 500 000 DM.[22]

Zwischen 1963 und 1965 entsteht ein weiteres Projekt, mit dessen Planung und Ausführung ebenfalls O. Baumeister betraut ist. Es ist der Bau einer Station für Kinder mit Gliedmaßenfehlbildungen durch Contergan, die an die schon bestehende Kinderstation angefügt wird. Der Bau soll unter anderem der ständigen Überbelegung abhelfen. Am 4. Juni 1965 findet die Einweihung des etwa 620 000 DM teuren Neubaues statt.[23]

1967 wird Professor Horst Cotta die Leitung der Klinik übertragen. Cotta veranlaßt eine institutionelle Umstrukturierung der Klinik mit dem Ziel, den gesamten Klinikbetrieb reibungsloser zu gestalten. In diesem Zusammenhang erhält die Klinik den neuen, offiziellen Namen ›Orthopädische Klinik und Poliklinik der Universität Heidelberg‹.[24] Neben vielfältigen Änderungs- und Umbaumaßnahmen kommt 1975 ein neues Bauprojekt in Planung: ein Spina-Bifida-Zentrum.[25] Am 5. Dezember 1977 wird nach Plänen von K. H. Simm mit den Bauarbeiten begonnen und 1979 ist das Gebäude, das sich westlich an die Kinderabteilung anschließt, fertiggestellt. Die Kosten belaufen sich auf etwa 4 000 000 DM.[26] Das Spina-Bifida-Zentrum ist das letzte in der Reihe der größeren Klinikbauten.[27] Die Orthopädische Anstalt in Schlierbach sieht einer Gesamtsanierung entgegen, die das Bild der Anlage wesentlich verändern wird. Ein Raum- und Funktionsprogramm ist bereits erstellt und mit dem Beginn der Bauarbeiten wird für 1986 gerechnet.[28]

Beschreibung

555, 556 Das Hauptgebäude und das Wielandheim liegen nahe der Bundesstraße (B 37) und sind durch eine Unterführung als erste Gebäude der Klinik zu erreichen. Verdeckt von ihnen liegen die anderen Anstaltsbauten westlich bis nordwestlich der Hauptanlage, und zwar ohne erkennbaren Bezug zu dieser, im Gelände verstreut. Dicht an das Hauptgebäude schließen sich westlich das Hallenbad und die Kinderstation mit einem Verbindungsgang an; wiederum westlich grenzt das Spina-Bifida-Zentrum an die Kinderstation. Neben diesem Zentrum stehen einige Wohnhäuser, im Norden die Krankengymnastikschule. Das Querschnittgelähmtenzentrum befindet sich im Nordwesten der weitläufigen und unübersichtlichen Anlage. Im Folgenden werden lediglich die zum architektonischen Grundbestand zählenden Gebäude summarisch beschrieben.

551-553 Das *Hauptgebäude,* in dem sich heute unter anderem Ambulanzen, eine Intensivstation und andere Stationen befinden, ist eine eigentümlich disponierte Mehrflügelanlage. Zwei der Flügel, nämlich der südliche und nördliche, liegen parallel in Ost-Westrichtung; verbunden werden sie durch einen Querflügel in etwa einem Drittel ihrer Länge nach Osten hin. Im Westen liegt ein weiterer Querflügel, der durch zwei etwas niedrigere Verbindungsbauten an die westlichen Schmalseiten des Süd- und Nordflügels angeschlossen ist. Der nördliche Verbindungsbau setzte sich ursprünglich nach Westen hin eingeschossig fort und mündete in einem nord-südlich gerichteten Baukörper; diese Situation bietet sich heute anders dar. Die Anlage, als Putzbau mit biberschwanzziegelgedecktem Dach ausgeführt, ist zweigeschossig zuzüglich eines ausgebauten Dachgeschosses. Das stark auf Symmetriewirkung zielende Gliederungsprinzip gilt mit Abwandlungen für alle Fassaden; es sei an der Nordfassade, in deren Mittelachse *557* der Haupteingang liegt, exemplarisch erläutert. Die Fassade umfaßt siebzehn Fensterachsen; im Gleichtakt sind die erste und zweite, sechste und siebte, elfte und zwölfte sowie sechzehnte und siebzehnte Achse jeweils dreigeschossig ausgebildet, und zwar derart, daß das oberste Geschoß Zwerchhauscharakter hat. Entsprechend sind vier abgewalmte Zwerchdächer mit dem höhengleichen Längssatteldach verschnitten. Zwischen den Zwerchhäusern sitzen jeweils drei Gaupen mit Walmdächern und über der mittleren Gaupe ein weiteres kleines Dachhäuschen. Die Flügelrückseite ist ähnlich organisiert. Horizontal sind die Geschosse durch einen niedrigen Sockel und durch eingetiefte Putzbänder in Stockwerkhöhe gegliedert, vertikal durch eine in der gleichen, sparsamen Technik angedeutete intermittierende Quaderung der Flanken und der Kanten der Zwerchhäuser. Das ursprüngliche Hauptportal mit einer barockisierenden Sprenggiebelverdachung *554* nebst Medaillon[29] ist heute durch einen schmucklosen Durchbruch unter einem häßlichen Kunstglasdach ersetzt. Die Fenster haben schlichte Segmentbogengewände und Flügel mit Sprossenteilung. Insgesamt wirkt die Fassade mehr durch die Verteilung der Baumassen als durch die Binnengliederung.

Die Südseite des Südflügels weicht insofern von der beschriebenen Struktur ab, als die Zwerchhausachsen vom ersten Obergeschoß an als Risalite ausgebildet sind; die dazwischenliegenden Achsen springen zurück und sind mit Loggien bzw. im Dachgeschoß, das hier durchgehend als Vollgeschoß erscheint, mit Balkonen ausgestattet. Dafür verschwindet im westlichen Bereich, bedingt durch einen abrupten Geländeanstieg, das Erdgeschoß im Erdreich; unter den Loggien weiter im Osten ist es etwas vor die Gebäudeflucht gezogen. Die östlichen Enden des Nord- und Südflügels wirken von Osten her als dreigeschossige Kopfpavillons mit vier Fensterachsen; den beiden Mittelachsen sind im ersten und zweiten Obergeschoß Balkone zugeordnet. Der östliche, mit Ausnischungen anbindende Querflügel stellt sich neunachsig dar, mit Zwerchhäusern über der zweiten und dritten sowie der siebten und achten Achse. Die Pendants der Zwerchhäuser bilden auf der Hofseite zwei apsidenförmige Risalite, die im Erdgeschoß laubenar- *558* tig aufgelöst sind; im ersten Obergeschoß befanden sich ursprünglich der Aseptische und der Septische Operationssaal. Auf der anderen Hofseite akzentuiert ein exedrenförmiger Mittelrisalit den Westflügel, der in seiner heutigen Form von der anfänglichen erheblich abweicht; aus dem niedrigen Küchenflügel mit einem mittleren Kapellenaufbau ist ein großer Baukörper geworden. Die Ostansicht wurde durch die Vorlagerung des voluminösen, mit einem Walmdach gedeckten Quaders des neuen Operationsbaues entstellt. Innen sind die drei Hauptflügel im

Erdgeschoß unregelmäßig, im Obergeschoß und im Dachgeschoß prinzipiell zweibündig disponiert.

Dem Hauptgebäude stilistisch verwandt und lagemäßig zugeordnet sind vier gleichzeitig entstandene *Nebengebäude:* das dem Nordflügel vorgelagerte, im Grundriß rechteckige Pförtnerhaus[30], westlich davon das im Grundriß gedrungen T-förmige Waschhaus und im Osten der Anlage, außerhalb der Fluchtlinien der Hauptflügel, zwei als Pendants konzipierte winkelhakenförmige Wohnhäuser. Alle diese Bauten haben ein Haupt- und ein Dachgeschoß.

Parallel zum Südflügel des Hauptgebäudes steht der den gleichen Gliederungs- und Stilprinzipien folgende *Südbau.* Er stellt sich an der Nordseite zweigeschossig dar, an der Südseite dreigeschossig, wobei im Westen der Geländeanstieg äußerlich zu einer Reduktion der Geschoßzahl führt. Mit dem Hauptgebäude ist der Südbau durch einen zweigeschossigen Gang verbunden, der an einen der Risalite des Südflügels anschließt. Die dreizehnachsige Nordfassade des Südbaus hat, anders als irgendeiner der Flügel des Hauptgebäudes, eine Mittenbetonung, und zwar in Gestalt eines dreiachsigen Zwerchhauses, mit dem an den Flanken je ein zweiachsiges Zwerchhaus korrespondiert. Die Südfassade kennt keine solchen Akzente; sie ist vielmehr durch großzügige, um die Gebäudekanten herumgeführte Balkone geprägt.

Das ebenfalls von Caesar erbaute *Wielandheim* folgt den gleichen Architekturprinzipien wie das Hauptgebäude. Es handelt sich um eine im gleichen Orthogonalraster wie dieses stehende dreigeschossige Dreiflügelanlage, die im Westen durch einen subordinierten Flügel mit einem Geschoß und Flachdach ergänzt wird. Der östlichen Hauptfassade des Wielandheimes ist ein Rondell vorgelegt, über das die Zufahrt zu dem in der Mitte situierten Portal erfolgt. Der Aufriß der Fassade ähnelt sehr dem der Nordseite des Südbaus; auch hier sind die Mitte durch ein dreiachsiges und die Flanken durch zweiachsige Zwerchhäuser betont. Weitere zentrierende Elemente sind ein zwei Achsen breiter Balkon über dem Portal und ein großes darüberliegendes Schriftfeld (›Wielandheim‹). Insgesamt wirkt die Fassade weniger einheitlich als die Schauseiten des Hauptgebäudes; im Erdgeschoß gibt es eine Irregularität der Achsenordnung, die Fenster des ersten Obergeschosses sind sehr viel breiter als die anderen, das Obergeschoß springt zwischen den Zwerchhäusern zurück und läßt so zwei Altane entstehen. Im Dach sitzen auffallend breite Froschmaulgaupen.

An den Südflügel des Wielandheimes schließt ein Trakt an[31], der mit einem Annex des Hauptbau-Nordflügels verbunden ist und östlich mit diesem fluchtet. Der Trakt selber, der in den Formen dem Wielandheim entspricht, winkelt mit einem kurzen Flügel nach Westen um. Von einer Position zwischen Hauptgebäude und Wielandheim aus stellt sich die Anlage als ein komplexes Ganzes dar, dessen Einheitlichkeit aus dem Orthogonalbezug und der stilistischen Verwandtschaft der Teile resultiert.

Alle anderen in der Folgezeit entstandenen Gebäude lassen solche Übereinstimmungen vermissen. Es sind moderne Funktionsbauten, unterschiedlich in Konstruktion und Aussehen. Das Hallenbad, die Wohnhäuser und der neue Operationsbau sind in herkömmlicher Technik über Betonfundamenten aufgemauert. Das Querschnittgelähmtenzentrum, bestehend aus zwei winkelhakenförmig verbundenen Gebäuden und einem nordwestlichen Trakt, ist eine Stahlbetonskelettkonstruktion mit Mauerausfachung; das Kurt-Lindemann-Haus und das Ludwig-Guttmann-Haus sind dreigeschossig, ersteres mit flachem Satteldach, letzteres mit einem niedrigen, sattelgedeckten Aufsatz auf der Dachterrasse. Das Spina-Bifida-Zentrum ist in Stahlbetonbauweise mit vorgehängten Betonfertigteilen erstellt; lange Fensterbänder, ein eingeschachtelter Aufzugturm und ein Penthouse prägen seine Form.

Kunstgeschichtliche Bemerkungen

Von einem Orthopädischen Zweig der Chirurgie in Deutschland kann man genaugenommen erst nach 1800 sprechen. Die Gründe, die früher schon für eine sogenannte ›Krüppelfürsorge‹ geltend gemacht wurden, sind heutzutage schwer zu verstehen, vor allem wohl deshalb, weil in den Forderungen der Aspekt der Menschenwürde gänzlich unbeachtet blieb und es offenbar nur darum ging, die Betroffenen aus den Menschengemeinschaften zu entfernen und sie fernab unter ›Verschluß‹ zu halten. Hierzu ein Zitat von dem Göttinger Professor K. F. H. Marx (1796-1877): ›Mitleid mit Krüppeln und Personen, die an ekelhaften Übeln laborieren, hat sich darauf zu beschränken, für deren angemessenen Aufenthalt in Siechhäusern mit Gärten, die sie jedoch nie verlassen dürfen, zu sorgen. Der widrige Anblick solcher Unglücklichen muß dem öffentlichen Verkehr entzogen bleiben, denn der Eindruck auf Empfindsame, oder gar Schwangere, ist höchst bedenklich.‹[32] Zu der Zeit, als diese Meinung geäußert wurde, gab es allerdings schon andere Ansichten zu diesem Thema, die eher den heutigen Forderungen an eine Orthopädische Klinik entsprechen.[33]

Die Orthopädische Klinik in Schlierbach entstand kurz nach Ende des Ersten Weltkrieges. Angesichts von Kriegsniederlage, Reparationsforderungen und schließlich Inflation mag die große Bereitwilligkeit erstaunen, mit der man dem Spendenaufruf folgte. Aber sicherlich war der Zeitpunkt richtig gewählt, denn die menschlichen und die wirtschaftlichen Folgen des Krieges waren noch allzu präsent. Daß die Klinik so weit außerhalb Heidelbergs gebaut wurde, mag seinen Grund darin haben, daß die Stiftung das Bauland in Schlierbach als Schenkung erhielt. Andererseits steht die Abseitslage dem Anspruch einer solchen Klinik, die Rehabilitanden ins aktive Leben zurückzuführen, in gewissem Maße entgegen; ob der Gedanke, die Kriegsversehrten vom Stadtbild zu isolieren, eine Rolle spielte, ist nicht zu beantworten.

Gebaut wurde die Klinik nach Entwürfen von Karl Caesar, dem im Jahre 1923 von der Medizinischen Fakultät dafür die Ehrendoktorwürde verliehen wurde.[34] Caesar, 1874 in Münster an der Lahn geboren, hatte an der Technischen Hochschule in Berlin-Charlottenburg studiert, war Assistent bei Hugo Hartung und trat dann in den preußischen Staatsdienst. Aufgrund seiner Leistungen im Landkirchenbau wurde er 1909 auf den Lehrstuhl für Landbau an die Technische Hochschule Berlin berufen. 1918 folgte er einem Ruf nach Karlsruhe, 1935 kehrte er nach Berlin zurück.[35] Die Orthopädische Klinik gilt als sein Hauptwerk.

Mit Caesar wählte das Kuratorium der Stiftung einen Architekten konservativer Prägung. Seine Haltung läßt sich exemplarisch an der Schlierbacher Klinik ablesen. Der Architekt greift auf historische Bauformen zurück, setzt sie jedoch auf recht individuelle und originelle Weise um. Die Mehrflügelanlage mit dem dominanten Motiv der Rhythmisierung der Baumassen durch Zwerchhäuser und dem Verzicht auf fassadenübergreifende Instrumentierung (etwa durch Kolossalpilaster) erinnert an deutsche Schloßbauten des siebzehnten Jahrhunderts, ohne daß man auf bestimmte Beispiele verweisen könnte. Auch auf barocke Klosteranlagen spielt Caesar an, wie denn die Ausbildung der Fenster, einiger Treppenhäuser und verschiedener Stuckdecken Anregungen durch das 17. und 18. Jahrhundert bezeugt. Allerdings verwandelt Caesar den historisierenden Formenapparat der besonderen Bauaufgabe an und sucht keinen unangemessenen Repräsentationseffekt; seine Formensprache ist im Gegenteil betont zurückhaltend, und seine Fähigkeit, eine Vielzahl von Baukörpern einigermaßen übersichtlich zu gruppieren, ist nicht zu unterschätzen. Freilich haben die zahlreichen nachträglichen Erweiterungs- und Ergänzungsbauten aus der Orthopädischen Klinik ein eher chaotisch anmutendes Konglomerat gemacht.

Vor einigen Jahren wurde eine Planung mit dem Ziel eingeleitet, die Klinik umzustrukturieren und sie so moderner und funktionaler zu gestalten. Eine Voranfrage beim Landesdenkmalamt und bei der Unteren Denkmalschutzbehörde (Stadtverwaltung Heidelberg) ergab, daß die Behörden die gesamte von Caesar entworfene Anlage als schutzwürdig im Sinne §2 Denkmalschutzgesetz befinden.[36] Demnach gehören der Hauptbau mit der Innenseite des oberen Innenhofes sowie die vier kleinen Nebengebäude zur ersten Kategorie, was bedeutet, daß die Gebäude außen wie innen ›in denkmalpflegerischem Sinne saniert werden‹ müssen.[37] Zur zweiten Kategorie zählen das Wielandheim und der Südbau; bei diesen beiden Gebäuden sind Abstriche im Hinblick auf die Erhaltungspflicht gemacht worden, das heißt sie dürfen im Inneren verändert werden.[38] Einer dem Bauaufsichtsamt Heidelberg vorgelegten Bauvoranfrage zufolge trug sich die Stiftung mit dem Gedanken, das Wielandheim und den Trakt zwischen diesem und dem Hauptgebäude abreißen und durch einen Neubau ersetzen zu lassen. Das Landesdenkmalamt versagte dem seine Zustimmung. Mit Schreiben vom 25. Juni 1982 wurde schließlich die Abbruchgenehmigung für den Zwischentrakt, nicht aber für das Wielandheim erteilt; es heißt: ›Bei einer neuen Konzeption muß die räumliche Situation beachtet ... und möglichst wiederhergestellt werden.‹[39]

Bei der Konzeption der Anlage wurden evidentermaßen die landschaftliche Lage und der Erholungswert mitbedacht. Die weiten Grünflächen, die auch die Innenhöfe bedecken, und das sich unmittelbar anschließende, ausgedehnte Waldgebiet boten dem Kranken viel Ruhe und Erholung. Im Laufe der Jahrzehnte waren nicht nur die Bauten der ersten Phase mancherlei Veränderungen ausgesetzt, sondern auch die Natur, die durch die Neubauten immer stärker zurückgedrängt und zerstückelt wurde. Es bleibt abzuwarten, ob die Neuorganisation des Gefüges wieder zu einer einheitlichen Struktur führen wird, oder ob man dem ›Streuprinzip‹ treu bleiben und damit den Charakter der alten Anlage immer mehr zerstören wird.

Anmerkungen

1 UA: B 6567/1; Festschrift ›50 Jahre Orthopädische Klinik und Poliklinik der Universität Heidelberg‹ von H. Koch und G. Rompe, Heidelberg 1972, S. 12 ff.

2 Ebd.

3 Stiftungen kommen unter anderem auch von den Benz-Werken aus Gaggenau, der Rheinischen Automobil- und Motorenfabrik AG und der Rheinischen Kreditbank

4 GLA: 235/30872

5 Neben den Genannten sollen in dem Kuratorium weiterhin vertreten sein: der Oberbürgermeister Heidelbergs, der Hochschulreferent des badischen Unterrichtsministeriums, ein Vertreter der Berufsgenossenschaften, ein Vertreter der Kriegsbeschädigtenfürsorge, ein Vertreter der Militärverwaltung, der Dekan sowie Persönlichkeiten, die sich um das Zustandekommen der Stiftung verdient gemacht haben

6 UA: B 6567/1

7 GLA: 235/3684; UA: B 6567/2

8 Ebd. Die Stadt Heidelberg stellte ab 1920 für die Orthopädische Kinderabteilung jährlich 20 000 RM zur Verfügung (nach einem Erlaß vom 1. September 1920); GLA: 235/30863: Am 26. Oktober 1922 hat das Staatsministerium zur Weiterführung des Neubaues einen Administrativkredit von zwei Millionen RM bewilligt. Schon am 23. Mai des Jahres hatte das Ministerium der Finanzen das Bauvorhaben mit 500 000 RM unterstützt

9 BVA: Akte ›Schlierbacher Landstraße 200a‹. Im Jahre 1919, während der ersten Arbeiten zum Klinikneubau, kauft die Stiftung ein Anwesen in der Bergheimer Straße, das Haus Nr. 28, das als Orthopädische Poliklinik mit Werkstätten zur Herstellung von Prothesen, Operationsraum und stationärer Abteilung genutzt wird. Als der Klinikbau fertiggestellt ist, werden die Werkstätten nach Schlierbach verlegt und das Haus verkauft. Am 9. Dezember 1924 kauft die Anstalt das Anwesen Bergheimer Straße 12 von der Josefine und Eduard von Portheim-Stiftung für Wissenschaft und Kunst. Bis 1965 diente das Gebäude der poliklinischen Ambulanz

10 GLA: 235/30863; BVA: Akte ›Schlierbacher Landstraße 200a‹; Heidelberger Tageblatt vom 12. März 1927

11 GLA: 235/4493. Schon für die Vorgänger-

bauten hat die Orthopädische Klinik Darlehen in Höhe von insgesamt 950 000 RM erhalten. 1932 fordert die Landesversicherungsanstalt Baden das Geld zurück; sie begründet die Forderung mit der schlechten wirtschaftlichen Lage

12 Für Caesar ist dieses das letzte größere Bauvorhaben, das er für die Klinik ausführt. 1935 siedelt er nach Berlin über

13 Wieland ist eine Gestalt aus der mutmaßlich ältesten germanischen Heldensage, die im nordischen Wieland-Lied der Edda erhalten ist. Darin wird Wieland von König Nidhad gefangen, gelähmt und zu Schmiedearbeit gezwungen. Wieland kann mit Hilfe selbstgefertigter Flügel, die er sich aus Adlerfedern baut, entfliehen. Eine 1919 von dem Bildhauer Gotthart Sonnenfeld gefertigte, ungefaßte Gips-Statue des geflügelten Wieland stand am Haupteingang des Wielandheimes. Sie ist zerbrochen und noch nicht wieder restauriert worden

14 GLA: 235/30863; BVA: Akte ›Schlierbacher Landstraße 200a‹. Es haben sich Pläne erhalten, nach denen das Vorhaben bestand, diese Sonderstation für Schwerstbeschädigte in einem eigenen Gebäude unterzubringen

15 GLA: 235/30863

16 UA: B 6568/3; BVA: Akte ›Schlierbacher Landstraße 200a‹

17 BVA: Akte ›Schlierbacher Landstraße 200a‹

18 Ebd. Weitere Geldgeber sind: der Landesverband Südwestdeutschland der gewerblichen Berufsgenossenschaften und die Landeskreditanstalt Karlsruhe

19 Ebd. Die Evangelische Gemeinde spendete für den Bau der Kapelle 30 000 DM und gab weitere 30 000 DM als Darlehen. Den Restbetrag mußte die Stiftung selbst tragen

20 BVA: Akte ›Schlierbacher Landstraße 200a‹

21 Ludwig Guttmann stammte aus Wien. Er praktizierte auch in Deutschland. Im Jahre 1930 ging Guttmann nach Großbritannien, wo er sich besonders durch seine vorbildhafte Arbeit zur Versorgung und Rehabilitation querschnittgelähmter Soldaten hervortat

22 BVA: Akte ›Schlierbacher Landstraße 200a‹

23 Ebd.

24 Vgl. Festschrift ›50 Jahre Orthopädische Klinik ...‹, S. 23

25 Spina-Bifida ist eine angeborene Querschnittlähmung

26 BVA: Akte ›Schlierbacher Landstraße 200a‹

27 Ebd. Im Zusammenhang mit den diversen Klinikbauten sind auch mehrere Personalwohnhäuser errichtet worden, auf die nicht näher eingegangen wird

28 BVA: Akte ›Schlierbacher Landstraße 200a‹

29 Auf der Medailloninnenfläche erscheint ein krummgewachsener, an einen geraden Stab gebundener Baum. Rechts und links des Baumes stehen die Worte ›Liebe‹ und ›Licht‹, darunter das Wort ›Leben‹

30 Früher erfolgte die Zufahrt zum Hauptgebäude der Klinik durch den Torbogen des Pförtnerhäuschens; heute wird der Verkehr rechts und links als Einbahnstraße an diesem vorbeigeführt

31 Dieser gangähnliche Baukörper wird häufig als Verbindungsgang bezeichnet. Wirklich ist er das aber in seinem Ursprung nicht; erst vor wenigen Jahren ist ein Durchbruch geschaffen worden, der den Trakt zum Hauptgebäude hin öffnet

32 Bruno Valentin: Geschichte der Orthopädie, Stuttgart 1961, S. 218 ff.

33 Ebd., S. 220

34 Deutsche Bauzeitung, 57. 1923, Nr. 53, S. 260

35 Allgemeines Lexikon der bildenden Künstler des XX. Jahrhunderts, hrsg. von Hans Vollmer, Bd. 1, Leipzig 1953; Deutsche Bauzeitung, 70. 1936, S. 435

36 LDA: Akte Orthopädische Klinik/Schlierbach

37 Ebd.

38 Ebd. Die Wendeltreppe im Wielandheim darf allerdings nicht verändert werden

39 LDA: Akte Orthopädische Klinik/Schlierbach. Schreiben der Unteren Denkmalschutzbehörde Heidelberg vom 25. Juni 1982

Literatur

Koch, H.; Rompe, G.: Festschrift ›50 Jahre Orthopädische Klinik und Poliklinik der Universität Heidelberg‹, Heidelberg 1972

N. N.: Denkschrift über die Gründung einer orthopädischen Anstalt der Universität Heidelberg, Heidelberg o. J.

PETER ANSELM RIEDL

Die künstlerische Ausstattung der Universität seit 1945

›Kunst am Bau‹ – dieses Schlagwort umschreibt ein kulturpolitisches Prinzip, das seit einiger Zeit alles andere als unumstritten ist. Die administrative Regel, einen bestimmten Teil der Bausumme für die künstlerische Ausgestaltung zu reservieren, hat ohne Zweifel in der Bundesrepublik nicht nur vielen Künstlern zu Aufträgen und zu öffentlicher Geltung verholfen, sondern auch eine Fülle kunstgeschichtswürdiger Lösungen bewirkt. Sie hat allerdings, mechanisch gehandhabt, auch jene Flut mittelmäßiger Produkte beschert, die Gegenwartskunst in den Augen vieler zu einer Angelegenheit austauschbarer Dekorativität oder pseudoexpressiven Gehabes gemacht hat. Im allgemeinen hat die Filtrierarbeit der zuständigen Kunstkommissionen für die Einhaltung bestimmter Qualitätsnormen gesorgt, doch läßt sich der Einfluß von nivellierenden Kräften mancherlei Art kaum leugnen.

Die Heidelberger Universität ist, insgesamt gesehen, in den letzten Jahrzehnten um Werke bereichert worden, die hohen Ansprüchen genügen oder sogar künstlerische Spitzenleistungen repräsentieren. Namentlich im Neubaugebiet des Neuenheimer Feldes, aber auch an anderen Stellen, zeugen Bildwerke und Gemälde von einer Aufgeschlossenheit gegenüber der Gegenwartskunst, wie sie einer modernen Hochschule wohl ansteht. Die Namen deutscher Künstler überwiegen, doch läßt sich kein einseitiger Hang zum Regionalismus ausmachen. Zwei ausländische Künstler ersten Ranges, nämlich Henry Moore und George Rickey, sind mit charakteristischen Arbeiten vertreten. Vielen Universitätsangehörigen ist der Reichtum des Kunstbesitzes kaum bewußt, was sicherlich mit seinem unauffällig-langsamen Wachstum und seiner weiten Streuung zusammenhängt. Hier kann lediglich ein Überblick gegeben werden, der mehr auf Bekanntmachung als auf Interpretation des Materials bedacht ist.[1]

Vier Werkkategorien sind zu unterscheiden:

1. Arbeiten, die fertig erworben und an einem vorfindlichen Ort plaziert wurden;
2. Arbeiten, die für einen bestimmten Ort geschaffen wurden;
3. einheitlich konzipierte Raumausstattungen (wobei es sich um Innen- und Außenräume handeln kann);
4. Ausstattungen, die der übergreifenden Verklammerung von architektonischen und freiräumlichen Zusammenhängen dienen.

Alle vier Werktypen sind im Bereich der Heidelberger Universität anzutreffen, die beiden letztgenannten hauptsächlich dort, wo Gebäude neu errichtet oder durchgreifend umgestaltet wurden.

Im Altstadtbezirk überwiegen die Arbeiten der beiden ersten Kategorien.

Gleich dreimal ist der Bildhauer und Eisenplastiker Edwin Neyer[2] mit charakte-
561 ristischen Werken vertreten. Im Treppenhaus des Romanischen Seminars steht
ein Paar jener aufragenden Eisenfiguren, auf die sich Neyers künstlerische Reputation vor allem gründet (1976). Schrottstücke sind zu Gestalten kombiniert, welche die früheren Funktionsbindungen des Materials vergessen lassen und – ohne
irgendeiner Spezies zugeordnet werden zu können – auf Eigenschaften verweisen, die man von Menschen oder Tieren her kennt. Sie wirken unnahbar und her-
risch, zugleich aber verletzlich und donquichottehaft grotesk. Ihr Stehen auf zu
dünn oder zu kurz geratenen Beinen verrät eher latente Unsicherheit als Angriffs-
bereitschaft; ihre Flächen, Kanten und Rundungen folgen, so klar sie auch abzulesen sind, nicht den Regeln stereometrischer Konstruktion, sondern haben etwas
versteckt Organisches. Der Zufall spielte bei ihrer Entstehung insofern eine wichtige Rolle, als ihre Teile eine anonyme Vorgeschichte haben; aber als fertige Produkte überraschen sie durch eine schwer erklärbare Schlüssigkeit ihrer Struktur
und ihres Ausdrucks. Die beiden Figuren im Romanischen Seminar bezeugen
eindrucksvoll Neyers Fähigkeit, scheinbar unvereinbare Elemente zu einem jeweils neuen, unverwechselbaren Exemplar seiner Gattung von Kunstwesen zu-
sammenzufügen.

562   Beim Brunnen im Marstallhof (1978) sind acht aufgesockelte Figuren aus zugerichteten Eisenstücken zu einem Ensemble vereint, das variationsreich und geschlossen zugleich anmutet.[3] Der Eindruck ist dadurch erreicht, daß die vier an
den Ecken postierten Gestalten nahezu formidentisch sind, außerdem jeweils die
beiden sich gegenüberstehenden Mittelfiguren. Die Formenfülle wird durch das
absichtsvolle Spiel der Entsprechungen und rhythmischen Wiederholungen in
überschaubaren Grenzen gehalten.   ·

Wie phantasievoll Neyer auch mit Holz umzugehen wußte und wie er, der er-
fahrene Architekt, auf eine bestimmte bauliche Situation einzugehen verstand,
beweisen die großdimensionierten Wandskulpturen in der geschoßübergreifen-
563 den Halle des Wissenschaftlich-Theologischen Seminars (1974).[4] Die Elemente
sind stereometrisch klar und entsprechen damit der baulichen Struktur. Sie reagieren auf die umgebende Architektur aber im gleichen Moment kritisch, indem
ihre Schwellungen und Einziehungen, ihre Rundungen und ihre inneren Form-
gegensätze der Planflächigkeit der Wände und des Glasdaches gleichsam das
Prinzip herber Belebtheit entgegensetzen. Der Kontrast des Holzes zu den anderen Materialien tut ein übriges. Man kann nur bedauern, daß Neyer nicht weitere
Arbeiten dieser Art anvertraut wurden.

Die Wandskulpturen im Wissenschaftlich-Theologischen Seminar wurden
vom Künstler als unablösbare Bestandteile eines bestimmten Raumes entworfen
564, 565 und von den Architekten als solche akzeptiert. Im Falle der neuen Mensa im Seminargebäude Grabengasse/Sandgasse handelt es sich um eine noch ausgepräg-
tere Synthese von Architektur und bildnerischer Ausstattung. Alfonso Hüppi hat
auf Anregung des Erbauers Lothar Götz 1977/78 die weitläufige, streng funk-
tionsorientierte Anlage dadurch wirtlicher gemacht, daß er das Zweckhaft-Stren-
ge mit Momenten des Spielerischen und Phantastischen durchsetzte, ohne dadurch den Eindruck recht großzügiger Raumentfaltung zu mindern.[5] Die
Bretterkonstruktion Hüppis greift insoweit in den Funktionszusammenhang ein,

als sie an mehreren Stellen Räume aufteilt oder ausgrenzt. Vor allem leistet sie aber eine effektvolle Umdeutung der Deckenzone der oberen Mensaebene. Unter einer abgehängten Decke aus Brettern, die in differierenden Abständen gereiht sind, sitzen geschichtete Elemente aus Platten, die ihrerseits aus Brettern gefügt sind: Kreisscheiben mit sektorenartigen oder kurvigen Ausschnitten, Ringsegmente, stufig konturierte Flächen. Man assoziiert Naturformen, wie Baumkronen oder Wolken, ohne daß irgendwo die Grenze vom Geometrischen zum Illusionistischen überschritten würde. Eben diese Offenheit macht die Holzauskleidung zum glaubhaften Partner der in ihrer Strenge für Lothar Götz typischen Architektur. Die Naturfarbigkeit und Rauheit des Holzes wirken eher belebend auf das Basismaterial Beton zurück, als daß sie es sozusagen bloßstellten.

Eine ganz andere Art von Antwort auf die Architektur stellt die 1979 entstandene Ausmalung des Hauptraumes der Bibliothek des Philosophischen Seminars von Hann Trier dar.[6] Auch Trier verwandelte eine Decke in einen illusionsträchtigen ›Himmel‹, doch er tat es mit ausgesprochen malerischem Brio und mit der Erfahrung dessen, der sich produktiv mit barocker Deckenmalerei auseinandergesetzt hat. In der Tat hatte Trier die Aufgabe, die verlorenen Deckenbilder Antoine Pesnes im Charlottenburger Schloß durch eigene Inventionen zu ersetzen, erfolgreich gelöst, als er sich des architektonisch eher belanglosen und strukturell seinen Intentionen wenig entgegenkommenden Raumes annahm. Er habe sich bemüht, versicherte Trier in seiner Rede anläßlich der Übergabe des Raumes an die Nutzer, ›in voller Belesenheit dessen, was bisher Malerei an Decken und Wänden hervorgebracht, Antwort zu finden, wie wir *heute* einem solchen Bau entsprechen könnten – sehr wohl die besondere Nähe und Ferne von Farbformen bedenkend, deren Werte zwar tradierte sind, hier jedoch bei aller Methodik des Prozessualen, die sie zustande brachte, die Phantasie nicht binden, die Deutung offenlassen und durch ihre Mehrschichtigkeit der Wirklichkeit des Denkens auf ihre Weise antworten, einer Wirklichkeit, der Malerei besser dient, je weniger sie sich in den Dienst nehmen läßt.‹[7] Die – von Liniengespinst an den Wänden, das entfernt an Rocaillen erinnert, vorbereiteten – drei Plafondgemälde simulieren ebensowenig wie die Charlottenburger Bilder Ausblicke in den natürlichen Freiraum oder in einen von Göttern oder Heiligen bevölkerten Himmel. Sie sind vielmehr malerische Utopia-Landschaften ohne figuratives Programm, sind räumlich vieldeutige Bereiche, die Wolkengewoge und Energieentladungen in den Sinn kommen lassen und die doch nichts wirklich Wiedererkennbares enthalten. ›Einladungen zur Meditation‹, hat Dieter Henrich Triers Heidelberger Malereien treffend genannt, ›nicht über ein Thema, nicht hin zu einem Ziel, sondern in einem Ganzen, das in Betrachtung auszuschreiten ist, aber so, daß es jeden Weg in ihm noch so umgibt als sei es die Welt selbst‹.[8] Hann Triers Bilder sind als ein Glücksfall malerischer Interpretation – oder besser: Umdeutung – eines Raumes innerhalb eines Universitätsgebäudes zu bewerten, zumal im Altstadtbezirk, wo zeitgenössische Kunst nur sehr schwer eine Heimat zu finden scheint.

Zwei Gemälde von der Hand des aus Heidelberg stammenden, vielseitig tätigen Klaus Arnold im ersten Obergeschoß des Mittelpavillons des ehemaligen Seminarium Carolinum (also der heutigen Zentralen Universitätsverwaltung) re-

Farb-
tafel III

566, 567

präsentieren eine figürliche Malerei von großer Vitalität und koloristischem Reiz. In ›Zwei Figuren in Grün‹ und ›Zwei Figuren in Grün/Violett‹ (1982)[9] wandelt Arnold das Thema menschlicher Gestalt im Freiraum auf interessante Weise ab; ein herber Farbklang in einem Falle, eine gewagte Konsonanz im anderen machen die Bilder zu wirkungsvollen Pendants.

Ansonsten bleibt, was den Altstadtbereich angeht, der Wandteppich von Ruth Reitnauer im ersten Obergeschoß des Kunsthistorischen Institutes zu nennen, eine auf Rot-, Grün- und Braunwerte gestellte abstrakte Arbeit, die pflanzliches Wachstum auf dekorative Weise in Erinnerung ruft (1974).[10]

Farb-
tafel II
Das Alt-Klinikum in Bergheim, von jeher in künstlerischer Hinsicht stiefmütterlich behandelt – die nur fragmentarisch erhaltene Ausstattung der Czerny-Klinik bildet eine lobenswerte Ausnahme (vgl. S. 420 f.) –, hat auch in den vergangenen Jahrzehnten kaum Zuwendung erfahren. An der Umgestaltung einer der vier alten Chirurgischen Baracken in eine Kapelle hatten die Künstler Harry Mac-Lean (Tabernakel, Vortragekreuz, vier Leuchter, Osterleuchter, Weihwasserkessel), Valentin Feuerstein (Altarwand) und Gisela Bär (Wandreliefs ›Krankenheilung‹ und ›Apokalyptische Frau‹) Anteil (1961 f.). Für die Herzinfarkt-Station schuf Pieter Sohl zwei jeweils sechsteilige, intensivfarbige Kompositionen in Lasurtechnik auf Kunststoffträger (1973).[11]

Im Neuenheimer Feld waren die Bedingungen für eine Entfaltung der bildenden Künste schon deshalb günstiger, weil die umfangreichen Bauvorhaben stets die Freigabe finanzieller Mittel für künstlerische Ausstattung zur Folge hatten; zugleich bot sich mehrmals die Chance, raumübergreifende Werke zu verwirklichen und damit der Plastik oder Malerei eine wichtige öffentliche Rolle zu sichern. Freilich wurden dadurch die herkömmlichen Funktionen und Erscheinungsweisen nicht in den Hintergrund gedrängt. So gibt es manche Orte, an denen Bildwerke oder Gemälde im traditionellen Sinne ihre Wirkung tun. Die

568 Kapelle im Untergeschoß der Chirurgischen Klinik zum Beispiel erhielt durch Harry MacLean sukzessive eine umfangreiche, den kleinen Raum liturgisch erschließende und ästhetisch zu eigenem Leben bringende Ausstattung (Kreuz, 1968; Sakramentshaus, 1969; Stuckrelief ›Die Heilung durch den Geist‹, 1974;

569 Osterleuchter, 1975; Altar, Ambo und Altarleuchter, 1980). Für die Kapelle des Pathologischen Institutes entwarf Pieter Sohl eine Verglasung, die mit dem Spiel ihrer kurvenden Formen und leuchtenden Farben der kubischen Raumstruktur entgegenarbeitet (1966)[12].

570 Die bronzene ›Große vegetative Skulptur‹ von Bernhard Heiliger im Innenhof des Pathologischen Institutes (1960) ist zwar kein für den besonderen Ort konzipiertes, aber doch ein an diesem Ort überzeugendes Werk.[13] Der Titel sollte nicht in dem Sinne einschränkend verstanden werden, daß das Schwellen, Kontrahieren und Aufwachsen allein auf pflanzliche Phänomene zu beziehen wären. Letztlich geht es Heiliger um die Vergegenwärtigung von Existenz- und Verhaltensprinzipien, die über das Biologische hinausweisen. 1975 hat der Künstler in einem Interview bemerkt: ›Ich habe die Bronze häufig auf eine kleine Basis gestellt, und die größte Entfaltung trat im ersten oder auch im letzten Drittel ein. Heute spielen sich die Dinge zwar mehr auf einer Fläche ab, aber immer noch strebt alles von ihr weg, will nach oben. Ich sehe darin Kosmisches, Kräftefelder, die sich suchen, im Raum begegnen und wieder auseinandergehen‹.[14] Und über das Problem der Koexistenz von Plastik und Architektur: ›Das Eigenleben ist das Entscheidende. Der Begriff ›Kunst am Bau‹ ist zum Beispiel ein großer Irrtum: Es muß heißen Kunst mit dem Bau und auch gegen den Bau. Die Architektur ist doch immer schlichter und großflächiger geworden. Dagegen kann man in der Skulptur nur das genaue Gegenteil setzen ...‹.[15] Die ›Große vegetative Skulptur‹ konterkariert wirksam das Harte und Strenge der umgebenden Architektur. Sie bezeugt Kräfte des Wachstums und macht mit den Unterbrechungen des Formablaufs und den Versehrungen der Oberfläche zugleich auf jene Dimension körperlicher Entfaltung aufmerksam, in der Geregeltes in Unerwartetes umschlägt.

Henry Moores ›Mutter und Kind‹, im Bereich der Kinderklinik wenig günstig *571* plaziert, ist ebenfalls ein Werk, das seinen thematischen Bezug nicht einem speziellen Heidelberger Auftrag verdankt.[16] Die Geschichte der Bronze ist recht verwickelt: In den Jahren 1948–49 schuf Henry Moore für die Barclay School in Stevenage eine ›Familiengruppe‹; er realisierte damit eine Vorstellung, die er bereits 1934 in einer Diskussion mit Henry Morris, dem Begründer der College-School-Bewegung, und Walter Gropius entwickelt hatte.[17] Das Thema war zur Entstehungszeit der Gruppe für Moore privat insofern aktuell, als 1946 nach langjähriger Ehe das erste und einzige Kind geboren worden war. Über seine ›Family Group‹, ein Hauptwerk dieser Schaffensphase, sagt der Künstler: ›Die Skulptur zeigt das Kind auf den Armen der Eltern, so als träfen beider Arme zusammen und würden durch das Kind miteinander verknotet. Es entsteht der Eindruck, als ob sie beide mit dem Arm zögen und das Kind der Knoten sei, der beide verbinde. Dieser Gedanke kam mir zu der Zeit, als ich an der Plastik arbeitete, nicht‹.[18] 1949 ließ Moore für seine Frau einen Partialabguß, nämlich den Oberkörper der Frau und das Kind, herstellen. Das Heidelberger Exemplar ist ein 1960 entstandener Zweitguß dieser Teilvariante. Durch das Weglassen der männlichen Figur (Teile des rechten Armes sind übrigens mitgegossen!) wurde der vom Künstler selbst als auffallend beschriebene Interaktionsbezug ikonographisch und formal aufgehoben. Die eigentümliche Haltung gewinnt aber einen neuen Sinn, scheint doch die Mutter ihr Kind zugleich zu umklammern und darzubieten. Der Abstraktionsgrad der Modellierung ist groß genug, um alles Individuelle und morphologisch Zufällige zu tilgen; die Deformation des Anatomischen weist in die wenige Jahre später in der berühmten Gruppe ›König und Königin‹ noch ausgeprägter zur Geltung kommende Richtung.

Vergleicht man die in der Nähe der Mutter-Kind-Gruppe auf hohem Sockel stehende Semmelweis-Statue mit dem Werk Henry Moores, so wird man sich be- *588* sonders nachhaltig der Ausdruckskraft der eher ein Schattendasein führenden Arbeit des Engländers bewußt. Das von dem Münchner Bildhauer Friedrich A. Müller 1971 gestaltete Semmelweis-Monument,[19] eine private Stiftung, beweist mit seinem konventionellen Naturalismus und seinem sympathiefordernden Pathos, daß die Zeit dieser vom 19. Jahrhundert geprägten Gattung von Individualdenkmälern vorüber ist.

Raumintegrierte künstlerische Ausstattungen sind im Neuenheimer Feld schon früh entstanden. Die Lackmalereien von Hans Kuhn in einem Raum des Physikalisch-Chemischen Institutes sind als Versuch zu werten, abstrakte Farb-

Form-Fügungen im Sinne einer freien, wandbelebenden Ornamentik einzusetzen
(1962).[20] Bei weitem anspruchs- und bedeutungsvoller ist das 1963 von Karl Fred
572, 573 Dahmen geschaffene, fünf mal fünfundzwanzig Meter große Materialbild im
Hörsaalgebäude der Chemischen Institute.[21] Gerd Kalow hat das Werk 1964 treffend charakterisiert: ›Auf Sichtbeton, der unter den größeren Formationen leicht
vorgezogen ist, sind schuppenartig Schieferplatten gesetzt, teils zugeschlagene
Stücke, teils Fragmente. Eine nach Technik und Ausmaß ungewöhnliche Stein-
kollage. Die streng funktionelle Architektur der Eingangshalle (Beton, Glas,
grauer Natursteinboden, weiße Kastenholzdecke, Innenwände holländischer
Klinker) wird durch die große dynamische Figur gelockert und zugleich betont:
Kunst als Vor- und Jenseits der Geometrie, als Anwesenheit des Unformulierba-
ren inmitten naturwissenschaftlicher Rationalität. Dahmens abstraktes Relief,
beziehungsreich gemischt aus organischen und anorganischen Formen, läßt sich
als freieste, gleichzeitig störrische Referenz gegenüber der Umwelt lesen, Natur II, Komplementärphänomen, Gegenwelt. Diskrete Graphismen durchziehen
den Schieferschuppenpanzer, eingelegte Mosaiksteine, etwas Terrakotta, Blau,
Weiß: Farben, die auf die Farben der Halle antworten, zurückhaltend, glim-
mernd, im Detail von unausschöpfbarem Oberflächenreiz‹.[22] Dahmens Materialbild – ein Hauptwerk nicht nur des Künstlers, sondern der gesamten deutschen
›Informel‹-Bewegung (die Tauglichkeit des Begriffes sei hier nicht erörtert) – ist
ohne Zweifel auch eines der wichtigsten Zeugnisse zeitgenössischer Kunst innerhalb der Heidelberger Gemarkung. Aus einer zeitlichen Distanz von zwanzig
Jahren lassen sich die seinerzeit bescheinigten Qualitäten bestätigen und darüber
hinaus das Inventions- und Formvermögen Dahmens richtiger einschätzen. Es
wird deutlich, wie gerade in einer Phase unbekümmerter Entfaltung des Funktionalismus in Architektur und Design den gegenläufigen Tendenzen in der bildenden Kunst eine wesentliche Korrektivrolle zukam.

574 HAP Grieshabers zwölfteilige Holzstockwand ›Sintflut‹ von 1972 im Zoologischen Institut kann sich, was die Abmessungen angeht, nicht ganz mit Dahmens
phantastischer Schieferlandschaft messen, wohl aber, was ihre urtümliche Kraft
und ihr Widerpartverhältnis zur Architektur betrifft.[23] Auf einem Dutzend fast
drei Meter hoher und einen Meter breiter Holzstöcke (von denen auch Abzüge
auf Papier und Glasvlies existieren) entwirft Grieshaber ein Weltuntergangspa-
norama, in dem sich Mythisches und Aktuelles durchwirken. Mensch und Tier
sind den Gewalten der Natur ausgesetzt, nackte Schwimmer werden genauso
Opfer der Fluten wie Pflanzen und Automobile; noch sind die gut dran, die sich
auf die höchsten Erhebungen flüchten konnten, doch auch sie wird das Wasser
einholen. Die Drastik der Bildsprache hängt eng mit dem Medium und der speziellen Technik zusammen, wobei man wissen muß, daß Grieshabers großforma-
tige Holzstöcke nicht mit dem Schneidemesser, sondern mit dem Winkelschleifer
oder der Handfräse bearbeitet sind. Die Grenzen der Artikulationsfeinheit sind
damit festgelegt, der Schwung der Kurven oder der Rhythmus der Linien bis zu
einem gewissen Grade vorbestimmt. Die Schwärzung der Hochdruckflächen
sorgt für einen Kontrast, der dem Eindruck eines Abzugs nahekäme, würden die
als Reliefgrund fungierenden ungeschwärzten Tiefen in ihrer Holzfarbigkeit
nicht differenzierend mitsprechen. Bemerkenswert sind viele Details der mit

grimmigem Humor erzählten Geschichte: die versinkenden Automobile etwa unter den Gebirgen aus Tierleibern, die mit den Wogen kämpfenden Menschen oder der auf eine fast geometrische Formel gebrachte Schwarm aufgeschreckter Vögel. Grieshabers individueller und engagierter Expressionismus bewährt sich gegenüber dem Thema, wie sich sein Sinn für große Formzusammenhänge als Voraussetzung dafür erweist, daß die Bilderserie als Ganzes und als Kontrapunkt der Architektur zu bestehen vermag.

Von Raumausstattungen, die mit malerischen, plastischen oder kombinierten Mitteln gestaltet sind, seien die abstrakt-ornamentalen und geometrisierenden Gemälde und Reliefs im Erdgeschoß des Schwesternhochhauses II genannt, für die Klaus Arnolds Karlsruher Akademieklasse verantwortlich zeichnet (1968).[24] Viel tiefer greift Klaus Arnold selbst in einem anderen Falle in die Architektur *575–577* und zugleich in den Sachzusammenhang ein: Der Museums- und Hörsaalflachbau von Geologie und Mineralogie sowie der Außenbezirk der beiden geowissenschaftlichen Institute gaben die Chance, bildnerische Formulierung und Ausstellungs- bzw. Lehrinhalte sinnfällig aufeinander zu beziehen, ja hier und dort Exponate in die künstlerische Wandstruktur zu integrieren. Das Generalthema klingt in den Wellungen, Aufbrüchen und Verformungen der Spaltklinkerverblendung der Decke und der Backsteinverschalung der Massivmauerteile der Ausstellungshalle an und wird in einigen aus Natursteinen und Zement geformten Gebilden vollends manifest: so in dem Wandrelief ›Oberrheingraben‹ und in dem großen, sich phantastisch türmenden Außenbrunnen, der mit seinen Höh- *576* lungen, Auskragungen und Petrefakteneinlagerungen naturhaft anmutet und zugleich die Brücke zum umgebenden Gebauten schlägt (1967).[25] Die beiden Aluminiumgüsse von Walter Koch, eine Plastik im Eingangsbereich und ein Globus *578* in der Ausstellungshalle, sind nicht Bestandteile der Arnoldschen Ausstattungskonzeption; sie spielen auf geologische und mineralogische Organisationsformen an, der Globus in der Art eines künstlerisch gestalteten Demonstrationsmodells.[26]

Den frühesten Versuch, mit dreidimensionalen Freiraumobjekten unmittelbar auf die Architektur zu reagieren, stellt im Neuenheimer Feld Winfred Gauls *579* 1971/72 entstandenes, drei zweiteilige Arbeiten umfassendes Ensemble am Südasien-Institut dar.[27] Die beiden Hauptelemente im Außentreppenbereich sind formidentisch, was infolge der um neunzig Grad versetzten Zuordnung und der unterschiedlichen Lackierung – gelb und blau – keineswegs leicht zu durchschauen ist; das Paar läßt sich als Produkt aus einem riesigen, aufgeschnittenen Rhomboid aus Doppel-T-Trägern verstehen. Auf der Terrasse über dem Eingang befindet sich eine zweite Objektgruppe: ein stehendes, quadratisches Prisma in Blau und ein gleichschenkliges, an die Wand gelehntes Gebilde gleichen Querschnitts aus rot lackiertem Stahlblech. Schließlich folgen schräg darüber zwei identische L-förmige Elemente mit blauem Anstrich, von denen eines lotrecht im Freien steht, das andere, vom ersten durch eine Glaswand separiert, um 45 Grad verkantet im Innern des Gebäudes. Gauls Objekte nehmen einerseits das Stereometrische und Konstruktive der Architektur auf, behaupten sich andererseits aber als eigensinnige, raumgreifende und raumstiftende Zeichen. Ihr Sinn ist nicht, bestimmte Inhalte zu vermitteln, sondern sich als Alternativen zur Sichtbetonarchitektur mit ihrer Orthogonalbindung anzubieten und damit zum Nachdenken darüber anzuregen, was räumliche, formale und chromatische Beziehungen in einem primär funktionsgeprägten Ambiente zu bedeuten vermögen.

580, 581
Farb-
tafel IV
Ganz ähnliches gilt für das benachbarte ›Universitätszeichen Heidelberg‹ Otto Herbert Hajeks, das mit der vom gleichen Künstler gestalteten Hörsaalwand zusammengesehen werden muß (1977/78).[28] Wie wenige andere hat sich Hajek in den vergangenen Jahrzehnten der Aufgabe verschrieben, durch Formen und Farben den öffentlichen Bereich attraktiver und bewußter erlebbar zu machen. Er hat sich auch immer wieder theoretisch zu diesem seinen Bemühen geäußert: ›Die Zeichen stehen am Wege, die Gehenden werden eingeladen zur Mitarbeit, zu einem Mitdenken aufgefordert, denn es wird aufgestellt, was ein Mensch gemacht hat, und das muß nicht unbedingt gefallen ... Ich lade ein, sich in den Denkraum gleichsam hineinzuverfügen, weil ich meine, daß in dem Dialog zwischen Zeichen und Betrachter Kunst wirksam werden kann, weil Antworten erarbeitet werden können, um an einem Gespräch teilzuhaben. Ein Zeichen ist ein Unruhungszeichen auf unseren Straßen und Plätzen, wie Künstler eine Unruhungsgruppe in unserer Gesellschaft sind‹.[29] – Hajeks breitbeinig dastehendes, aus Stahl konstruiertes Heidelberger Zeichen ist aus der X-Grundfigur heraus entwickelt. Durch Schichtung und Kombination der in ein Winkelsystem von 60 bzw. 120 Grad eingespannten, oben horizontal kupierten Elemente und durch Bemalung in den Farben Weiß, Rot und Blau entsteht eine Figuration von großer, in sich absichtsvoll widersprüchlicher Kraft: einfach *und* komplex, flächig *und* voluminös, statisch *und* dynamisch. Die geometrische Felderung der benachbarten Hörsaalwand – der Grundton ist ein sattes Blau, mit dem ein helleres Blau sowie Weiß und Rot akkordieren – bereitet die Bewegung und die Farbigkeit des Zeichens vor und bricht zugleich die Strenge der vertikal gerieften, von vornherein auf die Bemalung hin konzipierten Betonmauer.

582, 583
Aus dem Bedürfnis heraus, die weitgehend standardisierte Architektur des Theoretikums zu beleben, ohne sich dabei in spielerischen Experimenten zu verlieren, ist das von Hans Nagel und Fritz Jarchow 1970ff. entwickelte System einer Binnengliederung der Höfe und Gliederung der Randbereiche durch ihrerseits standardisierte Betonelemente zu verstehen.[30] Man darf sicherlich die Frage nach der grundsätzlichen Richtigkeit des bildnerischen Ansatzes stellen, muß aber zugeben, daß zumindest an einigen Stellen wirkungsvolle Resultate erzielt worden sind. Das Baukastenprinzip bewährt sich dort, wo die Gruppierung der verschieden kombinierbaren Boden- und frei stellbaren Elemente in sich genügend Schlüssigkeit besitzt; es versagt offensichtlich, wo eine gewisse Konzentration unterschritten und der Eindruck des Aleatorischen erzeugt wird. Das Problem ist nur, daß große Formdichte immer auch Einschränkung der Nutzbarkeit und im Grenzfall Umschlagen der Wirkung in reinen Masseneffekt bedeutet. Übrigens sind auch die Ausstattung der Aufzugtürme der Bauten mit überdimensionalen orangeroten Leitziffern und die partielle Farbbehandlung der Schmalseiten – die Wandfüllungen sind orangerot, die Brüstungen der Fluchttreppen blau – Bestandteile des Nagel-Jarchowschen Programms (vgl. S. 549).

584, 585
Ganz und gar überzeugend ist der aus Röhrenkomponenten zusammengesetzte Brunnen Hans Nagels im haupteingangsnahen Binnenhof der Anlage.[31] Wäh-

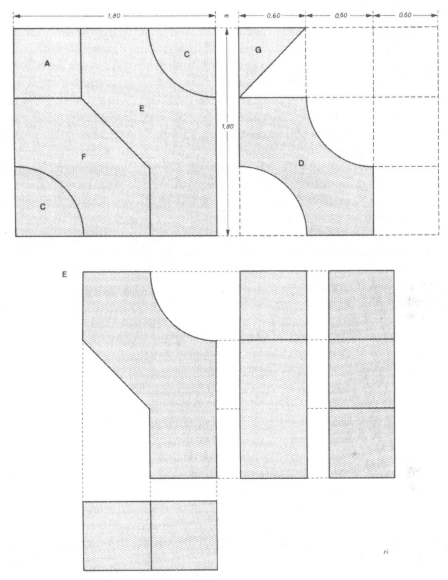

Hans Nagel und Fritz Jarchow, Gestaltungselemente im Bereich des Theoretikums im Neuenheimer Feld, Aufteilungsschlüssel und Ansichten des Elements E

rend vier schwarze Zylinder säulenartig aufragen, entwickeln sich die Vertikalbewegungen der sieben weißen Elemente aus Windungen, die einen nicht allzu großen Verformungswiderstand indizieren. Wie bei Nagels Röhrenplastiken üblich, sind Elastizität und Starre, Bewegung und Ruhe in kritische Balance gebracht. Im Verein mit dem Wasser ergibt sich ein Eindruck, der dem der umschließenden Bauformen nicht nur standhält, sondern auf die ganze Umgebung belebend ausstrahlt. Ein anderer Binnenhof, in dem sechs weiße Rohrsäulen mit den Standardelementen kombiniert sind, erreicht nicht annähernd diese Wirkung. 586

Für den Eingangsbereich des Theoretikums konnte 1973 ein Werk erworben werden, das dort seither ununterbrochen in Bewegung begriffen ist. Das kineti-

587   sche Objekt ›Three Squares Gyratory‹ von George Rickey verblüfft – wie alle Arbeiten des nach Alexander Calder bedeutendsten amerikanischen Erfinders mobiler Kunstwerke – durch die Verbindung von Einfachheit und Raffinement.[32] Auf einem senkrechten Rohrständer sitzt ein drehbarer Kopf mit drei horizontalen Auslegern, um die gleichdimensionierte Körper in Gestalt quadratischer Edelstahlplatten rotieren. Die Drehachse ist aber nicht, wie zu erwarten wäre, jeweils mit der geometrischen Mitte identisch, sondern ist auffallend mittenversetzt; möglich ist dies, weil die als Platten zur Geltung kommenden Rotoren in Wirklichkeit sorgsam austarierte Hohlkörper sind. Der Effekt ist erstaunlich: Im (nur bei völliger Windstille gegebenen und folglich seltenen) Ruhezustand stehen die Rotationskörper senkrecht; der leiseste Luftzug läßt sie in schwankende Bewegung geraten; bei stärkerem Wind geht das Schwanken in volle Drehung über, zu der noch die Rotation aller drei Körper um die vertikale Standachse kommt. Rickey, als Theoretiker und Historiker ebensolange aktiv wie als Gestalter, hat in seinem 1967 erschienenen Buch ›Constructivism – Origins and Evolution‹ bemerkt: ›Wegen ihrer Weite, ihrer Neuartigkeit und ihres rapiden Wachstums ließ sich ›kinetische Kunst‹ nur ungenau definieren, bleibt das Wissen um ihre fundamentalen Eigenarten lückenhaft. Ihre Beziehung zur Op Art ist vielen unklar, genau wie der Unterschied zwischen kinetischem Objekt und kinetischem Betrachter. Viele meinen, kinetische und optische Kunst sei ›wissenschaftlich‹ und leblos, wo sie doch genausowenig wie die Musik von Physikern und Mathematikern gemacht wird. Offenkundig spielt die Wissenschaft für die zeitgenössische Kunst eine Rolle. Ihre Enthüllungen stehen dem Künstler wie jedem anderen zur Verfügung; ihre Gesetze, Entdeckungen und Techniken sind Teil der Natur, aus der sich die Kunst ihre Nahrung holen kann. Die Ausbreitung der kinetischen Kunst übertrifft heute das optimistischste Zukunftsbild, das Naum Gabo vor einem halben Jahrhundert entworfen hat‹.[33]

Rickeys Heidelberger Objekt trägt in die Statik seiner architektonischen Umgebung ein Moment der Frische, das den Wunsch nach weiteren Arbeiten dieser Art aufkommen läßt. Aber dieser Wunsch soll nicht verschleiern, daß gerade im Neuenheimer Feld viel getan worden ist, um das Neubaugebiet vor Sterilität zu bewahren.

Die hier vorgestellten Arbeiten repräsentieren nur einen Teil der Bemühungen um die Humanisierung des Funktionalen.[34] Wenn zum Beispiel die Mensa nach den Vorstellungen des Malers und Plastikers Gerd Lind eine jedes Detail umfassende, differenzierte Farbbehandlung erfuhr, dann ist dies nicht als Versuch zu bewerten, bauliche Standardisierung zu bemänteln, vielmehr als ein Bestreben, aus der nicht zu leugnenden Not eine wirkliche Tugend zu machen. Zum Zeitpunkt der Niederschrift dieser Zeilen sind Überlegungen im Gange, wie das neue Klinikum bildnerisch so auszustatten sei, daß die gewaltige architektonische und technische Maschinerie für die Patienten und Beschäftigten zu einer als wirtlich empfundenen Umgebung werden könnte. Was sich bislang an Möglichkeiten abzeichnet, läßt auf eine gute Zukunft der Kunst in Heidelberg hoffen.

Anmerkungen

1 Eine ausführliche Darstellung mit einem kritischen Katalog sämtlicher in Universitätsbesitz befindlichen Kunstwerke ist von mir für einen späteren Zeitpunkt geplant. Hier wird das Material bewußt nur in Auswahl vorgestellt und auch die Literatur nur selektiv angegeben

2 Zu Edwin Neyer vgl. Karlheinz Nowald, Edwin Neyer, Heidelberg 1979; Peter Anselm Riedl, Edwin Neyer, in: Katalog der Ausstellung im Heidelberger Kunstverein, Heidelberg 1981. Zu den Figuren im Romanischen Seminar vgl. Nowald, Kat.-Nr. 52. Technik: Guß und Eisen; Maße: 0,27 × 0,95 × 0,50 m (Sockel), 1,81 m (linke Figur), 2,16 m (rechte Figur)

3 Vgl. den Katalog der Ausstellung 1981, wie in Anm. 1 zitiert, Nr. 54 (mit Abb.). Außenmaße des Beckens: 6,80 × 6,80 m, maximale Höhe der Figuren einschließlich Sockel: 2,55 m

4 Vgl. Nowald, wie in Anm. 2 zitiert, Nr. 49/49 a; außerdem: Katalog der Ausstellung 1981, wie in Anm. 2 zitiert, Nr. 65/66; Maximale Höhe der Holzelemente: ca. 6 m (vom Boden: ca. 7,50 m)

5 Vgl. S. 209

6 Vgl. dazu: Eberhard Roters, Hann Trier – Die Deckengemälde in Berlin, Heidelberg und Köln, Berlin 1981, besonders S. 77 ff. (mit zahlreichen Abbildungen und Dokumentation); Dieter Henrich, Hann Trier und Peter Anselm Riedl: Hann Triers Deckengemälde in der Bibliothek des Philosophischen Seminars, in: Heidelberger Jahrbücher XXV, 1981, S. 17 ff.; Peter Anselm Riedl, Überlegungen zur illusionistischen Deckenmalerei, in: Jahrbuch der Heidelberger Akademie der Wissenschaften 1981, Heidelberg 1982, S. 90 ff.

7 Hann Trier, in: Heidelberger Jahrbücher XXV, wie in Anm. 6 zitiert, S. 26

8 Dieter Henrich, in: Heidelberger Jahrbücher XXV, wie in Anm. 6 zitiert, S. 24

9 Technik: Wachsemulsionsfarben auf Leinwand; Maße: je 1,33 × 1,54 m (Bildausschnitt)

10 Maße: 2,10 × 4,05 m

11 Maße der Wände: jeweils 2,60 × 2,64 m (der einzelnen Tafeln: jeweils 1,30 × 0,88 m)

12 Maße: 2,95 × 4,50 m. Der Auftrag wurde 1963 erteilt. Farbige Abbildung in: Dieter Raff, Die Ruprecht-Karls-Universität in Vergangenheit und Gegenwart, Heidelberg 1983, S. 145

13 Maße: 2,80 × 0,85 × 0,60 m. Vgl. Bernhard Heiliger – Skulpturen und Zeichnungen 1960–1975, Katalog der Ausstellung in der Akademie der Künste 1975, Berlin 1975, S. 93, Nr. 1 (als Datum angegeben: 1960); A. M. Hammacher, Bernhard Heiliger, St. Gallen (1978), S. 42 und Abb. S. 43 (als Datum angeben: 1960–63). Zweites Exemplar in der Sammlung Hellmut Meyer-Thoene, Ratingen

14 In: Katalog Berlin, wie in Anm. 13 zitiert, S. 21

15 Ebd., S. 23

16 Maße: 0,813 m. Vgl. Dieter Raff, wie in Anm. 12 zitiert, S. 150 (farbige Abbildung: S. 151). Über den Guß berichtet V. Beston, Direktor der Marlborough Gallery, London, in einem an das Universitätsbauamt gerichteten Brief vom 10. 2. 1982: ›The cast ... is the second cast of an edition of two only and was made especially for Heidelberg in 1960 (cast in the United Kingdom). The other cast is in Much Hadham and is the property of the Artist. The casts are signed but not numbered. This sculpture is not illustrated in any book but will be included in the next edition of Volume I of the Henry Moore Catalogue Raisonné to be published by Lund Humphries, London‹

17 ›Family Group‹ ist in der gesamten Moore-Literatur reproduziert und kommentiert; vgl. z. B.: David Mitchinson (Hrsg.), Henry Moore, Plastiken, Stuttgart 1981, S. 102 f.

18 Ebd., S. 102

19 Vgl. dazu: Herbert Rabl, Ein Denkmal für Jakob Ignaz Philipp Semmelweis, in: Heidelberger Denkmäler 1788–1981, Neue Hefte zur Stadtentwicklung und Stadtgeschichte, Heft 2/1982, Heidelberg 1982, S. 104 ff.

20 Maße: 2,88 × 5,20 m; außerdem einige verstreute Tafeln zu 0,99 × 0,97 m bzw. 1,00 × 0,95 m

21 Vgl. dazu: Manfred de la Motte (Hrsg.), K. F. Dahmen, Bonn 1979, S. 186 f. (ausführliches Literaturverzeichnis zu Dahmen: S. 272 ff.)

22 Ebd., S. 186 (der Beitrag Kalows erschien in der Frankfurter Allgemeinen Zeitung vom 30. 1. 1964)

23 Maße der einzelnen Holzstöcke:

2,82 × 0,99 m. Vgl. dazu: HAP Grieshaber: Die Arche, München 1975, S. 48 ff. (Abbildungen von sechs Abzügen und sechs Holzstöcken); Ludwig Greve und andere Autoren, Grieshaber – Ein Lebenswerk 1909–1981, Stuttgart 1984, S. 232 f. und S. 287

24 In der Kapelle befinden sich ein Tabernakel und ein Wandkreuz von Edwin Neyer

25 Maße des Reliefs ›Oberrheingraben‹: 1,90 × 6,60 m; Höhe des Brunnens, ca. 4,30 m. Der Auftrag für die Gestaltung der Ausstellungshalle wurde 1964 erteilt

26 Höhe der Außenplastik: 1,84 m; Höhe des Globus: 1,25 m

27 Maße der drei Ensembles aus lackiertem Stahl:
1) 10,00 × 12,00 × 1,5 m;
2) 5,50 × 5,50 × 2,10 m;
3) 3,00 × 3,00 × 2,45 m.
Vgl. dazu: Winfred Gaul, Werkverzeichnis der Druckgraphiken und Objekte, Kunsthalle zu Kiel 1978, Nrn. XXII–XXIV (mit Literaturhinweisen); Manfred de la Motte (Hrsg.), Winfred Gaul, Arbeiten 1953–1961, Bonn 1979, S. 205. Der Auftrag wurde 1970 erteilt

28 Maße von ›Universitätszeichen Heidelberg‹: 6,80 × 3,20 × 1,20 m; Maße des (mit Dispersionsfarben gemalten) Wandbildes auf der nördlichen Wand des Hörsaalgebäudes: 6,00 × 10,75 m; ein kleineres Bild befindet sich auf der östlichen Wand. Vgl. dazu: Otto Herbert Hajek, Ikonographien – Zeichen, Plätze, Stadtbilder, Stuttgart 1978, S. 58 f.; Otto Herbert Hajek, Castel Sant'Angelo, Katalog der Ausstellung Rom 1981, S. 118 f. (mit farbigen Abbildungen)

29 Otto Herbert Hajek, Über die Zukunft der Kunst, in: Vortragsreihe des Studium Generale im Wintersemester 1980/81, Heidelberg 1982, S. 147; wiederabgedruckt in: Castel Sant'Angelo, wie in Anm. 28 zitiert, S. 339

30 Maße der Elemente: vgl. Abb. 595. Der Auftrag wurde 1970 erteilt

31 Der Brunnen wurde 1971 montiert. Größte Höhe der Röhrenelemente: ca. 6,50 m. Zu den Röhrenplastiken Nagels vgl.: Hans Nagel, Röhrenplastiken, mit Texten von Manfred Fath und Robert Kudielka, Institut für moderne Kunst Nürnberg in Verbindung mit den Städtischen Kunstsammlungen Ludwigshafen am Rhein, 1971

32 Variation II von ›Three Squares Gyratory‹, 1971, existiert in drei Exemplaren; Material: Edelstahl; Maximalhöhe: 4,42 m, Quadratseitenlänge: 1,50 m. Vgl. George Rickey, Katalog der Ausstellung in der Kestner-Gesellschaft Hannover 1973, Nr. 33 (irrtümlich als ›Vier rotierende Quadrate, Variation II‹ bezeichnet)

33 George Rickey, Constructivism – Origins and Evolution, New York 1967, hier zitiert nach der Übersetzung in: Peter Anselm Riedl, George Rickey: Kinetische Objekte, Stuttgart 1970, S. 22 f.

34 Es sei hier noch einmal der selektive Charakter des vorliegenden Beitrags hervorgehoben. Um die Unterschiedlichkeit der künstlerischen Aufgaben und Lösungen im Bereich der Universität Heidelberg zusätzlich zu belegen, seien drei weitere Arbeiten wenigstens erwähnt: Kurt Passons große Muschelkalkskulptur beim Institut für Sport und Sportwissenschaft im Neuenheimer Feld (1964, Abb. 589), Harry MacLeans – aus einem Kreuz und einer Schriftplatte auf Bronzegestell bestehendes – Erinnerungsmal auf dem Gräberfeld des Anatomischen Institutes auf dem Friedhof in Heidelberg-Kirchheim (1968/69) und Edzard Hobbings – einem historischen Vorbild nachempfundener – ›Feuersalamander‹ über dem Außenportal des westlichen Marstallflügels

CIP Kurztitelaufnahme der Deutschen Bibliothek

Semper apertus: 600 Jahre Ruprecht-Karls-Univ. Heidelberg 1386–1986 ;
Festschr. in 6 Bd. / im Auftr. d. Rector magnificus . . . Gisbert Frhr. zu Putlitz
bearb. von Wilhelm Doerr. – Berlin; Heidelberg; New York; Tokyo: Springer
ISBN 3-540-15425-6 (Berlin . . .)
ISBN 0-387-15425-6 (New York . . .)
NE: Doerr, Wilhelm [Bearb.]; Universität ⟨Heidelberg⟩
Bd. 5. Die Gebäude der Universität Heidelberg. – Textbd. (1985)

Die *Gebäude der Universität Heidelberg* / hrsg. von Peter Anselm Riedl.
[An d. Hrsg. wirkten mit: Barbara Auer . . .]. –
Berlin; Heidelberg; New York; Tokyo: Springer
ISBN 3-540-15425-6 (Berlin . . .)
ISBN 0-387-15425-6 (New York . . .)
NE: Riedl, Peter Anselm [Hrsg.]
Textbd. (1985). – (Semper apertus ; Bd. 5)

Satz aus der Korpus Times und Druck: Appl, Wemding;
Lithographien: Gustav Dreher, Stuttgart; Papier: Scheufelen, Lenningen;
Einband: Universitätsdruckerei H. Stürtz AG, Würzburg